AF772975

PROTOPLASMATOLOGIA

HANDBUCH DER PROTOPLASMAFORSCHUNG

BEGRÜNDET VON

L. V. HEILBRUNN · F. WEBER

PHILADELPHIA GRAZ

HERAUSGEGEBEN VON

M. ALFERT · H. BAUER · C. V. HARDING · W. SANDRITTER · P. SITTE

BERKELEY TÜBINGEN ROCHESTER FREIBURG I. BR. FREIBURG I. BR.

MITHERAUSGEBER

J. BRACHET-BRUXELLES · H. G. CALLAN-ST. ANDREWS · R. COLLANDER-HELSINKI
K. DAN-TOKYO · E. FAURÉ-FREMIET-PARIS · A. FREY-WYSSLING-ZÜRICH
L. GEITLER-WIEN · K. HÖFLER-WIEN · M. H. JACOBS-PHILADELPHIA
N. KAMIYA-OSAKA · W. MENKE-KÖLN · A. MONROY-PALERMO
A. PISCHINGER-WIEN · J. RUNNSTRÖM-STOCKHOLM

BAND X

PATHOLOGIE DES PROTOPLASMAS

1

ZELLSCHÄDIGUNG UND DYSFUNKTION

1970

SPRINGER-VERLAG

WIEN · NEW YORK

ZELLSCHÄDIGUNG UND DYSFUNKTION

VON

H. DAVID
BERLIN

MIT 186 ABBILDUNGEN
UND 26 SCHEMATA

1970
SPRINGER-VERLAG
WIEN · NEW YORK

ISBN-13: 978-3-7091-5494-6 e-ISBN-13: 978-3-7091-5493-9
DOI: 10.1007/978-3-7091-5493-9

ALLE RECHTE VORBEHALTEN

KEIN TEIL DIESES BUCHES DARF OHNE SCHRIFTLICHE GENEHMIGUNG DES SPRINGER-VERLAGES ÜBERSETZT ODER IN IRGENDEINER FORM VERVIELFÄLTIGT WERDEN

© 1970 BY SPRINGER-VERLAG/WIEN

SOFTCOVER REPRINT OF THE HARDCOVER 1ST EDITION 1970

LIBRARY OF CONGRESS CATALOG CARD NUMBER: 55-880

TITEL-NR. 8769

Protoplasmatologia
X. Pathologie des Protoplasmas
1. Zellschädigung und Dysfunktion

Zellschädigung und Dysfunktion

Von

HEINZ DAVID

Prof. Dr. med. habil.

Leiter der Abteilung für Elektronenmikroskopie der Charité
am Pathologischen Institut der Humboldt-Universität zu Berlin

Mit 186 Abbildungen und 26 Schemata

Inhaltsübersicht

Seite

Einleitung 7

I. Allgemeine Pathologie der Zellbestandteile unter Schädigungsbedingungen 8

1. Der Kern 8
a) Normalbefunde 8
α) Das Karyoplasma 8
β) Der Nukleolus 10
γ) Die Kernmembran 12
δ) Zahl, Größe und Lokalisation des Kerns 13
b) Veränderungen des Karyoplasmas 14
α) Befunde am Euchromatin und Heterochromatin 14
β) Veränderungen der Karyoplasmadichte 14
γ) Pyknose, Karyolyse und Karyorrhexis 18
δ) Veränderungen der Perichromatingranula und Interchromatingranula 20
ε) Kerneinschlüsse 22
εα) Eindeutige Einschlüsse von Zytoplasmamaterial 22
εβ) Einschlüsse unbekannter Genese und Ätiologie 24
εγ) Einschlüsse bei Schwermetallgabe 26
c) Veränderungen des Nukleolus 27
α) Zunahme von Größe und Zahl 27
β) Strukturveränderungen des Nukleolus 33
γ) Ortsveränderungen des Nukleolus 37
d) Veränderungen der Kernmembran 39
α) Befunde an den beiden Membranen der Kernumhüllung 39
β) Befunde an den Poren der Kernmembran 44
e) Veränderungen von Kerngröße, -zahl und -lokalisation 45
α) Veränderungen der Größe 45
β) Veränderungen der Zahl 46
γ) Lokalisationsveränderungen 46

Seite

2. Das endoplasmatische Retikulum und die Ribosomen ... 47
   a) Normalbefunde ... 47
      α) Das granuläre endoplasmatische Retikulum ... 47
      β) Das agranuläre endoplasmatische Retikulum ... 51
      γ) Die freien Ribosomen und Polysomen ... 53
   b) Variation der Menge ... 55
      α) Vermehrung ... 55
         αα) Vermehrung des granulären endoplasmatischen Retikulums ... 55
         αβ) Vermehrung des agranulären endoplasmatischen Retikulums ... 58
         αγ) Vermehrung der freien Ribosomen und Polysomen ... 64
      β) Abnahme ... 68
         βα) Abnahme des granulären endoplasmatischen Retikulums ... 68
         ββ) Abnahme des agranulären endoplasmatischen Retikulums ... 69
         βγ) Abnahme der freien Ribosomen und Polysomen ... 69
   c) Variationen der Verteilung ... 72
      α) Kernnaher Bereich ... 72
      β) Perimitochondrialer Bereich ... 72
      γ) Diffuse Verteilung im Zytoplasma ... 73
      δ) Zellmembrannaher Bereich ... 73
   d) Veränderungen der Strukturbestandteile ... 74
      α) Komplexe Membranveränderungen ... 74
      β) Veränderungen der Doppelmembranbeziehungen ... 77
      γ) Membran-Ribosomen-Beziehungen ... 82
      δ) Veränderungen der freien Ribosomen und Polysomen ... 85
   e) Besondere Befunde ... 86
      α) Speicherung und Aggregation spezieller Substanzen ... 86
      β) Komplexe Bildungen und das endoplasmatische Retikulum in Zytolysomen ... 88
3. Die Mitochondrien ... 89
   a) Normalbau, Normalfunktion und Varianten ... 89
      α) Normalbau ... 89
         αα) Die Außenmembran ... 89
         αβ) Die Innenstrukturen ... 90
         αγ) Die Matrix und ihre Bestandteile ... 93
      β) Größe, Form und Lebensdauer ... 96
      γ) Zahl und Volumen ... 96
      δ) Verteilung in der Zelle ... 97
   b) Veränderungen der Außenmembran ... 98
   c) Veränderungen der Innenstrukturen ... 102
      α) Zunahme der Innenstrukturen ... 102
      β) Veränderungen des Cristaeinnenraumes ... 104
      γ) Zerfallsvorgänge der Cristae ... 105
      δ) Verlaufs- und Lokalisationsveränderungen der Cristae ... 109
      ε) Ablagerung von Kalziumsalzen ... 112
   d) Veränderungen der Matrix und ihrer Bestandteile ... 115
      α) Schwellungszustände und Matrixherauslösung ... 115
      β) Zunahme der Matrixdichte ... 122
      γ) Veränderungen der Matrixgranula ... 122
      δ) Matrixeinschlüsse ... 125
         δα) Einschlüsse bekannter Natur ... 125
         δβ) Einschlüsse unbekannter Natur mit differenter Struktur ... 130

Seite
e) Veränderungen der Größe und Form ... 132
α) Veränderungen der Größe ... 132
β) Veränderungen der Form ... 139
f) Veränderungen der Menge ... 140
α) Zunahme der Zahl ... 140
β) Verminderung der Zahl ... 143
g) Veränderungen der Verteilung ... 146
h) Entstehung und Untergang der Mitochondrien ... 148
α) Entstehung ... 148
β) Untergang ... 151
i) Spezielle Befunde ... 151
4. Das Golgi-System und die Zentriolen ... 152
a) Normale Struktur und Funktion ... 152
α) Das Golgi-System ... 152
β) Die Zentriolen ... 153
b) Hyperplasie und Hypertrophie des Golgi-Systems ... 154
c) Atrophie des Golgi-Systems ... 156
d) Strukturveränderungen des Golgi-Systems ... 157
e) Befunde an den Zentriolen ... 160
5. Lysosomen, Zytolysomen, Phagolysomen und Pigmente ... 161
a) Normalstruktur und Funktion der Lysosomen ... 161
b) Zunahme von Zahl und Größe der Lysosomen ... 167
c) Veränderungen der Lysosomen ... 169
d) Autophage Vakuolen (Zytolysomen, Zytosegresomen) ... 172
e) Formen der Aufnahme von Substanzen in die Zelle ... 177
α) Diffusion, aktiver Transport, Absorption ... 177
β) Pinozytose ... 180
γ) Phagozytose ... 183
f) Intrazelluläre Speicherungsprozesse ... 188
g) Das Schicksal von Zytolysomen und Phagolysomen ... 191
h) Pigmente ... 195
α) Primär aus Zellbestandteilen entstandene Pigmente ... 197
β) Primär aus phagozytiertem Material entstandene Pigmente ... 199
γ) Durch spezielle Stoffwechselprozesse entstandene Pigmente ... 202
i) Formen der Abgabe von Material ... 203
6. Die Microbodies ... 203
a) Die normale Struktur ... 203
b) Vermehrung der Microbodies ... 209
c) Verminderung und Lokalisationsveränderung der Microbodies ... 209
d) Vergrößerung der Microbodies ... 210
e) Strukturveränderungen der Microbodies ... 210
7. Grundplasma, Vakuolisierung, dunkle Zellen ... 211
a) Allgemeine Veränderungen ... 211
b) Filamentbildungen und -verluste ... 212
c) Vakuolenbildung und vakuolige Degeneration ... 216
d) Dunkle und helle Zellen ... 226
8. Die Zellmembran ... 230
a) Normale Struktur und Funktion ... 230
b) Veränderungen der speziellen Zellmembranareale ... 235
α) Veränderungen der freien Oberfläche ... 235

Seite

β) Veränderungen der lateralen Zellmembran 240
βα) Befunde an den nicht spezialisierten Bereichen 240
ββ) Befunde an den Schlußleisten und Desmosomen 242
βγ) Veränderungen der Synapsen und Disci intercalares 243
c) Allgemeine degenerative Veränderungen 243
9. Tatsachen und Hypothesen zur Biologie und Pathologie von Membranen 246
a) Normale Struktur und Hypothesen 246
b) Veränderungen der Membrankomponenten 255
c) Veränderungen der typischen Anordnung der Moleküle 257

II. Struktur und Funktion der Zelle unter veränderten Wachstums- und Stoffwechselbedingungen 258
1. Physiologische und induzierte Veränderungen von Zellwachstum und Zellgröße 258
a) Involution 258
b) Metamorphose 260
c) Atrophie 264
d) Entdifferenzierung 266
e) Differenzierung 266
f) Regeneration 269
g) Hypertrophie 270
2. Alternsvorgänge der Zelle 271
a) Allgemeine Vorstellungen über das zelluläre Altern 271
b) Spezielle Veränderungen im Verlaufe des Zellalterns 273
3. Malignisierung von Zellen; maligne Zellen 276
a) Die Tumorzelle 276
b) Zellbefunde bei der Kanzerisierung 288
4. Riesenzellen 289
a) Entstehungswege 289
b) Die innere Struktur der Riesenzelle 290
5. Zellveränderungen bei Störung des DNS-RNS-Proteinstoffwechsels 292
a) Allgemeine Prinzipien 292
b) Schädigung der DNS- und DNS-abhängigen RNS-Synthese 292
c) Schädigung der zytoplasmatischen RNS und der Proteinsyntheseschritte 294
d) Zellveränderungen bei Amyloidbildung 296
6. Zellveränderungen bei Störung des Kohlenhydratstoffwechsels 298
a) Normales Vorkommen und Verhalten von Kohlenhydraten in Zellen 298
b) Verminderung des Glykogengehaltes 299
c) Zunahme des Glykogengehaltes 301
d) Zellveränderungen bei Kohlenhydratspeicherungskrankheiten 313
e) Zellveränderungen bei Diabetes mellitus 316
7. Zellveränderungen bei Störungen des Lipidstoffwechsels 318
a) Aufnahmevorgänge der Lipide und ihre Störungen 318
b) Intrazelluläre Synthese und Abbau 322
c) Die Zellverfettung 324
α) Verfettung durch erhöhtes Angebot — Mobilisation körpereigenen Fettes 325
β) Verfettung durch Fettembolie und toxische Fette 326
γ) Verfettung durch intrazelluläre Verwertungsstörungen 327
δ) Verfettung bei toxischen Zellveränderungen 328

Seite

d) Die Lokalisation von Lipiden in der Zelle 329
e) Zellveränderungen bei Lipidspeicherkrankheiten 337
8. Zellveränderungen bei Störung des Kalziumstoffwechsels 340
a) Allgemeine Probleme der Kalziumstoffwechselstörungen 340
b) Intrazelluläre Mineralisation und Verkalkung 340
α) Mitochondrien 340
β) Zytosomen und freies Zytoplasma 347
c) Extrazelluläre Verkalkung 348
α) Basalmembran 348
β) Kollagene Fasern 348
γ) Elastische Fasern 349
9. Zellveränderungen nach Gabe von Schwermetallen und Modifikationen des Ionengehaltes 350
a) Befunde nach Gabe von Schwermetallen 350
b) Befunde bei Modifikationen des Ionengehaltes 352
α) Veränderungen bei Magnesiummangel 352
β) Veränderungen bei Kaliummangel 353
10. Zellveränderungen nach Einwirkung einiger Hormone 353
a) Allgemeine Vorstellungen über den Wirkungsmechanismus der Hormone 353
b) Zellveränderungen nach Schilddrüsenhormoneinwirkung 354
c) Zellveränderungen nach Parathormongabe 355
d) Zellveränderungen nach Einwirkung von Kortikosteroiden (Kortison u. a.) 355
e) Zellveränderungen nach Östrogengabe 358
11. Zellveränderungen bei Änderungen der Nahrungszusammensetzung 359
a) Partieller oder totaler Hunger 359
b) Proteinarme oder -freie Ernährung 363
α) Proteinarme, cholinarme Diät 368
c) Veränderungen des Aminosäuregehaltes oder Gabe von Aminosäure-Analoga 369
α) Mangel an Aminosäuren 369
β) Gabe von Aminosäure-Analoga 370
βα) Äthionin 372
γ) Überschuß von Aminosäuren 375
d) Änderungen des Vitamingehaltes 375
α) Vitamin A 375
β) Vitamin-B-Komplex 376
γ) Vitamin C 377
δ) Vitamin D 377
ε) Vitamin E 378
12. Zellveränderungen bei allergischen Reaktionen und Transplantation 378
a) Allergische Zellreaktionen 378
b) Antikörperbildende Zellen 380
c) Zellveränderungen in transplantierten Organen 384
13. Zellreaktionen bei Temperaturveränderungen und Hibernation 386
a) Befunde bei Temperaturerhöhung 386
b) Befunde bei Temperatursenkung 391
c) Befunde bei Hibernation 392
14. Zelluntergang und Nekrose 393
a) Die tote Zelle 393

Seite

b) Veränderungen der Zellbestandteile beim Zelltod ... 399
α) Der Kern ... 399
β) Die Mitochondrien ... 404
γ) Das endoplasmatische Retikulum und die Ribosomen ... 404
δ) Das Golgi-System, Lysosomen und das Grundplasma ... 406
ε) Die Zellmembran ... 406
c) Ursache und Pathogenese des Zelltodes ... 408

III. Spezielle zelluläre Schädigungsmuster ... 409
1. Zellschädigung und Dysfunktion bei Veränderung der Atmung ... 409
a) Besonders betroffene Organe und hauptsächliche Entstehungsarten des Sauerstoffmangels ... 409
b) Befunde an den einzelnen Zellbestandteilen ... 411
c) Pathogenese der Sauerstoffmangelschäden (insbesondere des Herzens) 419
d) Zellveränderungen bei Sauerstoffüberangebot ... 419
2. Zellschädigung und Dysfunktion durch Antibiotika und ähnliche Substanzen ... 420
a) Aktinomyzin ... 421
α) Eigenschaften und Wirkungsweise ... 421
αα) Eigenschaften ... 421
αβ) Wirkung auf die RNS-Synthese ... 421
αγ) Wirkung auf die DNS und Zellteilung ... 424
αδ) Wirkung auf Proteinstoffwechsel und Enzymsynthese ... 426
β) Morphologische und biochemische Folgen ... 426
βα) Veränderungen des Kerns und seiner Bestandteile ... 426
ββ) Veränderungen des Nukleolus ... 427
βγ) Veränderungen des endoplasmatischen Retikulums und der Polysomen/Ribosomen ... 427
βδ) Veränderungen der übrigen Zytoplasmabestandteile ... 431
b) Mitomyzin ... 434
c) Daunomyzin ... 435
d) Phleomyzin ... 435
e) Streptomyzin ... 435
f) Kanamyzin ... 436
g) Puromyzin ... 436
h) Zykloheximid ... 437
i) Viomyzin ... 438
k) Chloramphenicol ... 438
l) Tetrazyklin ... 439
3. Zellschädigung und Dysfunktion nach Barbitalgabe ... 439
4. Zellschädigung und Dysfunktion nach Alkoholintoxikation ... 441
5. Zellschädigung und Dysfunktion nach Thioazetamidgabe ... 447
6. Zellschädigung und Dysfunktion nach Tetrachlorkohlenstoffvergiftung .. 448
a) Schädigungsformen und untersuchte Zellarten ... 448
b) Veränderungen der einzelnen Zellstrukturen ... 448
c) Die Pathogenese der Tetrachlorkohlenstoffvergiftung ... 450
7. Zellschädigung und Dysfunktion nach Strahleneinwirkung ... 451
a) Übersicht über die betroffenen Organe ... 451
b) Strukturveränderungen der Zellbestandteile ... 452
c) Pathogenese der Strahlenreaktion der Zelle ... 457
d) Anhang: Zelluläre Reaktionen nach Laserbestrahlung ... 459

Seite

8. Virusbedingte Zytopathologie ... 460
   a) Pathogenese der Virusinfektion ... 460
   b) Virusspezifische Befunde ... 461
   c) Unspezifische Zellveränderungen im Verlaufe der Virussynthese ... 462
   d) Einschlußkörperbildung ... 470

Schluß ... 470

Literatur ... 471

Sachverzeichnis ... 612

Einleitung

Alles Leben läßt sich auf intakte Funktionen der Einzelzelle zurückführen, die in enger Wechselwirkung zu ihrer regelrechten Struktur insgesamt und ihrer Teile stehen. Unsere bisherigen Methoden geben aber innerhalb des großen Ensembles immer nur über Einzelfunktionen Auskunft, die wir als Indikator für viele oder alle Funktionen ansehen. Auch bei Berücksichtigung aller Verdienste der modernen Zellforschung und Molekularbiologie scheint es gefährlich, einmal an einer Zellart oder Population gewonnene Teilergebnisse auf die Gesamtheit aller existierenden Zellen zu übertragen. Die Zelle als kybernetisches System kann auch bei regelrechter Funktion der Einzelteile ohne die notwendigen Informations- und Rückkopplungsvorgänge nicht auskommen. Diese aber sind fast noch nicht erforscht und in den einzelnen Zellen sicher auch in Varianten vorhanden.

Eine Darstellung der Dysfunktionen der „ZELLE" erscheint also bei der Komplexität aller Ereignisse und der vielfach fehlenden Kenntnis der Funktion ein ziemlich zweifelhaftes Unternehmen, das von der Idealvorstellung von vornherein noch weit entfernt bleiben muß.

Wir können also nur versuchen, unseren heutigen Kenntnisstand aufzuzeichnen und auf die möglichen Entwicklungstendenzen der Forschung hinzuweisen. Dabei müssen besonders die quantitativen Veränderungen in der Zelle berücksichtigt werden, da z. B. auch der exakteste Hinweis darauf, daß alle Funktionen und Funktionsabläufe einer Mitochondriengruppe regelrecht ablaufen, nicht genügt, wenn wir nicht gleichzeitig wissen, ob ihre Gesamtmenge auch innerhalb der Normen liegt.

Es schien mir notwendig, die vorliegende Abhandlung mit einer Darstellung des qualitativen und quantitativen Verhaltens der Zellbestandteile zu beginnen, zumal Schädigungsformen der einen Art in einer anderen Zellpopulation nicht als typisch angesehen werden müssen. Vielfach mußte dabei noch die rein morphologische Beschreibung von Phänomenen dominieren, da die Biochemie noch nicht in der Lage ist, die oft auf einen geringen Prozentsatz beschränkten Veränderungen zu erfassen. Die weißen Bezirke auf der Karte der Struktur-Funktions-Beziehungen der Zelle sind noch sehr ausgedehnt; sie werden jedoch langsam, aber kontinuierlich reduziert und sind sicher zum Zeitpunkt der Veröffentlichung dieser Abhandlung schon wieder kleiner geworden.

I. Allgemeine Pathologie der Zellbestandteile unter Schädigungsbedingungen

Grundlage für das Verständnis von Dysfunktionen und Schädigungsmechanismen der Zelle ist die Kenntnis von Normologie und Pathologie ihrer einzelnen Bestandteile. Wir stellen deshalb, ausgehend von der normalen Morphe des Kerns, der Organellen und des Grundplasmas, die pathologischen Befunde am Inventar der Zelle an den Anfang unserer Darstellung.

1. Der Kern

Der Kern stellt das Regulationszentrum der Zelle dar. Die Hauptaufgabe des Kernstoffwechsels ist die Konservierung, Reproduktion und Expression der genetischen Informationen (GEORGIEV, 1967). Das Trockengewicht des Kerns besteht zu 20—25% aus DNS, zu 2—5% aus RNS aller Arten, zu 70—75% aus Proteinen, wobei besonders die Histone und verschiedene Enzyme zu nennen sind. Schlüsselenzym für die DNS-Duplikation ist die DNS-Polymerase, für die DNS-Transkription die RNS-Polymerase. Leitenzym der Kernfraktion ist die DPN-Pyrophosphorylase (SIEBERT, 1968).

a) Normalbefunde

α) Das Karyoplasma

Das das Karyoplasma im wesentlichen bildende Chromatin besteht aus etwa 100 Å breiten Fibrillen, die sich aus zwei 40 Å dicken Filamenten aufbauen und DNS-Histon-Komplexe darstellen (TRUMP u. ERICSSON, 1965). Die nukleäre (m?) RNS liegt in Form von 25—30 Å breiten Filamenten vor (KAKEFUDA u. KINOSITA, 1966). In den differenten Kernen ist das *Chromatin* in wechselnder Menge in zwei Erscheinungsformen zu beobachten, dem Euchromatin und dem Heterochromatin. Dabei ist das Euchromatin das morphologische Äquivalent des Stoffwechsels, d. h. der informationsaktiven Desoxynukleoproteide, während das Heterochromatin die inaktiven Bestandteile darstellt. Nach HARBERS (1967) erfolgt in den ausdifferenzierten Zellen die weitgehende und permanente Ausschaltung der Information durch die Heterochromatisierung. Das Euchromatin ist durch eine lockere Lagerung der Nukleoproteidfibrillen, d. h. der im Schnitt als Granula erscheinenden Partikeln, gekennzeichnet. Heterochromatin zeigt eine dichtere Lagerung aus wechselnd dichten und weniger dichten Banden, die sich aus Untereinheiten von Mikrozylindern und Mikrohelices von DNS und Proteinen aufbauen (DAVIES, 1968). Es ist überall im Kern, besonders jedoch nahe der Kernmembran zu finden. Charakteristische Lagerungen sind in Form der lichtmikroskopisch beschriebenen Radspeichenstruktur, z. B. in den Kernen von Plasmazellen, zu beobachten.

Innerhalb des Karyoplasmas sind vielfach zwei Sorten von Granula, die Perichromatingranula und die Interchromatingranula, zu finden. Die Perichromatingranula sind 300—350 Å groß und werden von einem 750 Å großen Hof umgeben. Im Cerebellum neugeborener Mäuse sind im Stratum granulosum externum je μm^2 Kern 0,36 $\mp$ 0,02 Granula und im Stratum granulosum internum 0,48 $\mp$ 0,05 Granula vorhanden (YAMAMOTO u. SHIRAIWA, 1968).

Die Interchromatingranula stellen 200—250 Å große, dichte Granula dar. Von beiden Granulatypen ist die chemische Zusammensetzung bisher unbekannt. Nach NARAYAN et al. (1967) stellen die Interchromatingranula ein Ribonukleoproteidnetzwerk dar. Sie sind reich an Adenyl- und Uridylsäure. In ihnen wird möglicherweise die 18-S-RNS synthetisiert.

Neuerdings werden außerdem in den Kernen von Normalgewebe, aber auch pathologisch verändertem Gewebe sogenannte Sphäridien beschrieben (BÜTTNER u. HORSTMANN, 1967, 1968; BÜTTNER, 1968). Diese etwa 0,3—1,5 μm großen Gebilde aus granulärem, filamentösem, globulärem, membranösem, wahrscheinlich eiweißhaltigem Material sind in ihrer Funktion noch nicht näher erklärbar.

0,3—0,5 μm große Nuklearkörper wurden in normalen und pathologischen Lymphknotenzellen von BROOKS u. SIEGEL (1967) und POPOFF u. STEWART (1968) und Plasmazellen (SIMAR, 1969) beobachtet. Sie enthalten zentral 200 bis 400 Å große dichte Granula, in der Peripherie fibrilläres Material und besitzen Ähnlichkeit mit dem Nukleolus. 1,0—1,5 μm große, proteinhaltige, fibröse Nuklearkörper sind in verschiedenen Zellarten zu finden (KRISHAN et al., 1967).

Im Darmepithel besitzen die Kerne der Kryptenzellen 50-Å-Filamente und 150—200-Å-Granula, während die der Zottenzellen dichtgepackte fibrilläre Komponenten haben (KAZARYAN et al., 1967).

Mikrotubuli, oft in paralleler Lagerung, sieht man in Spermatiden (HADEK, 1969) und Spermatozyten (BEHNKE u. FORER, 1966) und im Nervengewebe (WEINDL et al., 1967). Zu Komplexen zusammengebündelte Tubuli sind in den Kernen von Trophoblast-III-Zellen von Ratten und Plazentarzellen der Maus ausgebildet (CARLSON u. OLLERICH, 1969). Die in Kernen des Novikoff-Hepatoms vorhandenen tubulären Strukturen könnten Anteile eines kanalikulären Systems zwischen Nukleolus und der perinukleären Zisterne darstellen (BABAI et al., 1969). Kristalline Strukturen aus Filamenten oder Tubuli findet man auch besonders in Nervenzellen (CHANDLER, 1966; BARTON, 1967; MASUROWSKY et al., 1968). Desgleichen sind im Nervengewebe lamelläre, oft konzentrische Formationen ausgebildet (ISHIKAWA, 1964; BOROWAGIN et al., 1965), ebenso in Oozytenkernen von *Cordulia aenea* (HALKKA et al., 1969). In den Zellkernen des normalen Nebenhodens sind differente Einschlüsse aus verschiedenartigem Material zu beobachten (NICANDER, 1964; HORSTMANN, 1965; HORSTMANN et al., 1966; LUTHMAN, 1968), desgleichen in menschlichen Speicheldrüsen (TANDLER et al., 1969). LANGE u. BREHM (1963) beschreiben in Epithelkörperchen von *Rana temporaria* kristalloide und fibrilläre Einschlüsse.

Annulierte intranukleäre Lamellen werden in Spermatogonien von Philaenus spumarius beobachtet (FOLLIOT, 1968). Sie haben enge Beziehungen zur inneren Kernmembran, dienen als Stütze für das Chromatin und stellen möglicherweise eine Membranreserve für die Kernmembranbildung von Tochterzellen dar. In jungen Odontoblasten sind multivesikuläre Körper zu finden, die ins Zytoplasma ausgeschleust werden (FRANK, 1969).

Nur von wenigen Einschlüssen im Kern ist die chemische Zusammensetzung bekannt. So wird in Erythroblastenkernen von Nichtmammaliern Hämoglobin beschrieben (FAWCETT, 1966). Im Ösophagusepithel sind im Kern 0,1—0,3 μm große Keratohyalingranula zu sehen (OEHMKE u. PETRY, 1964). Solche Ablagerungen sind auch im Vormagen der Maus zu finden (PIPAN, 1967).

β) Der Nukleolus

Der in fast jedem Zellkern vorhandene Nukleolus kann schon in Abhängigkeit von der Zell- und Tierart normalerweise eine Vielzahl von Modifikationen zeigen (David, 1964). Meist enthält er wechselnde Formationen von fibrillären und granulären Anteilen, die als Nukleolonemata und Pars amorpha bezeichnet werden. Eine genauere Differenzierung ergibt eine Zusammensetzung aus ribonukleoproteidhaltigen 50 Å breiten Fibrillen sowie 150 bis 200 Å großen Granula, der proteinhaltigen amorphen Matrix und Chromatinsträngen (Geuskens u. Bernhard, 1966). Die 40—60 Å breiten Fibrillen setzen sich nach Narayan et al. (1966) aus helixartigen 15—30 Å-Filamenten zusammen.

Teilweise werden schwamm- oder maschenartige Strukturen beschrieben (Dubrauszky u. Pohlmann, 1960; Gossrau u. Thoenes, 1967). In Oozyten von Centipeden werden die Nukleoli von Lamellen umgeben (Beams u. Sekhon, 1968). Bei Oozyten von *Orconectes virilis* sind intranucleoläre Membranen ausgebildet (Kessel u. Beams, 1968).

Von funktioneller Bedeutung (neue Übersichten: Bernhard u. Granboulan, 1968; Hay, 1968) sind die Beziehungen zur DNS und die spezifische chemische Zusammensetzung des Nukleolus. Schon in einigen lichtmikroskopischen Beobachtungen wurde Feulgen-positives Material in enger Verbindung zum Nukleolus beschrieben, das als Nukleolus-assoziiertes Chromatin bezeichnet wurde. Elektronenmikroskopisch konnte dieser Befund inzwischen (besonders durch eine enzymatisch bedingte Herauslösung der DNP-Komplexe) bestätigt werden (Altmann et al., 1963; Granboulan u. Granboulan, 1964; Karasaki, 1964; Kasten u. Bovis, 1965; La Cour u. Wells, 1967). In reifenden Oozyten von *Triturus viridescens* erfolgt eine Umstrukturierung der zuerst in einzelnen Portionen gelagerten DNS zu einem umhüllenden Ring (Lane, 1967). In den ringförmigen Nukleoli reifer Lymphozyten ist das Chromatin in verschiedenen physikalischen Zuständen vorhanden (Smetana et al., 1968). Neben feinen Filamenten von 20 Å Breite sind zu Trabekeln angeordnete Filamentbündel und große Ansammlungen von 80—120 Å breiten Fibrillen zu finden. Die letzteren setzen sich ebenfalls aus 20 Å-Filamenten zusammen. Aus der Tatsache, daß auch in den Nukleoli reifer Lymphozyten DNS-Filamente existieren, gleichzeitig jedoch die RNS-Synthese reduziert ist, muß eine Repression der nukleolären DNS für wahrscheinlicher gehalten werden als ihr Verlust. Die Nukleoli von Amphibienoozyten bestehen aus Granula, die ein fibröses Zentrum umgeben (Miller, 1962).

Die schon länger bekannte Tatsache, daß der Nukleolus vorwiegend aus Ribonukleoproteiden zusammengesetzt ist, war immer mit dem Problem verknüpft, ob die RNS auch im Bereich des Kernkörperchens synthetisiert wird oder ob es nur Zwischenstation vor dem Transport in das Zytoplasma darstellt (Schema 1).

Nach Suskind (1967) kann für die Leberzellen bewiesen werden, daß im Nukleolus eine rapide RNS- und Eiweißsynthese erfolgt. Die verschiedenen Nukleolustypen sind wahrscheinlich der morphologische Ausdruck eines Ribosomenproduktionszyklus (Davis, 1967). Die in der letzten Zeit durchgeführten Analysen können genauere Aussagen über die Komponenten des Nukleolus und ihre funktionelle Bedeutung machen. Nach Marinozzi (1964; Marinozzi u.

Bernhard, 1963) sind die 150—200 Å großen Granula ebenso wie die 50 Å breiten Fibrillen des Nukleolus RNS-haltig. Sie sind in einer Proteinmatrix eingebettet, die im Gebiet der Fibrillen besonders konzentriert ist. Die Nukleolonemata enthalten neben DNP und RNP wahrscheinlich noch Lipoproteide (Paweletz et al., 1967). Die Ribonukleoproteide sind als größere ribosomenartige Partikeln sowie in Untereinheiten vorhanden (Kasten u. Bovis, 1965; Mundkur, 1965).

In den Ribonukleoproteidpartikeln des Nukleolus sind ebenso wie in denen des Zytoplasmas 20 Å breite RNS-Filamente nachweisbar. Es besteht auch die Möglichkeit, daß im Nukleolus einzelne Polysomen existieren (Smetana et al.,

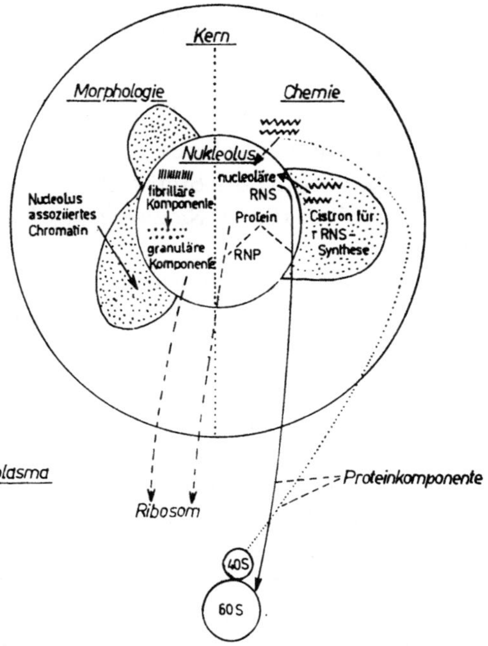

Schema 1. Schematische Darstellung der Nukleolusfunktion und der Beziehungen zu den Ribosomen. (Nach Miyai und Steiner, 1967.)

1968). Die Ähnlichkeit der Ribonukleoproteidpartikeln von Nukleolus und Zytoplasma stützt die Ansicht, daß die Partikeln im Nukleolus zusammengebaut werden.

In den Wurzelspitzenzellen von *Allium cepa* besteht der Nukleolus aus fibrillären, granulären, lakunären und vakuolären (nur teilweise vorhandenen) Bezirken. ^{3}H-Arginin ist über den fibrillären und granulären Regionen, vereinzelt über der lakunären und niemals über der vakuolären Region lokalisiert (Chouinard u. Leblond, 1967).

Einbaustudien mit Vorläufern wie ^{3}H-Uridin zeigen die ersten Syntheseschritte im Bereich der fibrillären Anteile in enger Verbindung mit den DNS-haltigen Partien (Geuskens u. Bernhard, 1966; Gaudecker, 1967; Unuma et al., 1968). Die hier gebildete RNS wandert in die granuläre Zone, wo eine Verbindung mit Protein erfolgt. Nach 5 Min. ist eine Markierung der fibrillären Anteile, nach 10 Min. der granulären und nach 30 Min. des ganzen Nukleolus erkennbar (Granboulan u. Granboulan, 1964). In den Speicheldrüsen von

Chironomus thummi zerfällt die RNS in 2 Untereinheiten. Die 40-S-Komponente wandert direkt ins Zytoplasma, während die 60-S-Komponente zuerst in die granuläre Zone gelangt und danach ins Zytoplasma übertritt, wo sie sich mit der 40-S-Komponente verbindet (GAUDECKER, 1967). Nach PENMAN et al. (1966) ist die 45-S-RNS des Nukleolus aus Helazellen Vorläufer der ribosomalen RNS. Sie wird in eine 28-S- und eine 32-S-Komponente gespalten. Während die 28-S-Komponente schnell ins Zytoplasma gelangt, wird die 32-S- erst in 28-S-RNS im Karyoplasma umgewandelt und dann abgegeben. STEELE u. BUSCH (1966) fanden jedoch im Nukleolus eine direkte Produktion der 28-S-Untereinheit.

Amphibienembryonen im Blastulastadium enthalten nur fibröse Nukleoli, wonach im Gastrulastadium ribosomenartige Granula akkumulieren, die für die Synthese der zytoplasmatischen Ribosomen bedeutungsvoll sein sollen (MILLONIG, 1966).

Die Abgabe von ribonukleoproteidhaltigem Material kann morphologisch durch einen Granulastrom vom Nukleolus zur Kernmembran erschlossen werden, was besonders bei einer Aktivierung des Stoffwechsels beobachtet wird. SMETANA et al. (1963) sahen ein kontinuierliches Netzwerk aus Ribonukleoproteiden vom Nukleolus zur Kernmembran.

Im Hypothalamus (KAWABATA, 1965; SHIMIZU u. ISHI, 1965) und in Oozyten (MILLER, 1962; KESSEL u. BEAMS, 1963) wurden Ausstoßungen ganzer Nukleoli oder nukleolusartiger Strukturen ins Zytoplasma beobachtet.

γ) Die Kernmembran

Die Kernmembran setzt sich aus zwei 70—80 Å breiten Membranen zusammen, deren äußerer, u. U. aber auch innerer Teil dem endoplasmatischen Retikulum zugehörig ist. Kommunikationen zwischen der Kernmembran und dem granulären endoplasmatischen Retikulum sind in embryonalen Zellen häufiger zu sehen (DVOŘÁK, 1968). Die zwischen den Membranen liegende perinukleäre Zisterne hat Verbindung zu den Zisternen des granulären endoplasmatischen Retikulums und über diese möglicherweise auch zur Zellaußenwelt, so daß Substanzen ohne Berührung des Zytoplasmas in den Kern gelangen können (MIRSKY u. OSAWA, 1961). In Spinalganglienzellen von Kükenembryonen bilden sich aus der äußeren Kernmembranlamelle Membranrollen, aus denen Mitochondrien werden können (PANNESE, 1966). In Oligodendrogliazellen des Rückenmarkes einiger Fische sind im Kernmembranspalt wie auch in Zisternen des granulären endoplasmatischen Retikulums kristalline Einschlüsse zu beobachten (MARQUET u. SOBEL, 1969).

Der Kernmembran sind außen in wechselnder Menge Ribosomen bzw. Polysomen angelagert. An der Innenseite ist Heterochromatin in größeren Akkumulationen zu finden. Bei *Hirudo officinalis* sind in Nervenzellen 150—200 nm breite fibröse Laminae aus verflochtenen 30—50 Å breiten Filamenten, die einen honigwabenartigen Aufbau zeigen, um die Poren zu finden (FAWCETT, 1966).

Der Austausch zwischen Kern und Zytoplasma ist in seinem Ausmaß von der Relation zwischen Kernoberfläche und Zytoplasmavolumen abhängig. Je kleiner das Verhältnis ist, desto stärker ist der Austausch. Es beträgt z. B. an der Leberzelle 1:50, kann aber in Oozyten und Einzellern bis auf 1:200000 sinken (AFZELIUS, 1963).

Die Kernmembran wird von einer wechselnd großen Zahl von Poren von differentem Durchmesser durchsetzt. Vereinzelt wird angenommen, daß die Poren vorübergehende Strukturen seien, die jederzeit verschwinden und an anderer Stelle auftauchen können. In ihrem Bereich wird ATPase nachgewiesen (Yasuzumi u. Tsubo, 1966).

Nach Untersuchungen von Franke (1966, 1967) sind in der Mäuseleberzelle je μm^2 Kernoberfläche 35—55 Poren mit einem inneren Annulusdurchmesser von 65 ± 7 nm, in den Makronuklei von *Tetrahymena pyriformis* 95—135 Poren je μm^2 zu finden. Bei 20 Poren je μm^2 ergibt sich somit ein Anteil an der Kernoberfläche von 8%, bei 100 Poren je μm^2 ein Anteil von 40%.

In Hela-Zellen beobachteten Fisher u. Cooper (1967) 13 Poren je μm^2, was bei einem Durchmesser von 650 Å eine Porenfläche von 5% der Kernoberfläche bedeuten würde. Die Wand der Annuli wird aus etwa 8—9 Untereinheiten von je 7—18 nm zusammengesetzt. Im Zentrum des Annulus ist eine knopfartige Verdickung zu sehen (Mentré, 1966).

Hauptaufgabe der Poren ist es, die Kernmembran für Makromoleküle permeabel zu machen. In einzelnen Fällen wurden in ihrem Zentrum Ribonukleoproteidgranula gesehen (Afzelius, 1963; Stevens u. Swift, 1966; Kessel, 1966). Auch andere in die Zelle gebrachte Molekülkomplexe können in den Poren gesehen werden, wie z. B. kolloidale Goldpartikeln (Feldherr, 1962, 1964, 1965).

Neben dem Weg durch die Poren kommen als weitere Transportwege der direkte Austausch durch die Membranen, durch zeitweise geöffnete Kanäle, durch Membranvesikulation und durch Ausstülpung oder Sprossung der Kernmembran in Frage (Baud, 1964).

Die in fetalen Thymuszellen gebildeten Kernblasen werden von der Kernmembran und einem schmalen Karyoplasmasaum umgeben. Sie werden nach Ablösung als Kernsekretion bezeichnet (Sebuwufu, 1966; Törö u. Oláh, 1966). Die Permeabilität der Kernmembran ist auch von ihren elektrophysiologischen Eigenschaften abhängig (Wiener et al., 1963). Die Resistenz gegen Ionenfluß beträgt etwa 1 Ohm/cm² für Speicheldrüsenzellen von *Drosophila*, das Ruhepotential liegt bei 15 mV.

δ) Zahl, Größe und Lokalisation des Kerns

Die meisten Zellen besitzen normalerweise nur einen Kern. Nur für die Leber konnte stets ein bestimmter Anteil von zwei- und mehrkernigen Zellen ermittelt werden (17—28% je nach Tierart; David, 1961).

Nach den Vorstellungen von Heidenhain soll zwischen Kern und Zytoplasma eine gesetzmäßige Beziehung bestehen. Auf Grund neuer Untersuchungen ist an dieser gesetzmäßigen Beziehung zu zweifeln, zumal das Zytoplasma (Grundplasma) als solches ja nur einen geringen Prozentsatz der Zelle ausmacht und die Menge der zahlreichen Organellen doch eine bessere, bisher aber keineswegs bekannte Relation darstellen könnte.

In den einzelnen Zellarten ist meist eine typische, zentrale, basale oder apikale Lagerung der Kerne zu beobachten, die bei sonst gleichartig gebauten Zellen Auskunft über ihre Herkunft, z. B. Skelett- oder Herzmuskulatur, geben kann.

b) Veränderungen des Karyoplasmas

α) Befunde am Euchromatin und Heterochromatin

Obwohl die Begriffe des Eu- und Heterochromatins schon lange bekannt sind, gibt es erst seit kurzer Zeit Angaben über ihre Bedeutung, insbesondere über Veränderungen ihrer Relation. Ein unterschiedliches Verhältnis dieser beiden Kernbestandteile, d. h. ein differentes Verhalten der stoffwechselaktiven Genorte, könnte Ursache für die verschiedene Reaktion der einzelnen Zellarten gegenüber Substanzen sein, die in die DNS-abhängigen Stoffwechselvorgänge eingreifen (HARBERS, 1967). Testosteron soll in den Epithelzellen der Niere zu einer Umwandlung des Heterochromatins zu Euchromatin führen (TESSMANN, 1968). Nach Hypophysektomie soll die Menge verklumpten Chromatins ansteigen (CARDELL, 1967).

Die chemischen Kanzerogene Diäthylnitrosamin und N-Nitrosomorpholin bewirken eine zunehmende Heterochromatinisierung, was eine Einschränkung der Verfügbarkeit genetischer Informationen bedeutet (HARBERS u. SANDRITTER, 1968). Die Heterochromatinfraktion erhöht sich von 20% auf 40—50% (HARBERS et al., 1968). Werden bei der erhöhten Heterochromatinisierung elementare Stoffwechselprozesse betroffen, kommt es zur Degeneration und zum Zelltod. Werden die Kontrollmechanismen des Wachstums ausgeschaltet, kann es zum malignen Wachstum kommen.

β) Veränderungen der Karyoplasmadichte

Zu den am meisten unspezifischen Veränderungen der Zelle gehören Verschiebungen der Karyoplasmabestandteile (DAVID, 1964), von denen bisher noch nicht gesagt werden kann, ob sie mit Hetero- bzw. Euchromatinisierungen verbunden sind. Die herdförmige Verklumpung des Karyoplasmas ist im allgemeinen mit Herauslösungen oder Auflockerungen in anderen Arealen verbunden (Tab. 1). Besonders häufig ist die Verdichtung des Karyoplasmas nahe der Kernmembran, was lichtmikroskopisch als Kernwandhyperchromatose bezeichnet wurde und elektronenmikroskopisch vielfach unter dem Begriff der marginalen Kondensation des Chromatins (Abb. 1) erwähnt wird. Ebenfalls ziemlich häufig ist die Chromatinkondensation in der Umgebung des Nukleolus.

Die Herauslösung des Karyoplasmas (Abb. 2) kann zur Bildung von Vakuolen führen, wie z. B. in Nervenzellen (ANDRES, 1963; ANDRES et al., 1963) und Duodenalepithelzellen (HUGON u. BORGERS, 1968), nach Bestrahlung, in der Mamma nach Äthioningabe (BÄSSLER u. GRILLMAIER, 1962) und in der Leber bei Autolyse (DAVID et al., 1961). Mit Mengo-Virus-infizierte Zellen enthalten nur noch blasenförmige Kerne mit einer schmalen Chromatinschale (DALES u. FRANKLIN, 1962).

Eine granuläre Umwandlung des Karyoplasmas ist oft als erstes Zeichen einer Virusinfektion zu werten (GRUNER u. LAVILLAURAIX, 1963). Aktinomyzin führt nach JONES u. ELSDALE (1964) zu einem Verlust der Granula, so daß nur noch bis auf einige Akkumulationen von Granula feine Filamente im Karyoplasma übrigbleiben. Auch ANDRES et al. (1963) sahen in bestrahlten Nerven-

Tab. 1. *Chromatinverklumpung, Herauslösung und marginale Kondensation (Beispiele)*

Organ	Einwirkung	Autor
Leber	Autolyse	TSUTSUMI, 1960
Leber	Autolyse	CAESAR, 1961
Leber	Autolyse	DAVID, 1960; DAVID et al., 1961
Niere	Autolyse	LATTA et al., 1965
Kleinhirn	Autolyse	VAN NIMWEGEN u. SHELDON, 1966
Leber	Necrosis *in vitro*	TRUMP et al., 1963, 1964, 1965
Niere	Necrosis *in vitro*	FAITH u. TRUMP, 1965
Leber	Einfrieren, Auftauen	STOWELL et al., 1965
Leber	Einfrieren, Auftauen	YOUNG et al., 1966
Hela-Zellen	Einfrieren, Auftauen	WISS u. ARMSTRONG, 1960
Muskel	Kälte	PRICE et al., 1964
Pankreas	Hibernation	HERMAN u. WATARI, 1966
Epidermis von Rhodnius prolixus	Metamorphose	GOLDSMITH, 1966
Thymus	Involution	HAELST, 1967
Thymus	Involution, Hydrokortison	COWAN u. SORENSON, 1964
Leber	Hunger	DAVID, 1960
Pankreas	Hunger	HERMAN u. WATARI, 1966
Leber	Eiweißmangel, CCl_4	DAVID et al., 1962
Leber	Eiweißmangel	ERICSSON et al., 1966
Pankreas	Proteinmangel	WEISBLUM et al., 1962
Leber	Zystinüberernährung	DAVID u. BARTOK, 1963
Pankreas	Äthionin	HERMAN u. FITZGERALD, 1962
Lymphat. Gewebe	Hydrokortison	LUNDIN u. SCHELIN, 1966
Nebenhoden	Hypophysektomie	FÄHRMANN u. SCHUCHARDT, 1965
Osteoklasten	Parathormongabe	WALKER, 1966
Corp. caroticum	Sauerstoffmangel	BLÜMCKE et al., 1967
Herz	Ischämie	PAULUSSEN et al., 1968
Herz	Infarkt	HECHT et al., 1961
Herz	Infarkt	DAVID u. HECHT, 1963
Zellkultur	Ultraviolett-Bestrahlung	MONTGOMERY u. REYNOLDS, 1964
Leber	Bestrahlung	SCHERER u. VOGELL, 1958
Leber	Bestrahlung	FASSKE u. THEMANN, 1963
Leber	Bestrahlung	YI-HUNG et al., 1964
versch. Organe	Bestrahlung	MORGENROTH u. THEMANN, 1966
Milz	Bestrahlung	BARI u. SORENSON, 1963/1964
Milz	Bestrahlung	FASSKE u. THEMANN, 1963
Lymphozyten	Bestrahlung	KLUG, 1961, 1965
Lymphknoten	Bestrahlung	SMITH et al., 1967
Corpus luteum	Bestrahlung	BALBONI u. DE DOMINICIS, 1962
Oozyten	Bestrahlung	PARSONS, 1962
ZNS	Bestrahlung	BUCHHOLTZ, 1962
ZNS	Bestrahlung	ROIZIN et al., 1962
ZNS	Bestrahlung	SCHÜMMELFEDER, 1962
ZNS	Bestrahlung	MCDONALD, 1964
ZNS	Bestrahlung	FRANKE u. LIERSE, 1965
Spinalganglion	Bestrahlung	ANDRES, 1963
Kleinhirn	Bestrahlung	VOGEL, 1959

Tabelle 1 (Fortsetzung)

Organ	Einwirkung	Autor
Kleinhirn	Bestrahlung	PITCOCK, 1962
Kleinhirn	Bestrahlung	SAMORAJSKI et al., 1967
Neurohypophyse	Bestrahlung	VOITKEVICH u. DEDOV, 1967
Spinalganglion	retrograde Degeneration	ANDRES, 1961
Lymphozyten	Phytohämagglutinin und inf. Mononukleose	INMAN u. COOPER, 1965
Tumorzellen	Antiseren	KAISER u. SPRINGER, 1963
Leber	Diphtherietoxin	CAESAR u. RAPAPORT, 1963
Kleinhirn	Thiophen	ULE u. ROSSNER, 1960
Leber	Thioazetamid	YAUCHI, 1964
Leber	DNP	KUNZE u. KEMMER, 1965
Corti-Organ-Haarzellen	Kanamyzin	LUNDQUIST u. WERSÄLL, 1966, 1967
Pankreas	Cycloheximid	HARRIS u. SVOBODA, 1967
Chang-Leber-Zellen	Aktinomyzin	REYNOLDS et al., 1964
Leber	Aktinomyzin	SMUCKLER u. BENDITT, 1965
Leber	Aktinomyzin	DAVID, 1966; DAVID u. MARX, 1967
Leber	Aktinomyzin u. part. Hepatektomie	DAVID u. UERLINGS, 1967
maligne Zellen	Zytostatika	SIRSAT u. SUBRAMANIAM, 1966
Zellkultur	Virusinfektion	GODMAN, 1966
Zellkulturen	Polioenzephalomyelitis-viren	KOESTNER et al., 1966
Zelle	Coxsackie-Virus	JEZEQUEL u. STEINER, 1966
Nierenkulturzellen	Echovirus	NUNEZ-MONTIEL et al., 1961
Zelle	Mengovirus	DALES u. FRANKLIN, 1962
	Fowlpox-Virus	ARHELGER et al., 1962
Affennierenzellen	Virusinfektion	OZAWA et al., 1965
Leber	MHV_3-Virus	SVOBODA et al., 1962
Leber	Zytomegalievirus	RUEBNER et al., 1964
Leber	H-1-Virus u. part. Hepatektomie	RUFFOLO et al., 1966
Leber	Herpes simplex-Virus-Hepatitis	RABIN et al., 1967
ZNS	Herpes-Virus-Enzephalitis	SWANSON et al., 1966
Yoshida-Sarkom-Zellen	Degeneration	YASUZUMI et al., 1960
Aszites-Tumoren	Alkylierende Substanzen	LAPIS et al., 1967

zellen herdförmig nur noch ein fädiges Grundgerüst. In bestrahlten Oozyten zeigen die Mikrofibrillen eine Veränderung der Verteilung (PARSONS, 1962), während sie in bestrahlten Hodenzellen zerbrechen und verschwinden (LACY u. ROTBLAT, 1960). ^{131}J-bestrahlte Schilddrüsenzellen zeigen Veränderungen der Chromosomenspiralisation und -kondensation (PANTIĆ, 1966).

Im Verlaufe der morphologisch erkennbaren Veränderungen des Karyoplasmas sind auch Schädigungen der DNS nachgewiesen worden. Nach 16stündiger Autolyse ist der nukleäre DNS-Gehalt auf 20% gesunken, was im wesentlichen auf einen Austritt der DNS zurückzuführen ist (LANCKER u. HOLTZER, 1963).

Die DNS soll nach LATTA et al. (1965) im Verlaufe der Autolyse depolymerisiert werden, die Histone gehen verloren. Dagegen zeigt die NAD-Pyrophosphorylase bei der Necrosis *in vitro* nach 4 Std. noch keine Veränderungen (GRIFFIN et al.,

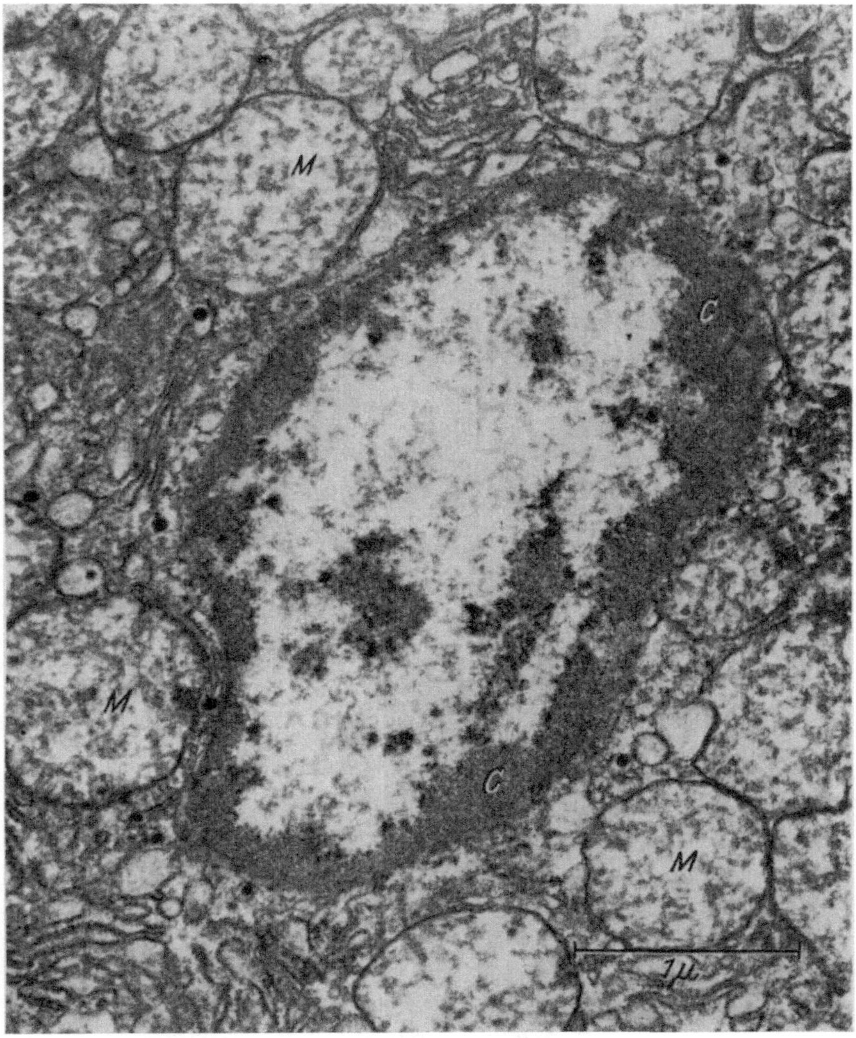

Abb. 1. Marginale Kondensation des Chromatins (*C*) und sphärische Transformation der Mitochondrien (*M*) mit Zerfall der Cristae in einer Leberzelle bei mehrstündiger Blutstauung. 30 000 ×.

1965). Bei Bestrahlung kommt es zur Denaturierung, Degradation und Aufspleißung bzw. Vernetzung der DNS (FASSKE u. THEMANN, 1963). Als Zeichen einer reduzierten DNS-Synthese ist ein verminderter Einbau von ^{3}H-Thymidin zu beobachten (BARI u. SORENSON, 1963).

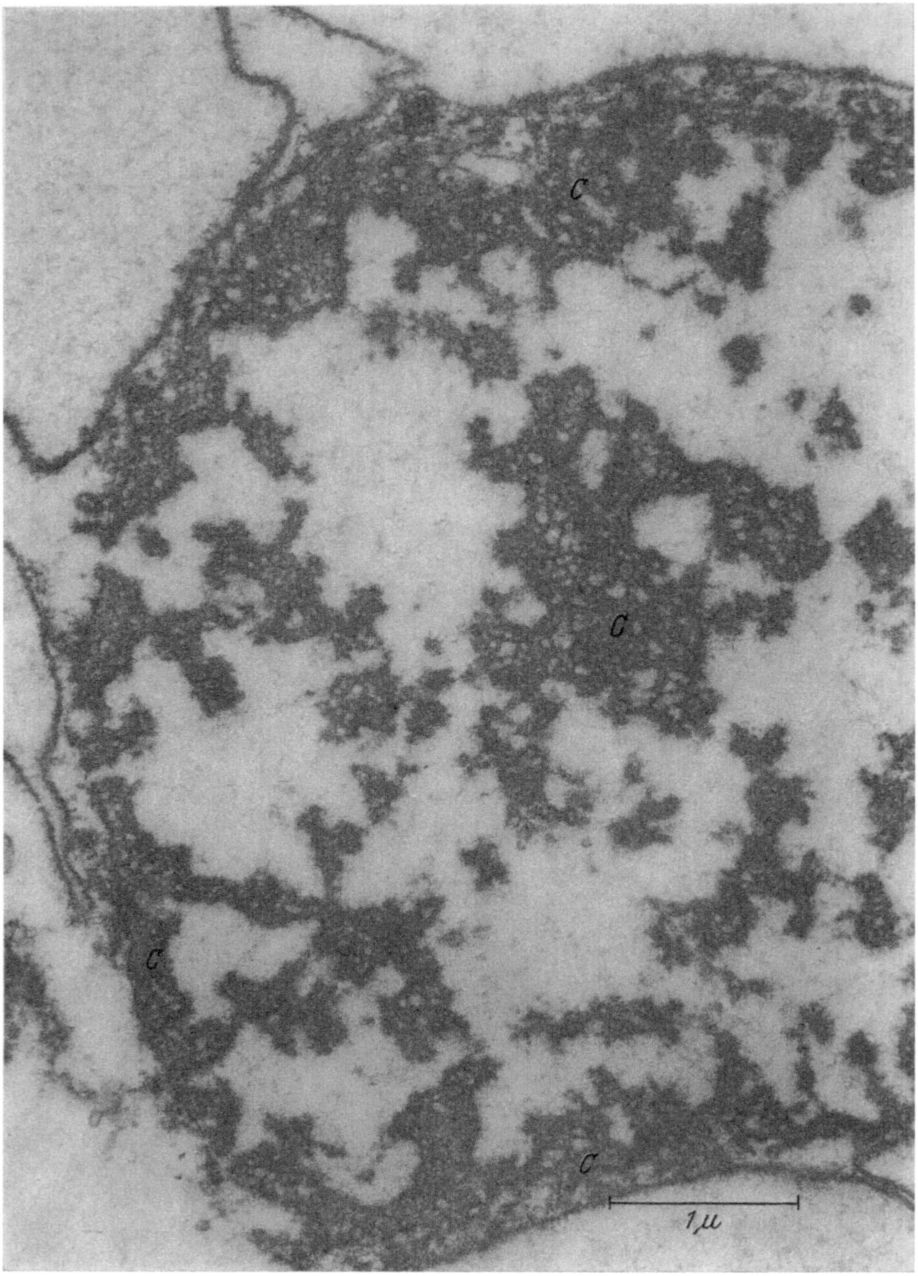

Abb. 2. Völlige Auflösung des Chromatins in einigen Bereichen und Verklumpung (*C*) in anderen Bezirken sowie herdförmige Zerstörung der Kernmembran eines Zellkerns aus der Leber einer Ratte nach H_3PO_4-Vergiftung. 25 000 ×.

γ) Pyknose, Karyolyse und Karyorrhexis

Während die Verklumpung des Karyoplasmas in einem Teil der Fälle durchaus reversibel ist, kommt es in einem anderen zur irreversiblen Schädigung, die sich als Pyknose, Karyolyse und Karyorrhexis äußert.

Vorstufe der Pyknose ist eine Verdichtung der Kernsubstanzen, die aber auch unter geänderten Stoffwechselbedingungen, z. B. in der Mamma nach Gabe von Östrogen und Progesteron, beobachtet werden kann (Bässler u. Forssmann, 1964). Von Voitkevich (1966) wird nach Bestrahlung im N. supraopticus eine Pyknose der Chromatingranula beschrieben. Die vollständige Ausbildung der Pyknose (Tab. 2) ist fast ausschließlich als Zeichen des Zellunterganges zu deuten und mit einer Schrumpfung des Karyoplasmas und einer Abhebung der Kernmembran verbunden.

Tab. 2. *Kernpyknosen (Beispiele)*

Organ	Einwirkung	Autor
Leber	Autolyse	Caesar, 1961
Thymus	Involution	Haelst, 1967
Thymus	Involution u. Hydrokortison	Cowan u. Sorenson, 1964
Niere	Infarkt	Totović, 1966
Osteoklasten	Parathormongabe	Walker, 1961
Melanoplus diff.	Bestrahlung	Tahmisian u. Devine, 1961
ZNS	Bestrahlung	Nyström, 1961
ZNS	Bestrahlung	Schümmelfeder, 1962
Retina	Bestrahlung	Klug et al., 1966
Neurohypophyse	Bestrahlung	Voitkevich u. Dedov, 1967
Neurosekretor. Zellen	Bestrahlung	Voitkevich, 1966
Lymphknoten	Bestrahlung	Smith et al., 1967
Thymus	Bestrahlung	Klug, 1965
Oozyten	Bestrahlung	Parsons, 1962
Leber	Allylalkohol	Hübner et al., 1964/1965
ZNS	3-Acetylpyridin	Lierse, 1965
Insel β-Zellen	Alloxan	Wellmann et al., 1967
Speicheldrüse	Aktinomycin	Jhee et al., 1965
Nierenkulturzellen	Echovirus	Nunez-Montiel et al., 1961
Gewebekulturen	Virusinfektion	Schulze u. Schmidt, 1964
Affennierenzellen	Virusinfektion	Ozawa et al., 1965
Leber	chronische Hepatitis	Hübner, 1962
Yoshida-Sarkom-Zellen	Degeneration	Yasuzumi et al., 1960
Haut	Karzinom	Vandrewalla u. Sirsat, 1962

Nach Yasuzumi et al. (1960) soll es bei der Pyknose zwar zur Depolymerisation der DNS, aber nicht zu ihrer Abnahme kommen. Der Proteingehalt sinkt dagegen auf die Hälfte. Sekundär vermindert sich auch die DNS.

Der Begriff der Karyolyse ist relativ schlecht definiert. Er bedeutet, daß der Kern sich auflöst. Elektronenmikroskopisch wird der Vorgang nach Bestrahlung des N. supraopticus (Voitkevich, 1966), des Hodens (Lacy u. Rotblat, 1960) und der Oozyten (Parsons, 1962) von Spinalganglienzellen (Andres, 1963) erwähnt. Unseres Erachtens bestehen keine qualitativen Unterschiede zwischen der Karyolyse und der Karyorrhexis. In beiden Fällen handelt es sich um ein Zerbrechen, eine Fragmentierung und einen Zerfall des Kerns in Teilstücke mit einem Verlust der typischen Funktion. Im elektronenmikroskopischen Bild sind immer Bruchstücke innerhalb des meist völlig degenerierten Zytoplasmas und seiner Bestandteile zu beobachten.

Eine Karyorrhexis (Abb. 3, 4) findet man im Thymus bei akuter Involution (COWAN u. SORENSON, 1964; HAELST, 1967), wobei vorher oft eine Lobulation zu finden ist. Eine Fragmentierung und einen Zerfall der Kerne sieht man in der Muskulatur nach Kälteeinwirkung (PRICE et al., 1964). Die osmiophilen Massen

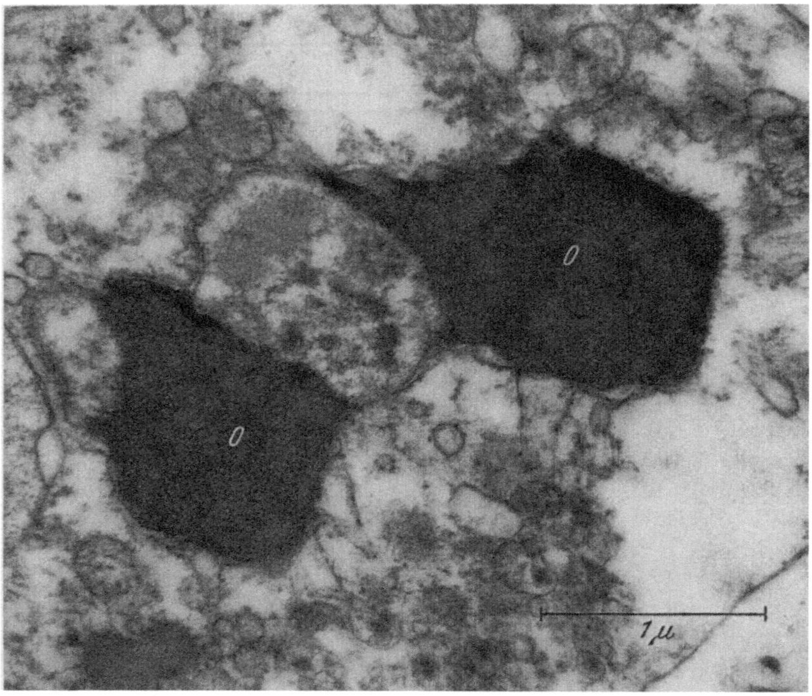

Abb. 3. Ausschnitt aus einer nekrotischen Zelle der Rattenleber nach 12wöchiger Gabe von DMAB. Zerfall des Zellkerns in 2 osmiophile homogene Bezirke (*O*), die noch herdförmig von der Kernmembran umgeben werden. 30 000 ×.

des Karyoplasmas werden in nekrotischen Herzmuskelzellen nur von Resten der Kernmembran umgeben (HECHT et al., 1961). Der Befund des Kernzerfalls wird bei Autolyse (LATTA et al., 1965), im Pankreas unter verschiedenen Bedingungen (ALTMANN u. BANNASCH, 1966; WATANABE u. ARAMAKI, 1966), im ZNS bei Bestrahlung (ROIZIN et al., 1962), beim experimentellen Kernikterus (CHEN et al., 1966) und nach Gabe von 3-Acetylpyridin (LIERSE, 1965) festgestellt. In Osteoklasten kommt es nach Parathormongabe zur Fragmentierung des Kerns und zur Verteilung der Chromatinklumpen im Zytoplasma (WALKER, 1966).

δ) Veränderungen der Perichromatingranula und Interchromatingranula

Auf Grund der Tatsache, daß die Peri- und Interchromatingranula erst seit kurzer Zeit bekannt sind, gibt es nur wenig Angaben über ihre Veränderungen.

Eine Vermehrung der Perichromatingranula wird in der Leber bei partieller Hepatektomie (STENGER u. CONFER, 1966), nach Gabe von Retrorsine (AFZELIUS u. SCHOENTAL, 1967), nach Gefrieren auf — 155° C und Auftauen (YOUNG et al., 1966) und im ZNS bei Herpesvirus-Enzephalitis (SWANSON et al., 1966) gefunden. Nach Aktinomyzingabe scheinen die Perichromatingranula der Leberzellkerne an Größe und Zahl abzunehmen (STENRAM, 1965). SMETANA u. POTMĚŠIL (1968) sahen dagegen eine Vermehrung.

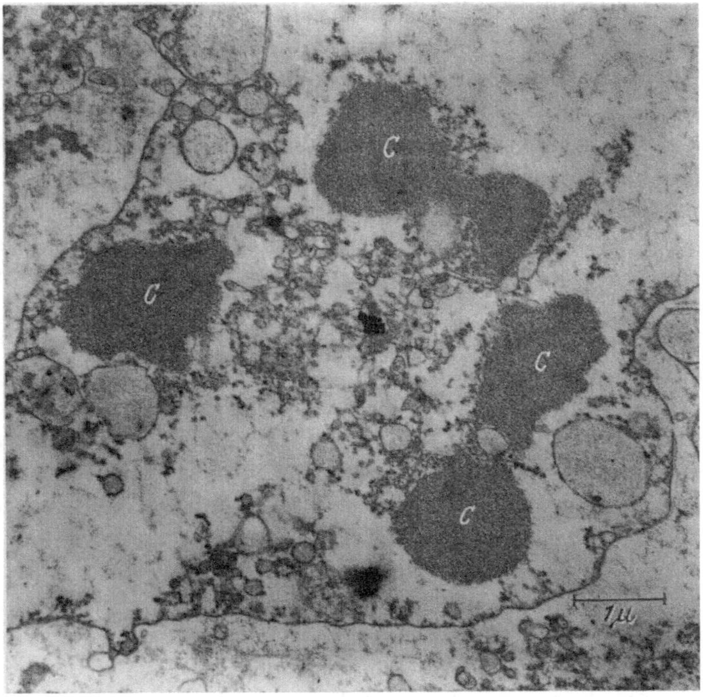

Abb. 4. Nekrotische Zelle mit Auflösung der Kernmembran und Verstreuung des Chromatins (*C*) innerhalb des Zytoplasmas (Karyorrhexis). 12 000 ×.

Die Interchromatingranula nehmen in der Leber nach partieller Hepatektomie (STENGER u. CONFER, 1966), Lasiocarpingabe (WAND u. RUEBNER, 1968), nach Einfrieren auf — 155° C und Auftauen (YOUNG et al., 1966) und in der Submaxillardrüse nach Aktinomyzingabe (TAKAHAMA u. BARKA, 1967) und bei Herpesvirus-Enzephalitis im ZNS (SWANSON et al., 1966) zu.

Herdförmige Aggregate werden in der Leber nach Äthioningabe (MIYAI u. STEINER, 1965, 1967; SHINOZUKA et al., 1968), Einwirkung von Pyrrolizidinalkaloiden (SVOBODA u. SOGA, 1966) und im Pankreas nach Atropininjektion (ALTMANN u. BANNASCH, 1966) sowie in der Leber bei Gefrieren (TRUMP et al., 1964) beobachtet. Aktinomyzin führt in der Leber zur Abnahme des Kontrastes der Granula (STENRAM, 1965) oder zur Verklumpung (SMUCKLER u. BENDITT, 1965). Bei der Necrosis *in vitro* können die Interchromatingranula isoliert erhalten bleiben (FAITH u. TRUMP, 1965; TRUMP et al., 1963) oder aggregieren (TRUMP et al., 1965).

ε) Kerneinschlüsse

Eine eindeutige Differenzierung der Kerneinschlüsse und des in den Kern eingeschlossenen Materials ist bisher nur in einem geringen Prozentsatz möglich. Desgleichen ist die Genese der Einschlüsse nur für einen Teil der Beobachtungen zu klären.

εα) *Eindeutige Einschlüsse von Zytoplasmamaterial*

Unter zahlreichen Bedingungen kommt es zu umschriebenen Schwellungen des Kerns und Kontraktionen, die zur Einziehung von Zytoplasmaarealen in den Kernbereich führen, welche bei Querschnitten als Einschlüsse (Pseudoinklusionen) erscheinen. Solche Invaginationen beobachtet man unter anderem bei Tumoren (ASHWORTH et al., 1960; THERON et al., 1962; WELSH u. MEYER, 1964), nach Virusinfektionen (VETTERLEIN u. HESSE, 1965; GODMAN, 1966) und in alten Zellen (ANDREW, 1962). Die bizarre Form zahlreicher Kernarten begünstigt die Einstülpung von Zytoplasmamaterial. Möglicherweise ist auch die Zunahme des Zytoplasmavolumens bedeutungsvoll (SOBEL et al., 1969). Gleichzeitig können sich in solchen Zellen auch Teile des Kerns ablösen und frei im Zytoplasma liegen. So findet man in Leukozyten bei der D_1-Trisomie neben langen Chromatinfortsätzen auch runde, scheinbar freie Chromatinkörper im Zytoplasma (LUTZNER u. HECHT, 1966). Die vielfachen Bedingungen, unter denen Kerneinschlüsse auftreten, sind in Tab. 3 dargestellt.

Neben diesen Einschlüssen sieht man Kerne, die isoliert einzelne Mitochondrien oder Golgi-lamellenartige Bildungen (BUCCIARELLI, 1966) enthalten können, wobei der Entstehungsweg nicht zu klären ist. Möglicherweise sind abnorme Mitosevorgänge als ursächlich anzusehen. Die Vorgänge können so weit führen, daß schließlich der gesamte Kern aus Zytoplasma besteht, das nur von einem randständigen Chromatinsaum umgeben wird (BLOOM, 1967).

Zu den im Kern zu beobachtenden, normalerweise aber im Grundplasma lokalisierten Substanzen gehören Lipide, Glykogen und Pigmente.

Fettablagerungen (Tab. 3) können einmal durch die direkte Aufnahme von Fett in den Kern entstehen, ein Vorgang, der auch als Phagokaryose bezeichnet wird. Häufiger ist wahrscheinlich die Verfettung der Zytoplasmabestandteile infolge ihrer Degeneration im Karyoplasma, weil Sauerstoff und Substratmangel einen normalen Stoffwechsel nicht mehr gewährleisten. Möglicherweise kann Material des Kerns selbst degenerative Veränderungen im Sinne von Fettansammlungen oder Myelinablagerungen (s. S. 173) zeigen. In das Karyoplasma gelangtes Neutralfett induziert die Bildung von Nuklearkörpern (ALTMANN u. PFEIFER, 1969).

Glykogenablagerungen werden im Kern besonders beim Diabetes mellitus, aber auch unter anderen pathologischen Bedingungen (Tab. 3) gefunden. CARAMIA et al. (1966, 1967, 1968) sahen in den Kernen von Leberparenchymzellen Glykogenkörper von 1—2 μm Größe aus dicht gepackten Partikeln. Die Glykogenpartikeln des Kerns bei Diabetes mellitus sind im allgemeinen nur 100—300 Å groß, während sie im Zytoplasma zu größeren Einheiten und Ketten zusammengelagert sind. Die Untereinheiten sollen die Kernmembranporen passieren können (TANIKAWA u. IGARASHI, 1963; TANIKAWA, 1964). Im Gegensatz dazu glauben HIMES u. POLLISTER (1962), daß das Glykogen des Kerns innerhalb des Karyoplasmas

Tab. 3. *Kerneinschlüsse (Beispiele)*

Organ	Einwirkung	Besonderheiten	Autor
Mamma lactans		Fett	EHRENBRAND u. LINDNER, 1959
Leber	postnatal	Fett	PETERS et al., 1962
Leber	alte Tiere		ANDREW, 1961
Leber	Hunger		DAVID, 1961
Leber	Eiweißmangel	Fett	DAVID et al., 1962
Leber	Verfettung	Fett	SCIACCA et al., 1966
Leber	Zystinüberernähr.	Fett	DAVID u. BARTOK, 1963
Leber	Diabetes mellitus	Glykogen	DOMINICI u. ORLANDI, 1960
Leber	Diabetes mellitus	Glykogen	TANIKAWA u. IGARASHI, 1963
Leber	Diabetes mellitus	Glykogen	TANIKAWA, 1964
Leber	Diabetes mellitus	Glykogen	LAGUENS u. BIANCHI, 1965
Leber	Diabetes mellitus	Glykogen	CARAMIA et al., 1968
Leber	Diabetes mellitus u. a. Erkrankungen	Glykogen	SOBEL et al., 1969
Leber	Allylalkohol		HÜBNER et al., 1964/1965
Leber	β-3 DL Furylalanin		HRUBAN et al., 1965
Leber	Kolchizin		WESSEL et al., 1958
Chang-Leberzellen	Aktinomycin, 4-Nitrochinolin-N-oxyd		McCLENDON u. MARTIN, 1965
Leber	Pyrrolizidinalkaloide		SVOBODA u. SOGA, 1966
Leber	CCl_4	Fett, Myelin	STENGER, 1963, 1966
Niere	Bleivergiftung		TOTOVIĆ, 1964
Leber	verschiedene Erkrankungen	Fett, Glykogen, Ferritin	ROUILLER u. SIMON, 1962
Leber	Lupus erythematodes u. NNR-Therapie	Glykogen	SPARROW u. ASHWORTH, 1965
Leber	Serumhepatitis		YASUZUMI et al., 1968
Leber	Virushepatitis		TOLENTINO et al., 1967
Leber	chron. Hepatitis		HÜBNER, 1962
Leber	Virushepatitis		RUEBNER u. SLUSSER, 1968
Leber	Virushepatitis	Glykogen	WILLS, 1968
Leber	Zytomegalievirus	Fett	RUEBNER et al., 1964
Leber	Thioazetamid		KLEINFELD et al., 1956
Leber	Thioazetamid		SALOMON, 1962; KENDREY, 1968
Leber	Thioazetamid	Fett	RONDEZ et al., 1962
Leber	Thioazetamid	Fett	BADER, 1967
Leber	Thioazetamid-Karzinom	Fett	SMITH et al., 1967
Hepatome			LEDUC u. WILSON, 1954
Hepatom		Fett	FLAKES, 1968
Tumorzellen			DMOCHOWSKI, 1960
Ehrlich-Aszites-Tumor		Glykogen	SCHOLZ u. PAWELETZ, 1969
Aszites-Tumorzellen	Kolchizin		GUERRITORE et al., 1967
NK/Ly-Aszites-Tumoren	Alkylierende Substanzen		LAPIS et al., 1967
Walker-Tumoren			POOL, 1962; PARCHWITZ et al., 1965

Tabelle 3 (Fortsetzung)

Organ	Einwirkung	Besonderheiten	Autor
Nierenkarzinom	(transplantabel)		CLAUDE, 1962
Nierentumor			MORI u. ONOE, 1967
Chordom			SPJUT u. LUSE, 1964
Lungentumoren	Urethan		KLÄRNER u. GIESEKING, 1963
Akustikuskarzinom			POIRIER u. ESCOUROLLE, 1967
Meningiom		Glykogen	GUSEK, 1962
Meningiom			ROBERTSON, 1964
Meningiom			ISHIDA et al., 1964
			JÄNISCH et al., 1968
Maligne Gliome			ROBERTSON u. MAC LEAN, 1965
Melanomalignom			NASEMANN u. BRAUN-FALCO, 1968

synthetisiert würde, weil es zu hochpolymer sei, um durch die Kernmembran gelangen zu können. Außerdem zeigt es nirgends einen Kontakt zur Kernmembran. COSSEL (1962) nimmt im Gegensatz zu anderen Autoren an, daß die Glykogenansammlung im Kern ein sekundäres Ereignis nach einer übersteigerten Ausschleusung von Karyoplasma sei.

Pigmentablagerungen wurden in Tumorzellen nach Gabe von organischen Pigmentemulsionen gefunden (MIYASAKI u. MATSUTANI, 1966). In den Epidermiszellen enthalten die Kerne oft osmiophile Ablagerungen, die keratinhaltig sind, z. B. bei menschlichen Warzen (ALMEIDA et al., 1962).

εβ) *Einschlüsse unbekannter Genese und Ätiologie*

Vakuolen im Karyoplasma mit dichtem Material werden in Kernen von primären primitiven Lungenkarzinomen beschrieben (STOEBNER et al., 1964). Manchmal kommt es zur Ausbildung von labyrinthartigen Spalten im Karyoplasma von Leberzellkernen nach Gabe von proteinarmer Diät (SVOBODA u. HIGGINSON, 1964).

Teilweise werden die im Kern zu findenden Ablagerungen als Nuklearkörper bezeichnet (Abb. 5). Sie sind manchmal multilokulär, wie bei Streß-Situationen in der Nebenniere (WEBER et al., 1964). Die Nuklearkörper werden z. T. von einer einfachen Membran umgeben und enthalten granuläres oder homogenes Material (POLLI et al., 1962; BOUTEILLE et al., 1967). Im normalen Nebenhoden sind ebenfalls homogene, von einer Membran umgebene Körper zu finden (SIMAR u. LEMAIRE, 1966). Feingranuläre, von einer Doppelmembran umgebene Einschlüsse liegen in Uterusepithelzellen nach Kastration und Östrogengabe (RICKERS u. KRONE, 1967). Die in Chang-Leberzellen nach Nitrochinolin-N-Oxyd-Gabe auftretenden Einschlüsse sollen RNS-haltig sein (REYNOLDS et al., 1963), während die im Rückenmark nach Aktinomyzin gesehenen proteinhaltig sind (KOENIG u. JACOBSON, 1966). Die im ZNS von Goldhamstern unter pathologischen Bedingungen auftretenden Nuklearkörper werden nach der Verteilung des granulären und fibrillären Materials und der Anwesenheit von dichten oder wirbelartigen Einschlüssen in 3 Typen unterteilt (POPOFF u. STEWART, 1968).

Nach Infektion mit Vakzinevirus enthalten hypertrophische menschliche Epidermiszellen ebenso wie nach Infektionen mit anderen DNS-Viren Nuklearkörper, die durch die virusbedingte Veränderung des Nukleinsäurestoffwechsels und der Proteinsynthese bedingt sein sollen (PATRIZI u. MIDDELKAMP, 1969).

Besonders häufig werden homogene Einschlüsse, teilweise membranumgeben, in Kernen von Plasmozytomen beobachtet (FRUHLING et al., 1960; BRITTIN et al., 1963; POLLI et al., 1963; MALDONADO et al., 1966). Möglicherweise

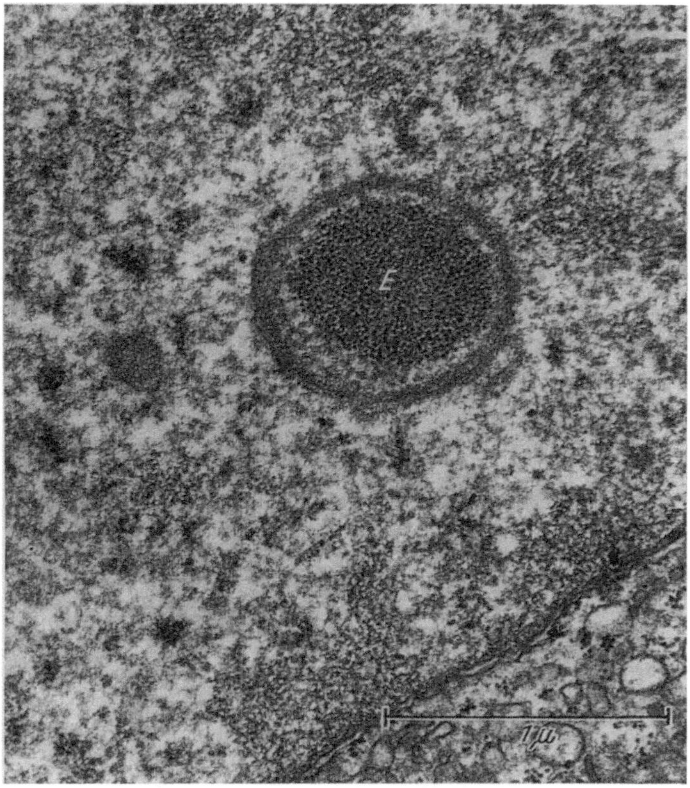

Abb. 5. Granulärer Nuklearkörper (*E*) mit angedeuteter Umhüllungsmembran aus einer Leberzelle der Maus nach Aktinomyzingabe. 37 500 ×.

handelt es sich bei dem eingeschlossenen Material um Glykoproteide. Auch bei Immunisierung enthalten Plasmazellen Nuklearkörper (SIMAR, 1968).

Die oft nach Art von Myelinfiguren im Karyoplasma liegenden konzentrischen Membranansammlungen stammen entweder von abgebauten invaginierten Zytoplasmabestandteilen oder stellen Degenerationsprodukte von Kernmaterial dar (KOEHLER, 1962; POOL, 1962). Es handelt sich dabei im wesentlichen um Phospholipide (CARR, 1967). Gefensterte Membranen wurden in bestrahlten Spermatozyten beobachtet (FOLLENIUS, 1964).

Filamentöse Einschlüsse werden ebenfalls unter differenten Bedingungen gesehen. Bei Virusinfektionen verschiedener Art sind sie besonders häufig anzutreffen (SCHULZE et al., 1963; JÉZÉQUEL u. STEINER, 1966; CHOU, 1967, 1968;

HSIUNG et al., 1967; MIDDELKAMP et al., 1967). Bei der Schweinepest werden in Leberzellen membranumgebene Bezirke beobachtet (RADEKE, 1967). Auch bei der wahrscheinlich virusbedingten subakuten sklerosierenden Leukenzephalitis sind Fibrillenbündel und Microtubuli zu finden (PÉRIER et al., 1967). Parakristalline Strukturen sind in Zellkernen in der menschlichen Haut bei Pockenvirusinfektionen ausgebildet, ohne daß die Beziehung zum Virus eindeutig gesichert werden kann (PATRIZI u. MIDDELKAMP, 1969). Oft ist nicht zu klären, ob es sich um Viroplasmazonen handelt oder um Bezirke von Schädigungen bei der Virusentstehung. Auch bei Tumoren (ROBERTSON, 1964; ROBERTSON u. MACLEAN, 1965; KRISHAN et al., 1966) sind filamentöse Einlagerungen vorhanden. Fibrilläre, z. T. zu Nuklearkörpern zusammengelagerte Formationen werden in Lymphozyten und Plasmazellen unter Normalbedingungen, beim Plasmozytom oder beim M. Waldenström beobachtet (BESTETTI-BOSISIO u. LANZAVECCHIA, 1965; SUGIMURA et al., 1965; KUHN, 1967). Sie können bis zu 1 μm erreichen und enthalten im wesentlichen Proteine (KRISHAN et al., 1967). Die in Leukämie-Zellen liegenden 0,4—0,8 μm großen Nuklearkörper bestehen aus 80—170 Å breiten Filamenten und werden von einem hellen Hof umgeben (ASANO u. KAWAHARA, 1968). Auch in der Retina (MAGALHÃES, 1967) und in den Leydigschen Zellen von Hoden alter Individuen sind Einschlüsse aus fibrillärem Material ausgebildet (YAZUZUMI et al., 1967). Spiralkörper liegen in den Epithelzellen der Haut beim Herpes zoster und bei Melanomen vor (NASEMANN u. BRAUN-FALCO, 1968). Auch beim Lichen ruber planus sind multiple lamelläre und granuläre Einschlüsse (JOHNSON u. FRY, 1967) oder fibrilläre Formationen mit opaken Partikeln vorhanden (BRODY, 1969).

Die besonders in Leberzellen zu findenden kristalloiden oder parakristallinen Strukturen bauen sich ebenfalls meist aus filamentösen, periodisch gelagerten Strukturen auf (GUEFT u. KIKKAWA, 1962; RICHTER et al., 1965; STEIN et al., 1966). In embryonalen Zellen und Leberkulturen von *Rana pipiens* finden sich nach Aktinomyzingabe 250—270 Å dicke Filamente in hexagonaler Anordnung in einer Länge bis zu 2 μm (JONES, 1967). Auch in Oozyten von *Cypridopsis vidua* sind parakristalline Einschlüsse vorhanden (REGER et al., 1965).

εγ) *Einschlüsse bei Schwermetallgabe*

Eisenablagerungen in Zellkernen in Form von *Ferritin* sind in der Leber nach Gabe einer an Eisenverbindungen reichen Diät zu beobachten (MOORE et al., 1961; RICHTER, 1961). Beim Altern soll der Eisengehalt des DNS-Moleküls zunehmen (GOLDSCHTEIN et al., 1967). Zusammen mit der Aufnahme anderer Zytoplasmabestandteile wird z. B. bei der Hämochromatose und Hämosiderose Ferritin in Leberzellkernen gefunden (COSSEL, 1962).

Besonders häufig treten Inklusionen nach Bleivergiftungen in der Niere (BEAVER, 1961; PORTÉ u. BATZENSCHLAGER, 1961; ANGEVINE et al., 1962; MÜLLER u. v. RAMIN, 1963; TOTOVIĆ, 1964, 1965; GALLE u. MOREL-MAROGER, 1965; COHEN et al., 1966; SUN et al., 1966; RICHTER et al., 1968) und in der Leber (WATRACH u. VATER, 1962) auf. Die Einschlüsse bestehen aus filamentösen bzw. tubulären, granulären und homogenen Strukturen. Das kompakte Zentrum wird oft von einem fibrillären Maschenwerk umgeben. Sie haben Ähnlichkeit mit anderen unspezifischen Einschlüssen, sollen jedoch Bleiablagerungen enthalten.

Vereinzelt sieht man Ferritingranula innerhalb der Komplexe. Den Kerneinschlüssen nach Bleivergiftung sehen die im proximalen Tubulusepithel bei Siebenschläfern im Winterschlaf beobachteten sehr ähnlich (AMON et al., 1967).

Nach Wismutgabe werden in den Tubulusepithelzellen der Nieren ebenfalls Einschlüsse aus extremdichtem granulärem Material gefunden, die spezifisch sein sollen (BEAVER u. BURR, 1963; BURR u. BEAVER, 1963).

c) Veränderungen des Nukleolus

α) Zunahme von Größe und Zahl

Eine Nukleolushypertrophie (Tab. 4) ist besonders dann zu beobachten, wenn in den Zellen eine erhöhte RNS- und Eiweißsynthese abläuft, z. B. bei regenerativen Prozessen, wobei auch öfter ein Granulastrom zur Kernmembran eintritt (DAVID, 1959, 1960, 1961). Der Anteil des intranukleolären Chromatins erhöht sich von 6,0 ∓ 3,1% in der normalen Leber auf 12,0 ∓ 3,0% in Novikoff-Hepatomen (UNUMA u. BUSCH, 1968). Über das Verhältnis der einzelnen Anteile zueinander bei diesem Vorgang gibt es differente Angaben. Nach BIBERFELD et al. (1967) ändern sich in Lymphozyten nach Phytohaemagglutiningabe die Beziehungen zwischen dem granulären, fibrillären und amorphen Material. Bei der retrograden Degeneration zeigen die Nukleoli von Spinalganglienzellen vorwiegend eine Vermehrung der granulären Komponente (ANDRES, 1961). Mehrfach wird besonders die Pars amorpha betroffen, wie beim Endometriumkarzinom (BABA u. HAAM, 1967) und in Ganglienzellen nach Nervenquetschung (REISSENWEBER u. CARDOSO, 1967). Die Hypertrophie des Nukleolus ist meist mit einer Zunahme des RNS-Gehaltes verbunden (SALOMON et al., 1962; AMARAL u. MORIBER, 1967), wobei es sich möglicherweise auch um eine Passageblockierung bei regelrechter Produktion handelt. Die Größenzunahme des Nukleolus nach Äthioningabe, die auch nach Methioninzuführung erhalten bleibt, wird von WOOD (1965) auf eine Blockierung der m-RNS-Wanderung zurückgeführt.

Die 150 Å großen Granula sind nach Thioacetamidgabe dicht gelagert, während nach RNase-Behandlung nur paarige Filamente von 40 Å zurückbleiben (SUGIHARA, 1967). 5-Fluorurazil soll bei der Hypertrophie der Nukleoli besonders zu einer Vermehrung und Vergrößerung der normalerweise 175 Å großen Granula auf 200—300 Å führen (STENRAM, 1966). Gleichzeitig wird die Synthese von r-RNS gehemmt (STENRAM u. WILLÉN, 1968). Nach Thioazetamidbehandlung sind besonders die in den Nukleolonemata lokalisierten Granula vermehrt (ASHWORTH et al., 1965). Dabei nehmen die 28-S-, 35-S- und 45-S-Untereinheiten des Nukleolus um das 6—8fache, die 55-S-Komponente um das 10fache zu (STEELE u. BUSCH, 1966). HYDE (1967) nimmt für die Vergrößerung der Nukleoli in Wurzelspitzen eine Zunahme der Proteine und/oder der Ribonukleoproteide an.

Eine Vergrößerung des Einzelnukleolus kann mit einer Vermehrung der Anzahl je Kern einhergehen (LAGUENS, 1964), was eine Erhöhung des Gesamtvolumens bedeuten würde (PARCHWITZ et al., 1965), oder im umgekehrten Verhältnis zur Zahl stehen (MIYAI u. STEINER, 1965), so daß insgesamt keine Volumenzunahme oder sogar eine Reduktion möglich ist. Eine Zunahme der Zahl der Nukleoli von Leberzellen bei einer gleichzeitigen Größenreduktion und Dissoziation beschreiben MIYAI u. STEINER (1967) nach Äthioningabe. Eine Ver-

Tab. 4. *Nukleolushypertrophie (Beispiele)*

Organ	Einwirkung	Besonderheiten	Autor
Leber	proteinarme Diät	Dissoziation	Svoboda u. Higginson, 1964
Leber	Proteinmangel		Svoboda et al., 1964
Leber	Proteinmangel		Svoboda et al., 1966
Leber	Proteinmangel	bis 3,5 μm	Ericsson et al., 1966
Leber	Proteinmangel		Holm et al., 1966
Leber	Threoninmangel		Shimozuka et al., 1968
Leber	Äthionin		Wood, 1965
Pankreas	Äthionin-Regeneration		Herman u. Fitzgerald, 1962
Leber	β-3-Thienylalanin		Hruban et al., 1963
Uterusmuskel	Östrogen		Laguens, 1964
Leber	Kortison		Amaral u. Moriber, 1967
Submaxilläre Drüse	Isoproterenol		Takahama u. Barka, 1967
Kleinhirn	Hypoxie		Niklowitz, 1962
Leber	part. Hepatektomie		Jordan, 1964
Leber	part. Hepatektomie		Stenram u. Willén, 1966
Ganglienzellen	Axondegeneration	Vakuolen, Granula	Pannese, 1963
Nervensystem	Regeneration	multipel	Lentz, 1965
Nervenzellen	Axonquetschung		Mackey et al., 1964 Reissenweber u. Cardoso, 1967
Leber	Bestrahlung		Scherer u. Vogell, 1958
Chang-Leber-Zellen	Bestrahlung		Montgomery et al., 1965
Chang-Leber-Zellen	Bestrahlung		Montgomery et al., 1964
Epiphyse	Bestrahlung	Vermehrung	Bostelmann, 1968
Lymphozyten	Bestrahlung	netzartig	Klug, 1961, 1965
Keimzellen	Bestrahlung		Franchi u. Mandl, 1966
Epidermis Str. spinosum	Bestrahlung		Nix et al., 1965
Lymphozyten	Phytohaemagglutinin		Biberfeld et al., 1967
Leber	Thioazetamid	homogen	Rondez et al., 1962
Leber	Thioazetamid		Salomon, 1962
Leber	Thioazetamid	Verdichtung, Vakuolen	Salomon et al., 1962
Leber	Thioazetamid		Thoenes, 1964
Leber	Thioazetamid		Yauchi, 1964
Leber	Thioazetamid		Ashworth et al., 1965
Leber	Thioazetamid		Steele u. Busch, 1966
Leber	Thioazetamid		Bader, 1967
Leber	Thioazetamid		Sugihara, 1967
Leber	Thioazetamid-Karzinom		Smith et al., 1967
Leber	5-Thiourazil		Stenram, 1966
Leber	DNP		Kunze u. Kemmer, 1965
Leber	Aflatoxin B		Unuma et al., 1967
Leber	Pyrrolizidin-Alkaloid		Afzelius u. Schoental, 1967
Leber	DMNA		Geil et al., 1968
Granulationsgewebe			Löblich, 1961

Organ	Einwirkung	Besonderheiten	Autor
Leber	versch. Erkrankungen		ROUILIER u. SIMON, 1962
Zellen	SV-40-Virus	Verdichtung, Fragmentierung, Vakuolen	GRANBOULAN et al., 1963
Skalp	Fowlpox-Virus		ARHELGER et al., 1962
Fibroblasten	Zytomegalievirus		RUEBNER et al., 1965
Sternberg-Zellen	M. Hodgkin		MARIUZZI, 1964
Niere	Tumoren	ringförmig	HAELST u. SWAEN, 1965
Niere	Bleiazetat-Tumoren		MAO u. MOLNAR, 1962
Hepatome			HRUBAN et al., 1965; UNUMA et al., 1967
Schilddrüse	Karzinom		TONIETTI et al., 1967
Haut	Karzinom		VANDREWALLA u. SIRSAT, 1962
Mamma	Karzinom	netzartig, z. T. fragmentiert	BERGER, 1964
Portio	Karzinom	Verklumpung bes. Pars amorpha betroffen	HAAM, 1964; BABA u. HAAM, 1967
Prostata	Karzinom		TAKAYASU u. YAMAGUCHI, 1962
Harnblase	Karzinom		TERAO, 1962
Harnblase	Karzinom		KASHIWAI et al., 1963
Chondroblastom			WELSH u. MEYER, 1964
Retikulosarkomatose	Riesenzellen		BRAUN-FALCO et al., 1966
Walker-Karzinom		vakuolisiert	PARCHWITZ et al., 1965
Retikulumzellsarkom			BERNHARD u. LEPLUS, 1964
Asziteslymphom	Mannomustin, Cyclophosphamid		LAPIS u. MERCER, 1963
Karzinomzellen	Mitostatika		ŠIPUS, 1966
Karzinomzellen	Therapie	bis 5 µm, retikulär	ŠIPUS et al., 1966
Tumorzellen			DMOCHOWSKI, 1960
Maligne Zellen			ASHWORTH et al., 1960

mehrung der Nukleolenzahl findet sich in den Wurzelspitzen verschiedener Pflanzen bei höheren Temperaturgraden (LOUSTAUNEAU, 1966).

In den Leberzellen hungernder Tiere kommt es weder zu sicheren Veränderungen der Nukleoluszahl noch des -volumens. In den einzelnen Hungerphasen ist z. T. eine Zunahme, z. T. eine Abnahme zu verzeichnen (DAVID, 1961).

Die Nukleolushypertrophie ist vielfach mit Strukturveränderungen verbunden. Sie werden dabei z. T. homogen und dicht (HAAM, 1964; RONDEZ et al., 1962; SALOMON et al., 1962), zeigen Vorstülpungen in das umgebende Karyoplasma (LOUSTAUNEAU, 1966) oder enthalten vielfach Vakuolen (LOUSTAUNEAU, 1966).

Die vergrößerten Nukleoli bestrahlter Chang-Leberzellen sind mosaikartig strukturiert und enthalten osmiophile Granula sowie Vakuolen (MONTGOMERY et al., 1964). THOENES (1964) sah nach Thioazetamidgabe Lipidablagerungen im Nukleolus.

Tab. 5. *Qualitative Nukleolusveränderungen (Beispiele)*

Organ	Einwirkung	Verlust	Atrophie	Kondensierung Verklumpung	Fragmentierung	Segregation Dissoziation	Kappenbildung	Vakuolisierung	Struktur-veränderungen	Autor
Pankreas	Hibernation			×						Herman u. Watari, 1966
Pflanzenwurzeln	Wärme								×	Loustauneau, 1966
Larven von Drosophila melanogaster	Hunger			×				×		Wessing, 1965
Pankreas	Hunger	×	×	×						Herman u. Watari, 1966
Leber	Proteinmangel			×						David et al., 1962
Leber	Proteinmangel					×				Svoboda u. Higginson, 1964
Leber	Äthionin		×			×			×	Miyai u. Steiner, 1967
Leber	Äthionin				×					Shinozuka u. Farber, 1969
Pankreas	Äthionin			×				×		Herman u. Fitz-gerald, 1962
Zelle	UV-Bestrahlung						×			Montgomery et al., 1965
HeLa-Zellen	Bestrahlung				×					Koehler, 1962
Leber	Strahleneinwirkung		×							Fasske u. Themann, 1963
Duodenum	Bestrahlung	×					×			Hugon u. Borgers, 1968
Oozyten	Bestrahlung		×							Parsons, 1962
ZNS (embryonal)	Bestrahlung				×					Roizin et al., 1962
ZNS	Bestrahlung				×			×		Franke u. Lierse, 1965
ZNS	Bestrahlung				×					Roizin et al., 1962
Walker-Karzinom	Bestrahlung						×	×		Parchwitz et al., 1965
Herz	Infarkt			×						David u. Hecht, 1963
Leber	Diabetes mellitus								×	Dominici u. Orlandi, 1960
Nebenhoden	Hypophysenhormon	×								Fährmann u. Schuchardt, 1965
Leber	Thioazetamid						×			Salomon et al., 1962
Leber	Diäthylnitrosamin					×				Mölbert et al., 1962
Amoeba proteus	Aktinomyzin			×		×		×		Flickinger, 1968
HeLa-Zellen	Aktinomyzin				×	×				Journey u. Gold-stein, 1961
Zelle	Aktinomyzin		×	×						Eakin, 1964
Zellkultur	Aktinomyzin		×				×	×		Schoefl, 1964
Zelle	Aktinomyzin		×							Jacob u. Sirlin, 1964
Zellkultur	Aktinomyzin		×			×	×			Panteleakis u. Mateyko, 1966

Organ	Einwirkung	Verlust	Atrophie	Kondensierung Verklumpung	Fragmentierung	Segregation Dissoziation	Kappenbildung	Vakuolisierung	Struktur-veränderungen	Autor
Chang-Leberzellen	Aktinomyzin				×	×				REYNOLDS et al., 1964
Chang-Leberzellen	Aktinomyzin 4-Nitro-Chinolin-N-Oxyd		×			×	×			McCLENDON u. MARTIN, 1965
Leber	Aktinomyzin		×			×				HAN et al., 1964
Leber	Aktinomyzin			×						ODA u. CHIGA, 1965
Leber	Aktinomyzin		×			×	×			SMUCKLER u. BENDITT, 1965
Leber	Aktinomyzin		×	×		×				STENRAM, 1965, 1969
Leber	Aktinomyzin					×				NARAYAN et al., 1966
Leber	part. Hepatektomie Aktinomyzin		×							STENRAM u. WILLÉN, 1966
Leber	Aktinomyzin					×				SUTER et al., 1966
Leber	Aktinomyzin		×	×		×	×			DAVID u. MARX, 1967
Leber	part. Hepatektomie und Aktinomyzin					×				DAVID u. UERLINGS, 1967
Leber	Aktinomyzin		×			×				DEMAN u. NOORDUYN, 1967; HARRIS et al., 1968
Pankreas	Aktinomyzin			×						YAMAGUCHI et al., 1966
Pankreas	Aktinomyzin		×					×		RODRIGUEZ, 1967
Pankreas	Aktinomyzin		×							LÖWE, 1968
Speicheldrüsenzellen (Smittia)	Aktinomyzin	×	×							JACOB u. SIRLIN, 1964
Speicheldrüse	Aktinomyzin							×		JHEE et al., 1965
Parotis	Aktinomyzin		×							HAN, 1967
Submandibuläre Drüsen	Aktinomyzin			×						TAKAHAMA u. BARKA, 1967
ZNS	Aktinomyzin		×	×	×	×		×		NAYYAR u. KOENIG, 1968
Rückenmark	Aktinomyzin						×			KOENIG u. JACOBSON, 1966
Oozyten	Aktinomyzin				×					GEUSKENS, 1964
Myeloblasten	Aktinomyzin		×			×				HEINE et al., 1966
maligne Zellen	Zytostatika			×	×					SIRSAT u. SUBRAMANIAM, 1966
Leber	Cycloheximid				×	×			×	HARRIS et al., 1968
Pankreas	Cycloheximid					×				HARRIS u. SVOBODA, 1967 HARRIS et al., 1968
Zellen	Daunomyzin		×		×			×		DORIGOTTI u. GAETANI, 1964
Leber	Mithramyzin				×		×			KUME et al., 1967

Tabelle 5 (Fortsetzung)

Organ	Einwirkung	Verlust	Atrophie	Kondensierung Verklumpung	Fragmentierung	Segregation Dissoziation	Kappenbildung	Vakuolisierung	Struktur-veränderungen	Autor
Leber	part. Hepatektomie Puromyzin		×							STENRAM u. WILLÉN, 1967
HeLa-Zellen	Aminonukleosid			×	×					LEWIN u. MOSCARELLO, 1968
Zellkultur	versch. Antibiotika					×				SIMARD et al., 1966
Zellkultur	Mykoplasmen					×				JÉZÉQUEL et al., 1967
Chang-Leberzellen	4-Nitro-Chinolin-N-Oxyd		×				×			REYNOLDS et al., 1963
Nephroblastom	4-Nitro-Chinolin-N-Oxyd					×		×		LAZARUS et al., 1966, FLOYD et al., 1968
Leber	Aflatoxin B_1						×			BUTLER, 1966
Leber	Aflatoxin B_1		×	×		×				FLOYD et al., 1968
Leber	Aflatoxin B_1		×			×	×			SVOBODA et al., 1966
Leber	Proflavin		×	×		×				STENRAM u. WILLÉN, 1968
Zellkultur	Proflavin					×				SIMARD, 1966
Chang-Leberzellen	Akridinorange, Proflavin		×			×	×			REYNOLDS u. MONTGOMERY, 1967
Eier von Pleurodelen	Hydroxy-Harnstoff					×				GEUSKENS, 1968
Leber	Tanninsäure					×				RACELA u. SVOBODA, 1965, RACELA et al., 1968, HARRIS et al., 1968, REDDY u. SVOBODA, 1968
Leber	Pyrrolizidin-alkaloide			×		×	×			RACELA et al., 1967, SVOBODA u. SOGA, 1966
Leber	Lasiocarpin					×	×			WAND u. RUEBNER, 1968, REDDY u. SVOBODA, 1968, HARRIS et al., 1968
Leber	Lasiocarpin					×				HARRIS et al., 1969
Leber	DMAB, DMNA					×				REDDY u. SVOBODA, 1968
Zellkultur	Picorna-Viren		×	×		×				GODMAN, 1968
Zellkultur	Virusinfektion		×							GODMAN, 1966
Zellkultur	Coxsackie-Virus							×		JÉZÉQUEL u. STEINER, 1966
Zellkulturen	Polioenzephalo-myelitisviren			×						KOESTNER et al., 1966
Affennieren-zellen	Virusinfektion			×						OZAWA et al., 1965

Organ	Einwirkung	Verlust	Atrophie	Kondensierung Verklumpung	Fragmentierung	Segregation Dissoziation	Kappenbildung	Vakuolisierung	Struktur-veränderungen	Autor
Leber	Zytomegalievirus			×						RUEBNER et al., 1964
Leber	Ektromelievirus				×					LEDUC u. BERNHARD, 1962
ZNS	Herpesvirus-Enzephalitis			×		×				SWANSON et al., 1966
Meningiome										GUSEK, 1962
Mamma	Karzinom		×							MURAD u. SCARPELLI, 1967
Asziteslymphosarkom				×				×		KLUG, 1963
NK/Ly-Aszites-Tumoren	alkylierende Substanzen					×				LAPIS et al., 1967
Walker-Karzinom	Bestrahlung			×				×		PARCHWITZ et al., 1965

β) Strukturveränderungen des Nukleolus

Die multiplen Erscheinungsformen des normalen und pathologisch veränderten Nukleolus haben wir an anderer Stelle dargestellt (DAVID, 1964). Grundsätzlich ist es notwendig, die Normalstruktur des Nukleolus in der untersuchten Zellart zu kennen, um sichere Auskünfte über Strukturveränderungen geben zu können.

Einige Befunde sind relativ häufig zu beobachten und können auch mit biochemischen Veränderungen in Übereinstimmung gebracht werden (Tab. 5, Abb. 6, 7). Besonders bei Eingriffen in die DNS-abhängige RNS-Synthese, bei Inhibition der RNS-Polymerase an der nukleären DNS sind diese Befunde weitgehend gedeutet. In diesem Bereich greifen vorwiegend zytostatisch wirkende Antibiotika, wie das Aktinomyzin, ein (SIMARD u. BERNHARD, 1966). Dabei kommt es zur Atrophie, zur Segregation oder Dissoziation der Bestandteile, zur Homogenisierung und Kappenbildung. In dieser Weise wirkende Substanzen sind von SIMARD u. BERNHARD (1966) in einer Tabelle zusammengestellt worden (Tab. 6).

Nach FLOYD et al. (1968) bewirken alle Substanzen, die die nukleoläre Biosynthese inhibieren, eine Segregation. Dabei kommt es zur Inhibition der RNS-Synthese und zu einer Reduktion der RNS-Polymerase-Aktivität (REDDY u. SVOBODA, 1968). SVOBODA et al. (1967) unterscheiden die Makrosegregation (Kappenbildung) und Mikrosegregation (fibrilläre Kondensation).

Infolge der höheren Empfindlichkeit der DNS gegenüber Nukleasen (JONES, 1963) bildet sich z. B. bei der Autolyse um den Nukleolus vielfach ein leerer Hof aus, oder es kommt in seiner Umgebung zu einer Aggregation des Chromatins (DAVID et al., 1961).

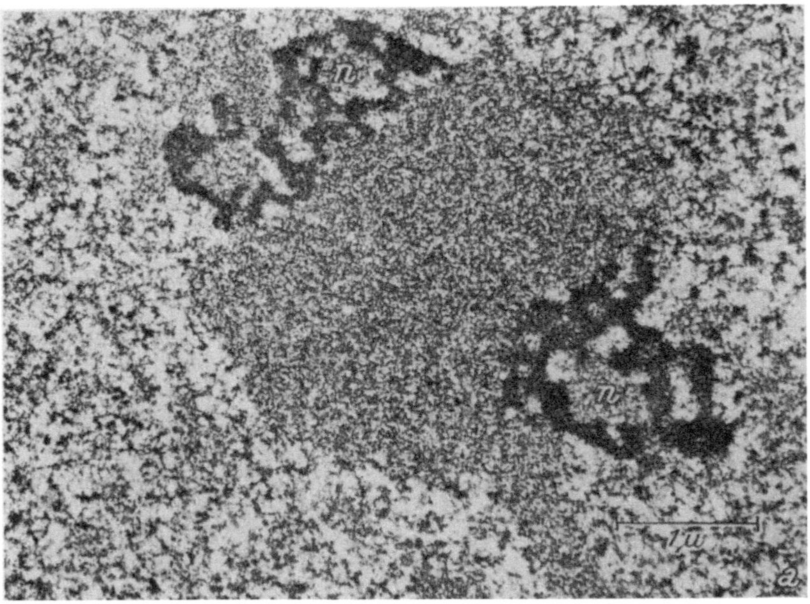

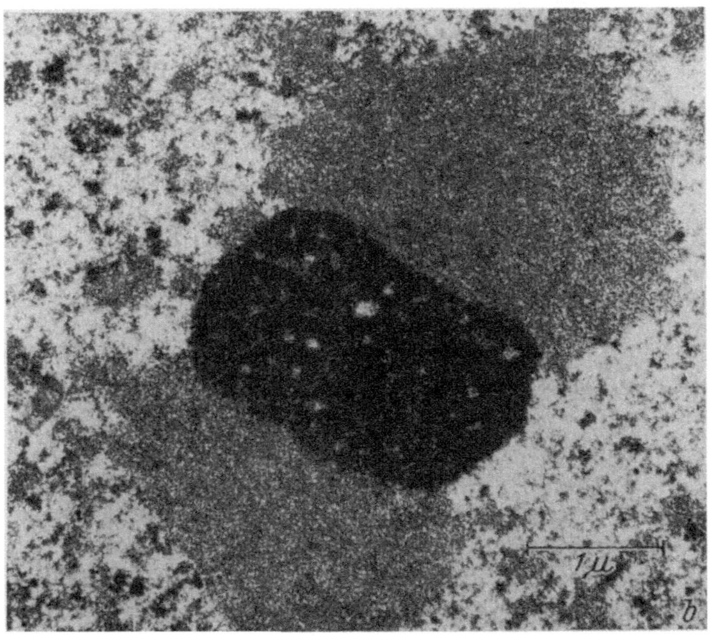

Abb. 6*a*. Nukleolus aus einer Nervenzelle der Hirnrinde eines Meerschweinchens. Lagerung der Nukleolonemata (*n*) in der Peripherie, Ansammlung der granulären Substanzen im Zentrum des Nukleolus. 18 000×. (Aufnahme: Dr. E. DAVID.)

Abb. 6*b*. Nukleolus mit zentraler Homogenisierung der Nukleolonemata (*n*) und Verlagerung der granulären Bestandteile in den peripheren Bereich in einer Nervenzelle aus der Hirnrinde eines Meerschweinchens nach 8stündiger Autolyse. 17 400×. (Aufnahme: Dr. E. DAVID.)

Daneben kann das intranukleoläre Chromatin verklumpen und zu kleinen homogenen Granula umgewandelt werden (JÉZÉQUEL u. STEINER, 1966). Die Oberfläche der Nukleoli kann sich entweder abrunden oder zahlreiche Protuberanzen und Knospungen zeigen (NIKLOWITZ, 1962; ANDRES, 1963; SCHOEFL, 1964; MASUROVSKY et al., 1967). Schließlich kommt es zur Fragmentierung und zum Zerfall der Nukleoli in kleine Granula (LAZARUS et al., 1966).

SHINOZUKA et al. (1968) fanden 1½ Std. nach Äthionininjektion elektronendichte Massen in den Nukleolonemata, nach 6—8 Std. eine Fragmentierung zu kleinen Partikeln, bis nach 12 Std. ein völliger Zerfall eintrat. Die Rekonstruktion nach Adenin- und Methioningabe beginnt ebenfalls im Nukleolonema.

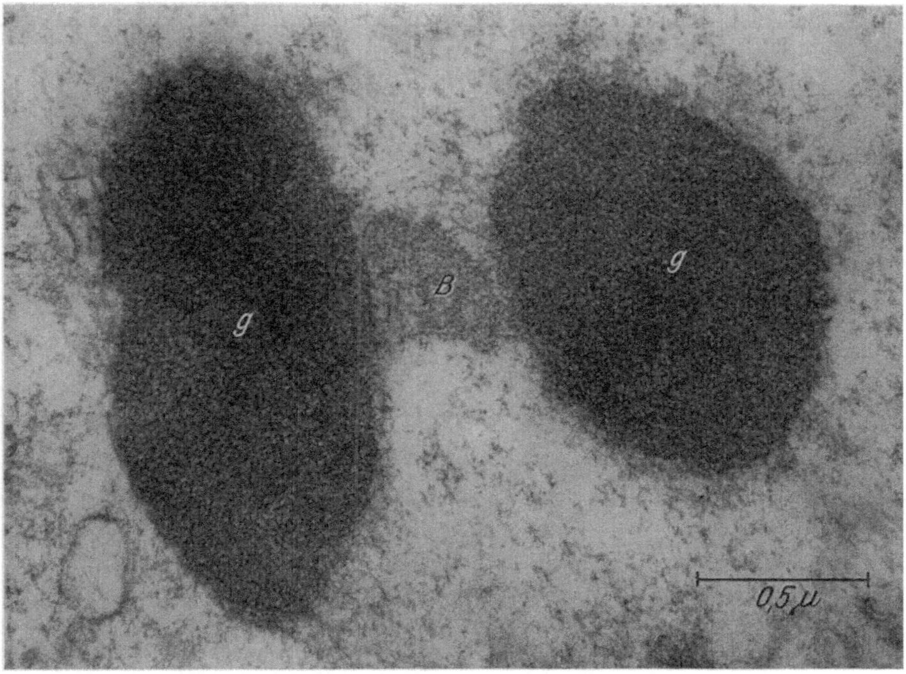

Abb. 7. Dissoziation des Nukleolus in zwei granuläre Anteile (*g*) mit schmaler Brücke (*B*) in einer zugrunde gehenden Darmepithelzelle des Kaninchens 3 Std. nach Gefäßunterbindung. 44 000 ×.

Unter bestimmten Bedingungen, wie z. B. in Leberzellen nach Bestrahlung, fehlen die Nukleoli vollständig (FASSKE u. THEMANN, 1963). In UV-bestrahlten HeLa-Zellen geht die Fähigkeit des Nukleolus zur Inkorporation von Zytidin in RNS bis auf wenige Prozent verloren, was von PERRY u. ERRERA (1959) als Enukleolierung bezeichnet wird. Von einer chemischen Enukleolierung ist dann zu sprechen, wenn die Fähigkeit des Nukleolus zur RNS-Synthese oder -Abgabe auf ein Minimum oder vollständig reduziert ist, auch wenn er morphologisch noch existiert, was für zahlreiche Veränderungen zutreffen könnte.

Die granulären Anteile des Nukleolus, die fibrillären und amorphen, zeigen unter zahlreichen Bedingungen eine Entmischung. Zuerst gehen im allgemeinen die granulären Bestandteile verloren (PANTELEAKIS u. MATEYKO, 1966; MIYAI u. STEINER, 1967; SIMARD et al., 1966), während die fibrillären 6-S-RNS-haltigen noch länger erhalten bleiben (STEVENS, 1964; PANTELEAKIS u. MATEYKO, 1966; RACELA u. SVOBODA, 1967; NARAYAN et al., 1966; SIMARD u. BERNHARD, 1967).

Als Folge der Veränderungen der nukleären RNS ist besonders die ribosomale RNS reduziert (MIYAI u. STEINER, 1967).

Mit der Homogenisierung und Kondensierung der Nukleolusstruktur ist oftmals eine Vakuolisierung in anderen Bereichen (nicht selten die Bildung von Vakuolen) verbunden (ANDREW, 1961; WESSING, 1965; RODRIGUEZ, 1967;

Tab. 6. *Antimetabolite, in 4 Gruppen nach ihrer Wirkungsweise eingeteilt. Wirkung im Bereich der Vorläufer (I), der Polynukleotide (II), des Transkriptionssystems DNS-RNS (III) oder bei der Proteinsynthese (IV). Die eine Nukleolussegregation bewirkenden Antimetaboliten gehören zur Gruppe III* (mod. nach SIMARD u. BERNHARD, 1966)

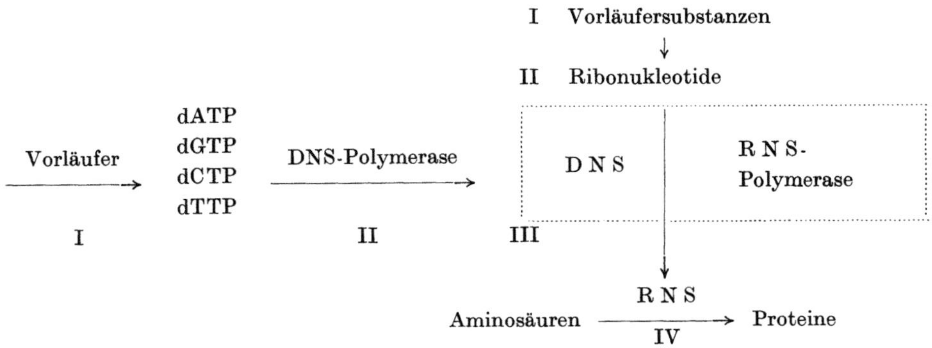

	I	II	III	IV
Gebräuchliche Antimetabolite	Aminopterin Azaserin (schwache Dosen) 6-Mercaptopurin Alkaloide der Vinca rosea	5-Ioddesoxyuridin 5-Bromdesoxyuridin Cytosin-Arabinosid 5-Fluorurazil Thymidin (exzessiv)	Alkylierende Agentien Antibiotika Amino-Akridin Brom-Ethidium Histone (exzessiv) Polylysin	Azaguanin Chloramphenicol Puromyzin Alkaloide der Vinca rosea
Nukleolus-segregation			Proflavin Chromomycin A_3 Echinomycin Nogalamycin Brom-Ethidium Azaserin Daunomycin	

BUSCH et al., 1963). Innerhalb der Vakuolen können feingranuläre Nukleoluskörperchen gefunden werden (GUSEK, 1962).

Im ZNS bilden sich nach Bestrahlung Nukleoli mit ringförmiger Verdichtung (BUCHHOLTZ, 1967). Auch leukämische Monozyten enthalten ringförmig gelagerte RNP-Granula (SMETANA u. HERMANSKY, 1966) sowie Leberzellen nach Aktinomyzinmedikation (SMETANA u. POTMĚŠIL, 1968) und nach Cycloheximidgabe (HARRIS et al., 1968) (Abb. 8). Vereinzelt findet man Nukleoli, die von einer membranartigen Hülle umgeben werden (DAVID, 1960; KLUG, 1963, 1965).

γ) Ortsveränderungen des Nukleolus

Innerhalb des Kerns kann der Nukleolus ohne bisher festlegbaren besonderen Ort überall lokalisiert sein und, wie aus kinematographischen Untersuchungen zu ersehen, auch einen ständigen Ortswechsel vornehmen. Dennoch wird die Lokalisation nahe der Kernmembran als besonderes Ereignis hervorgehoben, das eine funktionelle Bedeutung haben könnte (CERVÓS-NAVARRO, 1962; NIKLOWITZ, 1962; POOL, 1962; LAGUENS, 1964; OZAWA et al., 1965; KRSTIĆ, 1967).

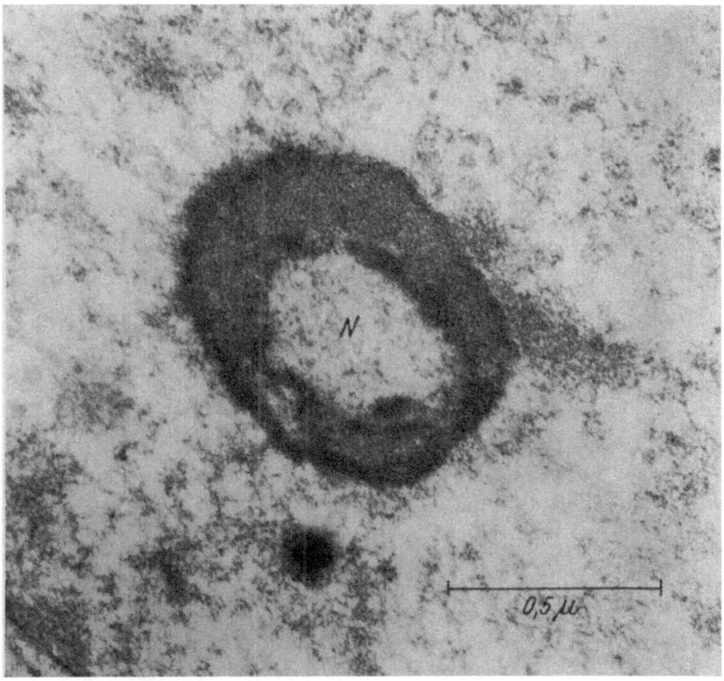

Abb. 8. Ringförmiger Nukleolus (*N*) mit nur wenigen Nukleolonemata aus einer Zelle des Plexus chorioideus des Kaninchens. 54 600×.

Die Ausstoßung von Nukleoli in das Zytoplasma ist vorwiegend in embryonalem Gewebe und in Oozyten beobachtet worden. SCHJEIDE et al. (1964, 1965) beschreiben den Übertritt von Kernmaterial und dabei auch Nukleoli in das umgebende Zytoplasma in Kükenoozyten und Embryonen, wobei sich aus den ausgestoßenen Substanzen Organellen oder Ribosomenhaufen bilden sollen. Aus den Pronuklei von Ratteneiern treten die Nukleoli nach Penetration des Spermiums in die Eizelle zuerst in den Kernmembranspalt und dann in das Zytoplasma aus (SZOLLOSI u. RIS, 1963; SZOLLOSI, 1965) (Abb. 9). IZQUIERDO u. VIAL (1962) sahen in frühen Entwicklungsphasen nach Zerbrechen der Kernmembran die Ausstoßung ganzer Nukleoli.

Vereinzelt treten auch in reifen Organen unter pathologischen Bedingungen ganze Nukleoli in das Zytoplasma über. Bei chronischer Hepatitis beschreibt HÜBNER (1962) einen solchen Vorgang. BAK u. HASSLER (1968) beobachteten nukleoläre Extrusionskörper von 0,5—3,5 μm im Zytoplasma von Nervenzellen der *Substantia nigra* von Ratten und Mäusen.

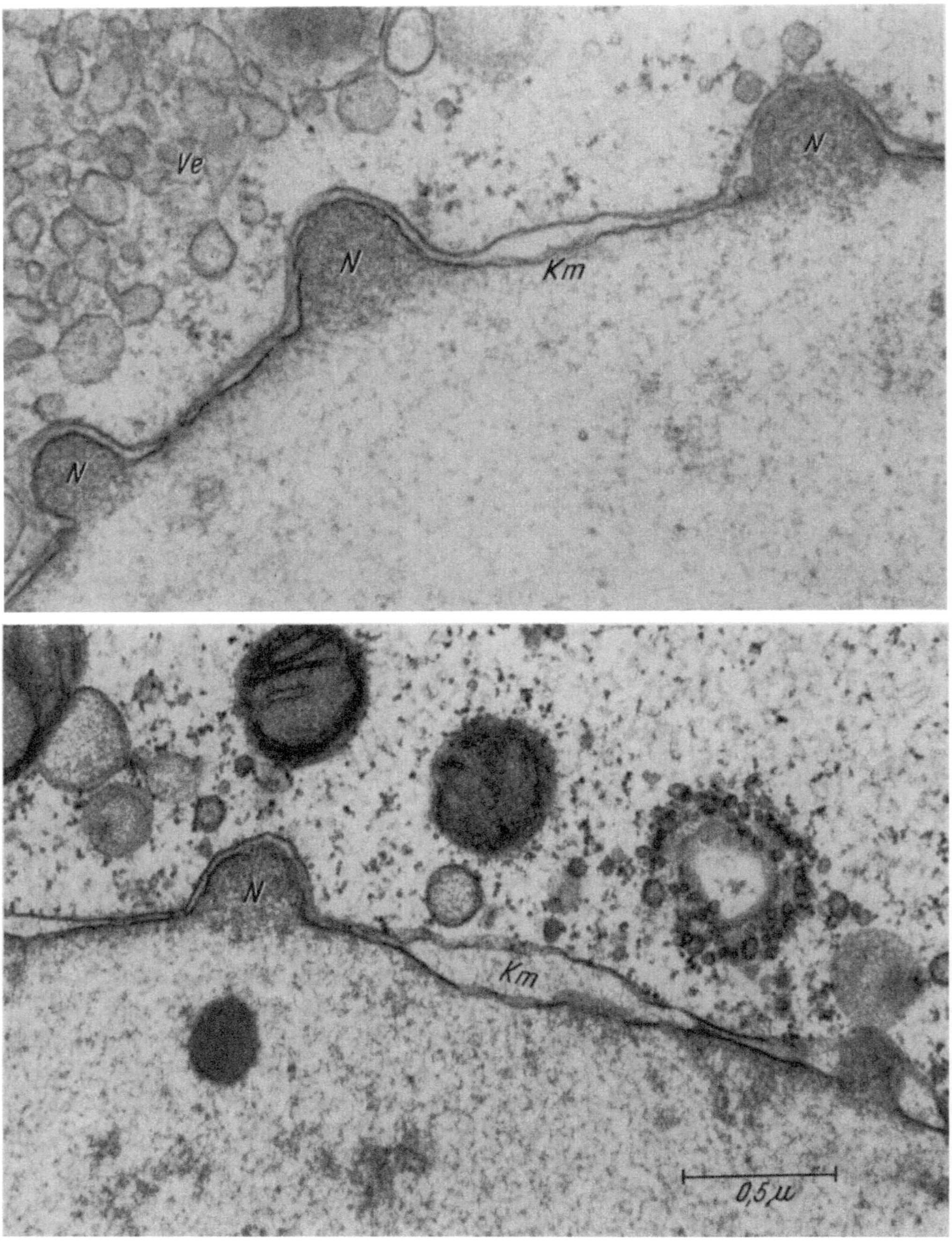

Abb. 9. Pronuklei aus Ratteneiern mit Ausbildung von Tertiärnukleoli (*N*). Vorstülpung der Nukleoli in das Zytoplasma. Herdförmige Erweiterung der Kernmembranzisterne (*Km*). Ausbildung von Vesikeln (*Ve*) und multivesikulären Körpern im Zytoplasma. 43 000 ×. Mit freundlicher Genehmigung von Prof. Dr. D. SZOLLOSI, Seattle/USA. Aus: J. Cell Biol. **25**, 545—562 (1965).

d) Veränderungen der Kernmembran

α) Befunde an den beiden Membranen der Kernumhüllung

An der äußeren Begrenzung des Kerns sind Verformungen der Kernmembran sowohl Ausdruck von Veränderungen des Kerninneren als auch des Zytoplasmas. Dabei kommt es zu Invaginationen (Andrew, 1962; Terao, 1962; Montgomery et al., 1964; Welsh u. Meyer, 1964; Murad u. Scarpelli, 1967; Krstić, 1967) und Evaginationen mit Blasenbildungen (Frasca et al., 1965; Hruban et al., 1965; Jatlow et al., 1965; Baba u. Haam, 1967; Dorfman, 1967; Hsu, 1967; Tonietti et al., 1967; Bostelmann, 1968; Tessmann, 1968), zu Faltungen und Verdrehungen (Trump et al., 1964; Franchi u. Mandi, 1966; Pantić, 1966). Manchmal ist nur die innere Membran invaginiert (Hoshino, 1961). Der Nukleolus umgibt manchmal die Invaginationen (Pool, 1962; Gusek, 1962).

An der Innenseite der Kernmembran finden sich beim Chondroblastom 1,5 nm breite Ablagerungen (Welsh u. Meyer, 1964). Die innere Lamelle der Kernmembran geht im Pankreas nach Cycloheximidgabe verloren (Harris et al., 1968).

Unter verschiedenen Bedingungen, wie bei der Autolyse (Caesar, 1961; Latta et al., 1965), beim Infarkt (Hecht et al., 1961), nach Bestrahlung (Franke u. Lierse, 1965; Morgenroth u. Themann, 1966) und in malignen Tumoren (Yasuzumi et al., 1960; Berger, 1964), kommt es zur Pyknose des Karyoplasmas. Dabei können sich die innere Membran oder beide Membranen von dem geschrumpften Chromatin abheben (Abb. 10).

Die perinukleäre Zisterne kann vollständig obliterieren, so daß die beiden Membranen miteinander verschmelzen (Nunez-Montiel et al., 1961; Balboni u. de Dominicis, 1962; Kaiser u. Springer, 1963; Koestner et al., 1966; Voitkevich, 1966) oder erweitert werden (Abb. 11). Besonders häufig sieht man eine vesikuläre oder vakuoläre Erweiterung des Kernmembranspaltes (Abb. 12) bei Bestrahlung (Lacy u. Rotblat, 1960; Roizin et al., 1962; Braun, 1963; McDonald, 1964; Franke u. Lierse, 1965; Samorajski et al., 1967), bei Sauerstoffmangel (Blümcke et al., 1967) und Herzinfarkt (David u. Hecht, 1963), bei Zystinüberernährung in der Leber (David u. Bartok, 1963), bei leukämischen Zellen (McDuffle, 1967) und HeLa-Zellen nach Kühlung auf — 79° C (Weiss u. Armstrong, 1960). Im Cortischen Organ zeigen die Kernmembranen der Haarzellen nach Kanamyzingabe eine Schwellung (Lundquist u. Wersäll, 1966, 1967).

Innerhalb des erweiterten perinukleären Raumes können sich in den Pronuklei von Ratteneiern Nukleoli vor ihrer Ausstoßung ins Zytoplasma ansammeln (Szollosi u. Ris, 1963). Baker u. Franchi (1969) beobachteten Einschlüsse im Kernmembranspaltraum, die dem Chromatin ähnlich sind. In einzelnen Fällen sind Fetttropfen im Kernmembranspalt zu finden (Palay, 1960). In Zellkernen des ZNS von Fischen sind besonders bei genetischen Defekten kristalline Einschlüsse ausgebildet (Marquet u. Sobel, 1969). In embryonalen menschlichen Retinazellen sollen sich aus Ausstülpungen und nachfolgender Abschnürung von Kernmembranblasen Propigmentgranula bilden (Lerche u. Wulle, 1967). In den erweiterten perinukleären Räumen findet bei Virusinfektionen die Virusentwicklung statt (Falke et al., 1959).

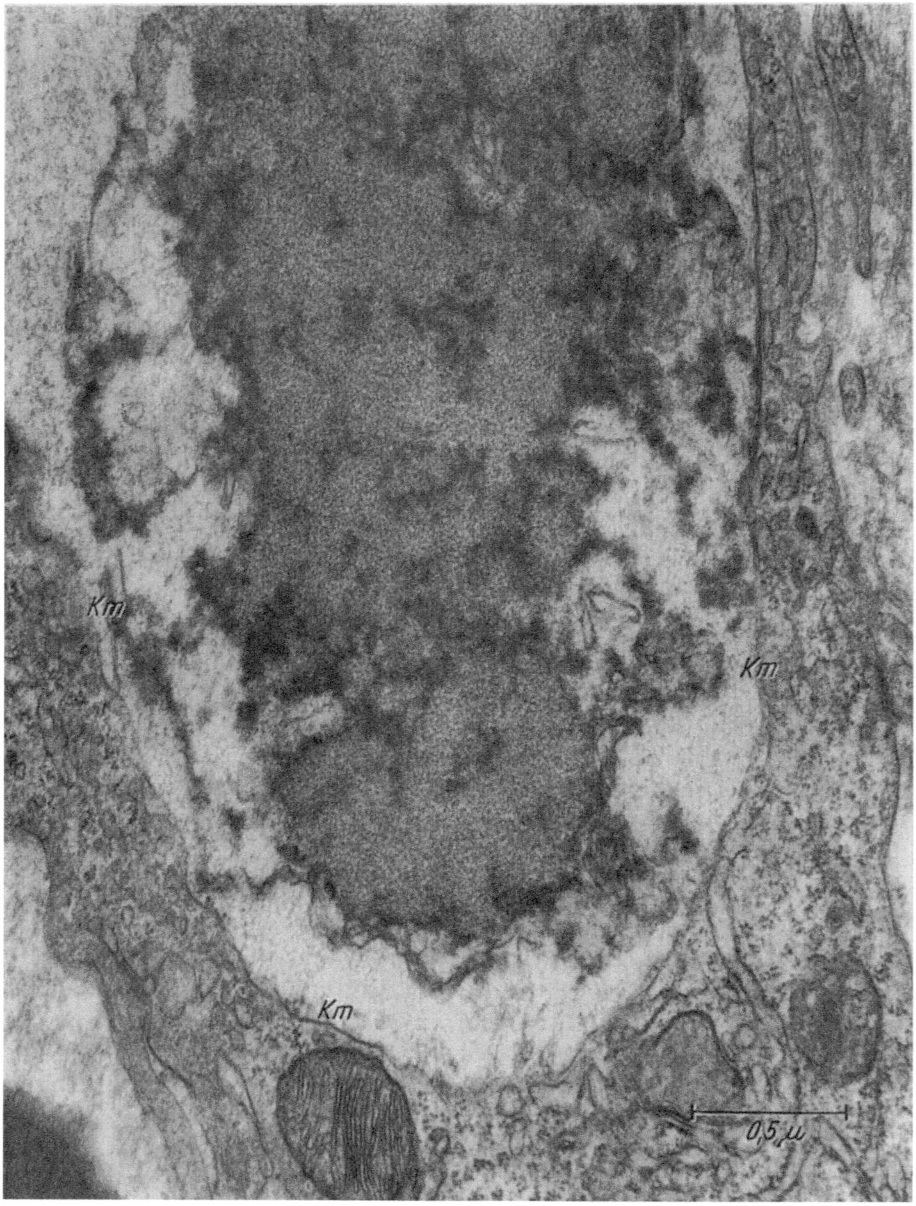

Abb. 10. Karyolyse mit Abhebung der Karyoplasmabestandteile von der Kernmembran (*Km*) in einer Mesenchymzelle. 39 000×.

Virusinfektionen bewirken vielfach eine Duplikation oder auch Multiplikation der inneren Membran der Kernumhüllung, teilweise auch der äußeren Membran (GREGG u. MORGAN, 1959; MAULER u. DOSTAL, 1960; SIEGERT, 1960; HUEBNER et al., 1964; ITABASHI et al., 1966; NII et al., 1966; PATRIZI et al., 1967, 1968; BIERWOLF et al., 1968). Eine herdförmige Proliferation und Verdopplung der Kernmembran fand PITCOCK (1962) in bestrahlten granulären Zellen des

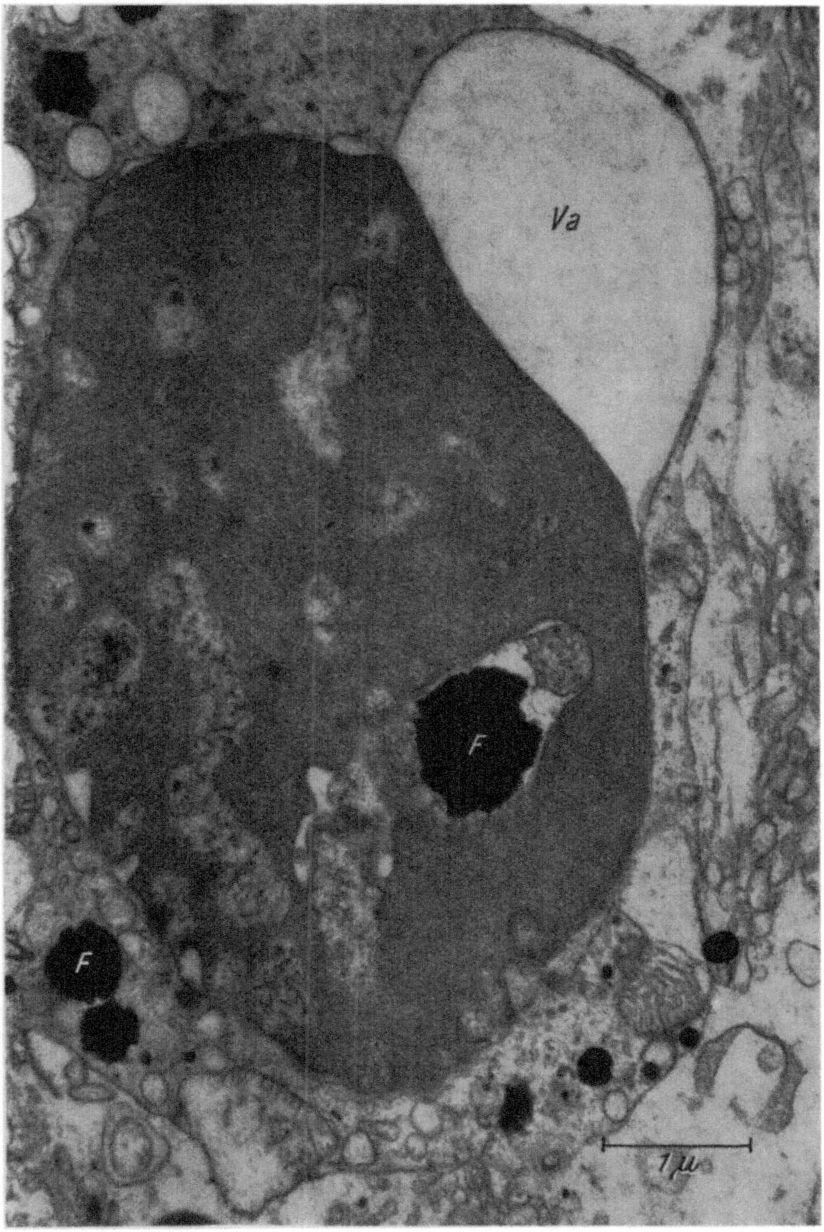

Abb. 11. Große Vakuole (*Va*) der Kernmembran innerhalb einer nekrotischen Zelle mit fast vollständiger Homogenisierung des Chromatins. Einzelne intranukleäre sowie zytoplasmatische Fetttropfen (*F*). 18 600 ×.

Cerebellums. In den Neuralschläuchen embryonaler Mäuse bilden sich nach Urethangabe nahe der Kernmembran Myelinfiguren aus (KAUFFMAN u. HERMAN, 1966). Nach Zyanideinwirkung werden die Kerne von Nierenepithelzellen von Myelinmembranen umgeben (TRUMP u. BULGER, 1968). Manchmal bilden sich aus der Kernmembran Myelinfiguren (Abb. 13). In Oozyten sind besonders

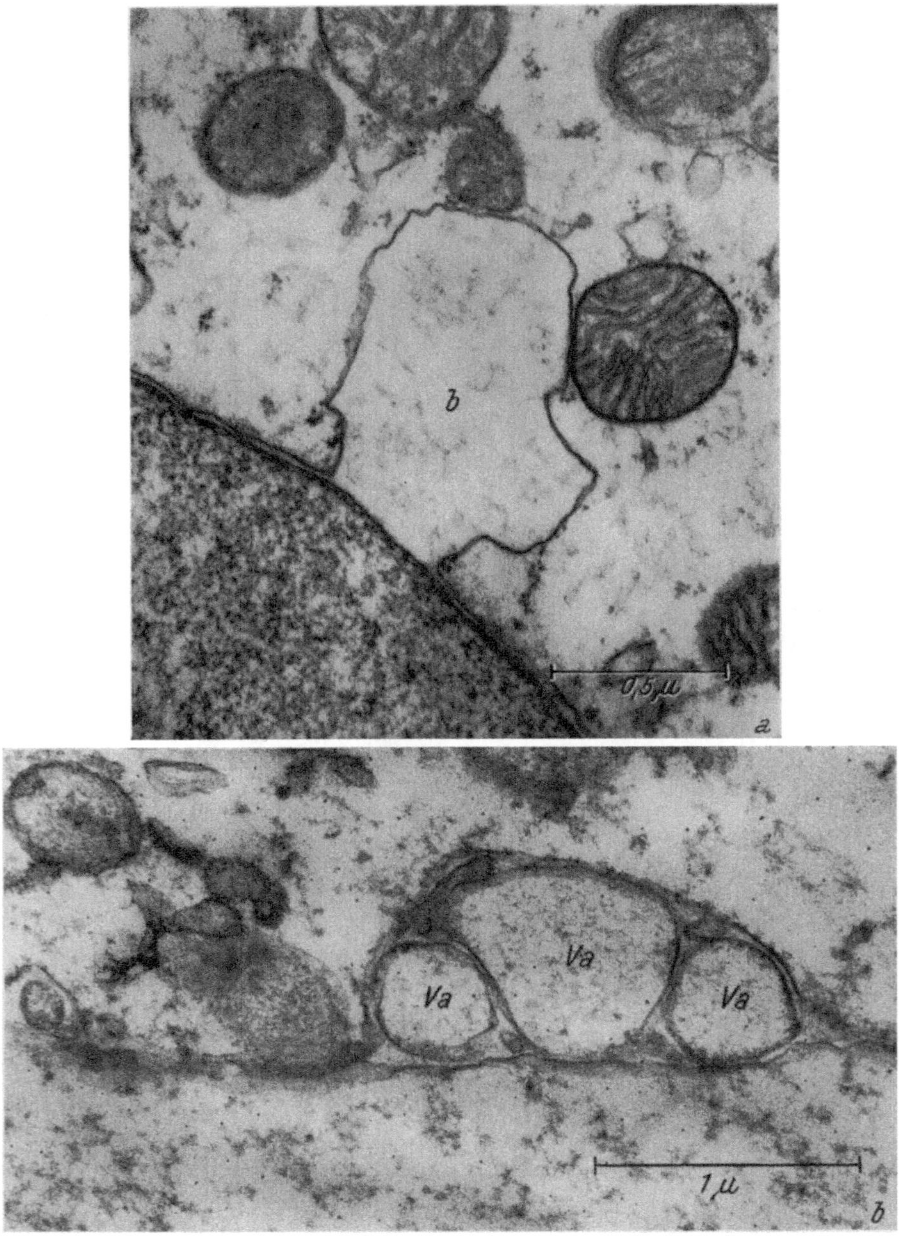

Abb. 12. *a*) Blasige Abhebung (*b*) der äußeren Lamelle der Kernmembran in einer Tubulusepithelzelle der Niere bei Hydronephrose. 45 000×. — *b*) Vesikuläre Umwandlung der Kernmembran in einer Leberzelle der Ratte bei chronischer Proteinmangelernährung. Innerhalb des Kernmembranspaltraumes 3 große Vakuolen (*Va*). Herauslösung des Karyoplasmas. 35 000×.

an der äußeren Membran, aber auch im Karyoplasma annulierte Membranen zu beobachten (MERRIAM, 1959; DHAINAUT, 1966; HSU, 1967).

In Lymphozytenkulturen können perinukleär gelegene Zytoplasmafilamente durch Kernmembrandefekte ins Karyoplasma eindringen (PARKER et al., 1967).

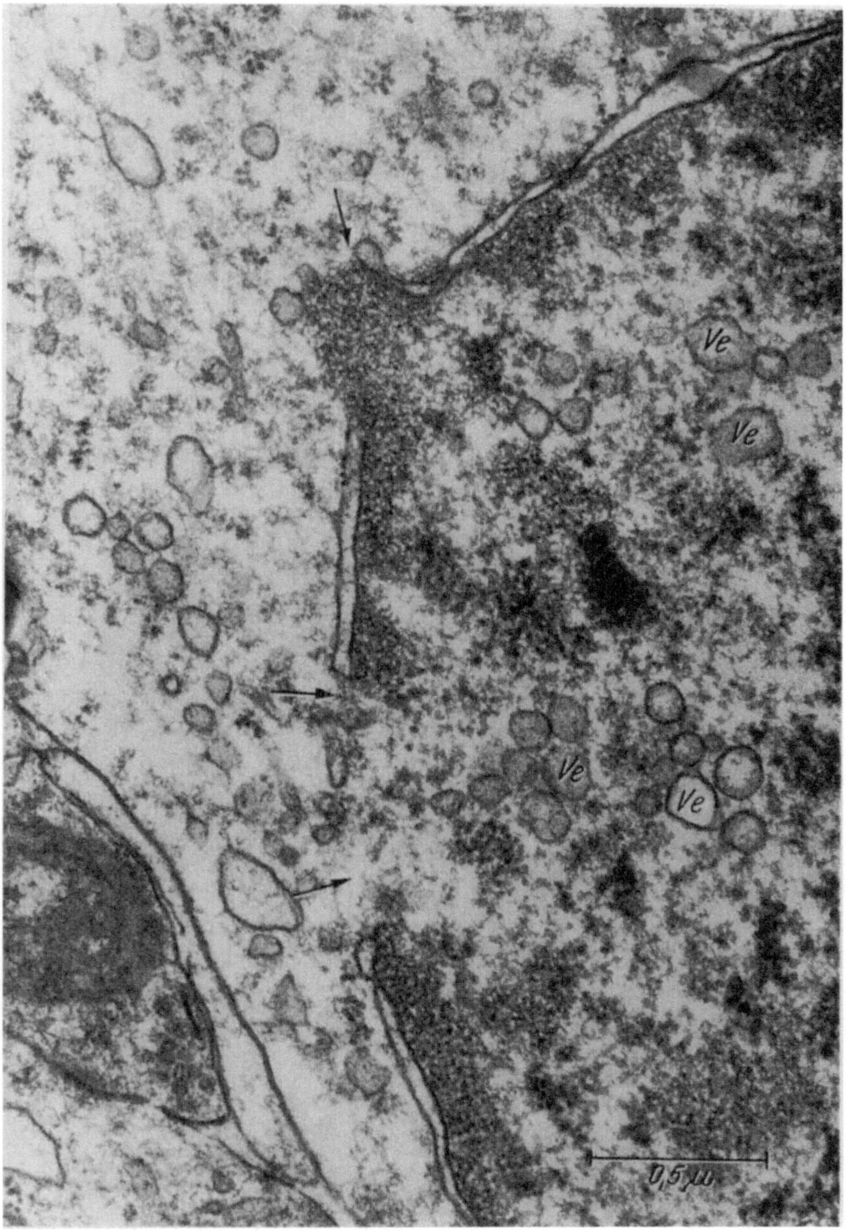

Abb. 13. Herdförmiger Untergang (↗) der Kernmembran in einer Nervenzelle aus dem Thalamus des Meerschweinchens nach einstündiger Autolyse. Austritt von Karyoplasma in das Zytoplasma. Eintritt von Vesikeln (*Ve*) in das Karyoplasma. 46 000 ×. (Aufnahme: Dr. E. DAVID.)

Von Retikulumzellen phagozytierte Erythroblastenkerne zeigen einen Verlust der Kernmembran, Transparenz des Karyoplasmas und eine Bildung nukleosidhaltiger Vesikel, die die Bausteine für die DNS junger Erythroblasten liefern (SEKI u. SHIRASAWA, 1967).

Viele degenerative Veränderungen gehen mit einer Auflösung oder einem Zerfall der Kernmembran einher (Abb. 14, Tab. 7). Folge davon ist eine umschriebene oder vollständige Vermischung von Karyoplasma und Zytoplasmabestandteilen. Bei der Karyorrhexis haften am kondensierten Chromatin meist noch Teile der Kernmembran.

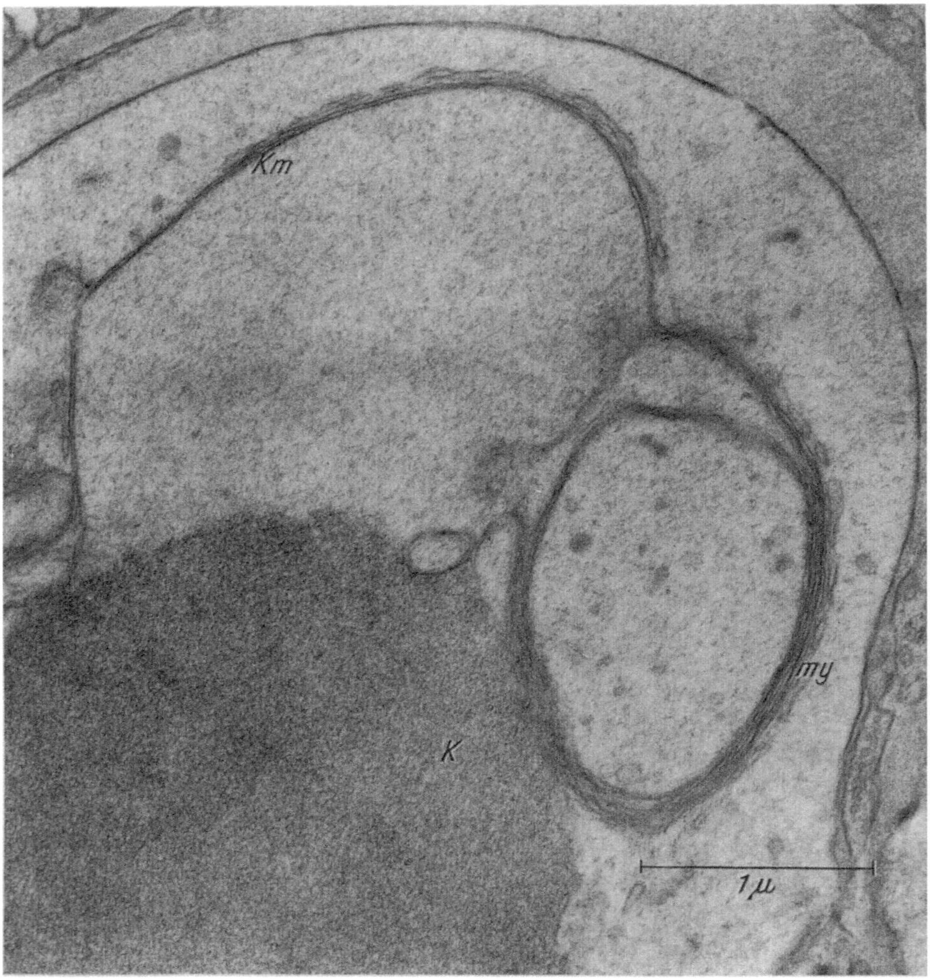

Abb. 14. Nekrotische Zelle mit Ablösung der Kernmembran (*Km*) und Umbildung dieser zu Myelinfiguren (*my*). *K* = Kern. 30 000×.

β) Befunde an den Poren der Kernmembran

Qualitative Veränderungen der Poren sind bisher nicht bekannt. Die erwähnten quantitativen Veränderungen stellen ebenfalls nur Schätzwerte dar, da die Normalzahl der Poren nur für wenige Kerntypen bekannt ist.

Eine Vermehrung der Zahl der Poren wird in der Leber von tumortragenden Tieren (PARRY u. GHADIALLY, 1967), nach CCl_4-Intoxikation (STENGER, 1966) und nach Gabe von Retrorsine (AFZELIUS u. SCHOENTAL, 1967) beobachtet. Außerdem wird sie im Corpus caroticum bei Sauerstoffmangel (BLÜMCKE et al., 1967), in der Parathyreoidea nach Epiphysektomie (KRSTIĆ, 1967), in der Mamma nach Gabe von Östrogen und Progesteron (BÄSSLER u. FORSSMANN, 1964), im ZNS nach Colchizingabe (WISNIEWSKI u. TERRY, 1967) beschrieben.

Tab. 7. *Auflösung und Zerfall der Kernmembran (Beispiele)*

Organ	Einwirkung	Besonderheiten	Autor
Leber	Einfrieren, Auftauen	Schrumpfung	YOUNG et al., 1966
Muskel	Kälte	Fragmentierung	PRICE et al., 1964
Pankreas	Äthionin	Umbildung zu Vesikeln	WATANABE u. ARAMAKI, 1966
Pankreas	Azaserin	Fragmentierung	HRUBAN et al., 1965
Lunge	Ölsäureembolie	Karyoplasmaaustritt	RUBIA u. SCHULZ, 1963
Thymus	Hydrokortison	Fragmentierung	HAELST, 1967
Zellkulturen	UV-Bestrahlung	Chromatinaustritt	MONTGOMERY u. REYNOLDS, 1964
Duodenum	Bestrahlung	Chromatinaustritt	HUGON et al., 1965
ZNS	Bestrahlung		SCHÜMMELFEDER, 1962
Kleinhirn	Bestrahlung		VOGEL, 1959
Neurohypophyse	Bestrahlung		VOITKEVICH u. DEDOV, 1967
Lymphknoten	Bestrahlung	Fragmentierung	SMITH et al., 1967
ZNS	Kernikterus	Chromatinaustritt	CHEN et al., 1966
ZNS	3-Azetylpyridin	Karyorrhexis	LIERSE, 1965
Kleinhirn	Thiophen		ULE u. ROSSNER, 1960
Pankreas	Cycloheximid		HARRIS u. SVOBODA, 1962
Granulom		Fragmentierung	LÖBLICH, 1961

In den Leydigschen Zellen des Hodens findet sich im Alter eine reduzierte Zahl von Poren ohne ATPase-Reaktion (YASUZUMI et al., 1967). Auch bei der Serumhepatitis nimmt die ATPase in den Poren der Leberzellkerne ab (YASUZUMI et al., 1968). Bei der Necrosis *in vitro* erweitern sich die Kernporen (TRUMP et al., 1963).

e) Veränderungen von Kerngröße, -zahl und -lokalisation

α) Veränderungen der Größe

Eine Volumenzunahme des Kerns ist häufig durch eine Schwellung, d. h. im wesentlichen durch eine Flüssigkeitszunahme, bedingt, z. B. im Nervensystem nach Bestrahlung (ANDRES, 1963; MCDONALD, 1964), in Speicheldrüsen nach Noradrenalingabe (SEIFERT, 1962). Die unter zahlreichen Bedingungen einer Stoffwechselsteigerung auftretende Kernhyperplasie und -hypertrophie geht meist mit Nukleolushypertrophie, Kerninvaginationen und Einschlußbildungen einher (TERAO, 1962; MARIUZZI, 1964; PANNESE, 1964; RUEBNER et al., 1964, 1965; MILINE u. KRSTIĆ, 1966; AFZELIUS u. SCHOENTAL, 1967; TONIETTI et al., 1967; BOSTELMANN, 1968; TESSMANN, 1968).

In Chang-Leberzellen ist nach Akridinorange- und Proflavingabe in vergrößerten Kernen eine Nukleolusatrophie zu finden (REYNOLDS u. MONTGOMERY, 1967). Besonders eingehende Untersuchungen zur Kernhyperplasie von Leberzellen wurden bei Thioazetamidvergiftung durchgeführt (SALOMON, 1962; THOENES, 1964; ASHWORTH et al., 1965; BARTON et al., 1965; VORBRODT et al., 1966; SMITH et al., 1967). Es nehmen der DNS- und RNS-Gehalt sowie das Residualprotein deutlich zu.

In Karzinomzellen ist auch nach elektronenmikroskopischen Befunden die Kern-Plasma-Relation zugunsten des Kerns verschoben (KASHIWAI et al., 1963). Jedoch kann heute die Kern-Plasma-Relation nicht mehr als ein konstantes Merkmal von bestimmten Zellarten angesehen werden. In Muskelzellen ändert sich während der Entwicklung das Kern-Myofibrillen-Verhältnis laufend und verschiebt sich zuungunsten des Kerns (COSMOS, 1964).

Tab. 8. *Veränderung der Kernzahl und -größe der Leberzellen verschiedener Tiere bei absolutem Hunger* (nach DAVID, 1961)

	Normalzahl je g $\times 10^6$	8. Hungertag % des Normalwertes	Normalgröße μm^3	Hunger
Maus	189,0 ± 9,9	138	201,0 ± 48	keine
Ratte	192,3 ± 8,5	131	152,4 ± 32	statistisch
Meerschweinchen	172,3 ± 3,8	151	110,0 ± 51	signifikanten
Goldhamster	170,1 ± 3,1	137	130,5 ± 43	Ver-
Kaninchen	144,5 ± 7,1	134	120,0 ± 21	änderungen
Taube	251,7 ± 10,5	117	74,4 ± 35	

Eine Verkleinerung der Kerne wird im Pankreas bei Hunger (HERMAN u. WATARI, 1966) und nach Aktinomyzingabe (YAMAGUCHI et al., 1966) gesehen. Eine Reduktion der Kerngröße zeigen die Zellen der Parathyreoidea nach Gabe von Pinealextrakt (MILINE u. KRSTIĆ, 1966) und Fibroblasten nach Hydrokortisonazetatgabe (BHISEY u. SIRSAT, 1966). Typisch ist die Verkleinerung des Kerns im Verlaufe der Pyknose.

Unter zahlreichen Bedingungen, z. B. im Hunger, zeigen die Zellkerne in der Leber eine erhebliche Polymorphie (DAVID, 1961). In Jodmangeltumoren der Schilddrüse bilden sich neben monströsen Kernen auch atrophische Kerne mit Chromatinverdichtungen aus (LUPULESCU u. PETROVICI, 1968).

β) Veränderungen der Zahl

Die Veränderungen der Zahl in der Einzelzelle führen zur Bildung zwei- und mehrkerniger Zellen (s. Riesenzellen S. 289). Je Gewichtseinheit werden ebenfalls Veränderungen beobachtet, z. B. in der Leber bei Hunger (Tab. 8).

γ) Lokalisationsveränderungen

Spinalganglienzellen zeigen im Verlaufe der Chromatolyse nach Durchtrennung von Nerven eine Verlagerung des Kerns in die Zellperipherie (ANDRES, 1960, 1963; CERVÓS-NAVARRO, 1962; MACKEY et al., 1964). In Muskelzellen kommt es z. B. bei Vitamin-E-Mangel zu einer Wanderung der subsarkolemmal gelegenen Kerne in den zentralen Bereich der Zelle (Howes et al., 1963).

Das Erhaltenbleiben der Kerne im Stratum granulare und corneum der Epidermis bei Psoriasis muß ebenfalls als pathologischer Befund gewertet werden (Hashimoto u. Lever, 1966).

In Erythroblasten ist die Wanderung des Kerns in die Zellperipherie als normales Ereignis zu werten. Der zuerst in einer Zellausstülpung liegende Kern wird dann mit einem schmalen Zytoplasmasaum in die Umgebung ausgestoßen (Simpson u. Kling, 1967; Simpson et al., 1967; Skutelsky u. Danon, 1967). Der Abbau erfolgt in Retikulumzellen (Campbell, 1968).

2. Das endoplasmatische Retikulum und die Ribosomen

a) Normalbefunde

α) Das granuläre endoplasmatische Retikulum

Die Berechtigung, granuläres, agranuläres endoplasmatisches Retikulum und die Ribosomen in einem Kapitel gemeinsam zu behandeln, leiten wir nicht nur von den historischen Begebenheiten ab, daß sie sich lichtmikroskopisch gemeinsam als basophile Substanzen, Ergastoplasma, u. a. darstellen, sondern begründet sich auf der Tatsache, daß zwischen diesen Bestandteilen enge Beziehungen morphologischer und funktioneller Art bestehen. Insbesondere hängen die pathologischen Befunde oft voneinander ab und stehen sogar vielfach in reziproker Abhängigkeit voneinander, was auch die zahlreichen Überlappungen in der vorliegenden Erörterung zeigen werden.

Das granuläre endoplasmatische Retikulum wird durch Doppelmembranen charakterisiert, denen außen Ribosomen angelagert sind. Der Abstand der beiden Membranen ist schon unter normalen Bedingungen je nach dem Funktionszustand der Zelle wechselnd zwischen wenig mehr als 10 nm bis zu 100 nm und mehr. Die Länge der Membranen läßt sich nicht bestimmen, da sie fast niemals in der Schnittebene beginnen oder enden. Jedoch kann in einzelnen Zellen eine Länge von mehreren 10 μm angenommen werden. Vielfach bilden die Membranen des granulären endoplasmatischen Retikulums Tubuli, Vesikel oder Zisternen.

Die Gesamtmenge des granulären endoplasmatischen Retikulums unterscheidet sich in einer Zellart während des Lebens, bei den verschiedenen Zelltypen und den differenten Tierarten. In Rattenleberzellen ermittelten Loud et al. (1965) eine Gesamtoberfläche beider Formen des endoplasmatischen Retikulums von 25 000 bis 50 000 μm^2, wobei der Anteil in den einzelnen Läppchenzonen unterschiedlich ist (Tab. 9). Im allgemeinen enthalten die Zellen embryonaler und neugeborener Tiere wesentlich weniger granuläres endoplasmatisches Retikulum als die adulter Tiere. Das hängt mit dem unterschiedlichen Eiweißbedarf der Zellen zusammen, die in der Wachstumsphase mehr zelluläre Eiweiße, d. h. für den Eigenbedarf, als für den Gesamtorganismus, synthetisieren müssen. Diese Funktion wird im allgemeinen den membranständigen Ribosomen/Polysomen zugeschrieben (Hendler, 1965; Campbell et al., 1966; Campbell, 1967; Redman, 1968). So enthalten die sekretproduzierenden exokrinen Pankreaszellen, die albuminbildenden Leberzellen u. a. besonders reichlich granuläres endoplasmatisches Retikulum. Nach WEBB et al. (1966) sind in der Leber normalerweise 50% der Ribosomen an den Membranen gebunden. BLOBEL u. POTTER (1967) errechneten einen Wert von 75% membrangebundenen Ribosomen, während MICHEL et al. (1968) ebenfalls für die Rattenleber 66% angeben. Wir (EL GAMAL u. DAVID, 1969) ermittelten morphometrisch 69,5%. 85% sowohl der freien als auch der gebundenen Ribosomen sollen in der Rattenleber als Polysomen vorliegen (BLOBEL u. POTTER, 1967). Nach PRIESTLEY et al. (1968) sind in der Niere der Maus 75% der membrangebundenen Ribosomen Polysomen verschiedener Größe (PRIESTLEY u. MALT, 1969).

In den Kotyledonen von *Vicia faba* erfolgt während der Keimentwicklung der Anstieg der membrangebundenen Ribosomen durch eine erhöhte Synthese dieser und nicht durch eine Anlagerung bisher freier Ribosomen. Jede Gruppe der Ribosomen bildet spezifische Proteine, wobei die Reserveproteine vorwiegend von den membrangebundenen Ribosomen synthetisiert werden sollen (PAYNE u. BOULTER, 1968, 1969).

Tab. 9. *Mengenmäßige Verteilung des granulären und agranulären endoplasmatischen Retikulums in der Rattenleberzelle* (mod. nach LOUD, 1968) (μm^2 e.R. je μm^3 Zytoplasma)

	periphere Zellen	mittlere Zone	Zentralzellen
gran. e. R.	3,25 ± 0,15	3,32 ± 0,13	3,49 ± 0,16
agran. e. R.	2,06 ± 0,12	2,22 ± 0,17	2,82 ± 0,13

Anordnung und Verteilung des granulären endoplasmatischen Retikulums sind für einen Teil der Zellen typisch. So tritt es in der Leberzelle oft in der Nähe der Kernmembran in größeren Stapeln auf. Jedoch sind in diesen Zellen auch einzelne Züge bis zur Zellmembran und ein ausgebildetes perimitochondriales granuläres endoplasmatisches Retikulum zu finden. Normalerweise haben in der Rattenleberzelle 74% der Mitochondrien Beziehungen zum granulären endoplasmatischen Retikulum, und bei den einzelnen Mitochondrien werden durchschnittlich 52% der Oberfläche umgeben (DAVID, 1968; DAVID u. NOCON, 1969). Die enge Relation zwischen Mitochondrien und agranulärem endoplasmatischem Retikulum in Prothoraxdrüsen von *Bombyx mori* und *Antheraea pernyi* sollen für die Steroidhormonbildung bedeutungsvoll sein (BEAULATON, 1968). In den exokrinen Pankreaszellen ist das granuläre endoplasmatische Retikulum in großen parallelen Lagen besonders an der Zellbasis angeordnet. Hier lassen sich schon nach wenigen Minuten markierte Aminosäuren, eingebaut in wachsende Polypeptide, nachweisen, die dann zum Golgi-System wandern. In ähnlicher Weise ist dieser Vorgang auch in dem wesentlich schwächer entwickelten granulären endoplasmatischen Retikulum von Fibroblasten zu verfolgen (SHELDON, 1964). In Leberzellen ist ^{3}H-Leuzin 2—5 Min. nach der Injektion in den Hohlräumen des granulären endoplasmatischen Retikulums zu finden (DROZ, 1966).

Der prinzipielle Bau von Membranen (s. S. 246) ist auch im Bereich des granulären endoplasmatischen Retikulums erkennbar. Die Studien über die molekulare Zusammensetzung sind noch spärlich. Neben den Lipiden und Strukturproteinen sind andere Proteine und besonders Enzyme, z. T. in organspezifischer Art, zu beobachten (SIEKEVITZ, 1967), wie z. B. Nukleosiddiphosphatase, Thiaminpyrophosphatase, Glukose-6-Phosphatase, Esterase und saure Phosphatase. Die Glukose-6-Phosphatase liegt nach histochemisch-elektronenmikroskopischen Untersuchungen an der Innenseite der Membranen des granulären endoplasmatischen Retikulums (SAITO, 1966). Die Spezifität der Enzyme könnte dabei von der Art der Phosphatide bzw. der Phosphatidfettsäure in der Membran abhängen. Auch sollen die Membranen des endoplasmatischen Retikulums in geringer Menge eigene RNS enthalten (ROODYN, 1967; BRUX u. RICHTER, 1968). Untersuchungen über die Halblebenszeit mikrosomaler Lipide ergeben ein zweiphasiges Bild (ERIKSSON, 1969). In der 1. Phase haben die Totalphospholipide eine Halblebenszeit von 16 Std., Cholesterin eine von 25 Std. In der 2. Phase betragen die entsprechenden Werte 90 Std. und 120 Std. Nach Gabe von Phenobarbital verschieben sich die Zeiten für die Totalphospholipide auf 36 und 125 Std.

Die ersten spezielleren Untersuchungen über die Beziehungen zwischen den Membranen des granulären endoplasmatischen Retikulums und den ihnen außen angelagerten Ribosomen gingen von der Vorstellung aus, daß die Ribosomen den Membranen in gleichmäßigem Abstand angeheftet seien. Da die Anlagerung jedoch, wie neuere Untersuchungen beweisen (DAVID u. METZLER, 1967 Lit.), zum größten Teil in Form von spiralartigen, hakenförmigen oder kreisrunden Polysomen erfolgt (BRUNI u. PORTER, 1965; BENEDETTI et al., 1966), kann ein Querschnitt keineswegs eine regelmäßige Anordnung ergeben. Deshalb schwanken die Abstände zwischen den Ribosomen in einer großen Breite. BENEDETTI et al. (1966) geben einen durchschnittlichen Abstand von 30 nm, DAVID u. UERLINGS (1968) einen Zentrum-zu-Zentrum-Abstand von 45 nm an. BONNET u. NEWCOMB (1965) zählten an einem mRNS-Faden von 50 nm 15—17 Ribosomen, was einen Abstand von 27,5 nm bedeuten würde. Je µm Oberfläche des granulären endoplasmatischen Retikulums der Rattenleberzelle sind etwa 22 Ribosomen angelagert (DAVID u. UERLINGS, 1968). Das perimitochondriale granuläre endoplasmatische Retikulum besitzt an der mitochondriennahen Seite 21 Ribosomen je µm und auf der -fernen Seite 20 Ribosomen je µm (DAVID u. NOÇON, 1969). Dagegen sind in Neuronen des ZNS von Meerschweinchen nur 9,8 bis 10,7 Ribosomen je µm Membranstrecke des endoplasmatischen Retikulums zu finden (DAVID et al., 1970). Die Polysomen an den Membranen des granulären endoplasmatischen Retikulums sind in der Leberzelle erheblich länger als die freien Polysomen. Wir fanden für freie Polysomen Werte von 4—13 Ribosomen, für membranständige Polysomen 7—23 Ribosomen mit Zwischenräumen von 20 nm (DAVID u. METZLER, 1967). 75% der membranständigen Polysomen sind 250 bis 500 nm lang. Am Ende kommt es bei einem größeren Prozentsatz der Polysomen als Zeichen der Fertigstellung einer Polypeptidkette zur Dissoziation eines oder zweier Ribosomen.

Für 1 ml Lebergewebe errechneten WEIBEL et al. (1969) 2×10^{13} membrangebundene Ribosomen.

Die einzelnen Ribosomen werden durch einen 15—20 Å breiten mRNS-Faden miteinander verknüpft. Die Ribosomen der Leber liegen mit ihrer größeren Untereinheit (50 S) der Membran an (TASHIRO et al., 1966; SABATINI et al., 1966; FLORENDO, 1968, 1969). Gleiche Beziehungen bestehen auch im ZNS (SELLINGER u. OHLSSON, 1968) und in Plasmazellen (AVRAMEAS u. BOUTEILLE, 1968). Zwischen der großen und kleinen Untereinheit liegt der etwa 20—40 Å breite mRNS-Faden. Die Substruktur der Untereinheiten differiert in Abhängigkeit von dem Fixierungsmittel und von der Schnittdicke (FLORENDO, 1968).

In der Leber sind die meisten Polysomen membranständig (WILSON u. HOAGLAND, 1965). Besonders fest ist die Anhaftung an der Membran bei aktiven Ribosomen (SABATINI et al., 1966; TATA, 1967). In den Leberzellen soll die Aminosäureinkorporation in membranständige Polysomen höher als in freie sein (BARBIERI u. DI MARCO, 1963). Unter Normalbedingungen scheinen die Ribosomen der Membran direkt anzuliegen. Außerdem ist *in vivo* der überwiegende Teil mit allen Ribosomen der Membran angelagert und nicht, wie angenommen (BENEDETTI et al., 1966), nur mit einem Ribosom. Aus Trypsin-behandelten Lebermikrosomenpräparaten schließen CHEFURKA u. HAYASHI (1966), daß nur ein Ribosom durch neugebildetes Protein an der Membran verankert sei. Für die anderen Ribosomen könnten jedoch noch andere Adhäsionsmöglichkeiten in Frage kommen. Trotz Zerstörung der mRNS durch RNase bleiben z. B. die einzelnen Ribosomen weiter an den Membranen haften (STAHL u. BIELKA, 1967).

Insgesamt gesehen konnte bisher noch kein endgültiges Ergebnis hinsichtlich der Verankerung von Ribosomen/Polysomen an den Membranen des endoplasmatischen Retikulums erhalten werden. In der Diskussion stehen neben der elektronenmikroskopisch zu beweisenden Bindung an die 50-S-Untereinheit des Ribosoms die Anheftung über die mRNS oder durch den Peptidanteil der Peptidyl-t-RNS. Nach theoretischen Vorstellungen von BLOBEL u. POTTER (1967) soll ein spezifischer Bindungsort der Ribosomen mit einem ribosomenspezifischen Rezeptor der Membran in Beziehung treten. Dieser spezifische Bindungsort könnte topographische Relationen zu anderen Bindungsorten der Ribosomen, z. B. der mRNS und tRNS in der Weise haben, daß diese durch die Bindung des Ribosoms an der Membran orientiert werden.

Ungeklärt ist bisher die Tatsache, wie das an der Außenseite der Membranen des granulären endoplasmatischen Retikulums gebildete Protein durch die Membranen in den Innenraum des vielfach zisternenartig erweiterten endoplasmatischen Retikulums gelangt. In den Zisternen ist es nicht nur morphologisch in Form feiner Filamente und schwach osmiophiler Ablagerungen (Abb. 15), sondern auch durch die Markierung mit Isotopen nachzuweisen. Es wird jedoch sofort auf die Membran des endoplasmatischen Retikulums übertragen (MANGANIELLO u. PHILLIPS, 1965).

In einzelnen Zelltypen zeigt das granuläre endoplasmatische Retikulum unter Normalbedingungen spezielle Bildungen, z. B. die Nissl-Schollen aus granulärem endoplasmatischem Retikulum und freien Ribosomen (NIEVEL u. CUNNINGS, 1967). Die Neuronen des *Corpus geniculatum laterale* enthalten laminäre Körper, die vom endoplasmatischen Retikulum abstammen (DOOLIN et al., 1967). In Nebennierenzellen von *Meriones unguiculatus* bildet das granuläre endoplasmatische Retikulum Wirbel (NICKERSON u. CURTIS, 1969).

In Leberzellen von Hunden wurden im endoplasmatischen Retikulum 300 Å dicke, einige μm lange Tubuli gefunden, die in Gruppen zu 12 oder mehr angeordnet gelagert sind (RICHTER et al., 1966). In Oozyten und Follikelzellen von *Lacerta* sind den gradlinig angeordneten Zisternen des granulären endoplasmatischen Retikulums Ribosomen in Vierergruppierung angelagert, die einen parakristallinen Aufbau bilden (GHIARA u. TADDEL, 1966; GHIARA et al., 1966). Die Oozyten von *Arbacia punctulata* enthalten annulierte Membranen mit dazwischengelagerten Ribosomenansammlungen. Diese Komplexe stellen als direkte Abkömmlinge des Kerns die Informationsspeicher für die Synthese von Ribosomen und Membranen dar (BAL et a ., 1968).

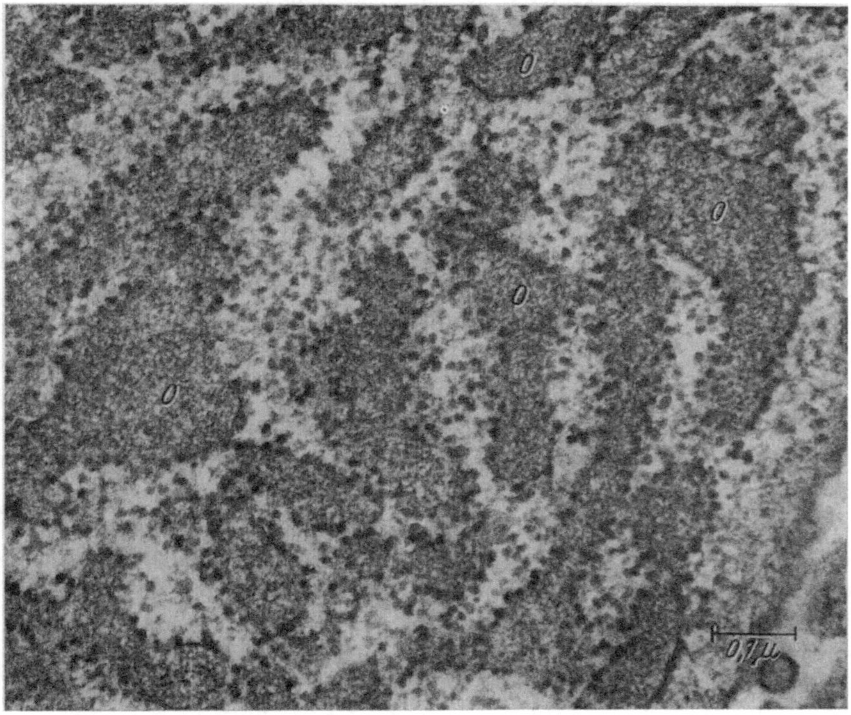

Abb. 15. Erweitertes granuläres endoplasmatisches Retikulum mit Ansammlung von osmiophiler granulierter Substanz (*O*) im Lumen. Normale Leber der Maus. 105 000 ×.

β) Das agranuläre endoplasmatische Retikulum

Das agranuläre oder glatte endoplasmatische Retikulum unterscheidet sich von der granulären Form durch das Fehlen der angelagerten Ribosomen, hat aber auch eine andere Anordnung und Funktion in der Zelle. Jedenfalls ergibt sich nicht nur durch die einfache Ablösung von Ribosomen das Bild des agranulären endoplasmatischen Retikulums. Man kann auch vielfach eine enge Verbindung oder einen Übergang der granulären Form in die agranuläre Form beobachten. In den Hauptbestandteilen sind die Membranen beider gleich zusammengesetzt (MANGANIELLO u. PHILLIPS, 1965), so daß Übergänge möglich sind.

Die vielfältigen, im Bereich des agranulären endoplasmatischen Retikulums ablaufenden Stoffwechselprozesse und ihre Differenzen in den einzelnen Zellarten äußern sich auch in einem differenten morphologischen Erscheinungsbild. In den Leberzellen liegen die Tubuli und Vesikel verstreut im gesamten Zytoplasma, zeigen jedoch eine bevorzugte Lokalisation im Bereich oder in der Umgebung von Glykogenarealen. Trotz der sicher engen Beziehungen zum Glykogenstoffwechsel kann auch heute noch nicht sicher gesagt werden, ob das agranuläre endoplasmatische Retikulum bei der Glykogenolyse oder der Glykogenese beteiligt ist. Da die UDGP-Glykogen-Transferase nicht mit den Membranen verbunden ist, halten Jones u. Fawcett (1966) eine Bedeutung für die Glykogenese nicht für wahrscheinlich. Sicher ist, daß das agranuläre endoplasmatische Retikulum sich in glykogenverarmten Gebieten besonders ausdehnt.

In der quergestreiften und Herzmuskulatur ist die glatte Form des Retikulums in einer longitudinalen und transversalen (T) Form zu beobachten, wobei die letztere wohl aus Einstülpungen der Zellmembran entstanden ist (Walker u. Schrodt, 1966 u. a.). Nach Margreth et al. (1963) ist das Sarkoplasmaretikulum an der Segregation glykolytischer Enzyme und ihrer Stoffwechselprodukte, an der Kontrolle der Glykolyse und an der Integration der Beziehungen zwischen Metabolismus und Kontraktion wesentlich beteiligt. In der Umgebung der Z-Streifen bilden beide Systeme zusammen als Dyaden, Triaden oder Pentaden bezeichnete Komplexe, die für die Erregungsübertragung bedeutungsvoll sind. ATPase liegt in den terminalen Zisternen des endoplasmatischen Retikulums, 5'-Nukleotidase im T-System und alkalische Phosphatase nur im Herzmuskel im lateralen Teil von Triaden und Dyaden (Rostgaard u. Behnke, 1965; Gordon et al., 1967). Nach Andersson-Cedergren und Muscatello (1967) ist die Uridin-diphosphat-Glukose-Glykogen-Synthese im endoplasmatischen Retikulum lokalisiert.

Das Sarkoplasmaretikulum hat im M. sartorius des Frosches ein Volumen von 13% des Gesamtfaservolumens. Seine Oberfläche ist 100mal so groß wie die äußere Faseroberfläche (Peachey, 1966). Die Oberfläche des T-Systems ist 7mal größer als die der äußeren Zellmembran. Kaliumaufnahme und -abgabe werden wahrscheinlich durch Potentialänderungen des Sarkoplasmaretikulums gesteuert (Hasselbach u. Weber, 1965).

Das Paraboloid von Photorezeptoren ist als Teil des agranulären endoplasmatischen Retikulums anzusehen (Meller u. Breipohl, 1965).

In steroidbildenden Zellen, wie in der Nebennierenrinde, den Corpusluteum-Zellen und den interstitiellen Zellen des Hodens, ist das agranuläre endoplasmatische Retikulum besonders gut entwickelt (Fawcett, 1964). Die Steroidbildung erfolgt aus Azetat über Cholesterin. In der Nebennierenrinde des Hamsters ist keine Steroidbildung vorhanden, was sich morphologisch in einer geringen Ausbildung des agranulären endoplasmatischen Retikulums äußert (Jones u. Fawcett, 1966). Auch in den Leberzellen erfolgt die Cholesterinsynthese im Bereich des agranulären endoplasmatischen Retikulums.

Die Leydigschen Zellen des Meerschweinchenhodens besitzen vom agranulären endoplasmatischen Retikulum abzuleitende spezielle Bildungen, die aus Körpern von parallelen Doppelmembranen mit dazwischengelagerten Vakuolen und Ansammlungen von Doppelmembranen mit bulbösen Auftreibungen bestehen (Merkow et al., 1967). Das in den Granulosazellen großer Tertiärfollikel vorhandene Lipid in Vesikeln des agranulären endoplasmatischen Retikulums ist wahrscheinlich eine Vorstufe von Steroiden (Bjersing, 1967). Dagegen lassen sich die kanalikulären lamellären Körper aus gefensterten flachen hexagonal angeordneten Zisternen des agranulären endoplasmatischen Retikulums in Pinealozyten der Ratte noch nicht in ihrer funktionellen Bedeutung erfassen (LIN, 1967).

In den Belegzellen des Magens ist das agranuläre endoplasmatische Retikulum bei der Bildung bzw. bei der Sekretion der Chloridionen beteiligt. In den resorbierenden Zellen des Dünndarms nimmt es am Transport der Lipide teil.

Eine besondere Bedeutung kommt dem agranulären endoplasmatischen Retikulum vorwiegend in den Leberzellen im Verlauf von Detoxikationsvorgängen, besonders bei der Verstoffwechselung von Arzneimitteln, zu, was sich in einer erheblichen Vermehrung des Systems bei der Stimulierung dieser Prozesse äußert.

Zusammenfassend ist festzustellen, daß das agranuläre endoplasmatische Retikulum mit folgenden Funktionen der Zelle in Verbindung steht: dem Kohlenhydrat-, Cholesterin- und Steroidstoffwechsel, der Eliminierung lipidlöslicher Stoffe und der Hydroxylation.

γ) Die freien Ribosomen und Polysomen

Die in der biochemischen Fachliteratur dargestellten Vorgänge bei der an die Ribosomen gebundenen Proteinsynthese sollen hier nicht im einzelnen beschrieben werden und müssen als bekannt vorausgesetzt werden (RAPOPORT, 1967). 96% der RNS von Leberzellen ist im Zytoplasma lokalisiert (AMANO, 1967). Infolge der Tatsache, daß die Ribosomen der relativ unspezifische Teil innerhalb des Systems sind, denen erst durch die Verbindung mit der mRNS eine spezifische Syntheseleistung zukommt, ist auch der Übergang von membrangebundenen zu freien Ribosomen kein besonders auffälliges und ein sich ständig abspielendes Ereignis. Die ohne abgrenzende Membran in enger Verbindung mit dem umgebenden Zytoplasma stehende Oberfläche der Ribosomen besitzt die wesentliche Aktivität. Die löslichen Komponenten des Grundplasmas und mit der t-RNS herantransportierten Aminosäuren haben freien Zutritt zur Ribosomenoberfläche.

Leberribosomen zerfallen in Untereinheiten von 83 S, 63 S, 50 S und 46 S, die Polymere der Grundeinheit von 27 S darstellen (TASHIRO u. SIEKEVITZ, 1965). Die elektronenmikroskopisch erkennbaren Untereinheiten haben Mol-Gewichte von ⅓ und ⅔ des Monomers. Die 60-S-Komponente der Ribosomen der Leber wird sicher im Nukleolus synthetisiert, für die 45-S-Komponente ist das noch fraglich. In HeLa-Zellen gelangen die im Kern gebildeten 40-S- und 60-S-Partikeln unabhängig voneinander ins Zytoplasma und verbinden sich zu 74-S-Ribosomen. Die 40-S-Partikeln sind mit der mRNS verbunden (JOKLIK u. BECKER, 1965). Struktur und Funktionsmechanismus der Ribosomen werden von SPIRIN (1967, 1968) im einzelnen dargestellt.

Die Größe eines Ribosoms beträgt etwa 15 nm mit Schwankungen nach beiden Seiten. Nach BERGMAN (1962) sollen an den 7 nm großen Ribosomen embryonaler Muskelzellen die dünnen Filamente und an den 25 nm großen die dicken Filamente gebildet werden. Die 70-S-Partikeln von E. coli haben eine Größe von 140—170 Å × 190—200 Å, die 50-S-Partikeln eine solche von 110—130 Å mit einer kanalartigen 40 Å tiefen Einkerbung und die 30-S-Partikeln eine Größe von 70—90 Å (BRUSKOV u. KISELEV, 1968).

BLOBEL u. POTTER (1967) ermittelten für eine Rattenleberzelle eine Ribosomenzahl von 6×10^6, wobei je Ribosom 10 Moleküle nichtsedimentierbare RNS vorhanden sein soll.

Genaue Angaben über das quantitative Verhalten der membrangebundenen Ribosomen zu den freien Ribosomen in den einzelnen Zellen und Entwicklungsstadien fehlen (s. S. 286). Jedoch überwiegt in den meisten Zellarten die Zahl der freien Ribosomen in den Wachstumsstadien, also insbesondere in der Embryonalphase und in der frühen Postnatalperiode. Im Bereich der Nissl-Schollen von Nervenzellen verschiebt sich im Verlaufe des Lebens die Zahl der Polysomen zugunsten der membranständigen (NIEVEL u. CUNINGS, 1967).

Es fehlen auch Werte über die Beziehung zwischen der Menge der als Einzelribosomen und der in Polysomen existierenden Ribosomen. Wahrscheinlich liegt immer der größere Anteil in der aktiven Form der Polysomen vor. Die freien Ribosomen sind nach unseren Untersuchungen (DAVID u. METZLER, 1967) jedoch aus weniger Einzelribosomen zusammengesetzt als die membranständigen. Es ist auf Grund biochemischer Untersuchungen anzunehmen, daß sie also Proteine mit einem geringeren Molekulargewicht synthetisieren.

Über die Größe der Polysomen in einzelnen Zellarten liegen einige Beobachtungen vor. In Leberzellen beträgt die durchschnittliche Ribosomenzahl je freies Polysom 4—13 (DAVID u. METZLER, 1967). In Retikulozyten sind die in der Proteinsynthese aktiven Polysomen aus 5 Ribosomen mit einer Schwankungsbreite zwischen 2 und 6 aufgebaut (RIFKIND et al., 1964; SCHWEIGER, 1964; MILLER u. MAUNSBACH, 1966). Die etwa 1500 Å langen linearen Polysomen sind in der Lage, Hämoglobin mit dem Mol-Gewicht 16 000 zu synthetisieren. Mit der Reifung der Erythrozyten verschwinden die Ribosomen (BURKA u. DE BELLIS, 1967). Fetale Duodenalzellen besitzen helixartig angeordnete Polysomen mit einer Schraubenwindung von 60—70° und einem Abstand der einzelnen Ribosomen von 250—300 Å (BEHNKE, 1963).

In Neuronen von Ratten setzen sich die Polysomen aus 4—5 Ribosomen zusammen (PHILPOTT u. WEIBEL, 1968). Das Perikaryon der Nervenzellen von Meerschweinchen besitzt 7,8—8,6 Ribosomen je freies Polysom und 8,3—11,3 Ribosomen je membrangebundenes Polysom (DAVID et al., 1970). Der Prozentsatz der freien Ribosomen liegt zwischen 79,6% und 84,4% aller vorhandenen. Je μm Zytoplasma sind 179—241 Ribosomen ausgezählt worden. Im ZNS von Hühnerkeimen finden sich schraubenförmige freie Polysomen, die bei der Bildung des granulären endoplasmatischen Retikulums verschwinden (BERGQUIST u. HORSTMANN, 1967). Bei Hühnerembryonen sind Polysomen in blasigen Ausstülpungen der Kernmembran zu finden (WESTON, 1968).

Die Deiterschen Neuronen des Vestibulariskernes von Kaninchen enthalten 100 Å und 230 Å große Ribosomen, die sich zu Polysomen von 4—5 Ribosomen und solchen von 15 Ribosomen zusammensetzen. Bei den Ansammlungen von etwa 100 Ribosomen läßt es sich nicht sicher sagen, ob es sich um echte Polysomen oder nur um unspezifische Aggregate handelt (EKHOLM u. HYDÉN, 1965).

In der Muskulatur sind zwei unterschiedliche Größenordnungen von Polysomen zu beobachten, von denen die kleineren die dünnen und die größeren die dicken Filamente bilden sollen. In sich differenzierenden Muskelzellen liegen die helixförmigen Polysomen im Zytoplasma (WADDINGTON u. PERRY, 1963). In intrafusalen Muskelzellen treten 8000 Å lange Polysomenformen und 6000 Å große komplexe Formen aus 35 Ribosomen auf (Andersson-Cedergren u. Karlson, 1967). Chen u. Young (1968) sahen Polysomen aus mehr als 40 Ribosomen. Nach Heywood et al. (1967) sollen aus 50—60 Ribosomen aufgebaute Polysomen das Myosin synthetisieren. In Herzmuskelzellen wurden bis 6000 Å lange Polysomen von Cedergren u. Havary (1964) beobachtet, was Ausdruck des hohen Molekulargewichts des zu bildenden Myosins (Mol-Gew. 240 000) ist.

Fibroblasten enthalten Polysomen von 180 S—1600 S, wobei das meiste neugebildete Kollagen in der Fraktion der großen Polysomen zu finden ist (Fernandez-Madrid, 1967). Für die Synthese eines α-Stranges von Kollagen (Mol-Gew. 110 000) ist eine mRNS notwendig, die etwa 30—40 Ribosomen bindet (Gould et al., 1965).

Die Ribosomen werden durch den mRNS-Faden, möglicherweise auch durch Proteine (Nair et al., 1966), zu den Polysomen verbunden. Ihre Größe und Lebensdauer hängt von der mRNS ab. Die am schnellsten gebildete mRNS wird in *B. megaterium* am schnellsten wieder abgebaut (Schaechter u. McQuillen, 1966). Die Halbwertszeit einiger mRNS ist bisher bekannt. So hat die mRNS der Rattenleber eine Halbwertszeit von 4—6 Std. bis zu 3 Tagen (Loeb et al., 1965).

Kristalline Anordnungen von Ribosomen mit der Ausbildung von Ribosomenkörpern sind in den Follikelzellen und Oozyten von Eidechsen zu beobachten (Taddei, 1968).

b) Variation der Menge

α) Vermehrung

αα) *Vermehrung des granulären endoplasmatischen Retikulums*

Eine Zunahme des granulären endoplasmatischen Retikulums erfolgt vorwiegend dann, wenn eine erhöhte Proteinproduktion entweder für den intrazellulären Bedarf oder vorwiegend für den Export notwendig ist. So sind Wachstums- und Regenerationsprozesse sowie die Erholungsphasen nach toxischen Einwirkungen besonders durch diesen Vorgang gekennzeichnet. In der Regenerationsphase nach Thioazetamidgabe bilden sich in Leberzellen Bündel von granulärem endoplasmatischem Retikulum (Ashworth et al., 1965). Diese Tatsache läßt gewisse Zweifel an der Vorstellung aufkommen, daß allein die freien Ribosomen für die intrazelluläre Eiweißproduktion verantwortlich wären.

Duck-Chong (1964) sah bei älteren Kükenembryonen eine Reduktion der freien Ribosomen und eine Vermehrung des granulären endoplasmatischen Retikulums. Wir konnten in exokrinen Pankreaszellen vom 21. Fetaltag bis zum erwachsenen Tier einen Anstieg der membrangebundenen Ribosomen von 47% auf 75% feststellen (Hach u. David, 1969).

Bei der Ganglienzellhypertrophie zeigt das granuläre endoplasmatische Retikulum des Perikaryons eine deutliche Zunahme, die mit den regenerativen Vorgängen im Axon in Verbindung steht (Nathaniel u. Pease, 1963; Pannese, 1963). In experimentellen Nerventumoren liegt der Anteil des granulären endoplasmatischen Retikulums am Zytoplasmavolumen zwischen 12,94% und 39,24% (Georgsson et al., 1969). Die einfache Denervationsatrophie von Muskelzellen geht mit einer Zunahme der Gesamtzahl, insbesondere der membranständigen

Ribosomen und Polysomen, einher, was möglicherweise auf eine unbalancierte Synthese von kontraktilen und sarkoplasmatischen Proteinen zurückgeführt werden kann (MARGRETH et al., 1966; MUSCATELLO et al., 1965). Auch in hypertrophierten Herzmuskelzellen, z. B. nach Anlegung einer Aortenstenose, vermehren sich die freien und membranständigen Ribosomen (WEGNER u. MÖLBERT, 1966). Ähnliche Befunde sah WALDMANN (1968) auch im hypertrophierten menschlichen Herz.

Die hormonale Stimulierung zahlreicher Stoffwechselprozesse äußert sich auch in der Vermehrung des granulären endoplasmatischen Retikulums. So sind diese Befunde an den Knorpelzellen von Zwergmäusen nach Gabe von Hypophysenwachstumshormon (SILBERBERG et al., 1966), in Fibroblastenkulturen nach Methenolonestergabe (SCHWARZ u. KUTZSCHE, 1966), in der Zona fasciculata der Nebennierenrinde hypophysektomierter Tiere nach ACTH-Gabe (SCHWARZ et al., 1962), in Leberzellen nach Östrastilbeninjektion (KEMMER u. MÜLLER, 1967) und in Speicheldrüsenzellen nach Noradrenalinapplikation (SEIFERT, 1962) anzutreffen.

In der Retina der Krabbe nimmt das lamelläre granuläre endoplasmatische Retikulum bei der Helladaptation von distal nach proximal in den Photorezeptoren zusammen mit den freien Ribosomen und Polysomen bis auf das 4fache des Dunkelwertes zu (EGUCHI u. WATERMAN, 1967).

Vinblastine-Sulfat bewirkt in L-Zellen eine Hypertrophie des granulären endoplasmatischen Retikulums (KRISHAN et al., 1968). In virusinfizierten Zellen können herdförmige Proliferationen und hyperplastische Herde des granulären endoplasmatischen Retikulums auftreten (RUEBNER et al., 1964; SHESTOPALOVA et al., 1966). Das vermehrte granuläre endoplasmatische Retikulum kann dabei annulierte Membranen bilden (MARUYAMA u. OBOSHI, 1966). Gelber Phosphor ruft einen Anstieg der Membranen des granulären und agranulären Retikulums der Leber hervor (GANOTE u. OTIS, 1969). Wieweit es bei Leberzellen *in vitro* nach Gabe von Dinitrophenol und Malonat zu einer echten Neubildung von granulärem endoplasmatischem Retikulum oder zu einer Umstrukturierung kommt, ist noch nicht endgültig geklärt (LÖWE u. JUNG, 1964, 1965, 1967).

Die Hyperfunktion der β-Zellen des Pankreas beim spontanen Diabetes und Alloxandiabetes (WILLIAMSON, 1960), nach Gabe von Sulfonylharnstoff (VOLK u. LAZARUS, 1964) kommt auch in einer vielfach wirbelförmigen Vermehrung des granulären endoplasmatischen Retikulums zum Ausdruck, wobei auch die Lagerung von Ribosomen an den Membranen noch zusätzlich besonders dicht sein kann. In gleicher Weise wirkt auch Tolbutamid (LAZARUS u. VOLK, 1962).

Die Zunahme des agranulären endoplasmatischen Retikulums bei der Metabolisierung von Drogen geht teilweise mit einer vorherigen Vermehrung des granulären endoplasmatischen Retikulums einher, wie z. B. nach Barbitalgabe (FRANKE u. KLINGER, 1966). Das die Cholesterinbiosynthese stimulierende Triton WR-1339 in Leberzellen führt zu einem Anstieg der Total-RNS und der Gesamtoberfläche des granulären endoplasmatischen Retikulums (LOUD u. PACK, 1965).

Ammoniumchlorid führt in Leberzellen zu einer Erhöhung der RNS um 24,8% und dabei auch zu einer Zunahme des granulären endoplasmatischen Retikulums (BASCH u. JOÓ, 1966). Die subkutane Gabe von Zystein bewirkt neben einer Vermehrung auch eine Fragmentierung und Desorganisierung des granulären

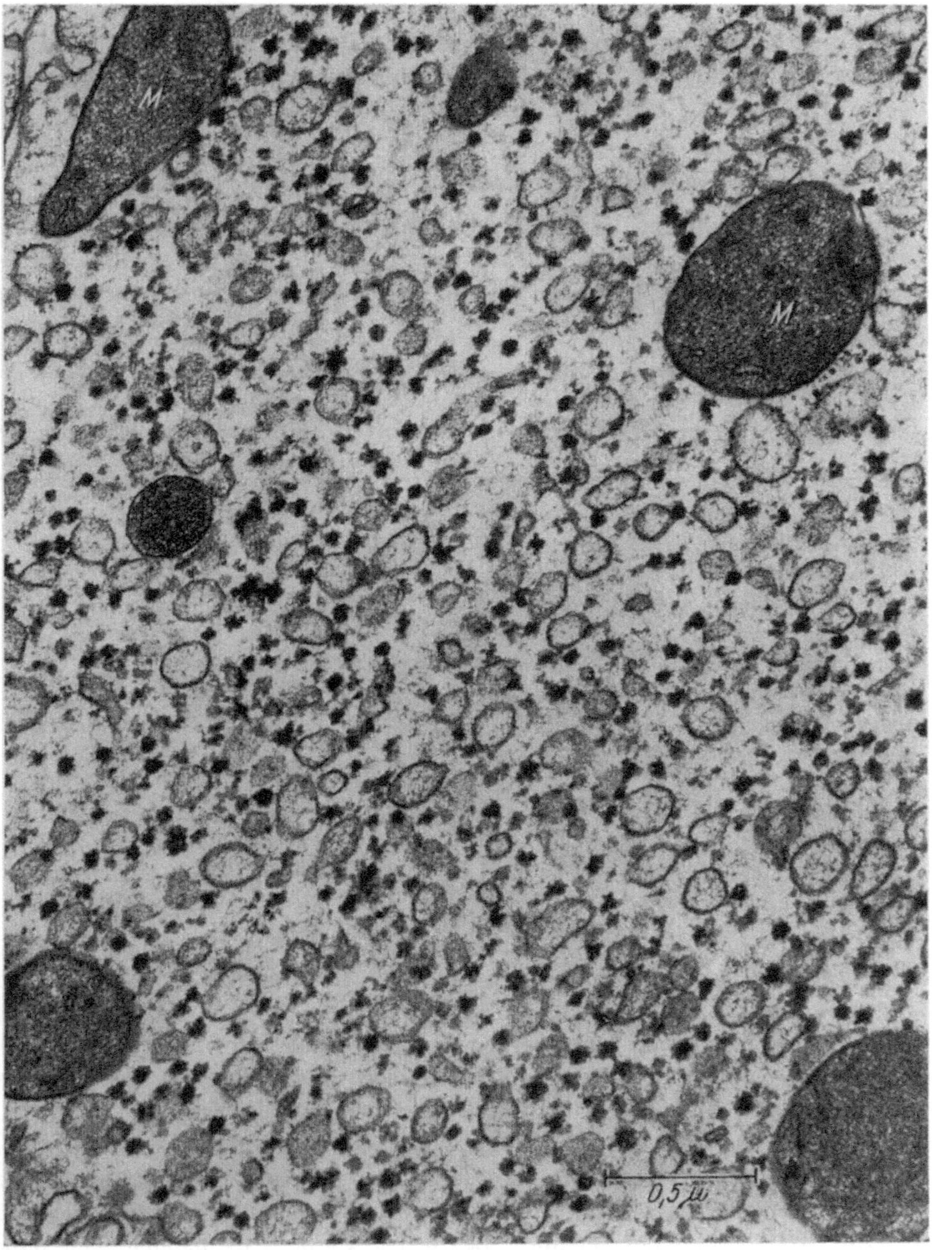

Abb. 16. Leberzelle mit hochgradiger Proliferation und vesikulärer Umwandlung des agranulären endoplasmatischen Retikulums. Zahlreiche Glykogenrosetten. 40 000 ×.

endoplasmatischen Retikulums (EMMELOT et al., 1962). In der Regenerationsphase nach einer Ischämie nimmt das granuläre endoplasmatische Retikulum zuerst um die Mitochondrien zu (HÜBNER, 1961). In Chang-Leberzellen kann auch die Bestrahlung zur endoplasmatischen Retikulum-Vermehrung führen (MONT-

GOMERY et al., 1964). Tetanustoxin ruft in den Ganglienzellen des Rückenmarkes eine Zunahme des granulären endoplasmatischen Retikulums hervor (YATES u. YATES, 1966). Auch in toxischen Kröpfen ist das granuläre endoplasmatische Retikulum stärker entwickelt als in normalen Schilddrüsenzellen (HEIMANN, 1966). Phytohämagglutinine führen in Lymphozyten zur Ausbreitung des granulären endoplasmatischen Retikulums (ELVES et al., 1964).

αβ) *Vermehrung des agranulären endoplasmatischen Retikulums*

Die Zunahme des agranulären endoplasmatischen Retikulums kann auf zwei Wegen vor sich gehen, einmal durch die Ablösung der Ribosomen von den Membranen des granulären endoplasmatischen Retikulums und zum

Tab. 10. *Umsatz und Abbauprozesse von Arzneimitteln und ähnlichen Substanzen in der Mikrosomenfraktion — vorwiegend der Leber —* (mod. nach SIEBERT, 1968)

Reaktion	Substanz (Beispiel)
Oxydative Desaminierung	Amphetamin
N-Dealkylierung (N-Demethylierung usw.)	Pyramidon
O-Dealkylierung (O-Demethylierung usw.) Ätherspaltung	Phenacetin
S-Oxydation (Sulfoxydbildung)	Chlorpromazin
Hydroxylierung	Acetanilid
Seitenkettenoxydation zu primären bzw. sekundären OH-Gruppen	Hexobarbital
O-Alkylierung (z. B. Methoxylierung)	Catechinamine
Aromatisierung	Cyclohexan-Derivate
Nitroreduktion	p-Nitrobenzoat
Azoreduktion	Azofarbstoffe
Desamidierung	Procainamid
Esterspaltung	Procain
Dehalogenierung	DDT
Desulfurierung	Thiopental

anderen durch eine Proliferation der Tubuli und Vesikel (Abb. 16) des Systems selbst, was das häufigere Ereignis ist.

Die umfassendsten Untersuchungen hinsichtlich der funktionsbedingten Hyperplasie des agranulären endoplasmatischen Retikulums sind von der Leber im Verlaufe der Metabolisierung von Drogen bekannt (Tab. 10).

Die aus dem Blutstrom in die Leber gelangten Substanzen werden in den Lipidschichten der Membranen sequestiert und gelangen so in engen Kontakt mit den Enzymsystemen der Proteinlagen (JONES u. FAWCETT, 1966), wodurch es zur Stimulierung des Membranwachstums kommt. Es handelt sich dabei wahrscheinlich um eine spezielle Adaptationsform der Zelle auf veränderte metabolische Bedingungen, wie man sie in der Leber, z. B. außer nach Gabe von Drogen, auch bei chronischen Hepatitiden, Zirrhosen oder primären Karzinomen beobachten kann (KLINGE u. BANNASCH, 1968). Besonders ausführliche Untersuchungen liegen über die Wirkung von Hexo(Pheno)barbital vor (Tab. 11).

Die Proliferation des agranulären endoplasmatischen Retikulums soll bei Phenobarbital durch die Induktion des mikrosomalen Elektronentransport-

Tab. 11. *Vermehrung des agranulären endoplasmatischen Retikulums (Beispiele)*

Organ	Einwirkung	Besonderheiten	Autor
Ovar-Granulosa-Zellen	Luteinisierung	Glykogenzunahme	Byskov, 1969
Leber	Proteinmangel	Glykogen-vermehrung	Ericsson et al., 1966
Hoden, interst. Zelle	Vitamin E	Membranwirbel	Ichihara, 1967
Leber	Fruktosedurch-strömung		Phillips u. Hetenyi, 1968
Leber	Azaserin		Hruban et al., 1965
Pankreas	Triparanol	Myeloidkörper	Hruban et al., 1965
Leber	β-3-Thienylalanin		Hruban et al., 1953
Leber	β-3DL-Furylalanin		Hruban et al., 1965
Leber	Hypophysektomie		Cardell, 1966
Leber	transplantierter Hypophysentumor		Epstein et al., 1967
Corpus luteum	mammotrop. Hormon		Enders u. Lyons, 1964
Granulosa-luteinzellen	Diöstrus	Wirbel	Bjersing, 1967
Hoden, interst. Zellen	Gonadotropin		de Kretser, 1967
Leber	Alloxandiabetes		Satoh, 1966
NNR	ACTH, Schlangen-gift	Dilatation	Yoshimura et al., 1968
NNR Z. fasc.	Amphenon B	Wirbel	Schwarz u. Suchowsky, 1963
Leber	(Pheno) Barbital	z. T. Myelinfiguren	Remmer, 1963; Remmer u. Merker, 1963; Fawcett, 1964, Herdson et al., 1964; Jones u. Armstrong, 1965; Jones u. Fawcett, 1966; Kato et al., 1965; Burger u. Herdson, 1966; Ericsson u. Orrenius, 1966; Fouts et al., 1966; Franke u. Klinger, 1966; Orrenius u. Ericsson, 1966; Saito u. Ogawa, 1966; Arcasoy et al., 1967, 1968; Franke, 1967; Schaude et al., 1967; Bader, 1968; Becker u. Lane, 1968; Murray et al., 1968
Leber	Tolbutamid	Myelinstrukturen	Gregory et al., 1967
Leber	Tolbutamid		Remmer et al., 1964
Leber	Azetylsäure-derivate	Fingerabdruck-bildungen	Hruban et al., 1966
Leber	Thiohydantoin	Myelinfiguren Lipidkörper	Herdson u. Kaltenbach, 1965

Tabelle 11 (Fortsetzung)

Organ	Einwirkung	Besonderheiten	Autor
Leber	Monooxydase-Inhibitor		Iglesia et al., 1968
Leber	reiner Sauerstoff		Schaffner et al., 1966
Leber	Ischämie		Bassi u. Bernelli-Zazzera, 1964
Kleinhirn	Hypoxie	Nebenkerne	Niklowitz, 1962
Leber	Ultraschall		Curtis, 1966
Leber neugeb.	Bestrahlung		Franke u. Goetze, 1967
Niere Tub. epithel	Bestrahlung	Myelinfiguren	Leak u. Rosen, 1965
Ovar	Bestrahlung		Flaks u. Bresloff, 1966
Hoden, Sertolizellen	Bestrahlung		Hugon u. Borgers, 1966
Leber	Alkohol		Porta u. Hartroft, 1965
Leber	Alkohol		Lane u. Weber, 1966; Porta u. Hartroft, 1965
Leber	Alkohol	Fingerabdruckartig, Glykogenpartikel	Porta et al., 1964
Leber	Thioazetamid	konzentrische Schichtung, Knäuelbildung	Thoenes, 1962
Leber	Thioazetamid	Myelinfiguren	Ashworth et al., 1965
Leber	Thioazetamid	Lipide	Salomon, 1962
Leber	Thioazetamid	glatte Nebenkerne	Thoenes u. Bannasch, 1962
Leber	Thioazetamid	Netzwerkknäuel konzentr. geschichtet	Thoenes, 1962
Leber	CCl_4	hyaline Körper	Braunstein et al., 1966; Braunstein u. Stenger, 1966
Leber	CCl_4	Lipidablagerungen	Smuckler et al., 1965
Leber	CCl_4	hyaline Bezirke	Stenger, 1963
Leber	CCl_4		Unakar, 1968
Leber	Äthionin	Fingerabdruckartig	Klavins et al., 1966
Leber	Äthionin		Wood, 1965
Leber	Äthionin	Nebenkerne	Steiner et al., 1964
Leber	Äthionin	Wirbel	Meldolesi et al., 1966
Pankreas	Äthionin		Herman u. Fitzgerald, 1962
Mamma	Äthionin		Grillmaier u. Bässler, 1963
Niere	$HgCl_2$		Gritzka u. Trump, 1968
Niere	$HgCl_2$		Holgersen et al., 1969
Leber	Taurolithocholat		Schaffner u. Jawitt, 1966
Leber	Chlorochin	Wirbel	Simon et al., 1964
Leber	Chlorochin	Wirbel	Kemmer u. Simon, 1965
Niere	Dioxan		David, 1964
Leber	Gerbsäure	Aggregate, Myelinfiguren	Arhelger et al., 1965
Leber	Gerbsäure		Boler et al., 1965

Organ	Einwirkung	Besonderheiten	Autor
Leber	DDT	Einschlußkörper, Myelinfiguren	ORTEGA, 1963, 1966, 1969
Nerven	Triorthokresyl-phosphat		BISCHOFF, 1967
Leber	Sporidesmin	Wirbel	BERTAUD u. MORTIMER, 1966
Leber	Ochratoxin A	Fingerabdruckartig, Myelinstrukturen	THERON et al., 1966
Earle'-L-Zellen	Vinblastinesulfat		KRISHAN et al., 1968
Leber	Cycloheximid	Wirbel	HARRIS et al., 1968
Niere	Bacitracin		KJAERHEIM u. HAUSSEN, 1969
Leber	Aflatoxin B_1		SVOBODA et al., 1966
Leber	Hydroxytoluen	Fingerabdruckartig	LANE u. LIEBER, 1967
Leber	Dimethylnitrosamin		GEIL et al., 1968
Leber	Dimethylnitrosamin, 2-Fluorenamin, Prednisolon		GUSTAFSSON u. AFZELIUS, 1963
Leber	Acetylaminofluoren		HARTMANN, 1965
Leber	N-2-Fluorenyl-diacetamid		MIKATA u. LUSE, 1964
Leber	Allylisopropylacet-amid		BIEMPICA et al., 1968
Leber	α-Naphthylisothio-cyanat		SPYCHER u. RÜTTNER, 1964
Leber	Mesidine	Fingerabdrücke	VERNON u. GARGUS, 1966
Leber	3'-MeDAB		SAITO, 1966; ONOE et al., 1966; ARCASOY et al., 1968
Leber	DMAB		ARCASOY et al., 1967
Leber	DMAB-Ca		HEINLEIN et al., 1962
Leber	DMAB-Karzinogenese		SAITO, 1968
Leber	Dieldrine		HUTTERER et al., 1968
Leber	Cuprizone		SUZUKI u. KIKKAWA, 1969
Leber	part. Hepatektomie		BARTOK u. VIRACH, 1967
Leber	Mäusehepatitis	auch in Sternzellen	RUEBNER et al., 1967
Leber	H-1-Virus mit part. Hepatektomie		RUFFOLO et al., 1966
L-Zellen	Mengovirus		AMAKO u. DALES, 1966
Zellkultur	Picornavirus		GODMAN, 1968
Leber	portocavale Anastomose	Fingerabdruck-bildung	OUDEA u. BISMUTH, 1965
Leber	extrahep. Cholestase		STEINER et al., 1962
Leber	DUBIN-JOHNSON-Syndrom		MUSCATELLO et al., 1967
ZNS	Kernikterus		CHEN et al., 1967
NNR Z. glom.	Na-Mangel		GIACOMELLI et al., 1965
Thymus	Involution		HAELST, 1967

Tabelle 11 (Fortsetzung)

Organ	Einwirkung	Besonderheiten	Autor
Muskel	fam. period. Paralyse	fokale Degeneration	Gruner, 1966; Mussini et al., 1968
ZNS	Virusinfektion	Chromatolyse	Bodian, 1964
Muskel	Trichinella spiralis		Ribas-Mujal u. Rivera-Pomar, 1968

systems bedingt sein, während 3-Me-DAB zur Unterbrechung des Elektronentransports auf der Höhe der Flavoproteine führt (Arcasoy et al., 1968).

Die vernetzten Maschenwerke (Abb. 17) der 250—500 Å großen Tubuli und Vesikel stehen teilweise in Verbindung mit dem granulären endoplasmatischen Retikulum, von dem aus wahrscheinlich die Neusynthese erfolgt. Sie dehnen sich in den glykogenentspeicherten Arealen aus. Teilweise kommt es zur Bildung von Myelinfiguren. Gleichzeitig werden die für die Detoxikation entscheidenden Enzyme wie Demethylase, aber auch TPNH-Cytochrom-C-Reduktase u. a. vermehrt. Infolge des unspezifischen Adaptationsprozesses werden die lipidlöslichen Medikamente in dem ausgedehnten Maschenwerk der glatten Membranen in enge Verbindung mit den Enzymen gebracht. Jedoch ist die Proliferation an sich ein unspezifisches Ereignis, weil z. B. gleichzeitig auch die Enzyme der Cholesterinbiosynthese mit stimuliert werden. Betroffen sollen besonders die läppchenperipheren Leberzellen sein. Auch Azetylsäurederivate (Hruban et al., 1966), Hydroxytoluen (Lane u. Lieber, 1967), Thiohydantoin (Herdson u. Kaltenbach, 1965) u. ä. bewirken eine Wucherung des agranulären endoplasmatischen Retikulums, das oft eine fingerabdruckartige Lagerung oder die Ausbildung von Myelinfiguren mit dazwischenliegenden Lipiden zeigt.

Eine Hypertrophie des agranulären endoplasmatischen Retikulums ist nicht unbedingt mit einer Aktivitätssteigerung der drogenabbauenden Enzyme gekoppelt. Hutterer et al. (1968) sahen hypertrophiertes, hypoaktives agranuläres Retikulum nach überhöhten Dosen des Pestizids Dieldrin bei gleichzeitigen Veränderungen der Mitochondrienmembranen. Möglicherweise stellt diese Form den Übergang von der Adaptation zur Schädigung dar.

Die Erhöhung der Steroidproduktion der interstitiellen Zellen des Hodens nach Vitamin-E-Gabe äußert sich ebenfalls in einer z. T. wirbelartigen Zunahme des agranulären Retikulums (Ichihara, 1967).

In der Parathyreoidea werden die Kerne der Zellen bei Vorliegen von Ehrlich-Ascites-Tumoren von Myelinfiguren aus dem agranulären endoplasmatischen Retikulum umgeben (Latta u. Rutz, 1968). Aus diesen Wucherungen können sich Bilder entwickeln, die lichtmikroskopisch als hyaline Körper erscheinen (Braunstein et al., 1966). Sie bauen sich aus Netzwerken von agranulärem endoplasmatischem Retikulum auf, in denen Nukleosid-Phosphatase nachgewiesen werden kann.

In phagozytierenden Sertolizellen nach Hodenbestrahlung bildet das proliferierte agranuläre endoplasmatische Retikulum Vakuolen, die die aufgenommenen Spermatogonien umgeben (Hugon u. Borgers, 1966). Aus den Membranen entstehen „glatte Nebenkerne" (Thoenes u. Bannasch, 1962). Nach Thioazetamidgabe liegt das gewucherte agranuläre endoplasmatische Retikulum zuerst verstreut in der Leberzelle, ist später aber besonders in der Zellperipherie zu finden. Dabei sind zwei Erscheinungsformen, kleine Netzwerkknäuel und große konzentrische Membrankomplexe, zu beobachten (THOENES, 1962). Azetylaminofluoren führt ebenfalls zur peripheren Zunahme (HARTMANN, 1965). Die Wucherung kann andererseits in den zentralen kernnahen Zellbereichen so stark sein, daß das granuläre endoplasmatische Retikulum, wie nach DDT-Applikation, in die Zellperipherie verdrängt wird (ORTEGA, 1963, 1966).

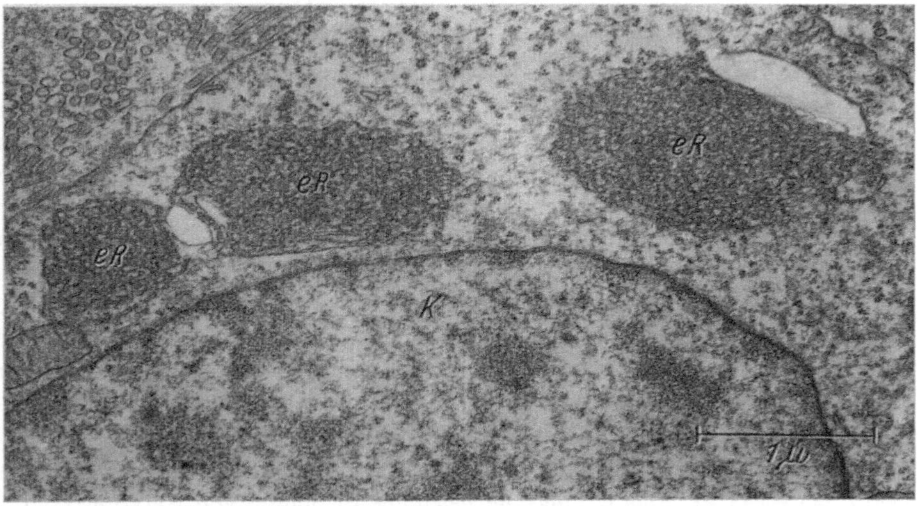

Abb. 17. Herdförmige Ansammlung eines dichten Maschenwerkes des agranulären endoplasmatischen Retikulums (*eR*). Tubulusepithelzelle in der Niere nach eintägiger Dioxanvergiftung. *K* = Kern. 23 000 ×.

Mit Mengovirus infizierte L-Zellen zeigen eine erhöhte Lipidsynthese, die mit der Entstehung eines weiten Netzwerkes von Vakuolen, umgeben von glatten Membranen, einhergeht (AMAKO u. DALES, 1966). Eine ähnliche Zunahme von Lipiden und glatten Membranen sieht man auch in Retikulumzellen der Milz bei der Involution (HAELST, 1967). Die Involution der Granulosa-Lutein-Zellen geht mit einer vollständigen Durchsetzung der Zellen mit glattbegrenzten Vakuolen einher, die lipidhaltig sind. Diese Lipide enthalten nur relativ wenig Phospholipide, dagegen reichlich Cholesterin und Cholesterinester (LENNEP u. MADDEN, 1965).

Die Wucherung der glatten Vesikel und Tubuli geht auch mit Änderungen ihrer Zusammensetzung einher. So ist nach Applikation von 3′-MeDAB in ihren Membranen Glukose-6-Phosphatase nachweisbar, die normalerweise nicht vorhanden ist (SAITO, 1966). DE MAN u. BLOK (1966) fanden nach Glukose- oder Kortisongabe vor der Glykogenbildung in Leberzellen eine Schwellung und Entwicklung des agranulären endoplasmatischen Retikulums.

Die infantile neuroaxonale Dystrophie ist nach HEDLEY-WHYTE et al. (1967) mit der Überproduktion glatter Membranen verbunden. Diese bilden 1—15 µm große Bezirke von konzentrisch geschichteten oder kristalloiden Membranansammlungen in den Nervenzellen verschiedener grauer Bezirke. Eine Triorthokresylphosphatvergiftung führt im Axoplasma des N. ischiadicus zur Hypertrophie des agranulären Retikulums bei gleichzeitiger Zerstörung der Neurofilamente (BISCHOFF, 1967). Ähnliche Wucherungen sind auch in den Nerven regenerierender Extremitäten von *Triturus viridescens* zu beobachten (LENTZ, 1967).

αγ) *Vermehrung der freien Ribosomen und Polysomen*

Die Zunahme des Ribosomengehaltes von Zellen ist leichter mit funktionellen Veränderungen in Verbindung zu bringen als die der übrigen Teile des endoplasmatischen Retikulums, weil hier für den Biochemiker eindeutig definierbare und isolierbare Untersuchungsobjekte vorliegen. Diese Veränderungen gehen im allgemeinen mit einer parallelen Veränderung der Proteinsynthese einher. Eine Vermehrung der freien Ribosomen (Tab. 12) kann durch eine echte Gesamterhöhung ihrer Zahl bedingt sein oder durch die Ablösung von den Membranen des granulären endoplasmatischen Retikulums hervorgerufen sein, wobei gleichzeitig ein Zerfall der membranständigen Polysomen wahrscheinlich ist. Da aber nach den bisherigen Erfahrungen die Menge der Polysomen für die Proteinsynthese entscheidend ist, sagt die alleinige Feststellung einer Vermehrung der Ribosomen nichts über die wirkliche Höhe der Eiweißbildung aus. Eine sichere Methode zur Feststellung der zu Polysomen zusammengelagerten Ribosomen in der intakten Zelle gibt es bisher nicht. Auch eine offensichtliche Anhäufung von Ribosomen braucht nicht als Polysomenbildung gewertet zu werden, sondern kann auch eine unspezifische Anhäufung darstellen (BJÖRKMAN, 1964). Nach der Zerstörung von Membranen des granulären endoplasmatischen Retikulums bei MHV-3-Virushepatitis bilden sich große Ribosomenaggregate (BESPROZWANNIJ et al., 1968). Auch die basophile Stipplung von Retikulozyten ist durch Ribosomenanhäufungen bedingt (JENSEN et al., 1967).

Mehrere Autoren (BAEYENS u. GOUTIER, 1968; HIDVÉGI et al., 1968) beschreiben eine Vermehrung der Polysomen der Leber nach Bestrahlung sowie auch eine Erhöhung der Zahl der Monomeren, so daß die Menge der RNP-Partikeln um 25—30% über dem Kontrollwert liegt. Gleichzeitig ist auch der Aminosäureeinbau *in vitro* erhöht. Es wird angenommen, daß der Effekt durch eine Beeinflussung der mRNS-Synthese oder -Lebensdauer hervorgerufen wird.

In fast allen Tumorzellen ist eine Zunahme der freien Ribosomen zu beobachten, so z. B. im Mammakarzinom (HAGUENAU u. HOLLMANN, 1962), im Portiokarzinom (HAAM, 1964), im Blasenkarzinom (TERAO, 1962) und im Retikulumzellsarkom (WEINBERGER u. BANFIELD, 1965). In Hepatomen nimmt die Zahl der freien Monomeren und dimeren Ribosomen zu (STAHL u. BIELKA, 1966). In der regenerierenden Leber nach partieller Hepatektomie sind besonders die freien Polysomen vermehrt (JORDAN, 1964; CAMMARANO et al., 1965). Nach partieller Hepatektomie treten Ribosomen-Polysomen-Aggregate aus mehreren 1000 Ribosomen auf (GRISHAM et al., 1968). Bei der Zellproliferation im Verlaufe von Granulombildungen sind ebenfalls nach einigen Tagen vermehrt freie Ribosomen vorhanden (LÖBLICH, 1961). Im Verlaufe der Dedifferenzierung bei der Regeneration von Darmepithelzellen ist das ebenfalls der Fall (TOKIN, 1966).

Im Verlauf der Proliferation der Uterusschleimhaut innerhalb des Zyklus oder nach Gabe von Östrogen beobachtet man reichlich freie Ribosomen (KRONE

Tab. 12. *Vermehrung der freien Ribosomen (Beispiele)*

Organ	Einwirkung	Besonderheiten	Autor
ZNS	Hell-Adaptation	Polysomen	APPEL et al., 1967; WHITE u. SUNDEEN, 1967
Granulations-gewebe	Vitamin-C-Mangel		JORGENSEN, 1964
Granulations-gewebe	Vitamin-C-Mangel	Zerfall der Polysomen	ROSS u. BENDITT, 1964
Kapillaren	Vitamin-C-Mangel	Polysomen	FRIEDERICI et al., 1966
Pankreas	Proteinmangel	Polysomen	RACELA et al., 1966
Leber	Wachstumshormon, Schilddrüsen-hormon	Polysomen	TATA, 1967
Leber	transplantierter Hypophysentumor	Polysomen	EPSTEIN et al., 1967
NNR-Z. fasc.	ACTH-Gabe		SCHWARZ et al., 1962
Speicheldrüsen	Noradrenalin		SEIFERT, 1962
Uterus-schleimhaut	Östrogen, Proliferation	Polysomen	KRONE et al., 1967; RICKERS u. KRONE, 1967
Uterus gl. Muskel	Östrogen		ROSS u. KLEBANOFF, 1965; NEMETSCHEK-GANSLER, 1968
Vagina	Östrogen		BADER u. ERNST, 1968
Gelenkknorpel	Somatotropin		SILBERBERG et al., 1964
Fibrobla-stenkulturen	Methenolonester		SCHWARZ u. KUTZSCHE, 1966
β-Zellen-Insel	spontan u. exp. Diabetes		WILLIAMSON, 1960
Schilddrüse	toxischer Kropf		HEIMANN, 1966
Parathyreoidea-Kultur	Ca-armes Medium		ROTH u. RAISZ, 1964, 1966
β-Zellen-Insel	Sulfonylharnstoff		VOLK u. LAZARUS, 1964
Leber	Dimethylnitrosamin, 2-Fluorenamin, Prednisolon		GUSTAFSSON u. AFZELIUS, 1963
Mamma	Methionin		GRILLMAIER u. BÄSSLER, 1963
Pankreas	Äthionin-Regeneration		FITZGERALD u. HERMAN, 1965
Leber	Threoninmangel		SHINOZUKA et al., 1968
Leber	Puromycin	Polysomen	CHEFURKA u. HAYASHI, 1966
Leber	versch. path. Zustände		BJÖRKMAN, 1964
Leber	CCl_4		REYNOLDS, 1963
ZNS	Tetanustoxin		YATES u. YATES, 1966
Leber	Mäusehepatitis		RUEBNER et al., 1967
Zellkultur	Polioencephalitis-virus		KOESTNER et al., 1966
Fibroblasten-kultur	Zytomegalievirus		RUEBNER et al., 1965
Leber	Phenobarbital	Polysomen	GREIM u. SEIFERT, 1968
Leber	DNP		KUNZE u. KEMMER, 1965

Tabelle 12 (Fortsetzung)

Organ	Einwirkung	Besonderheiten	Autor
Haut	Psoriasis		Brody, 1964
Herz	Aortenstenose		Wegner u. Mölbert, 1966
Leber	part. Hepatektomie	Polysomen	Jordan, 1964
ZNS	Regeneration	Polysomen	Porter u. Bowers, 1963
Darmepithel	Regeneration		Tokin, 1966
Niere	Hypertrophie nach unilateraler Nephrektomie		Anderson, 1967
Retina-Krabbe	Helladaptation		Eguchi u. Waterman, 1967
Auge	Moskitolarven, Licht	Polysomen	White u. Sundeen, 1967
Leber	DAB		Murray et al., 1968
Leber	Hepatome		Stahl u. Bielka, 1967
Leber	Hepatome	Polysomen	Cammarano et al., 1965
Leber	Hepatome	Monomere, Dimere	Stahl u. Bielka, 1966
Leber	DMAB-Karzinom		Heinlein et al., 1962
Schilddrüse	Karzinom		Dmitrieva, 1968
Portio uteri	Karzinom		Haam, 1964
Mamma	Karzinom		Haguenau u. Hollmann, 1962
Bronchien	Karzinom		Stoebner et al., 1967
Harnblase	Karzinom		Terao, 1962
Retikulum-Zellen	Sarkom	Polysomen	Weinberger u. Banfield, 1965
ZNS	Regeneration nach Nervendurchtrennung	Polysomen	Porter u. Bowers, 1963
ZNS	Wallersche Degeneration		Blümcke u. Niedorf, 1966
Nervenzellen	Zerquetschung der dors. Wurzel Hypertrophie		Nathaniel u. Pease, 1963
ZNS-Astrozyten	Hirnödem	Polysomen	David, E. et al., 1967
Nervenzellen	Regeneration nach Schwanzamputation		Pannese, 1963
Herz	Hypertrophie		Novi, 1968; Brezgin u. Paukov, 1968; Aguirre u. Baba, 1969
Muskel	Denervations-atrophie		Muscatello et al., 1965
Muskel	Denervations-atrophie		Margreth et al., 1966
Granulom	Zellproliferation		Löblich, 1961
Makrophagen	Immunisierung	Aggregation	Kushnarev u. Selezneva, 1967
Milz-Plasmazellen	AAR	Polysomen	Hanna et al., 1966
Lymphozyten	Phytohämagglutinine		Elves et al., 1965
Lymphozyten	Phytohäm-agglutinine		Inman u. Cooper, 1965
Lymphozyten	Phytohäm-agglutinine	Polysomen	Biberfeld et al., 1967

et al., 1967; RICKERS u. KRONE, 1967). Östrogen bewirkt auch in den glatten Muskelzellen des Uterus eine Zunahme der freien und angelagerten Ribosomen (ROSS u. KLEBANOFF, 1965). In den Augen von Moskitolarven kommt es bei Lichteinfall zur Bildung von helikalen Polysomen, die nach 30 Min. die Zellen ausfüllen und nach 2 Std. wieder verschwunden sind (WHITE u. SUNDEEN, 1967).

Wachstums- und Schilddrüsenhormon führen in der Leber zu einer Vermehrung der Ribosomen und Polysomen mit einer Erhöhung des Einbaus von Aminosäuren, wobei jedoch die membrangebundenen Polysomen aktiver sein sollen als die freien (TATA, 1967). Das Verhältnis schwerer Polysomen zu Dimeren und Monomeren erreicht in Rattenleberzellen am 10. Tag nach der Geburt das Maximum (OTTEN, 1968). Aflatoxin und Lasiocarpin sollen das Auftreten helikaler Polysomen bewirken (MONNERON, 1969). Somatotropin erhöht die Ribosomenzahl in Gelenkknorpelzellen (SILBERBERG et al., 1964). Isoproterenol bewirkt in Submaxillardrüsenzellen die Ausbildung von Polysomen aus 6—11 Ribosomen (TAKAHAMA u. BARKA, 1967). Organkulturen von Parathyreoideazellen zeigen nach Reduktion des Kalziumgehaltes des Mediums eine erhöhte Ribosomenzahl (ROTH u. RAISZ, 1964, 1966). Das Granulationsgewebe von skorbutischen Meerschweinchen enthält zwar vermehrt freie Ribosomen, die jedoch nur sehr selten in Form der Polysomen vorliegen (JORGENSEN, 1964; ROSS u. BENDITT, 1964). Ursache für diese Befunde soll eine Schädigung der mRNS oder der Beziehungen zwischen mRNS und Ribosomen sein. Infolge der herabgesetzten Synthese von Hydroxyprolin ist die Zahl der extrazellulären Kollagenfasern deutlich reduziert. In den Endothelzellen von Kapillaren von Vitamin-C-Mangel-Tieren sollen dagegen die Polysomen vermehrt sein (FRIEDERICI et al., 1966).

Tetrachlorkohlenstoff (REYNOLDS, 1963) und Dinitrophenol (KUNZE u. KEMMER, 1965) bewirken eine Erhöhung der freien Ribosomen in Leberzellen. Nach CHEFZORKA u. HAYASHI (1966) soll Puromycin in Leberzellen freie Ribosomen und Polysomen vermehren.

Proteinmangel führt im Pankreas zur Atrophie der exokrinen Zellen, wobei es gleichzeitig zu einer Zunahme spiralförmiger Polysomen kommt (RACELA et al., 1966). Äthionin ruft nach einer Abnahme der Ribosomen in der Degenerationsphase in der Regenerationsphase eine Zunahme hervor (FITZGERALD u. HERMAN, 1965). Die Gabe einer tryptophanfreien Aminosäuremischung führt in der Leber zur Vermehrung der kleinen Polysomen (WUNNER et al., 1968). Der Mechanismus der Ribosomenvermehrung in den oberen Lagen der Epidermis bei Psoriasis ist nicht eindeutig zu klären (BRODY, 1964).

Im Bereich des Nervensystems beobachtet man bei einem chronischen Ödem in den Filamente-bildenden Gliazellen eine Zunahme der Polysomen, was mit der erhöhten Eiweißbildung in Übereinstimmung steht (E. DAVID et al., 1967). In chromatolytischen Bezirken von Nervenzellen finden sich diffus Polysomen, während sie in regenerierenden Zellen mehr kompakt gelagert sind (PORTER u. BOWERS, 1963). Bei der Wallerschen Degeneration zeigen die Schwannschen Zellen im Verlaufe des Myelinabbaues eine hochgradige Zunahme der Ribosomen (BLÜMCKE u. NIEDORF, 1966).

Das lymphatische Gewebe weist besonders im Verlaufe einer Immunisierung oder bei Antigen-Antikörper-Reaktionen in Lymphozyten oder gewucherten Plasmazellen eine Zunahme der freien Ribosomen besonders in Form der Polysomen auf (HANNA et al., 1966). Auch die Makrophagen immunisierter Tiere besitzen große Aggregate von Ribosomen (KUSNAREV u. SELEZNEVA, 1967). Phytohaemagglutinine rufen vorwiegend in kleinen Lymphozyten eine Polysomenvermehrung hervor, wobei die Variation der Konzentration in den transformierten Zellen (200—450 μm^2) größer ist als in nichtstimulierten Zellen (350 bis 450 μm^2) (INMAN u. COOPER, 1965; BIBERFELD et al., 1967).

β) Abnahme

βα) *Abnahme des granulären endoplasmatischen Retikulums*

Die Abnahme des granulären endoplasmatischen Retikulums ist ein komplexes Geschehen, das meist mit weiteren Veränderungen wie einer Fragmentierung, Vesikulierung und Vakuolisierung verbunden ist. Da die Gesamtmenge schon normalerweise großen Schwankungen unterworfen ist, handelt es sich bei der Feststellung einer Reduktion meist um Schätzungswerte.

In der Leber beobachtet man eine Abnahme z. B. nach Bestrahlung (DAVIS, 1962), nach Gabe von reinem Sauerstoff (SCHAFFNER et al., 1966), von Allylformiat (HAENNI u. ROUILLER, 1963), bei einer portokavalen Anastomose (OUDEA u. BISMUTH, 1963), nach Thioazetamidgabe (THOENES u. BANNASCH, 1962), bei der Virushepatitis (SCHAFFNER, 1966), chronischer Hepatitis (HÜBNER, 1962), extrahepatischer Cholestase (STEINER et al., 1962), bei experimenteller Porphyrie (BIEMPICA et al., 1967). Die nach Orotsäuregabe eintretende Reduktion steht möglicherweise in Verbindung mit der Verminderung der Adeninnukleotide (JATLOW et al., 1964). Bei partieller Hepatektomie ist das granuläre endoplasmatische Retikulum geschwollen, desorganisiert und reduziert (BARTOK u. VIRÁGH, 1967). In menschlichen Hepatomen sind beide Formen des endoplasmatischen Retikulums verringert (THERON et al., 1962). Mit einer Verminderung des granulären endoplasmatischen Retikulums geht auch eine Reduktion der Glukose-6-Phosphatase bei der Necrosis *in vitro* einher (GRIFFIN et al., 1965).

In den Mammakarzinomzellen sinkt der Anteil des granulären endoplasmatischen Retikulums in $\mu m^2/\mu m^3$ von normal $4{,}7 \pm 0{,}3$ auf Werte bis 0,3 (HOLLMANN, 1968; HOLLMANN u. VERLEY, 1968; VERLEY u. HOLLMANN, 1968).

Kortison bewirkt in den Leberzellen eine Reduktion der Membranen des granulären und agranulären endoplasmatischen Retikulums auf 50—66% des Normalwertes (WIENER et al., 1968). Ähnlich ist der Effekt der Hypophysektomie (CARDELL, 1967).

Proteinmangel führt in der Leber zur Abnahme des granulären endoplasmatischen Retikulums, der RNS und der Totalproteine (RACELA et al., 1966; SVOBODA et al., 1966). Auch bei Hunger (ZALETAJEWA, 1964) und riboflavinfreier Ernährung ist das gleiche Ereignis zu verzeichnen. Im Verlaufe der künstlichen Hibernation sind im Pankreas das granuläre endoplasmatische Retikulum und die freien Ribosomen reduziert (HERMAN u. WATARI, 1966).

Bestrahlung führt in der Retina zum völligen Verlust des granulären endoplasmatischen Retikulums (BECHER u. THEMANN, 1964), in Tumorzellen zu einer deutlichen Reduktion (BRAUN u. KAWAMURA, 1964; STEGNER, 1966). Äthionin vermindert das granuläre endoplasmatische Retikulum in exokrinen Pankreaszellen (EKHOLM et al., 1962) und Epithelzellen der Mamma (BÄSSLER u. GRILL-

MAIER, 1962). Ähnliche Befunde sind bei der Mammainvolution zu erheben (HELMINEN u. ERICSSON, 1968). In menschlichen Epithelzellkulturen kommt es zum Untergang der Membranen des granulären endoplasmatischen Retikulums, so daß die Ribosomen in polysomenartigen Aggregaten übrigbleiben (PRICE, 1967). In Osteoblasten verschwinden die granulären endoplasmatischen Retikulum-Membranen nach Parathormongabe, während die Ribosomen zurückbleiben (CAMERON et al., 1967). Die östrogenbedingte Vermehrung der Ribosomen in den Vaginalepithelzellen geht mit einer Atrophie des granulären endoplasmatischen Retikulums einher (BADER u. ERNST, 1968). Die Schilddrüsenepithelien zeigen eine Verminderung des granulären endoplasmatischen Retikulums nach Gabe von Propylthiourazil (FUJITA et al., 1963). In Zellkulturen wurde der gleiche Befund bei Hydrokortisonanwendung beobachtet (WELLINGS u. MOON, 1961), in Speicheldrüsen bei Hunger (REINECKE, 1967) und nach Aktinomyzingabe (JHEE et al., 1965) und in Nervenzellen bei retrograder Degeneration (DOOLIN et al., 1967).

ββ) *Abnahme des agranulären endoplasmatischen Retikulums*

Die Angaben über eine Verminderung des agranulären endoplasmatischen Retikulums sind äußerst spärlich, zumal die Menge unter Normalbedingungen im allgemeinen sehr gering ist.

TOMI et al. (1961) beschreiben eine Reduktion in Leberzellen von hungernden Tieren.

βγ) *Abnahme der freien Ribosomen und Polysomen*

Bei der Abnahme der Ribosomen muß man zwischen der Verminderung der absoluten Menge und der der funktionsfähigen Polysomen bei nur geringer oder nicht vorhandener Reduktion der Gesamtmenge unterscheiden (Tab. 13). Auch bei noch reichlich vorhandenen Ribosomen kann deshalb die Proteinsynthese schon auf ein Minimum herabgesunken sein.

Bei Proteinmangel sind der RNS-Gehalt und die Ribosomenmenge in Leberzellen (HOLM et al., 1966) und Pankreaszellen (SVOBODA et al., 1966) reduziert. Die Necrosis *in vitro* läßt das Leberzellzytoplasma nach 24 Std. frei von Ribosomen erscheinen. Schon vorher sind die großen Polysomen aufgelöst und die Aminosäureinkorporation herabgesetzt (TRUMP et al., 1965). Bei fastenden Threoninmangel-Ratten kommt es nach Gabe von Aminosäuremischungen bei einer Abnahme der Gesamtmenge der Polysomen zu einer relativen Zunahme der schweren Polysomen (STAEHELIN et al., 1967).

Während bei der Hämoglobinsynthese *in vivo* die Polysomen erhalten bleiben (HARDESTY et al., 1963), zerbrechen bei der Retikulozytenreifung *in vitro* nach 5 Std. 30% der Polysomen, nach 10 Std. 75% und nach 18 Std. 92%. Gibt man Bleiazetat, so sind schon nach 5 Std. 72% zerbrochen. Puromyzin und Cyclohexɪmid führen schon nach kurzer Zeit zu einem vollständigen Zerbrechen der Polysomen (TRAKETELLIS et al., 1966). Puromyzin bewirkt auch in den neurosekretorischen Zellen des N. supraopticus eine Verminderung der Ribosomen (ZAMBRANO u. DE ROBERTIS, 1967) und eine Disaggregation neuronaler Polysomen, die zu Zügen von Einzelribosomen und später zu Haufen granulo-amorphen Materials umgewandelt werden (GAMBETTI et al., 1968). Aktinomyzingabe reduziert die Polysomen und 80-S-Ribosomen in Leberzellen nach 2 Std. bei einer gleichzeitigen

Tab. 13. *Verminderung der Ribosomen (Beispiele)*

Organ	Einwirkung	Besonderheiten	Autor
Leber	Necrosis *in vitro*	Polysomenverlust	TRUMP et al., 1965
Ganglion cervicale	in Krebslösung		FORSSMANN u. ROUILLER, 1966
Pankreas	Hibernation		HERMAN u. WATARI, 1966
Leber	Proteinmangel		ERICSSON et al., 1966
Chang-Leberzellen	Glutaminmangel		KOCHHAR, 1968
Parathyreoidea-Kultur	Ca-reiches Medium		ROTH u. RAISZ, 1964, 1966
Leber	Hypophysektomie		CARDELL, 1967
Zellkultur	Hydrokortison		WELLINGS u. MOON, 1961
NNR-Z. fasc.	Hypophysektomie		SCHWARZ et al., 1962
Schilddrüse	Propylthiourazil		FUJITA et al., 1963
Pankreas	ACTH		PUTZKE u. NICSOVICS, 1963
Ganglienzellen	Bestrahlung		MASUROVSKY et al., 1967
Leber	Thioazetamid	Polysomen fehlen	ASHWORTH et al., 1965
Leber	Thioazetamid		YAUCHI, 1964
Pankreas	Contrykal	Polysomenauflösg.	TSCHIFTSCHIISKY et al., 1966
Leber	Äthionin	Polysomenauflösg.	STEWART u. FARBER, 1967; WOOD, 1967; MELDOLESI et al., 1967
Pankreas	Äthionin		EKHOLM et al., 1962
Pankreas	Äthionin		FITZGERALD u. HERMAN, 1965
Mamma	Äthionin		GRILLMAIER u. BÄSSLER, 1963
Mamma	Äthionin		BÄSSLER u. GRILLMAIER, 1962
Speicheldrüsen	Äthionin		SEIFERT, 1962
Leber	Orotsäure		NOVIKOFF et al., 1966
Leber	Orotsäure		JATLOW u. ADAMS, 1965
Cortisches Organ	Kanamycin		LUNDQUIST u. WERSÄLL, 1966, 1967
Leber	Aktinomyzin	Polysomen u. 80 S Ribosomen reduz.	SMUCKLER u. BENDITT, 1965
Leber	Aktinomyzin	Polysomen reduz.	DAVID, 1968
N. supraopticus	Puromyzin		ZAMBRANO u. DE ROBERTIS, 1967
ZNS	Methoxypyridoxin	Polysomenverlust	NIKLOWITZ, 1966
Zellkultur	Picorna-Virus		GODMAN, 1968
Leber	Virushepatitis		MIYAI et al., 1963
Leber	H-l-Virus u. part. Hepatektomie		RUFFOLO et al., 1966
ZNS	Poliovirus	Chromatolyse	BODIAN, 1964
ZNS	Polioencephalomyelitis		KOESTNER et al., 1966; KOESTNER, 1967
Leber	Allylisopropylazetamid		BIEMPICA et al., 1967
Leber	Allylformiat		HAENNI u. ROUILLER, 1963
Leber	CCl_4		AIZAWA, 1962
Leber	CCl_4	Zerfall der Polysomen	RICHTER u. MICHEL, 1967

Organ	Einwirkung	Besonderheiten	Autor
Niere	Glyzerin	Zerfall der Polysomen	SUZUKI u. MOSTOFI, 1966
Retina	Bestrahlung		BECHER u. THEMANN, 1964
Leber	Bestrahlung		BAYENS u. GOUTIER, 1967
ZNS – Corpus geniculatum	retrograde Atrophie	Zerfall der Polysomen	BARRON et al., 1967
ZNS	exper. Neuro-lathyrismus		ULE, 1961, 1962
ZNS	Kontusio, Konkussio		MAKITA et al., 1962

Zunahme der 54-S-Ribosomen, wenn auch in der intakten Zelle noch Ribosomenaggregate vorhanden sein können (SMUCKLER u. BENDITT, 1965). Zu einer frühzeitigen Ribosomenverminderung kommt es in den Haarzellen des Cortischen Organs nach Kanamyzingabe (LUNDQUIST u. WERSÄLL, 1966, 1967). Butanol und Fluoride führen zu einem Zerfall der Retikulozytenpolysomen (FREEDMAN et al., 1967), wobei die Substanzen wahrscheinlich auf die Lipidkomponente der Membranen wirken.

Orotsäure bewirkt in Leberzellen eine Reduktion der freien und gebundenen Ribosomen und einen Zerfall der Polysomen (JATLOW u. ADAMS, 1965; NOVIKOFF et al., 1966). 8-Azaguanin führt nach partieller Hepatektomie zu einem Abbau der Polysomen zu Dimeren und Monomeren, wahrscheinlich infolge eines Einbaues der Substanz in die RNS (KWAN u. WEBB, 1967). Die Verringerung des Ribosomengehaltes von Leber- und Pankreaszellen nach Äthioningabe hängt möglicherweise von der Änderung des ATP-Gehaltes der Zellen ab (EKHOLM et al., 1962; MELDOLESI et al., 1967). Thioazetamid reduziert die Ribosomenzahl besonders in den läppchenzentralen Leberzellen bis zu einem völligen Fehlen der Polysomen. Gleichzeitig zeigen die Ribosomen stärkere Größendifferenzen (YAUCHI, 1964; ASHWORTH et al., 1965). Contrykal führt zum herdförmigen Verlust der Polysomen in exokrinen Pankreaszellen (TSCHIFTSCHIISKY et al., 1966), ACTH zu einem Ribosomenschwund vorwiegend in den basalen Zellteilen (PUTZKE u. NICSOVICS, 1965).

Tetrachlorkohlenstoff ruft in Leberzellen eine Reduktion der Ribosomen bis zu ihrem völligen Verlust hervor (AIZAWA, 1962), dabei werden die freien Polysomen viel rascher als die membranständigen zerstört (RICHTER u. MICHEL, 1967). Eine Glyzerinintoxikation der Niere ist durch eine Abnahme der Polysomen und ihren Zerfall in einzelne Ribosomen gekennzeichnet (SUZUKI u. MOSTOFI, 1966).

In transplantierten Rhabdomyoblastomen sinkt die Ribosomenzahl je μm^2 von 238 am 7. Tag der Transplantation auf 153 am 14. Tag und 149 am 21. Tag des Wachstums auf Zellophankulturen (LARIN, 1968).

Virusinfektionen rufen in den verschiedenen Zellen eine Verminderung der Ribosomen und Polysomen hervor, so in den Leberzellen bei Virushepatitis (MIYAI et al., 1963) und im ZNS bei Polioenzephalomyelitis (KOESTNER, 1967; KOESTNER et al., 1966). Im Zentralnervensystem führen Kontusionen (MAKITA, 1962), retrograde Atrophie (BARRON et al., 1967), experimenteller Neurolathyrismus (Ule, 1961, 1962) und Gabe von Methoxypyridoxin (Niklowitz, 1966) zur Verminderung der Ribosomen, vorwiegend der Polysomen. In Krebslösung befindliche Ganglienzellen des Ganglion cervicale zeigen nach der Ablösung der Ribosomen von den Membranen in den ersten 7 Std. eine Abnahme ihrer Gesamtmenge (Forssmann u. Rouiller, 1966).

c) Variationen der Verteilung

α) Kernnaher Bereich

Während in einigen Zellen eine typische Anordnung des endoplasmatischen Retikulums und der Ribosomen in bestimmten Zellbereichen vorliegt, ist in anderen, wie z. B. in der Leberzelle, schon normalerweise keine eindeutige Lokalisation vorhanden. Standortveränderungen können infolge aktiver Wanderung der Organellen in einen bestimmten Zellbereich oder durch Verschiebung passiver Art vonstatten gehen.

In den Follikelepithelien sammeln sich nach TSH-Gabe die Lamellen des granulären endoplasmatischen Retikulums um den Kern (Herman, 1960). In den Wirbelsäulenzellen von *Triturus alpestris* ordnen sie sich nach Ultraschalleinwirkung zu irregulären Vesikeln um, die dann nach etwa 3 Std. wieder eine parallele Anordnung um den Kern aufweisen (Selman u. Jurand, 1964). Mit Enteroviren infizierte Gewebekulturen zeigen eine Polysomenaggregation im Zentrum der Zellen, was möglicherweise durch eine Konfluenz der noch an ihnen haftenden Proteinmoleküle bedingt ist (Godman, 1966). Beim Herzinfarkt sammeln sich die Ribosomen in den geschädigten Muskelzellen um den Kern (Glagoleva u. Chechulin, 1964).

In Leberzellen wird das endoplasmatische Retikulum in die perinukleären und peripheren Bereiche im Verlauf einer Proteinmangelernährung verlagert (Ericsson et al., 1966). Zystische glattwandige Vakuolen aus dem agranulären endoplasmatischen Retikulum bilden sich unter der Zellmembran und im kernnahen Bereich nach Einleitung von Carotisblut in die Portalvene (Yodaiken, 1964).

Im Ammonshorn bewirkt Methoxypyridoxin eine Verlagerung des Randschollenkranzes in die Kernnähe (Niklovitz, 1966).

Bestrahlte Tumorzellen zeigen in der Regenerationsphase eine Neubildung des endoplasmatischen Retikulums im perinukleären Bereich (Braun u. Kawamura, 1964).

β) Perimitochondrialer Bereich

Über diese Lokalisation des endoplasmatischen Retikulums gibt es bisher nur Befunde in Leberparenchymzellen. Sichere Veränderungen der Menge des umgebenden endoplasmatischen Retikulums um die Mitochondrien sind nicht bekannt. Jedoch liest man mehrfach Angaben, daß während der Regeneration zuerst das perimitochondriale granuläre endoplasmatische Retikulum gebildet werde. Unter verschiedenen Bedingungen soll es zu einer ungewöhnlichen Annäherung des granulären endoplasmatischen Retikulums an die Mitochondrien kommen (McLean et al., 1965).

Nach Gabe von β-3-Thienylalanin soll das granuläre endoplasmatische Retikulum die Mitochondrien der Leberzellen umgeben, wobei die Ribosomen über größere Strecken fehlen (HRUBAN et al., 1961). Die die Mitochondrien von Hepatomen umgebenden Zisternen des granulären endoplasmatischen Retikulums enthalten an der mitochondriennahen Oberfläche mehr Ribosomen als an der mitochondrienfernen. Der Abstand von den Mitochondrien beträgt 30 bis 60 nm. Um Microbodies ist eine oder sind beide Seiten der Zisternen ganz frei von Ribosomen (HRUBAN et al., 1965; ORTEGA, 1969).

Wir konnten ebenfalls feststellen, daß nach Gabe von Aktinomyzin besonders von der mitochondrienfernen Membran eine Ablösung der Polysomen erfolgt (DAVID, 1968, 1969). Die Zahl der Ribosomen je μm reduziert sich hier von 20 auf 12, während mitochondriennah eine Verminderung von 21 auf 15 stattfindet. Azetylaminofluorenintoxikation läßt das perimitochondriale granuläre endoplasmatische Retikulum besonders lange bestehen (HARTMANN, 1965).

In der Regenerationsphase der Leber nach Hunger (ZALETAJEWA, 1964) und nach Ischämie (HÜBNER, 1961) tritt zuerst in der Umgebung der Mitochondrien granuläres endoplasmatisches Retikulum auf. COSTA et al. (1966) beschreiben eine Zunahme des perimitochondrialen granulären endoplasmatischen Retikulums in Regenerationsknoten. Die trommelschlegelförmigen, elongierten Mitochondrien mit Längslamellen in regenerierenden Lebern nach partieller Hepatektomie haben besonders enge Beziehungen zum endoplasmatischen Retikulum, wobei die Ribosomen an der mitochondriennahen Seite fehlen (CLAUDE, 1967).

γ) Diffuse Verteilung im Zytoplasma

Veränderungen des ubiquitär verteilten endoplasmatischen Retikulums und der Ribosomen sind bei der Einschätzung von erheblichen subjektiven Faktoren beeinflußt. So soll das granuläre endoplasmatische Retikulum der Leberzellen bei partiellem Hunger verstreut werden und vesikulär sein (HERDSON et al., 1964). Nach Aktinomyzingabe geht in embryonalen Leberzellen die Parallellagerung des granulären endoplasmatischen Retikulums verloren (DALLNER et al., 1966).

Hydantoin bewirkt eine Umverteilung der Ribosomen in Leberzellen (HERDSON et al., 1963, 1964). In DMAB-bedingten malignen Hepatomen kommt es zur Veränderung der Quantität und Anordnung der Ribosomen. Die Verstreuung der Ribosomen im Zytoplasma soll Ausdruck der veränderten Proteinsynthese in den Tumorzellen sein (SVOBODA, 1964). Nach Proteinmangel wird das granuläre endoplasmatische Retikulum konzentrisch gelagert (SVOBODA et al., 1966).

δ) Zellmembrannaher Bereich

Die aus verschiedenen Anlässen wie nach Axon- oder Nervendurchtrennung sowie nach Bestrahlung in den Perikaryen auftretende Chromatolyse stellt eine Aufhebung der regelrechten Orientierung des granulären endoplasmatischen Retikulums und der Ribosomen dar, die in die Zellperipherie verlagert werden und den sog. „Randschollenkranz“ bilden. Gleichzeitig sammeln sich glatte Vesikel, das Golgi-Feld, Mitochondrien und Lysosomen im Zellzentrum an (ANDRES, 1960, 1963; CERVÓS-NAVARRO, 1962; PANNESE, 1963; MACKEY et al., 1964; HOLTZMANN et al., 1967). Bei Bestrahlung sedimentieren die Ribosomen an einem Zellpol zu einer undefinierbaren Masse (ANDRES, 1963).

Bei der Degeneration von transplantierten Sarkomzellen werden die Ribosomen in die Zellperipherie verlagert (CHAMBERS u. WEISER, 1964). Pemphiguszellen der Haut zeigen beim Übergang zur Nekrose eine Konzentration der Tonofilamente im perinukleären Bereich, während die Ribosomen in die Zellperipherie verlagert werden (BRAUN-FALCO u. VOGELL, 1966). Das im basalen Teil der exokrinen Pankreaszellen lokalisierte granuläre endoplasmatische Retikulum verliert nach Äthioningabe seine kompakte Lagerung (HERMAN et al., 1960).

Das agranuläre endoplasmatische Retikulum nimmt nach Alkoholvergiftung (PORTA u. HARTROFT, 1965), Azetylaminofluorengabe (HARTMANN, 1965), Thioazetamidgabe (THOENES, 1962) in Leberzellen besonders in der Zellperipherie unter dem Sinusoid oder nahe den Gallenkapillaren zu. Bei einer DDT-Vergiftung wird das granuläre endoplasmatische Retikulum infolge der zentralen Wucherung des agranulären endoplasmatischen Retikulums in die Peripherie verlagert (ORTEGA, 1963, 1966).

d) Veränderungen der Strukturbestandteile

α) Komplexe Membranveränderungen

Die wichtigsten Membranveränderungen sind in komplexen Bildungen durch Aneinanderlagerung und Verschmelzung von Teilen und in ihrer meist konzentrischen Anordnung zu sehen („ergastoplasmatische Nebenkerne", Abb. 18, 19). Vielfach sind diese Vorgänge mit Veränderungen anderer Organellen verbunden oder schließen diese ein.

Die als lamelläre Körper, fingerabdruckartige Lagerungen oder Myeloidkörper bezeichneten Bildungen bestehen sowohl aus Anteilen des granulären endoplasmatischen Retikulums als auch des agranulären endoplasmatischen Retikulums. Ursache dafür sind z. B. Veränderungen der Nahrungszusammensetzung. So treten sie im Hungerzustand (HERMAN u. WATARI, 1966), bei Argininmangel, wobei in den Membranen gleichzeitig saure Phosphatase nachweisbar ist (LANE u. NOVIKOFF, 1965), und nach Homozystingabe in Pankreaszellen auf (KLAVINS, 1966). Chronischer Vitamin-E-Mangel bewirkt eine Myelinfigurenbildung mit gleichzeitiger Verdickung der Membranen im Bereich des Sarkoplasmaretikulums der Muskulatur (HOWES et al., 1964). Azaserin führt zur Sequestierung, Isolierung und konzentrischen Lagerung der Membranen des endoplasmatischen Retikulums in Pankreaszellen (HRUBAN et al., 1965). Äthionin wirkt in ähnlicher Weise auf Leberzellen (HERMAN et al., 1962) und Pankreaszellen (WATANABE u. ARAMAKI, 1966).

In den Parietalzellen des Magens nach Unterbindung des Pylorus (PFEIFFER u. STEPHENS, 1968) und in Schilddrüsentumoren nach Jodmangelernährung (LUPULESCU u. PETROVICI, 1968) werden ebenfalls konzentrische Membranansammlungen gefunden.

Fingerabdruckartige Membrananordnungen, z. T. unter Einschluß von Organellen und Glykogen, finden sich in Leberzellen nach Hypoxie (SULKIN u. SULKIN, 1965), Alkoholintoxikation (PORTA et al., 1965), nach Hydantoingabe (HERDSON et al., 1964), α-Naphthylisothiozyanat (STEINER u. BAGLIO, 1963), bei MHV_3-Hepatitis (VETTERLEIN u. HESSE, 1965) und bei Straßenhunden ohne nachweisbare Schädigung (STEIN et al., 1966). CCl_4 ruft sowohl in den Leberzellen

(Stenger, 1964, 1966) als auch in granulären Pneumozyten (Valdivia u. Sonnad, 1966) viellagige membranöse Bildungen hervor.

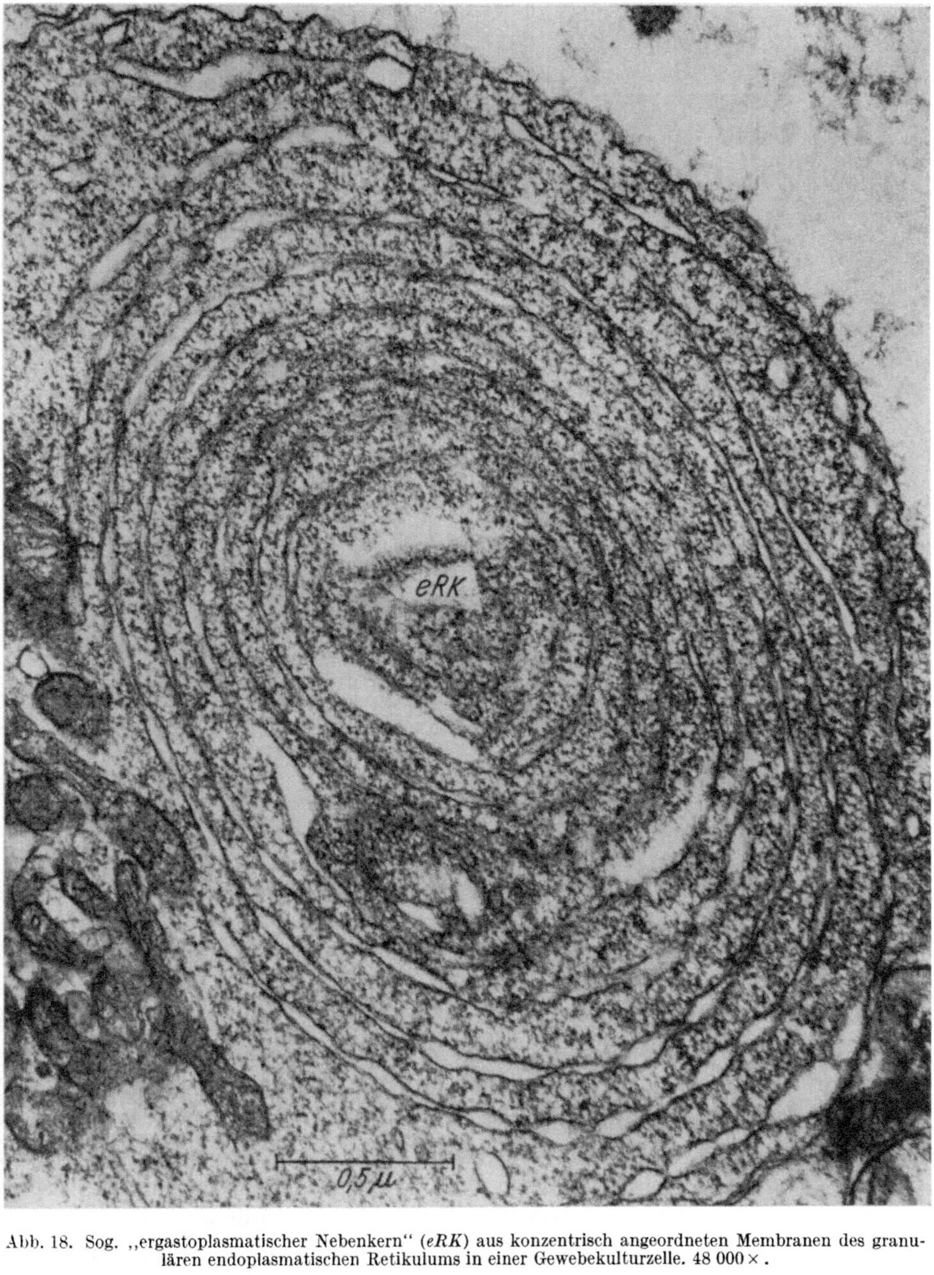

Abb. 18. Sog. „ergastoplasmatischer Nebenkern" (*eRK*) aus konzentrisch angeordneten Membranen des granulären endoplasmatischen Retikulums in einer Gewebekulturzelle. 48 000 ×.

Dimethylnitrosamin führt zur konzentrischen Anordnung der Membranen und zur Bildung bis zu 2 µm großer Vesikel mit osmiophilen Granula (Emmelot u. Benedetti, 1960; de Man, 1964). Multiple Myelome können ringförmige

Tubuli enthalten (Bestetti-Bosisio u. Lanzavecchia, 1965). Hruban et al. (1963) beobachteten konzentrische Membranen in exokrinen Pankreaszellen nach Diäthanolaminapplikation, Bencosme u. Martinez-Palomo (1968) in β-Zellen nach Kortisongabe und Stoeckel und Porte (1966) in der Parathyreoidea bei Kalzium- und O_2-Gabe.

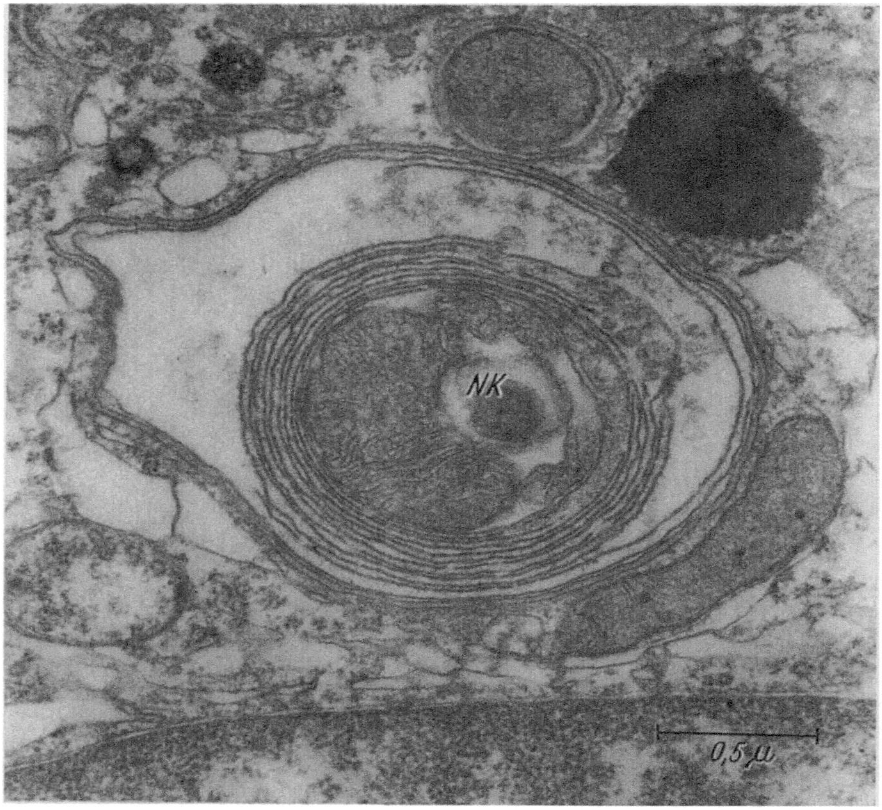

Abb. 19. Sog. „ergastoplasmatischer Nebenkern“ (*NK*) aus konzentrischen Membranansammlungen und einem zentral gelegenen Mitochondrion in einer Tubulusepithelzelle der Niere nach Dioxanvergiftung. 42 000×.

In der Muskulatur bilden sich lamelläre Strukturen aus Anteilen des Sarkoplasmaretikulums bei der Denervationsatrophie (Schrodt u. Walker, 1966) und nach der Vergiftung mit Vincristine (Anderson et al., 1967).

Das Nervensystem zeigt bei Autolyse (Abb. 20) (van Nimwegen u. Sheldon, 1966), Sauerstoffmangel (Herndon, 1964), metachromatischer Leukodystrophie (Gregoire et al., 1966) multilamelläre Körper bis zur Bildung von Schichtenkörpern aus Doppellamellen nach Nervendurchtrennung (Schlote, 1966). Jedoch kann man multilamelläre Körper auch ohne nachweisbare Schädigung in einigen Teilen des ZNS finden (Morales u. Duncan, 1966). In den Zellen des Plexus chorioideus bewirkt Vitamin-A-Mangel ähnliche Veränderungen (Witzel u. Hunt, 1962).

Körper aus einem System undulierender Tubuli z. T. in kristalliner Anordnung stehen in Verbindung mit dem endoplasmatischen Retikulum verschiedener pathologischer Zellen (CHANDRA, 1968).

Annulierte Membranen sind besonders in Tumorzellen, wie beim Sarkom I (CHAMBERS u. WEISER, 1964), Dysgerminom (LYNN et al., 1967) und Friend-Ascites-Tumor (MARNYAMA u. OBOSHI, 1966), zu finden. Außerdem wurden sie in Oozyten (WEAKLEY, 1969), embryonalen Herzmuskelzellen (MERKOW u.

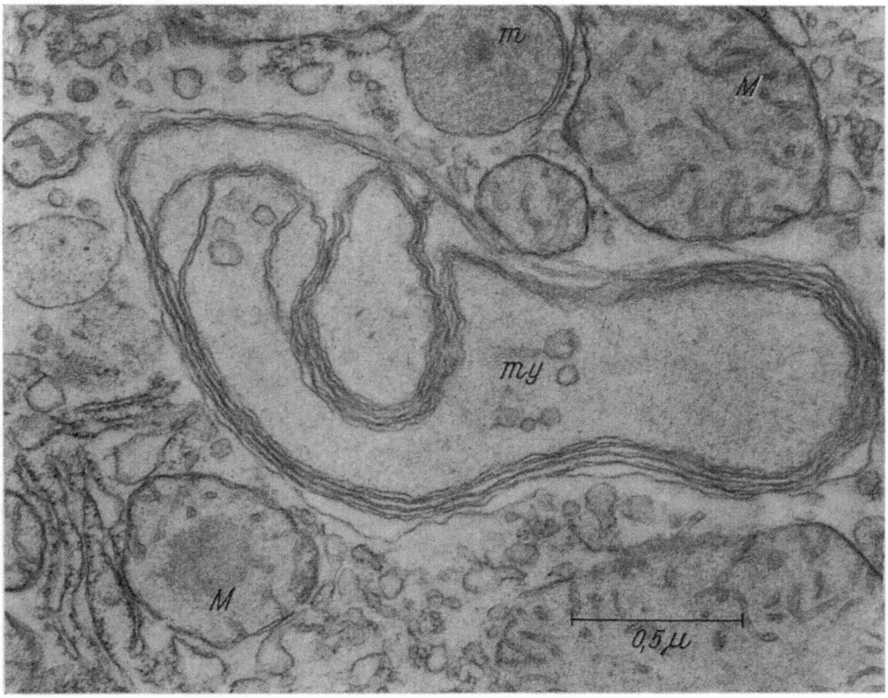

Abb. 20. Umwandlung von Anteilen des endoplasmatischen Retikulums in einer Leberzelle der Ratte nach 12stündiger Autolyse. Beginnende Entstehung von Myelinfiguren (*my*). *M* = Mitochondrion. *m* = microbody. 40 500×.

LEIGHTEN, 1966), in Zellkulturen nach Polioenzephalomyelitisvirus-Infektion (KOESTNER et al., 1966) und in der Leber nach β-3-DL-Furylalanin und Diäthanolanin (HRUBAN et al., 1965) beobachtet.

EBE (1967) sah bei winterschlafenden Schlangen in den proximalen Epithelzellen der Niere besondere Anordnungen des endoplasmatischen Retikulums.

β) Veränderungen der Doppelmembranbeziehungen

Das oft in langen Zügen oder Tubuli angeordnete endoplasmatische Retikulum kann unter den verschiedensten Einwirkungen eine Fragmentierung und insbesondere eine Vesikulierung und Vakuolisierung zeigen (Abb. 21) (Tab. 14). Während diese Veränderungen im allgemeinen reversibel sind, kann es auch zu einer vollständigen Durchsetzung von Zellen mit Vakuolen aus dem

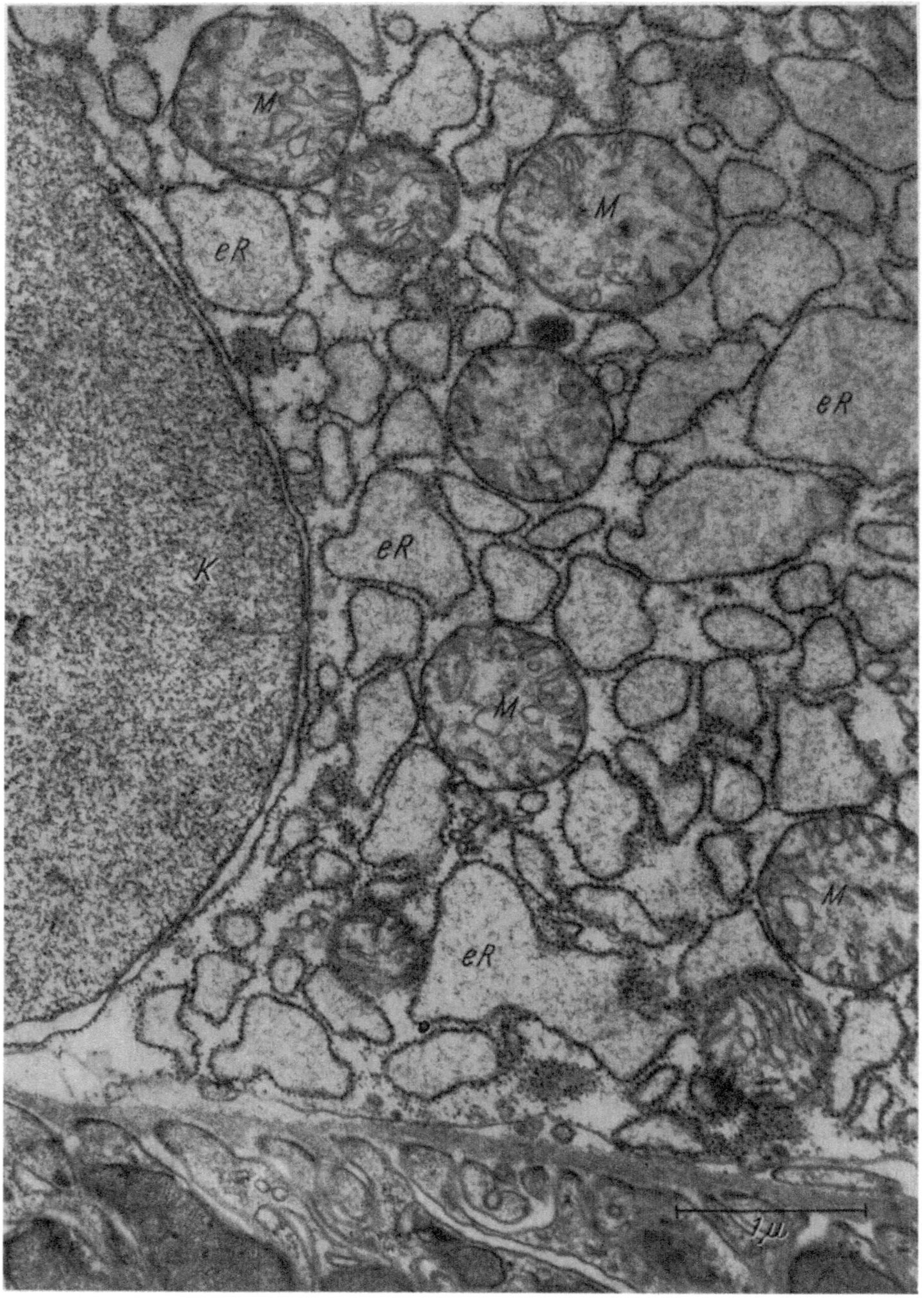

Abb. 21. Vesikuläre Umwandlung des granulären endoplasmatischen Retikulums (*eR*) in einem Histiozyten aus der Niere bei Alloxandiabetes. *M* = Mitochondrion. *K* = Kern. 25 000×. (Aufnahme: Dr. DITSCHERLEIN.)

endoplasmatischen Retikulum kommen, teilweise ohne eindeutige Schädigung der übrigen Organellen, bis zur blasigen Entartung („cellules clarifiées", „cell ballonization") und damit zum irreversiblen Übergang, zum Zelltod. Wesent-

Tab. 14. *Vesikuläre und vakuoläre Umwandlung des endoplasmatischen Retikulums (Beispiele)*

Organ	Einwirkung	Autor
Leber	Autolyse	Ito, 1962
Leber	Autolyse	Caesar, 1961
Leber	Autolyse	David et al., 1961
Leber, Pankreas	Autolyse	Masshoff et al., 1964
Niere	Autolyse	Latta et al., 1965
Leber	Necrosis *in vitro*	Trump et al., 1962
Niere	Necrosis *in vitro*	Faith u. Trump, 1965
Muskel	Autolyse	David u. David, 1965
Muskel	Totenstarrelösung	Mallach et al., 1965
Leber	42–49° C	David u. Uerlings, 1968
Leber	Frieren, Auftauen	Trump et al., 1965
Leber	Forelle 5° C Außentemperatur	Berlin u. Dean, 1966
Knorpel	Hunger	Silberberg et al., 1967
Leber	Proteinmangel	Svoboda u. Higginson, 1964
Leber	Proteinmangel	Racela et al., 1966
Pankreas	Proteinmangel	Weisblum et al., 1962
Leber	Proteinmangel u. CCl_4	David et al., 1962
Niere	Cholinmangel	Monserrat et al., 1968
Leber	nekrogene Diät	Svoboda u. Higginson, 1963
Leber	Riboflavinfreie Nahrung	Tandler et al., 1965, 1968
Leber	Homozystin	Klavins, 1966
Kapillare	Vitamin-C-Mangel	Friederici et al., 1966
Granulationsgewebe	Vitamin-C-Mangel	Jorgensen, 1967
Leber	Hypophysektomie	Cardell, 1966
Knochen	Parathormon	Cameron et al., 1967
Pankreas	ACTH	Putzke u. Nicsovics, 1965
Leber	Kortison	Rancourt u. Litwack, 1968
Schilddrüse	^{131}I-Radiothyreoidektomie	Baba, 1962
Insel-β-Zellen	Alloxan	Wellmann et al., 1967
Insel-α-Zellen	$CoCl_2$	Bencosme u. Lechago, 1968
Pankreas	Äthionin	Herman u. Fitzgerald, 1967
Pankreas	Äthionin	Fitzgerald u. Herman, 1965
Pankreas	Äthionin	Seifert u. Gieseking, 1961
Leber	Äthionin	Anthony et al., 1961
Mamma	Äthionin	Bässler u. Grillmaier, 1962
Speicheldrüse	Noradrenalin, Äthionin	Seifert, 1962
Herz	Aludrin	Korb, 1964
Herz	Infarkt	David u. Hecht, 1963
Leber	Bestrahlung	Yi-Hung et al., 1964
Leber	Bestrahlung	Morgenroth u. Themann, 1966
Leber	Bestrahlung	Franke u. Goetze, 1965
Milz	Bestrahlung	Klug, 1965
Spermatogonien	Bestrahlung	Hugon u. Borgers, 1964
Muskel	Bestrahlung	Bergström u. Salmi, 1962
Ganglienzellkulturen	Bestrahlung	Masurovsky et al., 1967
Sens. Nervenfasern	Bestrahlung	Isomaki et al., 1962
Sympath. Neuronen	Bestrahlung	Pick, 1965

Tabelle 14 (Fortsetzung)

Organ	Einwirkung	Autor
Hühnerherzmyoblasten	Bestrahlung	SCHÄFER, 1966
Mäusetumoren	Bestrahlung	GOLDFEDER, 1964
Leber	Hypoxie	DUPONT et al., 1967
Leber	Durchblutungssperre	HÜBNER u. BERNHARD, 1961
Herz	Sauerstoffmangel	BÜCHNER u. ONISHI, 1968
Kleinhirn-Purkinjezellen	orthostatischer Kollaps	NIKLOWITZ, 1962
Leber	Blutstauung	DAVID et al., 1965
Leber	DNP	KUNZE u. KEMMER, 1965
Leber	Alkohol	ISERI et al., 1966
Leber	Alkohol	THORPE u. SHOREY, 1966
Leber	Alkohol	IGLESIA et al., 1965
Leber	Alkohol	ALBOT u. PARTURIER-ALBOT, 1966
Leber	Allylalkohol	HÜBNER, 1964, 1968
Leber	CCl_4	AIZAWA, 1962
Leber	CCl_4	ASHWORTH et al., 1963
Leber	CCl_4	REYNOLDS, 1963
Leber	CCl_4	CONFER u. STENGER, 1966; HÜBNER, 1968
Leber	CCl_4, Diäthylenglykol	TAKAKI et al., 1962
Niere	Diäthylenglykol	AIZAWA, 1962
Pankreas	1-Aminocyclopentan-Karbocylsäure	CHENARD u. AUGER, 1968
Muskel	Chlorochin	REWCASTLE u. HUMPHREY, 1965
Niere	$HgCl_2$	GRITZKA u. TRUMP, 1968
ZNS	Methoxypyridoxin	NIKLOWITZ, 1966
Leber	Gerbsäure	ARHELGER et al., 1965
Leber	Gerbsäure	BOLER et al., 1965
Leber	Thiohydantoin	HERDSON u. KALTENBACH, 1965
Leber	Aktinomyzin	DAVID u. MARX, 1967; DAVID u. UERLINGS, 1967
Pankreas	Puromycin	LONGNECKER et al., 1968
N. supraopticus	Puromycin	ZAMBRANO u. DE ROBERTIS, 1967
Muskel	Glyzerin	DAVID u. UERLINGS, 1965
Pankreas	Contrykal	TSCHIFTSCHIISKY et al., 1966
Nervenzellen	Chromatolyse	MACKEY et al., 1964
Leber	Endotoxin	LEVY et al., 1968
Lymphozyten	Phytohaemagglutinin	ELVES et al., 1964
Leber	DMAB	TIMME u. FOWLE, 1963
Leber	Dimethylnitrosamin-Ca	BÜCHNER, 1961
Niere	Hypertrophie nach unilateraler Nephrektomie	ANDERSEN, 1967
Leber	Hepatom, menschl.	THERON et al., 1966
Leber	Tumoren	DE MAN, 1960
Schilddrüse	Jodmangel-Tumoren	LUPULESCU u. PETROVICI, 1968
Leber	Virushepatitis	MIYAI et al., 1963; JÉZÉQUEL u. STEINER, 1967

Organ	Einwirkung	Autor
Leber	Mäusehepatitis	RUEBNER u. SLUSSER, 1968; RUEBNER et al., 1967
Leber	Virushepatitis	SCHAFFNER, 1966, 1967
Leber	Zytomegalievirus	RUEBNER et al., 1964
Fibroblastenkultur	Zytomegalievirus	RUEBNER et al., 1965
Leber	Zirrhose	HÜBNER, 1962
Leber	extrahepatische Cholestase	STEINER et al., 1962
Tubulusepithel der Niere	Amyloid	CAESAR, 1963
ZNS	exper. Neurolathyrismus	ULE, 1961, 1962
ZNS Corp. geniculat.	retrograde Atrophie	BARRON et al., 1967
Leber	Transplantat	KLION u. SCHAFFNER, 1967

lich für den Flüssigkeitseinstrom sind Verschiebungen der intra- und extrazellulären Ionen, insbesondere der Na-Einstrom.

Unter bestimmten Bedingungen bilden sich große Komplexe aus Tubuli und Vakuolen, wie z. B. nach Glyzerinschädigung der quergestreiften Muskelzellen (DAVID u. UERLINGS, 1965).

Mit der Vesikelbildung kann es gleichzeitig zur Schädigung der Membranbestandteile kommen. Äthionin führt so zu einer Reduktion der Glukose-6-Phosphatase in den Vakuolenmembranen (ANTHONY et al., 1961). Bei Autolyse sind die begrenzenden Membranen verwaschen (MASSHOFF et al., 1964). Auch bei Hypoxie zeigt das dilatierte Sarkoplasmaretikulum von Herzmuskelzellen neben einer Zunahme der Dichte des Vakuoleninhalts einen Dichteverlust der Membranen (HASPER, 1964).

Innerhalb der Lumina der Vesikel und Vakuolen kann es zur Ansammlung von differentem Material kommen, das bisher nicht immer definiert werden kann. In Fibroblasten enthalten sie saure Polysaccharide (KLINTWORTH und VOGEL, 1964), Proteine in Hepatomen (THERON u. MEKEL, 1964; HRUBAN et al., 1966), Glykoproteide in Myelomzellen (MALDONADO et al., 1966) und Lymphozyten bei lymphatischer Leukämie (LASZLO et al., 1967). Injiziertes Polyvinylazetat sammelt sich in Vesikeln des agranulären endoplasmatischen Retikulums der phagozytierenden Zellen an (WAKAMORI, 1961). Teilweise kann der elektronendichte Inhalt oder das Präzipitat in seiner Zusammensetzung nicht näher bestimmt werden, so in Fibroblasten bei Skorbut (PEACH, 1962), in Schilddrüsentumoren (LUPULESCOU u. PETROVICI, 1963) und in Darmepithelien bei Virusinfektion (ADAMS u. KRAFT, 1967). In spontanen hyperplastischen Knötchen der Mäuseleber finden sich in den dilatierten Zisternen des granulären endoplasmatischen Retikulums Ablagerungen amorphen, granulären oder filamentösen Materials (ESSNER, 1967).

In vielen Zellen, so den Darmepithelzellen des Jejunums, enthalten Vesikel kleine osmiophile F e t t t r ö p f c h e n, was besonders als Transportvorgang der Lipide angesehen wird (PALAY, 1960). In der Leber findet man 200—300 μm große Lipidtropfen (Abb. 22) nach partieller Hepatektomie (JORDAN, 1964), in Hepatomen (HRUBAN et al., 1965), nach Gabe von Thioazetamid (ASHWORTH et al., 1965), Orotsäure (JATLOW u. ADAMS, 1965), Aflatoxin (SVOBODA et al., 1966),

CCl_4 und Diäthylenglykol (Takaki et al., 1962). Lennep u. Madden (1965) beobachteten bei der Involution von Granulosa-Lutein-Zellen in Vesikeln des agranulären endoplasmatischen Retikulums Cholesterin- und cholesterinesterreiche Lipidansammlungen.

Über eine Obliteration des Membranzwischenraumes mit Ablösung der Ribosomen und Ausbildung autophagozytärer Vakuolen im ZNS nach Colchizingabe berichten Wisniewski u. Terry (1967).

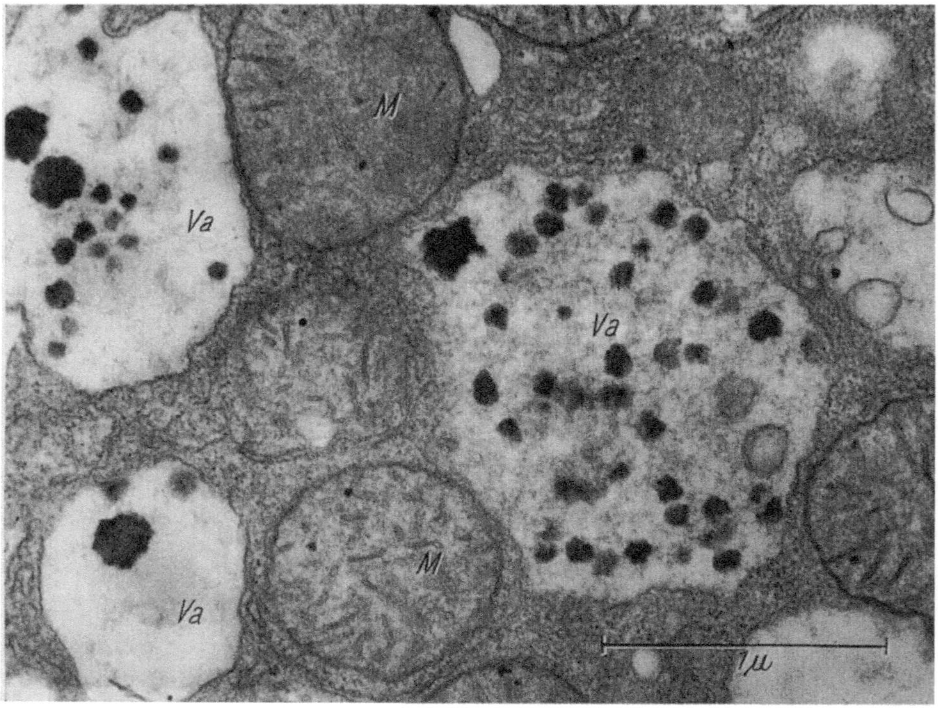

Abb. 22. Vakuolisierung des endoplasmatischen Retikulums (*Va*) mit Ansammlung multipler kleiner Lipidtropfen. Unveränderte Mitochondrien (*M*). Leberzelle der Ratte nach 8tägiger Dioxangabe. 38 000 ×.

γ) Membran-Ribosomen-Beziehungen

Änderungen der Funktion und zahlreiche pathologische Einwirkungen führen zu Veränderungen der Beziehungen zwischen den Doppelmembranen und den außen angelagerten Ribosomen, d. h. im allgemeinen zu einer Ablösung von den Membranen (Abb. 23, Tab. 15). Weitere Möglichkeiten wären in einer Zunahme der durchschnittlichen Anlagerungsmenge oder in einer Anhaftung an der Innenseite der Membranen zu sehen.

Es ist bisher nicht sicher bekannt, welche funktionellen Änderungen mit der Ablösung von den Membranen verbunden sind, zumal die biochemischen Untersuchungen an Homogenaten nicht unbedingt die realen Verhältnisse von freien und membranständigen Ribosomen und Polysomen angeben müssen. Außerdem ist nicht eindeutig im Schnitt festzustellen, ob die angelagerten Ribosomen in Form funktionsaktiver Polysomen vorliegen. Sell u. Reynolds (1969) sahen in Rattenleberzellen nach Jodoformvergiftung eine Verminderung der membrangebundenen Ribosomen von 81% auf minimal 32%. Der Anstieg der freien Formen betrifft vorwiegend die Monomeren, die Werte bis zu 50% erreichen, während die freien Polysomen nur gering zunehmen.

Nach BENEDETTI u. EMMELOT (1966) ist nach Gabe von Dimethylnitrosamin die Zahl der membranständigen Polysomen in der Mikrosomenschicht reduziert. Die Ribosomenaggregate werden gleichzeitig irregulär, Spiralen und Helices fehlen.

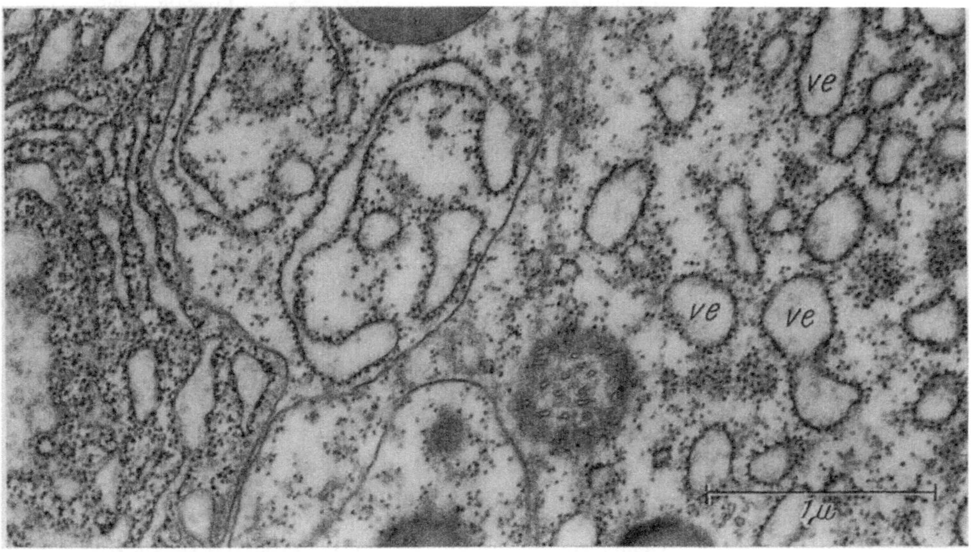

Abb. 23. Vesikuläre Umwandlung (*ve*) des endoplasmatischen Retikulums mit herdförmiger Ablösung der Ribosomen in einer exokrinen Pankreaszelle der Ratte nach Gabe von Contrykal. 30 000 ×.

Die Mesenchymzellen des Nabelstranges enthalten reichlich endoplasmatisches Retikulum mit in Doppelreihen oder in Spiralform angelagerten Ribosomen, die kurz vor der Geburt deutlich reduziert werden (LEESON u. LEESON, 1965). Eine Dislokation von den Membranen wird besonders in der Leber unter verschiedenen Bedingungen beschrieben, wie beim Auftauen nach Gefrieren *in vitro* (TRUMP et al., 1964), bei Virusinfektionen (SVOBODA et al., 1962; MCGAVRAN u. WHITE, 1964), beim Alloxandiabetes (FRANKE et al., 1964). Teilweise kann sich das Bild des agranulären endoplasmatischen Retikulums ergeben, wobei die Membranfunktionen jedoch erhalten bleiben können. So ändert sich nach Thioazetamidgabe die Nukleosidphosphatase der Membranen nicht (VORBRODT et al., 1966). Die normalerweise am granulären endoplasmatischen Retikulum lokalisierte Glukose-6-Phosphatase ist nach fünfwöchiger Gabe von 3-Me-DAB am agranulären endoplasmatischen Retikulum zu finden, bis nach 20 Wochen keine Aktivität mehr vorhanden ist (SAITO, 1966).

Äthioningabe führt neben einer vesikulären Umwandlung des granulären endoplasmatischen Retikulums zu einer Zerstörung der angelagerten spiralförmigen Polysomen in fetalen Lebern (WOOD, 1967). Ursache hierfür ist die

Tab. 15. *Ablösung der Ribosomen vom granulären endoplasmatischen Retikulum (Beispiele)*

Organ	Einwirkung	Autor
Leber	Necrosis *in vitro*	TRUMP et al., 1965
Leber, Pankreas	Autolyse	MASSHOFF et al., 1964
Leber	42–49° C	DAVID u. UERLINGS, 1968
Leber	Frieren u. Auftauen	TRUMP et al., 1965
Leber	Gefrieren	TRUMP et al., 1964
Leber	Hunger	TOMI et al., 1961; HENSHAW et al., 1963
Mamma	Involution	HELMINEN u. ERICSSON, 1968
Pankreas	Proteinmangel	SVOBODA et al., 1966
Pankreas	Proteinmangel	RACELA et al., 1966
Pankreas	Homocystin	KLAVINS, 1966
Granulationsgewebe	Vitamin-C-Mangel	JORGENSEN, 1964
Leber	Kortison	RANCOURT u. LITWACK, 1968
Leber	Äthionin	WOOD, 1965
Pankreas	Äthionin	HERMAN u. FITZGERALD, 1962
Pankreas	1-Aminocyclopentan-Karbocylsäure	CHENARD u. AUGER, 1968
Leber	Tolbutamid	GREGORY et al., 1967
Leber	Alloxandiabetes	FRANKE et al., 1964
Pankreas	Diäthanolamin	HRUBAN et al., 1965
Leber	Dimethylnitrosamin, 2-Fluorenamin, Prednisolon	GUSTAFSSON u. AFZELIUS, 1963
Trigeminusganglion	Plasmozid	D'AGOSTINO, 1964
Leber	Virushepatitis	SCHAFFNER, 1966
Leber	Gelbfieber	MCGAVRAN u. WHITE, 1964
Leber	MHV_3-Virus	SVOBODA et al., 1962
ZNS	Polioencephalomyelitis	KOESTNER et al., 1966, 1967
Leber	α-Naphthylisothiocyanat	SPYCHER u. RÜTTNER, 1964
Leber	Aktinomyzin	DALLNER et al., 1966
Leber	Aktinomyzin	DAVID u. MARX, 1967; DAVID u. UERLINGS, 1967; DAVID, 1968
Leber	Lasiocarpin	HARRIS et al., 1969
Leber	Orotsäure	NOVIKOFF et al., 1966
Leber	Aflatoxin B_1	SVOBODA et al., 1966
Leber	Aflatoxin B_1	BUTLER, 1966
Leber	Mesidine	VERNON u. GARGUS, 1966
Ganglienzellkulturen	Bestrahlung	MASUROVSKY et al., 1967
Milz	Bestrahlung	KLUG, 1965
Leber	CCl_4	SMUCKLER et al., 1962, 1965
Leber	CCl_4	SMUCKLER, 1966
Leber	CCl_4	REYNOLDS, 1963
Leber	CCl_4	REYNOLDS et al., 1965
Leber	Gerbsäure	ARHELGER et al., 1965
Leber	Thioazetamid	ASHWORTH et al., 1965
Leber	part. Hepatektomie	JORDAN, 1964
Leber	part. Hepatektomie	CAMMARANO et al., 1965
Leber	DMNA	DE MAN, 1964

Organ	Einwirkung	Autor
Leber	3'Me DAB	ONOE et al., 1966
Ganglion cervicale	in Krebslösung	FORSSMANN u. ROUILLER, 1966
Leber	MHV-3-Virus	BESPROSWANNIJ et al., 1968

Inhibition der Proteinsynthese infolge einer S-Adenosyläthioninbildung und eines dadurch bedingten ATP-Mangels (MELDOLESI et al., 1966). Aflatoxin B_1 hemmt die Proteinsynthese durch Einwirkung auf die RNS-Synthese. Dabei lösen sich in den periportalen Zellen die Ribosomen von den Vesikeln des endoplasmatischen Retikulums innerhalb von einer Stunde (BUTLER, 1966). Die Zahl der Ribosomen je µm Membranstrecke sinkt 3 bis 48 Std. nach Aktinomyzingabe von 22 auf 16—17 (DAVID, 1969). Einen ähnlichen Effekt hat auch die Erwärmung von Lebergewebe auf Temperaturen von 42° C—49° C (DAVID u. UERLINGS, 1968).

Die beste Korrelation zwischen Strukturveränderungen und biochemischen Untersuchungen konnte bisher nach CCl_4-Intoxikation erzielt werden. Nach SMUCKLER et al. (1962, 1965; SMUCKLER, 1966) ist die Dislokation der Ribosomen von den Membranen der früheste Befund, wobei gleichzeitig die Polysomenstruktur verlorengeht. Die reduzierte Proteinsynthese äußert sich in einer Verminderung der 80-S-Ribosomen und einer Zunahme der 54-S-Untereinheiten. Die Zerstörung der Polysomen geht innerhalb 1 Std. vor sich, so daß man einen direkten Effekt annehmen muß, da die Halbwertzeit der mRNS der Leber 4 Std. betragen soll. Wesentlich später gehen die Membranen zugrunde und bilden tubuläre Aggregate (REYNOLDS et al., 1965). Intralienale Injektionen von CCl_4 bewirken dagegen schon innerhalb von Minuten eine Zerstörung der Membranen, die zu osmiophilen Massen zusammenfließen (HÜBNER, 1965).

δ) Veränderungen der freien Ribosomen und Polysomen

Aufbau und Verteilung der Ribosomen und Polysomen im Grundplasma können Auskunft über die Proteinsynthese in der Zelle geben, wobei diese Forschungen bisher meist in *in vitro*-Systemen durchgeführt wurden.

In den Epithelzellen der Haut von Hühnerembryonen werden die normalerweise aus 4 Ribosomen aufgebauten Polysomen nach Hypophysektomie verändert (YATVIN, 1966). Besonders auffällig ist die Veränderung der Polysomen innerhalb von Tumoren, wobei es im allgemeinen zu kleineren Polysomen oder zum Zerfall der Ribosomen in Untereinheiten kommt. In Blasenkarzinomzellen sind die Ribosomen gleichmäßig verteilt und vergrößert (KASHIWAI et al., 1963). Solide Leukämieformen enthalten häufiger Polysomen in Form von Tetra- und Pentameren, während Aszitesformen diffus über das Zytoplasma verteilte einzelne Ribosomen zeigen (BRANDES et al., 1966).

Die Vermehrung der freien Ribosomen in den Leberzellen nach Gabe von DMAB soll Ausdruck der Malignisierung der Zellen sein, da ihnen die mit den Lipoidmembranen verbundenen Kontrollmechanismen fehlen (HADJOLOV, 1965). In den verschiedenen Formen von Hepatomen wird die Zahl der Polysomen z. T. bis auf 20% und weniger herabgesetzt, wobei gleichzeitig die Dimeren und

Monomeren zunehmen (WEBB et al., 1964, 1965; UTSUNOMIYA et al., 1966; WEBB u. POTTER, 1966).

Äthionin führt zum Zerbrechen der Polysomen in Leberzellen, was jedoch nach Gabe von Adenin oder Methionin reversibel ist (VILLA-TREVINO et al., 1964; BAGLIO u. FARBER, 1965). Das zytostatisch wirkende Antibiotikum Aktinomyzin bewirkt durch Eingriff in die mRNS-Synthese einen Zerfall der Leberzellpolysomen bis zu 80% (STAEHELIN et al., 1963; HAN, 1964). Dagegen werden das Zerbrechen der Retikulozyten-Polysomen und die Inkorporation von ^{14}C-Leuzin nicht beeinflußt (TRAKATELLIS et al., 1965). Diese Polysomen zerfallen bei der *in vitro*-Reifung besonders nach Einwirkung von Cycloheximid und Puromyzin (TRAKATELLIS et al., 1965, 1966). Einen Polysomenzerfall bewirkt Puromyzin auch in den Leberzellen (VILLA-TREVINO et al., 1964) und im Nucleus supraopticus (ZAMBRANO et al., 1967). Puromyzin wird in die wachsenden Polypeptidketten eingebaut, so daß diese unreif von den Ribosomen abgegeben werden.

Vereinzelt werden stärkere Abweichungen der Ribosomen von der Normalgröße, z. B. nach Thioazetamidgabe in der Leber beschrieben (ASHWORTH et al., 1965). Hepatome enthalten kleinere Polysomen (STAHL u. BIELKA, 1967).

Die Struktur der Ribosomen wird bei Necrosis *in vitro* (FAITH u. TRUMP, 1965), beim Frieren und Auftauen (TRUMP et al., 1965) in der Leber, nach Äthioningabe in der Mamma (BÄSSLER u. GRILLMAIER, 1962) verändert.

Kükenembryonalzellen bilden bei Hypothermie Ribosomenkristalle (BYERS, 1967). Diese bauen sich vielfach aus Tetrameren auf (NOORDUYN u. DE MAN, 1969).

Durch Polioviren infizierte Neuronen enthalten verdichtete Ribosomen (BODIAN, 1964). Nach Bestrahlung fließen in Tumoren die Ribosomen zusammen (GOLDFEDER, 1964). Puromyzin führt im ZNS zur Polysomendispersion und/oder Kondensation der Ribosomen (GAMBETTI et al., 1968).

e) Besondere Befunde

α) Speicherung und Aggregation spezieller Substanzen

Das in den Lumina des endoplasmatischen Retikulums vorhandene Material kann nur in seltenen Fällen in seiner chemischen Natur bestimmt werden (Abb. 24, 25). In Schilddrüsenzellen finden sich besonders nach Einwirkung von thyreotropem Hormon innerhalb des endoplasmatischen Retikulums 6—7 μm lange stäbchenförmige Kristalloide (YOSHIMURA u. IRIE, 1961). In Salamanderleberzellen sind Proteinkristalle im granulären endoplasmatischen Retikulum abgelagert (FAWCETT, 1966). Nach ZELICKSON et al. (1964) beginnt in S 91-Melanomen die Melaningenese vor der Bildung der Melanosomen im endoplasmatischen Retikulum. In den erweiterten Zisternen des endoplasmatischen Retikulums von viszeralen Glomerulumepithelzellen finden sich Sekretkörper aus bandförmigen Kondensaten, die Eiweißkristalle darstellen sollen (THOENES, 1967). Die in Endothelzellen des Glomerulum von nephritischen Patienten und Rhesusaffen ausgebildeten kristallinen Bildungen stehen in enger Verbindung mit dem agranulären endoplasmatischen Retikulum (MARTINO et al., 1969).

Nach Puromyzingabe bilden sich in den erweiterten Zisternen des granulären endoplasmatischen Retikulums exokriner Pankreaszellen Granula aus (LONGNECKER et al., 1968). Auch bei neugeborenen Ratten können diese Zellen Kristalloide enthalten (HACH u. UERLINGS, 1969). Bei der γ-Paraproteinämie sind ähnliche Kristalle in den Glomerulumepithelzellen beobachtet worden (ROSSMANN et al., 1968). Odontoblasten können in erweiterten Zisternen parakristalline Einschlüsse besitzen (JESSEN, 1967), desgleichen die Zellen des ZNS von Fischen bei genetischen Defekten (MARQUET u. SOBEL, 1969).

Bei der subakuten sklerosierenden Leukenzephalitis enthalten die reaktiven Astrozyten 500—800 Å große Partikeln, die als Viruspartikeln oder abnorme Produkte des endoplasmatischen Retikulums gedeutet werden (GONATAS, 1966).

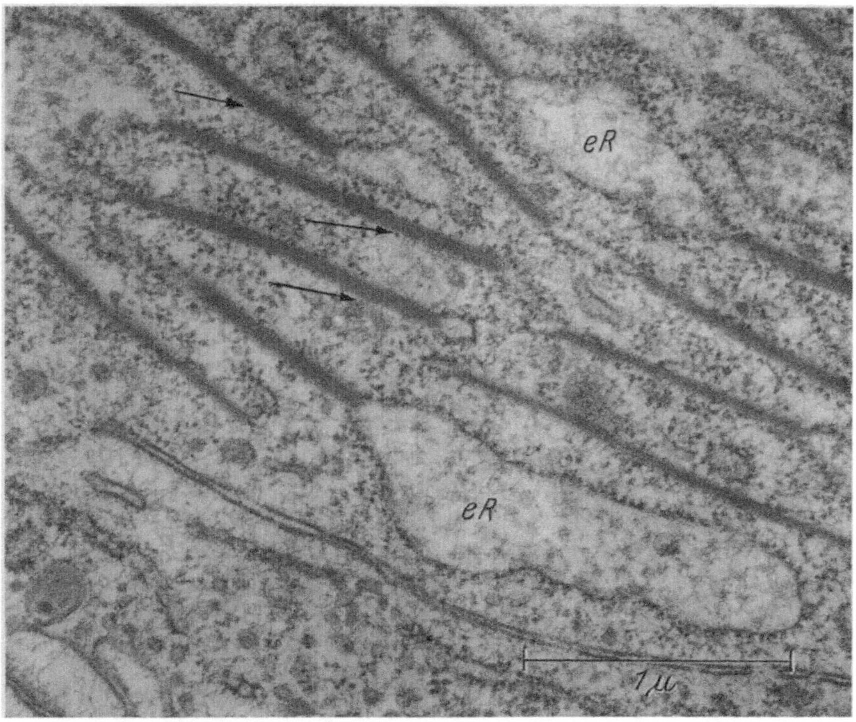

Abb. 24. Kristalloide Ablagerungen (↗) im Bereich des granulären endoplasmatischen Retikulums (*eR*) aus exokrinen Pankreaszellen einer neugeborenen Ratte. 35 000 ×.

Bei mit Polioenzephalomyelitis-Virus infizierten ZNS-Kulturen sowie in Endothelzellen und mononukleären Zellen des Rückenmarkes liegen im endoplasmatischen Retikulum Viruskristalle (KOESTNER et al., 1966; KOESTNER, 1967; BLINZINGER et al., 1969).

Beim M. Gaucher bestehen enge Beziehungen zwischen dem endoplasmatischen Retikulum und den sich bildenden Gaucher-Körpern im ZNS (ADACHI et al., 1967) und der Milz (SCHÄFER u. BÄSSLER, 1966). Jedoch sind die Umwandlungsprozesse im einzelnen noch nicht bekannt.

In den interstitiellen Zellen der Niere entstehen bei Dehydratation aus helikoidal angeordneten Tubuli 4 μm lange Zylinder in einer Verbindung mit dem endoplasmatischen Retikulum (BULGER et al., 1966).

β) Komplexe Bildungen und das endoplasmatische Retikulum in Zytolysomen

In verschiedenen Organen können sich komplexe Bildungen aus vorwiegend glatten Membranen entwickeln. So kommt es zur Ansammlung von neugebildeten Tubuli in den Wachstumskolben von Nerven nach ihrer Durchtrennung (BLÜMCKE

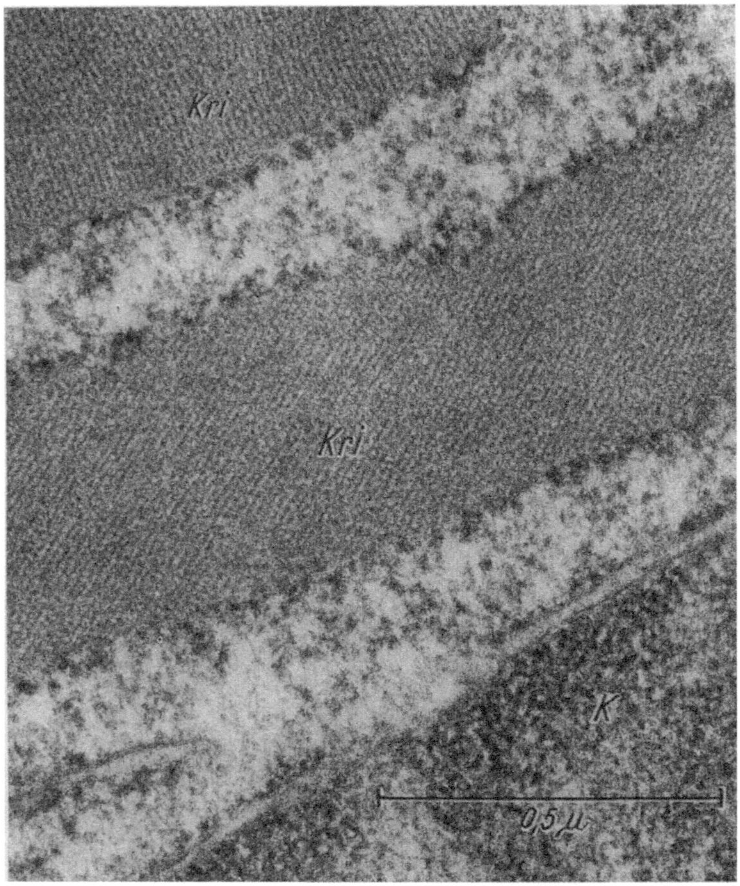

Abb. 25. Kristalloide Ablagerungen (*Kri*) innerhalb des granulären endoplasmatischen Retikulums in Makrophagen in einem Ivalon-bedingten Granulationsgewebe. *K* = Kern. 89 600×. (Aufnahme: Dr. HACKENSELLNER — Dr. WEISS.)

u. NIEDORF, 1964). In den Purkinjeschen Zellen des Kleinhirns bilden sich aus agranulären Membranen lamelläre Körper durch Kondensation der Membranen, z. B. nach kurzdauernder Hypoxie (HERNDON u. SHELDON, 1963).

Die Negri-Körper bei Tollwut stellen homogene Aggregate dar, in deren Peripherie Viruspartikeln in Vesikeln des endoplasmatischen Retikulums liegen (MIYAMOTO u. MATSUMOTO, 1965).

Das nichtkarzinogene 2-Me-DAB führt als Folge einer Hypertrophie des agranulären endoplasmatischen Retikulums zur Ausbildung großer Einschlüsse in Leberzellen mit Tubuli und Vesikeln (LAFONTAINE u. ALLARD, 1964). In bestrahlten Chang-Leberzellen bilden sich Einschlußkörper membranöser Natur aus Vesikeln von kondensiertem granulärem endoplasmatischem Retikulum (MONTGOMERY et al., 1964).

Nach Alkoholeinwirkung entstehen in Leberzellen Hyalinablagerungen in enger Verbindung mit dem granulären endoplasmatischen Retikulum und den freien Ribosomen. Die Ribosomen bleiben während des Prozesses zahlreich, das granuläre endoplasmatische Retikulum verschwindet fortschreitend. Das hyaline Material setzt sich aus membranösen und granulären Komponenten zusammen (BIAVA, 1964).

In den Zellen des Walker-Karzinosarkoms enthalten die Vakuolen des endoplasmatischen Retikulums Einschlüsse mit reichlich Ribosomen, die durch Einstülpung von Zytoplasma bedingt sind (SMETANA u. BUSCH, 1963). In Aktinomyzin-behandelten Amöben umgeben die verlängerten und verschmälerten Zisternen des granulären endoplasmatischen Retikulums Zytoplasmabezirke (FLICKINGER, 1968). Leberzellen enthalten nach der Transplantation von Hypophysentumoren ribosomengefüllte Vesikel neben anderen Veränderungen des endoplasmatischen Retikulums und der Ribosomen (EPSTEIN et al., 1967). Nach Einwirkung von Protonen (GHIDONI, 1965) und Triparanol (HRUBAN et al., 1965) sowie anderen Substanzen bilden sich Sequestrationen von Zytoplasma mit endoplasmatischem Retikulum und Glykogen sowie Detritus, z. T. Myelinmembranen aus. Das als Endstadium der Zytolysomenbildung anzusehende Lipofuszin besitzt enge Beziehungen zum endoplasmatischen Retikulum, was z. B. in Nervenzellen bei progressiver Demenz erkennbar ist (TORACK, 1966).

3. Die Mitochondrien

a) Normalbau, Normalfunktion und Varianten

α) Normalbau

Jede lebensfähige Zelle besitzt Mitochondrien, wenn auch in unterschiedlicher Menge. Sie sind biochemisch durch ihre Fähigkeit zur Atmung und oxydativen Phosphorylierung sowie durch weitere zellspezifische Funktionen gekennzeichnet. Morphologisch stellen sie durch eine umhüllende Doppelmembran (Außenmembran), unterschiedliche Innenstrukturen und einen homogenen Innenraum (Matrix) mit einzelnen Granula charakterisierte Organellen dar (Übersichten: ROUILLER, 1960; NOVIKOFF, 1961; KLINGENBERG, 1964; ANDRÉ, 1965; PARSONS, 1965; ROODYN, 1967; MÖLBERT, 1968; DAVID, 1969; KUNZ, 1969).

αα) *Die Außenmembran*

Die äußere Umhüllung der Mitochondrien besteht aus zwei etwa 70—80 Å breiten Membranen, zwischen denen ein wechselnd weiter Raum, die äußere Mitochondrienkammer, ausgebildet ist. Die äußere der beiden Membranen wird auch als Mitochondrienhülle bezeichnet und ist anders als die innere Membran aufgebaut. Sie besitzt semipermeable Eigenschaften und ist für Rohrzucker, Sukzinat, Zitrat und H_2O durchlässig, während die innere Membran nur H_2O und K-Ionen durchlassen soll, wodurch es zu Erweiterungen und Flüssigkeits-

und Substanzansammlungen in der äußeren Mitochondrienkammer kommen kann. Durch Verschiebungen ihres molekularen Gefüges können sich die Membranen soweit ausdehnen, daß das Mitochondrienvolumen in kurzer Zeit ein Mehrfaches seines Normalwertes einnehmen kann. Für eine Rattenleberzelle errechneten Loud et al. (1965) eine gesamte äußere Oberfläche von 7000—14 000 μm^2. Nach Lehninger (1964) beträgt die äußere Mitochondrienoberfläche etwa das Vierfache der Zelloberfläche. Ausschließlich an der äußeren Membran sind die fettsäure-aktivierenden Enzyme zu finden (Allmann et al., 1966). Sie enthält außerdem Aminooxydase (Schnaitman u. Greenawalt, 1967, 1968) und $NADH_2$-Zytochrom-c-Reduktase (Levy et al., 1966). Nach Chandra (1962) können die innere und äußere Membran ineinander übergehen.

In der Herzmuskulatur des Hundes beobachtete Bowman (1967) Außenmembranvorstülpungen mit Verbindung zum Sarkoplasmaretikulum und zum Sarkolemm, so daß die äußere Mitochondrienkammer direkte Beziehungen zum Extrazellularraum hat, was unter Umständen für den Kalziumtransport wichtig sein kann. Auch in Oozyten der Maus werden offene Kanäle zwischen der äußeren Mitochondrienkammer und dem endoplasmatischen Retikulum gefunden (Ruby et al., 1969).

αβ) *Die Innenstrukturen*

Die häufigste Form der Innenstrukturen sind die Cristae mitochondriales, die aus zahlreichen wechselnd langen Einstülpungen der inneren Membran der Außenmembran gebildet sind. Die Cristaemembranen stellen sich mit der Gefriersubstitutionstechnik fünflagig ohne Membranspalt dar (Malhotra u. v. Harreveld, 1965). Nach Phospholipase-D-Behandlung sind die Cristae aus 125—140 Å großen globulären Partikeln aufgebaut (Krause, 1967). Die opaken Räume in den Membranen stellen wahrscheinlich die Strukturproteine dar (Vetter, 1965). Nach Lehninger (1966) sind 75% der Mitochondrienproteine Strukturproteine und 25% Enzymproteine. Stiles et al. (1967) beobachteten fibröse Strukturen an der Oberfläche der Cristae. An die Membranen sind die Enzyme der Atmung und oxydativen Phosphorylierung gebunden. Die von Fernández-Morán (1962) beschriebenen 90—100 Å großen Elementarpartikeln sind durch einen Stiel mit einer Basalplatte der Membranfläche, d. h. den Strukturproteinen angelagert. Ob sie den Oxysomen entsprechen oder nur Teilkomplexe der Atmungskette beinhalten, ist noch nicht vollständig geklärt. Bei Verlust der Elementarpartikeln kommt es zum Verlust der Elektronentransport-Aktivität (Crane et al., 1964; Stasny u. Crane, 1964; Oda u. Nishi, 1963; Oda u. Seki, 1966; Oda, 1966, 1967; Oda et al., 1965). Die Kopfstücke der Elementarpartikeln enthalten Oligomyzin-empfindliche ATPase, Zytochrom b, c und c_1 und Flavin, die Basalplatten Zytochrom a, Flavin und NADH-CoQ-Reduktase. Nach Fleischer et al. (1967) sind die Elementarpartikeln für die Elektronentransportkette von Sukzinat zu Zytochromoxydase nicht notwendig.

Das Elektronentransportsystem scheint aus einer Serie von 30-Å-Einheiten aufgebaut, die in 90-Å-Komplexen funktionsfähig sind. Für die Zytochromkette werden mehr als eine 90-Å-Einheit benötigt, während die Phosphorylierung nur an Membranen erfolgt, bei denen die Elementarpartikeln mit der Fußplatte in der Membran in Verbindung stehen (Stiles et al., 1966).

Nach neueren Untersuchungen der GREENschen Schule (KOPACZYK et al., 1968) soll es mindestens 4 sich ständig wiederholende Basenstück-Arten geben, die insgesamt die Elektronentransportkette darstellen. Jeder Basenstücktyp allein oder ihre Kombination sind in der Lage, Membranen zu bilden. Aus Kopf- und Stielstücken bestehende Präparate enthalten keine Elektronentransport-Aktivitäten. Wahrscheinlich gibt es nur eine Art von Kopfstücken und Stielen. Für die Oligomyzinempfindlichkeit der hier lokalisierten ATPase sind aufgrund der Versuche die Stiele verantwortlich.

Im braunen Fettgewebe fehlen die Elementarpartikeln an den Cristae bei gleichzeitigem Fehlen der elektronentransportgekoppelten Phosphorylierung (LINDBERG et al., 1967).

In Herzmuskelmitochondrien ist der Gehalt der Cristae an Sukzinodehydrogenase unterschiedlich. Während in einigen Mitochondrien alle Cristae das Enzym enthalten, gibt es andere, in denen nur ein Teil oder keine Cristae eine positive Reaktion aufweisen (OGAWA u. BARRNETT, 1964). Ein unterschiedlicher Gehalt an Reduktase ist auch in Niere und Herz zu beobachten (OGAWA et al., 1968). In den Neuronen des Rückenmarkes enthalten nur die Mitochondrien der synaptischen Endigungen ATPase, während die des Perikaryons keine Reaktion zeigen (RECHARDT u. KOKKO, 1967).

Die Zahl und Länge der in den Matrixraum ragenden Cristae unterscheiden sich in den einzelnen Organen erheblich. Besonders stark ist die Ausbildung in Zellen mit einer hohen Atmungsrate, wie in der quergestreiften und besonders der Herzmuskulatur. Das Herz des Kanarienvogels mit über 1000 Schlägen in der Minute besitzt Mitochondrien, deren Matrixraum vollständig mit meist abgewinkelten Cristae und einzelnen Tubuli angefüllt ist. Die in den Cristae vorhandenen Fenster dienen dem Substanzaustausch innerhalb der Matrix. Möglicherweise stellt der zickzackartige Aufbau der Cristae das morphologische Äquivalent von bestimmten Enzymanordnungen dar oder aber eine Energiespeicherform, die die Energie plötzlich zur Verfügung stellen kann, indem sich gleichzeitig ein retikuläres offenmaschiges Netzwerk bildet (SLAUTERBACK, 1963, 1965). Messungen von KLIMA (1967) über die Cristae-Dichte (Zahl der Cristae je µm) ergaben Werte von 1 (*Pelomyxa carl.*) bis zu 34—35 (Herzmuskel von *Serina S.*). Die Mitochondrien von *Fasciola hepatica L.* enthalten teilweise nur 1—2 Cristae (BJÖRKMAN u. THORSELL, 1962).

Auch in Lebermitochondrien mit einem höheren Prozentsatz anderer Stoffwechselvorgänge überwiegt die Cristaeoberfläche noch deutlich die der Außenmembran. Nach LEHNINGER (1964) beträgt die Gesamtoberfläche von 1000 Lebermitochondrien mit einer Größe von $3{,}5 \times 1{,}0$ µm etwa 29 000 µm², wovon 16 000 µm² auf die Cristaeoberfläche fallen sollen, wenn man 10 Cristae je Mitochondrion annimmt. MÖLBERT (1968) gibt für die Cristaeoberfläche einen Wert von 130 µm² je Mitochondrion an. Die 5×10^{12} Mitochondrien je Gramm Lebergewebe haben nach BAUDHUIN u. BERTHET (1967) eine Cristaeoberfläche von 2,5 m².

Neben den Cristae sind die Tubuli mitochondriales die nächsthäufigen und wahrscheinlich entwicklungsgeschichtlich älteren Formen, da man sie bei Protisten und niederen Tieren ausschließlich und bei höheren Tieren in endokrinen, besonders steroidbildenden Zellen wie der Nebennierenrinde, den Leydigschen

Zwischenzellen des Hodens und den Follikelzellen des Ovars beobachten kann. Die Tubuli sind zum Matrixraum hin eröffnet und bilden bei einer Ablösung Vesikel. Teilweise kommen auch sakkuläre Strukturen vor.

Eine Umwandlung der Tubulusformen in Cristaeformen ist möglich und hängt von einer Funktionsänderung ab. So können sich die Tubuli besonders in regenerierenden Organen mit einer erhöhten Eiweißproduktion und Reduktion der Hormonbildung in Cristae transformieren. Bei der Luteinisierung zeigen die Granulosazellen des Ovars der Maus dagegen eine Umwandlung der laminären Innenstrukturen in tubuläre (BYSKOV, 1969).

Nach DAEMS u. WISSE (1966) stellen die Cristae mitochondriales der Leberparenchymzellen unregelmäßige Platten dar, die mit der inneren Membran der Mitochondrienumhüllung durch einen schmalen Stiel, dem „Pediculum cristae" verbunden sind. Mitochondrien von Wurzelspitzen von *Phaseolus vulgaris* besitzen eine plattenartige Crista in Längsanordnung (NEWCOMB et al., 1968).

Im Gehirn des Goldhamsters finden sich Mitochondrien vom Prismatyp mit hexagonal angeordneten Cristae (BLINZINGER et al., 1964, 1965). Längsverlaufende Cristae enthalten die Mitochondrien bestimmter Neuronen (ASHHURST, 1965), z. B. auch die Katecholaminkerne des Hypothalamus (BRAAK, 1967). Auch in den Neuronen von Mollusken sind prismatische Mitochondrien mit längsgelagerten Cristae von etwa 14 μm Länge und 3 μm Breite zu beobachten (CRAYTON u. MIROLLI, 1968).

KJAERHEIM (1967) sah in der normalen Nebennierenrinde eine kristalloide Anordnung der tubulären Elemente. Beim Igel enthalten Riesenmitochondrien gestielte Vesikel (LINDNER, 1966).

Anguläre zickzackförmige Cristae und Bündel prismatischer dreieckiger Tubuli finden sich in Muskelzellen aber auch anderen Zellen nach REVEL et al. (1963).

Die intracristal lokalisierten helixförmig angeordneten Filamente stellen möglicherweise Phospholipide dar (BEHNKE, 1963). Im Corpus pineale enthalten die Cristae Mikrozylinder (LIN, 1965). In Astrozyten sind ebenfalls helixförmige intracristale, 30 Å breite Filamente zu beobachten (MUGNAINI, 1963, 1964). Auch Ameloblasten enthalten gleichartige Filamente (JESSEN, 1967, 1968).

In Spermatozoen können sich die Cristae in membranöse Lamellen umwandeln (ANDERSON u. ELLIS, 1967). In Spermatozyten von *Astacus leptodactylus* finden sich in den 280—300 Å breiten Cristaespalten 170—200 Å große ringförmige Strukturen (ELIAKOVA u. GORIACHKINA, 1966).

Vereinzelt sind in den β-Zellen des Krötenpankreas Mitochondrien mit Längslamellen ausgebildet (KOBAYASHI, 1966). Die Prothoraxdrüsen von *Antheraea pernyi* und *Bombyx mori* enthalten teilweise schüsselförmige Mitochondrien mit kristalloiden, aus komplexen tubulären Netzwerken aufgebauten Innenstrukturen (BEAULATON, 1968).

In Eizellen des Kaninchens können die Cristae schräg oder parallel zur Längsachse gelagert sein (SCHWARZ et al., 1960). Manchmal sind auch Vakuolen vorhanden (WISCHNITZER, 1967), die sich besonders in älteren Oozyten vermehren.

Wurzelspitzenzellen von *Phaseolus vulgaris L.* haben Mitochondrien mit atypischen Cristae (NEWCOMB et al., 1968).

αγ) *Die Matrix und ihre Bestandteile*

Die Matrix mitochondrialis erscheint homogen oder granuliert aus 60—100 Å großen Partikeln aufgebaut und enthält im wesentlichen die Enzyme des Zitronensäurezyklus und die Substrate für die verschiedenen Stoffwechselprozesse.

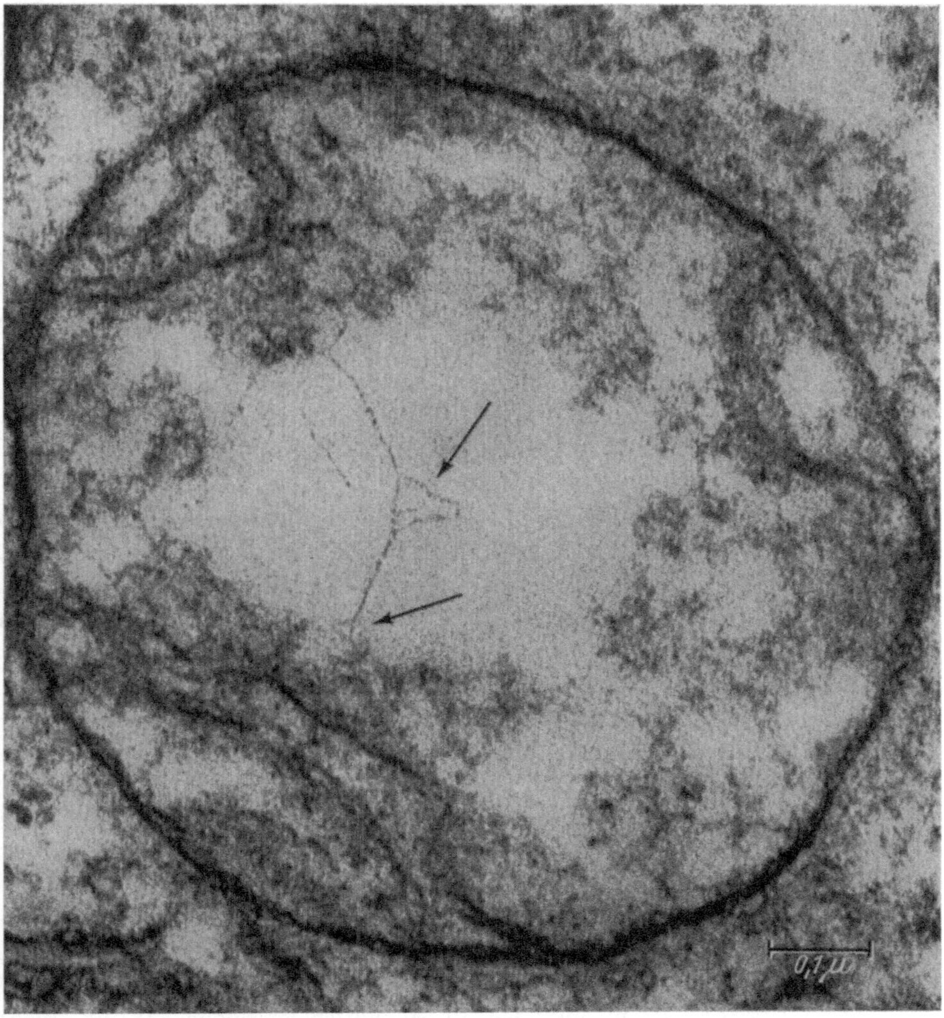

Abb. 26. Mitochondrion aus einer Aszitestumorzelle (1 Std. 0,5%ige Uranylazetatlösung nach Fixation in gepuffertem OsO_4). Mitochondriale 20—25 Å breite DNS-Filamente. Zwei 25 Å breite Filamente oder ein zirkuläres Filament scheinen sich zu umwinden. Aufspleißung im Zentrum (↗) und nahe den Enden (↗). 133 000 ×. Mit freundlicher Genehmigung von Frau Dr. M. M. K. Nass, Philadelphia/USA. Aus: J. nat. Cancer Inst. **33**, 777—798 (1964).

DNS wurde inzwischen in zahlreichen Mitochondrien nachgewiesen und konnte biochemisch infolge der differenten Basensequenz eindeutig von der Kern-DNS unterschieden werden. Elektronenmikroskopisch stellt sich die DNS in Form von 25 Å breiten Filamenten in der Matrix dar (Abb. 26) (Nass u. Nass, 1963, 1964; Nass u. Afzelius, 1968; André, 1965; Tuppy u. Wintersberger,

1966; Helge u. Neubert, 1965; Neubert et al., 1965; Stone u. Miller, 1965; Swift, 1965; Vogel, 1965; Leduc, 1966; Vogel u. Kemper, 1967; Mugnaini et al., 1967). Riesenmitochondrien der Uterusschleimhaut in der Sekretionsphase sollen bis 8 DNS-Filamente enthalten (Merker et al., 1968). Die DNS liegt wahrscheinlich in zirkulärer Form vor (Sinclair u. Stephens, 1966), und hat eine Länge von 5 μm (Koshiba u. Oda, 1968; Oda et al., 1968). Ein Teil der Mitochondrien synthetisiert ständig DNS (Meyer u. Ris, 1966). Bei *Neurospora crassa* erfolgt die Replikation der nukleären und mitochondrialen DNS unabhängig (Reich u. Luck, 1966), desgleichen auch bei *Tetrahymena pyriformis* (Charret u. André, 1968). Thymidin und Desoxythymidin werden 10mal so schnell in die DNS der Mitochondrien eingebaut wie in die der Kerne (Schneider u. Kuff, 1965). In der normalen Rattenleber zeigt die mitochondriale DNS eine 6mal so hohe spezifische Aktivität wie die nukleäre DNS (Nass, 1967). Nach Kazakova u. Markosian (1966) enthält ein Rattenlebermitochondrion DNS für 120 Proteine mit einem Molekulargewicht 20 000, was für die eigenständige Synthese der Mitochondrienenzyme ausreichen würde. Jedoch ist nicht sicher zu sagen, ob einige Enzymsysteme auch durch die nukleäre DNS gebildet werden (Haldar et al., 1966). In Zellen von Gewebekulturen wird ^{3}H-Thymidin in die mitochondriale DNS in 20% der Mitochondrien eingebaut (Nagata et al., 1967). ^{3}H-markiertes Adeninnukleotid findet sich im Matrixraum von Lebermitochondrien (Reith et al., 1967). Das Verhältnis von Kern-DNS zu Mitochondrien-DNS beträgt 100—300:1 (Siebert, 1968).

Die mitochondriale DNS von Lebergewebe aus hepatozellulären Tumoren zeigt einen schnelleren Einbau von ^{3}H- und ^{14}C-Thymidin als die des Kerns. Die Halblebenszeit für Mitochondrien errechnet sich daraus mit 7—10 Tagen, für Kerne mit 70 Tagen (Bass et al., 1966). Tumorzellen enthalten Mitochondrien mit besonders hohem DNS-Gehalt (Wunderlich et al., 1966).

RNS ist ebenfalls beschrieben worden (André, 1965; Vogel u. Kemper, 1967). Selten finden sich intramitochondriale Ribosomen (Mugnaini et al., 1967; Rifkin et al., 1967; Stockem, 1968). Vereinzelt sind helixartige Strukturen ausgebildet (Abb. 27).

Die normalerweise in Mitochondrien der Leber ablaufende Eiweißbildung wird durch Aktinomyzin, Mitomyzin und Chloramphenicol gehemmt (Chatterjee et al., 1966; Wheeldon u. Lehninger, 1966).

Die Proteine der Matrix sind möglicherweise ähnlich dem Aktomyosin kontraktil, was aber noch nicht sicher bewiesen werden konnte (Perdue u. Blair, 1964).

Auch Glykogen ist in einzelnen Mitochondrien zu finden (Andre, 1965; Anderson, 1968). In einigen Zellarten sind normalerweise Matrixeinschlüsse zu beobachten. In der Chorionallantois-Plazenta der Ratte sind in den betroffenen Mitochondrien fast ganz ausfüllende Kristalloide aus 240 Å Lamellen-Gittern ausgebildet (Ollerich u. Schneider, 1967). Oozyten von Amphibien enthalten Mitochondrien mit Dotterplättchen (Sung, 1961).

Ein Charakteristikum fast aller Mitochondrien sind die in der Matrix lokalisierten intramitochondrialen Granula, deren Größe 300—500 Å beträgt und deren Zahl in den einzelnen Zellformen erheblich differiert. In den Granula intramitochondrialia der Niere sind 30 Å große Unterpartikel zu erkennen

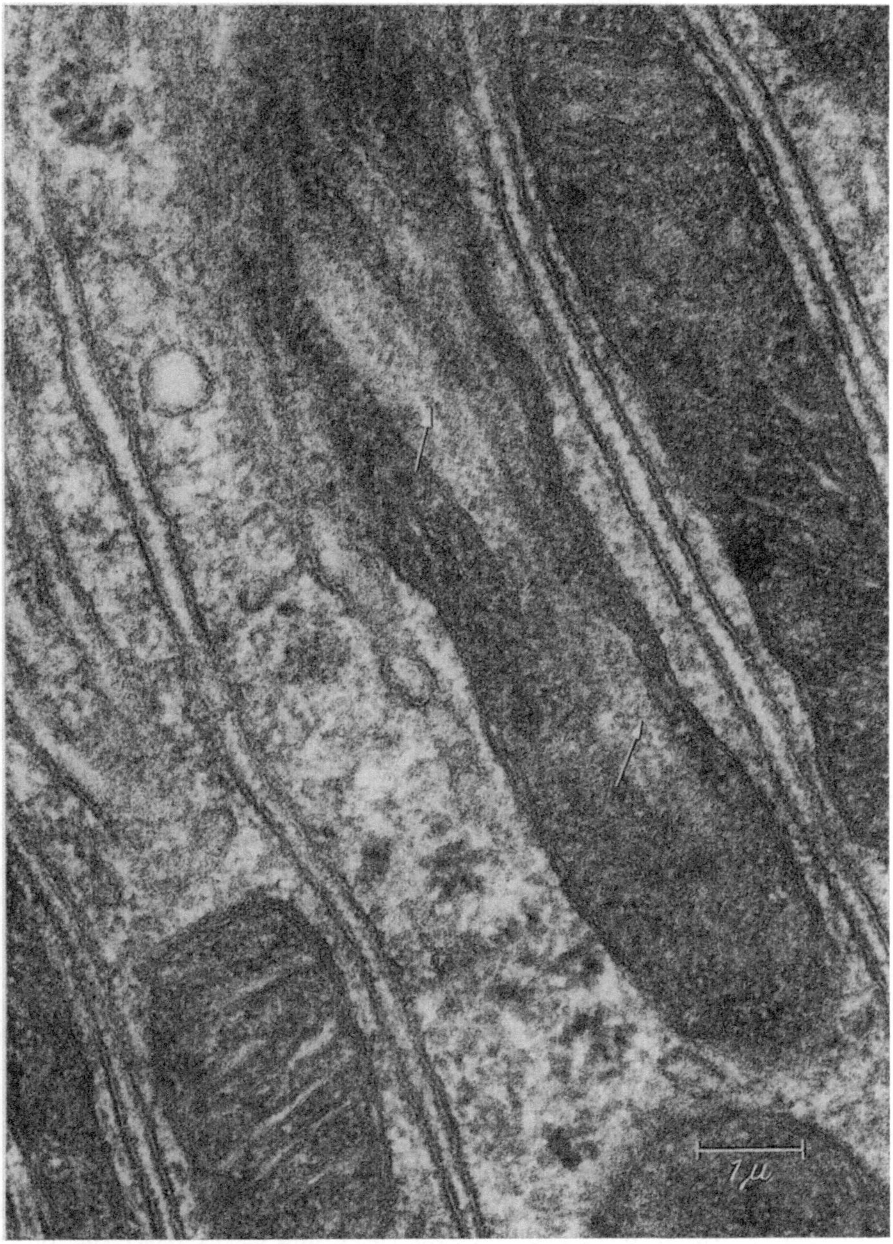

Abb. 27. Mitochondrion mit helixartigen Strukturen (↗) in der Matrix aus einer Tubulusepithelzelle der Niere nach langdauernder Oxalsäuregabe. Die übrigen Mitochondrien zeigen regelrechte Strukturen. 12 600 ×.

(LUCIANO et al., 1963). Es ist noch nicht sicher entschieden, ob es sich um Anhäufungen von Lipiden oder die Ansammlung von Kationen oder bivalenten Ionen wie Ca, Mg, Strontium, Barium und Lithium handelt (PEACHEY, 1964). Nach ROODYN (1967) bestehen die Granula aus Ca^{2+} (30,0%) P (18,5%), Mg^{2+} (3,9%), CO_2^{2-} (4,0%) und stellen Speicher für Ca^{2+}, Mg^{2+} oder Phosphationen dar.

Die Bildung der Granula ist vom ATP und Ca^{2+} sowie anorganischem Phosphat und Sukzinat abhängig (WEINBACH u. BRAND, 1967). Normale Granula sollen kein Kalzium enthalten (THOMAS u. GREENAWALT, 1968).

β) Größe, Form und Lebensdauer

Die Mitochondrien stellen meist längliche bis ovale, seltener im Normalzustand runde Organellen dar, die durchschnittlich bis zu 1 μm breit und bis 5 μm lang sind, aber einen großen Formenwechsel durchmachen können. Ihre Form kann dabei auch erheblich nicht durch Eigenbewegungen, sondern auch durch Einwirkungen der umgebenden Zellbestandteile bestimmt werden.

Tab. 16. *Volumen und Zahl von normalen Lebermitochondrien* (nach DAVID, 1961)

Tierart	Volumen μ^3	Zahl/Zelle	Zahl/gr $\times 10^{10}$
Maus	0,80	2970	30,8
Ratte	0,57	2450	29,4
Meerschweinchen	0,45	2400	26,6
Goldhamster	0,17	2490	25,2
Kaninchen	0,24	2580	22,2
Taube	0,21	1170	21,5

Da im Elektronenmikroskop immer nur ein Anschnitt von Mitochondrien vorliegt, ist eine Größenbestimmung sehr schwierig. Insbesondere ist die Volumenbestimmung mit großen Fehlerbreiten verbunden. Unsere Bestimmung an Lebermitochondrien ist in der vorstehenden Tabelle fixiert (Tab. 16). In anderen Zellarten beträgt die Mitochondriengröße nur wenige Prozent dieser Werte, z. B. in Endothelzellen.

Bei Ctenophoren finden sich 8 × 6 μm große Mitochondrien, die mit Tubuli angefüllt sind, die sich außen eröffnen können (HORRIDGE, 1964). Die Halbwertszeit dieser Mitochondrien ist geringer als die von Lebermitochondrien, für die aus dem Turnover von Protein, Lipid und Zytochrom C eine solche von 10,3 Tagen errechnet wurde, die sich bei erwachsenen und senilen Tieren nicht unterscheidet (FLETCHER u. SANADI, 1961). BERGERON u. DROZ (1969) errechneten bei jungen und alten Ratten nach Gabe von DL-Lysin-^{3}H und DL-Phenylalanin-^{3}H in der Leber und im proximalen Tubulusapparat der Niere eine Halblebenszeit der mitochondrialen Proteine von 9,4 Tagen. Nach DALGAARD (1962) ist die Halblebenszeit von Nierenmitochondrien ebenfalls mit 5—10 Tagen anzusetzen. WILSON u. DOVE (1965) ermittelten eine Halbwertszeit für Mitochondrien der Leber von 9,6 Tagen, der Niere von 12,6 Tagen und des Herzens von 10 und 31 Tagen.

γ) Zahl und Volumen

In den einzelnen Zelltypen sind unter Normalbedingungen differente Mengen an Mitochondrien zu beobachten. In einigen Protozoen findet man bis zu 500 000 Mitochondrien, in Eiern von *Lytechinus pietus* 350 000 (BERLOWITZ et al., 1968), in Seeigeleiern 14 000—150 000. In Leberzellen verschiedener Tierarten sahen wir zwischen 1170 und 2970 je Zelle (DAVID, 1961) (Tab. 31).

Nach LOUD et al. (1965) enthält eine Leberzelle 1500—3000 Mitochondrien, was bei einem durchschnittlichen Volumen von 0,806 μm^3 18,5% des Zytoplasmavolumens ausmacht. Die kleineren Mitochondrien des Läppchenzentrums der Leber sind fast doppelt so zahlreich (LOUD, 1966). REITH et al. (1968) fanden in den Leberzellen des Läppchenzentrums hantelförmige Mitochondrien mit längsgelagerten Innenmembranen. Der Gesamtanteil der Mitochondrienanschnitte beträgt in diesem Bereich 12,3%, im peripheren Läppchenbereich 19,3%. Je mg nukleäre DNS ermittelten SCARPELLI et al. (1968) in der Rattenleber $4{,}48 \mp 0{,}40 \times 10^{10}$ Mitochondrien.

Im allgemeinen nimmt die Zahl der Mitochondrien je Leberzelle mit Zunahme der Gesamtgröße der Tierart ab (DAVID, 1961).

Der Mitochondrienanteil der indirekten Flugmuskeln von *Locusta migratoria* beträgt bei larvalen Tieren 6%, bei ausgewachsenen 30% (BROSEMER et al., 1963). Der Mitochondrienanteil an der Muskulaturmasse beträgt bei Ratten 53%, bei Meerschweinchen 38—41%, bei Mäusen 27—38% und bei Schweinen 29—36% (SCHULZ, 1958). Endothelzellen enthalten dagegen nur sehr wenig, unter 100, Mitochondrien.

Auch die Zellen der Sammelrohre der Niere haben nur wenig Mitochondrien, was durch einen geringeren Sauerstoffverbrauch bedingt ist (JOHNSON u. DARNTON, 1967). Die Satellitenzellen von Spinalganglien von Eidechsen besitzen nur ein Drittel der Mitochondrien von Neuronen (PANNESE, 1964).

Die Bestrahlungsempfindlichkeit von Zellen hängt im wesentlichen von der Mitochondrienmenge ab. Zellen mit wenig Mitochondrien, wie Lymphozyten und viele Tumorzellen sind strahlensensibler als mitochondrienreiche, wie Leber, Herz und Niere (GOLDFEDER et al., 1965).

δ) Verteilung in der Zelle

Trotz der bekannten Tatsache, daß die Mitochondrien innerhalb von Zellen sich ständig bewegen und Ortsverschiebungen durchmachen, sind in einzelnen Zelltypen bestimmte Lokalisationen von einer funktionellen Bedeutung.

So ist die Verteilung der Mitochondrien in Muskelzellen vorwiegend auf drei Orte konzentriert, im perinukleären Raum, unter dem Sarkolemm und interfibrillär. Die Menge der interfibrillären Mitochondrien stellt das morphologische Äquivalent der verschiedenen Funktionsgrade der Muskeln dar. In Muskeln mit geringer Kraftentwicklung und hoher Frequenz ist die Relation Mitochondrien/Myofibrillen zugunsten der Mitochondrien verschoben, wie z. B. in Flugmuskeln von Insekten und der Herzmuskulatur von Vertebraten und Vögeln. In der quergestreiften Skelettmuskulatur sind dagegen nur wenig Mitochondrien im Interfibrillärraum vorhanden. In den einzelnen Fasern ist die Verteilung unterschiedlich (KIMURA et al., 1966). Rote, schmale Muskelzellen sind reich an Mitochondrien, die breiten Fasern großer Mammalier sind arm an ihnen (GAUTHIER u. PADYKULA, 1966).

In Nervenzellen erfolgt die Mitochondrienbildung und ihre Konzentration im Perikaryon, von wo sie im Axon bis zur Synapse wandern können. An axodendritische Verbindungen sind vielfach Mitochondrien angelagert (GRAY u. GUILLERY, 1966). Innerhalb des Nervensystems sind die einzelnen Zellbereiche, abhängig von der Funktion, unterschiedlich mit Mitochondrien besetzt. Die

Dendritenschäfte sind besonders arm an Mitochondrien, während die einzelnen Boutons wesentlich reichlicher mit Mitochondrien versehen sind (Nafstad u. Blackstad, 1966).

In das Ventrikelsystem ragen Protoplasmahügel, in denen bis zu 150 Mitochondrien dicht gepackt liegen (Leonhardt, 1967; Leonhardt u. Prien, 1968). In Oozyten aggregieren die Mitochondrien bei der Vitellogenese (Wischnitzer, 1964; Sichel, 1966). 3 Wochen nach dem Schlüpfen enthalten die Hühneroozyten eine kortikale Anhäufung der Mitochondrien (Greenfield, 1966). Die juxtanukleären Mitochondrienansammlungen von Oozyten des Goldhamsters stellen die Balbiani- oder Dotterkörper dar (Weakley, 1967). Zusammen mit anderen Organellen bilden sie auch die Dottersubstanzen in menschlichen Eizellen (Wartenberg u. Stegner, 1960; Bacca u. Zamboni, 1967). In Spermatogonien und Spermatozyten sind die kleinen Mitochondrien diffus verteilt, während sie in sekundären Spermatozyten und Spermatiden im perinukleären Bereich aggregieren (Anderson, 1967). In sezernierenden Zellen sind die Mitochondrien meist basal lokalisiert. In den wasserresorbierenden Zellen liegen sie parallel zu den basalen Einfaltungen, wie in den Tubulusepithelien der Niere oder von Salzdrüsen der Silbermöve (Komnick, 1963), wo sie Ausdruck eines energieabhängigen Natriumtransportes sind. Enge Beziehungen bestehen auch in bestimmten Entwicklungsstadien zu den Desmosomen, wobei sie als Energielieferanten oder zur Substanzabgabe, z. B. von Ca-Salzen oder Phospholipiden dienen (Deane u. Wurzelmann, 1965, 1966; Deane et al., 1966; Sternlieb, 1969).

b) Veränderungen der Außenmembran

Veränderungen der einzelnen Mitochondrienbestandteile treten fast niemals isoliert auf, sondern sind meist mit anderen kombiniert. Dennoch soll zur Übersichtlichkeit eine Darstellung der einzelnen Teile getrennt erfolgen.

Infolge unterschiedlicher Schrumpfungen oder Kontraktionen der Matrix treten umschriebene Einziehungen oder Vorstülpungen der Außenmembran auf, so daß sich bizarre Formen ausbilden können, so in der Leber nach Gabe von Dimethylnitrosamin (Mukherjee et al., 1963) und bei Einwirkung von Thyroxin (Douglas et al., 1964; Peachey u. Greif, 1965) und in Schilddrüsentumoren (Lupulescou u. Petrovici, 1963). In nekrobiotischen Zellen kommt es zur amöboiden Deformation von Mitochondrien (Wrischer, 1965).

Nicht selten treten lokale hernienartige oder pfropfartige Vorstülpungen auf. Sie wurden im Herzen nach Kortisolgabe (Nienhaus et al., 1963), in der Leber nach Alkoholeinwirkung (Stein u. Stein, 1965), Tetrachlorkohlenstoffgabe (Takaki et al., 1962), Glyzerinaldehydintoxikation (Müller et al., 1965), im Hunger (David, 1961) und beim M. Gaucher (Schäfer u. Bässler, 1966) beobachtet. Auch in den Zellen der Z. fasciculata der Nebennierenrinde bilden sich nach Hypophysektomie pseudopodienartige Ausstülpungen aus (Marshall u. Roberts, 1966) bis zur Abschnürung von Vakuolen unter verschiedenen Bedingungen (Schwarz et al., 1962; Schwarz u. Suchowsky, 1963). ACTH führt zu gleichen Befunden (Soeder u. Themann, 1968) und zur Eröffnung der Mitochondrienoberfläche mit der Abgabe von Vesikeln ins Zytoplasma (Sabatini et al., 1962). Ähnliche Befunde kann man auch bei Natriummangel erheben

(Giacomelli et al., 1965). In der Leber wurden bei Diabetes (Laguens u. Bianci, 1963) und nach Bestrahlung (Ghidoni, 1967) ähnliche Abschnürungen gesehen.

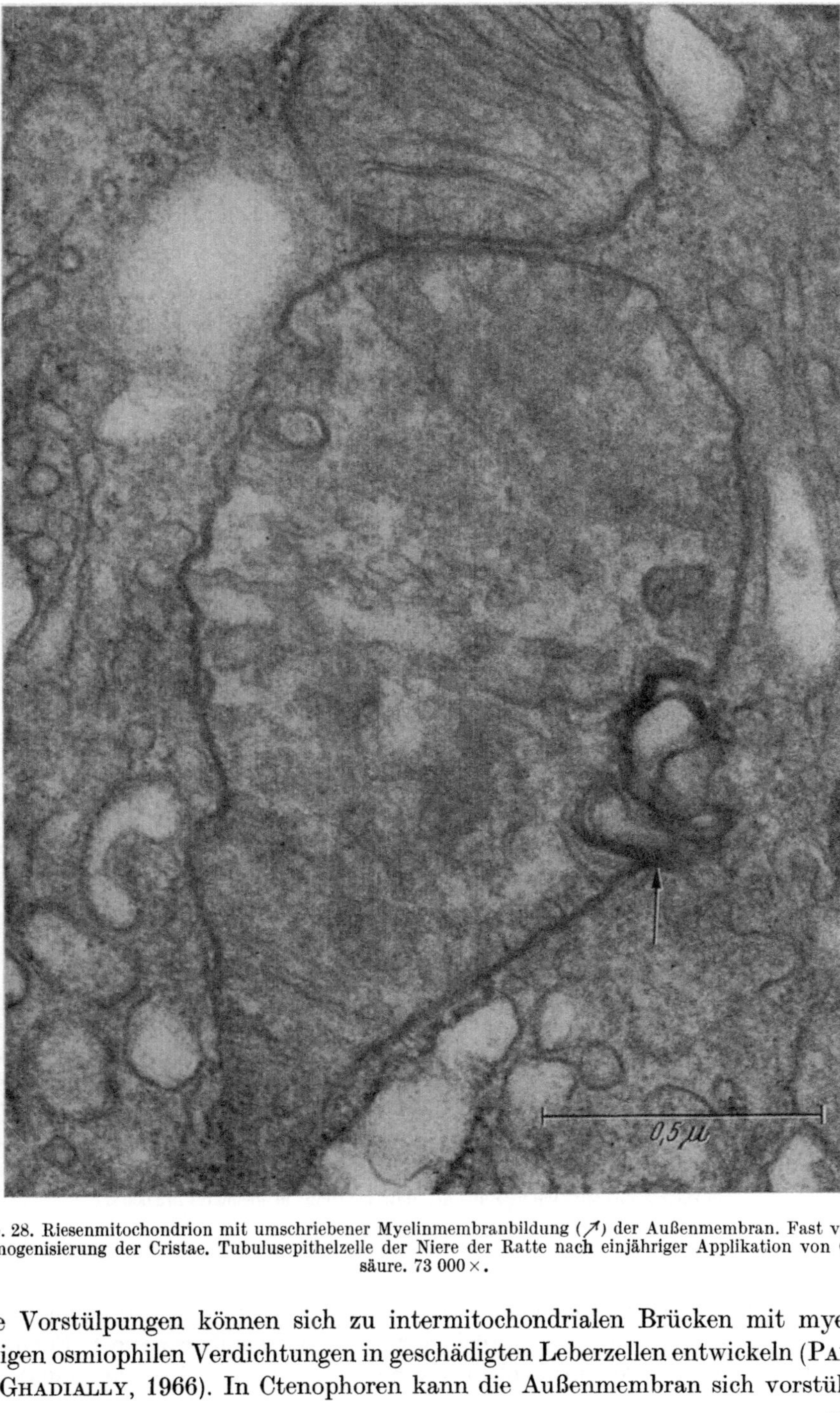

Abb. 28. Riesenmitochondrion mit umschriebener Myelinmembranbildung (↗) der Außenmembran. Fast völlige Homogenisierung der Cristae. Tubulusepithelzelle der Niere der Ratte nach einjähriger Applikation von Oxalsäure. 73 000 ×.

Die Vorstülpungen können sich zu intermitochondrialen Brücken mit myelinartigen osmiophilen Verdichtungen in geschädigten Leberzellen entwickeln (Parry u. Ghadially, 1966). In Ctenophoren kann die Außenmembran sich vorstülpen oder ganz fehlen, so daß die Innenstrukturen aus den Mitochondrien austreten (HORRIDGE, 1964).

Invaginationen der Mitochondrienmembran kommen in hyperplastischen Nebennierenrinden beim M. Cushing (REIDBORD u. FISHER, 1968) und zusammen

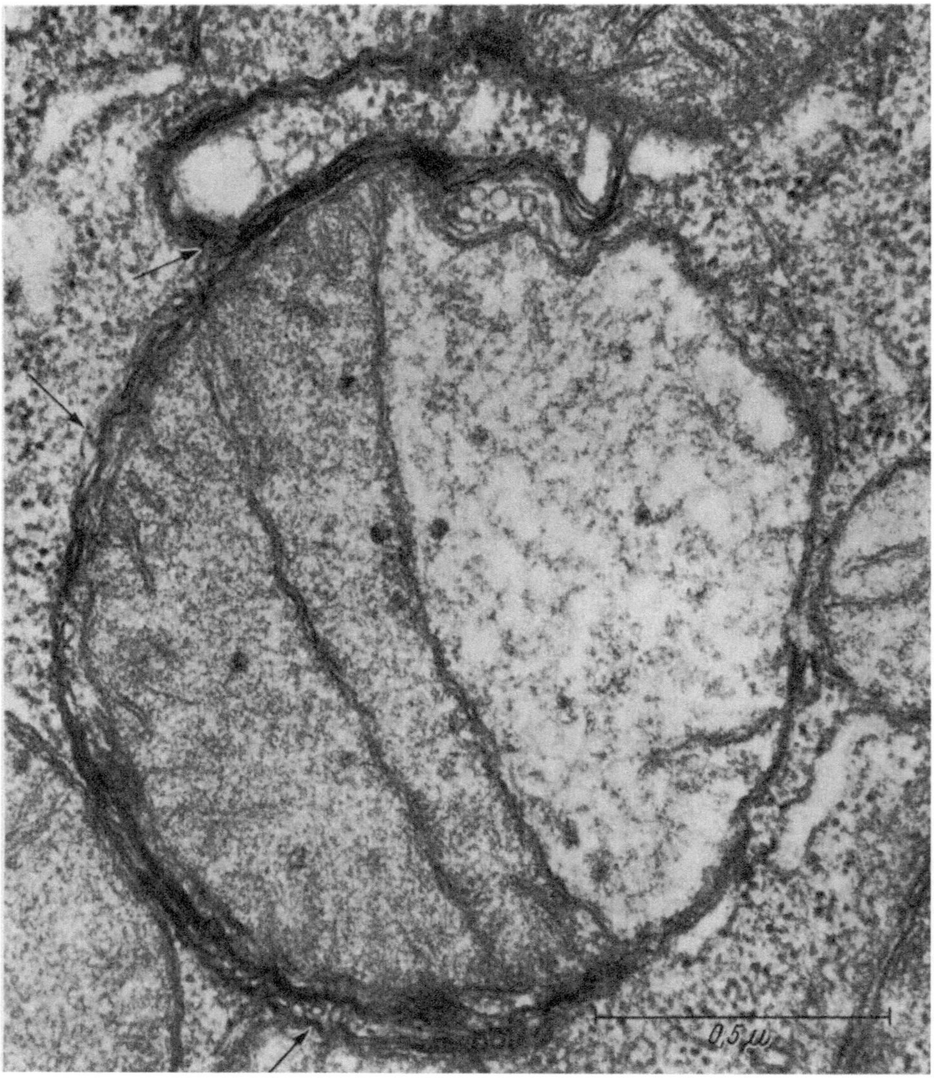

Abb. 29. Ausbildung von Myelinfiguren (↗) aus der äußeren Mitochondrienmembran. Beginnende Teilung des Mitochondrions mit Herauslösung der Matrixsubstanz in einem Teil. 76 000 ×.

mit einer Proliferation der Membran zu lamellären Strukturen in Erythroblasten vor (JONES, 1966). Schließlich führen Einziehungen der Mitochondrienhüllmembranen zur Teilung von Mitochondrien, wobei manchmal noch Filamente oder Vesikel als Brücke zurückbleiben können (LAGUENS u. BIANCHI, 1963).

Umgekehrt kann es auch zur engen Berührung der Außenmembran aneinandergedrängter Mitochondrien mit Abplattung (z. B. in Chordomen — ERLANDSON, 1967) oder Fusion kommen, wie z. B. in der Leber bei riboflavinfreier Ernährung (TANDLER et al., 1963).

Tab. 17. *Ruptur der Mitochondrienaußenmembran (Beispiele)*

Organ	Einwirkung	Autor
Leber der Fledermaus		TÖRÖ u. VIRÁGH, 1966
Leber	Necrosis *in vitro*	TRUMP et al., 1962
Niere	Necrosis *in vitro*	FAITH u. TRUMP, 1965
Leber	Frieren u. Auftauen	TRUMP et al., 1964, 1965
verschiedene Organe	Altersveränderungen	COX et al., 1961
Flugmuskel der Wespe	erschöpfender Dauerflug	HOFFMEISTER, 1962
Niere	Ischämie	THOENES, 1964
Leber	Hypoxie	GLINSMANN u. ERICSSON, 1966
Herz	Hypoxie	HASPER, 1964, 1965
Herz	Spätinfarkt	DAVID u. HECHT, 1963
Mäuse-Ascites-Tumor	Vitalfarbstoffe	WINKLER, 1967
Leber	Proteinmangel	MORI et al., 1968
Nebenniere Z. fasciculata	Proteinmangel	SVOBODA et al., 1966
Herz	Thiaminmangel	SUZUKI, 1967
Leber	Thyroxin	DOUGLAS et al., 1964
Leber	Thyreotoxikose	GREENAWALT et al., 1962; FUNAHASHI, 1967
Herz	Adrenalektomie	SUZUKI, 1967
Zellkultur	UV-Bestrahlung	MONTGOMERY u. REYNOLDS, 1964
Leber	Bestrahlung	GHIDONI, 1967
Leber	Homogenat bestrahlt	OKADA u. PEACHEY, 1957
Leber	Protonen-Bestrahlung	GHIDONI et al., 1965
Duodenum	Bestrahlung	HUGON et al., 1965
Erythroblasten des Knochenmarks	Bestrahlung	GULAEV, 1966
Leber	β-3-Thienylalanin	HRUBAN et al., 1963
Leber	Aflatoxin B_1	THERON, 1965
Nebennierenrinde	DDD	KAMINSKY et al., 1962
Nebennierenrinde	Aminoglutethimide	RACELA et al., 1969
Leber	H-1-Virus und part. Hepatektomie	RUFFOLO et al., 1966
Prostata	Karzinom	BRANDES et al., 1964
Retikulumzellsarkom		WEINBERGER u. BANFIELD, 1965

Manchmal werden die äußere und innere Membran voneinander getrennt, so daß die äußere Kammer herdförmig oder total erweitert ist. In der Leber sieht man derartige Zustände bei Einwirkung von Taurolithocholat (SCHAFFNER u. JAVITT, 1966), nach Gefrieren und Auftauen (TRUMP et al., 1964; YOUNG et al., 1967) und nach Chlorochingabe (SIMON et al., 1964). Isolierte Mitochondrien zeigen bei der Erweiterung der äußeren Kammer gleichzeitig Rupturen und auch Ablösungen der Hüllmembran (PARSONS u. VERBOON, 1965; MUNN u.

BLAIR, 1967). In der Lunge bilden sich nach Gabe von Aqua dest. Vakuolen der äußeren Membran (REIDBORD, 1967).

In Thioazetamid-geschädigten Leberzellen zeigt die Grenzmembran der Mitochondrien nur eine einfache Struktur (YAUCHI, 1964). Beim hypoxischen Herzstillstand ist die Mitochondrienumhüllung oft kondensiert (BURDETTE u. ASHFORD, 1963). Bestrahlung führt zu fokalen Veränderungen der Innen- und Außenmembran (MUKHERJEE et al., 1968). Nach intralienaler Gabe von CCl_4 werden die Außenmembranen der Lebermitochondrien osmiophil verdichtet, zeigen tubuläre Umwandlungen und Aufrollungen (HÜBNER, 1965). Nach ÄDTA-Einwirkung löst sich die Außenmembran ab (HARRIS u. LEONE, 1966). In MKS-Virus-geschädigten Herzmuskelzellen treten Auflösungen und Verklumpungen der beiden Lamellen der Außenmembran auf (LÜBKE, 1960). Im Verlaufe der Linsenregeneration bilden sich aus ausgestoßenen Mitochondrien-Hüllmembranen multivesikuläre Körper oder Membranwirbel (JURAND u. YAMADA, 1967).

Myelinfiguren aus der Außenmembran (Abb. 28, 29), die teils in die Matrix der Mitochondrien gelangen, teils nach außen abgestoßen werden, sind in der Leber bei essentiellem Fettsäuremangel (LEDUC u. WILSON, 1964), nach Gabe von reinem Sauerstoff (SCHAFFNER u. FELIG, 1965), in der Nebennierenrinde nach Bestrahlung (KLUG, 1967) und Metopirongabe (SCHWARZ u. SUCHOWSKI, 1963), in der Niere bei Eiweißspeicherung (MARX et al., 1966), im Neuralschlauch embryonaler Mäuse nach Urethanwirkung (KAUFFMAN u. HERMAN, 1966) und im Reuber-H-35-Hepatom (HRUBAN et al., 1965) gesehen worden. In der fetalen Nebennierenrinde bilden sich, ausgehend von der Außenmembran, konzentrische Ringe aus Myelinmembranen (ROSS, 1962).

Unter zahlreichen Bedingungen kommt es zur Ruptur der Außenmembran (Tab. 17). Manchmal bleibt dabei die innere Lamelle erhalten, so daß sie sich hernienartig vorwölbt, z. B. in der Leber nach Thyroxineinwirkung (DOUGLAS et al., 1964) und in dystrophischen Axonen bei Vitamin-E-Mangel (LAMPERT et al., 1964). Beim M. Gaucher stehen die geplatzten Mitochondrien in Leberzellen mit Ansammlungen von Kerasin in Verbindung, wobei es sich um eine primäre Enzymstörung der Mitochondrien handeln soll (OLIVA et al., 1967).

c) Veränderungen der Innenstrukturen

Entsprechend der Tatsache, daß der größte Teil der Mitochondrien Cristae besitzt, sind auch die meist beschriebenen Veränderungen an diesen zu finden. Da jedoch fast sämtliche statistische Daten über die Normallänge und Zahl der Cristae und ihres Verhältnisses zur Mitochondrienoberfläche fehlen, handelt es sich immer um subjektive Schätzungswerte.

α) Zunahme der Innenstrukturen

Eine Zunahme der Cristaelänge und -zahl ist bei einem Hypermetabolismus, z. B. in Muskelzellen nach Gabe von Schilddrüsenhormon bzw. Thyroxin zu beobachten. Dabei kommt es zur Erhöhung der Respiration und der Phosphorylierung. Die Atmung steigt um 20—200% an, gleichzeitig nimmt auch die Gesamtgröße der Mitochondrien zu (GUSTAFSSON u. TATA, 1963; GUSTAFSSON,

1964; GUSTAFSSON et al., 1965; LINDBERG, 1965). Auch in Leberzellen ist nach Thyroxingabe eine Vermehrung der Cristae auf das 5—10fache mit gleichzeitiger Zunahme der Atmungsenzyme zu verzeichnen (PAGET u. THORP, 1963; O'BRIEN u. KLITGAARD, 1965; PEACHY u. GREIF, 1965). Das System der oxydativen Phosphorylierung ist nach Schilddrüsenhormongabe *in vitro* weniger stabil (KADENBACH, 1966). Lange gekrümmte Cristae finden sich bei Nekrobiose (WRISCHER, 1965).

Beim nichtschilddrüsenbedingten Hypermetabolismus ist wahrscheinlich die funktionelle Organisation der Atmungsenzyme verändert. Dabei sind die Cristae konzentrisch gelagert und dicht gepackt, die Kopplung von oxydativer Phosphorylierung und Atmung ist aufgehoben (LEHNINGER, 1964). Die Entkopplung beider Prozesse ist ein sehr häufiges Ereignis, wie SIEBERT (1968) in einer Tabelle mit über 100 so wirkender Substanzen zeigen konnte. An der vermehrten Membranfläche der Mitochondrien von winterschlafenden Eichhörnchen sind Enzyme der oxydativen Phosphorylierung angesammelt (MORELAND, 1962).

Toxische Schäden verschiedener Art bewirken ebenfalls eine Vermehrung der typischen Cristaezahl oder -länge. In der Leber werden sie beschrieben bei Hunger (KRISHNAN u. STENGER, 1966), Riboflavinmangel (TANDLER et al., 1968), bei Mangel an essentiellen Fettsäuren (WILSON u. LEDUC, 1963), bei Alkoholintoxikation (MUGNAINI, 1964), CCl_4-Intoxikation (CONFER u. STENGER, 1966), bei Gallestauung (STEINER u. CARRUTHERS, 1961), bei Bestrahlung (BRAUN, 1958), nach Gabe von Methandrostenolon (ORLANDI u. JÉZÉQUEL, 1962) und bei Infektion mit Zytomegalievirus (RUEBNER et al., 1964).

Bei längerdauerndem Sauerstoffmangel zeigen Keime, möglicherweise als Anpassungsreaktion, unregelmäßige Vergrößerungen der Mitochondrien und eine Cristaevermehrung (SASAKI et al., 1966). In den Mitochondrien des Herzmuskels von Eichhörnchen im Winterschlaf sind die Cristae in den vermehrten Organellen wesentlich dichter gepackt (MORELAND, 1962). Die Cristaevermehrung sowie ihre Umlagerung in vergrößerten Lebermitochondrien beim Mangel an essentiellen Fettsäuren wird auf vergebliche Kompensationsversuche der Störung des Stoffwechsels, insbesondere auf fehlende Kopplung der oxydativen Phosphorylierung, zurückgeführt (WILSON u. LEDUC, 1963).

Die bei der Cholestase beobachteten Cristaeveränderungen könnten nach SCHAFFNER (1965) auf einer Entkopplung der oxydativen Phosphorylierung durch das unkonjugierte Bilirubin beruhen.

In den interstitiellen Zellen des Hodens von neugeborenen Tieren (CHRISTENSEN, 1959) oder nach Gabe von Gonadotropinen (DE KRETSER, 1967) ist ebenfalls eine erhöhte Zahl der Cristae gesehen worden. Weitere Beispiele einer Vermehrung der Cristae sind die exokrinen Pankreaszellen nach Gabe von β-3-DL-Furylalanin (HRUBAN et al., 1965), bestrahlte Ovarien, in denen die Luteinzellen vermehrt villiforme Cristae enthalten (FLAKS u. BRESLOFF, 1966), die Zellen der Uterusschleimhaut nach Östrogen und Progesterongabe (MORICARD, 1966; KRONE et al., 1967), durch Adenovirus 10 bedingte Hamstertumorzellen (LEDUC et al., 1966), die vermehrten Mitochondrien des Kystadenolymphoms (DAVID u. KORTH, 1964; TANDLER u. SHIPKEY, 1964) sowie regenerierende Axone (LAMPERT u. CRESSMAN, 1964, 1965; LAMPERT, 1967). In isolierten Nierenmitochondrien kommt es bei einer ATP-bedingten Kontraktion der Mitochondrien zu vermehrten Einfaltungen der inneren Membran der Mitochondrienaußenmembran (Burgos et al., 1964).

Sichere Hinweise auf die funktionellen Ereignisse bei der Zunahme der Cristae fehlen. Man kann sie jedoch auf Grund zahlreicher Hinweise als eine Reaktion auf einen erhöhten oxydativen Stoffwechsel annehmen, dessen Enzyme eng mit den Cristae verbunden sind. Es können dabei auch Adaptationsvorgänge nach chronischen Schädigungen eine Rolle spielen. Schließlich muß man jedoch auch die sekundäre Einfaltung der Membranen infolge von Kontraktionszuständen der Matrix berücksichtigen.

Am Ende der Spermiogenese zeigen die Mitochondrieninnenmembranen der Spermien des Haushahnes eine Dickenzunahme auf 100 Å (Nicander u. Hellström, 1967).

β) Veränderungen des Cristaeinnenraumes

Im Rahmen von zahlreichen Mitochondrienschädigungen werden die Cristae herdförmig oder vollkommen in ihrem Innenraum erweitert, so daß sich Vesikel oder Vakuolen ausbilden, wie z. B. bei Herzhypertrophie (McCallister u. Brown, 1965), die meist mit einer Lyse oder Fragmentierung der Cristae kombiniert sind (Tab. 18). Die Vakuolen können dabei schließlich das gesamte Mitochondrion ausfüllen und ihren Inhalt in die Umgebung entleeren (Uchino et al., 1963; Price et al., 1964). Im Herzen wirkt Diphtherie auf das Zytochromsystem mit ballonförmiger Umwandlung der Cristae (Kikkawa u. Gueft, 1965). Meist handelt es sich um Flüssigkeitsansammlungen, deren Natur nicht ermittelt werden kann.

Daneben können aber auch in den erweiterten Cristaeräumen andere Substanzen akkumulieren. Die Interrenaldrüsen von Urodelen enthalten Glykogen im Cristaeraum (Picheral u. Folliot, 1968), ebenso verschiedene Zellen von *Elaphae quadrivirgata* (Yamamoto et al., 1969). In den Epithelzellen des Magen-Darm-Kanals ist der Befund von osmiophilen Körpern intra cristam ein nicht seltenes Ereignis (Hollmann, 1962; Honjin et al., 1965; David, 1967; Linss et al., 1968). Sie besitzen eine Größe von 30—140 nm. Im Portiokarzinom können die Körper 150—435 nm erreichen (Haam, 1964). Häufiger werden sie auch in der Haut nach verschiedenen toxischen Schäden gesehen, wobei teilweise eine Beziehung zur Bildung der Keratohyalinkörper angenommen wird (Frei u. Sheldon, 1961; Nakai et al., 1962; Setälä et al., 1962). Auch im Vormagen der Maus sind Keratohyalingranula zu finden (Pipan, 1967). Maurat et al. (1965) beschreiben Corpora intra cristam in der Herzmuskulatur bei Kaliummangel, Schutta u. Armitage (1969) unter gleichen Bedingungen in Muskelzellen, und Balogh u. Roth (1965) sahen sie im Cystadenoma lymphomatosum. Bei Gabe einer eisenreichen Nahrung oder von Eisenverbindungen enthalten die z. T. vakuolisierten Cristae Ferritin (Oki 1965; Theron et al., 1963). Die Natur des möglicherweise eiweißhaltigen fibrösen, filamentösen Materials in den Cristae der Leberzellen nach Gabe von DDT (Ortega, 1966), in hyperplastischen Leberknoten (Essner u. Masin, 1966), bei Cholinmangelzirrhose (Takada et al., 1966) und in Tubulusepithelien beim menschlichen nephrotischen Syndrom (Thoenes, 1966) ist noch unbekannt. In den vergrößerten Lebermitochondrien nach Alkoholgabe finden sich in den Cristae Filamente mit helixartigem Verlauf (Iseri et al.,

1966). In vergrößerten pleomorphen Mitochondrien der Muskulatur eines Kindes mit einem Defekt im Pyruvat-Stoffwechsel sind in den erweiterten Cristaeräumen parakristalline Strukturen und dichte Körper abgelagert (PARDO et al., 1969).

Tab. 18. *Vakuolisierung, Vakuolenbildung in Mitochondrien*

Organ	Einwirkung	Autor
Muskel	Totenstarre	MALLACH et al., 1965
Leber	Hypoxie	DUPONT et al., 1967
Herz	Infarkt	HECHT et al., 1961
verschiedene Organe	Altern	COX et al., 1961
Gelenkknorpel	Hunger	SILBERBERG et al., 1967
Leber	Vitamin-E-Mangel	SULKIN u. SULKIN, 1962
Muskel	Kortikosteroide	ENGEL, 1966; TICE u. ENGEL, 1965, 1967
Insel, β-Zellen	Diabetes mellitus	WILLIAMSON, 1960
Leber, Milz, Niere	Bestrahlung	MORGENROTH u. THEMANN, 1966
Herz	Bestrahlung	MORGENROTH et al., 1967
Milz	Bestrahlung	BARI u. SORENSON, 1964
Spinalganglien	Bestrahlung	ANDRES, 1963
Erythrozyten	Bleivergiftung	PERNIS et al., 1964
Niere	DL-Serin	WACHSTEIN u. BESEN, 1963
	Dioxan	DAVID, 1964
Leber	Methylzellulose	CUCCURULLO u. COVELLI, 1964
Leber	Dubin-Johnson-Syndrom	MINIO et al., 1965
Leber	hämolytischer konst. Ikterus	MINIO u. GAUTIER, 1967
ZNS	Bilirubinenzephalopathie	SCHUTTA u. JOHNSON, 1967
ZNS	Kontusio	MAKITA et al., 1962
Tectum opticum	Degeneration	GRAY, 1964
Herz	Aortenstenose	WEGNER u. MÖLBERT, 1966
experiment. Lebertumoren		DE MAN, 1960
Mammakarzinom		BUSCH u. MERKER, 1968
Niere	Harnstauung	DAVID, 1963

γ) Zerfallsvorgänge der Cristae

Die häufigste Veränderung der Cristae ist die Fragmentierung, die Cristolyse und ihre partielle oder totale Reduktion, so daß sie entweder noch stummelförmig in die Matrix ragen oder völlig fehlen (Tab. 19). Die Reduktion der Cristae ist mit einer Verminderung der endogenen Phospholipide verbunden (AFZELIUS u. MOHRI, 1966). Gleichzeitig wird die Atmung reduziert. Bei der Auflösung können sich kleine homogene Verdichtungen in der Matrix ausbilden (BADER, 1967). In isolierten Mitochondrien von Leber und Niere kommt es bei einer Schwellung in hypotoner Lösung zu einer Entkopplung der oxydativen Phosphorylierung, wobei die Cristae durch Einbeziehung in die Außenmembran vermindert werden (MALAMED, 1965). Bei der Autolyse der Leber ist die Reduktion der ungekoppelten Sukzinoxydase-Aktivität mit einer Verminderung der Cristae verbunden (ITO, 1962). Auch bei Riboflavinmangel wird in Kongruenz mit der Cristaeverminderung die Sukzinodehydrogenase auf 40% reduziert (LUSE et al.,

Tab. 19. *Vesikuläre Umwandlung, Fragmentierung und Verlust der Cristae (Beispiele)*

Organ	Einwirkung	Autor
Niere	Siebenschläfer	AMON et al., 1967
Symp. Neuronen	Alterung	PICK, 1966
Leber	Autolyse	TSUTSUMI, 1960
Leber	Autolyse	DAVID et al., 1961
Leber	Autolyse	CAESAR, 1961
Leber, Pankreas	Autolyse	MASSHOFF et al., 1964
Leber	Necrosis *in vitro*	TRUMP et al., 1962
Leber	Necrosis *in vitro*	TRUMP et al., 1965
Niere	Autolyse	LATTA et al., 1965
Muskel	Autolyse	DAVID u. DAVID, 1965
Muskel	Totenstarre-Lösung	MALLACH et al., 1965
Leber	Frieren u. Auftauen	TRUMP et al., 1965
Muskel	Kälte	PRICE et al., 1964
Herz	Hypothermie	BANI SACCHI u. BOLETTI, 1966
Leber	Erwärmung 47–49° C	DAVID u. UERLINGS, 1968
Leber	Hypoxie	SULKIN u. SULKIN, 1965
Herz	Hypoxie	BÜCHNER u. ONISHI, 1967
Leber	Abklemmung eines Lappens	HÜBNER u. BERNHARD, 1961
Leber	lokale Ischämie	HÜBNER, 1961
Herz	Sauerstoffmangel	MÖLBERT, 1957
Herz	Sauerstoffmangel	BÜCHNER u. ONISHI, 1967, 1968
Herz	Chron. Sauerstoffmangel	SULKIN u. SULKIN, 1967
Herz	Anox. Stillstand	LEV et al., 1965
Herz	Anox. Stillstand	HÖLSCHER u. STOLPMANN, 1962
Herz	Aortaabklemmung u. Wiederdurchblutung	KOTTMEIER u. WHEAT, 1966
Herz	akute hypox. Insuffizienz	BÜCHNER u. ONISHI, 1967
Herzzellen	Perfusion, O_2-arme Lösung, Ca-Mangel	BURGOS, 1966
Herz	Ischämie	WEDELL et al., 1963
Herz	Ischämie	WEDELL u. MERKER, 1964
Herz	Infarkt	GLAGOLEVA u. CHECHULIN, 1964
Niere	Ischämie	THOENES, 1964
Darm	Ischämie	DAVID u. UERLINGS, 1967
Gehirn	Hypoventilation	BAKAY u. LEE, 1967
ZNS	Unterdruck, Asphyxie	HAGER et al., 1959
Kleinhirn	orthostat. Kollaps	NIKLOWITZ, 1962
Leber	Hunger	TOMI et al., 1961
ZNS	Hunger	WECHSLER, 1963
Gelenkknorpel	Hunger	SILBERBERG et al., 1967
Leber	Proteinmangel	ERICSSON et al., 1966
Leber	Proteinmangel, Cholinmangel	TAKADA et al., 1968
Herz	Proteinmangel	SVOBODA et al., 1966
Nebenniere Z. fasciculata	Proteinmangel	SVOBODA et al., 1966
Leber	β-3-Thienylalanin	HRUBAN et al., 1963
Pankreas	Äthionin	EKHOLM et al., 1962
Pankreas	Äthionin	SEIFERT u. GIESEKING, 1961

Organ	Einwirkung	Autor
Pankreas	Homozystin	Klavins, 1966
Leber	Cholinmangelzirrhose	Takada et al., 1966
Herz	Thiaminmangel	Suzuki, 1967
Herz	Adrenalektomie	Suzuki, 1967
Leber	Vitamin-E-Mangel	Sulkin u. Sulkin, 1962
ZNS	Vitamin-E-Mangel	Lampert et al., 1964
Muskel	Vitamin-E-Mangel	Vleet et al., 1968
Leber	Torula-Hefe	Svoboda u. Higginson, 1963
Herz	Kortisol	Nienhaus et al., 1963
Lunge	Kortison	Sun u. Saueressig, 1965
Leber	Östrastilben D	Kemmer u. Müller, 1967
Herz	Schilddrüsenhormone	Poche, 1957
Herz	Thyroxin	Susin u. Herdson, 1967
Leber	Thyreotoxikose	Funahashi, 1967
Schilddrüse	Radiothyreoidektomie mit ^{131}J	Baba, 1962
Einzelzellen	Rubin-Laser-Strahlen	Storb et al., 1966
Zellkulturen	UV-Bestrahlung	Montgomery u. Reynolds, 1964
Leber	Homogenat-Bestrahlung	Okada u. Peachey, 1957
Leber	Bestrahlung	Scherer u. Vogel, 1958
Leber	Bestrahlung	Hori et al., 1961
Leber	gravide Tiere, Bestrahlung	Franke u. Goetze, 1965
Leber, Milz, Niere	Bestrahlung	Morgenroth u. Themann, 1966
Herz	Bestrahlung	Morgenroth et al., 1967
ZNS	Bestrahlung	Franke u. Lierse, 1965
N. supraopticus	Bestrahlung	Voitkevich, 1966
Dünndarm	Bestrahlung	Braun, 1960
Duodenum	Bestrahlung	Hugon et al., 1965
Milz	Bestrahlung	Bari u. Sorenson, 1964
Mäusetumoren	Bestrahlung	Goldfeder, 1964
Leber	Alkohol	Ogata et al., 1961
Leber	Alkohol	Themann u. Stichnoth, 1961
Leber	Alkohol	Albot u. Parturier-Albot, 1966
Herz	Alkohol	Hibbs et al., 1965
ZNS	Ödem	David, E. et al., 1967
Niere	Silizium-Gabe	Policard et al., 1960
Leber	Aflatoxin B_1	Theron et al., 1965
Herz	AT 10	Gerlach u. Themann, 1965
Duodenum	Aminoäthylisothioharnstoff	Hugon et al., 1964
Niere	Bleiazetat	Mao u. Molner, 1967
Leber	Thioazetamid	Bader, 1967
Herz	Thioazetamid	Waldmann u. Bader, 1968
Herz	Diphtherietoxin	Kikkawa u. Gueft, 1965
Asciteslymphom	Mammomustin, Zyklophosphamid	Lapis u. Mercer, 1963
Niere, Leber, Darm	Thalliumintoxikation	Herman u. Bensch, 1967
Leber	Glyzerinaldehyd	Müller et al., 1963
Niere	Glyzerin	Suzuki u. Mostofi, 1966
Niere	Dioxan	David, 1964

Tabelle 19 (Fortsetzung)

Organe	Einwirkung	Autor
Herz, Leber	Dinitrophenol	KUNZE u. KEMMER, 1965
Herz	KCN, CCl_4	BÜCHNER et al., 1959
Niere	Diäthylenglykol	AIZAWA, 1962
Leber	Halothan	SCHAUDE et al., 1967
Leber	DMNA	EMMELOT et al., 1960
ZNS	INH	SCHLAEPFER u. HAGER, 1964
Herz	Alupent	HAUSAMEN u. POCHE, 1965
Ammonshorn	Methoxypyridoxin	NIKLOWITZ, 1966
Herz	Plasmozid	D'AGOSTINO, 1963
Trigeminusganglion	Plasmozid	D'AGOSTINO, 1964
Leber	Phosphor	MANKOFF u. GUEFT, 1967
Niere	Uranylzitrat	STOEBNER et al., 1963
Leber	part. Hepatektomie u. Aktinomyzin	DAVID u. UERLINGS, 1967
Corti-Organ	Kanamyzin	LUNDQUIST u. WERSÄLL, 1966
Leber	Na-Taurolithocholat	SCHAFFNER u. JAVITT, 1966
Ascitestumorzellen	Chemotherapeutica	OSATO et al., 1961
Granulome		LÖBLICH, 1961
Leprazellen		ORFANOS, 1966
Haut	Lepra lepromatosa	ORFANOS, 1966
transplant. Hepatom	ess. Fettsäuremangel	LEDUC u. WILSON, 1963, 1964
Leber	exper. Tumor	DE MAN, 1960
Prostata	Karzinom	BRANDES et al., 1964
Leber	tumortragende Tiere	GHADIALLY u. PARRY, 1965
Herz	Bypass	KOTTMEIER u. WHEAT, 1966
Herz	Hypertrophie	MCCALLISTER u. BROWN, 1965
Herz	Hypertrophie	KLEITKE et al., 1966; ARCOS et al., 1968
Herz	Aortenstenose	WEGNER u. MÖLBERT, 1966
Herz	chron. Überlastung	WOLLENBERGER et al., 1961
Muskel	Denervationsatrophie	MUSCATELLO u. PATRIARCA, 1968
Leber	idiopath. Schwangerschaftsikterus	BROWN et al., 1963
Leber	H-1-Virus und part. Hepatektomie	RUFFOLO et al., 1966
Muskel	MKS-Virus	VETTERLEIN u. WITTMANN, 1965
ZNS	Reovirus-Enzephalitis	JANSON et al., 1965
N. ischiadicus	Quetschung	MACKEY et al., 1964
ZNS	subakute sklerosierende Leukenzephalitis	GONATAS, 1966

1962). Die durch Vitamin-E-Mangel bedingte Erhöhung der Lipidperoxydation führt zur Fragmentierung und herdförmigen Verdichtung der Cristae in Muskelzellen (VLEET et al., 1968).

WOLLENBERGER u. Mitarb. (WOLLENBERGER u. SCHULZE, 1962; WOLLENBERGER et al., 1963) sahen in hypertrophierten Herzmuskelzellen eine Abnahme der Mitochondrienmasse, der Cristaedichte und der Enzyme des Zitronensäurezyklus sowie der Geschwindigkeit von Atmung und oxydativer Phosphorylierung. Die Oxydation von L-Glutamat und die Malonsäure-Dehydrogenase-Aktivität sind reduziert.

Bei Sauerstoffmangel oder CCl_4-Gabe (MÖLBERT, 1961, 1963) lösen sich von den Cristae die Glukose-1-Phosphat-spaltenden Enzyme. Bei Diabetes mellitus ist die Zahl der den Cristae angelagerten 90-Å-Körper reduziert, die zugleich unregelmäßig verteilt sind (SILVER u. HALL, 1965).

Cristaeverbreiterungen, Vernetzungen und Umbildungen zu breiten Bändern finden sich im ZNS nach Viomyzingabe und bei Sauerstoffmangel (WESSEL, 1966). In den Mitochondrien des Herzmuskels findet bei Hypoxie eine Umbildung der Cristae zu dichten vernetzten Bändern statt (HASPER, 1964, 1965). Verdichtete Cristae sind im ZNS bei metachromatischer Leukodystrophie (CRAVIOTO, 1967) oder nach Bestrahlung (FRANKE u. LIERSE, 1965) und in der Niere bei akuter Anurie (DALGAARD, 1962) zu beobachten. Nach Laserbestrahlung treten in KB-Zellkulturen Mitochondrien mit karbonisierten Cristaemembranen und übrigen Membranen auf, wobei thermische und mechanische Schädigungen eine Rolle spielen können (AMY u. STORB, 1965).

Bei enzootischer Ataxie finden sich im ZNS Agglutinationen der Cristae und die Ausbildung einer dichten granulären Matrix (CANCILLA u. BARLOW, 1966).

Stress führt in der Z. fasciculata der Nebennierenrinde zur bandartigen Umwandlung der Innenstrukturen (MÖLBERT u. ARNESEN, 1960).

δ) Verlaufs- und Lokalisationsveränderungen der Cristae

Von besonderer Bedeutung sind die verschiedenartigen Umlagerungen der Cristae, die sich zirkulär anordnen können, z. B. in der Leber bei Säuglingstoxikose (HEBER u. COSSEL, 1966), bei Gallestauung (STEINER u. CARRUTHERS, 1961), beim Chlorpromazinikterus (ZAKI u. HOFFBAUER, 1963), nach Allylformiatgabe (HAENNI, 1964) oder Thioazetamidintoxikation (SALOMON, 1962), in Hepatomen (THERON u. MEKEL, 1964), in exokrinen Pankreaszellen bei Proteinmangel (SVOBODA et al., 1966) und in Fibroblastenkulturen (HAYWARD, 1961), oder sie werden in einen peripheren Abschnitt des Mitochondrions verlagert, wie im Zentralnervensystem nach Bestrahlung (CERVÓS-NAVARRO, 1964), in der Leber nach Alkoholgabe (KIESSLING u. TOBÉ, 1964), im exokrinen Pankreas bei Lysinmangel (SCOTT, 1966), in der Nebennierenrinde nach ACTH-Gabe (YATES, 1965), in Lebertumoren (HRUBAN et al., 1966) und Schilddrüsenkarzinomen (TONIETTI et al., 1967). Aus den abgelösten fragmentierten Cristae, d. h. vorwiegend aus ihren Phospholipiden und Proteinen, bilden sich im Zentrum der Mitochondrien nach zahlreichen Schädigungen Längslamellenpakete oder Myelinlamellen aus (Tab. 20). Sie sind in Leberzellen unter zahlreichen Bedingungen, aber auch normalerweise zu finden, und sollen Folge fokaler Degenerationen der Phospholipidmembranen sein (LE BEUX et al., 1969). In Leberzellen nach partieller Hepatektomie sollen solche Mitochondrien 2—6% der Gesamtmenge ausmachen (CLAUDE, 1967).

Eine Längslagerung der Cristae und die Ausbildung von Ringformen im proximalen Tubulusepithel des Hungerfrosches ist mit der Abnahme der Zytochromoxydase verbunden (KARNOVSKY, 1962, 1963). Multiple Cristaeveränderungen sind bei Hepatomen zu beobachten (HRUBAN et al., 1965).

Tab. 20. *Längslagerung, lamelläre Transformation und Myelinfiguren der Mitochondrien (Beispiele)*

Organ	Einwirkung	Besonderheiten	Autor
Leber	normal		SAITO u. OGAWA, 1968
Salzabsorbierende Zellen	Krabbe		COPELAND u. FITZJARRELL, 1968
Neuralrohr	Differenzierung		BERGQUIST, 1968
Nebennierenrinde	Syr. Hamster-Sommertier		YONETSU, 1966
Herz	Anoxischer Stillstand		KOTTMEIER u. WHEAT, 1966
Leber	Hypoxie		OUDEA, 1963
Leber	Ischämie		BASSI, 1963
Herz	Bypass		KOTTMEIER u. WHEAT, 1966
Leber	Nahrungsmangel		NOVIKOFF et al., 1964
Leber	proteinarme, cholinarme Diät		TAKADA et al., 1968
Pankreas	Lysinmangel		SCOTT, 1964
Pankreas	β-3-Thienyl-Alanin		HRUBAN et al., 1962
Leber	Mangel an ess. Fettsäuren		WILSON u. LEDUC, 1962
Herz	Polyensäurearme Diät		VITALI-MAZZA et al., 1967
Leber	Cholinmangel-zirrhose	konzentrisch	TAKADA et al., 1966
Leber	riboflavinfreie Nahrung	Riesenform	TANDLER et al., 1965, 1968; SUGIOKA et al., 1969
Muskel	Vitamin-E-Mangel		HOWES et al., 1964
Leber	eisenreiche Diät		THERON et al., 1963
Niere	Hühnereiweiß		MARX et al., 1965
Leber	Thyroxin	amorphe Ablagerung	O'BRIEN u. KLITGAARD, 1965
Leber	Thyreotoxikose	Hantelform	GREENAWALT et al., 1962, 1964
Herz	Thyroxin		SUSIN u. HERDSON, 1967
Knorpel	Thyroxin		SILBERBERG u. HASLER, 1968
Leber	Diabetes mellitus		LAGUENS u. BIANCHINI, 1963
Nebennierenrinde	Hypophysektomie		MARSHALL u. ROBERTS, 1966
Nebennierenrinde	Hypophysektomie		VOLK u. SCARPELLI, 1966
Muskel	Kortikosteroide		ENGEL, 1966
Schilddrüse	TSH		LUPULESCU u. PETROVICI, 1968
ZNS	Bestrahlung		CERVÓS-NAVARRO, 1965
Spinalganglion	Bestrahlung		ANDRES, 1963
Leber	Alkohol		KIESSLING u. TOBÉ, 1964
Leber	Alkohol		SCHAFFNER et al., 1963
Leber	Alkohol		SVOBODA, 1964
Leber	Alkohol		SZANTO, 1964
Leber	Alkohol		KLION u. SCHAFFNER, 1968
NNR-Z. glomerulosa	Na-Restriktion		GIACOMELLI et al., 1963
Leber	Kupfersulfat		BARKA et al., 1964
Leber	Phenobarbital		BURGER u. HERDSON, 1960
Leber	Ammoniumintoxikation		DAVID u. KETTLER, 1961

Organ	Einwirkung	Besonderheiten	Autor
Leber	Gerbsäure		ARHELGER et al., 1965
Leber	Gerbsäure		BOLER et al., 1965
Leber	Terephthalanilid		HRUBAN et al., 1966
Leber	18-Benzylidin-17-Hydroxy-Yohimbane		IGLESIA et al., 1968
Corti-Organ	Kanamyzin		LUNDQUIST u. WERSÄLL, 1961
Niere	Bleiazetat		MAO u. MOLNAR, 1967
Muskel	Soman (Phosphorsäureester)		PREUSSER, 1967
Leber	Unterbindung des D. choledochus		CARRUTHERS u. STEINER, 1962
Leber	intrahepatische Cholestase		FAHRLÄNDER et al., 1964
Leber	idiopath. Schwangerschaftsikterus		BROWN et al., 1963
Leber	Rotor-Syndrom	Riesenformen	MÖLBERT u. MARX, 1966
Granulome			LÖBLICH, 1961
Melanome			ZELICKSON, 1962
Leber	part. Hepatektomie	hantelförmige Mitochondrien	CLAUDE, 1965, 1967
Hepatom			THERON u. MEKEL, 1964
Hepatom			HRUBAN et al., 1965
Schilddrüsentumor	Regression		DMITRIEVA, 1967
Inselzelltumoren			TOKER, 1967
Hypophysenadenom			PORCILE, 1965
Multiples Myelom			BESTETTI-BOSISIO u. LANZAVECCHIA, 1965
Parotis-Onkozyten			BALOGH u. ROTH, 1964
Onkozytome			HÜBNER et al., 1965
Kystadenolymphom			BALOGH u. ROTH, 1965
Kystadenolymphom			MCGAVRAN, 1965
Adenolymphom-Onkozyten			HÜBNER et al., 1967
Kystadenolymphom			TANDLER u. SHIPKEY, 1964
Leber	Virushepatitis		JÉZÉQUEL, 1959
Leber	chron. Hepatitis		HÜBNER, 1962
Hamstertumorzellen	Adenovirus 10		LEDUC et al., 1966
Fibroblastenkultur	Zytomegalievirus		RUEBNER et al., 1965
ZNS	M. Alzheimer		KRIGMAN et al., 1965

Vergrößerte Mitochondrien mit deformierten Cristae finden sich in degenerierenden Boutons nach Enukleierung der Augen (MCMAHAN, 1967).

Vermehrte, zirkuläre, spiralige oder zickzackförmige Cristae treten beim nichtthyreogenen Hypermetabolismus in Muskelzellen auf (LUFT et al., 1962). Auch bei anderen Muskelschädigungen enthalten die Mitochondrien irreguläre Cristae und Einschlüsse (REZNIK u. HANSEN, 1969). In hungernden Amöben wandeln sich die geraden Tubuli abhängig von der Hungerdauer zu einem welligen oder zickzackförmigen Verlauf um (DANIELS u. BREYER, 1967). Die Fluorazetatbedingte Zitratakkumulation und Flüssigkeitsansammlung in der Matrix führt zu Verlängerungen der Cristae (PUCCI, 1964). Im Dünndarm lagern sich nach einer Bestrahlung die Cristae längs der Außenmembran (BRAUN, 1960). In Onkozytomen und Adenolymphomen enthalten die vermehrten Mitochondrien tubuläre Cristae, Ringformen und zentrale Cristaeansammlungen (Abb. 30) (HÜBNER et al., 1967).

Beim Dauerflug zeigen die Flugmuskeln der Wanderheuschrecke eine Transformation der Cristae zu Tubuli, was als Zeichen einer intramitochondrialen Kompensation gedeutet wird (SCHWALBACH u. AGOSTINI, 1964). Die vesikuläre Umwandlung könnte Ausdruck einer Dekompensation sein. Der Verlust der typischen Cristaeanordnung bei erschöpften Wespen ist möglicherweise durch eine Ansammlung von Reaktionsprodukten bei Mangel von Isozitratdehydrogenase zu deuten (HOFFMEISTER, 1962).

In der Nebennierenrinde wandeln sich nach Hypophysektomie die Vesikel und tubulovesikulären Strukturen von der gedrehten in eine gerade Form um (SABATINI et al., 1962). Aktinomyzin und Puromyzin verhindern die ACTH-bedingte Transformation der tubulovesikulären Formen in Vesikel (KAHRI, 1968). Die Tubuli nehmen in der Z. fasciculata der Nebennierenrinde bei Regeneration ab (SKELTON u. BROWNIE, 1967). Villiforme und lamellenförmige Cristae treten in schüsselförmigen Mitochondrien von Luteinzellen nach Gabe von mammotropem Hormon auf (ENDERS u. LYONS, 1964). Transplantate von Nebennierenrinden besitzen infolge des Überwiegens von Wachstumsvorgängen Mitochondrien mit lamellären statt mit tubulovesikulären Strukturen (PENNEY et al., 1963). Im Hoden bilden sich im Verlauf der Umbildung von indifferenten Mesenchymzellen zu interstitiellen Zellen die Cristae mitochondriales in Tubuli um (CRABO, 1963).

ε) Ablagerung von Kalziumsalzen

Enge Beziehungen bestehen zwischen den Cristae und der Ablagerung von Kalziumsalzen (Abb. 31). Dabei erfolgt die Ablagerung entweder direkt an den Cristae oder in den cristaenahen Matrixbezirken. Intakte Mitochondrienpräparationen können bis zu 2,5 μMol/mg Eiweiß, d. h. bis zum 500-fachen des Normalwertes an Ca-Ionen aufnehmen (KUNZ, 1968). Je Molekül ATP binden Mitochondrien nach DE LUCA u. ENGSTROM (1961) 15 Ca-Ionen. Isolierte Mitochondrien binden in Ca^{++}- und HPO_4-Ionen-haltigem Medium reichlich Ca-Ionen (BRIERLEY, 1964), wobei dichte, meist über 500—1000—3000 Å große Granula entstehen (GREENAWALT et al., 1964; THOMAS u. GREENAWALT, 1968). In Herzmuskelzellen sind meist nahe den oft verklumpten Cristae Kalkablagerungen bei Magnesiummangel (HEGGTVEIT et al., 1964), nach AT-10-Gabe (GERLACH u. THEMANN, 1965), bei Sauerstoffmangelsituationen (HERDSON et al., 1965; HORT u. DA CANALIS, 1965; JENNINGS et al., 1965; MATSUZAKI, 1967) und Isoproterenolgabe (BLOOM u. CANCILLA, 1969) ausgebildet. Die Kalkablagerungen sind entweder nadelförmig oder granulär und können das ganze Mitochondrion ausfüllen. Auch Fluor-Kortisol (D'AGOSTINO, 1964), Fluorhydrokortison (CLEMENTI et al., 1964, 1965; D'AGOSTINO, 1964), Dehydrotachysterin (GERLACH u. THEMANN, 1965; GASSER et al., 1968) oder Hypokaliämie (MOLNAR, 1965), AT 10 (GERLACH u. THEMANN, 1965) und Hypervitaminose D (SCARPELLI, 1966) führen bei gleichzeitiger Entkoppelung der oxydativen Phosphorylierung

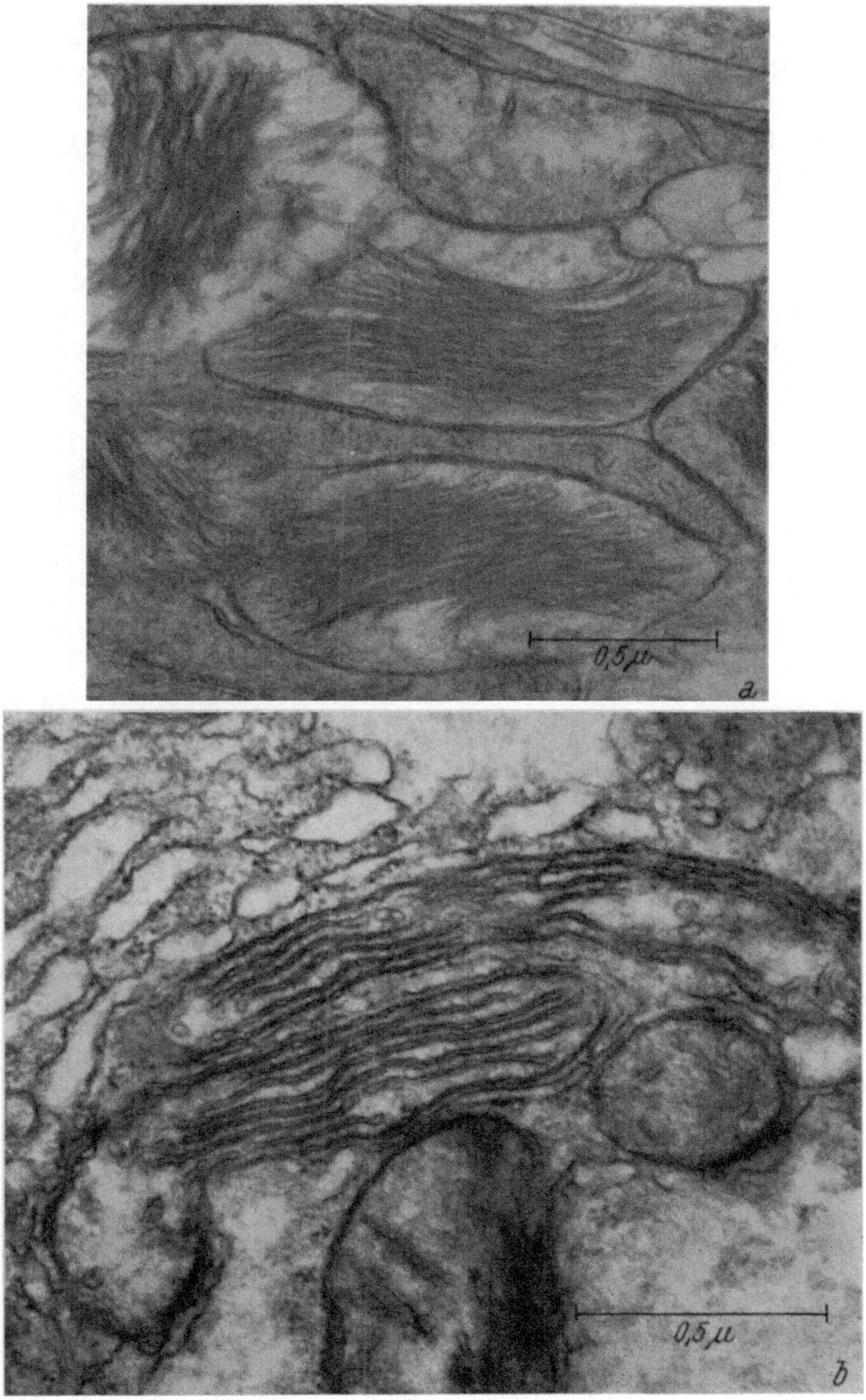

Abb. 30. *a*) Mitochondrien mit bündelförmiger Anordnung der längsgelagerten Innenmembranen aus einem Adenolymphom des Menschen. 50 000 ×. — *b*) Mitochondrien aus einer Leberzelle der Maus mit Längsanordnung der Cristae und Ausziehung eines Mitochondrienpoles 3 Stdn. nach Gabe von Aktinomyzin. 64 000 ×.

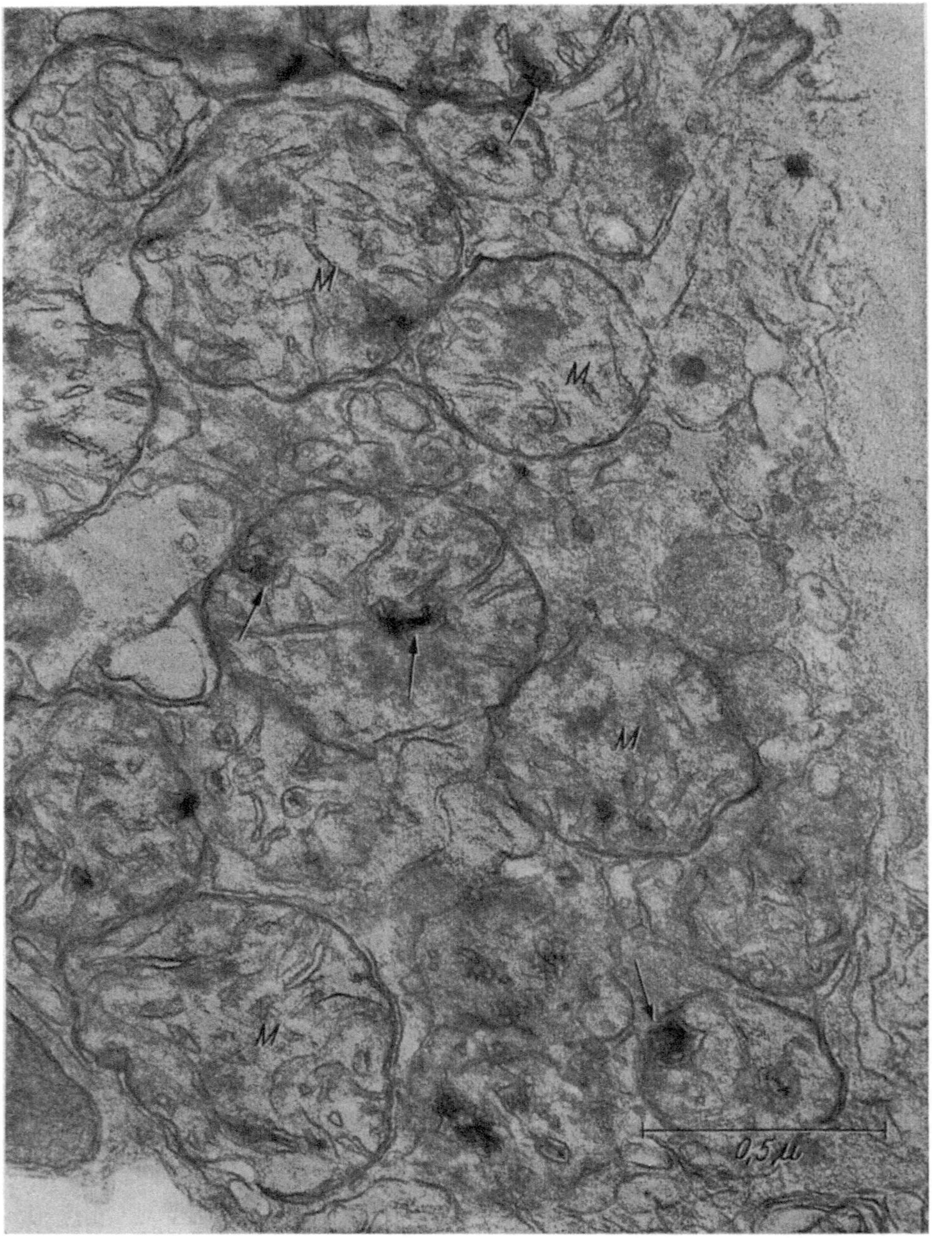

Abb. 31. Beginnende Ablagerung von Apatitnadeln (↗) im Bereich der Cristae mitochondriales vergrößerter Mitochondrien (*M*) von Tubulusepithelzellen der Niere nach 10tägiger Dioxangabe. 64 000×.

zur Akkumulation der Kalziumsalze. Bei Mäusehepatitis, mit und ohne Zugabe von Kortison, werden in den Lebermitochondrien (RUEBNER et al., 1967), bei Sublimatnephrose in den Mitochondrien der Tubulusepithelien der Niere (PALLADINI u. CARAVITA, 1966; GRITZKA u. TRUMP, 1968), nach Dioxanvergiftung (DAVID, 1964) und Zyanideinwirkung (THOENES et al., 1968) Kalziumablagerungen beobachtet. Nach CCl_4-Gabe sammelt sich in Lebermitochondrien organisches Phosphat und Kalzium in granulärer Form an, bis die Mitochondrien degenerieren (REYNOLDS et al., 1963). Durch lokale Erwärmung auf 48—49° C geschädigte Leberzellen enthalten 1 Std. danach in den Mitochondrien granuläre Ca-Salze (DAVID u. UERLINGS, 1968).

In der Muskelzelle liegen die Kalziumsalze bei Vitamin-E-Mangel nicht als Kristalle vor (VLEET et al., 1968).

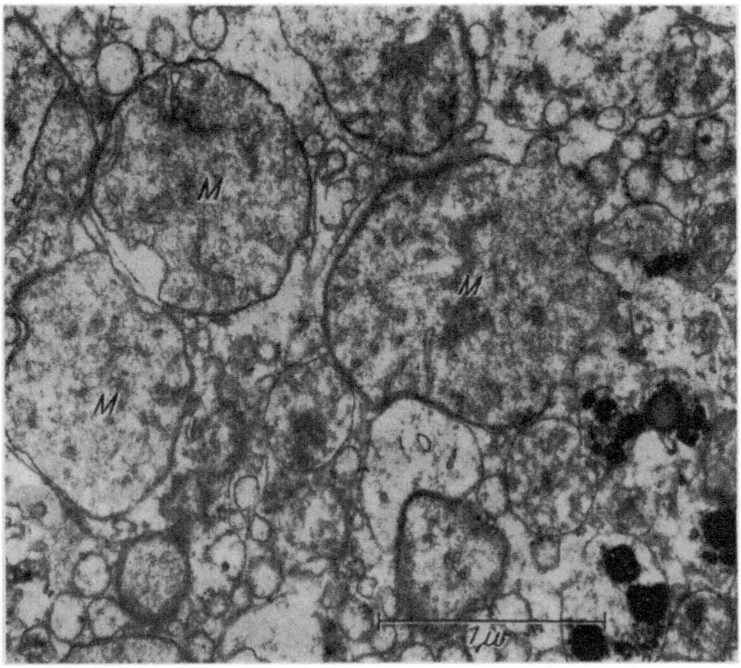

Abb. 32. Geschwollene Mitochondrien (*M*) mit osmiophiler Verdichtung einzelner Matrixbezirke sowie Zerfall der Cristae. Leberzelle der Maus nach Ammoniumintoxikation. 29 000 ×. (Aufnahme: Prof. Dr. L. H. KETTLER.)

d) Veränderungen der Matrix und ihrer Bestandteile

α) Schwellungszustände und Matrixherauslösung

Die Volumenveränderungen kleiner Amplitude sind im Elektronenmikroskop nicht nachweisbar. Sie treten besonders unter funktionellen Bedingungen auf, während die Volumenveränderungen der großen Amplitude unter zahlreichen Einwirkungen beobachtet werden (Abb. 32, 33). Eine 30 Min. anhaltende hypoxische Herzinsuffizienz führt je nach dem O_2-Gehalt der Luft zu unterschiedlich starkem Befall der Mitochondrien. Bei 9% O_2 sind 1,3% betroffen, bei 7—5% O_2 43% und bei 5% O_2 53% der Mitochondrien (BÜCHNER u. ONISHI, 1967).

Fluorverbindungen, wie Fluorazetat in Herzmuskelzellen (PUCCI, 1964; BOVIS et al., 1966) und Fluorzitrat in Nervenzellen (KOENIG u. PATEL, 1967), rufen durch spezifische Hemmung der Akonitase eine Schädigung des Krebs-

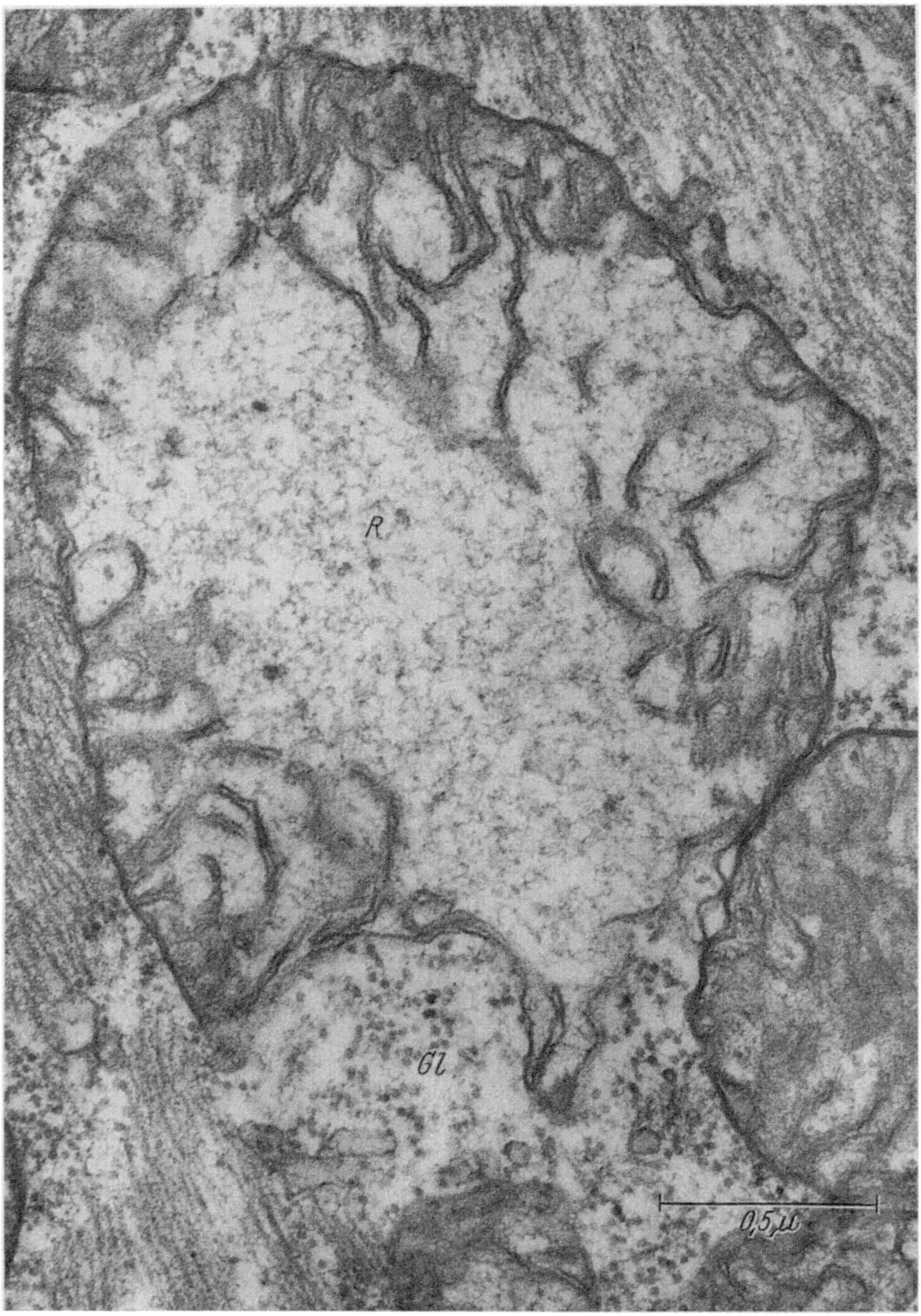

Abb. 33. Geschwollenes Riesenmitochondrion (*R*) aus einer Herzmuskelzelle der Ratte nach Adrenalingabe. Herauslösung von Matrixsubstanzen. *Gl* = Glykogen. 57 600 ×. (Aufnahme: Dr. WENZEL.)

Tab. 21. *Schwellung und Matrixherauslösung der Mitochondrien (Beispiele)*

Organ	Einwirkung	Autor
Leber	isolierte Mitoch.	WLODAWER et al., 1966
Leber	Autolyse	TSUTSUMI, 1960
Leber	Autolyse	DAVID, 1960; DAVID et al., 1961
Leber, Pankreas	Autolyse	MASSHOFF et al., 1964
Niere	Autolyse	LATTA et al., 1965
Herz	Autolyse	STOLPMANN, 1966
Leber	Necrosis *in vitro*	TRUMP et al., 1965
Niere	Necrosis *in vitro*	FAITH u. TRUMP, 1965
Leber	lokale Ischämie	HÜBNER, 1961
Leber	Abklemmung eines Lappens	HÜBNER u. BERNHARD, 1961
Leber	Hypoxie	OUDEA, 1963
Leber	Hypoxie	SULKIN u. SULKIN, 1965
Leber	Hypoxie	GLINSMANN u. ERICSSON, 1967
Leber	Hypoxie	DUPONT et al., 1967
Leber	Ischämie	BADE u. SCHUMACHER, 1964
Niere	Ischämie	THOENES, 1964
Niere	Infarkt	TOTOVIĆ u. KORB, 1965
Herz	Unterdruck	HAUSAMEN u. POCHE, 1965
Herz	Sauerstoffmangel	BÜCHNER u. ONISHI, 1967, 1968
Herz	Ischämie	MATSUSAKI, 1967
Herz	exper. Stillstand	POCHE U. OHM, 1963
Herz	Aorta abgeklemmt, Wiederdurchblutung	HÖLSCHER u. STOLPMANN, 1962
Herz	Anox. Stillstand	KOTTMEIER u. WHEAT, 1966
Herz	Anox. Stillstand	LEV et al., 1963
Herz	akute hypox. Insuffizienz	BÜCHNER u. ONISHI, 1967
Herz	Ischämie	WEDELL u. MERKER, 1964
Herz	Kardioplegie, Ischämie	PAULUSSEN et al., 1968
Herz	Infarkt	GLAGOLEVA u. CHECHULIN, 1964
Herz	Spätinfarkt	DAVID u. HECHT, 1963
ZNS	Sauerstoffmangel	WESSEL, 1966
Herz	Infarkt	KORB u. TOTOVIĆ, 1967
Herz	Ischämie	WEDELL et al., 1965
Leber	portocavaler Shunt	RUBIN et al., 1963
Darm	Ischämie	DAVID u. UERLINGS, 1967
Herz	Aderlaß	ONISHI, 1967
Kleinhirn	orthostat. Kollaps	NIKLOWITZ, 1962
Leber	Stauung	DAVID et al., 1965
Lunge	CO-Atmung	NIDEN u. SCHULZ, 1965
Flugmuskel der Wespe	Kältestarre	SCHWALBACH u. AGOSTINI, 1964; AGOSTINI u. SCHWALBACH, 1963, 1964
Flugmuskel der Wespe	erschöpfender Dauerflug	HOFFMEISTER, 1961, 1962
Leber	Hunger	DAVID, 1961
Leber	Hunger	TOMI et al., 1961
ZNS	Hunger	WECHSLER, 1963
Herz	Proteinmangel	SVOBODA et al., 1966
Leber	Proteinmangel und CCl_4	DAVID et al., 1962

Tabelle 21 (Fortsetzung)

Organ	Einwirkung	Autor
Leber	Äthionin	ANTHONY et al., 1961
Pankreas	Äthionin	EKHOLM et al., 1962
Pankreas	Homozystin	KLAVINS, 1966
Pankreas	Lysinmangel	SCOTT, 1966
Leber	Zystinüberernährung	DAVID u. BARTOK, 1963
Leber	Cholinmangelzirrhose	TAKADA et al., 1966
Niere	DL-Serin	WACHSTEIN u. BESEN, 1963
Leber	Torula-Hefe	SVOBODA u. HIGGINSON, 1963
Herz	Thiaminmangel	SAKO u. NODA, 1967
Herz	Thiaminmangel	SUZUKI, 1967
Autonome Ganglienzellen	Vitamin-C-Mangel	SULKIN u. SULKIN, 1967
Leber	Vitamin-E-Mangel	SULKIN u. SULKIN, 1962
Muskel	Vitamin-E-Mangel	VLEET et al., 1968
Herz	Schilddrüsenhormon	POCHE, 1957
Leber	Thyreotoxikose	BESPROZVANNI et al., 1965; FUNAHASHI, 1967
Herz	Thyroxin	SUSIN u. HERDSON, 1967
Knochen	Parathyreoidea	CAMERON et al., 1967
Herz	AT 10	GERLACH u. THEMANN, 1965
Thymus-Lymphozyten	Hydrokortison	HAELST, 1967
Nebenniere	Methylandrostenediol	LEVINE u. SKELTON, 1967
Leber	Östrastilben D	KEMMER u. MÜLLER, 1967
Hoden	Choriongonadotropin	SCHWARZ u. MERKER, 1963
Uterus	Follikulin, Progesteron	ZINNARI u. VALLERINO, 1962
Schilddrüse	Radiothyreoidektomie ^{131}J	BABA, 1962
Leber	Ultraschall	VALTONEN, 1967
Zellkultur	UV-Bestrahlung	MONTGOMERY u. REYNOLDS, 1964
Leber	gravide Tiere, Bestrahlung	FRANKE u. GOETZE, 1965
Leber	Homogenat, bestrahlt	OKADA u. PEACHEY, 1957
Leber	Bestrahlung	HORI et al., 1961
Leber	Bestrahlung	YI-HUNG et al., 1964
Leber	Bestrahlung	PIPAN et al., 1966
Duodenum	Bestrahlung	HUGON et al., 1965
ZNS	Bestrahlung	FRANKE u. LIERSE, 1965
ZNS	Protonen-Bestrahlung	NYSTRÖM, 1966
Kleinhirn	Bestrahlung	VOGEL, 1959
Retina	Bestrahlung	KLUG et al., 1966
Knochenmark Lymphozyten	Bestrahlung	GULAEV, 1966
Milz	Bestrahlung	BARI u. SORENSON, 1963
Milz	Bestrahlung	BARI u. SORENSON, 1964
Myoblasten	Bestrahlung	SCHÄFER, 1965
Leber	Alkohol	FLAX u. TISDALE, 1964
Leber	Alkohol	KIESSLING u. TOBÉ, 1964
Leber	Alkohol	MELDOLESI et al., 1965
Leber	Alkohol	PORTA u. HARTROFT, 1965
Herz	Alkohol	ALEXANDER, 1967
Herz	Alkohol	HIBBS et al., 1965

Organ	Einwirkung	Autor
Leber	Allylalkohol	Hübner, 1964, 1965, 1968
Leber	Allylformiat	Haenni, 1964
Leber	tumortragende Tiere	Ghadially u. Parry, 1965
Muskel	Glyzerin	David u. Uerlings, 1965
Leber	ÄDTA	Harris u. Leone, 1966
Leber	CCl_4	Haba, 1960
Leber	CCl_4	Ashworth et al., 1963
Leber	CCl_4	Hübner, 1965, 1968
Leber	Thioazetamid	Ashworth et al., 1965
Leber	Thioazetamid	Bader, 1967
Herz	Thioazetamid	Waldmann u. Bader, 1968
Leber	DNP	Kunze u. Kemmer, 1965
Leber	Alloxandiabetes	Satoh, 1966
Leber	Na-Taurolithocholat	Schaffner u. Javitt, 1966
Leber	Gramicidin D	Weinstein et al., 1964
Leber	Phosphor	Mankoff u. Gueft, 1967
Leber, Niere, Darm	Thallium	Herman u. Bensch, 1967
Leber	Fluorenyldiazetamid	Mikata u. Luse, 1964
Leber	Eisensulfat	Witzleben, 1966
Leber	org. geb. Kupfer	Wessel et al., 1966
Leber	Gerbsäure	Arhelger et al., 1965
Leber	Halothan	Schaude et al., 1967
Niere	Diäthylenglykol	Aizawa, 1962
Niere	Dioxan	David, 1964
Niere	Bleivergiftung	Galle u. Morel-Maroger, 1965
Niere	Hg Cl_2	Gritzka u. Trump, 1968
Niere	Harnstauung	David, 1963
Herz	Hypokaliämie	Molnar, 1965
Herz	Durchströmung mit Ca-armer Tyrode-Lösung	Burgos, 1966
Herz	Dinitrophenol	Kunze u. Kemmer, 1965
Myokardkulturen	Na-Fluorazetat	Bovis et al., 1966
Herz	Alupent	Hausamen u. Poche, 1965
Neuronen	Fluorzitrat	Koenig u. Patel, 1967
ZNS	Alloxandiabetes, Viomyzin	Wessel, 1966
Trigeminus-Ganglion	Plasmozid	D'Agostino, 1964
ZNS	INH	Schlaepfer u. Hager, 1964
Ammonshorn	Methoxypyridoxin	Niklowitz, 1966
Leber	part. Hepatektomie u. Aktinomyzin	David u. Uerlings, 1967
Pankreas	Aktinomyzin	Yamaguchi et al., 1966
Magen, Peritonealzellen	Anticholinergische Substanz	Elliot u. Posey, 1966
Duodenum	Aminoäthylisothioharnstoff	Hugon et al., 1964
Insel, α-Zellen	Kobaltchlorid	Lacy u. Cardeza, 1958
Lunge	Ölsäureembolie	Rubin u. Schulz, 1963
Muskel	Soman (Phosphorsäureester)	Preusser, 1967
Muskel	Clostridium perfrigens α-Toxin	Grossman et al., 1967
Leber	Endotoxin	Levy et al., 1968

Tabelle 21 (Fortsetzung)

Organ	Einwirkung	Autor
Granulome		Löblich, 1961
Leber	exper. Tumoren	de Man, 1960
Hepatome		Hruban et al., 1965
Schilddrüse	Tumor	Lupulescou u. Petrovici, 1963
Harnblase	Karzinom	Kashiwai et al., 1963
Prostata	Karzinom	Brandes et al., 1964
Retikulumzellsarkom		Weinberger u. Banfield, 1965
Guerin-Tumor	Endoxan	Bienengräber et al., 1965
ZNS	Kontusio, Konkussio	Makita et al., 1962
ZNS	Ödem	David, E. et al., 1967
N. ischiadicus	Quetschung	Mackey et al., 1964
Leber	part. Hepatektomie	Jordan, 1964
Leber	Virushepatitis	Miyai et al., 1963
Leber	Hepatitis	Vetterlein u. Hesse, 1965
Leber	Hepatitis u. Kortison	Ruebner et al., 1967
Herz	Coxsackievirusmyokarditis	Rubin et al., 1964
ZNS	Reovirusenzephalitis	Jenson et al., 1965
Zellkultur	Polioenzephalitisvirus	Koestner et al., 1966
Niere	akute Anurie	Dalgaard, 1962

zyklus hervor. Die dadurch bedingte Zitratansammlung bewirkt eine Flüssigkeitsansammlung. Thiaminmangel führt durch die Einwirkung auf den Kohlenhydratstoffwechsel zur Ansammlung von Pyruvat und Laktat und so zur Erhöhung des osmotischen Druckes in Mitochondrien der Herzmuskelzellen (Suzuki, 1967).

Osmotische Schwellungen sowie durch anorganisches Phosphat bedingte Schwellungen sind unabhängig von der Atmung (Malamed, 1966). Im Höchststadium können die Mitochondrien zu Riesenformen und komplexen Bildungen zusammenfließen (Galle u. Morel-Maroger, 1965) oder sie zeigen Einbuchtungen ineinander und gegenseitige Abplattungen (Bade u. Schumacher, 1964). Die Schwellung der Lebermitochondrien geht nach Äthioningabe mit einer Reduktion der Oxydationsenzyme einher (Anthony et al., 1961). Gramizidin bewirkt in Lebermitochondrien eine Entkopplung der oxydativen Phosphorylierung und Schwellungszustände (Weinstein et al., 1964). Die Schwellungen sind in Mitochondrien aus embryonalen oder neoplastischen Lebern stärker als in normalen (Emmelot u. Reyers, 1960). Zitratansammlungen in den Mitochondrien führen zur Wasserretention (Buffa et al., 1964). Isolierte Mitochondrienschwellungen treten besonders nach Thyroxingabe, aber auch spontan auf, was durch Sukzinat und Adeninnukleotide aufgehoben werden kann (Emmelot et al., 1960). Die Hydratation oder Dehydratation isolierter Mitochondrien hängt vom ATP-, Ca- und Fettsäure-Gehalt ab (Lynn et al., 1964; Wlodawer et al., 1966). Der Wassergehalt der Mitochondrien ist abhängig von dem Wettbewerb zwischen Kationen- und Wassertranslokation für das ATP.

Die vielfältigen Möglichkeiten der Mitochondrienschwellung sind in der Tab. 21 beschrieben.

Tab. 22. *Umschriebene oder totale Matrixverdichtung (Beispiele)*

Organ	Einwirkung	Besonderheiten	Autor
Niere	Siebenschläfer		AMON et al., 1967
Hoden, interstitielle Zellen	Amphibien		AOKI et al., 1969
Intersegmentalmuskeln	Seidenraupe-Ecdysis	Schrumpfung	LOKSHIN u. WILLIAMS, 1965
Leber	Erwärmung auf 47 – 49° C		DAVID u. UERLINGS, 1968
Flugmuskeln	Kältestarre, Königinnen		SCHWALBACH u. AGOSTINI, 1964
Muskel	Autolyse		DAVID u. DAVID, 1965
Herz	Stillstand		POCHE u. OHM, 1963
Herz	hypoxischer Stillstand		BURDETTE u. ASHFORD, 1963
Herz	anoxischer Stillstand		LEV et al., 1965
Herz	Hypoxie	Homogenisierung	BÜCHNER u. ONISHI, 1967
Herz	Sauerstoffmangel		BÜCHNER u. ONISHI, 1967
Herz	Infarkt		HECHT et al., 1961
Herz	Spätinfarkt		DAVID u. HECHT, 1963
Herz	Aderlaß	partielle oder totale Homogenisierung	ONISHI, 1967
Herz	Unterdruck		HAUSAMEN u. POCHE, 1965
Leber	Hunger		DAVID, 1961
Leber	Riboflavinmangel		TANDLER et al., 1968
Leber	nekrogene Diät	bizarre Formen	SVOBODA u. HIGGINSON, 1963
ZNS	Vitamin-E-Mangel	Umbildung zu dichten Körpern	LAMPERT et al., 1964
Einzelzellen	Rubin-Laser-Strahlen		STORB et al., 1965
Leber	Bestrahlung	Verklumpung	BRAUN, 1962; BRAUN u. MÜLLER, 1961
Spinalganglien	Bestrahlung	lamellär-pyknotisch	ANDRES, 1963
ZNS	Bestrahlung		ROIZIN et al., 1962
ZNS	Bestrahlung	Verklumpung	FRANKE u. LIERSE, 1965
ZNS	Protonenbestrahlung		NYSTRÖM, 1966
N. supraopticus	Bestrahlung	Verkleinerung	VOITKEVICH, 1966
Hoden, interst. Zellen	Atrophie nach Östrogen		MURAKAMI, 1966
Corpus luteum	mammatropes Hormon	schüsselförmig	ENDERS u. LYONS, 1964
Leber	Alkohol		THEMANN u. STICHNOTH, 1964
Leber	Phenobarbital	herdförmig	BURGER u. HERDSON, 1966
Leber	DMNA		MUKHERJEE et al., 1963
Leber	Methylzellulose		CUCCURULLO u. COVELLI, 1964
Leber	Triton		NOVIKOFF u. ESSNER, 1962
Leber	Thioazetamid	bizarre Formen	YAUCHI, 1964
Niere	D-L-Serin	Schrumpfung u. Verschmelzung	WACHSTEIN u. BESEN, 1963, 1964

Tabelle 22 (Fortsetzung)

Organ	Einwirkung	Besonderheiten	Autor
Leber	CCl_4		ASHWORTH et al., 1963
Leber	Chlorochin	Erweiterung der äußeren Kammer, Schrumpfung	SIMON et al., 1964
Niere	Glyzerin	Pyknose	SUZUKI u. MOSTOFI, 1966
Leber	versch. Erkrankungen des Magen-Darm-Kanals		YANAGIMOTO, 1964
Herz	Aortenstenose		WAGNER u. MÖLBERT, 1966
Haut	Karzinom		VANDREWALLA u. SIRSAT, 1962
Leber	M. Niemann-Pick	Verkleinerung	ROOS et al., 1961
Leber	idiopath. Schwangerschaftsikterus		BROWN et al., 1963
Leber	Virushepatitis		MIYAI et al., 1963
Oozyten	Atresie		VAZQUEZ-NIN u. SOTELO, 1967
ZNS	M. Alzheimer	Umwandlung zu opaken Körpern	KRIGMAN et al., 1965
Makrophagen	immune Tiere		KUSHNAREV u. SELEZNEVA, 1967
ZNS	exper. Kernikterus	Mitochondrienpyknose, Verklumpung	CHEN et al., 1966

β) Zunahme der Matrixdichte

Oft kommen Schwellungszustände und Verdichtungen der Matrix (Tab. 22) in einer Zelle nebeneinander vor, während in anderen Fällen alle Mitochondrien verdichtet oder pyknotisch erscheinen. Phenobarbital bewirkt in Lebermitochondrien umschriebene Matrixverdichtungen (BURGER u. HERDSON, 1966). Methylzellulose führt ebenfalls zu Verdichtungen (CUCCURULLO u. COVELLI, 1964) in der Leber wie auch die Einwirkung des Detergens Triton WR 1339 (NOVIKOFF u. ESSNER, 1962), in Einzelzellen auch Rubin-Laser-Bestrahlung (STORB et al., 1966). Die verdichteten Lebermitochondrien nach Gabe von CCl_4 zeigen gleichzeitig eine Reduktion der phosphorylierenden Enzyme, der ATPase und Sukzinodehydrogenase (ASHWORTH et al., 1963). Geschrumpfte, verdichtete und pyknotische Mitochondrien treten in der Niere nach Gabe von DL-Serin auf (WACHSTEIN u. BESEN, 1964). In bestrahlten embryonalen Nervenzellen (ROIZIN et al., 1962; BUCHHOLTZ, 1967), in Makrophagen immuner Tiere (KUSHNAREV u. SELEZNEVA, 1967), beim experimentellen Kernikterus (CHEN et al., 1966) und in atretischen Oozyten (VAQUEZNIN u. SOTELO, 1967) sind verdichtete und verklumpte Mitochondrien erkennbar. In den bei der Ecdysis transformierten Intersegmentalmuskeln von Seidenraupen degenerieren und schrumpfen die Mitochondrien ebenfalls (LOCKSHIN u. WILLIAMS, 1965).

γ) Veränderungen der Matrixgranula

Entsprechend der bisher sowohl unbekannten Zusammensetzung als auch Funktion der Granula in der Matrix kann auch über ihre Veränderungen nur wenig ausgesagt werden. Die Granula sollen Ca-Ionen und anorganisches Phosphat in Form von Kristallen enthalten oder als Sitz der Ionenakkumulation dienen (Greenawalt et al., 1963), oder sie stellen Substratansammlungen als Folge von Enzymstörungen dar (Svoboda, 1964). In Ringerlösungen mit bivalenten Ionen inkubierte Harnblasenmitochondrien zeigen bei Anwesenheit von Strontium und Barium 500—800 Å große, aus Untereinheiten zusammengesetzte Granula. Kalzium und Magnesium lagern sich teilweise als Schale um existierende Granula. Normale Granula sollen Magnesium oder eine Mischung von Magnesium

Tab. 23. *Zunahme der Mitochondriengranula (Beispiele)*

Organ	Einwirkungen	Besonderheiten	Autor
Nebennierenrinde	Igel, Winterschlaf	Riesenmitochondrien	Lindner, 1966
Leber	Hunger		David, 1961
Herz	Aderlaß	bis 1200%	Onishi, 1967
Herz	Sauerstoffmangel		Büchner u. Onishi, 1968
Herz	KCl-Stillstand u. Anoxie; Wiederbelebung		Poche et al., 1962
Herz	Spätinfarkt		David u. Hecht, 1963
Leber	Östrastilben D		Kemmer u. Müller, 1962
Leber	Methandrostenolen		Orlandi u. Jézéquel, 1962
Herz	Kortisol	von 0,65 auf 4,7 je Mit.	Nienhaus et al., 1963
Leber	Chlorpromazinikterus		Zaki u. Hoffbauer, 1963
Nebennierenrinde	Triparanol		Volk u. Scarpelli, 1964
Nebennierenrinde	Winterschlaf		Lindner, 1966
Muskel	Vitamin-E-Mangel		Vleet et al., 1968
Niere	Eiweißresorption		Marx et al., 1966
ZNS	Strychninsulfat		Yates u. Yates, 1968

und Kalzium enthalten (Peachey, 1962). Im distalen Abschnitt der Hauptstücke der Meerschweinchenniere zeigen die Granula nach Natriumverarmung eine Aufhellung, nach Anwendung von Natrium-Nachweismethoden eine Vergrößerung und Verdichtung (Riedel et al., 1968).

Eine Vergrößerung der Granula geht vielfach mit ihrer Vermehrung einher (Tab. 23). Größere Granula werden in fetalen Leberzellen nach Äthioninmedikation (Wood, 1965), in der Leber bei Riboflavinmangel (Tandler et al., 1968) und Gallestauung (Steiner u. Carruthers, 1961) und bei Phosphorvergiftung (Mankoff u. Gueft, 1967) beobachtet. Ausführliche Untersuchungen zur Vermehrung und Vergrößerung von Mitochondriengranula im ZNS und in Muskelzellen wurden von Zacks u. Sheff (1964) und Zacks et al. (1966), (Tab. 24) durchgeführt. Bacitracin führt im Tubulusepithel der Niere zur Vergrößerung und Vermehrung der Granula (Kjaerheim u. Hanssen, 1964). Vermehrte Granula sieht man in der Muskulatur bei progressiver Muskeldystrophie (Mölbert, 1960), bei akuter Myoglobinurie (Schutta, 1966), im Granulationsgewebe anfangs nach

Prednisongabe (JORGENSEN, 1964) und im Herzen nach Persantinüberdosierung (POCHE u. HAUSAMEN, 1965). In Leber und Herz sollen sich die Granula im

Tab. 24. *Veränderungen der Mitochondriengranula in Interkostalmuskeln und Axonen nach Tetanustoxingabe* (nach ZACKS u. SHEFF, 1964)

	Granula		*Untereinheiten*	
	Größe (A)	Zahl	Größe (A)	Zahl
normale Mitochondrien Axon	130 × 130	0–3	60–70	3–4
Muskel	200 × 200	0–3	60–70	3–4
Tetanustoxinmitochondrien Axon	150 × 150 180 × 135	0–7	60–70,50	3–5
Muskel	3770 × 180 490 × 310	4–20	60–70,50	3–5

Tab. 25. *Verminderung oder Verlust der Mitochondriengranula (Beispiele)*

Organ	Einwirkung	Autor
Leber	Necrosis *in vitro*	TRUMP et al., 1962
Leber	Necrosis *in vitro*	TRUMP et al., 1965
Niere	Necrosis *in vitro*	FAITH u. TRUMP, 1965
Leber	Frieren u. Auftauen	TRUMP et al., 1965
Herz	Anoxischer Stillstand	LEV et al., 1965
Herz	Anoxischer Stillstand	KOTTMEIER u. WHEAT, 1966
Herz	KCl-Stillstand u. Anoxie	POCHE et al., 1967
Niere	Ischämie	THOENES, 1964
Herz	Bypass	KOTTMEIER u. WHEAT, 1966
Herz	Schilddrüsenhormon	POCHE, 1957
Leber	Thyreotoxikose	FUNAHASHI, 1967
Herz	Hypermetabolismus	LUFT et al., 1962
Herz	Thiaminmangel	BÓZNER et al., 1969
Leber	Alkohol	OGATA et al., 1961
Leber	Alkohol	ISERI et al., 1966
Leber, fetal	Alloxandiabetes der Mutter	FRANKE et al., 1964
Herz	Kalziummangel	BURGER, 1966
Niere	Bleiazetat	MAO u. MOLNAR, 1967
Niere	Glyzerin	SUZUKI u. MOSTOFI, 1966
Niere, Leber, Darm	Thalliumintoxikation	HERMAN u. BENSCH, 1962
Herz	Alupent	HAUSAMEN u. POCHE, 1965
Niere p. recta	$HgCl_2$	GRITZKA u. TRUMP, 1968

Verlaufe der Entwicklung vermehren (SCHJEIDE et al., 1963). Die bei Sauerstoffmangel im Herzen auf 1200% vermehrten Granula bilden Konglomerate von

700—1500 Å (BÜCHNER u. ONISHI, 1968). Osteoblasten enthalten nach Parathormongabe in den Mitochondrien granuläre Körper, die den Granula ähnlich sind (CAMERON et al., 1967).

Eine Reduktion der Matrixgranula ist unter zahlreichen Bedingungen zu beobachten, wie z. B. bei der Necrosis *in vitro* (TRUMP et al., 1965), nach Bestrahlung, Hunger, Thyroxingabe oder Östrogengabe in der Leber (SCHJEIDE et al., 1963) (Tab. 25). Auf einen Lipidgehalt der Granula deutet die Tatsache hin, daß sie bei Einwirkung von Lipidlösungsmitteln verschwinden (ASHWORTH et al.,

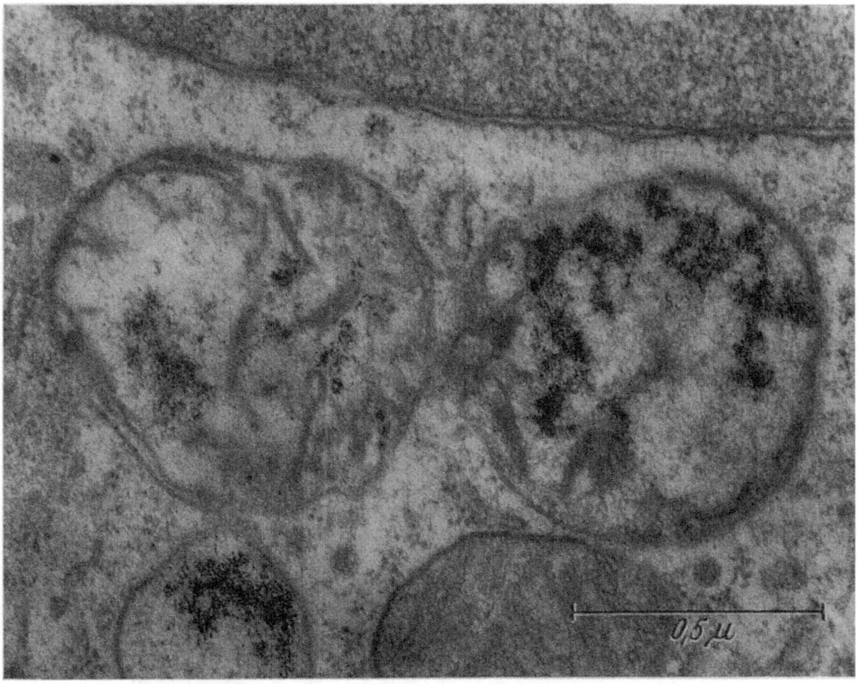

Abb. 34. Mitochondrien mit Ansammlung von Ferritin in der Matrix. 66 000 ×.

1966). Nach Aflatoxingabe fehlen die Granula in den Mitochondrien der Leber (SVOBODA et al., 1966). In sich entwickelnden Tumoren treten dichte Granula auf (SVOBODA et al., 1966).

Eine Thalliumintoxikation bewirkt in den Mitochondrien verschiedener Organe eine Reduktion der Zahl der Granula bei ihrer gleichzeitigen Vergrößerung, Dichtezunahme und Verlagerung in die peripheren Mitochondrienteile (HERRMAN u. BENSCH, 1967), was auf eine Thalliumakkumulation in ihnen hindeuten könnte.

δ) Matrixeinschlüsse

δα) *Einschlüsse bekannter Natur*

Von den Schwermetallverbindungen konnte Ferritin sicher in der Mitochondrienmatrix nach Bleivergiftung (PERNIS et al., 1964) und bei verschiedenen Anämien identifiziert werden (LARIZZA u. ORLANDI, 1964; PETZ et al., 1966;

GOODMAN u. HALL, 1967; TANAKA, 1967; BESSIS et al., 1969). Diese Ferritinansammlungen sollen durch einen Enzymdefekt hervorgerufen sein. Man findet sie vorwiegend in Erythroblasten, aber auch in Mesenchymzellen und Retikulumzellen (Abb. 34, 35). Bei der Retikulozytenreifung enthalten die Mitochondrien neben Ferritin auch elektronendichtes Material, das möglicherweise denaturiertes Hämoglobin (LESSLER, 1965) darstellt. Bei der Resorption von Eisenchlorid ist

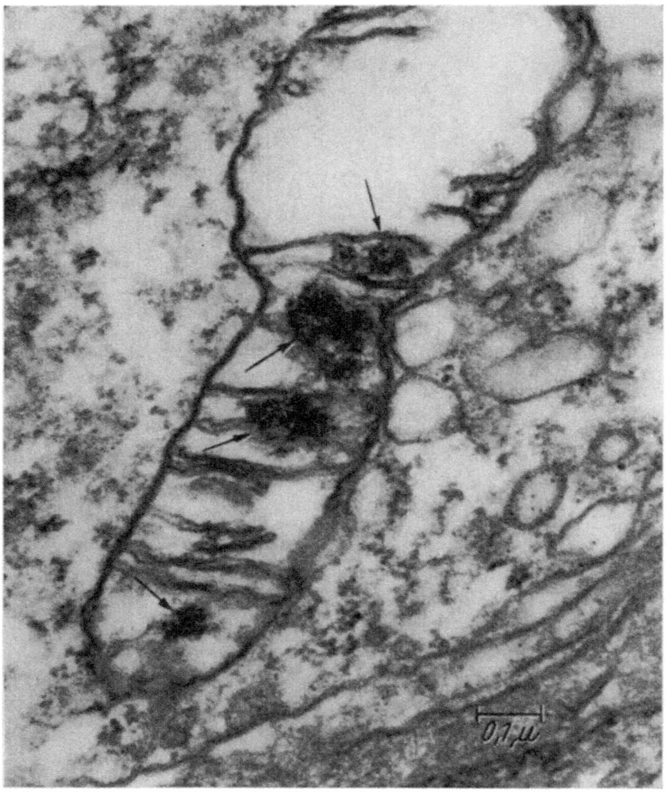

Abb. 35. Vergrößertes, z. T. vakuolisiertes Mitochondrion mit Ferritinansammlung (↗) aus einer Retikulumzelle des Knochenmarkes bei hämolytischer Anämie. 78 000 ×.

Ferritin in Duodenalepithelzellen in der Matrix, in den Cristae sowie in der äußeren Kammer anzutreffen (OKI et al., 1965). Ferritinhaltige Mitochondrien finden sich in der Leber nach Gabe von Eisensulfat (WITZLEBEN, 1966), eisenreicher Diät (THERON et al., 1963) und in der Niere von Siebenschläfern (AMON et al., 1967).

Bleiablagerungen werden von CUCCURULLO (1964) im Tubulusepithel der Niere nach Bleiazetatintoxikation beschrieben. Teilweise kommt es jedoch in der Leber nur zur Mitochondriendegeneration (SUN et al., 1966).

Glykogenpartikel sind in der Retina der Ratte in den Mitochondrien (ISHIKAWA u. PEI, 1965), in B-Neuronen der lumbalen Spinalganglien des Frosches (BERTHOLD, 1966), Tubulusepithelien der Niere bei Glykogenose II (HUG u. SCHUBERT, 1967) sowie bei *Hydra littoralis* (LENTZ, 1966) und in Sekretionszellen

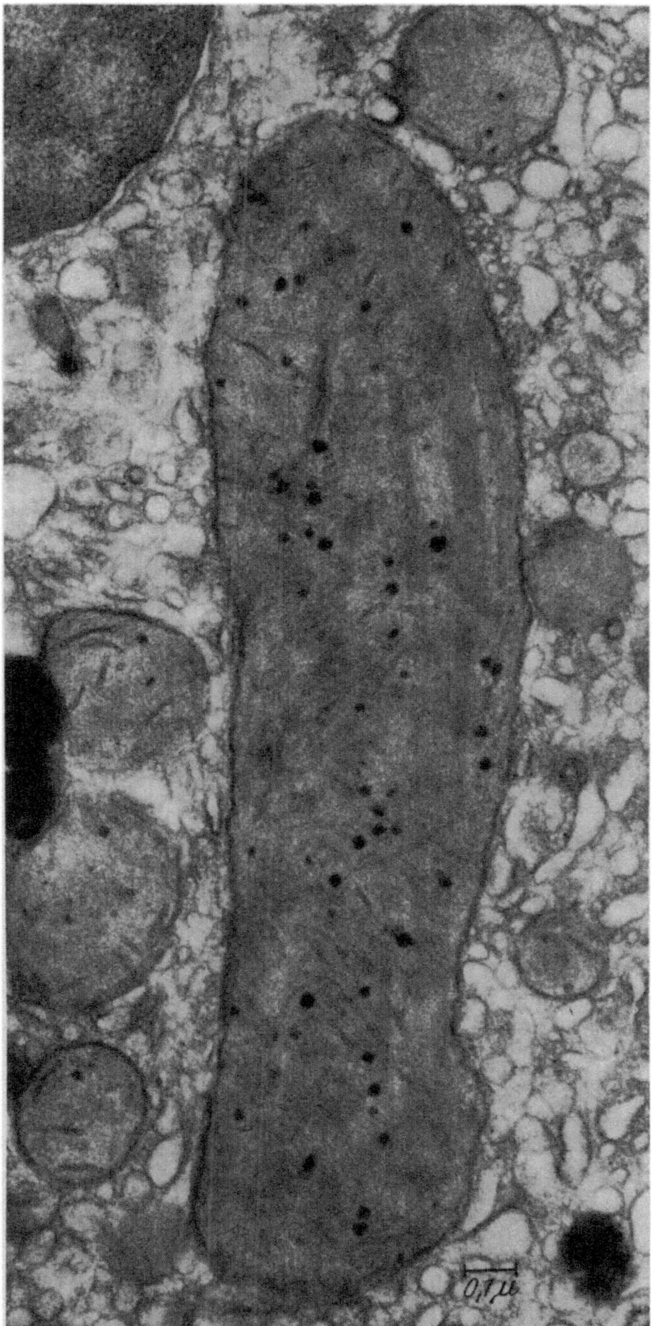

Abb. 36. Riesenmitochondrion aus einer menschlichen Leberzelle mit multiplen osmiophilen Granula sowie Bündeln von Filamenten. Kein sicherer klinisch-pathologischer Befund der Leber. 68 000 ×.

Tab. 26. *Fibröse und kristalloide Bildungen der Mitochondrienmatrix (Beispiele)*

Organ	Einwirkung	Besonderheiten	Autor
Leber	Kontrollfälle		LYNN et al., 1969; RUEBNER et al., 1969
Spermiogenese			ANDERSON, 1962
Uterusschleimhaut	Sekretionsphase	stäbchenförmig m. Querstreifung	MERKER et al., 1968
Plazenta			OLLERICH, 1968
Niere	distales Konvolut	Längsfilamente m. Querstreifung u. dichte Körper	WILLIAMS, 1967
Niere	distale Henle-Schleife		SUZUKI u. MOSTOFI, 1967
Niere	Schlange		EBE et al., 1965
Niere	Schlange	homogene Substanzen	KUROSUMI et al., 1966
Hydra		rhomboid oder rechteckig	DAVID, 1967
Pisum sativum			LEAK, 1968
Leber	Straßenhunde		STEIN et al., 1966
Leber	Erkrankung, normal		ROTH et al., 1964
Leber	normal u. zahlreiche Erkrankungen		WILLS, 1965
Leber	Mensch, normal, Cholestase		EKHOLM u. EDLUND, 1960
Leber	menschliche, bei verschiedenen Erkrankungen		KIKKAWA u. GUEFT, 1963; SPYCHER u. RÜTTNER, 1968
Leber	primäre Erkrankungen	helixförmig aus 60–80-A-Filamenten	RUFFOLO u. COVINGTON, 1967
Leber	hypovolumämischer Schock		BLAIR et al., 1968
Leber	Proteinarme Diät		SVOBODA u. HIGGINSON, 1964, 1966
Leber	Proteinarme Diät		ERICSSON et al., 1966
Leber	Alkohol	Vergrößerung	MUGNAINI, 1964
Leber	Alkohol	Vergrößerung	HADEK, 1964
Leber	Alkohol		SVOBODA et al., 1964
Leber	Alkohol	Vergrößerung	PORTA et al., 1965
Leber	Alkohol		LANE u. LIEBER, 1966
Leber	Alkohol		THORPE u. SHOREY, 1966
Leber	Alkohol u. Diät	bizarr-vergrößert	RUBIN u. LIEBER, 1962
Leber	Äthionin		WOOD, 1965
Leber	Methandrostenolen		ORLANDI u. JÉZÉQUEL, 1962
Schilddrüse	Propylthiourazil	65–75 Filamente 0,2–1 μ breit 0,5–2 μ lang	FUJITA u. MACHINO, 1964
Leber	Nikotinsäure		BAGGENSTOSS et al., 1967
Leber	Aflatoxin		SVOBODA et al., 1966

Organ	Einwirkung	Besonderheiten	Autor
Leber	2-Sulfanylamido-3-methoxy-Pyrazin	Riesenmitochondrien, 1—50% der Mit. betroffen	RICHTER et al., 1966
Leber	18-Benzylidin-17-Hydroxy-Yohimbane		IGLESIA et al., 1968
Leber	Amanita vera		PANNER u. HAUSS, 1969
Leber	Bleiazetat	vergrößert, Cristaereduktion	WATRACH, 1964
Leber	hämolyt. konstit. Ikterus	1—45% der Mit.	MINIO u. GAUTIER, 1967
Leber	Dubin-Johnson-Syndrom	mehr als 50% der Organellen	MINIO et al., 1965; MAGNENAT u. MINIO-PALUELLO, 1967
Leber	Dubin-Johnson-Syndrom		HOFSTETTER et al., 1967
Leber	Rotor-Syndrom	Riesenformen	MÖLBERT u. MARX, 1966
Leber	Rotor-Syndrom		TORSOLI et al., 1965
Leber	Cholestase		ORLANDI, 1962
Leber	verschiedene Erkrankungen		KIKKAWA u. GUEFT, 1963
Leber	Virushepatitis		RUEBNER u. SLUSSER, 1968; WILLS, 1968
Leber	M. Gaucher		SCHÄFER u. BÄSSLER, 1966
Leber	Sialurie		DUPONT et al., 1967
Leber	Heparitinsulfatmukopolysaccharidose		HAUST, 1968
Leber	M. Weil		SANDBORN et al., 1966
Leber	präneoplastische Knoten		ESSNER u. MASIN, 1966
Hepatom			HRUBAN et al., 1965
Muskel	Progr. okuläre Muskeldystrophie	Riesenformen	ZINTZ, 1966; KETELSEN et al., 1968
Muskel	Myopathie		PRICE et al., 1967; FISHER u. DANOWSKI, 1969
ZNS	Herpesvirus-Enzephalitis		SWANSON et al., 1966
ZNS	Degeneration van Bogaert u. Bertaud		ADACHI et al., 1967
ZNS	psychomotorische Retardation	65-A-Filamente	GONATAS et al., 1967
Reuber-H-35-Hepatom		Vergrößerung	HRUBAN et al., 1965
Spontane benigne Tumoren		Vergrößerung	HRUBAN et al., 1966

der Hypobranchialdrüse von *Cavolinia inflexa* und *Euclio pyramidata* (FAIN-MAUREL, 1966) angesammelt. In dystrophischen Axonen (LAMPERT, 1967), degenerierten motorischen Endplatten (DÜRING, 1967) und Kystadenolymphomen (TANDLER u. SHIPKEY, 1964; HÜBNER et al., 1967; TANDLER et al., 1968) sind glykogenhaltige Mitochondrien zu sehen. Glykolipoproteidspeicherkrankheiten führen im ZNS zur Degeneration der Mitochondrien und zur Ablagerung osmiophiler Körper (KAMOSHITA et al., 1967).

PICK et al. (1964) beobachteten in sympathischen Ganglien des Menschen in tennisschlägerartigen Mitochondrien im polnahen Gebiet Pigmentansammlungen, die sie als Mitochondriosis pigmentosa bezeichnen.

Vereinzelt werden Amyloidablagerungen in den Mitochondrien von Sternzellen (SORENSON et al., 1964) und den Leberzellen beschrieben. Fettab-

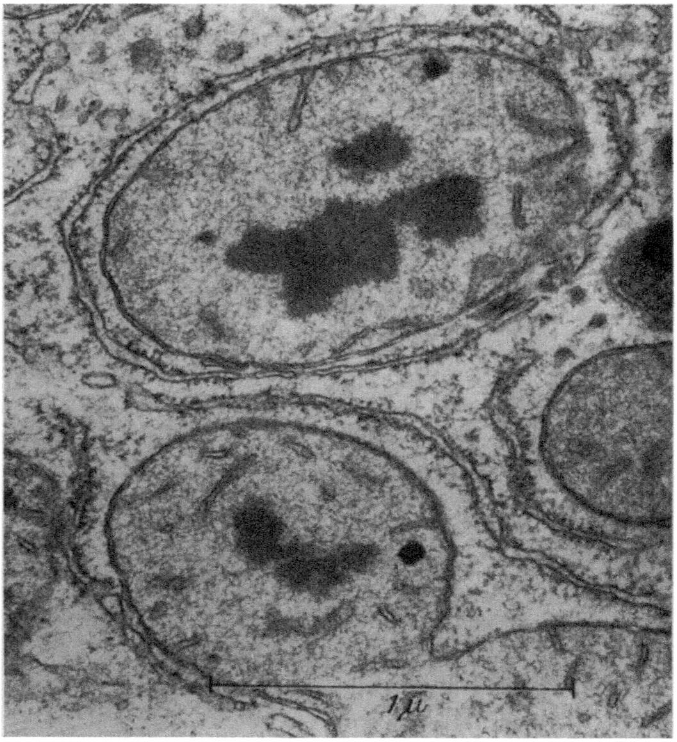

Abb. 37. Osmiophile Ablagerungeni n der Matrix mitochondrialis von Leberzellen neugeborener Ratten. 48 000 ×.

lagerungen sind in Nebennierenrindenzellen in der X-Zone (SATO, 1968) bei Natriummangel (GIACOMELLI et al., 1963) und bei Regeneration (SKELTON u. BROWNIE, 1967) sowie in den interstitiellen Zellen des Hodens nach Gonadotropingabe (DE KRETSER, 1967) zu sehen.

Maulbeerförmige oder streifige granuläre Ablagerungen sind in den Mitochondrien des Tubulusepithels der Niere nach Gabe von Siliziumlösungen zu beobachten (POLICARD et al., 1960).

Über Kalziumablagerungen in Mitochondrien siehe S. 112.

δβ) *Einschlüsse unbekannter Natur mit differenter Struktur*

Nicht selten beobachtet man in der Matrix wahrscheinlich eiweißhaltige fibröse und filamentöse Strukturen, die zu Bündeln zusammengefaßt sein

Tab. 27. *Osmiophile Ablagerungen in Mitochondrien (Beispiele)*

Organ	Einwirkung	Besonderheiten	Autor
Leber (Fledermaus)		membranbegrenzt	COSSEL, 1964
Rektosigmoid (Maus)		membranbegrenzt	DESCHNER, 1963
Muskel	Kälte		PRICE et al., 1964
Gelenkknorpel	Hunger		SILBERBERG et al., 1967
Cornea	Vitamin-A-Mangel	membranbegrenzt	SHELDON u. ZETTERQUIST, 1956
Leber	Äthionin	membranbegrenzt	MINICK et al., 1965
Herz	Sauerstoffmangel		MÖLBERT, 1957
Herz	Infarkt		KORB u. TOTOVIČ, 1962
Niere	Infarkt		TOTOVIĆ, 1961
Symp. Neurone	Hypoxie		PICK, 1967
NNR-Z. glom.	Na-Verlust		WEBER et al., 1962
NNR-Z. glom.	Kaliumchlorid	membranbegrenzt	WEBER et al., 1962
Schilddrüse	^{131}J-Radiothyreoidektomie	membranbegrenzt	BABA, 1962
Leber	Alkohol		SVOBODA et al., 1964
Leber	Alkohol		SZANTO et al., 1964
Herz	Alkohol	membranbegrenzt	HIBBS et al., 1965
Uterus	Östrogen		WADELT, 1965; NILSSON, 1959; HÖKFELT u. NILSSON, 1963
Muskel	Hypermetabolismus		LUFT et al., 1962
Lunge	Ölsäureembolie		RUBIA u. SCHULZ, 1963
Leber	Fluorenyldiazetamid		MIKATA u. LUSE, 1964
Muskel	Clostridium perfringens α-Toxin		GROSSMAN et al., 1967
Axon	Degeneration		LAMPERT, 1967
Herz	Plasmozid		D'AGOSTINO, 1963
Herz, Leber	Kobaltchlorid		KASPEREK et al., 1969; KNIERIEM u. HERBERTZ, 1969
Muskel	Dystrophie		PEARCE, 1966
Haut	Lepra lepromatosa	membranbegrenzt	ORFANOS, 1966
ZNS	Bilirubin-Enzephalopathie		SCHUTTA u. JOHNSON, 1967
Leber	H_1-Virus u. part. Hepatektomie		RUFFOLO et al., 1966
Herz	Coxsackiemyokarditis		RABIN et al., 1964
Herz	Vakzinemyokarditis		RABIN et al., 1965
Muskel	MKS-Virus	membranbegrenzt	VETTERLEIN u. WITTMANN, 1965
Portio uteri	Methylcholanthren-Dysplasie	membranbegrenzt	SCARPELLI u. HAAM, 1965; SCHRODT, 1963
Hepatome			HRUBAN et al., 1965
Haut	DMAB-Tumor	globular	SETÄLÄ et al., 1960, 1961
Leber	Säuglingstoxikose		HEBER u. COSSEL, 1966
Symp. Neurone	Altern		PICK, 1966
ZNS	Degeneration (Enukleation)		GLEES et al., 1967

können und teilweise eine parakristalline Struktur aufweisen (Abb. 36, Tab. 26) und auch in normalen distalen Abschnitten der Henleschen Schleife zu finden sind (Suzuki u. Mostofi, 1967). Oft sind damit Cristaeveränderungen, dichte osmiophile Ablagerungen und eine Zunahme der Mitochondriengröße gekoppelt. Die Befunde muß man als unspezifische Degenerationsphänomen auffassen (Wills, 1965). Yamamoto et al. (1965) unterteilten die Matrixeinschlüsse in homogene, nadelartige und gürtelförmige, parallel zur Längsachse gelagerte Formen. Andere Einteilungen erfolgten durch Ebe et al. (1966). Die im Bakterium *Myxococcus xanthus* beobachteten Kristalloide haben Ähnlichkeit mit den mitochondrialen Kristalloiden. Wie weit die Deutung, daß es sich hierbei um Ribonukleoproteide handle, übertragbar ist, kann bisher nicht gesagt werden (Voelz, 1968).

In der Fledermausleber sind bei der Hibernation Mitochondrien mit Balkenstrukturen zu sehen (Cossel u. Wohlrab, 1964). Bei Myopathien enthalten die Muskelmitochondrien rechteckige bis 0,2 μm lange Einschlüsse mit lamellären kristalloiden Innenstrukturen sowie runde homogene Einschlüsse (Gonatas u. Shy, 1966; Shy et al., 1966; Price et al., 1967). Die Mitochondrien in Muskelzellen bei degenerativer Myopathie von Truthühnern besitzen 0,25 bis 0,5 μm große elektronentransparente cristaenahe Einschlüsse (Bischoff et al., 1968). Osmiophile Ablagerungen in der Matrix sieht man unter zahlreichen Bedingungen (Abb. 37, Tab. 27). Die normalerweise vorhandenen dichten Einschlüsse verschwinden im Darmepithel bei Dedifferenzierung (Tokin, 1966) und im Hoden nach Choriogonadotropingabe (Schwarz u. Merker, 1965).

Nach Gabe von Janus-Grün B und Pinocyanol speichern die Mitochondrien von KB-Zellen die Substanzen, was sich in einer Dichtezunahme äußert. Die Akkumulation geschieht auch nach Cyanidzugabe, so daß die oxidativen Enzyme wahrscheinlich nur für den Färbeeffekt, nicht jedoch für die Ablagerung wichtig sind (Tanaka, 1968).

Parakristalline Einschlüsse stellen u. U. Kompensationsmechanismen bei Abnahme der biochemischen Eigenschaften der Mitochondrien, z. B. nach Alkoholwirkung, dar (Mugnaini, 1964). Sie bestehen aus Proteinen oder nur einzelnen Aminosäuren wie Leuzin oder Tyrosin (Kikkawa u. Gueft, 1963).

Lynn et al. (1969) halten die in Lebermitochondrien gesunder Personen zu beobachtenden parakristallinen Formationen für das Gegenstück der Kristalloide der Microbodies niederer Tiere.

Myelinartige oder lamelläre Einschlüsse entstehen durch Transformation der Phospholipide, besonders der Cristae (Svoboda, 1964) (Tab. 20).

Intramitochondriale Filamente enthalten 1—50% der Mitochondrien der Hundeleberzellen nach Einwirkung von 2-Sulfonylamido-3-methoxy-Pyrazin (Richter et al., 1966).

e) Veränderungen der Größe und Form

α) Veränderungen der Größe

Während der embryonalen Entwicklung nimmt die Mitochondriengröße in Leberzellen zu (Kafer u. Pollak, 1961; Spycher, 1967). Die Verzögerung des Alternsprozesses bei Tieren durch Gabe von Plazenta sicca- oder Testes sicca-

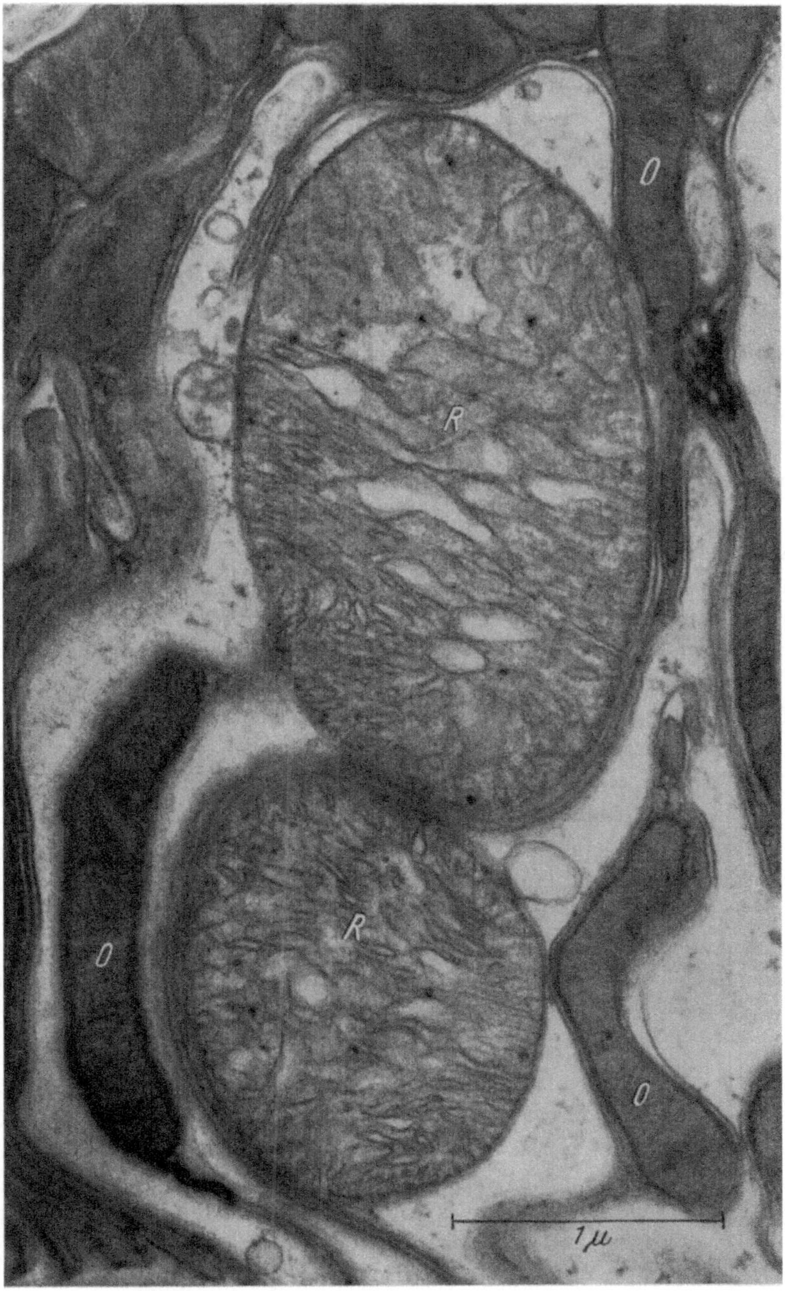

Abb. 38. Tubulusepithelzellen der Niere. Unterschiedliche Veränderungen der Mitochondrien der betroffenen Zellen. Teils Ausbildung von Riesenformen (*R*) mit Schwellung der Cristae, teils osmiophile Umwandlung (*O*). Niere einer Ratte nach Ammoniumintoxikation. 35 000 ×.

Zellen soll in den Herzmuskelzellen zu einer Erhöhung der Mitochondriengröße führen, wie sie bei jungen Ratten beobachtet wird (KMENT et al., 1966). Das Mitochondrien:Myofibrillen-Verhältnis des Herzens erhöht sich bei Thiaminmangel erheblich, von 0,53 bzw. 0,55 auf 0,86 bzw. 1,4 (Bózner et al., 1969). Für die erhebliche Vergrößerung des Mitochondrienvolumens in Muskel- und Herzmuskelzellen werden Verschmelzungen besonders im interfibrillären Bereich angenommen (Gruner, 1963; David, 1964; Meerson et al., 1964; David u. David, 1965; Laguens et al., 1966). Ähnliche Vorgänge sind teilweise auch die Ursache für die Mitochondrienvergrößerung bei gleichzeitiger Verminderung der Zahl und multiplen Formveränderungen (Haenni u. Rouiller, 1963; Reynolds, 1963) (Abb. 38, 39, Tab. 28). Nach Porta et al. (1965) stellen die lichtmikroskopisch entdeckten Mallory-Körper Megamitochondrien mit zahlreichen Zeichen der Degeneration und Kompartmentierung der Matrix durch irreguläre Cristae dar.

Nach Alkoholintoxikation besteht eine positive Korrelation zwischen vergrößerten Mitochondrien und dem Grad des Alkoholabusus (Kiessling, 1965). Nach Bestrahlung erhöhen sich Volumen und Trockenmasse der Lebermitochondrien (Baker u. Glas, 1964). Während des absoluten Hungerns nimmt das Mitochondrienvolumen im allgemeinen zu (David, 1961) (Tab. 29). Nach Hypophysektomie steigt in der Rattenleber das Gesamtvolumen der Mitochondrien von 21,4% auf maximal 38,1% am 90. Tag (Cardell, 1967). Die Riesenformen in den Leberzellen nach Barbitalgabe sollen durch Einwirkung der Substanz auf die DNS der Mitochondrien entstehen (Franke, 1967). In atypischen, vergrößerten Mitochondrien von mit Adenovirus 12 infizierten Kulturen mesenchymaler Tumoren sind DNS-Filamente zu beobachten, deren pathogenetische Bedeutung aber noch nicht eindeutig geklärt ist (Leduc, 1966; Leduc et al., 1966). Die biochemischen Untersuchungen in Mitochondrienpopulationen mit einem Anteil von vergrößerten Mitochondrien zeigen, daß es zu einer Entkopplung der oxydativen Phosphorylierung (Snipes u. Smithson, 1966; Schiefer et al., 1968), zur Reduktion der oxydativen Phosphorylierung (Scarpelli, 1966) und zur Verminderung des P/O-Verhältnisses kommt (Kimberg u. Wiener, 1966). Das Wachstum der Mitochondrien soll einen Kompensationsvorgang infolge des chronischen ATP-Mangels darstellen. Bei gleichbleibendem Volumen der Mitochondrien in der Zelle bedeutet die Vergrößerung bei gleichzeitiger Verminderung eine absolute Verschlechterung der Relationen zu den anderen Organellen, weil ja die Oberfläche und insbesondere die Cristaeoberfläche damit deutlich reduziert wird.

Eine Herabsetzung der Mitochondriengröße bei gleichzeitiger Vermehrung ist in Herzen alter Ratten (Kment et al., 1966), in atrophischen Muskelzellen (Muscatello et al., 1964, 1965) meist bei gleichzeitiger Vermehrung zu finden. Möglicherweise stellen kleine Mitochondrien Ausstülpungen und Abschnürungen großer dar (Luft et al., 1962). In Mammakarzinomen (de Man u. Rijssel, 1961) und in Nervenzellen bei der Chromatolyse (Porter u. Bowers, 1963) sieht man ebenfalls meist verkleinerte Mitochondrien.

Verkleinerte Mitochondrien sind im Endometrium nach Östradiolgabe (Nisson, 1958), in Hepatomen (de Man, 1960; Hruban et al., 1965), in Blasenkarzinomen (Kashiwai et al., 1963) und Hypophysenadenomen (Porcile, 1965) zu beobachten. In menschlichen Inselzelltumoren beträgt das Mitochondrienvolumen 8,32%, während es in normalen α-Zellen bei 6,59% und β-Zellen bei 6,80% liegt (Georgsson u. Wessel, 1967).

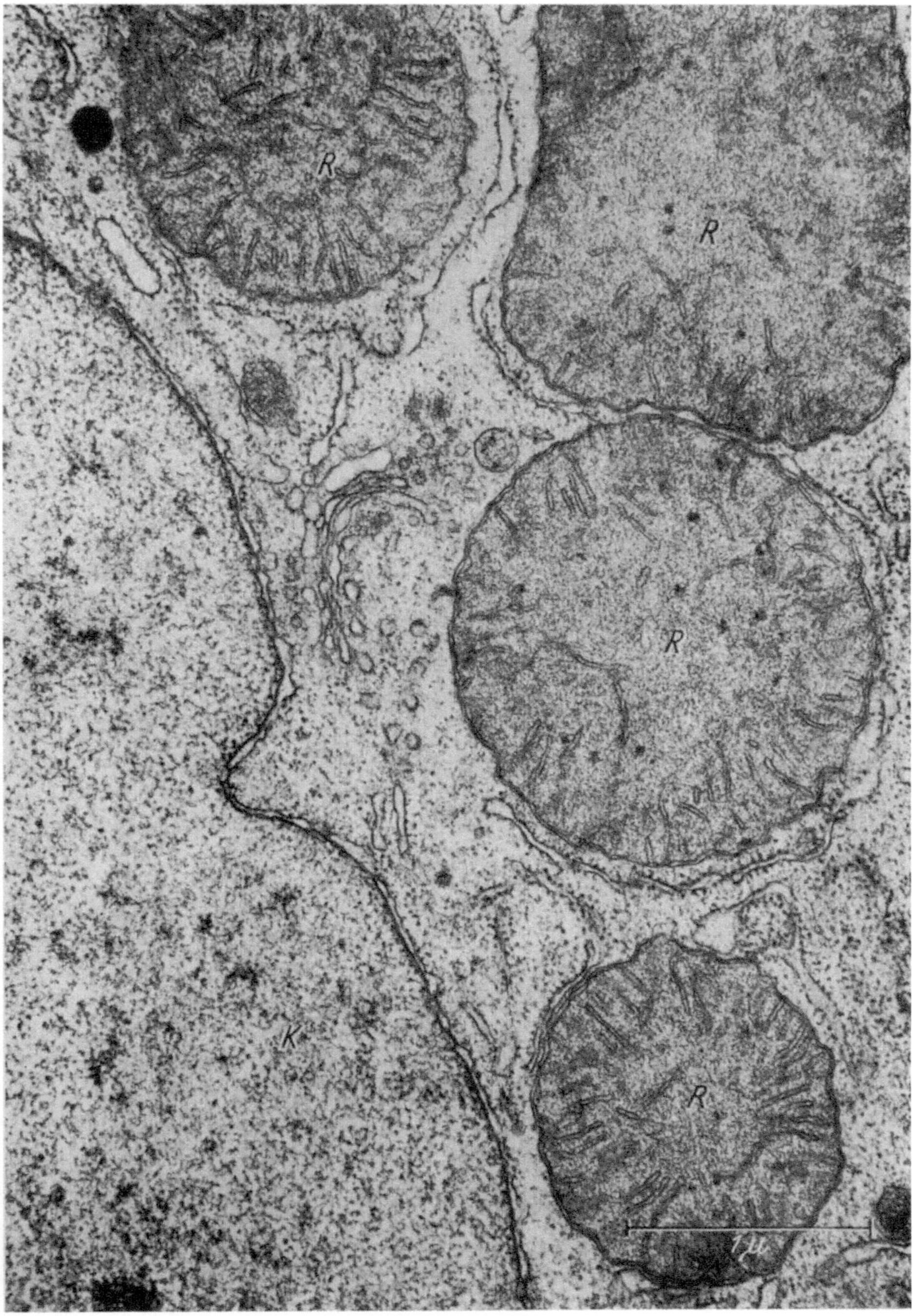

Abb. 39. Ausschnitt aus einer Leberzelle einer Maus nach 5tägigem Hunger mit hochgradiger Hyperplasie der regelrecht strukturierten Mitochondrien. Riesenmitochondrion = *R*. *K* = Kern. 32 000 ×.

Tab. 28. *Mitochondrienhypertrophie und Bildung von Megamitochondrien (Beispiele)*

Organ	Einwirkung	Besonderheiten	Autor
Uterus-schleimhaut	Sekretionsphase	bis 7 μm, dicht-gelagerte Cristae	Merker et al., 1968
Corp. Striatum	Astrozyten		Mugnaini, 1963
Ctenophore		8 × 6 μm	Horridge, 1964
Ganglienzellen	Regeneration		Lentz, 1969
Leber, Fledermaus	Hibernation	Längsstreifung, Innen-membranen, kalk-artige Einschlüsse	Cossel, 1964
Leber	Alter		Adachi, 1967
Muskel	Autolyse	Fusion	David u. David, 1965
Herz	Infarkt	Fusion	David, 1963, 1964
Herz	chron. Sauerstoff-mangel		Sulkin u. Sulkin, 1967
Leber	Hunger		David, 1962
Leber	Proteinmangel		Svoboda u. Higginson, 1964
Muskel	Proteinmangel		Racela et al., 1966
Nebenniere, Z. fasc.	Proteinmangel		Svoboda et al., 1966
Leber	part. Hunger		Herdson et al., 1964
Leber	nekrogene Diät	4–6 × so lang	Svoboda u. Higginson, 1963
Leber	Cholinmangel		Hartroft, 1962, 1965
Leber	Mangel ess. Fettsäuren		Wilson u. Leduc, 1963
versch. Organe	Mangel ess. Fettsäuren		Snipes u. Smithson, 1966
Herz	Polyensäurearme Kost	Myelinfiguren	Vitali-Mazza et al., 1967
Leber	riboflavinfreie Nahrung	Fusion	Tandler et al., 1967, 1968
Herz	Thiaminmangel		Bózner et al., 1969
Leber	Nikotinsäure	Kristalloide	Baggenstoss et al., 1967
ZNS	Vitamin-E-Mangel	vereinzelt	Lampert et al., 1964
Leber	reiner Sauerstoff	Hypertrophie od. Fusion, Cristae-vermehrung	Schaffner u. Felig, 1965
Herz	Sauerstoffmangel, Regeneration		Büchner u. Onishi, 1968
Leber, fetal	Prednisolon		Hill u. Blackburn, 1967
Leber	Prednison	Fusion, Cristae-vermehrung	Simon et al., 1964
Leber	Kortisonazetat	2–4fach	Kimberg u. Wiener, 1966; Kimberg et al., 1968; Wiener et al., 1968
Leber	Thyroxin	150–200% Cristae-zunahme	Douglas et al., 1964
Muskel	Thyreoidektomie, Hyper-thyreoidismus	Zunahme der Cristae	Lindberg, 1965

Organ	Einwirkung	Besonderheiten	Autor
Nebennierenrinde	Hypophysektomie	von 1,1 μm³ auf 36,4 μm³	MARSHALL u. ROBERTS, 1966
ZNS	Bestrahlung	Verdrängung der Cristae in Zellperipherie	CERVÓS-NAVARRO, 1964
Ganglienzellkultur	Bestrahlung		MASUROVSKY et al., 1967
Nebenniere	Bestrahlung		KLUG, 1967
Leber, gravide Tiere	Bestrahlung		FRANKE u. GOETZE, 1965
Leber	Alkohol	Cristaeverkürzung	KIESSLING u. PILSTRÖM, 1966
Leber	Alkohol		IGLESIA et al., 1965
Leber	Alkohol	Cristaevermehrung, bizarr bis 4 μm	PORTA u. HARTROFT, 1965
Leber	Alkohol		ALBOT et al., 1966
Leber	Alkohol	bis 15 μm kristalline Einschlüsse	PORTA et al., 1965
Leber	Alkohol	bis 4 μm u. Cristaevermehrung	PORTA u. HARTROFT, 1965
Leber	Alkohol	fibröse u. dichte osmiophile Einschlüsse	SVOBODA et al., 1964
Leber	Alkohol u. Diät	kristalline Einschlüsse	RUBIN u. LIEBER, 1967
Leber	Alkohol		KIESSLING et al., 1962; KOCH et al., 1968
Leber	Alkohol u. fettreiche Diät	bis 6 μm	PORTA et al., 1965
Leber	Alkohol	10–20 μm parakristalline u. myelinartige Einschlüsse	KLION u. SCHAFFNER, 1968
Leber	Alkohol, versch. Diätformen		GOMEZ-DUMM et al., 1968; OUDEA et al., 1968; PORTA u. GOMEZ-DUMM, 1968
Herz	Alkohol		SZANTO et al., 1967
Herz	Alkohol		ALEXANDER, 1966
Leber	Allylalkohol	Restmitochondrien im Innern	HÜBNER, 1965
Leber	Allylalkohol		HÜBNER, 1964, 1968
Leber	Allylformiat	Fusion	HAENNI u. ROUILLER, 1963
Herz	Aludrin		KORB, 1964
Leber	β-3-Thienylalanin		HRUBAN et al., 1961
NNR-Z. glomerulosa	Na-Mangel		GIACOMELLI et al., 1963
NNR	Aminoglutethimide		RACELA et al., 1969
Leber	2-Sulfanylamido-3-metoxypyrazin	bis 10 μm lang	RICHTER et al., 1966
Leber	18-Benzylidin-17-Hydroxy-Yohimbene		IGLESIA et al., 1968
Leber	Cuprizone		SUZUKI, 1969; SUZUKI u. KIKKAWA, 1969

Tabelle 28 (Fortsetzung)

Organ	Einwirkung	Besonderheiten	Autor
Leber	Barbital		FRANKE u. KLINGER, 1966
Leber	Barbital		FRANKE, 1967
Niere, Tubulusepithel	Leptospirose		BRITO et al., 1967
Leber	CCl_4	bis 7,5 µm schüsselförmig	REYNOLDS, 1963; HÜBNER, 1968
Leber	CCl_4-Tumoren		CONFER u. STENGER, 1965, 1966
Leber	hyperplastischer Knoten	intracrist. Ansammlung von fibrösem Material	ESSNER u. MASIN, 1966; ESSNER, 1967
transplantiertes Hepatom	Mangel an essentieller Fettsäure		LEDUC u. WILSON, 1963
Reuber-H-35-Hepatom			HRUBAN et al., 1965
multiples Myelom		Ringformen, trommelschlegelförmig	BESTETTI-BOSISIO u. LANZAVECHIA, 1965
Astrozytom			DUFFELL et al., 1963
Adenolymphom-Onkozyten			SCHIEFER et al., 1968
Mäuseaszitessarkom			KENDREY u. COSSEL, 1963
Mäuseaszites-Tumoren	Vitalfarbstoffe		WINKLER, 1967
Leber	Pat. mit Erkrankungen des Magen-Darm-Kanals	osmiophile Matrixverdichtungen, Cristaedefekt	YANAGIMOTO, 1964
Leber	Dubin-Johnson-Syndrom	bis 9 µm	MUSCATELLO et al., 1967
Leber	Rotor-Syndrom	gitterförmige Einschlüsse	MÖLBERT u. MARX, 1966
Leber	chron. Hepatitis	Myelinfiguren	HÜBNER, 1962
Herz	Schwimmen	Fusion	LAGUENS et al., 1966
Herz	Hypertrophie b. angeborenem Vitium		BREZGIN u. PAUKOV, 1968
Herz	Insuffizienz		WOLLENBERGER u. SCHULZE, 1961
Herz	Insuffizienz	Fusion, interfibrillär bis 4 µ	CAULFIELD, 1963
Muskel	progr. okuläre Muskeldystrophie	parakristalline Einschlüsse	ZINTZ, 1966; KETELSEN et al., 1968
Muskel	Dystrophie	dichtes Material in Matrix	PEARCE, 1966
Muskel	Trichinella spiralis		RIBAS-MUJAL u. RIVERA-PAMAR, 1968
Nervensystem	Regenerierende Axone nach Axondurchtrennung	Cristaehyperplasie	LAMPERT u. CRESSMAN, 1964, 1965; LAMPERT, 1967

Organ	Einwirkung	Besonderheiten	Autor
Rückenmark	Durchtrennung der Hinterstränge		SCHLOTE, 1962
ZNS	schwammige Degeneration		ADACHI et al., 1966
ZNS	metachromat. Leukodystrophie	verdickte Cristae	CRAVIOTO, 1967
ZNS	Degeneration von Bogaert u. Bertrand		ADACHI et al., 1967
ZNS	Microcephalie		SUZUKI u. RAPIN, 1969
Muskel	Myopathien	rechteckige Einschlüsse	SHY et al., 1966
Muskel	Myopathien	bis 4 μm groß, rechteckige Einschlüsse	SHY u. GONATAS, 1964
Muskel	Atrophie	Fusion	GRUNER, 1963
Niere	nephrot. Syndrom	bis 200%, wenig Cristae, matrixreiche Innenkörper	THOENES, 1966
Milz	M. Gaucher		SCHÄFER u. BÄSSLER, 1966
Muskel	verschiedene Erkrankungen	Cristaeeinschlüsse	SHAFIG et al., 1967
Muskel	M. McArdle		SLUGA et al., 1967

Tab. 29. *Veränderungen des Mitochondrienvolumens in der Leber von Hungertieren* (nach DAVID, 1961)

Tierart	Volumen des Einzelmitochondrions (μm^3)			Prozentsatz des Mitochondrienvolumens am Gesamtvolumen		
	normal	Hungertag mit	Maximalwert	normal	Hungertag mit	Maximalwert
Maus	0,80	8.	2,87	24,6	4.	60,8
Ratte	0,57	7.	2,14	26,8	7.	50,0
Meerschweinchen	0,45	6.	0,98	12,0	6.	30,9
Goldhamster	0,17	4.	1,87	4,4	4.	51,2
Kaninchen	0,24	6.	0,45	5,4	6.	13,6
Taube	0,21	8.	0,40	4,5	8.	11,7

β) Veränderungen der Form

In Verbindung mit einer Vergrößerung der Mitochondrien treten vielfach auch differente Formen auf, die ebenfalls als Zeichen einer unspezifischen Schädigung zu deuten sind, ohne daß bisher die funktionelle Bedeutung zu klären ist.

Bizarr geformte pleomorphe Mitochondrien werden in der Leber unter anderem in der Nähe von Metastasen (ELIAS et al., 1964), nach DMAB-Gabe (BERNHARD, 1961), in bestrahlten Ganglienzellkulturen (MASUROVSKY et al., 1967), in Adenolymphomen (BECHER, 1964) und im Walker-Karzinom (PARCHWITZ et al., 1965) gefunden. Manchmal kommt es zu ringförmigen Mitochondrien (DAVID, 1965; DAVID u. UERLINGS, 1965; HEIMANN, 1966; KIMBERG u. WIENER,

1966; VERNON u. GARGUS, 1966; DE KRETSER, 1967) oder zur Bildung zirkulärer Strukturen, wie in der Muskulatur bei Myasthenia gravis und Vitamin-B_1-Mangel (WOOLF, 1962). Durch Ausziehungen des Zentrums und Auftreibungen der Pole werden hantelförmige Mitochondrien (CLAUDE, 1965; PIPAN, 1966) oder trommelschlegelförmige (BESTETTI-BOSISIO u. LANZA-VECCHIA, 1965) gebildet. Hantelförmige und Ringstrukturen sind in den Neuronen des Cerebellums nach kurzdauernder Autolyse (VAN NIMWEGEN u. SHELDON, 1966) und der Leber bei Ammoniumintoxikation (DAVID u. KETTLER, 1961) und Thyreotoxikose anzutreffen (GREENAWALT et al., 1962).

Ausziehungen und Krümmungen der Pole führen zu kaulquappenartigen und schüsselartigen Formen (WINKLER, 1967), wobei gleichzeitig Bestandteile des Grundplasmas, wie Glykogen oder Fett, oder auch andere Mitochondrien und Microbodies mit umschlossen werden können. Schüsselförmige Mitochondrien beobachtet man in den interstitiellen Zellen des Hodens unter Normalbedingungen (CHRISTENSEN u. CHAPMAN, 1959), in Luteinzellen nach Einwirkung des mammotropen Hormons (ENDERS u. LYONS, 1964; BREINL et al., 1967), in der Leber nach verschiedenen toxischen Einwirkungen (REYNOLDS, 1963; DAVID u. KETTLER, 1961; HILL u. BLACKBURN, 1967; HRUBAN et al., 1966), aber auch in scheinbar normalen Lebern (STEPHEN u. BILS, 1965), in der juxtamedullären Zone der Nebennierenrinde juveniler Tiere (ZELANDER, 1964). Die in der Lunge nach Beatmung mit 100%igem Sauerstoff auftretenden schüssel- und ringförmigen Mitochondrien stellen möglicherweise einen Kompensationsmechanismus auf die direkte Inhibition der mitochondrialen Enzymaktivitäten dar (ROSENBAUM et al., 1969).

Verzweigungen der Mitochondrien sieht man in der Leber bei Ischämie (HÜBNER, 1961), nach Kortisonazetat (KIMBERG u. WIENER, 1966), in Leber, Herz und Niere nach Dinitrophenolgabe (SCARPELLI, 1966), im toxischen Schilddrüsenkropf (HEIMANN, 1966) und in den Epithelkörperchen nach Epiphysektomie (KRISTIĆ, 1967) sowie in zu Riesenzellen umgewandelten Monozyten (SUTTON, 1967).

f) Veränderungen der Menge

α) Zunahme der Zahl

Eine Vermehrung der Mitochondrien wird unter zahlreichen Bedingungen beobachtet. Diese Zunahme kann mit einer Größenverminderung und degenerativen Erscheinungen einhergehen, sie kann die ganze Zelle oder nur bestimmte Areale betreffen und kann parallel mit einer Vermehrung der anderen Organellen oder abweichend von ihnen erfolgen (Tab. 30). Die Zunahme erfolgt auf einem der differenten Wege der Mitochondrienvermehrung, wobei man häufiger als in normalen Zellen Querteilungen beobachten kann. Besonders oft ist eine lokale Mitochondrienanhäufung in durchtrennten Axonen zu finden, weil infolge der Durchtrennung die normale Mitochondrienwanderung vom Perikaryon zu den Synapsen unterbrochen wird. Gleichzeitig kommt es dabei auch zur Degeneration von Mitochondrien und zur Ansammlung dichter Körper und Vesikel (WEBSTER et al., 1962; WETTSTEIN u. SOTELO, 1963; TANI, 1964; ZELENÁ et al., 1968). In Riesenzellen von Epitheloidzellgranulomen erhöht sich die Zahl der Mitochondrien parallel zur Zunahme der Kerne (BÖNICKE et al., 1963).

Tab. 30. *Vermehrung der Mitochondrienzahl (Beispiele)*

Organ	Einwirkung	Besonderheiten	Autor
Uterusschleimhaut	Sekretionsphase		MERKER et al., 1968
Herz	Schwimmtraining		BÓZNER u. MEESSEN, 1969
Niere	kompensator. Hypertrophie		JOHNSON u. AMENDOLA, 1960
Herz, Muskel	Eichhörnchen nach Hibernation		MORELAND, 1962
Herz	Alter	Verkleinerung	KMENT et al., 1966
Darm	Alter		MERRILL et al., 1967
Flugmuskel, Wespe	Kältestarre	Vergrößerung	SCHWALBACH u. AGOSTINI, 1964
Leber	reiner Sauerstoff		SCHAFFNER u. FELIG, 1965
Retina	Ischämie		SHAHIB u. ASHTON, 1966
Herz	Erholung nach Sauerstoffmangel		ONISHI, 1967
Leber	portocavaler Shunt		RUBIN et al., 1963
Leber	proteinreiche Diät		ORDY et al., 1966
Leber	Vitamin-C-Mangel		SHERIDAN u. BOURNE, 1964
Leber	Riboflavinmangel		LUSE et al., 1962
ZNS	Vitamin-E-Mangel	zentrale Akkumulation in dystrophischen Axonen	LAMPERT et al., 1964
Schilddrüse	TSH		LUPULESCU u. PETROVICI, 1968
Leber	Thyroxin		PAGET u. THORP, 1963
Herz	Hypertrophie bei angeborenem Vitium		BREZGIN u. PAUKOV, 1968
Muskel	Schilddrüsenhormon		GUSTAFSSON u. TATA, 1963
Muskel	Schilddrüsenhormon		GUSTAFSSON, 1964
Muskel	Thyreoidektomie, Thyroxin	1,5 × 2,5 – 3,5 ×	GUSTAFSSON et al., 1965; LINDBERG, 1965
Leber	Alloxandiabetes		SATOH, 1966
Insel-β-Zellen	Insulingabe bei Diabetes		WILLIAMSON, 1965
Uterusmuskel	Östrogen	Vergrößerung	LAGUENS, 1964
Uterusschleimhaut	Östrogen und Progesteron		KRONE et al., 1962
Hoden, interstitielle Zellen	Gonadotropin	Vergrößerung	DE KRETSER, 1967
Uterus	Follikulin, Progesteron		ZINNARI u. VALLERINO, 1962
Leber	Hypophysektomie		CARDELL, 1966
Parathyreoidea	Epiphysektomie		MILINE u. KRSTIC, 1966; KRSTIC, 1967
Schilddrüse	toxischer Kropf	Vergrößerung	HEIMANN, 1966
ZNS	Bestrahlung		CERVÓS-NAVARRO, 1965
ZNS	α-Partikelbestrahlung		MAXWELL u. KRÜGER, 1965
Retina	Bestrahlung	lokal	BECHER u. THEMANN, 1964
Ovar, Luteinzellen	Bestrahlung		FLAKS u. BRESLOFF, 1966

Tabelle 30 (Fortsetzung)

Organ	Einwirkung	Besonderheiten	Autor
Herz	Alkohol		ALEXANDER, 1967
Herz	Alkohol	Vergrößerung	SZANTO et al., 1967
Rückenmark	Fluorzitrat	Ansammlung in Axonauftreibungen	KOENIG u. PATEL, 1967
Trigeminusganglion	Plasmozid	lokal im Axon	D'AGOSTINO, 1964
Herz, Leber, Niere	DNP		SCARPELLI, 1966
gl. Muskelzellen	β-Aminopropionitril		SIMPSON et al., 1962
Insel-β-Zellen	Sulfonylurea	Vergrößerung	VOLK u. LAZARUS, 1964
Insel-β-Zellen	Tolbutamid	Vergrößerung	LAZARUS u. VOLK, 1962
ZNS	Ödem, degenerierte Axone		HAYANO, 1967
Rückenmark	Regeneration nach Durchtrennung	Verkleinerung	PORTER u. BOWERS, 1963
ZNS	Hypoglossuskern nach Neurotomie		HUDSON u. HARTMANN, 1961
ZNS Astrozyten	Trauma		HAGER, 1963
Kornea	regenerierte Epithelzellen nach Verletzung		LATESSA u. ROSS, 1964
Herz	Hypertrophie		CAULFIELD, 1963
Herz	Hypertrophie	Cristae vermindert	PAUKOV, 1962
Herz	Hypertrophie		KLEITKE et al., 1966; ARCOS et al., 1968
Granulome		lamellenförmige Transformation	LÖBLICH, 1961
Leber	Virushepatitis	onkozytenartige Zellen	WILLS, 1968
Pankreas	Entzündung		TASSO, 1967
Epithelkörperchen	oxyphile Zellen des Adenoms		HOLZMANN u. LANGE, 1961
Onkozytome			HÜBNER et al., 1965; TANDLER et al., 1968
Adenolymphom			BECHER, 1964; DAVID u. KORTH, 1964
Adenolymphom		zahlreiche Abartigkeiten	HÜBNER et al., 1967
Leber	verschiedene Erkrankungen		BIAVA u. MUKHLOVA-MONTIEL, 1965
Leber	Unterbindung des D. choledochus	herdförmige lamellenförmige Transformation	CARRUTHERS u. STEINER, 1962
Leber	Cholelithiasis		ENDO, 1965
Leber	Na-Taurolithocholat		SCHAFFNER u. JAVITT, 1966
Leber	2-Me-DAB		LAFONTAINE u. ALLARD, 1964
Leber	DMAB		LAFONTAINE u. ALLARD, 1960
Hepatome			THERON et al., 1962

Organ	Einwirkung	Besonderheiten	Autor
Schilddrüse	Karzinom		BASCHIERI u. TONIETTI, 1968
Uterus	glanduläre Hyperplasie, Karzinom		BABA u. HAAM, 1967
Haut	Psoriasis	Vergrößerung	BRODY, 1964
Haut	Psoriasis		LAGERHOLM, 1966
Muskel	Denervationsatrophie	Verkleinerung	MUSCATELLO et al., 1965
Muskel	Myopathien	kristalloide Einschlüsse	PRICE et al., 1967
ZNS	allergische Enzephalomyelitis	lokale Ansammlung	FIELD u. RAINE, 1966
ZNS	subakute skleros. Leukenzephalitis		GONATAS, 1966
ZNS	Scrapie		FIELD u. RAINE, 1964

In den Muskelzellen winterschlafender Eichhörnchen steigt die Mitochondrienzahl in den einzelnen Bereichen unterschiedlich. Im Herzen nimmt sie um 32%, im Diaphragma um 19%, im Vorderglied um 20% und im Hinterglied um 3% zu (MORELAND, 1961, 1962). Gleichzeitig nehmen auch die Innenstrukturen, möglicherweise als Ausdruck einer Enzymspeicherung zu. Mit der Vermehrung der Mitochondrien erhöhen sich in der reaktiven Glia bei der Leukodystrophie Typ Krabbe auch die oxydativ-respiratorischen Enzyme wie Glutamin- und Milchsäuredehydrogenase und DPNH-Diaphorase (NELSON et al., 1962, 1963).

Die chronische Gabe von DNP führt zur Depression der ATP-Bildung und zu einer kompensatorischen Vermehrung und Vergrößerung der Mitochondrien von Herz, Leber und Niere (SCARPELLI, 1966).

Die Erhöhung der Mitochondrienzahl in schnellwachsendem Lebergewebe und in Tumoren kann auch durch eine Verlängerung der Lebenszeit vorhandener Mitochondrien bedingt sein (BASS et al., 1966).

Eine Vermehrung und Vergrößerung der Mitochondrien wird als Mitochondriosis bezeichnet (SZANTO et al., 1967).

β) Verminderung der Zahl

Unsere statistischen Untersuchungen an den Leberzellen von Hungertieren zeigen, daß dabei eine unterschiedliche Verminderung von Mitochondrienzahl und -volumen zu verzeichnen sein kann (DAVID, 1964) (Tab. 31). Vielfach sind jedoch beide Werte miteinander kombiniert. Nach SCARPELLI et al. (1968, 1969) wird die Mitochondrienzahl in der Rattenleber nach 7tägigem Hunger von normal $4{,}48 \times 10^{10}$ je mg nukleäre DNS auf $2{,}26 \times 10^{10}$ reduziert.

Im eosinophilen Granulom beträgt der Anteil der Mitochondrien am Zytoplasmavolumen 1,9% (GEORGSSON u. WESSEL, 1967). Der prozentuale Mitochondrienanteil sinkt von normal 11,2 (Mamma lactans der Maus) in menschlichen Mammakarzinomen auf 5,4—8,9 (HOLLMANN, 1968) bzw. 6,6—12 (VERLEY u. HOLLMANN, 1968). In transplantierten Mammakarzinomen der Maus beträgt der Anteil 7,1% $\pm$ 0,3, in der Leber 7,5% $\pm$ 0,4 und in der Milz 6,9% $\pm$ 0,7 (HOLLMANN u. VERLEY, 1968). Bei experimentellen Nerventumoren wurde ein Mitochondrienanteil von 0,91—3,21% ermittelt (GEORGSSON et al., 1969).

Tab. 31. *Veränderungen der Mitochondrienzahl in der Leber von Hungertieren* (nach DAVID, 1961)

Tierart	Zahl je Leberzelle (ein- u. zweikernige Zellen)			Zahl je gr Leber × 10^{10}		
	normal	Hungertag mit	Minimalwert	normal	Hungertag mit	Minimalwert
Maus	2970	8.	710	30,8	8.	9,85
Ratte	2450	8.	1630	29,4	8.	22,9
Meerschweinchen	2400	8.	1450	26,6	8.	22,2
Goldhamster	2490	8.	1370	25,2	8.	18,0
Kaninchen	2580	8.	2500	22,2	8.	30,1 (ständige Vermehrung)
Taube	1170	8.	1250	21,5	8.	29,3 (ständige Vermehrung)

Tab. 32. *Relation von Mitochondrien zu Myofibrillen im Winterschlaf, bei Atrophie und Hypertrophie* (nach MEESSEN, 1967)

Tierart	Bedingung	Verhältnis Mitochondrien : Myofibrillen in den Herzmuskelzellen
Siebenschläfer	Wachzustand	1,00
	Winterschlaf, 7 Monate	0,70
	vorzeitige Unterbrechung des Winterschlafes	1,40
Ratte, männl.	Kontrolle	0,85
	Inanitionsatrophie, schnelle Abmagerung	0,65
	Inanitionsatrophie, langsame Abmagerung	0,50
Ratte, weibl.	Kontrolle	0,67
(nach POCHE et al.,	Druckhypertrophie, 3 Monate	0,33
1968)	Druckhypertrophie, 12 Monate	0,23
Hund	Kontrolle	0,45
(nach WOLLENBERGER u. SCHULZE)	Linksherzhypertrophie, Aortenstenose, 4–6 Monate	0,41
	Linksherzhypertrophie, Aortenstenose, 11–29 Monate	0,28

In den Herzmuskelzellen der Ratte wird im Hunger ebenfalls eine Reduktion der Relation von Mitochondrien/Myofibrillen beobachtet. Bei schneller Abmagerung sinkt der Wert auf 0,65, bei langsamer auf 0,50. Beim Siebenschläfer reduziert sich das Verhältnis von 1,0 auf 0,7 im Verlauf eines achtmonatigen Winter-

Tab. 33. *Verminderung der Mitochondrienzahl (Beispiele)*

Organ	Einwirkung	Besonderheiten	Autor
Leber	Alter		ADACHI, 1967; TAUCHI u. SATO, 1968
Herz	chron. Sauerstoffmangel		SULKIN u. SULKIN, 1967
Leber	Hunger		ZALETAJEWA, 1964
Muskel	Hungeratrophie		GIESEKING, 1962
Leber	Proteinmangel	kristalloide Strukturen	SVOBODA u. HIGGINSON, 1964
Leber	Proteinmangel	kristalline Strukturen	ERICSSON et al., 1966
Leber	proteinarme Diät	Vergrößerung, kristalline Struktur	ERICSSON et al., 1966
Leber	Proteinmangel		HOLM et al., 1966; MORL et al., 1968
Chang-Leberzellen	Glutaminmangel		KOCHHAR, 1968
Schilddrüse	Gabe von Trockenschilddrüse		FUJITA et al., 1963
Leber	Kortison	Vergrößerung	KIMBERG et al., 1968; WIENER et al., 1968
Niere	Hypervitaminose D_2		ENGFELDT et al., 1962
Leber	Bestrahlung	Fusion	HRADIL, 1963
Walker-Ca	Bestrahlung		PARCHWITZ, 1965
Epiphyse	Bestrahlung		BOSTELMANN, 1968
Leber	Alkohol	lamelläre Transformation u. dichte Einschlüsse	SZANTO et al., 1964
Leber	DMAB		BERNHARD, 1961
Haut	DMAB- u. Methylcholanthren-Tumoren	globuläre dichte Einschlüsse	SETÄLÄ et al., 1960, 1961
Portio	Methylcholanthren-Dysplasie	dichte Körper	SCARPELLI u. HAAM, 1963
Aszitestumorzellen	Chemotherapeutika		OSATO et al., 1961
Kleinhirn	Umschneidung		SMITH et al., 1966
Tectum opticum	Entfernung der Augen, im Bereich der Präsynapse		GRAY u. HAMLYN, 1962
ZNS	INH-Neuropathie		SCHLÄPFER u. HAGER, 1964
Herz	chron. Überlastung		WOLLENBERGER et al., 1961
ZNS	retrograde Atrophie		BARRON et al., 1962
Muskel	myogene Atrophie	Vergrößerung	GRUNER, 1963
Muskel	Denervationsatrophie		PELLEGRINO u. FRANZINI, 1963; MUSCATELLO et al., 1964; MUSCATELLO u. PATRIARCA, 1968
Niere prox. Tubulus	exper. Hypertension	Abnahme normaler Mitochondrien	KAWANO, 1966
Niere	Kobalt		BESKID u. BARTOSZEWICZ, 1968

schlafes (POCHE u. MÖNKEMEIER, 1962) (Tab. 32). Aus dem Winterschlaf erwachende Eichhörnchen haben in der Herzmuskulatur 25% weniger Mitochondrien. Die Einzelmitochondrien sind dabei 10% länger und 28% breiter (ZIMNY u. MORELAND, 1968).

Eine chronische Überlastung des Herzens bewirkt eine Reduktion der Mitochondrienmenge im Verhältnis zum Myofibrillenvolumen (WOLLENBERGER et al., 1961).

Bei der Denervationsatrophie verschwinden die Mitochondrien in den Muskelzellen parallel zum kontraktilen Material (PELLEGRINO u. FRANZINI, 1963; FRANZINI u. PELLEGRINO, 1962). Ein ähnlicher Befund ist nach GIESEKING (1962) bei der Hungeratrophie der Muskulatur zu finden. Die normale Zahl von $33{,}5 \times 10^8$ Mitochondrien je g Muskulatur sinkt nach 14tägiger Atrophie auf $17{,}26 \times 10^8$ und nach 28tägiger Atrophie auf $15{,}42 \times 10^8$. Im Hungerzustand wird die Menge dagegen nur auf $29{,}21 \times 10^8$ reduziert (DAVID u. TONAK, 1959).

Die Gabe von Glukokortikoiden führt zur Verminderung des Mitochondrienbesatzes in den interfibrillären Räumen der Muskulatur. Von 60—75% kann der Wert auf 20—30% sinken (TICE u. ENGEL, 1966, 1967). Bei der Linsenregeneration nimmt im Verlaufe der Zelldifferenzierung die Mitochondrienzahl ab (JURAND u. YAMADA, 1967). Die Verminderung der Mitochondrienzahl (Tab. 33) kommt durch eine absolute Abnahme der Gesamtzahl oder durch Verschmelzung normalgroßer Mitochondrien zu Riesenformen zustande, wobei das Volumen insgesamt gleichbleiben kann.

g) Veränderungen der Verteilung

Da aus kinematischen Untersuchungen an Gewebekulturen bekannt ist, daß die Mitochondrien in der Lage sind, schnell von einem Zellort an einen anderen zu gelangen, ist jede Darstellung über besondere Mitochondrienlokalisationen mit einer gewissen Zurückhaltung zu betrachten. Andererseits wissen wir jedoch nicht, wie sich die Organellen *in vivo* verhalten und müssen die unter bestimmten Bedingungen häufig anzutreffenden Lokalisationen als funktionell bedeutungsvoll ansehen.

Durch Glykogenansammlungen werden in Leberzellen die Mitochondrien in die Kernumgebung und Zellperipherie verdrängt (ERICSSON et al., 1966). Verlagerungen in die Peripherie findet man bei Bestrahlung in Leberzellen (HRADIL, 1963) ebenso wie solche in die Kernregion (SCHERER u. VOGELL, 1958).

Während der Prophase liegen die Mitochondrien der sich auflösenden Kernmembran eng an und können sogar mit ihr verschmelzen (BRANDT u. PAPPAS, 1959; BARER et al., 1960). In Lebern embryonaler Küken stehen 22% der Mitochondrien in enger Verbindung zur Kernmembran, während bei erwachsenen Hühnern nur noch 6% eine enge Verbindung zeigen (NORTH u. POLLAK, 1961). Nicht nur in Kernmembraneinziehungen (MOTA, 1963), sondern vereinzelt auch innerhalb des Karyoplasmas sind manchmal Mitochondrien zu sehen (MORI et al., 1960; KLUG, 1966). Sie gelangen wahrscheinlich im Verlauf der Mitose in den Kernbereich.

In chromatolytischen Spinalganglienzellen verlagern sich die Mitochondrien um den Kern (PANNESE, 1963) und zusammen mit dem Kern in die Zellperipherie (CERVÓS-NAVARRO, 1962). Spinalganglien alternder Tiere zeigen Mitochondrienaggregationen (Kotani u. Kawashima, 1961). Die Rezeptorzellen des Kükens besitzen bei der Entwicklung zuerst eine Anhäufung der Mitochondrien im apikalen Bereich, von wo sie später in das innere Segment abwandern (Meller u. Breipohl, 1965). Bei Zerstörungen der Zellmembran können Mitochondrien aus der Zelle austreten (Abb. 40).

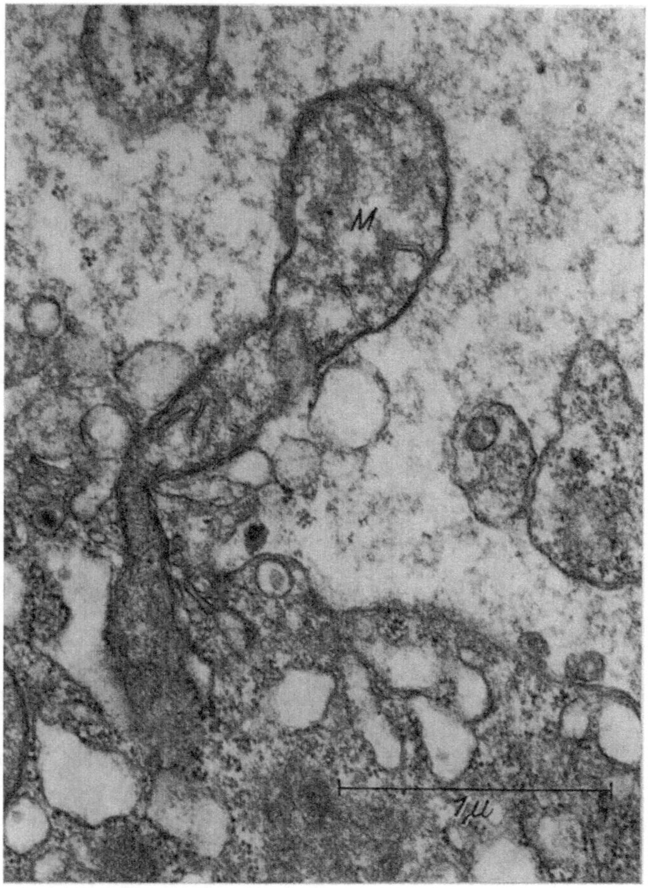

Abb. 40. Sinusoidale Leberzelloberfläche mit Ablösung der Sternzellen und Austritt eines Mitochondrions (*M*) bei Hyperthermie. 35 200×.

Mitochondrienaggregationen finden sich bei der Wallerschen Degeneration im proximalen Stumpf durchtrennter Axone oder Nerven, z. T. mit Ausbildung von Riesenformen oder schalenförmiger Aneinanderlagerung von Mitochondrien bei gleichzeitiger Ansammlung von Vesikeln und dichten Körpern (Schlote, 1961, 1962; Webster et al., 1962; Wettstein u. Sotelo, 1963; Tani, 1964; Hager, 1966; Kapeller u. Mayor, 1967; Daly u. Imaeda, 1967). Unterschiedliche Verteilungen der Mitochondrien in Axonen und Schwannschen Zellen während der Entwicklung werden von Berthold u. Skoglund (1967) beschrieben.

In den Tubulusepithelien der Niere geht nach Bestrahlung die basale Lagerung der Mitochondrien verloren (MORGENROTH u. THEMANN, 1966). Bei der Frühembryogenese kommt es in Leberzellen von der apikalen Lagerung zu einer regellosen Verteilung der Mitochondrien (SPYCHER, 1967).

In der Nasenschleimhaut sammeln sich die Mitochondrien bei einem Infekt oder bei Allergie im oberen Zellpol an (FRIEDMANN, 1963). In umschriebenen nekrotischen Bezirken der Herzmuskulatur beim hämorrhagischen Schock wandern die Mitochondrien in die Peripherie des Areals, wo sie enger gepackt sind (MARTIN et al., 1964, 1966). Bei der familiären periodischen Paralyse der Muskulatur bilden sich Mitochondrienaggregate perinukleär und unter dem Sarkolemm (ODOR et al., 1967) ebenso wie bei der Stäbchenmyopathie (ENGEL, 1966), nach Gaben von Kortikosteroiden (ENGEL, 1966) und in sauerstoffarmer Tyrode-Lösung (BURGOS, 1966).

h) Entstehung und Untergang der Mitochondrien

α) Entstehung

Für die Entstehung der Mitochondrien gibt es verschiedene Möglichkeiten (s. auch DAVID, 1968; MÖLBERT, 1968). Der häufigste Weg ist sicher der durch Querteilung schon vorhandener Mitochondrien (Tab. 34). Dieser Vorgang ist

Tab. 34. *Querteilung von Mitochondrien (Beispiele)*

Organ	Einwirkung	Autor
Leber		BAHR u. ZEITLER, 1962
Leber	part. Hepatektomie	ADACHI, 1967
NNR Z. fasc.	ACTH	SOEDER u. THEMANN, 1968
Leber	Ischämie	BASSI, 1963
Herz	Hypoxie	HASPER, 1964, 1965
Herz	Erholung nach Sauerstoffmangel	ONISHI, 1967
Leber	Riboflavin	TANDLER et al., 1969
Leber	Hepatitis, Kortison	RUEBNER et al., 1967
Leber	DMAB	LAFONTAINE u. ALLARD, 1960
Leber	Diabetes mellitus	LAGUENS u. BIANCHI, 1963
Herz	Aderlaß	ONISHI, 1962
ZNS	Axondurchtrennung	SCHLOTE, 1966
ZNS	Axondurchtrennung	BLÜMCKE u. BACHMANN, 1966
N. opticus	Durchtrennung, distaler Stumpf	SCHLOTE, 1966
Onkozytom		TANDLER et al., 1968

unter zahlreichen Bedingungen besonders dann beschrieben worden, wenn auch insgesamt in den Zellen eine höhere Mitochondrienzahl beobachtet wurde (Tab. 30). Sprossungen sind ebenfalls möglich.

In Leberzellen des Feuersalamanders beobachteten wir die Bildung kleiner Mitochondrien in großen Muttermitochondrien mit nachfolgender Geburt (DAVID, 1962). Mehrfach wird die Entstehung durch Transformation von Microbodies angegeben.

Nach BADE (1964) bilden sich in Leberzellen Mitochondrien durch Umbildung des endoplasmatischen Retikulums. Eine ähnliche Genese wird auch von WENDT u. SCHÄFER (1967) in bestrahlten Hühnerherzmyoblasten beschrieben.

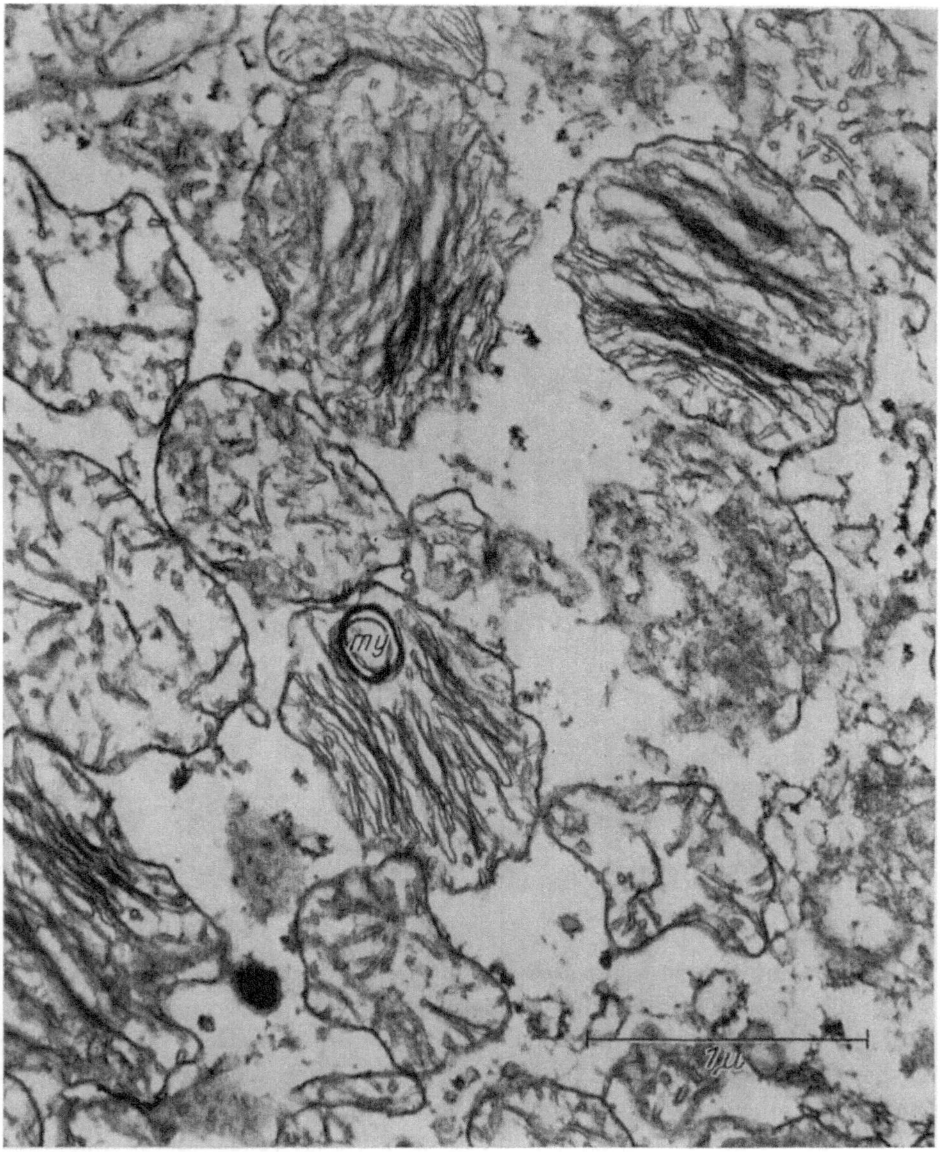

Abb. 41. Lamelläre Transformation der Mitochondrieninnenstrukturen und umschriebene Myelinbildung (*my*) sowie Zerfall der Außenmembranen aus einer isolierten perfundierten Niere. 37 000 ×.

In Neuroblasten von Spinalganglien von Hühnerembryonen bilden sich neue Mitochondrien aus wirbelförmigen abgelösten Teilen der Kernmembran (PANNESE, 1966). In den Photorezeptorzellen von *Lebistes reticulatis* entstehen die Mitochondrien der Ellipsoidkörper de novo im perinukleären Zytoplasma über verschiedene Zwischenstufen (Berger, 1964). Nach Schjeide et al. (1964) bilden sich im Kern Vesikel, die nach Abgabe ins Zytoplasma zu Mitochondrien transformiert werden.

Myelinartige Strukturen sind möglicherweise bei der mitochondrialen Biogenese als Ausgangsmaterial beteiligt (Beck u. Greenawalt, 1968). Von Robertis u. Bleichmar (1962) wird eine Genese von Mitochondrien aus myelinhaltigen Nervenfasern beschrieben.

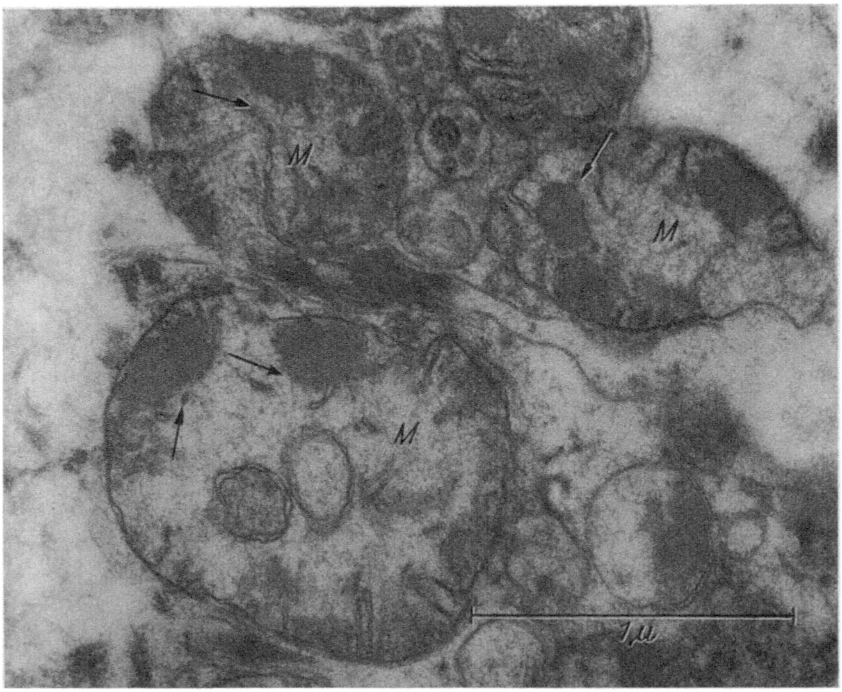

Abb. 42. Mitochondrien (*M*) aus nekrotischen Zellen mit Ausbildung osmiophiler Innenkörper (↗) aus abgebauten Phospholipiden und Proteinen. 42 000 ×.

In der Integumentlage von Sardinenlarven erfolgt die Bildung von Mitochondrien aus Vakuolen, die von Zytoplasmaeinstülpungen umgeben werden, woraus sich dann über mitochondrienartige Körper typische Mitochondrien bilden (Threadgold u. Lasker, 1967). Eine Neubildung kann auch aus Aggregationen von dichten Granula erfolgen (Lee, 1964).

Bei der Biogenese von Lebermitochondrien erfolgt primär die Synthese der Außenmembran und der unlöslichen Proteine der Innenmembranen sowie der dazugehörigen Phospholipide. Danach werden die extramitochondrial synthetisierten löslichen und Matrixproteine eingebaut (Beattie, 1968). In den Mitochondrien der Leber von Küken ändert sich das Verhältnis von Protein: Lipid von der Inkubation (8. Tag 1,9; 9.—11. Tag 2,65) auf 3,2 bei erwachsenen Tieren (Goldhor, 1968).

β) Untergang

Ein Großteil der beschriebenen Mitochondrienveränderungen kann in sterbenden oder toten Zellen gefunden werden, ist jedoch nicht als spezifisch zu betrachten. Schwellungen und Verdichtungen der Mitochondrien bis zur Pyknose sieht man sowohl bei der Autolyse wie auch in nekrotischen Zellen. Osmotische Veränderungen und ATP-Mangel sind als ursächlich für die Schwellungszustände zu betrachten. In isolierten Lebermitochondrien ist nach zweistündiger Kreislaufunterbrechung die Kapazität zur ATP-Bildung um etwa 50% reduziert (MERKER et al., 1964). Dieser Befund geht mit zahlreichen Cristaeveränderungen einher (Abb. 41). In zugrunde gegangenen Mitochondrien akkumulieren häufig Kalziumsalze.

Während die genannten Befunde unspezifisch und teilweise auch reversibel sein können, ist die Ausbildung eines „Mitochondrienkörpers" (Abb. 42) als Zeichen des irreversiblen Unterganges anzusehen. Dieser Körper wurde schon von ZOLLINGER (1948) auf Grund phasenkontrastmikroskopischer Beobachtungen beschrieben. Der Mitochondrienkörper liegt meist nahe der Außenmembran in der Matrix und ist mäßig osmiophil. Es handelt sich um abgebaute Phospholipide und weitere Abbauprodukte des Mitochondrieninnenraumes, die besonders bei der Autolyse (DAVID, 1960; CAESAR, 1961; DAVID et al., 1961) und bei der Necrosis *in vitro* (FAITH u. TRUMP, 1965; TRUMP et al., 1965) auftreten.

Der Zerfall von Mitochondrien ist ebenfalls als ein sicheres Zeichen des Unterganges zu werten. Diesen Vorgang beobachtet man z. B. in den Spermien nach Eintritt in das Ei und nach Ablösung vom Axialfilament (SZOLLOSI, 1965), oder bei der Autolyse (DAVID u. DAVID, 1965). ANDERSON (1968) fand eine Selbstauflösung der Spermatozoen-Mitochondrien im Ooplasma von *Paracentrotus lividus*. Dabei kommt es zu Schwellungen der Mitochondrienbestandteile und Herauslösung der Matrix, Zerfall der Cristae und Verstreuung im umgebenden Zytoplasma.

In Phenylhydrazin-behandelten Retikulozyten werden die Mitochondrien in Vakuolen bei gleichzeitigem Abbau ausgestoßen (SIMPSON u. KLING, 1968).

i) Spezielle Befunde

Bei der Ausschaltung von Mitochondrien aus den normal verlaufenden Stoffwechselprozessen des umgebenden Zytoplasmas werden sie oft von Membranen umgeben (Abb. 43), so in der Leber nach partieller Hepatektomie (JORDAN, 1964), bei nekrogener Diät (SVOBODA u. HIGGINSON, 1964), riboflavinfreier Nahrung (TANDLER et al., 1968) und bei Beatmung mit reinem Sauerstoff (SCHAFFNER u. FELIG, 1967) im Herzen bei Hypoxie (HASPER, 1964, 1965), nach Thyroxingabe (SUSIN u. HERDSON, 1967) und Aludrineinwirkung (KORB, 1964), im ZNS bei psychomotorischer Retardation (GONATAS et al., 1967) und bei der Luteumzellregression nach Melengestrol-Acetat-Gabe (PRIEDKALNS, 1969).

In dystrophischen Axonen lagern sich die vermehrten Neurofilamente spiralig um Mitochondrienansammlungen (LAMPERT et al., 1964). In alternden Lungen werden die Mitochondrien teilweise von lamellären Körpern umschlossen (SIRTORI, 1964). Nach PORTA et al. (1964, 1965) stellen die alkoholbedingten Mallory-Körper der Leber veränderte Mitochondrien mit riesenlysosomalen laminären Strukturen dar. Auch nach FLUX u. TISDALE (1964) besteht alkoholisches Hyalin teilweise aus degenerierten Mitochondrien.

Besondere Beziehungen bestehen auch zwischen den Mitochondrien und Fetttropfen, wie sie z. B. von JATLOW et al. (1964) in der Leber nach Orotsäuregabe beobachtet wurden. Nach Zuführung einer Fettemulsion umgeben vergrößerte Mitochondrien partiell die Fetttropfen (KING et al., 1965). In den Retinalzellen von *Lebistes reticulatis* wandeln sich Mitochondrien zu Öltropfen um (BERGER, 1966). Bei Zellkulturen aus atherosklerotischen Aortenkulturen

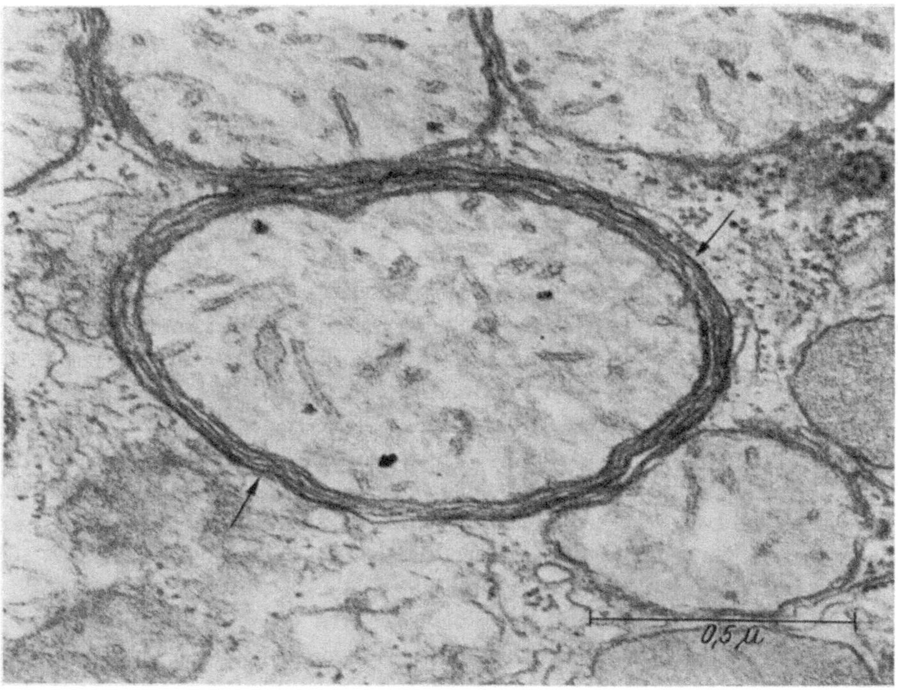

Abb. 43. Beginnende Myelinmembranbildung (↗) um ein Mitochondrion der Leberzelle einer Ratte 4½ Stdn. nach intralienaler Aktinomyzingabe. Auflösung der Matrix und Zerfall der Cristae. 67 500 ×.

soll es zum Übergang von Mitochondrien in Lipidvakuolen kommen (SMITH et al., 1966).

In der Nebennierenrinde verschmelzen die geschwollenen Mitochondrien bei chronischer Methylandrostenediolgabe zu Vakuolen (LEVINE u. SKELTON, 1967).

4. Das Golgi-System und die Zentriolen

a) Normale Struktur und Funktion

α) Das Golgi-System

Durch die Elektronenmikroskopie wurde die Existenz des Golgi-Systems endgültig bewiesen. Es setzt sich aus drei Grundbestandteilen zusammen:

1. Flachen, bis 15 nm breiten Zisternen mit parallel gelagerten Membranen, die meist zu Stapeln von 4—8 zusammengelagert sind;

2. Vesikeln, die 400—800 Å groß sind und besonders an den Enden der Zisternen und an ihrer Außenseite lokalisiert sind;
3. Vakuolen, die vorwiegend an der Innenseite der oft hufeisenförmig gekrümmten Zisternen liegen.

Das in fast allen Zellen vorhandene Golgi-Feld ist häufig in der Nähe des Kerns lokalisiert und liegt in sekretbildenden Zellen auf der dem Sekretpol zugewandten Seite der Zelle. Im Golgi-System ließen sich bisher saure Phosphatase, Thiamin-Pyrophosphatase, Nukleosid-Diphosphatase und Glukose-6-Phosphatase nachweisen.

Trotz zahlreicher Vermutungen und Anhaltspunkte über die Funktion des Golgi-Feldes besteht noch keineswegs endgültige Klarheit. Nach Rohr (1966) stellt es ein Reservoir von Membranen, eine Schaltstelle von Stoffwechselvorgängen und den Ort der Kopplung von Mukopolysacchariden und Proteinen dar.

Einige Aufgaben sind als gesichert zu betrachten. Im Rahmen der Sekretproduktion, z. B. der exokrinen Pankreaszellen, oder in anderen eiweißproduzierenden und -sezernierenden Zellen wird das im Bereich des granulären endoplasmatischen Retikulums synthetisierte Protein in das Golgi-Feld transportiert. Hier erfolgt entweder ein Umbau, eine Speicherung oder eine Kondensierung des Materials. Dabei wird es meist von einer einfachen Membran umhüllt. Jedoch ist in Fibroblasten der Weitertransport in Vesikeln keineswegs zu sichern. In exokrinen Pankreaszellen lösen sich im Bereich der Peripherie des Golgi-Feldes die noch sehr kleinen Vesikel mit einem nur wenig dichten Inhalt ab, der erst im Verlauf der Wanderung zur Zellgrenze kondensiert wird.

In der Leber soll das Golgi-Feld bei der Bilirubinbildung eine Teilfunktion haben. Außerdem beteiligt es sich an der Fettakkumulation. Bei einer Perfusion mit freien Fettsäuren sammeln sich in den Vesikeln 300—1200 Å große Partikeln an (Hamilton et al., 1967). Das Golgi-System soll an der Bildung und Sekretion von wenig dichtem Plasmaprotein teilnehmen.

In den schleimbildenden Becherzellen des Darmes nimmt das Golgi-Feld oft große perinukleäre Bereiche ein. Es beteiligt sich möglicherweise durch Sulfation bei der Synthese der sauren Mukopolysaccharide.

In Spermien soll das Golgi-System am Umbau der DNS in Polysaccharide teilhaben (Yasuzumi et al., 1967).

β) Die Zentriolen

In zahlreichen Zellen juxtanukleär innerhalb des Golgi-Feldes lokalisiert, findet sich das Zentrosom, meist aus einem Paar Zentriolen bestehend. Sie stellen sich selbst reproduzierende Organellen dar und bestehen aus 9 Fibrillen oder Tubuli, die noch in Substrukturen unterteilt sein können, und bilden einen 300 bis 500 nm langen, 150 nm dicken Hohlzylinder. In der Umgebung der Zentriolen können Satelliten oder perizentrioläre Strukturen in Form 300—700 Å großer osmiophiler Granula beobachtet werden.

In zilienhaltigen Zellen entstehen aus den Zentriolen die Basalkörper der Zilien. Unter diesen Bedingungen sind die zentriolenartigen Körper in großer Menge in einer Zelle vorhanden.

b) Hyperplasie und Hypertrophie des Golgi-Systems

Hyperplasie (Abb. 44) und Hypertrophie sowie die teilweise auch zu beobachtende Multiplikation der Golgi-Felder sind unter zahlreichen Bedingungen zu sehen (DAVID, 1964; MÖLBERT, 1968) (Tab. 35) und können nicht

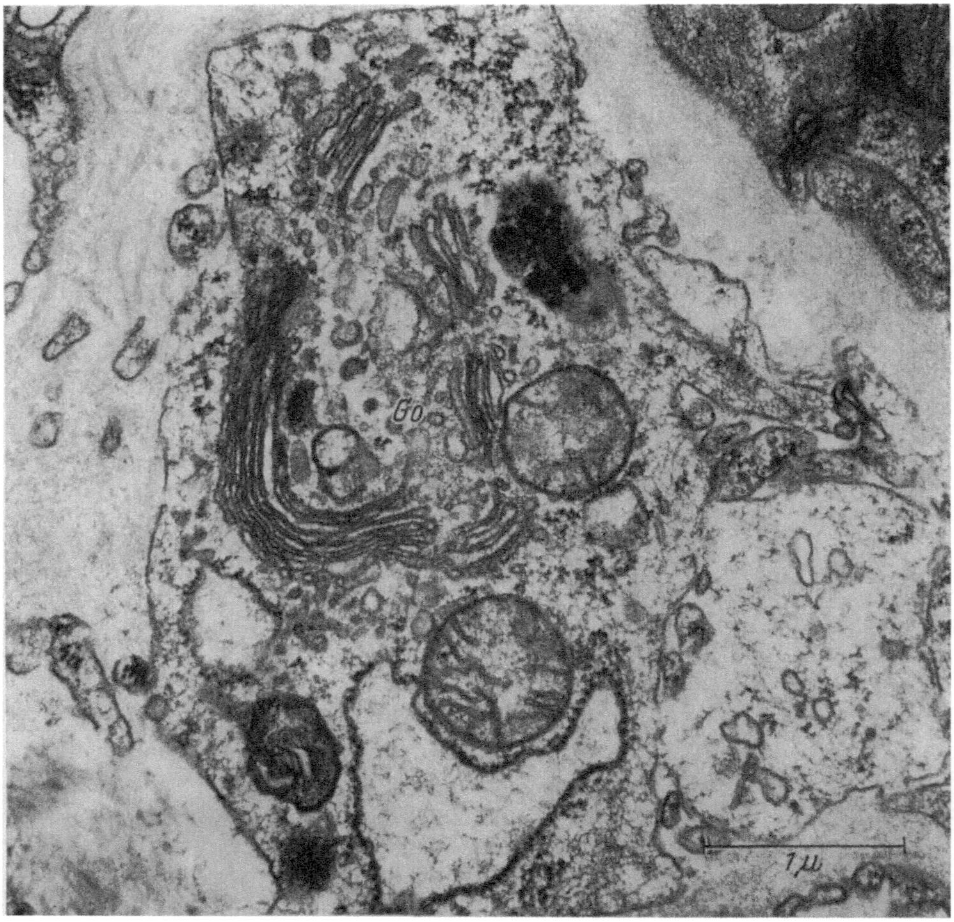

Abb. 44. Hyperplastisches Golgi-Feld (*Go*) in einer Mesenchymzelle der Nierenrinde der Ratte bei Alloxandiabetes. 27 000 ×. (Aufnahme: Dr. DITSCHERLEIN.)

immer funktionell erklärt werden. Im allgemeinen sind alle Bestandteile des Systems parallel verändert. Jedoch können auch isoliert vermehrt Vesikel und membranbegrenzte osmiophile Ablagerungen auftreten. Bei der Multiplikation sind in verschiedenen Zytoplasmabezirken Golgi-Felder anzutreffen (Abb. 45). Parallel mit der Hypertrophie des Golgi-Systems geht oft eine Zunahme des agranulären endoplasmatischen Retikulums und/oder der Lysosomen einher.

Tab. 35. *Hypertrophie, Hyperplasie und Multiplikation des Golgi-Systems (Beispiele)*

Organ	Einwirkung	Besonderheiten	Autor
Leber (Forelle)	Kälteadaptation	osmiophile Partikel	BERLIN u. DEAN, 1967
Ganglion cervicale	in Krebslösung	Vesikelzunahme	FORSSMANN u. ROUILLER, 1966
Parathyreoidea-Kultur	geringe Ca++-Konzentration im Medium		ROTH u. RAISZ, 1964, 1965
Pankreas	Proteinmangel		SVOBODA et al., 1966
Pankreas, Leber	β-3-DL-Furylalanin		HRUBAN et al., 1965
Pankreas	β-3-Thienylalanin		HRUBAN et al., 1962
Leber	β-3-Thienylalanin		HRUBAN et al., 1963
Aorta-Endothel	Hyperlipämie	Lamellenvermehrung	STILL u. PROSSER, 1964
Leber	O_2-Beatmung		SCHAFFNER et al., 1966
Insel-β-Zellen	Diabetes mellitus		VOLK u. LAZARUS, 1964
Insel-β-Zellen	Arylsulphonamid		THERET u. PALAYER, 1967
Nebennierenmark	Insulin		BENEDECZKY, 1967
Leber	Kortison	osmiophile Granula	DE MAN, 1964
Pankreas	Prednison		PUTZKE u. NICSOVICZ, 1965
Hoden, interst. Zellen	Gonadotropin		MERKOW et al., 1968
Schilddrüse	schilddrüsenstimulierendes Hormon		HERMAN, 1960; HERMAN u. FITZGERALD, 1961
Parathyreoidea	Epiphysektomie		MILINE u. KRSTIĆ, 1966
Gelenkknorpel	Östradiolbenzoat		SILBERBERG et al., 1965
Gelenkknorpel	Somatotropin		SILBERBERG et al., 1964
Leber	Ultraschall		CURTIS, 1966
Chang-Leberzellen	Bestrahlung		MONTGOMERY et al., 1964
Leber	Alkohol		IGLESIA et al., 1965
Leber	Alkohol		ALBOT et al., 1966
Leber	Alkohol		ALBOT u. PARTURIER-ALBOT, 1966
Leber	Thioazetamid		SALOMON, 1962
Leber	Taurolithocholat	Lamellenvermehrung	SCHAFFNER u. JEWITT, 1966
Leber	Retrorsine		AFZELIUS u. SCHOENTAL, 1967
Leber, Sternzellen	Aktinomyzin		DAVID, 1966
Leber	part. Hepatektomie u. Aktinomyzin	osmiophile Granula	DAVID u. UERLINGS, 1967
Pankreas	Aktinomyzin		YAMAGUCHI et al., 1966
Pankreas	1-Aminocyclopentan-Karboxylsäure	Dilatation	CHENARD u. AUGER, 1968
Insel-β-Zellen	Tolbutamid		LAZARUS u. VOLK, 1962
Insel-β-Zellen	Sulfonylurea		VOLK u. LAZARUS, 1964
Myokardkulturen	Na-Fluorazetat		BOVIS et al., 1966
Schilddrüse	Trizyano-aminopropen		ALLEN et al., 1965

Tabelle 35 (Fortsetzung)

Organ	Einwirkung	Besonderheiten	Autor
Leber	CCl_4		CONFER u. STENGER, 1966
Leber	CCl_4		STENGER, 1966; UNAKAR, 1968
Leber	part. Hepatektomie		BARTOK et al., 1967
Niere	Hypertrophie nach unilateraler Nephrektomie		ANDERSON, 1967
Rückenmark	Chromatolyse		BODIAN, 1964
Spinalganglienzellen	Hypertrophie nach Durchtrennung		PANNESE, 1964
Rückenmark	Nervendurchtrennung		PORTER u. BOWERS, 1963
Schilddrüse	toxischer Kropf		HEIMANN, 1966
Schilddrüse	M. Basedow		LUPULESCU u. PETROVICI, 1968
Hypophysenadenom			OLIVA et al., 1966
Melanom			ZELICKSON, 1962
Hepatom			THERON et al., 1962
Walker-Karzinom	Bestrahlung		PARCHWITZ et al., 1965
Zellkultur	Frühsommermeningoenzephalitis-Virus		KOVAC et al., 1961
Zellkultur	Zytomegalie-Virus		RUEBNER et al., 1965
Muskel	Trichinella spiralis		RIBAS-MUJAL u. RIVERA-PAMAR, 1968

c) Atrophie des Golgi-Systems

Eine Reduktion des Golgi-Feldes insgesamt oder seiner Bestandteile wird relativ selten beobachtet. Im ZNS sah NIKLOWITZ (1966) nach Gabe von konvulsiven Giften und Methoxypyridoxin einen Kollaps der Membranstrukturen und ein Fehlen der Vesikel. Atrophische Golgi-Felder werden in der Leber bei Hungerzuständen (TOMI et al., 1961), Proteinmangel (MORI et al., 1968) oder nach Aktinomyzingabe (HAN et al., 1964) beschrieben. Sie werden außerdem in Darmepithelzellen bei Dedifferenzierung (TOKIN, 1966) in exokrinen Pankreaszellen nach Gabe von Diäthanolamin (HRUBAN et al., 1965), in Vaginalepithelzellen nach Östrogenapplikation (BADER u. ERNST, 1968), in bestrahlten Myoblasten (SCHÄFER, 1965) und in Zellen des Portiokarzinoms (HAAM, 1964) gesehen. Nach HOLLMANN (1968) wird der Anteil des Golgi-Systems in Mammakarzinomzellen von normal 7,4% auf 2,0—5,6% gesenkt. Während der Me-DAB-Karzinogenese der Leber werden Größe und Zahl der Golgi-Komplexe reduziert. Sie erscheinen in entwickelten Hepatomen wieder regelrecht (SAITO, 1968). Organkulturen von Parathyreoideazellen zeigen bei hohem Kalziumgehalt des Mediums atrophische Golgi-Felder (ROTH u. RAISZ, 1964, 1965). Hypotrophische Golgi-Systeme enthalten die Schilddrüsenepithelzellen beim Kolloidkropf (LUPULESCU u. PETROVICI, 1968). In Chang-Leberzellen wird das Golgi-Feld nach Glutaminmangel desintegriert und verschwindet (KOCHHAR, 1968).

d) Strukturveränderungen des Golgi-Systems

Bei der Autolyse in Zellen des ZNS bildet sich das Golgi-Feld zu Vesikeln um (VAN NIMWEGEN u. SHELDON, 1966), und es kommt zur Adsorption der aus den Lysosomen freigesetzten sauren Phosphatase (DVORAK, 1967). Geschwollene und erweiterte Vesikel sind in autonomen Ganglienzellen bei Vitamin-C-Mangel zu

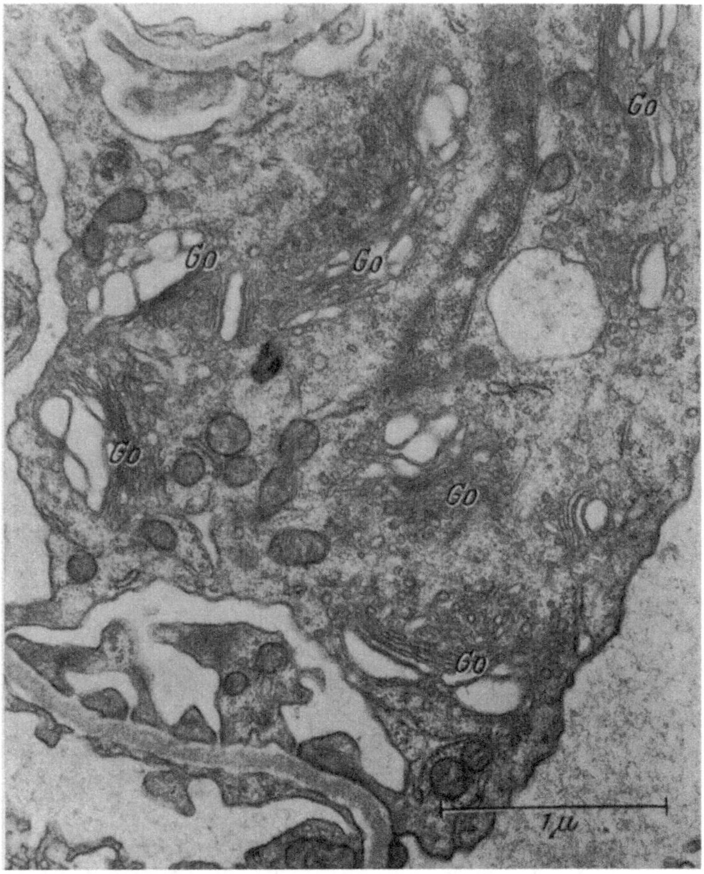

Abb. 45. Multiplikation des Golgi-Systems (*Go*) in einer Glomerulumepithelzelle der Rattenniere nach 8tägiger Dioxangabe. 30 000 ×.

sehen (SULKIN u. SULKIN, 1967). In den Epithelkörperchen krümmen sich die Membranen des Golgi-Feldes hufeisenförmig, und die Zahl der Sekretgranula und mikrovesikulären Elemente erhöht sich bei Epiphysektomie (KRSTIĆ, 1967). In Herzganglienneuronen von Krabben finden sich im Zytoplasma dichte sphäroide Einschlüsse von 1—4 μm mit hellen Hohlräumen und dichten Granula (MIDSUKAMI, 1966), die vom Golgi-System gebildet sein sollen. Contrykalapplikation bewirkt eine Vakuolisierung des Golgi-Systems in exokrinen Pankreaszellen (TSCHIFTSCHIISKY et al., 1966) (Abb. 46).

In der Leber sind Veränderungen des Golgi-Feldes unter vielfältigen Bedingungen beschrieben worden. In Lebertumoren (DE MAN, 1960; HRUBAN et al.,

1965) ist das Golgi-System diffus in den Zellen verteilt und zeigt keine Beziehungen zu den Gallenkapillaren. Im Reuber-H-35-Hepatom überwiegen die vakuolären Anteile mit elektronendichten Granula in der Lichtung. Bei der Cholestase aus verschiedenen Gründen (Pappai et al., 1963; Schaffner, 1965; Schaffner u. Sasaki, 1965) finden sich, ebenso wie bei der Unterbindung des Ductus pancreaticus (Zelander et al., 1964), vergrößerte, z. T. zusammengeflossene Vakuolen im Golgi-Feld. Rohrzuckergabe führt in Leberzellen zur

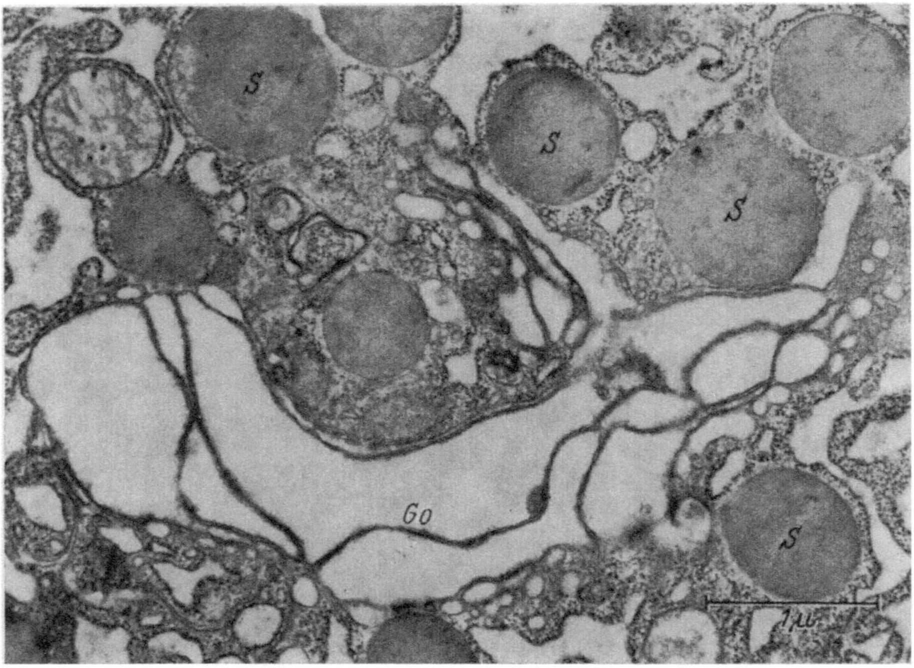

Abb. 46. Hochgradig vakuolisiertes Golgi-System (*Go*) aus einer exokrinen Pankreaszelle der Ratte 24 Stdn. nach Gabe von Contrykal. *S* = Sekrettropfen. 22 000 ×.

Vakuolisierung der Golgi-Vesikel und zu ihrem Zusammenfließen mit Lysosomen (Yanagita, 1967). Nach CCl_4-Intoxikation schwellen die Vesikel und geben ihre Granula ab (Reynolds, 1963). Bei Gabe von α-Naphthylisothiozyanat ordnet sich das große Golgi-System um eine oder mehrere Vakuolen an (Spycher u. Rüttner, 1964). Nach partieller Hepatektomie enthalten die Golgi-Vakuolen 200 nm große Fetttröpfchen (Jordan, 1964). Sie werden auch häufig in hypertrophierten Golgi-Feldern beobachtet (Abb. 47, 48) (Tab. 35). In der Prometaphase wandelt sich das Golgi-Feld aus lamellären Strukturen in kleine Vesikel um (Dougherty, 1964). Bei Hypoxie ist die Aktivität zur Abgabe von Vesikeln reduziert, d. h., daß die Bilanz zwischen primären und sekundären Lysosomen gestört ist, so daß die primären Lysosomen vermindert sind (Glinsmann u. Ericsson, 1966). In der Umgebung der Golgi-Vakuolen findet sich bei posthepatitischer Hyperbilirubinämie lamelläres oder amorphes Material, das wahrscheinlich Lipofuszin darstellt (Hübner, 1962).

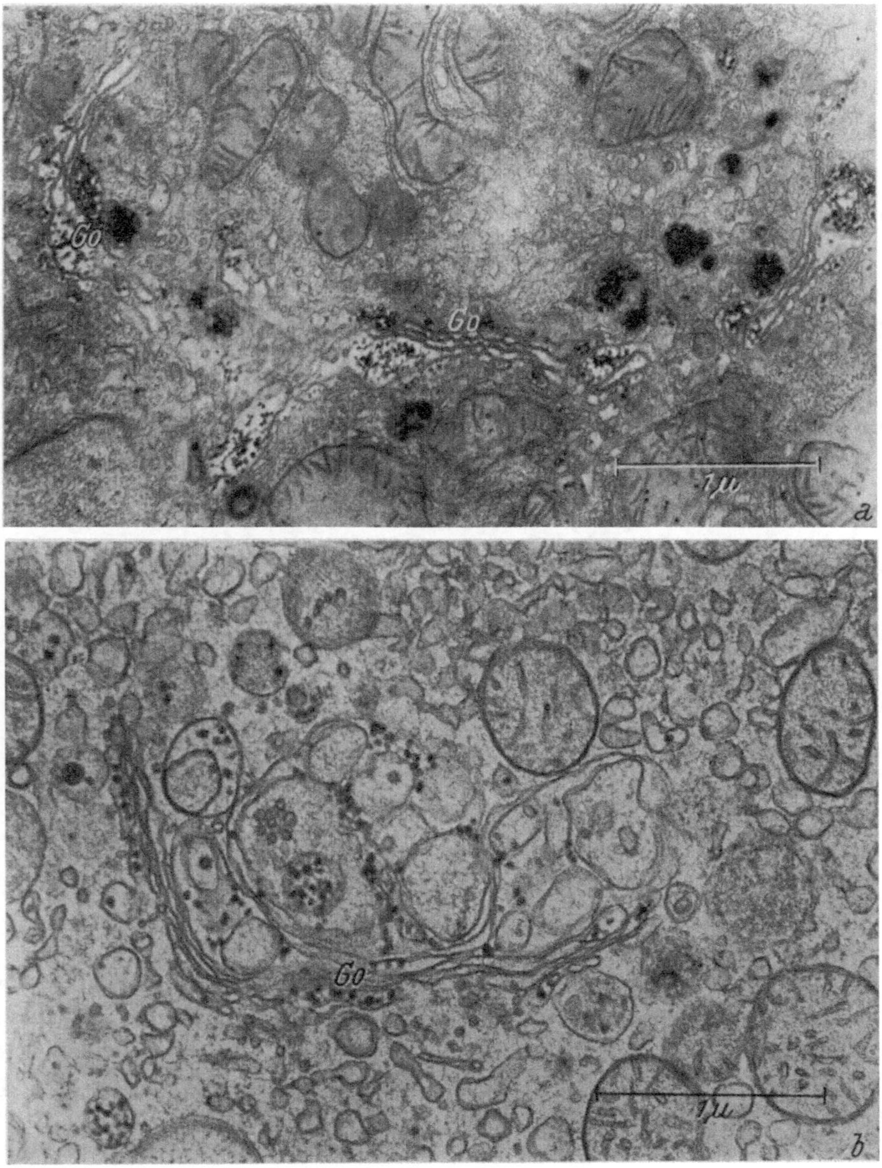

Abb. 47. *a*) Hyperplastisches Golgi-Feld (*Go*) mit Ansammlung von osmiophilen Granula in einer Leberzelle der Ratte 3 Tage nach Gabe von Aktinomyzin. 27 000 ×. — *b*) Großes Golgi-Feld (*Go*) mit Ansammlung osmiophiler Granula sowie vesikuläre Umwandlung des endoplasmatischen Retikulums in einer Leberzelle der Ratte nach 12stündiger Autolyse. 30 000 ×.

Äthionin führt in Pankreaszellen zur Degeneration des Golgi-Feldes (Ekholm et al., 1962), während nach Galaktosegabe vermehrt z. T. verbackene Prozymogengranula angehäuft sind (Putzke u. Bienengräber, 1967).

Aktinomyzin bewirkt eine Fragmentierung der Zisternen und daraus resultierend eine Zunahme der Vesikel bei gleichzeitigem Fehlen der Intermediärstadien zur Bildung der Zymogengranula (Rodriguez, 1967).

Bei der Mammainvolution sind die Golgi-Vakuolen vergrößert und enthalten mehr osmiophile Tropfen als normal (WELLINGS u. DE OME, 1963).

In Zellkulturen wird das Golgi-Feld deutlich verändert, wobei es zu einem komplexen System von gedrehten dicken Membranen kommt (JÉZÉQUEL u. STEINER, 1966).

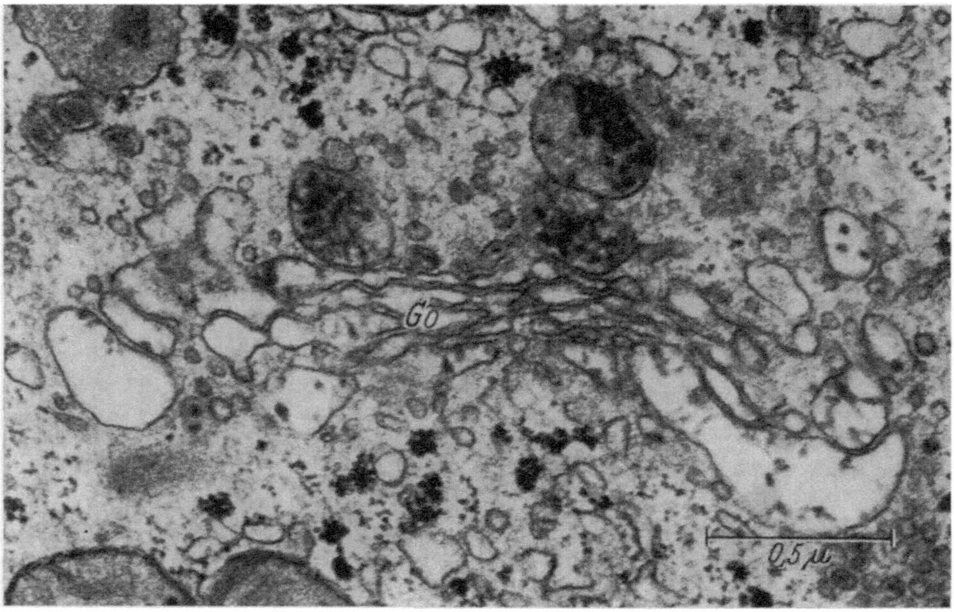

Abb. 48. Hyperplastisches Golgi-Feld (*Go*) aus einer Leberepithelzelle des Kaninchens bei Drosselung der portalen Blutzufuhr. 48 000 ×.

e) Befunde an den Zentriolen

Befunde über Veränderungen der Zentriolen sind sehr selten. Multiple Zentriolen wurden in der Leber bei chronischem idiopathischem Ikterus (INFERRERA u. MOTTA, 1965) und nach Gabe von Retrorsine (AFZELIUS u. SCHOENTAL, 1967) sowie in den proximalen Tubulusepithelzellen der Niere bei Vitamin-E-Mangel und bei 100% Sauerstoffgehalt der Luft beobachtet (HESS u. MENZEL, 1968).

In Knochenriesenzellen sind Riesenzentrosphären aus 9—13 Paaren von Zentriolen (MATTHEWS et al., 1967) vorhanden. In verschiedenen Zellen wird ebenfalls eine Zentriolenvermehrung beschrieben (STOCKINGER u. CIRELI, 1965). In multiplen Myelomen sind die Zentriolen größer als normal (BESTETTI-BOSISIO u. LANZAVECCHIA, 1965). Die Spermatiden von *Melanoplus diff. diff.* zeigen nach Bestrahlung die Bildung überzähliger Zentriolen (TAHMISIAN u. DEVINE, 1961).

Im Corpus geniculatum laterale treten bei retrograder Degeneration in normalen und atrophischen Neuronen und Astrozyten Zentriolen auf (DOOLIN et al., 1967). HONJIN et al. (1964) fanden bei der Wallerschen Degeneration in Astrozyten eine Verkürzung der Zentriolen und das Auftreten von Satelliten und amorphem Material in der Umgebung.

5. Lysosomen, Zytolysomen, Phagolysomen und Pigmente

a) Normalstruktur und Funktion der Lysosomen

Insbesondere durch die Untersuchungen von DE DUVE u. Mitarb. auf biochemischer und NOVIKOFF auf morphologischer Seite sind die Lysosomen in den letzten Jahren bekannt geworden (NOVIKOFF, 1961, 1963; DAEMS, 1962; DE DUVE, 1963, 1964; LANCKER, 1964; MERKER, 1964; NOVIKOFF et al., 1964; VERITY, 1965; WEISSMANN, 1965; KRISCH, 1966; MAUNSBACH, 1966; ROHR, 1966; GAHAN, 1967). Sie werden danach durch vier Merkmale charakterisiert:

a) Die Existenz von hydrolytischen Enzymen mit saurem pH-Wert, deren Substrate Nukleinsäuren, Proteine, (Lipide?), Polysaccharide, Mukopolysaccharide, Disaccharide, Phosphorsäure- und Schwefelsäureester sind;
b) das Fehlen des oxydativen Stoffwechsels;
c) eine Größe von etwa 0,4 μm;
d) die Existenz einer umgebenden Lipoproteidmembran. In den Wänden können Mikrotubuli enthalten sein (JOURNEY, 1964).

Während die biochemischen Kennzeichen relativ konstant sind, lassen sich bezüglich der Morphe der Lysosomen zahlreiche Modifikationen finden, die für bestimmte Zellarten charakteristisch sind. Immer mehr bisher unverbindlich als Zytosomen bezeichnete Zytoplasmakörper können heute auf Grund ihres Enzymgehaltes als Lysosomen bezeichnet werden. So werden in Normalzellen sowohl die Leukozytengranula (BAINTON u. FARQUHAR, 1965) wie auch die Sekretgranula verschiedener sezernierender Zellen und die Granula der juxtaglomerulären Zellen (FISCHER, 1966) dazu gerechnet.

Lysosomen sind in den einzelnen Zellarten in unterschiedlicher Menge vorhanden. In Muskelzellen und exokrinen Pankreaszellen sind sie selten. Häufiger sind sie in Darmepithelzellen, Uterus, Lunge und Nervenzellen. Zahlreich findet man sie in Leber, Niere, Prostata und Epididymis und RES-Zellen verschiedener Organe (STRAUS, 1967). Die höchste Aktivität hydrolytischer Enzyme kann in Leber, Milz, Niere, Darm und Leukozyten von Säugetieren festgestellt werden. Nach HÜBNER (1968) soll es dagegen in den Leberzellen keine primären Lysosomen geben. Die Histiozyten eines eosinophilen Granuloms besaßen einen Lysosomenanteil von 1,5% am Zytoplasmavolumen (GEORGSSON u. WESSEL, 1967).

In der Schilddrüse hydrolysieren die lysosomalen Enzyme das aus dem Follikellumen aufgenommene Thyreoglobulin, so daß es ins Blut abgegeben werden kann (NOVIKOFF u. VORBRODT, 1963).

Histochemisch und biochemisch wurden im einzelnen die nachstehend zusammengefaßten Enzyme festgestellt (Tab. 36). Die Bindung der Enzyme ist unterschiedlich, woraus sich der differente Effekt auf einzelne Substanzen erklären könnte. Für die am besten untersuchte saure Phosphatase werden folgende Aufgaben im Zellstoffwechsel angenommen (OGAWA, 1964; DE DUVE, 1963, 1964):

1. Digestion
   a) umschrieben — Cytosis
   b) Zellautolyse — pathologisch und physiologisch
2. Sekretion und Exkretion — reversed cytosis
3. Pigmentbildung: Zeroid, Lipofuszin

Am meisten problematisch scheint uns der Entstehungsmodus der Lysosomen. Nach den bisherigen Erfahrungen muß man wohl eine Multimorphogenese annehmen. Viele Hinweise ergeben sich aus der oft engen Nachbarschaft zwischen Golgi-Vesikeln und -Vakuolen (DVOŘÁK u. KONEČNÁ, 1969). In den Vesikeln ist vielfach zuerst ein Nachweis der sauren Phosphatase zu führen. Jedoch bestehen ebenfalls gesicherte Beziehungen zum agranulären und granulären endoplasmatischen Retikulum (CARR, 1968). Mindestens ein Teil der Enzyme der Lysosomen wird im Bereich der membrangebundenen Ribosomen gebildet (BRANDES, 1965). Die zu den Lysosomen gehörenden peribiliären dichten Körper

Tab. 36. *Lysosomale Enzyme und ihre Substrate* (nach KRISCH, 1966)

Enzyme	Substrate
saure Phosphatase	Phosphorsäure-Monoester
saure Ribonuclease	Ribonukleinsäure
saure Desoxyribonuclease	Desoxyribonukleinsäure
Phosphoprotein-Phosphatase	Phosphoproteide, auch Pyrophosphate und Phosphoamide
Kathepsine	Proteine
Kollagenase	Kollagen, Gelatine
α-Glucosidase	Maltose, Glykogen, α-D-Glukoside
β-N-Acetylglucosaminidase	Chitobiose, β-N-Azetylglukosaminide
β-Glucuronidase	β-D-Glukuronide
β-Galaktosidase	Laktose, β-D-Galaktoside
α-Mannosidase	α-D-Mannoside
Arylsulfatase A u. B	Schwefelsäure-Monoarylester
saure Esterase	Karboxylester
Hyaluronidase	Hyaluronsäure
Lysozym	Bakterielle Zellwandmukopolysaccharide bzw. Mukopeptide

der Leberparenchymzellen sollen aus 30—100 nm großen Körpern im Bereich des endoplasmatischen Retikulums durch sekundäre Umwandlung im Golgi-System entstehen (BARTÓK et al., 1967). Nach WEISSENFELS (1968) bauen sich die Lysosomen von Herzmyoblasten aus Vesikeln des endoplasmatischen Retikulums und des Golgi-Systems auf. In Makrophagen entstehen die Lysosomen aus dichten Körpern (KAJIKAWA u. NAKANISHI, 1966).

Nach HOLTZMAN et al. (1967) können im Bereich des ZNS Lysosomen auf folgende Weise entstehen: 1. Membranbegrenzte Vesikel trennen sich vom endoplasmatischen Retikulum; 2. aus Herden von granulärem oder membranösem Material bilden sich dichte Körper; 3. als multivesikuläre Körper; 4. aus autophagozytären Vakuolen mit endoplasmatischem Retikulum und Ribosomen.

Die multivesikulären Körper (ROIZIN et al., 1967) werden von einer einfachen Membran umgeben und enthalten Vesikel und Vakuolen sowie vereinzelt laminäre Bildungen. Die Größe der Körper ist different, die Matrix wechselnd osmiophil (Abb. 49). Sie enthalten saure Phosphatase und andere Hydrolasen. Die multivesikulären Körper haben Beziehungen zum Golgi-System, zu den Lysosomen, dem granulären endoplasmatischen Retikulum und zu Pino-

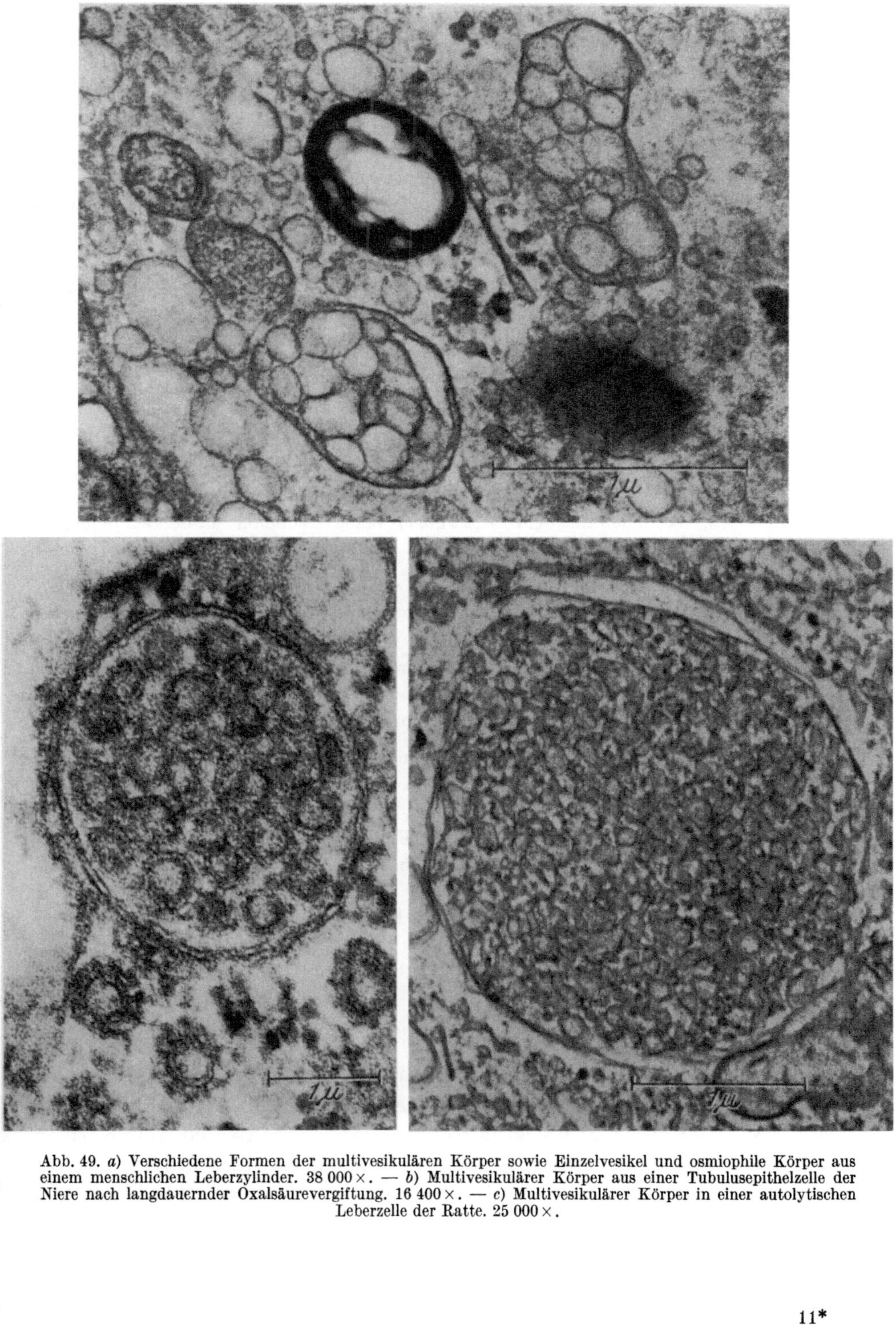

Abb. 49. *a*) Verschiedene Formen der multivesikulären Körper sowie Einzelvesikel und osmiophile Körper aus einem menschlichen Leberzylinder. 38 000 ×. — *b*) Multivesikulärer Körper aus einer Tubulusepithelzelle der Niere nach langdauernder Oxalsäurevergiftung. 16 400 ×. — *c*) Multivesikulärer Körper in einer autolytischen Leberzelle der Ratte. 25 000 ×.

Tab. 37. *Funktionen der Lysosomen in der Ökonomie von Zellen und Organismen* (mod. nach DE DUVE u. WATTIAUX, 1966)

I. Funktionen, verbunden mit dem autonomen Zelleben
  A. Funktionen, abhängig von Heterophagie und Heterolyse
    1. Heterotrophe Ernährung durch intrazelluläre Verdauung und, unter speziellen ökologischen Bedingungen, durch extrazelluläre Verdauung
    2. Abwehr gegen Bakterien und andere Mikroorganismen, Viren und Informations- oder toxische Makromoleküle
    3. Invasion durch Lyse hemmender Strukturen
  B. Funktionen, abhängig von Autophagie oder Autolyse
    1. Ernährung unter ungünstigen Bedingungen der Nahrungszufuhr durch partielle Selbstverdauung
    2. Zelluläre Differenzierung und Metamorphose
    3. Intrazelluläre Reinigung als Teil der Selbstverjüngung von langlebenden Zellen
    4. Andere Funktionen: Mitose?
    5. Selbstreinigung von toten Zellen

II. Funktionen, verbunden mit programmiertem Zellzerfall
  A. Fertilisierung, frühe embryonale Entwicklung und Nidation
  B. Entwicklungsvorgänge, Metamorphose, Regression, Involution, Atresie, Keratinisierung, Sexualzyklus usw.
  C. Apokrine und holokrine Sekretion

III. Funktionen, verbunden mit dem Ernährungsvorgang. Teilnahme an der Verdauung im Gastrointestinaltrakt

IV. Funktionen, verbunden mit dem Zerbrechen von zu sezernierenden Makromolekülen
  A. Reabsorption in Niere und Harnblase, möglicherweise in anderen sekretorischen Organen Abgabe
  B. Absorption und Verdauung in epithelialen, mesothelialen und endothelialen Zellen
  C. Bildung von Sekretprodukten in Drüsenzellen (Schilddrüse und andere?)
  D. Resorption von Knochen und Bindegewebsfasern

V. Funktionen, verbunden mit Immunität, Reinigung und Detoxikation
  A. Zerstörung von gealterten Erythrozyten, toten Zellen, Zelldetritus durch Makrophagen und retikuloendothelialen Zellen
  B. Zerstörung von Mikroorganismen, Viren, Fremdkörpern und Makromolekülen durch Leukozyten, Makrophagen, retikuloendothelialen Zellen und möglicherweise Leberparenchymzellen
  C. Entwicklung von Antigenen und mögliche Rolle bei der Lymphozytentransformation

VI. Funktionen bei der Thrombolyse
  A. Plättchenaggregation und Lyse (?)
  B. Aktivierung von Plasminogen

zytosevorgängen. Sie werden in vielen Zellarten, auch in Karzinomzellen, beobachtet (SMETANA u. BUSCH, 1963). Sie können nicht in jedem Fall zu den Lysosomen gerechnet werden. So erfolgt in Kükenoozyten in multivesikulären Körpern eine Synthese von RNS, Protein und Lipiden (SCHJEIDE et al., 1966).

Wie weit aus autophagozytären Vakuolen und Zytolysomen echte Lysosomen entstehen können, ist fraglich. Im allgemeinen ist wohl der entgegengesetzte Weg, d. h. der Entstehung der Zytolysomen unter Mitwirkung von Lysosomen von größerer Bedeutung.

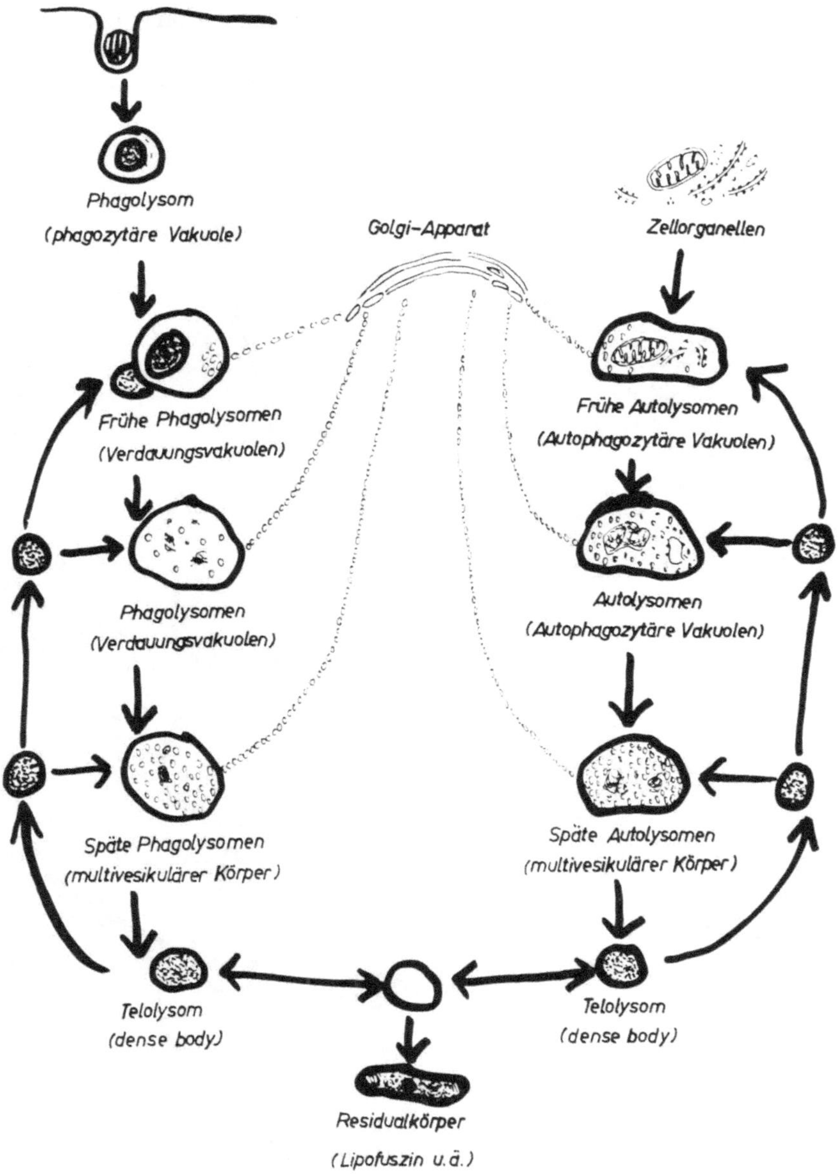

Schema 2. Phagolysomen- und Autolysomenbildung und ihre Beziehungen zu den übrigen Zellbestandteilen. (Nach GORDON et al., 1965.)

Nach NOVIKOFF (1964; NOVIKOFF et al., 1964) sind die Beziehungen zwischen Golgi-Vesikeln und agranulärem Retikulum sehr eng, so daß die agranulären Vesikel auch als Transportformen für die Überführung von Enzymen aus dem granulären endoplasmatischen Retikulum zum Golgi-System aufgefaßt werden können. Sie werden als GERL (Golgi-endoplasmatisches Retikulum-Lysosom) bezeichnet und haben gleiche Funktionen wie die primären Lysosomen des Golgi-Systems.

Die meisten Lysosomen sind mit bestimmten lytischen Zellprozessen verbunden. Diejenigen, die nicht aktiv an intrazellulären lytischen Vorgängen beteiligt sind, werden als „reine Lysosomen" bezeichnet (HIRSCH u. COHN, 1964; BRANDES, 1965).

Nach NOVIKOFF (1964) stellen die Golgi-Vesikel die „primären" Lysosomen dar, die die sauren Hydrolasen transportieren.

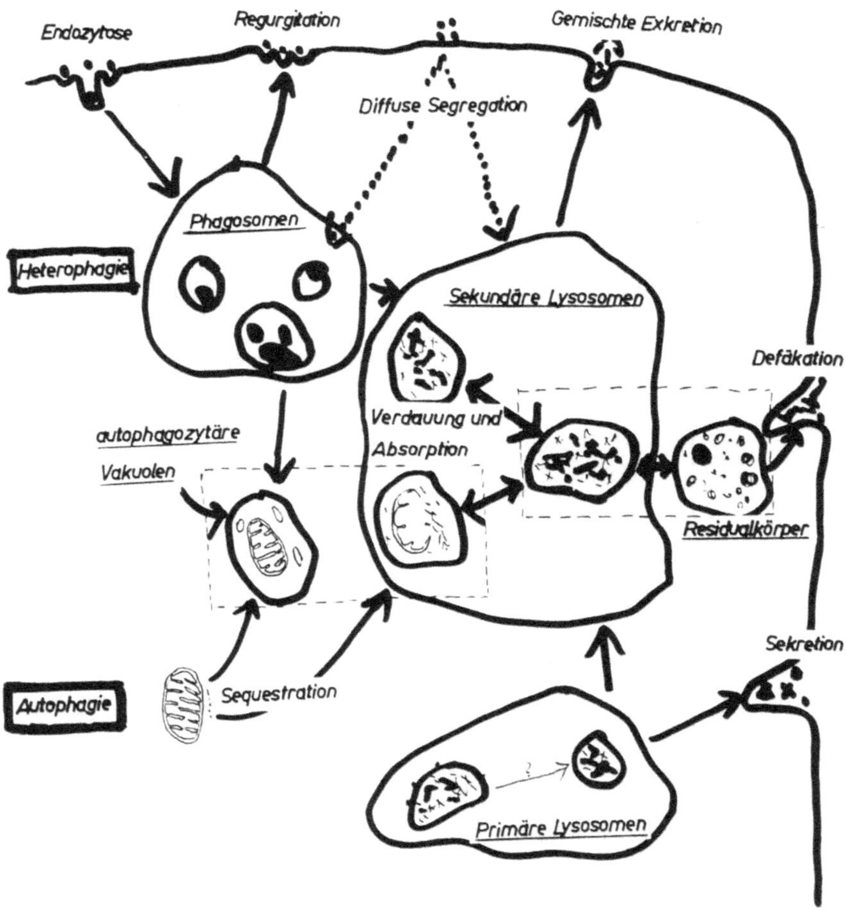

Schema 3. Schematische Darstellung der Beziehungen zwischen Heterophagie, Autophagie und den Lysosomen. (Nach DE DUVE und WATTIAUX, 1966.)

Die biochemische Charakterisierung der Lysosomen mit ihrem Reichtum an bei sauren pH-Werten aktiven Hydrolasen weist darauf hin, daß ihre Hauptfunktion im Abbau zellulärer Bestandteile zu sehen ist (BRANDES, 1964; GAJDOS, 1966; AMAKAWA, 1967; MÜLLER, 1967).

Die Funktionen der Lysosomen werden im einzelnen in Tab. 37 dargestellt.

Viele dieser Vorgänge laufen ständig in einem bestimmten Maß in jeder Zelle ab. Erkennbar werden sie aber nur unter bestimmten Funktionsbedingungen des normalen Zellebens sowie unter pathologischen Zuständen. Häufig bilden sich dabei autophage Vakuolen und Zytolysomen aus.

Die Bedeutung der Lysosomen beim Zelltod scheint dagegen noch nicht gesichert.

Die Lysosomen haben jedoch nicht nur für den Abbau intrazellulärer Substanzen Bedeutung, sondern sind gleichfalls bei der Lyse von aus der Zellumgebung, insbesondere durch Phagozytose und Pinozytose aufgenommenen Materials wichtig (s. S. 183).

Die Wechselbeziehungen zwischen den Lysosomen und anderen intrazellulären und extrazellulären Bestandteilen werden in schematischen Zeichnungen dargestellt (Schema 2, 3).

b) Zunahme von Zahl und Größe der Lysosomen

Zahlreiche Schädigungen der Zelle führen zu einer Zunahme der Lysosomenzahl (Tab. 38). Die damit verbundene Vermehrung der hydrolytischen Enzyme muß nicht unbedingt auf das gesamte Zytoplasma wirken, ist jedoch häufig mit der Bildung fokaler Zytoplasmauntergänge, d. h. mit der Bildung von Zytolysomen verbunden. Die bei der Regeneration der Leber anfangs vermehrten Lysosomen werden später durch autophagozytäre Prozesse wieder reduziert (VORBRODT, 1967).

Tab. 38. *Vermehrung von Lysosomen (und Zytolysomen) (Beispiele)*

Organ	Einwirkung	Autor
Dünndarm	postnatal	MILLINGTON u. BROWN, 1967
Prostata	Altern	BRANDES, 1962
ZNS	Altern	WECHSLER, 1966
symp. Ganglien	Altern	PAWLIKOWSKI, 1967
ZNS	Hunger	WECHSLER, 1963
Herz	Proteinmangel	RACELA et al., 1966
Niere	Cholinmangel	MONSERRAT et al., 1968
Zellkultur	Argininmangel	LANE u. NOVIKOFF, 1965
Leber	Glukagon, Hypoxie	ERICSSON, 1969
Leber	Threoninmangel	SHINOZUKA et al., 1968
Leber	Glukagonperfusion	ASHFORD u. PORTER, 1962
Nebenniere z. fasc.	ACTH	SZABO et al., 1967
Rückenmark	Ischämie	KHATTAB, 1967
Herz	Septumdefekt, Mitralstenose	WHEAT, 1965; KOTTMEIER u. WHEAT, 1967
Leber	Pfortaderunterbindung	KERR, 1964
Leber	Bestrahlung	YI-HUNG et al., 1964
Thymus	Bestrahlung	RAHMAN, 1962
Schilddrüse	^{131}J-Bestrahlung	SOBEL, 1967
Duodenum, Kryptenzellen	Radioprotektive Substanzen	HUGON et al., 1966
Zellkultur	UV-Bestrahlung	LANE u. NOVIKOFF, 1965
Niere, Tubuli	Ultraschall	MAJEWSKI u. JANKOWIAK, 1967
Leber	Alkohol	MELDOLESI et al., 1965
Niere, Papille	Magnesiummangel	BATTIFORA et al., 1966

Tabelle 38 (Fortsetzung)

Organ	Einwirkung	Autor
Niere, Papille	Kaliummangel	MORRISON et al., 1963; MORRISON u. PANNER, 1964
Leber	α-Naphthylisothiozyanat	GARAY et al., 1965
Leber	Icterogenin	GOLDFISCHER et al., 1962
Hoden (Sertolizellen)	Antispermatogene Drogen	REDDY u. SVOBODA, 1967
Hippocampus	konvulsive Gifte	NIKLOWITZ, 1966
ZNS	senile Plaques	SUZUKI u. TERRY, 1967
Schilddrüse	toxischer Kropf	HEIMANN, 1966
Leber	CCl_4	UNAKAR, 1968
Leber	CCl_4 (chronisch)	STENGER, 1963
Leber	Heliotrine	KERR, 1967
Niere, Tubulus	Viomyzin	KLEIN et al., 1963
Cervix uteri	C_3H-Mäuse, Methylcholanthren	SCHRODT, 1963
periphere Nerven	Quetschung	NOVIKOFF, 1963
ZNS	Ameisen, intrazell. Bakterien	LAMPARTER, 1967
Leber	M. Wilson	JIMENEZ-DIAZ et al., 1964
Muskel	Tetanus	ZACKS et al., 1966
Leber	H-I-Virus u. part. Hepatektomie	RUFFOLO et al., 1966
Leber	Hepatitis	JEAN et al., 1965
Leber	Zytomegalievirus	RUEBNER et al., 1966
Leber	part. Hepatektomie	VORBRODT, 1967
Leber	Pat. mit Karzinom	MAJEWSKI, 1964
Leber	tumortragende Tiere	GHADIALLY u. PARRY, 1965
Leber	tumortragende Tiere	PARRY u. GHADIALLY, 1967
HEP_3-Karzinom		TAKAHASHI u. MOTTET, 1962
Aszites-Tumor	alkylierende Substanz	LAPIS et al., 1967
Monozyten	Umwandlung zu Makrophagen	SUTTON, 1967

Die Vermehrung der Lysosomen ist z. T. auf bestimmte Zellareale konzentriert, z. B. in gequetschten oder durchtrennten Nerven im Bereich der Stümpfe (NOVIKOFF, 1965).

Große sphärische Lysosomen treten in der Leber nach Heliotrine-Vergiftung auf (KERR, 1967). Auch nach Einwirkung von Zytomegalie-Viren nimmt ihre Größe zu (RUEBNER et al., 1966). Icterogenin, das zur Unterdrückung des Bilirubintransportes führt, bewirkt außerdem eine diffuse Verteilung der Lysosomen über die ganze Leberzelle (GOLDFISCHER et al., 1962).

Bei der Regeneration von Pankreaszellen nehmen die Zymogengranula zu (FITZGERALD u. HERMAN, 1965).

Multivesikuläre Körper sind in der Retina der Krabbe im Rahmen der Hell-Adaptation vermehrt (EGUCHI u. WATERMAN, 1967).

Die zur Keimzellendegeneration führenden antispermatogenen Drogen bewirken gleichzeitig direkt oder indirekt eine Zunahme der Lysosomen und der Phagozytosetätigkeit der Sertolizellen (REDDY u. SVOBODA, 1967).

c) Veränderungen der Lysosomen

Das wichtigste Ereignis bei der Schädigung der Lysosomen sind Veränderungen ihrer Umhüllungsmembran, insbesondere deren Ruptur und damit der Austritt der hydrolytisch wirkenden Enzyme ins umgebende Zytoplasma. Als Labilisatoren der Lysosomenmembran werden Sauerstoffmangel, Vitamin A, D_2, E, K, saure pH-Werte, Strahlen, Streptolysin O und S, pyrogene Steroide, Steroidhormone (wie Desoxykortikosteron, β-Östradiolbenzoat, Progesteron, Testosteron), Endotoxine, Lysolezithin, physikalische Agentien, Detergentien, Fettlösungsmittel, Anthrazen, Euchrysin-Zystein, red. Glutathion, freie Radikale (z. B. bei Lipidperoxydation, energiereichen Strahlen, Zerfall von H_2O_2), Frieren und Auftauen sowie Autolyse angesehen. Gegen freie Peroxydradikale soll die Lysosomenmembran 1000mal so empfindlich sein wie die Mitochondrienmembran.

Eine Stabilisation der Membran erfolgt dagegen nur durch wenige Substanzen wie Cholesterin, Kortison, Kortisol und Chlorochin (Weissmann, 1964) sowie Antihistaminika (Duncan, 1966).

Die Integrität der Lysosomenmembran soll von einem ATPase-Mechanoenzym-Komplex abhängen (Duncan, 1966). Die Lysosomenlabilisatoren wirken wahrscheinlich direkt oder indirekt auf die ATPase. Nach Weissmann u. Rothfield (1965) beruht auf diesem Effekt die therapeutische Wirkung dieser Substanzen bei der Behandlung rheumatischer Erkrankungen. Das Auftreten von Autoimmunkrankheiten soll ebenfalls im wesentlichen auf eine Schädigung der Lysosomenmembran zurückgeführt werden. Dabei sollen Makromoleküle von abgebautem Fremdkörpermaterial oder abgebaute native Makromoleküle aus autophagozytären Vakuolen als Antigene wirken, die zu einer Zerstörung der Lysosomenmembran führen. Wenn die Enzyme in den Extrazellularraum austreten, kommt es zur Zerstörung der extrazellulären Substanzen, insbesondere der Filamente und Fasern.

Die bei Kaninchen bei Vitamin-E-Mangel auftretende Muskeldystrophie ist wahrscheinlich auf eine Schädigung der Lysosomenmembran zurückzuführen (Zalkin et al., 1962). Die lysosomalen Enzyme wie Kathepsin, saure Ribonuklease, β-Galaktosidase und Arylsulfatase sind z. T. auf das 10fache erhöht und aus den Organellen ausgetreten, wodurch der Untergang der kontraktilen Substanz und der übrigen Zellbestandteile bewirkt wird. Abbauprodukte wie Kreatin, Allantoin und Aminosäuren erscheinen im Harn, bevor lichtmikroskopisch Veränderungen der Muskulatur sichtbar sind.

Die Schädigung der Hüllmembran der Lysosomen führt bei der Necrosis *in vitro* in der Lysosomenfraktion zu einem Austritt der sauren Phosphatase in die unsedimentierbare Fraktion (Griffin et al., 1965). Isoliert perfundierte Lebern zeigen nach Phalloidingabe eine Freisetzung lysosomaler Enzyme wie Kathepsin, β-Glucuronidase, N-Azetylglucosamidase, was durch eine Veränderung des Ionenmilieus infolge des Kaliumausstromes bedingt sein soll (Frimmer et al., 1967). Endotoxine führen in Thrombozyten nicht nur zur Schädigung der Lysosomenmembran, sondern auch der Zellmembran (Spielvogel, 1967).

Die intravasale Gabe von Antigen-Antikörper-Komplexen führt zur Phagozytose dieser durch Leukozyten. In ihnen werden lysosomale proteolytische

Enzyme freigesetzt, die im Serum nachweisbar sind (Wasi et al., 1966). Auch andere Schädigungen der Leukozyten, wie z. B. Hitzeeinwirkung auf die Gefäßwand (Uriuhara u. Movat, 1967), bewirken eine Degranulierung, d. h. eine Abgabe der Lysosomen. In aus den Gefäßen ausgewanderten Leukozyten zeigen die Granula verwaschene Membranen und eine Verflüssigung der Innenstrukturen bis zur Bildung ringförmiger Gebilde (Wessel, 1967).

Die Auer-Körper in den Leukozyten bei Leukämie stellen modifizierte Lysosomen dar (Freeman, 1965; White, 1967).

Die stabilisierende Wirkung des Kortisons auf die Membran der Lysosomen kann auch negative Folgen haben. In den pulmonalen Makrophagen werden infolgedessen die Sporen bei experimenteller Aspergillose nicht zerstört, weil es nicht zur Fusion der Lysosomen mit den Phagosomen kommt, sondern sie bleiben lebens- und sprossungsfähig, wodurch ein letaler Ausgang bewirkt wird (Epstein et al., 1967) oder zumindest häufiger Bronchopneumonien entstehen (Merkow et al., 1968).

Zu einer Verminderung der Lysosomen verschiedener Art kommt es bei zahlreichen Prozessen. Im Pankreas werden die Prozymogen- und Zymogengranula nach Äthioningabe (Fitzgerald u. Herman, 1965) und Lysinmangel (Scott, 1966) reduziert. Zusätzlich ist vielfach die Membran fragmentiert. Bei idiopathischer Steatorrhoe zeigen die Epithelzellen des Jejunums eine Verminderung der Lysosomen und der sauren Phosphatase, Befunde, die durch Glutengabe wieder normalisiert werden (Riecken u. Pearse, 1965).

In anämischen Niereninfarkten sind die Lysosomen reduziert (Totović, 1966).

Beim hämorrhagischen Schock werden die Lysosomen der RES-Zellen zerstört und sind nicht mehr in der Lage, Endotoxin zu entgiften (Bitensky, 1963).

Bei Hypophysektomie vermindern sich die Lysosomen der Z. fasciculata der Nebenniere (Szabo et al., 1967).

In der Niere verbinden sich die Lysosomen mit aufgenommenem Eiweiß und Hämoglobin (Miller u. Palade, 1964; Ericsson, 1965), wobei Zytoplasmabestandteile in die entstehenden Körper einbezogen werden können, wie es auch in anderen Organen in Form der Zytosegresomenbildung bekannt ist. Glyzeringabe führt in den proximalen Epithelzellen des Tubulusapparates der Nieren zur Bildung kristalliner Strukturen in den Lysosomen und teilweise zu ihrem Platzen (Suzuki u. Mostofi, 1966).

Schwellungszustände der Lysosomen können durch eine erhöhte Permeabilität der Membran und einen Flüssigkeitseintritt bedingt sein, ohne daß es dabei unbedingt zu einem gleichzeitigen Austritt von Enzymen in die Umgebung kommen muß (Pick, 1965). In einzelnen Fällen treten auch Vakuolen in den Lysosomen auf, die Ausgangspunkt für eine vakuoläre Degeneration sein können (Caesar, 1965; Pawlikowski, 1967).

In den äußeren Haarzellen des Cortischen Organs wandeln sich die Lysosomen nach Kanamyzingabe in dichte Körper um, die verschiedene Degenerationsmuster aufweisen (Lundquist u. Wersäll, 1966).

Die besonders im Bereich des Nervensystems zu beobachtenden multilamellären Lysosomenformen stellen im allgemeinen Kombinationen primärer Lysosomen mit Abbauprodukten von Myelin dar. Man sieht sie bei Nervendurchtrennung (Doolin u. Barron, 1966), bei Quetschungen (Novikoff u. Holtzman,

1966), nach toxischen Schäden verschiedener Art (Schlaepfer u. Hager, 1964; Snider u. Del Cerro, 1966). Zusammen mit den membranösen Körpern treten in Axonen, z. B. im proximalen Stumpf, dichte Körper auf, die aus Anteilen des endoplasmatischen Retikulums, in denen sich lysosomale Enzyme ansammeln, gebildet sein sollen (Novikoff u. Holtzman, 1966). Auch in den senilen Plaques beim M. Alzheimer sind solche dichten Körper zu finden (Suzuki u. Terry, 1967).

Lamellenkörper aus Lipoiden und Lipoproteiden werden in regenerierenden Nerven, im Kiemenepithel des Axolotls, in Alveolarmakrophagen, im Uterusepithel nach Östrogengaben, in Oligodendrogliomzellen, in Makrophagen

Tab. 39. *Zellveränderungen, verbunden mit einer Lysosomen-Dysfunktion* (nach de Duve u. Wattiaux, 1966)

I. Störungen, verbunden mit einer nicht adäquaten lytischen Aktivität
    A. Infektionen
    B. Intoxikationen
    C. Vergrößerung der Lysosomen
        1. Abnormitäten der Enzymausstattung der Lysosomen
        2. Überladung der Lysosomen mit verdaubarem Material
        3. Anhäufung von unverdaubarem Material in den Lysosomen
II. Störungen, verbunden mit einer geschädigten lytischen Aktivität
    A. Hydrolytische Bildung von Schädigungsbezirken
        1. Virusinfektionen
        2. Intoxikationen
    B. Exzessive Heterophagie?
    C. Schädliche Selbstverdauung von Zellen
        1. Autophagie
        2. Autolyse nach Lysosomenruptur
    D. Schädigung von extrazellulären Strukturen
        1. Enzymaustritt
        2. Exzessive Enzymabgabe

bei Coli-Meningitis, in Prostatazellen älterer Ratten sowie in zahlreichen anderen Organen gesehen (Blümcke u. Niedorf, 1965).

Die lamellären Körper in Leberzellen werden als ein besonderes Intermediärstadium des Lipid- und Kohlenhydratstoffwechsels aufgefaßt (Cecio, 1964).

Nach Confer u. Stenger (1964) sollen sich bei Hypoxie in der Leber Lysosomen aus Zytolysomen entwickeln. Strukturveränderungen der Lysosomen treten bei Thioazetamidgabe auf (Vorbrodt et al., 1966).

Bei der holokrinen Sekretion der *Glandula sebacea* kommt es zum Zelluntergang, wobei die Lysosomen die Hydrolasen nach Ruptur der Membran ins Zytoplasma abgeben (Brandes et al., 1965). Bei Aufhören der Laktation werden die Sekretgranula der Mamma durch Lysosomen verdaut (Hollmann u. Verley, 1967). Nach Girardie (1967) hat das intrazelluläre Verdauungssystem in der Mamma zwei Funktionen, zum einen in der Segregation von Zytoplasmabestandteilen bei der Involution, zum anderen in der Regulation der Sekretprozesse in der nichtlaktierenden Mamma.

Multivesikuläre Körper finden sich im Duodenum nach Bestrahlung (Hugon et al., 1965).

Bei Seidenraupen wird in der untergehenden Muskulatur während der Metamorphose die Lysosomenmembran zerstört, wenn die neuromuskulären Impulse wegfallen (LOCKSHIN u. WILLIAMS, 1965).

Die multiplen, mit Veränderungen der Lysosomenfunktion einhergehenden Störungen der Zellstruktur und Funktion werden in Tab. 39 dargestellt.

d) Autophage Vakuolen (Zytolysomen, Zytosegresomen)

Die unter diesen und weiteren Bezeichnungen (fokale Zytoplasmadegradation) (HRUBAN et al., 1963; SWIFT u. HRUBAN, 1964; ERICSSON et al., 1965) in der Zelle ablaufenden Prozesse haben höchstwahrscheinlich, wenn auch noch nicht in jedem Fall, bewiesene Beziehungen zu den Lysosomen (Schema 2, 3, 4, 5).

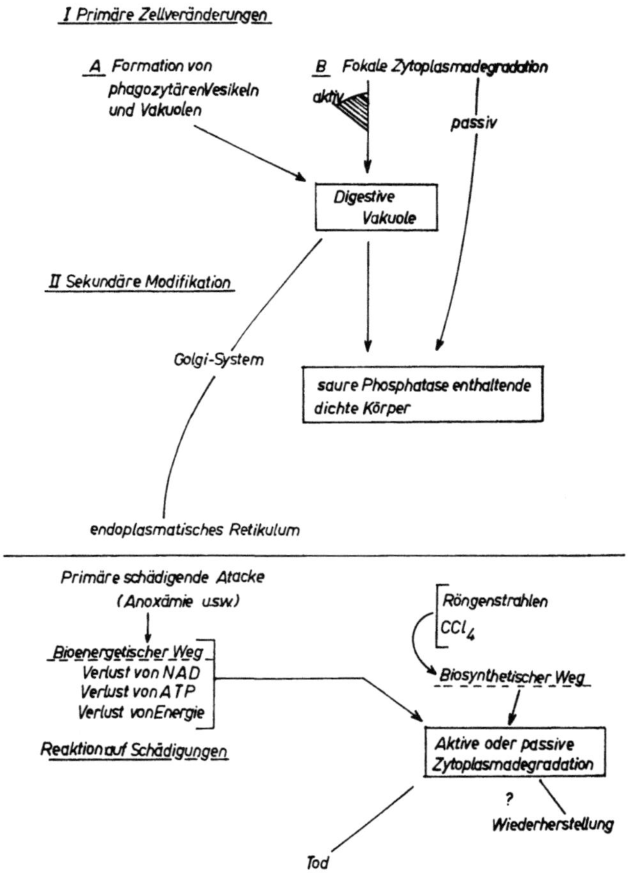

Schema 4. Biochemische Schritte der Zellschädigung. (Nach LANCKER, 1964.)

Das diesen Prozessen zugrunde liegende Prinzip ist als ein lebensnotwendiges anzusehen (Tab. 40). Grundsätzlich handelt es sich darum, daß Zytoplasma-Areale nach ihrer Schädigung durch die Ausbildung einer umhüllenden Membran von dem umgebenden Zytoplasma abgeschlossen werden und so isoliert zugrunde gehen, ohne daß die Zelle insgesamt eine Ausbreitung der Schädigung aufweist (Abb. 50, 51, 52). Später kommt es zur Fusion mit Lysosomen (ERICSSON, 1969).

Als Ursprung der entstehenden Membranen werden Golgi-Vesikel oder -Vakuolen (Brandes et al., 1964) oder Anteile des agranulären endoplasmatischen Retikulums (Arstila u. Trump, 1969) angenommen. Nach Oledzka-Slotwinska u. Desmet (1968) spielt bei der Segregation die Zellmembran eine wichtige Rolle, da eine Selbstamputation der Zelle für ihre Erhaltung teilweise notwendig ist.

Die dem Vorgang zugrunde liegende Einwirkung kann von außen in die Zelle gelangen oder in der Zelle selbst entstanden sein, wie z. B. bei der Involution, im Verlaufe von Mitosevorgängen oder beim Altern. Nicht selten finden sich Beziehungen zu phagozytiertem Material, besonders in den Phagolysomen (s. S. 191).

Block der Biosynthese

↓

Verlust der strukturellen oder katalytischen Komponenten mit hohem Turnover

↓

Zerstörung der zytoplasmatischen Organisation

↓

Akzeleration der katabolischen Aktivitäten

↓

Eliminierung von verdaubaren katalytischen und strukturellen Komponenten

↓

Konzentration der Hydrolasen

Schema 5. Hypothetische Mechanismen der Konzentration von Hydrolasen bei passiver Zytoplasmadegeneration. (Nach Lancker, 1964.)

Eine Injektion von Glukagon soll zu einer Autophagie von 0,5% des Leberzellplasmas führen (Deter et al., 1967). Makrophagen *in vitro* zugegebenes Chlorochin wird durch Pinozytose aufgenommen und bedingt nach 15 Min. eine perinukleäre Bildung von autophagozytären Vakuolen (Fedorko et al., 1968).

Die autophagen Vakuolen enthalten alle Zellbestandteile, selten auch Zellkernanteile. Die Zellorganellen erleben im Verlaufe ihres Unterganges in den Zytolysomen multiple Veränderungen, wie sie im einzelnen als Zeichen der Degeneration beschrieben werden. Die Polysomen zerfallen, die Membranen des endoplasmatischen Retikulums und die Ribosomen zeigen Auflösungserscheinungen (David, 1968). Die Mitochondrienveränderungen sind vielfältig. Die umgebende Membran ist besonders bei älteren Zytolysomen oft mehrschichtig, z. T. nach Art von Myelinmembranen.

Die Ausbildung der Myelinfiguren, schon in einem relativ frühen Stadium der Zytolysomenbildung, wird von Swift u. Hruban (1964) auf den schnelleren Abbau der Proteine zurückgeführt. Die Zytolysomen entsprechen oft den Diastase-resistenten PAS-positiven Granula (Biava et al., 1965).

Tab. 40. *Ausbildung von Zytolysomen (Beispiele)*

Organ	Einwirkung	Autor
Amoeba proteus		Flickinger, 1967
Niere, Tubuli	normal	Ericsson u. Trump, 1964
Niere, Tubuli	normal	Boler u. Arhelger, 1966
Niere, Tubuli	Hämoglobin-Resorption	Miller, 1962
Niere, Tubuli	Hämoglobin-Resorption	Ericsson, 1965
Niere	Siebenschläfer, Winterschlaf	Amon et al., 1967
Dünndarm-Krypten	neugeborene Tiere	Moe u. Behnke, 1962
Erythrozyten	Reifung	Tooze u. Davies, 1965
Uterus-Endometrium	Proliferationsphase	Cavazos u. Lucas, 1967
Erythrozyten	Splenektomie	Kent et al., 1966
Pankreas	Hibernation	Herman u. Watari, 1966
Duodenum	Differenzierung	Behnke, 1963
Leber	*in-vitro*-Dedifferenzierung	Biberfeld et al., 1966
Insektenlarven	Metamorphose	Locke u. Collins, 1965
Prothorakale Drüse	(Insekten), Regression	Scharrer, 1966
Leber	Metamorphose	Bertolini, 1965
Subkommissuralorgan	Involution	Barlow et al., 1967
Corpus luteum	Involution	van Lennep u. Madden, 1965
Mamma	Involution	Girardie, 1967
Mamma	Involution	Helminen et al., 1967
Extremitätenknospe		Schwarz et al., 1964
Fibroblastenkulturen	verzögerte Umsetzung	Schwarz et al., 1964
braunes Fettgewebe	Fettmobilisierung	Napolitano, 1963
Leber	Necrosis *in vitro*	Trump et al., 1965
Niere	Necrosis *in vitro*	Trump u. Bulger, 1967
Euglena gracilis	Hunger	Brandes u. Bertini, 1964
Pankreas	Hunger	Herman u. Watari, 1966
Leber	Hunger	Krishnan u. Stenger, 1966
Fettzellen	Unterernährung	Simon u. Williamson, 1967
Pankreas	Proteinmangel	Racela et al., 1966
Niere	chron. Mangelernährung	Torhorst et al., 1967
Pankreas	Kwashiorkor	Lazarus u. Volk, 1965
Pankreas	Äthionin	Ekholm et al., 1962
Pankreas	Äthionin	Herman u. Fitzgerald, 1962
Pankreas	Äthionin	Watanabe u. Aramaki, 1966
Leber	β-3-DL-Furylalanin	Hruban et al., 1965
Pankreas	β-3-DL-Thienylalanin	Hruban et al., 1962
Pankreas	β-3-DL-Furylalanin	Hruban et al., 1963
Rückenmark	Vitamin-E-Mangel	Lampert u. Pentschew, 1964
Leber	Glukagon	Deter et al., 1967; Arstila u. Trump, 1968
Leber	Glukagon	Ashford u. Porter, 1962
Leber	Glukagon	Deter u. de Duve, 1967
Leber	Glukoseperfusion	Phillips u. Hetenyi, 1968
Leber	hereditäre Glukoseintoleranz	Phillips et al., 1967
Pankreas	Galaktase	Putzke u. Bienengräber, 1967
Niere	Freundsches Adjuvans	Ericsson et al., 1969

Organ	Einwirkung	Autor
Niere—Rinde	Hypophysenhinterlappen-hormon	ORMOS u. VIRÁGH, 1965
Nebennierenrinde	Methylandrostenediol	LEVINE u. SHELTON, 1968
Nebennierenrinde	Prednison	MÜLLER, 1967
Leber	Anoxie	OUDEA u. OUDEA, 1963, 1967
Leber	Hypoxie	CONFER u. STENGER, 1964
Leber	Hypoxie	GLINSMANN u. ERICSSON, 1966
Herz	akute hypoxische Insuffizienz	BÜCHNER u. ONISHI, 1967, 1968
Leber	Pfortaderunterbindung	KERR, 1965
Leber	portocavale Anastomose	OUDEA u. BISMUTH, 1965
Leber	reiner O_2	SCHAFFNER u. FELIG, 1965
Leber	reiner O_2	SCHAFFNER et al., 1966
Niere	chron. Blutstauung	DAVID u. UERLINGS, 1967
Niere	Cyanid	TRUMP u. BULGER, 1968
Leber	Bestrahlung	YI-HUNG et al., 1964
Leber	Bestrahlung	PIPAN, 1967
Pankreas	Bestrahlung	PIPAN, 1963
Pankreas	Bestrahlung	VOLK et al., 1966
Pankreas	Bestrahlung	VOLK et al., 1967; WELLMANN, 1967
Schilddrüse	^{131}I-Bestrahlung	SOBEL, 1967
Duodenum	Bestrahlung	HUGON et al., 1965
Dünndarm-Krypten	Bestrahlung	HUGON u. BORGERS, 1965
Duodenum-Krypten	Bestrahlung	HUGON u. BORGERS, 1966
Ganglienkultur	Bestrahlung	MASUROVSKY et al., 1967
Myoblastenkultur	Bestrahlung	SCHÄFER, 1965
Duodenum	radioprotektive Substanzen	HUGON et al., 1966
Niere, Tubuli	Ultraschall	MAJEWSKI u. JANKOWIAK, 1967
Leber	Alkohol (Mallory-Körper)	FLAX u. TISDALE, 1964
Leber	Alkohol	MELDOLESI et al., 1965
Leber	Alkohol (Mallory-Körper)	PORTA et al., 1965
Leber	Alkohol	THORPE u. SHOREY, 1966
Herz	Alkohol	RUBIN u. LIEBER, 1967
Leber	Allylalkohol	HÜBNER, 1964
Leber	Allylalkohol	HÜBNER, 1965, 1966
Leber	Intralienal-Injektion verschiedener Lösungen	ROSCHLAU u. KEMMER, 1966
Leber	Aflatoxin	SVOBODA et al., 1966
Pankreas	Puromyzin	LONGNECKER et al., 1968
Leber	Aktinomyzin	DAVID, 1966
Pankreas	Aktinomyzin	RODRIGUEZ, 1967
Pankreas	Cycloheximid	HARRIS et al., 1968
ZNS	Cyclophosphamid	MERKER et al., 1968
Leber	Triton WR 1339	NOVIKOFF u. ESSNER, 1962
Lunge	4-Nitrochinolin-N-oxid	NISHI u. YAMAGATA, 1965
Leber	Lasiocarpin	WAND u. RUEBNER, 1968
Pankreas	Neutralrot	ALOUSI et al., 1967
Niere, Tubuli	Prontosilgabe	SCHILL u. BOSTELMANN, 1965
Niere, Tubuli	Natriumoxalat	DAVID u. UERLINGS, 1968

Tabelle 40 (Fortsetzung)

Organ	Einwirkung	Autor
Niere, Tubuli	Phenazetin	TORHORST et al., 1967
Niere, Papille	Hypokaliämie	MUEHRCKE u. ROSEN, 1964
Leber	Thioazetamid	SALOMON et al., 1962
Leber	Thioazetamid	BADER, 1967
mononukleäre Blutzellen	Phytohaemagglutinin	MOLLO u. VOLANTE, 1965
Zellkultur	Proflavin	SIMARD, 1966
Rückenmark	ββ-Iminodipropionitril	CHOU u. HARTMANN, 1964, 1965
Leber	DMNA	MUKHERJEE et al., 1963
Leber	Sporidesmin	BERTAUD u. MORTIMER, 1966
Niere	Terpentinöl	FUCHS, 1967
Leber	Phalloidin	MILLER u. WIELAND, 1967
Pankreas	1-Aminocyclopentan-Karboxylsäure	CHENARD u. AUGER, 1968
Leber	CCl_4 (chronisch)	STENGER, 1963
Leber	CCl_4	HÜBNER, 1966
Leber	CCl_4	STENGER, 1966
Leber, Niere, Darm	Thallium	HERMAN u. BENSCH, 1967
Niere, Tubuli	Bleivergiftung	COHEN et al., 1966
Niere	Bleiazetat	MAO u. MOLNAR, 1967
Erythrozyten	Heinz-Körper-Anämie	RIFKIND, 1965
Erythrozyten	Splenektomie	KENT et al., 1965
Leukozyten	Chediak-Higashi-Syndrom	WHITE, 1967
Schilddrüse	toxischer Kropf	HEIMANN, 1966
ZNS	Chromatolyse	HOLTZMANN u. ALBALA, 1966
periphere Nerven	Quetschung	HOLTZMANN u. NOVIKOFF, 1965
ZNS	Quetschung: dorsale Wurzel	NATHANIEL u. PEARSE, 1963
ZNS	Strangdurchtrennung	HÁMORI et al., 1968
Leber	part. Hepatektomie	BECKER u. LANE, 1965, 1966, 1967
Schilddrüse	Thyreoiditis	SOBEL u. GELLER, 1965
Leber	Mäusehepatitis	RUEBNER et al., 1967
Leber	Virushepatitis	RUEBNER u. SLUSSER, 1968
Leber	Virushepatitis	SCHAFFNER, 1966, 1967
Leber	Virushepatitis	WILLS, 1968
Leber	akute Hepatitis	WILLS, 1968
Leber	Hepatitis	JEAN et al., 1965; JÉZÉQUEL u. STEINER, 1967
Leber	H-1-Virus u. part. Hepatektomie	RUFFOLO et al., 1965
Leber	Gelbfieber (Councilman-Körper)	BARUCH et al., 1963
Leber	Zytomegalievirus	RUEBNER et al., 1964
Pankreas	Reovirus	PAPADIMITRIOU u. WALTERS, 1967
ZNS	Tollwutvirus (Negrikörper)	MATSUMOTO, 1963
ZNS	Herpesvirus-Enzephalitis	SWANSON et al., 1966
Zellkultur	Polioenzephalomyelitisvirus	KOESTNER et al., 1966
Zellkultur	Picorna-Viren	GODMAN, 1968

Organ	Einwirkung	Autor
Nervensystem	Diphtherische Neuritis	WEBSTER et al., 1961
Muskel	Polymyositis	PALMEIRO et al., 1966
Dickdarm	Colitis ulcerosa	GONZALES-LICEA u. YARDLEY, 1966
Leber	Pat. mit Karzinom	MAJEWSKI, 1964
Leber	Hepatom	FLAKS, 1968
Leber	Morris-Hepatom	VORBRODT, 1967
ZNS	Glioblastom	HERMAN et al., 1967
Myoblastom, granuläres		MAZZARELLA u. DE BENEDICTIS, 1967
Schilddrüse	Tumor	NUNEZ et al., 1967
Harnblase	Karzinom	BATTIFORA et al., 1965
Fibrosarkom		PARRY u. GHADIALLY, 1965
Leber	Cholestase	OLEDZKA-SLOTWINSKA u. DESMET, 1968
Leber	idiopath. rekurrierende Cholestase	BIEMPICA u. ARIAS, 1966

Die alkoholischen Hyalinkörper werden häufig nicht von Membranen umgeben (THORPE u. SHOREY, 1966), sind aber ebenfalls als fokale Zytoplasmadegradationen aufzufassen.

Auch die azidophilen hyalinen Degenerationsherde (MALLORY-Körper) müssen dem Prozeß zugerechnet werden (BRUNI 1960; FLAX u. TISDALE, 1964; COSSEL, 1965; PORTA et al., 1965), ebenso wie die Councilman-artigen Körper (KLION u. SCHAFFNER, 1966; BIAVA u. MUKHLOVA-MONTIEL, 1965). Die in der Milz beobachteten Kurloff-Körper sind ebenfalls Abbaubezirke des Zytoplasmas (BERENDSEN u. TELFORD, 1966).

e) Formen der Aufnahme von Substanzen in die Zelle

α) Diffusion, aktiver Transport, Absorption

Diffusion, aktiver Transport und Absorption sind als solche bisher morphologisch nicht erkennbar. Sie werden von TAMAKA (1962) als Transmembranosis im Gegensatz zur Enmembranosis (Pinozytose, Phagozytose) bezeichnet.

Folge der Transmembranosis von Farbstoffen wie Trypanblau, Akridinorange, Neutralrot ist die Bildung von Segresomen und Vakuolen mit differentem Material (TAMAKA, 1962; ROBBINS et al., 1964; TAMAKA, 1964; HUTH et al., 1966; MORGAN et al., 1966).

Aminosäuren gelangen durch aktiven Transport in Zellen, z. B. aus dem Darmlumen in die Epithelzellen (WILSON, 1961; ROBINSON, 1966, 1967; SAUNDERS u. ISSELBACHER, 1966). Unter pathologischen Bedingungen, wie einer Erhöhung des Darminnendruckes und einer hohen Konzentration, diffundieren die Aminosäuren durch die Zellmembran, wie wir es für ^{35}S-Methionin nachweisen konnten (DAVID et al., 1969) (Abb. 53). Die Resorptionsstörungen der Darmepithelzellen beruhen in vielen Fällen auf einer Schädigung der Zellmembranzusammensetzung, insbesondere des Enzymgehaltes (DAVID et al., 1967).

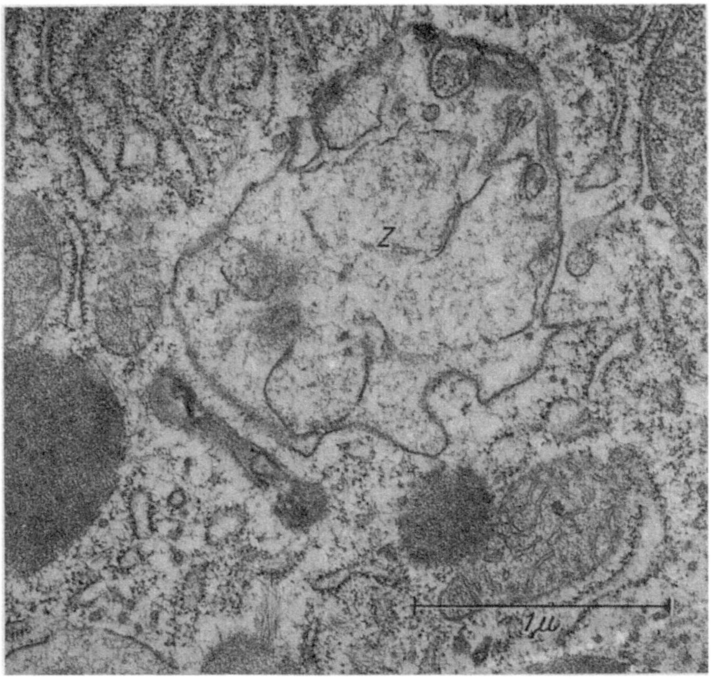

Abb. 50. Beginnende Zytolysomenbildung (*Z*) in einer exokrinen Pankreaszelle einer 4 Tage alten Ratte. Noch nicht vollständige membranöse Umhüllung des untergehenden Zytoplasmaareals. 33 000 ×.

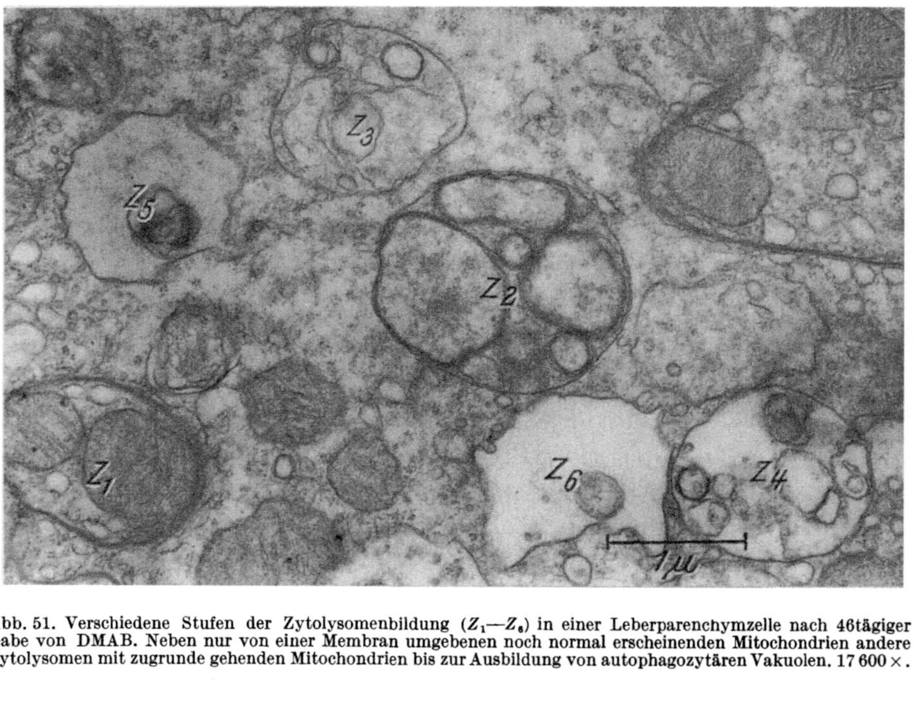

Abb. 51. Verschiedene Stufen der Zytolysomenbildung (Z_1—Z_6) in einer Leberparenchymzelle nach 46tägiger Gabe von DMAB. Neben nur von einer Membran umgebenen noch normal erscheinenden Mitochondrien andere Zytolysomen mit zugrunde gehenden Mitochondrien bis zur Ausbildung von autophagozytären Vakuolen. 17 600 ×.

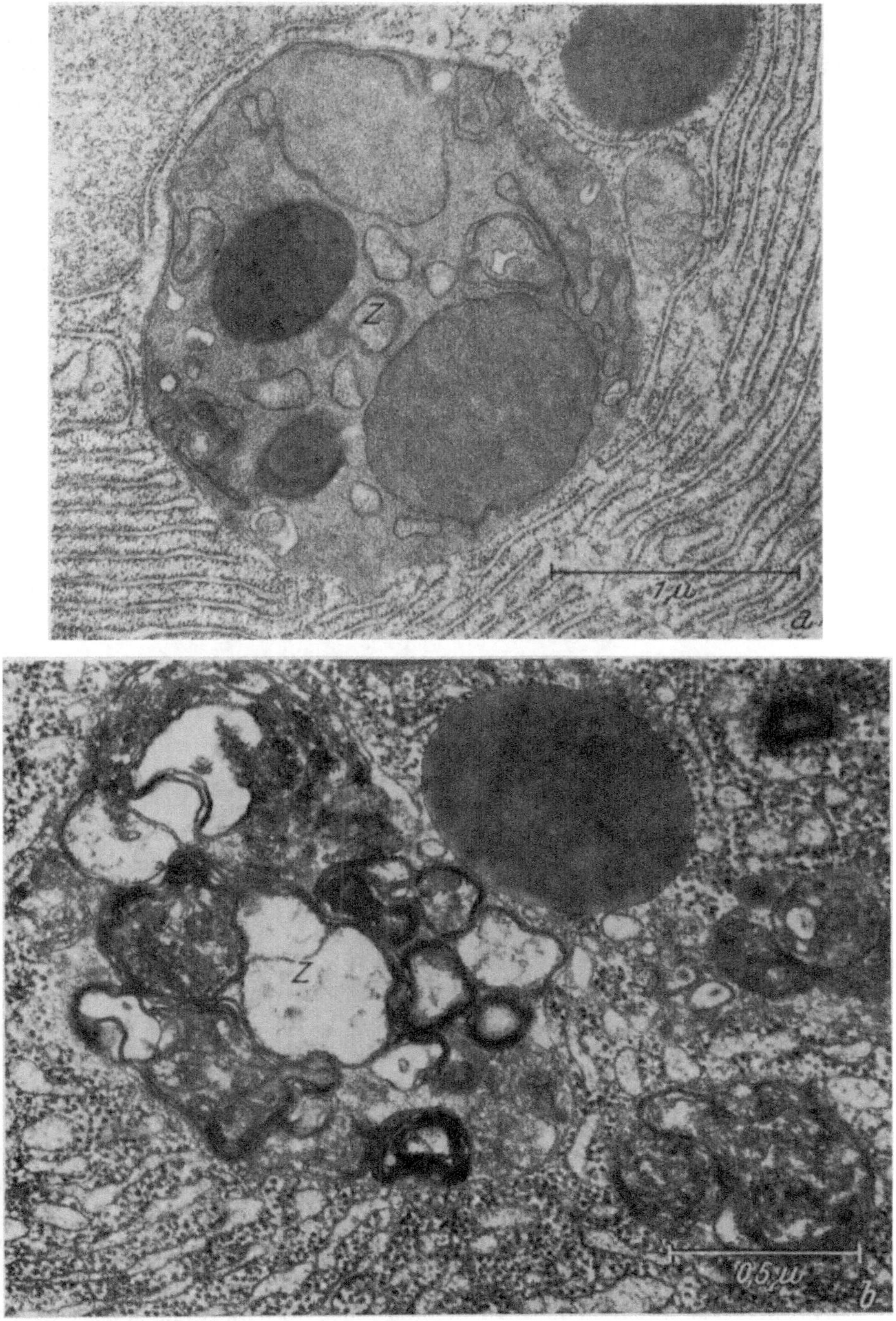

Abb. 52. *a*) Zytolysom (*Z*) aus verschiedenen Zytoplasmabestandteilen aus einer exokrinen Pankreaszelle einer 4 Tage alten Ratte. 31 000 ×. — *b*) Zytolysom (*Z*), aus Vakuolen und Myelinfiguren aufgebaut, in einer exokrinen Pankreaszelle der Ratte nach Aktinomyzinmedikation. 48 000 ×.

β) Pinozytose

In der letzten Zeit hat es eine gewisse Begriffsverwirrung hinsichtlich der Bezeichnungen Pinozytose und Phagozytose gegeben, so daß diese Begriffe z. T. synonym gebraucht wurden. Das entspricht jedoch nicht ihrer ursprünglichen Bedeutung (ROSCHLAU u. KEMMER, 1968). Deshalb wollen wir bei unserer Darstellung eine Trennung nach der zuerst vorgesehenen Abgrenzung vornehmen.

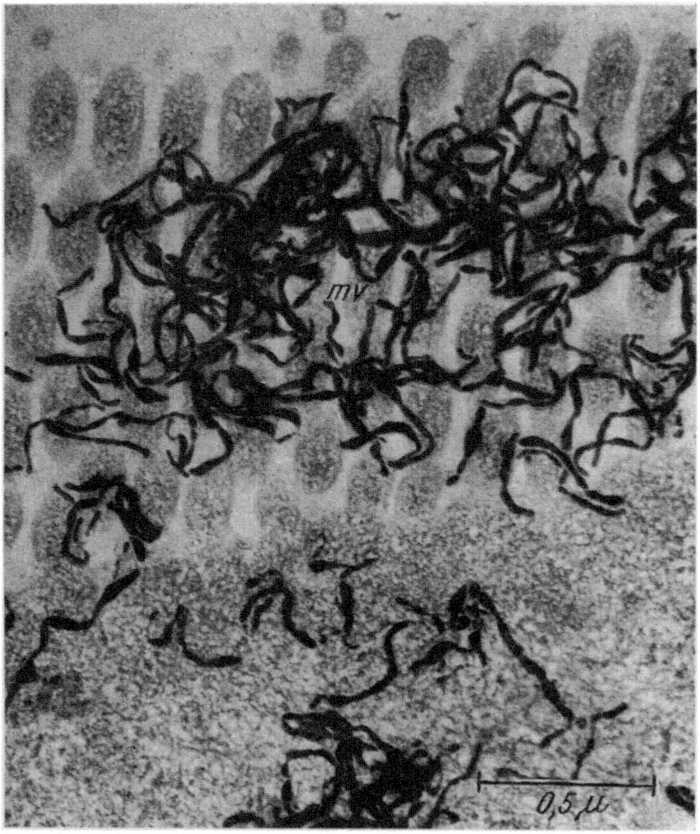

Abb. 53. Mikrovilli (*mv*) einer Epithelzelle des Dünndarms einer Maus 5 Min. nach Injektion von ^{35}S-Methionin in das Darmlumen. Konzentration des Materials im Bereich der Mikrovilli. Geringe Aufnahme in die Zelle. 45 000 ×.

Als Überbegriff für Pinozytose und Phagozytose könnte die „Endozytose" gewählt werden (DE DUVE; COHN et al., 1963).

Unter Pinozytose (Abb. 54) verstehen wir die Aufnahme von Flüssigkeit oder Molekülgruppen bzw. Makromolekülen bis zu einer Gesamtgröße von 1 µm in die Zelle, wobei meist primär eine Adhäsion der Moleküle an der Zellmembran stattfindet.

Bei Amöben ist zwischen der permanenten Pinozytose im Rahmen der aktiven Fortbewegung und der induzierten Pinozytose zu differenzieren (STOCKEM, 1966; WOHLFARTH-BOTTERMANN et al., 1966). Bei der Induktion sind 3 Substanzgruppen zu unterscheiden.

1. Keine Induktion: grobpartikuläre Substanzen (Aerosil, Latex, Goldsol, HgS, Thorotrast, koll. Eisen;
2. keine eindeutige Wirkung: feinpartikuläre Substanzen (Ferritin, Myofer, Ferrlecit);
3. starke Induktion: elektronenmikroskopisch amorphe Lösungen (Hühner-Albumin, Alcianblau, NaCl).

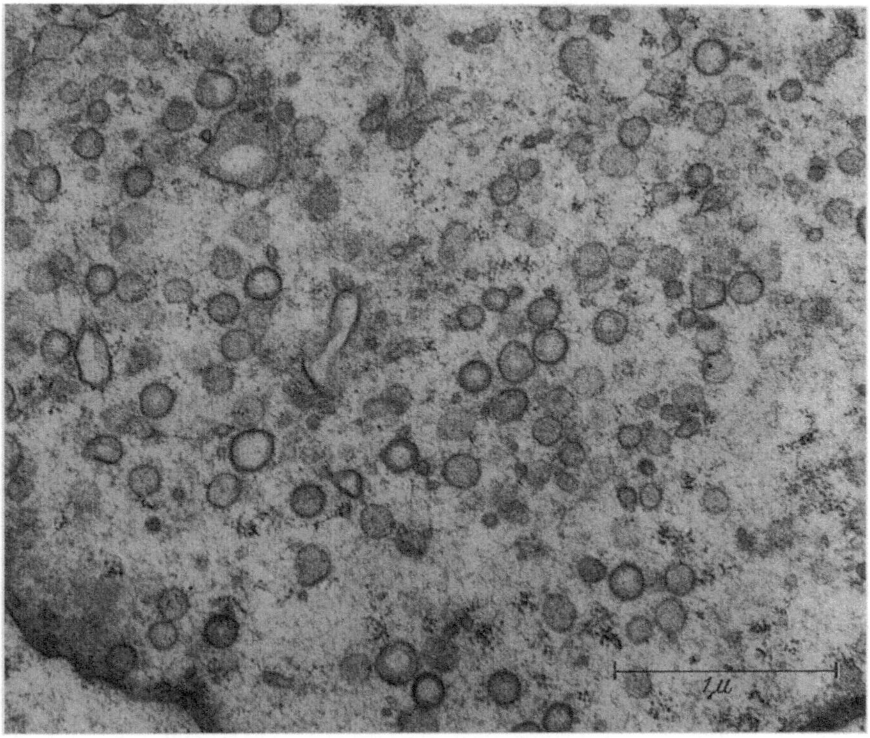

Abb. 54. Multiple Vesikel (Pinozytose) im apikalen Abschnitt einer Tubulusepithelzelle der Maus bei Hydronephrose. 28 800 ×.

Die Pinozytose ist eine koordinierte Folge von 3 Prozessen. Die initiale Bindung stellt eine Ionenaustauschreaktion dar. Danach folgt der aktive Prozeß der Vesikelbildung und der Transport in die Zelle. Beim 3. Schritt kommt es zum Abbau des Materials mit zahlreichen chemischen und morphologischen Veränderungen (NACHMIAS u. MARSHALL, 1961; HOLTER, 1964, 1965). Nach COHN u. Mitarbeitern (COHN, 1966; EHRENREICH u. COHN, 1968) erfolgt die Regulation der Pinozytosevorgänge direkt über die Zellmembran oder über den Zellmetabolismus. Eine Hemmung der Pinozytose kann durch Inhibition der Proteinsynthese ebenso eintreten wie durch Inhibition der Respiration und oxydativen Phosphorylierung.

Die Plasmaproteine werden von den Sternzellen der Leber selektiv aufgenommen (GANS et al., 1968). Aktives Thrombin und Fibrin gelangen schneller in die Zellen als inaktive Substanzen.

Proteine wie Albumin oder Hämoglobin werden durch Pinozytose aufgenommen, was durch Markierung des Hämoglobins mit ^{3}H-Leuzin und des Albumins mit ^{131}J oder ^{125}J zu beweisen ist (PORTE et al., 1964; MARX et al., 1965, 1966; MAUNSBACH, 1966; MEYO et al., 1966; NEUSTEIN u. MAUNSBACH, 1966). In gleicher Weise werden auch Antigene und Antikörper in die Zelle inkorporiert (HAN u. JOHNSON, 1966; LOVETT u. MOVAT, 1966; SANTOZ-BUCH u. TREADWELL, 1967).

Die Aufnahme von Fett scheint in den einzelnen Zelltypen unterschiedlich zu verlaufen. Die Vorstellungen von PALAY u. KARLIN (1959) über eine pinozytotische Aufnahme von Neutralfett in Dünndarmepithelzellen konnten nicht bestätigt werden. Man muß heute annehmen, daß das vorher in Lipidmizellen, Di- und Monoglyzeride zerlegte Fett die Mikrovillimembran durchwandert und erst im Terminalgespinst resynthetisiert und dann in glattwandigen Vesikeln durch die Zelle transportiert wird. Dafür sprechen auch die Befunde von SJÖSTRAND (1963) einer differenten Membrandicke der Plasmamembran und der Vesikelmembran.

In Leberzellen erfolgt dagegen die Aufnahme wahrscheinlich durch Pinozytose (ASHWORTH, 1963; JORDAN, 1964; TROTTER, 1965). Radioaktiv markierte Lipide und Lipoproteide werden *in vitro* von Makrophagen in Vesikeln verschiedener Größe aufgenommen, in denen der Abbau der Fette erfolgen soll (CASLEY-SMITH u. DAY, 1966). Nach ELSBACH (1964, 1965) nehmen Makrophagen und Leukozyten dagegen nur freie Fettsäuren auf. Triglyzeride werden vor der Aufnahme an der Zelloberfläche hydrolysiert und reesterifiziert.

Kohle wird nach 5—15 Min. von Knochenmarkzellen aufgenommen (HUHN u. STEIDLE, 1967).

Kolloidales Gold gelangt in Pinozytosevesikeln ins Innere von Makrophagen, wo diese zu größeren Vakuolen zusammenfließen (COHN et al., 1966; YOKOMURA et al., 1967). In ähnlicher Weise werden Kupfer in Leberzellen und Sternzellen (WESSEL et al., 1965), Saccharose in Tubulusepithelzellen (ROHR u. ZOLLINGER, 1966) und Kollidon in Leberzellen transportiert (HÜBNER, 1962).

Das in Follikeln der Schilddrüse gespeicherte Thyreoglobulin wird durch Pinozytose wieder in die Follikelzellen aufgenommen (ROHR et al., 1966).

Besonders häufig wurde die Aufnahme von Ferritin und anderen Eisenverbindungen in verschiedenen Zellen wie in Erythroblasten (JONES, 1965; TANAKA et al., 1966), Retikulozyten (FORTH et al., 1967), Makrophagen (WESSEL u. GEDIGK, 1959; MUIR u. GOLBERG, 1961; KUNZ et al., 1963; KAJIKAWA u. NAKANISHI, 1966), Spinalganglienzellen (ROSENBLUTH u. WISSIG, 1964), Eizellen (WARTENBERG, 1964), Follikelzellen der Schilddrüse (SELJELID, 1967), Dünndarmepithelzellen (KRAEHENBUHL et al., 1967), HeLa-Zellen (LONI et al., 1967) beschrieben.

Besonders in Erythroblasten wird der Vorgang auch als Rhopheozytose bezeichnet. Bei dem Aufnahmeprozeß kommt es zuerst zu einer spezifischen Bindung des Ferritins an der Außenhülle, wobei eine umschriebene Membranverdichtung eintritt. Nach TANAKA et al. (1966) sollen an der Zellmembran Enzyme lokalisiert sein, die Siderophilin-Eisen in Apoferritin inkorporieren, das an der Zellmembran synthetisiert werden soll.

Unter physiologischen Bedingungen findet im ZNS im präsynaptischen

Bereich ständig eine (Mikro-)Pinozytose von inaktivierter Transmittersubstanz aus den postsynaptischen Gebieten statt (ANDRES, 1964). Die Pinozytose degenerierter Boutons wäre dagegen besser als Phagozytose zu bezeichnen (WALBERG, 1963).

Beim Gallerückfluß sind in der Umgebung der Gallenkapillaren Pinozytosevesikel mit dichtem Material zu beobachten (EHRENBRAND u. WALDECK, 1966). Das in sinusoidnahen Vakuolen von Leberzellen zu findende Fibrin wird ebenfalls durch einen Pinozytose-ähnlichen Vorgang aufgenommen. Die Annahme von PARRY u. GHADIALLY (1967), daß das Fibrin in den Leberzellen gebildet sei, ist nicht wahrscheinlich.

Aktinomyzin bewirkt über eine Beeinflussung der RNS- und Enzymsynthese eine Hemmung der Endozytosevorgänge in Follikelzellen der Schilddrüse (EKHOLM u. ELMQVIST, 1967).

Als eine besondere Form der (Mikro-)Pinozytose ist die Zytopempsis anzusehen, bei der Substanzen, insbesondere Flüssigkeiten, durch die Zelle transportiert werden, ohne mit dem Zytoplasma oder Zellorganellen in Berührung zu kommen (STAUBESAND, 1965). Die Größe der Bläschen beträgt 200—800 Å.

In den Endothelzellen von Kapillaren des ZNS vermehren sich bei Bestrahlung die zytopemptischen Vesikel (CERVÓS-NAVARRO, 1964). Diese Vesikel zeigen eine positive ATPase-Reaktion (MARCHESI u. BARRNETT, 1963).

γ) Phagozytose

Bei der Phagozytose kommt es zur Aufnahme von Bakterien, Zellbestandteilen oder ganzen Zellen sowie größeren unbelebten Partikeln.

UCHINO u. HOSOKAWA (1965) unterscheiden 3 Typen der Phagozytose: 1. die durch Pseudopodienbildung, 2. die durch Invagination der Zellmembran und 3. die durch Öffnung des glatten endoplasmatischen Retikulums an der Zellmembran. Grundsätzlich sind alle Zellen zur Phagozytose befähigt, jedoch ist diese Funktion unter üblichen Bedingungen auf mesenchymale Zellelemente, Histiozyten und Makrophagen beschränkt. Bei einer Blockierung des RES, z. B. durch Überladung mit kolloidalem Kohlenstoff (COTRAN, 1965), phagozytieren die Endothelzellen besonders stark. Nach einer Bestrahlung des Thymus werden sowohl die mesenchymalen als auch die epithelialen Zellen zur Phagozytose befähigt (KLUG, 1965).

Bei der Phagozytose handelt es sich um einen aktiven Stoffwechselvorgang. In Leukozyten kommt es innerhalb von 1 Min. zum Anstieg des Sauerstoffverbrauches (TAKIKAWA et al., 1964) und zur erhöhten respiratorischen Aktivität und Hexose-Monophosphat-Shunt-Aktivität (KARNOVSKY et al., 1966).

Über den Phagozytosevorgang von Bakterien, insbesondere durch Leukozyten und Makrophagen, liegen relativ gleichartige Befunde vor. Elektronenmikroskopisch wurde z. B. die Phagozytose von Mycobacterium tuberculosis (DUMONT, 1964; GUSEK, 1964; NISHI et al., 1966), Mycobacterium leprae (CHAPMAN et al., 1959; IMAEDA u. CONVIT, 1962; ALLEN et al., 1965; ORFANOS, 1966), Salmonella typhimurium (TAKEUCHI, 1967; TAKEUCHI u. SPRINZ, 1967), Salmonella enteritidis (YAMAMOTO u. NAKANO, 1960; YAMAMOTO u. HAMPTON, 1966), Shigella Flexneri (TAKEUCHI et al., 1965), Escherichia coli (NELSON et al., 1962), Staphylococcus albus (HORN et al., 1964), Listeria monocytogenes (NORTH u.

Mackaness, 1963; Cossel u. Mahnke, 1968), Bakterien beim M. Whipple, Toxoplasmen (Stahl u. Akao, 1966) und Bordetella bronchiseptica (Richter u. Kress, 1967) untersucht.

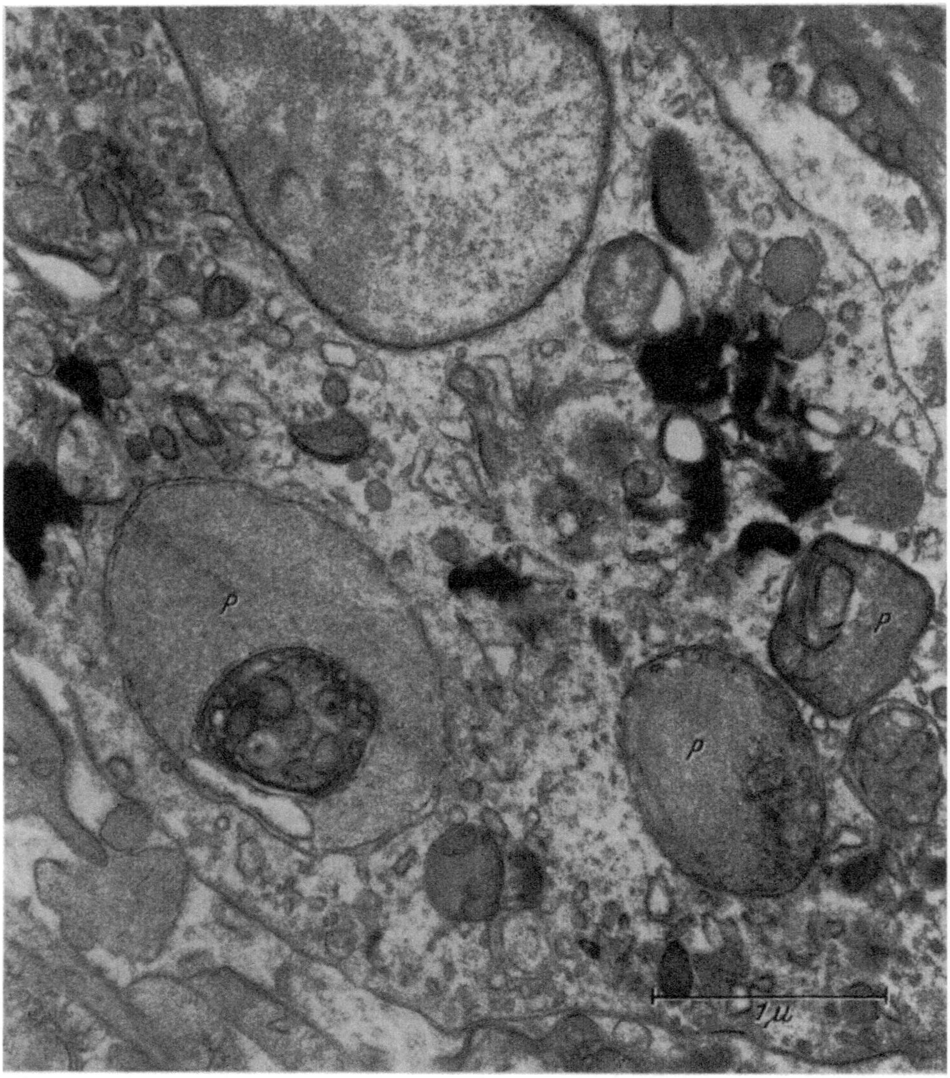

Abb. 55. Makrophage im Bereich eines Thrombus mit phagozytierten abgebauten Erythrozyten sowie Thrombozyten in verschiedenen Abbaustufen in den Phagolysomen (*P*). 30 000 ×.

Die mit dem Bakterium in Verbindung tretende Zellmembran zeigt eine Aufhebung der speziellen Bildungen wie Microvilli u. ä., teilweise eine Bildung von Pseudopodien und eine Verbreiterung der Membran. Manchmal verschmelzen Zellmembran und Bakterienmembran. Im Zytoplasma liegen die Bakterien in membranumgebenen Vakuolen.

Teilweise unter physiologischen Bedingungen, meist jedoch als Folge pathologischer Einwirkungen, werden geschädigte oder nekrotische Zellen oder Zellreste von anderen Zellen aufgenommen (Abb. 55, 56). Höher differenzierte Zellen werden meist früher geschädigt als die weniger differenzierten, zur Phagozytose besonders befähigten Mesenchymzellen.

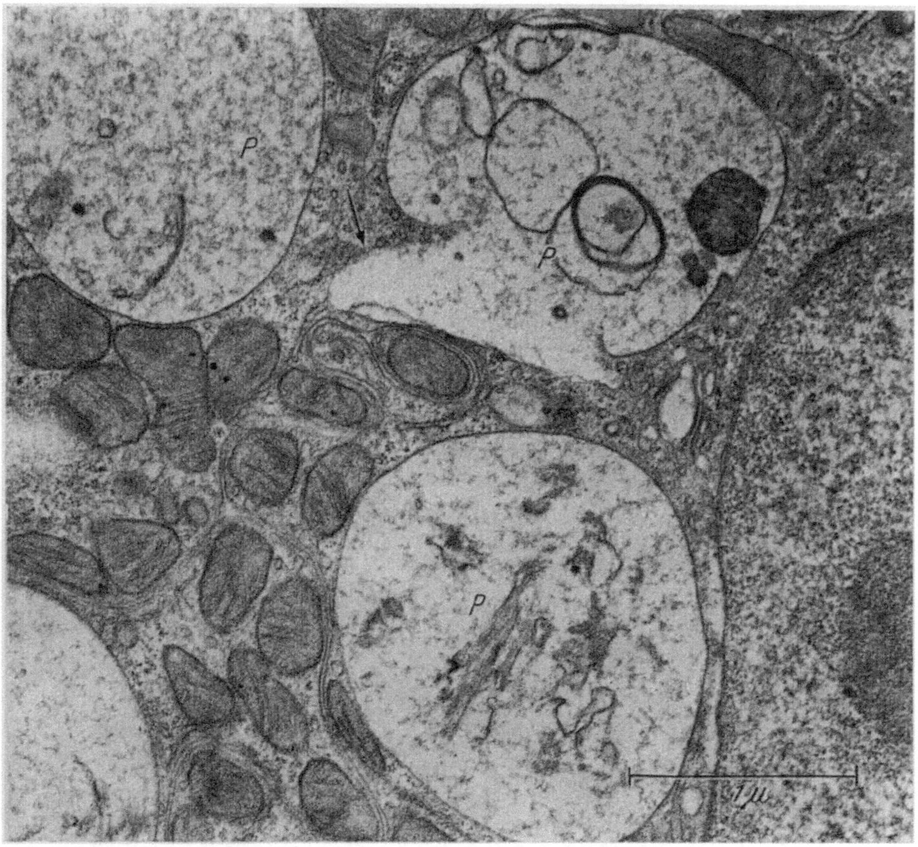

Abb. 56. Vakuoläre Phagolysomen (*P*) aus einer Tubulusepithelzelle der Rattenniere mit unterschiedlich abgebautem Material. Ruptur der Membran eines Phagolysoms (↗). 30 000 ×.

So werden in lymphatischen Organen (Anton u. Brandes, 1969) nach Bestrahlung (Bari u. Sorenson, 1963; Smith et al., 1966) und bei Involution (Haelst, 1967) die zuerst geschädigten Lymphozyten von Retikulumzellen und Makrophagen phagozytiert. In Asziteslymphomen werden Lymphomzellen von anderen Tumorzellen oder Histiozyten aufgenommen (Journey u. Amos, 1962).

Geschädigte und auch intakte Leukozyten werden häufig von Makrophagen (Brewer, 1964), z. B. auch bei der lokalen Shwartzman-Reaktion (Taichman et al., 1965), phagozytiert.

In bestrahlten Hoden werden die geschädigten Spermatogonien durch die Sertolizellen phagozytiert und dort vollständig abgebaut (Hugon u. Borgers, 1964, 1966). Dabei treten in den Zellen Residualkörper aus untergegangenen

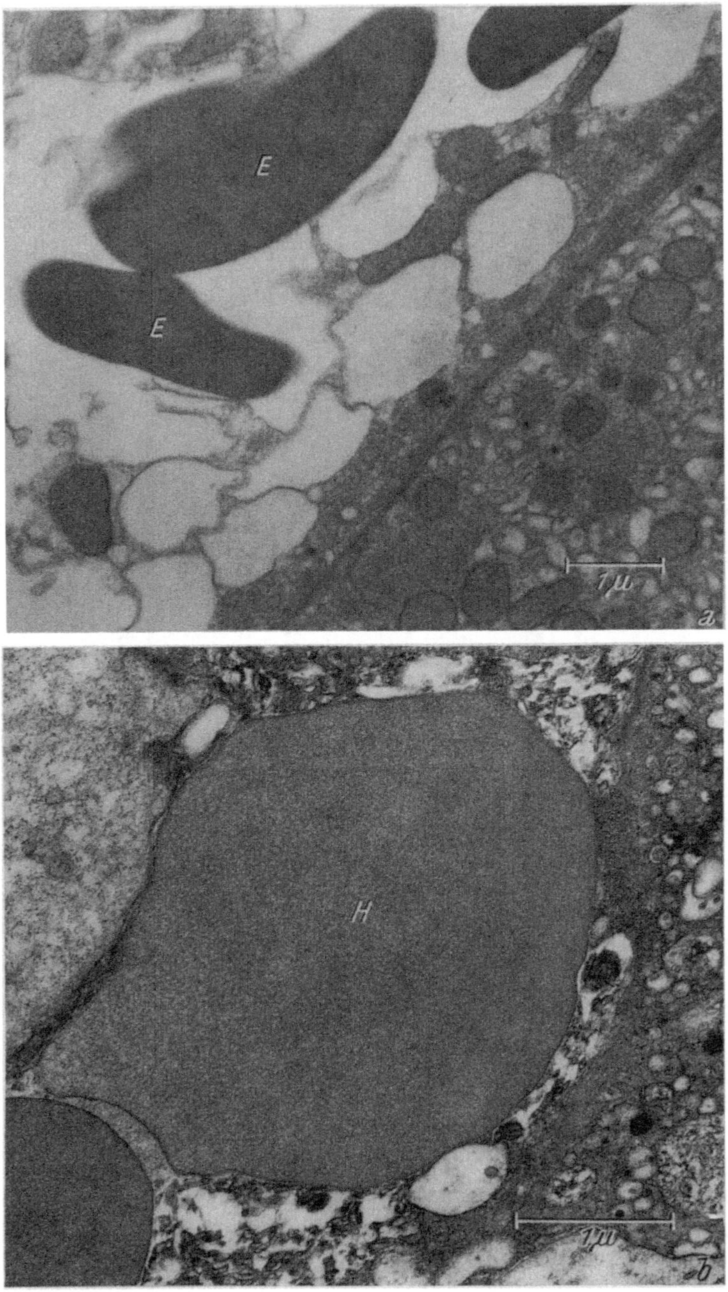

Abb. 57. *a*) Erythrozyteneintritt (sog. Erythrophagozytose) (*E*) in eine blasig umgewandelte Leberzelle nach Dioxanvergiftung. Erythrozyten morphologisch noch unverändert. 12 000 ×. — *b*) Beginnende Hämolyse (*H*) eines intrazellulären Erythrozyten aus einer Leberzelle der Ratte nach 10tägiger Zystinüberernährung. 20 000 ×.

Zytoplasmabestandteilen auf (DIETERT, 1966). Im weiblichen Genitaltrakt werden Spermatozoen von polymorphkernigen Leukozyten und Makrophagen phagozytiert und abgebaut (MOYER et al., 1967).

Untergegangene Teile des Nervengewebes, insbesondere Teile der Myelinscheiden, werden durch die Schwannschen Zellen phagozytiert (WECHSLER u. HAGER, 1962; ESCOLÁ u. HAGER, 1964; GONATAS et al., 1964; TONI, 1964; BLÜMCKE u. NIEDORF, 1966). Auch degenerierte Boutons werden durch die angrenzenden Astrozyten aufgenommen und abgebaut (COLONNIER u. GRAY, 1962; GRAY, 1964; MCMAHAN, 1967). Bei der Metamorphose der Epidermis von Rhodnius prolixus werden ebenfalls ganze Zellen phagozytiert (GOLDSMITH, 1966).

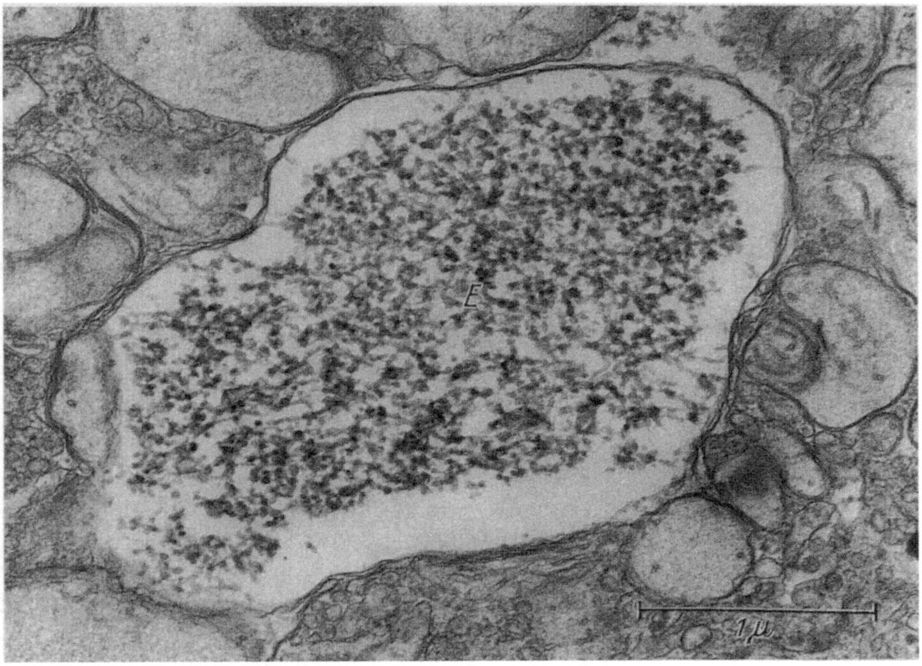

Abb. 58. Endstadium eines Erythrozytenabbaues (*E*) mit osmiophilem granulärem Restmaterial in einer Leberzelle der Ratte nach 10tägiger Zystinüberernährung. 31 000 ×.

Problematisch ist das Auftreten von Erythrozyten in anderen Zellen (THERON et al., 1965; CECIO et al., 1967), da hierbei, zumindest unter bestimmten Bedingungen, ein Einpressen der roten Blutkörperchen in geschädigte Zellen stattfindet (DAVID u. BARTOK, 1963; SZYDLEWSKI u. DAVID, 1964) (Abb. 57, 58).

Erythrozyten mit Heinz-Körpern zeigen nach der Phagozytose eine geringere Resistenz des normalen Hämoglobins gegenüber einer intrazellulären Verdauung (SCHNITZER u. SMITH, 1966). Der Abbau erfolgt über verschiedene Zwischenstadien (RIFKIND, 1966).

Kollagenfasern werden im Verlaufe der Metamorphose (USUKU, 1965) und der Uterusinvolution (SCHWARZ u. GÜLDNER, 1967) ebenfalls von Histiozyten phagozytiert und in den Zellen abgebaut, nachdem sie z. T. schon extrazellulär durch Kollagenase und Hyaluronidase angedaut wurden.

Exogenes Material der verschiedensten Art, wie Kohlepartikeln (POLICARD et al., 1965), Quarz (LÖBLICH, 1961), Staub (POLICARD et al., 1964), Asbest (WEST-

Lake et al., 1965) und Latexpartikeln (Korn u. Weisman, 1967), wird von Makrophagen zahlreicher Organe aufgenommen und sammelt sich dort teils als inertes Material an oder wirkt toxisch auf die Zellen.

f) Intrazelluläre Speicherungsprozesse

Infolge der engen Beziehungen zwischen Lysosomen und dem Phagozytosevorgang ist es nicht verwunderlich, daß sich zahlreiche Substanzen in ihnen ansammeln. Rohrzucker wird in den Leberzellen (Brewer u. Hearth, 1963) und Nierenepithelien gespeichert (Trump u. Janigan, 1962). Dabei werden die Lysosomen vakuolisiert. Kollidon wird in der Niere ebenfalls in ihnen akkumuliert (Hübner, 1962). In der Leber liegt es in Vakuolen (Hübner, 1968). Desgleichen wird Triton-WR-1339 in den Lysosomen gespeichert (Wattiaux et al., 1963). Glukagongabe führt in den Lysosomen der Leber innerhalb von 30 Min. zu einer Zunahme der Empfindlichkeit gegen einen verringerten osmotischen Druck und gegen mechanischen Streß (Deter u. de Duve, 1967). Im RES wird Polyvinylazetat in großen Vakuolen gespeichert (Hatano et al., 1965). Ursache für eine intralysosomale Substanzakkumulation, z. B. des hochpolymeren Dextransulfats (Mol.-Gew. 2 Mill.) ist das Fehlen spezifischer, diesen Stoff abbauender Enzyme, was das Bild der Vakuolisierung bedingt. Einen ähnlichen Mechanismus und Effekt zeigt auch der niedermolekulare Rohrzucker (Mol.-Gew. 340) (Ehrenreich u. Cohn, 1968).

Polyvinylpyridin-N-Oxyd hemmt die Silikosebildung durch Quarz. In Fibroblastenkulturen wird die Substanz in Lysosomen gespeichert und verhindert durch Bedeckung der Oberfläche ihre Zerstörung (Fetzer, 1967). Langdauernde Gaben von Prontosil führen zur Akkumulation des Medikaments in den Lysosomen der Tubulusepithelien der Niere (Schill u. Bostelmann, 1965). Extra- und intrahepatische Cholestase bewirkt die Vergrößerung der peribiliären Lysosomen und ihre Vakuolisierung mit Ansammlung von Galle (Sasaki u. Ichida, 1961).

Schwermetalle wie Blei werden besonders in den Lysosomen und Zytosomen der Niere gespeichert, wobei Myelinfiguren, aber auch Zytolysomen auftreten können (Totović, 1964; Galle u. Morel-Maroger, 1965; Cohen et al., 1966). Tellur wird in der Niere und im ZNS in den Lysosomen akkumuliert (Blinzinger u. Hager, 1965). Thorotrast liegt in der Leber in Vakuolen (Hübner, 1968).

Bei zahlreichen Thesaurismosen (s. S. 312, 337) findet sich eine Beteiligung (Insuffizienz?) der Lysosomen, so daß Hers (1965) auch von lysosomalen Erkrankungen gesprochen hat. Zu ihnen wird nach Gordis (1966) neben der Glykogenose Typ II die metachromatische Leukodystrophie gerechnet. Daneben gibt es hypothetische Beziehungen zwischen den Lysosomen und dem M. Gaucher und anderen Lipoidosen, dem Lupus erythematodes, dem rheumatischen Fieber und der rheumatischen Arthritis sowie zu Antigen-Antikörper-Reaktionen, zur Leberzirrhose und chronischen Hepatitis, zu Virusinfektionen, muskulärer Dystrophie und Krebs.

Die zahlreichen Lipidspeicherkrankheiten gehen im allgemeinen mit der Ausbildung von lysosomalen Speichergranula einher, die als lamelläre Einschlußkörper, Zebra-Körper oder z. T. auch mit Vakuolisierung erscheinen (Terry, 1966)

Tab. 41. *Lysosomen und Speicherungskrankheiten*

Thesaurismose	Organ	gespeicherte Substanz	Erscheinungsform	Autor
M. Niemann-Pick	Blutzellen	Lipid		LAZARUS et al., 1967
	Blutzellen		membranös	VETHAMANY et al., 1967
M. Gaucher	Leber	Kerasin	helle Körper, homogen oder tubulär	SALOMON u. CAROLI, 1962
	Leber, RES		lysosomalen Ursprungs?	SCHÄFER u. BÄSSLER, 1966
	Leber		lysosomalen Ursprungs?	OLIVA u. NAVARRO, 1965
(Spät) infantile	ZNS	Disialogen-glioside	lamelläre Körper	VOLK et al., 1964
amaurotische Idiotie	ZNS	Ganglioside u. Polypeptide u. Proteine	membranöse Körper	TERRY u. KOREY, 1966
	ZNS			SUZUKI et al., 1967
	ZNS	Ganglioside	membranöse Körper	GONATAS u. GONATAS, 1965
	ZNS		membranöse Körper	WALLACE u. VOLK, 1965
juvenile Lipoidose	ZNS		membrano-vesikuläre Körper	GONATAS et al., 1963
	Lymphozyten		Vakuolen m. Parallel-membranen oder homogenem Inhalt	FUKUDA, 1966
fam. amaurotische Idiotie	ZNS		lamelläre Körper	ESCOLA PICO, 1964
M. Tay-Sachs	ZNS	Ganglioside	laminierte Körper	TERRY u. WEISS, 1963
	ZNS		membranöse Körper	TERRY u. KOREY, 1963
	ZNS		membranöse Körper	LAZARUS et al., 1964
	ZNS	Ganglioside, Cholesterin u. Phospholipide	lysomaler Ursprung?	SAMUELS et al., 1963, 1965
	ZNS		membranöse Körper	WALLACE et al., 1964
M. Fabry	verschiedene Organe	Glukolipide, Phospholipide		CAULET et al., 1967
metachromatische Leukodystrophie	ZNS		lamellär, umschrieben	GREGOIRE et al., 1966

Tabelle 41 (Fortsetzung)

Thesaurismose	Organ	gespeicherte Substanz	Erscheinungsform	Autor
metachromatische Leukodystrophie	ZNS		prismatische Räume, z. T. vakuolär	AUREBECK et al., 1964
Myoklonus-Epilepsie (M. Unverricht)	ZNS	Polysaccharide	Laforá-Körper, Filamente, z. T. in Wirbeln	ALLEGRANZA et al., 1966
Myoklonuskörperkrankheit	ZNS	Polysaccharide	Filamente	SEITELBERGER, 1966
Spätinfantile Myoklonuskrankheit	ZNS	Kohlehydrate u. Lipoide	lamellär u. schollig	SLUGA u. GOOTZ, 1966
Gargoylismus (M. Hurler)	ZNS	Ganglioside u. Mukopolysaccharide	membranöse Körper	GONATAS u. GONATAS, 1965
	ZNS		Zebrakörper	ALEU et al., 1966
	ZNS		lamelläre Körper	UCHIMURA et al., 1965
	Herz, Milz, Leber	Mukopolysaccharide	vakuolär	LAGUNOFF u. GRITZKA, 1966
	ZNS	Ganglioside	Zebrakörper	ALEU et al., 1965
	Leber	Mukopolysaccharide	Vakuolen, konzentrische Membranbündel	VAN HOFF u. HERS, 1964
	Leber	saure Mukopolysaccharide, β-Heparin, Heparitin	z. T. helle 2-T-dichte Körper	CALLAHAN u. LORINCZ, 1966
	ZNS	Mukopolysaccharide	membranös	ESCOUROLLE et al., 1966
Mukopolysaccharidose III	ZNS	Mukopolysaccharide	membranöse Körper	WALLACE et al., 1966
Glykogenose II	versch. Organe	Glykogen	membranmyeline Körper	HUG u. SCHUBERT, 1967

(Tab. 41). Dabei ist es als sicher anzusehen, daß die gespeicherten Substanzen nicht gleich sind (ROOS et al., 1961). Nach TERRY (1963) handelt es sich zu 90% um Lipide und zu etwa 8% um Protein. Das Verhältnis zwischen Gangliosiden, Phospholipiden und Cholesterin kann dabei wechseln. Auf jeden Fall wird das akkumulierte Material — mag es sich dabei um Lipide, Mukopolysaccharide oder Kohlenhydrate handeln — nicht abgebaut (WALLACE et al., 1965). Nicht für alle Speicherkörper konnte bisher dieser lysosomale Ursprung gesichert werden (DUSTIN u. RESIBOIS, 1966).

g) Das Schicksal von Zytolysomen und Phagolysomen

Der vorwiegend durch hydrolytische Enzyme bedingte Abbau von Zellbestandteilen zu im Zellstoffwechsel erneut verwendbaren Molekülen ist häufig mit der Produktion von Schlackenstoffen verbunden. Diese werden teilweise in den Extrazellularraum abgegeben. In einem bestimmten Prozentsatz bleiben sie jedoch in der Zelle zurück und zeigen dort einen Aufbau aus wechselnd dichtem, teils amorphem, teils granulärem Material, in dem ebenfalls einige hydrolytische Enzyme — wie die saure Phosphatase — nachgewiesen werden können. Diese Körper werden als Telolysomen oder Residualkörper bezeichnet und sind mit dem lichtmikroskopisch erkennbaren Lipofuszin identisch (s. S. 197). Es zeigt besonders im Alter in vielen Zellen eine Vermehrung, was bei der Anschauung als Residualkörper durchaus verständlich ist.

Nach der Einverleibung der verschiedenen Substanzen in die Zellen kann sich ihr Schicksal in verschiedener Weise weiterentwickeln. Relativ selten ist der unbeeinflußte Transport ohne eine Wechselwirkung mit der Zelle. Meist wird das aufgenommene Material von einer Membran umgeben und durch Enzyme des Wirtes abgebaut. Hierbei können Teile der Zelle mit verdaut werden, womit die enge Verbindung zu den Zytolysomen (s. S. 172) hergestellt wird. Dabei können charakteristische Erscheinungen entstehen. Relativ selten wird die ganze Zelle geschädigt, so daß entweder spezifische Zelltypen (lichtmikroskopisch) entstehen oder die Zelle zugrunde geht.

Grundsätzlich ist das Schicksal von Pinozytosevesikeln und Phagozytosevakuolen ähnlich und soll sich nach Senda et al. (1964) in 4 Phasen abspielen: 1. Vergrößerung, 2. Fusion, 3. Ruptur, 4. Verschwinden. Die membranbegrenzten Gebilde von 25—500 nm Größe in Vakuolen stellen möglicherweise den Enzympool für die Verdauung des aufgenommenen Materials dar. Die primären Lysosomen verbinden sich häufig mit dem phagozytierten Material (Hirsch u. Cohn, 1964). Intralienal injizierte Lösungen werden von Leberzellen durch Pinozytose und Phagozytose aufgenommen und durch Konfluenz zu hyalinen Einschlüssen umgewandelt (Roschlau u. Kemmer, 1968).

Nach Einstülpung der Zellmembran bei der Pinozytose werden Substanzen wie Albumin (Porte et al., 1964; Maunsbach, 1966; Marx et al., 1965; Thoenes et al., 1968) und Hämoglobin (Ericsson, 1964, 1965; Neustein u. Maunsbach, 1966; Neustein, 1967) in Vesikeln (Pinosomen) angesammelt, die zu Vakuolen zusammenfließen. In den Vesikeln erfolgt der Beginn des Katabolismus (Porte et al., 1964). In 150 Min. ist ^{3}H-Leuzin-markiertes Hämoglobin in den Lysosomen proximaler Tubulusepithelzellen der Niere zu finden (Neustein u. Maunsbach, 1966; Maunsbach u. Neustein, 1969). ^{125}J-Albumin ist schon nach 6—10 Min. in apikalen Vakuolen angehäuft, nach 60 Min. liegt es in Lysosomen (Maunsbach, 1966). Es wird in Makrophagen wahrscheinlich zu Aminosäuren abgebaut (Ehrenreich u. Cohn, 1968). Jedoch werden nur L-Peptide hydrolysiert, D-Peptide jedoch nicht. Ein ähnliches Verhalten zeigt ^{14}C-Saccharose (Rohr u. Zollinger, 1966). Die aufgenommenen Proteine werden in der Zelle schnell abgebaut, so daß ihre biologische Aktivität nur begrenzt wirken kann. Jedoch muß ihre Bedeutung als Carrier hervorgehoben werden (Ryser, 1968). Viele aufgenommenen Substanzen sind in Golgi-Vesikeln und multivesikulären Körpern in Verbindung mit saurer Phosphatase zu beobachten (Rosenbluth u. Wissing, 1964; Kajikawa u. Nakanishi, 1966; Kraehenbuhl et al., 1967; Loni et al., 1967). Die Einbeziehung von Zellorganellen, z. B. Mitochondrien (Miller u. Palade, 1964), in die Phagolysomen hat zu Fehldeutungen über den primären Ort der Speicherung Anlaß gegeben. Die als Restkörper zurückbleibenden Substanzen enthalten oft myelinartige Strukturen (Marx et al., 1966).

Die von einer zellulären Membran umgebenen Bakterien und andere Substanzen werden als Phagolysomen bezeichnet. Hydrolytisch wirkende intrazelluläre Enzyme treten zur Verdauung mit dem abzubauenden Material in Verbindung. Dabei ist das Verhalten dieser Enzyme in den einzelnen phagozytierenden Zellen unterschiedlich.

Die für den Phagozytosevorgang prädestinierten polymorphkernigen Leukozyten und Makrophagen enthalten reichlich Lysosomen mit hydrolytischen Enzymen (Cohn et al., 1963). Diese werden nach der Aufnahme der Substanzen freigesetzt, wobei es in den Leukozyten zur Ruptur der Granula in der Nähe der Phagozytosevakuole kommt. Der Grad und die Intensität der Depolymerisation der Nukleoproteide, Proteine, Lipide und Kohlenhydrate hängt im wesentlichen von der Zusammensetzung der Bakterien ab. Sind Bakterien von spezifischem Globulin umgeben, wird die intrazelluläre Degradation inhibiert, wobei das Verhalten in polymorphkernigen Leukozyten anders ist als in Makrophagen.

Beim Abbau bilden sich oft große Vakuolen, in deren Membran saure Phosphatase nachgewiesen werden kann. In Makrophagen sammeln sich die vorher diffus verteilten saure Phosphatase-Granula um aufgenommene Erythrozyten (North, 1966).

Nach Phagozytose von Mikropräzipitaten von Antigenen und Antikörpern werden polymorphkernige Leukozyten degranuliert (Lovett u. Movat, 1966).

Die Rhagozyten beim Rheumatismus enthalten neben sekundären Lysosomen dichte Ablagerungen, die wahrscheinlich phagozytierte Antikörperkomplexe darstellen (Lopes-Vaz u. Coimbra, 1967).

Salmonella enteritidis werden in mononukleären Zellen in intrazellulären Vakuolen nach 5—20 Min. gefunden, während sie in eosinophilen Zellen erst nach 20 Min. zu sehen sind (Yamamoto u. Nakano, 1960). Hochvirulente Stämme vermehren sich in den Vakuolen und können die Zellen zerstören, während die schwachvirulenten Stämme verdaut werden.

In für bestimmte Bakterien resistenten Tieren werden die aufgenommenen Bakterien schnell zerstört, in normalen, nicht resistenten Tieren vermehren sich die phagozytierten Bakterien in der Zelle (North u. Machanesi, 1963).

Einzelne Mineralstäube liegen reaktionslos in Zellen (Policard et al., 1964).

Einige Zellen zeigen eine Gewöhnung an die Existenz von Bakterien innerhalb des Zytoplasmas und dadurch bedingt eine Umbildung zu speziellen Zelltypen, wie den Epitheloidzellen bei Phagozytose von Tuberkelbakterien (Dumont, 1968) und die Entwicklung von Riesenzellen.

An bestimmten Makromolekülen reiches phagozytiertes Material, wie z. B. DNS (Bensch et al., 1966), wird sehr schnell hydrolysiert, wonach die Restsubstanzen in dichte Körper oder Lysosomen übergehen.

Myelin wird von Gliazellen oder Makrophagen phagozytiert (Wechsler u. Hager, 1962; Gonatas et al., 1964; Schlaepfer u. Hager, 1964; Toni, 1964;

Blümcke u. Niedorf, 1966; McMahan, 1967). Es findet sich zuerst in großen Bruchstücken in den Zellen und wird zu osmiophilen Globuli mit einzelnen Lamellen abgebaut, wobei das typische Bild, das sonst das abgebaute Material charakterisiert, fehlt.

Nach Neutralrotinjektion entstehen autophage Vakuolen (Alousi et al., 1966). Die Mekoniumkörper des Darmes sollen ebenfalls Phagolysomen darstellen (Bierring et al., 1964).

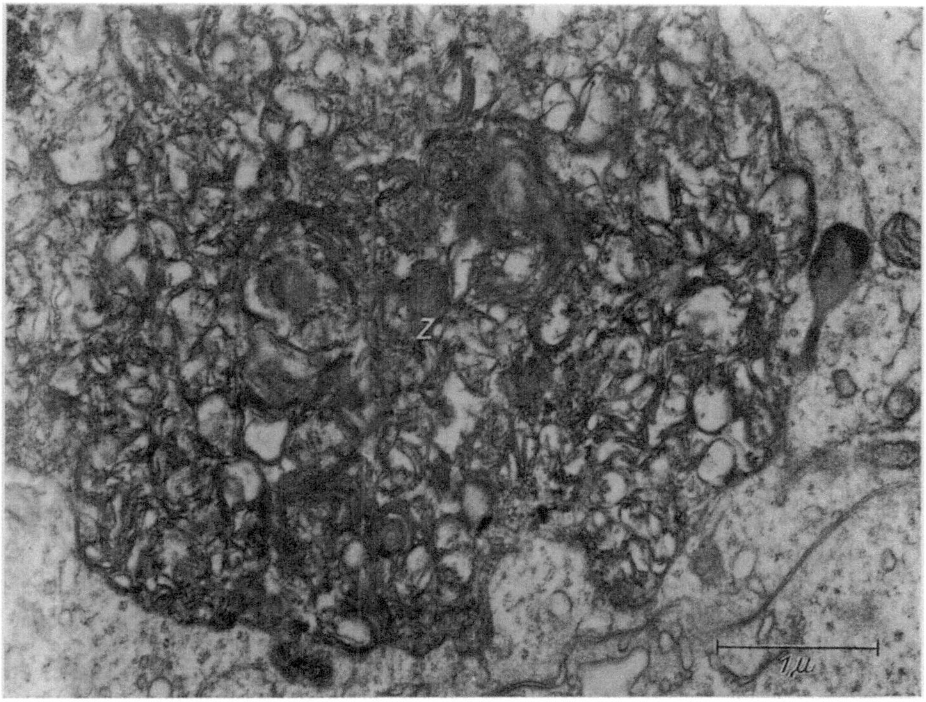

Abb. 59. Großer, aus multilamellären und vakuolären Anteilen zusammengesetzter Residualkörper (Z) aus einer Tubulusepithelzelle der Niere nach einjähriger Oxalsäuregabe. 22 000 ×.

Die Endstadien des Abbaues von phagozytiertem Material sowie des angrenzenden Zytoplasmas sind ebenso wie bei der fokalen Zytoplasmadegradation die Residualkörper oder Telolysomen (Abb. 59, 60). Sie setzen sich aus granulärem oder amorphem Detritus und Membranwirbeln, Spiralen und ausgeprägten Myelinfiguren zusammen. Man findet sie z. B. in proximalen Tubulusepithelzellen der Niere nach Gabe von Eiweiß (Marx et al., 1965, 1966), in Sertolizellen mit phagozytierten Restkörpern von Spermatiden (Lacy, 1962; Dietert, 1966; Reddy u. Svoboda, 1967), in Fibroblasten nach Phagozytose von DNS-Protein-Koazervaten (Gordon et al., 1965).

Die Residualkörper, insbesondere bestimmte Entwicklungsstadien der Phagolysomen, haben lichtmikroskopisch sogar histochemisch zu Fehldeutungen Anlaß gegeben. Das ist beispielsweise beim Morbus Whipple der Fall, der bis zur elektronenmikroskopischen Ära wegen der Anhäufung von PAS-positivem Material und Lipoiden als Speicherkrankheit gedeutet wurde. Die submikroskopischen

Befunde zeigen, daß dieses in den Makrophagen verschiedener Organe, besonders des Magen-Darm-Kanals gefundene Material, Bakterien in verschiedenen Abbaustadien darstellt. Die Mukopolysaccharidkapseln entsprechen dem PAS-positiven Material (CHEARS u. ASHWORTH, 1961; KENT et al., 1963; COHEN, 1964; ROSTGAARD, 1964; TRIER et al., 1965; DOBBINS u. RUFFIN, 1967).

Phagozytiertes Asbest wird in den Zellen zu Asbestose-Körpern, aus Fasern umgeben von Ferritingranula bestehend, umgewandelt (DAVIS, 1964).

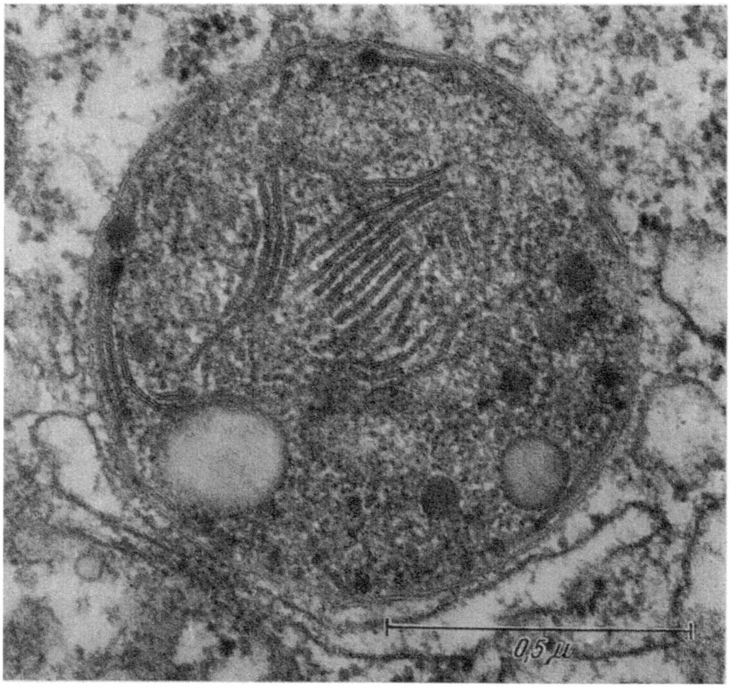

Abb. 60. Telolysom aus einer Tubulusepithelzelle der Niere nach langdauernder Oxalsäurevergiftung. Neben lamellären Anteilen wechselnd osmiophile homogene Bezirke als Abbaustadien untergegangener Zellbestandteile. 80 600 ×.

Die in Makrophagen von Tuberkulose-Granulomen auftretenden Metschnikoff-Schaumann-Körper stellen Phagolysomen-Residualkörper aus granulärem Material und konzentrischen Lamellen dar, die mit Kalziumsalzkristallen inkrustiert sind.

In einigen Zellen bleiben die Bakterien, wie auch andere Substanzen, längere Zeit erhalten und können so das gesamte Zelleben beeinflussen. Daraus leiten sich einige spezielle Zelltypen ab.

Die Infektion mit Leprabakterien führt zur Ausbildung von Schaumzellen mit Phagozytosevakuolen mit Bakterien in verschiedenen Abbaustadien. In den Vakuolen können im Endstadium lamelläre Strukturen zurückbleiben. Diese Zellen werden Virchowzellen genannt (NISHIURA et al., 1964; ALLEN et al., 1965; KLINGMÜLLER, 1966; ORFANOS, 1966; KRAMARSKY et al., 1968).

Die Mikulicz-Zellen des Rhinoskleroms stellen große Zellen dar, die zahlreiche Vakuolen mit Bakterien enthalten (WELSH et al., 1963; FISHER u. DIMLING, 1964; GONZALEZ-ANGULO et al., 1965).

h) Pigmente

Die elektronenmikroskopischen und biochemischen Befunde der letzten Jahre, insbesondere unsere umfassenden Kenntnisse über die Lysosomen, verlangen eine Änderung der bisherigen Auffassung über die Pigmente, die im wesentlichen auf eine Vereinfachung des komplizierten Gebäudes der Vorstellungen über diese Substanzgruppe hinausläuft. Wir möchten in Anlehnung an POPPER u. SCHAFFNER (1963) 3 große Gruppen unterscheiden, und zwar 1. Primär aus Zellbestandteilen

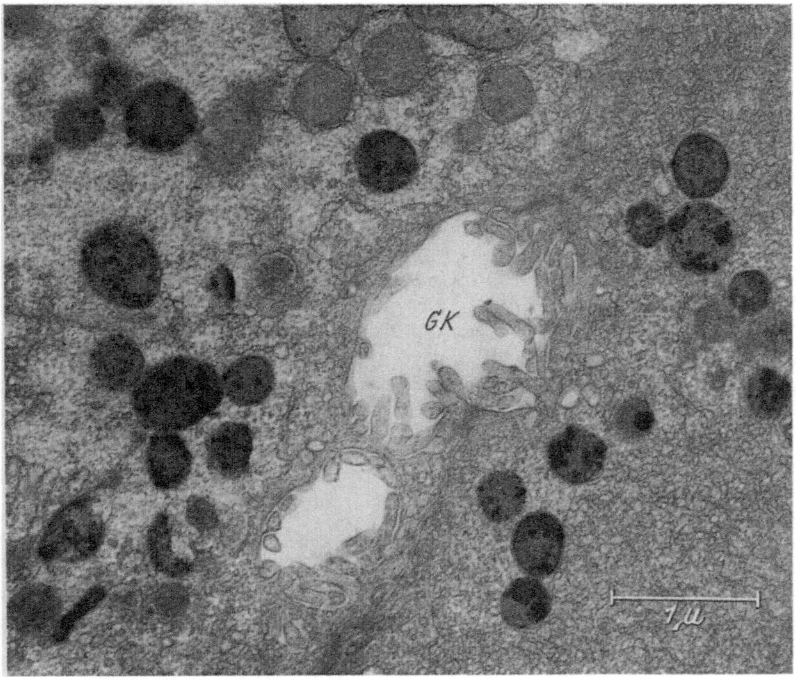

Abb. 61. Ansammlung von peribiliären dichten Körpern um eine Gallekapillare (*GK*) in der Leberzelle einer Ratte nach langdauernder Gabe von Dimethylaminoazobenzol. 18 200 ×.

entstandene Pigmente; 2. Primär aus phagozytiertem Material entstandene Pigmente und 3. durch spezielle Stoffwechselprozesse entstandene Pigmente. Insbesondere bei den Gruppen 1 und 2 sind im Verlaufe der Entwicklungen gegenseitige Beeinflussungen möglich. Sie stellen membranumgebene komplexe Bildungen dar, die aus osmiophoben Bezirken, Aggregaten dichten Materials, membranösen Fragmenten und kristallartigen Verdichtungen zusammengesetzt sind.

Die Deutung der Pigmente ist primär keine elektronenmikroskopische Fragestellung, da sie sich im Elektronenmikroskop nur durch Kontrastdifferenzen von den übrigen Zellbestandteilen unterscheiden. Die lichtmikroskopisch und insbesondere histochemisch zu beobachtende Vielfalt gibt aber unseres Erachtens nur Symptome wieder und geht häufig an den wesentlichen gemeinsamen Merkmalen vorbei.

Tab. 42. *Pigment als Endstadium der fokalen Zelldegradation (Beispiele)*

Organ	Einwirkung	Besonderheiten	Autor
Corpus luteum	Involution		VAN LENNEP u. MADDEN, 1965
Herz	Alterung		JAMIESON, 1963
ZNS	Alterung, Vitamin-E-Mangel		MIYAGISHI et al., 1967
Nervenzellen	Alterung		ARTIUKHINA, 1966, 1968
ZNS	Alterung		SAMORAJSKI et al., 1968
Ganglienzellen	Alterung		DUNCAN et al., 1966
ZNS u. periphere Ganglien	Alterung		FEW, 1967
Nervenzellen	Alterung		WECHSLER, 1966
Innenohr	Alterung		ISHII et al., 1967
glatte Muskelzellen	Alterung		BIAVA u. WEST, 1965
ZNS	Hunger		WECHSLER, 1963
Autonome Ganglienzellen	Vitamin-C-Mangel		SULKIN u. SULKIN, 1967
Leber	O_2-Beatmung		SCHAFFNER u. FELIC, 1965
Colon	Melanosis coli		GHADIALLY u. PARRY, 1966
Nebenniere	braune Degeneration		SCHARDEIN et al., 1968
Herz	Alkohol		ALEXANDER, 1967
ZNS	Neurotrauma		KERENYI et al., 1967
Hippocampus	Methoxypyridoxin, 3-Acetylpyridin		NIKLOWITZ, 1966
Leber	Dubin-Johnson-Syndrom		TOKER u. TREVINO, 1965
Leber	Dubin-Johnson-Syndrom		MARUFFO et al., 1966
Leber	Dubin-Johnson-Syndrom		MUSCATELLO et al., 1967
Leber	Dubin-Johnson-Syndrom		HOFSTETTER et al., 1967
Leber	Dubin-Johnson-Syndrom, Rotor-Syndrom, M. Gilbert		MINIO et al., 1966; MAGNENAT et al., 1967
Leber	Rotor-Syndrom	abweichende Morphologie	TORSOLI et al., 1965
Leber	Rotor-Syndrom		MINIO et al., 1965
Leber	chron. idiopath. Gelbsucht		TOKER u. TREVINO, 1965
Leber	idiopathische Gelbsucht		EHRLICH et al., 1960
Leber	Zeroidspeicherkrankheit		BJÖRKERUD u. SCHELIN, 1964
Leber	M. Refsum		KOLODNY et al., 1965
Leber	Hepatitis		JEAN et al., 1965
ZNS	Progressive Demenz	Proteine u. Lipidanhäufung	TORACK, 1967
Hoden, interstitielle Zellen	Gonadotropin		DE KRETSER, 1967
Hoden, interstitielle Zellen			FRANK u. CHRISTENSEN, 1968

α) Primär aus Zellbestandteilen entstandene Pigmente

Der allen Pigmenten gemeinsame Gehalt an sauren Hydrolasen — insbesondere wurde saure Phosphatase nachgewiesen — deutet auf ihre enge Verbindung mit den Lysosomen hin (Abb. 61). Die aus unterschiedlich osmiophobem Material

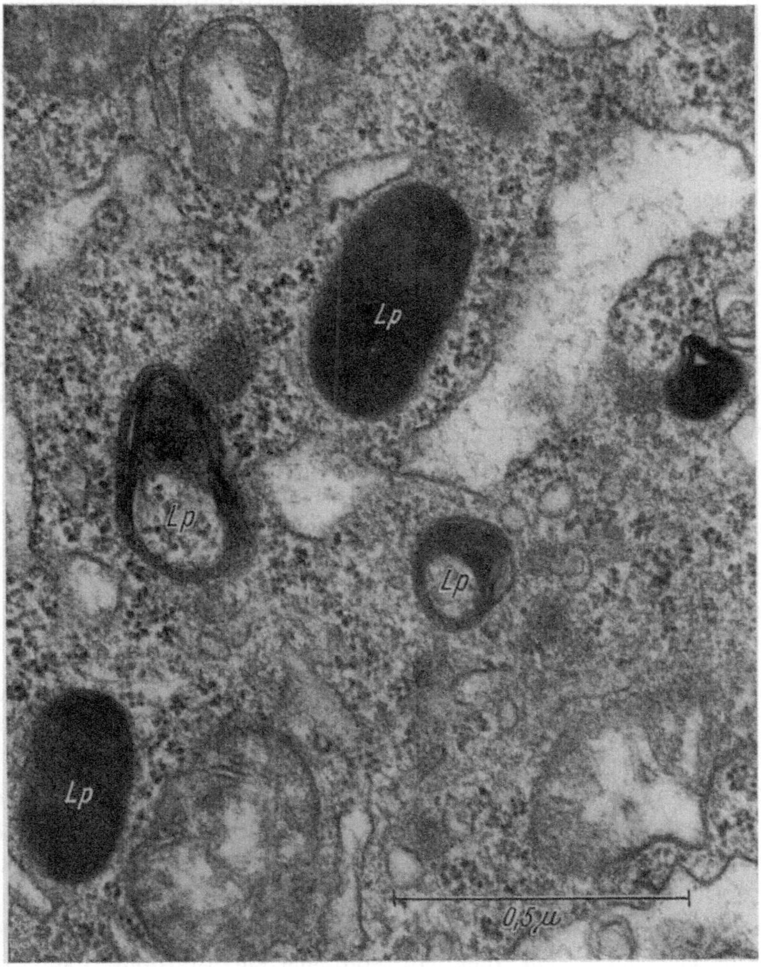

Abb. 62. Lipofuszinpigment (*Lp*) in verschiedener Ausbildung mit z. T. noch erkennbaren, im Abbau befindlichen Zellstrukturen aus einer Nervenzelle des Großhirns des Meerschweinchens. 76 800 ×. (Aufnahme: Dr. E. David.)

in teils homogener, teils granulärer Form mit einer umgebenden Membran und Myelinfiguren gebildeten Körper sind als Endstadien des Abbaues geschädigter Zellareale in Zytolysomen aufzufassen (Tab. 42). Sie werden auch als Residualkörper bezeichnet. Ihr unterschiedlicher Gehalt an Abbauprodukten der Eiweiße, Nukleoproteide und Lipide drückt sich in den differenten färberischen Eigenschaften und histochemischen Reaktionen aus. Zu diesen Residualkörpern sind besonders das Lipofuszin, aber auch das Zeroid zu rechnen.

Das Lipofuszin ist durch goldbraune Fluoreszenz im UV-Licht, durch leichte Anfärbung mit fettlöslichen Farbstoffen und durch die Unlöslichkeit in Säuren, Alkalien und Fettlösungsmitteln gekennzeichnet.

Im Zeroid sind ungesättigte Fettsäuren nachzuweisen (PORTA, 1963). Bei der Zeroidspeicherkrankheit findet sich in Makrophagen, Sternzellen und Parenchymzellen Lipofuszin unterschiedlicher Reife (BJÖRKERUD u. SCHELIN, 1964). Auch das histochemisch als Zeroid zu bezeichnende Pigment bei der „braunen Degeneration" der Nebenniere ist lysosomalen Ursprungs und enthält Lipidprodukte aus dem geänderten Fettstoffwechsel (SCHARDEIN et al., 1968).

Schon seit langer Zeit ist bekannt, daß das Lipofuszin im Alter zunimmt, was bei Kenntnis der Genese aus geschädigten Zellarealen keineswegs verwundert. Deshalb findet man es auch besonders in den langlebenden Ganglienzellen (Abb. 62, 63), den Herzmuskelzellen und in der Leber in den älteren Zellen der Zentralzone. Im menschlichen Herzmuskel soll das Lipofuszin in jedem Lebensjahrzehnt um 0,6% des Volumens zunehmen (MALKOFF u. STREHLER, 1963).

Besonders reichlich und relativ früh finden sich Lipofuszinablagerungen in den motorischen Vorderhornzellen und sensorischen dorsalen Wurzelzellen, weniger stark und später in den autonomen Ganglienzellen. Die Unterschiede verschwinden im Alter, so daß bis 100% der Zellen betroffen sind und 85% des Zellvolumens von Lipofuszin ausgefüllt sein kann (FEW, 1967). Ein besonderes Krankheitsbild stellt die Lipopigmentdystrophie des ZNS dar, bei der es zu einer exzessiven Pigmentansammlung kommt (SEITELBERGER, 1968).

Für die Ansammlung von Lipofuszin, insbesondere beim Altern, werden von BRANDES (1966) folgende Ursachen angeführt:

1. Verlust der Zelldefäkation im Verlaufe der Entwicklung;
2. verminderte lipolytische Aktivität der Lysosomen;
3. Blockierung normaler Stoffwechselwege, was zur Autolyse führt.

Die Existenz von Lipofuszin in den Leberzellen menschlicher Neugeborener ist wahrscheinlich auf unspezifische Degenerationsvorgänge zurückzuführen (GOLDFISCHER u. BERNSTEIN, 1969).

In der Leber sind ebenfalls in Verbindung mit den Lysosomen Ablagerungen von Gallepigment zu sehen. Sie unterscheiden sich von den Lipofuszinablagerungen durch die Anhäufung von Gallefarbstoff, der jedoch elektronenmikroskopisch keine spezifische Struktur zeigt (BIAVA, 1964). Die lamellären, möglicherweise von geschädigten Zytomembranen stammenden (BARONE et al., 1968) Ablagerungen sollen reich an konjugiertem Bilirubin, die granulären an direktem Bilirubin sein (PICARDI et al., 1968). Beim Dubin-Johnson-Syndrom ist besonders die unterschiedliche Lokalisation der Pigmentgranula hervorzuheben (TOKER u. TREVINO, 1965). Das in der quergestreiften und glatten Muskulatur bei chronischem Vitamin-E-Mangel auftretende Pigment ist ebenfalls als Residualkörper nach fokaler Zytoplasmadegradation anzusehen (GEDIGK u. WESSEL, 1963, 1964; HOWES et al., 1963, 1964). Es soll autoxydierte Lipide mit Proteinen enthalten.

Die intravenöse Injektion von Fettemulsionen führt zur Ansammlung von Pigmenten in Leberparenchymzellen und Makrophagen, die bald dem Lipofuszin gleichen (NEGLIA et al., 1963).

β) Primär aus phagozytiertem Material entstandene Pigmente

Unter diese Gruppe ist die große Zahl der Pigmente zu subsumieren, bei denen das phagozytierte oder auf andere Weise aufgenommene Material ein wesentliches

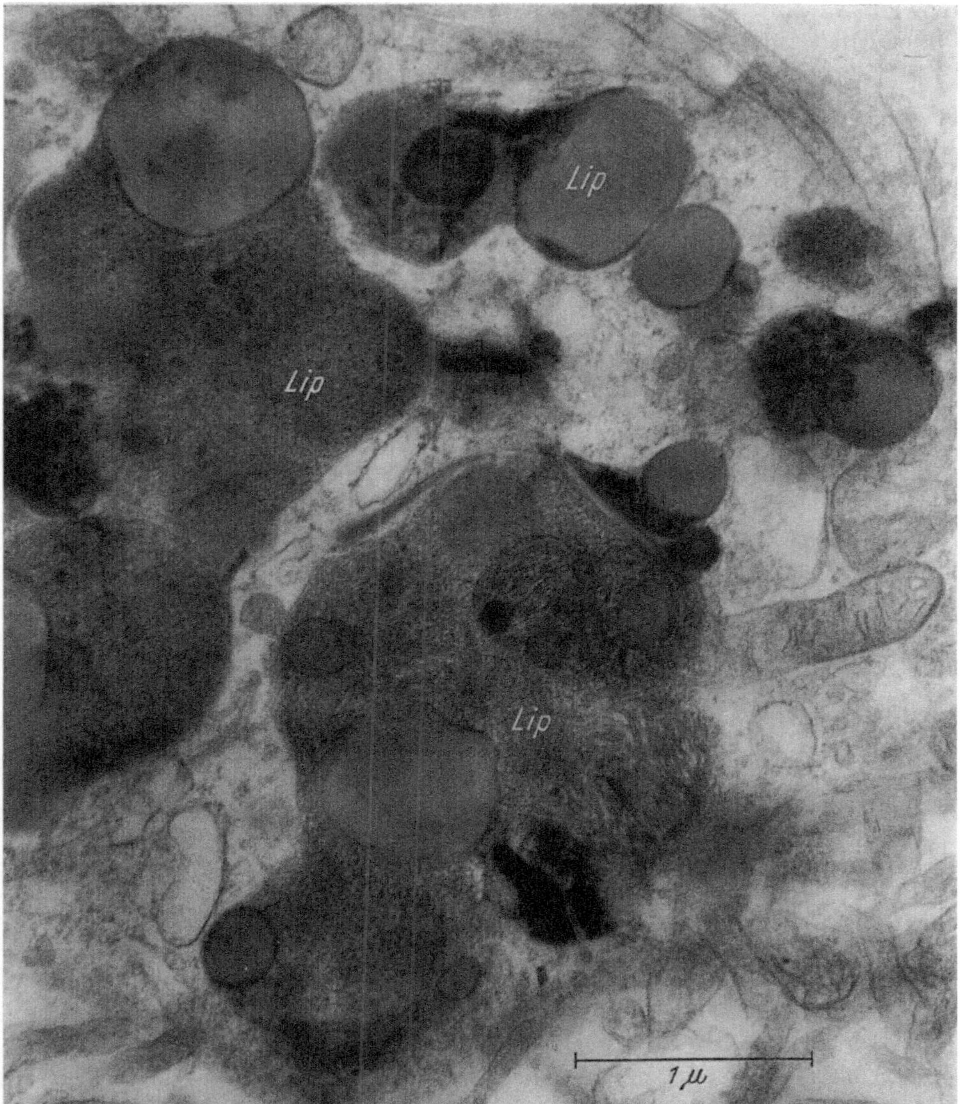

Abb. 63. Lipofuszinansammlung (*Lip*) in einer Nervenzelle der Hirnrinde eines Hundes. Deutlich erkennbarer Aufbau des Lipofuszins aus verschiedenen, teils homogenen, teils lamellären Strukturen, die teilweise noch als Abbauformen von Zellbestandteilen erkennbar sind. 30 000 ×.

Merkmal ist. Die sich dabei meist bildenden Phagolysosomen (s. S. 183) enthalten neben dem phagozytierten Material Lysosomen und vielfach auch geschädigte Zellbestandteile, so daß im Endstadium eine Deutung oft schwierig ist.

In Abhängigkeit von dem phagozytierten Material werden sich die gebildeten Pigmente unterschiedlich anfärben. Die Darstellung abgebauter Bakterien beispielsweise führte zu eindeutigen Fehldeutungen (z. B. das Krankheitsbild des M. Whipple, s. S. 184).

Im Gegensatz dazu wurde das Malariapigment schon immer als phagozytierte, durch Malariaplasmodien geschädigte Erythrozyten angesehen. Nach ROSEN et al. (1967) besteht das Malariapigment aus eosinophilen Substanzen, granulären Anteilen und multilamellären Strukturen.

Teilweise führt das aufgenommene Material nur zur umschriebenen Zellschädigung und zur Ausbildung von Residualkörpern, ohne daß es selbst nachgewiesen werden kann. Nach Phenazetingabe sind in den Tubulusepithelzellen homogene Pigmentkörper in Verbindung mit Zytolysomen zu sehen (TORHORST et al., 1967).

In anderen Fällen, besonders bei der Aufnahme von Schwermetallen, werden die Substanzen innerhalb der Pigmentkörper sichtbar. Langdauernde Gaben von organisch gebundenem Kupfer führen zur Speicherung des Kupfers in den Lysosomen (WESSEL et al., 1966). Das Kupfer liegt bei exogener Zufuhr (McNARY, 1963; BARKA et al., 1964; VERITY et al., 1967) und beim M. Wilson (SCHAFFNER et al., 1962; GOLDFISCHER et al., 1963; GONZALES-ANGULO et al., 1965) in lipofuszinartigen Körpern. Tellur wird ebenfalls in Lysosomen angesammelt (HAGER, 1960; BLINZINGER u. HAGER, 1965).

Das schwarze Pigment der Lunge besteht aus phagozytiertem anorganischem Material und elementarer Kohle in Verbindung mit Lysosomen (NEWMAN et al., 1967).

Besonders häufig sind die Ablagerungen von Eisenverbindungen. Eisendextran wird in der Leber in Vakuolen gespeichert (DAEMS, 1962). Die Bildung von Ferritin unter Normalbedingungen oder nach Eiseninjektion geht nach DAEMS (1962) folgendermaßen vor sich:

a) Umwandlung des Eisens in solches, das sich mit Apoferritin verbinden kann (in Lysosomen),

b) Verbindung des konvertierten Eisens mit Apoferritin zu Ferritin (in enger Nachbarschaft mit Lysosomen).

Die Ferritinbildung ist von der Eiweißbildung (Apoferritin) abhängig. Bei fehlender Eiweißsynthese erfolgt die Ablagerung in Form von Hämosideringranula.

(Nicht)-Ferritin-Eisen wird in Hämosideringranula abgelagert. Ferritin wird in zahlreichen Pigmentkörpern als Zusatz gefunden, z. B. nach Phenazetingaben (TORHORST et al., 1967), bei der Mammainvolution (GIRARDIE, 1967). Eisenhaltige Lysosomen zeigen in mitotischen Leberzellen in den einzelnen Mitosestadien eine unterschiedliche Lokalisation (KENT et al., 1965).

Ferritinhaltige Körper sind in der Leber bei Metamorphose (BERTOLINI, 1965), in den proximalen Tubulusepithelien hibernisierter Siebenschläfer (AMON et al., 1967), bei chronischer Mangelernährung (TORHORST et al., 1967) und bei Gabe eisenreicher Diät (THERON et al., 1963) oder der Injektion von Eisenverbindungen (MOORE et al., 1961; KENT et al., 1963) zu beobachten. Die spezielle Form membranbegrenzter Körper, die Siderosomen, entstehen wahrscheinlich ebenfalls aus Lysosomen.

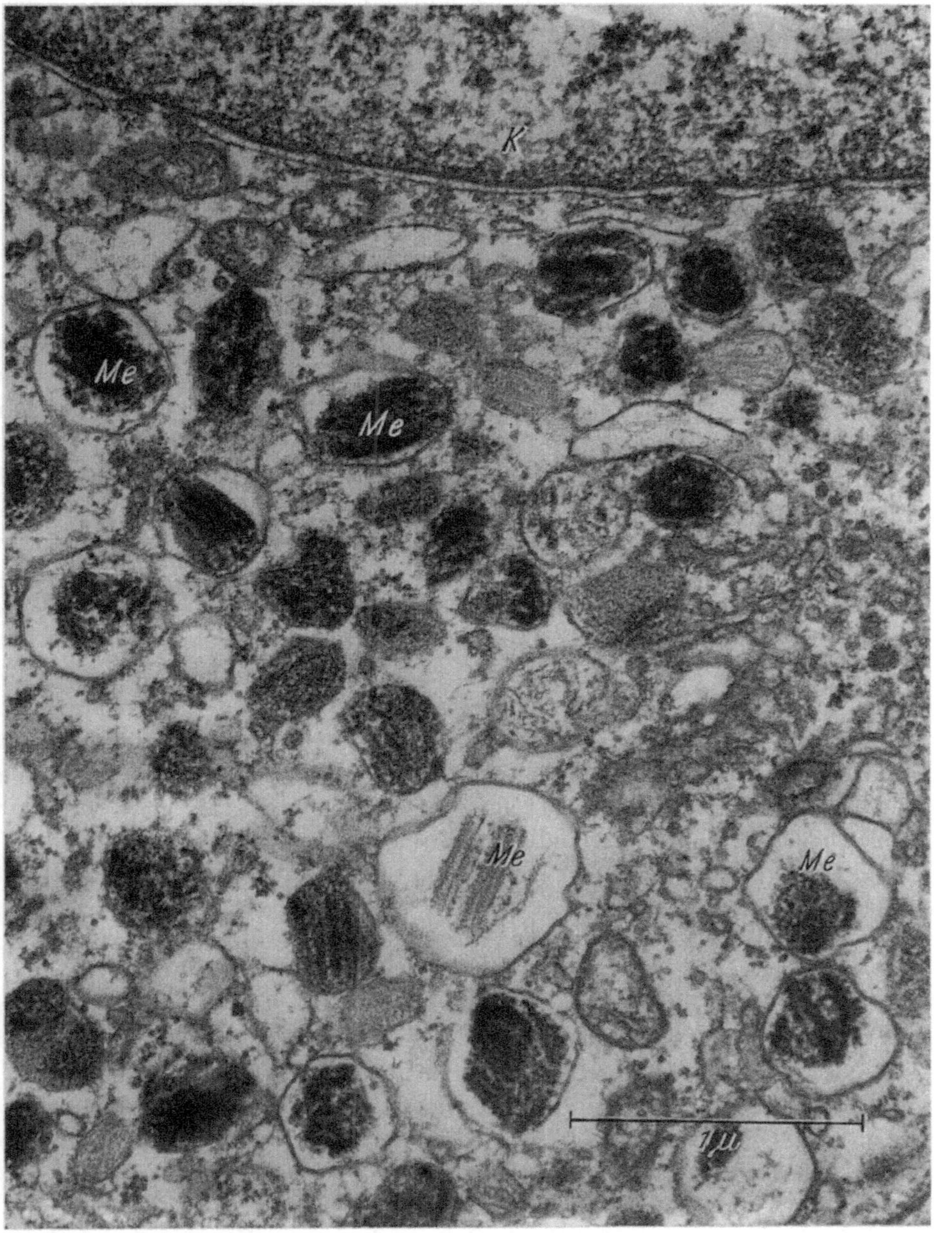

Abb. 64. Verschiedene Entwicklungsstufen von Melaningranula (*Me*) z. T. mit lamellären Innenstrukturen aus einer Zelle des Melanoblastoms des menschlichen Auges. *K* = Kern. 38 750 ×. (Aufnahme: Dr. VELHAGEN.)

Die Ausbildung von Hämosideringranula scheint ein wesentlich komplizierterer Prozeß zu sein (BESSIS u. BRETON-GORIUS, 1962). Phagozytierte Erythrozyten werden innerhalb von Makrophagen und anderen Zellen fragmentiert, wobei gleichzeitig ein Abbau und/oder Umbau der Eiweiße und Lipide stattfindet.

Eine massive Eisenbeladung von Zellen führt zur Schädigung des Zellstoffwechsels (KENT et al., 1963).

Hämosiderin besteht aus gepackten Ferritinmolekülen (MATIOLI et al., 1965). Die Hämosiderinablagerung und Eisenspeicherung in Form der Hämochromatose kann primär durch eine Stoffwechselstörung bestimmter Proteine, besonders des Apoferritins bedingt sein. Bei der Hämochromatose kommt es zu einer engen Verbindung zwischen Lipofuszin und Ferritin, so daß Lipofuszin als Grundlage der Hämosideringranula anzunehmen ist (SCHEUER et al., 1962). In der Magenschleimhaut liegt das Ferritin disseminiert oder in membranbegrenzten Körpern (ZEITOUN u. LAMBLING, 1967).

γ) Durch spezielle Stoffwechselprozesse entstandene Pigmente

Zu diesen Pigmenten gehört vorwiegend das Melanin, das normalerweise in den Pigmentzellen der Retina und der Haut sowie bei niederen Tierarten (z. B. Amphibien und Reptilien) auch in anderen Zelltypen zu finden ist. Melanin ist resistent gegen chemische Agentien und ist mit H_2O_2 bleichbar. Die Melaninbildung erfolgt aus Tyrosin über Dioxyphenylalanin (DOPA) und weitere Zwischenstufen, wobei die Tyrosinase eine wichtige Rolle spielt. Die runden bis ovoiden Melaningranula sind 0,3—0,8 μm groß und stark elektronendicht. Die Eiweißkomponente wird an den Ribosomen synthetisiert.

Die ersten Pigmentansammlungen finden in den Golgi-Vesikeln statt (DAVID u. VELHAGEN, 1961), in denen auch Tyrosinase nachgewiesen werden kann. Sie wandeln sich zu den Melanosomen mit Längslamellen um, aus denen die homogendichten Melaningranula werden.

In Zellstämmen von menschlichen melanotischen Melanomen sind die Prämelanosomen zuerst im tubulären endoplasmatischen Retikulum in Verbindung mit dem Golgi-Komplex zu beobachten (MAUL, 1969). Nach LERCHE u. WULLE (1967) bilden sich Pigmentgranula aus Kernmembranausstülpungen.

Melaningranula sind sehr häufig in Melanomen zu beobachten (DAVID u. VELHAGEN, 1961; STÄUBLI u. LOUSTALOT, 1962; ZELICKSON, 1962; RAPPAPORT et al., 1963; WELLINGS u. SIEGEL, 1963; HU u. CARDELL, 1964; HIRSCH et al., 1965; STANKA et al., 1969) (Abb. 64).

Die Riesenmelanosomen in Melanozyten beim Chediak-Higashi-Syndrom entwickeln sich aus fehlgebildeten Prämelanosomen durch fortgesetztes Wachstum oder Verschmelzungsprozesse (ZELICKSON et al., 1967).

Das bei der Melanosis coli in den Darmepithelzellen auftretende Pigment hat einen hohen Kupfergehalt, der wahrscheinlich von aus dem Darmlumen aufgenommenen Kupferproteinen stammt. Histochemisch und strukturell besitzt es gegenüber Melanin und Lipofuszin Differenzen (VOGEL et al., 1969).

Beim M. Parkinson finden sich im N. coeruleus Lewy-Körper neben Melaninablagerungen. Die Substruktur der veränderten Melaningranula ähnelt der der Lipofuszingranula (DUFFY u. TENNYSON, 1965).

Das Neuromelaninpigment der Substantia nigra und des Locus coeruleus besteht neben Lipofuszin aus Lysosomen mit Ansammlung veränderter Katecholamine (HIROSAWA, 1968).

Eine sichere Abgrenzung des Ochronose-Pigments gegen andere Melaninpigmente ist bisher nicht möglich (FUCHS, 1968).

i) Formen der Abgabe von Material

Die Abgabe von Molekülen oder Zellbestandteilen aus der Zelle kann ebenfalls auf verschiedene Weise erfolgen. Neben dem aktiven Transport und der Diffusion werden auch morphologisch nachweisbare Bestandteile ausgestoßen. Jedoch ist dieser Vorgang relativ selten zu beobachten und vielfach muß man annehmen, daß auch in grob-partikulärer Form gespeicherte Substanzen vor der Zellmembran abgebaut werden und nicht erkennbar durch die Zellmembran diffundieren. Die Abgabe von Substanzen in kleinen Vesikeln wird auch als „reversed pinocytosis" bezeichnet.

Sekret wird im allgemeinen so abgegeben, daß sich die Membran der Sekrettropfen mit der Zellmembran verbindet und danach eröffnet, so daß sie sich entleeren können.

Viren treten aus Zellen häufig aus, indem sie sich mit Teilen der zellulären Membran umgeben.

Die aus Erythroblasten ausgestoßenen Zellkerne sind noch von einem Zytoplasmasaum umgeben. Aus präexistenten Vesikeln bildet sich eine neue Membran aus (Simpson et al., 1967).

Nicht allzu selten werden Residualkörper in die Umgebung abgegeben (Marx et al., 1965).

Ausgestoßene Erythroblastenkerne liegen zuerst in Phagozytosevakuolen von Milzzellen, in denen die DNS abgebaut wird. Die von der Phagozytosevakuole sich ablösenden Vesikel mit mäßig dichtem Material werden in den Interzellularraum abgegeben und von benachbarten Erythroblasten durch Pinozytose aufgenommen, so daß die durch DNase II und saure Phosphatase bis zur Stufe der Nukleoside abgebaute DNS reutilisiert werden kann (Seki u. Shirasawa, 1965).

Eine besondere Form der Abgabe von Zellmaterial aus der Zelle ist die Klasmatose, bei der große Zellstücke abgestoßen werden, oder die Mikroklasmatose. Bei ihr werden etwa 1 μm große umschriebene Zytoplasmabezirke, z. B. aus granulärem endoplasmatischem Retikulum mit Antikörpern, von der Zelle abgelöst (Han et al., 1966). Auch in glatten Muskelzellen der Gefäßwand bei Hypertonie kommt es zur Mikroklasmatose (Biava u. Brynjolfsson, 1967).

6. Die Microbodies

a) Die normale Struktur

Aus der Lysosomenfraktion läßt sich eine weitere Organellengruppe isolieren, die durch ihren hohen Gehalt an Katalase, Uratoxydase und D-Aminosäureoxydase gekennzeichnet ist.

Diese Organellen werden als Microbodies bezeichnet (neueste Übersichten: Hruban u. Rechcigl, 1969; Iglesia, 1969). Auf Grund ihres Gehaltes an Katalase und peroxydbildenden Oxydasen werden sie von de Duve (1965, 1967) auch „Peroxisomen" genannt. Sie sollen eine aktive Rolle bei der Bildung von Kohlenhydratvorstufen spielen, da viele metabolische Prozesse der Peroxisomen in der α-Ketosäure, einem Hauptbaustein bei der Glukoneogenese, enden. Außerdem sind sie am Abbau von Zellmetaboliten beteiligt. Ihre Rolle als Sekretgranulum der Leber ist umstritten (Hruban u. Swift, 1964).

Morphologisch sind die Microbodies durch eine einfache Grenzmembran und eine homogene Matrix charakterisiert (Abb. 65). Innerhalb der Matrix, häufig im Zentrum, ist ein stärker osmiophiles Kristalloid gelagert. In der Ausbildung des Kristalloids unterscheiden sich die einzelnen Tierarten und Organe voneinander (BIEMPICA, 1966). Nach den Untersuchungen von SHNITKA u. YOUNGMAN (1966) an den Microbodies der Leber von 12 Arten von Mammaliern und Vögeln können 3 Gruppen dieser Organellengruppe unterschieden werden, und zwar solche mit einem kristalloiden Nukleoid, solche mit einem subkristalloiden

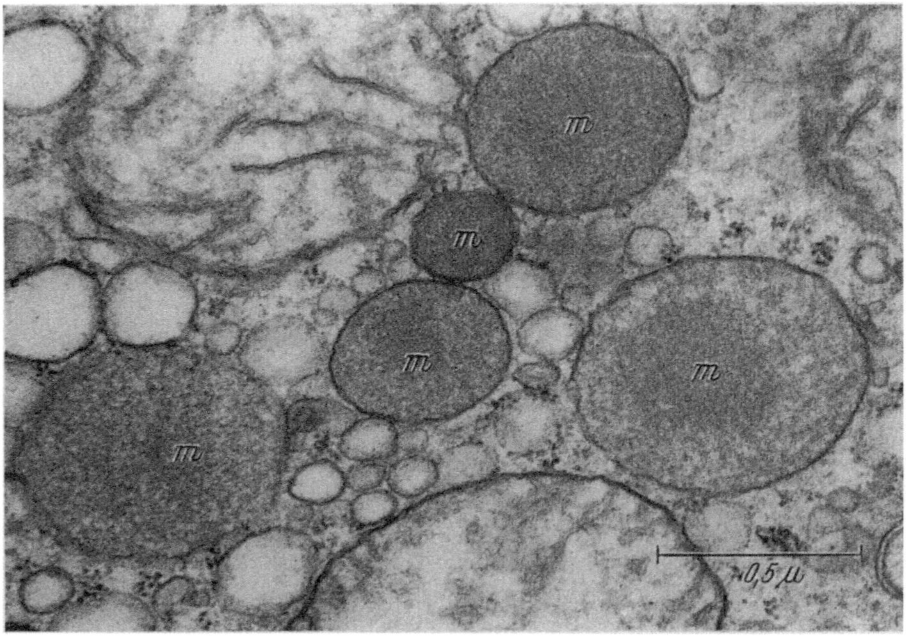

Abb. 65. Zahlreiche unterschiedlich große Microbodies (*m*) aus einer Nierenepithelzelle der Ratte. 52 500 ×.

Nukleoid und solche ohne Nukleoid. Der Aufbau der Microbodies hängt auch von der angewandten Fixationsmethode ab (TISHER et al., 1968). Die Existenz des Nukleoids ist an das Vorhandensein von Urikase gebunden, was auch zu der Prägung des Begriffes „Uricosomen" geführt hat (AFZELIUS u. NICANDER, 1967).

Auch in ihrem Gehalt an den einzelnen Enzymen unterscheiden sich die Microbodies voneinander. In Leber, Niere sowie bei Tetrahymena pyriformis konnte DE DUVE (1967) eine Oxydation von D-Aminosäuren und L-α-Hydroxysäuren, in der Niere auch von L-Aminosäuren feststellen.

Das durch diese Enzyme aus D-Aminosäuren und Harnsäure entstehende toxische H_2O_2 wird durch die Katalase wieder in H_2O und Sauerstoff zerlegt. Die Microbodies sollen deshalb eine Schutzfunktion gegen eine allgemeine oxydative Schädigung der Zelle durch H_2O_2 haben.

Die die Uratoxydase repräsentierenden Nukleoide stellen ein Gitterwerk mit einem Zentrum:Zentrum-Abstand von 90—150 Å dar (SHNITKA u. YOUNGMAN, 1966).

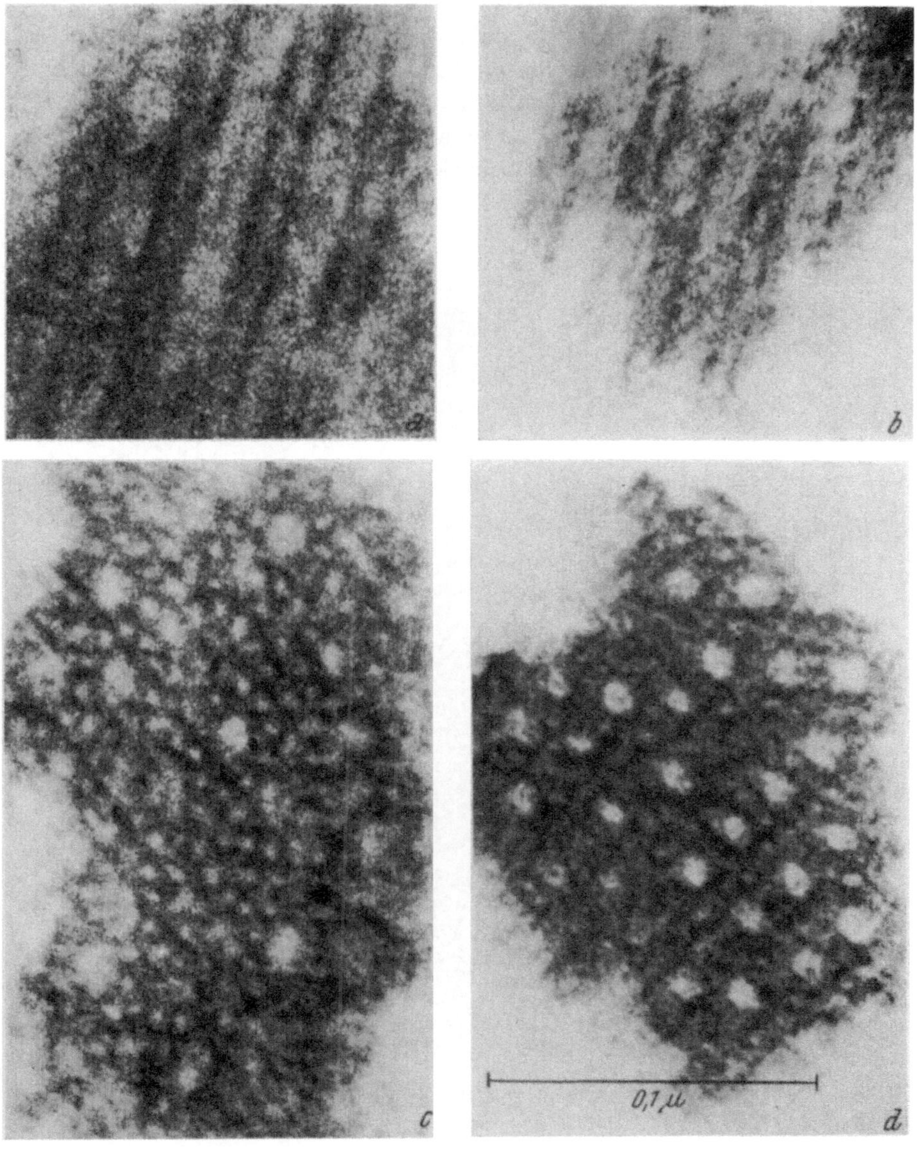

Abb. 66. Kristalloide von Microbodies und gereinigter Urikase Typ I. 430 000 ×. *a* = Längsschnitt durch ein Kristalloid einer Reuber-H-35-Hepatom-Zelle. *b* = Längsschnitt durch ein Urikasekristall. *c* = Querschnitt durch ein Kristalloid eines Microbody aus der Rattenleber nach Azaserinbehandlung. Die elektronendurchlässigen kreisförmigen Bezirke werden von 10 kleineren Kreisen umgeben. *d* = Urikasekristall im Querschnitt. Mit freundlicher Genehmigung von Dr. Z. Hruban, Chicago/USA. Aus: Science **146**, 1316—1318 (1964).

Die Nukleoide in der Rattenleber bestehen aus parallelen Bündeln dichter Tubuli mit einem Außendurchmesser von 150 Å und Innendurchmesser von 50 Å (Tsukada et al., 1966). Jeweils 10 Tubuli sind um einen Hohlraum von 190 × 200 Å angeordnet, so daß sich ein honigwabenartiges Bild ergibt (Abb. 66).

In der Mäuseleber bestehen die Nukleoide aus einer einfachen z. T. gefalteten Reihe von 95 Å dicken Zylindern, die oft paarförmig angeordnet sind (Daems, 1966).

In den Peroxisomen werden außerdem Katalasekristalle aus schmalen Bändern mit einer Querstreifungsperiode von 65 Å beobachtet (Afzelius u. Nicander, 1967). Isolierte Katalasekristalle bestehen aus 73 Å großen sphärischen Molekülen in hexagonaler Anordnung (Labaw, 1967).

In Rattenleberzellen befinden sich 350—700 Microbodies, was etwa 0,77% des Zellvolumens ausmacht (Loud et al., 1965). Nach den Berechnungen von Baudhuin et al. (1965) ist in Leberzellen etwa ein katalasehaltiger Körper auf acht Mitochondrien anzutreffen.

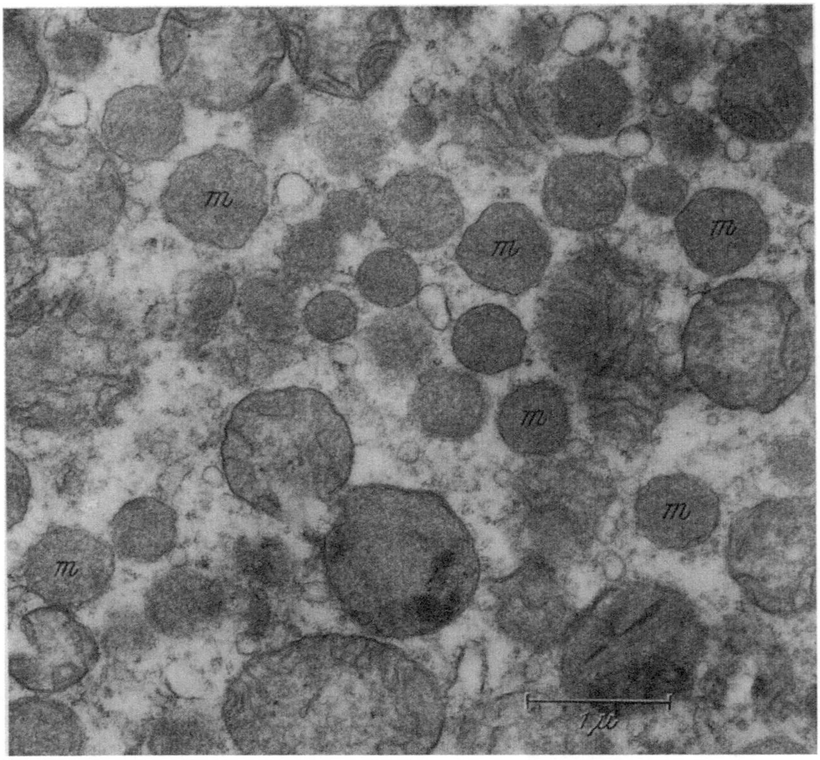

Abb. 67. Vermehrung der Microbodies (*m*) in einer Tubulusepithelzelle der Niere bei Hydronephrose. 19 000 ×.

Im Gegensatz zu den Mitochondrien der Leber werden die Microbodies nicht von Lamellen des granulären endoplasmatischen Retikulums umgeben.

In den proximalen Epithelzellen der Niere sind die Microbodies durch ein meist exzentrisch gelagertes Nukleoid, durch Protrusionen und periphere zirkuläre Profile gekennzeichnet (Ericsson u. Trump, 1966; Langer, 1968). Sie zeigen spezifische Verteilungen (Beard u. Allen, 1968; Beard u. Novikoff, 1969).

In den ersten vier Fünftel der Fetalzeit sind in der Leber der Ratte noch keine Microbodies zu sehen (Tsukada et al., 1966). Sie erscheinen erst kurz vor der Geburt und bilden sich aus Erweiterungen der Terminalbezirke der Zisternen des granulären endoplasmatischen Retikulums durch Ansammlung von amorphem Material (Essner, 1967). Die Nukleoide erscheinen relativ plötzlich in typischem

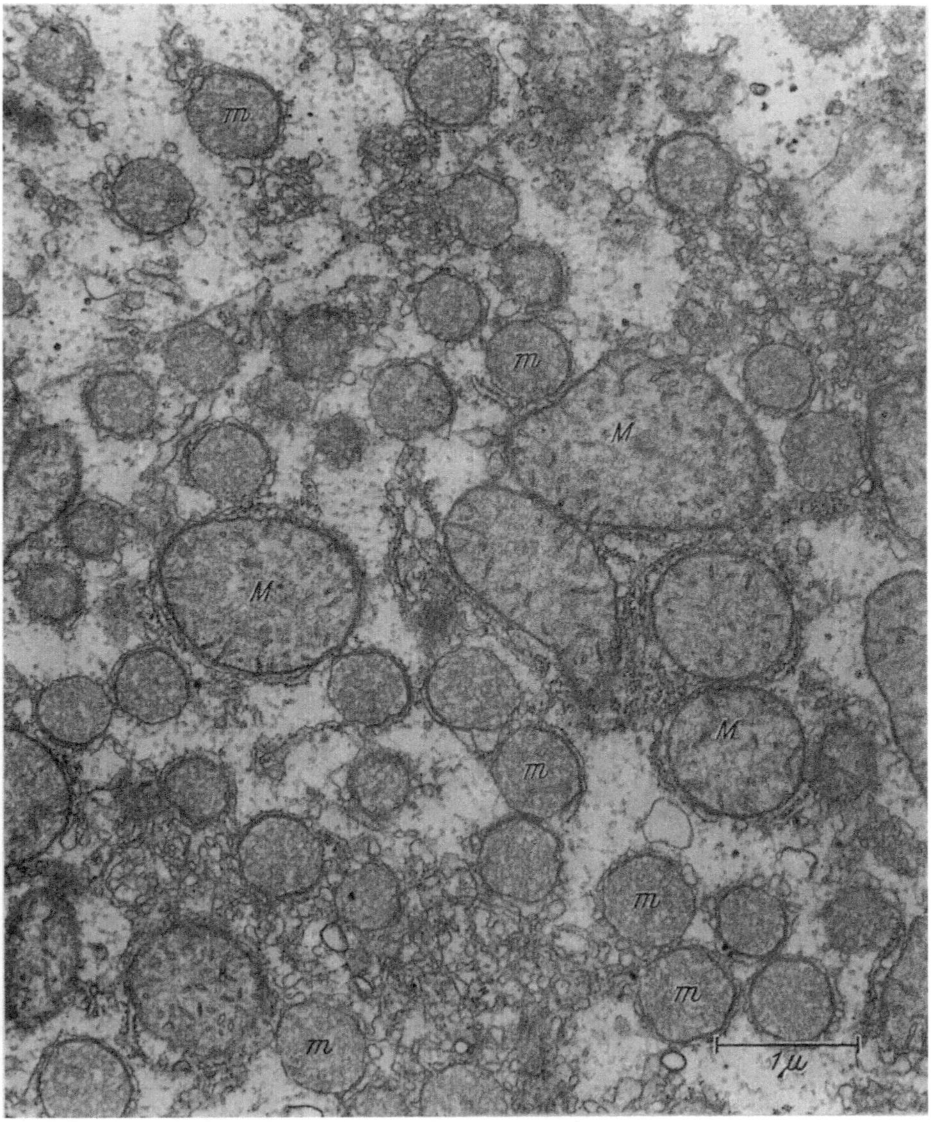

Abb. 68. Ansammlung von Microbodies (*m*) in einer Leberzelle des Hundes nach Gabe von Dextran. Daneben einzelne normal gebildete Mitochondrien (*M*). 18 000 ×.

Bau, sind jedoch zuerst wesentlich kleiner (TSUKADA et al., 1966, 1968; DVOŘÁK et al., 1967).

Peroxisomenfraktionen der Rattenleber haben — nachweisbar durch Markierung mit ^{3}H-Leuzin — eine Halblebenszeit von 3½ Tagen. Für die Katalase wurde dagegen nur eine Zeit von 1½ Tagen ermittelt. Wenn die echte Halblebenszeit der Peroxisomen 1½ Tage betrüge, müßte das Leuzin sehr schnell reutilisiert werden, oder aber die prosthetische Gruppe der Katalase wird schneller umgesetzt als der Proteinanteil (POOLE et al., 1969).

Tab. 43. *Vermehrung der Microbodies (Beispiele)*

Organ	Einwirkung	Besonderheiten	Autor
Leber	läppchenzentrale Zellen		LOUD, 1966
Leber	Ende der Fetalzeit		DVOŘÁK et al., 1967
Leber	Regeneration	Nukleoid vergrößert	ROUILLER u. BERNHARD, 1956
Leber	part. Hepatektomie		BARTÓK et al., 1967
Leber	part. Hepatektomie		HÜBNER u. BERNHARD, 1961
Leber	Hunger		TOMI et al., 1961
Leber	Riboflavinmangel		TANDLER et al., 1968
Fibroblasten	Vitamin-C-Mangel		JORGENSEN, 1964
Leber (fetal)	Äthionin		WOOD, 1965, 1967
Leber	β-3-Thienylalanin		HRUBAN et al., 1967
Niere	Harnstauung		DAVID, 1963
Leber	Sauerstoffmangel		HÜBNER u. BERNHARD, 1961
Leber	Anoxie		OUDEA u. OUDEA, 1967
Leber	Ischämie		HÜBNER, 1961
Leber	Thyreotoxikose		FUNAHASHI, 1967
Herz	Malonsäurevergiftung		HÜBNER u. BERNHARD, 1961
Leber	DNP		KUNZE u. KEMMER, 1965
Leber	Ultraschall		CURTIS, 1966
Leber	CCl_4		HABA, 1960
Leber	CCl_4		HÜBNER u. BERNHARD, 1961
Leber	CCl_4		STENGER, 1966
Leber	Alkohol		KLION u. SCHAFFNER, 1958; CONFER u. STENGER, 1966
Leber	α-Naphthylisothiozyanat		BREITFELLNER et al., 1966
Leber	Na-Taurolithocholat	Nukleoid kleiner irregulär	SCHAFFNER u. JAVITT, 1966
Leber	Thioazetamid		SVOBODA u. AZARNOFF, 1966
Leber	Chlorphenoxyisobutyrat	Nukleoid fehlt	HESS et al., 1965
Leber	Chlorphenoxyisobutyrat	Nukleoid fehlt	STÄUBLI u. HESS, 1966
Leber	Chlorphenoxyisobutyrat	Nukleoide fehlen	SVOBODA u. AZARNOFF, 1966, 1967
Leber	Chlorphenoxyisobutyrat		SVOBODA et al., 1967
Niere	Chlorphenoxyisobutyrat		SVOBODA et al., 1967
Leber	Azetylsalizylsäure		HRUBAN et al., 1966
Leber	NN-2:7-Fluorenylene-bis-azetamid		SVOBODA u. AZARNOFF, 1966
Leber	Biphenylylmethylvaleriansäure		IGLESIA et al., 1969
Leber	Endotoxin		LEVY et al., 1968
Leber	Endoxan		CUCCURULLO u. COVELLI, 1964
Leber	Phenobarbital		BURGER u. HERDSON, 1966
Leber	Virushepatitis		SCHAFFNER, 1967
Leber	Kanzerogene Diät		HÜBNER u. BERNHARD, 1961

Organ	Einwirkung	Besonderheiten	Autor
Niere	Bleiazetat-Tumor		MAO u. MOLNAR, 1967
Leber	Reuber-H-35-Hepatome		HRUBAN u. SWIFT, 1964
Hep-3-Karzinom			TAKAHASHI u. MOTTET, 1962
Walker-Karzinom			PARCHWITZ et al., 1965

b) Vermehrung der Microbodies

Eine Zunahme der Microbodies wird unter zahlreichen Bedingungen beschrieben (Abb. 67, 68) (Tab. 43). Sie stehen in Verbindung mit dem Lipidgehalt des Serums; zur Vermehrung kommt es besonders bei einer Hypolipidämie. Gleichzeitig treten Veränderungen der Innenstruktur auf.

Die exzessive Vermehrung der Microbodies der Rattenleber nach Gabe von Chlorphenoxyisobutyrat ist mit einer Proliferation des agranulären endoplasmatischen Retikulums verbunden (SVOBODA u. AZARNOFF, 1966). Außerdem sammeln sich osmiophile Substanzen im endoplasmatischen Retikulum und in den Mitochondrien an. Die oft bizarr geformten neugebildeten Microbodies besitzen keine Nukleoide. Das relative Volumen der Microbodies steigt innerhalb von 14 Tagen von 2,2% auf 17,6% (STÄUBLI u. HESS, 1966). Azetylsalizylsäure führt zur Erhöhung der Zahl der Microbodies von Leberzellen von 15—20 pro 100 Mitochondrien auf 40—60 nach 14 Tagen (HRUBAN et al., 1966). Chloromyzetin, z. T. auch Aktinomyzin, verhindern die Vermehrung der Microbodies nach Chlorphenoxyisobutyrat (SVOBODA u. AZARNOFF, 1967). Die Uratoxydase ist reduziert, der Katalasegehalt dagegen erhöht (HESS et al., 1965). In den Leberzellen männlicher kastrierter Ratten und nach Gabe von Östradiolbenzoat wird die Proliferation der Microbodies ebenfalls inhibiert; bei weiblichen kastrierten Tieren bewirkt Testosteronpropionat und Chlorphenoxyisobutyrat einen Anstieg von Microbodies und Katalase. Eine Thyreoidektomie führt ebenfalls zum Anstieg (SVOBODA et al., 1969). Mäuse mit genetischem Katalasemangel weisen trotz des Anstiegs der Microbodies nach Chlorphenoxyisobutyrat keine Vermehrung der Katalase auf (REDDY et al., 1969). Der Abbau der vermehrten Microbodies erfolgt in autophagozytären Vakuolen (SVOBODA et al., 1967).

c) Verminderung und Lokalisationsveränderung der Microbodies

Retrorsine, ein Pyrrolizidinalkaloid, führt nach mehrwöchiger Gabe zu einer Verminderung der Microbodies der Leberzellen (AFZELIUS u. SCHOENTAL, 1967). Die Zahl der Microbodies wird ebenfalls nach Gabe von Kortison (WIENER et al., 1968) und Paraaminosalizylsäure (BADER u. STILLER, 1968) reduziert. Auch in der Leber tumortragender Tiere sollen die Microbodies abnehmen (GHADIALLY u. PARRY, 1965). MOCHIZUKI (1968) beschreibt in Mäuseleberzellen nach Inokulation von Ehrlich-Aszites-Tumorzellen eine Reduktion der Zahl der Microbodies je 100 μm^2 Zytoplasma von 9,32 nach 14 Tagen auf 5,14. Gleichzeitig steigt der Prozentsatz der Microbodies von 68,4 auf 78,8, was auf ihre Größenzunahme hinweist.

Bei den DMAB-induzierten Leberkarzinomen sind hinsichtlich des Verhaltens der Microbodies zwei Typen zu unterscheiden (MA u. WEBBER, 1966). In einem sind Microbodies und Gallenkapillaren vorhanden, während sie im anderen fehlen.

In Morris-3683- und Novikoff-Hepatomen fehlen die Microbodies (Hruban u. Swift, 1964). In der regenerierenden Leber wandern sie in der frühen Prophase in die perinukleären Zonen (Dougherty, 1964).

d) Vergrößerung der Microbodies

Größenzunahme der Microbodies werden besonders in hyperplastischen Leberbezirken oder Tumoren gesehen. Confer u. Stenger (1965, 1966) beschreiben sie in hyperplastischen Knötchen nach CCl_4-Gabe. Auch in spontanen Lebertumoren sind sie teilweise sehr groß (Hruban et al., 1965, 1966). Dabei kann das Kristalloid ebenfalls zunehmen. In Abhängigkeit vom Katalasegehalt enthalten Hepatome Microbodies mit großen oder kleinen Kristalloiden (Hruban et al., 1965).

Nach Thioazetamidgabe sind starke Größenschwankungen erkennbar (Svoboda u. Azarnoff, 1966). Azetylsalizylsäure bewirkt neben der Vergrößerung der Microbodies eine Anhäufung von irregulären Elementen in ihnen (Hruban u. Swift, 1964), die auch bei chronischer Gabe von Tetrazyklin, Azaserin und Thioazetamid auftreten. Nach Alkoholgabe (Klion u. Schaffner, 1968) und bei Thyreotoxikose (Funahashi, 1967) sind in Leberzellen vermehrte und vergrößerte Microbodies zu sehen. Teilweise bilden sich stabförmige, bis 1 μm lange Körper nach Chlorphenoxyisobutyrat (Svoboda u. Azarnoff, 1966).

e) Strukturveränderungen der Microbodies

Die Außenmembran der Microbodies zeigt manchmal Ausstülpungen (Svoboda u. Azarnoff, 1966). Vereinzelt können sich Verbindungen zum agranulären endoplasmatischen Retikulum bilden (Hruban et al., 1963).

Eine Abnahme der Matrixdichte findet man in der Leber bei der Necrosis *in vitro*, während das Nukleoid nach 24 Std. noch erhalten ist (Trump et al., 1962, 1965; Faith u. Trump, 1965). Die Urikase kann sogar ansteigen (Griffin et al., 1965). In menschlichen Leberzellen können unter pathologischen Bedingungen in den sonst homogenen Microbodies Kristalloide auftreten (Biempica, 1966).

Teilweise ist ein völliges Verschwinden des Nukleoids zu beobachten (Abb. 69), besonders in den vermehrten Microbodies der Leber nach Gabe von Chlorphenoxyisobutyrat (Svoboda u. Azarnoff, 1966; Stäubli u. Hess, 1966; Hess et al., 1965). Später kommt es zu linearen Streifungen oder Lamellen. Der Katalasegehalt erhöht sich, während die Urikase abnimmt. Exzentrische, z. T. irreguläre Nukleoide treten in der Leber nach β-3-Furylalanin-Gabe auf (Hruban et al., 1965). Selten kommt es zur Vergrößerung des Nukleoids, z. B. nach Azaseringabe in der Leber (Hruban et al., 1965) und in Reuber-Hepatomen, sowie nach Gabe von Terephthalanilid HR-1945 und HR-2257 (Hruban et al., 1966).

Nach Azetylsalizylsäure bilden sich Fibrillenbündel in der Matrix aus (Hruban et al., 1966), die das Äquivalent eines Salizylsäure-metabolisierenden Enzyms sein könnten.

Eine Extrusion der Nukleoide wird nach Gabe von Hexahydrosalizylsäure beobachtet (Hruban et al., 1966).

Zu Strukturveränderungen der Microbodies kommt es in der Niere bei Hyperparathyreoidismus (ENGFELDT et al., 1962). Bei ihrer Degeneration bilden sich multiple Membranen als Umhüllung, und das Nukleoid schwillt an (ROUILLER u. BERNHARD, 1956).

In Zytolysomen werden in der Nähe von Nukleoiden 280 Å breite Mikrotubuli gefunden, die aus der Matrix der Microbodies entstanden sein sollen (PFEIFER, 1969).

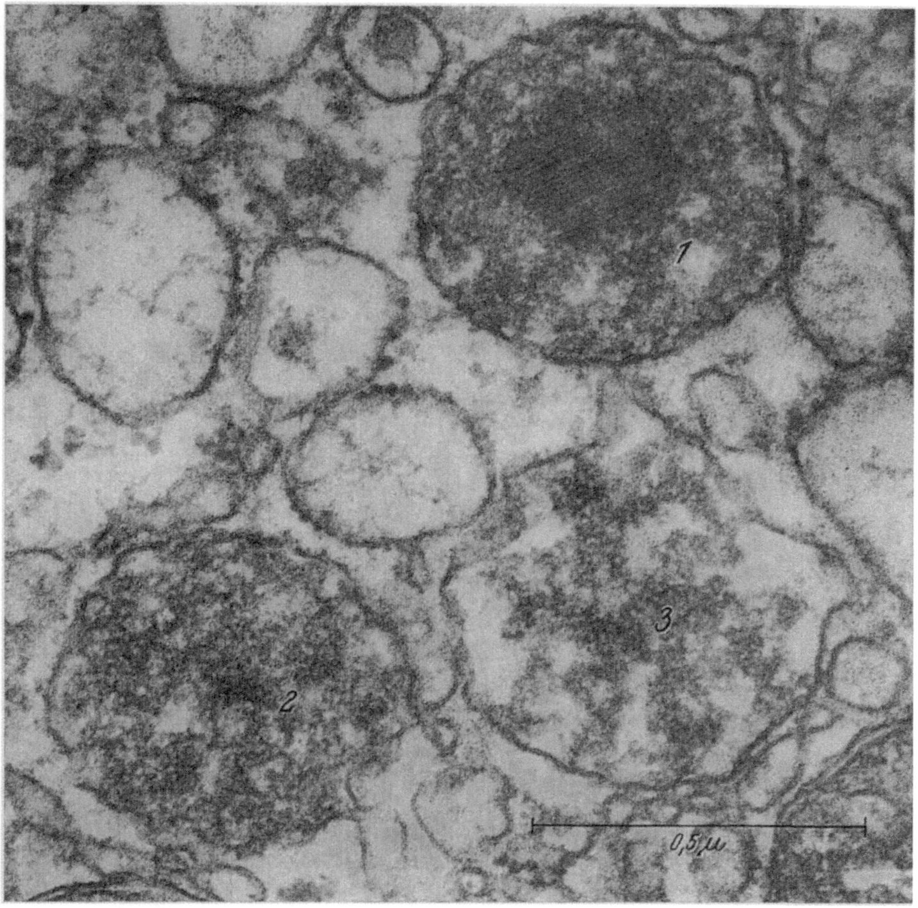

Abb. 69. Ausschnitt aus einer Rattenleberzelle 8 Stdn. nach Aktinomyzingabe. Unterschiedliches Zerfallsstadium von 3 Microbodies. Das obere enthält noch einen Kristalloid (1) bei beginnender Auflösung der Matrix. In den beiden anderen (2, 3) ist die Matrix verschieden weit herausgelöst, die Kristalloide sind verschwunden und die Membran löst sich teilweise auf. Vesikuläre Umwandlung des granulären endoplasmatischen Retikulums. 87 500 ×.

7. Grundplasma, Vakuolisierung, dunkle Zellen

a) Allgemeine Veränderungen

Schwellungszustände und Verdichtungen des Grundplasmas infolge eines Flüssigkeitseinstromes oder einer -abgabe sind die häufigsten Veränderungen des Grundplasmas. Neben Herauslösungen können Verfilzungen und Homogenisierungen eintreten.

Strukturierte Bestandteile des Grundplasmas sind entweder bisher schon in ihrer Zusammensetzung zu identifizieren, wie Glykogen, Fett, Ferritin u. ä., oder aber als Strukturen erkennbar, chemisch jedoch noch nicht endgültig zu sichern. Dazu gehören die Filamente oder Mikrotubuli, Ablagerungen verschiedener Art und Vakuolenbildungen.

Opake Ablagerungen finden sich besonders in den verhornenden Epithelzellen. Manche kristalloide Einschlüsse scheinen ebenfalls im Grundplasma zu liegen (HAMILTON et al., 1966), z. B. kristalline opake Körper in Luteumzellen und interstitiellen Hodenzellen nach Triparanolgabe. Sie sollen Akkumulationen von Desmosterol darstellen (YATES et al., 1967).

Tab. 44. *Zytofilamente in normalen Zellen*

Leberzellen, duktuläre Zellen, Gallengangsepithelzellen, Ganglienzellen, Neurogliazellen, Schwannsche Zellen, Meningotheliale Zellen, Mesotheliale Zellen, Synovialzellen, Tracheobronchialepithelzellen, Epithelzellen des Thymus, Endothelzellen, Glomerulumepithelzellen, Inselzellen, Endometriumzellen, Lymphzellen des D. thoracicus, Fibroblasten, Chondrozyten, Mastzellen	Zusammenstellung nach BIAVA (1964) (mod.)
Leberzellen *in vitro*	BIBERFELD et al., 1965
Nervenzellen	METUZALS, 1966
Astrozyten-Gliosomen	HASHIMOTO, 1966
Lymphknoten: Endothelzellen, Wandzellen, Retikulumzellen	MOLLO u. STRAMIGNONI, 1965
Megakaryozyten	SCHULZ u. SCHILLER, 1968
Endothelzellen von Kapillaren und Arteriolen	CECIO, 1967
Endothelzellen peripherer Lymphgefäße	SCHIPP, 1968
Endothelzellen von Arterien	SHAKLAMOV, 1966
glatte Muskelzellen der Aorta	SACHS u. DAEMS, 1966
Plexus chorioideus — Gewebekultur	MELLER u. WAGNER, 1968

b) Filamentbildungen und -verluste

Erst durch die Veränderungen der elektronenmikroskopischen Präparationstechnik, insbesondere die Fixierung mit Aldehyden, erweisen sich die bis dahin unstrukturiert erscheinenden Grundplasmabezirke als von verschiedenen Strukturen durchsetzt. Die 40—70—100 Å breiten Filamente sind in fast allen Zellen (Tab. 44) (Abb. 70) beschrieben worden. Jedoch ist ihre Menge und Verteilung unterschiedlich. Teilweise werden sie auch als Mikrotubuli angesehen. Ihre Funktion ist noch nicht eindeutig zu klären. Neben kontraktilen Eigenschaften werden ihnen Stützfunktionen (Cytoskeleton) oder auch Transportfunktionen zugeschrieben (ANDERSON et al., 1966; CECIO, 1967). Chemisch setzen sie sich aus Proteinen zusammen.

Unter zahlreichen pathologischen Bedingungen, relativ häufig in malignen Gewächsen, ist eine Zunahme der Filamente zu verzeichnen (Tab. 45).

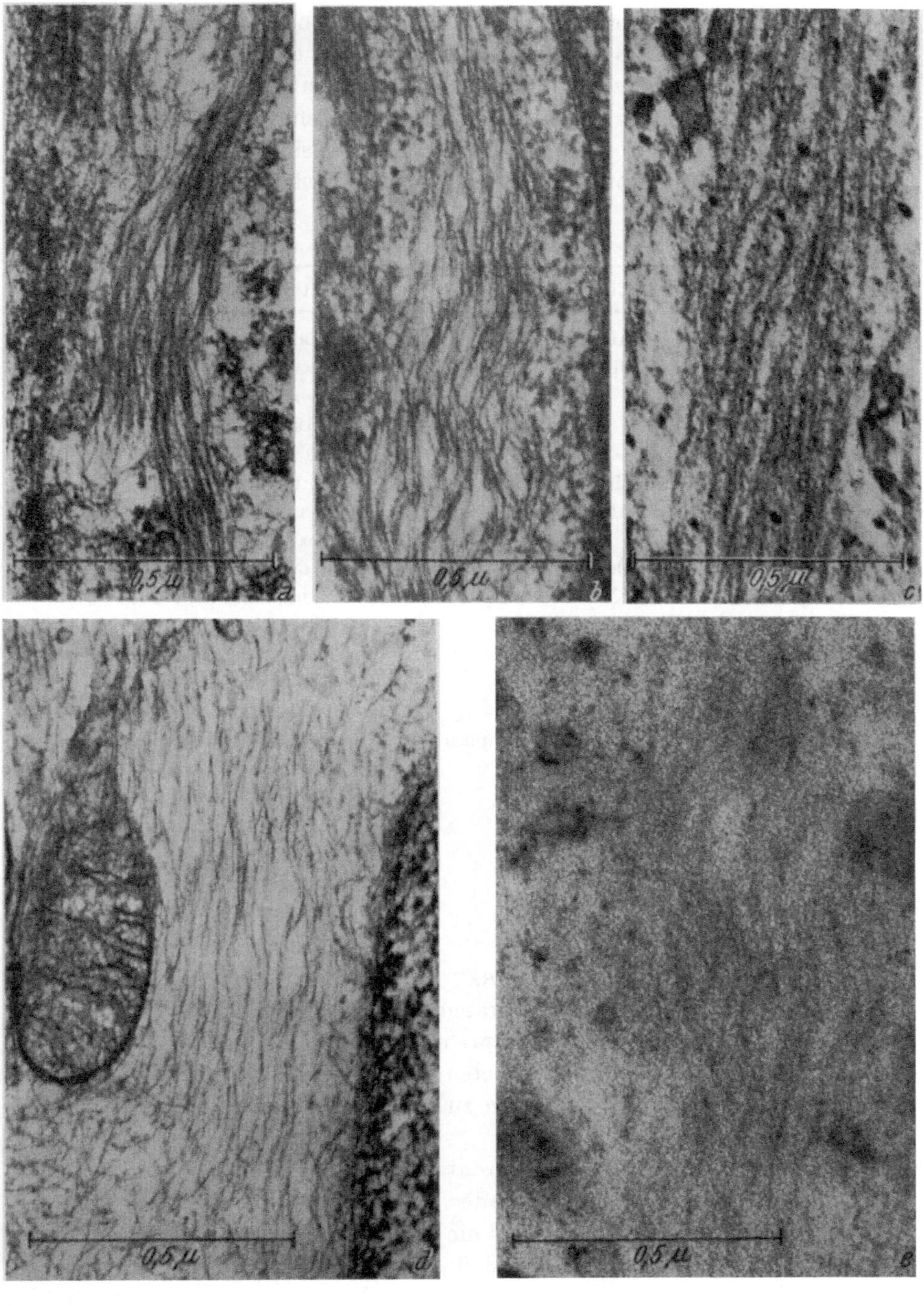

Abb. 70. *a*) Filamentbündel aus einer Pankreaszelle einer neugeborenen Ratte. — *b*) Filamente aus einer Endothelzelle der Arteria pulmonalis. — *c*) Filamentbündel aus einer Gliazelle aus der Hirnrinde eines Meerschweinchens. — *d*) Parallel gelagerte Filamente im Zytoplasma einer Epithelzelle der Aorta. — *e*) Feinfilamentöses Material eines Leukoblasten aus dem menschlichen Sternalmark bei unreifzelliger Leukose. 75 000 ×.

Die schon normalerweise in den verschiedenen Zelltypen des Zentralnervensystems vorhandenen Neuro- und Gliafilamente können sich herdförmig oder in bestimmten Arealen vermehren (Tab. 46). Die schon aus der Lichtmikroskopie bekannten Rosenthalschen Fasern bestehen aus zusammengesinterten Filamenten in Zellfortsätzen mit dazwischengelagerten granulierten Körpern und Ablagerungen, die aus Proteinen, Lipiden und Kohlenhydraten bestehen sollen.

Ausgeprägte Hypertrophien von Neurofilamenten sind in den degenerierenden Synapsen des Tectum opticum vorwiegend von Vögeln und Affen, weniger da-

Tab. 45. *Zytofilamente in pathologisch veränderten Zellen (Beispiele)*

Organ	Einwirkung	Autor
Knorpel	Altern	BARRNETT et al., 1963
Leber, duktuläre Zellen	Cholestase	BIAVA, 1964
DMAB-Hepatom		SVOBODA, 1964; MA u. WEBBER, 1966
Hepatoblastom		ITO u. JOHNSON, 1969
Mäusenierenzellkulturen	Masern	HSIUNG et al., 1967
Lymphozyten	Aktivierung	PARKER et al., 1967
L-1210-Leukämie		BRANDES et al., 1966
Vagina	Östrogen	COOPER et al., 1967
Endometrium	Karzinom	BABA u. HAAM, 1967
Mamma	Karzinom	WELLINGS u. ROBERTS, 1963
Mamma	Karzinom	MURAD u. SCARPELLI, 1967
Mamma	Karzinom	BUSCH u. MERKER, 1968
Harnblase	Karzinom	TERAO, 1962
Bronchus	Karzinom (anaplastisch)	STOEBNER et al., 1967
Insel	Tumoren	GOLDENBERG et al., 1968
Hämangiom		FUCHS, 1967
Kaposi-Sarkom		BARBERA u. MAZZARELLA, 1967
HEP_3-Karzinom		TAKAHASHI u. MOTTET, 1962
Fibromyxosarkom		LEAK, 1967
Aszites-Tumorzellen		FRANKS et al., 1969

gegen bei Ratten zu beobachten (GRAY u. GUILLERY, 1966). Auch die senilen Plaques bei der Alzheimerschen präsenilen Demenz sind durch eine Fibrillenansammlung charakterisiert, die intra- und extrazellulär erfolgt (TERRY et al., 1964). Die in einem Gewirr angeordneten Filamente besitzen Dicken von 100 und 200 Å, können teilweise zu Bündeln zusammengelagert sein und die typischen Organellen verdrängen.

Die Corpora amylacea der Prostata stellen Ansammlungen von Filamenten dar, die keratinähnliche Eigenschaften haben (SCHRODT u. MURRAY, 1966). Auch im ZNS sind derartige Corpora amylacea zu finden, die in den Astrozytenfortsätzen lokalisiert sind. In ihnen sind jedoch keine Filamente zu identifizieren, sondern sie stellen eine nicht strukturierte, wahrscheinlich polysaccharidhaltige Matrix dar (RAMSEY, 1965).

L-Fibroblasten-Stämme enthalten nach Gabe von Vinca-Alkaloiden intrazytoplasmatische Sequestrationen von mikrotubulärem Protein, das bis zu 8 µm große Kristalle bildet (BENSCH u. MALAWISTA, 1969).

Tab. 46. *Zytofilamentvermehrung im Bereich des ZNS (Beispiele)*

Zellart	Einwirkung	Besonderheiten	Autor
Astrozyten	Trauma	kernnah, dicht gepackt	HAGER, 1962
Astrozytenfortsätze	chronisches Ödem		E. DAVID et al., 1967
Tectum opticum	Durchtrennung des Tr. opticus	präsynaptisch ringförmig	COLONNIER u. GRAY, 1962; GRAY u. HAMLYN, 1962; GRAY, 1964
Purkinje-Zellen-Axone	Degeneration	Boutonvergrößerung	MUGNAINI u. WALBERG, 1967
Sensorische Nervenfasern	Bestrahlung	Zerreißen der Filamente	ISOMAKI et al., 1962
Spinalganglien	Bestrahlung		ANDRES, 1963
Gliazellen	Bestrahlung		CERVÓS-NAVARRO, 1965
Gliazellen	α-Partikel-Bestrahlung		MAXWELL u. KRUGER, 1965
Ganglienzellkultur	Bestrahlung		MASUROVSKY et al., 1967
Ganglienzellkultur	Kolchizin		BUNGE u. BUNGE, 1968
Vorderhornzellen	Kolchizin		WISNIEWSKI et al., 1968
ZNS-Kultur	Serum von Pat. mit multipler Sklerose		APARICIO et al., 1968
Nervenzellen	M. Alzheimer		KIDD, 1963, 1964
Nervenzellen	M. Alzheimer, senile Plaques		LUSE u. SMITH, 1964
Nervenzellen	M. Alzheimer	Verfilzung	TERRY, 1963
Nervenzellen	M. Alzheimer		TERRY et al., 1964
Nervenzellen	M. Alzheimer	Perikaryon u. Fortsätze betroffen	KRIGMAN et al., 1965
Nervenzellen	Aluminiumphosphat	Verzweigungen	TERRY u. PENA, 1965
Nervenzell-Kultur	Aluminiumphosphat		SEIL et al., 1969
Astrozyten	3-Azetylpyridin		LIERSE, 1965
Nervenzellen, Axone	Iminodipropionitril		SLAGEL et al., 1966
Nervenzellenvorderhorn	Neurolathyrismus		ULE, 1961, 1962
ZNS-Kultur	Vincristine, Vinblastinesulfat		SEIL u. LAMPERT, 1968
Astrozytom		Rosenthalsche Fasern	DUFFELL et al., 1963, 1964
Astrozytom			SCHLOTE, 1967
Spongioblastom		Rosenthalsche Fasern	HOSSMANN u. WECHSLER, 1965
Spongioblastom		Rosenthalsche Fasern	SCHLOTE, 1966
Medulloblastom			ESCOUROLLE u. POISIER, 1967
Meningiom			KEPES, 1961

Tabelle 46 (Fortsetzung)

Zellart	Einwirkung	Besonderheiten	Autor
Meningiom		Netzwerk, Wirbelbildung	KEPES, 1962
Meningiom			ISHIDA et al., 1964
Plexus chorioideus	Altern		OKSCHE u. VAUPEL-HARNACK, 1969

In mit Parainfluenza-Virus SV 5 infizierten Hamsternierenkulturen enthalten die Zellen etwa 250 Å breite Mikrotubuli und 80 Å breite Filamente. Während die Mikrotubuli nach Kolchizingabe verschwinden, erhöht sich die Zahl der Filamente (HOLMES u. CHOPPIN, 1968).

Die normalerweise in den Epithelzellen der Haut reichlich vorhandenen Tonofilamente sind bei der Psoriasis schlecht entwickelt oder fehlen (WETTSTEIN et al., 1961; LAGERHOLM, 1966). Gleichzeitig ist die Keratohyalinbildung eingeschränkt (HASHIMOTO u. LEVER, 1966).

c) Vakuolenbildung und vakuolige Degeneration

Die aus lichtmikroskopischen Befunden bekannten Begriffe der Vakuolisierung und vakuoligen Degeneration können auch elektronenmikroskopisch nicht als ein einheitliches Geschehen definiert werden. Praktisch alle Bestandteile des Zytoplasmas und sogar extrazelluläre Bezirke können das Bild der Vakuolisierung hervorbringen, und nicht in jedem Fall ist ihre Genese sicher zu klären (SZYDLEWSKI, 1965). Auch ohne erkennbare Ursache können z. B. in peripheren Ganglien Vakuolen auftreten (BECKER, 1968).

Die perinukleären Räume zwischen den beiden Lamellen der Kernmembran können sich erheblich erweitern, wobei sie sich fast immer in das Zytoplasma vorstülpen, z. B. auch im Synzytiotrophoblast (BOYD et al., 1968).

Das granuläre endoplasmatische Retikulum kann sich zu multiplen, in den Muskelzellen auch kettenförmigen Vakuolen umwandeln (Abb. 71), wobei sich die angelagerten Ribosomen ablösen. Vakuolisierungen der Leberzellen durch Erweiterungen der Hohlräume des granulären oder agranulären endoplasmatischen Retikulums treten z. B. nach CCl_4-Vergiftung (AIZAWA, 1962), nach Phalloidinvergiftung (MILLER u. WIELAND, 1967), bei Ischämie (BASSI, 1963) oder Bestrahlung (GHIDONI, 1967) auf. Die Vakuolen können Fetttröpfchen oder Fibrin enthalten. In den Oligodendrogliazellen des Hirnstammes betrifft die Vakuolenbildung bei Thiaminmangel vorwiegend das granuläre endoplasmatische Retikulum (COLLINS, 1967). Die ballonförmige Degeneration der insulären β-Zellen beim Diabetes mellitus wird ebenfalls durch eine exzessive Erweiterung des endoplasmatischen Retikulums bewirkt (VOLK u. LAZARUS, 1963, 1964). Die α-Zellen zeigen Vakuolisierungen des granulären endoplasmatischen Retikulums nach $CoCl_2$-Gabe (BENCOSME u. LECHAGO, 1968).

Wenn die Vakuolen miteinander verschmelzen und die ganzen Zellen ausfüllen, handelt es sich um ein irreversibles Geschehen, das dem Bild der „blasigen Entartung" entspricht (Abb. 72, 73). Die übrigen Organellen können morphologisch noch unverändert erscheinen, sind aber in der Zahl sicher erheblich reduziert. Der Kern ist pyknotisch.

Die Flüssigkeitseinlagerungen können auch besonders die Mitochondrien betreffen. Diese zeigen eine sphärische Transformation mit der Herauslösung der Innenstrukturen und Verschmelzungen (DAVID u. BARTOK, 1963). Lichtmikroskopisch entspricht dieser Vorgang der trüben Schwellung. In der Nebenniere bilden sich Vakuolen aus Mitochondrienabschnürungen (SCHWARZ et al., 1962) oder durch Zusammenfließen degenerierter Mitochondrien (LEVINE u. SKELTON, 1967).

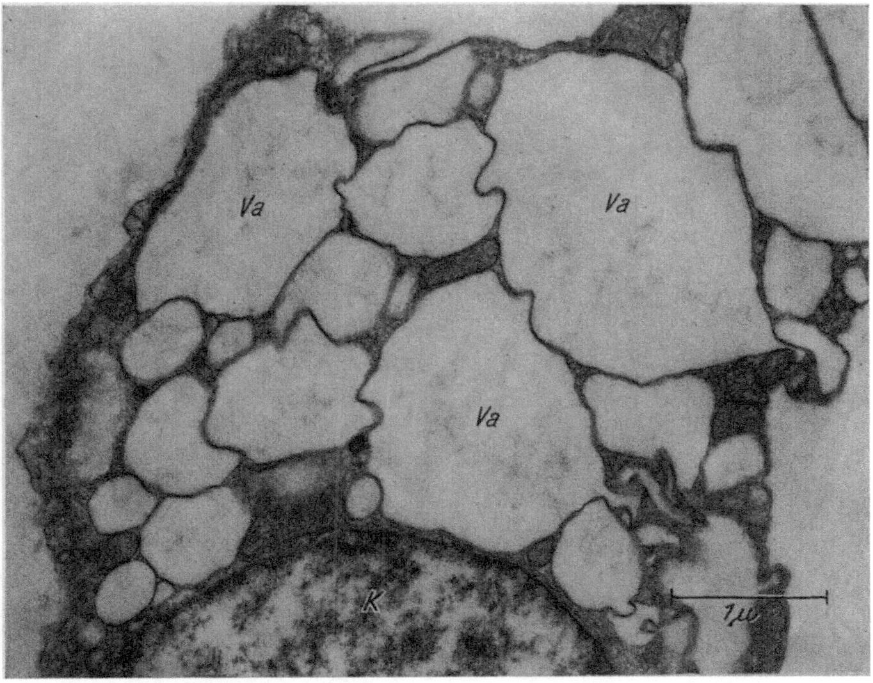

Abb. 71. Hochgradige Vakuolisierung (*Va*) des granulären endoplasmatischen Retikulums einer Tubulusepithelzelle der Niere nach neuntägiger Dioxanvergiftung. *K* = Kern. 20 000 ×.

BUSCH u. MERKER (1968) beschreiben in Zellen des Mammakarzinoms mitochondriale Vakuolen.

Nicht von Membranen begrenzte Flüssigkeitseinlagerungen sind in den Glykogengebieten zu finden, z. B. im Nierenkarzinom (SELJELID u. ERICSSON, 1965). Die großen Vakuolen der Chordomzellen sollen glykogenhaltig sein (ERLANDSON et al., 1967).

Vereinzelt sind auch die Vesikel und Vakuolen des Golgi-Systems zu Hohlräumen umgewandelt, so in bestrahlten Neuronen (PICK, 1965), in den Epidermiszellen beim M. Darier (FORSSMANN et al., 1965), in der Leber nach Zuführung von Carotisblut (YODAIKEN, 1964).

In vielen Fällen ist nicht nur eine Organellenart, sondern sind mehrere oder alle betroffen.

Die Vakuolisierung ist nicht nur durch den mehr oder weniger passiven Ein-

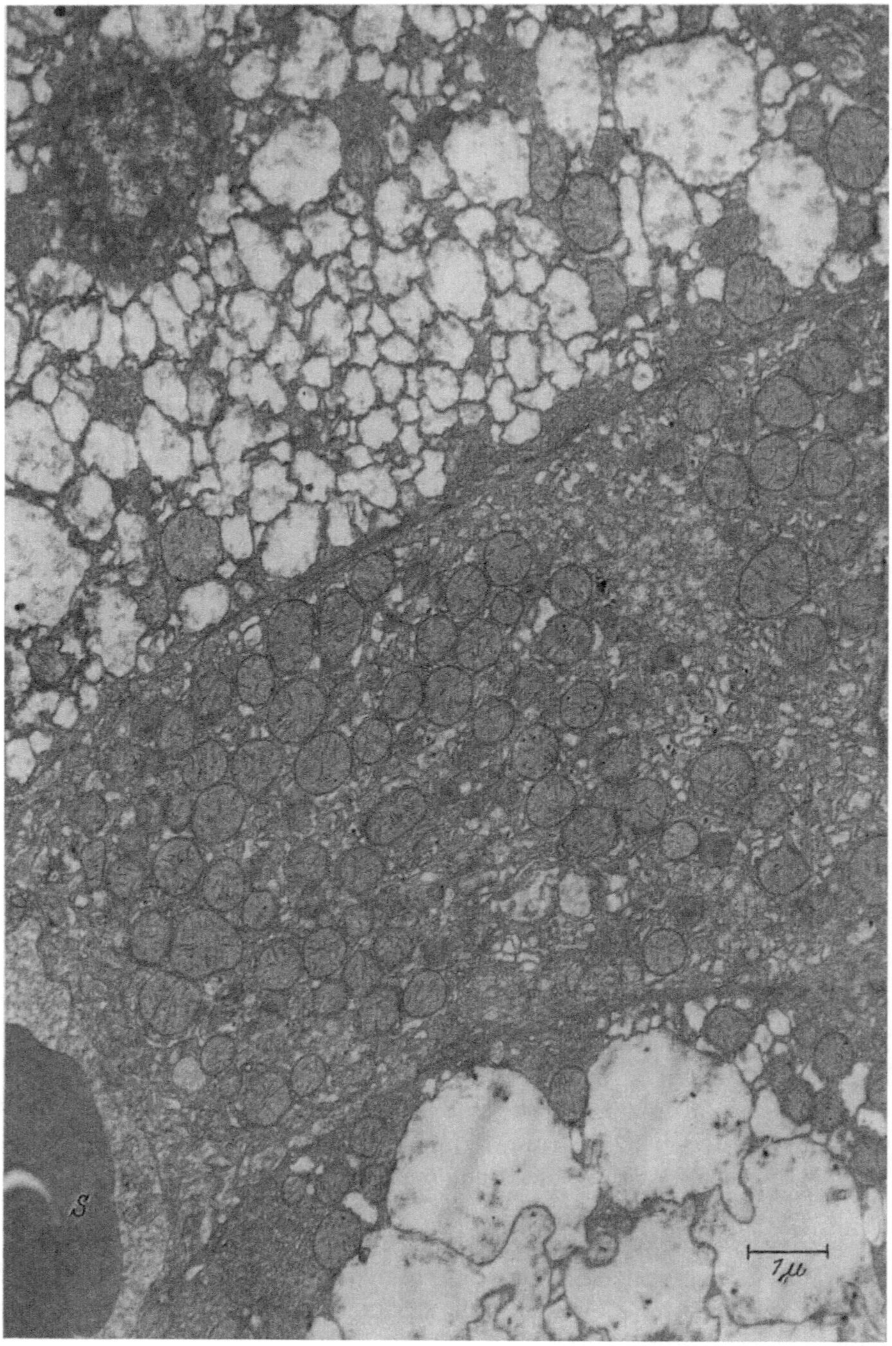

Abb. 72. 3 Leberzellen aus der Rattenleber nach neuntägiger Intoxikation mit Dioxan. Unterschiedliche Veränderungen der einzelnen Zellen. In der oberen Zelle vakuoläre Umwandlung des endoplasmatischen Retikulums. In der mittleren Zelle keine Strukturveränderungen. In der unteren Zelle blasige Entartung der Zelle. Alle 3 Zellen grenzen an das Sinusoid (*S*). 10 000 ×.

strom von Flüssigkeit bedingt (z. B. in den Tubulusepithelzellen der Niere bei Harnstauung (DAVID, 1963) (Abb. 74), sondern wird auch durch die aktive

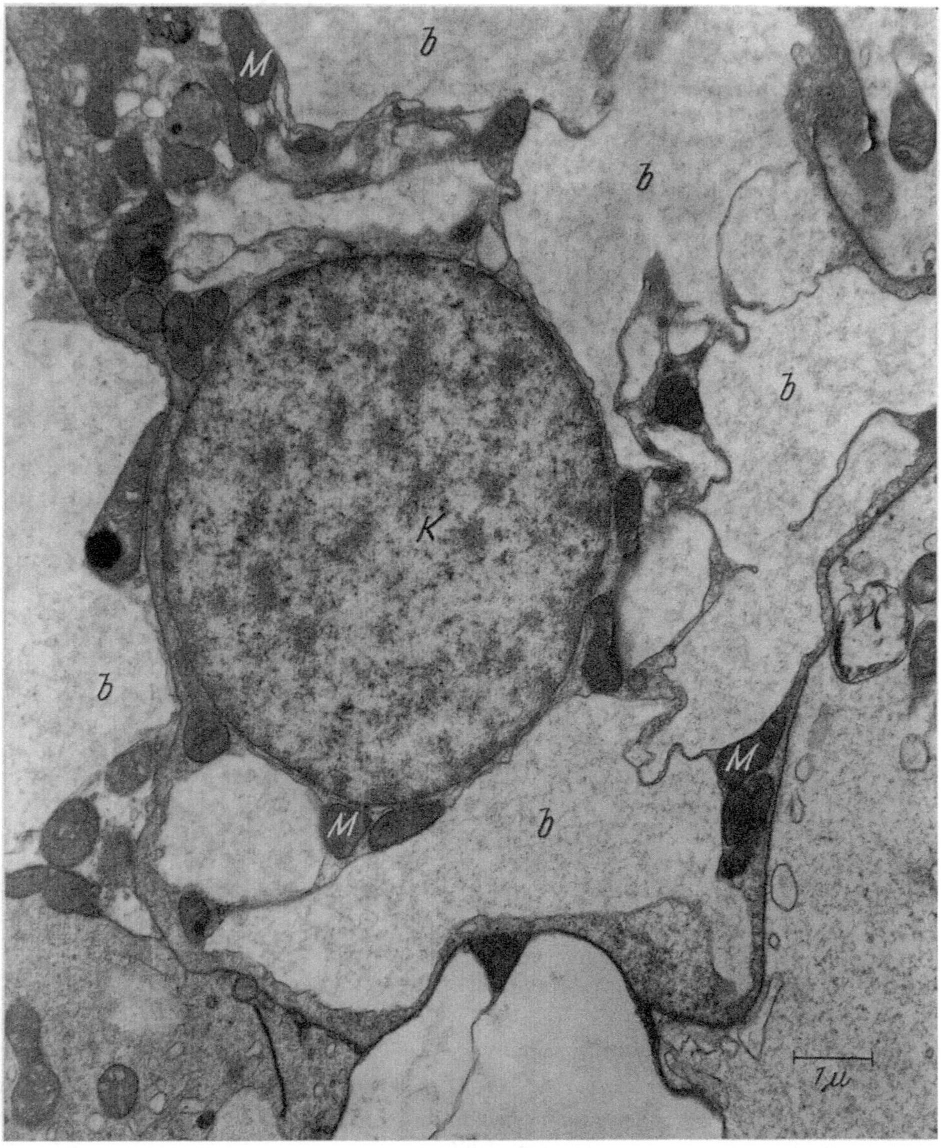

Abb. 73. Blasige Umwandlung (*b*) des endoplasmatischen Retikulums mit fast vollständiger Zerstörung der übrigen Zytoplasmastrukturen in einer Tubulusepithelzelle der Niere nach achttägiger Dioxanvergiftung. Nur vereinzelt noch regelrecht strukturierte Mitochondrien (*M*) in den Zytoplasmabrücken. *K* = Kern. 10 000 ×.

Aufnahme von Makromolekülen und osmotisch wirkenden Stoffen hervorgerufen.

Der vakuoläre Transport ist auch als Schutzmechanismus gegen osmotische Schädigungen anzusehen (KIEF et al., 1968). Ein Teil der aufgenommenen Substanzen wird in den Vakuolen abgebaut, wobei Restbestandteile zurückbleiben. Dabei sind die Lysosomen besonders betroffen, z. B. der Niere bei Viomyzinnephrose (CAESAR, 1965). Nach β-3-Thienylalanin-Gabe entstehen in exokrinen Pankreaszellen Vakuolen aus entleerten zusammengeflossenen Zymogengranula (HRUBAN et al., 1962). Sie stellen Endstadien von Zytolysomen dar, wie in den Neuronen von Hungerfröschen (SREBRO, 1966) und den Makrophagen immuner Tiere (KUSHNAREV u. SELEZNEVA, 1967). Die Sternzellen der Leber enthalten nach Aktinomyzingabe aus Phagolysomen entstandene Vakuolen (DAVID, 1966).

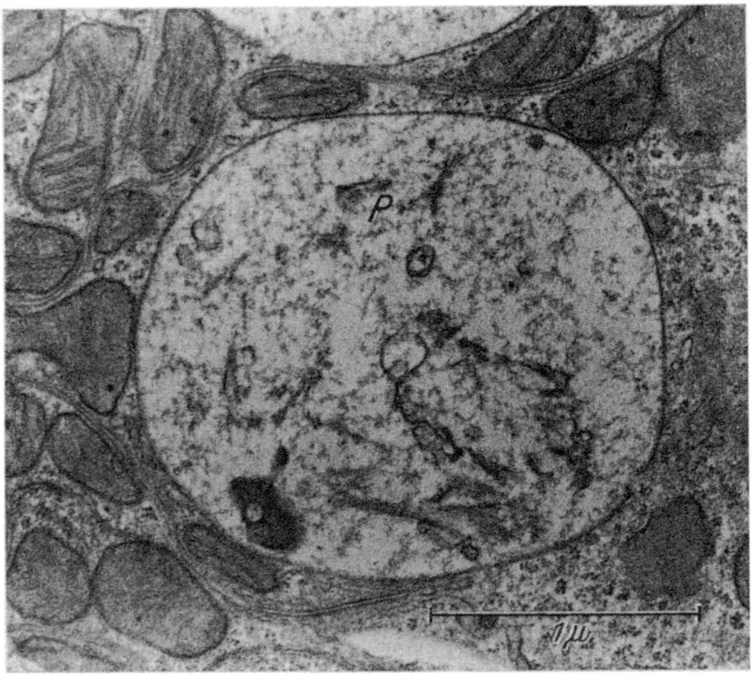

Abb. 74. Vakuoläres Phagolysom (*P*) mit einzelnen Fibrinablagerungen in einer Tubulusepithelzelle der Niere. 35 000 ×.

Mit Chlorochin *in vitro* behandelte Makrophagen bilden in kurzer Zeit autophagozytäre Vakuolen (FEDORKO et al., 1968). Eine große Gruppe von Vakuolen stellt Endstadien intrazellulärer Abbauvorgänge — autophagozytäre Vakuolen (s. S. 172) — dar (FORTEZA-VILA et al., 1967). Bei Cholestase in der Leber können von diesen Vakuolen Verbindungen zur Zellmembran bestehen (OLEDZKA-SLOTWINSKA u. DESMET, 1969).

Die Speicherung geht mit der Bildung von Phagolysomen einher (Abb. 75, 76), in denen auch noch andere Stoffe gespeichert werden. Die vakuoläre Degeneration der Muskelzellen bei Polyomyositis entsteht aus lokalen Nekroseherden, die zu Vakuolen umgewandelt werden (PALMEIRO et al., 1966).

Insbesondere Rohrzucker oder hochmolekulare Substanzen führen in der Niere (HÜBNER, 1962; MAUNSBACH et al., 1962; TRUMP u. JANIGAN, 1962; HAZAMA, 1964; SCHILL, 1965; ENGBERG u. ERICSSON, 1967), der Leber (BREWER u.

HEATH, 1964, 1965; YANAGIDA, 1966) und der Milz (HATANO et al., 1965) zu lysosomalen Vakuolen. Die Retikulumzellen der Milz können sich dabei zu Schaumzellen umwandeln. Kryptokokkenpolysaccharide führen nach der Implan-

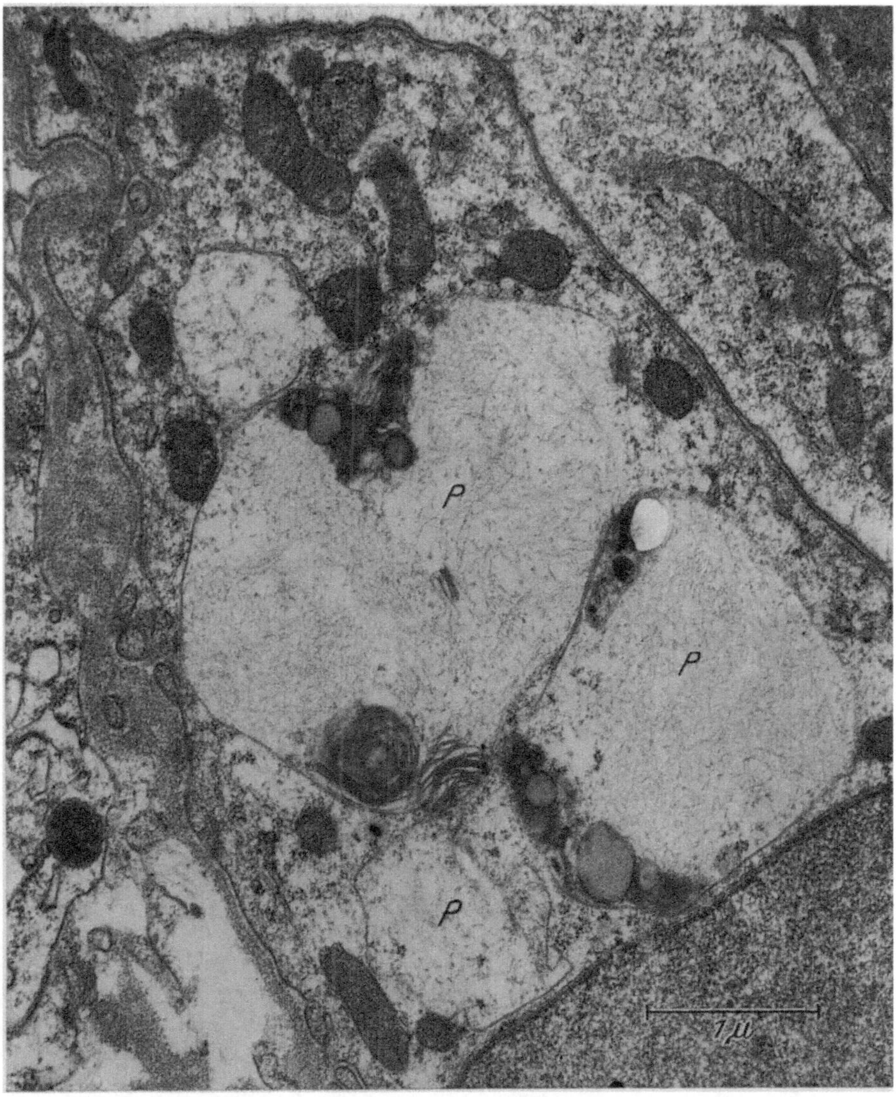

Abb. 75. Vakuoläre Phagosomen (*P*) mit randständigen osmiophilen Ablagerungen in einem Makrophagen der Niere bei Alloxandiabetes. 22 000 ×. (Aufnahme: Dr. DITSCHERLEIN.)

tation im ZNS zu Vakuolenbildungen in den Oligodendrogliazellen (HIRANO et al., 1965). Die großen Vakuolen der Mikulicz-Zellen des Rhinoskleroms enthalten Bakterien (GONZALEZ-ANGULO et al., 1965). Bei der Mukopolysaccharidose III enthalten die Leberzellen Vakuolen, deren Grenzmembran saure Phosphatase-positiv ist (WALLACE et al., 1966).

In Leberzellen, aber auch in einigen anderen Zellarten sind bis 20 μm große, frei mit der Umgebung kommunizierende oder auch geschlossene Vakuolen zu finden. Sie entstehen durch Einstülpungen der sinusoidalen Zell-

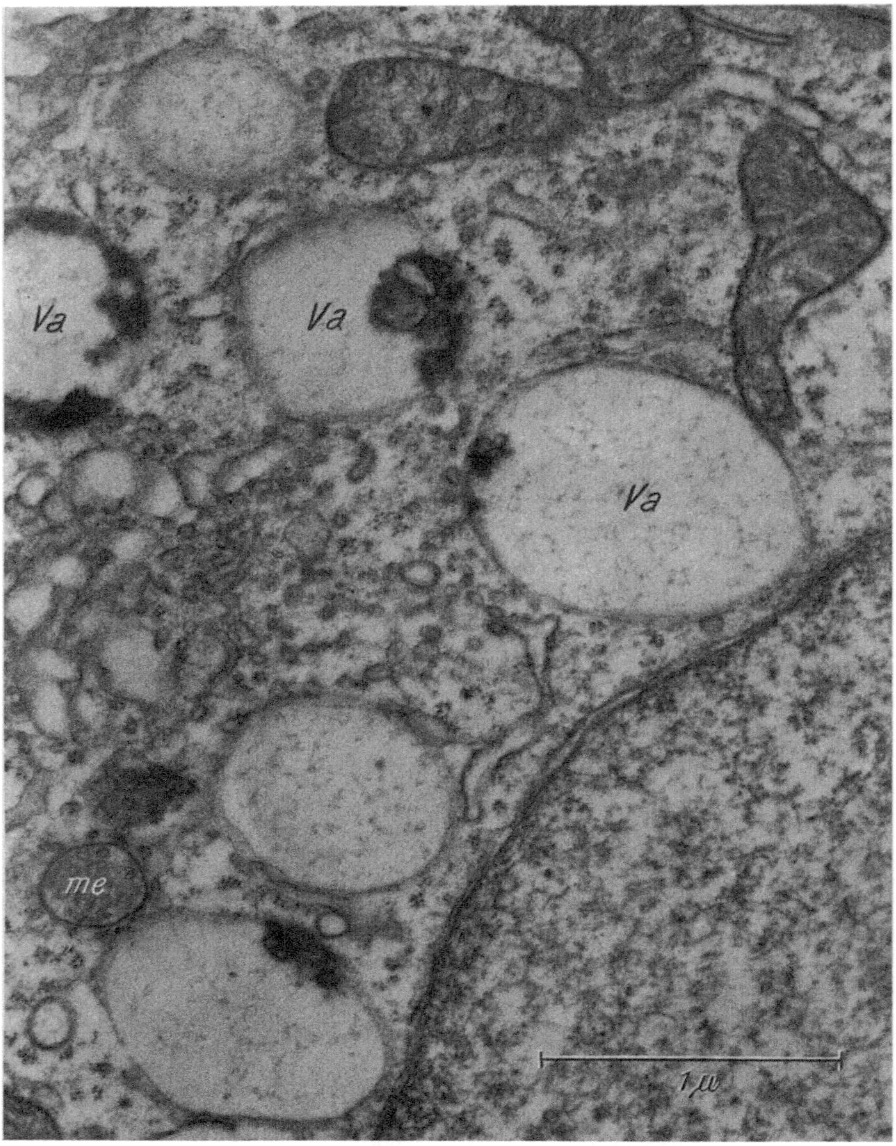

Abb. 76. Vakuolen (*Va*) mit umschriebenen osmiophilen Ablagerungen in einer Tubulusepithelzelle der Niere nach einjähriger Oxalatapplikation. *me* = multivesikulärer Körper. 40 000×.

membran, z. T. auch durch passiven Einstrom infolge von Einrissen der Zellmembran, und enthalten neben der Flüssigkeit Eiweiß, insbesondere Fibrin oder injizierte Substanzen, wie Thorotrast. Man findet sie bei verschiedenen ischämischen Zuständen (HÜBNER, 1961, 1966; HÜBNER u. BERNHARD, 1961; OUDÉA,

1963; BADE u. SCHUMACHER, 1964; BASSI u. BERNELLI-ZAZZERA, 1964; OUDÉA u. OUDÉA, 1967), bei Blutstauung (DAVID et al., 1965), nach Elektroschock (SCHOFIELD u. GROSSMAN, 1968), nach Endotoxingabe (BOLER u. BIBIGHAUS, 1967; BOLER et al., 1967; LEVY et al., 1968), in der Restleber nach $^3/_4$-Hepatektomie (PFEIFER u. BANNASCH, 1968), nach intralienaler Gabe von CCl_4 oder Allylalkohol (HÜBNER, 1965, 1968) oder Humanplasma (HARASZTI, 1969), Injektion von Allylformiat (HAENNI, 1964) oder Aktinomyzin (HAN, 1964).

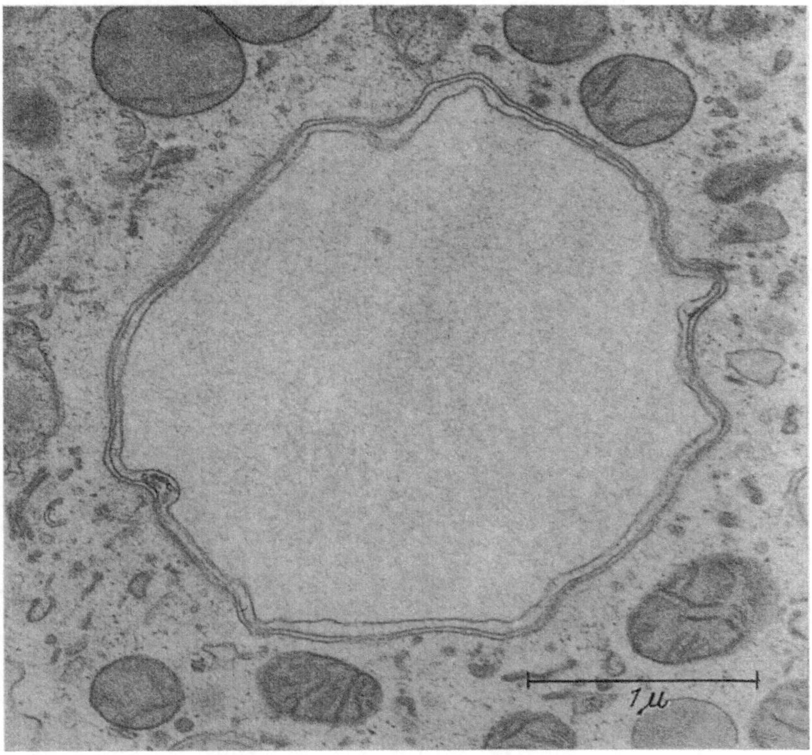

Abb. 77. Von konzentrisch verlaufenden Membranen umgebene Vakuole in einer Tubulusepithelzelle der Niere nach einstündiger Unterbindung der Nierenvene. 30 000 ×.

Ähnlich sind auch die in der Umgebung von Gallenkapillaren auftretenden Vakuolen als Einstülpungen oder Divertikel zu deuten, besonders bei Rückstau der Galle (STEINER et al., 1963; BREITFELLNER et al., 1966; EHRENBRAND u. WALDECK, 1966). Auch die von Mikrovilli ausgekleideten intrazellulären Vakuolen in Mammakarzinomzellen stellen Einstülpungen interzellulärer Gänge dar (BUERGER u. SCARPELLI, 1962).

In den Tubulusepithelzellen der Niere, aber auch in anderen wassertransportierenden Zellen mit ausgeprägten basalen Einfaltungen der Zellmembran (basales Labyrinth), können die Erweiterungen dieses Raumes das Bild von intrazellulären Vakuolen vortäuschen, z. B. bei der Niereninsuffizienz (OLSEN, 1967), beim Myxödem (DI SCALA et al., 1967), nach Uranylnitratvergiftung (STONE et al., 1961) oder nach Gabe von Äthylenglykol (AIZAWA, 1962). Auch in Chordomzellen sollen die Vakuolen eingestülpte Extrazellularräume darstellen (CANCILLA et al., 1964).

Für einen bestimmten Prozentsatz läßt sich der Ursprung der Vakuolen nicht klären (Abb. 77, 78, 79), so in der Leber nach Ultraschalleinwirkung (VAL-

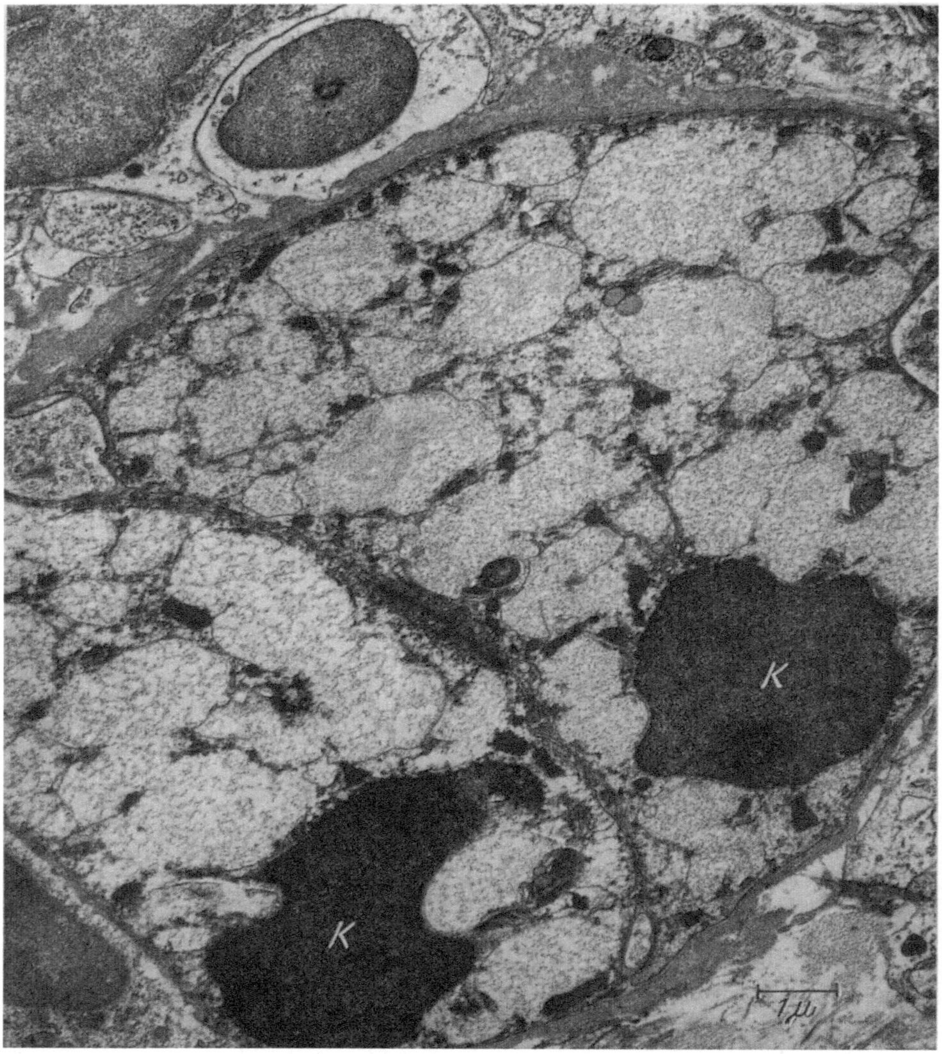

Abb. 78. Histiozytäre Zellen mit Ausbildung zahlreicher Vakuolen (lichtmikroskopisch Schaumzelle) bei Pyknose des Zellkerns. Niere bei Alloxandiabetes. 10 000 ×. (Aufnahme: Dr. DITSCHERLEIN.)

TONEN, 1967), α-Naphthylisothiozyanat (SPYCHER u. RÜTTNER, 1964), Gabe nekrogener Diät (SVOBODA u. HIGGINSON, 1963), im ZNS bei schwammiger Degeneration (ADACHI et al., 1966; NELSON u. AUREBECK, 1966), nach Bestrahlung (FRANKE u. LIERSE, 1965; McDONALD et al., 1967) oder Zyanidvergiftung (HIRANO et al., 1967), in der Kornea nach Shigella-Flexneri-Infektion (WESSEL u. RACZ, 1967), in Zellkulturen nach Infektion mit dem Polioenzephalomyelitis-Virus (KOESTNER

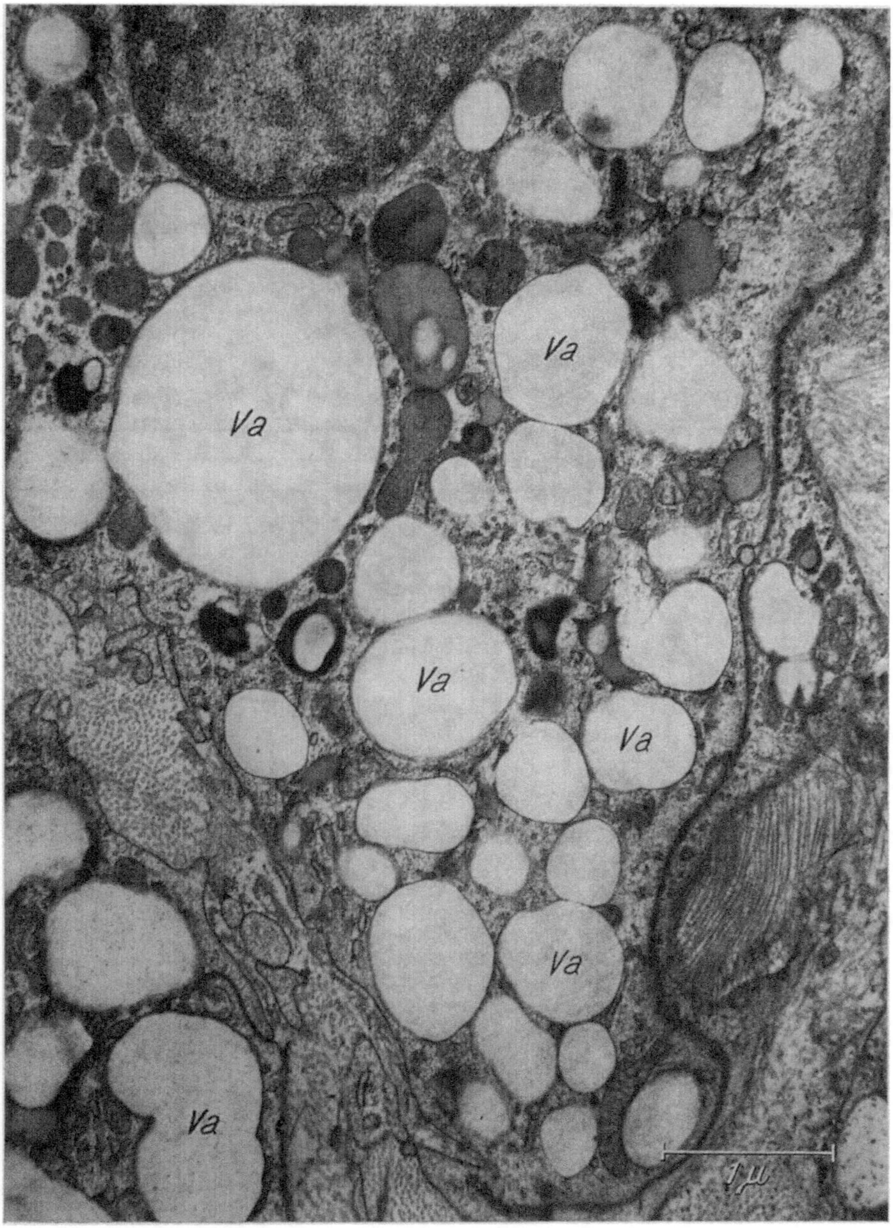

Abb. 79. Schaumzelle mit zahlreichen Vakuolen (*Va*) nach Herauslösung der Lipide sowie multiplen osmiophilen Ablagerungen aus der Aorta bei Arteriosklerose (umgewandelte glatte Muskelzelle). 22000 ×. (Aufnahme: Dr. WEISS.)

et al., 1966), in Aortenendothelzellen nach Einwirkung toxischer Substanzen (HOFF u. GOTTLOB, 1967) oder Cholesterinfütterung (PARKER u. ODLAND, 1966), in Herzmuskelzellen bei Ischämie (HECHT et al., 1961) und nach Amanitingabe (MELDOLESI et al., 1967), im Thymus bei Involution (COWAN u. SORENSON, 1964) und in Lymphozyten nach Hydrokortisonzuführung (CHAPMAN, 1962) und in Chordomen (FRIEDMANN et al., 1962; SPJUT u. LUSE, 1964).

d) Dunkle und helle Zellen

In verschiedenen Organen werden dunkle Zellen beobachtet, deren Genese unterschiedlich interpretiert wird (Tab. 47). Im Bereich des Zentralnervensystems werden sie besonders dann, wenn sie Umwandlungen von Nervenzellen darstellen, als Schrumpfungsprozesse im Sinne von Artefakten gedeutet. Wahrscheinlich ist die Entstehung abhängig von der Art der Schädigung, so daß ein differentes Erscheinungsbild ausgebildet wird. Hervorstechendes Merkmal ist die Dichtezunahme des Grundplasmas, die mit einer mehr oder weniger starken Schrumpfung einhergeht. Dadurch können die Interzellularräume erweitert werden, die Verzahnungen zunehmen und die Mikrovilli lang und dünn werden (Abb. 80, 81).

Tab. 47. *Auftreten „dunkler Zellen" in verschiedenen Organen (Beispiele)*

Organ	Einwirkung	Autor
Leber	Artefakt	Ganote u. Moses, 1968
Leber	Ischämie	Bade u. Schumacher, 1964
Leber	Portalvenenunterbindung	Gansler et al., 1962
Leber	portocavale Anastomose	Oudéa u. Bismuth, 1965
Leber	portocavale Anastomose	Rubin et al., 1965
Leber	partielle Hepatektomie	Bartók u. Virágh, 1965, 1966, 1967
Leber	partielle Hepatektomie	Franke u. Goetze, 1966
Leber	partielle Hepatektomie	Virágh et al., 1966
Leber	Regeneration	Krymsky et al., 1968
Leber	Transplantation	Klion u. Schaffner, 1967
Leber	Katalaseverminderung	Baum u. Nishimura, 1964
Leber	Hunger	David, 1960, 1961
Leber	Hunger	Tomi et al., 1961
Leber	partieller Hunger	Herdson et al., 1964
Leber	Äthionin	Herman et al., 1962; Steiner, 1963
Leber	Bestrahlung	Franke u. Goetze, 1965, 1966, 1967
Leber	Bestrahlung	Ghidoni, 1965, 1967
Leber	Phenobarbital	Herdson et al., 1964; Franke, 1967
Leber	Thiohydantoin	Herdson et al., 1964; Herdson u. Kaltenbach, 1965
Leber	α-Naphthylisothiozyanat	Steiner, 1963; Steiner u. Baglio, 1963; Steiner u. Carruthers, 1963
Leber	toxisches Fett	Allen u. Carstens, 1966
Leber	2-Me-DAB	Lafontaine u. Allard, 1964
Leber	Aflatoxin B	Theron et al., 1965
Leber	Acetamid	Jackson u. Richter, 1968
Leber	N-2-Fluorenyldiazetamid	Mikata u. Luse, 1964
Leber	L. icterohaemorrhagica	de Brito et al., 1966

Organ	Einwirkung	Autor
Leber	extrahepatische Cholestase	STEINER et al., 1962; HRUBAN et al., 1965; NOVIKOFF u. BIEMPICA, 1966
Hepatom		SAITO, 1968
Gallenblase, Gallenwege		YAMADA, 1967, 1968
ZNS	Artefakt	MUGNAINI, 1965
ZNS	Schrumpfung	SLUGA-GASSER, 1966
Grenzstrangganglien	Blocker	GANSLER, 1962
Nervenzellen des Nebennierenmarkes		OKITA u. IMAIZUMU, 1967
Schwannsche Zellen	Wallersche Degeneration	BLÜMCKE u. NIEDORF, 1961
ZNS	Bestrahlung	CERVÓS-NAVARRO, 1964
ZNS	Methoxyridoxin	NIKLOWITZ, 1966
ZNS	Scrapie	FIELD u. RAINE, 1964
Pankreas	Artefakt	ICHIKAWA, 1967
Pankreas	künstliche Hibernation	HERMAN u. WATARI, 1966
Pankreas	Lysinmangel	SCOTT, 1966
Niere-Tubulusepithel	Glyzerin	SUZUKI u. MOSTOFI, 1966
Nebenniere	Bestrahlung	KLUG, 1967
Vaginalepithel		BADER u. ERNST, 1967
Hoden, interstitielle Zellen		CRABO, 1963
Hoden, interstitielle Zellen		DE KRETSER, 1967
Lunge	Karzinom	OKADA et al., 1966
Lymphknoten	Lymphadenitis, Lymphom	MOLLO et al., 1969
Retikulumzellsarkom		WEINBERGER u. BANFIELD, 1965

Das Karyoplasma zeigt in einem Teil der Zellen ebenfalls eine Dichtezunahme, so daß die Grenze zwischen Kern und Grundplasma manchmal nicht mehr zu identifizieren ist. Die Gesamtzahl der Organellen scheint erhöht, wobei es fraglich ist, ob es sich dabei um eine echte Vermehrung oder nur um eine engere Lagerung handelt. Die Mitochondrien sind häufiger geschwollen und weisen eine Verkürzung der Cristae auf. Manchmal sieht man vermehrt Microbodies. Die Golgi-Systeme sind z. B. in dunklen Leberzellen hypertrophiert und besitzen erweiterte Vakuolen. Die freien Ribosomen sind häufig vermehrt, während die Zisternen des granulären endoplasmatischen Retikulums eine kompakte Lagerung aber auch Dilatationen zeigen können. Das agranuläre endoplasmatische Retikulum weist eine Zunahme auf.

Innerhalb des Grundplasmas können Glykogenansammlungen beobachtet werden. Außerdem treten Myelinfiguren und einzelne Vakuolen auf.

GANSLER (1962) unterscheidet im Bereich der Grenzstrangganglien 3 Typen von dunklen Zellen. Bei der 1. Form ist das endoplasmatische Retikulum lamellär angeordnet oder vakuolär erweitert. Grundplasma und Matrix mitochondrialis weisen eine erhöhte Dichte auf. Bei der 2. Form sind alle Zellstrukturen verdichtet, nur die Mitochondrien sind geschwollen und hell. In der 3. Form ist die ganze Zelle verdichtet, so daß sich die Membranen von Mitochondrien und endoplasmatischem Retikulum kaum erkennen lassen.

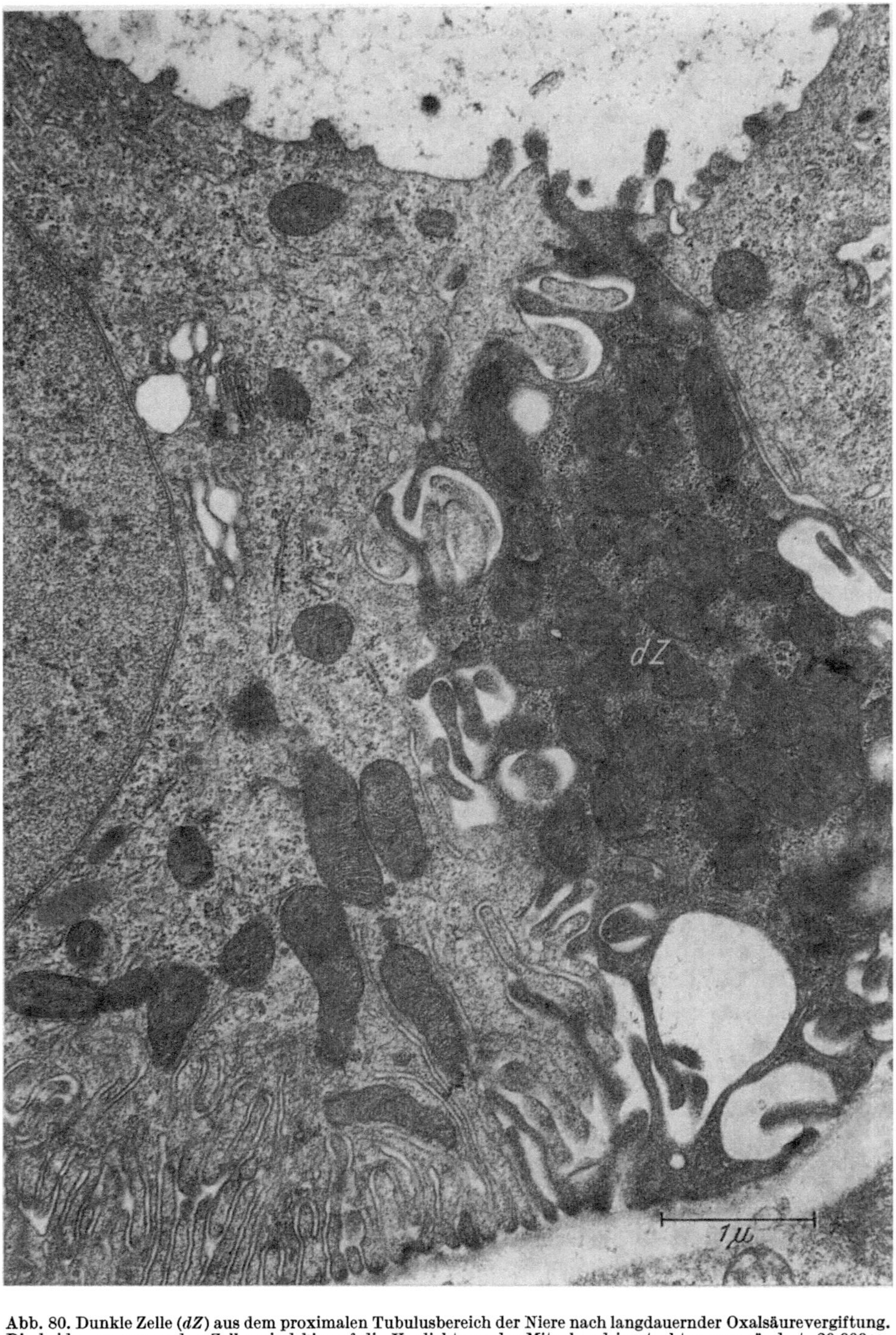

Abb. 80. Dunkle Zelle (*dZ*) aus dem proximalen Tubulusbereich der Niere nach langdauernder Oxalsäurevergiftung. Die beiden angrenzenden Zellen sind bis auf die Verdichtung der Mitochondrienstruktur unverändert. 20 000 ×.

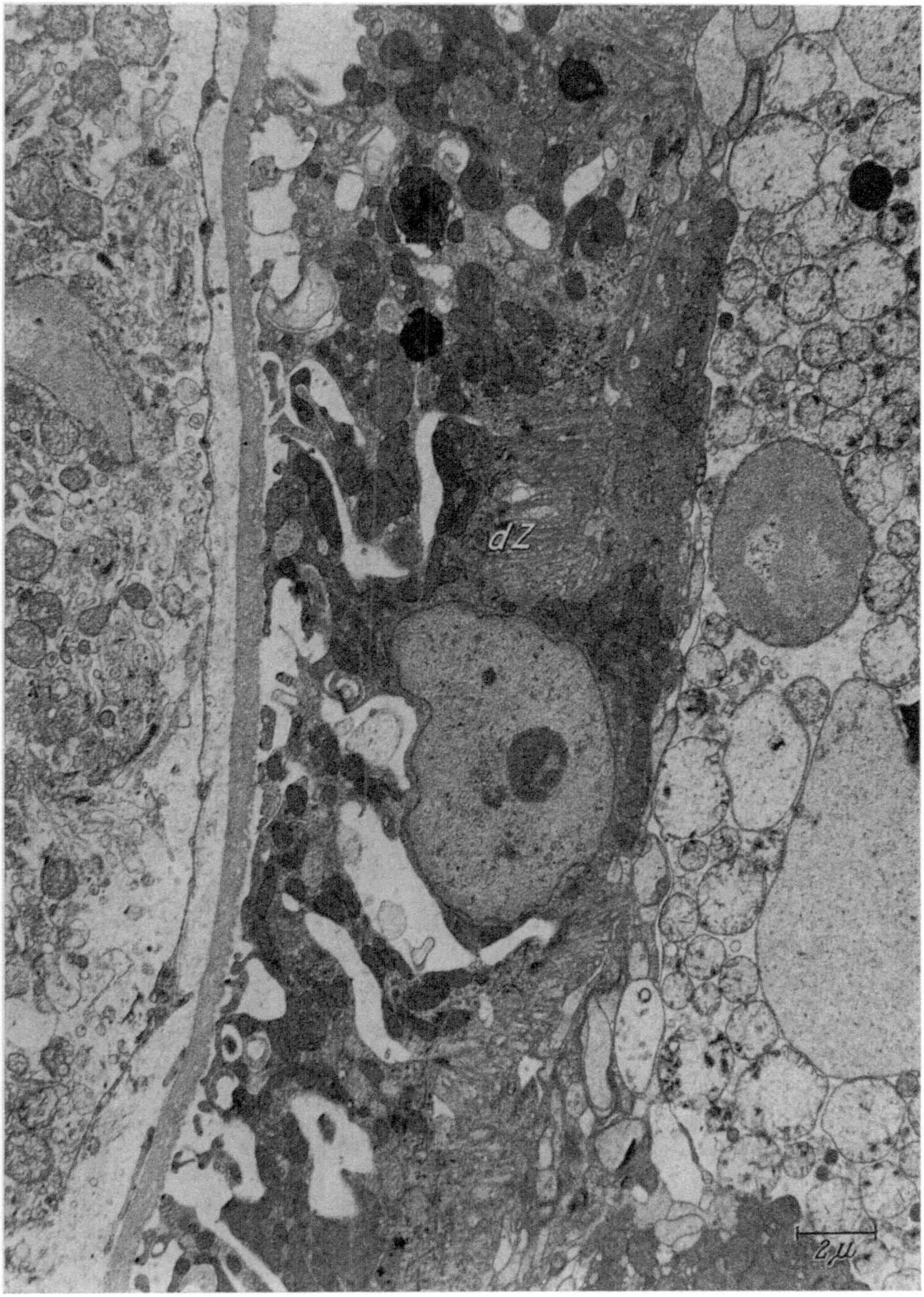

Abb. 81. Dunkle Zelle (*dZ*) aus einer transplantierten Niere nach 2 Stdn. 10 Min. Totzeit. Die angrenzenden Zellen zeigen eine beginnende Nekrose mit Ausbildung von Mitochondrienkörpern. 5000×. (Aufnahme: Dr. DITSCHERLEIN.)

Untersuchungen von KRYMSKY et al. (1968) an regenerierenden Lebern und JASMIN u. CHA (1969) an Nierenadenomen weisen auf einen hohen Differenzierungs- und Funktionsgrad der dunklen Zellen hin. Der ^{3}H-Thymidin-Einbau ist in diesen Zellen höher als in den übrigen.

Während ein Teil der dunklen Zellen als reversibler, veränderter Funktionszustand zu deuten ist, handelt es sich bei einem anderen Teil um Degenerationserscheinungen. So werden die dunklen Zellen im Retikulumzellsarkom als nekrotische Zellen angesehen In Lymphknoten stellen die dunklen retikulären Zellen bei Lymphadenitis und Lymphomen eine besondere funktionelle Phase mit Neigung zur Degeneration dar (MOLLO et al., 1969). KLION u. SCHAFFNER (1966) halten die in der Leber unter verschiedenen Bedingungen auftretenden azidophilen Körper als Spätstadien von dunklen Zellen.

Die hellen Zellen haben in der Lichtmikroskopie wesentlich weniger Interesse gefunden als die dunklen. Bei ihnen kommt es wahrscheinlich zu einem Wassereinstrom, so daß die Zelle insgesamt anschwillt. Die Menge der Organellen scheint vermindert. Der Zellkern ist groß und rund, das granuläre endoplasmatische Retikulum ist vesikulär oder vakuolär umgewandelt und weist eine Ablösung der Ribosomen auf. Insgesamt sind nur wenige Ribosomen vorhanden. Die Mitochondrien sind meist geschwollen, haben erweiterte Cristaräume und teilweise blasige Vorstülpungen der Außenmembran. Glykogenablagerungen werden nicht gefunden. Häufig sind Einschlußkörper verschiedener Art. Die Mikrovilli sind geschwollen. Die Zellmembran zeigt mehrfach Einrisse. Die hellen Zellen werden im allgemeinen als Degenerationsformen angesehen. GONATAS (1966) hält die sog. „hellen“ Neuronen des ZNS für Artefakte.

Sicher ist, daß die hellen Zellen im allgemeinen ein besonderes Funktionsstadium darstellen, das sehr leicht in eine, vorerst reversible Schädigung übergehen kann.

8. Die Zellmembran

a) Normale Struktur und Funktion

Die jede Zelle umgebende Zell- oder Plasmamembran zeigt bei den typischen Darstellungsmethoden den für alle Membranen charakteristischen strukturellen Bau (s. S. 246).

Die Zellmembran grenzt die Zelle von der Umgebung ab, ist semipermeabel für zahlreiche Substanzen, wirkt als informationsempfangendes und -übertragendes sowie regulatorisches System, wodurch sie eine wichtige Rolle im Zelleben spielt. Mehr als dem Zytoplasma soll ihr ein bestimmender Anteil an der intrazellulären Zusammensetzung zukommen (LING, 1965).

Nach MERKER (1964) hat sie folgende Aufgaben:

1. Die Umscheidung und Raffung funktionell zusammengehöriger Enzym- und Struktur-Systeme.

2. Die Kontrollfunktion der Stoffaufnahme und -abgabe.

3. Die Veränderung der Enzyme, die es ermöglichen, Ionen und andere Stoffe entgegen dem Konzentrationsgefälle aus der Zelle oder in die Zelle zu bewegen.

4. Die Haftung der Zellen untereinander, also die Zelladhäsion, ohne die die Epithelbildung und die Organogenese nicht möglich ist.

5. Die Beeinflussung des extrazellulären Raumes, die u. a. bei der Fibrillogenese im Bindegewebe, bei der Bildung zellständiger Antigen-Antikörper-Komplexe und bei der Phagozytose zu beobachten ist.

Morphologisch sind verschiedene Erscheinungsformen und zahlreiche spezielle Bildungen erkennbar (David, 1961; Kelly u. Luft, 1966; Porter et al., 1967).

Tab. 48. *Mikrovilli (Zahl, Länge, Durchmesser, Koeffizient der Oberflächenvergrößerung) des Dünndarms des Schweines* (nach Vodovar u. Fléchon, 1966)

	An der Kuppe der Zotten	An der Seite der Zotten	An der Zottenbasis	Im Kryptengrund
Zahl der Mikrovilli je μm^2	86	58	37	26
Zahl der Mikrovilli je Zelle	3870	—	3700	—
Länge des einzelnen Mikrovillus (μm)	1,94	1,36	0,96	0,82
Durchmesser des einzelnen Mikrovillus (μm)	0,082	0,094	0,110	0,130
Oberfläche eines Mikrovillus im Querschnitt (μm^2)	0,0053	0,0065	0,0095	0,0132
Oberfläche eines Mikrovillus (μm^2)	0,47	0,38	0,33	0,33
Volumen eines Mikrovillus (μm^3)	0,010	0,009	0,009	0,011
Im Querschnitt von Mikrovilli besetzte Oberfläche je μm^2	0,46	0,40	0,35	0,34
Intermikrovillöse Oberfläche je μm^2	0,54	0,60	0,65	0,66
Koeffizient der Vermehrung der freien Oberfläche*	×41	×23	×12	×9

* Koeffizient der Vermehrung der freien Oberfläche:

$$\frac{\text{Totale Oberfläche der Mikrovilli} + \text{intermikrovillöse Oberfläche}}{\text{Transversalschnitt der Zelle im apikalen Bereich}}$$

An der freien Oberfläche ist die Plasmamembran in seltenen Fällen gerade, zeigt meist jedoch Faltungen oder die Bildung von Mikrovilli, die in ausgeprägter Form schon lichtmikroskopisch als Bürstensaum zu erkennen sind.

Die Darmoberfläche wird gegenüber einem einfachen Zylinder durch die Kerkringschen Falten um das 30fache, durch die Mikrovilli der Epithelzellen auf das 600fache vergrößert (Wilson, 1962). Vodovar u. Fléchon (1966) haben genaue Berechnungen der einzelnen Parameter durchgeführt (Tab. 48).

Höhe und Breite der Mikrovilli unterscheiden sich in den einzelnen Teilen des Darmes (Holman, 1968). Bei 3—30 Tagen alten Küken beträgt die durchschnittliche Höhe im Duodenum 1 937,0 nm, im Caecum collum 1 211,0 nm, im Caecum corpus 603,5 nm und im Colon 1 020,0 nm. Der Durchmesser liegt im Duodenum bei 89,4 nm, im Caecum collum 114,2 nm, im Caecum corpus 118,1 nm und im Colon bei 111,6 nm.

Die Breite der Zellmembran differiert in den einzelnen Abschnitten. Im Bereich der Mikrovilli der freien Oberfläche von Dünndarmepithelzellen wurden bei Mäusen und Ratten Werte von 94 bis 102 Å gemessen, an den lateralen Zellbereichen 80—82 Å (MILLINGTON, 1964). Auch die Epithelzellen der Harnblase von Kröten besitzen unterschiedlich breite Plasmamembranen (SCHECTER, 1966). Die Zellmembran sich entwickelnder Spermatiden nimmt an Breite zu (NICANDER, 1967).

In Pufferlösung ist die Membran der Mikrovilli von Dünndarmepithelzellen asymmetrisch, d. h. die zytoplasmatische Lage ist dichter und dicker als die periphere, während in mizellarer Lösung eine symmetrische Schichtung vorliegt (DERMER, 1967).

Die Zellmembranbreite im Bereich der Mikrovilli von Ileumepithelzellen des Meerschweinchens ändert sich im Verlaufe der Entwicklung (MERRILL et al., 1967). Sie beträgt pränatal $75,2 \mp 0,25$ Å, postnatal $88,0 \mp 0,77$ Å und beim erwachsenen Tier $70,2 \mp 0,47$ Å.

An der äußeren Lamelle der Mikrovillimembran sind 40—60 Å große Partikel lokalisiert, die die Leuzinaminopeptidase, andere Peptidasen und Disaccharidasen enthalten, während die Mg-aktivierbare ATPase am inneren Membranblatt lokalisiert ist (ODA u. SEKI, 1965).

Der Abbau von Dipeptiden im Darmlumen erfolgt durch Enzyme des Bürstensaumes der Dünndarmepithelzellen (UGOLEV, 1965; UGOLEV u. KEOSHUCK, 1966).

Die Zellmembran der Leberzellen im Bereich des Disseschen Raumes und der Gallenkapillaren ist dicker als im interzellulären Gebiet (HEATH u. WISSIG, 1966).

In Leberzellen neugeborener Tiere findet man manchmal enge Verbindungen zwischen der Zellmembran und der Außenmembran der Mitochondrien (JOYON et al., 1964).

Die Epithelzellen der Kornea zeigen auf der Oberfläche Lipidablagerungen, die sich ständig schuppenartig ablösen (BLÜMCKE et al., 1967). Bei der Keratinisierung verdichtet sich die intrazytoplasmatische Lage der Zellmembran von Epithelzellen, während die äußere Lage zugrunde geht (FARBMAN, 1966).

Durch zytochemische Untersuchungen von Zellmembranfraktionen konnte eine Analyse der Bestandteile durchgeführt werden (BENEDETTI u. EMMELOT, 1964; EMMELOT et al., 1964). Die Zellmembran der Leber enthält Cholin, Cholesterin, Hexosamin und Sialsäure als besondere Bestandteile. Während an der Plasmamembran normaler Leberzellen nur außen Sialinsäure zu finden ist, wird sie in Hepatomen vermehrt und auf beiden Seiten der Membran abgelagert (BENEDETTI u. EMMELOT, 1967). Elektronenmikroskopisch-histochemische Befunde ergeben die Existenz verschiedener Enzyme (Tab. 49).

Fast alle Zellen werden von einer glykoproteidreichen, sialsäurehaltigen Hülle umgeben, die zementierende und immunologische Eigenschaften besitzt und wichtig für die Beziehungen zwischen Zelle und Umwelt ist (RAMBOURG u. LEBLOND, 1967). Die Polysaccharidkomponente der Plasmamembran wird als Glycocalyx bezeichnet (BENNETT, 1963). An der Oberfläche der Darmepithelzellen hat diese Schicht eine funktionelle Bedeutung für die Absorption (MUKHERJEE u. WYNN-WILLIAMS, 1967).

In einzelnen Zellarten sind an der freien Oberfläche Zilien ausgebildet.

Eine enge Nachbarschaft von Zellen und ihre Berührung kann physiologische und/oder mechanische Gründe haben. Die laterale Zellmembran verläuft im allgemeinen gerade. Zwischen den beiden Plasmamembranen benachbarter Zellen ist ein Interzellularraum ausgebildet, der mit einer mukopolysaccharidreichen Substanz angefüllt ist.

Tab. 49. *In der Zellmembran nachgewiesene Enzyme*

Enzym	Organ	Autor
ATPase	Leber	WILLS u. EPSTEIN, 1966
ATPase	Leber-Gallenkapillaren	ESSNER et al., 1958
ATPase	Jejunum-Mikrovilli	EICHHOLZ u. CRANE, 1965
ATPase	Prostata	MAO u. NAKAO, 1966
ATPase	Spermatozoen	GORDON u. BARRNETT, 1967
ATPase	Makrophagen, Leukozyten	NORTH, 1966
Mg-, Na-, K-ATPase	Erythrozyten	MARCHESI u. PALADE, 1967
Na-, K-ATPase	Herzmuskel	PORTIUS u. REPKE, 1967
Adenosin monophosphatase	Prostata	MAO u. NAKAO, 1966
Nukleosidtri- u. -monophosphatase		NOVIKOFF, 1964
Nukleosidphosphatase	ZNS	TORACK u. BARRNETT, 1963
NAD-Nukleosidase	Leber	EMMELOT et al., 1964
5-Nukleotidase	Leber-Gallenkapillare, Sinusoid	ESSNER et al., 1958
Nukleotidphosphatasen	ZNS u. PNS	NOVIKOFF, 1964; NOVIKOFF et al., 1966
Alkal. Phosphatase	Jejunum-Mikrovilli	EICHHOLZ u. CRANE, 1965
Alkal. Phosphatase	Leber	LIEBERMANN et al., 1967
Alkal. Phosphatase		NOVIKOFF, 1964
Saure Phosphatase		OGAWA et al., 1964, 1965
Arylesterase	Leber	EMMELOT et al., 1964
$NADH_2$-Zytochrom-Reduktase	Leber	EMMELOT et al., 1964
Leuzinaminopeptidase	Jejunum-Mikrovilli	EICHHOLZ u. CRANE, 1965
Disaccharidasen	Jejunum-Mikrovilli	EICHHOLZ u. CRANE, 1965; RUTTLOFF et al., 1967
Maltase	Jejunum-Mikrovilli	EICHHOLZ u. CRANE, 1965
Dextranase	Dünndarm-Mikrovilli	RUTTLOFF et al., 1967
Invertase	Darm	JOHNSON, 1966
γ-Amylase	Dünndarm-Mikrovilli	RUTTLOFF et al., 1967
unspezif. Cholinesterase	ZNS u. PNS	NOVIKOFF et al., 1966
Azetylcholinesterase	Cholinergische Axone u. Schwannsche Zellen	ROBINSON u. BELL, 1967

Teilweise verzahnen sich die Zellen miteinander. Der Interzellularraum erweitert sich in einzelnen Geweben charakteristisch, so im unteren Drittel der Epithelzellschicht des Darmes oder in Form der Gallenkapillaren in der Leber.

Besonders enge Verbindungen zwischen 2 Zellen sind in Form der Schlußleistenkomplexe ausgebildet (FARQUHAR u. PALADE, 1963), deren Hauptbestandteil die Desmosomen sind. Der Schlußleistenkomplex setzt sich aus der Zonula occludens, Zonula adhaerens und der Macula adhaerens zusammen. Die Beschreibung der Desmosomen differiert in den einzelnen Organen etwas.

Nach CAMPBELL (1967) entstehen die Desmosomen und andere Teile des Schlußleistenkomplexes durch kontinuierliche oder intermittierende Verlagerungen der Membranen an der Zelloberfläche und die Akkumulation intra- und extrazellulären Materials an den Ecken des Zellkontaktes.

Die Zahl der Desmosomen in der Haut beträgt je μm Zellgrenze im Stratum basale 1,64 ∓ 0,04, im Stratum spinosum 2,33 ∓ 0,1 und im Stratum granulosum 2,45 ∓ 0,03 (LAGERHOLM, 1965).

Den Desmosomen sind beiderseits teilweise Mitochondrien angelagert, die als Energie- oder Substanzlieferanten, z. B. von Kalzium oder Phospholipiden, gelten könnten (DEANE u. WURZELMANN, 1965).

Echte Kontaktzonen sind im allgemeinen nur im Epithelgewebe zu finden. Jedoch kann man sie auch in Fibroblasten embryonaler Gewebe beobachten (ROSS u. GREENLEE, 1966). Sicher ist, daß es sich um spezielle Bildungen der Zellmembranen in diesem Bereich sowie des angrenzenden Zytoplasmabezirkes und des Interzellularraumes handelt, in dem Mukopolysaccharide nachzuweisen sind (KELLY, 1966). Besonders hervorzuheben ist die Ausbildung der zu den Desmosomen ziehenden Tonofibrillen. Das ist auch bei den an Basalmembranen zum Interstitium liegenden Hemidesmosomen der Fall.

Die elektrischen Eigenschaften der Zellmembran im Bereich benachbarter Zellgrenzen sind wesentlich geringer ausgeprägt als an der Zelloberfläche (LOEWENSTEIN u. KANNO, 1964; WIENER et al., 1964). Die Leitfähigkeit ist im Gebiet der Schlußleistenkomplexe 4 Zehnerpotenzen höher als im Bereich der Oberflächenmembran (LOEWENSTEIN, 1966). Besonders die Desmosomen stellen für Ionen und Moleküle bis zum Molekulargewicht von 6900 keine echte Diffusionsbarriere dar. Dagegen sind sie für den Übertritt von Substanzen aus dem Interzellularraum in das Lumen von Drüsen als Schranke anzusehen.

Als spezielle, zur Übertragung spezialisierte Zellmembranbereiche sind die Synapsen des zentralen und peripheren Nervensystems einschließlich der neuromuskulären Verbindung anzusehen. In ihrem Bereich findet sich Azetylcholinesterase an der axonalen und muskulären Membran (DAVIS u. KOELLE, 1967).

Neben einer verstärkten Haftfähigkeit haben die Disci intercalares oder Glanzstreifen der Herzmuskulatur eine erhöhte Übertragungsfähigkeit der Erregung, so daß auch von einem funktionellen Synzytium gesprochen werden kann.

Im basalen Bereich von wassertransportierenden Zellen, wie den proximalen Tubulusepithelzellen der Niere (DAVID, 1967), den Salzdrüsen der Silbermöve (KOMNICK, 1963), der Analpapille von Moskitolarven (COPELAND, 1964) und den Epithelzellen des Plexus chorioideus (KEMMER, 1964), kommt es zu Einfaltungen der Zellmembran, denen Mitochondrien parallel angelagert sind. Die als basales Labyrinth bezeichnete Zone wird meist ohne Membranveränderungen auf- und abgebaut. Nur selten finden sich spiralige Aufrollungen oder Verdichtungen zu Lamellenbändern (KOMNICK, 1963).

b) Veränderungen der speziellen Zellmembranareale

α) Veränderungen der freien Oberfläche

Relativ wenig ist bisher über qualitative Veränderungen der Plasmamembran bekannt. Die Anlagerung von Bakterien vor ihrer Aufnahme führt zur plaqueartigen Verdickung von 70 Å auf 200 bis 250 Å der Zellmembran, z. T. auch zur

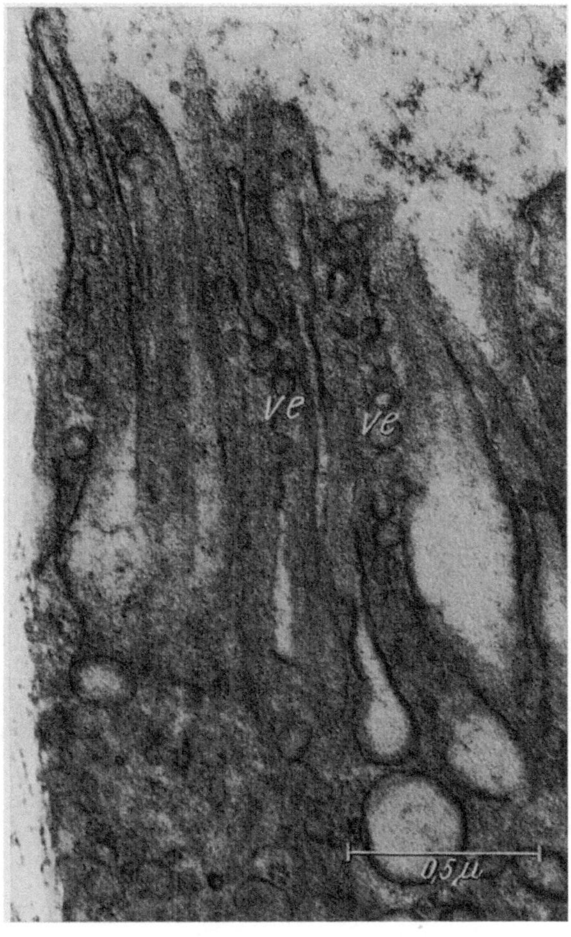

Abb. 82. Umschriebene vesikuläre Umwandlung (*ve*) von Mikrovilli aus einer Tubulusepithelzelle der Kaninchenniere bei Hydronephrose. 50 200 ×.

Verschmelzung mit der Bakterienzellmembran (Hampton u. Rosario, 1965; Papadimitriou, 1966; Matsuura et al., 1967).

Die Veränderungen der Enzyme der Plasmamembran der Darmepithelzellen führt zu zahlreichen Krankheitsbildern, die unter dem Begriff der „Bürstensaummembranerkrankungen" subsumiert werden (Crane, 1966). Einzelne Enzyme der Zellmembran der Leberzellen werden unter verschiedenen Bedingungen geschädigt. Die ATPase im Bereich der Gallenkapillaren ist reduziert bei Cholestase (Ehrlich et al., 1960; Breitfellner et al., 1966), nach Icterogeningabe (Gold-

FISCHER et al., 1962), Thioazetamidgabe (VORBRODT et al., 1966), in nekrobiotischen Zellen (WACHSTEIN et al., 1962), bei Necrosis *in vitro* (TRUMP et al., 1965), arzneimittelbedingter intrahepatischer Cholestase (POPPER et al., 1963), bei idiopathischer Gelbsucht (EHRLICH et al., 1960).

An der sinusoidalen Zellmembran ist die ATPase im Gegensatz zu der im Bereich der Gallenkapillare z. T. erhöht (GOLDFISCHER et al., 1962). Die 5-Nukleotidase der Gallenkapillaren (z. T. auch der sinusoidalen Seite) wird in nekrobiotischen Leberzellen (WACHSTEIN et al., 1962), bei idiopathischer Gelbsucht (EHRLICH et al., 1960), bei Necrosis *in vitro* (TRUMP et al., 1965) vermindert.

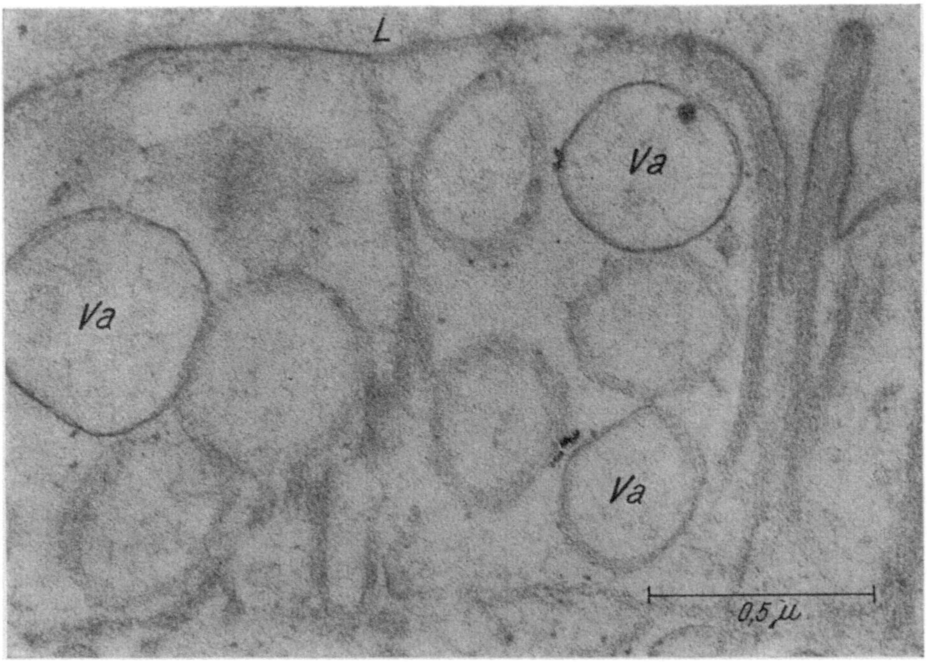

Abb. 83. Vollständige Aufhebung der regelrechten Mikrovillistruktur einer Epithelzelle des Dünndarms des Menschen bei chronischer Enteritis. Umwandlung der Mikrovilli zu großen Vakuolen (*Va*). *L* = Lumen. 60 000 ×.

Die unspezifische alkalische Phosphatase ist bei Schädigungen oft erhöht (WACHSTEIN et al., 1962; LIEBERMAN et al., 1967; GOLDFISCHER et al., 1962; NOVIKOFF u. ESSNER, 1962).

Bleiazetatbedingte Nierentumoren zeigen eine Reduktion der ATPase und alkalischen Phosphatase der Mikrovilli (MAO u. MOLNAR, 1967). Die Phosphomonoesterase der Plasmamembran von Leberzellen wird nach Gallengangsunterbindung wenig erhöht, stärker in präkanzerösen Lebern und stark erhöht in primären Hepatomen (EMMELOT et al., 1964).

Die Ausbildung tubulärer Formationen der Zellmembran nach Einwirkung von Digitonin hängt von der Herauslösung des Cholesterins und damit von der Änderung des Verhältnisses von Cholesterin zu Phospholipid ab (GRAHAM et al., 1967).

Tab. 50. *Veränderungen der Mikrovilli (Beispiele)*

Organ	Einwirkung	Besonderheiten	Autor
Leber	Gefrieren, Auftauen	Schwellung	TRUMP et al., 1964, 1965
Dünndarm	Na-Äthylendiamin-tetraessigsäure	Abrundung u. Schwellung	CASSIDY u. TIDBALL, 1967
Zellkultur	Trypsin	Verminderung, Verkürzung	EBERT u. NEUPERT, 1967
Leber, sinusoidal	Katalaseverminderung		BAUM u. NISHIMURA, 1967
Leber	Autolyse	Verkürzung	DAVID et al., 1961
Leber	Necrosis *in vitro*	Schwellung, Zerstörung	TRUMP et al., 1962, 1965
Dünndarm	Glukose-Absorption	Verminderung, Verkürzung	YAREMKO, 1968
Dünndarm	proteinfreie Diät	vermindert, verkürzt	SHEARMAN et al., 1962; TAKANO, 1964
Dünndarm	primäre Malabsorption	verkleinert	SHEARMAN et al., 1962; TAKANO, 1964
Dünndarm	Zöliakie	Verlust	BIEMPICA et al., 1968
Dünndarm	Zöliakie	irregulär, verkürzt	RUBIN et al., 1966
Leber-Gallenkapillare u. Sinusoid	Äthionin	verkürzt, vermindert	WOOD, 1965
Leber	Ischämie	Verlust	BASSI u. BERNELLI-ZAZZERA, 1966
Darm	Ischämie	Schwellung, Myelinfiguren, Auflösung	DAVID u. UERLINGS, 1967
Niere, Tubulusepithelzelle	Infarkt	verkürzt, aufgetrieben	TOTOVIĆ, 1966
Niere, Tubulusepithelzelle	Blutstauung	Myelinfiguren	DAVID, 1965; DAVID u. UERLINGS, 1965
Osteoklasten	Parathormon	Vermehrung	ROHR u. BREMER, 1967
Niere, Tubulusepithelzelle	Nekrose durch HHL-Hormon	Zerstörung	ORMÓS u. VIRÁGH, 1965
Duodenum	Bestrahlung	Schwellung, Verkürzung, Verminderung	HUGON et al., 1963
Leber	Alkohol	vermindert, Schwellung	ALBOT u. PARTURIER-ALBOT, 1966
Leber-Gallenkapillare, sinusoidal	Allylalkohol	Verlust, vermehrt oder Verlust	HÜBNER, 1964
Leber	Allylformiat	Schwellung, Verlust	HAENNI, 1964
Niere, Tubulusepithelzelle	Amphotericin B	Verschwinden	CASTRO et al., 1965
Dünndarm	Aminopterin	verkürzt, verklumpt	RYBAK, 1962
Dünndarm	Neomycin	Verlust	DOBBINS et al., 1968
Leber-Gallenkapillare	Sporidesmin	Verminderung	BERTAUD u. MORTIMER, 1966
Leber	Thioazetamid	Auftreibung	BADER, 1967
Leber	CCl_4 (intralienal)	Verlust	HÜBNER, 1965

Tabelle 50 (Fortsetzung)

Organ	Einwirkung	Besonderheiten	Autor
Leber-Gallenkapillare	α-Naphthylisothiozyanat	Reduktion, Verlust	STEINER et al., 1963
Leber, sinusoidal, Gallenkapillare	α-Naphthylisothiozyanat	Auftreibung, Auflösung	SPYCHER u. RÜTTNER, 1964
Leber, sinusoidal, Gallenkapillare	α-Naphthylisothiozyanat	Schwellung, Reduktion	BREITFELLNER et al., 1966
Leber	Dioxan	Schwellung, Auflösung	SZYDLEWSKI u. DAVID, 1964
Niere	Bleiazetat	Schwellung, Verlust	MAO u. MOLNAR, 1967
Schilddrüse	Propylthiourazil	verlängert, vermehrt	FUJITA et al., 1963
Leber, sinusoidal	Allergie	Auftreibung, Ablösung	STEINER, 1961
Leber-Gallenkapillare	Na-Taurolithocholat	Schwellung, Verlust	SCHAFFNER u. JAVITT, 1966
Leber-Gallenkapillare	Icterogenin	Verminderung	GOLDFISCHER et al., 1962
Niere, Tubulusepithel	Harnstauung	Verminderung, Abstoßung, Myelinfiguren	DAVID, 1963
Leber-Gallenkapillare	Cholestase	Schwellung	STEINER u. CARRUTHERS, 1962
Leber-Gallenkapillare	Cholestase	Verlust	NOVIKOFF u. ESSNER, 1962
Leber-Gallenkapillare	Cholestase	Auftreibung, Verminderung	STEINER et al., 1962
Leber-Gallenkapillare	Cholestase	Verkürzung, Auftreibung	SCHAFFNER, 1965
Leber-Gallenkapillare	Cholestase, drogeninduziert	Verminderung, Auftreibung	POPPER et al., 1963
Leber-Gallenkapillare	Cholestase	Verminderung	ZAKI, 1966
Leber-Gallenkapillare	Cholestase, drogeninduziert	Verlust	SCHAFFNER u. SASAKI, 1965
Leber, sinusoidal	Virushepatitis	Verlust	COSSEL, 1959
Leber, sinusoidal, Gallenkapillare	Hepatitis	Auftreibung, Verlust, Verminderung	VETTERLEIN u. HESSE, 1965
Leber	Virushepatitis	Schwellung	RUEBNER u. SLUSSER, 1968
Schilddrüse	Thyreoiditis	vermindert	SOBEL u. GELLER, 1965
Schilddrüse	Trockenschilddrüse	Verkürzung	FUJITA et al., 1963
Schilddrüse	endem. Kretinismus, Jodmangelkropf	Atrophie	LUPULESCU et al., 1966; LUPULESCU u. PETROVICI, 1968
Schilddrüse	toxischer Kropf, M. Basedow	Vermehrung	HEIMANN, 1966; LUPULESCU u. PETROVICI, 1968
Leber	L. icterohaemorrhagica	Schwellung	DE BRITO, 1966

Organ	Einwirkung	Besonderheiten	Autor
Leber, sinusoidal	congen. nichthäm. Icterus, M. Gilbert	Reduktion	SIMON u. VARONIER, 1963
Leber-Sinusoid	Rotor-Syndrom	Verkürzung	MINIO et al., 1965
Leber-Sinusoid	Dubin-Johnson-Syndrom	Verminderung	MINIO et al., 1965
Leber, sinusoidal	part. Hepatektomie	Verlust	LANE u. BECKER, 1960
Leber-Gallenkapillare	part. Hepatektomie	Schwellung, Verlust	BARTOK u. VIRÁGH, 1966

Eine Neubildung von Mikrovilli an der Zelloberfläche findet man z. B. in Karzinomen (MURAD u. SCARPELLI, 1967; SELJELID u. ERICSSON, 1965; IMAI u. STEIN, 1963).

An den Epithelzellen des Dünndarms der Maus nehmen die Mikrovilli pränatal an Höhe und Volumen zu, während nach der Geburt das Volumen abnimmt, bei gleichzeitiger Verlängerung (OVERTON, 1965).

Die Mikrovilli der Darmepithelzellen vermindern sich bei der primären Malabsorption von 0,8—1,3 μm auf 0,1—0,5 μm (SHEARMAN et al., 1962).

Nach Bestrahlung werden die Schichten der Mikrovillimembran der Duodenalepithelzellen dissoziiert (HUGON et al., 1965).

Der Durchmesser der Mikrovilli der Zymogenzellen des Magens steigt nach Bestrahlung von normal 895 Å auf 1156 Å, der der Parietalzellen von 894 Å auf 1208 Å (HELANDER, 1965).

Quantitative Veränderungen betreffen besonders die Mikrovilli (Abb. 82, 83) (Tab. 50). Neben einer Verminderung oder einem herdförmigen Verlust kann es zur büschelartigen Lagerung und zu Auftreibungen oder zum völligen Verlust kommen. Teilweise treten auch divertikelartige Einstülpungen auf (STEINER, 1961; BERTAUD u. MORTIMER, 1966). Kleine Lumina können durch aufgetriebene Mikrovilli vollständig verschlossen werden (STEINER u. CARRUTHERS, 1961; SCHAFFNER, 1965). Manchmal lösen sie sich vom Zelleib ab (STEINER, 1961).

Zur Auflösung und Ruptur der Zellmembran kommt es in der Leber nach toxischen Einwirkungen wie Allylformiat (HAENNI u. ROUILLER, 1963; HAENNI, 1964), α-Naphthylisothiozyanat (SPYCHER u. RÜTTNER, 1964) oder nekrogener Diät (PORTA et al., 1968) nach Einfrieren und Auftauen (TRUMP et al., 1964, 1965), bei Necrosis *in vitro* (TRUMP et al., 1962) und bei Autolyse (ITO, 1962). Die Zerstörung von Teilen der sinusoidalen Plasmamembran der Leberzellen ist beim Rotor-Syndrom (MINIO et al., 1965), Dubin-Johnson-Syndrom (MINIO et al., 1965; MAGNENAT u. MINIO-PALUELLO, 1967) und beim M. Gilbert (SIMON u. VARONIER, 1963; BAMATTER et al., 1962; PATRASSI et al., 1965) möglicherweise Ursache des Ikterus. Zu Defekten der Membran kommt es nach Perfusion mit Äthylendiamintetraessigsäure (MARSILII u. BUCCIOLINI, 1962) oder in trypsinierten Amnionzellkulturen (EBERT u. NEUPERT, 1967). Folge davon ist der Eintritt von Flüssigkeit oder Substanzen in die Zelle oder der Austritt von Zellorganellen in die Umgebung.

Spiralige Aufrollungen der Zellmembran bis zur Bildung von Myelinfiguren (Abb. 84) findet man nach Inkubation in CCl_4-Lösung (SENDA et al., 1966), nach Einfrieren und Auftauen von Gewebe (Trump et al., 1964, 1965), in Infarktbezirken (Totović, 1966), bei Autolyse (David et al., 1961; Ito, 1962), Necrosis *in vitro* (Trump et al., 1962; Faith u. Trump, 1965).

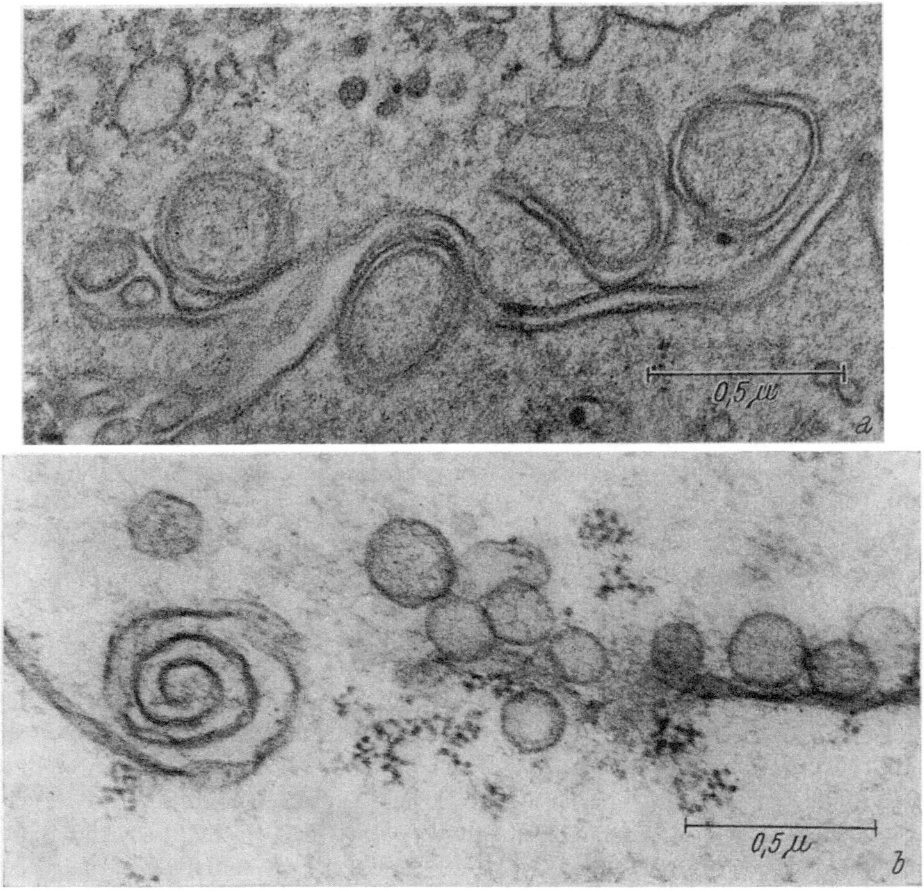

Abb. 84. *a*) Zellmembran zweier Leberzellen der Ratte nach einstündiger Autolyse. Beginnende Myelinfigurenbildung mit konzentrischer Lagerung der Membranen. 50 400 ×. — *b*) Ruptur der Zellmembran zwischen zwei Tubulusepithelzellen der Niere mit konzentrischer Aufrollung und Zerfall in Vesikel. 50 400 ×.

β) Veränderungen der lateralen Zellmembran

βα) *Befunde an den nicht spezialisierten Bereichen*

Der Interzellularraum zeigt infolge einer Herauslösung der Zwischensubstanz eine Erweiterung. Im Bereich des Interzellularraumes von Dünndarmepithelzellen des Meerschweinchens beträgt die Breite der Zellmembran pränatal 75,2 $\mp$ 0,24 Å, postnatal 80,1 $\mp$ 0,56 Å und beim erwachsenen Tier 77,6 $\mp$ 0,56 Å; die entsprechenden Werte betragen im Gebiet der Desmosomen 72,7 $\mp$ 0,12 Å, 79,8 $\mp$ 0,40 Å und 75,3 $\mp$ 0,58 Å (Merrill et al., 1967).

In Hautkarzinomen kommt es zu zahlreichen Veränderungen des Zellkontaktes, wie der Erweiterung des Interzellularraumes mit Ansammlung von Exsudat

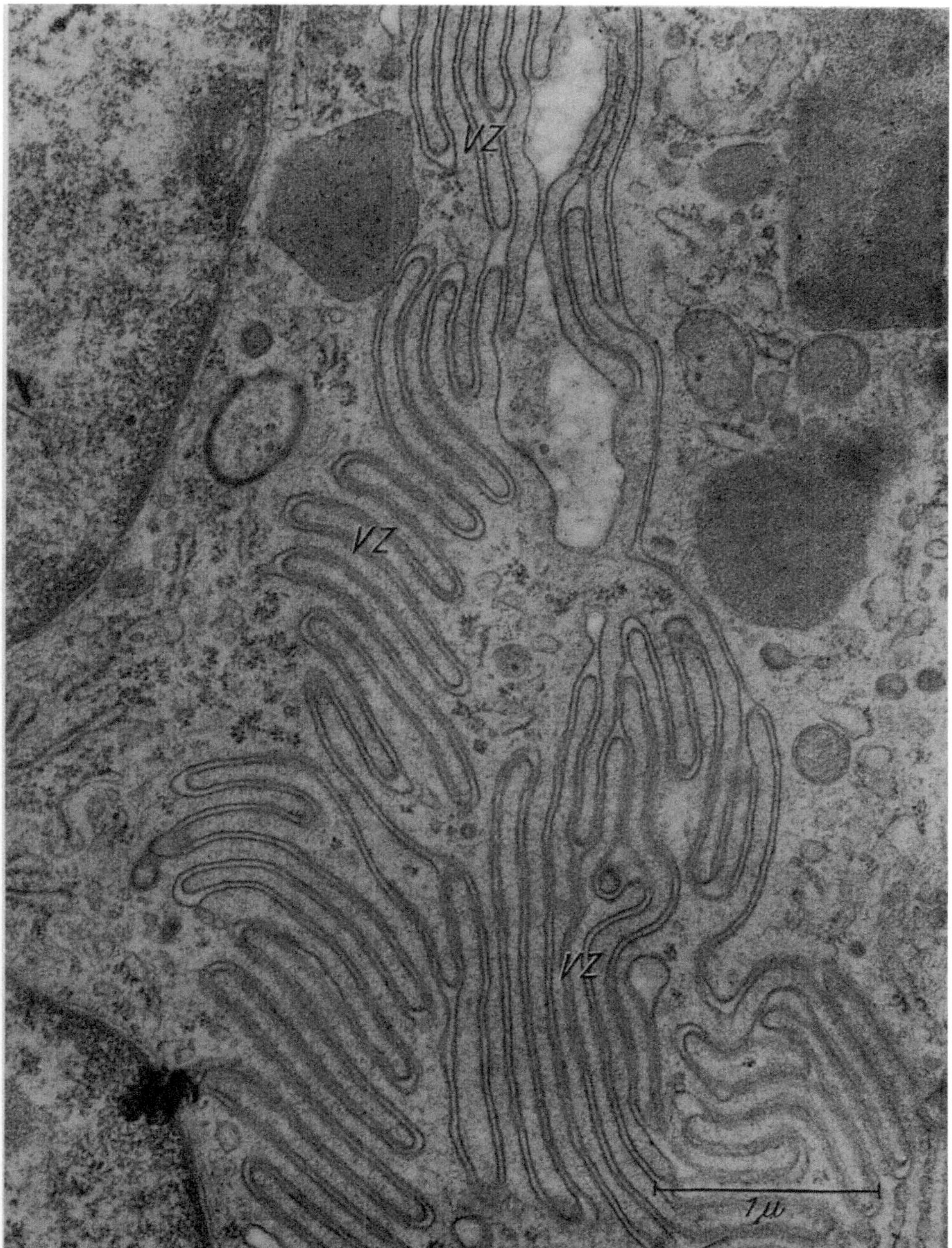

Abb. 85. Ausgeprägte Verzahnung (*VZ*) von 2 Zellen aus Fremdkörpergranulationsgewebe der Arteria carotis nach Implantation von Ivalon vor 6 Monaten. 30 000 ×. (Aufnahme: Dr. Hackensellner — Dr. Weiss.)

und Detritus, dem Zerbrechen der Desmosomen und dem Auftreten von Mikrovilli und Pseudopodien (Setälä et al., 1960, 1961; Sugár, 1967).

Die Dilatation des Interzellularraumes ist meist mit dem Verlust des interzellulären Materials (Lane u. Becker, 1966; Zaki, 1966) und der Ausbildung von Mikrovilli verbunden (KLAVINS, 1966). Im Bereich des Dünndarmepithels werden die Zwischenräume bei erhöhter Flüssigkeitsresorption massiv erweitert (HERZER et al., 1967). Die Akantholyse beim oralen Pemphigus vulgaris soll primär durch eine Schädigung der Interzellularsubstanz bedingt sein (LEVER u. HASHIMOTO, 1966).

Die Extrazellularräume des ZNS zeigen eine besonders enge Haftung der Zellmembranen, die meist erst in Nekrosezonen auseinanderweichen (SCHRÖDER u. WECHSLER, 1965).

Starke Verzahnungen von Zellen (Abb. 85) führen zum lichtmikroskopischen Bild von mehrkernigen Riesenzellen. Die nach Gabe von kristallinem Silizium und Freundschem Adjuvans auftretenden Epitheloidzellen sind ebenfalls erheblich miteinander verzahnt (BAIRATI et al., 1964).

ββ) *Befunde an den Schlußleisten und Desmosomen*

Bei verschiedenen Krankheitsbildern der Haut kommt es zur Akantholyse, die mit speziellen Veränderungen der Desmosomen verbunden ist. Es läßt sich dabei nicht endgültig entscheiden, ob die primäre Schädigung die Tonofibrillen oder den typischen Desmosomenkomplex betrifft. Daneben kommt es zur Drehung der Desmosomen um 90° bei gleichzeitiger Verschmälerung und Umlagerung, so daß sich ein reißverschlußartiges Bild ergibt (KLINGMÜLLER u. MAASJOST, 1966).

Die bei den verschiedenen Erkrankungen der Haut auftretende Akantholyse führt zur Zerstörung der Desmosomenstruktur, Erweiterung des Interzellularraumes und Ablösung der Tonofilamente von den Desmosomen und ihrer Verklumpung (CAULFIELD u. WILGRAM, 1963; MICHALOWSKI, 1964; WILGRAM et al., 1964; NÜRNBERG u. MÜLLER, 1967). Bei der Lösung von Halbdesmosomen werden Zellfortsätze von dem Zelleib abgeschnürt (BLÜMCKE et al., 1968).

Im Stratum spinosum der Haut im Bereich menschlicher Warzen werden vermehrt Desmosomen gebildet, die bis in die oberen Schichten erhalten bleiben (CHAPMAN et al., 1963).

Hyperplastische Desmosomen, die sich von einem Canaliculus zum nächsten ausbreiten, finden sich in DMAB-Hepatomen (SVOBODA, 1964).

Östrogengabe führt in der Vagina zur Zunahme der Desmosomen (COOPER et al., 1967).

Nach Einwirkung von Dinitrochlorbenzol auf die Haut verlieren die Desmosomen ihre lamelläre Struktur (FLAX u. CAUFIELD, 1963). Thiozyanat führt zu ihrer Degeneration (PEARSON, 1964).

Eine mangelhafte Desmosomenbildung ist beim M. Darier möglicherweise die Ursache für ihre leichte Lösung (CHARLES, 1961).

Krankheiten mit einem intra- oder interzellulären Ödem der Haut führen zu einer Verminderung der Desmosomenzahl (KLINGMÜLLER u. MAASJOST, 1966).

Bei Psoriasis vermindert sich ihre Zahl (WETTSTEIN et al., 1961) je µm im Stratum basale von 1,64 auf 1,23, im Stratum spinosum von 2,33 auf 1,46 und im Stratum granulosum von 2,45 auf 1,70 (LAGERHOLM, 1965, 1966). Beim benignen familiären chronischen Pemphigus verschwinden sie über große Bereiche, so daß die Zellverbindung verloren geht und sich große Lakunen bilden (WILGRAM et al., 1961, 1962, 1963, 1964).

Na-ÄDTE führt zur Erweiterung der Interzellularräume besonders im Bereich der Zonulae adhaerentes und zu einem Verlust der Architektur der Desmosomen (CASSIDY u. TIDBALL, 1967; SEDAR u. FORTE, 1964).

Die Lösung der Zellen voneinander ist in der Epidermis von *Rhodnius prolixus* bei der Metamorphose als Beginn des Absterbens der Zellen zu werten (GOLDSMITH, 1966).

Die Desmosomen der Haut sollen nicht zerreißen, sondern insgesamt ausgerissen werden (KLINGMÜLLER u. MAASJOST, 1966).

In Hautkarzinomen zerbrechen die Desmosomen (SUGAR, 1967) oder zeigen eine veränderte Struktur (VANDREWALLA u. SIRSAT, 1962). Portiokarzinome enthalten nur wenig Desmosomen (HAAM, 1964), in Kolonkarzinomen sind sie regellos ausgebildet (IMAI u. STEIN, 1963), in Rektumkarzinomen sind sie hypertrophiert und hyperplastisch (HAGUENAU et al., 1964). In Parietalzellkarzinomen des Magens sind Schlußleisten vorhanden (SEKI, 1962).

In der Leber werden bei Necrosis *in vitro* die Desmosomen verschmiert und aufgehellt (TRUMP et al., 1962).

Tween 60 bewirkt ein Dérangement, eine gegenseitige Vergitterung und Rupturen der Interzellularbrücken der Haut (SETÄLÄ et al., 1962).

Die Desmosomen von Korneaepithel in Gewebekultur lösen sich bei hydropischer Schwellung infolge einer Zerreißung der filamentösen Interzellularbrücke (BLÜMCKE et al., 1968). Shigella Flexneri führt zur Auflösung der Desmosomen der Kornea mit der Bildung dichter Linien im Interzellularraum und der Entstehung von knopfartig verdichteten Zytoplasmafortsätzen (WESSEL u. RACZ, 1967).

Die Auflösung von Desmosomen des Hautbereiches beginnt mit einem Verschmelzen der dichten interzellulären Lamina und der Ausbildung eines lichten fusiformen Körpers, der später zerfällt (SNELL, 1965).

βγ) *Veränderungen der Synapsen und Disci intercalares*

Eine Auflösung der Synapsenstruktur ist relativ selten. Meist werden sogar die benachbarten Zellmembranen gemeinsam herausgerissen, so daß noch Teile des angrenzenden Zytoplasmas mit entfernt werden. In degenerierenden Axonen bleibt die postsynaptische Membran an der Präsynapse hängen und wird mitphagozytiert (COLONNIER u. GRAY, 1962; GRAY, 1964). Die einzelnen Abschnitte des ZNS zeigen eine unterschiedliche Affinität der Membranen, die im Bereich der Synapsen besonders stark ist (SCHRÖDER u. WECHSLER, 1965). In degenerierenden Boutons nimmt die Plasmamembrandichte zu, und die Spezialisierung der synaptischen Zellmembran geht verloren (McMAHON, 1967).

Die den desmosomalen Zellmembranspezialisierungen gleichzusetzenden Disci intercalares oder Glanzstreifen der Herzmuskulatur zeigen bei Hypoxie eine Auflösung und ein Auseinanderweichen (HASPER, 1964; BÜCHNER u. ONISHI, 1967, 1968).

c) Allgemeine degenerative Veränderungen

Blasige Vorwölbungen der Zellmembran sind bei lokalen Schwächungen der Membranen zu beobachten (PRICE, 1967). Die Ruptur der Zellmembran ist häufig mit einem Austritt von Zellbestandteilen verbunden.

Zerstörungen der Zellmembranen (Abb. 86) werden u. a. beschrieben in der Leber bei der Autolyse (Caesar, 1961), nach Gabe von α-Naphthylisothiozyanat (Rüttner et al., 1964) und CCl_4 (Ashworth et al., 1963), im Herz bei Kaliummangel (Molnar et al., 1962), im ZNS bei entzündlichen Erkrankungen (Nelson, 1962), in Leukozyten nach Streptolysineinwirkung (Zucker-Franklin, 1965), in Knochenmarkkulturen nach Ultraschallwirkung (Dvořák u. Hrazdiva, 1966), in virusinfizierten Zellen (Defendi, 1962) und in Mäusetumoren nach Bestrahlung (Goldfeder, 1964).

Das tubuläre System in Zellen wird als eine Ausweitung der Zellmembran in die Zelle und der anhaftenden Glycocalyx gedeutet (Philpott, 1964).

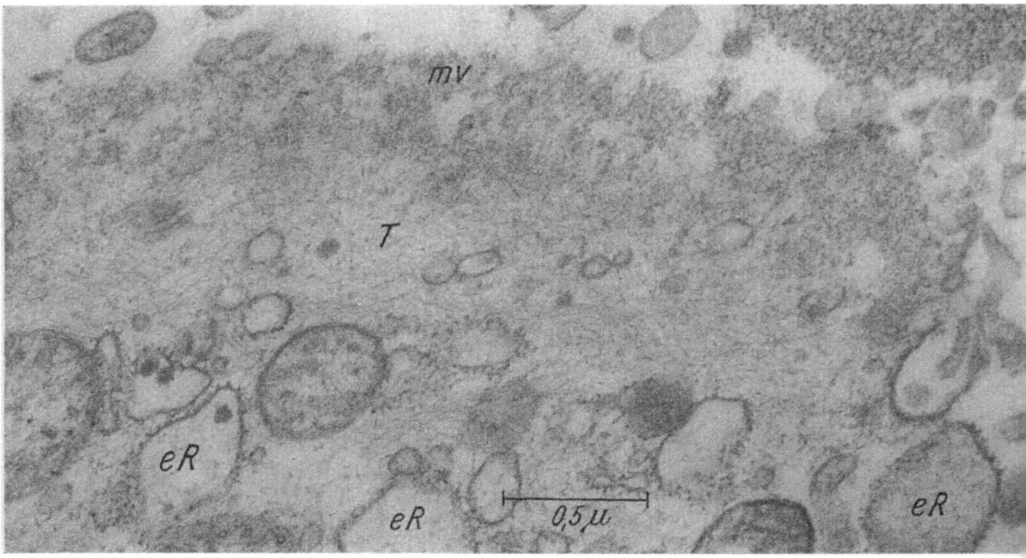

Abb. 86. Vollständiger Zerfall der Mikrovilli (*mv*) und der Zellmembran einer Dünndarmepithelzelle 1 Std. nach Unterbindung der zuführenden Gefäße. Noch erhaltenes Terminalgespinst (*T*). Vakuolisierung des endoplasmatischen Retikulums (*eR*). 36 000 ×.

Elektrische Reizungen sollen zu strukturellen Desorganisationen der Lipoproteidmembranen im ZNS führen (Petrov, 1964).

Besonders starke lamelläre Vorstülpungen und Verzahnungen zeigen die Zellen bei Pneumokoniose (Policard et al., 1964, 1965).

Myelinfiguren aus Zellmembranen (Abb. 87) finden sich bei direkter Einwirkung von Alkohol und Azeton (Ruska, 1963) und CCl_4 (Senda et al., 1966), bei der Autolyse (David et al., 1961; Ito, 1962; Latta et al., 1965), beim Abbau von Erythrozytenmembran bei der Lungenhämosiderose (Bässler, 1961; Bässler et al., 1962) und im Bereich der Purkinjezellen bei Bilirubinenzephalopathie (Schütte u. Johnson, 1967).

Eine Schädigung der Zellmembran kann nach Freisetzung lysosomaler Enzyme stattfinden (Comolli, 1967).

Saponine bewirken wie Antigene 80—110 Å große Löcher in der Plasmamembran von Erythrozyten (Borsos et al., 1964).

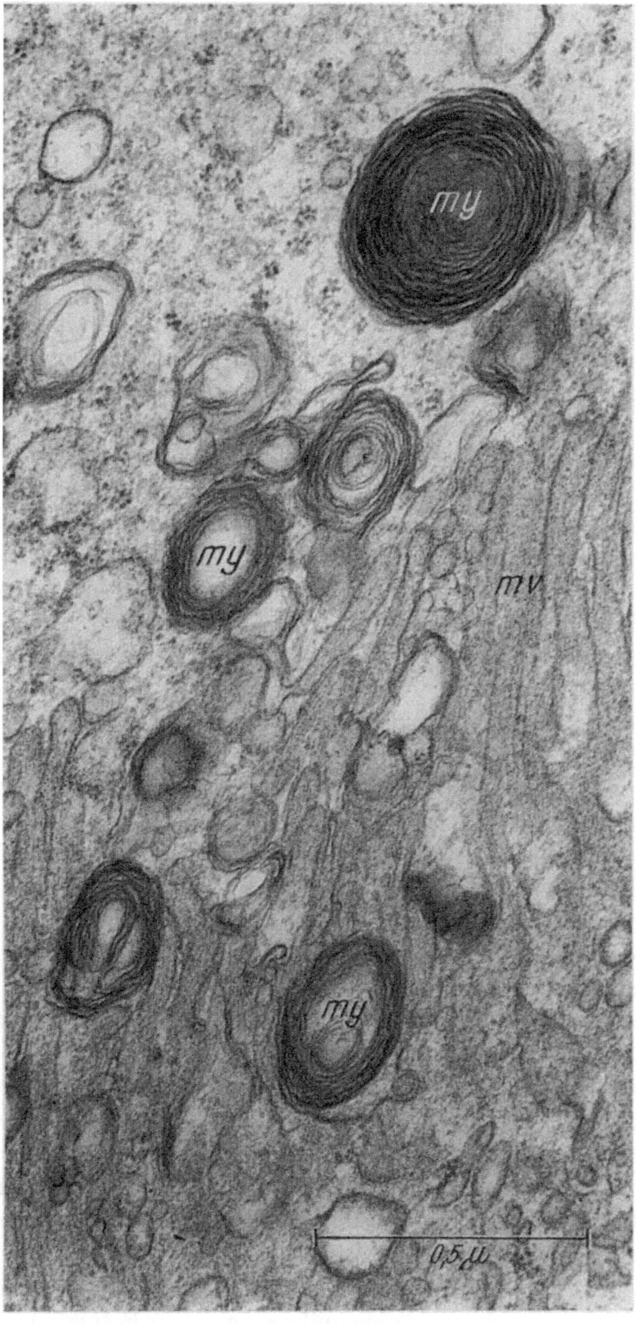

Abb. 87. Myelinartige Umwandlung (*my*) der Mikrovilli (*mv*) des Bürstensaumes von Tubulusepithelzellen der Niere bei Hydronephrose. 67 500 ×.

Lezithinase C (aus *Clostridium perfringens*) bewirkt eine Hydrolyse von Phospholipiden, insbesondere des Lezithins der Zellmembran, und führt so zu ihrer Ruptur (Strunk u. Blumberg, 1967).

9. Tatsachen und Hypothesen zur Biologie und Pathologie von Membranen

a) Normale Struktur und Hypothesen

Eine zusammenfassende Darstellung der zellulären Membran (Loewenstein u. Weyer, 1966; Tien, 1967; Korn, 1968; Stoeckenius u. Engeiman, 1969) ist wegen ihrer allgemeinen Bedeutung für die Existenz des Lebens der Zellen und gewisser gemeinsamer Kriterien in Struktur und Funktion unbedingt notwendig. Membranen machen nach Lehninger (1966) 40—80% der Totalmasse von Zellen aus.

Durch die Membranen wird die Zelle in verschiedene Kompartimente unterteilt, die die Grundlage der differenten Stoffwechselprozesse sind (Ruska, 1962).

Die Membran ist als das Grundorganisationselement der Zelle anzusehen (Maddy et al., 1966). Jede Membran hat ihre speziellen funktionellen Eigenschaften, ist aber nach den gleichen strukturellen und chemisch-architekturellen Prinzipien aufgebaut (Green et al., 1964; Green u. Hechter, 1965).

Wichtig für die Spezifität einer Membran ist die Natur der angelagerten Partikeln, die bei Mitochondrieninnenmembranen besonders den Elektronentransfer beinhalten, in den Erythrozyten die Enzyme der Glykolyse (Green et al., 1964). Membranstrukturen sind wichtig für die Proteinsynthese, die ein integriertes System aus Vorläuferzufuhr, Informationsfluß, Energiezufuhr, sich wechselnd beeinflussenden Enzymreaktionen und ihrer Kontrolle darstellt (Hendler, 1965) (Schema 6).

Nach Wolman et al. (1967) sind die Membranen durch folgende Eigenschaften gekennzeichnet:

1. Kationenempfindliche und anionenempfindliche Komponenten befinden sich auf der entgegengesetzten Seite.
2. Fast alle untersuchten Enzyme sind auf der kationenempfindlichen Oberfläche lokalisiert.
3. Verschiedene zelluläre Membranen unterscheiden sich in der Penetration und Inhibition von Ionen und deshalb in der Zusammensetzung, ohne daß die Differenz bisher erklärt werden kann.

Die Bedeutung der Membranen wird von Jacob (1966) folgendermaßen charakterisiert: „Es scheint, daß eine der wichtigen Etappen beim Übergang der zellulären Organisation eines Prokaryonten in die eines Eukaryonten die Einbuchtung (Invagination) der Membranstruktur war, die dann zur Differenzierung in spezielle Organellen führte, z. B. in die Mitochondrien und den genetischen Apparat, deren Funktionen am Anfang der Bakterienmembran zugefallen waren.“ Das molekulare Kommunikationssystem zwischen Zelloberfläche und DNS hat die Evolution überdauert.

Die im Jahre 1935 von Danielli und Davson aufgestellte Theorie des Membranbaues wurde durch die elektronenmikroskopischen Befunde von Robertson (1959—1966) bestätigt und weiter ausgebaut. Danach besteht die „unit membrane“ (Elementar- oder Einheitsmembran) aus einer 25 Å breiten bimolekularen Lipidlage (osmiophob), die beiderseits von 25 Å breiten osmiophilen Proteinschichten bedeckt wird. Die Gesamtbreite der Membran soll überall in der Zelle gleich sein.

Mit der Verbesserung der Präparationstechnik konnte jedoch bewiesen werden, daß die Forderung einer ubiquitär gleich breiten Membran nicht aufrechterhalten werden kann. Die Dicke der Membran hängt im wesentlichen von der Breite der Lipidschicht ab (DREHER et al., 1967).

Funktionstyp	Funktion	Art der Membranen
Abgrenzung der Reaktionsräume	Hülle der Zelle	Äußere Zellmembran
	Raum Atmung (Protein-Lip.-Synthese)	Hüllmembranen der Mitochondrien
	Raum Proteinsynthese	Membranen des endoplasmatischen Reticulums (Ribos.)
	Raum RNS-Bildung, DNS-Blockierung und Freigabe. DNS-Reduplikation	Zellkernmembran
Mitwirkung bei Stoffwechsel und chemischer Regulation (Stoffwechsel-, Wachstums- und Differenzierungs-Regulation)	Atmung, Beiträge zur Proteinsynthese und Lipoidsynthese	Cristae-Membranen der Mitochondrien
	Weiterer Stoffwechsel	Membranen des endopl. Reticulums
	Proteinsynthesen	Membranen des endopl. Reticulums u.a.
	Verhinderung Auto-Cytolyse, Zelleinteilung	Hüllenmembranen der Lysosomen Zellkernmembran
Struktur der elektrischen Informationsleitung	Exogene Information	Äußere Zellmembran
		Membranen der Mitochondrien
	Endogene Information	Membranen des endoplasmatischen Reticulums
		Membranen des Zellkerns

Schema 6. Membransysteme der Zelle und ihre Funktionen. (Nach v. ARDENNE und RIEGER, 1968.)

Die Dicke der Zellmembran von Darmepithelzellen unterscheidet sich in den einzelnen Bereichen. Im Gebiet der Mikrovilli beträgt sie 90—101 Å, lateral dagegen 80—82 Å (MILLINGTON, 1964). Nach YAMAMOTO (1963) besitzen die Membranen der Mitochondrien, des Kerns, des Golgi-Systems und des granulären endoplasmatischen Retikulums eine Breite von 85—88 Å, während die Zellmembran sowie die Membranen der synaptischen Vesikel und der multivesikulären Körper 98—100 Å breit sind. SJÖSTRAND (1963) fand für die Mitochondrienmembran Werte von 50—60 Å, für Golgi-Membranen 60—70 Å, für die Mikrovillimembran von Dünndarmepithelzellen 95 Å und für die laterale Zellmembran 80 Å. Dabei ist die zytoplasmanahe opake Schicht jeweils dicker als die äußere.

Die Plasmamembran von Korneaepithelzellen zeigt eine durch Lipidablagerungen bedingte Verbreiterung der osmiophilen Außenzone von 30 Å auf 100 Å (BLÜMCKE et al., 1967). Die Mikrovillimembran von Darmepithelzellen ist asymmetrisch (DERMER, 1967). Die Zellmembranen von Astrozyten und Neuronen sind 72 Å bzw. 84 Å breit, wobei die Differenzen ausschließlich die innere Lage (32 Å : 44 Å) betreffen (GOBEL, 1966).

An der luminalen Oberfläche der Blasenepithelzellen beträgt die Breite der Zellmembran 115 Å mit besonderer Verdickung der äußeren Lage (HICKS, 1966). An der Zellmembran liegt die 50 Å dicke Schicht an der Außenseite (LESSEPS, 1967).

Die Zellmembran von Fibroblasten besitzt eine Dicke von 90 Å, die innere Kernmembran von 100 Å und die äußere Kernmembran, die Membranen des endoplasmatischen Retikulums, die Golgi-Membranen und die äußere Mitochondrienmembran von 75—80 Å (DI STEFANO, 1966).

Nach Fixierung und Färbung mit Rutheniumoxyd werden für Membranen aus verschiedenen Zellbereichen Werte von 75,9 Å bis zu 81,0 Å gemessen (GAYLARDE u. SARKANY, 1968). Die Mitochondrien von Spermatozoen haben asymmetrische Membranen und sind aus fünf 20 Å breiten Lagen aufgebaut (ELFVIN, 1968).

Ebenfalls durch neue präparative Verfahren bedingt und infolge der Zunahme des Auflösungsvermögens der Elektronenmikroskope wurden immer mehr Befunde dargestellt, die den Schichtenaufbau der Membranen keineswegs mehr als gegeben annehmen lassen. Diese Ergebnisse können heute auch nicht mehr als Artefakte abgelehnt werden. KORN (1966) führt gegen die früheren Vorstellungen folgende Einwände an:

1. Die Einheitsmembrantheorie wird durch die Daten, die zu ihrer Aufstellung führte, nicht bewiesen.

2. Neuere Daten sind auf der Basis der Einheitsmembrantheorie schwer zu erklären.

3. Die Einheitsmembrantheorie ist schwer in Übereinstimmung zu bringen mit dem gegenwärtigen Konzept, besonders in Hinblick auf die genetische Kontrolle der Membranstruktur und die physiologische und biochemische Regulation der Membranfunktion.

4. Daten, die zur kritischen Überprüfung der Richtigkeit der Theorie notwendig sind, gibt es noch nicht.

Bei der Negativfärbung finden sich an der Oberfläche der Zellmembran 50 Å große Globuli (CUNNINGHAM u. CRANE, 1966).

Die Zellmembran der Fibroblasten besitzt eine korpuskuläre Substruktur (DI STEFANO, 1966) aus 112 × 75 Å großen Partikeln, die sich aus einem dichten Zentrum von 30—60 Å und einer peripheren Komponente zusammensetzen. Binäre Membranen von Mitochondrien bestehen aus zwei differenten Lagen von Lipoproteidglobuli (RUZICKA et al., 1968). Nach SJÖSTRAND u. BARAJAS (1968) bestehen die Mitochondrienmembranen aus 60 × 100 Å großen Partikeln. Die globuläre Substruktur kann in eine lamelläre übergehen (BENEDETTI u. EMMELOT, 1964).

Nach Borovjagin (1967) sind die globulären Strukturen Artefakte.

Krause (1968) sah nach Formaldehyd-OsO_4-Fixierung in Mitochondrienmembranen 30—40 Å breite, fibrilläre Elemente, die möglicherweise ein kontraktiles Protein darstellen.

Die Membranen bauen sich aus Lezithin-Cholesterin-Komplexen und Sphingomyelin-Cholesterin-Komplexen auf, zwischen denen Wassermoleküle liegen

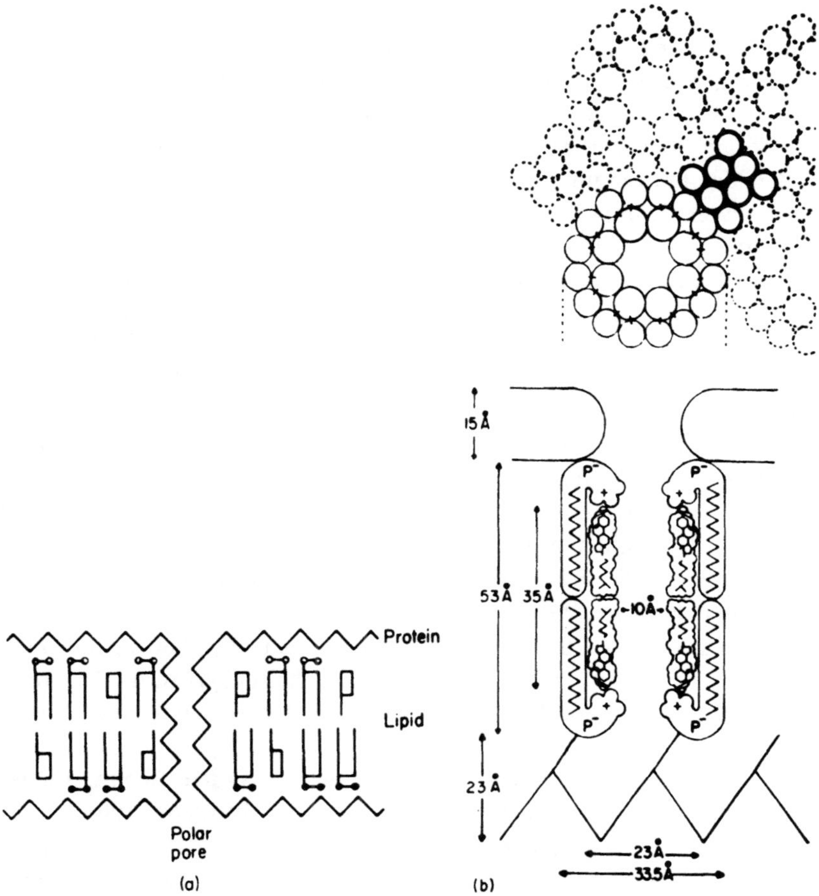

Schema 7. Schematische Darstellung hypothetischer Poren in der Zellmembran. (*a*) nach Stein und Danielli, 1932; (*b*) nach Finean, 1962; aus: Engström und Finean, 1967.

(Vandenheuwel, 1963; Nicolaides, 1964). Rotationen der Moleküle um die Längsachse bewirken ohne wesentliche Verbreiterung der Membran eine Vergrößerung der Poren. Ursache für die Rotation ist entweder eine Änderung der polaren Enden der Phosphatidyleinheit oder der angrenzenden Proteine. Um für Ionen durchgängig zu sein, muß die Porengröße 4 Å betragen (Mullins, 1961). Diese 4 Å großen Poren werden bei einer mizellaren Anordnung von 40—50 Å großen Lipidglobuli gewährleistet. Die Poren werden von den polaren Gruppen der Lipide und Proteine begrenzt (Lucy, 1964) (Schema 7).

Zwischen den Lipidmizellen liegen in hexagonaler Anordnung Proteine mit enzymatischen oder Proteineigenschaften. Die dichte 25 Å breite Proteinschicht setzt sich aus den polaren Phosphatresten der Phospholipide (7—8 Å) und einer 18 Å breiten Eiweißlage z. T. mit Mukopolysacchariden zusammen. Mit o-Seryl- oder Glutamyl-Resten der Proteine verbundene Oligosaccharide stellen wichtige Strukturelemente der Membranen dar (COOK, 1968).

Eine schnelle Transformation von der mizellaren Anordnung in die bimolekulare ist wahrscheinlich, wobei es zu einem dynamischen Gleichgewicht zwischen der rigiden Anordnung in Lagen und der mehr flexiblen Mizellenanordnung kommt.

Nach den Vorstellungen von KAVANAU (1965) bestehen die Membranen aus mizellar angeordneten Lipidglobuli, die beiderseits von Proteinen begrenzt werden. In Abhängigkeit von der Funktion sind die Lipidmizellen säulen- oder scheibenförmig konfiguriert, woraus sich eine „offene" oder eine „geschlossene" Form der Membran ergibt. Zwischen den polaren Enden der Lipide und Seitenketten apolarer Aminosäuren kommt es zu einer besonderen Verflechtung und Verankerung von Lipidmizellen und der Proteinschicht.

Für die Ausbildung von porenhaltigen Membranen ist die Existenz gesättigter Fettsäuren notwendig (QUASTEL, 1967). Für die flüssigkeitsgefüllten Poren des Jejunums der Ratte werden von FORDTRAN u. DIETSCHY (1966) Werte von 4 Å, für die des menschlichen Dünndarms Werte von 3,4 Å und 7,5 Å angegeben.

Die Zellmembran von Leberzellen setzt sich aus einer Grundstruktur von Phospholipoglykoproteiden zusammen, der Proteine angelagert sind (BENEDETTI u. EMMELOT, 1964; EMMELOT et al., 1964).

In der Erythrozytenmembran verhalten sich die Phospholipide : freiem Cholesterin : Glykolipiden wie 4 : 3 : 0,5 (WEED u. REED, 1966). Die Phospholipide dienen entweder direkt als Karriermoleküle für Kationen oder wirken auf andere Weise auf den Kationentransport ein (JACOB, 1966).

Nach TAKEUCHI u. TERAYAMA (1965) besteht die Leberzellmembran zu 41—54% aus Proteinen, zu 26—32% aus Phospholipiden, zu 4—7% aus Totalcholesterin, zu 3—4% aus RNS, zu etwa 1% aus Hexosamin und zu 0,1% aus Sialsäure.

In isolierten Zellmembranen von Leberzellen wurden Cholin, Cholesterin, Hexosamin, Sialsäure nachgewiesen (BENEDETTI u. EMMELOT, 1964).

Die Lipide der Lebermitochondrien unterscheiden sich von denen der Herzmitochondrien (LEHNINGER, 1966). Der Lipidgehalt einer bestimmten Membran ist genetisch bedingt.

Die ionischen und polaren Köpfe der Phospholipide stehen zusammen mit den gebundenen Proteingruppen an der Membranoberfläche in Kontakt mit der flüssigen Phase. Im Membraninneren sind die hydrophoben Schwänze der Phospholipide, die übrigen Proteine sowie die hydrophoben Komponenten des Cholesterins lokalisiert (LENARD u. SINGER, 1966, 1968). Sphärische Einheiten aus Phospholipiden und Protein sollen mosaikartig die Membranoberfläche bedecken (RENDI u. VATTER, 1967).

Die hydrophile und hydrophobe Lage der Phospholipiddoppelschicht nehmen an der Stabilität der Membran teil, die hydrophile Seite durch elektrostatische Wechselwirkungen, die hydrophobe Seite durch van-der-Waalssche- oder Dispersionskräfte. Das Gesamtsystem soll durch die hydrophoben Bindungen stabilisiert werden (LEHNINGER, 1966).

Tab. 51. *Membrangebundene Enzyme*

Enzym	Membranart	Organ	Autor
ATPase	Zellmembran	Prostata	MAO u. NAKAO, 1966
	Zellmembran	Leber-Gallen-kapillare	ESSNER et al., 1958
	Zellmembran	Erythrozyten	MARCHESI u. PALADE, 1967
	Zellmembran	Makrophagen u. Leukozyten	NORTH, 1966
	Zellmembran	Darm-Mikrovilli	ODA u. SEKI, 1965
	Cristae mito-chondriales	Herzmuskel	ODA u. SEKI, 1966
		Muskel	GAUTHIER, 1967
	endoplasmatisches Retikulum	Leber	ERNSTER et al., 1962
	Sarkoplasmaretikulum	Muskel	GAUTHIER, 1967
	Zellmembran	Aszites-Tumor	SCHÖN u. MENKE, 1967
	Zellmembran	Darm-Mikrovilli	CRANE, 1966
AMPase	Zellmembran	Prostata	MAO u. NAKAO, 1966
Nukleotid-phosphatasen	Zellmembran		NOVIKOFF, 1964
Nukleosid-phosphatase	Zellmembran	ZNS	NOVIKOFF et al., 1966
Nukleosid-triphosphatase	Zellmembran	Leber und andere Organe	NOVIKOFF, 1964; GOLD-FISCHER et al., 1964; EL-AASER, 1965; PERSIJN et al., 1961
NAD-Nukleosid-ase	Zellmembran	Leber	EMMELOT et al., 1964
Nukleosid-diphosphatase	endoplasmatisches Retikulum		NOVIKOFF, 1964; BRAUNSTEIN u. STENGER, 1966
	Golgi-System		NOVIKOFF, 1964; GOLD-FISCHER et al., 1966; EL-AASER, 1965
Nukleosidmono-phosphatase	Zellmembran		NOVIKOFF, 1964
alkal. Phosphatase	Zellmembran		NOVIKOFF, 1964
	Zellmembran	Darm-Mikrovilli	EICHHOLZ u. CRANE, 1965
	Zellmembran	Darm-Mikrovilli	CRANE, 1966; GOLDFISCHER et al., 1964
		Leber u. andere Organe	HÜBSCHER et al., 1965
Thiaminpyro-phosphatase	Golgi-System	Leber u. a.	NOVIKOFF, 1964; GOLD-FISCHER et al., 1964
saure Phosphat-ase	Golgi-System, Lysosomen, endoplasmatisches Retikulum		NOVIKOFF, 1964
	Zellmembran der Mikrovilli		OGAWA et al., 1964, 1965

Tabelle 51 (Fortsetzung)

Enzym	Membranart	Organ	Autor
saure Phosphatase	Golgi-System		OGAWA et al., 1964, 1965
	Zellmembran	Darm-Mikrovilli	CRANE, 1966
Arylesterase	Zellmembran	Leber	EMMELOT et al., 1964
$NADH_2$-Zytochrom-C-Reductase	Zellmembran	Leber	EMMELOT et al., 1964
Phosphatase	Zellmembran	Leber	EMMELOT et al., 1964
Phosphomonoesterase	Zellmembran	Leber (Zunahme unter pathologischen Bedingungen)	EMMELOT et al., 1964
Esterase	endoplasmatisches Retikulum		NOVIKOFF, 1964
Glukose-6-Phosphatase	endoplasmatisches Retikulum		NOVIKOFF, 1964
	granuläres endoplasmatisches Retikulum	Leber	DALLNER et al., 1963; ERNSTER et al., 1962; TICE u. BARRNETT, 1962; GOLDFISCHER et al., 1964; EL-AASER, 1965; ERICSSON, 1966
unspez. Cholinesterase	Zellmembran	ZNS	NOVIKOFF et al., 1966
5-Nukleotidase	Zellmembran	Leber, Sinusoid, Gallenkapillare	ESSNER et al., 1958
Invertase	Zellmembran	Darm-Mikrovilli	CRANE, 1966; JOHNSON, 1966
Maltase	Zellmembran	Darm-Mikrovilli	EICHHOLZ u. CRANE, 1965; CRANE, 1966
Disaccharidase	Zellmembran	Darm-Mikrovilli	ODA u. SEKI, 1965
	Zellmembran	Darm-Mikrovilli	CRANE, 1966
Peptidasen	Zellmembran	Darm-Mikrovilli	ODA u. SEKI, 1965
Leuzinaminopeptidasen	Zellmembran	Darm-Mikrovilli	ODA u. SEKI, 1965

Alle Membranen enthalten kontraktiles Protein, Strukturproteine, Elementarpartikel, Lipide — besonders reichlich Phospholipide — und haben die Fähigkeit, ATP zu generieren und ATP-abhängige Reaktionen auszuführen (GREEN, 1964). Die Strukturproteine betragen in Rinderherzmitochondrien ungefähr 50%, die Lipide 30%, von denen 95% Phospholipide sind. Die Strukturproteine bilden nach LEHNINGER (1966) feste Komplexe mit Lipiden, einigen Zytochromen und anderen Molekülen. Die Masse der Strukturproteine soll in Mitochondrien sogar 75% des Gesamtproteins betragen.

Auch nach Lipidextraktion behalten Mitochondrien ihre Struktur, woraus zu entnehmen ist, daß die Struktur ausschließlich von den Proteinen und ihrer Anordnung abhängt (GREEN et al., 1964).

An der Zellmembran ist außen eine glykoproteidreiche Schicht, die Glycocalyx, angelagert, die Sialsäure enthält (RAMBOURG u. LEBLOND, 1967).

Die in den Membranen nachgewiesenen Enzyme sind keineswegs in allen Zelltypen in gleicher Weise vorhanden (Tab. 51). In der Prostata ist die AMPase an der intrazellulären Seite der Zellmembran lokalisiert, während die ATPase außen liegt (MAO u. NAKAO, 1966). In Erythrozyten und den Mikrovilli der Dünndarmepithelzellen (ODA u. SEKI, 1965) ist die ATPase dagegen an der Innenseite der Membran gelegen (MARCHESI u. PALADE, 1967). Die Invertase der Zellmembran von Darmepithelzellen ist im Bereich von 25 Å großen anhaftenden Partikeln lokalisiert (JOHNSON, 1966). Die 40—60-Å-Partikeln enthalten außerdem Leuzinaminopeptidase, andere Peptidasen und Disaccharidasen (ODA u. SEKI, 1965).

Auch die Leberzellmembran hat direkt anliegend oder durch kurzen Stiel von 20 Å mit ihr verbunden außen 50—60 Å große Partikeln (BENNEDETTI u. EMMELOT, 1965).

Im Bereich der Cristae mitochondriales sind die Partikeln besonders regelmäßig ausgebildet (ODA et al., 1966). Sie bestehen aus einem 20 Å großen Kopfstück, einem 50 Å langen Stiel und einer 114 Å breiten Fußplatte (GREEN et al., 1964). An der Mitochondrienaußenmembran sind die Partikeln irregulärer in Größe, Form und Anordnung. DEUTSCH u. KRAUSE (1967) konnten nach Trypsin-, Pepsin- und Phospholipase-D-Behandlung Partikeln verschiedener Größe (30 nm, 3—12 nm, 8 nm) aus Mitochondrienmembranen isolieren.

Die elektrischen Eigenschaften der Membranen differieren erheblich. Während die Zellmembran einen hohen Widerstand besitzt und für Ionen semi- oder impermeabel ist, hat die Kernmembran keinen Widerstand und praktisch kein Ruhepotential und ist für Ionen erheblich permeabel (KANNO u. LOEWENSTEIN, 1963).

Die Biogenese der Membranen ist noch keineswegs geklärt. Wahrscheinlich handelt es sich um einen aus mehreren Schritten zusammengesetzten Vorgang, wobei zuerst die Grundstruktur aus Lipiden und Strukturproteinen gebildet wird, in die dann die Enzyme und anderen Proteine eingebaut werden. Die einzelnen Membrankomponenten haben eine unterschiedliche Stoffwechselrate. Die Spezifität der Enzyme könnte von der Art der Phosphatide oder Phosphatidfettsäuren in der Membran abhängen (SIEKEVITZ, 1967).

Für die Entstehung von Lipoproteiden entwickelten TRAMS u. BROWN (1966) vier Modelle:

1. Komplette De-novo-Synthese. Proteine und Lipide werden gleichzeitig gebildet.

2. Träger-Pendelmechanismus. Zyklische Wiederverwendung des lipidtragenden Proteins.

3. Die Rolle der Plasmamembran oder „Einheitsmembran" bei der Biosynthese von Lipoproteiden. Die Membranstrukturen wirken als Lipidfalle. Eine Verminderung der Membranlipide bewirkt eine Plasmalipoproteidsynthese.

4. Protein- und Lipopeptid-Vorläufer dienen als Initiatoren der Lipoproteidsynthese, wobei sich die Stammkomplexe im Zytoplasma oder an der Zellmembran mit den Protein-Trägern geringer Spezifität verbinden, um die Plasmalipoproteide zu bilden.

Nach den Vorstellungen von KORN (1966) gibt es für die Membransynthese folgende Möglichkeiten:

1. Bildung der Lipidlage und danach Anlagerung von Proteinen.

2. Spezifische Proteinsynthese durch genetische Informationen. Lipoproteinbildung durch Bindung der Lipide in einer Art, die durch die Aminosäuresequenz der Proteine bestimmt wird. Membranbildung durch Aggregation von Lipoproteid.

Trotz der theoretisch anerkannten Möglichkeit gibt es keine Hinweise für eine Umlagerung der Lipoproteinuntereinheiten in bimolekulare Lipidlagen.

Im Bereich des endoplasmatischen Retikulums der Leber konnten OMURA et al. (1967) feststellen, daß zuerst eine Primärmembran gebildet wird, an die weitere Komponenten angelagert werden.

Membransysteme entstehen durch die Wechselwirkung von 3 Einheiten (GREEN et al., 1964): 1. fusionierte Partikeln, die die äußere Lage bilden, 2. fusionierte Partikeln, die die innere Lage bilden, 3. ein Netzwerk aus Strukturproteinen und kontraktilen Proteinen, das beide Lagen verbindet.

Eine Transformation von Membranen setzt bei gleichen Strukturprinzipien eine Änderung des Enzymbesatzes voraus. Deshalb wird diese Umbildung normalerweise bei ähnlicher und gleicher enzymatischer Ausstattung, wie z. B. den Membranen des Golgi-Systems und der Lysosomen, stattfinden (NOVIKOFF et al., 1962).

In Mitochondrien wird zuerst ein Skelett gebildet, an das die anderen Proteine geordnet angelagert werden (BEATTLE et al., 1965).

Die Synthese neuer Membranen würde mit der mizellaren Anordnung von Membranen besser erklärbar sein (LUCY, 1964).

Die Halbwertszeit der Membranen des Kerns, des endoplasmatischen Retikulums und der Zellgrenze beträgt für Proteine 85 Std., für Phospholipide 40 Std. (WIDNELL u. SIEKEVITZ, 1967). Das Totalmembranprotein und die gereinigte NADPH-Zytochrom-C-Reduktase der Membranen des endoplasmatischen Retikulums der Leber haben eine Halbwertszeit von 75—100 Std. Für Zytochrom b_5 ist sie 50% länger, für Totalphospholipide 10% kürzer (OMURA et al., 1966).

Nach der Induktion der Membransynthese durch Phenobarbital ist für die einzelnen Membranfraktionen des granulären endoplasmatischen Retikulums und die dazugehörigen Enzyme ein unterschiedliches Verhalten zu beobachten (DALLNER et al., 1968).

Versuche mit ^{14}C-Cholin weisen darauf hin, daß die Phospholipide jeder Membran metabolisch unabhängig voneinander sind (HALLINAN et al., 1966). Der Lipidgehalt der Membranen ist unterschiedlich; HAMA (1968) gibt für Myelinmembranen 80% des Trockengewichtes an, für Mitochondrienmembranen 30%.

Für die Beeinflussung der Permeabilität durch die Lipidzusammensetzung der Membran kommen verschiedene Faktoren in Frage (SCHOFFENIELS, 1967):

1. Veränderungen des Cholesterin-Phospholipid-Verhältnisses,
2. die Natur von polaren Gruppen,
3. die Kettenlänge der Fettsäuren,
4. der Sättigungsgrad der Fettsäuren,
5. die Verzweigung.

Die Fettsäurezusammensetzung von Membranen wird durch Änderung der Lipidzusammensetzung der Nahrung verändert (DALLNER et al., 1966).

CCl_4 führt zur Peroxydation der Membranlipide von 5—10% der Gesamtmenge (RECKNAGEL u. GHOSHAL, 1966).

Im Verlaufe der Lipidresorption werden Lipidmizellen zeitweise in die Membran eingelagert, wodurch die asymmetrische Plasmamembran symmetrisch wird (DERMER, 1967).

Nach Extraktion der Lipide wird der Spaltraum der Cristae mitochondriales erweitert, während die äußere Mitochondrienmembran nach Extraktion von 80—95% der Lipide verlorengeht (FLEISCHER et al., 1967).

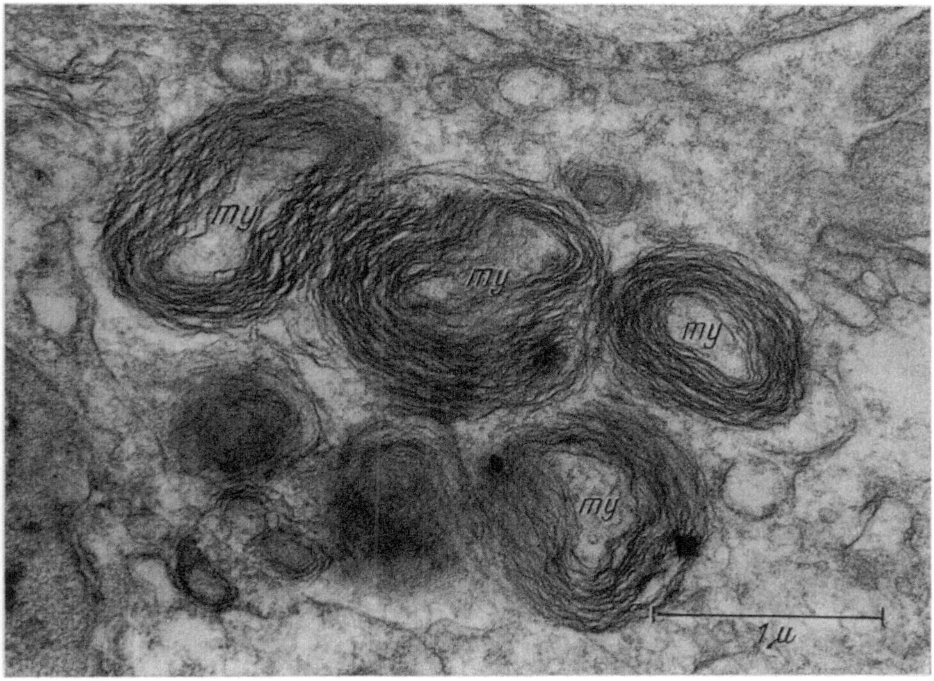

Abb. 88. Myelinfigurenbildung (*my*) innerhalb des Zytoplasmas eines Mäusemastozytoms nach Gabe von Protamin. 29 500 ×.

Die Zellmembranen von Krebszellen sollen vermindert Phospholipide und eine erhöhte Durchlässigkeit besitzen (v. ARDENNE u. REITNAUER, 1968).

Der Abbau von Membranen erfolgt meist unter Bildung von Myelinfiguren (Abb. 88).

Die Myelinmembranen des Nervensystems zeigen bei ihrem Untergang eine Exfoliation der inneren oder äußeren Schichten, eine Fragmentierung und vesikuläre Umwandlung. In den interperiodischen Linien treten z. T. schon frühzeitige tropfenförmige Lipidablagerungen infolge einer Dekompensation der Membranen auf (HONJIN u. TAKAHASHI, 1962; ROSS u. BORNSTEIN, 1962; LAMPERT, 1965; FIELD u. RAINE, 1966).

b) Veränderungen der Membrankomponenten

Auf Grund der Tatsache, daß im Augenblick erst die Basiskenntnisse über den Membranbau gesammelt werden, ist es erklärlich, daß das Wissen über das pathologische Verhalten der Membranen noch sehr spärlich ist (David, 1966). Gleichzeitig muß man sich aber darüber im klaren sein, daß erst die Analyse über den Membranbau unter pathologischen Bedingungen endgültige Einblicke in zahlreiche pathologische Prozesse geben kann. Es können hier nur Leitlinien möglicher Veränderungen aufgezeigt werden, die nur durch wenige Beispiele belegt werden können (Abb. 89).

Als Normalbreite der Membran menschlicher Erythrozyten haben wir Werte von 85—88 Å ermittelt (David et al., 1969). *In vivo* gealterte Erythrozyten haben eine Membrandicke von 92,5 ∓ 16 Å. Der lipidhaltige osmiophobe Mittelteil der

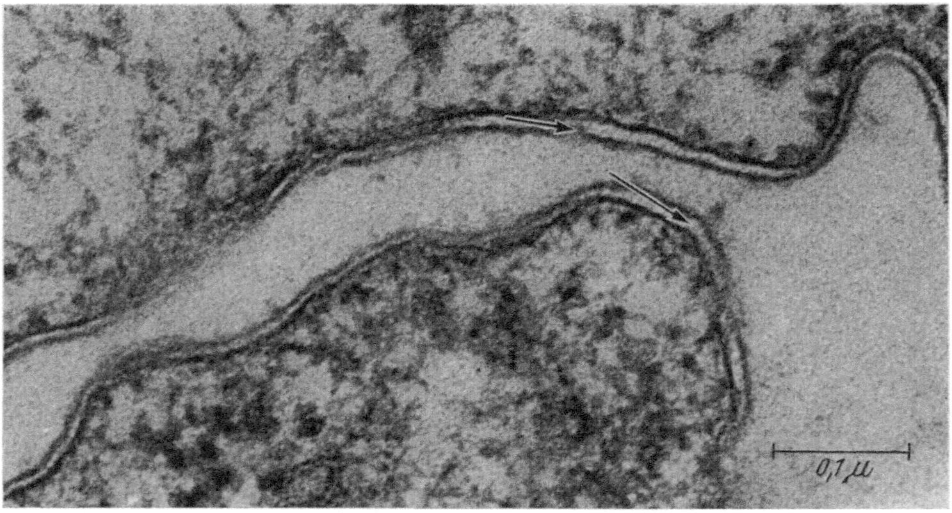

Abb. 89. Deutliche Verbreiterung des osmiophoben Zwischenraumes (↗) der Zellmembran von Glomerulumepithelzellen der Niere bei Alloxandiabetes. 18 200 ×. (Aufnahme: Dr. Ditscherlein.)

Membran verbreitert sich von 31,7 ∓ 15,9 Å auf 42,5 ∓ 11,8 Å in gealterten Erythrozyten. Außerdem kommt es zum Zerfall der Gesamtmembran über größere Strecken, besonders der inneren Proteinschicht (Abb. 90).

Digitonin führt zur Ausbildung tubulärer Formationen der Zellmembran durch Einwirkung auf die Cholesterinkomponente der Membran, wodurch das Verhältnis von Cholesterin zu Phospholipid geändert wird (Graham et al., 1967).

Saponin bewirkt die Ausbildung hexagonaler Löcher in der Erythrozytenmembran (Borsos et al., 1964; Dourmashkin u. Rosse, 1966; Seeman, 1967). In ähnlicher Weise werden Lezithin-Cholesterin-Filme nach Zugabe von Saponin von 80—85 Å großen Löchern durchsetzt (Bangham, 1964).

Phospholipase A (Bangham 1964) und Lezithinase C (Strunk u. Blumberg, 1967) führen zum Zerbrechen von Membranen infolge einer Hydrolyse der Phospholipide (Strunk et al., 1967). Durch Phospholipase werden die Phospholipide der Erythrozytenmembran zu Diglyzeriden und wasserlöslichen phosphorylierten Aminen abgebaut (Lenard u. Singer, 1968).

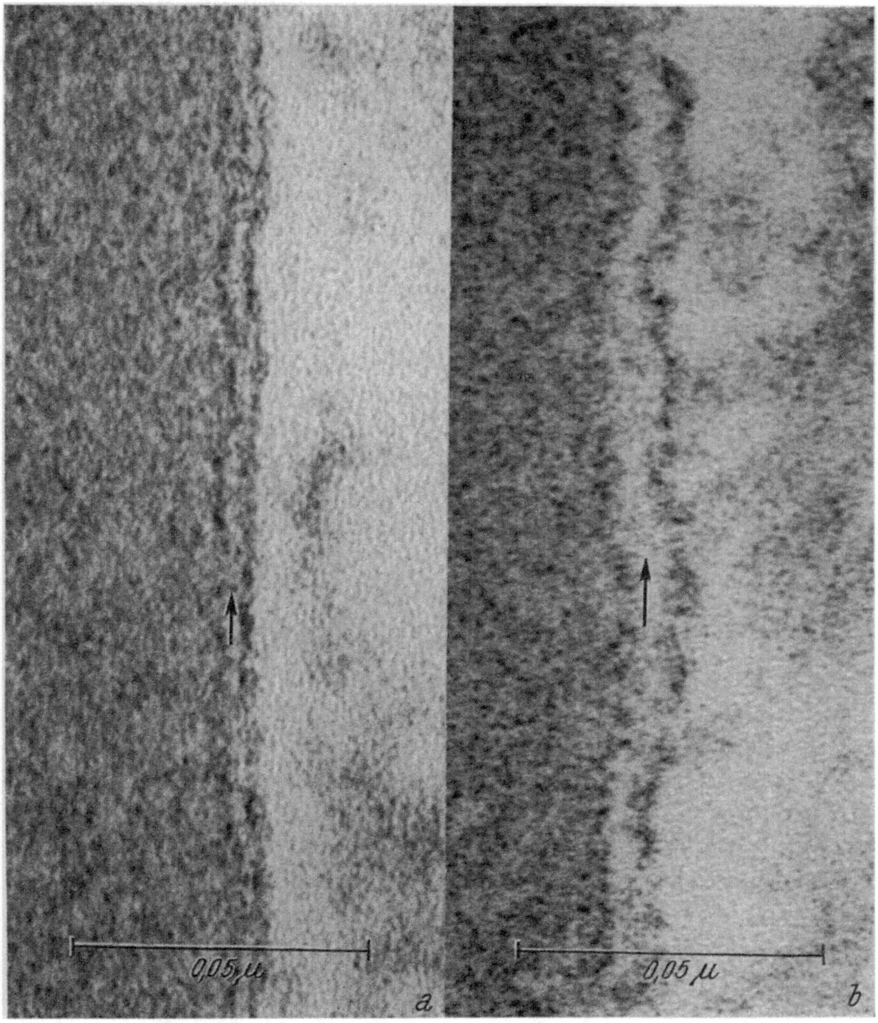

Abb. 90. *a*) Normal strukturierte Membran eines menschlichen Erythrozyten aus zwei osmiophilen Schichten und einer osmiophoben Zwischenschicht (↗). 800 000 ×. — *b*) Zellmembran eines alten Erythrozyten mit hochgradiger Verbreiterung der osmiophoben Zwischenschicht (↗) und herdförmigem Zerfall der osmiophilen Schichten. 800 000 ×.

c) Veränderungen der typischen Anordnung der Moleküle

Veränderungen des Verhältnisses von Phospholipiden zu Nichtphospholipidsubstanzen zugunsten der letzteren lassen die bimolekulare Lipidlage unstabil werden (Lucy, 1964).

Elektrische Reizungen bewirken im Bereich des ZNS eine strukturelle Desorganisation der Lipoproteidmembran als primäre Reaktion (Petrov, 1964).

Bei Bestrahlung kommt es in allen Membranen zur irregulären Verbreiterung der osmiophoben Mittelschicht (Ghidoni, 1967).

Umschriebene Membranverdichtungen auf das 2—3fache des Normalwertes bilden sich bei der Anlagerung von Viren (Papadimitriou, 1966) oder Bakterien (Hampton u. Rasario, 1965; Papadimitriou, 1966; Matsuura et al., 1967).

II. Struktur und Funktion der Zelle unter veränderten Wachstums- und Stoffwechselbedingungen

Wachstum und Stoffwechsel sind Grundprinzipien des Lebens, die auf der zellulären Ebene ihre besonderen Bedingungen und Merkmale aufweisen. Änderungen des Wachstums im Sinne einer abnormen Zunahme oder Reduktion sind oft mit einer Dysfunktion verbunden. Schädigungen des Stoffwechsels wiederum wirken sich sekundär auf den Wachstumsprozeß aus. Die enge Verknüpfung der einzelnen Vorgänge führt natürlich zu einer gewissen Willkür bei dem teilweise historisch bedingten Herausgreifen einzelner Stoffwechselprozesse für die Darstellung. Dennoch scheint es berechtigt, eine Unterteilung vorzunehmen, weil wir heute zu einer anderen Gliederung oft noch nicht in der Lage sind.

In der Zukunft wird die weitere Analyse der Regulations-, Informations- und Feed-back-Mechanismen auf der zellulären Ebene und die sich daraus ergebende Mathematisierung biologischer Prozesse auch eine Änderung der Darstellungsweise zur Folge haben. Heute erscheint uns die Zeit jedoch hierzu noch nicht reif, um die meist spekulativen Vorstellungen zur Grundlage einer Erörterung über die Dysfunktion der Zelle zu machen.

1. Physiologische und induzierte Veränderungen von Zellwachstum und Zellgröße

Die im Verlaufe des Lebens von Organismen und Geweben aus natürlichen hormonell oder nerval bedingten Prozessen vor sich gehenden Veränderungen der Zellstruktur und Funktion sind als solche schon lange bekannt, wobei eine unklare Abgrenzung der Begriffe häufig ist. Noch weniger erfolgreich ist diese Abtrennung im submikroskopischen Bereich zu erreichen, da hier die Vorgänge immer mehr in gleichartige Befunde münden. Gleichzeitig sind enge Beziehungen zu allgemeinpathologischen Prozessen aufzudecken.

a) Involution

Die Involution von Organen oder Organteilen ist ein im Laufe des Lebens bei Mammaliern eintretender Abbau von Zellelementen (Weber, 1967), der jedoch auch durch bestimmte Substanzen oder Allgemeinreaktionen provoziert und beschleunigt werden kann. Betroffen werden davon vorwiegend Organe, die nur für einen bestimmten Lebensabschnitt wichtig sind, wie der Thymus oder die Geschlechtsorgane.

Von hervorragender Bedeutung beim Involutionsprozeß sind die Lysosomen, deren Menge in den betroffenen Zellen zunimmt (Brandes, 1964; Brandes u. Anton, 1969). Dieser Prozeß geht mit einer Vermehrung der hydrolytischen Enzyme einher und ist der Beginn eines allgemeinen Segregationsmechanismus der Zelle (Ogawa, 1963).

Die experimentell durch Hydrokortison (Cowan u. Sorenson, 1964; Haelst, 1967; Lundin u. Schelin, 1969) oder Follikulin (Izard, 1965) hervorgerufene Involution des Thymus bewirkt in den kleinen Lymphozyten Kernwandhyperchromatosen und Pyknosen mit partiellem oder totalem Verlust der Kernmembran. Das Grundplasma wird ebenfalls verdichtet und enthält geschwollene Mito-

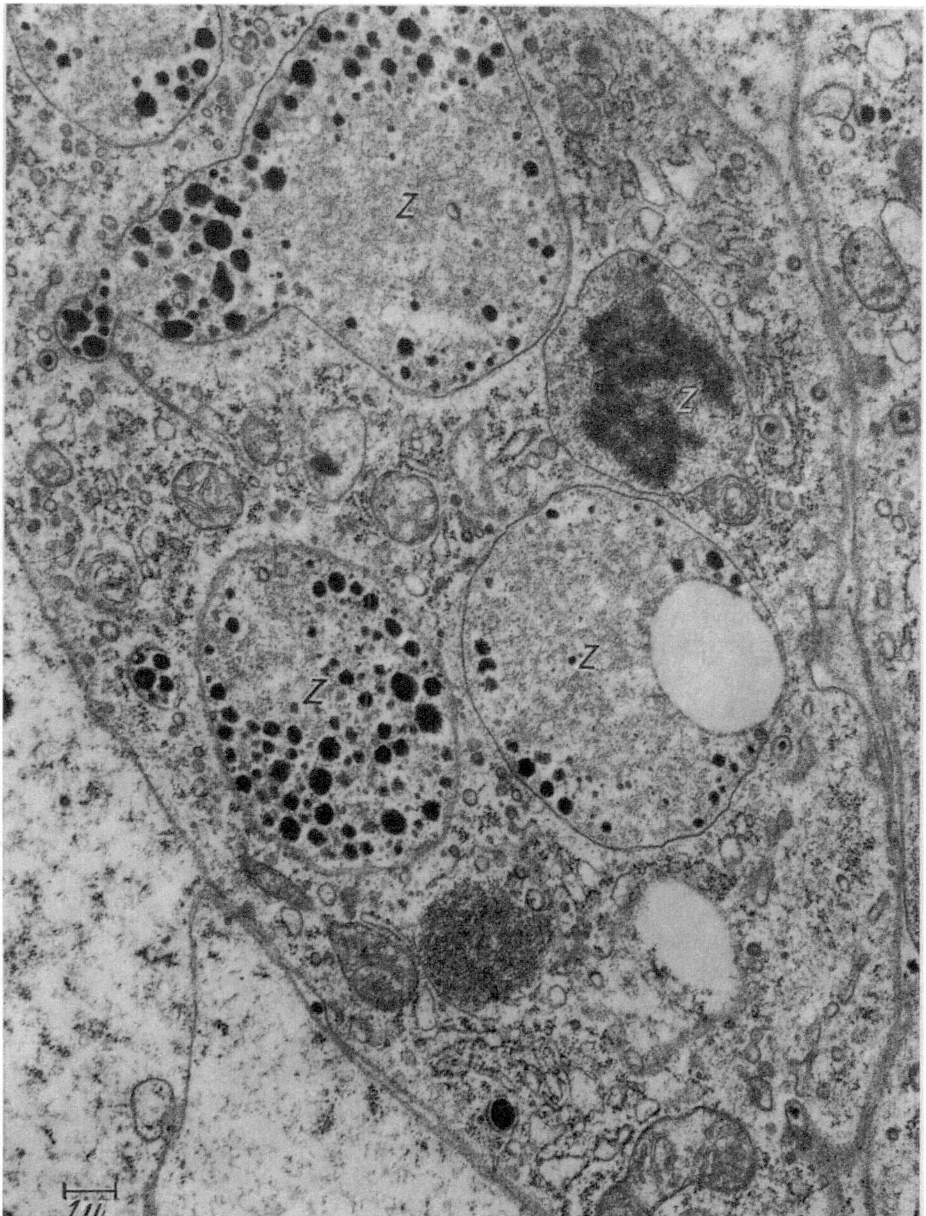

Abb. 91. Mammazelle der Maus in der Involutionsphase nach der Schwangerschaft. Ausbildung zahlreicher heterogener Zytolysomen (*Z*). 16 000 ×. — Mit freundlicher Genehmigung von Frau Dr. J. GIRARDIE, Straßburg/Frankreich. Aus: Z. Zellforsch. **80**, 385—412 (1967).

chondrien, Vesikel und Lipidablagerungen. Die Lymphozyten werden in verschiedenen Stadien der Degeneration von Makrophagen phagozytiert.

Bei der charakteristischen Involution des Thymus fehlen die kleinen Lymphozyten fast vollständig, während große Lymphozyten und Makrophagen angesammelt werden. Gleichzeitig werden die Epithelzellen der Hassallschen Körperchen vakuolisiert. Die Vakuolen der einzelnen Zellen fließen zu Zysten zusammen, in die Mikrovilli hineinragen können. Die epithelialen Retikulumzellen zeigen eine Verminderung der Tonofilamente, die Ausbildung von Keratohyalingranula und Kernpyknosen.

In der Mamma kommt es mit der Einstellung der Milchproduktion beim Aufhören des Saugens des Neugeborenen zu einer Involution der Drüse. Schon innerhalb der ersten 24 Std. sollen die Lysosomen rupturieren. Die Sukzinodehydrogenase, Glukose-6-Phosphat-Dehydrogenase, Glutamin-Asparaginsäure-Transaminase, NAD^+, $NADP^+$, ATP sowie der Atmungsquotient, Q_0, die Atmungskette und der Hexose-Monophosphat-Shunt sind reduziert (SLATER et al., 1963). Der wichtigste Vorgang soll die Ausbildung von Zytolysomen sein (HELMINEN, 1967; HELMINEN u. ERICSSON, 1967; SEKHRI u. FAULKIN, 1967). Im Spätstadium bilden sich Lipofuszin und Hämosiderin aus (MIYAWAKI, 1965; GIRARDIE, 1967). Die gesamte Zytoarchitektur wird verändert. Das granuläre endoplasmatische Retikulum ist unregelmäßig gelagert. In den Golgi-Vakuolen sammeln sich Protein und große Fetttropfen. Der Kern zeigt ebenso wie die Organellen Zeichen der Degeneration (GIRARDIE, 1968) (Abb. 91). Schließlich kommt es zur Zytolyse mit Austritt der Zellbestandteile in die Alveolarlumina (WELLINGS u. DE OME, 1963). Neben der lysosomalen Komponente der Involution wird von HELMINEN et al. (1968) eine nichtlysosomale Komponente hervorgehoben. Unabhängig von der Zytolysomenbildung entsteht ein genereller Verlust der Organellen.

Die in den Ovarien eintretende Involution der Follikel zu Corpora albicantia wird auch als Atresie bezeichnet. In den Granulosa-Luteinzellen des menschlichen Corpus luteum kommt es zuerst zu einer erheblichen Dilatation des agranulären endoplasmatischen Retikulums bis zur Vakuolisierung der Zellen (v. LENNEP u. MADDEN, 1965; MATTA, 1969). In den Vakuolen sind Lipide abgelagert, die einen hohen Cholesterin- und Cholesterinestergehalt haben. Gleichzeitig bilden sich Zytolysomen aus, die in Lipofuszingranula übergehen. Die schließlich zerfallenden Zellen werden von Makrophagen aufgenommen. Zwischen den schrumpfenden Zellen werden vermehrt amorphe Substanzen und Filamente abgelagert, aus denen sich später hauptsächlich das Fibrohyalinmaterial des Corpus albicans bildet.

Die Zellen atretischer Follikel der Ratte (BURKL u. THIEL-BARTOSCH, 1967; VAZQUEZ-NIZ u. SOTELO, 1967) enthalten lamelläre und DNS-haltige Zytoplasmaeinschlüsse. Die normalerweise kortikale und perinukleäre Verteilung der Organellen wird in eine diffuse Anordnung umgewandelt. Die Mitochondrien sind vielfach noch längere Zeit erhalten.

Im Knochen kommt es nach Gabe von Vitamin D und Aktinomyzin zur Hyperinvolution (EISENSTEIN et al., 1966).

b) Metamorphose

Zelluntergang, Zerstörung von Geweben und Organen sind notwendige Schritte im Verlaufe der normalen Entwicklung (SAUNDERS u. FALLON, 1966) und wahrscheinlich z. T. genetisch fixiert. In anderen Fällen führen

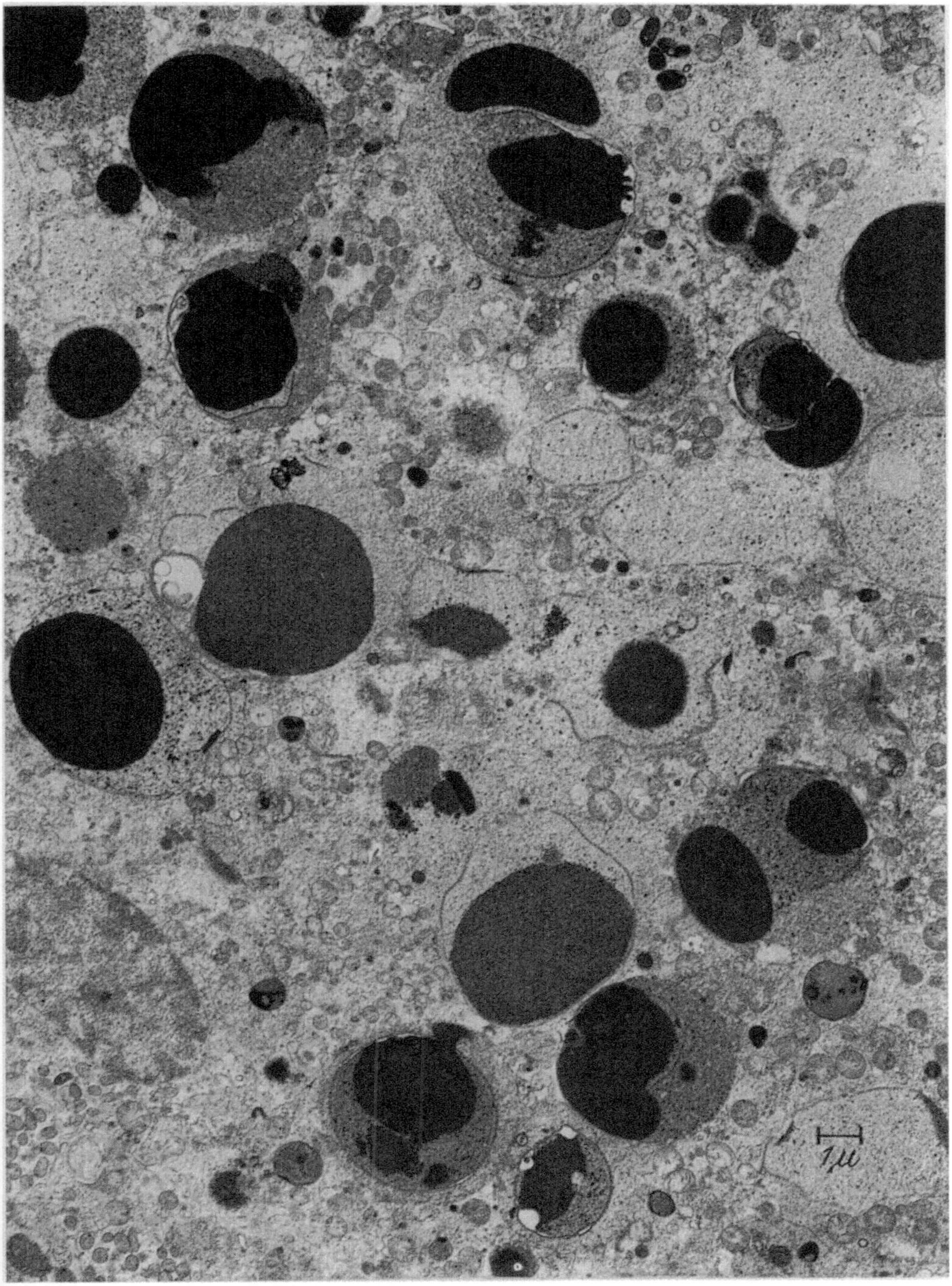

Abb. 92. Prothoraxdrüse der Küchenschabe *Leukophaea* im fortgeschrittenen Stadium der Regression. Kompletter Verlust der Zellintegrität. Die elektronendichten globulären Körper stellen Kernreste dar. 5600 ×. — Mit freundlicher Genehmigung von Frau Prof. B. SCHARRER, Bronx/USA. Aus: Z. Zellforsch. **69**, 1—21 (1966).

äußere Einflüsse, hormonale oder nervale Faktoren zum Untergang der Zellen, möglicherweise durch Aktivierung lysosomaler Enzyme.

Bei der Metamorphose handelt es sich um ein Entwicklungsstadium von Insekten und niederen Vertebraten, in dem es zu ausgeprägten, programmierten Umstrukturierungen bestimmter Körperregionen kommt. Stimulus für diesen Vorgang sind im wesentlichen hormonelle Faktoren.

Die gewebespezifische Autolyse erfolgt über eine Aktivierung des gesamten lysosomalen Systems, wahrscheinlich durch hormonale Einwirkungen auf die DNS. In den Speicheldrüsen, Malpighischen Tubuli und anderen Organen reifender Larven von *Sciara coprophila* wird die saure Phosphatase-Aktivität 48 Std. vor der Verpuppung positiv (RASCH u. GAWLIK, 1964). Nach Vermehrung der Lysosomen bis zum Ende der Verpuppung beginnt die Zellregression in den Speicheldrüsen der jungen Puppen von *Chironomus tentans* mit der Bildung von Zytolysomen, aber auch in nicht begrenzten Zellarealen (SCHIN u. CLEVER, 1968).

Das Dünndarmepithel von *Rana temporaria* zeigt bei der Metamorphose eine diffuse Vermehrung der sauren Phosphatase bei gleichzeitiger Degeneration und schließlich den Untergang der Zellen. Die neu entstehenden Zellen weisen wieder eine spezifische Enzymverteilung auf (BROWN u. MILLINGTON, 1968). Bei der Schwanzmetamorphose des Krallenfrosches erhöht sich der Gehalt an sauren Hydrolasen auf das 5—40fache (WEBER, 1966).

In den Muskelzellen bei der Schwanzatrophie von Xenopuslarven kommt es zu Faltungen der Myofibrillen, zum Cristaeverlust der Mitochondrien und zur Bildung von Myelinmembranen (WEBER, 1964). Die Flugmuskelzellen von Insekten zeigen in den einzelnen Muskelgruppen differierende Befunde (BEINBRECH, 1968).

Die mit der Metamorphose verbundene Regression verschiedener Organe führt zum stufenweisen Untergang von Zellen. In der Epidermis von *Rhodnius prolixus* lösen sich zuerst die Verbindungen an den Nachbarzellen (GOLDSMITH, 1966). Das Chromatin der Zellkerne verklumpt, Kern- und Zellmembran lösen sich auf. Wichtigster Prozeß ist die Ausbildung autophagozytärer Vakuolen bzw. Zytolysomen, in denen immer größere Zytoplasmaareale abgebaut werden (RASCH u. GAWLIK, 1964; WEBER, 1964, 1966; GOLDSMITH, 1966; LOCKE, 1966; SCHARRER, 1966; MATSUURA et al., 1968) (Abb. 92, 93). Schon vor dem völligen Untergang, mehr noch danach, werden Zellteile oder ganze Zellen von vermehrt auftretenden Makrophagen phagozytiert und dort weiter verdaut. Bei der Thyroxin-bedingten Metamorphose erfolgt die Phagozytose der Kollagenfibrillen durch eingewanderte Mesenchymzellen (USUKU, 1965). Diese bilden Hyaluronidase, so daß die Grundsubstanz zerstört wird, während die von den Epidermiszellen abgegebene Kollagenase die Fibrillen angreift. In den Extremitätenknospen zeigen die Lysosomen spezielle Befunde (SCHWARZ, 1966). Bei einer *in vitro*-Resorption von Schwanzspitzen von *Rana pipiens* in Thyroxin-Lösungen erfolgt die Atrophie der Epidermiszellen durch intrazelluläre autolytische Prozesse (GONA, 1969).

Daß die Regression der Gewebe durch Einwirkung auf das DNS-RNS-System erfolgt, läßt sich auch dadurch nachweisen, daß der Prozeß durch Aktinomyzin hemmbar ist (WEBER, 1966).

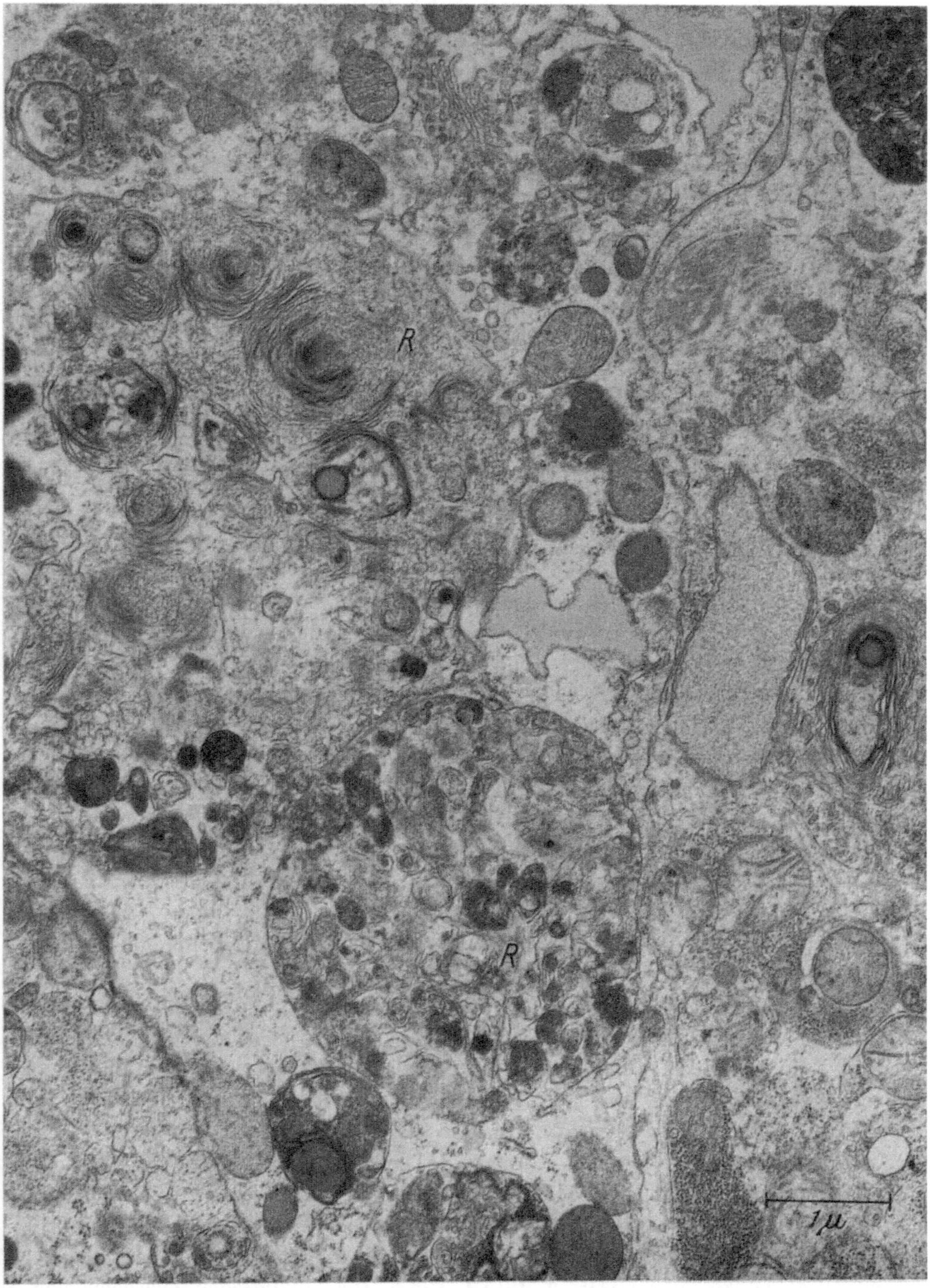

Abb. 93. Prothoraxdrüse der Küchenschabe *Leukophaea* im Stadium der Regression mit autophagozytären Vakuolen und Residualkörpern (*R*) mit z. T. lamellärem oder granulärem Inhalt. 17 000 ×. — Mit freundlicher Genehmigung von Frau Prof. B. SCHARRER, Bronx/USA. Aus: Z. Zellforsch. **69**, 1—21 (1966).

c) Atrophie

Unter Atrophie wird allgemein ein Kleinerwerden von Organen verstanden, wobei man auf Grund histologischer Kriterien die einfache, numerische und degenerative Atrophie unterschieden hat. Bei der einfachen Atrophie sollen die einzelnen Zellen kleiner werden, bei der degenerativen Atrophie soll diese Verkleinerung durch degenerative Vorgänge bedingt sein und bei der numerischen Atrophie durch einen Untergang von Zellen.

Schon diese kurze Darlegung zeigt, daß der makroskopische Begriff „Atrophie", obwohl er zelluläre Veränderungen zur Grundlage hat, bisher nur schwer auf die Zelle angewandt werden konnte. Hierin hat die Elektronenmikroskopie nun eine gewisse Klarheit geschaffen.

Die durch Nahrungsmangel bedingte Atrophie von Einzellern, wie von *Euglena gracilis*, kann als Beispiel für die prinzipiellen Vorgänge bei der zellulären Atrophie herangezogen werden (BRANDES u. BERTINI, 1964; BRANDES et al., 1964). Es kommt zu einem progressiven Abbau der Zellelemente unter Ausbildung von Zytolysomen.

Dieser Grundprozeß (SWIFT u. HRUBAN, 1964) erfährt in den einzelnen Organen vielzelliger Organismen und auch unter speziellen Bedingungen gewisse Variationen.

Die Proteinmangel-bedingte Atrophie von Leberzellen führt zu einer allgemeinen Volumenreduktion der Zellen ohne Kerngrößenveränderungen bei gleichzeitiger Größenzunahme des Nukleolus (MORI et al., 1968). Alle Organellen sind vermindert, die Mitochondrien zeigen außerdem Zeichen der Schädigung wie Außenmembrandefekte.

Die Leberatrophie nach Ischämie ist neben der Zytolysomenbildung durch Zellnekrosen charakterisiert (KERR, 1965).

Die sich bei der Stauungsfibrose entwickelnde Atrophie der Leberzellen führt zu einer dichteren Lagerung der Organellen und einer angedeuteten Kernpyknose (SAFRAN u. SCHAFFNER, 1967). In den vergrößerten Mitochondrien sind spärlich Cristae ausgebildet. Die Microbodies sind vermehrt und vergrößert. Das granuläre endoplasmatische Retikulum und die freien Ribosomen und Polysomen sind reduziert. Das agranuläre Retikulum ist dilatiert. Vereinzelt finden sich Zytolysomen. Die Mikrovilli der sinusoidalen und kanalikulären Zellmembran sind flach oder geschwollen. Zeichen einer Galleproduktion fehlen.

Im Pankreas wird die Zellatrophie besonders nach Proteinmangel beschrieben (PORTA et al., 1964; LAZARUS u. VOLK, 1965; RACELA et al., 1966). Neben den Zytolysomen werden Dilatationen des basalen granulären endoplasmatischen Retikulums mit der Ablösung von Ribosomen beobachtet. Die saure Phosphatase wird im Bereich des Golgi-Systems und der Prosekrettropfen reduziert. Die Sekretgranula sind vermindert oder fehlen. Die Mikrovilli werden abgeflacht und reduziert. Die gesamte Zellarchitektur ist desorganisiert.

Die senile Atrophie der Endometriumzellen des Uterus ist durch eine allgemeine Verminderung der Zellorganellen und das Fehlen von Sekretionsvorgängen gekennzeichnet (BABA u. HAAM, 1967). Die Leydigschen Zwischenzellen des Hodens atrophieren nach Gabe von Östrogen (MURAKAMI, 1966; MURAKAMI u. TONUTTI, 1966). In den verkleinerten Zellen zeigen die Kerne eine unregelmäßige Oberfläche. Die Mitochondrien sind klein und dicht und enthalten vermehrt

Granula. Das agranuläre endoplasmatische Retikulum durchzieht die Zelle in Form kleiner Tubuli. Das Golgi-System ist spärlich ausgebildet.

Nach Gabe von 6-Methyl-Thiourazil werden Schilddrüsentumoren atrophisch (Dmitrieva, 1966). Dabei verschwinden in den Zellen das granuläre endoplasmatische Retikulum und die Mitochondrien, wobei diese vorher erhebliche Zeichen der Degeneration zeigen.

Die Zellen der Parathyreoidea werden nach Gabe von Pinealextrakt (Miline u. Krstič, 1966) und *in vitro* bei hohen Kalziumkonzentrationen des Mediums atrophisch (Roth u. Raisz, 1964, 1966).

Atrophische Neuronen nach Durchtrennung von Axonen sind primär durch einen Verlust des granulären endoplasmatischen Retikulums — von der Peripherie der Zelle zum Kern fortschreitend — charakterisiert (Barron et al., 1967; Glees et al., 1967). Gleichzeitig werden auch die anderen Organellen reduziert, während Vesikel und Vakuolen auftreten. Das Golgi-System ist oft kaum verändert.

Besondere Beachtung hat schon lichtmikroskopisch die Muskelatrophie gefunden. Neben der einfachen und degenerativen Atrophie werden die Inaktivitäts- und Denervationsatrophie unterschieden (Franzini u. Pellegrino, 1962; Gieseking, 1962; Wechsler, 1962, 1966; Pellegrino u. Franzini, 1963; Gruner, 1963; Gori u. Pellegrino, 1964; Kohn, 1965, 1966; Muscatello et al., 1965; Boehme et al., 1966; Pearlstein u. Kohn, 1966; Schrodt u. Walker, 1966; Muscatello u. Patriarca, 1968).

Im Vordergrund der Ereignisse steht die Reduktion der kontraktilen Substanz. Bei der Denervationsatrophie sinkt der Faserdurchmesser innerhalb von 5 Tagen von 26,8 µm auf 19,5 µm (Muscatello u. Patriarca, 1968). Dieser Verlust wird durch die Beschleunigung der katabolischen Prozesse hervorgerufen, während die Proteinsynthese zumindest anfangs nicht geschädigt ist.

Die zytoplasmatischen Enzyme haben bei der Muskelatrophie eine Halbwertszeit von 33—46 Tagen, während bei der Dystrophie eine ungleichmäßige Reduktion eintritt (Richterich, 1966). Die Autolysevorgänge sind beschleunigt. Die einzelnen Myofibrillen werden schmaler, wobei die Myofilamente in der Fibrillenperipherie zuerst zugrunde gehen. Die Sarkomerenanordnung bleibt erhalten. Erst in den Spätstadien der Atrophie kommt es zur Fragmentierung der Z-Streifen und zum Zerfall von ganzen Myofibrillen mit ihrer nachfolgenden Auflösung.

In den verbreiterten Interfibrillärräumen liegt dilatiertes Sarkoplasmaretikulum. Die freien Ribosomen sollen vermehrt sein. Die Mitochondrien sind vermindert und können Zeichen der Schädigung aufweisen. Je g sinkt die Mitochondrienzahl von $33{,}5 \times 10^8$ nach 14 Tagen Atrophie auf $17{,}26 \times 10^8$ und 28 Tagen auf $15{,}42 \times 10^8$, während im Hunger nur eine Reduktion auf $29{,}21 \times 10^8$ eintritt (David u. Tonak, 1959). Die Zahl der Lysosomen und der Lipofuszingranula ist erhöht. Mehrfach sieht man Myelinfiguren. Große Areale der Zellen werden von Glykogenansammlungen ausgefüllt.

Zusammenfassend ist festzustellen, daß die Zellatrophie durch eine zahlen- und größenmäßige Reduktion der Zellbestandteile — vorwiegend des Zytoplasmas — gekennzeichnet ist. Diese Verminderung der Zellbestandteile erfolgt im allgemeinen durch autophagozytäre Prozesse unter Ausbildung von Zytolysomen. Besonders betroffen von dem atrophischen Prozeß werden die spezifischen Zelleistungen, wie Sekretion oder Kontraktion. Für sie kann als Ersatz eine Zellvakuolisierung oder eine vermehrte Ablagerung anderer Substanzen, z. B. Glykogen, erfolgen. Der Zelltod ist nicht das notwendige Ende der Atrophie.

d) Entdifferenzierung

Die Ent- oder Dedifferenzierung stellt einen Prozeß dar, der im wesentlichen der Atrophie ähnelt. Die Zahl der Zytoplasmaorganellen wird reduziert, freie Ribosomen nehmen zu. Die Differenzierungsmerkmale gehen mehr oder weniger vollständig verloren. Dieser Vorgang ist aber auch eine Vorbedingung für die Regeneration von differenzierten Zellen.

Dedifferenzierte Endometriumzellen aus spontanen Adenokarzinomen des Kaninchens besitzen Kerne mit reichlich Invaginationen und hypertrophierten Nukleoli (Baba u. Haam, 1967). Im Zytoplasma finden sich angehäuft Filamente. Zilien oder Sekretgranula sind nicht ausgebildet. Die Interzellularräume sind erweitert, und an der Zelloberfläche sind Mikrovilli vorhanden. Die entdifferenzierten Zellen des Mammakarzinoms enthalten vermindert Organellen (Busch u. Merker, 1968).

In alkalischen Kulturmedien gezüchtete Lymphozyten zeigen im Verlaufe ihrer Dedifferenzierung eine variable ATPase-Bildung an der Plasmamembran (Fries et al., 1967).

Die Entdifferenzierung von Muskelzellen soll mit dem Auftreten von Myelinfiguren beginnen (Wissocq, 1967). Danach degenerieren die Myofilamente, die Z-Streifen und das Sarkoplasmaretikulum, während die Mitochondrien vermehrt sein sollen. Eine Neubildung von Myofibrillen beginnt in der Zellperipherie. Auch normale Muskelzellen können ständig lokale Entdifferenzierungsprozesse zeigen (Schmalbruch, 1968). Dabei kommt es zu Absplitterungen von Myofilamenten, zur stäbchenförmigen Kondensation von Z-Streifen-Material und zur Vermehrung freier Ribosomen, in deren Umgebung neue Filamente auftreten. Manchmal können sich auch größere Degenerationsherde bilden, die Detritus aus allen Zellbestandteilen enthalten. Als Ursache für diese Vorgänge werden Zerstörungen der Querbrücken, d. h. der ATPase-Aktivität des Myosins, angesehen.

Wiederholter Sauerstoffmangel bewirkt in den Herzmuskelzellen eine Entdifferenzierung mit Verlust der spezifischen Bestandteile (Hasper, 1964). Neben Zellen mit Myofibrillenresten treten aktivierte Histiozyten und Makrophagen mit phagozytierten Zellresten auf.

Die Entdifferenzierung von Tubulusepithelzellen der Niere, z. B. nach chronischer Blutstauung oder Natriumoxalatvergiftung, führt zu einer erhöhten Produktion von Basalmembransubstanzen (David u. Uerlings, 1967, 1968). Diese Tatsache ist möglicherweise darauf zurückzuführen, daß diese Synthesevorgänge zu den Primitivreaktionen der Zelle mit langlebiger mRNS gehören.

e) Differenzierung

Differenzierung bedeutet die Spezialisierung einer bis dahin omni- oder pluripotenten Zelle für bestimmte Funktionen mit differenten morphologischen Charakteristika (Laird, 1964; Zwilling, 1964; Anderson, 1966;

Sherbit u. Lakshmi, 1967). Während die undifferenzierten Zellen durch eine reichliche Existenz von freien Ribosomen und Polysomen bei einem vollständigen oder fast vollständigen Fehlen des granulären endoplasmatischen Retikulums charakterisiert sind (Sasaki u. Büchner, 1966), treten in den differenzierten Zellen neben dem reichlich vorhandenen granulären endoplasmatischen Retikulum für die Zelleistung spezifische Strukturen auf. Eine hohe Proteinsyntheserate ist charakteristisch für sich differenzierende Zellen (Scott u. Bell, 1964).

Insgesamt steigen die Komplexizität und Organisation der Zellen an. Die Kontrollmechanismen werden verändert; einzelne Enzyme werden vermehrt produziert, andere unterdrückt. Die Herausbildung von Unterschieden zwischen einzelnen Zellen oder Zellgruppen auf der multizellulären Ebene ist ein universeller, progressiver Prozeß. Die Wechselwirkung zwischen den Zellen erlaubt auch extreme Differenzierungen, die im allgemeinen mit dem Verlust der Selbsterhaltung der einzelnen Zelle einhergehen. Bestimmte Differenzierungsstufen sind jedoch rückbildungsfähig, so daß danach auch andere Differenzierungswege eingeschlagen werden können.

Die Neuralzellen von *Triturus helveticus* zeigen beim Übergang von der Gastrula zur Neurula Umwandlungen der runden oder elliptischen Mitochondrien zu länglichen Formen (Sasaki u. Büchner, 1966). Die Zahl der Cristae mitochondriales nimmt zu, was mit einer Erhöhung der Atmung und der mit ihr verbundenen Synthese der energiereichen Phosphate einhergeht. Während anfangs nur wenig vesikuläres agranuläres Retikulum und einzelne freie Ribosomen und Polysomen vorhanden sind, tritt später, zuerst nahe der Kernmembran, lamelläres granuläres endoplasmatisches Retikulum auf. Die in dieser Weise differenzierten Zellen sind nicht mehr zur Verdopplung der DNS in der Lage.

Junge Neuroblasten enthalten Neurotubuli und Filamente. Der Ablauf der Differenzierung ist in den einzelnen Zellbereichen unterschiedlich (Wechsler, 1963, 1966; Bergquist, 1968). Sie bilden Axone, in denen diese Strukturen ebenfalls verstreut sind (Lyser, 1968). Nach der Geburt verzweigen sich die Dendriten in dem motorischen Kortex des ZNS der Maus. Die axodendritischen Synapsen sind sofort nach der Geburt zu finden, während sich die axosomatischen Synapsen erst in der 2. Woche ausbilden (Meller et al., 1968).

Im Rattengehirn kommt es in den ersten 50 postnatalen Tagen zu einer Zunahme der Mitochondrienzahl von 12×10^{10}/g am 1. Tag auf fast das 3fache (Samson et al., 1960). Die Zahl der Synapsen erhöht sich vom 14. Tag bis zum 26. Tag von $1{,}8 \times 10^8$ auf etwa 14×10^8 je mm^3 (Aghajanian u. Bloom, 1968).

Embryonale exokrine Pankreaszellen zeigen während der Differenzierung zuerst Ribosomenaggregate, dann die Bildung granulärer Zisternen und schließlich über die Bildung von Prozymogengranula die Entstehung von reifen Zymogengranula (Grobstein, 1964). Die Produktion der Zymogengranula ist mit einer vorherigen Erhöhung der RNS-Synthese und einer Zunahme der Nukleolus- und Zytoplasmaproteine verbunden (Przybylski, 1967). Die vor dem Auftreten des Zymogens hypertrophierten Nukleoli nehmen danach wieder an Größe ab, wobei sich der RNS- und Proteingehalt vermindern. Der Gesamt-RNS-Gehalt der Zelle erhöht sich jedoch. Nach der Geburt steigt der Anteil der membrangebundenen Ribosomen (Hach u. David, 1969) (Tab. 52). In den letzten pränatalen Tagen bilden sich in der Leber vorwiegend Membranen des granulären endoplasmatischen Retikulums. Nach der Geburt erscheinen agranuläre Membranen und spezifische membrangebundene Enzyme (DALLNER et al., 1965).

Die übrigen Zellorganellen zeigen im wesentlichen quantitative Modifikationen (Lit. DAVID, 1967; DVOŘÁK u. MAZANEC, 1967). Das in bestimmten Phasen reichlich angesammelte Glykogen wird wieder abgebaut. Postnatal sind reichlich Lysosomen und Zytolysomen ausgebildet.

Die Differenzierung der Darmepithelzellen ist sowohl im Embryonalleben zu beobachten (VOLLRATH, 1969) als auch als ein ständiger Prozeß bei der Wanderung der Zellen von den Krypten bis zu den Zottenkuppen vorhanden. Die freien

Tab. 52. *Prozentuales Verhalten der membrangebundenen zu freien Ribosomen in der exokrinen Pankreaszelle* (nach HACH u. DAVID, 1969)

	membrangebundene Ribosomen %	freie Ribosomen %
Embryo am 21. Tag der Entwicklung	47,19 ± 1,17	52,81 ± 1,17
Neugeborene Ratte am 1. Lebenstag	51,09 ± 1,38	48,91 ± 1,38
Neugeborene Ratte am 4. Lebenstag	68,91 ± 1,08	31,09 ± 1,08
Erwachsene Ratte	74,57 ± 0,57	25,43 ± 0,57

Tab. 53. *Veränderungen der Membranbreite (in Å) in Ileumzellen des Meerschweinchens während der Entwicklung* (nach MERRILL et al., 1967)

	Mikrovilli	Interzellularraum	Desmosomen	Golgi-System	Cristae mitochondriales
pränatal	75,2 ± 0,25	75,2 ± 0,24	72,7 ± 0,12	–	–
postnatal	88,0 ± 0,77	80,1 ± 0,50	79,8 ± 0,40	–	80,5 ± 0,25
erwachsen	70,2 ± 0,47	77,6 ± 0,56	75,3 ± 0,58	75,7 ± 0,50	75,0 ± 0,25

Ribosomen und Polysomen werden reduziert und Membranen treten vermehrt auf (BEHNKE, 1963; BEHNKE u. MOE, 1964; LENNEP, 1964; HAYWARD, 1967). Die Zellen werden schmaler und zeigen eine Polarisierung der Organellen. Das Golgi-System wandert in den supranukleären Bereich und bildet im Randbereich Vesikel aus, die im apikalen Zellabschnitt verteilt werden. Bei Rattenfeten sollen sich die Lysosomen im basalen Zellanteil aus dem agranulären endoplasmatischen Retikulum bilden und dann zum Golgi-Feld gelangen. Am 20. Tag beginnt die Pinozytose (HAYWARD, 1967). Die vorerst irregulären Mikrovilli zeigen eine immer gleichmäßigere Ausbildung mit einer parallelverlaufenden Zunahme der alkalischen Phosphatase. Diese wird zugleich im interzellulären Bereich reduziert. Im Zusammenhang mit der Bildung der Mikrovilli entstehen die Filamente des Terminalgespinstes und die Schlußleistenkomplexe. Die Membranen verändern ihre Breite im Verlaufe der Entwicklung ebenfalls (Tab. 53).

Die Bildung der differenzierten Muskelzelle aus embryonalen oder regenerativen Myoblasten erfolgt im wesentlichen auf gleiche Weise (SAUZIN, 1967; WITTIG, 1968). Die Myoblasten sind reich an Polysomen aus 10—25 Ribosomen und Glykogenansammlungen (MUSCATELLO et al., 1968). Bei der Schwanzregeneration von Ambystoma-Larven werden die ersten Myofilamente verstreut im Zytoplasma von den freien Polysomen synthetisiert. Aktin- und Myosinfilamente werden gleichzeitig gebildet und dann zu Myofibrillen kombiniert (HAY, 1963). Die Querstreifung wird immer geordneter, so daß das endgültige Sarkomerenbild entsteht, wobei laterale und terminale Anlagerungen neuer Filamente erfolgen.

Die Transversaltubuli und das Sarkoplasmaretikulum ordnen sich zu Triaden an. Die Ribosomen werden mit der Fusion der Myoblasten zu Muskelfasern reduziert (LENTZ, 1968). Die Zellen der Epidermis hängen zuerst nur an wenigen Stellen zusammen (MERCER, 1964). Nach Produktion einer polysaccharidreichen Substanz an der Oberfläche der Zellen bilden sich Desmosomen aus, und in der Zelle entstehen Tonofilamente.

f) Regeneration

Während des Regenerationsvorganges kommt es als Folge einer aus verschiedenen Gründen entstandenen Reduktion der Gesamtmasse einer spezifischen Zellart zu einer das Normalmaß überschreitenden Neubildung dieses Zelltyps. Mit dieser Charakterisierung soll gleichzeitig festgelegt werden, daß wir die normalen, ständig ablaufenden regenerativen Prozesse jedes Organs hier nicht behandeln wollen.

Die Problematik der Erfassung der Regeneration als Gesamtbild liegt in der Tatsache begründet, daß zum Wachstum nur noch bedingt fähige, meist erheblich differenzierte Zellen zu einer erneuten, unphysiologischen Wachstumsphase veranlaßt werden. Das ist im allgemeinen nur über eine vorherige Entdifferenzierung möglich.

Einen solchen Vorgang der Dedifferenzierung mit der Ausbildung von Zytolysomen beschreiben BECKER u. LANE (1965), LANE u. BECKER (1967) und VORBRODT (1967) im Restlebergewebe nach partieller Hepatektomie. Erst darauf erfolgen mitotische Zellteilungen.

Die morphologischen Befunde im Verlaufe der Leberregeneration sind vielfältig (Lit. DAVID, 1967).

Die Kern-RNS steigt nach 12 Std., die zytoplasmatische RNS nach 15—18 Std. an (BERG u. GOUTIER, 1967). Die Proteinsynthese nimmt nach 8—20 Std. zu (MAJUMDAR et al., 1967). Die spezifische Aktivität der mitochondrialen DNS verdoppelt sich in regenerierenden Lebern, während die nukleäre DNS 48—83mal so hoch ist (CHANG u. LOONEY, 1967).

12—19 Std. nach der partiellen Hepatektomie sinkt der Pool der freien Ribosomenmonomeren auf 40% des Normalwertes (RIZZO u. WEBB, 1968). Später sind die freien Ribosomen und Polysomen vermehrt. GRISHAM et al. (1968) fanden 12—40 Std. nach der partiellen Hepatektomie bis 1000 Einzelpartikeln enthaltende Ribosomenaggregate. Das endoplasmatische Retikulum zeigt eine Neubildung in Form tubulärer und vesikulärer Formationen, nachdem die ursprünglichen Formen weitgehend abgebaut sind. Der Glykogengehalt steigt stark an, wobei sich große Felder ausbilden (BARTÓK u. VIRÁGH, 1965).

Die Mitochondrien weisen eine erhöhte Neubildung, vereinzelt Schwellungszustände und verschiedene Degenerationsformen auf. Mikrobodies sind ebenfalls vermehrt.

Nach Äthioninintoxikation kommt es im exokrinen Pankreas zur Regeneration (HERMAN u. FITZGERALD, 1962; FITZGERALD et al., 1968; MARSH et al., 1968). Die DNS-Synthese steigt an. Die während der Degeneration vermehrten lysosomalen Enzyme nehmen wieder ab; die reduzierte RNS- und Proteinsynthese steigen an; die geschädigten Zellorganellen sind nach etwa 18 Tagen wieder normal. Diese Regeneration von Pankreaszellen wird durch Aktinomyzin inhibiert (YAMAGUCHI et al., 1966).

Die posttraumatische Regeneration des Duodenalepithels ist ebenfalls mit einer Dedifferenzierung verbunden (TOKIN, 1964). Die Zellen enthalten Kerne mit Invaginationen. Vereinzelt sind kleine Mitochondrien vorhanden, das Golgi-System und das endoplasmatische Retikulum sind schwach entwickelt. Nur freie Ribosomen beobachtet man in großer Menge.

In regenerierenden Tubuluszellen der Niere nach Uranylnitratvergiftung sind anfangs nur Ribosomen, granuläres endoplasmatisches Retikulum in geringer Menge und Golgi-Systeme vorhanden. Erst nach 7—10 Tagen kommt es zur Spezialisierung mit dem Auftreten von basalen Einfaltungen, Mikrovilli und zahlreichen Mitochondrien (KEMPCZINSKI u. CAULFIELD, 1968). Regenerierende Tubulusepithelzellen der Rattenniere nach Gabe von Folsäure zeigen eine Neubildung von Mitochondrien sowie eine Ansammlung von Polysomen (BRADE et al., 1969).

Die Beurteilung regenerativer Prozesse im Nervensystem ist kompliziert, da eine Vermehrung von Nervenzellen nicht eintritt. Sie können höchstens eine Hypertrophie zeigen (LENTZ, 1965). Die Axone sind dagegen zur Regeneration in der Lage. Nach einer Durchtrennung von Nervenzellausläufern bilden sich im proximalen Stumpf Ansammlungen von dichten Körpern, Vesikeln und Mitochondrien sowie vermehrt Filamente (LAMPERT u. CRESSMAN, 1964, u. a.). Von hier aus entstehen Wachstumskolben (DAVID et al., 1963), die dann weiter vorwachsen können, wenn die Wucherung der angrenzenden Gliazellen oder Schwannschen Zellen nicht durch die Bildung einer Mikronarbe diesen Prozeß verhindert (BLÜMCKE, 1963).

Die Regeneration von Muskelzellen (BETZ et al., 1966), wie sie z. B. von VLEET et al. (1967) nach Beendigung einer Vitamin-E-Mangel-Diät beschrieben wird, entspricht dem Differenzierungsprozeß von Muskelzellen (s. S. 268).

g) Hypertrophie

Bei der Hypertrophie kommt es zu einer vorübergehenden oder andauernden funktionsbedingten Vergrößerung von Zellen. Dieser Vorgang wird vielfach nicht von dem der Hyperplasie getrennt und ist in einem Teil der Fälle auch schwer trennbar, obwohl hierbei eine Zellvermehrung zu fordern ist.

Die Gabe von Retrorsine, einem Pyrrolizidin-Alkaloid, führt zur Hyperplasie der Leberzellen, wahrscheinlich infolge einer Teilungshemmung (AFZELIUS u. SCHOENTAL, 1967). Der Kern und die Nukleoli sind vergrößert, die Kernmembranporen sind vermehrt. Im Karyoplasma liegen in großer Zahl Perichromatingranula. Das granuläre endoplasmatische Retikulum proliferiert, desgleichen der Golgi-Komplex. Microbodies, Lysosomen und Fetttropfen sind vermindert. Zentriolen sind zu beobachten. Die Verteilung der Organellen ist verändert.

In hyperplastischen Leberknötchen nach Gabe von CCl_4 enthalten die Zellen vermehrte, vergrößerte Mitochondrien mit zahlreichen Cristae, zahlreiche große Microbodies, dilatiertes granuläres endoplasmatisches Retikulum, Glykogenansammlungen, hyperplastische Golgi-Systeme und Kerne mit Invaginationen (Confer u. Stenger, 1966).

Nach unilateraler Nephrektomie kommt es zur Hypertrophie der Tubulusepithelzellen der anderen Niere. Die Ribosomen sind vermehrt, das granuläre endoplasmatische Retikulum ist dilatiert. Das agranuläre Retikulum und das Golgi-System sind proliferiert (Anderson, 1965, 1967).

Die Hypertrophie von Follikel- und Luteumzellen im Östrus äußert sich in einer Zunahme von Mitochondrienzahl und -größe sowie auch des endoplasmatischen Retikulums, des Golgi-Systems, der Lysosomen und Lipide (Priedkalns u. Weber, 1968).

Die hypertrophierten Ganglienzellen nach Axondurchtrennung weisen ein vergrößertes Perikaryon auf, in dem vermehrt Organellen, insbesondere granuläres endoplasmatisches Retikulum und Mitochondrien liegen. Außerdem sind vermehrt Neurofilamente gebildet (Pannese, 1963). Der Nukleolus hypertrophiert.

Von besonderem Interesse ist die Hypertrophie der Muskulatur, vorwiegend der Herzmuskulatur (Lit. David, 1967; Novi, 1968). Die Herzhypertrophie nach länger dauernden Schwimmversuchen und aus anderen Ursachen ist durch eine Zunahme der Mitochondrienmasse charakterisiert (Arcos et al., 1968; Onishi et al., 1969). Neben der Mitochondrienvermehrung wird von Caulfield (1963) eine Zunahme des Proteingehaltes einschließlich der Filamente angegeben, während eine DNS-Zunahme nur bei starker Hypertrophie eintreten soll. Die Myofibrillendicke erhöht sich, und im Bereich zwischen den terminalen Z-Streifen und den Disci intercalares werden neue Filamente gebildet. Das Molekulargewicht des Myosins steigt von 225 000 auf 750 000. Die Transversaltubuli sind ebenfalls vermehrt.

Wollenberger u. Schulze (1961, 1962) fanden bei der experimentellen Herzhypertrophie eine ständige Herabsetzung des Volumenverhältnisses Mitochondrien zu Myofibrillen.

Folge der Hypertrophie, z. B. des Herzens, sind vielfach sekundäre Sauerstoffmangelzustände, die sich wieder auf die Muskelzellen auswirken (Arcos et al., 1968). Besonders die Schädigung der Mitochondrien mit Schwellungszuständen und einem Cristaeverlust kann die daraus resultierende Insuffizienz der Herzmuskelzellen bewirken.

2. Alternsvorgänge der Zelle

a) Allgemeine Vorstellungen über das zelluläre Altern

Altern ist ein allgemeines Charakteristikum des Lebens (Krohn, 1966). Nach Sorokin (1964) ist es universeller als der Tod, da der Tod nicht ein unvermeidliches Ereignis auf der zellulären Ebene ist. Es ist auch universeller als Wachstum oder Zellteilung, da Wachstum und Zellteilung intermittierend eintreten. Altern ist ein Entwicklungsaspekt des Metabolismus; solange die Zelle lebt und metabolisiert, solange altert sie. Die anabolischen Vorgänge nehmen ab, die katabolischen zu. Ein Enzymabbau und mehr noch die Veränderungen der

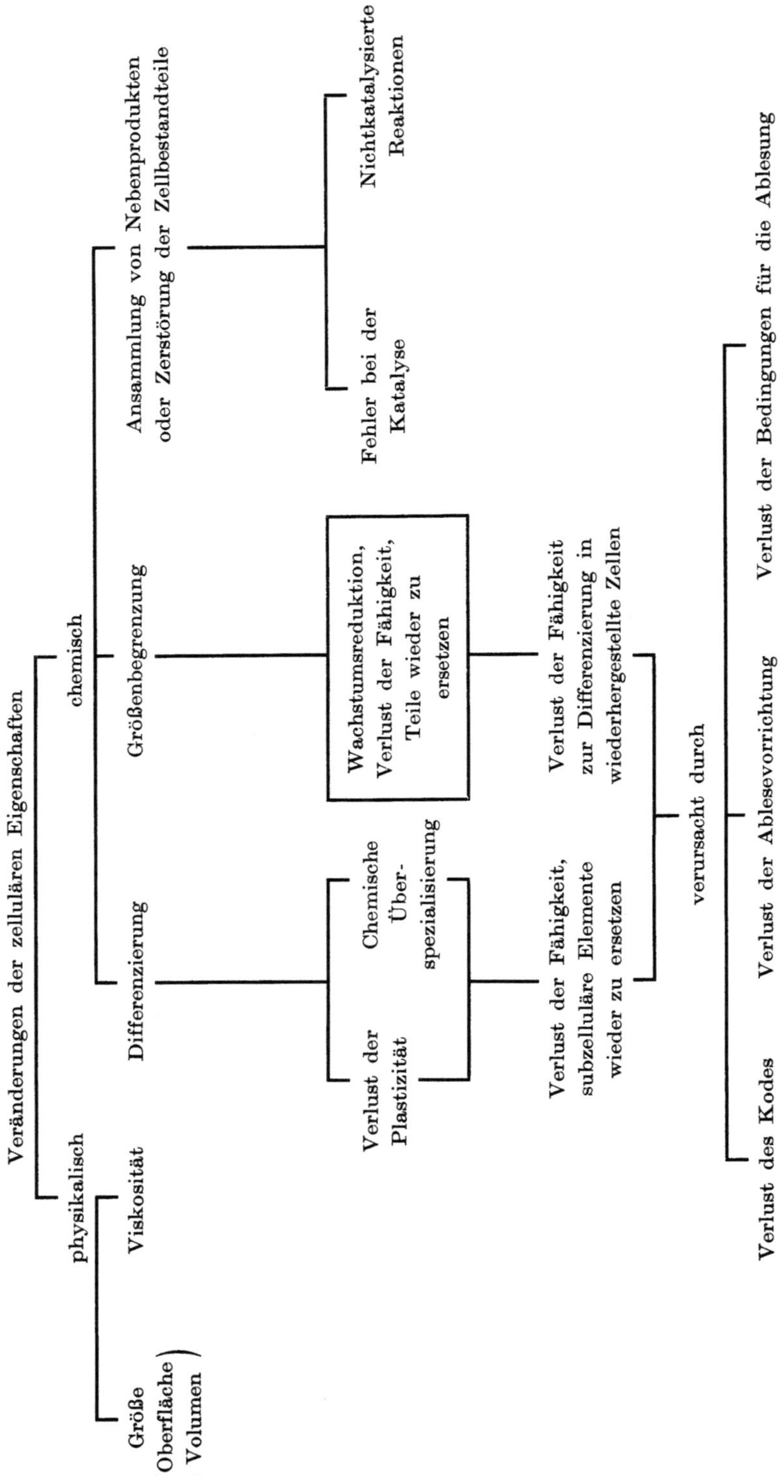

Schema 8. Schematische Darstellung der genetischen Ursachen des Alterns. (Nach STREHLER, 1962.)

Wechselwirkungen der Enzyme werden als unmittelbare Ursache des Alterns angesehen. Die Theorien des zellulären Alterns wurden von SMITH (1966) zusammengefaßt. In hochdifferenzierten somatischen Zellen sind schon normalerweise 95% oder mehr des Genoms permanent im Repressionsstatus. Im Verlaufe des Zellebens werden als Resultat von Zufallsprozessen immer mehr Gene blockiert (HAHN, 1966). Sicher spielen Mutationen beim Alternsprozeß eine wichtige Rolle (CURTIS, 1966).

STREHLER (1962) rechnet zum Altern alle Veränderungen, die in der postreproduktiven Phase auftreten und eine reduzierte Überlebensfähigkeit dieses Teils des Organismus bewirken. Vier Kriterien sollen den Alternsprozeß charakterisieren: 1. Universalität, 2. Wirklichkeit, 3. Fortschreiten, 4. Schädigung. Bei der aktiven Alterung handelt es sich um einen Prozeß, bei dem die Veränderungen, die den Organismus für die Einwirkung der Umgebung empfänglich machen, durch das genetische System selbst bewirkt werden. Dagegen beeinflußt das genetische System bei der passiven Alterung die Empfänglichkeit der Zelle zwar, verursacht sie aber nicht. Die genetischen Ursachen des zellulären Alterns werden von STREHLER (1962) dargestellt (Schema 8).

BERTOLINI (1966) entwickelte nachfolgende Vorstellungen über den Alternsprozeß.

1. Es besteht eine enge Beziehung und möglicherweise eine Abhängigkeit zwischen Altern und metabolischen Veränderungen des Organismus, die wahrscheinlich die am meisten evidenten und wichtigsten Manifestationen des Alternsphänomens sind.

2. Die metabolischen Veränderungen sind in den verschiedenen Tierarten sowie in verschiedenen Organen und Geweben des gleichen Subjektes nicht uniform. Dadurch wird sowohl die differente Bedeutung des Alternsprozesses von einem Fall zum anderen bedingt als auch das differente metabolische Verhalten des betroffenen Organismus oder Organs.

3. Der Alternsprozeß des Metabolismus kann in jedem organisierten Zustand der lebenden Substanz, von Protein zu Enzym, von zellulären Organellen zu Zellen, Geweben, Funktionen oder zum Organismus als Ganzes, beobachtet werden. Allgemein gesprochen: Je höher das Organisationsniveau, desto offensichtlicher der Alterungseffekt.

4. Eine sorgfältige Analyse dieses Phänomens führt zu der Annahme, daß eine größere Zahl aktiver Adaptations- und Kompensationsprozesse und wahrscheinlich sogar Nachwachstums-, Evolutions- und Differenzierungsphänomene zusammen mit involutiven und sicher verschlechternden Veränderungen existieren. Gerade dieser Aspekt der Beziehungen zwischen Altern und Metabolismus ist von äußerstem Interesse für Biologen und Mediziner, denn er ist der Ausgangspunkt, um das Leben zu verlängern und die letzten Jahre der Menschen effektiver und intensiver zu machen.

b) Spezielle Veränderungen im Verlaufe des Zellalterns

Die Alternsvorgänge sollen sich vorwiegend an den DNS-Molekülen abspielen, an denen es zu einer verstärkten Vernetzung durch brückenbildende Substanzen oder Zunahme der Wasserstoffbrücken kommt (MERKER, 1965).

Die Zahl der Chromosomenaberrationen nimmt ständig zu, was sich besonders auf die Zellen mit einer langen Lebensdauer auswirkt (Curtis, 1964). Außerdem kommt es zur vermehrten Bildung freier Radikale.

In Leberzellen alter Mäuse zeigen die Kerne Invaginationen und Einschlüsse. Durch Septenbildungen kann es zu zweiteiligen Kernen kommen. Die Nukleoli werden vakuolisiert (Andrew, 1961). Die Kerne Leydigscher Zellen bilden fibrilläre Einschlüsse aus (Kasuzumi et al., 1967). Die innere Kernmembran ist verdichtet und enthält weniger Poren ohne eine positive ATPase-Reaktion.

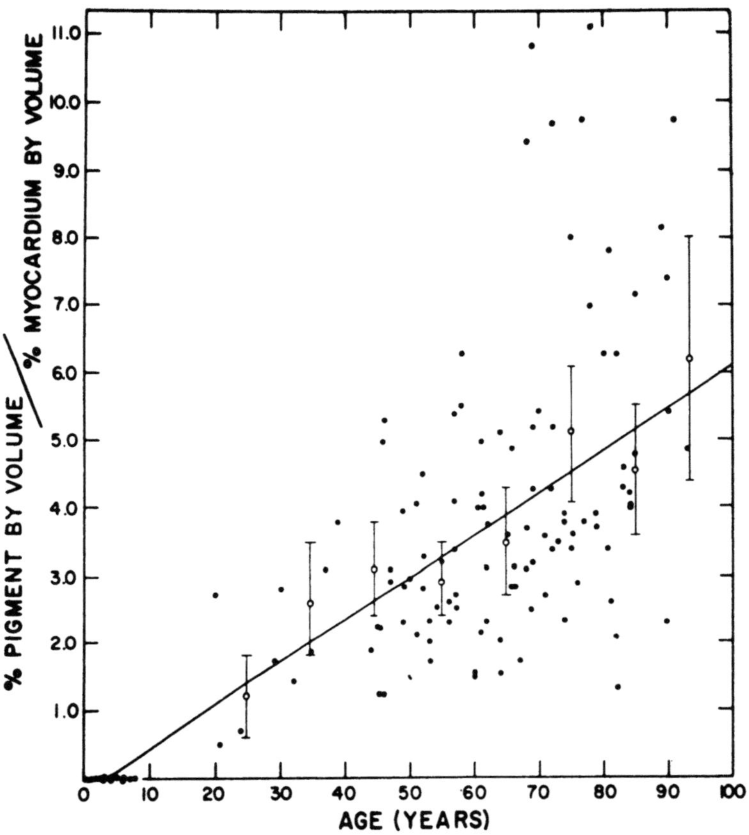

Schema 9. Graphische Darstellung der Beziehungen zwischen Alter und Pigmentgehalt des menschlichen Myokards. (Nach Strehler, 1962.)

Aus lichtmikroskopischen Untersuchungen ist bekannt, daß im Alter vorwiegend in den Zellen des Herzens, der Leber und des ZNS eine erhöhte Lipofuszinablagerung zu beobachten sei (Schema 9). Möglicherweise kommt es im Laufe des Lebens zu einer ständig zunehmenden Insuffizienz der Nervenzellen, sich von Stoffwechselendprodukten zu befreien, so daß sich diese in Residualkörpern ansammeln (Brunk u. Ericsson, 1969). In dorsalen Ganglien von Mäusen steigt der prozentuale Anteil des Lipofuszins am Zytoplasma von 4 Monaten bis zu 30 Monaten von 1,6 auf 12,10, in den Purkinjezellen des Kleinhirns von 0,4 auf 10 (Samorajski et al., 1968). Die elektronenmikroskopischen Befunde zeigen, daß es sich dabei um eine Vermehrung der Lysosomen bzw. der

Residualkörper handelt (BRANDES, 1966), die in den Zellen fast aller Organe im Alter anzutreffen sind (Tab. 54). Neben der Vermehrung können die Lysosomen auch innere Veränderungen wie Vakuolisierungen zeigen (PAWLIKOWSKI u. MAROZ-WASILEWSKA, 1966).

Die übrigen Organellen weisen unspezifische Befunde auf. Die Gesamtmenge der Organellen wird vielfach reduziert (BABA u. HAAM, 1967). Die spezifischen Zellprodukte wie Sekretgranula verschwinden, statt dessen können sich die Fettablagerungen vermehren (KUROSUMI et al., 1960). Das endoplasmatische Retikulum ist spärlich vorhanden und häufig vesikulär umgewandelt. Die Zahl

Tab. 54. *Lysosomen- und Residualkörpervermehrung in „alten“ Zellen*

Organ	Autor
ZNS	ARTIUKHINA, 1966, 1968, 1969
ZNS	LUSE u. SUNTZEFF, 1966
ZNS	FEW u. GETTY, 1967
ZNS	MIYAGASHI et al., 1967
ZNS	SAMORAJSKI et al., 1968
ZNS	BRUNK u. ERICSSON, 1969
Ganglienzellen	DUNCAN et al., 1960
Ganglienzellen	PAWLIKOWSKI u. MAROZ-WASILEWSKA, 1966
Ganglienzellen	PAWLIKOWSKI, 1967
Innenohr	ISHII et al., 1967
Herz	JAMIESON, 1963
Muskel	BOMBARDELLA u. CHINAGLIA, 1964
Endothelzellen	MORALES et al., 1960
gl. Muskelzellen der Gefäße	BIAVA u. WEST, 1965
Nebenniere	SAMORAJSKI u. ORDY, 1967
Prostata	BRANDES, 1963
Prostata, ventraler Lappen	HARKIN, 1961

der Ribosomen ist reduziert (KOTANI u. KAWASHIMA, 1961; BAUD, 1964; GERLACH u. THEMANN, 1964; ARTIUKHINA, 1966; LUSE u. SUNTZEFF, 1966; GALAVAZI et al., 1968). Nach SHERESHEVSKAYA (1962) ist die RNS-Synthese in der Leber 2 Jahre alter Tiere um 50 bis 60% gegenüber 1 Monat alten Tieren reduziert. Die Proteinsynthese wird gleichzeitig vermindert. In alten Osteozyten ist das Golgi-System ausgeweitet, die Mitochondrien besitzen dichte Granula (BAUD, 1964). Die Axone aus dem ZNS alter Tiere enthalten vermehrt dichte Körper, Vesikel und Mitochondrien, manchmal auch Bündel dichter Filamente (LUSE u. SUNTZEFF, 1966).

Erythrozyten zeigen beim Altern vorwiegend Membranveränderungen (DANON u. MARIKOVSKY, 1961). Unsere Untersuchungen haben ergeben, daß besonders die lipidhaltige Mittelschicht der Zellmembran verbreitert wird und größere Bezirke der inneren Schicht aufgelöst werden sowie fokale Zerstörungen der Gesamtmembran eintreten (s. S. 256) (DAVID et al., 1970). Auch STREHLER (1969) stellt Membranveränderungen in den Mittelpunkt des Interesses beim Altern, weil während der Reifung die Membransynthese nicht ausreichen soll.

In den Alveolarzellen von Lungen seniler Tiere sind Mitochondrien mit lamellärer Degeneration ausgebildet (HEPPLESTON, 1964). Die lamellären Körper setzen sich aus weniger Lamellen zusammen, was mit einer verminderten Abgabe oberflächenaktiver Substanz in Zusammenhang stehen soll (SIRTORI, 1964). Die Mitochondrienzahl in den Leberzellen seniler Tiere wird reduziert. Nach TAUCHI (1961) sind die Mitochondrien gleichzeitig verkleinert, nach ADACHI (1967) bizarr und irregulär geformt und vergrößert. Bei alten Menschen sollen die Mitochondrien größer als normal sein (TAUCHI u. SATO, 1968).

Nach KMENT et al. (1966) verschieben sich Anzahl und Größe von Lebermitochondrien alter Ratten nach Behandlung mit Plazenta- oder Testes sicca-Zellen wieder in Richtung junger Tiere.

3. Malignisierung von Zellen; maligne Zellen

a) Die Tumorzelle

Die lichtmikroskopisch erkennbaren Eigenschaften der Krebszelle wurden von OBERLING u. BERNHARD (1961) dargestellt und mit den ersten elektronenmikroskopischen Befunden verglichen. Spezifische Merkmale der benignen oder malignen Zelle gibt es nicht (MERCER, 1962; BUSCH et al., 1963). Alle Gewächszellen gleichen in geringem oder starkem Maß den Zellen ihres Muttergewebes. So finden sich z. B. im Chorionepitheliom Zellen mit den Kennzeichen des Synzytiums und der Langhansschen Zellen (INFERRERA et al., 1967), im Medulloblastom neuroblastenartige Zellen mit Tubuli und Filamenten (ESCOUROLLE u. POIRIER, 1967), im Nierenkarzinom Zellen mit den Merkmalen proximaler Tubulusepithelien und in Fibrosarkomen fibroblastenartige Zellelemente.

Die Zahl der Organellen hängt im wesentlichen vom Wachstum des Tumors ab. So haben schnell wachsende Hepatome wenig Organellen und eine einfache Organisation, langsam wachsende Hepatome dagegen gut entwickelte Organellen (HRUBAN et al., 1965) (Tab. 55). Ähnliche Befunde ermittelte auch HOSHINO (1963) (Tab. 56).

Auch die charakteristischen Zelleistungen, wie die Sekretproduktion, Pigment- oder Faserbildung (Abb. 94, 95), bleiben erhalten und können in ihrem Umfang erhöht oder vermindert sein. In Schilddrüsenkarzinomen kann es zur Amyloidbildung kommen (DAYAN u. WOODHOUSE, 1968; MEYER, 1968). Die in den Normalzellen meist gerichtete Abgabe der Produkte ist vielfach gestört. Die mit der Synthese verbundene Polarisierung der Organellen ist meist aufgehoben.

Eine Einteilung von Krebszellen in verschiedene Typen, so etwa wie durch CASPERSSON in A- und B-Zellen, hat nur eine beschränkte Bedeutung, da die Zahl der Übergangsformen zwischen den beiden Arten meist sehr hoch ist.

Aus einer Auswahl elektronenmikroskopisch untersuchter Tumoren (Tab. 57) haben wir versucht morphologische Kriterien der einzelnen Zellbestandteile herauszukristallisieren, was jedoch nur einen bedingten Erfolg haben konnte.

Die Kern-Plasma-Relation ist vielfach infolge einer Volumenzunahme des Kerns gestört. Dabei bilden sich an der Kernoberfläche Evaginationen und — viel häufiger — Invaginationen mit Einschluß von Zytoplasmabestandteilen. Diese weisen, wenn sie zu echten, vom Zytoplasma abgeschlossenen Kerneinschlüssen (Abb. 96) geworden sind, Zeichen der Degeneration auf, wobei die

Ausbildung von Myelinmembranen und Lipidablagerungen hervorzuheben ist. Die Glykogen- bzw. Glykoproteidansammlungen im Kern von Plasmozytomzellen könnten auch durch eine intranukleäre Synthese hervorgerufen sein.

Tab. 55. *Beziehungen zwischen Zytoplasmazusammensetzung und Wachstumsschnelligkeit von Hepatomen* (nach Hruban et al., 1965)

Hepatom	Novikoff	Morris 3683	Geringer Katalasegehalt-	Hoher Katalasegehalt-	Morris 5123	Reuber H-35
Wachstum	schnell	schnell	mäßig	mäßig	langsam	langsam
granuläres endoplasm. Retikulum	wenige kurze Zisternen	wenige lange Zisternen	deutliche einzelne Zisternen	deutliche einzelne Zisternen	einige Stapel von Zisternen	Häufig Zisternen-stapel
Beziehungen zwi. Retikulum u. Mitochondrien	selten	selten	gewöhnlich	gewöhnlich	sehr dicht	sehr dicht
agranuläres endoplasm. Retikulum	selten	selten	selten	selten	mäßig	mäßig
Golgi-Vakuolen	häufig	selten	selten	selten	selten	häufig mit Granula
Microbodies	fehlen	fehlen	vorhanden	vorhanden	vorhanden	vorhanden
Kristalloid	fehlen	fehlen	klein	klein	mäßig	groß
Mitochondrien: Größe, Anordnung u. Zahl der Cristae	0,3 – 1 μ wenig	0,3 – 0,8 μ wenig	0,7 – 1,2 μ zentrale Cristae	0,7 – 1,2 μ zentrale und periphere Cristae	0,6 – 0,9 μ viele periphere Cristae „leberartig"	0,9 – 1,4 μ viele periphere Cristae „leberartig"
annulierte Membranen	mäßig	viel	mäßig	mäßig	wenig	wenig
paarförmige Zisternen	mäßig	viel	selten	selten	selten	nicht gefunden

Vereinzelt zeigt nur die innere Kernmembran Einziehungen (Hoshino, 1961). In einigen Krebszellen werden annulierte Membranen gebildet (Onoe, 1962) (Abb. 97).

Das Chromatin weist eine differente Lagerung (Ashworth et al., 1960), Verklumpungen und eine marginale Kondensation auf. Insbesondere ist die Verteilung von Euchromatin und Heterochromatin verändert (Harbers, 1967).

In Plasmozytomzellkernen sieht man manchmal fibrilläre Formationen. Die Interchromatingranula sollen vermehrt sein.

Fast übereinstimmend wird eine Nukleolushypertrophie angegeben. Dabei kann die Innenstruktur kompakt oder verklumpt sein. Oft kommt es auch zu einer kernmembrannahen Lagerung. Auf Grund dieser Tatsachen ist es fraglich, ob die von SIPUS et al. (1966) nach Zytostatikatherapie beobachtete Nukleolusvergrößerung tatsächlich durch die Behandlung hervorgerufen wurde.

Tab. 56. *Differenzen der Ultrastruktur von 4 Typen von Aszites-Hepatomen* (nach HOSHINO, 1963)

Typ	A H 602	A H 7974	A H 130	A H 13
Beziehungen zwischen den Zellen	enge Verbindungen oder locker im Zentrum	enge Verbindungen mit Verzahnungen	lockere Verbindungen	
Schlußleisten	häufig		nicht häufig	keine
Mitochondrien	zylindrisch oder oval, vermehrt und vergrößert		oval oder sphärisch, verkleinert und vermindert	
endoplasmatisches Retikulum	lamellär und verbreitert	vesikulär oder lamellär schmal	vesikulär	
Golgi-Komplex	schlecht entwickelt		gut entwickelt	
degenerative Veränderungen	nicht häufig		häufig	
weitere Befunde	Interzellularsubstanz, annulierte Lamellen, Invagination der inneren Kernmembran	zahlreiche Mikrovilli im Interzellularraum	Zytoplasmafilamente annulierte Lamellen	Glykogen

Von BERNHARD u. GRANBOULAN (1968) werden außerdem Vakuolen und Einschlüsse in den Nukleoli beschrieben. Ihre Zahl erhöht sich, und die Bestandteile zeigen Dissoziationen und Verschiebungen.

Da nach den meisten neueren Forschungen die Kanzerisierung als ein den DNS-RNS-Stoffwechsel primär betreffender Prozeß aufgefaßt wird, ist es nicht überraschend, daß das granuläre endoplasmatische Retikulum und die Ribosomen besonders stark verändert sind. Die mRNS ist in transplantablen Hepatomen 4,5mal so hoch wie in der normalen Leber (MANSBRIDGE u. KORNER, 1966). Die Zahl großer Polysomen wird reduziert, während die Dimeren und Monomeren zunehmen.

Die Vermehrung betrifft vorwiegend die freien Ribosomen, während die membranständigen abnehmen. Das granuläre endoplasmatische Retikulum verliert seine reguläre Anordnung und wird fragmentiert und zu Vesikeln und

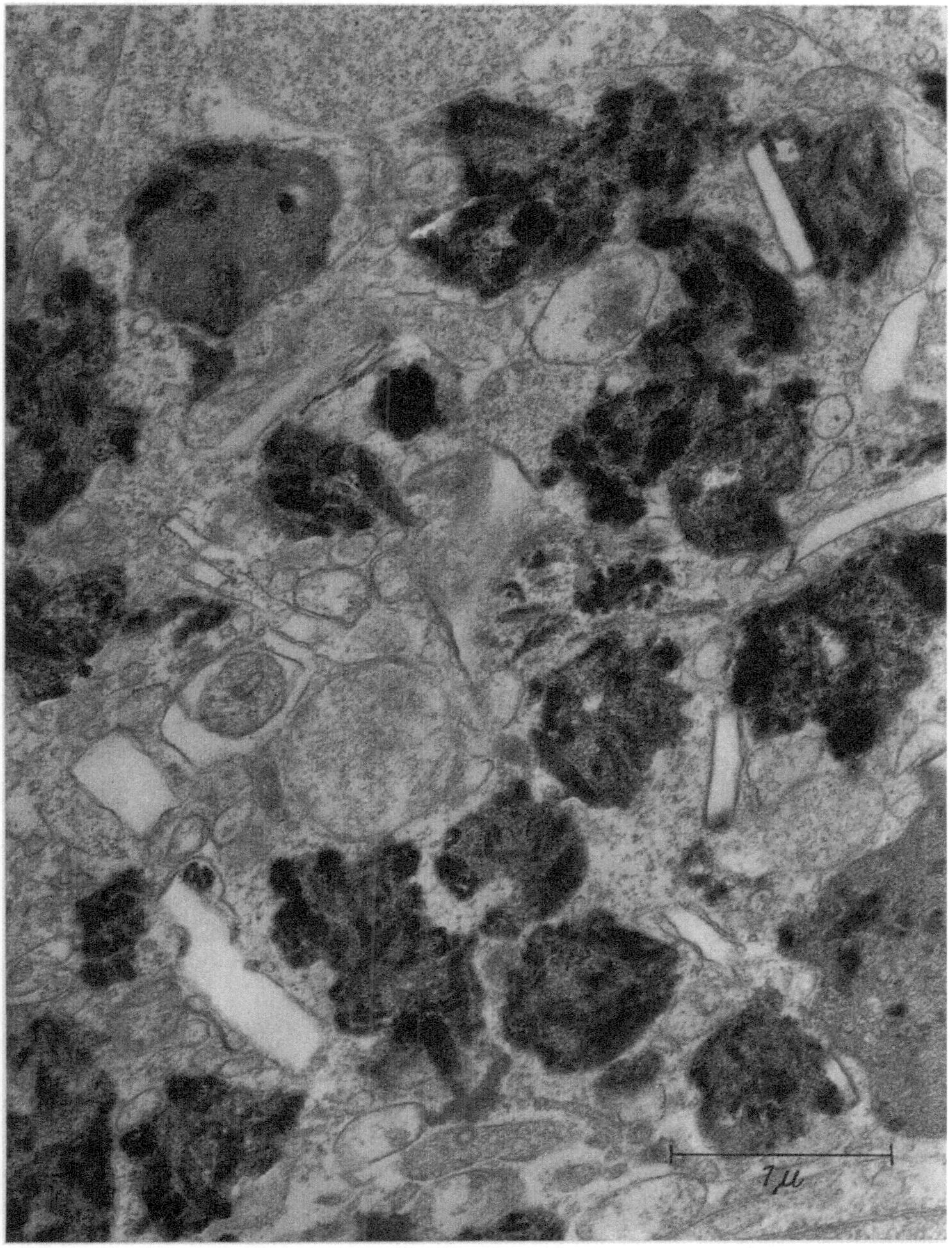

Abb. 94. Tumorzelle mit reichlich Melaninpigmentablagerungen sowie rechteckigen Lücken (herausgelöste Kristalle?) aus einem transplantablen Melanoblastom des Goldhamsters. 29 000 ×.

Vakuolen umgewandelt. In Hepatomen kann es zur intrazisternalen Proteinspeicherung kommen. Im Walker-Karzinom bilden sich innerhalb des endoplasmatischen Retikulums Einschlüsse mit Ribosomenansammlungen, die durch Zytoplasmainvaginationen in das Zisternenlumen zustande gekommen sein sollen.

In den Zellen des Mammakarzinoms beträgt die Oberfläche des granulären endoplasmatischen Retikulums nur 0,6—4,0 bzw. 0,3—2,5 μ^2/μ^3, im Gegensatz zu Normalzellen mit 4,7 μ^2/μ^3 (HOLLMANN, 1968; VERLEY u. HOLLMANN, 1968). Im soliden Ehrlich-Karzinom der Maus wird die im endoplasmatischen Retikulum gebildete Leuzinaminopeptidase über ein lysosomales Stadium an die Umgebung abgegeben und zerstört so die Zellmembran benachbarter Zellen (MOHR, 1967).

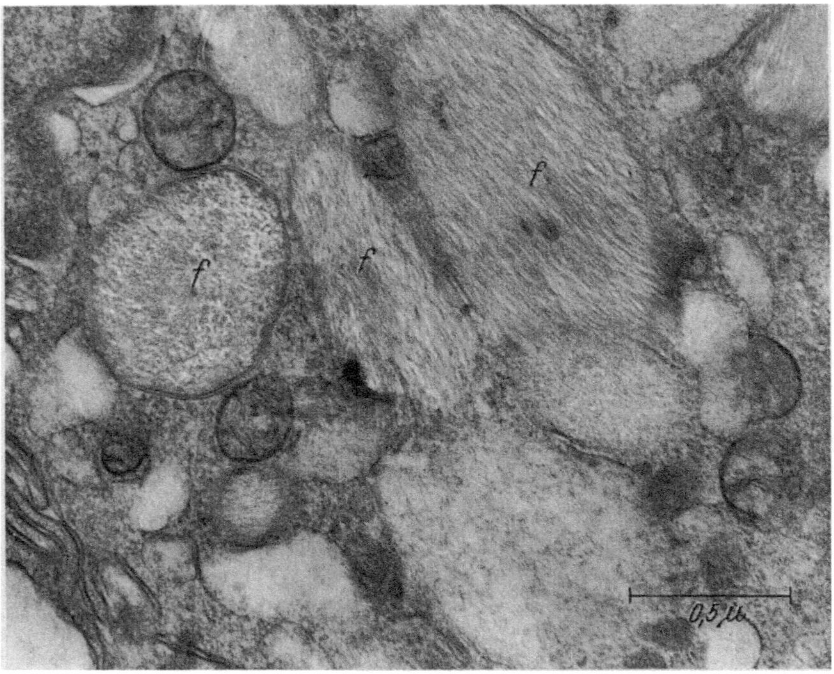

Abb. 95. Zytoplasmakörper mit fibrillären Strukturen (*f*) aus schleimbildenden Zellen eines Mischtumors des Menschen. 42 000 ×.

Das agranuläre endoplasmatische Retikulum ist in Tumorzellen teilweise vermehrt.

Neben der Vakuolisierung des endoplasmatischen Retikulums sind in vielen Tumorzellen große Vakuolen anderer Genese zu finden. Sie stellen teilweise auch tiefe Einstülpungen der Zellmembran dar. Manchmal ragen Mikrovilli in sie hinein.

Die Angaben über das Verhalten der Mitochondrien in Tumorzellen sind different. NEUBERT u. MORRIS (1966) konnten feststellen, daß die Proteinsynthese in Mitochondrien von Hepatomen der von normalen Leberzellen gleicht. Das bedeutet, daß die Neubildungsrate mindestens eines Teils der Mitochondrienkomponenten nicht so hoch ist, wie es dem Wachstum der Hepatomzellen entspricht. Eine Vermehrung könnte nur durch eine erhöhte Lebensdauer der vorhandenen Mitochondrien zustande kommen (BASS et al., 1966) und ist sehr selten. Man beobachtet die Zunahme z. B. auch in Schilddrüsenkarzinomen (BASCHIERI u. TONIETTI, 1968).

Tab. 57. *Elektronenmikroskopisch untersuchte maligne Zellen (Beispiele)*

Tumor	Autor
Hepatom (menschlich, experimentell, transplantabel)	DE MAN, 1960; HOSHINO, 1961, 1963; PITOT, 1962; THERON et al., 1962, 1966; LEDUC u. WILSON, 1964; SVOBODA, 1964; THERON u. MERKEL, 1964; WEBB et al., 1964; HRUBAN et al., 1965, 1966; BASS et al., 1966; MA u. WEBBER, 1966; MANSBRIDGE u. KORNER, 1966; NEUBERT u. MORRIS, 1966; STAHL u. BIELKA, 1966; UTSUNOMIYA u. ROTH, 1966; WEBB u. POTTER, 1966; RICHTER u. KRESS, 1967; FLAKS, 1968; MURRAY et al., 1968; SAITO, 1968
Medulloblastom	ISHIDA et al., 1964; ESCOUROLLE u. POIRIER, 1967
Astrozytom	YOSHIDA et al., 1962; DUFFELL et al., 1963
Spongioblastom	HOSSMANN u. WECHSLER, 1965
Oligodendrogliom	MANNWEILER, 1962; ROBERTSON u. VOGEL, 1962; TANI u. HANDA, 1966
Meningeom	KEPES, 1961, 1962; GUSEK, 1962; NYSTRÖM, 1962; YOSHIDA et al., 1962; GONATAS u. BESEN, 1963; ISHIDA et al., 1964; ROBERTSON, 1964; CERVÓS-NAVARRO u. VAZQUEZ, 1966; CERVÓS-NAVARRO, 1967; JÄNISCH et al., 1968
Fibrosarkom—Dura	HIZAWA u. WECHSLER, 1966
Gliome—Glioblastom	SMITH et al., 1963; KOINOV, 1967; SAWADA, 1967
Ganglioneurom	ROBERTSON et al., 1964
Bronchialkarzinom	STOEBNER et al., 1964, 1967; OKADA et al., 1966; WATSON et al., 1966; HATTORI et al., 1967; KALIFAT et al., 1967; GENKA, 1968; OBIDITSCH-MAYER u. BREITFELLNER, 1968; NEMETSCHEK-GANSLER u. VOGT-NOYKOPF, 1969
Darmkarzinom	BIRBECK u. DUKES, 1963; IMAI u. STEIN, 1963; HAGUENAU et al., 1964
Nierenkarzinom	SELJELID u. ERICSSON, 1965; ERICSSON et al., 1966
Harnblasenkarzinom	TERAO, 1962; KASHIWAI et al., 1963; BATTIFORA et al., 1965
Prostatakarzinom	TAKAYASU u. YAMAGUCHI, 1962; BRANDES et al., 1964; KUDO, 1967
Hodentumoren	CERVÓS-NAVARRO et al., 1964; PIERCE, 1966
Ovar-Dysgerminom	LYNN et al., 1967
Kollumkarzinom	HINGLAIS-GUILLAUD et al., 1961; HAAM, 1964
Endometriumkarzinom	NILSON, 1962; WESSEL, 1965; BABA u. HAAM, 1967
Chorionepitheliom	INFERRERA et al., 1967
Mammakarzinom	BUERGER u. SCARPELLI, 1962; HAGUENAU u. HOLLMANN, 1962; DAVID u. MANGAKIS, 1963; WELLINGS u. ROBERTS, 1963; BURGER, 1964; GONZALEZ-LICEA et al., 1967; GROS u. GIRARDIE, 1967; MURAD u. SCARPELLI, 1967; HOLLMANN, 1968; VERLEY u. HOLLMANN, 1968; BUSCH u. MERKER, 1968; SCHÄFER u. BÄSSLER, 1969
Basalzellenkarzinom	ZELICKSON, 1962; VANDREWALLA u. SIRSAT, 1962
Hautkarzinom	TARIN, 1967
Melanom	STÄUBLI u. LOUSTALOT, 1962; BIERRING et al., 1963

Tabelle 57 (Fortsetzung)

Tumor	Autor
Inselzelltumor	TOKER, 1967
Schilddrüsentumor	DMITRIEVA, 1966; NUNEZ et al., 1967; TONIETTI et al., 1967; BASCHIERI u. TONIETTI, 1968; BRAUNSTEIN et al., 1968; LUPULESCU u. PETROVICI, 1968; DAYAN et al., 1968; MEYER, 1968
Plasmozytom	BRITTIN et al., 1963; BESTETTI-BOSISIO u. LANZA-VECCHIA, 1965
Chondroblastom	WELSH u. MEYER, 1964
Chordom	FRIEDMANN et al., 1962; CANCILLA et al., 1964; SPJUT u. LUSE, 1964
Fibrosarkom	PARRY u. GHADIALLY, 1965; GIESEKING, 1966
Retikulumzellsarkom	BERNHARD u. LEPLUS, 1964; WEINBERGER u. BANFIELD, 1965
Rhabdomyosarkom	FRIEDMAN et al., 1965; CORNOY u. GONATAS, 1967
HEP_3-Karzinom	TAKAHASHI u. MOTTET, 1962
Walker-Karzinom	MERKER u. EASTY, 1961; POOL, 1962; SMETANA u. BUSCH, 1963

Meistens sind die Mitochondrien vermindert und verkleinert (BUSCH u. MERKER, 1968). In den Zellen des Mammakarzinoms sinkt der prozentuale Anteil der Mitochondrien am Gesamtvolumen auf 5,4—8,9% bzw. 6,6—12% (normal 11,2%) (HOLLMANN, 1968; VERLEY u. HOLLMANN, 1968). Die Organellenreduzierung ist als Zeichen der Entdifferenzierung anzusehen.

Die qualitativen Veränderungen der Mitochondrien in Tumorzellen sind vielfältig. Häufig werden Größenschwankungen (Abb. 98) und abnorme Formen, wie Ringbildungen oder Trommelschlegelformen, beobachtet. Schwellungszustände sind nicht selten. Die Cristae sind vermindert und verlagert (Abb. 99). Es können sich Myelinfiguren oder intracristale Körper (HAAM, 1964) bilden. Die Außenmembran kann fragmentiert sein.

Das Golgi-System ist in vielen Tumorzellen hyperplastisch und multipliziert und über das gesamte Zytoplasma verstreut. In Mammakarzinomzellen berechnete HOLLMANN (1968) jedoch eine deutliche Reduktion. In den Zellen des Nierenkarzinoms wird Glykogen angehäuft. Andere Zellen speichern Sekret. Vielfach können auch Lipidablagerungen beobachtet werden.

HRUBAN et al. (1966) beschreiben einige spontane Hepatomformen, in denen die Microbodies vermehrt und vergrößert sind.

Ferritin oder Hämosiderin werden nicht selten in Tumorzellen gefunden (Abb. 100). Außerdem sind häufig Zytolysomen, multivesikuläre Körper und Einschlüsse verschiedenster Art zu beobachten.

Die Zellmembran von Tumorzellen kann die für das Muttergewebe spezifischen Bildungen zeigen oder sie mehr oder weniger vollständig verlieren. So kann in Nierenkarzinomzellen der Bürstensaum vorhanden sein, und in Hepatomen werden regelrechte Gallekapillaren ausgebildet. Meist sind die Mikrovilli unregelmäßiger gebildet und spärlicher vorhanden. Desmosomen, Schlußleisten und Verzahnungen sind oft wesentlich reduziert.

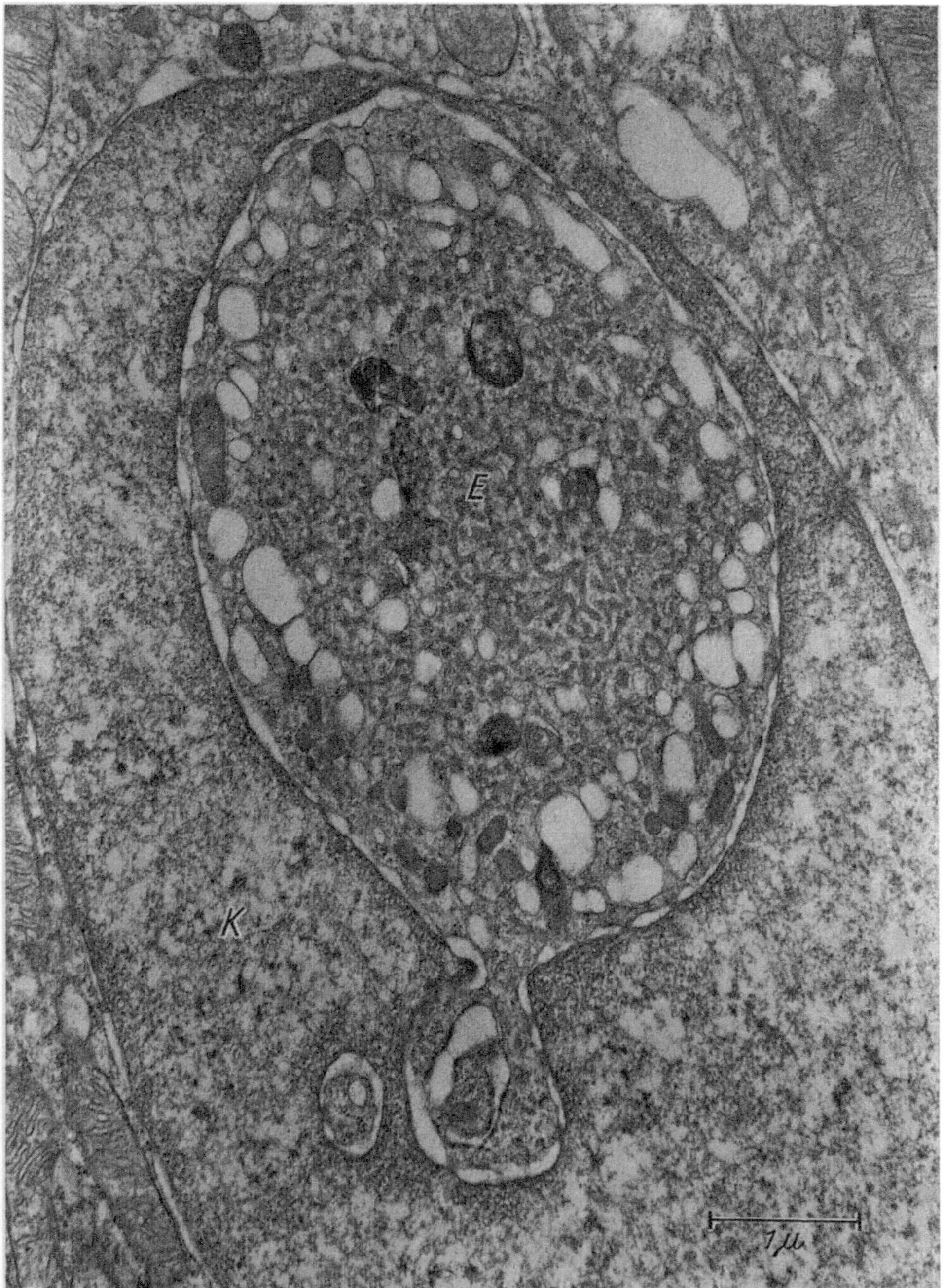

Abb. 96. Großer Kerneinschluß (*E*) in einer Tumorzelle mit Abbau und vesikulärer Umwandlung des eingeschlossenen Zytoplasmamaterials. *K* = Kern. 20 000 ×.

In Hautkarzinomen beschreibt SUGAR (1967) multiple Zellkontaktveränderungen. Der Interzellularraum wird dilatiert und enthält Exsudat und Detritus.

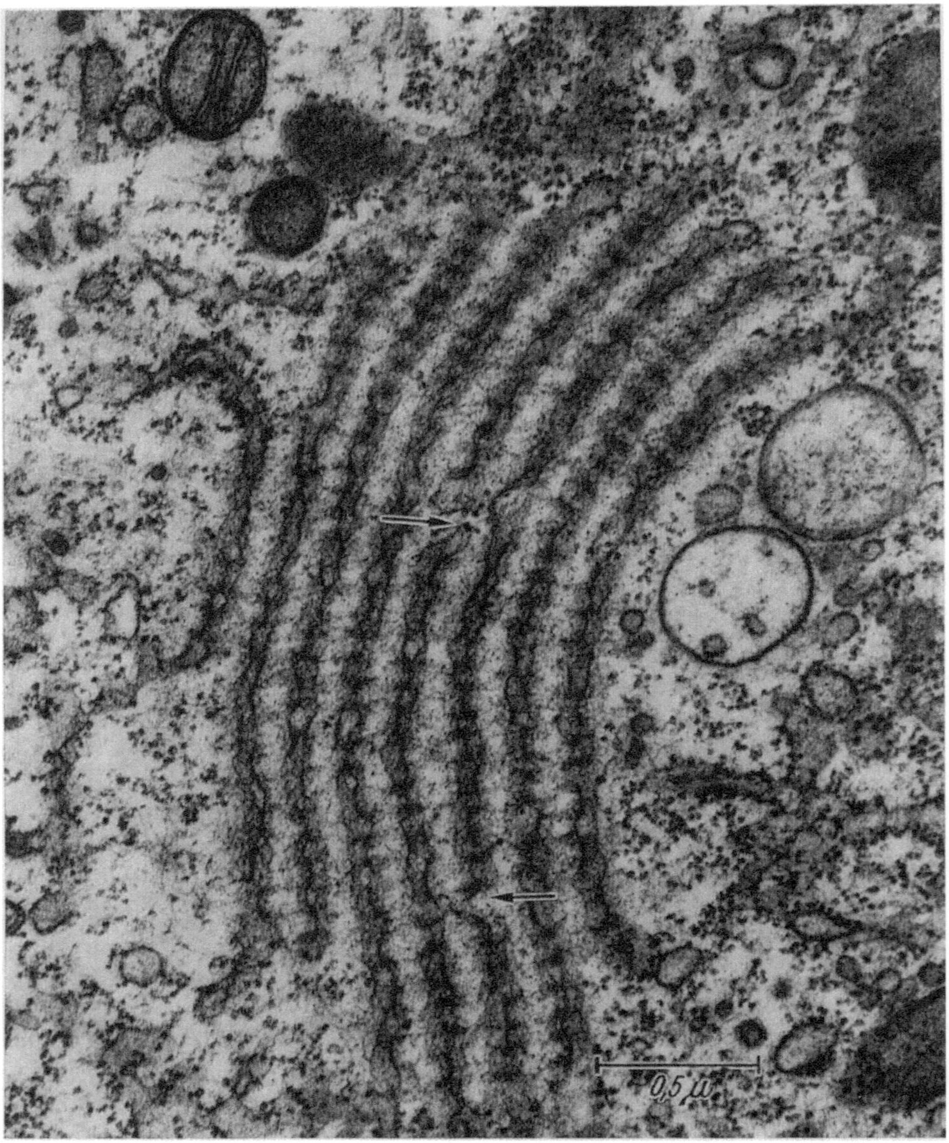

Abb. 97. Annullierte Lamellen im Zytoplasma einer Sarkom-I-Zelle. Zahlreiche Ribosomen an den Membranen und an ihren Enden. Vereinzelt Poren (↗) innerhalb der Membranen. 42 000 ×. — Mit freundlicher Genehmigung von Frau Dr. CHAMBERS, Seattle/USA. Aus: J. Cell Biol. **21**, 133—139 (1964).

Die Interzellularbrücken können zerbrechen, Mikrovilli und Pseudopodien treten auf.

Die Zellen des Meningioms können Zilien bilden und haben außerdem die Fähigkeit zur spiraligen Einrollung der Zellfortsätze. In den Spongioblastom-

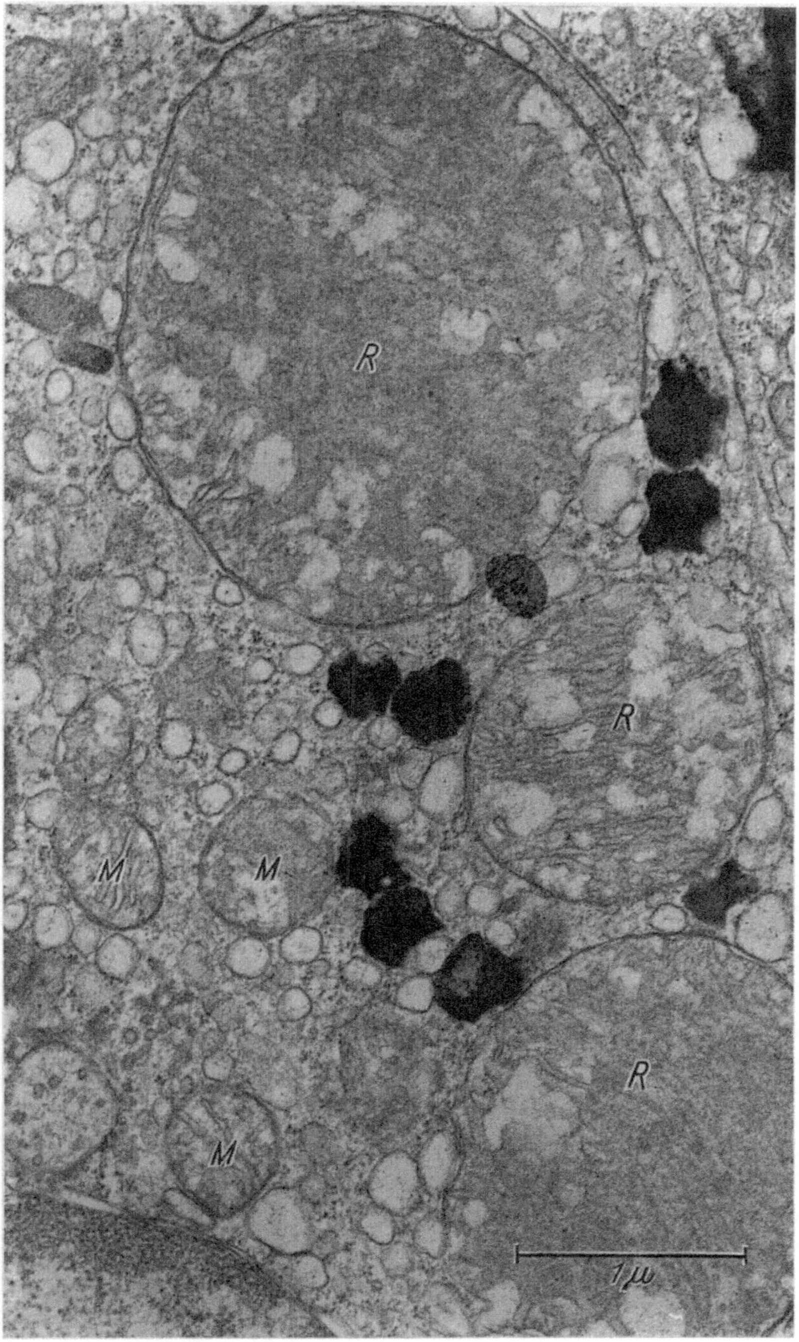

Abb. 98. Mitochondrienhyperplasie (*R*) in Tumorzellen. Feintropfige Verfettung. Vesikuläre Umwandlung des endoplasmatischen Retikulums. *M* = normalgroße Mitochondrien. 30 000×.

zellen entstehen aus Zellausläufern mit zusammengesinterten Filamenten und geschwollenen Mitochondrien die „Rosenthalschen Fasern".

Abb. 99. Mitochondrien (*M*) mit erweiterten Cristae aus einer Tumorzelle. Großtropfige Verfettung (*L*). 45 000 ×

Die Tumorzellen verlieren keineswegs die Fähigkeit zur Pinozytose und Phagozytose. Richter u. Krebs (1967) sahen in Hepatomzellkulturen eine Phagozytose und intrazellulären Abbau von Bakterien.

Besonders problematisch schien lange Zeit die Frage nach den Beziehungen zwischen Tumorzellen und den Basalmembranen (DAVID u. MANGAKIS, 1963). Nach BUSCH (1969) ist im Mammakarzinom die zwischen Bindegewebe und

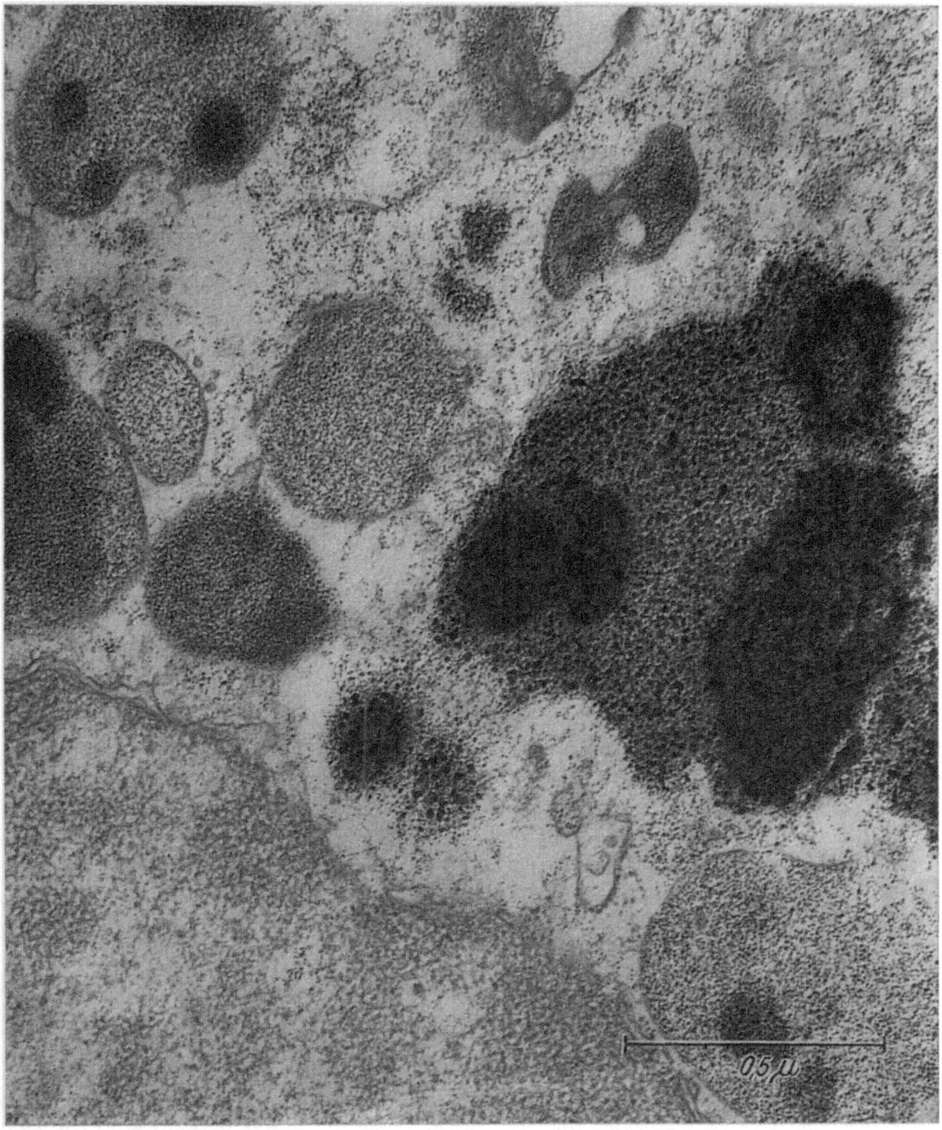

Abb. 100. Ausschnitt aus einer Tumorzelle nach langdauernder subkutaner Gabe von Eisendextran. Ansammlung von Ferritin im freien Zytoplasma sowie in membranumgebenen Körpern in unterschiedlicher Konzentration. 67 500 ×.

Karzinomzellen liegende Basalmembran nicht ausgebildet, so daß diese dem Bindegewebe mit glatter oder unregelmäßiger Zellmembran direkt anliegen. Bei der experimentellen Karzinogenese der Haut fehlt die Basalmembran (TARIN, 1967). Es muß jetzt jedoch als gesichert angesehen werden, daß auch Tumorzellen ihre Glycocalyx und Basalmembran haben (MUKERJEE et al., 1965; PIERCE, 1965). Die Durchstoßung der Basalmembran durch einzelne Zellausläufer (SUGAR, 1968) hat wahrscheinlich keine entscheidende Bedeutung für die Ausbreitung der Tumorzellen.

b) Zellbefunde bei der Kanzerisierung

Infolge der Tatsache, daß die entscheidenden Vorgänge bei der Kanzerogenese noch nicht zu fassen sind, bleibt spekulativen Erörterungen, die teilweise durch experimentelle Daten untermauert werden können, viel Raum. Wahrscheinlich

Beispiele für selektive therapeutische Attacken auf die verschiedenen Bereiche:

Gärungshemmende Substanzen, Atmungshemmende Substanzen	Übersäuerung (ph ≈ 6,5), Hyperthermie, Netzmittel, Intrazellulare H_2O_2-Entwicklung, Diäthylstilboestrol, Äth.-Alkohol, Ionis. Strahlung	Glycerinaldehyd, Aminosäuren Antagonisten, Alkylierende Substanzen, Ionisierende Strahlung

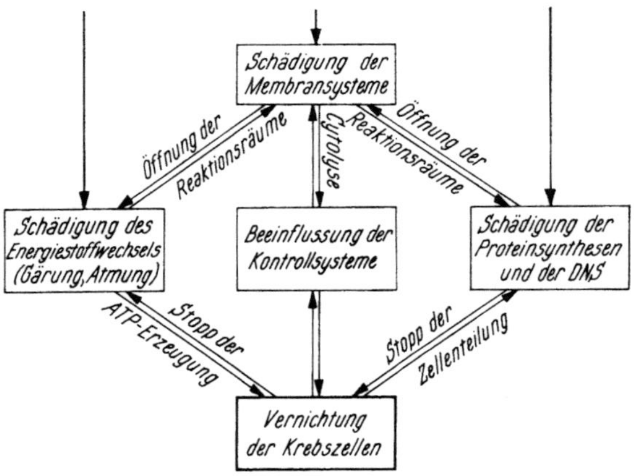

Schema 10. Vorstellungen über die Eingriffsmöglichkeiten in die Krebszelle. (Nach v. ARDENNE und RIEGER, 1968.)

kann der in einer Zellart als bedeutungsvoll erkannte Weg zur malignen Zelle auch nicht ohne weiteres auf andere Zellarten und Organe übertragen werden, wie es sich ja auch aus dem vorher Dargestellten ergibt.

Wie auch immer der Angriffsort geartet ist, ob er den DNS-RNS-Stoffwechsel, den Energiestoffwechsel oder die Membranen betrifft, entscheidend sind die sich daraus ergebenden Regulationsstörungen der Zelle, die zu neuen Wechselwirkungen, Informations- und Feedbackmechanismen führen, mit denen die Zelle als ein neues abnormes, aber lebensfähiges Individuum weiterlebt und sich — meist schneller — vermehrt.

Aus der Vielzahl der Untersuchungen sollen unter diesem Aspekt willkürlich einige wenige herausgegriffen werden, um auch dieses dysfunktionelle Geschehen im Gesamtbild der Dysfunktion erscheinen zu lassen.

Von Büchner (1961) und Heinlein et al. (1962) werden die Veränderungen im DNS- und RNS-Stoffwechsel in Übereinstimmung mit der größten Zahl der Autoren in den Vordergrund gestellt. Diese Vorstellung ist mit den bekannten Befunden am granulären endoplasmatischen Retikulum und den Ribosomen zu unterstützen. Die Schädigung der DNS (Heterochromatinisierung) wird durch die Befunde von Harbers (1967) gerade in der letzten Zeit eindeutig beschrieben.

Weniger klar kann die Vorstellung belegt werden, nach der Membranschäden, Änderungen ihrer molekularen Struktur, Ursache für die Malignisierung von Zellen sein sollen (Pitot, 1962; Hadjolov, 1965; Rubin, 1966; v. Ardenne u. Rieger, 1968). Nach den Vorstellungen von v. Ardenne u. Rieger können insbesondere durch Eingriffe in das Membransystem Erfolge in der Krebstherapie erzielt werden (Schema 10).

Nach der „Membron"-Theorie sind die die Eiweißsynthese regulierenden Membraneinheiten entscheidend für die Krebsentstehung (Pitot, 1969; Bernhard, 1968). Die abnorme Differenzierung in malignen Zellen ist durch eine abnorme Stabilisierung oder Destabilisierung spezifischer Templates in Verbindung mit den Membranen des granulären endoplasmatischen Retikulums bedingt.

In seiner jüngsten Darstellung über die Bedeutung der Mitochondrien bei der Kanzerogenese betont Graffi (1967) besonders die Rolle der mitochondrialen DNS. Die ubiquitäre Verteilung der Mitochondrien in der Zelle läßt eine wesentlich höhere Trefferwahrscheinlichkeit kanzerogen wirkender Substanzen annehmen. Das könnte die z. T. multizelluläre und multizentrische Krebsentstehung und auch das schrittweise Fortschreiten einzelner maligner Prozesse erklären.

4. Riesenzellen

a) Entstehungswege

Lichtmikroskopische Untersuchungen haben die Riesenzellen in verschiedener Weise differenziert und zur Aufstellung zahlreicher Klassen geführt. Für sie wurden verschiedene Wege der Bildung angenommen, insbesondere amitotische Kernteilungen ohne Teilung der Zelle oder Zellverschmelzungen.

Elektronenmikroskopisch können diese Entstehungsmöglichkeiten im wesentlichen bestätigt werden. Das Problem einer amitotischen Kernteilung kann auch durch diese Methode nicht endgültig geklärt werden. Mitosen wurden jedoch nicht beobachtet. Boehme et al. (1966) sehen als Ursache der myogenen Muskelzellen bei chronischer Ischämie eine Multiplikation des Kernes an. Eindeutig zu sichern ist die Riesenzellbildung durch die Verschmelzung aneinandergrenzender Zellen. Vorstufe der Fusion ist die oft reißverschlußartige Verzahnung der Zellmembranen, die dann streckenweise abgebaut werden.

Die elektronenmikroskopische Untersuchung hat aber gleichzeitig bewiesen, daß keinesfalls alle lichtmikroskopisch als Riesenzellen erscheinenden Zellen solche sind. Vielfach sind die so erscheinenden Zellkomplexe durch Zellgrenzen als einzelne Individuen zu identifizieren, wie wir es z. B. bei der Arteriitis temporalis gesehen haben (Goder et al., 1966). Riesenzellen durch Verschmelzung werden z. B. nach Gabe von Mykolsäure (Gusek, 1964), in Epitheloidzellgranulomen (Bönicke et al., 1963; Wanstrup u. Christensen, 1966), in Pneumokoniosen (Policard et al., 1964, 1965), bei Asbestose (Davis, 1963), in Paraffingranulomen (LÖBLICH u. ARAM-BASIĆ, 1961), bei virusbedingten Riesenzellen (OKADA, 1962), bei monozytären Riesenzellen (SUTTON u. WEISS, 1966; SUTTON, 1967) und in nitrofurazonbedingten Riesenzellen des Hodens (UEMATSU, 1966) gefunden.

b) Die innere Struktur der Riesenzelle

Eine wichtige Ursache für die Ausbildung von Riesenzellen sind Phagozytosevorgänge, so daß sie oft auch als eine Sonderform der Makrophagen aufgefaßt werden können (DUMONT, 1964). Sogar Einzelzellen, die gemeinsam Fremdmaterial umgeben (GUSEK, 1964), erscheinen lichtmikroskopisch als Riesenzellen. Sie können Bakterien wie Tuberkelbakterien, Asbestosekörperchen (DAVIS, 1963) und verschiedenes Fremdmaterial enthalten. Die multinukleären Riesenzellen besitzen bei der rheumatischen Arthritis reichlich Lysosomen (GRIMLEY u. SOKOLOFF, 1966).

Die Zellkerne der Riesenzellen (Abb. 101) haben meist zahlreiche Invaginationen. Die Nukleoli können hypertrophisch sein. Mitochondrien sind in großer Menge vorhanden, klein und oft zentral lokalisiert. Das granuläre endoplasmatische Retikulum ist relativ spärlich ausgebildet. Das Golgi-System ist hyperplastisch.

Die aus verschmolzenen Epitheloidzellen entstandenen (Langhansschen) Riesenzellen bei Lupus vulgaris (GUSEK, 1962) oder Sarkoidose (WANSTRUP u. CHRISTENSEN, 1966) besitzen oft vakuolisiertes granuläres endoplasmatisches Retikulum, degenerierte Mitochondrien und Myelinfiguren.

Eine Herpes zoster-Virus-Infektion führt zur Bildung von Riesenzellen der Haut mit Ansammlung von Viren in den Kernen und im Zytoplasma (LUTZNER, 1962).

Die nach Nitrofurazongabe entstehenden Riesenzellen des Hodens zeigen Verklumpungen des Karyoplasmas und einen herdförmigen Verlust der Kernmembran (UEMATSU, 1966). Im reichlich vorhandenen Zytoplasma liegen Vakuolen mit verdichteten Mitochondrien.

Riesenzellen aus der Epulis gigantocellularis haben Ähnlichkeiten mit Histiozyten und Endothelzellen und zeigen einen hohen Differenzierungsgrad der Zytoplasmastruktur mit reichlich Organellen (GUSEK, 1959; DREPPER u. THEMANN, 1961; DREPPER et al., 1961). Die in großer Zahl vorhandenen Mitochondrien haben eine durchschnittliche Größe von 0,09 μm^3. Vorwiegend in der Zellperipherie liegt das vermehrte granuläre endoplasmatische Retikulum (DAVID u. KORTH, 1959). Die Zellen zeigen Erythrophagozytose und Hämosiderinablagerungen.

Benigne Riesenzelltumoren des Knochens enthalten in der Umgebung der Kerne reichlich Mitochondrien, granuläres endoplasmatisches Retikulum und freie Ribosomen. Das Golgi-System ist hyperplastisch. In der Zellperipherie können Gruppen von Zentriolen beobachtet werden. An der Zelloberfläche sind Pseudopodien und Mikrovilli ausgebildet (MILLER u. MONTELEONE, 1957; HIROTA, 1960; HORIE, 1961; KUWANA, 1967; TAKESAIMA, 1968).

Die Riesenzellen des Chondroblastoms besitzen neben reichlich Organellen auch phagozytierte Erythrozyten (WELSH u. MEYER, 1964). Bei der Retikulosarkomatose Gottron sind in die Riesenzellen ribosomenreiche einkernige Zellen eingelagert (BRAUN-FALCO et al., 1966).

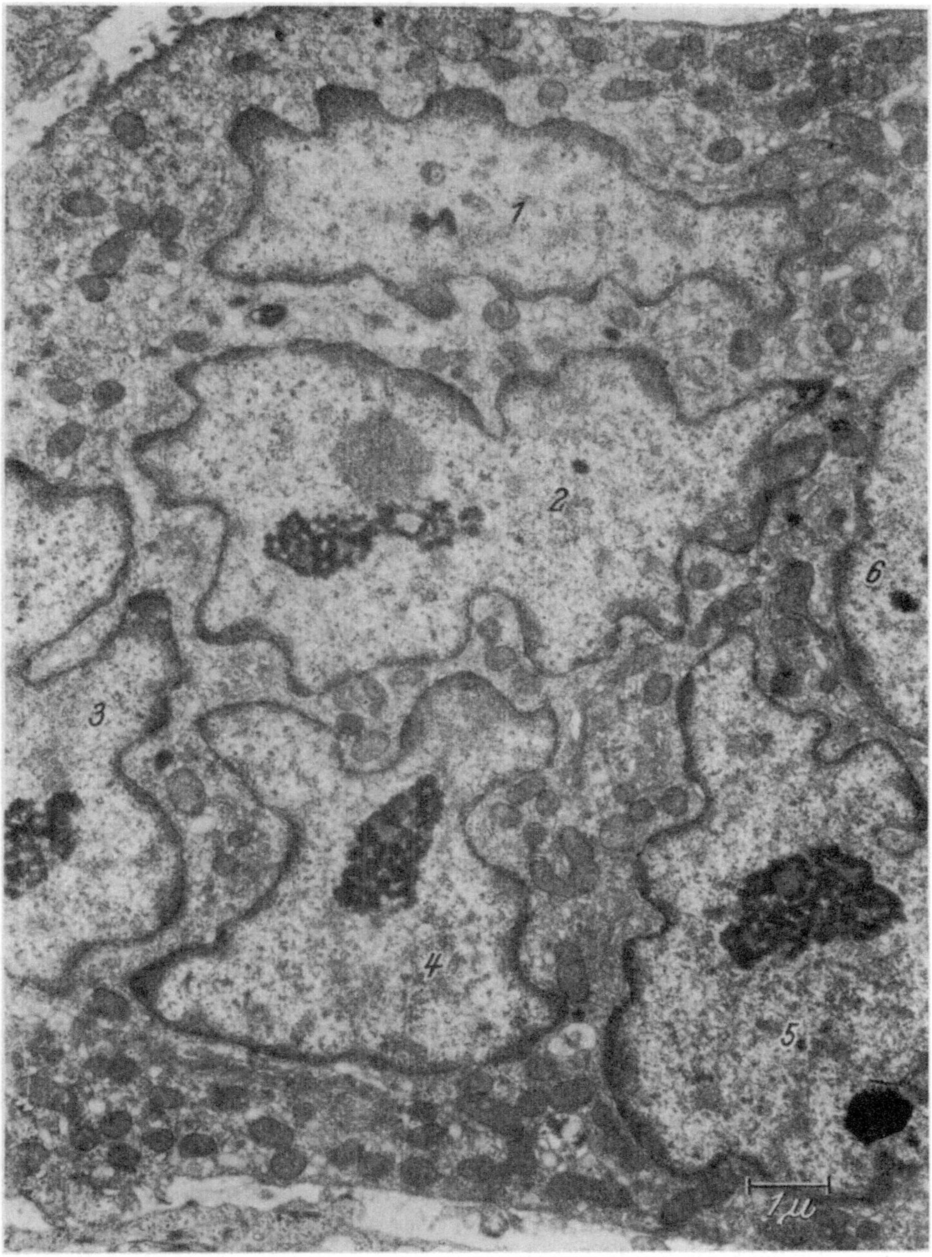

Abb. 101. Riesenzelle aus einer Epulis gigantocellularis mit 6 angeschnittenen Kernen (1—6) und großen Nukleoli. 10 000 ×. (Aufnahme: Dr. WEISS.)

Die Sternberg-Reedschen Riesenzellen der Lymphogranulomatose haben bizarr geformte Kerne mit Zytoplasmainvaginationen (BERNHARD u. LEPLUS, 1964; Lit. DAVID, 1967; FORTEZA BOVER et al., 1968). Die Nukleoli sind hyperplastisch und liegen den Einziehungen vielfach an. Im Zytoplasma sind neben den typischen Organellen Zytolysomen und Phagolysomen zu beobachten.

5. Zellveränderungen bei Störung des DNS-RNS-Proteinstoffwechsels

a) Allgemeine Prinzipien

Die enge Kopplung von DNS-, RNS- und Proteinstoffwechsel erlaubt es nicht, die Erklärung der Prozesse unter normalen und pathologischen Bedingungen voneinander zu trennen. Auf den Metabolismus dieser Substanzen wirkende Stoffe können außerdem in verschiedene Schritte eingreifen. Schädigungen auf einer Stufe können daneben Rückwirkungen auf davorliegende Ereignisse infolge von Störungen im Feedbackmechanismus zeigen. Die ersten Möglichkeiten liegen schon im Resorptionsprozeß der Aminosäuren, der keineswegs als einfache Diffusion aufzufassen ist (FISHER, 1967).

Folgende Schädigungsmechanismen wären theoretisch z. B. möglich: Mangel an Vorstufen, Synthese-, Abgabe-, Transporthemmung, Nukleotid-Analoga, -Mangel, Aminosäure-Analoga, -Mangel, -Exzeß, direkte Zerstörung der Strukturen, Besetzung der Syntheseorte durch Konkurrenzverbindungen, Energiemangel, Abgabehemmung, -erhöhung, Bildung abnormer Proteine.

Bei der Eiweißsynthese in der Leber unterscheiden ROHR u. SIGWART (1967) eine initiale ergastoplasmatische Phase, eine Golgi-Phase und — nach Trennung der Synthesewege — eine Ausschleusungs- und Fermentanreicherungsphase. Ein ähnlicher Weg ist auch bei zahlreichen anderen Organen vorhanden, z. B. Fibroblasten (SHELDON, 1964) und exokrinen Pankreaszellen (JAMIESON u. PALADE, 1967).

Die unterschiedlichen Umsatzraten intrazellulärer Eiweiße werden möglicherweise durch eine selektive Autophagie bedingt, deren Ursache ein differenter Anteil oberflächlicher hydrophober Gruppen der einzelnen Eiweiße sein könnte (BOHLEY, 1968).

Sicher beeinflußt jede toxisch wirkende Substanz früher oder später den Eiweißmetabolismus. Nur bei einem Teil von ihnen sind jedoch die präzisen Angriffspunkte bekannt. Sie werden z. T. an anderer Stelle besprochen. Prinzipiell sind mehrere Möglichkeiten zur Schädigung des DNS-, RNS-Proteinmetabolismus gegeben.

Die Störung kann auf der Ebene der Transkription, d. h. der Informationsübertragung von der DNS über die mRNS zu den Polysomen, oder auf der Ebene der Translation, d. h. der Proteinsynthese direkt — insbesondere im Bereich der tRNS und der Aminosäuren —, wirken.

Da es sich bei der Eiweißsynthese um einen gesteuerten und regulierten Prozeß handelt, ist es vorauszusehen, daß Eingriffe in die verschiedensten Bezirke des Vorganges letztendlich die gleichen Veränderungen des Metabolismus bewirken. Dadurch wird jede Untersuchung über einen spezifischen Angriffspunkt erheblich erschwert.

b) Schädigung der DNS- und DNS-abhängigen RNS-Synthese

Einige der auf verschiedene Stufen wirkenden Substanzen wie Aktinomyzin (s. S. 421), Thioazetamid (s. S. 447) sind an anderer Stelle beschrieben worden (Schema 11).

4-Fluor-4-Dimethylaminoazobenzol führt zu einer permanenten Reduktion der mRNS-Synthese und damit der Transkription infolge einer Bindung der Azofarbstoffe an die Kernproteine (Kidson u. Kirby, 1965). Möglicherweise erfolgt auch eine Umwandlung der Orotsäure zu Uridinnukleotiden. Diskutiert wird auch eine Verbindung des Karzinogens mit dem Repressor, als deren Folge die Transkription der DNS fortdauernd verändert wird.

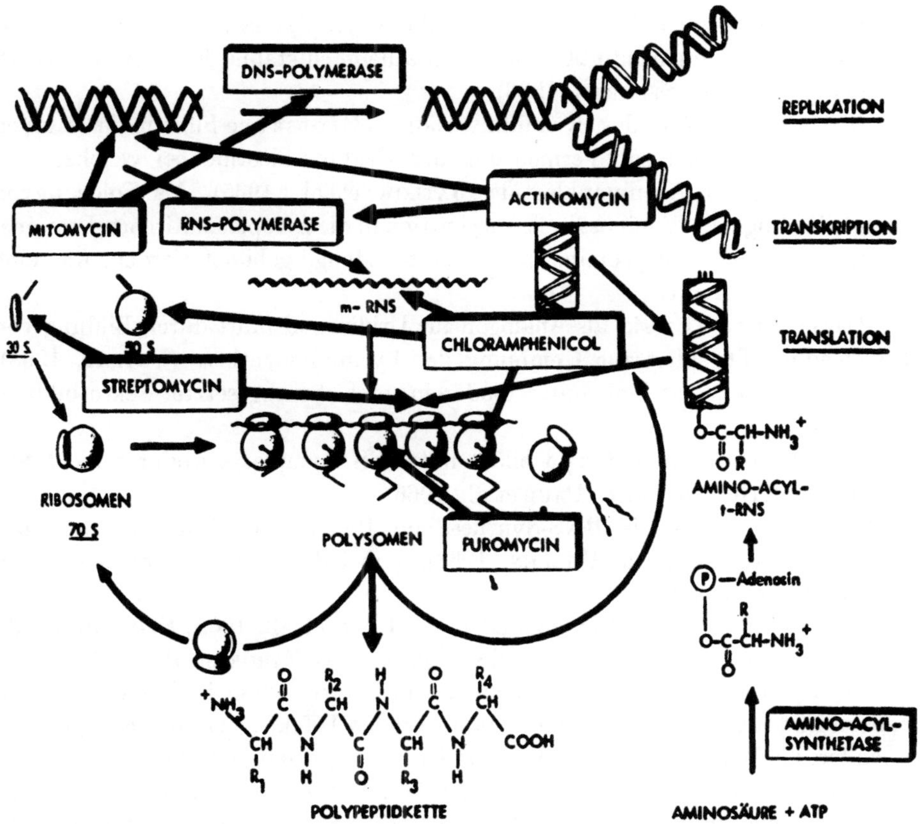

Schema 11. Wirkungsweise der Antibiotika auf die Synthese von Nukleinsäuren und Proteiden. (Nach Dellweg, 1966.)

Strahlen (s. S. 451) verschiedener Art wirken ebenfalls besonders auf die DNS des Zellkerns. Jedoch sind die Theorien über ihren Wirkungsmechanismus unterschiedlich. Röntgenstrahlen schädigen die Basen Guanin und Thymidin irreversibel, indem sie Guanin zu einem Formamidoderivat und Thymidin zu Harnstoff umwandeln (Lochmann u. Riebke, 1962; Herms, 1967). Nach Fasske und Themann (1963) kommt es bei *in vitro*-Bestrahlungen von DNS zu Aufspleißungen der Fäden und herdförmigen Vernetzungen. Ultraviolett-Licht führt zur Ausbildung von Thymidindimeren mit nachfolgender Schädigung der Karyoplasmastruktur und des Nukleolus, ähnlich wie nach Aktinomyzinbehandlung (Montgomery et al., 1964, 1966).

Ähnliche Effekte haben auch Akridinorange, Proflavin und Mitomycin C, die Komplexe mit der DNS bilden und so die RNS-Synthese inhibieren (Montgomery et al., 1966). Nach Dellweg (1966) beeinflußt Mitomycin C jedoch selektiv die DNS-Synthese, dagegen nicht die RNS- und Proteinsynthese. Das karzinostatisch wirkende Antibiotikum Daunomyzin bildet Komplexe mit der DNS und unterdrückt die RNS-Synthese (ORIGOTTI u. GAETANI, 1964; KERSTEN u. KERSTEN, 1965; DI MARCO et al., 1965).

5-Fluorurazil hemmt die Thymidinsynthese (STENRAM, 1966; WACKER, 1966; STENRAM u. WILLÉN, 1967). In den Nukleoli sammeln sich ribosomale RNS-Vorläufer an (WILLÉN u. STENRAM, 1967). Trotz des Eingriffes in den Nukleinsäurestoffwechsel läßt 5-Fluorurazil die zytoplasmatische Eiweißsynthese noch längere Zeit unbeeinflußt, wofür wahrscheinlich stabile Formen der mRNS verantwortlich sind (STENRAM, 1966).

Eine erhöhte Zufuhr des Pyrimidinvorläufers Orotsäure führt in den Kernen der Rattenleberzellen zur Vermehrung der Uridinnukleotide bei gleichzeitiger Verminderung der Adeninnukleotide (JATLOW et al., 1965). Als Folge davon erfolgt eine ungleiche Aminosäureinkorporation in die zytoplasmatischen Proteine, wobei besonders β-Lipoproteine in reduzierter Menge gebildet werden, was eine Verfettung hervorruft.

Riboazaurazil wirkt als Analogon für Uridin und führt durch Bildung von 6-Azauridin-5-Phosphat zur Hemmung der Pyrimidinsynthese (PUTZKE, 1968), woraus in Pankreaszellen unter anderem eine herabgesetzte Sekretbildung resultiert.

4-Nitrochinolin-N-Oxyd bildet mit DNS Komplexe, wodurch die RNS-Synthese unterbrochen wird (PAUL et al., 1966).

Proflavin senkt die RNS-Synthese im Bereich des Nukleolus und des Zytoplasmas (STENRAM u. WILLÉN, 1968), wobei der Nukleolus Segregationen und Verklumpungen zeigt.

Aflatoxin wird an DNS gebunden (MCLEAN et al., 1965; SVOBODA et al., 1966) und hemmt die hepatische RNS-Synthese (LA FARGE et al., 1965).

Im Gegensatz zu den zahlreichen, die mRNS-Synthese inhibierenden Substanzen sind nur wenige mit einem stimulierenden Effekt bekannt. Dazu gehören besonders die Wachstumshormone und auch einige andere Hormone (KORNER, 1964; SEKERIS u. LANG, 1965; DREWS, 1966). Durch die Hormone sollen Teile der DNS demaskiert werden, so daß neue mRNS und neue Proteine gebildet werden können. Jedoch wirken auch andere Substanzen anregend auf die Proteinsynthese. Eisen erhöht die Synthese von mRNS, die die Bildung von Apoferritin induziert, was durch Aktinomyzin verhindert werden kann (OSTERTAG u. KERSTEN, 1965; YOSHINO u. a., 1966).

c) Schädigung der zytoplasmatischen RNS und der Proteinsyntheseschritte

Hierzu gehören auch Substanzen wie Puromyzin (s. S. 436), Chloramphenicol (s. S. 438), Erythromyzin, Aminosäure-Analoga (s. S. 370) und Tetrachlorkohlenstoff (s. S. 448).

Im Verlauf der Schädigung der Eiweißsynthese kommt es in der Zelle zu zahlreichen Veränderungen der Struktur. Innerhalb des Kerns wird die reguläre Lagerung der Granula aufgehoben, und das Verhältnis zwischen Eu- und Heterochromatin wird verschoben. Der Nukleolus verliert seinen normalen Aufbau aus Pars amorpha und Nukleolonemata.

Dimethylnitrosamin wirkt über die Bildung von Diazomethan methylierend auf verschiedenen Zellkomponenten. ^{14}C-markiertes Dimethylnitrosamin führt zur nachweisbaren Bildung von Methylguanin im Bereich der RNS sowie zu Methylierungen von DNS und Proteinen (McLean et al., 1966; Magee, 1966). Die Proteinsynthese ist in wenigen Stunden inhibiert, das endoplasmatische Retikulum wird desorganisiert, wobei die Polysomen gleichzeitig abgelöst werden (Emmelot u. Benedetti, 1960; Büchner, 1961; Mölbert et al., 1962). Dimethylnitrosamin führt zur Inhibition der Aminosäureinkorporation, was mit einer Reduktion der Polysomen der Leber und ihrer Ablösung von den Membranen verbunden ist (Mukherjee et al., 1963; Benedetti u. Emmelot, 1966).

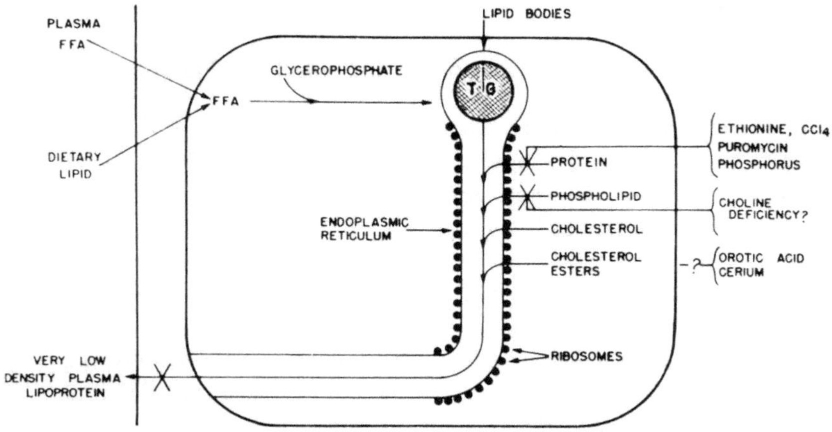

Schema 12. Schematische Darstellung der Synthese von Plasma-β-Lipoprotein in der Leberzelle und mögliche Schäden während der Pathogenese einiger Formen von Fettleber. (Nach Farber, 1966.)

Azetylaminofluoren verbindet sich mit Protein und RNS (Marroquin u. Farber, 1965). Azaguanin inhibiert die Proteinsynthese, indem es als Guanin-Analogen in die mRNS von Polysomen inkorporiert wird (Zimmerman u. Greenberg, 1965). Pederine wirkt auf das aminosäurepolymerisierende System (Brega et al., 1968). Auch ungesättigte Fettsäuren reduzieren die Proteinsynthese (Miller, 1967).

Eine Wiederfütterung nach Hungern führt zu einer Aktivierung der Proteinsynthese an den Polysomen der Leber (Sox u. Hoagland, 1966). Polysomenpräparationen der Leber zeigen auch nach einer Gabe von DMAB eine erhöhte Aminosäure-Inkorporation (Hawtrey u. Nourse, 1966).

Im Zytoplasma geht die normale Anordnung des granulären endoplasmatischen Retikulums verloren; es bilden sich Vesikel und Vakuolen aus, das gesamte System ist desorganisiert. Von besonderer Wichtigkeit ist die Ablösung der Polysomen von den Membranen und ihr Zerfall in einzelne Ribosomen.

Sekundärveränderungen in der Zelle nach Schädigung der Eiweißsynthese sind besonders in zwei Richtungen zu beobachten. Zum einen ist es ein fast obligatorisches Ereignis, daß im Verlaufe einer Proteinstoffwechselstörung Veränderungen des Lipidstoffwechsels und -transportes auftreten, da beide Prozesse eng miteinander verbunden sind (Farber, 1966) (Schema 12). Die Transportform der Lipide, die Lipoproteide, werden in geringerer Menge gebildet, so daß eine intrazelluläre Ansammlung in Form kleiner Tröpfchen innerhalb des Grundplasmas oder in kleinen Vesikeln resultiert. Dazu kommt, daß die Fette in verschiedene Organe in erhöhtem Maße angeschwemmt werden. Lipide, die im Stoffwechsel der Zelle nicht mehr regelrecht abgebaut werden können, akkumulieren in ihr, wobei die kleineren Fettpartikel zu großen Fetttropfen zusammenfließen können, ohne daß die Zellorganellen insgesamt geschädigt sind.

Neben der Verfettung ist als zweite Folgeerscheinung nach einer Schädigung des Proteinstoffwechsels die Bildung von intrazellulären Nekroseherden, von Zytolysomen, Zytosegresomen oder autophagozytären Vakuolen zu nennen (s. S. 172). Diese bilden sich dann aus, wenn Zellbezirke so schwer geschädigt sind, daß sie zugrunde gehen müssen, ohne daß daraus ein totaler Untergang der Zelle folgen muß.

d) Zellveränderungen bei Amyloidbildung

Die verschiedenen Theorien über die Amyloidentstehung können hier nicht erörtert werden (neuere Zusammenfassungen: COHEN, 1965; BRUNS et al., 1966; SORENSON et al., 1966; BRUNS, 1967). Der Aufbau der Amyloidfibrillen ist ebenfalls im einzelnen analysiert worden (Tab. 58). Sie enthalten neben Proteinen Lipide und Kohlenhydrate.

Fraglich ist der Anteil und die Beteiligung von Zellen bei der Amyloidbildung auch trotz zahlreicher elektronenmikroskopischer Untersuchungen geblieben. Neben der völligen Ablehnung einer Zellbeteiligung bei der Amyloidgenese gibt es mehrere Hinweise, daß Zellen, insbesondere die Zellen des RES und Plasmazellen, im Verlaufe des Prozesses betroffen sind (Abb. 102).

CAESAR (1963, 1966) hat die Argumente gegen eine intrazelluläre Entstehung des Amyloids zusammengefaßt. Danach ist auch die intrazelluläre Existenz von Filamenten in den die Amyloidablagerungen umgebenden Zellen noch kein Beweis, da die chemische Zusammensetzung keineswegs aus dem morphologischen Bild zu erschließen ist. Außerdem können amyloidartige Substanzen durch Phagozytose aufgenommen werden oder sogar nur in Zellmembraninvaginationen liegen. Sicher ist, daß die Plasmamembran von Zellen, die den Amyloidablagerungen angrenzen, oft über große Bereiche fehlt und die Fibrillenbündel in engen Kontakt mit den verschiedenen Zellorganellen treten (HEEFNER u. SORENSON, 1962; SORENSON et al., 1964). Dabei können auch in Mitochondrien Amyloidfilamente gefunden werden. Im ZNS sind bei der Scrapie-Erkrankung Amyloidablagerungen in Astrozytenfortsätzen lokalisiert (FIELD et al., 1967).

Nach TEILUM (1964) verlaufen die Zellveränderungen bei der Amyloidose in zwei Phasen. In der präamyloiden Phase erfolgt eine erhöhte Proteinsynthese in Retikulumzellen und Plasmazellvorstufen, während in der Amyloidphase von den Retikulumzellen ein PAS-positives Glykoproteid sezerniert werden soll.

Nach BATTAGLIA (1961) sind die Amyloidfibrillen und/oder ihre Vorstufen in der Zelle des RES, vorwiegend in Zysten zu finden, die dann einreißen und ihren Inhalt in den Extrazellularraum abgeben. Auch die vor dem Auftreten des Amyloids in den Mesangiumzellen der Niere zu beobachtenden Veränderungen in Form einer Hypertrophie weisen auf eine Mitbeteiligung oder gleichzeitige toxische Schädigung dieser Zellen bei der Amyloidgenese hin (HINGLAIS et al.,

1964). Nach UCHINO (1967) erfolgt die Synthese in den Zellen des RES in ähnlicher Weise wie die Kollagenbildung. Die ersten Vorstufen sind im Bereich des granulären endoplasmatischen Retikulums zu finden, danach im Golgi-System. Die Polymerisation soll in den Lysosomen erfolgen, von denen dann die kompletten Amyloidfibrillen freigesetzt werden sollen. In Zellkulturen von Amyloidmilzen

Tab. 58. *Substrukturen des Amyloids*

Methode	Substruktur	Autor
Negativfärbung	75 Å Fibrille aus 2 gedrehten Filamenten von 25 Å, Kreuzungen im Abstand von 400 Å ± 25 Å	BOERÈ et al., 1965
Nativ nach Reinigung } Negativfärbung	Filamentbau aus globulären Einheiten von 84 Å ± 8 Å, Querstreifungsperiode der Fibrillen (102 Å ± 2 Å) 40 Å	BENDITT u. ERIKSEN, 1966
Negativfärbung	1. 100 Å breite Stäbchen mit Querstreifungsperiode von 40 Å 2. Pentagonale Strukturen von 90 Å aus 5 globulären Einheiten um ein dichtes Zentrum	BLADEN et al., 1966
OsO_4-Fixierung	75—80 Å Fibrillen aus 5 Protofibrillen von 25—35 Å, die aus Subprotofibrillen von 10—15 Å gebaut sind, Windung mit Spiralhöhe von 35—50 Å	SHIRAHAMA u. COHEN, 1967
Trypsinbehandlung Negativfärbung	100 Å Fibrillen aus zwei 40 Å Filamenten mit 25 Å Zwischenraum. Granula im Abstand von 40 Å	EMESON et al., 1966
OsO_4-Fixierung, Bleizitrat-Kontrastierung, Negativfärbung	tubuläre Struktur: dichte Außenzonen mit hellem Zentrum (50 Å)	SORENSON et al., 1966
Negativfärbung	75 Å (± 9 Å) Filament aus Granula aufgebaut in 100 Å Intervall	COHEN, 1965
Negativfärbung	75 Å Filamente aus Subfibrillen aufgebaut	KIM et al., 1967

(Zusammenstellung der früheren Befunde über die Substruktur des Amyloids bei SWAEN u. HAELST, 1966)

soll die Amyloidbildung durch die Endothelzellen erfolgen, was aus dem zellulären Nachweis von ^3H-Tryptophan in diesen Zellen zu entnehmen ist, das danach im Amyloid lokalisiert ist (COHEN et al., 1965). Nach SHIBOLET et al. (1967) und GAFNI et al. (1966) wird Amyloid durch Fibroblasten gebildet.

Neben den RES-Zellen wird den Plasmazellen eine Bedeutung für die Amyloidgenese zugeschrieben, da sie in der Nachbarschaft der Ablagerungen häufig vermehrt sind (FRUHLING et al., 1968). Dennoch scheint ihre direkte Beteiligung an der Fibrillenbildung nicht wahrscheinlich (COHEN, 1966).

Das Zytoplasma kann bei massiven Ablagerungen zerstört werden und sich auflösen, so daß die Filamente bis zum Kern reichen. Unabhängig von der Ausfällung der Amyloidfilamente ist die Bildung an eine zuerst aktivierte, später überstimulierte epitheloide und endlich dystrophische bzw. erschöpfte Retikulumzelle gebunden (BRUNS, 1967). Ursache für die Amyloidsynthese ist eine erhöhte Produktion dieses abnormen Proteins an den Polysomen der angrenzenden Zellen, vorwiegend des RES. Nach BRUNS (1967) soll es sich bei den in den Extrazellularraum freigesetzten Molekülen um Ribonukleoproteide handeln.

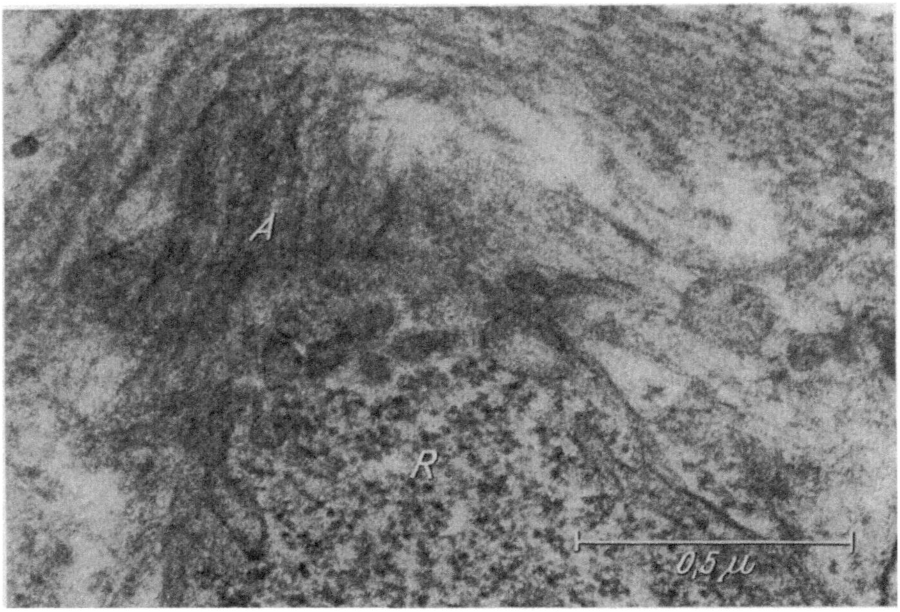

Abb. 102. Amyloidablagerungen (*A*) mit zahlreichen Filamenten in der Nähe einer Retikulumzelle (*R*) mit reichlich Polysomen. Milz einer Maus bei experimenteller Amyloidose. 75 000×.

6. Zellveränderungen bei Störung des Kohlenhydratstoffwechsels

a) Normales Vorkommen und Verhalten von Kohlenhydraten in Zellen

Von den Kohlenhydraten können morphologisch im wesentlichen die hochpolymeren, d. h. für die tierische Zelle das Glykogen, nachgewiesen werden. Verteilungsstudien mit den Beziehungen zu anderen Zellbestandteilen sind erst durch spezifische Kontrastierungsmethoden in der Elektronenmikroskopie möglich geworden (THEMANN, 1961; REVEL, 1964). Grundsätzlich bestehen die Glykogenablagerungen aus den β-Partikeln von 150—400 Å und den aus β-Partikeln zusammengesetzten α-Partikeln. Sie bilden z. T. bis zu 500 nm große Rosetten (PALUELLO et al., 1967) oder größere Aggregate. Die maskierten Formen sollen auch nach der Kontrastierung als helle Zonen erscheinen (MINIO et al., 1966). Im Verlaufe des Lebens ändert sich die Art der Glykogenablagerungen. In der embryonalen Leberzelle sind kurz vor der Geburt ausschließlich 200 nm große Partikeln zu finden, während bei der Geburt etwa 300 nm große Ansammlungen aus α- und β-Partikeln vorliegen (Dallner et al., 1966). Wenige Tage danach dringt von der Umgebung agranuläres endoplasmatisches Retikulum in die Glykogenareale ein.

Bei einem Glykogengehalt von 5—7% soll die Leber Glykogenrosetten von etwa 200 nm, bei einem Gehalt von 2—5% solche von 100 nm bei kaum veränderter Zahl enthalten (Kugler, 1966). Sinkt der Glykogengehalt unter 2%, werden die Aggregate verringert und die Tubuli nehmen zu. Die Zahl der Partikeln je Rosette wird reduziert, die Bezirke füllen sich mit Profilen des agranulären endoplasmatischen Retikulums (Kugler, 1967).

Untersuchungen mit ^{3}H-markierter Glukose zeigen, daß eine Neusynthese von Glykogen nur in der Glykogenfraktion und nicht in den glatten Membranen erfolgt (Coimbra u. Leblond, 1966). Die in den Membranen lokalisierte Glukose-6-Phosphatase deutet jedoch darauf hin, daß die Synthese durch das Membransystem aktiviert werden kann. Die zur Erforschung der Bildung von Glykoproteiden in die Leber injizierte ^{3}H-Galaktose wird nach 5 Min. im Bereich der Golgi-Sacculi und nach 60 Min. im peripheren Zytoplasma gefunden (Droz, 1966).

In der Muskulatur spielt das Sarkoplasmaretikulum eine wichtige Rolle beim Kohlenhydratstoffwechsel (Margreth et al., 1963). Die Glykogensynthetase ist hier lokalisiert. Die Ablagerung des Glykogens erfolgt zuerst in Form wenig mit Blei kontrastierbarer kleiner Partikeln, die später 300 Å groß werden und sich dann auch stärker anfärben (Sasaki u. Takeuchi, 1966). Die Glykogenablagerungen sind perinukleär, interfibrillär und subsarkolemmal zu finden. Teilweise entstehen Glykogen-Membran-Komplexe (Garant, 1968).

In Eizellen von Xenopus bildet das Glykogen lineare Ketten aus 20—30 nm großen Granula, die das Bild von Polysomen vortäuschen können (Hay, 1966). Das in den Sehzellen verschiedener Tierarten vorhandene Paraboloid besteht aus Glykogenpartikeln mit tubulären und vesikulären Strukturen (Matususaka, 1962; Meller u. Breipohl, 1965). Von Schmalbruch (1967) wurden in normalen Muskelzellen aus 14 nm großen Partikeln aufgebaute Kristalloide beschrieben, die Glykogen-Eiweißverbindungen darstellen sollen.

UDP-Glukose-α-Glukan-Glukosyltransferase und α-Glukan-Phosphorylase als zwei für Glykogensynthese und -abbau entscheidende Enzyme sind bei normal ernährten Tieren an das Glykogen gebunden, werden aber im Hungerzustand freigesetzt.

b) Verminderung des Glykogengehaltes

Die Abnahme des Glykogengehaltes wird schon auf Grund von lichtmikroskopischen Untersuchungen zu den häufigsten primären unspezifischen Reaktionen auf vielfache äußere Einwirkungen gerechnet. Dieser Befund kann auch bei elektronenmikroskopischen Untersuchungen bestätigt werden (Tab. 59).

Unter bestimmten Bedingungen wird die normalerweise eintretende Reduktion des Glykogens nicht beobachtet. So sind in der Muskulatur bei Rigor mortis bei 16° C auch noch nach 312 Std. Glykogenpartikeln vorhanden (Stromer et al., 1967).

Bei der hereditären Fruktose-Intoleranz sammeln sich in Zellen der Leber und des Jejunums in den Glykogenpartien Membranen an (Phillips et al., 1967).

Tab. 59. *Abnahme des Glykogengehaltes (Beispiele)*

Organ	Einwirkung	Autor
Herz	Autolyse	HIBBS u. BLACK, 1963
Hypothalamus	Erwachen nach Winterschlaf	WOLFF, 1968
Dünndarm	Geburt	MERRILL et al., 1967
Niere-Papille	Sammelrohre bei Antidiurese	JOHNSON u. DARNTON, 1967
Leber	Part. Hepatektomie	JORDAN, 1964
Leber	proteinarme Diät	ORDY et al., 1966
Herz	proteinarme Diät	SVOBODA et al., 1966
Leber	polyensäurearme Diät	VITALI-MAZZA et al., 1967
Leber	Ischämie	HÜBNER, 1961
Leber	Ischämie	BASSI u. BERNELLI-ZAZZERA, 1964
Leber	Pfortaderunterbindung	KERR, 1965
Herz	Ischämie	CAULFIELD, 1963
Herz	Sauerstoffmangel	VOGELL et al., 1964
Herz	Ischämie	JENNINGS et al., 1965
Herz	Hypoxie	BÜCHNER u. ONISHI, 1967; DAW et al., 1967
Herz	Infarkt	KORB u. TOTOVIĆ, 1967
Herz	Koronarunterbindung	MATSUZAKI, 1967
Herz	Unterdruck	HAUSAMEN u. POCHE, 1965
Herz	Aderlaß	ONISHI, 1967
Leber	Sauerstoffbeatmung	SCHAFFNER u. FELIG, 1965
Leber	Sauerstoffbeatmung	SCHAFFNER et al., 1966
Leber	Thyreotoxikose	FUNAHASHI, 1967
Leber	Hypophysektomie	CARDELL, 1966
Herz	Adrenalektomie	SUZUKI, 1967
Leber	Ultraschall	CURTIS, 1966
Leber	Bestrahlung	DAVIS, 1962
Leber	Bestrahlung, neugeborene Tiere	FRANKE u. GOETZE, 1967
Leber	Aktinomyzin, embryonale Tiere	DALLNER et al., 1966
Leber	Äthionin, fetale Tiere	WOOD, 1967
Leber	β-3-Thienylalanin	HRUBAN et al., 1963
Herz	Fluorkortisol	D'AGOSTINO, 1964
Leber	Alkohol	PORTA u. HARTROFT, 1965
Leber	Allylalkohol	HÜBNER, 1968
Plexus choriodeus von *Rana temp.*	Adrenalin	PAUL, 1968
Herz	Aludrin	KORB, 1964, 1965
Herz	Aludrin	HAUSAMEN u. POCHE, 1965
Leber	Epinephrin oder Insulin	DVORAK, 1968
Leber	Phenobarbital	ONOE et al., 1966
Leber	Phenobarbital	REMMER u. MERKER, 1963
Leber	Phenobarbital	FAWCETT, 1964
Leber	Tolbutamid	KEMMER et al., 1964
Leber	2 Me DAB	LAFONTAINE u. ALLARD, 1964
Leber	DMNA	GEIL et al., 1968
Leber	Gerbsäure	ARHELGER et al., 1965

Organ	Einwirkung	Autor
Leber	Gerbsäure	Boler et al., 1965
Leber	Phosphorvergiftung	Mankoff u. Gueft, 1967
Leber	Endotoxinschock	Boler u. Bibighaus, 1967
Leber	Endotoxinschock	Boler et al., 1967
Leber	Endotoxin	Levy et al., 1968
Leber	Diphtherietoxin	Caesar u. Rapoport, 1963
Leber	Sporidesmin	Bertaud u. Mortimer, 1966
Leber	Chloroquin	Simon et al., 1964
Leber	Mäusehepatitis	Ruebner et al., 1967
Leber	Gelbfieber	McGavran u. White, 1964
Leber	tumortragende Tiere	Parry u. Ghadially, 1967

c) Zunahme des Glykogengehaltes

Im Gegensatz zu früheren Anschauungen ist eine Vermehrung des Glykogengehaltes keineswegs ein seltenes Ereignis und unter zahlreichen pathologischen Bedingungen zu beobachten (Tab. 60, Abb. 103, 104, 105, 106).

Tab. 60. *Zunahme des Glykogengehaltes (Beispiele)*

Organ	Einwirkung	Besonderheiten	Autor
Leber	Winterschlaf	Fledermaus	Cossel, 1964
Leber	Winterschlaf	Fledermaus	Törö u. Viragh, 1966
Leber	Winterschlaf	Kröte	Bani, 1967
Hypothalamus	Winterschlaf	Igel	Wolff, 1968
ZNS	Winterschlaf Megaphenschlaf	in Gliazellen	Oksche, 1961
Plexusepithel	Winterschlaf		Oksche et al., 1969
Plexus chorioideus	Explantat		Meller u. Wagner, 1968
ZNS	Zellkultur		Aparicio et al., 1968
Leber	Glukosefütterung		Friedmann et al., 1967
Intersegmentalmuskel	Seidenraupe Ecdysis	Glykogen als Ersatz für Myofibrillen	Lockshin u. Williams, 1965
Leber	Äthionin	embryonal	Wood, 1967
Leber	Threoninmangel		Shinozuka et al., 1968
Leber	partielle Hepatektomie		Bartok u. Viragh, 1967
Kleinhirn	Moosfaserendigung?	3 Wochen postnatal	Konishi, 1966
Herz	Kükenembryonen	Herzhypertrophie bei Temperaturerhöhung	Merkow u. Leighton, 1966
Muskel	embryonal		Bergman, 1962
Muskel	Regeneration		Hojiro, 1963
Knorpel	Entwicklung	hypertrophierte Chondrozyten	Anderson, 1967
Fettgewebe	Differenzierung		Napolitano, 1963
Leber	proteinarme Diät		Ericsson et al., 1966

Tabelle 60 (Fortsetzung)

Organ	Einwirkung	Besonderheiten	Autor
Leber	proteinarme Diät		Holm et al., 1966
Leber	proteinarme Diät		Svoboda u. Higginson, 1964; Svoboda et al., 1966
Muskel	chronische Ischämie		Boehme et al., 1966
ZNS	Hypoxydose	Astrozytenfortsätze	Hager, 1966
ZNS	Axondurchtrennung	in Gliazellen	Laatsch u. Cowan, 1967
ZNS	Axondurchtrennung		Hager, 1966
ZNS	Zerstörung, Tumoren	Randgebiet Gliazellen	Oksche, 1961
ZNS	Durchtrennung	im Axoplasma	Blümcke et al., 1965
ZNS	Durchtrennung		Laatsch, 1967
ZNS	Kälte	Astrozyten Glykoproteid, Glykolipid	Omaru et al., 1966
Kulturzellen KB	Bestrahlung		Lane u. Novikoff, 1965
Leber	Bestrahlung		Morgenroth u. Themann, 1966
Niere	Bestrahlung	Tubulusepithelzellen	Mohr et al., 1966
Niere	Bestrahlung	Tubulusepithelzellen	Morgenroth u. Themann, 1966
Herz	Bestrahlung	herdförmig	Morgenroth et al., 1967
ZNS	Bestrahlung	Astrozytenfortsätze	de Estable et al., 1964
ZNS	Bestrahlung	Ganglienzellen Gliazellen	Franke u. Lierse, 1965, 1966
ZNS	Bestrahlung	Astrozyten	Maxwell u. Kruger, 1965, 1966; Caveness et al., 1968
Symp. Neurone	Bestrahlung	Axone	Pick, 1965
ZNS	Bestrahlung		Lierse u. Franke, 1966
dorsale Wurzelzellkultur	Bestrahlung		Masurovsky et al., 1967
Kleinhirn	Bestrahlung	Endothelzellen	Samjorajski et al., 1967, 1968
Retina	Bestrahlung	Innenglied	Becher u. Themann, 1964
ZNS	Laser-Strahlen	in Astrozyten	Lampert, 1966; Lampert et al., 1966
Retina	Dunkelheit	Müllersche Radiärfasern	Eichner u. Themann, 1962
Insel β-Zellen	Diabetes mellitus		Volk u. Lazarus, 1963, 1964
Niere, Tubulusepithel	Diabetes mellitus		Biava et al., 1966
Niere, prox. Tubulusepithel	Diabetes mellitus		Arison et al., 1967
Muskel	Diabetes mellitus	interfibrillär	Orci et al., 1968
Knorpel	Thyroxin		Silberberg u. Hasler, 1968
Muskel	Thyreotoxikose	subsarkolemmal	Engel, 1966

Organ	Einwirkung	Besonderheiten	Autor
Leber	Hydrokortison		JACKSON u. STENGER, 1967; DUPOUY et al., 1968
Leber	Kortison		WIENER et al., 1968
Muskel	Kortikosteroide		ENGEL, 1966
Knorpel	Kortisonazetat		SILBERBERG et al., 1966
Leber	Prednisolon		GUSTAFSSON u. AFZELIUS, 1963
Leber	Prednison		SIMON et al., 1964
Leber	diabetogene Steroide		SATOH, 1966
Knorpel	Somatotrophin		SILBERBERG et al., 1966
Uterus	nicht schwangeres Horn		PARR, 1966
Deziduazellen	Progesteron		WESSEL, 1961
Endometrium	Ovarialhormone basale Zellen		MORICARD u. MORICARD, 1964; MORICARD, 1966
Uterus	Östrogen		WEDELL, 1965
Leber	Östrastilben D		KEMMER u. MÜLLER, 1967
Knorpel	Östradiolbenzoat		SILBERBERG et al., 1965
Muskel	Noradrenalin		MAUNSBACH u. WIRSÉN, 1966
Herz	Noradrenalin		MAUNSBACH u. WIRSÉN, 1966; DAVID et al., 1968
Herz	Persantin		POCHE u. HAUSAMEN, 1965
Herz	Alkohol		ALEXANDER, 1966
Leber	Äthionin	Glykogenkörper	STEINER et al., 1964
Amphibienzellen	Aktinomyzin		EAKIN, 1964
ZNS	Chlorpromazin		KOIZUMI et al., 1968
Leber	Barbital		FRANKE u. KLINGER, 1966
Leber	Nitrosamin		BANNASCH, 1967
Leber	Paraaminosalizylsäure		BADER u. STILLER, 1968
Leber	N-2-Fluorenyldiazetamid	später Abfall	MIKATA u. LUSE, 1964
Leber	Dimethylnitrosamin		MUKHERJEE et al., 1963
Leber	Glyzerinaldehyd		MÜLLER et al., 1965
ZNS	Kryptokokkenpolysaccharid	Astrozyten	HIRANO et al., 1965
Lymphknoten	Tuberkulinsensibilisierung	Histiozyten	WIENER et al., 1965
Niere Sammelrohre	Diurese		JOHNSON u. DARNTON, 1967
ZNS	Kobaltnekrose	Dendriten	FISCHER u. BLINZINGER, 1968
ZNS	chron. Hirnödem	Astrozyten	DAVID et al., 1967
ZNS	Trauma	Astrozyten	HAGER et al., 1967
Mundschleimhaut	Str. spinosum		MORGENROTH u. THEMANN, 1962
ZNS	schwammige Degeneration	Astrozyten	NELSON u. AUREBECK, 1966

Tabelle 60 (Fortsetzung)

Organ	Einwirkung	Besonderheiten	Autor
Herz	basophile Degeneration		KAWAMURA et al., 1966
Leber	verschiedene Erkrankungen	Glykogenkörper	BIAVA u. MUKHLOVA-MONTIEL, 1965
Herz	Hypertrophie		NOVI, 1968
Herz	Herz-Lungen-Präparat		MINELLI u. ANGIOLINI, 1966
Herz	Mitralstenose M. Fallot		BURGOS u. RODRIGUEZ-ECHANDIA, 1966
Herz	Ebstein-Anomalie		BREZGIN u. PAUKOV, 1968
Muskel	Denervationsatrophie		MUSCATELLO u. PATRIARCA, 1968
Muskel	paroxysmale Myoglobinurie	Superkontraktionsbereich	LECHNER et al., 1966
Muskel	Stäbchenmyopathie	Degenerationsbezirke	ENGEL, 1966
Muskel	fam. Paralyse		MUSSINI et al., 1968
Muskel	M. Mc Ardle	in allen Bereichen	SCHOTLAND et al., 1966
Muskel	M. Mc Ardle		SCHIMRIGK et al., 1967
ZNS	hereditäre Ataxie	Gliazellen	O'LEARY et al., 1965
ZNS	hereditäre Ataxie	Medulla, Pons, Mittelhirn, zentrale zerebellare Kappe	TOURTELLOTE, 1967
Leber	M. Dubin-Johnson		MUSCATELLO et al., 1967
Dünndarm	M. Whipple	Bakterienabbau	DOBBINS u. RUFFIN, 1967
Leber	Virushepatitis	Kern und Zytoplasma	TOLENTINO et al., 1967; RUEBNER u. SLUSSER, 1968; WILLS, 1968
Leber	Hepatitis		VETTERLEIN u. HESSE, 1965
ZNS	Enzephalitis	Nervenzellen	OMARU et al., 1966
ZNS	Polioenzephalitis	Nervenzellen u. Gliazellen	BODIAN, 1964
Lunge	Reimplantation		BLÜMCKE et al., 1969
Lunge	Bronchialepithel bei Karzinom		WATSON et al., 1966
Epithelkörperchen	Adenom	helle Zellen	LANGE, 1961
Epithelkörperchen	Adenom		HOLZMANN u. LANGE, 1963
Hidradenom			HASHIMOTO et al., 1967
Hepatom		Glykogenkörper	FLAKS, 1968
Mamma	Karzinom		MURAD u. SCARPELLI, 1967
Niere	Karzinom		ERICSSON et al., 1966
Niere	Karzinom		SELJELID u. ERICSSON, 1965
ZNS	Tumor	reaktive Gliazellen, z. T. auch Endothelzellen	KOIZUMI et al., 1966

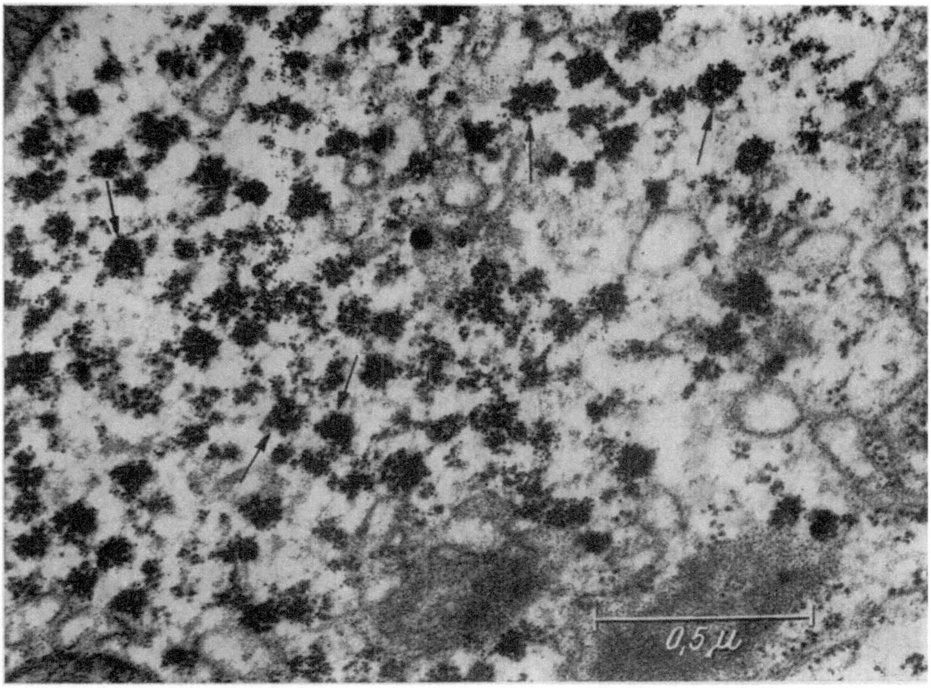

Abb. 103. Ansammlung von partikulärem Glykogen (↗) in einer Leberzelle. 55 500 ×.

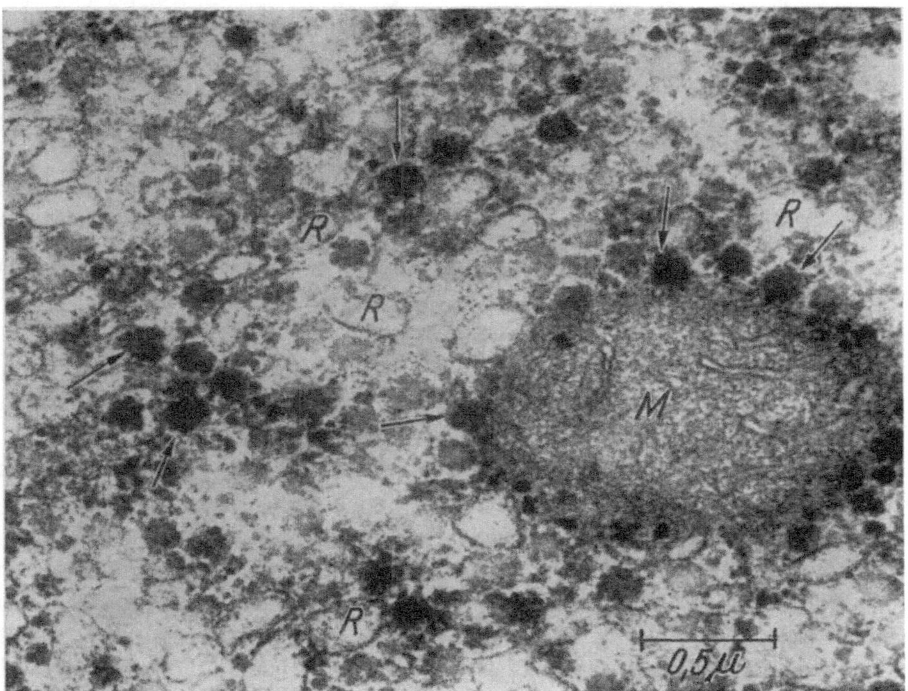

Abb. 104. Glykogenablagerungen in einer Leberzelle eines menschlichen Neugeborenen bei Hyperbilirubinämie. Die Glykogenrosetten (↗) sind eng um das Mitochondrion (*M*) gelagert und zeigen Beziehungen zum agranulären endoplasmatischen Retikulum (*R*), liegen jedoch nicht in den Vesikeln. 36 000 ×.

Ursache für diese Akkumulation ist eine Störung der Glykolyse und Glukose-Utilisation, wie sie z. B. für die virusbedingte Anhäufung von Glykogen in Neuronen angenommen wird (Bodland, 1964). Für die hereditäre Ataxie wird als Ursache für die Akkumulation des Glykogens ein genetischer Defekt vermutet (Tourtellote, 1967). Sicher ist, daß neben einem verminderten Abbau eine erhöhte Synthese und eine Bildung atypischer Moleküle in Frage kommen.

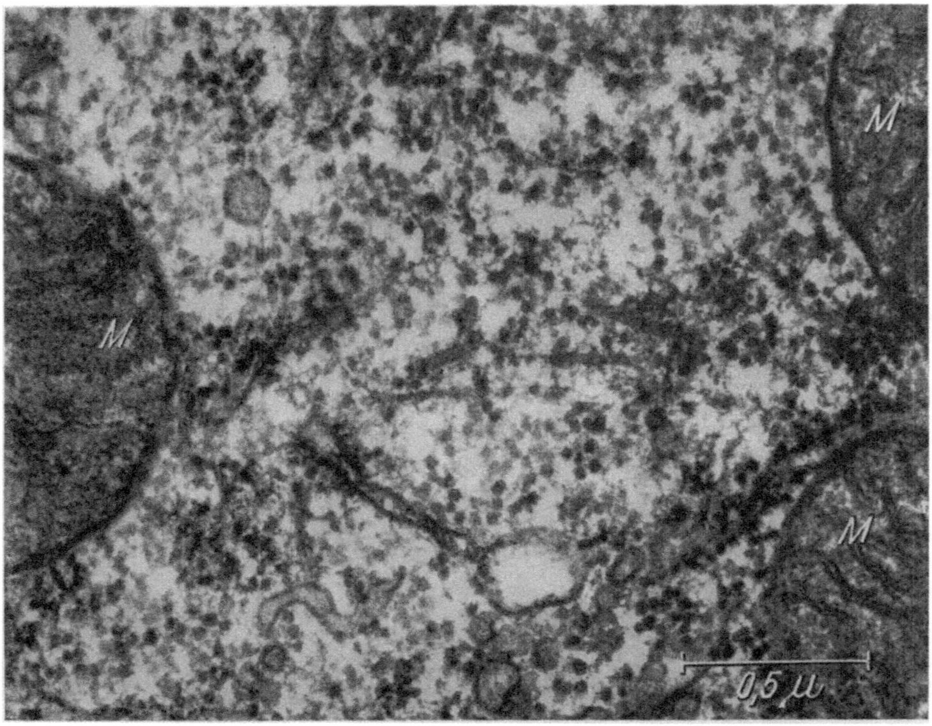

Abb. 105. Ausgeprägte Glykogenvermehrung in der Herzmuskulatur der Ratte nach Gabe von Noradrenalin. M = Mitochondrien. 48 000 ×.

Die Ablagerung des Glykogens erfolgt teilweise in Form von Glykolipiden oder Glykoproteiden (Omaru, 1966). Vielfach wird besonders das gebundene Glykogen vermehrt, während das freie kaum Veränderungen zeigt.

Die Beziehungen zwischen Glykogen und agranulärem endoplasmatischem Retikulum sind noch keineswegs geklärt. In einigen Fällen nimmt das agranuläre Retikulum gleichzeitig mit der Glykogenvermehrung zu, in anderen ab. Mehrfach wurde die Bildung von Glykogenkörpern aus konzentrisch angeordneten Zisternen des agranulären Retikulums mit dazwischen liegenden Glykogenrosetten beobachtet (Abb. 107) (Steiner et al., 1964; Biava u. Mukhlova-Montiel, 1965; Wills, 1968). Möglicherweise handelt es sich hierbei mehr um regenerative als degenerative Vorgänge. Eakin (1964) führt die Glykogenzunahme nach Aktinomyzingabe auf eine Reduktion der glykogenolytischen Enzyme infolge der Hemmung der RNS- und Proteinsynthese zurück.

Die Glykogenzunahme erfolgt keineswegs in allen Zellen gleichförmig. Auch in den einzelnen Bereichen des ZNS ist die strahlenbedingte Zunahme des Glykogens differierend (FRANKE u. LIERSE, 1966). Die Leberzellen sind ebenfalls

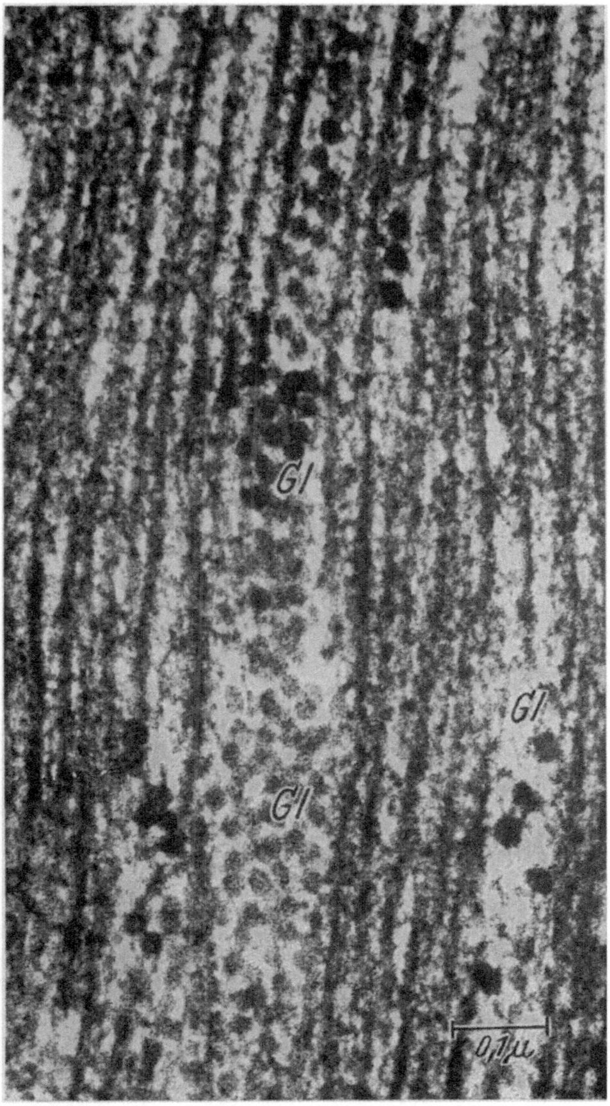

Abb. 106. Glykogenansammlung (*Gl*) in den Myofibrillen der Herzmuskulatur der Ratte nach Gabe von Noradrenalin. 120 000 ×.

unterschiedlich mit Glykogen angefüllt. Gleichzeitig kommt es zum Verschwinden eines Teils der Zellorganellen oder ihrer Verdrängung in die Peripherie bzw. den perinukleären Bereich. Eine massive Glykogenanhäufung kann mit einer hydropischen Degeneration der Zellen verbunden sein. Ebenfalls kann sich Glykogen als Ersatz für zugrunde gegangene Zellbereiche ansammeln. So wird es

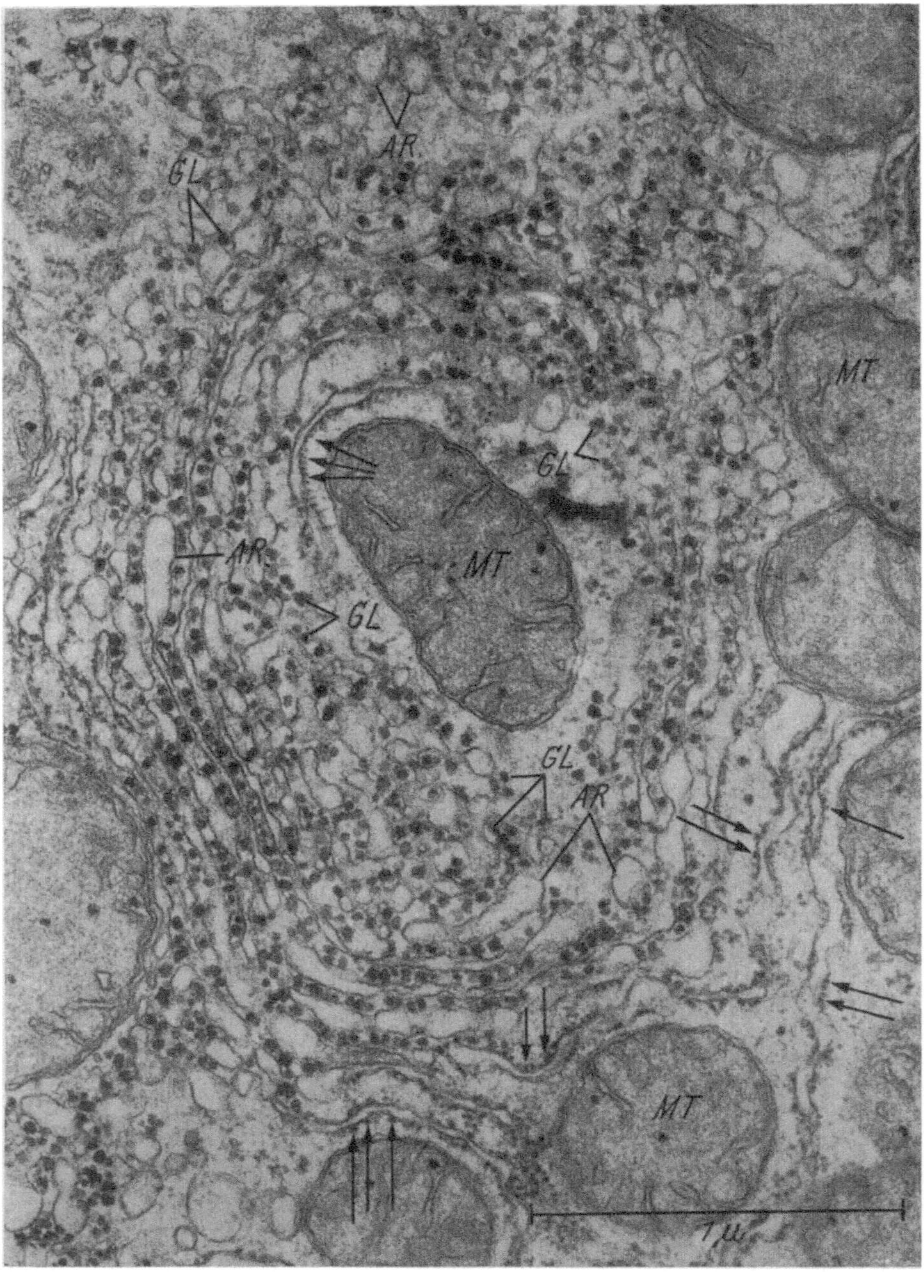

Abb. 107. Fingerabdruckartiger Körper mit zentral gelegenem Mitochondrion (*MT*) und zahlreichen, vorwiegend isoliert gelagerten Glykogenpartikeln (*GL*) zwischen den Membranen. Vereinzelt angelagerte Ribosomen (↗), z. T. nachweisbarer Übergang von granulärem endoplasmatischem Retikulum zu agranulärem (*AR*). Rattenleber bei Äthioninintoxikation. 49 500 ×. — Mit freundlicher Genehmigung von Prof. Dr. J. W. Steiner, Toronto/Kanada. Aus: Amer. J. Path. **44**, 169—213 (1964).

in den Intersegmentalmuskeln der Seidenraupe bei der Ecdysis im Bereich untergegangener Myofibrillen abgelagert (Lockshin u. Williams, 1965).

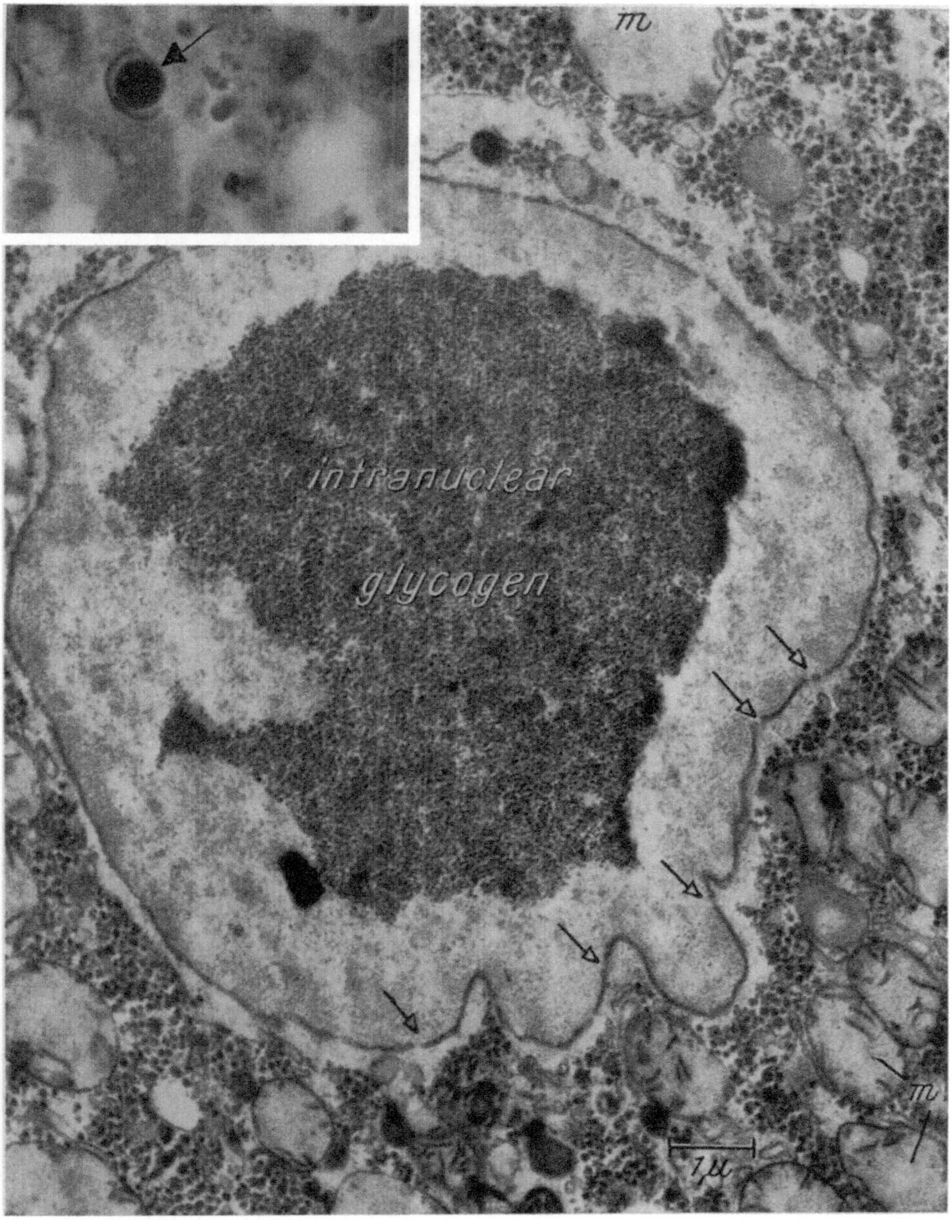

Abb. 108. Kernglykogen (Intranuklear-Glykogen) aus einer Leberzelle bei Glykogenspeicherkrankheit Typ I. Zahlreiche Rupturen der Kernmembran. *m* = Mitochondrien. Reichlich Glykogen auch im Zytoplasma. 11 000 ×. Im Ausschnitt der gleiche Zellkern im Lichtmikroskop. 1000 ×. — Mit freundlicher Genehmigung von Prof. Dr. H. Sheldon, Montreal/Kanada. Aus: J. Cell Biol. **13**, 468—473 (1962).

Innerhalb des Zellkerns sind besonders in der Leber Glykogenablagerungen beobachtet worden (Abb. 108, Tab. 61). Der Aufbau der Partikeln kann sich von dem im Zytoplasma unterscheiden. Nach Himes u. Pollister (1962) erfolgt die Synthese im Kern, was jedoch nicht allseitig anerkannt ist.

In den Mitochondrien sammelt sich Glykogen ebenfalls, wenn auch selten, an (Tab. 62). Es liegt im allgemeinen in der Matrix, kann aber auch in den intracristalen Räumen gefunden werden. Da die Mitochondrienaußenmembran für Glykogen nicht permeabel ist, müßte es nach Eintritt von Vorstufen dort synthetisiert werden.

Tab. 61. *Glykogenakkumulation im Kern (Beispiele)*

Organ	Einwirkung	Besonderheiten	Autor
Leber	Diabetes mellitus		LAGUENS u. BIANCHI, 1963
Leber	Diabetes mellitus		TANIKAWA u. IGARASHI, 1963
Leber	Diabetes mellitus		CARAMIA et al., 1966, 1967
Laber	Diabetes mellitus		SCHULZ u. HAHNEL, 1969
Leber	Diabetes mellitus u. a. Erkrankungen		SOBEL et al., 1969
Leber	Glykogenspeicher-krankheit	Typ I	SHELDON et al., 1962
Leber	M. Gaucher		SCHAFFNER et al., 1962
Leber	anik. Hepatitis		TOLENTINO et al., 1967; WILLS, 1968
Niere	Karzinom		SELJELID u. ERICSSON, 1965
Meningeom			GUSEK, 1962
Ehrlich-Aszites-Tumor			SCHOLZ u. PAWELETZ, 1969

Tab. 62. *Glykogenpartikeln in Mitochondrien (Beispiele)*

Organ	Einwirkung	Besonderheiten	Autor
versch. Organe			ANDRÉ, 1965
Retina			ISHIKAWA u. PEI, 1965
B-Neurone	Spinalganglion des Frosches	Vakuolen	BERTHOLD, 1966
Hypobranchial-drüsen	Cavolinia inflexa u. Euclio pyramidata		FAIN-MAUREL, 1966
Onkozyten			HÜBNER et al., 1967
Niere	Glykogenose II		HUG u. SCHUBERT, 1967
Interrenaldrüsen	von Urodelen	in Cristae	PICHERAL u. FOLLIOT, 1968
Spermatozoen	Paracentratus lividus		ANDERSON, 1968

In den Zellen von bestrahlten Kulturen dorsaler Wurzelganglien ist eine Glykogenanhäufung vorwiegend in der Umgebung veränderter, vergrößerter Mitochondrien zu beobachten (MASUROVSKY et al., 1967). Als Ursache dafür wird eine lokale Vermehrung der oxydativen Phosphorylierung mit der erhöhten Abgabe von energiereichem Phosphat angesehen, das für die Glykogensynthese notwendig ist. Gleichzeitig wird auch das UDPG-Glykogentransferase-Glykogensynthetase-System stimuliert.

Bei der Myoclonus-Epilepsie in den Nervenzellen gebildete Laforà-Körper bestehen aus Aggregaten eines abnormen Glykogens (HOOF u. HAGEMAN-BAL,

A. $$\text{GLUCOSE} \xrightarrow[\text{KINASE}]{\text{HEXO-}} \text{GLUCOSE-6-PO}_4 \xrightarrow[\text{GLUCO-MUTASE}]{\text{PHOSPHO-}} \text{GLUCOSE-1-PO}_4 \xrightarrow[\text{UDP + PP}]{\text{UTP}} \text{URIDINE DIPHOSPHO-GLUCOSE} \xrightarrow[\text{TRANS-FERASE}]{\text{UDPG}} \underset{\text{(UNBRANCHED)}}{\text{GLYCOGEN}}$$

$$\text{GLYCOGEN} + \text{UDPG} \xrightarrow[\text{(BRANCHER ENZYME)}]{\text{AMYLO (1-4} \rightarrow \text{1-6) TRANSGLYCOSIDASE}} \underset{\text{(BRANCHED)}}{\text{GLYCOGEN}}$$

B. $$\underset{\text{(BRANCHED)}}{\text{GLYCOGEN}} \xrightarrow[\text{(DEBRANCHER ENZYME)}]{\text{AMYLO 1-6 GLUCOSIDASE}} \underset{\text{(LIMIT DEXTRIN)}}{\text{GLYCOGEN}} + \text{GLUCOSE}$$

$$\text{GLYCOGEN} \xrightarrow[\text{RYLASE}]{\text{PHOSPHO-}} \text{GLUCOSE-1-PO}_4 \xrightarrow[\text{GLUCO-MUTASE}]{\text{PHOSPHO-}} \text{GLUCOSE-6-PO}_4 \xrightarrow[\text{PHOSPHATASE}]{\text{GLUCOSE-6 *}} \text{GLUCOSE}$$

Schema 13. Vereinfachtes Schema der Glykogenese (*A*) und Glykogenolyse (*B*), das die Rolle einiger Enzyme der Glykogensynthese und des Glykogenabbaues kennzeichnet. Beim Glukose-6-Phosphatasemangel z. B. ist der letzte Schritt des glykogenolytischen Weges nicht vorhanden. (Nach SHELDON et al., 1962.)

Tab. 63. *Glykogenspeicherungskrankheiten — Ort und Art der Ablagerung*

Speicher-krankheit	betroffenes Enzym	Organ	Art der Ablagerung	Autor
Typ I (M. v. Gierke)	Glukose-6-Phosphatase-Mangel	Leber	im Zytoplasma und Kern	SHELDON et al., 1962
Typ II (M. Pompe)	α-1, 4-Glukosid-ase-Mangel	Muskel	in Säcken u. ex-trasaccular	CARDIFF u. WELLINGS, 1965; CARDIFF, 1966
		Leber	in lysosomalen Vakuolen	HERS, 1964, 1965
		Leber, Tubulus- u. Glomeru-lumzellen der Niere, Endo-thelzellen, gl. Muskelzellen	membranbe-grenzte Säcke	CARDIFF u. WELLINGS, 1965
		Leber u. Muskel	Lysosomen u. frei	HUG et al., 1966
		Leber	Vakuolen bis 8 μm frei	BAUDHUIN et al., 1964
		Leber	Lysosomen	HUG u. SCHUBERT, 1967
		Leber u. a. Organe	Vakuolen u. frei	GARANCIS et al., 1966; GARANCIS, 1968
		Muskel	interfibrillär u. membran-umgebene Bildungen (Lysosomen?)	ESCOUROLLE et al., 1967
		Leber	frei u. mem-branumgeben (Lysosomen)	HERS, 1964, 1965
Typ III (M. Cori)	Amylo-1, 6-Glukosidase-mangel	Leber	frei, mono- u. multigranulär	HUG et al., 1966
		Muskel	frei, selten membran-umgeben	HUG et al., 1966; NEUSTEIN, 1969
		Leber, Muskel Leukozyten		PALUELLO et al., 1967; GARANCIS et al., 1969
Typ IV (M. Andersen)	Amylo-1, 4-1,6trans-Glu-kosidase (?)-Mangel			REED et al., 1968
Typ V (M. McArdle)	Phosphorylase-Mangel	Muskel	interfibrillär, subsarcolem-mal	SCHOTLAND et al., 1965, 1966; SLUGA et al., 1967; MALCOLM, 1968
Typ VI (M. Hers)	Phosphorylase-Mangel	Leber		

Speicher-krankheit	betroffenes Enzym	Organ	Art der Ablagerung	Autor
Typ VII	Phosphoglu-komutase-Reduktion			
Typ VIII	Phosphorylase-Reduktion durch Glukagon oder Epinephrin aufhebbar	Leber	frei, mono- u. multigranulär	Hug et al., 1966
Typ IX	Phosphorylase-Reduktion-Leber; nicht aufhebbar	Leber	frei, mono- u. multigranulär	Hug et al., 1966
Glykogenose	Phosphofruktokinase-mangel	Muskel		Okuno et al., 1966
Glykogenose		ZNS-Astrozyten	β-Partikeln	Résibois-Grégoire u. Dourov, 1966
		Oligodendrozyten	β-Partikeln	
		Axone Präsynapse u. Dendriten	α- u. Riesen-α-Partikeln	
		Herz	diffus	
		Leber	Vakuolen	Hernandez et al., 1966

1967; Janeway et al., 1967; Yokoi et al., 1967; Odor et al., 1967; Collins et al., 1968). Möglicherweise ist die progressive Degeneration des Neurons bei dieser Erkrankung durch eine Störung des Kohlenhydrat-(Glykogen-)Stoffwechsels bedingt, eine besondere Form einer Speicherkrankheit (Seitelberger, 1966).

Chemische Bestimmungen der Glykogenzunahme weisen auf schnell eintretende Schwankungen hin. Nach Fütterung von hohen Glukosedosen steigt der Glykogengehalt der Leber stündlich um 1% an und erreicht sein Maximum nach 14—16 Std. (Friedmann et al., 1967). Nach 24stündigem Fasten wird wieder der Ausgangswert erreicht. Kortisol führt zu einem besonders anfangs schnelleren Aufbau und beim Abbau zu einem höheren Restwert.

Bei einer proteinfreien Diät erhöht sich der Glykogengehalt der Leber von 4,3 mg/g auf 87 mg/g (Ericsson et al., 1966). In Herz-Lungen-Präparaten steigt die Glykogenmenge von 255 mg/100 g Feuchtgewicht Herzmuskel auf 428 mg/100 g bei Belastung (Minelli u. Angiolini, 1966).

d) Zellveränderungen bei Kohlenhydratspeicherungskrankheiten

Für die verschiedenen Formen der Glykogenspeicherkrankheiten sind die enzymatischen Defekte im allgemeinen bekannt (Schema 13, Tab. 63) (Hers, 1964; Hug et al., 1966). Auf Grund der Befunde bei diesen Speicherkrankheiten

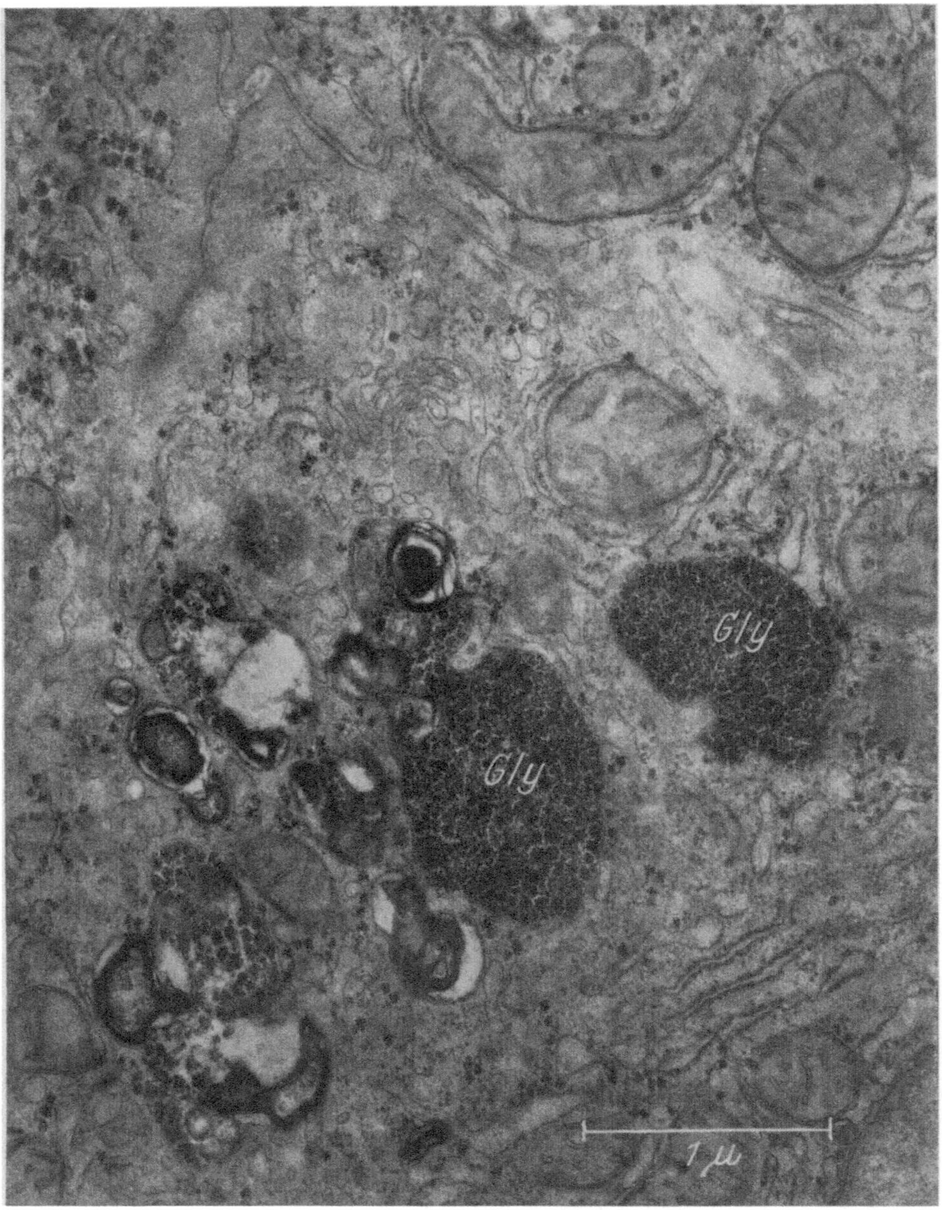

Abb. 109. Glykogenhaltige Granula (*Gly*) in einer Leberzelle bei Glykogenose Typ II. Beginnende Ausbildung von Vakuolen sowie von Myelinfiguren. Unauffällige übrige Zellstrukturen. 32 500 ×. — Mit freundlicher Genehmigung von Dr. P. BAUDHUIN, Louvain/Belgien. Aus: Lab. Invest. **13**, 1140—1152 (1964).

wurde von HERS (1964, 1965) erstmals der Begriff der lysosomalen Erkrankungen geprägt. Diese Tatsache ergibt sich auch aus der Kenntnis, daß die entscheidenden fehlenden Enzyme fast ausschließlich in den Lysosomen lokalisiert sind. In den verschiedenen Organen, besonders in den Leber- und Muskelzellen, sind die Glykogenakkumulationen innerhalb von von einfachen Membranen umgebenen

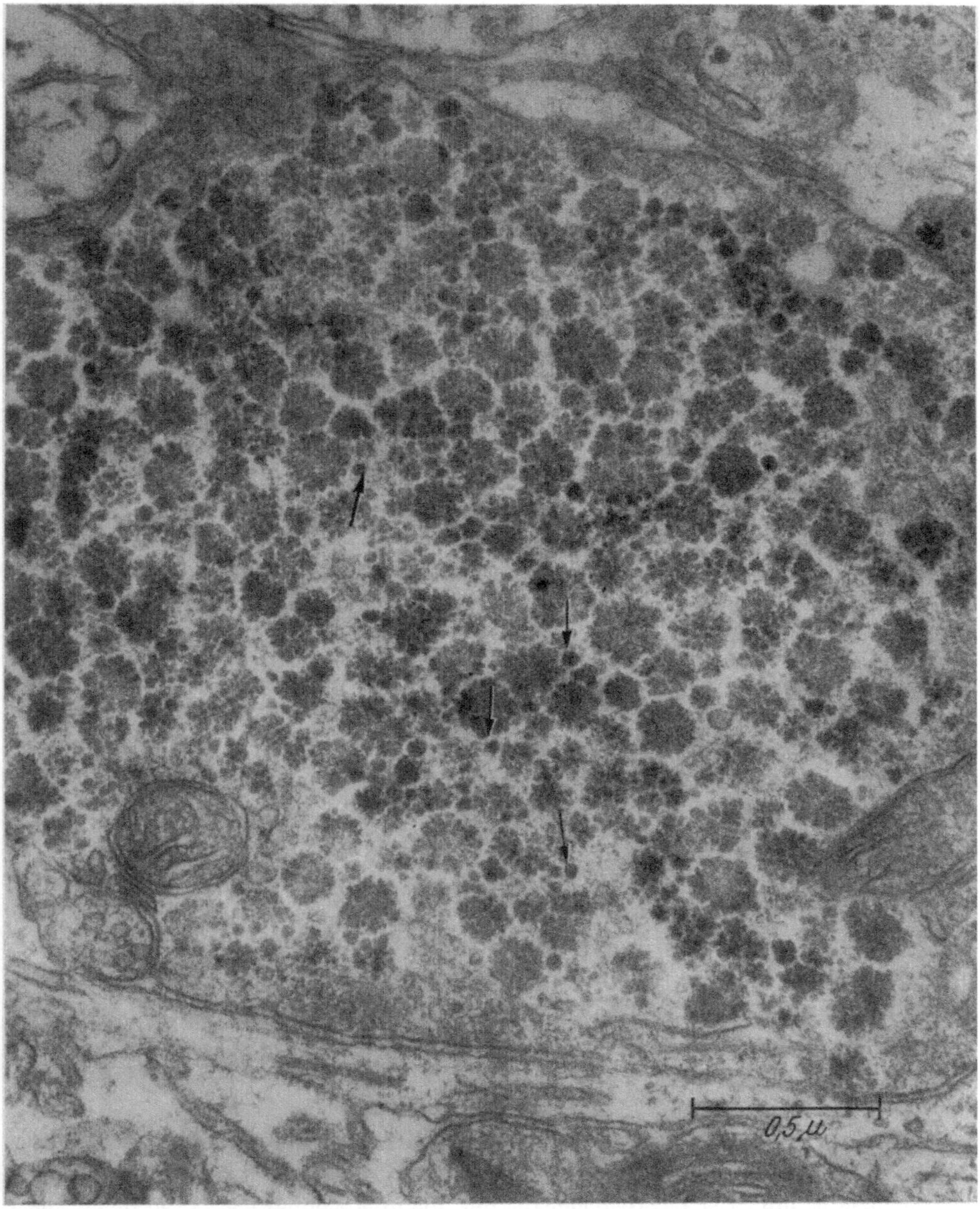

Abb. 110. Maximale Anfüllung mit Riesenglykogenrosetten mit deutlich erkennbaren Betagranula (↗) in einem Nervenzellausläufer bei zerebraler Glykogenose. 50 000 ×. — Mit freundlicher Genehmigung von Frau Dr. A. Resibois-Gregoire, Brüssel/Belgien. Aus: Acta Neuropath. 6, 70—79 (1966).

Säcken zu finden, die mit großer Wahrscheinlichkeit lysosomalen Ursprungs sind (Abb. 109). Das Glykogen wird dabei als typische α- und β-Partikeln wie auch in Form von Riesen-α-Partikeln abgelagert (Abb. 110).

Es ist aber ebenso zu beweisen, daß z. B. in der Muskulatur vorwiegend bei exzessiven Speicherungen auch große Glykogenanhäufungen ohne Membranbegrenzung gefunden werden können. Die in der Muskulatur normalerweise sowieso nur vereinzelt vorkommenden Lysosomen lassen auch aus diesem Grund gewisse Zweifel an der Allgemeingültigkeit der lysosomalen Genese aller Thesaurismosen aufkommen.

Die übrigen Zellbestandteile werden durch die abnormen Speicherungsvorgänge entweder nur verdrängt oder sekundär geschädigt. Die Myofibrillen speichernder Muskelzellen fehlen über größere Bereiche vollständig.

Tab. 64. *Zellveränderungen in Erfolgsorganen bei Diabetes mellitus*
umfassende Literaturangabe: DAVID, 1967

Pankreas-β-Zellen
VOLK u. LAZARUS, 1963; KAWANISHI et al., 1966; ARISON et al., 1967; VORONIN u. KUCHERENKO, 1967; ORCI et al., 1968; BOQUIST, 1969; LEE u. GRODSKY, 1969

Leber
DOMINICI u. ORLANDI, 1960; CAINO et al., 1962; LAGUENS u. BIANCHI, 1963; TANIKAWA u. IGARASHI, 1963; FRANKE et al., 1964; SILVER u. HALL, 1965; CARAMIA et al., 1966, 1967, 1968; SATOH, 1966; JAKOBSSON, 1967

Niere
bis 1966 – DAVID, 1967; JULIAN, 1965; BIAVA et al., 1966; LENTI et al., 1966; ARISON et al., 1967; HANSEN et al., 1967; IRELAND et al., 1967; SHIRAI et al., 1967; SALINAS-MADRIGAL et al., 1968; MIN et al., 1969; OLSEN, 1969

Gefäße
bis 1966 – DAVID, 1967; BENCOSME et al., 1966; PARDO u. PEREZ-STABLE, 1966; FISHER u. DANOWSKI, 1968; TANIGUCHI u. NOMURA, 1968

ZNS-NS
BISCHOFF, 1967, 1968

Muskel
ORCI et al., 1968; HAMILTON et al., 1968

Gelenkknorpel
SILBERBERG et al., 1968

In einem Teil der Fälle ist der Speicherungsprozeß jedoch nicht nur auf den Mangel eines Enzyms zurückzuführen. OKUNO et al. (1966) beschreiben eine Glykogenose der Muskulatur infolge eines Mangels an Phosphofruktokinase, wobei gleichzeitig die Glykogensynthetase und UDPG-Pyrophosphorylase erhöht sind.

Die Gabe von Aspergillus niger erhöht bei der Glykogenose II den α-Glukosidase-Gehalt der Leberzellen über das Normalmaß (HUG u. SCHUBERT, 1967). Gleichzeitig sinkt der Glykogengehalt, und die glykogenhaltigen Lysosomen verschwinden.

e) Zellveränderungen bei Diabetes mellitus

Betroffen von der diabetischen Stoffwechselveränderung werden zahlreiche Organe (Tab. 64). Dabei ist sicher die Störung des Kohlenhydratmetabolismus nur ein Teil der Schädigung. Insulin wirkt auf den aktiven energieabhängigen Transport von Substanzen, insbesondere Glukose, durch die Zellmembran. Gleichzeitig wird aber auch der Aminosäuretransport beeinflußt. Deshalb kommt

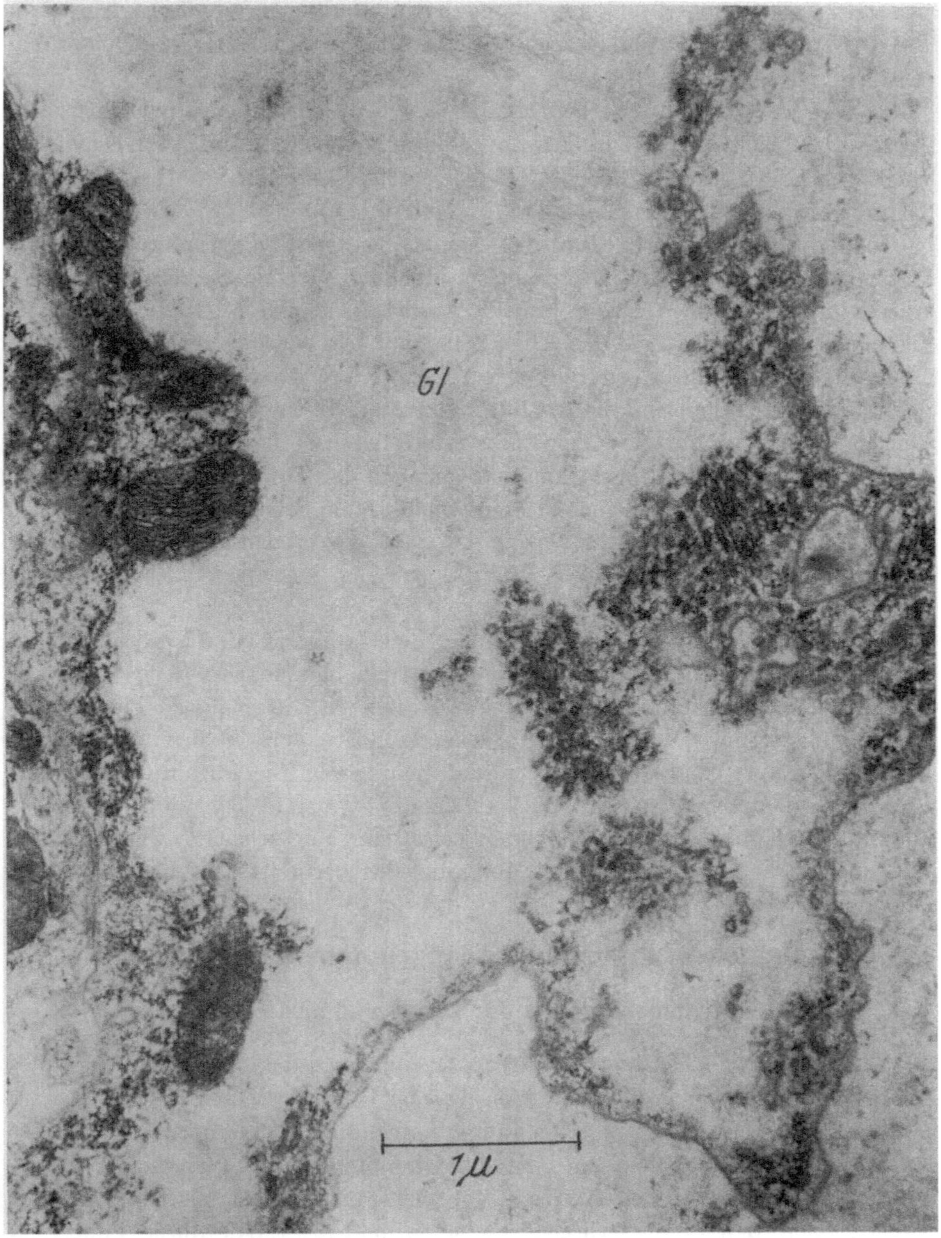

Abb. 111. Massive Glykogenablagerungen (*Gl*) in einer Tubulusepithelzelle der Niere bei Alloxandiabetes (ARMANNI-EBSTEINsche Zellen). Verdrängung der übrigen Zellorganellen in die Zellperipherie bei deutlicher Reduktion. 26 000×. (Aufnahme: Dr. DITSCHERLEIN.)

es bei Insulinmangel auch zu einer negativen N-Bilanz. Außerdem wirkt sich die meist vorhandene Azidose aus.

In den β-Zellen der Inseln sind Glykogenansammlungen zu beobachten, die große Teile der Zellen ausfüllen können. Außerdem treten in den Zellen große

Vakuolen auf. Die Mitochondrien und das granuläre endoplasmatische Retikulum weisen verschiedene Zeichen der Schädigung auf. Die lichtmikroskopisch erkennbare Hyalinisierung ist submikroskopisch durch die Ansammlung von etwa 100 Å breiten Filamenten charakterisiert. Die spezifischen Granula werden zerstört.

In den Leberzellen werden häufiger als bei allen anderen pathologischen Prozessen Glykogenansammlungen im Zellkern beobachtet. Im Zytoplasma sind vorwiegend die Mitochondrien betroffen. Sie zeigen pfropfartige Ausstülpungen, Teilungsvorgänge und Kristalloide in der Matrix.

In den Tubulusepithelzellen können massive Glykogenakkumulationen stattfinden, was schon lichtmikroskopisch durch die besondere Bezeichnung der Armanni-Ebsteinschen Zellen seinen Ausdruck gefunden hatte (Abb. 111). Die übrigen Organellen sind in solchen Zellen nur sehr spärlich vorhanden. In den Glomerulumepithelzellen sind vermehrt Golgi-Komplexe, erweiterte Zisternen des granulären endoplasmatischen Retikulums und Zytolysomen zu beobachten. Zeichen der nicht nur den Kohlenhydratstoffwechsel betreffenden Störungen ist die sowohl im Bereich der Glomerula als auch der Tubulusepithelzellen stattfindende Überproduktion von Proteinen und Mukopolysacchariden, was sich in einer z. T. exzessiven Verbreiterung der Basalmembranen und der Anhäufung von Basalmembransubstanzen z. B. in Form der Kimmelstiel-Wilsonschen Glomerulosklerose äußert.

Auch im Bereich der Gefäße, besonders der Kapillaren, sind Verbreiterungen der Basalmembranen beim Diabetes mellitus ein häufiges Ereignis.

Alloxandiabetes führt im Bereich des Kleinhirns der Maus zu Flüssigkeitsansammlungen nicht nur in den Gliazellen, sondern auch in den Nervenzellen und den Axonen. Einzelne Zellen werden nekrotisch. Die Purkinje-Zellen sind im allgemeinen nicht betroffen (Wessel, 1966).

Die peripheren Nerven zeigen einen Zerfall der Markscheiden, während auch hier die Basalmembranen um die Satellitenzellen verbreitert sind.

7. Zellveränderungen bei Störungen des Lipidstoffwechsels

a) Aufnahmevorgänge der Lipide und ihre Störungen

Eine endgültige Klärung der Resorptionsprozesse der verschiedenen Lipide im Bereich der verschiedenen Zelltypen liegt bis heute noch nicht vor (Übersicht: Toner, 1968). Sogar in den letzten Jahren haben die Vorstellungen über den primären Vorgang der Resorption aus dem Darmlumen noch Wandlungen erlebt. Im Jahre 1960 hat Palay an Hand von elektronenmikroskopischen Befunden angenommen, den Beweis erbracht zu haben, daß die Lipide durch Pinozytose in die Epithelzellen aufgenommen werden. Diese Vorstellung wird für den menschlichen Darm von Rubin (1964, 1966) und für den des Schweines von Vodovar u.

Schema 14. *A*. Schematische Darstellung über das Verhalten des apikalen Anteils von Dünndarmepithelzellen während der Fettabsorption. Im unteren Teil verschiedene Stadien der Bildung von Vesikeln aus dem agranulären endoplasmatischen Retikulum mit Fetttropfen. *B*. Ausschnitt aus Abbildung *A* mit Darstellung der biochemischen Vorgänge. Nach der intraluminalen Verdauung der Triglyzeride im Lumen erfolgt die selektive Absorption von Monoglyzeriden und freien Fettsäuren als Mizellen sowie die Synthese und Segregation der Triglyzeride in den Zisternen des agranulären endoplasmatischen Retikulums. (Nach Cardell et al., 1967.

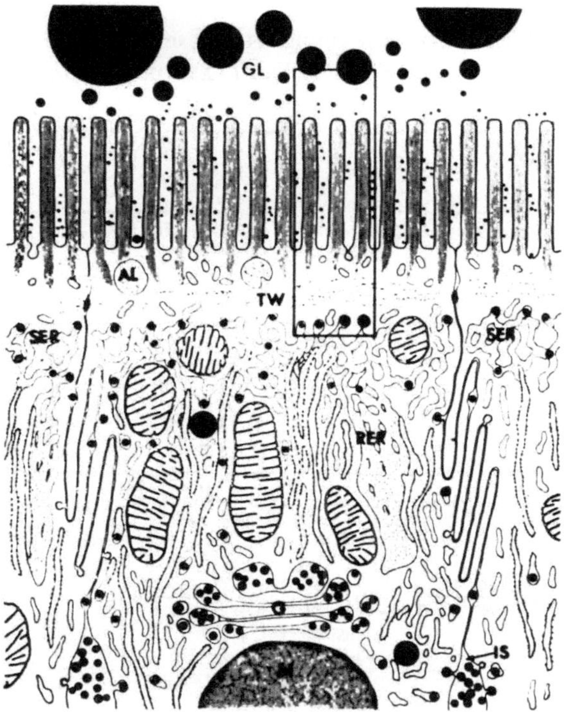
GL
AL
TW
SER
SER
RER
IS

A

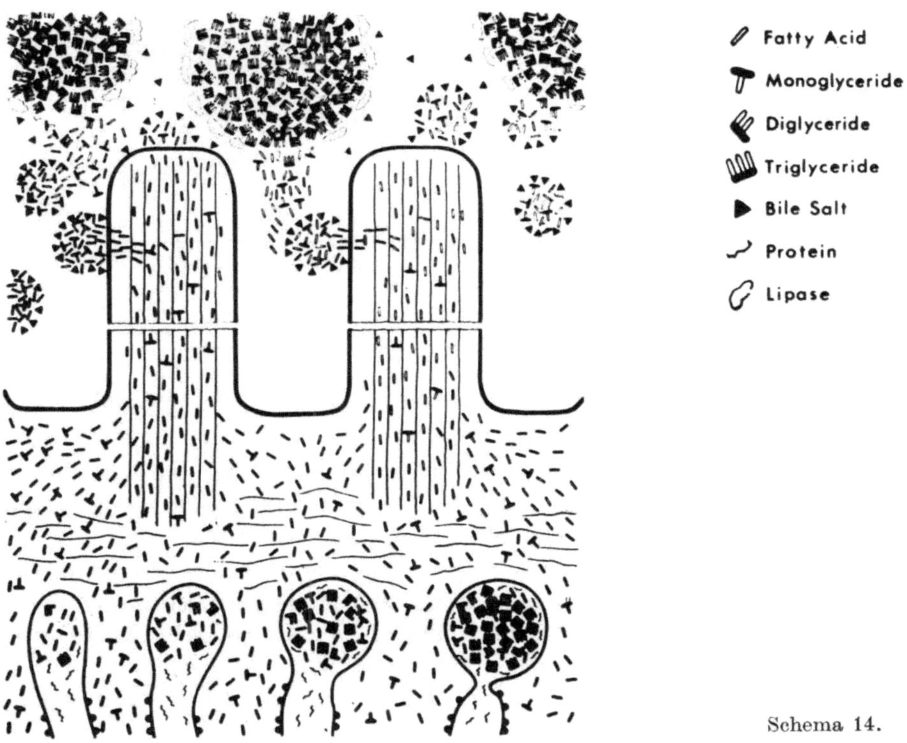
Fatty Acid
Monoglyceride
Diglyceride
Triglyceride
Bile Salt
Protein
Lipase

B

Schema 14.

FLANZY (1966) auch jetzt noch vertreten. Neuere Forschungen, vorwiegend auf biochemischem Gebiet, haben eine Spezifizierung des Resorptionsprozesses ergeben.

Das im Darmlumen befindliche Fett wird emulgiert und entweder im Lumen oder in der Membran der Mikrovilli der Epithelzellen (TAYLOR u. ADAMSTONE,

Time after injection, min . . .	5		10	
	cpm × 10^{-5}	% counts in neutral glycerides	cpm × 10^{-5}	% counts in neutral glycerides
Liver	1298	91	1120	94
Intestine	162	90	294	92
Kidney	72	80	91	84
Serum (ml)	1.3	75	1.2	—

Schema 15. Verteilung der ^{3}H-Radioaktivität in Lipiden von Rattenorganen nach intravenösen Injektionen von ^{3}H-Glyzerin. (Nach STEIN und STEIN, 1965.)

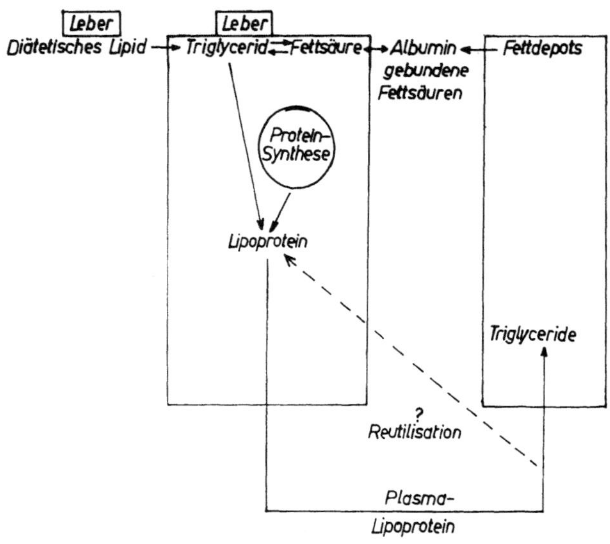

Schema 16. Vorstellungen über Aufnahme und Umbau des Fettes in der Leberzelle. (Nach MCLEAN et al., 1965.)

1962) zu Fettsäuren, Glyzerin und Monoglyzeriden zerlegt und dann resorbiert (ISSELBACHER u. SENIOR, 1964; ROSTGAARD u. BARRNETT, 1964, 1965; CARDELL et al., 1965, 1966, 1967; MCKAY et al., 1967) (Schema 14).

Die Resorption erfolgt an der Spitze oder der Basis der Mikrovilli. In den Einfaltungen der Mikrovilli liegen etwa 30 Å große Partikeln in der Membran (VODOVAR u. FLANZY, 1966). Dabei kann sich der asymmetrische Membranaufbau in einen symmetrischen umwandeln (DERMER, 1967).

Sehr selten nur werden Di- und Triglyzeride oder Cholesterin direkt aufgenommen.

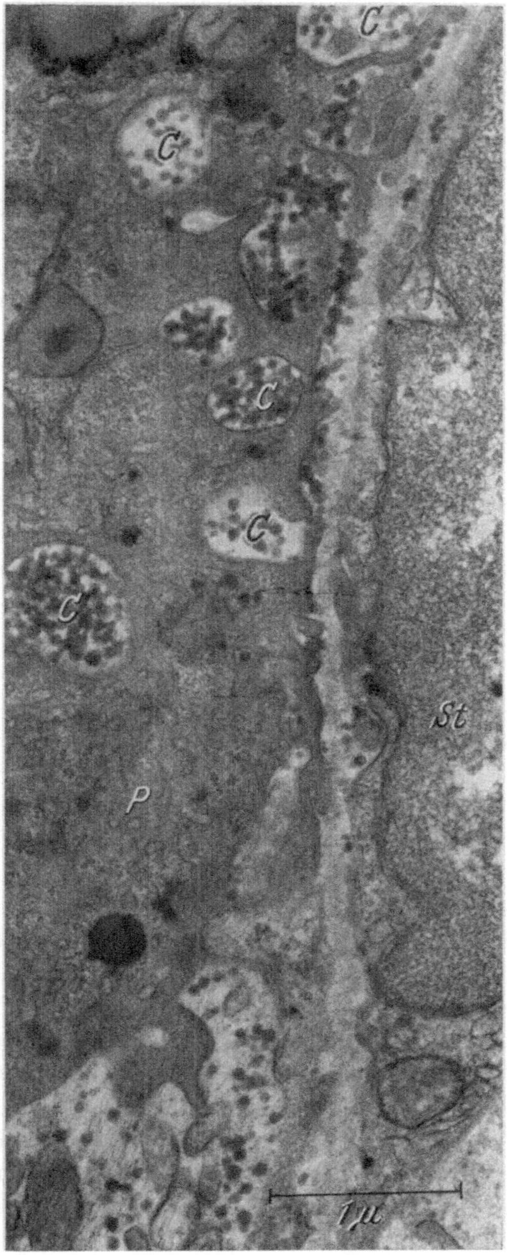

Abb. 112. Ansammlung von Chylomicra (*C*) im Disseschen Raum und in Vesikeln an der Leberzelloberfläche. Leberzelle des Kaninchens nach Ammoniumintoxikation. *P* = Parenchymzelle. *St* = Sternzelle. 25 000 ×. (Aufnahme: Prof. Dr. Kettler.)

Kurze Zeit nach der Resorption durch die Plasmamembran erscheinen Lipidpartikeln in dem tubulären Maschenwerk unter dem Terminalgespinst.

Bedeutungsvoll für die Resorptionsvorgänge scheint das filamentöse Netzwerk auf der Oberfläche der Mikrovillimembran zu sein, da in ihm die Lipidmizellen festgehalten werden (Ashworth, 1966). Die Verteilung in den einzelnen Organen ist unterschiedlich (Schema 15).

Für die Leberzellen ist bis jetzt die Aufnahme von Fett in Form von Lipomicra durch Pinozytosevorgänge angenommen worden (Bade u. Schumacher, 1964; Jordan, 1964; Trotter, 1964, 1965, 1966). Wesentlicher Beweis hierfür sollte die Tatsache sein, daß sie im Disseschen Raum nahe der Leberzellmembran und in Einstülpungen der Membran sowie in kleinen Vesikeln unterhalb der Membran im Zytoplasma beobachtet werden können.

Sicher ist, daß die Mobilisierung des Fettes aus den Fettgeweben, z. B. im Hunger, durch eine Freisetzung von Fettsäuren und Glyzerin und nicht durch die Abgabe von Triglyzeriden erfolgt. Dadurch bedingt ist innerhalb des Blutes mit diesen Fettsäuren, gebunden an Plasmaproteine, und den durch Syntheseprozesse der Darmepithelzellen produzierten Lipomicra zu rechnen (Schema 16). Die an das Albumin gebundenen Serumfettsäuren besitzen etwa eine Größe von 50—300 Å und sind elektronenmikroskopisch nicht erkennbar, während die Lipomicra 500—1000 Å groß werden. Von den Leberzellen werden die gesättigten und ungesättigten Fettsäuren getrennt resorbiert (McKay et al., 1967).

Die osmiophilen Partikeln im Disseschen Raum (Abb. 112) sind möglicherweise nicht als kurz vor der Aufnahme durch Pinozytose anzusehen, sondern müssen als Sekretionsprodukte der Leberzellen betrachtet werden.

b) Intrazelluläre Synthese und Abbau

Die in die Zelle aufgenommenen Fettsäuren und das Glyzerin erleben verschiedene Umwandlungsprozesse. Bei der Alkoholintoxikation werden ^{3}H-Palmitat und ^{3}H-Glyzerin nach 2 Min. im agranulären und granulären endoplasmatischen Retikulum, nach 5 Min. in kleinen Lipidpartikeln und nach 10 Min. im Golgi-System, in den Lipidtropfen und in glattwandigen Vesikeln gefunden (Stein u. Stein, 1966, 1967). Die Größe der Partikeln, die ins Blut abgegeben werden, beträgt 40—100 nm. Die Lipidsynthese wird durch die Alkoholgabe erhöht, die Fettsäureoxydation herabgesetzt (Iseri et al., 1966).

Mit Linolensäure perfundierte isolierte Lebern enthalten nach 2 Min. 30—80 nm große Lipidpartikeln in Vesikeln des agranulären und granulären endoplasmatischen Retikulums und des Golgi-Systems. In den Disseschen Räumen sind die Partikeln erst nach 5 Min. zu finden (Jones et al., 1966; Hamilton et al., 1967). Die Vorgänge sind durch Puromyzin hemmbar (Jones et al., 1967).

Da die Leberzellen normalerweise mehr gesättigte Fettsäuren als im Nahrungsfett enthalten, ist anzunehmen, daß bei der hepatischen Lipogenese mehr gesättigte Fettsäuren gebildet werden. Die Lipide verteilen sich nach intravenöser Gabe in den einzelnen Organen unterschiedlich.

Die Gabe von ^{3}H-Oleinsäure und ^{3}H-Palmitinsäure zeigt den Aufnahme- und intrazellulären Syntheseweg des Lipids in der Mamma lactans auf (Stein u. Stein, 1966, 1967). Nach 1—3 Min. findet man die Fettsäuren im Bereich der Alveolarlichtung, im apikalen Zytoplasma, im granulären endoplasmatischen Retikulum und in den Mitochondrien, während das Golgi-System zu allen Zeiten frei ist. Nach 30 Min. sind die Fetttropfen markiert. Die Esterifizierung der Fettsäuren zu Glyzeriden erfolgt im granulären endoplasmatischen Retikulum, wo auch eine Aggregation der Lipide zu Fetttropfen stattfinden soll. Im Herz werden die Fettsäuren in den Dyaden des Sarkoplasmaretikulums verestert, in deren Umgebung sich Fetttropfen ansammeln (STEIN u. STEIN, 1968).

In den Darmepithelzellen werden die Fettsäuren und Glyzerin in der Membran der unter dem Terminalgespinst gelegenen Vesikel des agranulären endoplasmatischen Retikulums resynthetisiert (ASHWORTH u. JOHNSON, 1963; MARIMATSU

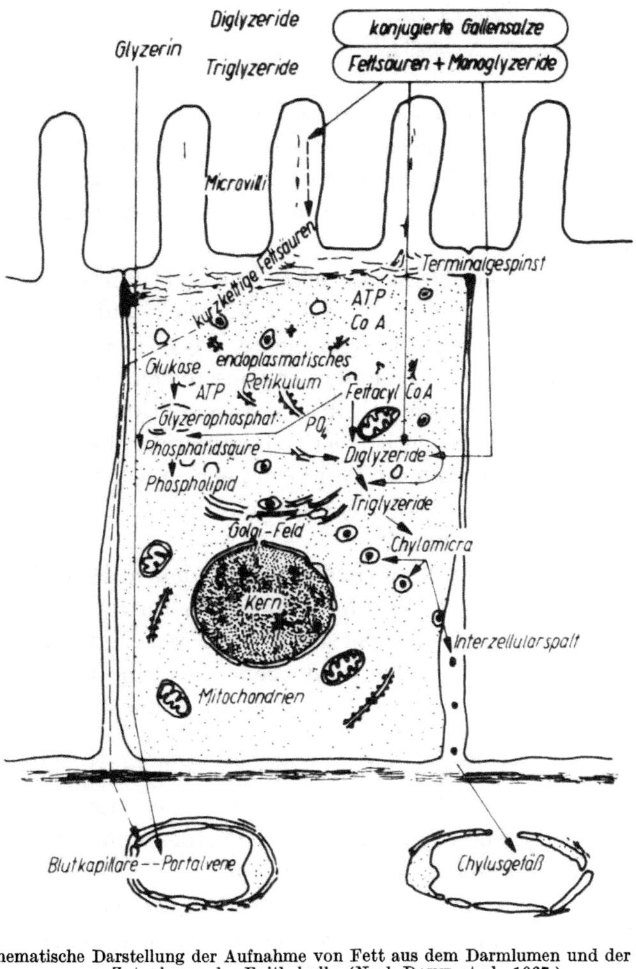

Schema 17. Schematische Darstellung der Aufnahme von Fett aus dem Darmlumen und der Umbauprozesse im Zytoplasma der Epithelzelle. (Nach DAVID et al., 1967.)

et al., 1963; JERRILL, 1966; CARDELL et al., 1967; MCKAY et al., 1967; SJÖSTRAND u. BORGSTRÖM, 1967; JERSILD, 1968) (Schema 17), dann in die Lumina der Vesikel abgegeben, wo sie als osmiophile Partikeln erscheinen. Von wesentlicher Bedeutung ist hierbei das Enzym Fettsäure : Coenzym A-Ligase. Mit dem Übergang der Substanzen in ein anderes Kompartiment — die Vesikel — und der Resynthese zu Triglyzeriden sinkt gleichzeitig ihr Gehalt im freien Zytoplasma, womit eine weitergehende Diffusion neuer Fettsäuren und Glyzerin ablaufen kann, da das Druckgefälle aus dem Darmlumen aufrechterhalten bleibt. Die tubulären und vesikulären Anteile des agranulären endoplasmatischen Retikulums haben fortdauernd oder zeitweilig eine Verbindung zu den Zisternen des granulären Retikulums. In ihnen erfolgt die Kopplung mit Proteinen zu Lipoproteiden und somit die Ausbildung von Chylo- oder Lipomicra. Teilweise ist auch eine Konzentration dieser in den Vesikeln und Vakuolen des Golgi-Systems zu beobachten, ohne daß man bisher sagen kann, ob es sich dabei um einen einfachen Konzentrierungsprozeß handelt oder ob auch Veränderungen der Moleküle stattfinden. In den Vesikeln gelangen die Lipomicra zur Zellmembran im Bereich der basalen Abschnitte der Interzellularräume und werden nach Verschmelzen der Vesikel mit der Plasmamembran ausgestoßen und von dort in die Chylusgefäße transportiert.

Bei der Zöliakie äußert sich der gestörte Lipidmetabolismus in der Ausbildung von Lipidvakuolen in den Epithelzellen des Darmes (Rubin et al., 1966). β-Lipoproteidmangel führt zu einer Herabsetzung der Lipide in den agranulären Vesikeln und den Golgi-Vesikeln sowie zu einer fehlenden Ausbildung von Lipomicra (Dobbins, 1966).

Trotz zahlreicher Unterschiede, die schon aus dem differenten Anstrom von Molekülarten an die Leberzellen entstehen können, sind die intrazellulären Synthesewege in diesen Zellen im wesentlichen die gleichen. Die in die Zellen gelangten Fettsäuren werden in den unter der sinusoidalen Zellmembran gelegenen Vesikeln resynthetisiert. Jedoch scheint es augenblicklich unmöglich, diesen Vesikeln anzusehen, ob sie resynthetisierte Triglyzeride, durch Pinozytose aufgenommene Fette oder Lipoproteide kurz vor der „reversed pinocytosis" enthalten. Auch die Lipomicra werden wahrscheinlich vor der Aufnahme in die Leberzellen hydrolysiert (Parks, 1967).

Durch Verschmelzung der Vesikelmembranen können die kleinen Tröpfchen zu größeren zusammenfließen, die im wesentlichen durch Fettsäureoxydation wieder abgebaut werden. Die Ränder dieser größeren Fetttropfen sind dabei meist ausgefranst, oder ein Tropfen wird zuerst in kleine Bruchstücke zerlegt, die dann entweder spurlos verschwinden oder zu vakuolären bzw. lamellären Körpern umgewandelt werden (Lapp, 1964).

Nach Ashworth et al. (1966) stellen die nach 5tägigem Hunger in den Golgi-Vesikeln, agranulären Vesikeln des endoplasmatischen Retikulums und den Disseschen Räumen liegenden 25 nm großen Partikeln in der Zelle gebildete Lipoproteide dar, die in das Blut sezerniert werden.

Es ist bisher nicht bekannt, ob auch von anderen als den Leberzellen die aus dem Darm stammenden Lipomicra aufgenommen werden können. Wahrscheinlicher ist es, daß alle anderen Zellen erst die in der Leber umgebauten Lipoproteine absorbieren, indem sie diese ebenfalls vorher in ihre Bestandteile zerlegen und in der Zelle wieder resynthetisieren.

c) Die Zellverfettung

Eine pathologische Verfettung von Zellen kann aus verschiedenen Gründen zustande kommen. Wesentlich sind eine erhöhte Anflutung entweder durch Mobilisation von Fettdepots oder durch eine erhöhte Zufuhr von außen, eine Erhöhung der intrazellulären Glyzeridsynthese, ein verminderter Verbrauch oder eine Reduktion der Sekretion der Lipide.

Die Fettansammlung besteht fast ausschließlich aus Triglyzeriden (Abb. 113). Wahrscheinlich ist der Feedback-Mechanismus für Phospholipide und Cholesterin so empfindlich, daß jedes Ansteigen dieser Lipidkomponenten verhindert wird.

α) Verfettung durch erhöhtes Angebot — Mobilisation körpereigenen Fettes

Für eine erhöhte Mobilisation von Fettsäuren kommt vorwiegend das Fettgewebe in Frage. Besonders bei Hungerzuständen werden der Leber große Mengen

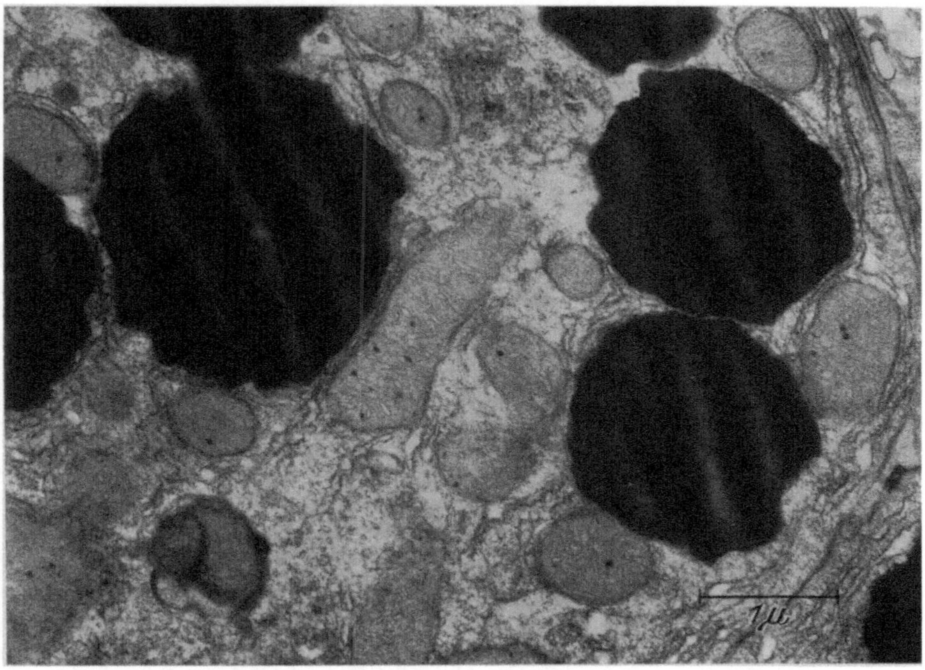

Abb. 113. Zahlreiche große Fetttropfen bei sonst unveränderter Zellstruktur in einer Leberzelle einer jungen Ratte. 18 200 ×.

angeboten (Trotter, 1967). Gleichzeitig wird die Lipogenese reduziert. Die zusätzlich auftretende Störung der intrazellulären Proteinsynthese in der Leber mit einer Verminderung der Bildung von Lipoproteiden äußert sich in der oft erheblichen Verfettung der Zellen.

Eine erhöhte Fettmobilisierung soll auch nach Gabe von Noradrenalin stattfinden (Maunsbach u. Wirsén, 1966). Dabei finden sich auch in den Zellen des Herzens und der quergestreiften Muskulatur in der Nähe der Mitochondrien Fetttropfen.

Nach Kortisongabe werden der Leber ebenfalls vermehrt Fettsäuren aus den Fettgeweben angeboten (Clementi et al., 1964; Hill, 1965). Die Lipide sammeln sich besonders in den Golgi-Vesikeln an.

Bei der experimentellen Hyperlipämie (Seifert, 1963; Imai, 1966; Kirkpatrick, 1967) kommt es in den Zellen der Gefäßwände zu Lipidablagerungen, deren Genese jedoch noch nicht vollständig geklärt ist.

β) Verfettung durch Fettembolie und toxische Fette

Bei der Fettembolie handelt es sich im wesentlichen um eine Anhäufung von Lipiden in Kapillaren. Eine längerdauernde Lagerung bewirkt jedoch auch eine

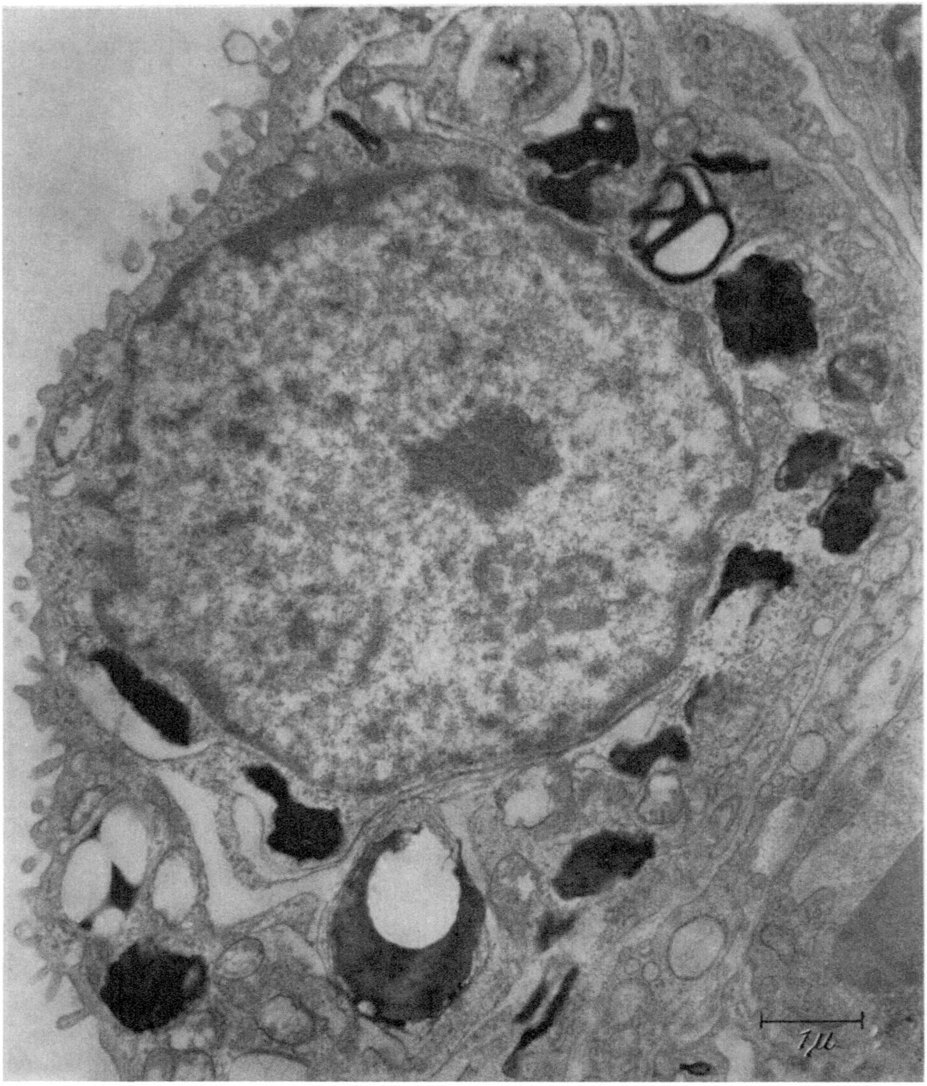

Abb. 114. Multiple Fetttropfen in einem Makrophagen der Lunge nach experimenteller Fettembolie (2¾ Stdn.). 13 000 ×.

erhöhte Resorption des Fettes aus dem Lumen, wobei es wahrscheinlich vorher hydrolysiert wird. Die Resynthese zu großen Fetttropfen und unter Umständen auch die Aufnahme von ganzen Fetttropfen findet in den Makrophagen (Abb. 114) des perikapillären Raumes statt (DAVID et al., 1967). Der Effekt auf die angrenzenden Zellen ist abhängig von der Art des embolisierenden Fettes. Toxisch wirkende Fette wie Ölsäure führen außerdem zu Schädigungen der Zellen bis zur Zytolyse und zum Zelluntergang, während es gleichzeitig zur Fettspeicherung kommt (RUBIA u. SCHULZ, 1963; SCHULZ, 1963). Lipidmangel (FLEISCHER et al., 1967) und der Mangel an essentiellen Fettsäuren (LEDUC u. WILSON, 1964) rufen verschiedene Schädigungen der Zellen hervor, wobei besonders die Mitochondrien betroffen sind.

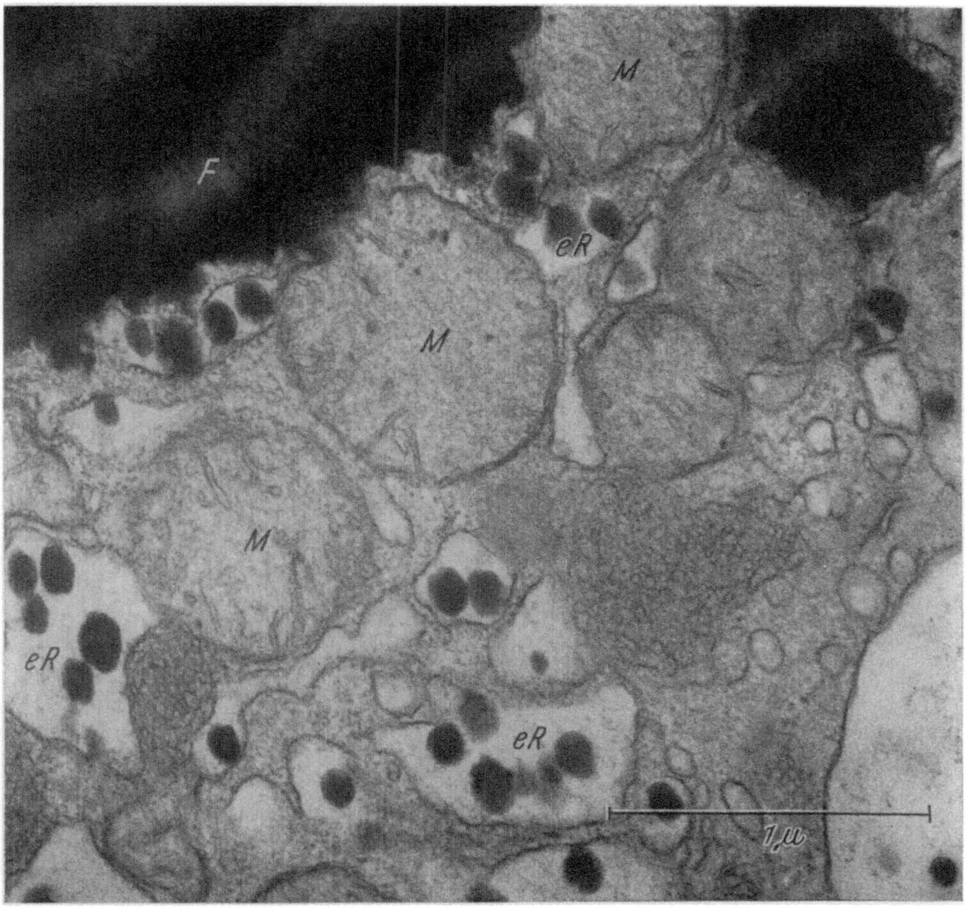

Abb. 115. Multiple Lipidgranula im erweiterten granulären endoplasmatischen Retikulum (*eR*) sowie größere Fetttropfen (*F*) in einer Leberzelle der Ratte bei chronischer Proteinmangelernährung. *M* = Mitochondrien. 40 000 ×.

γ) Verfettung durch intrazelluläre Verwertungsstörungen

Die Verfettung, besonders von Leberzellen, ist häufig Folge einer Schädigung der Proteinsynthese, wodurch die Bildung der Lipoproteide eingeschränkt wird. Deshalb rufen Substanzen, die an den verschiedensten Stellen der RNS- und Proteinsynthese eingreifen, vielfach eine Verfettung hervor (Schema 12). Hierzu gehören z. B. der Pyrimidinvorläufer Orotsäure (JATLOV et al., 1965), Antibiotika wie Zykloheximid (HARRIS et al., 1968), Aktinomyzin (DAVID u. MARX, 1967; DAVID u. UERLINGS, 1967), Proteinmangelernährung (Abb. 115) (ORDY et al., 1966; Svoboda et al., 1966), Lysinmangel (Scott, 1966), Argininmangel (Lane u. Novikoff, 1965), Riboflavinmangel (Tandler et al., 1968), Cholinmangel (Zaki et al., 1966; Lombardi u. Oler, 1967), Zystinüberernährung (David u. Bartok, 1963), Äthionin (Baglio u. Farber, 1965; Meldolesi et al., 1966; Schlunk u. Lombardi, 1967; Wood, 1967). Die äthioninbedingte Leberverfettung wird durch Adenin verhindert. Die Akkumulation von Triglyzeriden in der Leber geht mit einer geringeren Einbaurate von ^{14}C-Leuzin in Plasmaproteine einher.

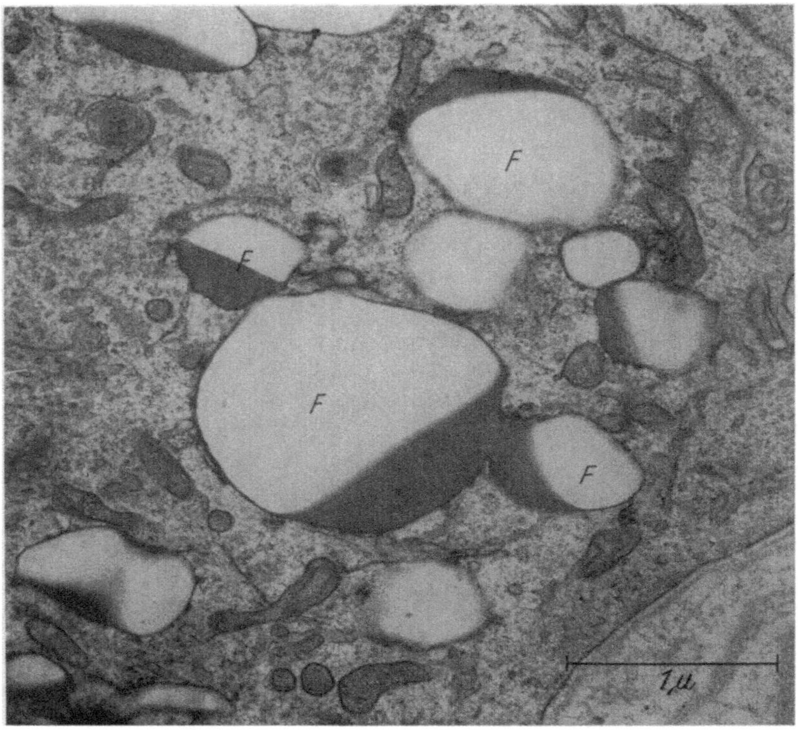

Abb. 116. Teilweise vakuolisierte Fetttropfen (*F*) in einer Tubulusepithelzelle der Niere bei chronischer Nierenvenendrosselung. 27 000×.

δ) Verfettung bei toxischen Zellveränderungen

Die Verfettung von Zellen nach toxischen Einwirkungen gehört zu den häufigsten Veränderungen überhaupt. Während diese Verfettungen teilweise nur einen vorübergehenden, reversiblen Charakter haben, sind sie in anderen Fällen Zeichen einer irreversiblen Schädigung und die Vorstufe zum Zelltod. Von den meisten der hier beispielhaft angeführten Substanzen ist bis jetzt noch nicht sicher zu sagen, wo sie in den Stoffwechsel eingreifen und wieweit sie nicht auch über die Schädigung der Proteinsynthese wirken. Besonders wichtig scheinen jedoch auch die Schädigungen der Energiegewinnung, die ebenfalls mit einer Verfettung einhergehen. Hierbei sind vorwiegend die Änderungen der Atmungsvorgänge zu nennen, wie sie bei der Ischämie auftreten (Abb. 116).

Toxische Verfettungen sind z. B. zu finden bei Ischämie in der Leber (Hübner, 1961), beim Spätinfarkt des Herzens (David u. Hecht, 1963), in der Leber bei partieller Hepatektomie (Fischer u. Fischer, 1963), nach Prednisolongabe (Hill u. Blackburn, 1967), bei experimenteller Porphyrie (Biempica et al., 1967), bei Alkoholintoxikation (Ashworth et al., 1965; Porta et al., 1965; Lane u. Lieber, 1966), CCl_4-Vergiftung (David et al., 1962; Slater, 1966; Stenger, 1966), Halothan und Chloroform (Schaude et al., 1967), in dem Herzen nach Aludringabe (Korb, 1967), nach der Bestrahlung in verschiedenen Organen (Leber: Franke u. Goetze, 1965; Kulturen dorsaler Wurzelganglien: Masurovsky et al., 1967; Hoden: Lacy u. Rotblat, 1960), in alternden Corpora lutea (Carsten, 1965), im Sinnesepithel von Macula und Utriculus beim M. Ménière (Friedmann et al., 1965). Wo die Stoffe in den intrazellulären Lipidstoffwechsel eingreifen, ist nicht zu sagen. Wie Alkohol sollen auch Endotoxine eine erhöhte Lipogenese bewirken (Lacy et al., 1968).

7—8 Std. nach Alkoholintoxikationen steigt der Triglyzeridgehalt der Leber von normal 0,42 g/100 g auf 20 g/100 g (Ashworth et al., 1965). Bei der Verfettung nach Bestrahlung können die Lipide aus abgebautem Membranlipid gebildet werden oder Folge eines reduzierten Oxydations-Reduktionspotentials sein (Masurovsky et al., 1967). Bei der Tetrachlorkohlenstoffvergiftung sind die Peroxydationsvorgänge (Slater, 1966), aber auch Veränderungen der Proteinsynthese für die Verfettung von Bedeutung. Neben Fetttropfen enthalten die Sinnesepithelzellen von Macula und Utriculus kristalline multilamelläre Einschlüsse, die wahrscheinlich unstabile Phospholipide darstellen.

Insbesondere fehlen bis jetzt eindeutige Hinweise für die hypothetisch geforderten Vorgänge eines verminderten Verbrauches oder der Abgabehemmung, obwohl es sie sicher geben wird.

Als weitere Ursache kommt die Unfähigkeit von Zellen dazu, die Kopplung des Lipids mit dem Protein vorzunehmen, oder das gebildete Lipoproteid durch die Hohlräume des endoplasmatischen Retikulums zum Blut zu transportieren.

d) Die Lokalisation von Lipiden in der Zelle

Die Lipidansammlungen besitzen verschiedene Gestalt und Größe, die z. B. auch von der Art des abgelagerten Fettes abhängen (Jones et al., 1962). Besonders die kleineren Lipidtropfen haben einige Beziehungen zum agranulären endoplasmatischen Retikulum und zum Golgi-System, von deren Membranen sie umgeben werden (Geer, 1965; Sciacca et al., 1966; Schlunk u. Lombardi, 1967).

Die kleinen Fetttröpfchen verschmelzen zu größeren Tropfen. Während die kleinen Tröpfchen schnell abgebaut werden können, sind die größeren weniger labil und werden im allgemeinen nicht von Membranen umgeben.

Kleine, membranumschlossene Fetttropfen in Leberzellen nach Fütterung fettfreier, kohlenhydratreicher Diät bestehen zentral aus gesättigten Fettsäuren, die von einer dünnen Schale aus osmiophilem Material umgeben werden. Sie besteht aus Phospholipiden und einer Hülle von Proteinen (Parks, 1967).

Die großen Fetttropfen enthalten vorwiegend gesättigte, aber auch ungesättigte Fettsäuren und stammen z. T. aus dem Nahrungsfett. Sie werden bei Gabe einer fettreichen Diät von Teilen des endoplasmatischen Retikulums umgeben, während das bei fettfreier Diät nicht der Fall sein soll (Parks, 1967).

Vielfach sind die Lipidansammlungen zentral vakuolisiert (PARRY u. GHADIALLY, 1966; DISCALA et al., 1967), was wahrscheinlich den gesättigten Fetten entspricht (GHIDONI u. O'NEAL, 1967).

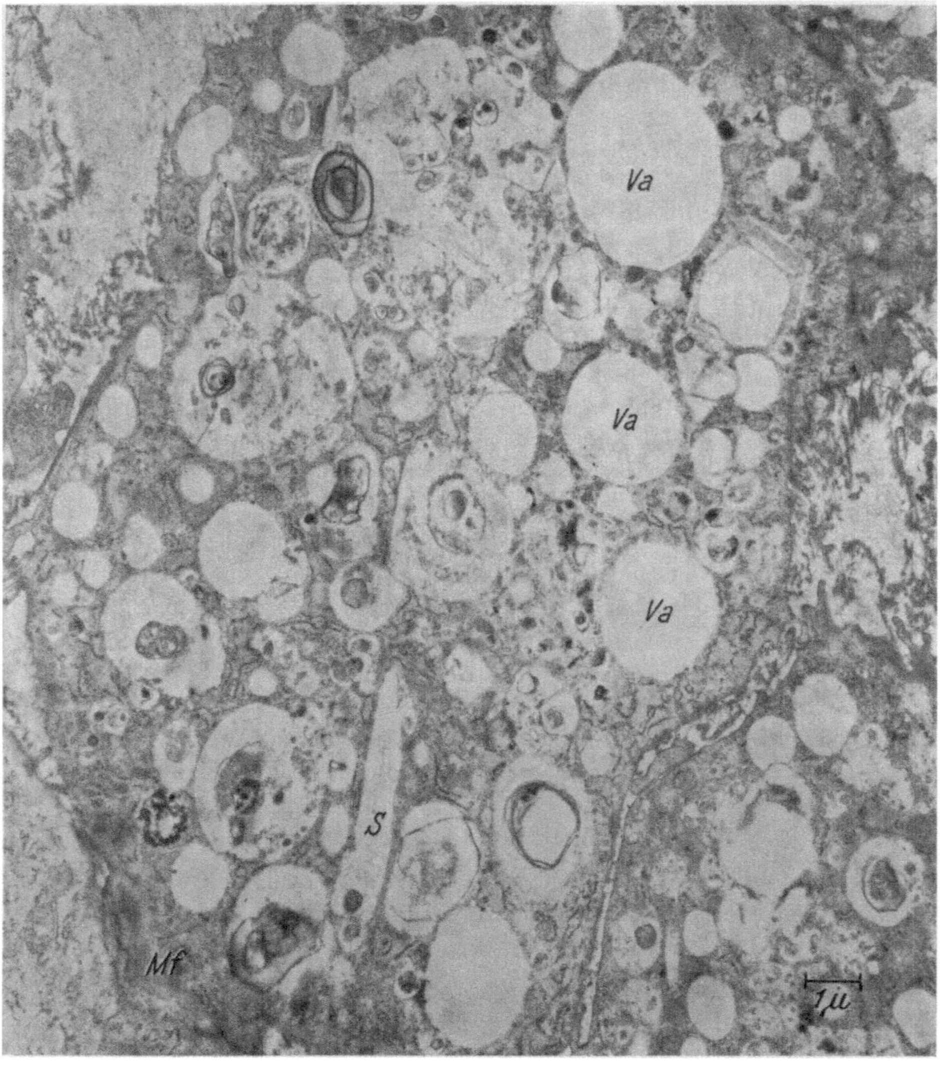

Abb. 117. Lipidspeichernde Zelle in einer Plaque der Kaninchenaorta nach achtwöchiger Fütterung von Cholesterin. Die Zellvakuolisierung (*Va*) entspricht dem Bild der Schaumzelle in der Lichtmikroskopie. Dichte Körper und Myofilamente (*Mf*) in der Zellperipherie. Vereinzelt spaltförmige Hohlräume (*S*). 7400 ×. — Mit freundlicher Genehmigung von Dr. F. PARKER, Seattle/USA. Aus: Amer. J. Path. **48**, 197—239 (1966).

Die geschichteten lamellären Körper sind vorwiegend aus Phospholipiden aufgebaut. Cholesterin wird in die Zellen der Aorta bei experimenteller Atheromatose (Abb. 117) in Form einer flüssig-kristallinen Mischung mit Phospholipiden und Wasser aufgenommen (WELLER et al., 1968). Das Cholesterin wird esterifiziert und liegt in den Lipidtropfen, wobei die Myelinstrukturen langsam verschwinden.

Die Lokalisation des Fettes in der Zelle hat nicht nur formale Bedeutung, sondern sie gibt infolge der oft sehr engen Beziehungen zu einzelnen Zellbestandteilen auch Auskunft über die Schädigung bestimmter Teilschritte des Metabolismus.

Die kleinen Fetttröpfchen sind meist in glattwandigen Vesikeln (Abb. 118) oder auch frei im Zytoplasma lokalisiert.

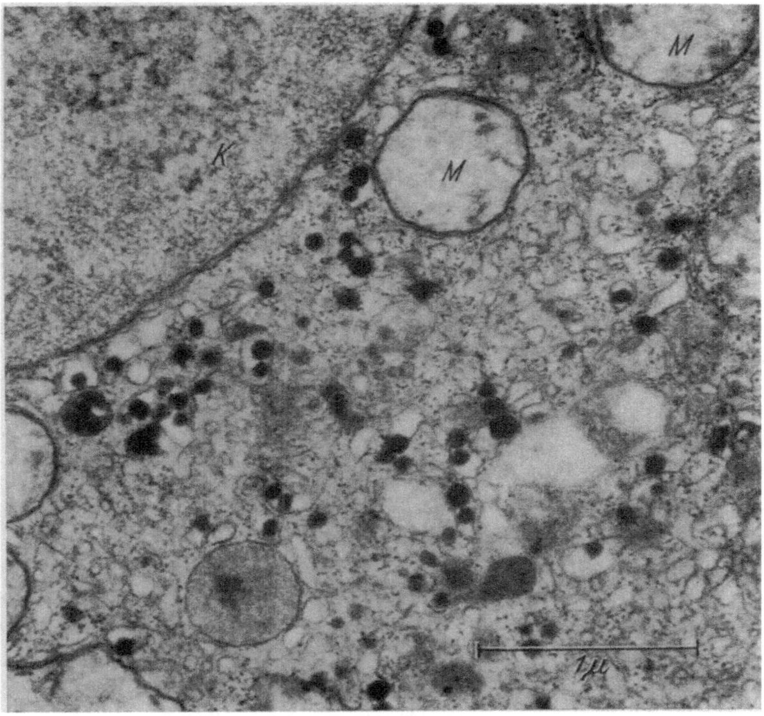

Abb. 118. Multiple Ansammlung von Fetttröpfchen in Vesikeln des endoplasmatischen Retikulums einer Leberparenchymzelle. *K* = Kern, *M* = Mitochondrien. 28 000×.

Zwischen Glykogen und Fettablagerungen gibt es keine absoluten Gegensätze, so daß beide Substanzen oft nebeneinander oder Fettpartikeln in Glykogenarealen liegen (Amick u. Stenger, 1964).

Besonders eng können die Beziehungen zwischen Mitochondrien und Fetttropfen sein, was vorwiegend bei Schädigungen der Fettsäureoxydation der Fall ist. Solche engen Verbindungen findet man z. B. in der Leber bei cholinarmer Diät (Amick u. Stenger, 1964), Riboflavinmangel (Tandler et al., 1965), bei Alloxandiabetes (Satoh, 1966) und in den Muskelzellen nach Noradrenalininfusion (Maunsbach u. Wirsèn, 1966). Die umgebenden Mitochondrien sind häufig degeneriert (Masurovsky et al., 1967).

Eine Ansammlung von Fetttropfen im Kern vorwiegend von Leberzellen wird durch die Aufnahme der Fetttropfen infolge von Einstülpungen der Kernmembran bedingt oder ist Folge von Degenerationsvorgängen von im Kern eingeschlossenen Zytoplasmabestandteilen, z. B. bei cholinarmer Diät (Amick u.

Tab. 65. *Vergleich der verschiedenen Lipidspeicherkrankheiten* (mod. nach FROST et al., 1966)

	M. Niemann—Pick	M. Tay—Sachs	M. Fabry	M. Gaucher
Sitz der Ablagerung	RES-Zellen, Nervengewebe, Epithelzellen, parenchymatöse Organe	Gliazellen, Ganglienzellen, Myelinscheiden im ZNS und Auge	glatte Muskelzellen, Herzmuskel, Histiozyten, Endothelzellen, Neuronen, Nierenepithelzellen	RES-Zellen, Ganglienzellen des ZNS
gespeichertes Material	Sphingomyelin (Phospholipid)	Ganglioside (Glykolipid)	Ceramid-Trihexonid (Glykolipid)	Cerebrosid (Glykolipid)
Produkte der Hydrolyse des gespeicherten Materials	Sphingosin, Fettsäuren, Cholin, Phosphorsäure	Sphingosin, Fettsäure, Glukose Galactose, Sialsäure	Sphingosin, Fettsäure, Glukose, Galactose	Sphingosin, Fettsäure, Glukose
Histochemische Reaktionen:				
PAS	+ oder −	+	+	+
Sudan-Schwarz	+	+	+	+
Alzianblau	−	−	−	−
Elektronenmikroskopische Befunde:				
schwache Vergrößerung	Homogene und/oder lamelläre Granula	Laminierte Granula „membranöse Zytoplasmakörper"	Homogene und/oder lamelläre Granula	Tubuläre Strukturen in Zytoplasmakörpern
starke Vergrößerung	Periodizität: 43—50 Å Einheiten. Dicke der dichten Linie: 23—27 Å	Periodizität: 50—60 Å Einheiten. Dicke der dichten Linie: 1. Innen 30—39 Å, 2. Marginale Linien 18—28 Å	Periodizität: 40—42 Å Einheiten. Dicke der dichten Linie: 20—27 Å	Durchmesser der Tubuli 250—725 Å

STENGER, 1964), nach Bestrahlung (FRANKE u. GOETZE, 1965), nach Äthioningabe (WOOD, 1967) oder Thioazetamidgabe (SMITH et al., 1967), bei Zystinüberernährung (DAVID u. BARTOK, 1963) oder Virushepatitis (RUEBNER u. SLUSSER, 1968).

Eine massive Anhäufung von Fetttropfen z. B. in glatten Muskelzellen der Gefäßwand führt zum lichtmikroskopischen Bild der Schaumzellen (WEISS u.

Tab. 66. *Zellveränderungen bei Lipid-Thesaurismosen*

Speicherkrankheit	gespeichertes Material	Organ	Zellbefunde	Autor
M. Niemann-Pick	Sphingomyelin (normale Synthese, Hemmung des Abbaus)	ZNS	Vakuolen z. T. mit Lipid	WALLACE et al., 1965
		Leber	Lipidkörper	VOLK u. WALLACE, 1966
		Knochenmark	0,5–5 μ Granula, z. T. Tubuli und Lamellen	TANAKA et al., 1963
		Lymphknoten	Lipidkörper in Retikulumzellen	TERRY, 1963
		Lymphknoten	Lipidkörper 0,6–4 μm	LYNN u. TERRY, 1964
		Lymphozyten		LAZARUS et al., 1969
		peripheres Blut		LAZARUS et al., 1967
		Pl. myentericus		ADACHI et al., 1968
M. Gaucher	Kerasinansammlung infolge Fehlens abbauender Enzyme	ZNS	membranumgebene dichte Körper mit Tubuli oder parallelen Membranen	ADACHI et al., 1967; VOLK et al., 1967
		Leber (Gaucher-Zellen)	1–3 μ große Körper mit tubulären oder fibrillären Strukturen z. T. bandartig oder wie zerknülltes Papier. Mitochondrien geschwollen, rupturiert	SALOMON u. CAROLI, 1962; OLIVA u. NAVARRO, 1965; TOUJAS et al., 1966; VOLK u. WALLACE, 1966; SCHÄFER u. BÄSSLER, 1966; OLIVA et al., 1967
		Milz	0,5–3 μ große Körper mit Tubuli Mitochondrienveränderungen. Dilatierte Zisternen des endoplasmatischen Retikulums	FISHER u. REVDBORD, 1962; SCHÄFER u. BÄSSLER, 1966
		Knochenmark	membranumgebene Körper mit tubulären und fibrillären Strukturen	TANAKA et al., 1963; JORDAN, 1964

Speicher-krankheit	gespeichertes Material	Organ	Zellbefunde	Autor
		Knochenmark	Gaucher-Zellen: vermehrt Eisen durch enzymatischen Block des Abbaus erythrozytärer Ceramidglukose	LORBER u. NEMES, 1967
			Erythrophagozytose	BLICHARSKI et al., 1967
M. Tay-Sachs (infantile familiäre amaurotische Idiotie)	Sphingomyelin und Lecithin-Glykolipide, essigsaurer Neuraminsäure, wirkungslose Gangliosidase	ZNS, Ganglienzellen, sekundär: Gliazellen, Endothelzellen und Perizyten	0,5–2 μ große Körper mit Lamellen oder granulärem Inhalt oder pleomorph-saure Phosphase pos. e. R. vakuolisiert	SAMUELS et al., 1963, 1965; TERRY, 1963, 1966; TERRY u. KOREY, 1963; TERRY u. WEISS, 1963; LAZARUS et al., 1964; WALLACE et al., 1964, 1965; VOLK u. WALLACE, 1966; PILZ et al., 1968
			Retina	HARCOURT u. DOBBS, 1968
M. Bielschowsky-Jansky (spätinfantile amaurotische Idiotie)	Vermehrung der N. essigsauren Neuraminsäure	ZNS	Körper ähnlich wie bei M. Tay-Sachs	ESCOLA-PICO, 1964; KOENIG et al., 1964; VOLK et al., 1964; WALLACE u. VOLK, 1965; WALLACE et al., 1965; SUZUKI et al., 1967
Juvenile Lipoidose	Zunahme von Cholesterin und Cholesterinestern	ZNS	Lamelläre Körper z. T. vesikulär	GONATAS et al., 1963; GONATAS u. GONATAS, 1965
			Lipofuscinvermehrung lysosomaler Genese	
		Lymphozyten		FUKUDA u. MIURA, 1966
M. Hunter-Hurler (Gargoylismus)	Mukopolysaccharide und Ganglioside	ZNS, Ganglienzellen, Gliazellen, Gefäßwandzellen	„Zebra"-Körper	ALEU et al., 1965, 1966; UCHIMURA et al., 1965; WALLACE u. VOLK, 1965; WALLACE et al., 1965, 1966; GONATAS, 1967; LOEB et al., 1968
		Leber	Vakuolen bis 10 μm	VAN HOOF u. HERS, 1964; CALLAHAN u. LORINCZ, 1966; VOLK u. WALLACE, 1966; LAGUNOFF u. GRITZKA, 1966; PINCUS et al., 1967

Speicher-krankheit	gespeichertes Material	Organ	Zellbefund	Autor
		Milz		LAGUNOFF u. GRITZKA, 1966
		Herz, Mitral-klappe		LAGUNOFF u. GRITZKA, 1966
saure Mukopoly-saccharidose III (M. San-filippo)	Ganglioside, MPS, Hepari-tin-MPS	ZNS ZNS	Zebra-Körper	WALLACE et al., 1966; ESCOUROLLE et al., 1966
		Leber	Vakuolen (aus Lyso-somen) in Pa-renchym- u. Sternzellen, Rie-senmitochondrien mit Kristalloiden	BECHTELSHEIMER et al., 1967; TELLER et al., 1967; HAUST, 1968
metachroma-tische Leuko-dystrophie	Mukopolysac-charide, Sul-fatide, Lipide	ZNS, Oligoden-droglia-zellen, Gallen-blase	Zytoplasmakörper aus Membranen und Vakuolen, z. T. prismen-artige Anordnung, diffuse Demyeli-sierung	AUREBECK et al., 1964; DUSTIN u. RESIBOIS, 1966; GREGOIRE et al., 1966; RESIBOIS-GREGOIRE, 1967; SUZUKI et al., 1967; MEI LIU, 1968
makuläre Kornea-dystrophie	saure Mukopoly-saccharide	Kornea-Fibro-blasten	Vakuolen aus Zi-sternen des endo-plasmatischen Retikulums	KLINTWORTH u. VOGEL, 1964; TERRY, 1966
M. Fabry	neutrales Glyko-lipid: Ceram-id-Trihexosid	Nerven-system, Haut, Ge-fäße, Niere, Leber, Lunge, Lymph-knoten, Rektum, Konjunk-tiva, Herz, gl. Muskel-zellen	Zytoplasmakörper mit lamellären periodischen Innenstrukturen, saure Phos-phatase pos.	DUSTIN u. RESIBOIS, 1966; FROST et al., 1966; MULLEM u. RUITER, 1966; COULET et al., 1967; RAE et al., 1967; BAGDADE et al., 1968; BISCHOFF et al., 1968; LOEB et al., 1968; SAGEBIEL u. PARKER, 1968; STEWART u. HITCHCOCK, 1968; TARNOWSKI u. HASHIMOTO, 1968; WITSCHEL u. MEYER, 1968; TONDEUR u. RÉSIBOIS, 1969; VOGELBERG et al., 1969

NOÇON, 1969). Eine völlige Ausfüllung von Zellen durch Fetttropfen findet z. B. in den Leberzellen bei Cholinmangel und in den Mammaepithelzellen nach Östrogen und Progesterongabe statt (BÄSSLER u. FORSSMANN, 1964).

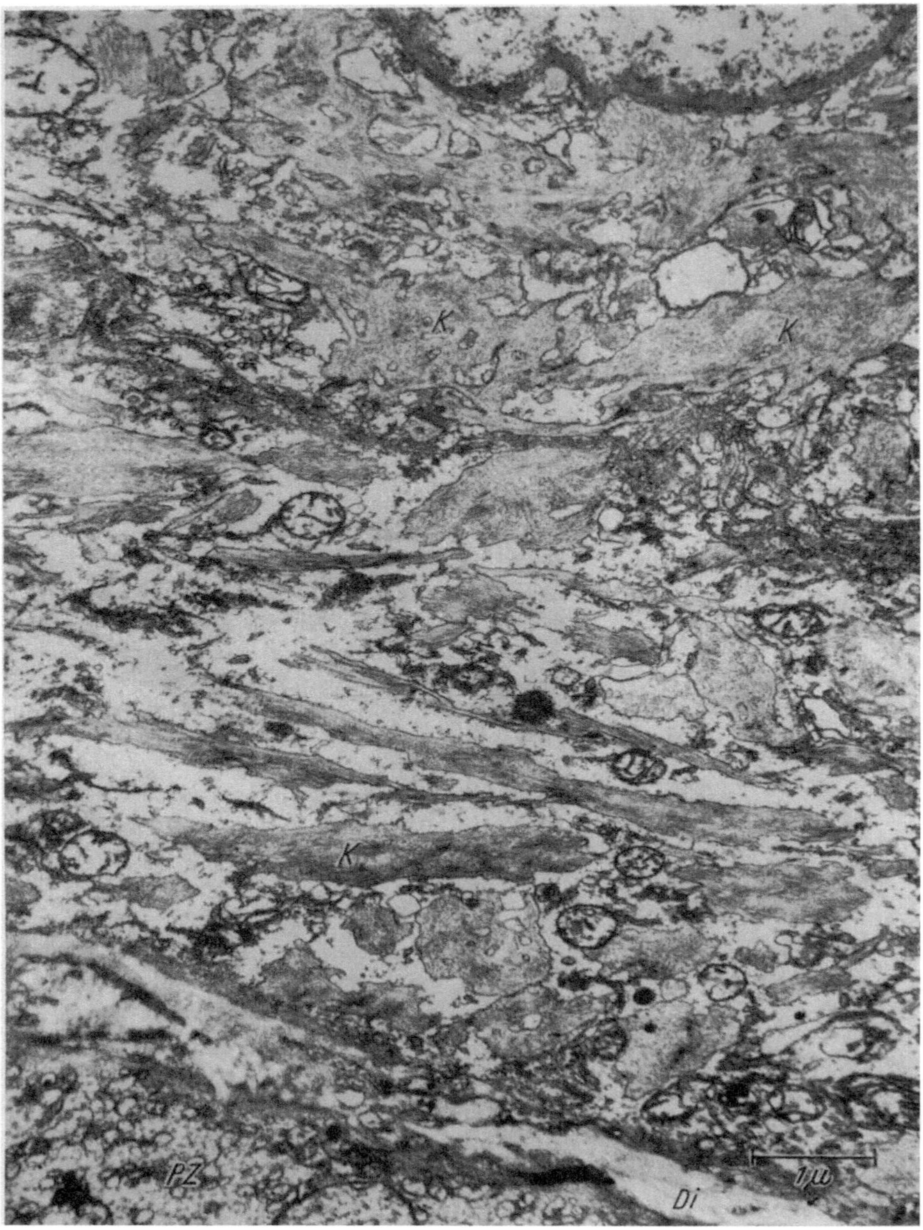

Abb. 119. Ausschnitt aus einer Kerasin-beladenen Retikulumzelle (Gaucher-Zelle) in der Leber. Durch den Disseschen Raum (*Di*) von der Leberzelle (*PZ*) getrennt. Besonders ausgeprägte Ablagerungen des Kerasins (*K*) in der Umgebung des Zellkerns. Übergänge des granulären endoplasmatischen Retikulums zu Kerasindepots. 15 500 ×. — Mit freundlicher Genehmigung von Dr. A. SCHÄFER, Mainz/BRD. Aus: Frankfurt. Z. Path. **75**, 37—52 (1966).

Neben intrazellulären Verfettungen gibt es auch extrazelluläre Fettansammlungen. Sie beobachtet man besonders in den Gefäßwänden bei der Arteriosklerose bzw. Atheromatose (GEER, 1965; BRUIJN u. SCHORNAGEL, 1967).

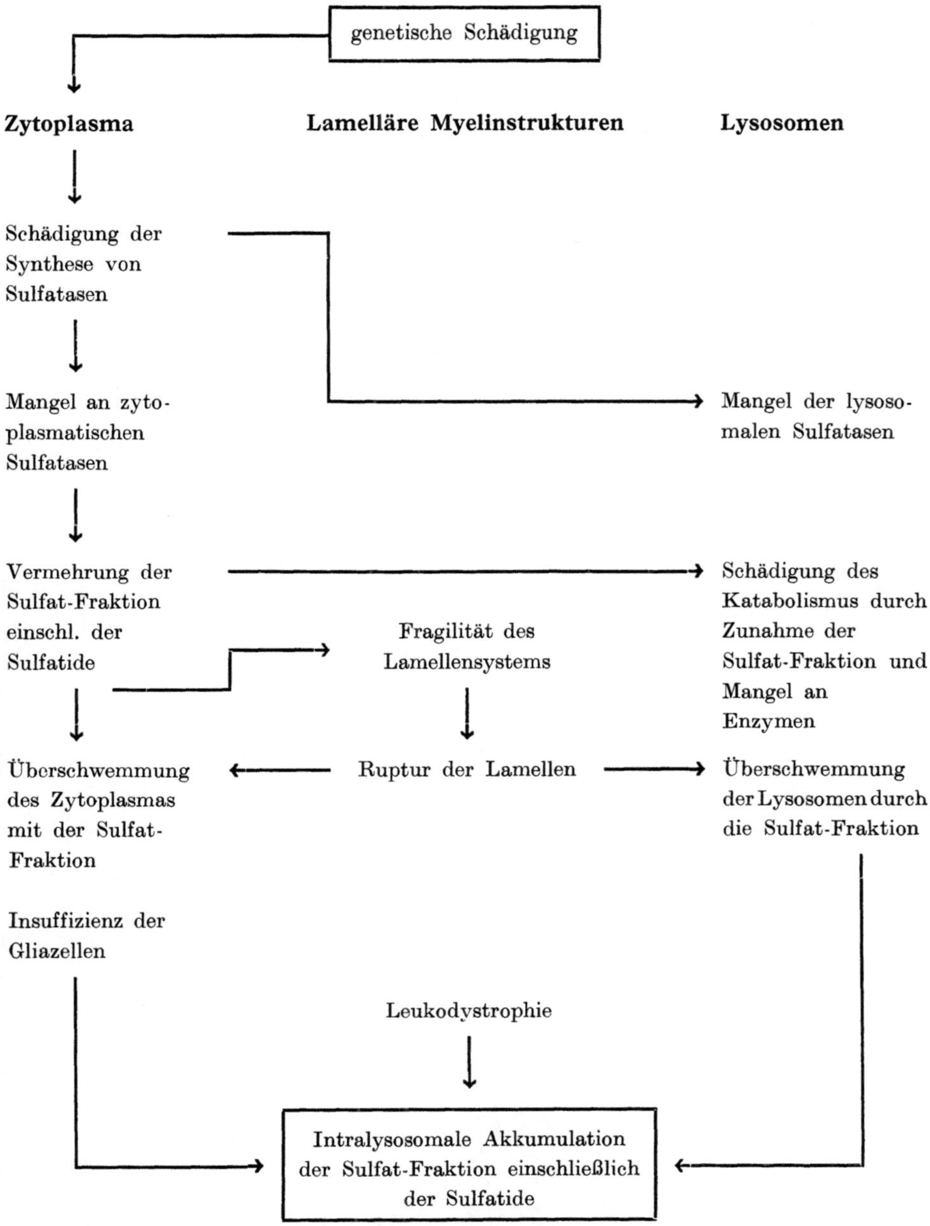

Schema 18. Mechanismus der intrazytoplasmatischen Akkumulation der Sulfatide bei der metachromatischen Leukodystrophie. (Mod. nach DUSTIN und RESIBOIS, 1966.)

e) Zellveränderungen bei Lipidspeicherkrankheiten

Ursache der verschiedenen Formen der Lipidspeicherkrankheiten sind genetische Enzymdefekte, die im allgemeinen bei wenig veränderter Synthese eine Hemmung des Abbaues bewirken. Die Akkumulation betrifft also meistens physiologische Substanzen, seltener abnorme Stoffwechselprodukte (Tab. 65).

Charakteristisch für die Lipoidosen ist die Ausbildung von Speicherkörpern, deren Aufbau viele Gemeinsamkeiten hat. Diese „membranösen Zytoplasma-

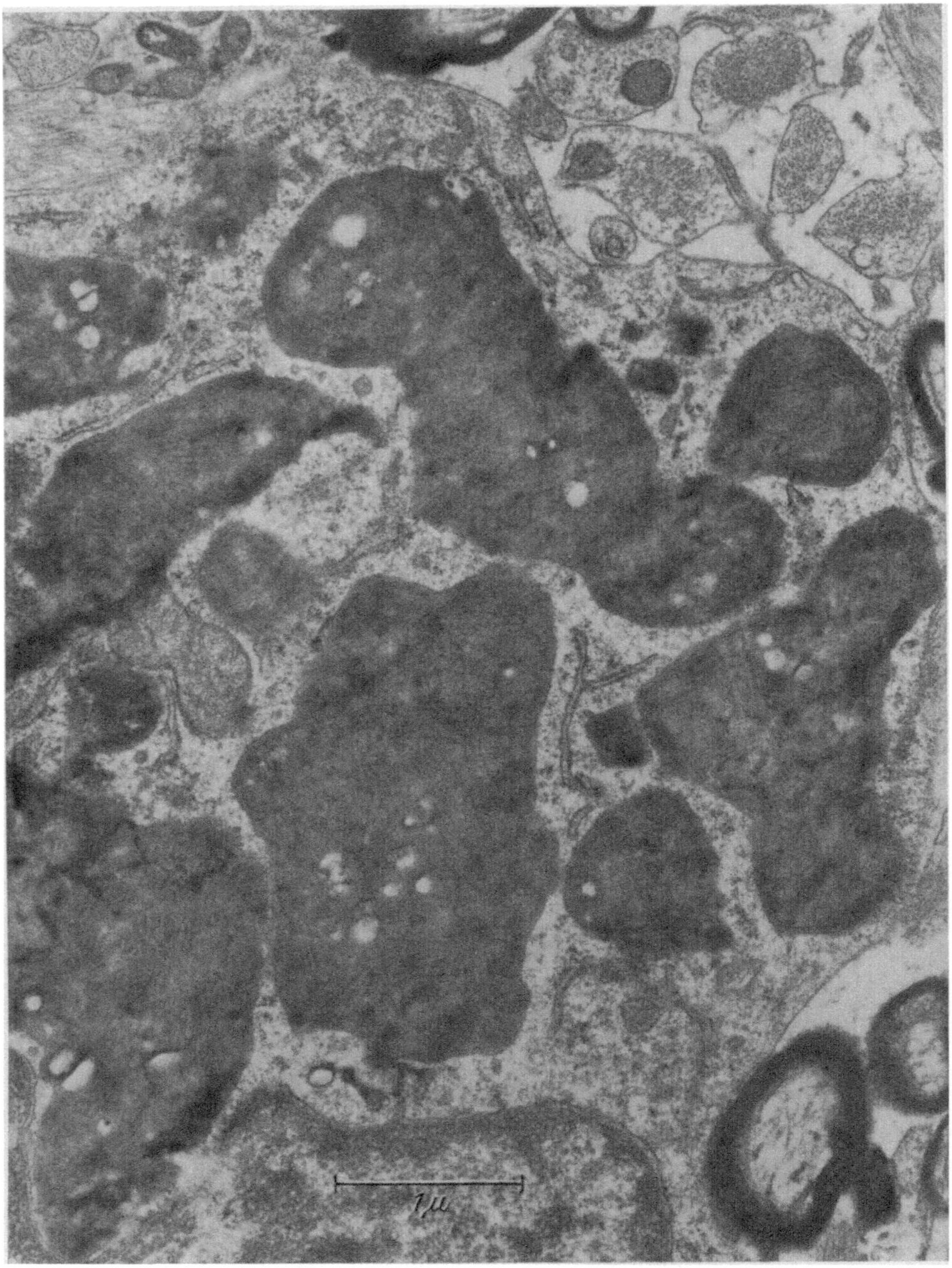

Abb. 120. Lipidablagerungen z. T. mit prismatischen Innenstrukturen in einem Astrozyten bei metachromatischer Leukodystrophie. 25 000 ×. — Freundlichst überlassen von Frau Dr. A. RESIBOIS, Brüssel/Belgien.

körper" werden von einer einfachen Membran umgeben und enthalten geschichtete oder konzentrisch angeordnete Lamellen in periodischem Abstand. Ihre Größe liegt zwischen 0,5 und 4 μm, ihre Zahl kann so hoch sein, daß sie große Areale der betroffenen Zellen besetzen. Die differente chemische Zusammen-

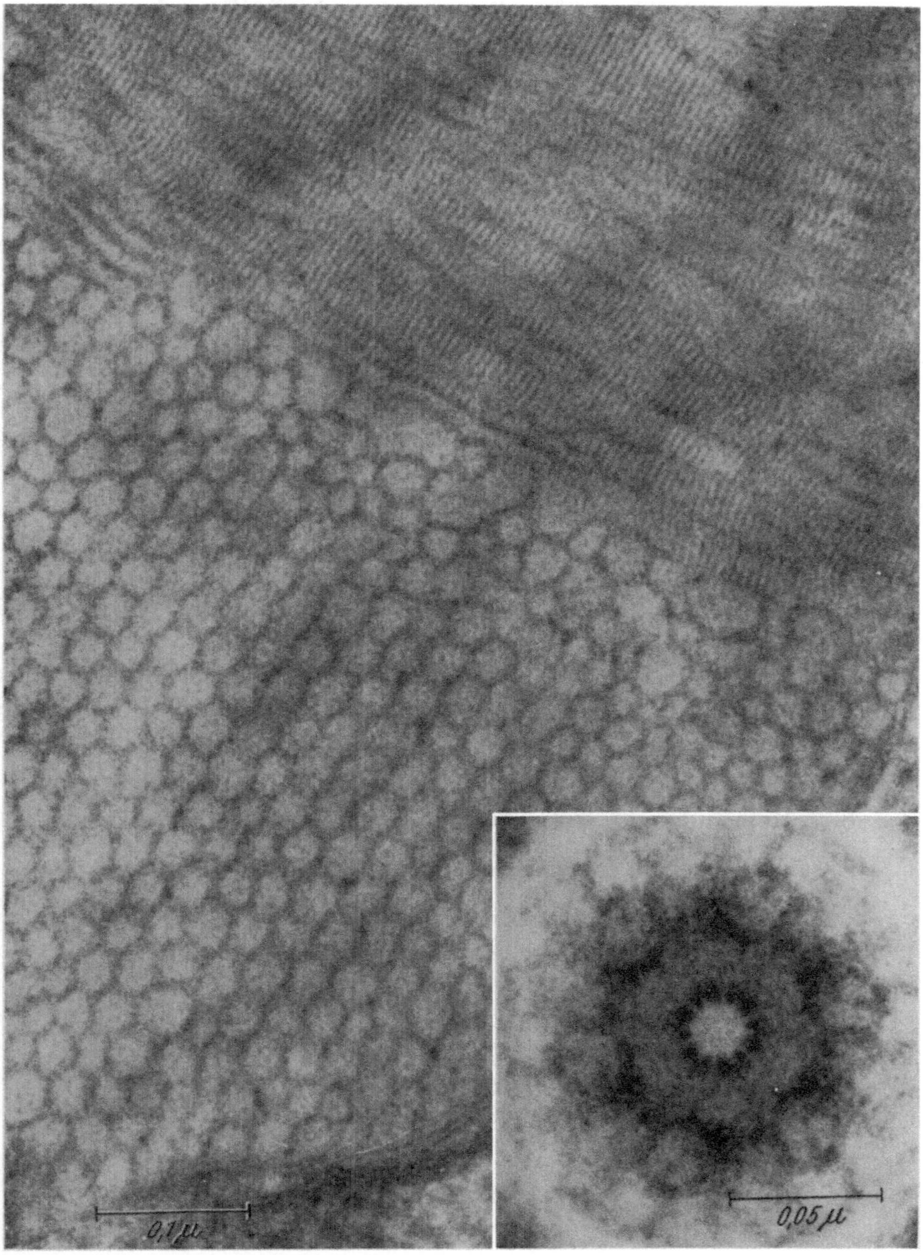

Abb. 121. Einschlußkörper in einer Gliazelle bei metachromatischer Leukodystrophie. Die Tubuli haben eine fast reguläre hexagonale Anordnung und zeigen im Querschnitt eine Querstreifung. 200 000 ×. — Im Ausschnitt ein Tubulus bei stärkerer Vergrößerung mit deutlicher Erkennbarkeit des hexagonalen Aufbaues sowie der Innenstrukturen. 400 000 ×. — Mit freundlicher Genehmigung von Frau Dr. A. Resibois, Brüssel/Belgien. Aus: J. Neuropath. exp. Neurol. **25**, 617—636 (1966).

setzung führt zu gewissen Variationen in der Struktur der Zytoplasmakörper. Neben diesen typischen Körpern können vakuoläre Bildungen oder mit granulärem oder pleomorphem Material angefüllte Vakuolen beobachtet werden. Cero u.

SNIDER (1967) konnten ähnliche Körper im Zentralnervensystem auch nach Gabe von Diphenylhydantoin finden.

Die meisten Lipoidosen betreffen vorwiegend das Zentralnerven-System (Tab. 66), wobei primär die Nervenzellen befallen sind. Die in den Gliazellen liegenden Zytoplasmakörper gelangen meist durch Phagozytose in diese und stellen verschiedenartige Abbaustufen dar. Wieweit die Zytoplasmakörper aus präexistenten Lysosomen entstehen, läßt sich nicht sicher entscheiden. Bei einem Teil ist eine positive saure Phosphatasereaktion nachzuweisen. Möglich sind auch Beziehungen zum endoplasmatischen Retikulum und zu den Mitochondrien. Die Körper sollen die Folge einer spontanen Aggregation von Gangliosiden, Cholesterin und Phospholipiden zur Bildung molekularer Komplexe sein (SAMUELS et al., 1965).

Bei einigen Lipid-Thesaurismosen sind auch andere Organe von dem Speicherungsprozeß betroffen, z. B. beim M. Niemann-Pick und M. Gaucher (Abb. 119). Besonders ist das beim M. Fabry der Fall. Diese auch als Angiokeratoma corporis diffusum bezeichnete Krankheit wurde erst in den letzten Jahren als Thesaurismose erkannt.

Trotz ähnlicher morphologischer Befunde, insbesondere der Ausbildung von Zytoplasmakörpern mit z. T. lamellären Innenstrukturen, werden beim Gargoylismus neben Mukopolysacchariden auch Lipide gespeichert. So wird auch dieses Krankheitsbild wie auch andere Mukopolysaccharidosen unter die Lipoidosen subsumiert.

Die metachromatische Leukodystrophie wird ebenfalls zu den Speicherkrankheiten gerechnet (Schema 18). Es werden ebenfalls in den Zellen des Zentralnervensystems Mukopolysaccharide neben Sulfatiden akkumuliert (Abb. 120, 121).

8. Zellveränderungen bei Störung des Kalziumstoffwechsels

a) Allgemeine Probleme der Kalziumstoffwechselstörungen

Störungen des Kalziumstoffwechsels werden durch Änderungen der Hormonproduktion oder der Vitaminzufuhr sowie Verschiebungen des Ionengehaltes des Blutes bedingt. Die daraus resultierende Verkalkung ist die Folge eines durch zahlreiche Regulationsmechanismen gesteuerten aktiven Stoffwechselprozesses (SEIFERT, 1965). Der Ablagerung von Kalziumsalzen verschiedener Art, vorwiegend von Kalziumapatit, geht die Einlagerung von Kalziumionen voraus, ein Vorgang, der als Mineralisation bezeichnet wird.

b) Intrazelluläre Mineralisation und Verkalkung

α) Mitochondrien

Die Mitochondrien stellen einen wesentlichen Faktor im intrazellulären Kalziummetabolismus dar. Grundlage hierfür ist jedoch eine das Normalmaß überschreitende Aufnahme des Kalziums, die in den Tubulusepithelzellen der Niere durch Pinozytose erfolgen soll. Die Kalziumpermeabilität der Leber wird durch toxische Einwirkungen wie CCl_4 erhöht (REYNOLDS, 1963), wobei nach wenigen Stunden wieder ein Austritt aus den Zellen wie auch aus den Mitochondrien zu beobachten ist. Isolierte Lebermitochondrien binden in unterschiedlichem Ausmaß Ca-Ionen (KIMBERG u. GOLDSTEIN, 1967). Ihre Bindungsfähigkeit wird durch Parathormon, Desoxykortikosteronazetat oder Östradiol erhöht, durch Glukokortikosteroide vermindert. Die Mitochondrien nehmen teil

Tab. 67. *Die Wirkung von Vitamin D auf die oxydative Phosphorylierung von Rattennierenmitochondrien* (mod. nach SCARPELLI, 1966)

	Anzahl der Vitamin-D-Gaben (je 45 000 Einheiten)	P : 0-Verhältnis
Normal		1,62
Vitamin D	3	1,31
Vitamin D	5	1,33
Vitamin D	7	0,83

an der Translokation von Ca und Phosphat in der Zelle. Im Verlaufe der Mineralisation kommt es z. B. bei der Hypervitaminose D zu einer progressiven Entkopplung der oxydativen Phosphorylierung (Tab. 67).

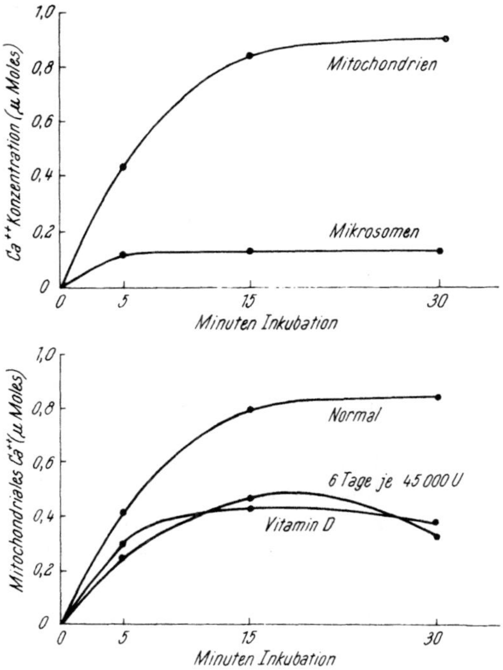

Schema 19. Schematische Darstellung der Wirkung von Vitamin D auf die oxydative Phosphorylierung von Rattennierenmitochondrien. Oben: Aufnahme von Kalzium in Mikrosomen der Rattenniere. Unten: Vergleich der Kalziumaufnahme von Nierenmitochondrien normaler Ratten und nach 6tägiger Gabe von Vitamin D. (Nach SCARPELLI, 1966.)

ATP und Tripolyphosphorsäure bilden mit Kalzium hochgradig stabile Chelat-Verbindungen, was die Ansammlung von Kalziumionen in den Mitochondrien erklären könnte (SCARPELLI, 1966).

In vitro ist nach Vitamin-D-Gabe andererseits eine Herabsetzung der Ca-Bindungsfähigkeit zu beobachten (Schema 19). Bei der Tetrachlorkohlenstoffvergiftung erhöht sich der Kalziumgehalt der Leber innerhalb von 24 Std. auf das

Tab. 68. *Intrazelluläre Kalziumsalzablagerungen (Beispiele)*

Ursache	Organ	Lokalisation	Form der Ablagerung	Autor
Vitamin D	Niere	Vakuolen, Mitochondrien	amorph, ringförmig, später massiv. Nadeln	SCARPELLI, 1965, 1966
	Niere	Mitochondrien	Kristalle	ENGFELDT et al., 1962
	Niere	Vakuolen	Kristalle	GIACOMELLI et al., 1962, 1964
		Vakuolen	Kristalle	SPIRO et al., 1964
AT 10, Dihydrotachysterin	Niere	Mitochondrien und extramitochondrial	granulär, kristallin	GERLACH u. THEMANN, 1965; GASSER et al., 1968
	Herz	Mitochondrien	granulär, kristallin	GERLACH u. THEMANN, 1965
Hypokaliämie	Herz	Mitochondrien		MOLNAR, 1965
Magnesiummangel	Herz	Mitochondrien		MISHRA et al., 1960
(u. Kältestreß)		Mitochondrien		HEGGTVEIT et al., 1964; MISHRA u. HERMAN, 1960
	Niere			SABOUR et al., 1964
	Niere	Lysosomen, frei		SCHNEEBERGER u. MORRISON, 1965
	Niere	Lysosomen, frei		BATTIFORA et al., 1966
Kalziumglukonat	Niere	Mitochondrien	Kristalle	CAULFIELD u. SCHRAG, 1964; SCHRAG u. CAULFIELD, 1963
	Niere	?	?	POLICARD et al., 1960
Parathormon	Niere	Mitochondrien	Kristalle	CAULFIELD u. SCHRAG, 1964
		Vakuolen	Kristalle	SCHRAG u. CAULFIELD, 1963
	Niere	Microbodies	Kristalle	ENGFELDT et al., 1958
Vitamin E	Muskel	Mitochondrien	amorph	VLEET et al., 1968
CCl_4	Leber	Mitochondrien	ringförmig, Mikrokristalle	REYNOLD, 1963, 1965
Jodoform	Leber	Mitochondrien		SEIL u. REYNOLDS, 1969
diätetische Nekrosen, Thioazetamid	Leber	Mitochondrien	?	WACHSTEIN et al., 1962
nekrogene Diät	Leber	Vakuolen	Kristalle	SVOBODA u. HIGGINSON, 1963
Tetanus	Muskel	?		AGOSTINI, 1967
	Gewebekultur			THOMAS u. TOMITA, 1967
Sublimat	Niere	Mitochondrien	Kristalle	PALLADINI u. CARAVITA, 1966; GRITZKA u. TRUMP, 1968
Amphotericin B	Niere	?	granuläre Körper	CASTRO et al., 1965

Ursache	Organ	Lokalisation	Form der Ablagerung	Autor
Dioxan	Niere	Mitochondrien	Kristalle	DAVID, 1964
chronische Blutstauung	Niere	Vakuolen	granulär	DAVID u. UERLINGS, 1967
Isoproterenol	Herz	Mitochondrien		BLOOM u. CANCILLA, 1969

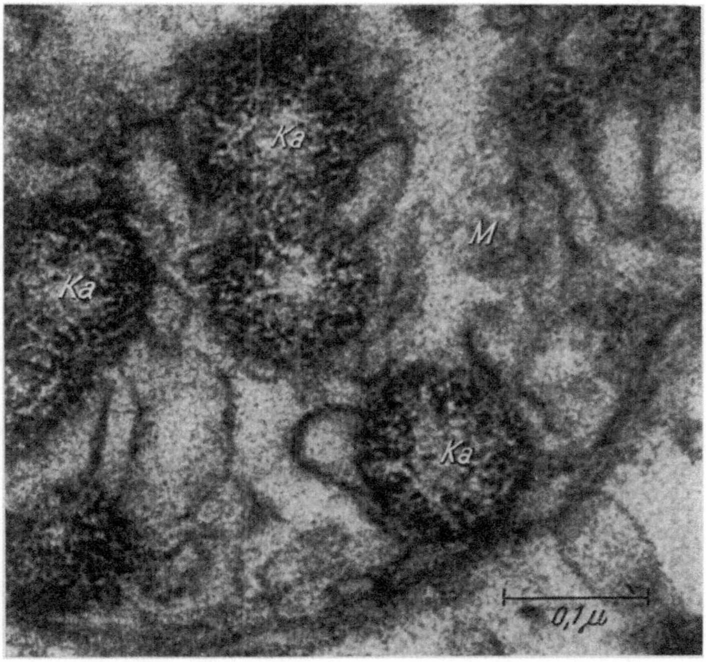

Abb. 122. Granuläre Kalziumsalzablagerungen (*Ka*) in Lebermitochondrien (*M*) 1 Std. nach umschriebener Erwärmung der Leber auf 49° C. 180 000 ×.

20fache, wobei zum größten Teil die Mitochondrien betroffen sind (REYNOLDS, 1965).

Die Ablagerung der Kalziumsalze findet in den Mitochondrien der einzelnen Organe in Abhängigkeit von der Ursache in unterschiedlicher Weise statt (Tab. 68).

Nach der schrittweise erfolgenden energieabhängigen Kalziumbindung erfolgt entweder die Ausfällung der Kristalle oder eine mit einer Neutralisation einhergehende Schwellung der Mitochondrien (CHANCE, 1965). Die Kalziumansammlungen in den Mitochondrien sind verbunden mit der Schädigung der Atmung und Veränderungen der durch alkalische Erden aktivierbaren ATPase (REYNOLDS, 1965).

Die Ablagerungen sind zuerst in den cristaenahen Matrixbezirken oder in den Cristae selbst zu finden. Sie stellen anfangs meist opake granuläre oder homogen erscheinende Körper dar, wie man sie auch nach Kalziumüberdosierungen in den Mitochondrien von Herzmuskelzellen sieht. Im Beginn sind oft Aggregate 700 bis 1000 Å großer dichter Granula zu sehen (Abb. 122), die sich in konzentrischen

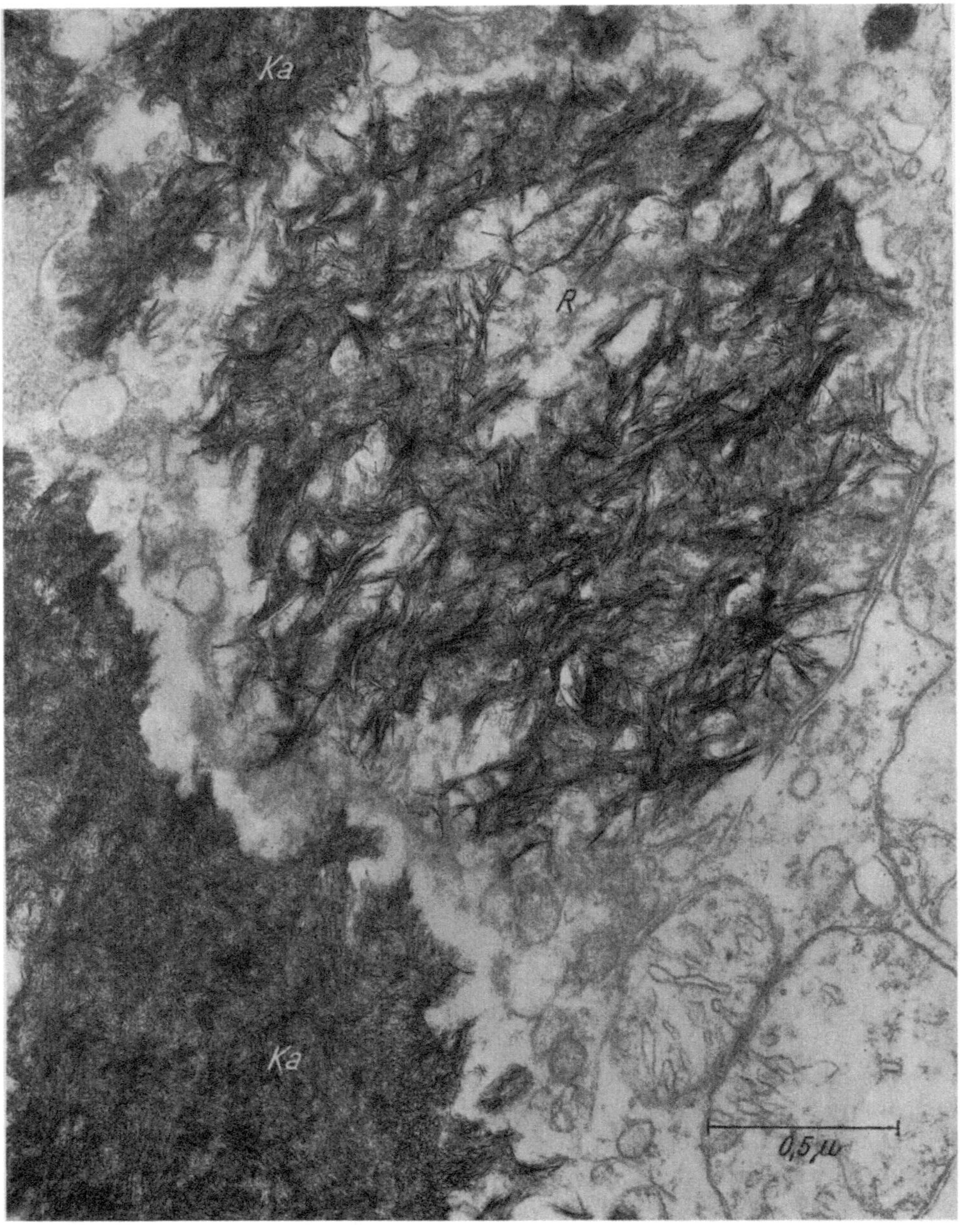

Abb. 123. Riesenmitochondrion (*R*) mit Ablagerung von Kalziumapatitkristallen nach siebentägiger Dioxanvergiftung. Außerdem Kalziumsalzablagerungen (*Ka*) ohne näher bestimmbaren Ablagerungsort. Tubulusepithelzelle der Niere. 49 500×.

Ringen um ein helles Zentrum mit bis 2000 Å langen fibrösen Ablagerungen anordnen (Reynolds, 1963, 1965). Schon diese Mikrokristalle werden als Kalziumapatit gedeutet. Charakteristischer sind die Befunde bei den größeren intramitochondrialen Kristallen (Abb. 123), die nadelförmig sind und einzeln oder büschelartig gelagert sind, häufig über den Cristae liegen und schließlich das gesamte Mitochondrion ausfüllen können.

Die intramitochondrialen Granula stellen nicht die entscheidenden Akkumulationspunkte für die Kalziumsalze dar, wenn auch in ihnen Kalzium liegen kann.

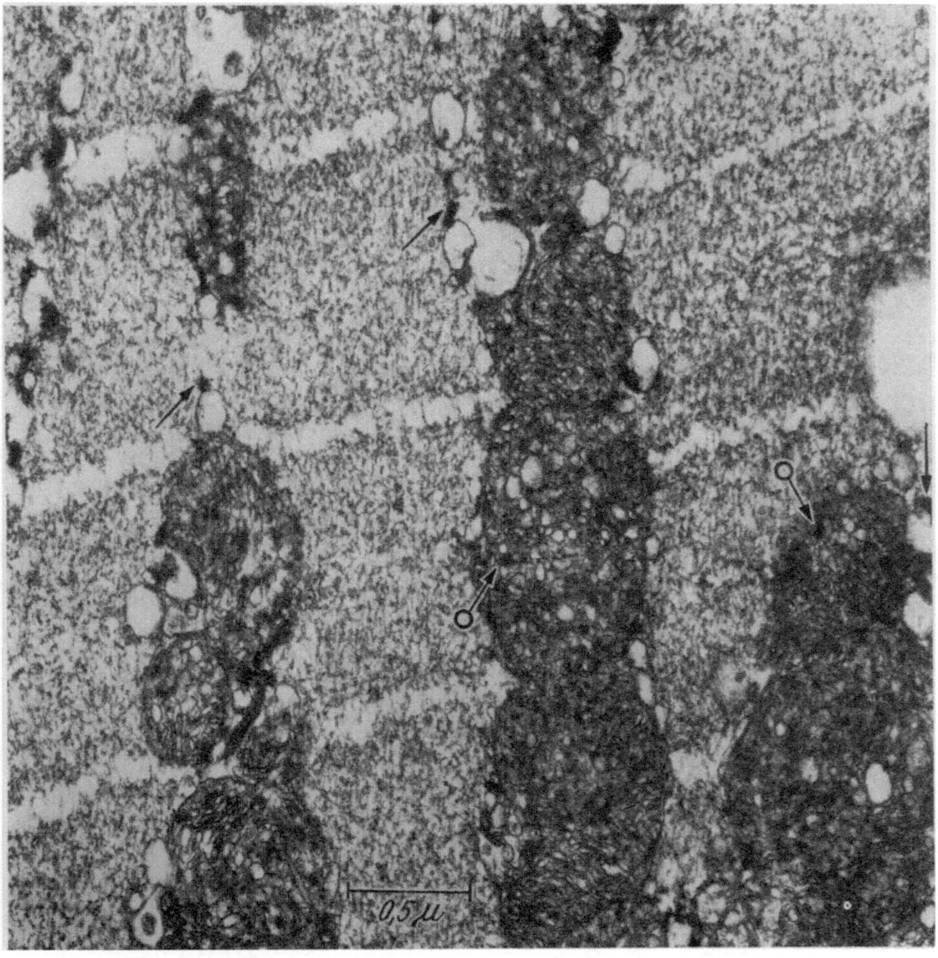

Abb. 124. Herzmuskulatur der Ratte bei Totalkontraktur nach intrakardialer Injektion von Kalziumchloridlösung. Beginnende Verschmelzung und Ablagerung osmiophiler Partikeln (Kalziumsalze?) in den Mitochondrien (♂) und extramitochondrial (↗). Zerfall der Myofilamente, Herauslösung der Z-Substanz. 31 200 ×.

Mitochondrien mit Kalziumablagerungen sind geschädigt und weisen zahlreiche Zeichen der Degeneration auf (Abb. 124). Neben Schwellungen können sich Megaformen entwickeln. Die Cristae sind fragmentiert oder vesikulär umgewandelt. Selten sind nur einzelne Mitochondrien einer Zelle mit Kalziumsalzen versehen, meist ist es eine größere Zahl, oder es sind fast alle, wie in nekrotischen Zellen z. B. beim Herzinfarkt.

Während die Ablagerungen in Form des Apatits die häufigsten sind, können auch Kalziumkarbonate in den Mitochondrien gefunden werden, die keine Nadelform haben. In Muskelzellen nach Vitamin-E-Mangel-Ernährung sollen die

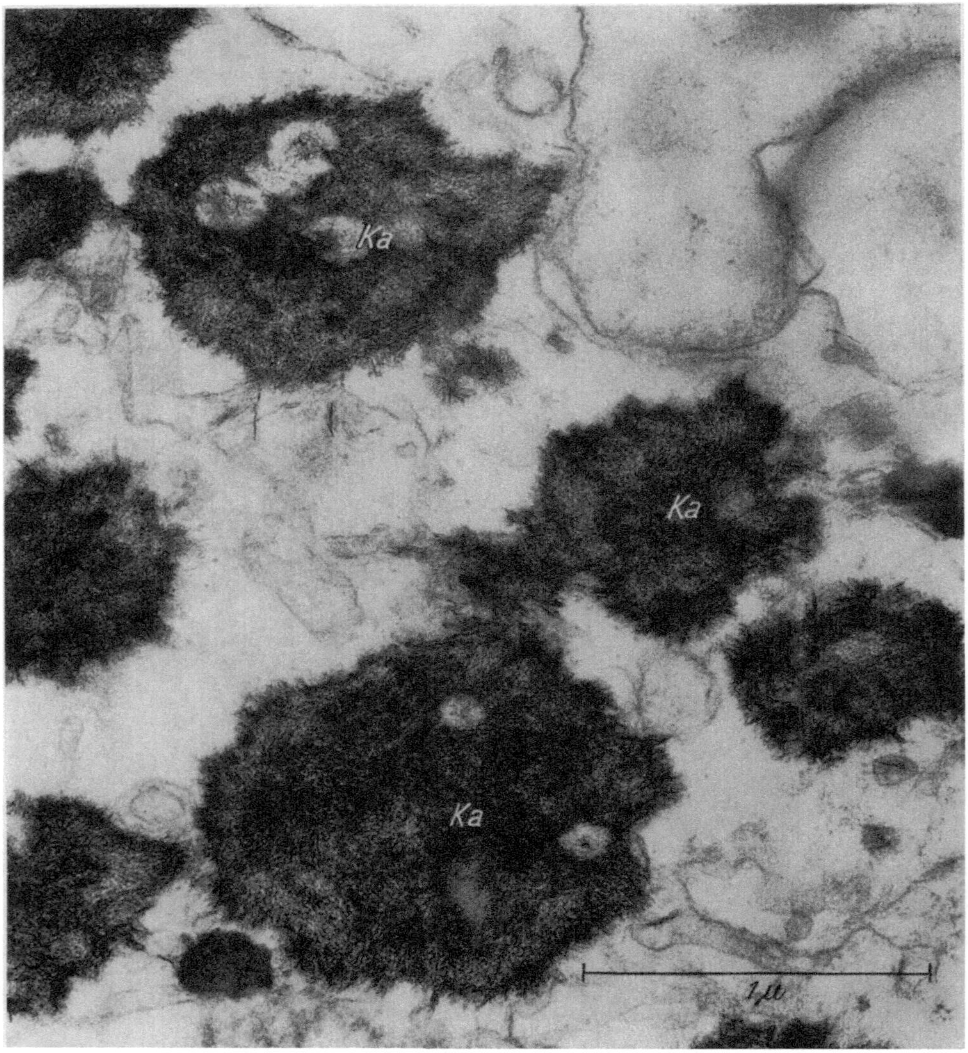

Abb. 125. Ansammlung von Apatitkristallen (*Ka*) in einer Tubulusepithelzelle der Niere nach Dioxanvergiftung. 45 000 ×.

Ablagerungen der Kalziumionen an den durch Peroxydation geschädigten Lipiden und Proteinen der Mitochondrien erfolgen (VLEET et al., 1968).

Schon die Verkalkungsvorgänge an den Mitochondrien zeigen, daß eine strenge Unterteilung in metastatische und dystrophische Verkalkung sich kaum realisieren läßt, da die beiden Vorgänge parallel verlaufen können und sich gegenseitig beeinflussen.

β) Zytosomen und freies Zytoplasma

In einem Teil der Zellen finden bei gleichen Ursachen — wie bei der Mitochondrienverkalkung und auch aus anderen Gründen — Ablagerungen von Kalziumsalzen in den Zytosomen und frei im Grundplasma statt (Abb. 125, 126, 127). Gleichzeitig nimmt die Zahl der Lysosomen zu. Betroffen sind in der Niere

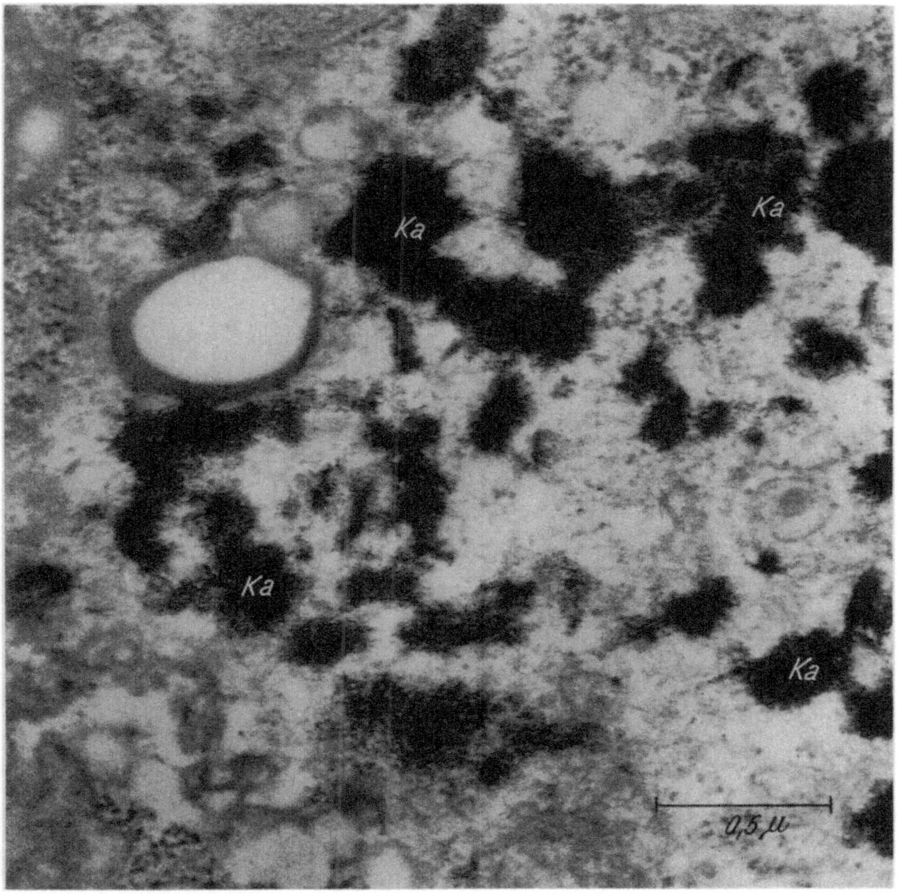

Abb. 126. Im freien Zytoplasma liegende Kalziumsalzablagerungen (*Ka*) verschiedener Art (vorwiegend aus granulären Anteilen aufgebaut) in einer Tubulusepithelzelle der Niere nach fünftägiger Nierenvenendrosselung. 55 000 ×.

vorwiegend die unteren Anteile des Tubulusapparates. In anderen Organen sind derartige Ablagerungen nicht zu beobachten.

Bei den ausgedehnten Verkalkungen nekrotischer Zellen, wie des ZNS nach traumatischen Einwirkungen (Hager, 1962) und glatten Muskelzellen nach Vitamin-D-Gabe (Eisenstein u. Zeruolis, 1964), läßt sich nicht mehr entscheiden, welche Organellen ursprünglich von der Verkalkung betroffen waren. In nekrotischen Erweichungsherden des ZNS sind 200—1000 Å lange, 40—50 Å breite nadelförmige Kalziumkristalle zu finden (Hager, 1964). Neben Apatitnadeln sind amorphe Ablagerungen vorhanden.

c) Extrazelluläre Verkalkung

α) Basalmembran

Im Verlaufe der intrazellulären Verkalkung können in der Niere in den peritubulären Basalmembranen sekundäre oder auch primäre Kalziumablagerungen auftreten (Abb. 128). Wenn verkalkte Zellen zerfallen, werden die kalkhaltigen Bestandteile entweder in das Lumen abgestoßen oder in die schon vorher infolge einer unspezifischen Schädigung verbreiterte Basalmembran eingelagert.

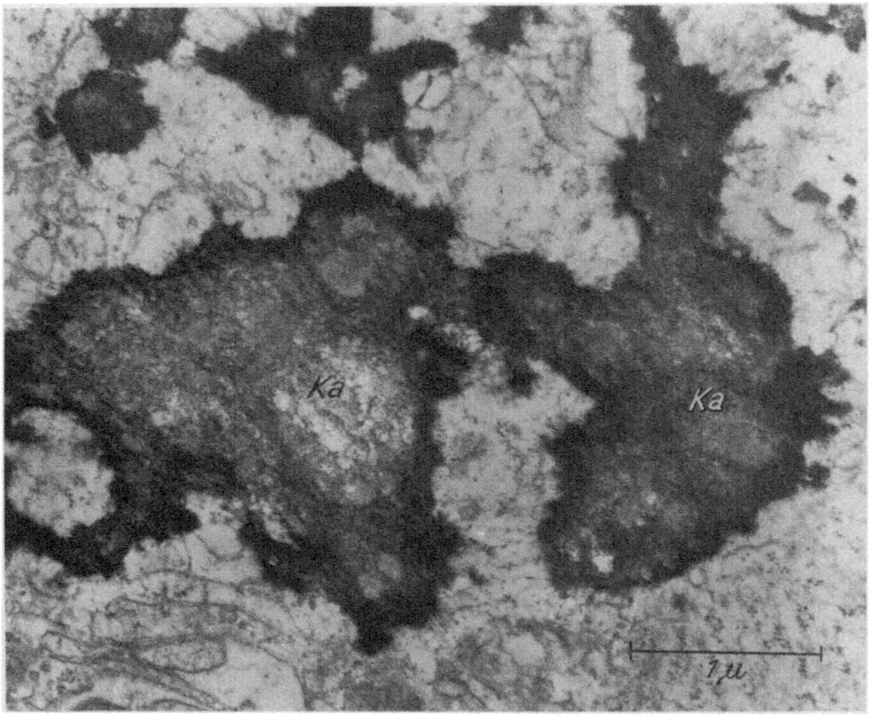

Abb. 127. Umschriebene Kalkablagerungen (*Ka*) in einer Tubulusepithelzelle der Niere nach fünftägiger Drosselung der Nierenvene. 25 000 ×.

Meist sind die Akkumulationen gleichzeitig mit den intrazellulären Ansammlungen zu finden, z. B. bei Hypervitaminose D (ENGFELDT et al., 1962; SCARPELLI, 1965, 1966), nach Gabe von Dihydrotachysterin (GERLACH u. THEMANN, 1965) und Kalziumglukonat (POLICARD et al., 1960; CAULFIELD u. SCHRAG, 1964).

β) Kollagene Fasern

Ablagerungen von Kalziumapatitnadeln sind normalerweise beim Verkalkungsprozeß der Knochen- und Knorpelmatrix im Bereich der Kollagenfasern zu beobachten (ANDERSON, 1967). Nach Parathormongabe werden Vakuolen mit freien Apatitkristallen gefunden (ROHR u. BREMER, 1967). Die Kalziumsalze werden dabei vorwiegend in der mukopolysaccharidhaltigen Zwischensubstanz zwischen den Fasern abgelagert.

KONETZKI et al. (1962) konnte jedoch zeigen, daß die Mukopolysaccharidansammlung der Kalkablagerung folgt. Primär werden wahrscheinlich Kalziumproteinkomplexe gebildet.

In die Peritonealhöhle implantierte Sehnen zeigen nach 100 bis 160 Tagen Hydroxyapatitkristalle parallel zu den periodischen Abständen der Fibrillen (MERGENHAGEN et al., 1960). Kalziumsalze werden auch in den kollagenen Fasern der Leber bei nekrogener Diät (SVOBODA u. HIGGINSON, 1963) und der Aorta nach Vitamin-D-Überdosierung (EISENSTEIN u. ZERUOLIS, 1964) niedergeschlagen.

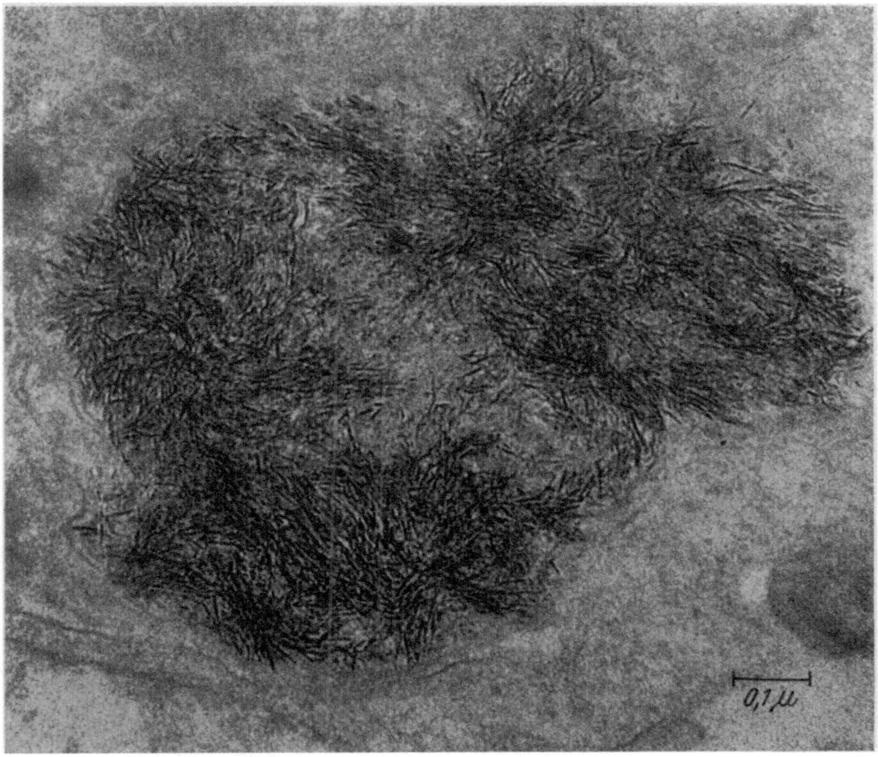

Abb. 128. Extrazelluläre Ansammlung von Kalziumapatitnadeln in der Niere nach neuntägiger Dioxanvergiftung. 99 000 ×.

Bei der Calcinosis cutis (BAUD u. DUPONT, 1966; PEAGLE, 1966; SEIFERT u. HENTIG, 1967) werden die Apatitkristalle im Bereich der Grundsubstanz der Kollagenfasern abgelagert, während die Faserstrukturen verlorengehen.

γ) Elastische Fasern

Kalziumakkumulationen im Bereich der elastischen Fasern sind ebenfalls vorwiegend in der Mukopolysaccharidmatrix zu finden, wobei die Wechselwirkung zwischen den Mukopolysacchariden, C-terminalen Gruppen bestimmter Aminosäuren und Ca^{++} sowie Phosphat-Ionen und vielleicht anderer Ionen eine wichtige Rolle spielt (YU u. BLUMENTHAL, 1963).

Der Verlust der Kalziumansammlungen nach Elastasebehandlung spricht jedoch dagegen, daß die Mukopolysaccharide der Matrix die Grundlage für die Kalziumionen sind. Möglicherweise ist das Eiweiß Elastin der entscheidende Faktor. Nach enzymatischer Entfernung des Elastins werden keine Kalziumsalze abgelagert (BLADEN u. MARTIN, 1962; MARTIN et al., 1963).

Nach Vitamin-D-Überdosierung werden die Apatitkristalle vorwiegend in den elastischen Lamellen der Aorta abgelagert (EISENSTEIN u. ZERUOLIS, 1963, 1964), desgleichen auch nach Gabe von Dihydrotachysterin (DROPMAN, 1966). Die Kristalle liegen mehr im elastischen Hüllmaterial als in den elastischen Lamellen (GARDNER u. BLANKENHORN, 1968).

Kalkablagerungen finden sich in den elastischen Lamellen, z. B. auch bei Arteriosklerose (KNIERIEM, 1967), beim Altern (BLUMENTHAL et al., 1966) und im Pseudoxanthoma elasticum (HUANG et al., 1967).

9. Zellveränderungen nach Gabe von Schwermetallen und Modifikationen des Ionengehaltes

a) Befunde nach Gabe von Schwermetallen

Schwermetalle, wie Blei und Wismut, wirken besonders auf die Tubulusepithelzellen der Niere, aber auch auf einige andere Organe (Tab. 69). Hervorstechendes Ereignis sind intranukleäre Einschlüsse (Abb. 129). Sie bestehen aus

Tab. 69. *Zellveränderungen nach Schwermetallgabe (Beispiele)*

Blei

Niere: BEAVER, 1961; PORTE u. BATZENSCHLAGER, 1961; ANGEVINE et al., 1962; MÜLLER u. v. RAMIN, 1963; CUCCURULLO u. COVELLI, 1964; TOTOVIĆ 1964, 1965; GALLE u. MOREL-MAROGER, 1965; COHEN et al., 1966; MAO u. MOLNAR, 1966; SUN et al., 1966; GOYER, 1968; GOYER et al., 1968; GOYER u. KRALL, 1969.

Leber: WATRACH u. VATER, 1962; WATRACH, 1964.

Blut: PERNIS et al., 1964; JENSEN et al., 1965.

ZNS: LAMPERT et al., 1967; LAMPERT u. SCHOCHET, 1968

Wismut

Niere: BEAVER u. BURR, 1963; BURR u. BEAVER, 1963; MÜLLER u. v. RAMIN, 1963.

Kupfer

Leber: SCHAFFNER et al., 1962; GOLDFISCHER, 1963; MCNARY, 1963; BARKA et al., 1964; JIMENEZ-DIAZ et al., 1964; FORSSMANN u. MATTER, 1965; NAVARRO u. OLIVA, 1965; WESSEL et al., 1965.

feingranulären und fädigen, z. T. myzelartigen Strukturen und stellen im wesentlichen Degenerationsprodukte dar. Die Metallsalze werden dagegen im allgemeinen nicht nachgewiesen. In Abhängigkeit von der Fixationsmethode stellen sich die Einschlüsse unterschiedlich dar. Außer diesen relativ spezifischen Befunden sind als Zeichen einer allgemeinen Schädigung Zytoplasmainklusionen zu beobachten.

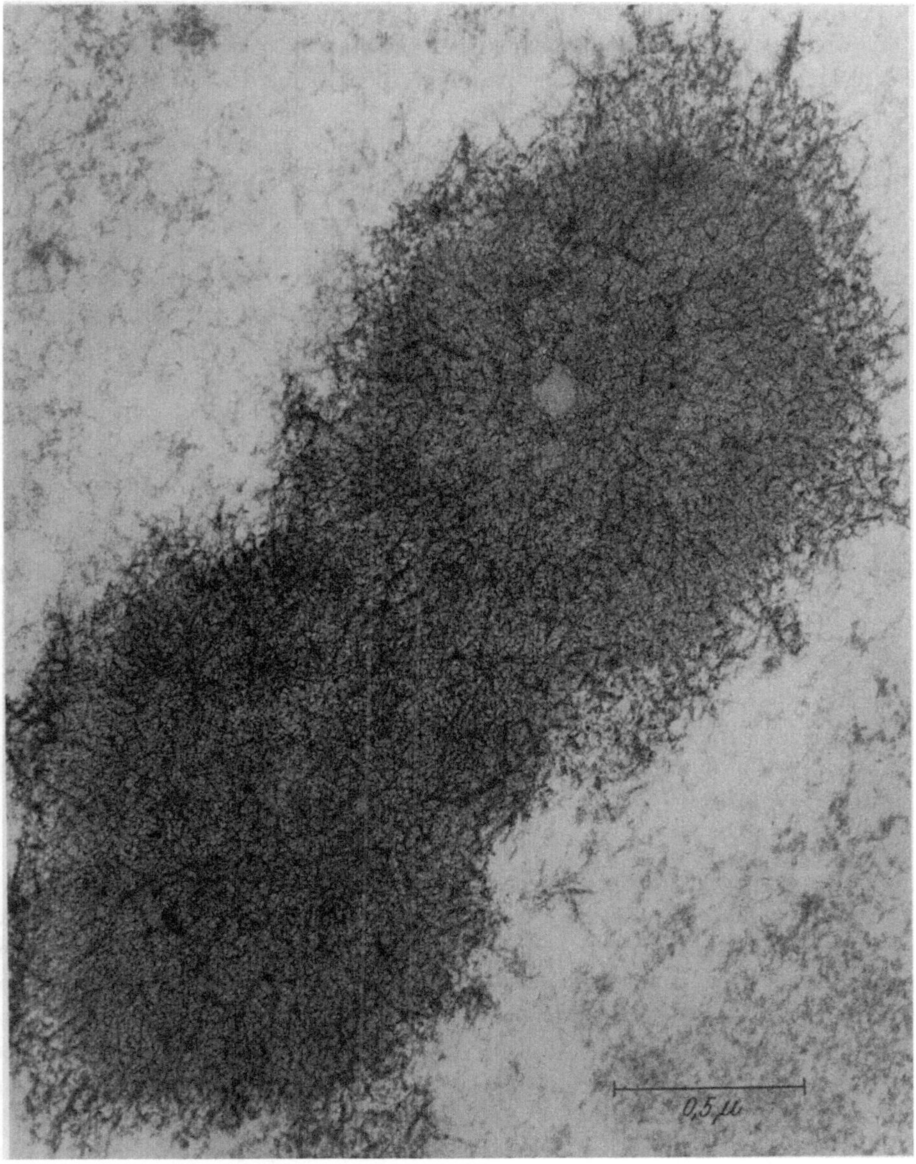

Abb. 129. Kerneinschluß in einer Tubulusepithelzelle der Rattenniere bei experimenteller Bleivergiftung. Aufbau des Einschlusses aus granulären und feinfibrillären Komponenten, wobei aus den Fibrillen in der Peripherie ein verfilztes Netzwerk gebildet wird. 50 000 ×. — Mit freundlicher Genehmigung von Dr. V. Totović, Marburg (Lahn)/BRD. Aus: Virchows Arch. path. Anat. **339**, 151—167 (1965).

Im Zytoplasma sind ebenfalls Einschlüsse von bizarrer Form z. T. aus nadelartigen Kristallen mit der Anlagerung anderer Schwermetalle wie Eisen und Kalzium vorhanden. Die Mitochondrien sind geschwollen, zeigen verschiedene Formen der Degeneration und haben verminderte oxydative und phosphorylative Fähigkeiten. In der Leber enthalten sie lamelläre Einschlüsse als Zeichen einer Dysfunktion. Lysosomen, Zytosomen und Zytolysomen sind vermehrt. Der

Bürstensaum der Tubulusepithelzellen wird unregelmäßig, einzelne Mikrovilli sind aufgelöst.

Die Bleivergiftung betrifft auch die Erythrozyten. In ihren geschädigten, geschwollenen, z. T. auch vakuolär umgewandelten Mitochondrien sammeln sich Ferritinmoleküle an. Ursache hierfür soll die Blockierung der Häm-Synthese sein.

Kupfersulfat führt in Leberzellen zu einem Ödem, teilweise mit Zerreißung der Zellmembran. Später sammeln sich elektronendichte Substanzen in der Umgebung der Gallenkapillaren an, die möglicherweise Kupfer enthalten. In den Mitochondrien sind Myelinlamellen ausgebildet. In den Sternzellen werden Pigmente abgelagert.

Beim M. Wilson mit einer Störung des Kupferstoffwechsels finden sich in den Leberzellen vermehrt Lysosomen, außerdem vesikuläres endoplasmatisches Retikulum und degenerierte Mitochondrien (GOLDFISCHER, 1963; JIMENEZ DIAZ et al., 1964).

b) Befunde bei Modifikationen des Ionengehaltes

α) Veränderungen bei Magnesiummangel

Bei Gabe einer Magnesiummangeldiät kommt es zu einer Ionenimbalanz im Blut, die sich besonders auf die Niere und das Herz auswirkt (Tab. 70). Wesentlicher Effekt ist die Anhäufung von Kalziumsalzen in den Zellen dieser Organe. Von den Tubulusepithelzellen der Niere wird vermehrt ionales Kalzium rückresorbiert, das dann in Form von Apatitkristallen und amorphen Ablagerungen niedergeschlagen wird. Es liegt frei im Zytoplasma oder in den vermehrten Lysosomen. Die Zellen werden erheblich ödematös und können Vakuolen enthalten. Die Mikrovilli fehlen über größere Bereiche. Die Kalziumakkumulationen zerstören schließlich die Zellen, so daß die Basalmembran nur noch Kalkmassen umgibt.

Tab. 70. *Zellveränderungen bei Magnesiummangel (Beispiele)*

Niere: SABOUR et al., 1964; SCHNEEBERGER u. MORRISON, 1965; BATTIFORA et al., 1966.

Herz: MISHRA u. HERMAN, 1960; MISHRA et al., 1960; NAKAMURA et al., 1962; HEGGTVEIT et al., 1964; SUSIN u. HERDSON, 1967.

Leber: NAKAMURA et al., 1962.

In den Herzmuskelzellen werden besonders die Mitochondrien betroffen. Infolge einer Schädigung der mitochondrialen Mg-abhängigen Enzyme kommt es zur Entkopplung der oxydativen Phosphorylierung. Neben einer Schwellung, Vakuolenbildungen und Zerstörung der Cristae sammeln sich Kalziumsalze vorwiegend in der Umgebung der Cristae an, bis das ganze Mitochondrion ausgefüllt ist. Daneben kommt es zur Vakuolisierung des Sarkoplasmaretikulums und zum herdförmigen Zerfall der Myofibrillen. Das Sarkoplasmaretikulum bildet vereinzelt konzentrische Wirbel. In den Zerfallsbezirken der Myofibrillen sammeln sich Sarkoplasmaretikulum, Glykogen und normale und geschädigte Mitochondrien an. In der Umgebung fokaler Nekrosen der Muskulatur treten Makrophagen auf.

β) Veränderungen bei Kaliummangel

Kaliummangel wirkt sich besonders auf die Niere und die Muskulatur, vorwiegend des Herzens, aus (Tab. 71). Die Niere ist unfähig zu konzentrieren. Die basalen Labyrinthe des proximalen Tubulusabschnittes sind hochgradig dilatiert, was lichtmikroskopisch das Bild einer Vakuolisierung vortäuscht. Besonders auffällig sind die Lysosomenvermehrungen in den Zellen der Papillen. Die Basalmembran ist in verschiedenen Bereichen des Tubulusapparates verdickt und laminiert.

In den Mitochondrien der Herzmuskelzellen kommt es infolge der Ionenimbalanz zu Schwellungen, zu Zerstörungen von Cristae und zur Ansammlung von Kalziumsalzen, wofür eine Änderung der Membranpermeabilität verantwortlich gemacht wird. Die Myofibrillen können eine Rarefizierung zeigen. In der Muskulatur sammeln sich bei familiärer hypokaliämischer periodischer Paralyse unter dem Sarkolemm Tubuli in einer Zahl von 12—30 Stück an.

Tab. 71. *Zellveränderungen bei Kaliummangel (Beispiele)*

Niere: Spargo et al., 1960; Straus u. Spargo, 1960; Biava u. Bencosme, 1962; McDonald et al., 1962; Biava et al., 1963; Morrison et al., 1963; Morrison u. Panner, 1964; Muehrcke u. Rosen, 1964; Herms, 1967.

Herz: Molnar et al., 1962, 1965; Meessen u. Poche, 1963; Meessen, 1964; Maurat et al., 1965; Burgos, 1966; Emberson u. Muir, 1969..

Muskel: Odor et al., 1967; Schutta u. Armitage, 1969.

Leber: Spremolla et al., 1964.

10. Zellveränderungen nach Einwirkung einiger Hormone

a) Allgemeine Vorstellungen über den Wirkungsmechanismus der Hormone

Der genaue Wirkungsmechanismus einzelner Hormone auf bestimmte Zellen oder Zellarten ist deshalb besonders schwer zu ermitteln, weil die Substanzen nicht nur auf den allgemeinen Stoffwechsel der Zellen selbst, sondern auch auf die endokrine Sekretion anderer Organe wirken, so daß es zu zusätzlichen Überlagerungseffekten kommen kann.

Die wichtigsten Angriffspunkte der Hormone liegen in einer Veränderung der Membranpermeabilität und in Eingriffen in die DNS-RNS-abhängige Proteinsynthese (Sekeris u. Lang, 1965; Drews u. Wacker, 1966; Tata, 1967). Die Membranpermeabilität wird wahrscheinlich vorwiegend über eine Änderung der aktiven Transportvorgänge beeinflußt.

Besonders für die anabolisch wirkenden Hormone ist die Bildung von spezifischer mRNS, beziehungsweise eine Stimulierung der mRNS-Synthese, bewiesen worden (Korner, 1964). Dabei werden Genabschnitte auf den DNS-Fäden von schützenden Substanzen wie Histonen entblößt und damit aktiviert, wobei die Wirkung möglicherweise über die RNS-Polymerase erfolgt. Je nach der Art des Hormons und des „Target“, d. h. Erfolgsorgans, werden bestimmte Genabschnitte durch die Inaktivierung der Repressormoleküle aktiviert, so daß über die spezifische mRNS spezifische Proteine gebildet werden. Diese wirken sich unterschiedlich auf den Gesamtmetabolismus der Zelle aus.

b) Zellveränderungen nach Schilddrüsenhormoneinwirkung

Die wichtigsten Erfolgsorgane werden in Tab. 72 dargestellt.

Das Hormon wirkt besonders auf die Mitochondrien mit einer Zunahme der Atmungs- und Phosphorylierungsvorgänge. Bei der Inkubation zeigen Lebermitochondrien von mit Schilddrüsenhormon behandelten Tieren eine verminderte Stabilität, eine erhöhte Empfindlichkeit gegen Phosphor und einen schnelleren Verlust des P/O-Quotienten und der Atmung mit DPN-gebundenen Substraten (KADENBACH, 1966). Die Vermehrung der Atmungsenzyme äußert sich in einer Zunahme der Cristae mitochondriales. Die Cristae sind teilweise vesikulär oder tubulär und können auch zickzackförmig verlaufen. Die Mitochondrien der Leber und der Muskulatur sind vorwiegend betroffen. In der Leber treten bizarre Formen

Tab. 72. *Zellveränderungen nach Gabe von Schilddrüsenhormon (Beispiele)*

Leber: SCHULZ, 1956; GREENAWALT et al., 1962; PAGET u. THORP, 1963; SCHJEIDE et al., 1963; DOUGLAS, 1964; BESPROZVANNY et al., 1965; O'BRIEN u. KLITGAARD, 1965; PEACHEY u. GREIF, 1965; KADENBACH, 1966; FUNAHASHI, 1967; SHAMOTO, 1968.

Herz: POCHE, 1957; SUSIN u. HERDSON, 1967.

Knochen – Knorpel: SILBERBERG u. HASLER, 1968.

Hypophyse: UCHIDA, 1967.

Nervensystem: ATECH u. TURCHINI, 1966.

Niere: DI SCALA et al., 1967.

Muskel: GUSTAFSSON u. TATA, 1963; GUSTAFSSON, 1964; LINDBERG, 1965; ENGEL, 1966; GUSTAFSSON et al., 1965; FREY u. SKJÖRTEN, 1967; PETER et al., 1968.

und hantelförmige Mitochondrien auf. Die äußere Mitochondrienmembran ist manchmal zerstört. In ihrer Matrix liegen Myelinmembranen und amorphe Ablagerungen. Die Matrixgranula verschwinden. Selten sind sie geschwollen. Das Gesamtmitochondrienvolumen der Muskulatur erhöht sich auf das 2,5- bis 3,5fache, wobei diese Tatsache besonders auf die Erhöhung des Volumens des Einzelmitochondrions zurückzuführen ist. Es ist nicht endgültig zu entscheiden, ob es sich bei der Größenzunahme um eine Fusion handelt oder ob es zu einem Auswachsen kleinerer Formen kommt.

Die übrigen Zellbestandteile weisen wenige — und erst sehr viel später — Veränderungen auf. Das Sarkoplasmaretikulum ist erweitert. Fetttropfen treten vermehrt auf. Der Glykogengehalt der Muskel- und Herzmuskelzellen ist erhöht, während in den Leberzellen eine Verminderung eintritt. Vereinzelt sind Zytolysomen zu finden.

In der Herzmuskulatur kann es zur Bildung von Kontraktionsbändern, zur Trennung der Disci intercalares und zur Entstehung von Nekrosen kommen.

Beim Hypothyreoidismus finden sich in den Glomerula der Niere Vakuolisierungen der Zellen und mehrfach Einschlüsse und Lipidablagerungen. Die Basalmembran und die Mesangiummatrix sind vermehrt (CHURG et al., 1966; DI SCALA et al., 1967).

In der Muskulatur sind nach Thyreoidektomie ebenfalls, wenn auch mäßige Vergrößerungen und Strukturveränderungen der Mitochondrien zu beobachten, deren Pathogenese noch nicht zu deuten ist (Norris u. Panner, 1966).

c) Zellveränderungen nach Parathormongabe

Erfolgsorgane des Parathormons sind das Knochensystem (Rohr u. Bremer, 1967) und die Niere. Die Osteozyten enthalten geschwollene Mitochondrien mit dichten Granula. Das granuläre und agranuläre endoplasmatische Retikulum ist vesikulär erweitert und z. T. vermehrt und unregelmäßig gelagert. Die Ribosomen sind abgelöst. Mehrfach finden sich dichte Körper (Semba et al., 1966; Cameron et al., 1967). Die Osteoblasten enthalten reichlich Ribosomen und Mitochondrien (Walker, 1966). Außerdem kann es zur Pyknose und Karyorrhexis kommen.

Knochenzellen in Gewebekultur zeigen nach Parathormongabe eine Exkretion lysosomaler Enzyme, was für die Knochenresorption bedeutungsvoll ist (Vaes, 1968).

Im Tubulusapparat der Niere ist die Phosphatresorption nach Parathormongabe reduziert, während eine Parathyreoidektomie die tubuläre Reabsorption von anorganischem Phosphat erhöht. In den Mitochondrien und Microbodies der Tubulusepithelzellen des proximalen Nephronabschnittes kommt es nach Parathormongabe zu Kalkablagerungen (Engfeldt et al., 1958, 1962; Schrag u. Caulfield, 1963; Caulfield u. Schrag, 1964; Yano et al., 1965).

HeLa-Zellen zeigen nach Einwirkung von Parathormon in der Kultur eine Erhöhung des intrazellulären Kalziumgehaltes. Ursächlich kommen dafür eine erhöhte Kalziumaufnahme oder eine erhöhte Bindung an einzelne Zellbestandteile in Frage (Borle, 1968).

d) Zellveränderungen nach Einwirkung von Kortikosteroiden (Kortison u. a.)

Die hauptsächlichen, durch die verschiedenen Nebennierenrindenhormone und -derivate betroffenen Organe werden in Tab. 73 dargestellt. Über den Effekt auf die Lysosomen (Thomas, 1965) siehe auch S. 170.

Die Zellkerne von Rattenlebern zeigen einen erhöhten Einbau von markiertem Phosphat und Uridin (Omata, 1966). Die RNS-Polymerase ist stimuliert, mRNS wird erhöht synthetisiert (Lukacs u. Sekeris, 1966). Die Kerne zeigen morphologisch Schrumpfungen, Faltungen der Kernmembran mit Zunahme der Poren und eine Hypertrophie der Nukleoli. In den Nukleoli wird die Mg-abhängige Polymerase-Aktivität auf das 3fache erhöht und die Synthese von 45 S-RNS steigt um 60% (Jacob et al., 1969).

Innerhalb des Zytoplasmas der Leber ist die tRNS auf das 2- bis 3fache erhöht (Wicks et al., 1965). Das endoplasmatische Retikulum beider Formen ist erheblich reduziert, was Wiener et al. (1968) durch morphometrische Untersuchungen belegen (Tab. 74). Neben einer vesikulären Umwandlung erfolgt eine Ablösung der Ribosomen (Rancourt u. Litwack, 1968). Manchmal bilden sich konzentrische Lagerungen, wobei im Zentrum vielfach Mitochondrien liegen (Hill u. Blackburn, 1967).

Kortisonazetat führt in Rattenlebermitochondrien zu einer Verminderung des P/O-Verhältnisses (KIMBERG u. WIENER, 1966). Das Volumen der Mitochondrien steigt auf das 2—4fache, es treten Verzweigungen und Ringbildungen auf. Die oxydative Phosphorylierung ist entkoppelt. Die Zahl ist meist vermindert.

Tab. 73. *Zellveränderungen nach Gabe von Nebennierenrindenhormon und ihren Derivaten (Beispiele)*

Leber: DE MAN, 1964; SIMON et al., 1964; SPARROW u. ASHWORTH, 1965; WICKS et al., 1965; KIMBERG et al., 1966, 1968; LUKACS u. SEKERIS, 1966; NOORDUYN u. DE MAN, 1966; OMATA, 1966; AMARAL u. MORIBER, 1967; HERRMANN et al., 1967; HILL u. BLACKBURN, 1967; LEE u. YASUZUMI, 1967; RUEBNER et al., 1967; DUPOUY et al., 1968; RANCOURT u. LITWACK, 1968; WIENER et al., 1968; JACOB et al., 1969.
Muskel: TICE u. ENGEL, 1965, 1967; ENGEL, 1966.
Herz: NIENHAUS et al., 1963.
Pankreas: PUTZKE u. NICSOVICS, 1965.
Niere: MORAU et al., 1962; HERKEN et al., 1963; BOUISSOU et al., 1965, 1966; JULIAN, 1965.
Magen: LAUMONIER et al., 1966; PFEIFFER u. STEPHENS, 1968.
Lunge: SUN u. SAUERESSIG, 1965; TOTTEN u. PIERCE, 1965; EPSTEIN et al., 1967.
Nebenniere: MÜLLER, 1967.
Thymus: LUNDIN u. SCHELIN, 1968, 1969; ABRAHAM et al., 1969.
Lymphknoten: CHAPMAN, 1962; DUSTMANN u. STOLPMANN, 1968.
Gewebekultur: WELLINGS u. MOON, 1961; BHISEY u. SIRSAT, 1966; GRIFFIN u. COX, 1966.
β-Zellen des Pankreas: VOLK u. LAZARUS, 1963; BENCOSME u. MARTINEZ-PALOMO, 1968.
Gelenkknorpel: SILBERBERG et al., 1966.
Granulationsgewebe: JORGENSEN, 1964; BERLINER et al., 1967.

Tab. 74. *Veränderungen des endoplasmatischen Retikulums der Leber nach Kortisongabe* (nach WIENER et al., 1968)

μm^2 endoplasmatisches Retikulum / μm^3 Zytoplasma		Läppchen Peripherie	Mitte	Zentral
granuläres endoplasmatisches Retikulum	Kontrolle	3,98 ∓ 0,17	3,82 ∓ 0,18	2,96 ∓ 0,21
	Kortison	2,18 ∓ 0,14	2,38 ∓ 0,19	2,46 ∓ 0,16
agranuläres endoplasmatisches Retikulum	Kontrolle	2,21 ∓ 0,27	1,39 ∓ 0,07	3,76 ∓ 0,36
	Kortison	0,94 ∓ 0,07	0,57 ∓ 0,02	2,26 ∓ 0,24

In der Muskulatur können herdförmig Mitochondrienaggregate auftreten, während sie in anderen Bereichen völlig fehlen, wovon besonders die interfibrillären Räume betroffen sind.

Die Einzelmitochondrien können neben einer allgemeinen Vergrößerung auch die Bildung von Riesenformen mit Aggregaten von Cristae zeigen. Die Matrix ist herdförmig aufgehellt und kann auch kleine Vakuolen aufweisen. Die Mitochondriengranula vermehren sich von 65 je 100 Mitochondrien auf 470 (NIENHAUS et al., 1963).

Die Golgi-Felder von Leber- und Pankreaszellen sind hypertrophiert und können osmiophile Granula enthalten. Vereinzelt finden sich größere Fetttropfen, so auch in Fibroblasten (Abb. 130). Während die Lysosomen der Leber vermehrt sind, vermindern sich die Microbodies.

Der Glykogengehalt von Herz-, Muskel- und Leberzellen ist besonders in den Anfangsstadien der Kortisongabe erhöht, was in der embryonalen Leber als Zeichen einer verfrühten Differenzierung anzusehen ist (Dupouy et al., 1968). Auch in den Zellkernen kann sich Glykogen ansammeln. Später wird der Glykogengehalt der Leber häufig reduziert.

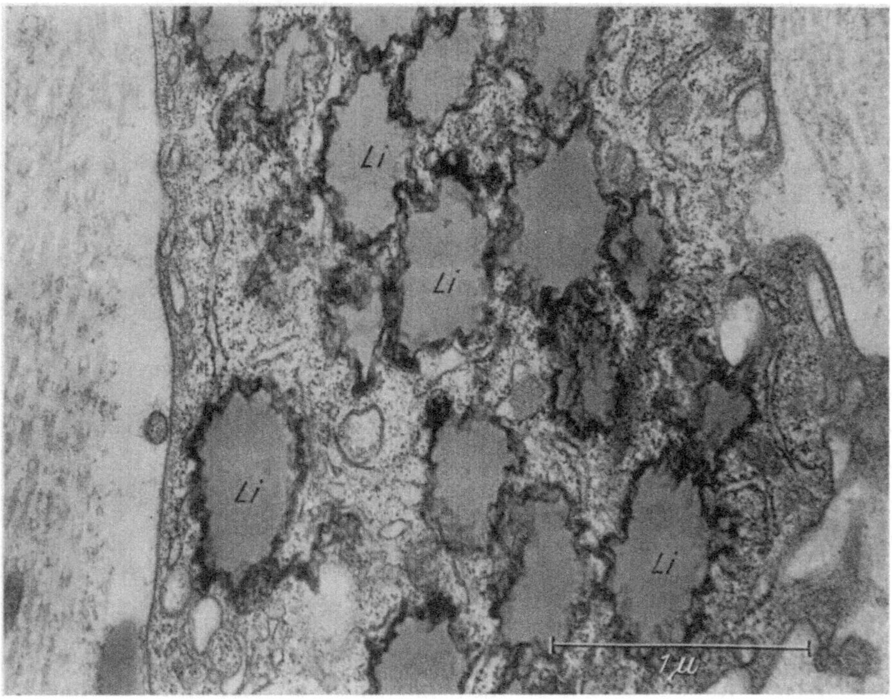

Abb. 130. Multiple Lipidtropfen (*Li*) aus unterschiedlichen Fettsäuren (wechselnde osmiophile Dichte) in einem Fibroblasten nach Gabe von Hydrokortison. 33 000 ×.

In den Belegzellen des Magens kommt es zu einer erhöhten Vesikelabgabe mit einer vermehrten HCl-Produktion bei gleichzeitiger Einschränkung der Schleimbildung.

Bei der Aminonukleosidnephrose werden die verbreiterten Füßchen der Glomerulumepithelzellen nach Kortisonmedikation wieder schmaler (Herken et al., 1963). In normalen Glomerula sammelt sich im Mesangium fibröses und fibrilläres Material an (Bouissou et al., 1966), und die Füßchen sind verbreitert (Morau et al., 1962).

Die Adrenalektomie führt in Herzmuskelzellen zur Schwellung der Mitochondrien mit Zerstörungen der Außenmembran. Die Cristae sind fragmentiert und vermindert (Suzuki, 1967). In der Nähe der Mitochondrien können sich Fetttropfen anhäufen. Die Glykogenmenge wird nicht nur im Herzen, sondern auch in der Leber reduziert (de Man u. Blok, 1966).

e) Zellveränderungen nach Östrogengabe

Die Erfolgsorgane des Östrogens sind vorwiegend, neben einigen anderen, die Geschlechtsorgane (Tab. 75).

Die Östrogenwirkung auf die Uterusschleimhaut entspricht physiologischen Bedingungen, wie sie im Verlauf des Zyklus auftreten. Wesentliches Ereignis ist die Proliferation der Zellen mit einer Vergrößerung von Zytoplasma und Kern. Die Nukleoli sind hypertrophiert und oft der Kernmembran angelagert. Die Zahl der Kernmembranporen soll vermehrt sein.

Die Mitochondrien sind vergrößert und vermehrt. Manchmal findet man in der Matrix dichte Körper. Die Cristae nehmen zu. Besonders auffällig ist die Ver-

Tab. 75. *Zellveränderungen nach Östrogengabe u. ä. (Beispiele)*

Oviduct: Kohler et al., 1969.

Endometrium: Nilsson, 1958, 1959, 1962; Steplewski, 1966; Rickers u. Krone, 1967; Maraspin, 1968.

Uterusmuskulatur: Laguens, 1964; Ross u. Klebanoff, 1965, 1967; Wadell, 1965; Friederici, 1967; Bergman, 1968; Friederici u. de Cloux, 1968; Nemetschek-Gansler, 1968; Rohr u. Juriskova, 1968.

Vagina: Cooper et al., 1967; Bader u. Ernst, 1968; Cuadros u. Cooper, 1968.

Mamma: Bässler u. Forssmann, 1964; Suetina et al., 1966.

Hoden: Lacy, 1962; Murakami u. Tonutti, 1966.

Leber: Kemmer u. Müller, 1967; Nicholls et al., 1968.

Niere: Rohr u. Bertram, 1968.

Mastozytom: Iversen et al., 1964.

Hypophyse: Lundin u. Schelin, 1962; Shimazaki et al., 1962; Schelin et al., 1964; Feltkamp u. Kiva, 1966; Pantić u. Genbačev, 1969.

mehrung der freien Ribosomen und Polysomen, während das granuläre endoplasmatische Retikulum nur spärlich entwickelt ist und sich erst nach Progesterongabe vermehrt. Diese Befunde gehen mit einer erhöhten Synthese aller Formen der RNS einher. Auch die Golgi-Systeme der Zellen proliferieren, wovon besonders die Vesikel und Vakuolen betroffen sind. Im Zytoplasma liegen in größerer Zahl Lysosomen. Die Mikrovilli der freien Zelloberfläche werden länger und zahlreicher.

Die Uterusmuskulatur zeigt eine Erhöhung der RNS-, Kollagen- und Nichtkollagen-Synthese nach Östrogeneinwirkung (Ross u. Klebanoff, 1967). Die nahe der Kernmembran gelegenen Nukleoli sind vergrößert und vermehrt. Vielfach beobachtet man Zentriolen in der Nähe der Kerne. Die Zellen werden größer. Im Zytoplasma der glatten Muskelzellen und Fibroblasten sind vermehrt freie Ribosomen und Polysomen, jedoch auch dilatiertes granuläres endoplasmatisches Retikulum zu beobachten. Auch die Mitochondrien sowie die Golgi-Systeme erfahren eine Vermehrung und Vergrößerung.

Die Befunde am Vaginalepithel entsprechen im wesentlichen denen in den übrigen Abschnitten des weiblichen Genitaltraktes. Jedoch zeigen sie im Verlaufe ihrer Umwandlung zu Plattenepithelzellen spezifische Befunde. Es kommt zur

Zunahme der Tonofibrillen und Keratohyalingranula, während die übrigen Zellorganellen kontinuierlich reduziert werden, bis die Zellen schließlich vollständig verhornt sind.

In den Epithelzellen der Mamma werden ebenfalls Zeichen einer Aktivierung der DNS-RNS-abhängigen Proteinsynthese mit Vergrößerung des Nukleolus und Vermehrung der Ribosomen und Polysomen im Zytoplasma beobachtet. Neben der Zunahme der Proteinsynthese wird auch die Synthese des Fettes aktiviert, so daß die Zellen sich mit Fetttropfen anfüllen.

Die Leydigschen Zellen des Hodens weisen Zeichen der Atrophie nach Östrogengabe auf. Das granuläre endoplasmatische Retikulum fehlt, das agranuläre ist in Form kleiner Tubuli vorhanden. Freie Ribosomen sind vereinzelt zu finden. Die Golgi-Felder sind hypotrophiert. Die Mitochondrien sind klein und dicht.

In der Hypophyse bilden sich über eine Hypertrophie der azidophilen Zellen Adenome. Das endoplasmatische Retikulum ist in den Zellen hyperplastisch und kann sich zu „Nebenkernen" umlagern. Die spezifischen Granula werden im Verlaufe der Adenombildung reduziert. Die Golgi-Systeme sind vergrößert.

In transplantablen Mastozytomen der Maus bewirkt Östrogen eine erhöhte Bildung, Reifung und Abgabe von Granula als Folge einer Aktivierung der Syntheseprozesse.

Leberzellen von *Xenopus laevis* zeigen nach Östradiolgabe eine Glykogenabnahme und Proliferation des agranulären endoplasmatischen Retikulums, während die Nukleolusdichte zunimmt.

11. Zellveränderungen bei Änderungen der Nahrungszusammensetzung

a) Partieller oder totaler Hunger

Befunde nach oder im Verlaufe von Hungerzuständen sind besonders an Organen mit einer hohen Stoffwechselrate, wie z. B. der Leber, weniger an anderen Organen zu beobachten (Tab. 76). Die Reduktion oder ein vollständiges Fehlen der Nahrung führt zu einer komplexen Schädigung verschiedener Zellbestandteile, wobei zu berücksichtigen ist, daß es durch die Mobilisierung und Abgabe von Substanzen ins Blut, vorwiegend von Lipiden, zu sekundären Effekten kommen kann.

Die grundsätzlichen Befunde betreffen die mit der Proteinsynthese einhergehenden Prozesse. Zellkernveränderungen treten relativ spät auf. Dabei können Chromatinverklumpungen, marginale Kondensationen des Chromatins und eine Reduktion der Nukleolusgröße beobachtet werden. Die Kernmembran von Leberzellen hebt sich herdförmig ab. Das Kernvolumen und die -trockensubstanz werden herabgesetzt.

Das granuläre endoplasmatische Retikulum zeigt eine Desorganisation und Reduktion sowie eine vesikuläre Umwandlung, aber auch die Bildung von Nebenkernen. Gleichzeitig sollen sich die Ribosomen von den Membranen lösen, was wir durch unsere statistischen Untersuchungen jedoch nicht beweisen konnten (El-Gamal u. David, 1970). Bei einer Abnahme der Total-RNS in den Leberzellen bleibt auch nach Blobel u. Potter (1967) das Verhältnis von freien zu membrangebundenen Ribosomen gleich. Die Ribosomenzahl je Zelle sinkt von 6×10^6 auf $4{,}8 \times 10^6$. Die Menge der Polysomen wird vermindert, wobei sich die Zahl der leichten Polysomen auf Kosten der größeren schweren erhöht. Damit in Verbindung steht eine Reduktion der Proteinsynthese, die bei Wiederfütterung dann das normale Maß überschreiten kann.

Das agranuläre endoplasmatische Retikulum ist im allgemeinen ebenfalls reduziert. Vereinzelt beobachtet man jedoch in Bezirken früherer Glykogenablagerungen eine Vermehrung tubulärer Komplexe. Der Glykogengehalt von Leberzellen ist auf ein Minimum herabgesetzt.

In den Leberzellen treten vermehrt Lipomicra und Fetttropfen auf. Lipomicra beobachtet man schon nach kurzer Hungerdauer in den Disseschen Räumen. Daraus kann angenommen werden, daß zumindest ein Teil der oft erheblichen Verfettung von Leberzellen im Verlaufe von Hungerzuständen aus mobilisiertem Fett des Fettgewebes besteht. Die hepatische Lipogenese ist dagegen reduziert.

Tab. 76. *Zellveränderungen bei partiellem oder totalem Hunger (Beispiele)*

Leber: DAVID, 1961; TOMI et al., 1961; HERDSON et al., 1964; TRUMP u. ERICSSON, 1964; ZALETAJEWA, 1964; BECKER u. LANE, 1966; SOX u. HOAGLAND, 1966; TROTTER, 1966, 1967; HOBIK et al., 1968; SCARPELLI et al., 1968; EL GAMAL u. DAVID, 1970.

ZNS: WECHSLER, 1963; SREBRO, 1966.

Pankreas: HERMAN u. WATARI, 1966.

Knorpel: SILBERBERG et al., 1967.

Parotis: REINECKE, 1967, 1968.

Infolge der verringerten Proteinbildung werden gleichzeitig vermindert Lipoproteide gebildet, so daß die Abgabe gegebenenfalls eingeschränkt wird.

Im Verlaufe der Leberschädigung durch Hunger kann es zur Ausbildung von Zytolysomen kommen. Die dabei aus den abgebauten Zellbestandteilen gebildeten Phospholipide und -lipoproteide in Form von Myelinfiguren tragen ebenfalls zu der lichtmikroskopisch erkennbaren Verfettung bei.

In den Mitochondrien sind vielfältige Veränderungen zu beobachten. Sie sind bei vielen Tierarten geschwollen und können echte Hyperplasien bis zur Bildung von Megamitochondrien zeigen (Abb. 131, 132). Die Cristae mitochondriales sind in geschwollenen Mitochondrien verkürzt und vesikulär umgewandelt, in den Megaformen hyperplastisch. Vereinzelt beobachtet man auch Querteilungen. Daneben sind zahlreiche andere Degenerationsformen vorhanden. Die Gesamtmenge ist erheblich reduziert (s. S. 143).

Die Golgi-Systeme sind verkleinert. In der Umgebung ist weniger Gallepigment zu sehen.

Die Mikrovilli können Auftreibungen und Abflachungen aufweisen. Die Zahl der dunklen Leberzellen ist vermehrt. Nicht selten sind Nekrosen zu finden.

Die exokrinen Pankreaszellen von Amphibien zeigen nach 28wöchigem Hunger eine Reduktion der Zymogengranula, eine Desorganisation oder wirbelförmige Anordnung des endoplasmatischen Retikulums, Vakuolen und Chromatinverklumpungen in den Kernen bei Fehlen der Nukleoli.

Die Nervenzellen hungernder Frösche enthalten besonders im Telencephalon bis zu 3 µm große Vakuolen, die aus Lysosomen entstanden sein sollen.

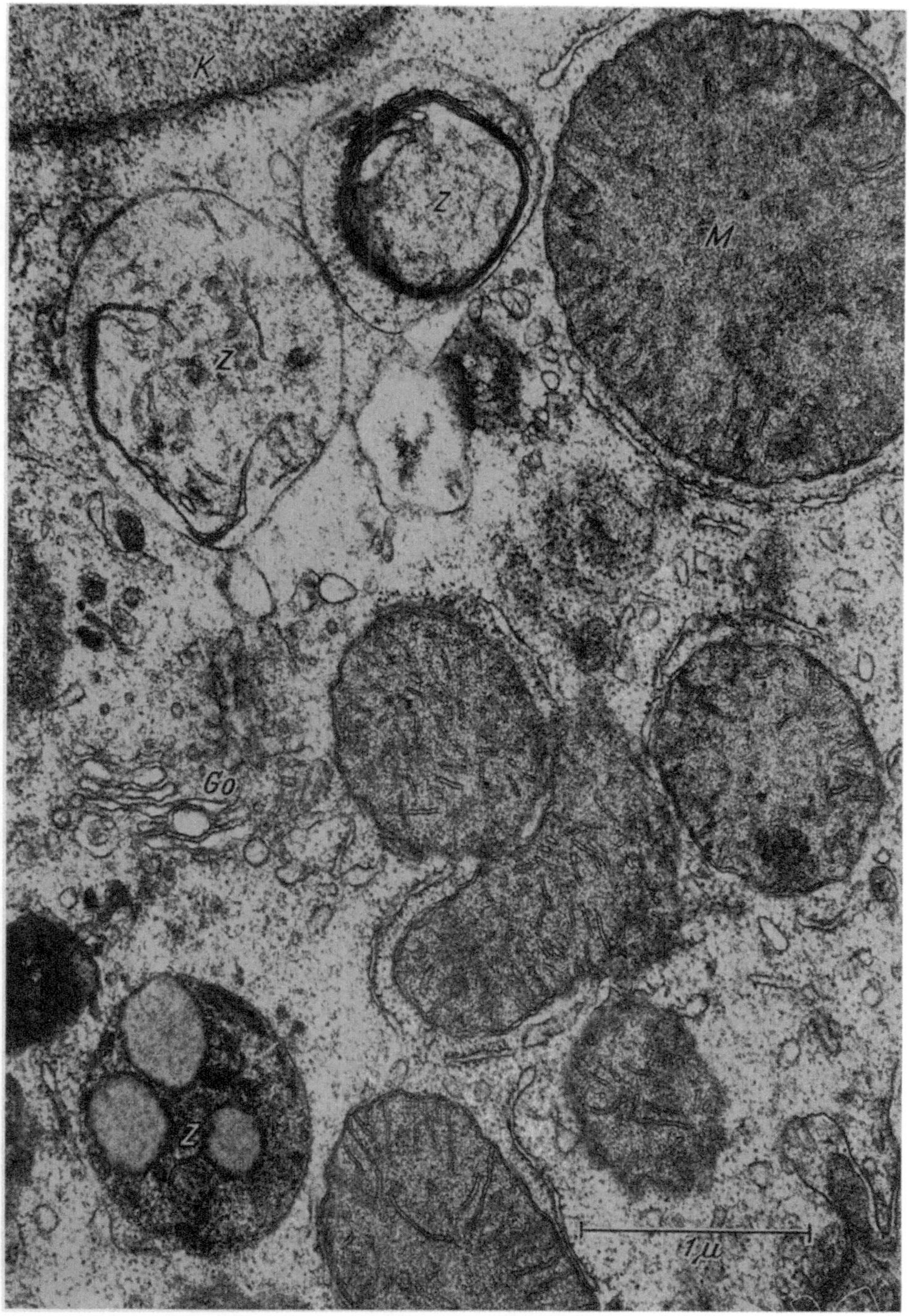

Abb. 131. Multiple Zytolysomen (*Z*) in unterschiedlichem Entwicklungsstadium in einer Leberzelle einer Maus bei fünftägigem absolutem Hunger. Hyperplasie der Mitochondrien (*M*). *K* = Kern, *Go* = Golgi-System. 32 000 ×.

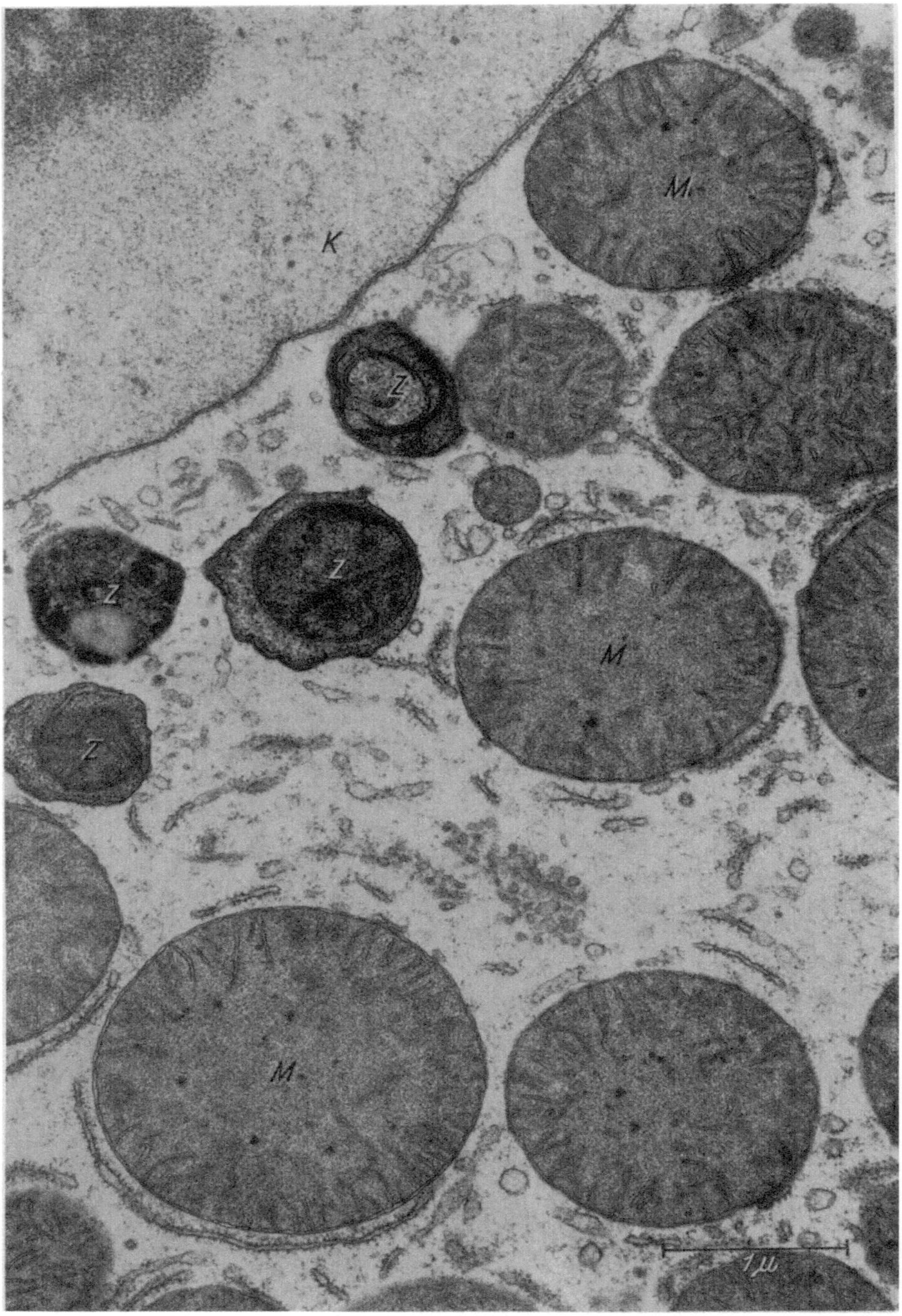

Abb. 132. Ausschnitt aus einer Leberzelle einer Maus nach fünftägigem absolutem Hunger. Neben der Hyperplasie der regelrecht strukturierten Mitochondrien (*M*) fällt die Reduktion des granulären endoplasmatischen Retikulums sowie die Ausbildung von Zytolysomen (*Z*) auf. *K* = Kern. 24 000 ×.

Knorpelzellen können ähnliche Veränderungen wie die Leberzellen zeigen. Das endoplasmatische Retikulum verliert ebenfalls seine reguläre Anordnung und ist teilweise vesikulär umgewandelt. Die Mitochondrien sind vergrößert und vermehrt. Sie enthalten verkürzte Cristae, Vakuolen und osmiophile Einschlüsse. Die Zahl der Lysosomen ist erhöht.

b) Proteinarme oder -freie Ernährung

Die im allgemeinen längere Zeit andauernde Ernährung mit einer proteinarmen oder Proteinmangeldiät ruft an zahlreichen Organen Schädigungen hervor (Tab. 77).

Tab. 77. *Zellveränderungen bei proteinarmer oder -freier Diät (Beispiele)*

Leber: DAVID et al., 1962; STENRAM, 1962; GOETZE et al., 1964; SVOBODA u. HIGGINSON, 1964; STENRAM u. HIRSCHMANN, 1965; ERICSSON et al., 1966; HOLM et al., 1966; ORDY et al., 1966; RACELA et al., 1966; SVOBODA u. HIGGINSON, 1966; MORI et al., 1968; TAKADA et al., 1968.

Pankreas: WEISBLUM et al., 1962; LAZARUS u. VOLK, 1965; RACELA et al., 1966; SVOBODA et al., 1966.

Darm: TAKANO, 1964; FREEMAN u. GEER, 1965.

Nebenniere: SVOBODA et al., 1966.

Quergestreifte Muskelzellen: RACELA et al., 1966.

Herzmuskelzellen: RACELA et al., 1966; SVOBODA et al., 1966.

In den Kernen der Leberzellen von Proteinmangeltieren verklumpt das Chromatin oder verschwindet in einigen Bereichen. Der Kernmembran sind einzelne Chromatinbrocken angelagert. Die Nukleoli sind vergrößert, weisen aber oft eine Dissoziation der Pars amorpha und der Nukleolonemata auf (Abb. 133). Mehrfach werden Spalträume im Kern beobachtet (SVOBODA u. HIGGINSON, 1964).

Das granuläre endoplasmatische Retikulum ist desorganisiert und vesikulär oder vakuolär umgewandelt (Abb. 134), enthält im Lumen Lipidtropfen (Abb. 135) und kann in der Gesamtmenge reduziert sein. Die Ribosomen sind herdförmig abgelöst; die freien Formen nehmen zu. Im Pankreas sind auch vermehrt freie Polysomen vorhanden (RACELA et al., 1966). Der RNS-Gehalt ist reduziert (HOLM et al., 1966). In der Leber und einigen anderen wichtigen Organen konnte STENRAM (1962; STENRAM u. HIRSCHMAN, 1965) mit markierten Aminosäuren eine Erhöhung der Proteinsynthese beobachten. GOETZE et al. (1964) fanden dagegen bei mütterlichen und fetalen Ratten eine Verminderung der Einbauraten.

Das agranuläre endoplasmatische Retikulum kann herdförmig proliferieren und dichte Netzwerke bilden (Abb. 136, 137). Im Pankreas bilden sich konzentrische Ansammlungen des endoplasmatischen Retikulums bis zur Entstehung von „Nebenkernen".

Die Zahl der Mitochondrien ist im allgemeinen vermindert. Sie sind geschwollen (Abb. 138) und fließen z. T. zusammen. Manchmal können sich bizarr

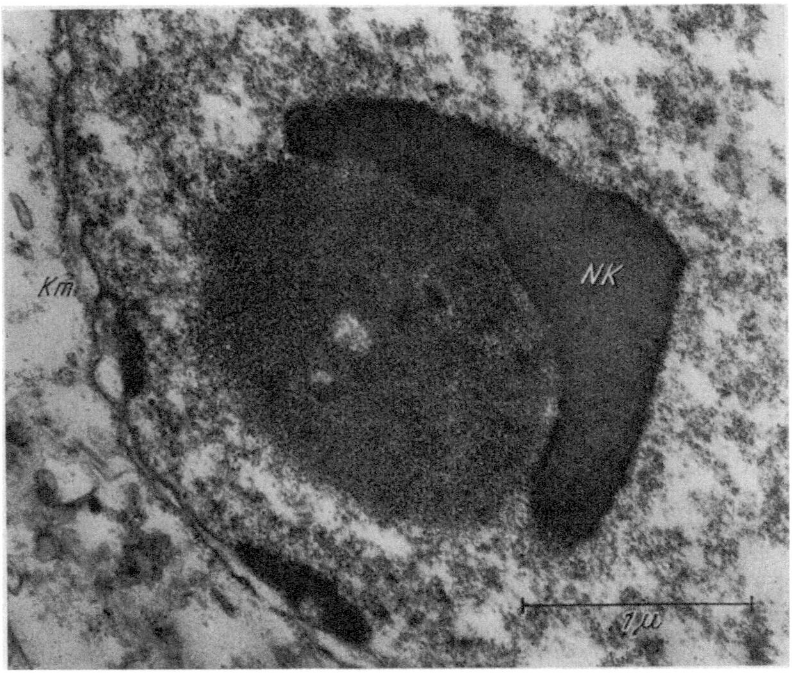

Abb. 133. Nukleoluskappenbildung (*NK*) in einer Leberzelle der Ratte bei chronischer Proteinmangelernährung. Herauslösung des Chromatins und Verbreiterung der Kernmembran (*Km*). 30 000 ×.

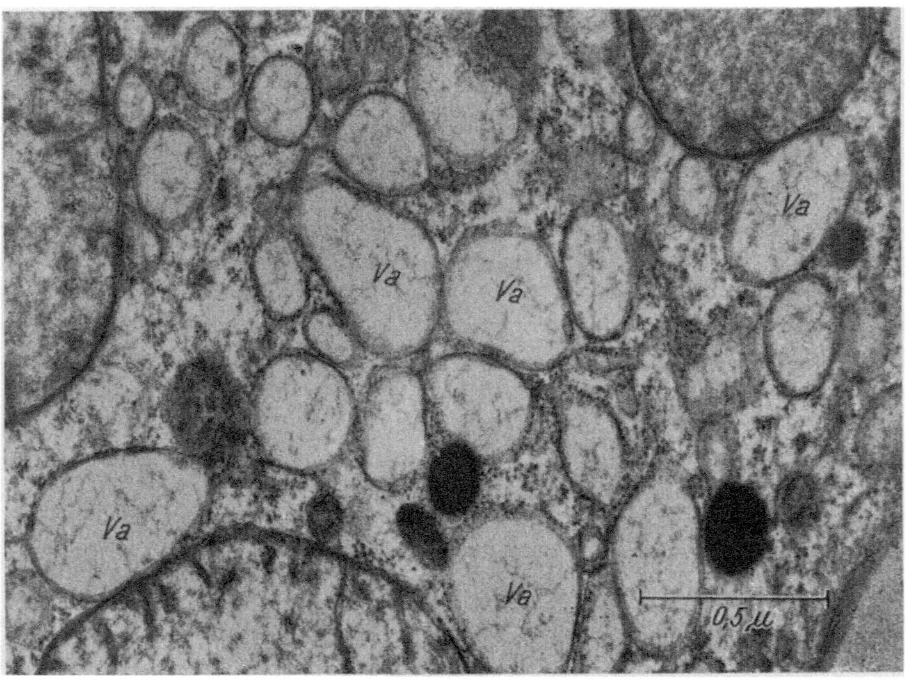

Abb. 134. Leberzelle der Ratte bei chronischer Proteinmangelernährung. Vesikuläre und vakuoläre Umwandlung (*Va*) des endoplasmatischen Retikulums mit herdförmiger Ablösung der Ribosomen. 49 500 ×.

geformte Megamitochondrien ausbilden, die oft größere Bereiche des Zytoplasmas ausfüllen und in der Nebenniere die Größe von 5 μm erreichen (SVOBODA et al., 1966). Die Cristae sind teilweise zirkulär gelagert. Die Außenmembran kann Ausstülpungen zeigen. In der Matrix bilden sich kristalloide Strukturen und homogene osmiophile Ablagerungen.

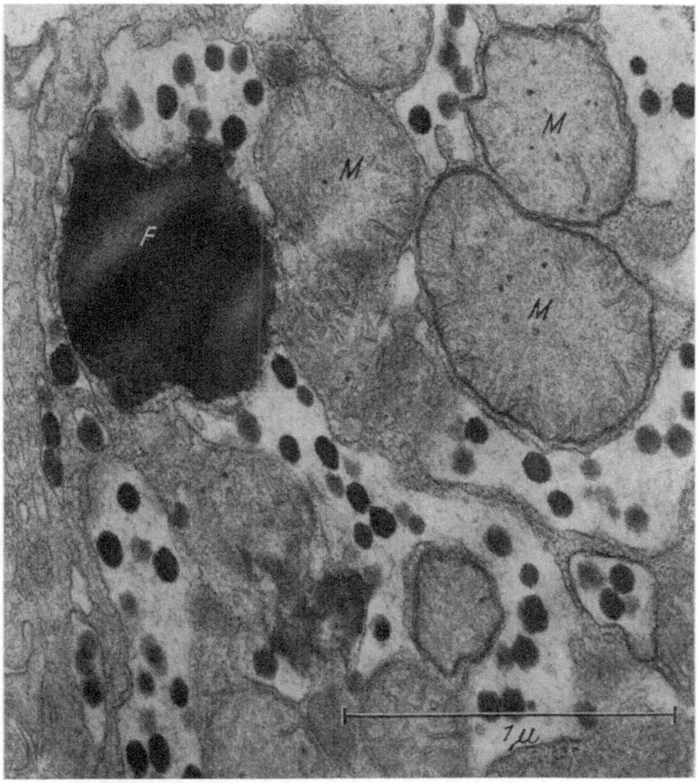

Abb. 135. Kleintropfige Fettablagerungen im Bereich des endoplasmatischen Retikulums einer Leberzelle der Ratte bei chronischer Proteinmangelernährung. *M* = Mitochondrien, *F* = Fetttropfen. 43 500×.

Vereinzelt wird eine Reduktion des Glykogengehaltes von Leber- und Herzmuskelzellen beschrieben. Im allgemeinen wird jedoch eine Akkumulation von Glykogen beobachtet, so daß die Organellen in den perinukleären und peripheren Zellbereich verdrängt werden.

In zahlreichen Zellen ist die Menge der Lipidtropfen deutlich erhöht (Abb. 139), wobei eine vermehrte Zufuhr aus anderen Organen sicher eine wesentliche Rolle spielt.

Das Golgi-Feld exokriner Pankreaszellen ist hypertrophiert. Die Zymogengranula sind reduziert. Die endokrinen Inselzellen werden degranuliert.

Die Mikrovilli von Epithelzellen des Darmes sind reduziert und verkürzt, das Terminalgespinst wird verschmälert.

In den quergestreiften und Herzmuskelzellen treten neben den schon beschriebenen Veränderungen herdförmige Untergänge von Myofibrillen auf.

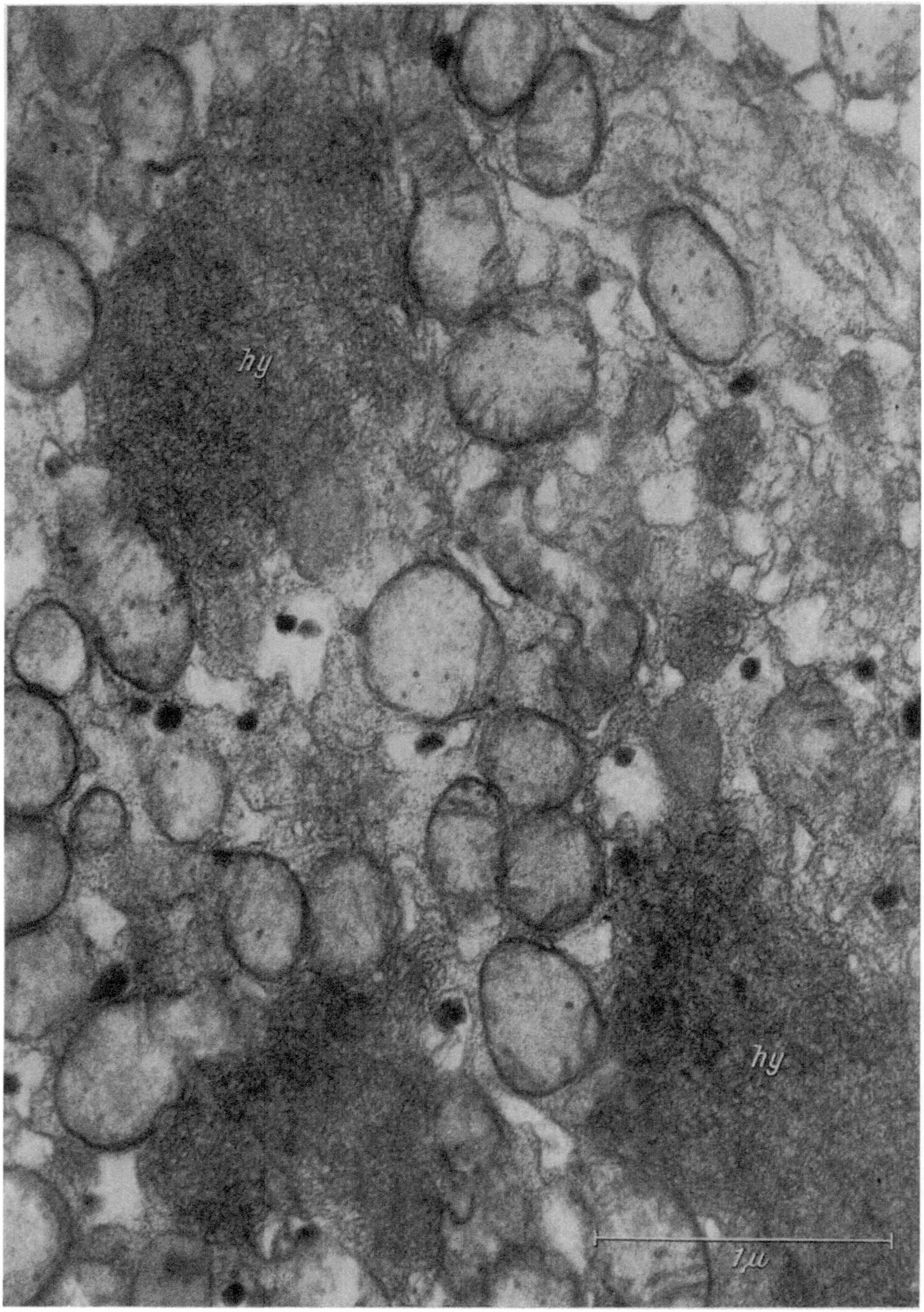

Abb. 136. Umschriebene osmiophile Degenerationsherde (hyaline Degeneration) (*hy*) aus einer Leberzelle der Ratte bei langdauernder Proteinmangelernährung. Sphärische Transformation der Mitochondrien. Lipidablagerungen im endoplasmatischen Retikulum. 40 000 ×.

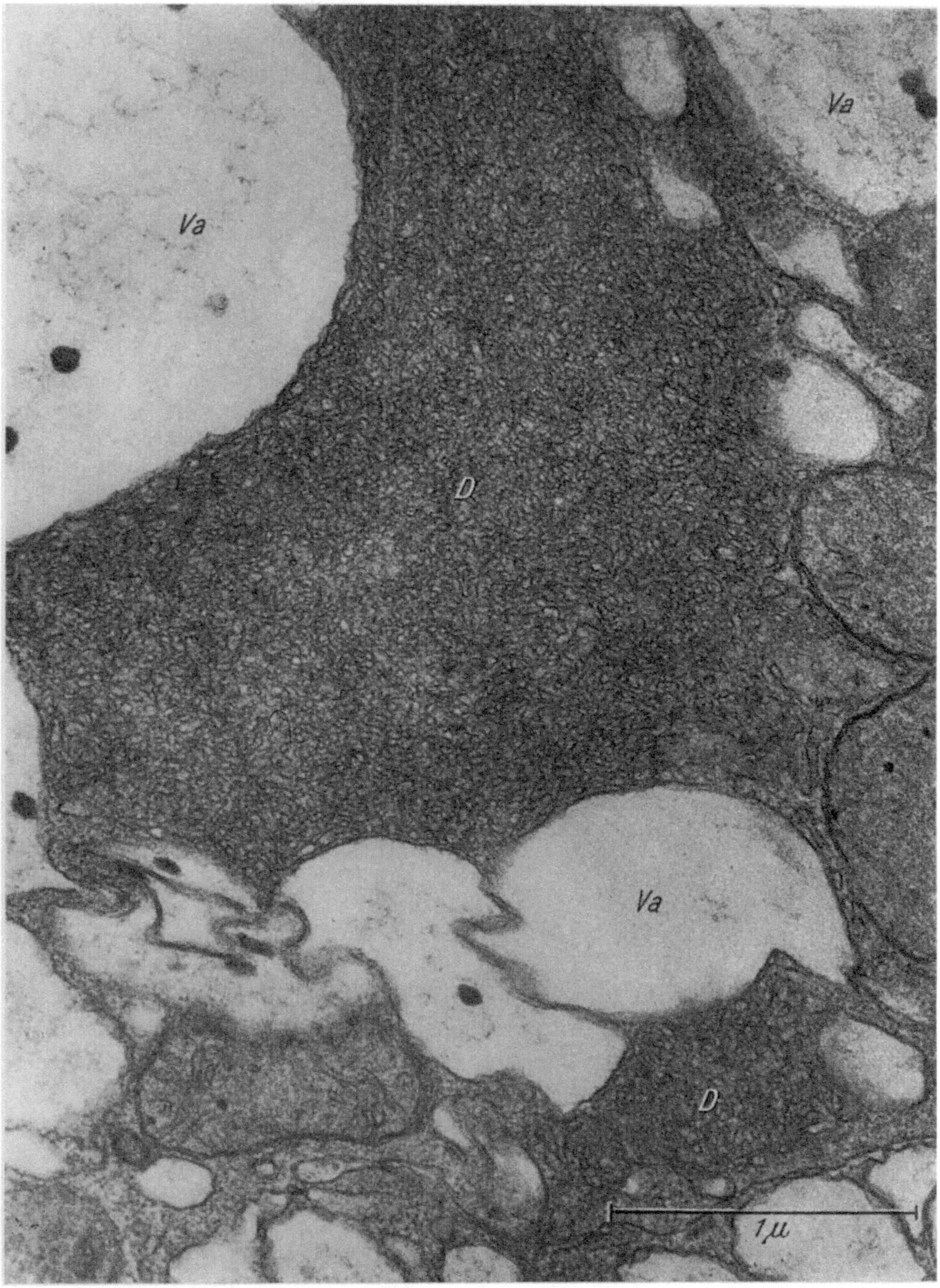

Abb. 137. Osmiophile Degenerationsherde (*D*) aus Membranvesikeln sowie vakuoläre Umwandlung (*Va*) des endoplasmatischen Retikulums mit Ansammlung einzelner Lipidtropfen in einer Leberzelle der Ratte bei chronischer Proteinmangelernährung. 40 000 ×.

In den verschiedenen Zelltypen sind Zytolysomen zu beobachten.

Die aufgezeigten Erscheinungen sind als Zellatrophie zu charakterisieren, wie sie z. B. von Lazarus u. Volk (1965) für die Pankreaszellen mit dem Verlust der Zymogengranula, der Entstehung basaler Vakuolen, der Ausbildung von Zytolysomen und der Reduktion der sauren Phosphatase im Bereich der Golgi-Lamellen und der unreifen Sekretgranula beschrieben werden.

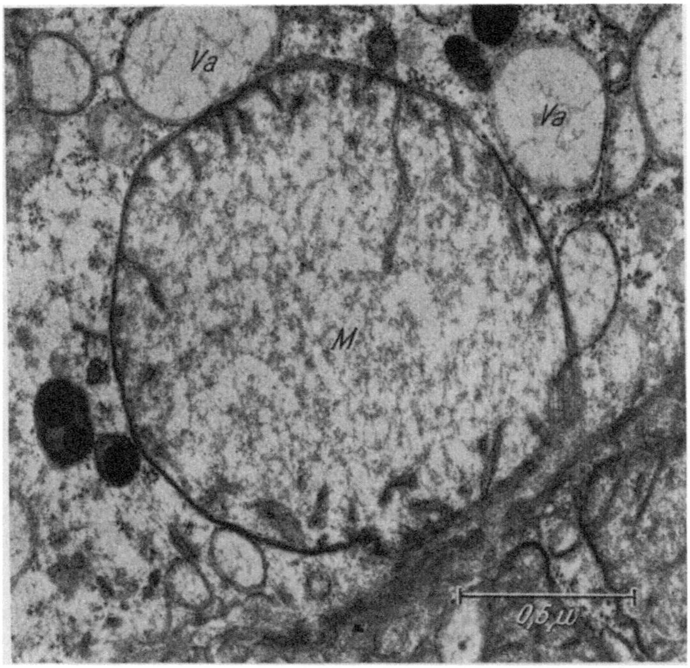

Abb. 138. Geschwollenes vergrößertes Mitochondrion (*M*) mit Herauslösung der Matrix und Zerfall der Cristae aus einer Leberzelle der Ratte bei chronischer Proteinmangelernährung. *Va* = vakuolisiertes granuläres endoplasmatisches Retikulum. 43 500×.

Weisblum et al. (1962) fanden nach 10—12tägiger Proteinmangelernährung eine Rückkehr vieler morphologischer Befunde und enzymatischer Veränderungen zur Norm, was auf adaptative Vorgänge oder eine Entleerung von Proteinspeichern hinweist.

α) Proteinarme, cholinarme Diät

Bei Cholinmangeldiät kommt es zu einer z. T. exzessiven Zunahme von Triglyzeriden in den Leberzellen (Takada et al., 1968), wobei eine Reduktion der Abgabe ins Blut das Wesentliche ist (Lombardi u. Ober, 1967). Die ersten Fetttropfen liegen oft in Glykogenbezirken und haben enge Beziehungen zu den Mitochondrien (Amick u. Stenger, 1964) und sind häufig in Vesikeln des endoplasmatischen Retikulums lokalisiert (Gar-Bo Ho et al., 1969). Die Vergrößerung der Tropfen erfolgt durch Zusammenfließen. Auch im Kern können Fettansammlungen beobachtet werden.

Der Glykogengehalt der Zellen ist anfangs noch reichlich. Das Golgi-System wird vergrößert, das granuläre endoplasmatische Retikulum ist herdförmig erweitert. Nach BRUNI u. HEGSTED (1969) betrifft die Wirkung des Cholinmangels primär die Membranen des endoplasmatischen Retikulums.

Die Mitochondrien können sich zu Megaformen umwandeln und bizarr geformt sein (HARTROFT, 1962, 1964).

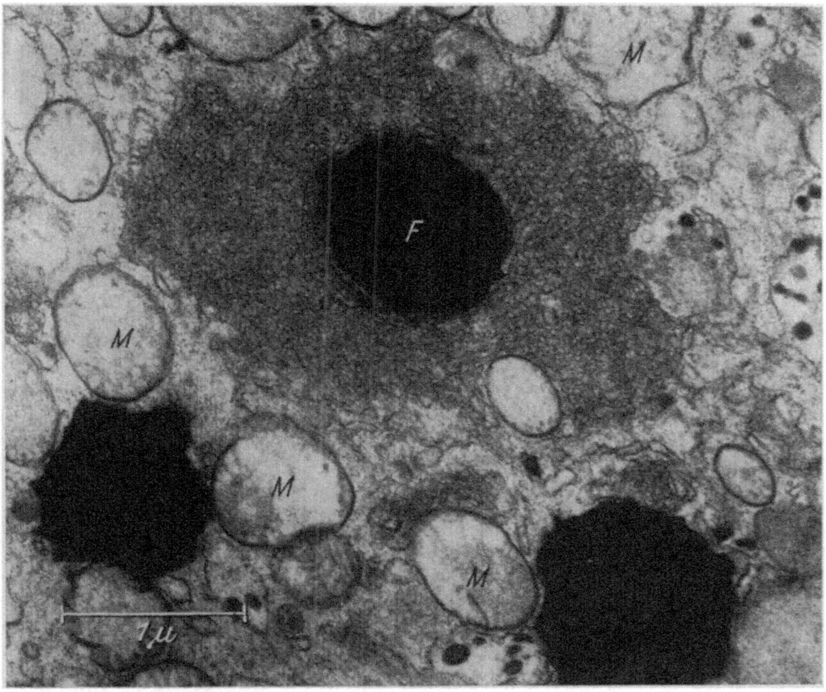

Abb. 139. Multiple Fetttropfen (*F*) sowie Ansammlung vernetzter Vesikel in der Umgebung der Fetttropfen. Sphärische Transformation der Mitochondrien (*M*). Leberzelle einer Ratte bei chronischer Proteinmangelernährung. 24 000 ×.

In Tubulusepithelzellen der Niere treten vermehrt Lysosomen und Zytolysomen auf. Vereinzelt können sich auch Nekrosen bilden (MONSERRAT et al., 1968, 1969), für die eine Lipiperoxydation bedeutungsvoll sein soll.

Die innere Lage der Retina zeigt nach Cholin-Mangeldiät Mitochondrienschwellungen, Lipofuszinablagerungen sowie spezifische Axondegenerationen (YAMANOBE, 1968).

c) Veränderungen des Aminosäuregehaltes oder Gabe von Aminosäure-Analoga

α) Mangel an Aminosäuren

Lysinmangel bewirkt in Pankreaszellen eine Reduktion der Zymogengranula mit Fragmentierungen der umgebenden Membran, Lipidansammlungen an der Zellbasis und einer Schwellung der Mitochondrien mit Verlagerung der Cristae und der Ausbildung von Myelinfiguren (SCOTT, 1966).

In KB-Kulturzellen kommt es bei Arginin-Mangel zur Bildung von Membranwirbeln aus Membranen des granulären und agranulären endoplasmatischen Retikulums (LANE u. NOVIKOFF, 1965). Triglyzeride und Glykogen nehmen zu. Die Lysosomen sind in Zahl und Größe vermehrt und zeigen enge Beziehungen zum endoplasmatischen Retikulum. Mehrfach treten Zytolysomen auf.

Threoninmangel führt in Leberzellen zur Vermehrung der Polysomen, Lysosomen, des Glykogens und des Lipids (SHINOZUKA et al., 1968).

Chang-Leberzellen zeigen nach Glutamin-Mangel eine Reduktion der Inkorporation von markierten Vorläufern in Proteinen und RNS (ELIASSON et al., 1967; KOCHHAR, 1968). Die Aktivität von Ribosomen und Polysomen ist verringert. Die Mitochondrien schrumpfen (JAGENDORF-ELFVIN u. ELIASSON, 1969).

Tab. 78. *Zellveränderungen nach Äthioningabe (Beispiele)*

Leber: ANTHONY et al., 1961; GRISHAM u. HARTROFT, 1961; POPPER et al., 1961; HUTTERER et al., 1961; HERMAN et al., 1962; STEINER u. CARRUTHERS, 1963; GRISHAM u. PORTA, 1964; STEINER et al., 1964; VILLA-TREVINO et al., 1964; BAGLIO u. FARBER, 1965; MALEY et al., 1965; MCLEAN et al., 1965; MINICK et al., 1965; MIYAI u. STEINER, 1965, 1967; SMITH u. SALOMON, 1965; WOOD, 1965, 1967; KLAVINS et al., 1966; MAGEE, 1966; MELDOLESI et al., 1966, 1967; RUBIN, 1966; FARBER et al., 1967; SCHLUNK u. LOMBARDI, 1967; STEWART u. FARBER, 1967; CHRISTIE u. JUDAH, 1968; SHINOZUKA et al., 1968.

Pankreas: HERMAN et al., 1960; SEIFERT u. GIESEKING, 1961; EKHOLM et al., 1962; HERMAN u. FITZGERALD, 1962; FITZGERALD u. HERMAN, 1965; WATANABE u. ARAMAKI, 1966; YAMAGUCHI et al., 1966; FITZGERALD et al., 1968; MARSH et al., 1968; BOQUIST, 1969.

Mamma: BÄSSLER u. GRILLMAIER, 1962; GRILLMAIER u. BÄSSLER, 1963.

β) Gabe von Aminosäure-Analoga

Aminosäure-Analoga wirken toxisch, indem sie infolge ihres ähnlichen Aufbaues statt der notwendigen Aminosäure in Eiweißmoleküle eingebaut werden. Ihr Effekt wurde besonders an den exokrinen Pankreaszellen, aber auch an Leberzellen untersucht. Als Analoga für Phenylalanin wirken β-3-DL-Furylalanin und β-3-Thienyl-DL-Alanin (HRUBAN et al., 1962—1965).

Einen ähnlichen Effekt haben auch Azaserin, ein Purinsyntheseinhibitor (HRUBAN et al., 1963, 1965), Triparanol, ein Cholesterinsyntheseinhibitor (HRUBAN et al., 1963, 1965; LI CHEN u. YATES, 1967), und Diäthanolamin als Cholin-Analogon (HRUBAN et al., 1963).

In den Pankreaszellen kommt es grundsätzlich zu einer Reduktion der Eiweißsynthese mit der Bildung abnormer unstabiler Eiweißmoleküle, was sich in einer Verminderung der Enzymgranula äußert. Das Golgi-Feld ist hyperplastisch. In Pankreas- und Leberzellen wird das granuläre endoplasmatische Retikulum desorganisiert. In den Zisternen liegen osmiophile Granula. Die Ribosomen sind vermindert. Das agranuläre endoplasmatische Retikulum wird herdförmig in den Leberzellen vermehrt. Es kann zu Wirbelbildungen kommen. Hervortretendes Ereignis, besonders in den Pankreaszellen, ist die Entstehung von fokalen Nekroseherden in Form von Zytolysomen.

Die Mitochondrien können vergrößert sein und parallele Innenmembranen

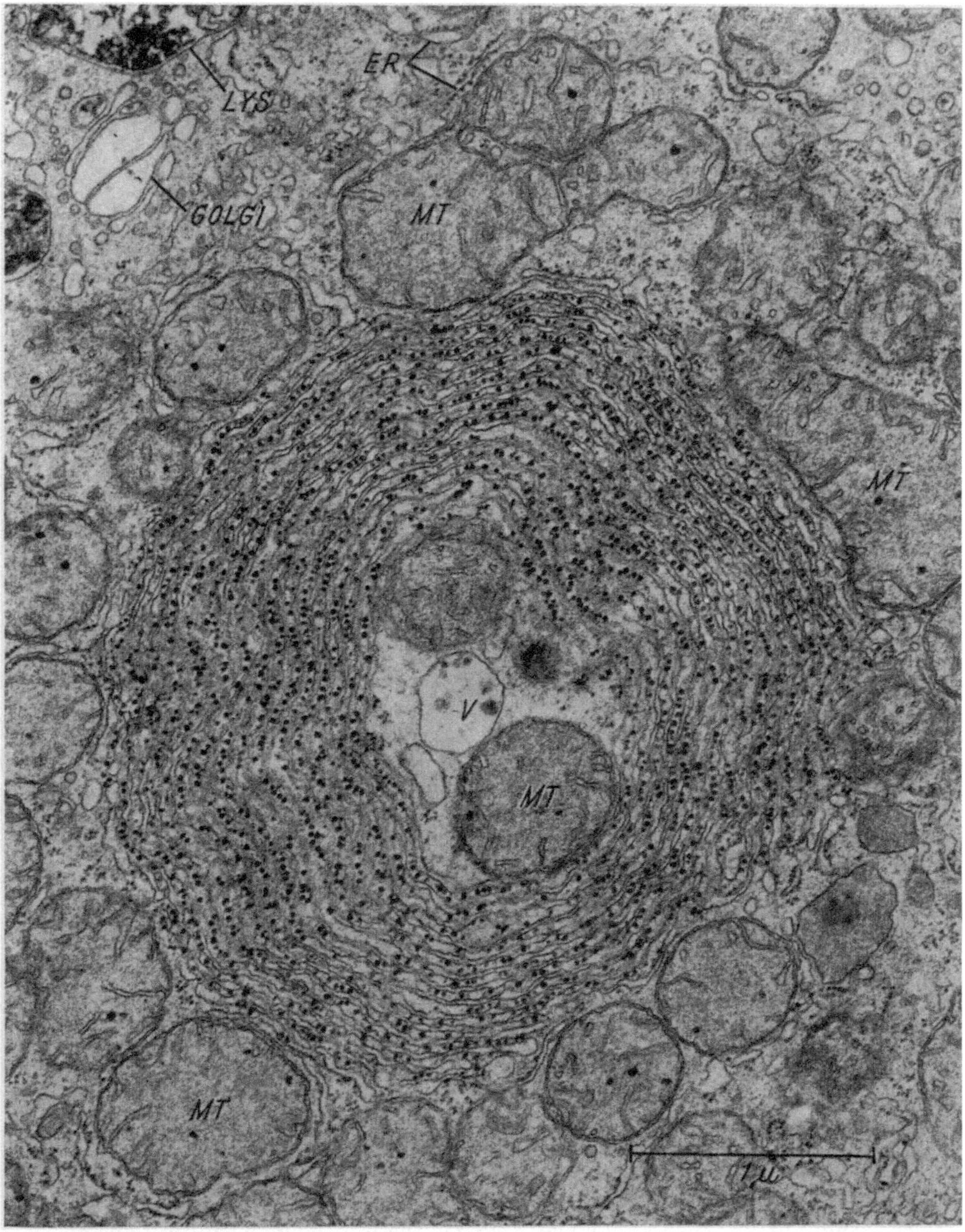

Abb. 140. Mit Glykogengranula besetzter fingerabdruckartiger Körper im Zytoplasma einer Leberzelle von Ratten nach Äthioninintoxikation. Im Zentrum ein Mitochondrion (*MT*) sowie Vesikel (*V*). Die Glykogenpartikel liegen in einzelnen Reihen und sind nur selten zu Rosetten zusammengelagert. *Lys* = Lysosomen, *ER* = granuläres endoplasmatisches Retikulum, *Golgi* = Golgi-System. 32 500 ×. — Mit freundlicher Genehmigung von Prof. Dr. J. W. STEINER, Toronto/Kanada. Aus: Amer. J. Path. **44**, 169—213 (1964).

enthalten oder rupturieren. Nach Azaseringabe treten dichte Mitochondrieneinschlüsse auf. Die Microbodies besitzen eine unregelmäßige Matrix. In den Kernen der Leberzellen liegen Inklusionen.

In glatten Muskelzellen und parasympathischen Ganglienzellen entstehen nach Triparanolgabe Membranwirbel und kristalline Körper.

βα) *Äthionin*

Äthionin, ein Analogon der Aminosäure Methionin, wurde besonders in seiner Wirkung auf Leber, Pankreas und Mamma untersucht (Tab. 78).

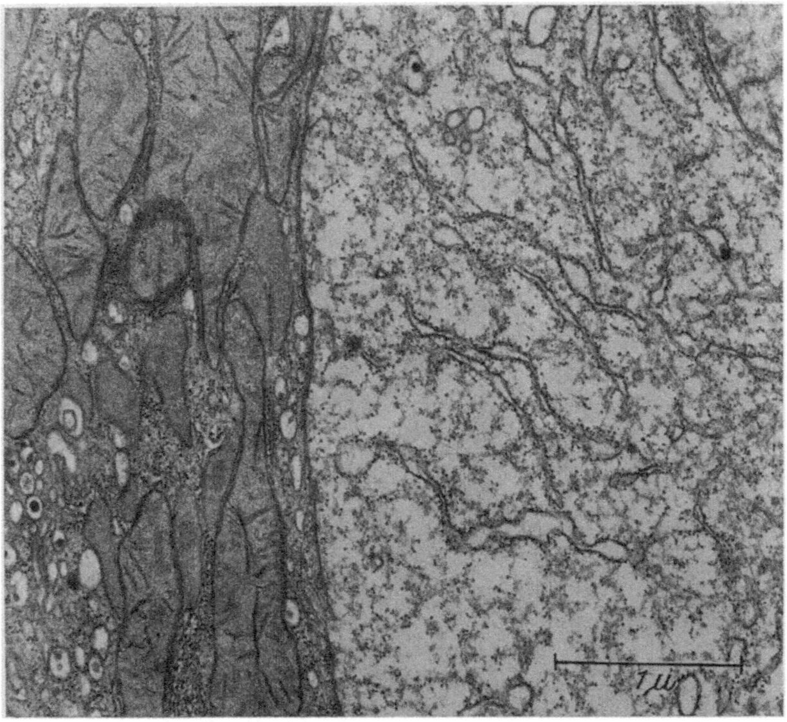

Abb. 141. Lebergewebe der Ratte nach zehntägiger Zystinüberernährung. Schwellung und beginnende Zytolyse der rechten Zelle bei Kompression der sonst unverändert erscheinenden linken Zelle. 25 000 ×.

Äthionin verbindet sich mit ATP zu S-Adenosyläthionin und führt so zu einer Verminderung des ATPs. Gleichzeitig werden auch das Guanosintriphosphat und Uridintriphosphat reduziert; AMP steigt auf 140% an. Kurze Zeit danach wird die RNS- und Proteinsynthese inhibiert. Nach Rubin (1966) wirkt Äthionin vorwiegend auf die DNS-abhängige RNS-Synthese in langlebigen proteinsynthetisierenden Zellen, während die kürzerlebenden proliferierenden Zellen nicht betroffen sind. Diese Charakterisierung erklärt den differenten Effekt des Äthionins auf die einzelnen Zellarten.

Die Wirkung des Äthionins wird durch Methionin, aber auch Adenin oder ATP aufgehoben. Die Restitution der Proteinsynthese kann schneller vor sich gehen als die der Strukturen, insbesondere des granulären endoplasmatischen Retikulums.

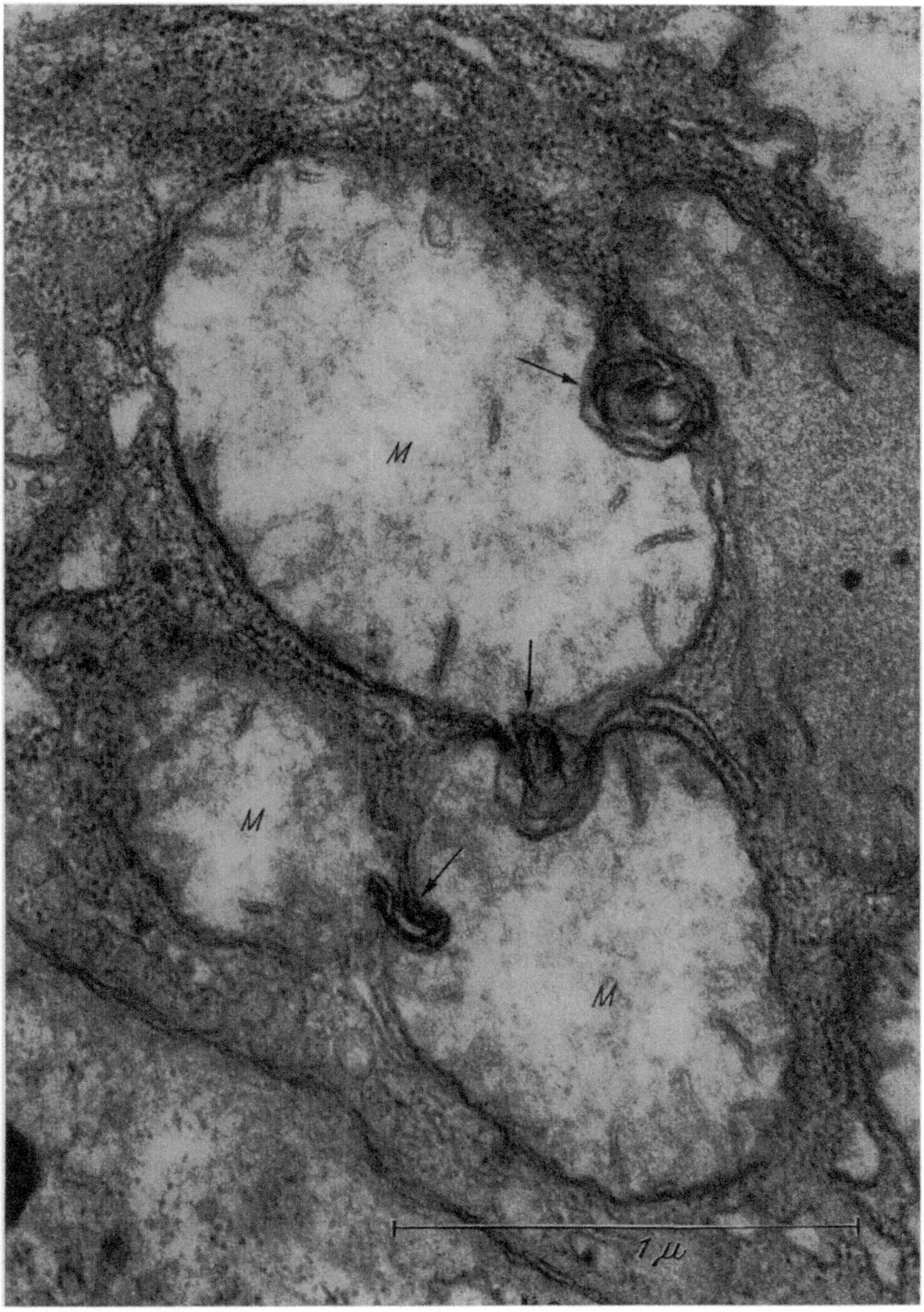

Abb. 142. Geschwollene Mitochondrien (M) mit Verschmelzung und Myelinfigurenbildung (↗) der Außenmembranen aus einer Leberzelle der Ratte nach Zystinüberernährung. 62 500 ×.

Die Eingriffe in die RNS- und Proteinsynthese sind mit Veränderungen der daran vorwiegend beteiligten Zellbestandteile verbunden. Im Zellkern ist besonders der Nukleolus betroffen. Bei akuten Äthioninvergiftungen sind die Nukleoli verkleinert und vermehrt und zeigen eine Dissoziation der Bestandteile. Bei chronischen Vergiftungen sind die Nukleoli hypertrophiert. Außerdem findet man Aggregate von Interchromatingranula und Kerneinschlüsse. Im Pankreas kommt es zu Rupturen der Kernmembran.

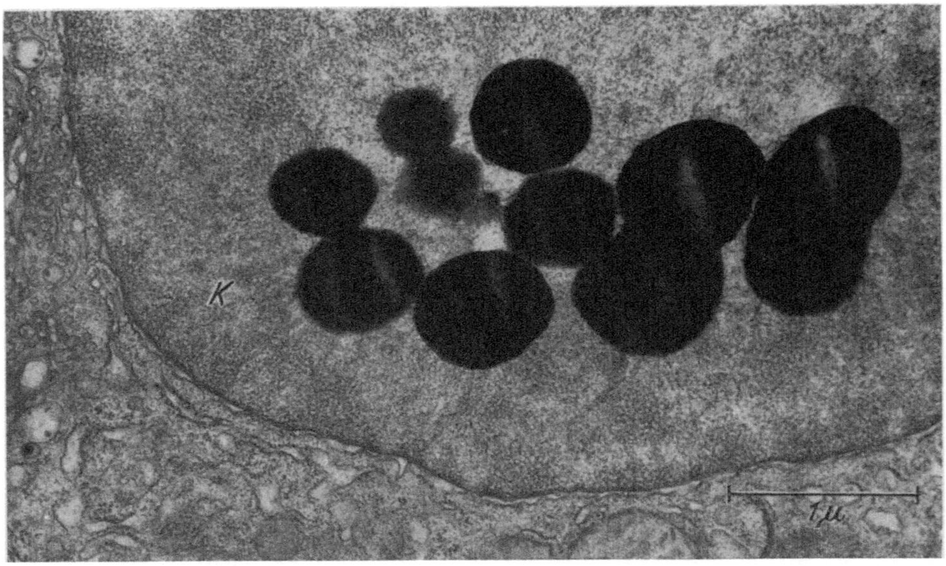

Abb. 143. Multiple Lipidtropfen in einem Kern (*K*) einer Leberzelle der Ratte nach elftägiger Zystinüberernährung. Keine weiteren Zytoplasmabestandteile im Zellkern. 25 000 ×.

Das granuläre endoplasmatische Retikulum ist desorganisiert und zeigt Ablösungen der Ribosomen. Die Polysomen zerfallen zu Monomeren. Die mRNS-Synthese ist inhibiert. Im Pankreas können sich Wirbel aus Membranen des endoplasmatischen Retikulums bilden. Bei chronischen Vergiftungen kommt es in der Leber zur Proliferation des agranulären endoplasmatischen Retikulums.

Die Mitochondrien sind nur gering verändert. Selten findet man geschwollene Organellen. Die Mitochondriengranula können vergrößert sein. Außerdem werden amorphe oder kristalline dichte Ablagerungen in der Matrix beobachtet.

Der Glykogengehalt der Leberzellen ist zumindest in den Anfangsstadien vermindert. Jedoch können sich nach einigen Wochen Glykogenanhäufungen entwickeln, aus denen sich Glykogenkörper aus konzentrisch angeordneten Membranen mit dazwischenliegenden Glykogengranula bilden (Abb. 140).

In den Leberzellen sind vermehrt Fetttröpfchen und größere, z. T. von mehreren Membranlagen umgebene Lipidablagerungen zu beobachten. Die Zahl der Microbodies kann vermehrt sein.

In den exokrinen Pankreaszellen entstehen Zytolysomen, Zellauflösungen und Nekrosen.

Die gestörte Eiweißsynthese äußert sich in den sezernierenden Zellen des Pankreas und der Mamma in einer Verminderung der Sekretgranula und in ihrer erhöhten Unreife. Die Milch zeigt eine veränderte Zusammensetzung; der Alaningehalt ist erhöht, der Kaseingehalt vermindert. Im Pankreas sind Amylase, Lipase und Chymotrypsin herabgesetzt.

γ) Überschuß von Aminosäuren

Überdosierungen von Aminosäuren können zu toxischen Schäden von Zellen bis zum Zelltod führen (Abb. 141). In den Leberzellen treten nach Zystinüberernährung Verklumpungen des Karyoplasmas und Vakuolisierungen der Kernmembran auf. Das granuläre endoplasmatische Retikulum ist vesikulär, z. T. auch vakuolär umgewandelt. Die Mitochondrien sind geschwollen und hypertrophiert (Abb. 142). Im Zytoplasma und Kern können Fetttropfen auftreten (Abb. 143). Infolge von Einrissen in der Zellmembran treten Erythrozyten in die Zellen ein (DAVID u. BARTOK, 1963).

Homozystin führt in Pankreaszellen zu einer Dilatation des granulären endoplasmatischen Retikulums mit einer Ablösung der Ribosomen (KLAVINS, 1966). Manchmal bilden sich Membranwirbel aus. Die Mitochondrien schwellen, zeigen fragmentierte Cristae und membranbegrenzte Einschlüsse.

DL-Serin ruft Koagulationsnekrosen im distalen Abschnitt des proximalen Tubulusabschnittes der Niere hervor (WACHSTEIN u. BESEN, 1964). Neben osmiophilen Verdichtungen der Zytoplasmabestandteile treten Vakuolen im Zytoplasma aus Teilen des endoplasmatischen Retikulums auf. Die Nekroseherde beginnen häufig an einer Stelle, meist basal, in der Zelle und breiten sich dann über das gesamte Zytoplasma aus.

Die intraperitoneale Gabe von L-Methionin im Überschuß (0,5 g/KGW) bewirkt in den Pankreaszellen chinesischer Hamster den Verlust der regulären Anordnung des granulären endoplasmatischen Retikulums und eine Dilatation der Zisternen. Die Ribosomen sind reduziert wie auch die Zymogengranula. In den Zellen und im Azinuslumen treten fibrilläre Körper auf. Es bilden sich Zytolysomen und Zellnekrosen aus (BOQUIST, 1969).

d) Änderungen des Vitamingehaltes (Tab. 79)

α) Vitamin A

Ein Mangel an Vitamin A wirkt sich besonders auf Kornea und Retina aus. In der Retina bilden sich in der äußeren granulären Zellage Pyknosen der Kerne aus. In den Stäbchenzellen verschwindet die ziliare Konstriktion zwischen äußerem und innerem Segment, und die Zellen kontrahieren sich. Die Membranen und Tubuli des Außengliedes lagern sich zu ungeordneten Ansammlungen mit den Mitochondrien und vermehrten Lysosomen des Innensegmentes zusammen, aus denen sich membranbegrenzte Zytolysomen bilden können. Schließlich lösen sich die Zellen voneinander und zeigen Membranrupturen.

Bei Vitamin-A-Mangel-bedingten Hydrozephali von Kaninchen enthalten die Zellen des Plexus chorioideus vermehrt meist in Form von Wirbeln gelagertes endoplasmatisches Retikulum und Einschlußkörper.

Das Übergangsepithel der Harnblase zeigt Verhornungserscheinungen.

Die Hypervitaminose A bewirkt in den Leberparenchymzellen eine geringe Zunahme des agranulären endoplasmatischen Retikulums, während in den Sternzellen große Vakuolen auftreten (LANE, 1968).

Tab. 79. *Zellveränderungen bei Änderung des Vitamingehaltes (Beispiele)*

A. Vitamin-A-Mangel:
ZNS: CLAUSEN, 1969
Retina: MOLENAAR u. LEEMAN, 1964; BRAMMER u. WHITE, 1969
Cornea: SHELDON u. ZETTERQVIST, 1956
Plexus chorioideus: WITZEL u. HUNT, 1962
Harnblase: HICKS, 1968

B. Riboflavinmangel:
Leber: LUSE et al., 1962; TANDLER et al., 1965, 1968; SUGIOKA et al., 1969

C. Thiamin-Mangel:
ZNS: COLLINS, 1966, 1967; SAKO u. NODA, 1967; ROBERTSON et al., 1968; TELLEZ u. TERRY, 1968; ULE et al., 1968
Herz: SUZUKI, 1967; BOZNER et al., 1969

D. Vitamin-C-Mangel:
Bindegewebe, Granulationsgewebe: PEACH, 1962; ROSS u. BENDITT, 1962, 1964; JORGENSEN, 1964; BENTLEY u. JACKSON, 1965; SCHAFER et al., 1967
Gefäße: GORE et al., 1965, 1968; FRIEDERICI et al., 1966
Knochen: BONUCCI, 1966
Leber: SHERIDAN u. BOURNE, 1964
Ganglienzellen: SULKIN u. SULKIN, 1967, 1968; SULKIN et al., 1968

E. Vitamin-D-Hypervitaminose:
Niere: ENGFELDT et al., 1962; GIACOMELLI et al., 1962, 1964
Gefäße: EISENSTEIN u. ZERUOLIS, 1963, 1964
Knochen: EISENSTEIN et al., 1966
Schilddrüse — parafollikuläre Zellen: ERICSSON, 1968

E'. Vitamin-D-Mangel
Parathyreoidea: ROTH et al., 1968

F. Vitamin-E-Mangel:
Quergestreifte Muskelzellen: RUMERY u. HAMPTON, 1959; HOWES et al., 1963, 1964; VLEET et al., 1967, 1968
Glatte Muskelzellen: CLEMENTI, 1962; GEDIGK u. WESSEL, 1963, 1964
ZNS: LAMPERT u. PENTSCHEW, 1964; LAMPERT et al., 1964; MIYAGISHI et al., 1967; YU et al., 1968
Leber: SULKIN u. SULKIN, 1962, 1968; PORTA et al., 1968
Niere: HESS u. MENZEL, 1967, 1968; EMMEL u. PANNER, 1968

β) Vitamin-B-Komplex

Riboflavin-Mangel bewirkt eine Reduktion der Flavoproteine, z. B. der Sukzinodehydrogenase, bis auf 40%. Die Mitochondrienzahl und -größe nimmt in Leberzellen erheblich zu. Die entstehenden Megamitochondrien können bis Kerngröße erreichen, wobei eine Fusion eine Rolle spielen könnte. Gleichzeitig wird die Zahl der Cristae vermindert, und in der Matrix bilden sich Myelinfiguren aus.

Thiaminmangel wirkt sich auf Organe mit starker oxydativer Atmung wie das ZNS und die Herzmuskelzellen besonders aus. Dabei kommt es zu Schwellungen der Mitochondrien mit Verminderung und irregulärer Lagerung der Cristae und Rupturen der Außenmembran, zur Erweiterung der Hohlräume des Sarkoplasmaretikulums bis zur Vakuolenbildung in den Herzmuskelzellen. Die Querstreifung kann fehlen. Die Mitochondrienschwellung wird auf eine Unterbrechung der Kohlenhydratoxydation auf der Stufe des Pyruvats oder Laktats zurückgeführt, so daß sich dieses Zwischenprodukt in den Mitochondrien ansammelt und den osmotischen Druck erhöht.

Im Bereich des Hirnstammes und des lateralen Vestibularis-Kernes bilden sich in den Oligodendrozyten bis 10 µm große Vakuolen, die elektronendichtes Material und Filamente im Zytoplasma enthalten. Die Befunde in den Oligodendrozyten sollen durch den hohen Gehalt der Zellen an Transketolase-Aktivität bedingt sein, die thiaminabhängig ist. Als Folge der Veränderungen wird die Myelinbildung geschädigt, während die Nervenzellen nur sekundär betroffen sind. In den Nervenendigungen und Axonen sind Zeichen der Hypertrophie und periodisch gestreifte tubuläre Strukturen zu finden.

Antimetabolite der Vitamine, wie 3-Azetylpyridin für Nikotinsäureamid (Lierse, 1965) und Methoxypyridoxin für Vitamin B_6 (Niklowitz, 1966), führen zu zahlreichen zellulären Veränderungen besonders im Ammonshorn bzw. Hippokampus.

γ) Vitamin C

Die bei Vitamin-C-Mangel vorwiegend betroffenen Zellen sind die Fibroblasten und die Endothelzellen der Gefäße (Tab. 79). Die Fibroblasten weisen Zeichen der Unreife und der herabgesetzten Kollagensynthese auf. Das granuläre endoplasmatische Retikulum ist dilatiert und insgesamt reduziert. Die Kontinuität des Systems ist aufgehoben. Die normalerweise in der Umgebung vorhandenen Kollagenfibrillen sind reduziert, während vermehrt Filamente zu finden sind.

Die Mitochondrien sind vermindert. Häufiger sind Fetttropfen anzutreffen.

Der Hydroxyprolingehalt der Eiweiße wird gesenkt. Als Ursache wird eine Veränderung der mRNS oder der Fähigkeit der Ribosomen, sich mit der mRNS zu verbinden, angesehen. Mit der Abnahme der membrangebundenen Ribosomen ist eine Zunahme der freien Ribosomen verbunden.

In den Endothelzellen von Kapillaren, aber auch größerer Gefäße, kommt es zu Trennungen der Zellen durch eine Lösung der Interzellularverbindungen. In den Zellen sind das endoplasmatische Retikulum und die Mitochondrien vermindert. Zwischen den Vakuolen des endoplasmatischen Retikulums liegen reichlich freie Polysomen und osmiophile Körper. Das Golgi-Feld ist hypertrophiert.

Auch in den Leberzellen bildet sich das endoplasmatische Retikulum vesikulär um. Die Mitochondrienzahl ist vermindert. Vielfach sind Lipidtröpfchen zu finden.

Autonome Ganglienzellen enthalten bei Skorbut geschwollene Mitochondrien, dilatierte Zisternen des endoplasmatischen Retikulums und des Golgi-Systems, vermehrt Vesikel und Lipofuszinablagerungen.

δ) Vitamin D

Vitamin D führt meist bei Überdosierungen zu Schäden (Tab. 79). Die dadurch bedingte Zunahme des Kalziumgehaltes des Blutes führt zu Ablagerungen von

Kalziumapatit und anderen Kalziumverbindungen. Die Kalziumkristalle sind zuerst im Bereich der elastischen Lamellen zu finden. In degenerierten, vakuolisierten Zellen sind ebenfalls vereinzelt Kristalle vorhanden. Auch in den Kollagenfasern können Kalziumgranula auftreten.

In den proximalen Tubulusepithelzellen der Nieren liegen innerhalb von Aggregaten 400—800 Å lange, 50 Å breite Kristallnadeln. Die bis zu 3 µm großen Aggregate sind extrazellulär im Bereich der basalen Einfaltungen und in der häufig verdickten Basalmembran lokalisiert.

ε) Vitamin E

Der Vitamin-E-Mangel wirkt sich vorwiegend auf die quergestreiften und glatten Muskelzellen aus (Tab. 79). Hervorstechendes Ereignis ist die Ansammlung des sog. Vitamin-E-Mangel-Pigmentes. Dieses füllt die glatten Muskelzellen, beginnend in der Umgebung der Golgi-Felder, nach langdauernder Gabe fast völlig aus. Schließlich zerfallen die Zellen, und das Pigment wird von Makrophagen aufgenommen.

Die formale Genese des Pigmentes entspricht der des Lipofuszins, wobei jedoch der Gehalt an einzelnen Lipiden different sein soll. Bei Vitamin-E-Mangel sind reichlich ungesättigte Fettsäuren zu finden. In den quergestreiften Muskelzellen sind die Pigmentablagerungen vorwiegend in Höhe der A-I-Verbindung lokalisiert. Die Myofibrillen weisen einen herdförmigen Untergang und hyaline Umwandlungen auf. Das Sarkoplasmaretikulum ist vakuolisiert. In den Mitochondrien können sich Myelinmembranen ausbilden. Außerdem treten Ablagerungen von Kalziumsalzen auf. Die Lipidperoxydation ist erhöht.

Die Sarkolemmkerne werden dedifferenziert. Aus ihnen können sich proliferierende myoblastenartige Zellen bilden, in denen eine Neusynthese von Filamenten stattfindet.

Im Nucleus gracilis und cuneatus des Rückenmarkes kommt es zu Axonauftreibungen infolge einer herdförmigen Vermehrung von Mitochondrien, glatt begrenzenden Tubuli und Vesikeln, Filamenten und elektronendichten Körpern. Im Kleinhirn schwellen die Astrozyten und in der weißen Substanz tritt vermehrt extrazelluläre Flüssigkeit auf.

Die proximalen Tubulusepithelzellen der Niere enthalten bei Gabe einer Vitamin-E-Mangel-Diät eine erhöhte Zahl Zentriolen. Es treten Myelinfiguren und Lysosomen auf.

12. Zellveränderungen bei allergischen Reaktionen und Transplantation

a) Allergische Zellreaktionen

Allergische Reaktionen sind im allgemeinen primär durch die Bildung extrazellulärer Immunpräzipitate charakterisiert. Diese können im Lumen der Venolen und Kapillaren oder im perivaskulären Interstitium lokalisiert sein. Um die Präzipitate sammeln sich Zellen an, vorwiegend polymorphkernige Leukozyten und Makrophagen (FERNANDO u. MOVAT, 1963; MOVAT u. FERNANDO, 1963; GIESEKING, 1966). Auch Eosinophile sind bei der Phagozytose beteiligt (SABESIN, 1964). Die Befunde gleichen sich bei der Arthus-Reaktion (MOVAT, 1962;

Fernando u. Movat, 1963; Sabesin u. Banfield, 1963; Uriuhara u. Movat, 1964), der umgekehrten Arthus-Reaktion (Fernando u. Movat, 1963; Uriuhara u. Movat, 1964) und dem lokalen Shwartzman-Phänomen (Lee u. Stetson, 1965; Taichman et al., 1965).

Ähnliche Erscheinungen sind auch bei der Tuberkulin-Reaktion ausgebildet (Norton u. Ziff, 1965; Wiener et al., 1965). In der Kornea bilden sich primäre Nekrosen der Fibroblasten aus (Shirasawa, 1967).

Arthus-Phänomen-Bezirke sind durch die Ansammlung von polymorphkernigen Leukozyten, Makrophagen, Histiozyten, lymphoiden Zellen und Plasmoblasten gekennzeichnet. Die Antigen-Antikörper-Komplexe werden vorwiegend durch die Leukozyten, weniger auch von den anderen Zellen phagozytiert und abgebaut (Cochrane u. Dixon, 1959; Daems u. Oort, 1962; Movat, 1962; Movat u. Fernando, 1963; Cochrane u. Aikin, 1966; Shirasawa, 1967). Die Plasmoblasten zeigen eine periphere Zytolyse, so daß es zu einer Vermischung des Zytoplasmas mit den Präzipitaten kommt. Die Organellen bleiben erhalten.

Die Wechselwirkung zwischen anaphylaktischen Antikörpern und ihren Antigenen soll an der Oberfläche, vielleicht auch im Zytoplasma von Mastzellen, stattfinden (Movat et al., 1966). Die Zellen zeigen bei einer Antigen-Antikörper-Reaktion eine Vergrößerung und Dichteabnahme der zentralen Granula, während die peripheren kleiner und dichter werden. Erst im Endstadium werden sie völlig aufgelöst (Gustafson et al., 1967; Gustafson, 1968).

Die Leukozyten weisen ein leeres Zytoplasma auf, das frei von Mitochondrien und Granula ist, während sich unter der Kernmembran Vakuolen ausbilden (Daems u. Oort, 1962). Besonders hervorstechend ist in den phagozytierenden Leukozyten die partielle oder totale Degranulierung. Dabei werden Proteasen und andere Hydrolasen freigesetzt (Taichman et al., 1965). Hyperimmune Antikörper und ihre Antigene sollen zur Bildung von Mikropräzipitaten führen, die von polymorphkernigen Leukozyten unter Freisetzung der lysosomalen Enzyme phagozytiert werden.

Nach Einwirkung von Antilymphozytenserum bilden sich in Lymphozyten Kernpyknosen, Mitochondrienschwellungen und eine Reduktion der membrangebundenen Ribosomen aus (Land et al., 1968).

Goldberg u. Green (1959, 1960; Easton et al., 1962) konnten bei der Immunozytolyse von Aszitestumorzellen ebenfalls Zerstörungen der Zellmembran und Schwellungen sowie osmotisch bedingte Lysen der Organellen beobachten.

Eine hypersensitive Reaktion nach Antigengabe äußert sich in einer erhöhten Antigenaufnahme, einer Inhibition der Zellwanderung, einer Schwellung, Vakuolen- und Blasenbildung, Degeneration der Mitochondrien und des Golgi-Apparates, Bildung eines intrazellulären fibrösen Netzwerkes, Anstieg der Zellpermeabilität mit Freisetzung der Proteasen, mitosestimulierenden Faktoren und eosinophilotaktischem Material (Speirs, 1966).

Lösliche Antigen-Antikörper-Komplexe werden von den Zellen des RES phagozytiert. Innerhalb weniger Minuten verbinden sich die Phagosomen mit den Lysosomen, die Schwellungen, Vakuolisierungen und Zerstörungen der Außenmembran zeigen (Santos-Buch u. Treadwell, 1967). Die Sternzellen der Leber zeigen nach 10—20 Min. Rupturen der Plasmamembran, der Kernmembran und der Membranen des endoplasmatischen Retikulums. Die Ferritinmarkierten Antikörper verteilen sich nach Ruptur der dichten Körper erst im Zytoplasma und werden dann in die Sinusoide abgegeben. Lysosomale Enzyme werden schon vorher in das Blutserum transferiert. Einzelne Sinusoidabschnitte sind frei von Sternzellen, während in anderen eine Proliferation erkennbar ist.

Als Folge können sich Mikrothromben ausbilden, so daß die Nekrosen im umgebenden Gewebe auch ischämisch bedingt sind (Uriuhara u. Movat, 1964; Taichman et al., 1965). Papadimitriou u. Blackwell (1967) führen die Schädigung der Leberzellen bei allergischen Reaktionen sowohl auf ischämische als auch direkte hepatotoxische Vorgänge zurück. Besonders in der Muskulatur treten Nekrosen auf (Sabesin u. Banfield, 1963).

Allergische Entzündungen der verschiedenen Organe äußern sich in differenten zellulären Reaktionen. In der Niere werden vorwiegend die Glomerula betroffen (Lit. David, 1967).

Die Zellen, besonders die Epithelzellen und Mesangiumzellen, weisen eine diffuse Schwellung, Verschmelzungen der Fortsätze und eine Flüssigkeitseinlagerung in die Mitochondrien und das endoplasmatische Retikulum auf. Außerdem kann es zur Proliferation kommen.

Die die Basalmembran angreifenden Antigene sind in 4 Klassen einzuteilen, die auf unterschiedliche Bereiche der Basalmembran einwirken (Myers et al., 1966). Bei der experimentellen Auto-Immunnephrose finden sich in den proximalen Tubulusepithelzellen Autophagozytoseherde (Ericsson et al., 1967).

Die allergische Enzephalomyelitis und Polyneuritis sind mit einem Austritt von Plasmaproteinen und mononukleären Zellen aus den Venolen verbunden. Hervorstechendes Ereignis ist die Demyelinisierung der Axone, die besonders in Höhe der Ranvierschen Schnürringe beginnt. Von außen her werden die einzelnen Schichten der Myelinlamellen abgeblättert, vesikulär umgewandelt und zerfallen schließlich. In diesen Bereichen sammeln sich die mononukleären Zellen besonders bei hyperakuten Formen an (Ross u. Bornstein, 1962; Lampert, 1965, 1967, 1969; Lampert u. Carpenter, 1965; Levine et al., 1965; Field u. Raine, 1966; Lampert u. Kies, 1967; Aström et al., 1968; Zhabotinsky et al., 1968; Wisniewski et al., 1969).

b) Antikörperbildende Zellen

Antikörper sind zelluläre Produkte (Pernis, 1969). Als Folge differenter allergisierender Prozesse, z. B. nach Antigenstimulierung, bei Kontaktsensibilisierung und besonders als Reaktion von Gewebe- und Organtransplantationen bilden sich spezifische Zellen aus, die Antikörper produzieren — die immunologisch kompetenten Zellen. Sie sind vorwiegend in den lymphatischen Organen, aber auch im strömenden Blut und in der Umgebung von transplantiertem Gewebe und in ihm selbst zu beobachten. Eine Zelle produziert nur eine Klasse von Antikörpern, bei höchster Spezialisierung sogar nur Moleküle einer einzigen Antikörperspezifität (Pernis, 1969).

Nach Speirs (1966) sind 3 Zellsysteme an der Antikörperbildung beteiligt:

1. Das RES, in dem die Zellen das Antigen abbauen und mit einer mRNS verbinden, die für die Produktion spezifischer Globuline kodiert ist. In diesen Zellen wird die immunologische Information erhalten, woraus sich die Hyperallergie gegenüber dem Antigen entwickeln kann.

2. Das myeloide System, das aus Zellen mit präexistierenden Enzymen besteht. Die neutrophilen Leukozyten bauen das Antigen schnell ab und entfernen es. Die eosinophilen Leukozyten scheinen das immunologische Gedächtnis zu repräsentieren, möglicherweise durch den Transfer von mRNS von den hypersensitiven Zellen zu den Plasmazellvorstufen.

3. Das lymphatische System, dessen Zellen zur Mitose und zur Aufnahme sowie zum Verbrauch von RNS stimuliert werden, und die für die Produktion spezifischer Globuline kodiert sind.

Nach Gabe heterologer (Hefe-)RNS kommt es zur Proliferation immunologisch-kompetenter Zellen, wobei die kleinen Lymphozyten zu Immunoblasten umgewandelt werden (KUBOTA, 1968). In Lymphozyten werden nach Antigengabe vier Immunphänomene ausgelöst (NOSSAL, 1968): 1. Bei der humoralen Immunität kommt es zur Zellteilung und Differenzierung zu antikörperbildenden Zellen, die Antikörper in die Blutbahn abgeben. 2. Beim immunologischen Gedächtnis wird in den Zellen erst bei der Zweitinjektion des Antigens eine Antikörperbildung induziert. Für diesen Vorgang sind besonders die reifen ruhenden monoribosomalen Lymphozyten zuständig, aus denen unreife polysomale Lymphozyten und mitotisch-aktive Blastzellen werden, die sich zu Plasmazellen differenzieren (BOSMAN u. FELDMAN, 1968). 3. Die zelluläre Immunität ist mit der Bildung aggressiver Lymphozyten verbunden, die mit dem Antigen reagieren, aber keine Antikörper produzieren. Daraus resultiert eine verzögerte Allergie, was die Zerstörung und Abstoßung transplantierter Organe bedingt. 4. Die immunologische Toleranz ist durch eine schwache oder fehlende Reaktion auf Antigene charakterisiert.

Die beiden wichtigsten Zellformen sind verschiedene Entwicklungsstadien der Lymphozyten und Plasmazellen (BERNHARD u. GRANBOULAN, 1960; BINET u. MATHE, 1961, 1962; BINET et al., 1961; FERNANDO u. MOVAT, 1962; BUSSARD u. BINET, 1965; MOORE et al., 1965; MOVAT u. FERNANDO, 1965; HANNA et al., 1966; WYLLIE, 1966; JAMUAR et al., 1967; LEDUC et al., 1967, 1968; SIMAR, 1967, 1968; TURK, 1967). Dabei wandeln sich die kleinen Lymphozyten meist zu großen um. Kennzeichen der Transformation zu Immunoblasten ist die Erhöhung der Lysosomenzahl (TURK, 1967).

Antikörper sind in engem Kontakt zu den Ribosomen, vorwiegend den membrangebundenen, nachzuweisen (AVRAMEAS u. BOUTEILLE, 1968). Die 19-S-Antikörper werden von Lymphozyten oder Plasmazellen produziert (HUMMELER et al., 1966). Die 6—9 µm großen Plasmazellen zeigen unterschiedliche Reifegrade von jungen Plasmoblasten bis zu reifen Formen (HARRIS et al., 1966).

Die Lymphozyten sind 5—7 µm groß. Der Kern ist meist exzentrisch gelegen und zeigt Invaginationen. In den großen Lymphozyten ist der Nukleolus hypertrophiert, im Zytoplasma ist das granuläre endoplasmatische Retikulum vermehrt, und die Zisternen sind dilatiert. Sie enthalten granuläres Material. Das Golgi-System ist meist hyperplastisch. Außerdem sind freie Polysomen vorhanden. Die 7-S-Immunoglobuline bildenden Zellen unterscheiden sich nicht eindeutig von denen, die 19-S-Antikörper synthetisieren (FITCH et al., 1965). Das granuläre endoplasmatische Retikulum ist jedoch schwächer entwickelt und wenig erweitert. Das Zytoplasma ist relativ gering, das Golgi-Feld klein.

Nach BRAMBELL (1966) wird das in die Zelle durch Pinozytose aufgenommene Gamma-Globulin zum größten Teil in Phagolysomen abgebaut. Nur ein bestimmter Prozentsatz wird mit Rezeptoren der Vakuolenwand verbunden und so nicht zerstört. Die aus der Zelle abgegebene Menge ist unabhängig von der äußeren Konzentration gleich hoch (Schema 20).

In den Plasmazellen sollen die in großer Menge produzierten Antikörper in den weiten Zisternen des endoplasmatischen Retikulums gespeichert werden. Diese können ihren Inhalt — meist am Ort der Produktion — dann jederzeit durch

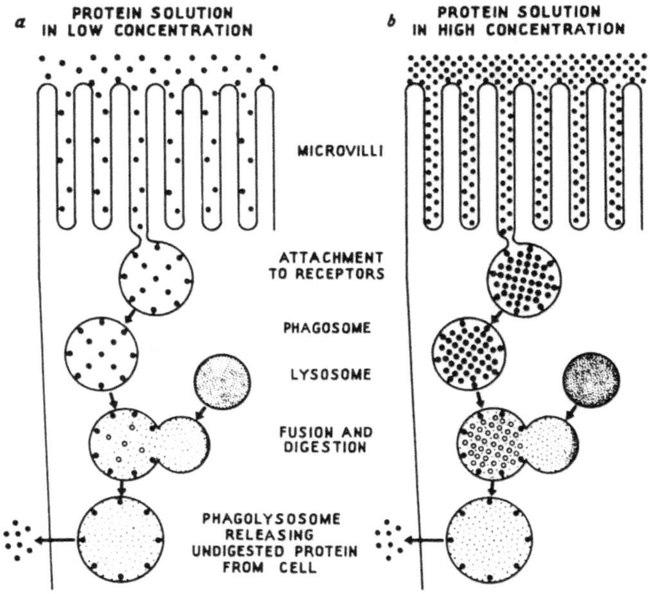

Schema 20. Mechanismus der γ-Globulintransmission durch die Zelle. *a*) Die Konzentration von γ-Globulin überschreitet nur geringgradig die Sättigungsmöglichkeiten der Rezeptoren. Der Grad des Abbaues ist geringer als 40%. *b*) Die Konzentration ist viermal höher als in *a*, und über 80% werden abgebaut. Die Menge, die aus der Zelle freigesetzt wird, bleibt unabhängig von der Konzentration konstant. (Nach BRAMBELL, 1966.)

Eröffnung nach außen abgeben oder sogar völlig zerfallen. Bei der Mikroklasmazytose werden von den Plasmazellen neben den Antikörpern auch Teile des Zytoplasmas abgegeben.

In lymphozytären Zellen spricht die Entwicklung der Zytoplasmaorganellen für eine protrahiert ablaufende Synthese und Freisetzung (HUMMELER et al., 1966). Sie werden aus den Lymphknoten abgegeben und können die Antikörper auch in anderen Orten des Organismus sezernieren.

Die Plasmazellen enthalten kein nachweisbares Antigenmaterial. Es ist deshalb anzunehmen, daß ein Transfer der immunologischen Information von hypersensitiven Zellen zu den Plasmazellvorstufen stattfindet (SPEIRS, 1966).

Nach HAUROWITZ (1969) werden die Antigene im wesentlichen primär von Makrophagen aufgenommen und in ihnen zerstört. In der 1. Phase der Immunreaktion nehmen die Makrophagen zu, werden aber in einer späteren Phase durch den Überschuß von 7-S-Antikörpern mengenmäßig und funktionell reduziert (ROWLEY, 1966). Während die Makrophagen die primären Antigenempfänger darstellen, müssen die antikörperproduzierenden Zellen als Befehlsempfänger angesehen werden. Der Weg der Übertragung auf die antikörperbildenden Zellen ist noch nicht bekannt. Nach HAN et al. (1966) erfolgt die primäre Aufnahme durch Makrophagen und phagozytierende Retikulumzellen, seltener auch durch kleine Lymphozyten.

Das Fehlen von Immunreaktionen bei neugeborenen Mäusen wird von ARGYRIS (1968) nur zu einem geringen Teil auf den Mangel immunologisch kompetenter Zellen zurückgeführt. Wichtiger ist wahrscheinlich das Fehlen von Makrophagen als dem Antigen-angreifenden System oder die noch nicht ausgebildete Antigenerkennung.

Als weitere Zellart werden von ANDRÉ-SCHWARTZ (1964) die Hämozytoblasten beschrieben. Diese großen, runden ribosomenreichen Zellen werden in Lymphknoten nach Hauttransplantationen beobachtet.

Freundsches Adjuvans mit oder ohne Antigen führt in granulomatösem Gewebe und Lymphknoten zur Ausbildung von Epitheloidzellen, deren Zytoplasma eine Polarisierung in einer Ansammlung lysosomenähnlicher Körper und die Akkumulation des granulären endoplasmatischen Retikulums zeigt (PERNIS et al., 1966).

Die Aufnahme der Antigene erfolgt durch Makrophagen, in denen sie zum großen Teil abgebaut werden. Reste der Antigene werden direkt an kleine Lymphozyten abgegeben, die sich zu großen Lymphozyten und Plasmazellen umwandeln. In die Plasmazellen gelangt das Antigen durch Pinozytose bzw. Mikropinozytose. Die Vermehrung der Ribosomen und ihre Verbindung zu Polysomen, die Zunahme des endoplasmatischen Retikulums und die Ausbildung Russellscher Körper zeigen die Produktion von Antikörpern an, die z. T. mit Zytoplasmabestandteilen abgegeben werden (THIERY, 1968).

Die mononukleären Zellen können die Antigene auf verschiedene Weise aufnehmen (SPEIRS, 1966); 1. durch direkte Phagozytose und/oder Pinozytose; 2. durch indirekte Phagozytose durch Aufnahme von Neutrophilen, Eosinophilen, zerstörten mononukleären Zellen und Thrombozyten, die Antigenmaterial enthalten; 3. durch Mitose von Mutterzellen, die Antigene enthalten.

Markierte Antigene können 1 Std. nach intrakutaner Injektion in den Sinus der Lymphknoten nachgewiesen werden (HAN, 1966). In den kleinen Lymphozyten sind die Antigene schon nach 5 Min. durch Pinozytose aufgenommen, in Makrophagen nach 1 Std. Zellen mit radioaktivem Antigen sind noch 9 Monate nach der Injektion vorhanden (SPEIRS, 1966).

Die Halblebenszeit reifer Plasmazellen in Lymphknoten beträgt 8—12 Std. (UHR, 1965). 4 Std. nach der Injektion markierter Isotope sind die Plasmazellen markiert.

Bei Neugeborenen erfolgt die Aufnahme mütterlicher Antikörper von den Jejunalepithelzellen durch Endozytose und ihre Ansammlung in Lysosomen (KRAEHENBUHL u. CAMPICHE, 1969).

Dem Abbau zirkulierender γ-Globuline, der Übertragung der passiven Immunität und der anaphylaktischen Sensibilisierung liegen die gleichen zellulären Mechanismen zugrunde (BRAMBELL, 1966). Die Reduktion der Konzentration auf die Hälfte (Halbwertszeit) der Proteine läuft in Form einer rechtwinkligen Hyperbel ab.

Die Ausbildung reifer immunologisch-kompetenter Zellen wird nach Gabe von Chloramphenicol verzögert (SCHOENBERG et al., 1967).

c) Zellveränderungen in transplantierten Organen

Organtransplantationen werden immer häufiger ausgeführt. Die Kenntnis der dabei auftretenden Veränderungen ist deshalb von großem aktuellem Interesse. Trotz der in den Organen differenten Erscheinungen, die im einzelnen dargestellt werden sollen, gibt es doch im wesentlichen zwei pathogenetische Mechanismen, die für die auftretenden Befunde verantwortlich sind. *Es handelt sich um immunologische Vorgänge und diesen vielfach vorgeschaltete ischämische Erscheinungen.* In der Milz vermehren sich im Verlauf der Transplantat-Wirt-Reaktion die lysosomalen Enzyme in polymorphkernigen Leukozyten und mononukleären Zellen (KIMMEL, 1968).

Orthotopisch transplantierte Hundeherzen zeigen im Stadium der akuten Rejektion Endothelzellschädigungen von Kapillaren und Venolen bis zur Entstehung von Rupturen. Als Zeichen der Ischämie kommt es zur Myozytolyse und zur Nekrosebildung (KOSEK et al., 1968).

Transplantierte Lebern enthalten Parenchymzellen mit dilatiertem endoplasmatischem Retikulum und geschwollenen Mitochondrien. Außerdem bilden sich autophagozytäre Vakuolen (KLION u. SCHAFFNER, 1967). Helle und dunkle Zellen sind vermehrt. Nach den vorwiegend ischämisch bedingten Veränderungen treten als Zeichen einer immunologischen Reaktion große mononukleäre Zellen mit zahlreichen Ribosomen auf.

In Nierentransplantaten erscheinen innerhalb weniger Tage große Lymphoidzellen, Hämozytoblasten oder besser Immunoblasten, die vom Wirt stammen (GALLE u. MONTERA, 1962; PORTER et al., 1964, 1966, 1968; WILLIAMS et al., 1964; FLAX et al., 1965; HAMBURGER et al., 1965; O'BRIEN u. HUME, 1966; FISH et al., 1967; HAMBURGER, 1967; DITSCHERLEIN et al., 1968; LINDQUIST et al., 1969; ROSSMANN et al., 1969). Sie enthalten Kerne mit Invaginationen, große Nukleoli, Polysomen und ein hyperplastisches Golgi-System (PORTER, 1967), während das granuläre endoplasmatische Retikulum fehlt und Mitochondrien spärlich entwickelt sind. Außerdem findet man ribosomenreiche, lysosomenhaltige Makrophagen im Interstitium. Die peritubulären Kapillaren werden zerstört, infolgedessen es zu ischämischen Schäden kommt (Abb. 144). Einige Tage später treten Plasmazellen auf. Durch den Flüssigkeitsaustritt aus den zerstörten Kapillaren und Venolen wird die Niere ödematös, wodurch die Durchblutung weiter herabgesetzt wird, was zur Olig- oder Anurie und zu Nekrosen führt.

Ähnliche Zellansammlungen mit nachfolgender Nekrose finden sich auch in Transplantaten anderer Organe wie der Haut, der Lunge, des Herzens und der Leber (PORTER, 1967).

WIENER et al. (1962, 1964) fanden in Hauttransplantaten nach einer Woche noch keine Epithelveränderungen. Später treten mononukleäre Zellen auf, während die Epithelzellen langsam nekrotisch werden. Die Tonofibrillen verklumpen und die Zellen werden von Vesikeln und Vakuolen durchsetzt. Infolge von Rupturen der Kernmembran kommt es zu Vermischungen von Karyoplasma

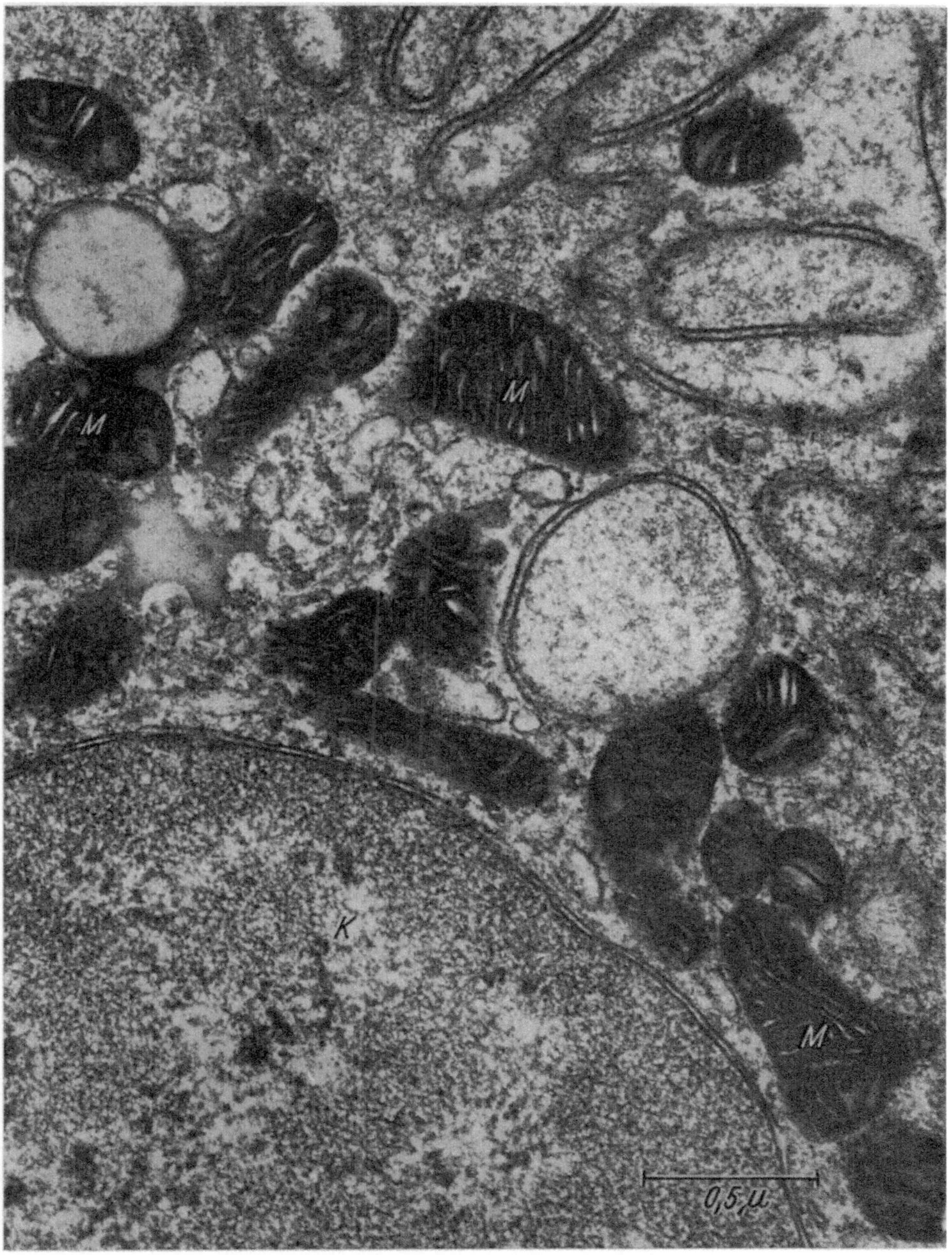

Abb. 144. Osmiophil verdichtete Mitochondrien (M) in einer Tubulusepithelzelle einer transplantierten Niere. 2 Stdn. 10 Min. Totzeit. K = Kern. 47 000 ×. (Aufnahme: Dr. DITSCHERLEIN.)

und Zytoplasma. Die immer mehr schrumpfenden Zellen werden noch von einer intakten Zellmembran umgeben.

In reimplantierten Lungen zeigen die Alveolarepithelzellen eine Schwellung und Vermehrung der Mitochondrien (KIKKAWA et al., 1965). Die Bronchusepithelzellen und Ganglienzellen des Plexus peribronchialis akkumulieren Glykogen (BLÜMCKE et al., 1969). Die Ganglienzellen überleben die Reimplantation, während die durchschnittenen Nerven im Ganglion degenerieren.

Auf die Niere transplantierte Hypophysen weisen eine zunehmende Nivellierung des Zellbildes auf (FELTKAMP, 1964). Die in immer größerem Prozentsatz vorhandenen Zellen haben Charakteristika wie die luteotropen Zellen. Das granuläre endoplasmatische Retikulum ist dilatiert, im proliferierten Golgi-System sind 200—400 nm lange, 100—200 nm breite Granula zu beobachten.

Transplantierte Nebennieren zeigen regenerierte Rindenbezirke mit Zellen, die reichlich granuläres endoplasmatisches Retikulum enthalten (PENNEY et al., 1963). In den Zonae glomerulosa und fasciculata treten Mitochondrien mit lamellären Innenstrukturen auf. Während dieser Zeit ist die Hormonproduktion auf Kosten des Wachstums eingeschränkt.

Intratestikuläre Auto- oder Homotransplantate von Schilddrüsengewebe enthalten nach 3 Monaten hypertrophierte, hyperplastische Zellen (FABRÉ u. MARESCAUX, 1968). Besonders die Organellen, die bei der Proteinsynthese und Proteolyse beteiligt sind, wie das granuläre endoplasmatische Retikulum, die Polysomen und Lysosomen, sind vermehrt.

Die ultrastrukturellen Veränderungen in Magentransplantaten beschreiben THOMPSON et al. (1969).

13. Zellreaktionen bei Temperaturveränderungen und Hibernation

a) Befunde bei Temperaturerhöhung

Der größte Teil der bisherigen Untersuchungen betrifft die Zellreaktionen bei Veränderungen der Außentemperatur, die meist nur in etwa mit denen der Körpertemperatur einhergehen.

In Zellkulturen ist diese Parallelität wahrscheinlich am ehesten gewährleistet. Ihre Empfindlichkeit ist von der Ursprungsart abhängig. Vogelzellen überleben eine Züchtungszeit von 2 Tagen bei 45° C, Reptilienzellen bei 43° C, Säugerzellen bei 40° C, während Amphibienzellen auch durch diese Temperaturen geschädigt werden (STEPHENSON, 1966). Tiefe Temperaturen werden von allen Zellarten vertragen. SIMARD u. BERNHARD (1967) fanden in Nukleoli von Zellkulturen bei 42° C einen Verlust der RNP-Granula und des intranukleolären Chromatins und ein Verschwinden des Nukleolarretikulums bei gleichzeitiger Inhibition der nukleolären RNS-Synthese. Die dicht gepackten RNP-Fibrillen bleiben erhalten. Die Vorgänge sind als reversibel anzusehen. In HeLa-Zellen wird bei 42° C die rRNS-Bildung blockiert (WAROCQUIER u. SCHERRER, 1969).

Temperatursteigerungen bewirken in den Nukleinsäuren eine Zerstörung der durch nichtkovalente Bindungen zusammengehaltenen Sekundärstrukturen und eine Spaltung der N-glykosidischen und Phosphatesterbindungen (SZYBALSKI, 1967).

Unter Hyperthermie-Bedingungen gehaltene *Tetrahymena pyriformis* weisen eine Reduktion der Proteinsynthese auf (LEVY et al., 1969). Die Membransysteme sind allgemein geschädigt. Es treten autophagozytäre Vakuolen auf. Das granuläre endoplasmatische Retikulum verschwindet. Die Tubuli der Mitochondrien werden vermindert, und die Kerne sind abnorm konfiguriert. Der intrazelluläre pH-Wert beträgt bei 27,1° C 7,10 und bei 41,6° C 6,9 (ALBERS et al., 1969).

In Hühnerherzmyoblasten beobachtete WEISSENFELS (1968) bei 43° C Veränderungen des endoplasmatischen Retikulums. Kükenembryonen weisen bei Temperaturerhöhung eine Herzhypertrophie und Glykogenzunahme auf (MERKOW u. LEIGHTON, 1967).

Bei 45° C perfundierte Rattenlebern enthalten vermehrt glatte Membranen, abgelöste Ribosomen und Mitochondrien mit vielen osmiophilen Granula (REX et al., 1969). Unsere Untersuchungen an *in vitro* erwärmtem Lebergewebe zeigen bei

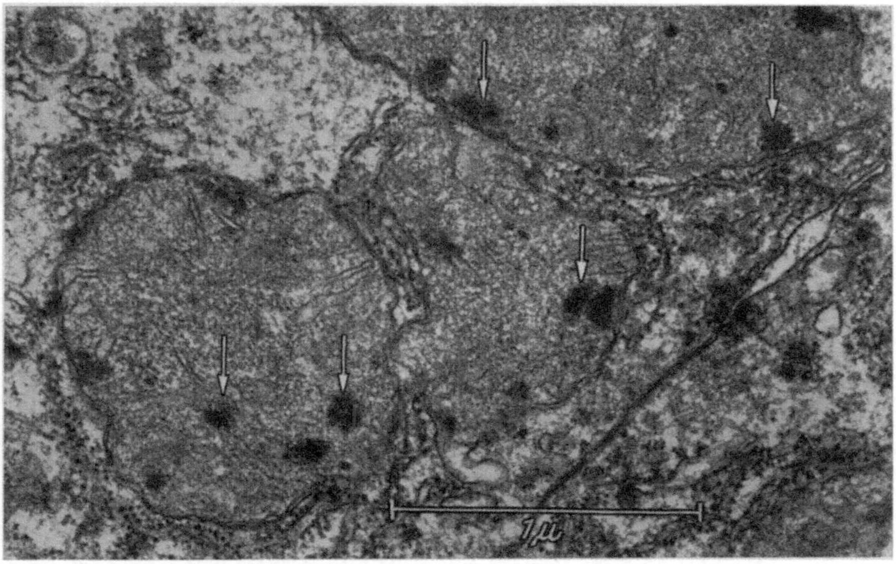

Abb. 145. Mitochondrien mit osmiophilen Ablagerungen (↗) aus einer Leberzelle nach umschriebener Erwärmung der Leber auf 49° C. 40 000 ×.

42° C eine beginnende vesikuläre Umwandlung des granulären endoplasmatischen Retikulums mit einer Ablösung der Ribosomen, so daß statt 22 Ribosomen je μm nur noch 15 angelagert sind (DAVID u. UERLINGS, 1968). Bei 47—50° C kommt es zum Schmelzen der Membranlipide, so daß osmiophile Verdichtungen der Membranen auftreten, was vom Schmelzpunkt der einzelnen Lipide abhängt. In den Mitochondrien beginnen die Veränderungen bei 45° C mit Schwellungen und Auflösung der Cristae und Ausbildung osmiophiler Matrixherde (Abb. 145) und Ablagerung von Kalziumsalzen bei 49° C. Umschriebene Erwärmungen von Lebergewebe *in vivo* auf 48—49° C führen zur Vakuolisierung des endoplasmatischen Retikulums (Abb. 146), zum Untergang der Mitochondrien und zum Zelltod.

Eine einstündige Hyperthermie von 41° C bewirkt mehrere Stunden danach in den Leberzellen eine vesikuläre Umwandlung des granulären endoplasmatischen Retikulums, die Ablösung der Ribosomen und Veränderungen des Karyoplasmas (Abb. 147). Die Zellmembranen zeigen teilweise die Transformation zu Myelinfiguren.

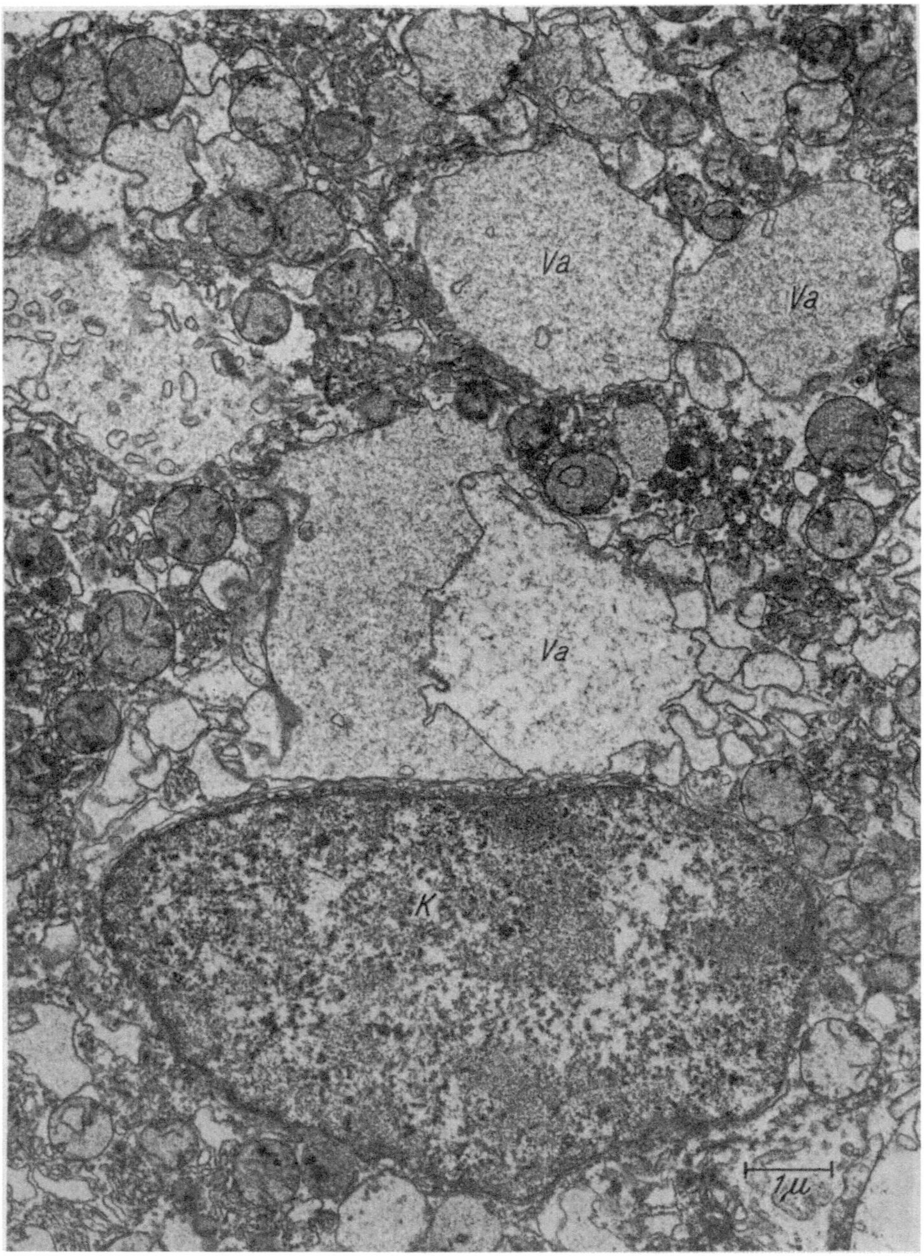

Abb. 146. Hochgradige Vakuolisierung *(Va)* einer Leberparenchymzelle nach umschriebener Erwärmung der Leber auf 49° C. Schwellungszustand der Mitochondrien mit Ausbildung osmiophiler Körper. Beginnende Herauslösung und Verklumpung des Karyoplasmas im Kern (*K*). 11 400 ×.

In Retikulozyten und Ehrlich-Aszites-Tumorzellen wird die Atmung bei 47° C progressiv und irreversibel geschädigt (RAPOPORT et al., 1968).

Temperaturen von 40°—45° C bewirken in Maiswurzeln eine Reduktion der mitochondrialen oxydativen und phosphorylierenden Aktivitäten; bei

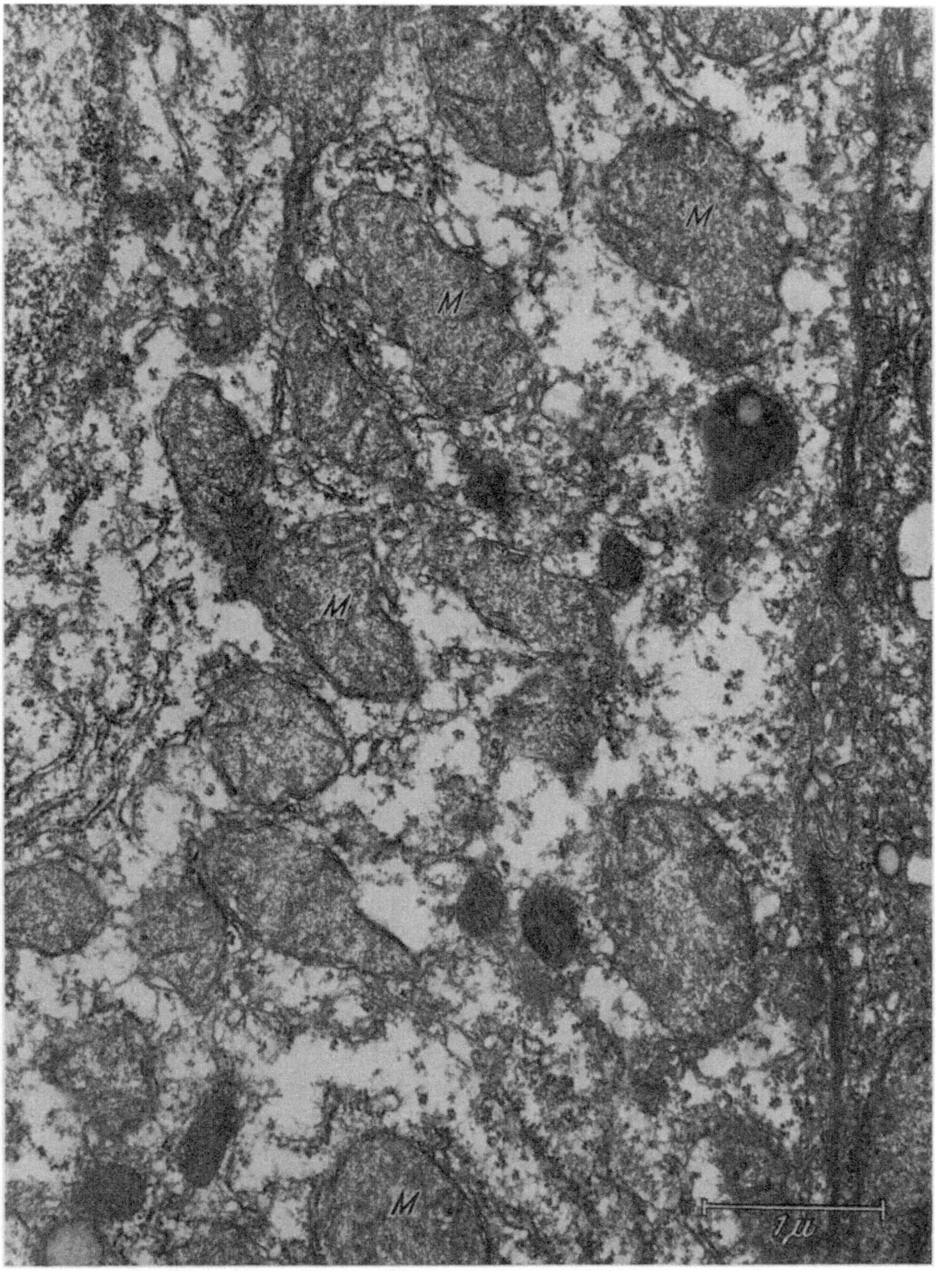

Abb. 147. Leberzelle einer Ratte nach einstündiger Hyperthermie (41° C). Aufhebung der regelrechten Anordnung der Mitochondrien (*M*) und Ablösung zahlreicher Ribosomen vom granulären endoplasmatischen Retikulum. 24 000 ×.

50° C tritt eine komplette Entkopplung ein. Die Mitochondrien sind geschwollen, zeigen eine vesikuläre Umwandlung der Cristae und einen Matrixverlust (HENCKEL et al., 1968).

Die Phospholipide weisen bei höheren Temperaturen einen Übergang vom kristallinen in den flüssig-kristallinen Zustand auf. Die Denaturierung der Proteine beginnt bei 50—60° C (CHAPMAN, 1967).

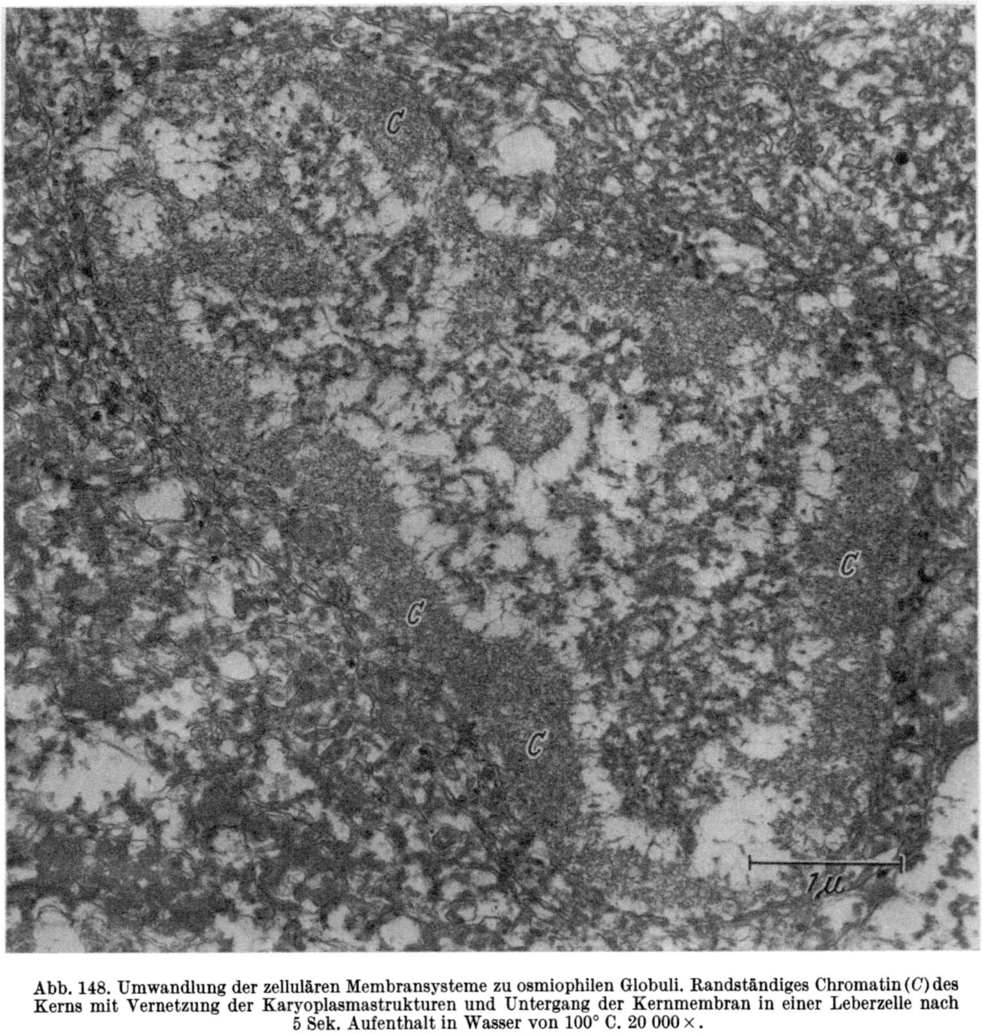

Abb. 148. Umwandlung der zellulären Membransysteme zu osmiophilen Globuli. Randständiges Chromatin (*C*) des Kerns mit Vernetzung der Karyoplasmastrukturen und Untergang der Kernmembran in einer Leberzelle nach 5 Sek. Aufenthalt in Wasser von 100° C. 20 000 ×.

Temperaturen von 100° C bewirken die Umwandlung der Membransysteme zu osmiophilen Globuli (Abb. 148). Bei poikilothermen Tieren führt eine Temperaturerhöhung von 19° C auf 32° C im ZNS zu einer Verminderung der Mitochondrien und der synaptischen Ringe (BOYKOTT et al., 1961).

Als ein direkter Hitzeeffekt werden auch die durch Laserstrahlen in der Retina hervorgerufenen Veränderungen angesehen (FINE u. GEERAETS, 1966). Dabei werden die Zellmembran und die angrenzende Grundsubstanz verdichtet.

b) Befunde bei Temperatursenkung

Eine Hypothermie wird heute aus vielen Gründen therapeutisch angewendet. Besonders im Verlaufe von Herzoperationen soll so eine geringere Schädigung des Gewebes erreicht werden. Die Ischämie-bedingten Veränderungen der

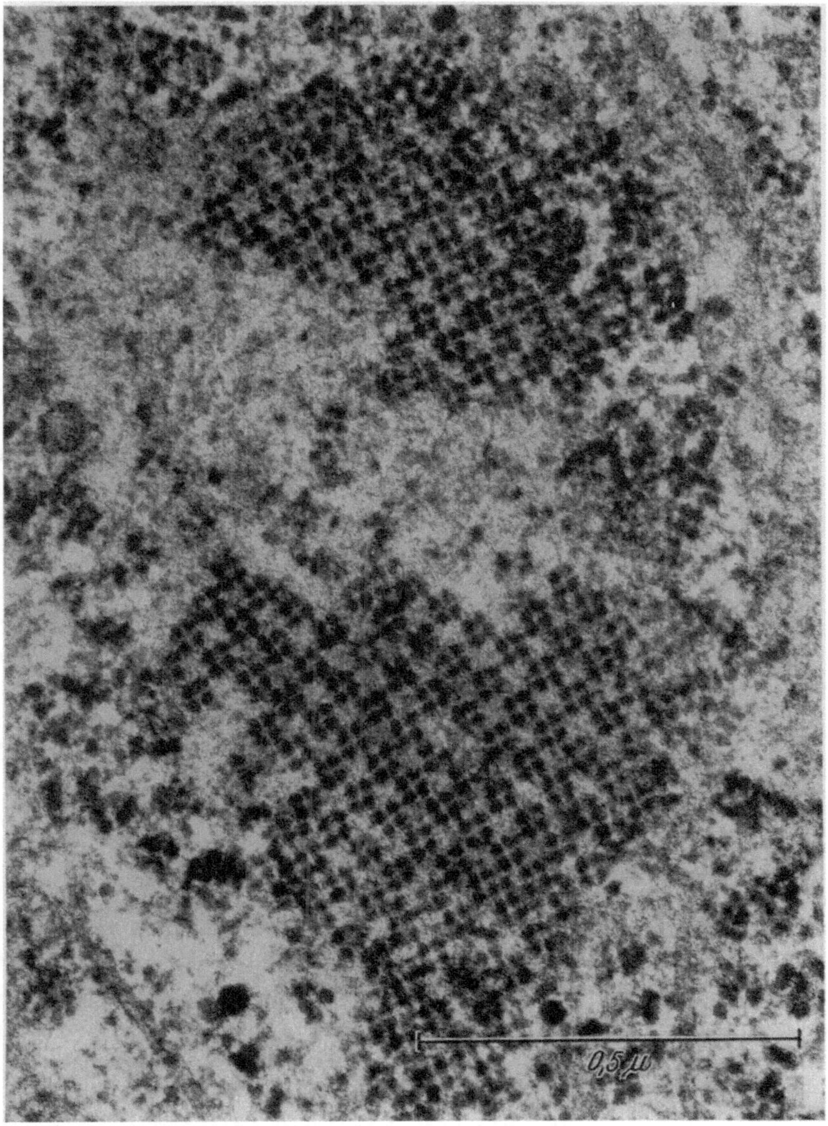

Abb. 149. Kristalline Ribosomenanordnung in einer epidermalen Ektodermzelle eines 4 Stdn. alten Kükenembryonen bei Hypothermie-Behandlung. 105 000 ×. — Freundlichst überlassen von Dr. B. BYERS, Cambridge/USA.

Herzmuskelzellen sind bei einer Senkung der Temperatur von 37° C auf 30° C wesentlich geringer, insbesondere bleibt die Fähigkeit zur ATP-Bildung erhalten (WEDELL et al., 1965). Bei weiterer Herabsetzung der Temperatur auf etwa 5° C sind auch nach 16stündiger Ischämie noch normale Strukturen zu erkennen. Andererseits sahen Sacchi u. Bolletti (1966) bei Senkung der Körpertemperatur auf 14—17° C Verkleinerungen der Mitochondrien mit Verkürzungen oder zentralen Ansammlungen der Cristae, eine Erweiterung des longitudinalen Sarkoplasmaretikulums, welligen Verlauf des Sarkolemms und einen Verlust der Elektronendichte der Z-Streifen und der Disci intercalares. In Hühnerembryonen soll es bei Hypothermie zu einer Kristallisation der Ribosomen zu Aggregaten von 0,25—1,5 μm kommen (Byers, 1966, 1967) (Abb. 149). Die Leberzellen von bei 5° C gehaltenen Regenbogenforellen enthalten hochgradig erweiterte Zisternen des granulären endoplasmatischen Retikulums mit dichten Partikeln im Lumen, während gleichzeitig die Inkorporation von Leuzin in Leberprotein doppelt so groß ist wie bei 18° C-Tieren (Berlin u. Dean, 1966). Bei 4—8° C gehaltene Ratten zeigen in den Leberzellen eine Glykogenverminderung (Farkas, 1966). Suter (1969) fand im braunen Fettgewebe von Ratten, die bis zu 1 Jahr bei 2° C gehalten wurden, eine Reduktion der Größe der Fetttropfen bei ihrer gleichzeitigen Vermehrung. Die Mitochondrien sind hypertrophiert und weisen zahlreiche Cristaeveränderungen auf.

Die Flugmuskulatur von *Vespa germanica* enthält bei 4° C geschwollene Mitochondrien mit zerstörten Membranen (Agostini u. Schwalbach, 1964; Schwalbach u. Agostini, 1964).

Auch bei lokaler Kälteeinwirkung auf die Muskulatur kommt es zu Schwellungen und vesikulärer Umwandlung der Cristae sowie zu Schädigungen aller übrigen Membransysteme. Einzelne Mitochondrien sind zu leeren Säcken mit Myelinlamellen umgewandelt oder enthalten osmiophile Körper (Price et al., 1964; Menz u. Luyet, 1965). Die Zellmembran zerfällt. Im Zellkern verklumpt das Chromatin. In den Myofibrillen treten Kontraktionsbänder auf, oder sie zerreißen und zerfallen in granuläres Material. Ähnliche Befunde sind auch in anderen Zellen zu erheben (Trump et al., 1965; Sherman u. Kim, 1967).

Erythrozytenmembranen zeigen beim Einfrieren einen Verlust der Phospholipide und des Cholesterins, so daß sie für Kationen permeabel werden (Chapman, 1967).

c) Befunde bei Hibernation

Die Reduktion des allgemeinen Metabolismus im Verlaufe der natürlichen oder künstlichen Hibernation bewirkt in verschiedenen Organen Veränderungen.

Winterschlafende Fledermäuse zeigen eine Zunahme von Glykogen, Fett und Eisen in Leberzellen (Cossel, 1964; Törö u. Viragh, 1966). In den vergrößerten Mitochondrien sind vermehrt Cristae und parakristalline Strukturen vorhanden.

Exokrine Pankreaszellen der Fledermaus zeigen beim künstlichen Winterschlaf eine Atrophie und Vermehrung der dunklen Zellen (Herman u. Wateri, 1966). Die Kerne weisen Invaginationen, Karyoplasmaverklumpungen und kleine Nukleoli auf. Ribosomen, granuläres endoplasmatisches Retikulum und Zymogengranula sind reduziert. Vielfach sind Zytolysomen ausgebildet.

Die Zellen des Magens sind bei der Hibernation unterschiedlich verändert (Pellegrini, 1966). Die Hauptzellen enthalten vermehrt granuläres endoplasmatisches Retikulum. Die Parietalzellen besitzen erweiterte intrazelluläre Canaliculi und verkürzte, verbreiterte Mikrovilli. Das agranuläre endoplasmatische Retikulum ist reduziert. In den Mitochondrien liegen elektronendichte Substanzen. Winterschlafende Fledermäuse weisen vorwiegend Veränderungen der Hauptzellen auf (SHIBASAKI et al., 1966).

Die Neuronen des Hypothalamus des Igels zeigen beim Winterschlaf Glykogenansammlungen in Nachbarschaft des granulären endoplasmatischen Retikulums. Das Glykogen wird bei Temperaturerhöhung abgebaut (WOLFF, 1968).

In Muskelzellen von Eichhörnchen vermehren sich bei der Hibernation die Mitochondrien der quergestreiften und Herzmuskelzellen (MORELAND, 1961, 1962), was als Enzymspeicherungsvorgang gedeutet wird. In hibernisierten Koloradokartoffelkäfern gehen die Mitochondrien der Flugmuskulatur zugrunde (STEGWEE et al., 1963).

Die Schilddrüsenepithelzellen hibernisierter Tiere zeigen keine Thyroxinsynthese oder Inkorporation von Radiogold (NUNEZ u. GOULD, 1968). Das dilatierte endoplasmatische Retikulum enthält mäßig dichte Substanzen und besetzt bis zu 95% des Zytoplasmas. Die Golgi-Systeme sind hyperplastisch, die Lysosomen sind vermehrt.

Die Nebennierenrindenzellen von Eichhörnchen im Winterschlaf enthalten vermehrt Glykogen (PENNY u. SHERIDAN, 1968). In der Zona fasciculata sind das granuläre endoplasmatische Retikulum und die Mitochondrientubuli reduziert.

14. Zelluntergang und Nekrose

a) Die tote Zelle

Lichtmikroskopische Untersuchungen haben zu einer Klassifizierung von totem Gewebe in die Koagulationsnekrose, die Kolliquationsnekrose und die Verkäsung geführt. Die submikroskopischen Veränderungen der Einzelzelle können nur teilweise mit diesen Vorstellungen in Übereinstimmung gebracht werden.

Die tote Zelle weist in Abhängigkeit von ihrem Herkunftsort, aber auch von der Zeitdauer des Sterbens und der Art der Einwirkung Unterschiede im Erscheinungsbild auf (Abb. 150). Dabei können die Veränderungen im Karyoplasma und Zytoplasma in gleicher Weise oder abweichend voneinander verlaufen.

Bei der Koagulationsnekrose wird die intravitale Autolyse durch intrazelluläre Gerinnungsvorgänge unterbrochen (COSSEL, 1966). Die Pyknose des Zellkerns ist vielfach mit Schrumpfungen der Kernmembran und einer allgemeinen Verdichtung des Zytoplasmas verbunden (Abb. 151) (KEMMER u. DAVID, 1962; HACKENSELLNER et al., 1965). Dabei sind die Organellen nur schwer erkennbar und/oder weisen Zeichen des Zerfalls auf (Abb. 152, 153), so daß nur noch die homogenen Lipidtropfen hervortreten (HOSHINO, 1963; MONTGOMERY et al., 1964). Die Verdichtung des Zytoplasmas beginnt meist herdförmig und breitet sich dann über die ganze Zelle aus. In einem Teil der Zellen sind jedoch neben den Koagulationsbezirken Aufhellungen oder Vakuolisierungen des Grundplasmas, der Mitochondrien und des endoplasmatischen Retikulums zu finden (WACHSTEIN u. BESEN, 1963, 1964). Die nekrotischen Zellen bestehen dann nur noch aus osmiophilen Ablagerungen innerhalb eines leer erscheinenden Grundplasmas (DAVID u. UERLINGS, 1964).

Die bei der menschlichen Virushepatitis auftretenden Councilman-artigen Körper sind vorwiegend durch eine Verdichtung des Grundplasmas charakterisiert (Moppert et al., 1967). Die Organellen sind nur noch schattenhaft erkennbar, der Kern ist pyknotisch.

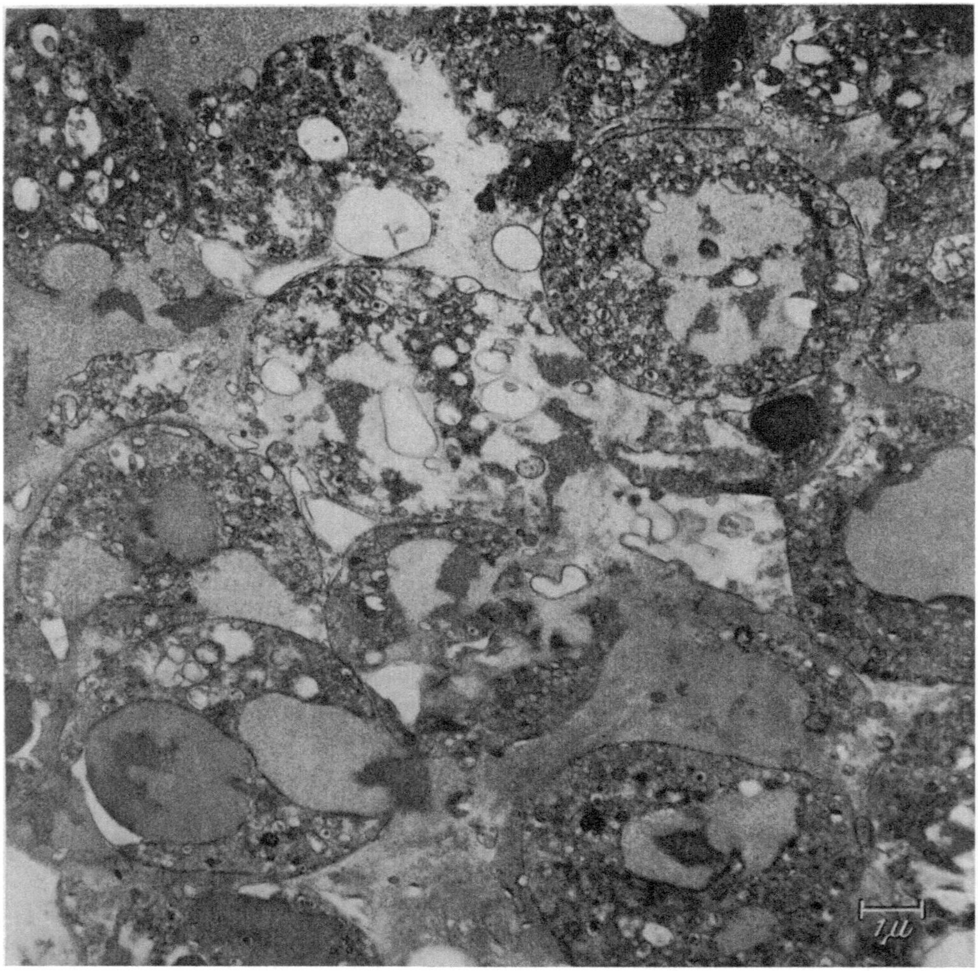

Abb. 150. Nekrotische Leberzelle nach mehrmonatiger Gabe von Dimethylaminoazobenzol. Die Zellen befinden sich im unterschiedlichen Stadium des Abbaues bis zur Homogenisierung oder Vakuolisierung. 7000 ×.

Ausgedehnte Koagulationen sind besonders in quergestreiften oder Herzmuskelzellen zu beobachten, wie man es bei ischämischen Zuständen, z. B. dem Herzinfarkt, findet (Hecht et al., 1961; David u. Hecht, 1963; David, 1963). Neben der Pyknose des Kerns kommt es dabei auch zu osmiophilen Verdichtungen der Myofilamente und zu Pyknosen der Mitochondrien. Auch glatte Muskelzellen zeigen ähnliche Veränderungen (Thoenes, 1962). Nekrotische Spermatogonien und Spermatozyten bestehen ebenfalls aus osmiophilen granulären Massen, in denen die einzelnen Zellbestandteile nicht mehr erkennbar sind (Lacy u. Rotblat, 1960).

Bei der Kolliquationsnekrose soll nach COSSEL (1966) die im Zellstoffwechsel gebildete Flüssigkeit nicht durch Membranen vom Grundplasma abgegrenzt werden und so zu seiner Verflüssigung führen.

Irreversible Schädigungen von Leberzellen, wie nach Gabe von CCl_4 oder Phosphor, gehen mit einer blasigen Entartung, d. h. einer exzessiven Vakuolisierung des granulären endoplasmatischen Retikulums einher, während gleichzeitig der Kern pyknotisch ist (DAVID, 1964). Beim Zerfall der Zellen können die einzelnen Vakuolen im Extrazellularraum verstreut werden (MONTGOMERY et al., 1964; DAVID u. KUNZ, 1965). Massive Vakuolisierungen im Verlaufe des Untergangs von Zellen werden z. B. in Gewebekulturen (MONTGOMERY et al., 1964), in Aszitestumorzellen (PROPST, 1962), Leukozyten (NAITO, 1961), Leberzellen (MÖLBERT, 1957; JÉZÉQUEL et al., 1960; DAVID, 1964), Nierenepithelzellen (PORTE et al., 1963), β-Zellen der Pankreasinseln (WILLIAMSON u. LACY, 1959) und dem Zentralnervensystem (NELSON, 1962) beobachtet. Endstadium dieser Veränderungen kann die Umwandlung der Zellen zu flüssigkeitsgefüllten Blasen sein, wobei die Zellmembran erhalten bleibt oder rupturiert. Die Kernmembran kann sich breit eröffnen, so daß Karyoplasma in das Zytoplasma austritt. Durch Zusammenfließen derartig transformierter Zellen bilden sich beim nekrotischen Ödem große Flüssigkeitsseen, z. B. aus den Astrozyten des Gehirns (NELSON, 1962; DAVID et al., 1965). Diese Vorgänge entsprechen im wesentlichen dem Prozeß der (Zyto)lyse.

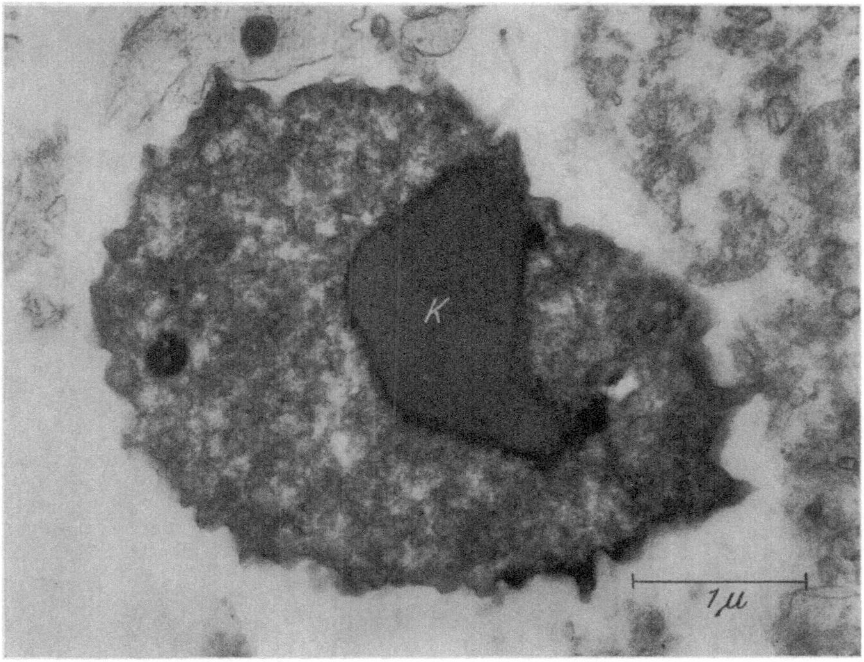

Abb. 151. Geschrumpfte nekrotische Zelle mit pyknotischem Zellkern (K). Leber einer Ratte bei chronischer Proteinmangelernährung. 23 000 ×.

Eine Zytolyse (Abb. 154) wird besonders in der Mamma bei der Involution (WELLINGS u. DE OME, 1961, 1963; HOLLMANN u. VERLEY, 1967), aber auch in der Leber beobachtet (KEMMER et al., 1967).

Eine Schädigung und Auflösung der Plasmamembran kann das primäre Geschehen beim Zelluntergang sein, wobei unveränderte oder degenerierte Be-

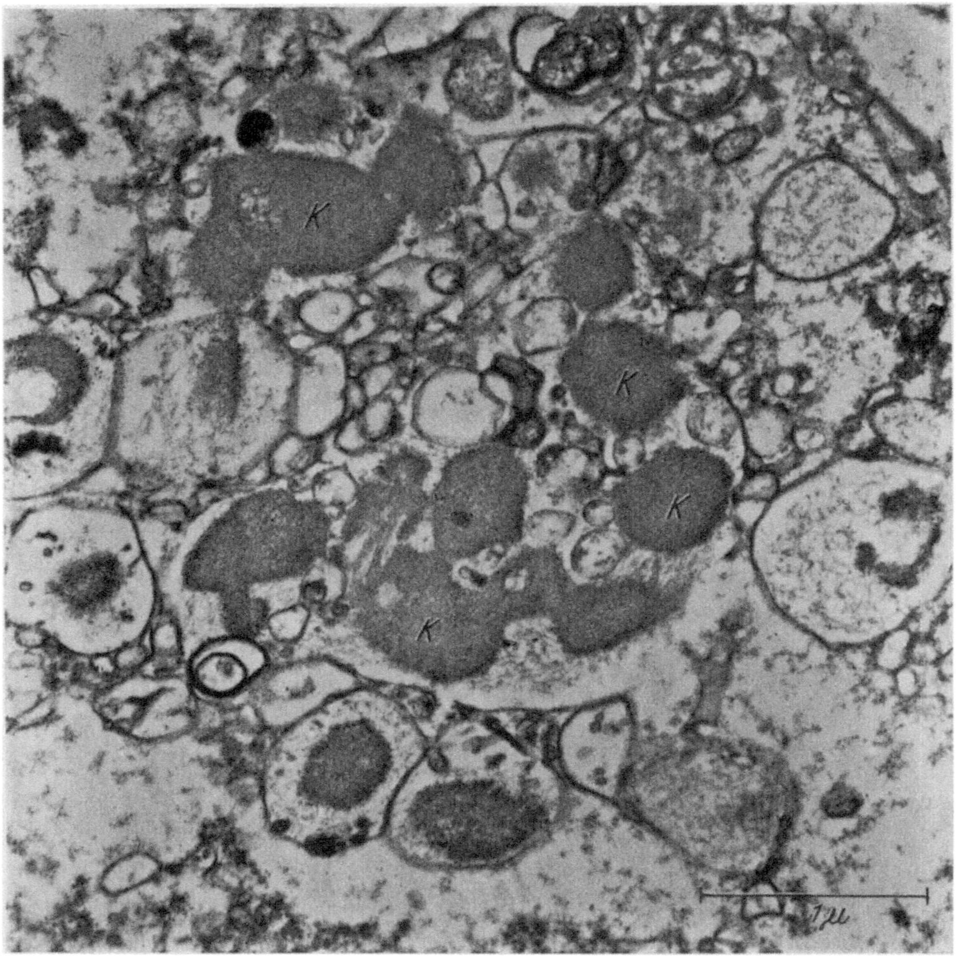

Abb. 152. Nekrotische Zelle mit Verstreuung des Karyoplasmas in großen Klumpen (*K*) innerhalb der zugrunde gehenden Zytoplasmabestandteile. 30 000 ×.

standteile aus der Zelle ausgestoßen werden (NELSON et al., 1961; DAVIES et al., 1962; LONGLEY u. BUSTONE, 1963; DAVID, 1964). Gleichzeitig kann extrazelluläres Material, insbesondere Serum mit Fibrinogen (Abb. 155), in die Zellen eindringen, das in diesen Fällen zur Bildung von Koagulationsbezirken beiträgt. Auch die bei chronischer Cholestase in die Leberzellen eindringende Galle kann den Zelltod bewirken (ALBOT u. JÉZÉQUEL, 1962; STEINER et al., 1962). Erythrozyten können auf die gleiche Weise in Zellen gelangen (DAVID et al., 1962; DAVID u. BARTOK, 1963; DAVID, 1964).

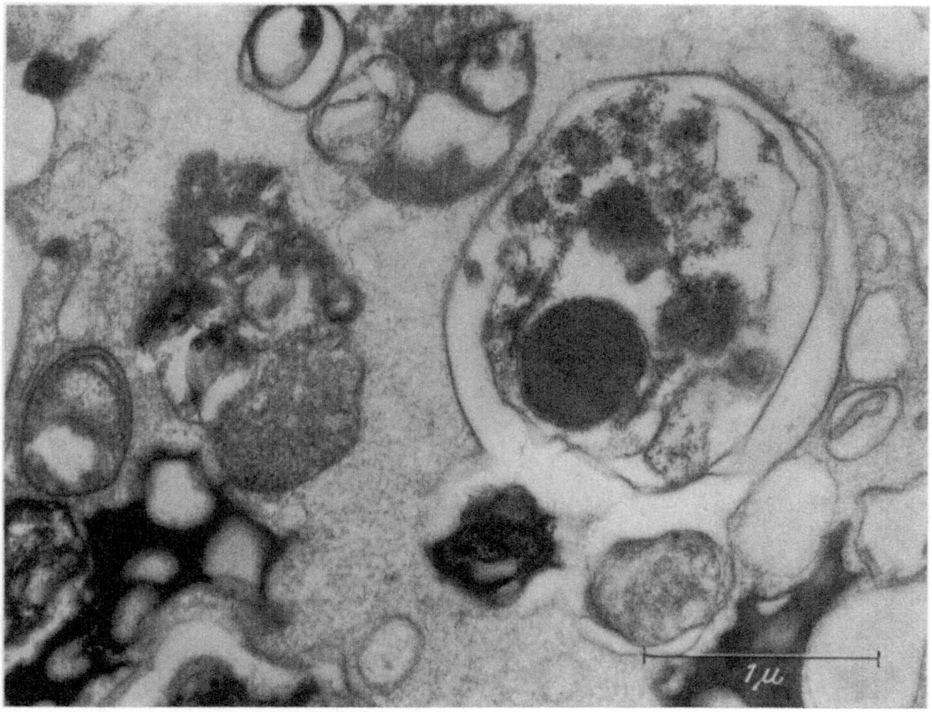

Abb. 153. Nekrotische Tumorzelle mit im Abbau befindlichen Zellorganellen. 30 000 ×.

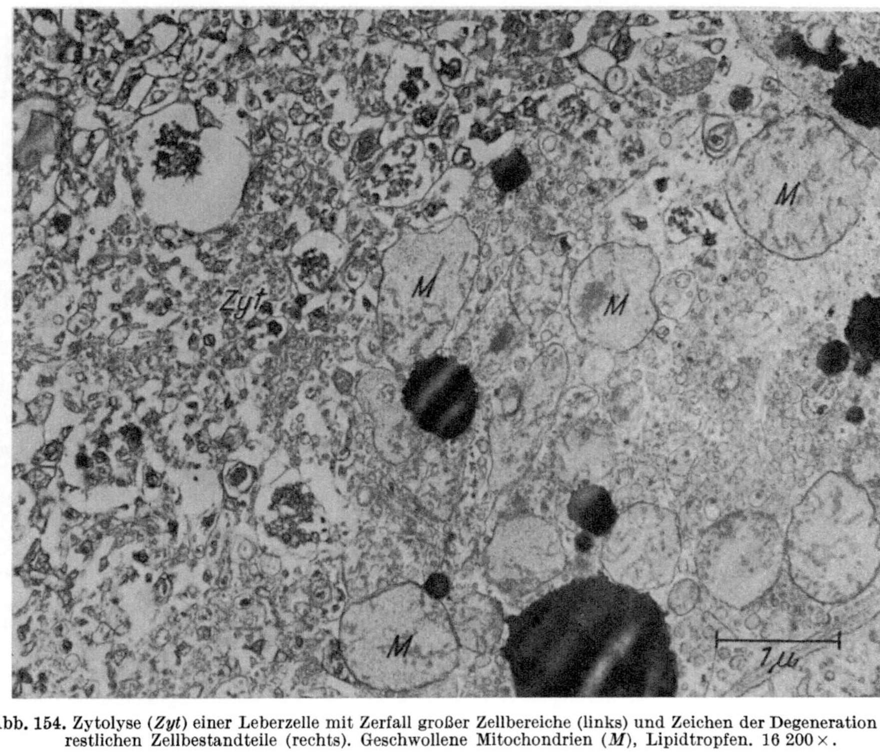

Abb. 154. Zytolyse (*Zyt*) einer Leberzelle mit Zerfall großer Zellbereiche (links) und Zeichen der Degeneration der restlichen Zellbestandteile (rechts). Geschwollene Mitochondrien (*M*), Lipidtropfen. 16 200 ×.

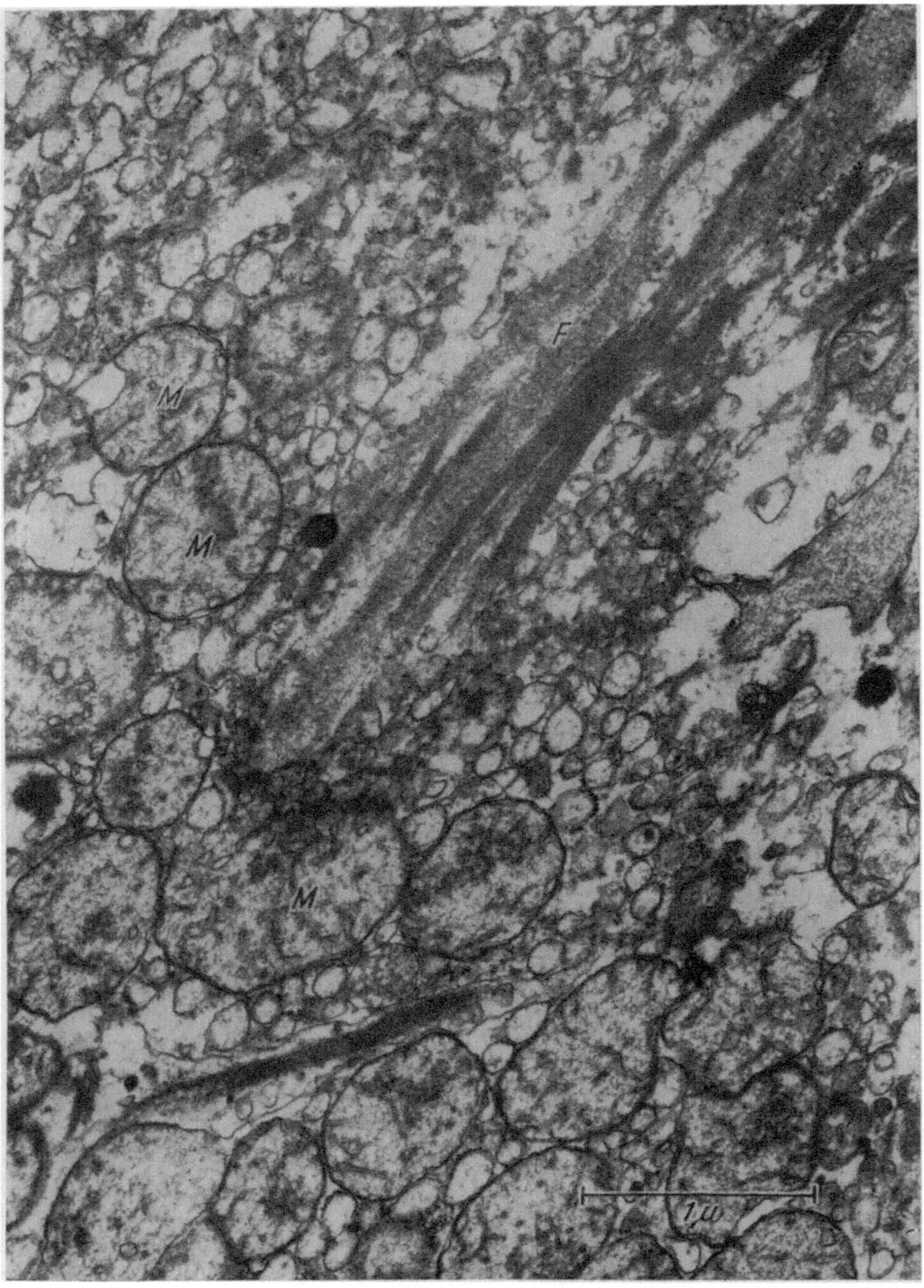

Abb. 155. Zugrunde gehende Leberzelle mit geschwollenen Mitochondrien (*M*) und Ausbildung zahlreicher Fibrinfäden (*F*), wahrscheinlich aus eingetretenem Blutplasma. Leber einer Ratte bei Ammoniumintoxikation. 30000 ×. (Aufnahme: Prof. Dr. KETTLER.)

Proteolyse und Proteokoagulation, Einstrom und Ausfluß von Substanzen, vorwiegend von Flüssigkeiten und die damit verbundenen funktionellen Veränderungen sind als die hervorstechenden morphologischen Erscheinungen der Zelle bei ihrem Untergang oder Tod anzusehen. Dabei gibt es bei den einzelnen Ereignissen erhebliche quantitative Differenzen, jedoch kaum qualitative Unterschiede. Etwa gleichartige Prozesse sind beim intravitalen Zelltod wie auch bei der postmortalen Autolyse und der Necrosis *in vitro* zu beobachten (FERREIRA, 1959; McQUADE u. EVANS, 1959; TSUTSUMI, 1960; DAVID, 1960, 1965; SEIFERT, 1960; CAESAR, 1961; DAVID et al., 1961; ITO, 1962; TRUMP, 1962, 1963; TRUMP et al., 1962; ANDRES, 1963; HIBBS u. BLACK, 1963; DAVID, 1964; HERNDON, 1964; MASSHOFF, 1964; COOK et al., 1965; FAITH u. TRUMP, 1965; GRIFFIN et al., 1965; LATTA et al., 1965; WERSÄLL et al., 1965; FORSMANN u. ROUILLER, 1966; NIMWEGEN u. SHELDON, 1966; ERICSSON et al., 1967).

Die Entfernung degenerierter „Boutons“ des ZNS soll in Form einer umschriebenen Autolyse vor sich gehen (WALBERG, 1963).

b) Veränderungen der Zellbestandteile beim Zelltod

Entsprechend ihrer unterschiedlichen Bedeutung für das Leben der Zelle sind auch im Verlaufe ihres Unterganges differente Befunde an den einzelnen Bestandteilen zu erheben, deren Wertigkeit vielfach nicht zu bestimmen ist.

α) Der Kern

Von entscheidender Bedeutung für den Zelltod ist das Verhalten des Kernes. Er zeigt als beginnendes, aber wahrscheinlich noch reversibles Zeichen der Schädigung eine Kernwandhyperchromatose. Während dieser Befund aber noch kein Charakteristikum des Zellunterganges ist, sind Karyolyse, Karyorrhexis und Pyknose typische Befunde der nekrotischen Zelle (Abb. 156—160).

Im Beginn der Kernveränderungen stehen Depolymerisationen der DNS und RNS, was z. B. auch in Veränderungen der Kernfluoreszenz zu erkennen ist (KORB, 1958; GÖSSNER, 1960; ROSCHLAU, 1962). In autolytischen Zellen soll der Verlust der DNS dagegen nicht besonders ausgeprägt sein (BERENBOM et al., 1955; KENT, 1957; LANCKER u. HOLTZER, 1963) und erreicht nach 16 Std. 20% des Ausgangswertes.

Im Verlaufe der irreversiblen Schädigung der Zellkerne verklumpt das Chromatin und kann größere Aggregate bilden, während andere Bereiche des Karyoplasmas leer erscheinen, wobei die Trennung der DNS von den basischen Proteinen eine Rolle spielen soll (FERREIRA, 1959). Dabei können sich auch Vakuolen entwickeln, die jedoch nicht von einer Membran umgeben sind.

Die als Pyknose bezeichnete allgemeine Verdichtung des Chromatins ist meist mit einer Schrumpfung des Kernvolumens verbunden. Dabei kommt es zur Wasserabgabe in das Zytoplasma, zu Abhebungen oder zur herdförmigen Zerstörung der Kernmembran. Im Vordergrund soll bei der Pyknose die Depolymerisation der DNS, weniger ihr Verlust und die Verminderung des Proteins stehen (YASUZUMI et al., 1961).

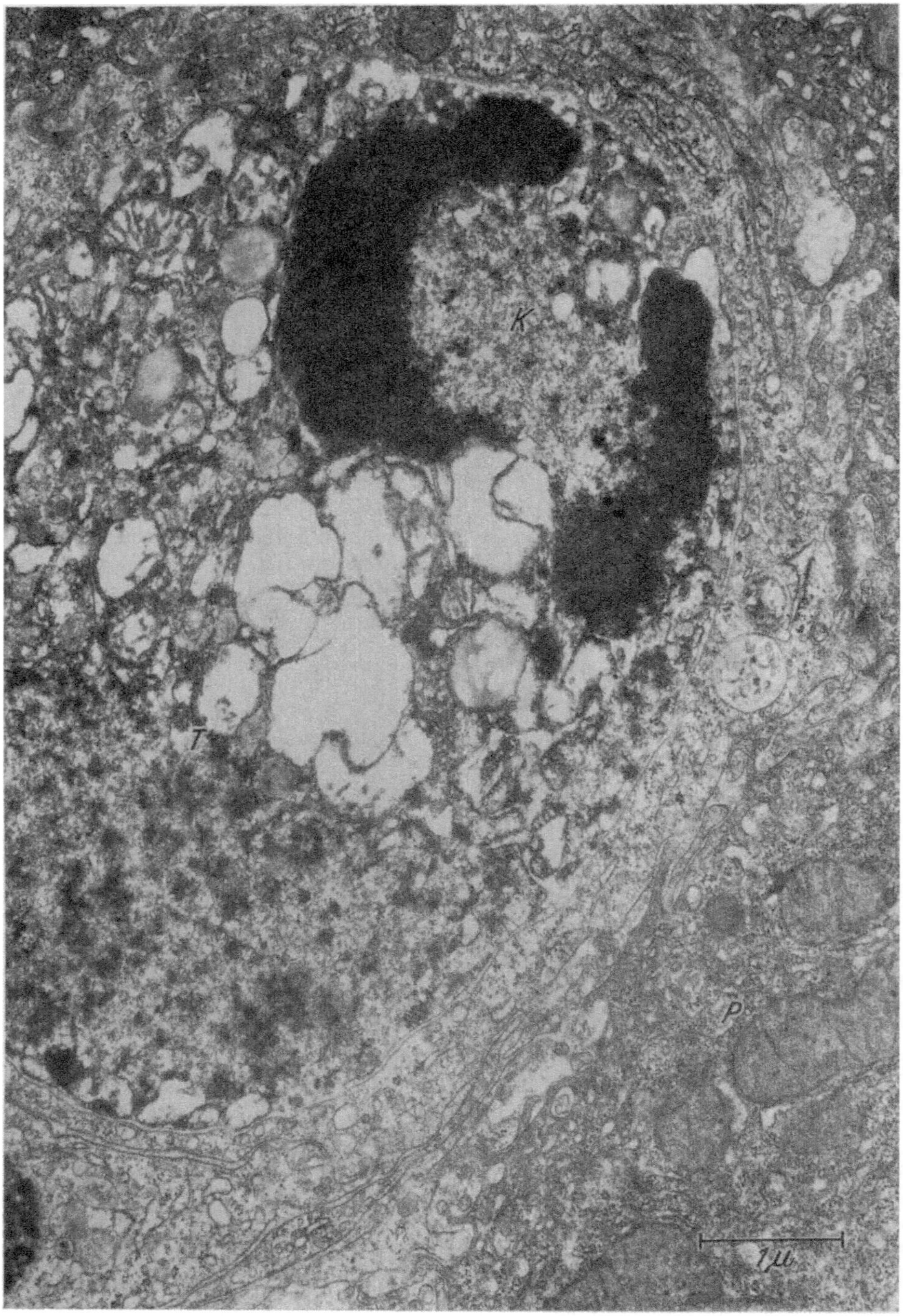

Abb. 156. Nekrotische Zelle (*T*) innerhalb normaler Leberzellen (*P*) mit Auflösung der Zytoplasmastrukturen und Pyknose sowie Fragmentierung des Zellkerns (*K*). 20 000 ×.

Bei der Karyolyse lösen sich die Karyoplasmabestandteile vollständig auf und diffundieren ins Zytoplasma. Von der Auflösung sind anfangs besonders die in der Umgebung des Nukleolus gelegenen Bezirke betroffen. Im allgemeinen

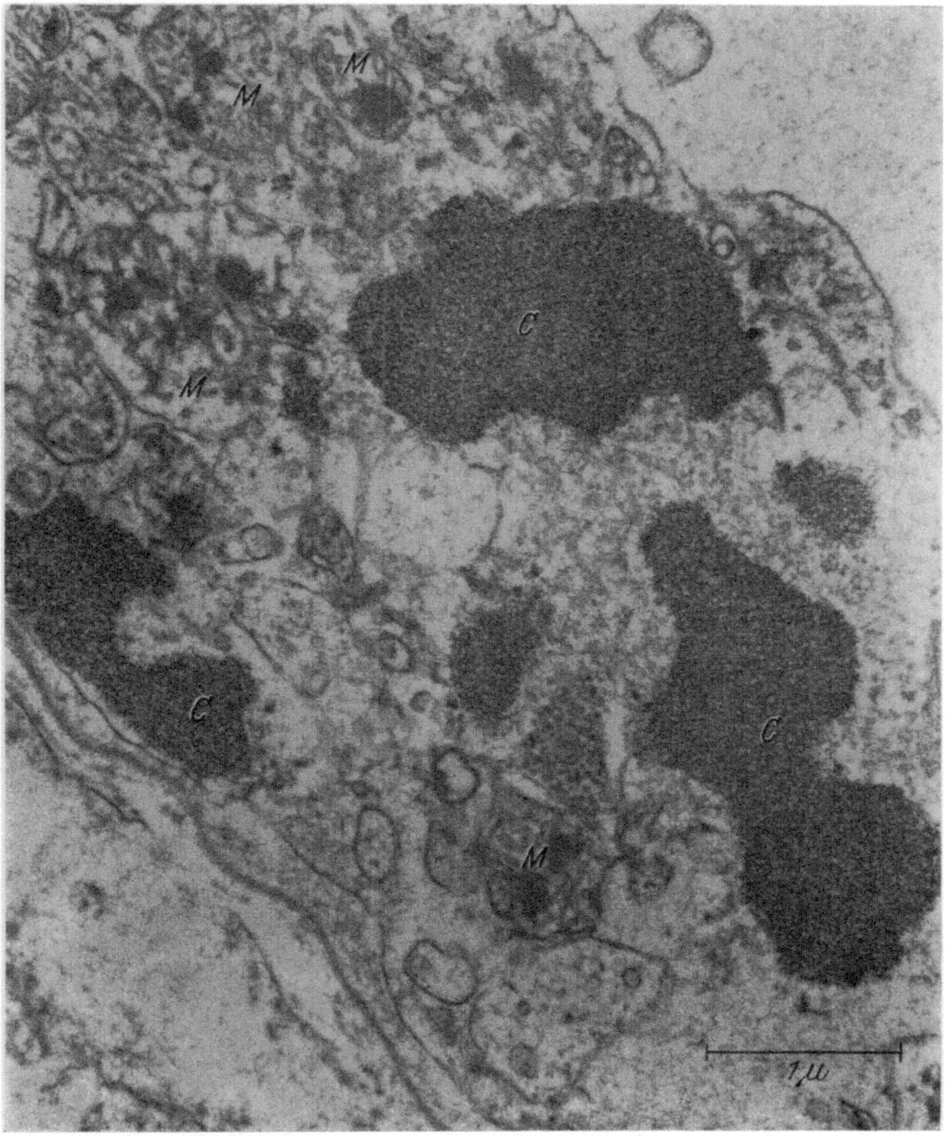

Abb. 157. Nekrotische Zelle aus der Niere nach Nierenvenenunterbindung (22 Stdn.). Zerfall der Kernmembran und Verstreuung des Chromatins (*C*) innerhalb des Zytoplasmas (Karyorrhexis). Mitochondrien mit osmiophilen Innenkörpern (*M*). 25 000 ×.

lassen sich Karyolyse und Karyorrhexis elektronenmikroskopisch nicht eindeutig voneinander trennen. Die Kernmembran zeigt einen welligen Verlauf und zahlreiche Rupturen. Bei oft gleichsinnigen Veränderungen des Zytoplasmas sind in Spätstadien diese beiden Zellbereiche nicht mehr voneinander zu differenzieren.

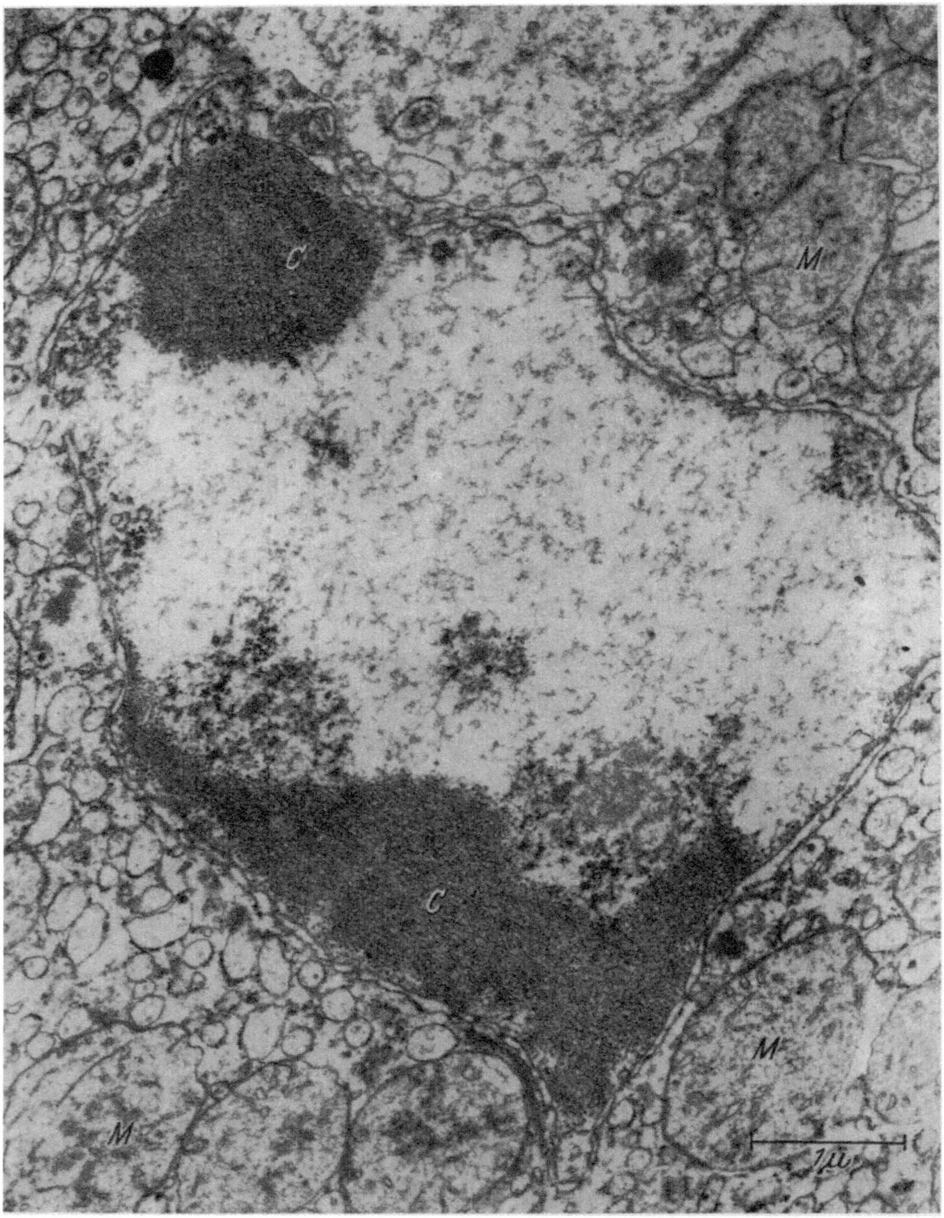

Abb. 158. Nekrotische Zelle mit Herauslösung großer Chromatinbezirke und Kondensierung des Restchromatins (*C*) in peripheren Kernbereichen. Herdförmiger Zerfall der Kernmembran. Vesikuläre Umwandlung des endoplasmatischen Retikulums. Geschwollene Mitochondrien (*M*). 19 800 ×.

Die oft kombiniert mit der Karyolyse vorkommende Karyorrhexis ist durch den Zerfall des Kerns und die Versprengung der Fragmente in das Zytoplasma gekennzeichnet. Die einzelnen Fragmente werden häufig noch von Anteilen der Kernmembran umgeben.

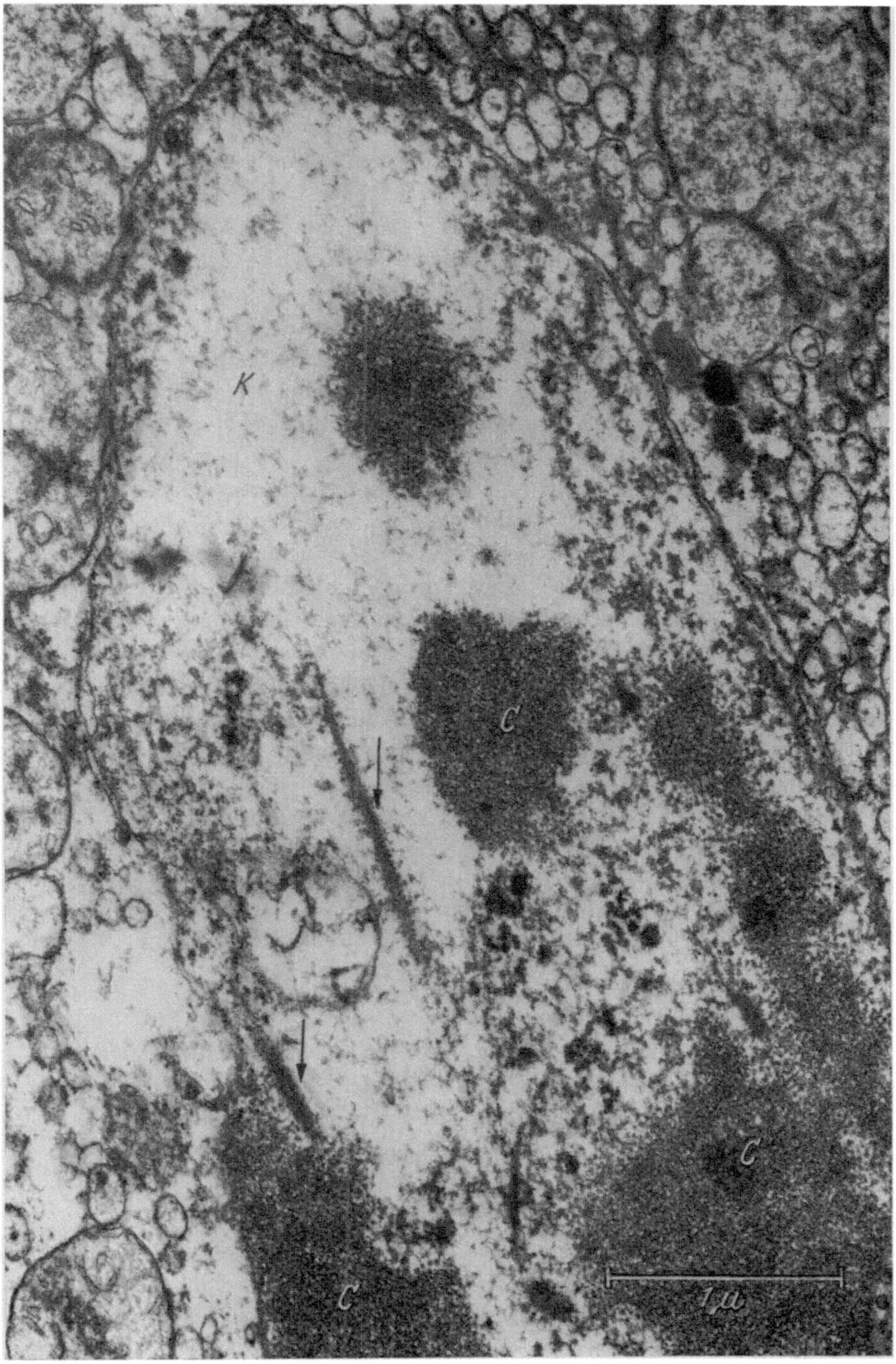

Abb. 159. Nekrotische Zelle mit beginnendem Zerfall des Zellkerns (K). Verklumpung des Chromatins (C). Einzelne Fibrinfäden (↗) mit Querstreifung im Karyoplasma. Vesikuläre Umwandlung des endoplasmatischen Retikulums. Geschwollene Mitochondrien. 30 000 ×.

Der Nukleolus erscheint in sterbenden und toten Zellen häufig homogenisiert und kondensiert oder zeigt Fragmentierungen. Um den verdichteten Nukleolus bildet sich vielfach ein heller Hof aus. Nach einem Zerfall kann es zu einem vollständigen Verschwinden des Nukleolus kommen (ROIZIN et al., 1962; ANDRES, 1963).

β) Die Mitochondrien

Die Mitochondrien weisen im Verlaufe des Zellunterganges alle die schon beschriebenen Veränderungen, wie sie bei degenerativen Zellbefunden erhoben werden können (s. S. 151), auf. Deshalb sollen hier nur die fast spezifischen Befunde angeführt werden, während die uncharakteristischen Merkmale, wie die sphärische Transformation, nicht genannt werden. Ihr Extremstadium mit der Ausbildung großer Vakuolen mit einzelnen Cristaestummeln ist als Übergang zum Zerfall der Organellen anzusehen (LÜBKE, 1960).

Der entgegengesetzte Befund einer Verminderung des Flüssigkeitsgehaltes führt zur Mitochondrienpyknose, die eine relativ sichere Aussage über den Untergang einer Zelle erlaubt (HOFFMANN, 1959; DAVID et al., 1961, 1964; HAGER, 1962; LISCHKA, 1962; ROIZIN et al., 1962; ANDRES, 1963; WACHSTEIN u. BESEN, 1964; DAVID u. DAVID, 1965).

Für nekrotische und autolytische Zellveränderungen charakteristisch ist die Ausbildung von unterschiedlich großen osmiophilen Mitochondrienkörpern in der Nähe der Mitochondrienmembran. Sie wurden schon durch phasenkontrastmikroskopische Untersuchungen gefunden (ZOLLINGER, 1948). Diese „Mitochondrienkörper" besitzen eine mäßige Osmiophilie und können 10—20% des Mitochondrienvolumens einnehmen (DAVID, 1960; DAVID et al., 1961). Bei den abgelagerten Substanzen handelt es sich wahrscheinlich vorwiegend um Abbauprodukte der Membranlipoproteide der Cristae.

Die Entkopplung der Atmung und oxydativen Phosphorylierung in den Mitochondrien ist bei der Autolyse und Necrosis *in vitro* (GRIFFIN et al., 1965) ein hervorstechendes Ereignis. Die ATP-Bildung wird innerhalb weniger Stunden reduziert (MERKER et al., 1964; BATRA u. STREHLER, 1967).

γ) Das endoplasmatische Retikulum und die Ribosomen

Spezifische Befunde für sterbende und tote Zellen hinsichtlich der Veränderungen des endoplasmatischen Retikulums und der Ribosomen sind nicht bekannt. Man beobachtet in solchen Zellen eine vesikuläre und vakuoläre Transformation des Retikulums bis zur ballonförmigen Degeneration der Zellen, Befunde also, wie sie unter den verschiedensten toxischen Bedingungen auch beobachtet werden können (s. S. 77).

Im Verlaufe der Veränderungen des granulären endoplasmatischen Retikulums lösen sich die Ribosomen von den Membranen in zahlreichen Arealen ab und können vereinzelt im Grundplasma liegen oder Verklumpungsherde und funktionell bedeutungslose Aggregationen bilden. Dabei können die einzelnen Ribosomen Verdichtungen oder Quellungszustände zeigen (BÄSSLER u. GRILLMAIER, 1962; ANDRES, 1963). Neben ihrem Zusammensintern in einem Zellbereich (HAGER, 1962; ANDRES, 1963) können sie sich auch völlig auflösen (CAESAR, 1961;

Seifert, 1962). Die Aminosäureinkorporation ist in sterbenden Zellen reduziert (Mukerjee et al., 1963).

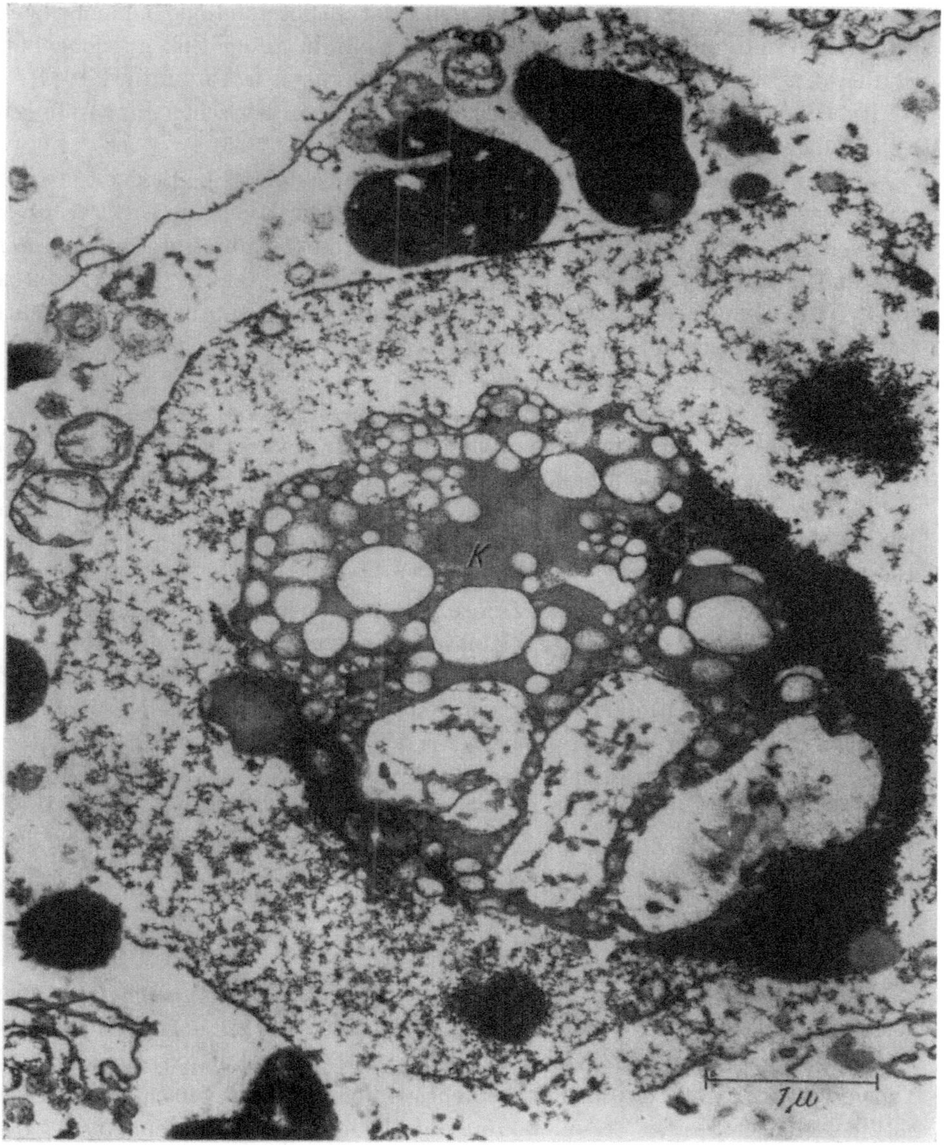

Abb. 160. Nekrotische Zelle mit beginnender Auflösung des Kerns und vollständiger Zerstörung der Zellorganellen. Multiple Vakuolenbildung im Kern (*K*). 22 000 ×.

Smuckler u. Trump (1968) fanden bei der Necrosis *in vitro* der Leber einen Polysomenverlust und eine verminderte Aminosäureinkorporation, jedoch keine Ablösung der Ribosomen vom endoplasmatischen Retikulum. Bis zu 60 Min. erfolgt noch eine Reaktion bei Gabe synthetischer Messenger, danach nur noch in geringem Ausmaß.

δ) Das Golgi-System, Lysosomen und das Grundplasma

Im Golgi-System kann es zu unspezifischen Vakuolisierungen kommen. Die in Verbindung mit dem Golgi-System stehenden Lysosomen wurden vielfach als ursächlich für den Zelltod angesehen, da es durch den Austritt von hydrolytisch wirkenden Enzymen zur Auflösung der Zellbestandteile kommen soll. Ein Zerfall der umgebenden Membran ist mehr in toten Zellen beobachtet worden (TRUMP et al., 1962; ANDRES, 1963; ANDERSON u. CHRISTOFF, 1964).

Lysosomenrupturen sieht man nach zahlreichen toxischen Einwirkungen beim Auftreten von Nekrosen (SLATER u. GREENBAUM, 1965).

Bei der als Zelltod aufzufassenden holokrinen Sekretion, z. B. der *Glandula sebacea*, scheint eine erhöhte Abgabe lysosomaler Hydrolasen eine wichtige Rolle zu spielen (BRANDES et al., 1965). Ursache für die Membranruptur ist unter Umständen die Erhöhung des intrazellulären pH-Wertes (MERKER, 1964; MERKER et al., 1964). Jedoch ist es als sicher anzunehmen, daß die Ruptur der Lysosomen nicht das entscheidende Ereignis für die Autolyse von Zellen ist (LANCKER u. HOLTZER, 1963; MISHIMA, 1964).

Bei der Ecdysis des Seidenspinners wird die hormonal induzierte, nerval aktivierte Zytolyse der Intersegmentalmuskeln durch eine erhöhte Synthese und Aktivierung von Kathepsin bewirkt, einem vorwiegend in den Lysosomen lokalisierten Enzym (LOCKSHIN u. WILLIAMS, 1965). Wenn der Zelltod sich nicht über die ganze Zelle ausbreitet, kommt es zum partiellen Zelltod, d. h. zur Bildung von Zytolysomen (s. S. 172).

In toten Zellen ist der Glykogengehalt im allgemeinen auf ein Minimum reduziert, während größere Lipidablagerungen auftreten können (Abb. 161). Sie entstehen im Rahmen der toxischen Schädigung oder durch Umwandlungen und einen Abbau der proteingebundenen Phospholipide, besonders der Membransysteme. Während der Autolyse werden aus den Phosphatiden und Neutralfetten höhere ungesättigte Fettsäuren freigesetzt, woraus sich die Zunahme darstellbarer Fettsubstanzen erklären könnte (MASSHOFF et al., 1964). In der weißen Hirnsubstanz sind im Verlaufe der postmortalen Autolyse spezielle Abbauvorgänge der Lipoide zu verzeichnen (LINDLAR, 1963, 1967).

ε) Die Zellmembran

Die Zellmembran nekrotischer Zellen kann unverändert erscheinen oder Zeichen des Unterganges und der Ruptur aufweisen, was zu einem freien Übertritt von Substanzen zwischen dem intra- und extrazellulären Raum führt. Neben Veränderungen des Membranpotentials kommt es zu Verschiebungen des Elektrolythaushaltes der Zellen, wodurch ein Kaliumverlust und ein Anstieg des Natriumgehaltes bewirkt wird (RUSSELL et al., 1961).

Außerdem kann es zum Enzymanstieg im Blut, z. B. bei Nekrosen von Leber- oder Herzmuskelzellen, kommen.

Die an der Zelloberfläche ausgebildeten Mikrovilli können aufgetrieben sein (TRUMP et al., 1962). Außerdem können sie sich vom Zelleib ablösen und in einzelne Fragmente zerfallen. In verschiedenen Bereichen der Zellmembran bilden sich bei der Nekrose und Autolyse die Membranen zu Myelinfiguren um (DAVID, 1961; DAVID et al., 1961, 1963, 1964; ITO, 1962; TRUMP et al., 1964).

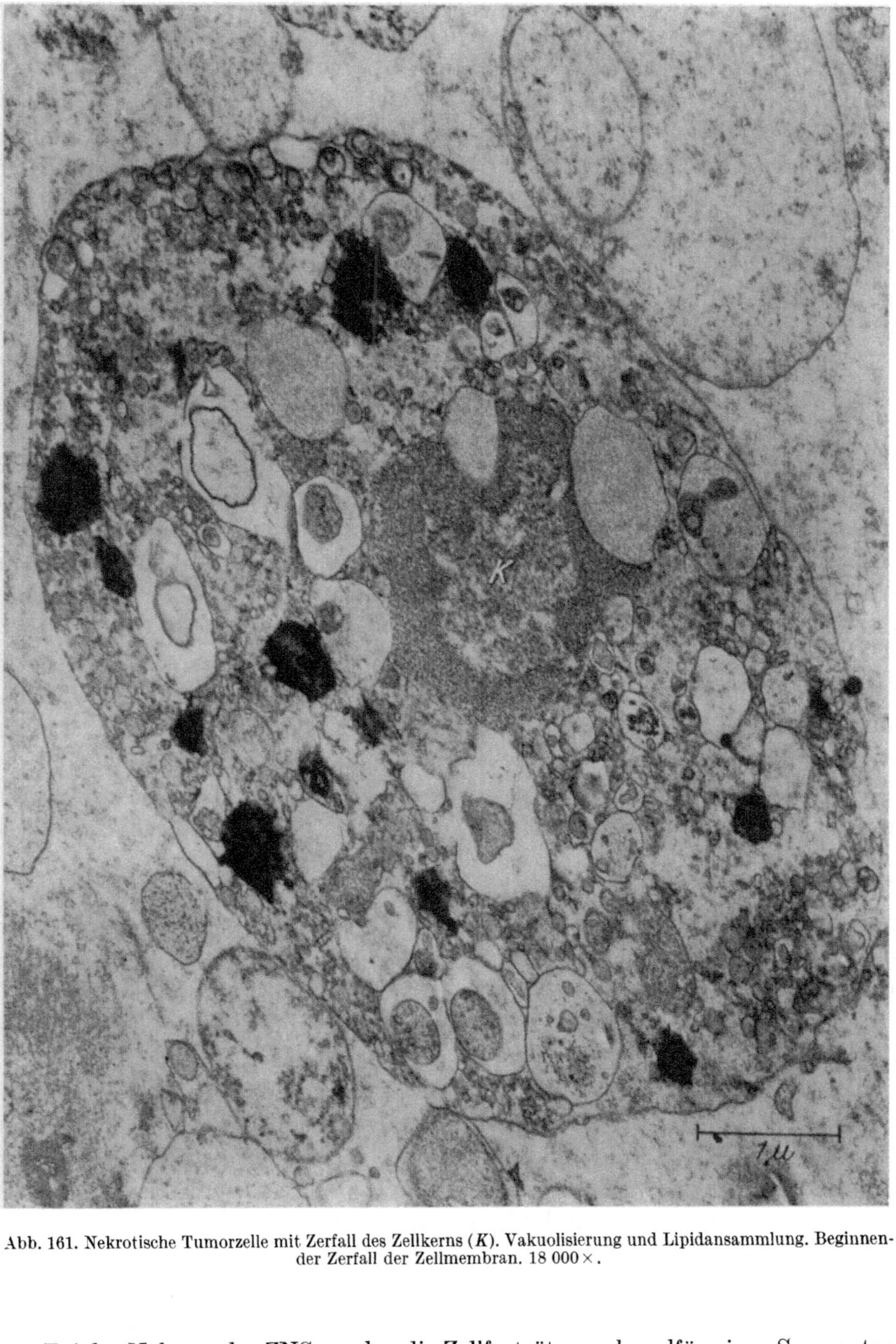

Abb. 161. Nekrotische Tumorzelle mit Zerfall des Zellkerns (*K*). Vakuolisierung und Lipidansammlung. Beginnender Zerfall der Zellmembran. 18 000×.

Bei der Nekrose des ZNS werden die Zellfortsätze zu kugelförmigen Segmenten umgewandelt, während die verschiedenen Organellen in den Extrazellularraum ausgestoßen werden (HAGER, 1964). Die Myelinlamellen werden auseinandergedrängt und zerreißen.

c) Ursache und Pathogenese des Zelltodes

Der Zelltod wird durch die Unfähigkeit der Zelle charakterisiert, die spezifische Zusammensetzung des inneren Milieus in normaler Umgebung aufrechtzuerhalten, wofür physikalische und chemische Faktoren bedeutungsvoll sind (DIXON, 1967). Folge dieser Veränderungen sind die beschriebenen morphologischen Manifestationen (MAJNO et al., 1960, 1964). Die im Verlaufe des Zellsterbens auftretenden Abweichungen der Stoffwechselprozesse — auch nachweisbar durch bestimmte Enzymveränderung (HECHT, 1968) — sind teilweise ebenso wie die morphologischen Befunde noch reversibel, schlagen jedoch dann in einen irreversiblen Zustand um (MÜLLER, 1963; BESSIS, 1964). Da der Eintritt des Todes einer Zelle nicht auf einen umschriebenen Zeitpunkt oder Zeitraum fixiert werden kann, ist auch die Diagnose des Zelltodes nicht einfach zu stellen. Im allgemeinen verlaufen die katabolisch-dissimilatorischen Vorgänge über eine längere Phase, die aber weder durch morphologische Untersuchungen noch biochemische Analysen bisher erfaßt werden können.

Nach MAJNO et al. (1960, MAJNO, 1964) verläuft der intravitale Zelltod in 4 Phasen: In der 1. Phase kommt es zu reversiblen Zellveränderungen; in der darauffolgenden 2. Phase wird der Punkt ohne Umkehr (point of no return) angestrebt. Die 3. Phase stellt den Ausgleich zwischen der Zelle und ihrer Umgebung ohne morphologische Veränderungen (Pränekrose) dar. Die 4. Phase beinhaltet die Nekrose mit dem beschriebenen morphologischen Substrat.

Da nicht der Zelltod, sondern erst seine Folgen erkennbar sind, können der intravitale Zelltod und die postmortale Autolyse nicht eindeutig unterschieden werden. Jedoch kann es *intra vitam* durch extrazelluläre Milieuveränderungen, der Heterolyse oder umgebende Zellen zu Modifikationen des Bildes kommen.

Für die Pathogenese der Zellnekrose ist wahrscheinlich der primäre Angriffspunkt von entscheidender Bedeutung, was jedoch nur in wenigen Fällen feststellbar ist. Wenn auch die verschiedensten Stoffwechselschritte von exogenen Einwirkungen geschädigt werden können, so ist doch nach kurzer Zeit eine allgemeine Schädigung aller Zellbestandteile zu verzeichnen. Für die Reihenfolge der Organellenveränderungen ist in bestimmtem Ausmaß das einwirkende Agens wichtig (WRISCHER, 1965).

Von besonderer Bedeutung für den Untergang von Zellen sind Eingriffe in den DNS-RNS-Proteinstoffwechsel, wie nach Gabe einiger Antibiotika (s. S. 420), bei Strahleneinwirkung (s. S. 451), bei der zytopathogenen Wirkung von Viren (s. S. 460). Nach MCLEAN et al. (1965) ist eine Schädigung der Proteinsynthese jedoch nicht eine unbedingte Voraussetzung für den Eintritt der Zellnekrose. Gleich wichtig können jedoch auch Eingriffe in die Energieproduktion der Zelle, d. h. besonders Schädigungen der Mitochondrien, sein.

Die Veränderungen der energieliefernden Reaktionen, im wesentlichen der oxydativen Phosphorylierung, führen zur Unfähigkeit der Zelle, die verschiedensten Substanzen zu verwerten oder Makromoleküle zu synthetisieren.

Bei massiven Einwirkungen, beim Unfalltod der Zelle, wie z. B. bei Temperaturerhöhungen über 50—60° C, wird jeder Stoffwechselprozeß akut unterbrochen und die Zelle zu Konglomeraten von zusammengeflossenen Lipoproteidmassen und ihren Abbauprodukten umgewandelt.

Ausgehend von der Vorstellung, daß die Zelle ein kybernetisches System mit Informations-, Regulations- und Feedbackmechanismen auf der Basis intakter biochemischer Prozesse und der dazugehörigen Strukturen darstellt (MAJNO et al., 1960, 1964; HEINMETS, 1960; MÜLLER, 1963; DAVID, 1965), kann jeder Eingriff in dieses System als potentiell nekrotrop angesehen werden. Wenn das geschädigte Areal noch rechtzeitig aus dem Gesamtstoffwechsel ausgeschaltet werden kann, bilden sich partielle Nekroseherde, Zytolysomen aus (s. S. 173). Natürlich werden meist zuerst allgemeine Regulationsmechanismen eingeschaltet, durch die dysfunktionelle Prozesse verhindert werden. Zu einer endgültigen Schädigung des kybernetischen Systems ,,Zelle" und damit zu ihrem Tod kommt es dann, wenn die Kopplung der einzelnen Stoffwechselprozesse und ihr Zusammenspiel aufgehoben ist. Dabei können die einzelnen Teilfunktionen noch unverändert sein. Das ist wahrscheinlich die Erklärung dafür, daß die Erkennung des Zelltodes zur Zeit weder in biochemischer noch in morphologischer Hinsicht möglich ist, da ja immer nur Momentbilder oder Partialfunktionen, jedoch niemals das gesamte System erfaßt werden können.

III. Spezielle zelluläre Schädigungsmuster

Die Liste chemisch-toxischer und physikalischer Einwirkungen auf die Zelle mit daraus resultierenden funktionellen und strukturellen Veränderungen ist so groß, daß eine auch nur angedeutete Vollständigkeit der Darstellung nicht möglich ist. Ein Teil der in bestimmten Dosierungen schädlich wirkenden Substanzen hat in anderen Konzentrationen einen therapeutischen Effekt. Nicht nur die Zellen der verschiedenen Organe reagieren auf die Schädigung different, sondern auch innerhalb eines Organs sind nebeneinanderliegende Zellen unterschiedlich betroffen, und in den verschiedenen Lebensaltern ist zusätzlich eine andere Antwort der Zelle zu erwarten.

Daraus ergibt sich, daß wir in der Erfassung der Dysfunktionen im allgemeinen auf die statistische Aussage von Zellpopulationen angewiesen sind, wobei der einzelnen Zelle in dieser Gesamtheit ein breites Spektrum von Antworten gegeben ist.

Aus der großen Gruppe der Zellschädigungen sollen hier einige wenige in der letzten Zeit häufig untersuchten näher dargestellt werden, weil sie im Mittelpunkt der Diskussion stehen und gleichzeitig auch teils praktische, teils modellhafte Bedeutung besitzen.

1. Zellschädigung und Dysfunktion bei Veränderung der Atmung

a) Besonders betroffene Organe und hauptsächliche Entstehungsarten des Sauerstoffmangels

Sauerstoffmangelerscheinungen können durch Hypoxämie, d. h. durch einen Sauerstoffmangel im Blut, durch eine Hypoxie, d. h. durch Sauerstoffmangel im Gewebe, und durch Hypoxydose, d. h. durch Hemmung der Atmung in Zellen aus mannigfachen Ursachen, z. B. Kaliumzyanid, bewirkt werden. Eine partielle Hypoxie der verschiedenen untersuchten Zellen wird meist durch eine Reduktion des Sauerstoffgehaltes der Atemluft hervorgerufen. Die absolute

Ischämie und damit die absolute Hypoxie wird in der Herzmuskulatur durch Unterbindung von Koronararterien erreicht, wobei gleichzeitig der fehlende Spüleffekt berücksichtigt werden muß. In der Leber wird zum gleichen Effekt ein Lappen abgeklemmt, in der Niere das zuführende arterielle Gefäß abgebunden.

Tab. 80. *Hypoxische Zellschädigung vorwiegend betroffener Organe (Beispiele)*

Leber: MÖLBERT, 1957, 1958; HÜBNER, 1961; HÜBNER u. BERNHARD, 1961; BASSI, 1963; OUDEA, 1963; BADE u. SCHUMACHER, 1964; BASSI u. BERNELLI-ZAZZERA, 1964; CONFER u. STENGER, 1964; BREWER u. HEATH, 1965; ERICSSON u. GLINSMANN, 1965; SULKIN u. SULKIN, 1965; GLINSMANN u. ERICSSON, 1966; DUPONT et al., 1967; OUDEA u. OUDEA, 1967; BLAIR et al., 1968

Darm: DAVID u. UERLINGS, 1967; PITHA, 1968

Lunge: SCHULZ, 1959; NIDEN u. SCHULZ, 1965; REIDBORD u. SPITZ, 1966; VALDIVIA et al., 1966

ZNS: HAGER et al., 1959, 1960; NIKLOWITZ, 1962, 1964; HAGER, 1962, 1964, 1966; HERNDON u. SHELDON, 1963; HERNDON, 1964; BÜCHNER u. SASAKI, 1965; WESSEL, 1966; HARREVELD u. KHATTAB, 1967; KHATTAB, 1967; BAKAY u. LEE, 1968; CHIANG et al., 1968; WILLIAMS u. GROSSMAN, 1968

Retina: SHAKIB u. ASHTON, 1966

Herz: MÖLBERT, 1957, 1961, 1963; BÜCHNER, 1959, 1961, 1962; HECHT et al., 1961; BAHR u. JENNINGS, 1961; SUZUKI et al., 1962; BURDETTE u. ASHFORD, 1963; CAULFIELD, 1963; MEESSEN u. POCHE, 1963; POCHE u. OHM, 1963; CLEMENTI et al., 1964; GLAGOLEVA u. CHECHULIN, 1964; GUDBJARNASON u. DE SCHRYVER, 1964; HASPER, 1964, 1965; KORB, 1964; MARTIN et al., 1964; MILLER et al., 1964; VOGELL et al., 1964; WEDELL u. MERKER, 1964; HERDSON et al., 1965; HORT u. DA CANALIS, 1965; JENNINGS et al., 1965, 1967, 1969; MITIN, 1965; LEV et al., 1965; SULKIN u. SULKIN, 1965, 1967; WEDELL et al., 1965; BURGOS, 1966; GROSGOGEAT, 1966; BÜCHNER u. ONISHI, 1967, 1968; DAW et al., 1967; MATSUZAKI, 1967; POCHE, 1967; POCHE et al., 1967; ECKHOLM et al., 1968; HERBENER, 1968; PAULUSSEN et al., 1968; PELOSI et al., 1968; PELOSI u. AGLIATI, 1968; SUZUKI, 1968; HERDSON, 1969; KORB u. TOTOVIĆ, 1969; POCHE et al., 1969

Niere: THOENES, 1964; TOTOVIĆ u. KORB, 1965; TOTOVIĆ, 1966; VOSS et al., 1967; TRUMP u. BULGER, 1968; VOGT u. FARBER, 1968; HUTH et al., 1969

Muskel: ALLBROCK, 1962; STENGER et al., 1962; BOEHME et al., 1966; REZNIK, 1967; STALEY u. BENSON, 1968

Keimzellen: BÜCHNER, 1966; BÜCHNER u. HARA, 1966; SASAKI, 1966; SASAKI u. BÜCHNER, 1966

Gefäße: BUCK, 1960; DAVID u. HECHT, 1961; HILLS, 1964; THOENES, 1962, 1964; POCHE, 1965

Corpus caroticum: DUNCAN u. GARNER, 1957; HOFFMAN u. BIRRELL, 1958; AL-LAMI u. MURRAY, 1968; I-LI-CHEN et al., 1969

Haut: WILMS-KRETSCHMER u. MAJNO, 1969

Weitere Methoden sind die CO-Vergiftung des Blutes, ein hämorrhagischer Schock oder akuter Aderlaß.

Besondere Bedeutung haben die Untersuchungen deshalb erlangt, weil sie beim ischämischen Herzstillstand unter normo- und hypothermen Bedingungen eine erhebliche praktische Bedeutung für Operationen am Herzen besitzen.

Die Untersuchungen erfolgten an zahlreichen Organen, besonders an der Leber, dem Herzen, dem Zentralnervensystem, wie es in Tab. 80 fixiert worden ist.

b) Befunde an den einzelnen Zellbestandteilen

Der Zellkern zeigt bei der Hypoxie relativ wenig Veränderungen. Es kommt nach einiger Zeit zur marginalen Chromatinkondensation. Erst beim Übergang zur Nekrose treten Pyknosen, Abhebungen der Kernmembran und schließlich eine Karyolyse auf (Abb. 162, 163).

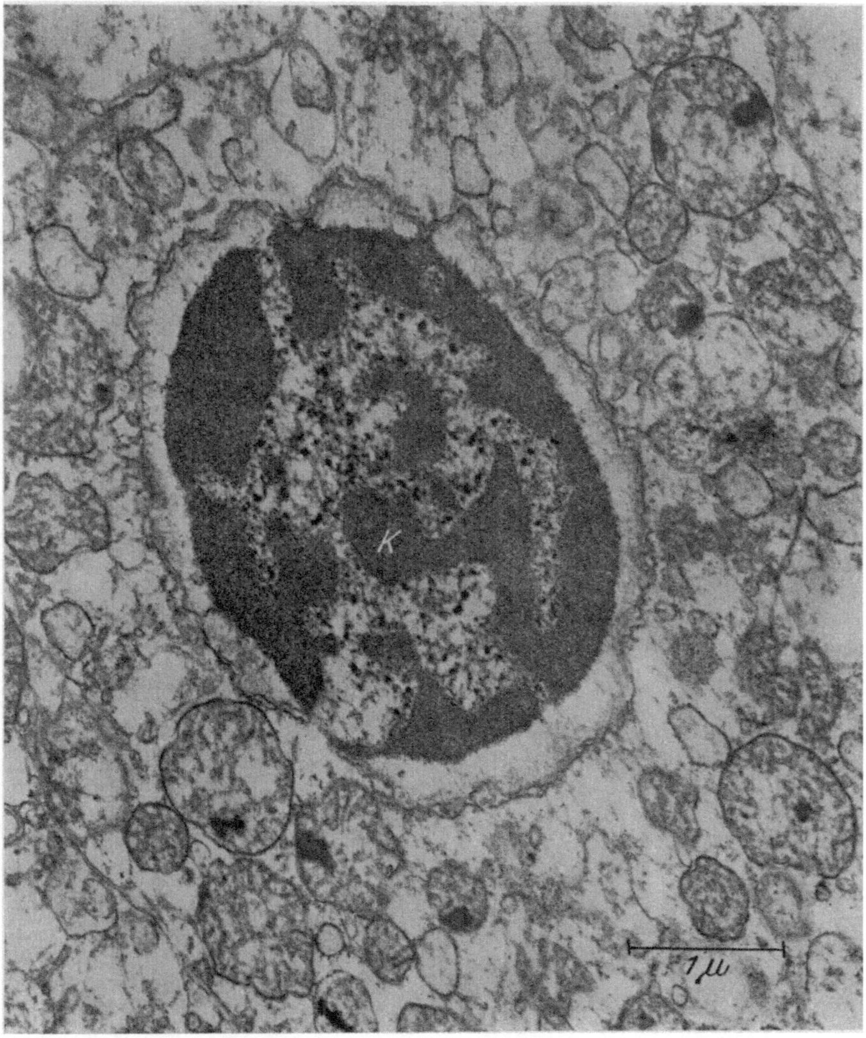

Abb. 162. Nekrotische Zelle aus der Niere 4 Stdn. nach Nierenvenenunterbindung. Pyknose des Zellkerns (*K*) mit Retraktion des Chromatins von der Kernmembran. Schwellung der Mitochondrien mit osmiophilen Mitochondrienkörpern. Dilatation des endoplasmatischen Retikulums. 19 800 ×.

Die Hauptbefunde sind in den Mitochondrien zu beobachten. Sie weisen grundsätzlich eine Schwellung auf. Die Matrix ist mehr oder weniger stark herausgelöst, die Cristae sind fragmentiert oder vesikulär umgewandelt (Abb. 164). Außerdem kann es zu Homogenisierungen der Cristae, besonders in den Herz-

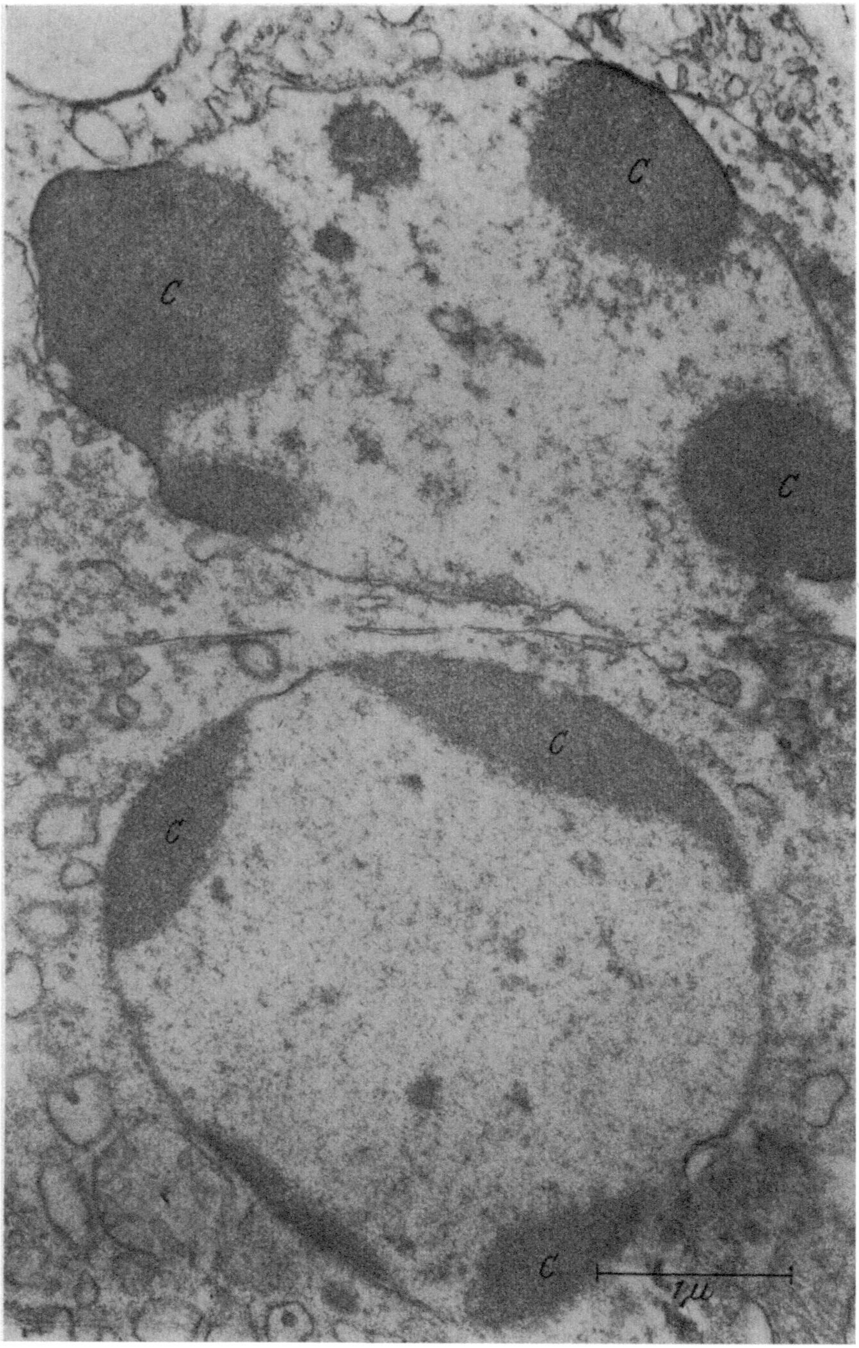

Abb. 163. Marginale Chromatinkondensation (*C*) aus 2 Epithelzellen des Darmes nach dreistündiger Gefäßunterbindung. Herdförmiger Untergang der Kernmembran. Auflösung der übrigen Karyoplasmastrukturen. 25 000 ×.

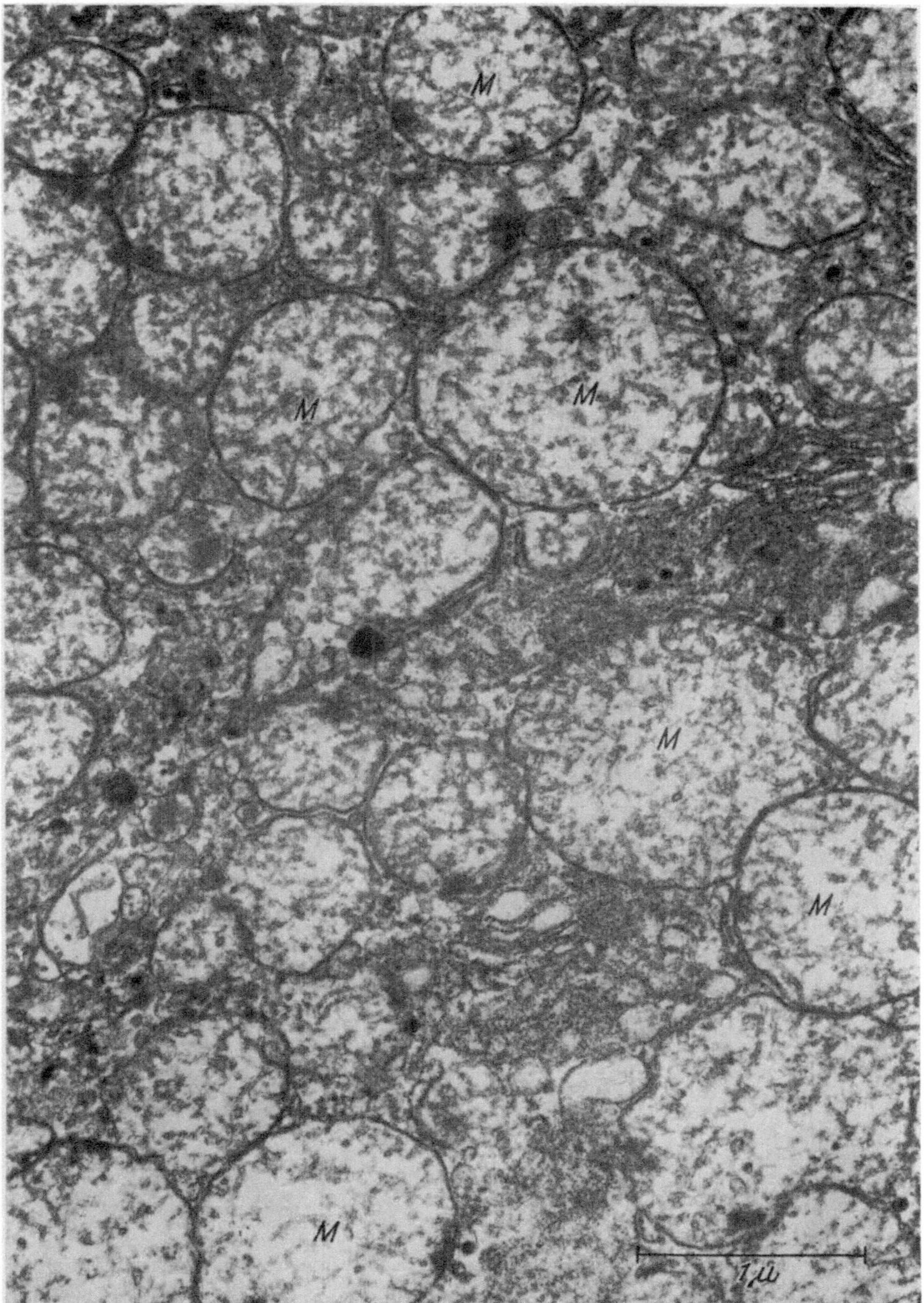

Abb. 164. Ausgedehnte sphärische Transformation und Schwellung der Mitochondrien (*M*) mit Zerfall der Cristae und Herauslösung der Matrixsubstanzen in einer Leberzelle nach mehrstündiger Blutstauung. 30 000 ×.

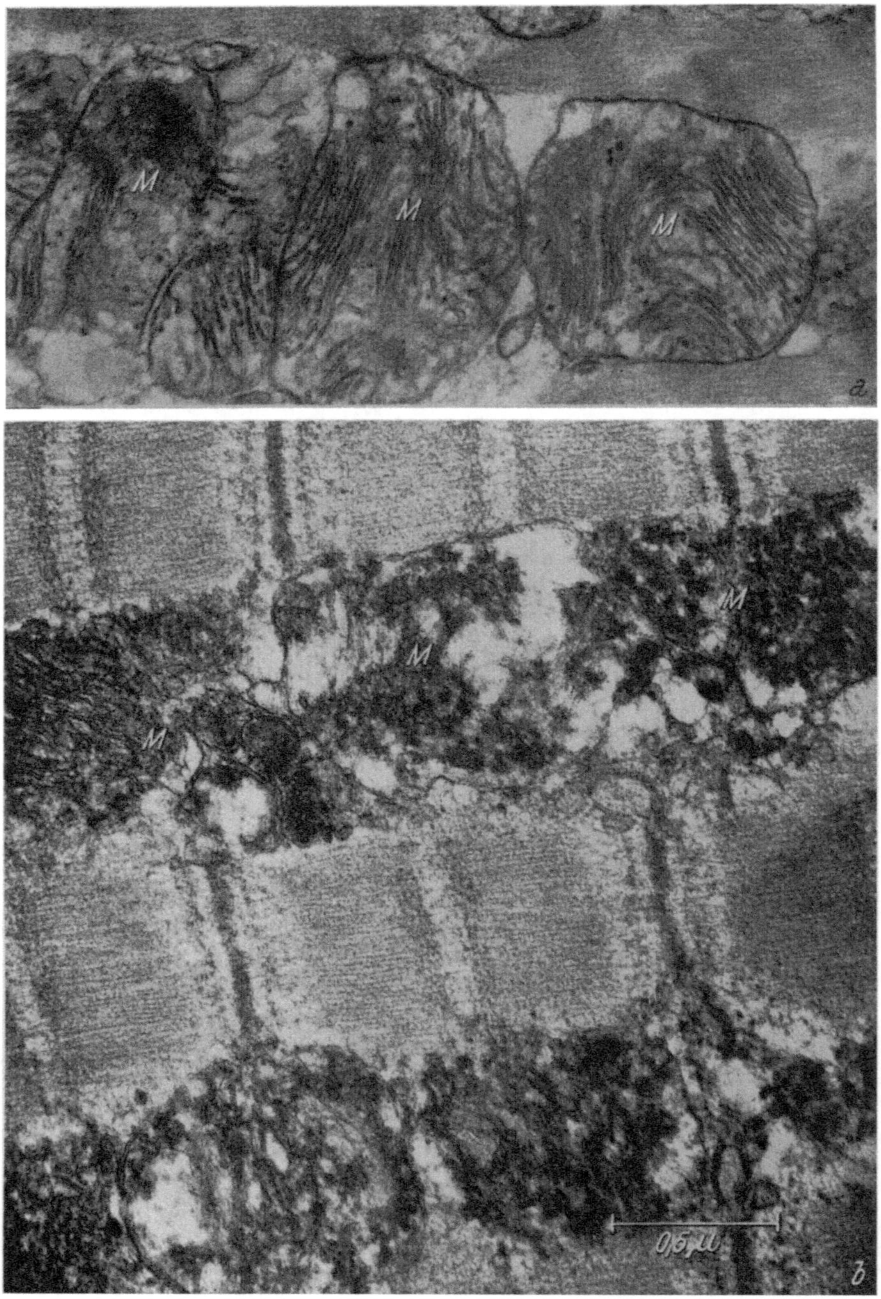

Abb. 165. *a*) Interfibrilläre hyperplastische Mitochondrien (*M*) mit beginnender Verschmelzung und herdförmiger Zerstörung der Cristae aus einer Herzmuskelzelle der Ratte 48 Stdn. nach Koronararterienunterbindung. — *b*) Verschmolzene osmiophile Mitochondrien (*M*) mit Untergang der Cristae und von großen Teilen der Außenmembranen aus einer Herzmuskelzelle der Ratte 72 Stdn. nach Koronararterienunterbindung. 42 000 ×.

muskelzellen, kommen, wo sie oft bandförmig ist. Schließlich kann auch eine totale Homogenisierung eintreten (Abb. 165).

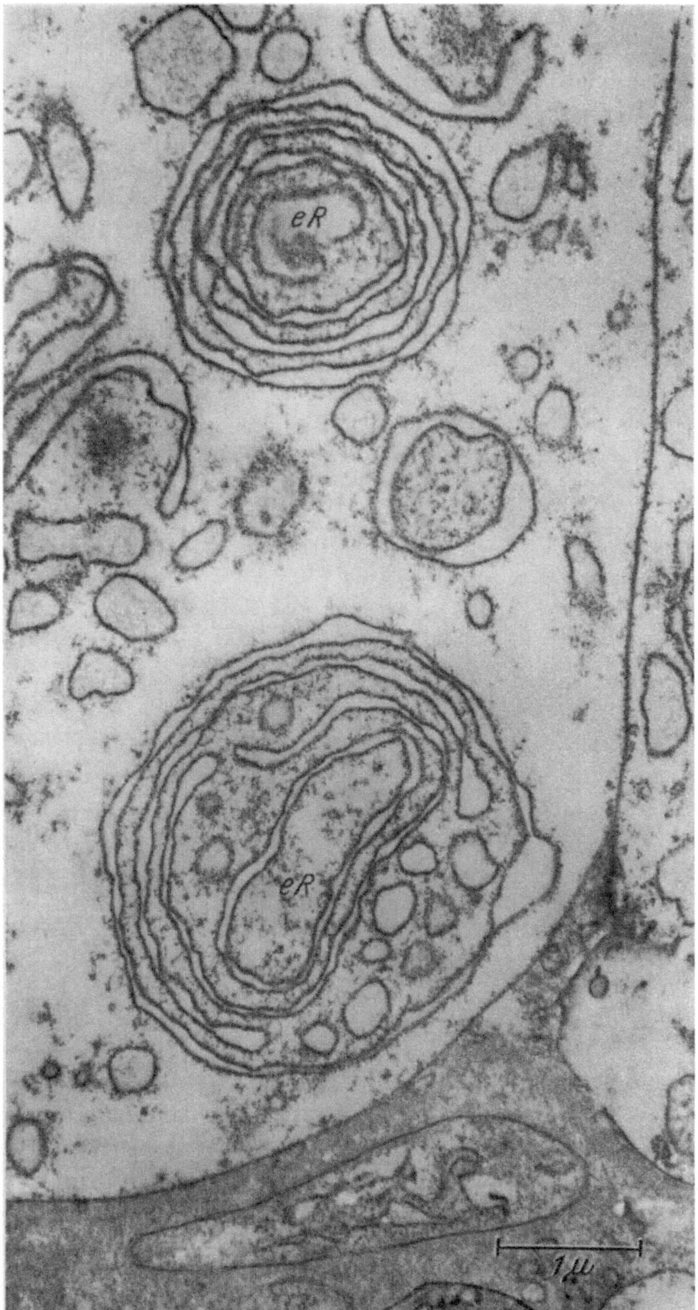

Abb. 166. Konzentrische Umwandlung der Membranen des granulären endoplasmatischen Retikulums (*eR*) in einer Dünndarmepithelzelle des Kaninchens 4 Stdn. nach Unterbindung der Gefäße. 18 000 ×.

In den Leberzellen können sich gegenüberliegende Cristae der Mitochondrien miteinander verbinden; Querteilungen sind gehäuft vorhanden. Vereinzelt bilden sich Längsmembranen in den Mitochondrien aus. Außerdem treten polymorphe Mitochondrien auf. Die Außenmembran weist Protrusionen auf; manchmal sind Verschmelzungen einzelner Mitochondrien zu sehen.

In den Herzmuskelzellen sind die Cristae in den Frühstadien der Hypoxie oft konzentrisch angeordnet. Die Cristae sind verwaschen und bei hochgradiger Degeneration zu einem fädigen Knäuel in einem Bereich zusammengeflossen. Manchmal bilden sich Mitochondrienkonglomerate. Herdförmig fehlen die Mitochondrien überhaupt. Nach einem Aderlaß bilden sich Riesenmitochondrien, die

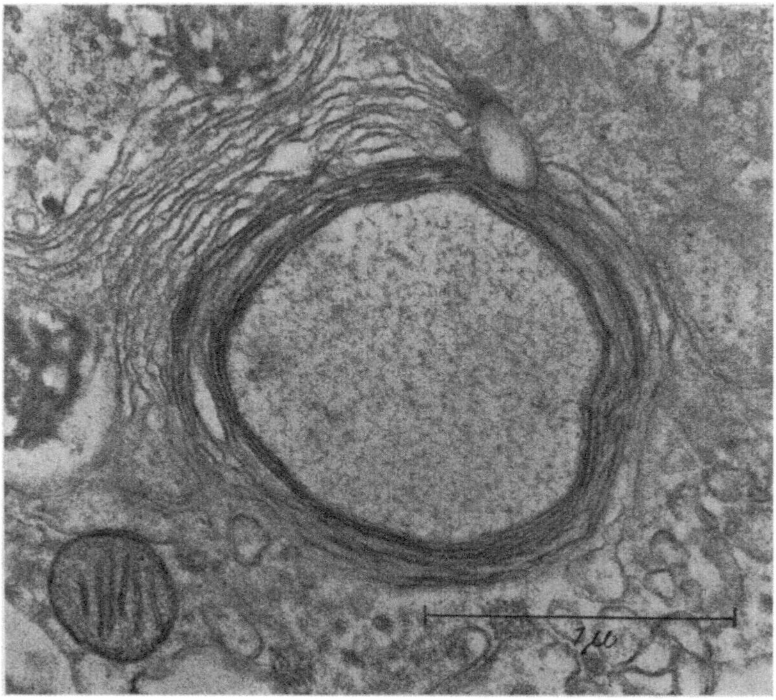

Abb. 167. Vakuole mit zahlreichen konzentrisch umgebenen Membranen nach Art von Myelinfiguren in einer Tubulusepithelzelle der Niere nach vierstündiger Unterbindung der Nierenvene. 40 000 ×.

über 4 μm und mehr reichen können (Büchner u. Onishi, 1968). Die Mitochondriengranula sind beim anoxischen Herzstillstand vermindert, beim Koronarverschluß vermehrt und vergrößert. Beim Aderlaß kann sich ihre Zahl bis auf 1200% erhöhen. In verdichteten Matrixgranula soll es zur Kalziumakkumulation kommen. Große dichte Granula bilden sich in isolierten Mitochondrien von ischämischen Hundeherzen (Jennings et al., 1969).

Ein Glukose-1-Phosphat-spaltendes Enzym beginnt sich bei akuter Hypoxie nach 12 Min. von den Cristae zu lösen und ist nach 30 Min. vollständig aus den Mitochondrien ausgetreten (Mölbert, 1963).

Die Mitochondrien der Tubulusepithelzellen der Niere zeigen bei Ischämie Mitochondrienveränderungen vom Cristae-Typ, Matrix-Typ und Mischtyp (Thoenes, 1964; Totović, 1966). Beim Cristae-Typ sind die intracristalen Räume auffallend erweitert, beim Matrix-Typ ist besonders die Matrix betroffen. Atmung, oxydative Phosphorylierung, respiratorische Kontrolle und DNP-aktivierte ATPase zeigen ausgeprägte Veränderungen. Auffällig ist jedoch, daß diese Befunde auch zu einem Zeitpunkt noch reversibel sind, an dem der allgemeine Zelltod eintritt (VOGT u. FARBER, 1968).

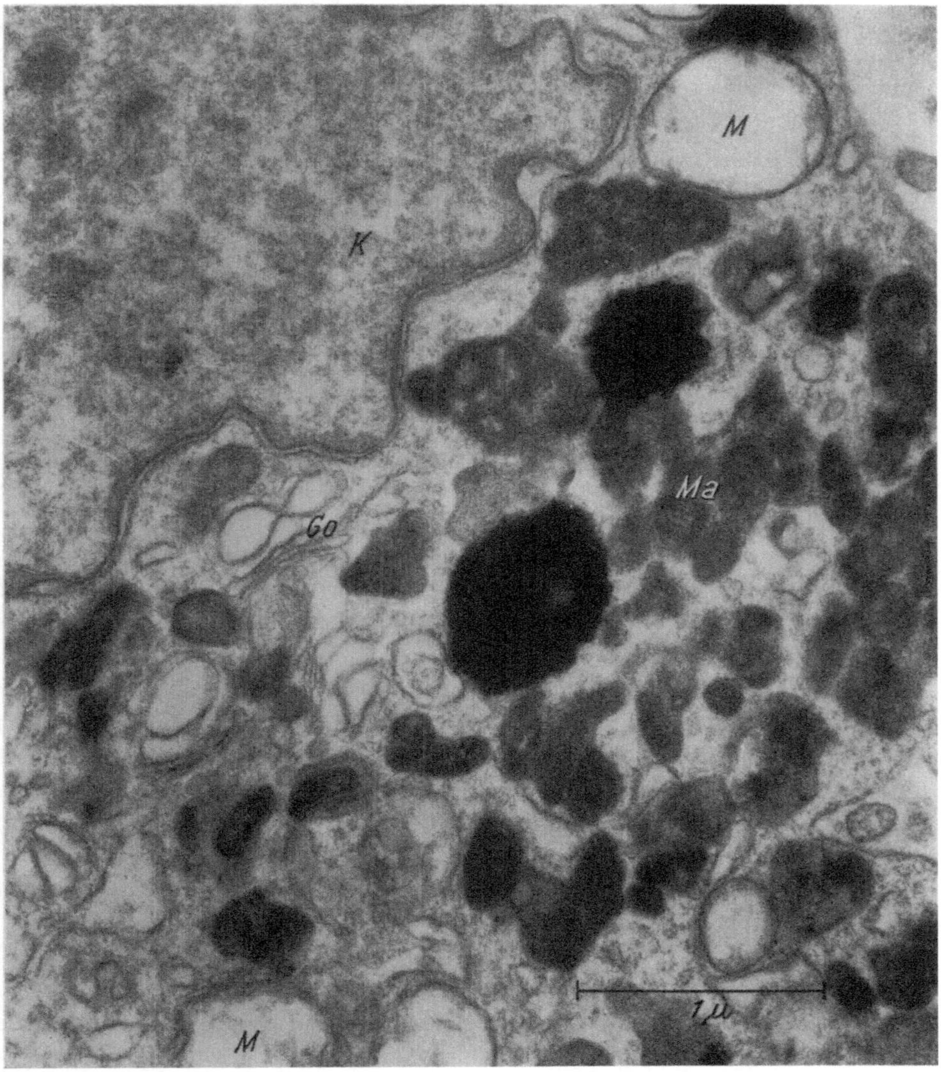

Abb. 168. Makrophage aus einem Infarktbereich des Herzens 4 Wochen nach Koronararterienunterbindung. Innerhalb des Zytoplasmas in Abbau befindliches kontraktiles Material (*Ma*). Vakuolisierung der Mitochondrien (*M*). Großes Golgi-Feld (*Go*). *K* = Kern. 32 000 ×.

Das endoplasmatische Retikulum wandelt sich in den meisten Zellen vesikulär oder auch vakuolär um (Abb. 166). Das betrifft in gleicher Weise auch das sarkoplasmatische Retikulum. Die Ribosomen lösen sich teilweise von den Membranen und sind vermindert. In Leberzellen treten Myelinfiguren auf, die unter Umständen aus dem endoplasmatischen Retikulum entstanden sind (Abb. 167).

Wiederholter akuter Sauerstoffmangel führt in den Purkinje-Zellen des Kleinhirns zum Verlust der Ribosomen und zur Bildung von Nebenkernen aus glatten Membranen, die sich zirkulär um Ribosomenansammlungen anordnen (WESSEL, 1966). Außerdem sind Teile des endoplasmatischen Retikulums den Mitochondrien dicht angelagert.

Das Golgi-System besteht in seinen peripheren Abschnitten aus zahlreichen Vesikeln als Zeichen einer erhöhten Bildung von primären Lysosomen. Häufig zeigen diese Membranschäden. Mehrfach werden Zytolysomen beobachtet, die unterschiedliche Zellbestandteile enthalten und schließlich aus membranösen und granulären Massen aufgebaut sind. Auch die Pigmentablagerungen nehmen zu.

Die Zahl der Microbodies ist in der Leber vermehrt.

Relativ häufig wurden in Leberzellen im Bereich des sinusoidalen Poles große Vakuolen beobachtet. Trotz einiger anderer Ansichten scheint am wahrscheinlichsten, daß sie sich aus Einstülpungen der Zellmembran bilden. In den Vakuolen können Chylomicra, in die Blutbahn injizierte Partikeln wie Thorotrast (BREWER u. HEATH, 1965) oder Fibrinfilamente beobachtet werden. In den Endothelzellen der Lunge treten ebenfalls Vakuolen auf, während es in den Astrozyten zu einem diffusen Flüssigkeitseinstrom kommt.

Lipidablagerungen sind in allen Zellen infolge einer Hemmung des Fettsäureabbaues bei den verschiedenen Formen des Sauerstoffmangels vorhanden. Neben kleinen Fetttröpfchen sind große Komplexe ausgebildet. In den granulären Pneumozyten treten Lipidvakuolen auf, während die lamellären Körper reduziert und verkleinert werden.

Glykogen verschwindet schon nach kurzfristiger Sauerstoffmangelsituation aus den Zellen. In der Restitutionsphase kann sich teilweise eine überschießende Neubildung entwickeln. In den Astrozyten kann der direkte Mangel zu einer Zunahme des Glykogengehaltes führen.

Nach Zyanidvergiftung kommt es im Bereich des Corpus callosum zur Lyse myelinhaltiger und unmyelinierter Fortsätze (HIRANO et al., 1967). Nach CO-Intoxikation sind die Myelinscheiden innen zerfallen und außen aufgesplittert (TAKEICHI, 1968). Im Bereich der Synapsen bleibt der Spaltraum bei Ischämie unverändert, während die synaptischen Vesikel verklumpen (WILLIAMS u. GROSSMAN, 1968).

Die Mikrovilli der Epithelzellen des Darmes sind aufgetrieben, reduziert, und die Plasmamembran kann sich zu Myelinmembranen umwandeln.

Die Flüssigkeitsverschiebungen im Gewebe äußern sich auch darin, daß vermehrt helle und dunkle Zellen, vorwiegend in der Leber, auftreten.

In den Zellen der quergestreiften Muskulatur und des Herzens werden die Myofibrillen in Form von Partialnekrosen deutlich geschädigt. Die Myofibrillen werden homogen, so daß die einzelnen Myofilamente nicht zu identifizieren sind. Vielfach treten Kontraktionsbänder auf, die Z-Streifen sind verdickt oder fragmentiert bzw. fehlen überhaupt. Die dicken Myosinfilamente werden meist schneller zerstört als die dünnen Aktinfilamente des I-Bandes. Teilweise sind besonders die Sarkomeren am Ende der Zellen der Herzmuskulatur nahe den Disci intercalares betroffen. Die Disci selbst weisen Zeichen der Dehiszenz auf. Die kontraktile Substanz wird in Makrophagen abgebaut (Abb. 168).

In weniger ausgeprägtem Maß bei dem relativen Sauerstoffmangel und ausgedehnt beim absoluten Sauerstoffmangel, besonders beim Infarkt, treten Nekrosen auf, deren Erscheinungsbild im allgemeinen den schon dargestellten Arten der Nekrose entspricht. Totović (1966) beschreibt beim Niereninfarkt zwei Formen der Nekrose der Tubulusepithelzellen, die hydropische und die anhydropische Nekrose. Bei der hydropischen Nekrose steht das Ödem des Grundplasmas im Vordergrund. Gleichzeitig kommt es zu Mitochondrienschwellungen, zum Schwund der Lysosomen, zu Veränderungen am Bürstensaum und der basalen Zellmembran, zu Pyknosen des Kerns und schließlich zur Zytolyse. Die anhydropische Nekrose ist durch eine schnelle Entwässerung und Verdichtung der Zellbestandteile charakterisiert.

c) Pathogenese der Sauerstoffmangelschäden (insbesondere des Herzens)

Wichtigstes Ereignis für die Entstehung der Zellveränderungen ist die Schädigung der Atmungsprozesse in den Mitochondrien, als deren Folge die Schwellungsvorgänge und übrigen Befunde der Organellen auftreten.

Mit dem herdförmigen Untergang der Mitochondrien in der Herzmuskulatur ist das Aufhören der Atmungskettenphosphorylierung, der intrazellulären Atmung und des Zitronensäurezyklus verbunden (Büchner u. Onishi, 1967). Insbesondere sind die Kopplung von Atmung und oxydativer Phosphorylierung aufgehoben und die Bildung von energiereichen Phosphaten, vorwiegend ATP, reduziert.

Die ATP-Synthese wird in relativ kurzer Zeit auf 50% vermindert. Nach 15 Min. O_2-Mangel haben die Mitochondrien nur noch 40% ihrer Oxydation und phosphorylierenden Kapazität (Jennings et al., 1967). Die Erscheinungen an den anderen Zellbestandteilen sind sekundär. Im Gegensatz dazu stellten Pelosi et al. (1968) bei 75% Sauerstoff in der Luft bis zu 6 Std. eine Zunahme des O_2-Verbrauches und des ATPs und erst danach eine Reduktion fest.

Bei Triturus-Keimen führt ein zeitweiliger Sauerstoffmangel zu einer temporären Hemmung des Atmungsstoffwechsels (Büchner, 1966). Dadurch wird die für die DNS-Synthese notwendige Energie nicht bereitgestellt, und auch die RNS- und Proteinsynthese sind eingeschränkt, woraus zahlreiche Störungen der Entwicklung resultieren.

Neben der allgemein anerkannten primären Wirkung auf die Enzymsysteme der Mitochondrien werden auch andere Prozesse als wesentlich angesehen. So sieht Wieland (1964) (Schema 21) in der lokalen Gewebssäuerung und der durch ATP-Mangel bedingten Schädigung der Lysosomenmembran die Hauptereignisse.

Nach einem Herzinfarkt wird besonders der Stoffwechsel der Kernribosomen erhöht. Die Aktivität der mRNS steigt auf das 5fache (Gudbjarnason u. de Schryver, 1964).

Bei der hypoxisch-bedingten Herzhypertrophie bleibt die Mitochondrienzahl je Volumeneinheit zwar konstant, erhöht sich jedoch insgesamt (Herbener, 1968).

d) Zellveränderungen bei Sauerstoffüberangebot

Auch eine erhöhte Sauerstoffspannung führt über Eingriffe in die Atmungskette zu Zellschädigungen. Dabei soll das am Anfang der Atmungskette stehende NAD stärker aufoxydiert werden.

In den Leberzellen schwellen die Mitochondrien oder weisen bizarre Formen auf. Die Cristae sind teilweise vermehrt. Um die Mitochondrien bilden sich Myelinmembranen aus. Das Glykogen wird reduziert. Das granuläre endoplasmatische Retikulum ist spärlich ausgebildet. Freie Polysomen sind gehäuft vorhanden. Die Golgi-Systeme sind hypertrophiert. Im perikanalikulären Bereich sind reichlich Pigmentansammlungen vorhanden (SCHAFFNER u. FELIG, 1965; SCHAFFNER et al., 1966).

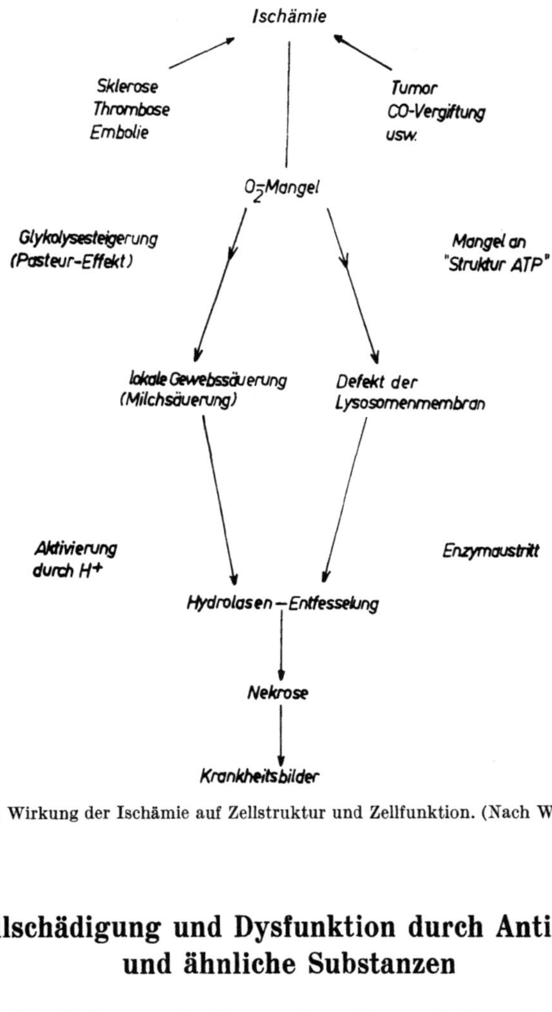

Schema 21. Wirkung der Ischämie auf Zellstruktur und Zellfunktion. (Nach WIELAND, 1964.)

2. Zellschädigung und Dysfunktion durch Antibiotika und ähnliche Substanzen

Die Antibiotika haben nach ihrer schon länger bekannten therapeutischen Wirkung deshalb so große Bedeutung erlangt, weil sie an bestimmten, definierbaren Punkten in den Stoffwechsel eingreifen. Damit können einzelne Schritte besonders der DNS-RNS-abhängigen Proteinsynthese spezifisch gehemmt werden, was für das Verständnis des Gesamtprozesses und die Aufstellung von Modellen von Wichtigkeit ist (Schema 22, 23). Von der großen Zahl derartig wirkender Antibiotika und ähnlicher Substanzen sollen hier einige näher dargestellt werden.

a) Aktinomyzin

α) Eigenschaften und Wirkungsweise

αα) *Eigenschaften*

Die verschiedenen Aktinomyzine stellen aus Polypeptiden aufgebaute zytostatisch wirkende Antibiotika dar (SPEIRS, 1965), die von unterschiedlichen

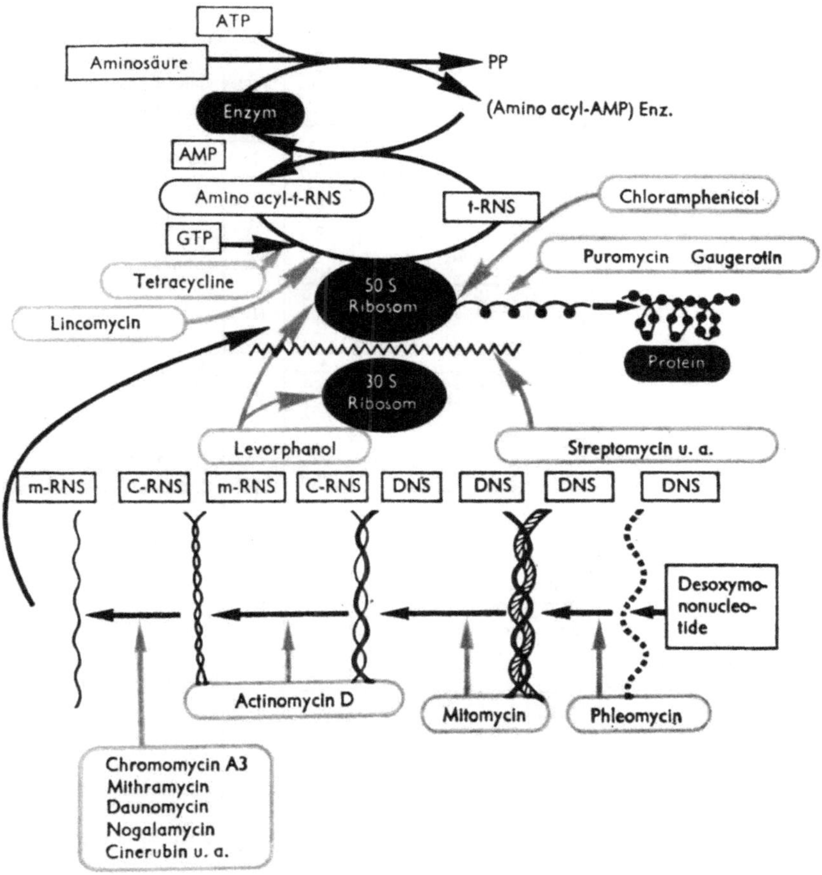

Schema 22. Schematische Darstellung der Angriffspunkte der verschiedenen Antibiotika in der Nukleinsäure- und Protein-Biosynthese. (Nach DELLWEG, 1967.)

Streptomyzes-Arten produziert werden. Das am häufigsten gebrauchte Aktinomyzin D (SCHOEFL, 1964) wird von Streptomyces parvullus, Aktinomyzin C von Streptomyces chrysomalleus und Aktinomyzin K (GRABOWSKA, 1965) von Streptomyces melanochromogenes synthetisiert. Aktinomyzin D enthält zwei Moleküle D-Valin, Aktinomyzin C zwei Moleküle Isoleuzin innerhalb der Aminosäuren.

αβ) *Wirkung auf die RNS-Synthese*

Aktinomyzine wirken fast spezifisch auf die DNS-abhängige RNS-Synthese. Sie lagern sich in die kleine Furche der doppelsträngigen DNS-Helix und bilden

Komplexe mit der DNS, indem sie sich durch Wasserstoffbrücken mit dem Guanin verbinden (ARRIGHI u. HSU, 1965; COLLINS, 1965; LINDBERG, 1965; POPOVIĆ, 1965; SPEIRS, 1965; ZILLIG, 1966). Ein hoher Anteil von Guanin-Zytidin innerhalb der DNS erhöht den inhibitorischen Effekt des Aktinomyzins. Die ebenfalls in der kleinen Furche der DNS-Helix liegende RNS-Polymerase wird durch das Aktinomyzin verdrängt oder auf andere Weise unwirksam (GOLDBERG u. REICH, 1964; ZBARSKY, 1964; POPOVIĆ, 1965; SCHWARTZ et al., 1965; NEUBERT, 1966; OBERDISSE u. NEUBERT, 1967). Während die nukleäre RNS-Polymerase in der

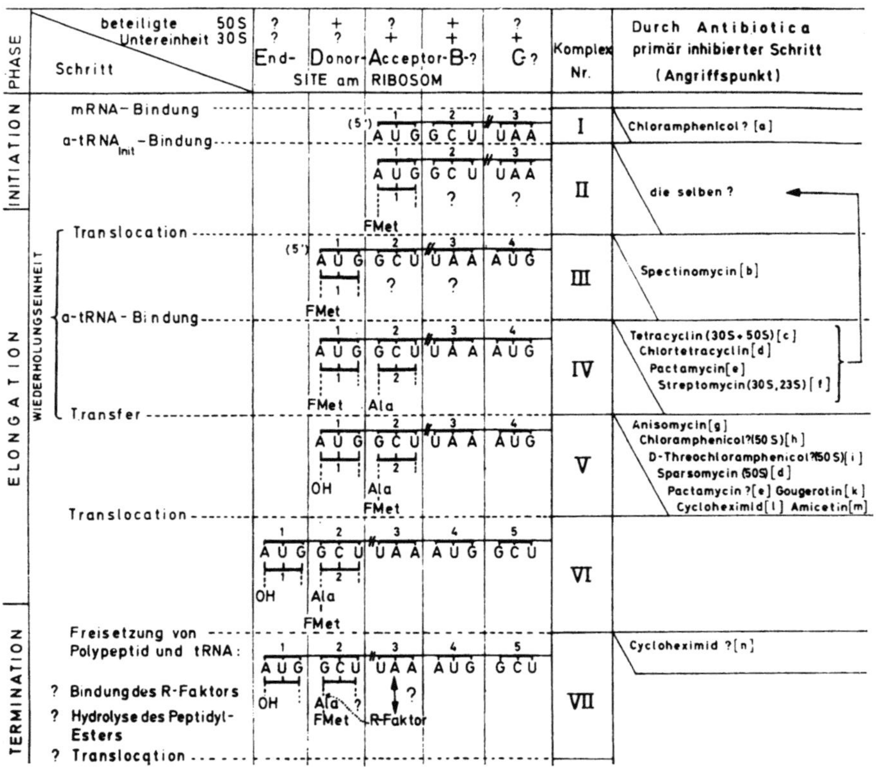

Schema 23. Reaktionsschritte der Polypeptidsynthese an Ribosomen und den Prozeß hemmende Antibiotika. (Nach MATTHAEI et al., 1968.)

Leber nach 4 Std. zu 80—90% gehemmt ist, zeigt die mitochondriale keine Hemmung, möglicherweise bedingt durch die unterschiedliche Permeabilitätsbarriere (HELGE u. NEUBERT, 1965).

Folge der Hemmung der RNS-Polymerase ist die Inhibition der RNS-Synthese. Dabei ist es in den einzelnen Zellarten, z. T. auch in Abhängigkeit von der Dosis, unterschiedlich, welche der RNS besonders stark gehemmt ist. Eine 90%ige Hemmung der RNS-Synthese durch Aktinomyzin bewirkt eine nur 40%ige Inhibition der Proteinsynthese, während eine 50%ige RNS-Blockierung die Eiweißbildung nur um 5% reduziert (PROSKY et al., 1968; SHANMUGAN u. BHARGAVA, 1968). Der Effekt auf die mRNS hängt von deren Lebensdauer ab. Bei kurzlebiger mRNS, wie sie besonders bei Bakterien zu finden ist, wird die Hemm-

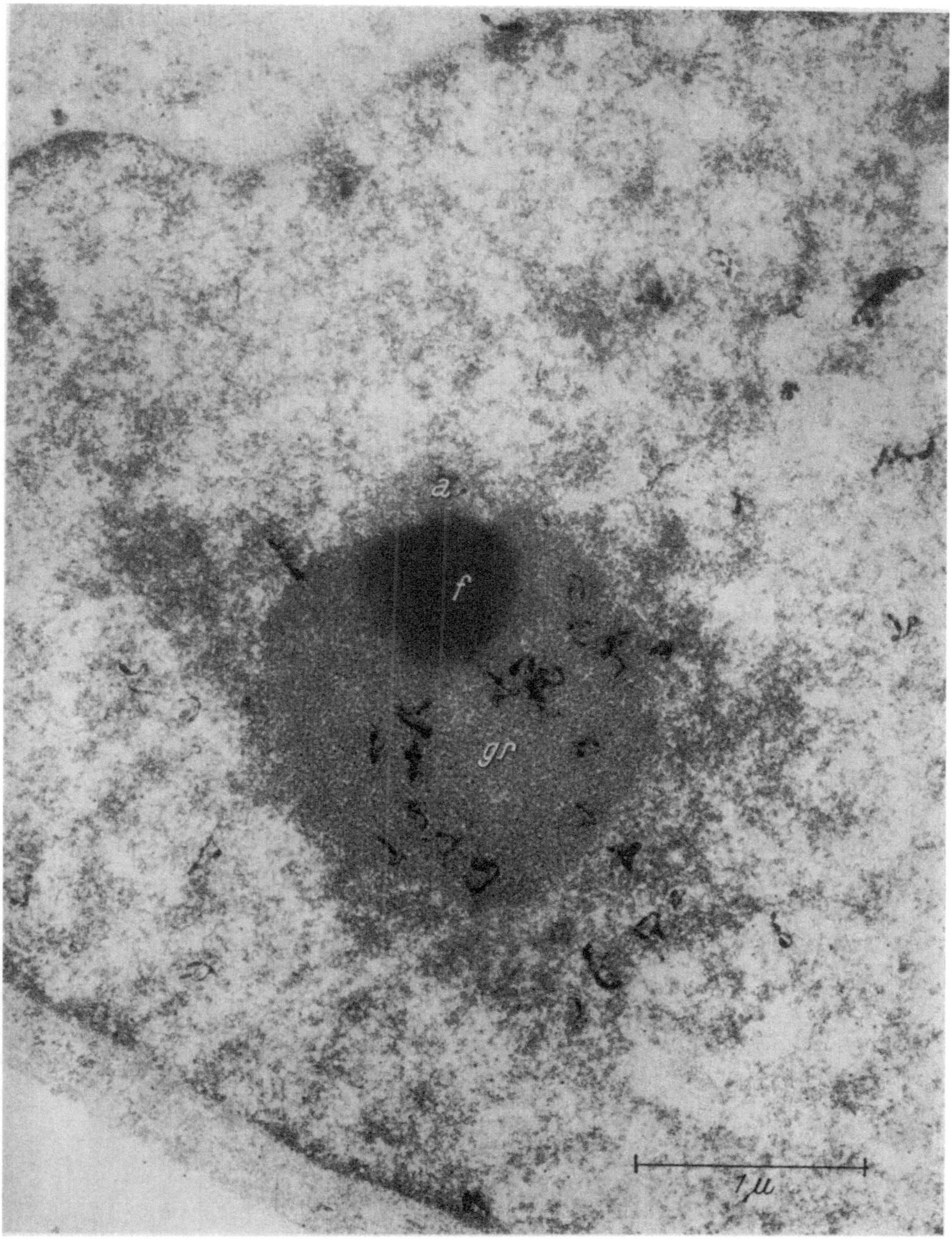

Abb. 169. Nukleolus einer Nierenkulturzelle. Inkorporation von ^{3}H-Uridin für 5 Min. und Behandlung mit Aktinomyzin 2 Stdn. Die Aktivität ist konzentriert im Bereich der granulären Zone (*gr*). Die fibrilläre (*f*) und amorphe (*a*) Zone sind frei. Das angrenzende Chromatin enthält einzelne Markierungen. 30 000 ×. — Freundlichst überlassen von Dr. M. Geuskens, Brüssel/Belgien.

wirkung wesentlich größer sein als bei der in unterschiedlichem Maße langlebigen mRNS höherer Tiere (Lamar et al., 1966). Die durch Eisengabe stimulierte Apoferritinsynthese in der Rattenleber wird durch Aktinomyzin inhibiert, was auf eine Hemmung der mRNS-Bildung zurückgeführt wird (Yoshino et al., 1966).

Nach Nakazato et al. (1966) hat die mRNS der Rattenleber eine Halbwertszeit von 1 Std., während von anderen Autoren Werte bis zu 80 Std. angegeben werden.

Die mRNS der Rattenleber ist nach 40 Std. noch unbeeinflußt (Revel u. Hiatt, 1964). In Kükenaugenbläschen ist die Hemmung erst nach 36 Std. vollständig (Katoh u. Braverman, 1966). Die langlebige mRNS wird von einer einmaligen Aktinomyzingabe nicht beeinflußt (Scott u. Bell, 1964), so z. B. die über mehrere Tage stabile mRNS des Pankreas (Rodriguez, 1967). Aus dem gleichen Grund wird auch die Schlagtätigkeit von Herzmuskelzellkulturen nicht beeinflußt (McCarl u. Shaler, 1969).

Auf Grund zahlreicher Untersuchungen ist anzunehmen, daß auch andere RNS-Fraktionen oder die Bildung der Gesamt-RNS gehemmt werden (Caspersson et al., 1963; Merits, 1963; Klenow u. Fredericksen, 1964; Baserga et al., 1965; Cammarano et al., 1965; Cleffmann, 1965; Hilf et al., 1965; Wiesner et al., 1965; Koenig u. Jacobson, 1967; Hanania u. Harel, 1968). Die Hemmung beträgt in Ehrlich-Landschütz-Tumoren bis zu 90% (Grabowska, 1965). Außerdem soll auch ein Abbau neugebildeter RNS des Kerns erfolgen (Schwartz u. Garofalo, 1967). Eine Erhöhung der RNS-Synthese, wie man sie nach einer partiellen Hepatektomie normalerweise sieht, wird durch Aktinomyzin ebenfalls verhindert (Kishimoto u. Lieberman, 1964; Tsukada u. Lieberman, 1964; Lieberman u. Kane, 1965).

In der Kernfraktion wird die Synthese der G-Z-reichen RNS durch Aktinomyzin inhibiert (Steele u. Busch, 1966). Danach werden in der Kernresidualfraktion und isolierten Nukleoli die 55-S, 45-S, 35-S und 28-S-RNS reduziert. Die 28-S-RNS des Zytoplasmas wird stärker vermindert als die 18-S-RNS.

Nach den Befunden von Lukjanow u. Shuppe (1966) an zellfreien Systemen der Leber wird zuerst die hochmolekulare RNS mit einem hohen Guanin-Zytosin-Gehalt, wie die ribosomale RNS, gehemmt, die mRNS und tRNS erst danach. Die rRNS wird in der Leber zu 90 bis 95% unterdrückt, die tRNS zu 50—70% (Moulé u. Landin, 1965). Harel et al. (1964) fanden eine totale Hemmung der rRNS und tRNS in der Rattenleber. Die mRNS-Synthese erfolgt z. T. länger als die der rRNS (Samarina, 1964). Besonders häufig und früh ist die RNS-Synthese im Nukleolus betroffen (Geuskens, 1964, 1965 [Abb. 169, 170]; di Marco et al., 1965; Stenram, 1965; Suskind, 1965; Ro et al., 1966; Stenram u. Willén, 1966; Kasten, 1967; Oehlert u. Klietmann, 1967). Gleichzeitig soll auch der Transport der RNS ins Zytoplasma unterdrückt werden (Girard et al., 1964) und die Bildung von Ribosomen unterbleiben (Schwartz u. Garofalo, 1967).

αγ) *Wirkung auf die DNS und Zellteilung*

Besonders hohe Dosierungen von Aktinomyzin wirken nicht nur auf die Translation, sondern auch direkt auf die Guaninmoleküle der DNS und führen damit zu einer Hemmung der DNS-Synthese und der Zellteilung (di Marco et al., 1965; Neu et al., 1966; Nachtwey u. Dickinson, 1967). Teilweise wird die DNS-Polymerase direkt beeinflußt (Cleffmann, 1965). Wahrscheinlich kommt die Mitosehemmung aber im wesentlichen dadurch zustande, daß die spezifische RNS vorher inhibiert wird (Baserga et al., 1965; Cleffmann, 1965; Becker et al., 1966; Sachsenmaier, 1966).

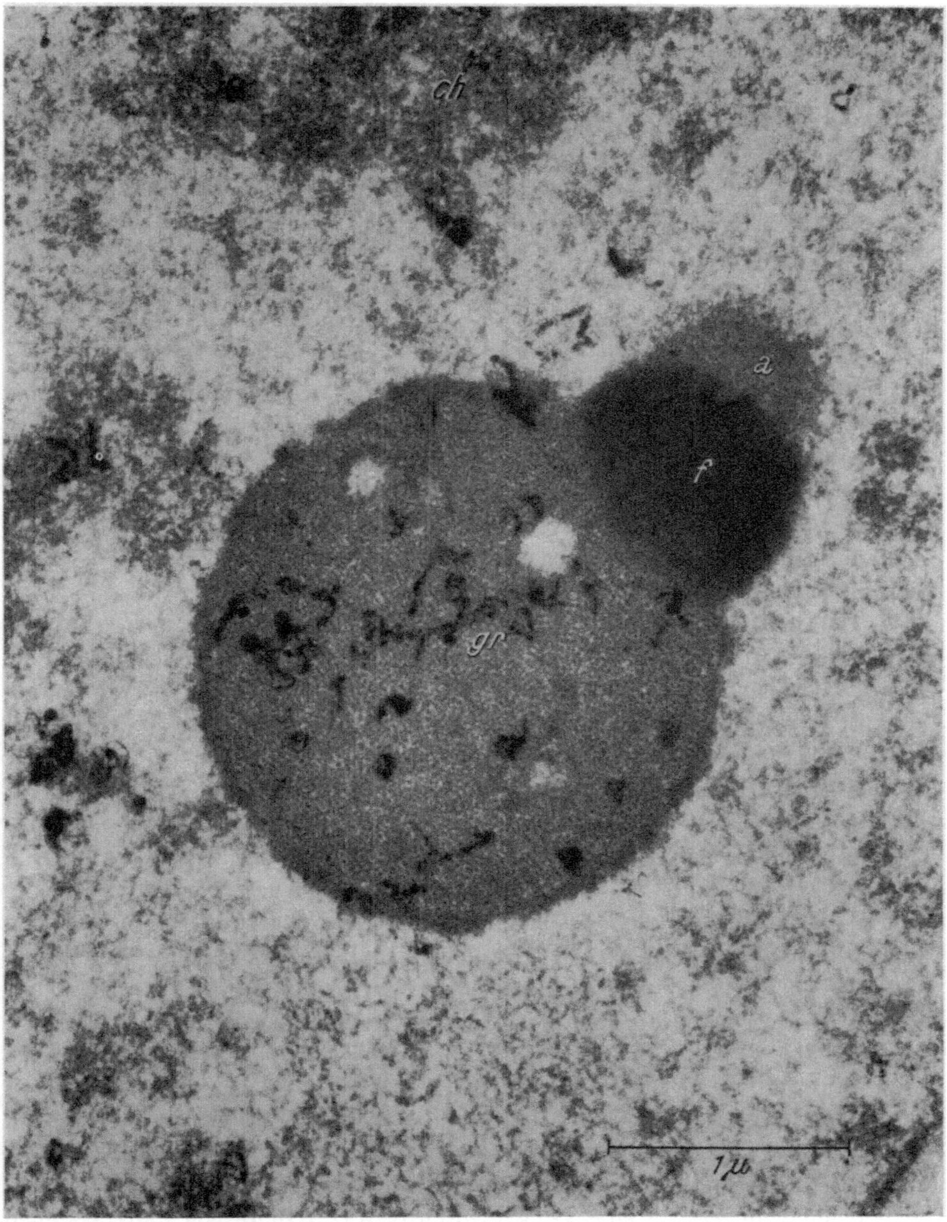

Abb. 170. Nukleolus von Nierenkulturzellen nach Gabe von Aktinomyzin D vor 7 Stdn. und Markierung mit ^{3}H-Uridin für 5 Min. Konzentration der Aktivität in der granulären Zone (*gr*), während die amorphe (*a*) und fibrilläre (*f*) Zone frei sind. *ch* = Chromatin. 32 000 ×. — Freundlichst überlassen von Dr. M. Geuskens, Brüssel/Belgien.

Auf synchronisierte Kulturen von HeLa-Zellen wirkt Aktinomyzin abhängig vom Zeitpunkt (Mueller u. Kajiwara, 1966). Eine Blockierung der Zellteilung erfolgt nur, wenn die Gabe einige Zeit vor dem Beginn der Teilung erfolgt. Diese Tatsache spricht dafür, daß auch die Wirkung auf die Zellteilung über die Synthese einer spezifischen RNS und von Proteinen vor sich geht, die zu bestimmten Zeiten des Zellzyklus benötigt werden.

In der Leber werden die DNS-Synthese und die Mitoseaktivität nach partieller Hepatektomie gehemmt (FUJIOKA et al., 1963; ODA u. CHIGA, 1965; SCHWARTZ et al., 1965; BECKER et al., 1966; CHIGA et al., 1966). In der regenerierenden Leber nach CCl_4-Intoxikation ist der Mitose-Index nach Aktinomyzingabe verdoppelt, was von MELVIN (1967) auf eine Hemmung der RNS zurückgeführt wird, die das Protein induziert, das die Prophase zur Metaphase umwandelt. Der normalerweise zu beobachtende Anstieg der Thymidylat-Kinase-Aktivität (FAUSTO u. LANCKER, 1965) und Desoxyzytidylat-Desaminase und Thymidin-Kinase (MALEY et al., 1965; CHIGA et al., 1966) in der regenerierenden Rattenleber fehlt.

αδ) *Wirkung auf Proteinstoffwechsel und Enzymsynthese*

Als Folge der verminderten Bildung der RNS wird die Proteinsynthese gehemmt, wobei eine direkte Wirkung auf die Eiweißsynthese möglich, aber von untergeordneter Bedeutung ist. Nach SUSKIND (1967) ist die Eiweißsynthese in HeLa-Zellen und nach STENRAM u. WILLÉN (1966) in Leberzellen nach partieller Hepatektomie im Bereich des Nukleolus reduziert. In Zone I (nach RAPAPORT) des Leberläppchens mit einer normalerweise höheren Proteinsyntheserate ist die Verminderung infolge einer stabileren mRNS geringer (LE BOUTON, 1968).

In Pankreas und Nebennieren ist nach 17 bzw. 15 Std. noch eine Proteinsynthese von 10% zu finden (SCOTT u. BELL, 1964). Der Aminosäureeinbau in die Leber (NAKAZATO et al., 1966) wie auch der ^{14}C-Prolin-Einbau in Fibroblasten (BLOOM et al., 1965) ist reduziert. Die Phospholipidsynthese wird ebenfalls erheblich herabgesetzt (PASTAN u. FRIEDEMAN, 1968).

Die Antikörperbildung *in vitro* zeigt ein unterschiedliches Verhalten. Nach LAZDA u. STARR (1965) ist die Antikörpersynthese in Milzzellen nur gering reduziert, während sie nach WERCHAU et al. (1965) total gehemmt ist.

Die Östrogen-induzierte Erhöhung der Glukose-6-Phosphat-Dehydrogenase, NADP-Malat-Enzyme und Phosphoglukomutase-Aktivitäten in Mammatumoren und im normalen Uterus ist nach Aktinomyzingabe nicht zu sehen (HILF et al., 1965).

β) Morphologische und biochemische Folgen

βα) *Veränderungen des Kerns und seiner Bestandteile*

^3H-markiertes Aktinomyzin D wird an die DNS der Chromosomen (EBSTEIN, 1967) bzw. das Heterochromatin (SIMARD, 1967) gebunden. Nach HARBERS (1966) erfolgt die Fixierung jedoch besonders im Bereich des Euchromatins.

Aktinomyzin bewirkt eine Verkleinerung der Kerne von Pankreaszellen (YAMAGUCHI et al., 1966) und eine Fragmentierung des Chromatins in Leukozytenkulturen (OSTERTAG u. KERSTIN, 1965). In primären Spermatozyten von Drosophila werden die Schleifen der Chromosomen geschädigt (MEYER u. HESS, 1965).

In Leberzellen kommt es zur Verklumpung (SMUCKLER u. BENDITT, 1965; DAVID u. MARX, 1967; DAVID u. UERLINGS, 1967) oder Kontrastverminderung der Interchromatingranula (STENRAM, 1965) bei gleichzeitiger Verminderung und Verkleinerung der Perichromatingranula. Nach SMETANA u. POTMESIL (1968) sind die Perichromatingranula in der Umgebung des Nukleolus vermehrt. Im

Karyoplasma verschiedener Zellen treten herdförmige Chromatinverluste oder Verklumpungen mit Ausbildung von Granula und osmiophilen Körpern auf (REYNOLDS et al., 1964; McCLENDON u. MARTIN, 1965; NAYYAR u. KOENIG, 1968). Die intranukleären Einschlüsse sind vorwiegend aus Proteinen und Phospholipiden zusammengesetzt (KOENIG u. JACOBSON, 1966). Das Chromatin kann verlorengehen (SMUCKLER u. BENDITT, 1965). In embryonalen Zellen von Amphibien sind 250—270 Å breite filamentöse Strukturen z. T. in hexagonaler Anordnung als einziges Strukturelement des Karyoplasmas vorhanden (JONES, 1967; JONES u. ELSDALE, 1964). In Oocyten von *Triturus viridescens* bilden sich fibrilläre Körper aus (LANE, 1969). Der Transport von Ribonukleoproteiden durch die Kernmembran soll in Speicheldrüsenzellen von *Chironomus* gehemmt sein (STEVENS et al., 1965).

ββ) *Veränderungen des Nukleolus*

Die Bindung des Aktinomyzins an den Nukleolus bzw. seine DNS-Komponente kann mit ^{3}H-Aktinomyzin D bewiesen werden (EBSTEIN, 1967; SIMARD, 1967).

Im Bereich des Nukleolus sind besonders zahlreiche Befunde zu erheben (BERNHARD u. GRANBOULAN, 1968). Die Markierung der RNS wird reduziert (STENRAM, 1966). Vielfach ist eine Atrophie, eine Homogenisierung und Verklumpung zu beobachten (Tab. 81). Dabei bilden sich Kappen aus homogenem Material an vielen Nukleoli aus. Die Zunahme der fibrillären Anteile des Nukleolus der Leber ist mit einer Vermehrung der 6-S-RNS verknüpft (NARAYAN et al., 1966) (Tab. 82). Verbunden sind damit meist eine Verminderung oder der Verlust der Pars amorpha und die Ansammlung verklumpten osmiophilen Materials (Abb. 171) (PANTELEAKIS u. MATEYKO, 1966). Die Segregation oder Dissoziation führt zu einer isolierten Lagerung der fibrillären und granulären Nukleoproteide und der amorphen Proteine (SUTER u. SALOMON, 1966). Manchmal sind Hohlraumbildungen oder Vakuolen zu beobachten. In Speicheldrüsen von *Chironomus thummi* kommt es zum Verlust der peripheren Granula (STEVENS, 1964). Aktinomyzin-resistente Zellstämme zeigen erst sehr spät eine Segregation der Nukleoli (SIMARD u. CASSINGENA, 1968). Im ZNS sind die einzelnen Zelltypen unterschiedlich empfindlich. Die unipolaren sensorischen Neuronen werden später betroffen als die motorischen Neuronen (SEITE, 1967).

Sonst der Kernmembran angelagerte Nukleoli in Spermatozytenkernen von Drosophila können sich von ihr ablösen (MEYER u. HESS, 1965). Die Anzahl der Nukleoli sinkt bis auf 28% des Normalwertes (CLARK et al., 1966).

βγ) *Veränderungen des endoplasmatischen Retikulums und der Polysomen/Ribosomen*

Die verminderte Abgabe der im Kern gebildeten RNS führt im Zytoplasma zur Reduktion der Proteinsynthese, deren morphologischer Ausdruck sich aus den Befunden am granulären endoplasmatischen Retikulum und an den Ribosomen/Polysomen erkennen läßt.

In HeLa-Zellen kommt es zur kompletten Hemmung der Ribosomenmarkierung mit ^{14}C-Guanin (TAMAOKI u. MUELLER, 1965). 50—80% der Polysomen aus Rattenlebern zerfallen infolge des Unterganges der mRNS 4—8 Std. nach Gabe

Tab. 81. *Nukleolusveränderungen nach Aktinomyzingabe*

Organ	Atrophie u. Kondensation	Segregation, Dissoziation u. Zerfall	Kappenbildung	Vakuolisierung		Autor
Amoeba proteus	+	+			ringförmig	FLICKINGER, 1968
Leber		+				HAN, 1964
Leber	+					ODA u. CHIGA, 1965
Leber	+	+				SMUCKLER u. BENDITT, 1965
Leber	+					STENRAM et al., 1965; STENRAM u. WILLÉN, 1966
Leber		+				SUTER u. SALOMON, 1966
Leber	+	+		+		DAVID u. MARX, 1967; DAVID u. UERLINGS, 1967
Leber	+	+				HARRIS et al., 1968
Leber		+				GOLDBLATT u. SULLIVAN, 1969
Leber					ringförmig	SMETANA u. POTMESIL, 1968
Leber u. a. Organe	+	+				STENRAM, 1969
Chang-Leberzellen		+	+			REYNOLDS et al., 1964
Chang-Leberzellen	+		+			MCCLENDON u. MARTIN, 1965
Pankreas	+					YAMAGUCHI et al., 1966
Pankreas	+			+	peripherer Granularing	RODRIGUEZ, 1967
Parotis	+					HAN, 1967
Submaxilläre Drüse	+					TAKAHAMA u. BARKA, 1967
ZNS	+	+		+		NAYYAR u. KOENIG, 1968
ZNS		+				SEITE, 1967
Rückenmark			+			KOENIG u. JACOBSON, 1967
Oozyten		+				GEUSKENS, 1964, 1965
Amphibien-Embryonalzellen	+					EAKIN, 1964
Zellkulturen	+			+	ringförmig	PANTELEAKIS u. MATEYKO, 1966
HeLa-Zellen		+				JOURNEY u. GOLDSTEIN, 1961

Organ	Atrophie u. Kondensation	Segregation, Dissoziation u. Zerfall	Kappenbildung	Vakuolisierung	Autor
Nierenzellkulturen	+		+	+	SCHOEFL, 1964
Myeloblasten-Veränderung		+			HEINE et al., 1966
Speicheldrüsenzellen	+				JACOB u. SIRLIN, 1964

Tab. 82. *Strukturveränderungen des Nukleolus der Rattenleber nach Aktinomyzin-D- und Thioazetamidgabe* (mod. nach NARAYAN et al., 1966)

	% des Nukleolusbereiches		% granuläre Komponente/ % fibrilläre Komponente	% Total-RNS		28 S RNS/ 6 S RNS	28 S u. > 28 S RNS/ 6 S RNS
	fibrillär	granulär		6 S RNS	28 S RNS		
normale Leber	19 ∓ 4	77 ∓ 5	4	19	18,5	0,98	3,7
Leber 1h Aktinomyzin D 150 μg/kg	48 ∓ 23	50 ∓ 22	1	34	36	1,06	1,9
Leber 9 Tage Thioazetamid 50 μg/kg/die	4,5 ∓ 0,3	91 ∓ 2	20	6,9	21	3,0	13
Leber 9 Tage Thioazetamid u. 1h Aktinomyzin D	< 1	> 99	∞	5,3	53,5	10,0	18

des Aktinomyzins, während etwa 20% immer erhalten bleiben (STAEHELIN et al., 1963). SMUCKLER u. BENDITT (1965) fanden in der Leber schon nach 2 Std. eine Verminderung der Polysomen und 80-S-Ribosomen und eine Zunahme der 54-S-Partikeln. Die Stärke des Polysomenzerfalls (HONIG u. RABINOVITZ, 1965) und der Veränderungen des endoplasmatischen Retikulums hängen von der Halbwertszeit der RNS, insbesondere der mRNS, ab. HILL u. SAUNDERS (1969) sahen in den ersten 4 Std. nach Aktinomyzingabe keine Veränderungen der freien und membrangebundenen Polysomen. In der Zeit von 4—8 Std. kommt es zur

Disaggregation der freien Polysomen, während die membrangebundenen sich nicht ändern.

Das granuläre endoplasmatische Retikulum zeigt eine verminderte Anlagerung von Ribosomen an die Membranen und damit eine Zunahme der freien Ribosomen, z. B. in der Leber (HAN, 1964; DALLNER et al., 1966). Das agranuläre Retikulum kann hyperplastisch sein (Abb. 172).

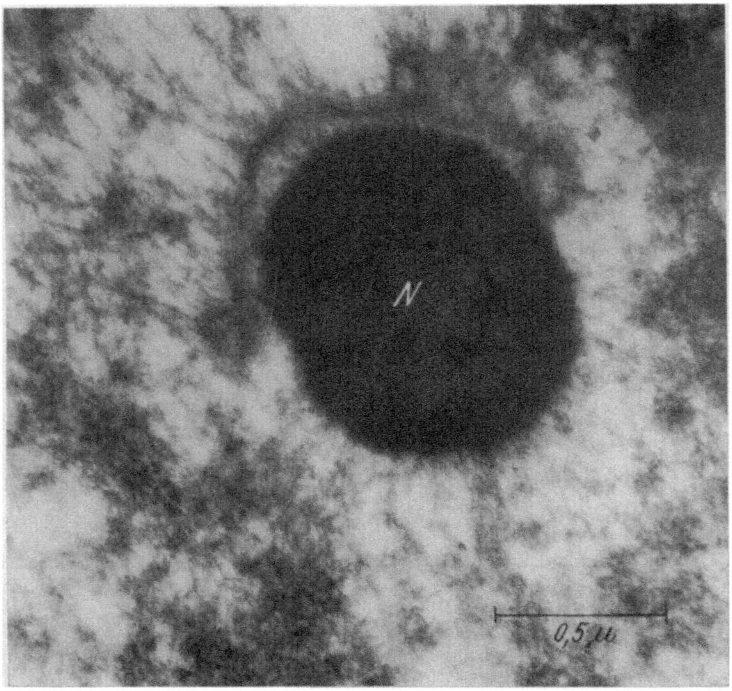

Abb. 171. Homogener verkleinerter Nukleolus (*N*) aus einer Leberzelle der Maus 3 Stdn. nach Aktinomyzingabe. 43 500 ×.

Die Ablösung erfolgt herdförmig, d. h., einzelne Polysomen zerfallen, während andere erhalten bleiben. Daraus ergibt sich, daß die Polysomenzahl vermindert wird, die Ribosomenzahl je Polysom jedoch bestehenbleibt (DAVID, 1969). STEWART u. FARBER (1967) fanden in der Leber eine Reduktion der Polysomen aus 3 oder mehr Ribosomen innerhalb von 12 Std. von 60% auf 24% bei gleichzeitiger Zunahme der Monomeren und dimeren Formen.

In Speicheldrüsen von *Smittia parthenogenetica* ist das endoplasmatische Retikulum kontrahiert, die freien Ribosomen sind vermehrt (JURAND u. JACOB, 1965). Bei Ratten kommt es zum Schwund des granulären endoplasmatischen Retikulums (JHEE et al., 1965).

In partiell hepatektomierten Lebern bewirkt Aktinomyzin eine Reduktion des granulären endoplasmatischen Retikulums und der freien Ribosomen (ODA u. CHIGA, 1965; DAVID u. UERLINGS, 1967).

Besonders häufig ist die Ausbildung von nur noch teilweise mit Ribosomen besetzten Vesikeln, z. B. in der Leber (DAVID u. MARX, 1967; DAVID u. UERLINGS,

1967), im Pankreas (YAMAGUCHI et al., 1966; RODRIGUEZ, 1967), in HeLa-Zellen (JOURNEY u. GOLDSTEIN, 1961), in wuchernden Myeloblasten (HEINE et al., 1966) und embryonalen Amphibienzellen (EAKIN, 1964). Unsere Untersuchungen an Leberzellen zeigen, daß die einzelnen Bereiche des granulären endoplasmatischen Retikulums in der Leber der Maus sich unterschiedlich verhalten können (DAVID, 1968, 1969). Im Bereich des perimitochondrialen Retikulums sind die mito-

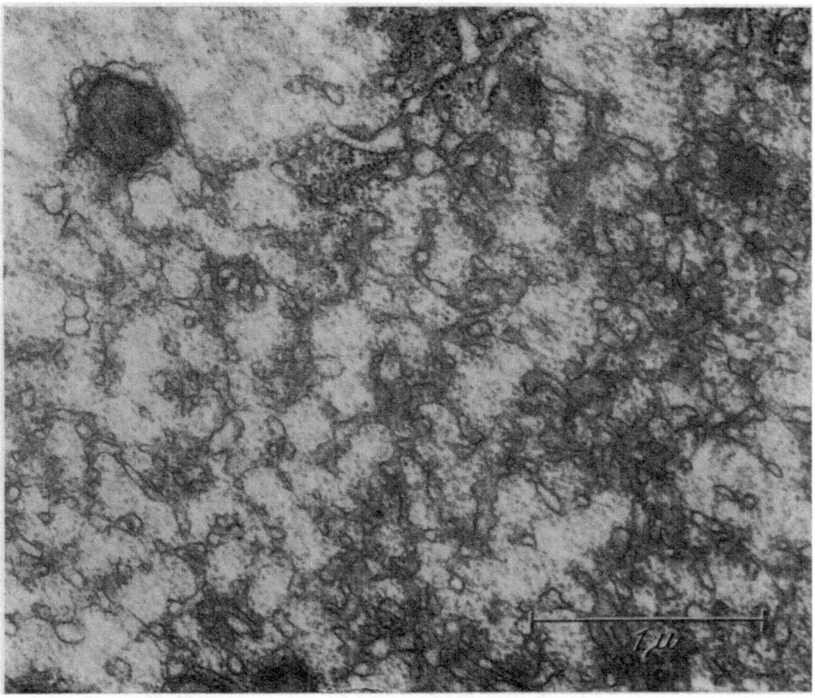

Abb. 172. Hyperplasie des glatten endoplasmatischen Retikulums mit Ausbildung eines lockeren Maschenwerkes im Glykogenareal einer Leberepithelzelle der Maus 24 Stdn. nach Gabe von Aktinomyzin. 30 000 ×.

chondrienfernen Anteile des Retikulums durch die Vesikelbildung und die Ablösung der Ribosomen besonders betroffen.

Die nach Phenobarbitalgabe in der Leber induzierte Zunahme des agranulären endoplasmatischen Retikulums wird durch Aktinomyzin verhindert (ORRENIUS u. ERICSSON, 1966).

In vitro zeigen Leberzellen eine Bildung von Membranen des agranulären Retikulums (LÖWE et al., 1968).

βδ) *Veränderungen der übrigen Zytoplasmabestandteile*

In Mitochondrien von Normalgewebe (NEUBERT et al., 1965) und aus Tumorzellen (GRAFFI et al., 1966) sowie von Pflanzenzellen (CHATTERJEE et al., 1966) wird die Inkorporation von Aminosäuren in Proteine durch Aktinomyzin gehemmt; mehrfach sind die Mitochondrien in verschiedenen Zellen geschwollen, vakuolisiert und zeigen eine Reduktion der Cristae (JOURNEY u. GOLDSTEIN, 1961;

Heine et al., 1966; Yamaguchi et al., 1966). Vereinzelt finden sich Längslamellen (Abb. 173).

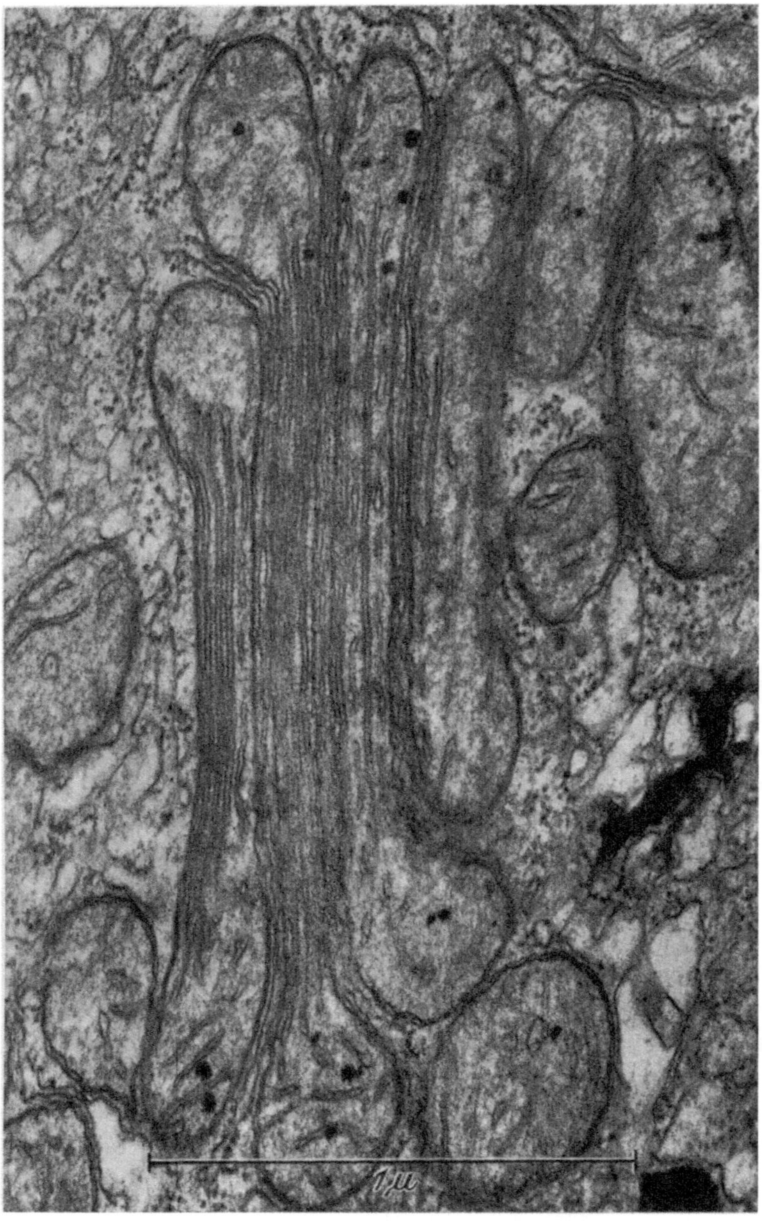

Abb. 173. Längslamelläre Umwandlung der Cristae mitochondriales in einer Leberzelle 4½ Stdn. nach Gabe von Aktinomyzin. 63 000×.

Im Darm ist nach Aktinomyzingabe die Absorption der sauren, basischen und neutralen Aminosäuren unterschiedlich reduziert (Yamada et al., 1967).

In menschlichen Leukozyten kommt es zur Inhibition der Atmung und der anaeroben Glykolyse sowie zur Verminderung des ATP-Gehaltes (Laszlo et al., 1966). Embryonale Zellen von Amphibien zeigen eine Glykogenansammlung infolge einer verminderten Bildung von glykogenolytischen Enzymen (Eakin, 1964). Die Prednison-bedingte Erhöhung der alkalischen Phosphatase in Epithelzellkulturen tritt nach Aktinomyzingabe nicht ein, wenn die Substanz innerhalb von 8 Std. gegeben wird (Griffin u. Cox, 1966). Ähnlich verhält sich auch die

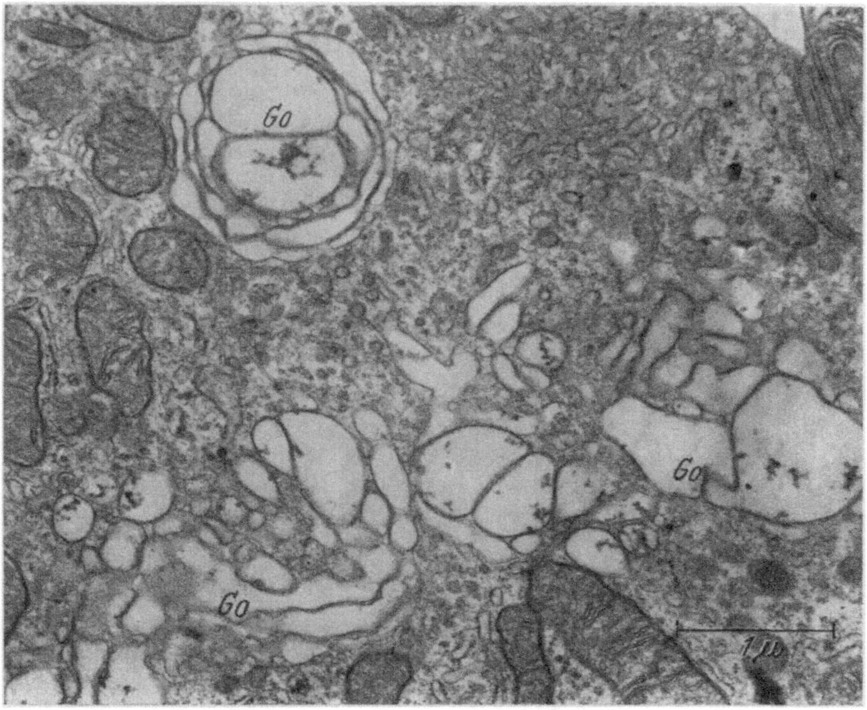

Abb. 174. Hyperplastisches vakuolisiertes Golgi-Feld (*Go*) aus einer Darmepithelzelle der Maus 42 Stdn. nach Gabe von Aktinomyzin. 20 000 ×.

Östrogen-induzierte alkalische Phosphatase bei kastrierten Mäusen (Stepleweski, 1966). Die bei der Metamorphose von Xenopuslarven vermehrt gebildete saure Phosphatase und Kathepsin sind nach Aktinomyzingabe reduziert, so daß die Schwanzatrophie verhindert wird (Weber, 1965). Myoblasten zeigen dagegen keine Inhibition der Differenzierung, was auf eine langlebige RNS zurückgeführt wird (Duprat et al., 1966).

Bei Amoeba proteus werden Zahl und Größe der Golgi-Komplexe vermindert (Flickinger, 1968). Zu Fettansammlungen bei Reduktion, aber auch Vakuolisierungen (Abb. 174) des Golgi-Feldes und der Zymogengranula kommt es in den exokrinen Zellen des Pankreas (Yamaguchi et al., 1966; Rodriguez, 1967). Auch in den Speicheldrüsen verschwinden die Enzymgranula bei gleichzeitiger Ausbildung von Vakuolen (Jhee et al., 1965) und Verminderung aller bei der Proteinsynthese beteiligten Organellen (Han, 1967).

Leberzellen zeigen vermehrt Fetttropfen (DAVID u. MARX, 1967; DAVID u. UERLINGS, 1967).

Zytolysomen treten in Leberzellen (DAVID u. UERLINGS, 1967; DAVID, 1968) und in exokrinen Pankreaszellen auf (RODRIGUEZ, 1967). Die Sternzellen der Leber enthalten zahlreiche Phagolysomen bei gleichzeitiger Hyperplasie des Golgi-Systems (DAVID, 1966). Selten bilden sich Nekrosen aus (Abb. 175).

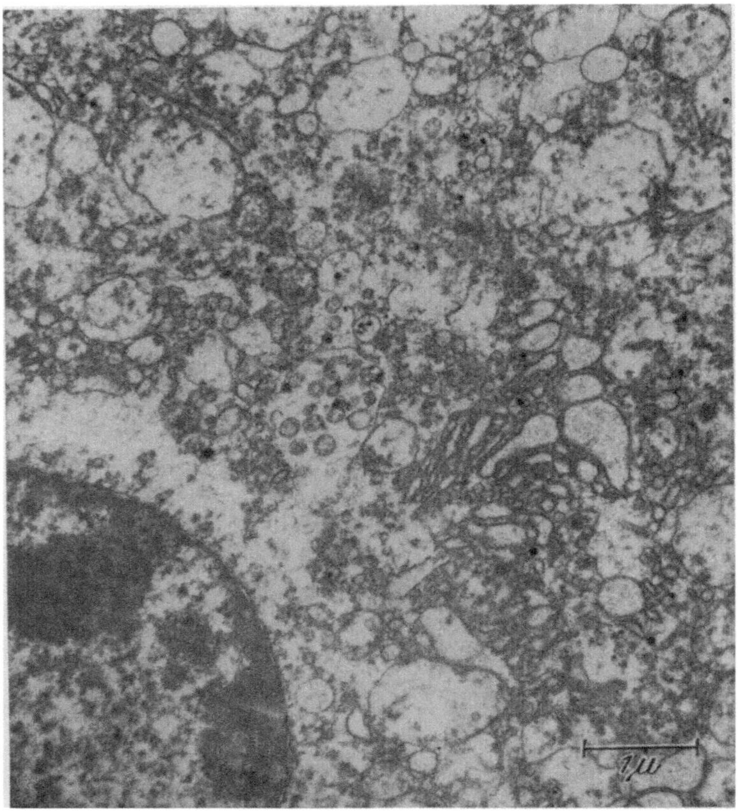

Abb. 175. Beginnende Nekrose einer Leberzelle mit Desorganisation der Zytoplasmastrukturen aus der Rattenleber nach Aktinomyzingabe. 12 500 ×.

Die retrograden Zellveränderungen im ZNS nach Durchtrennung von Nervensträngen werden bei gleichzeitiger Gabe von Aktinomyzin blockiert (TORVIK u. HEDING, 1967).

b) Mitomyzin

Mitomyzin (synthetisiert durch Streptomyces caespitosus) führt zu einer Alkylierung der DNS wahrscheinlich im Bereich des N-7-Atoms des Guanins. Möglicherweise kommt es zur irreversiblen kovalenten Bindung zwischen dem Mitomyzin und dem Guanin bzw. Zytosin. Die DNS-Stränge sind miteinander vernetzt.

Ein hoher Guanin- und Zytosin-Gehalt begünstigt die Querbrückenbildung kovalenter DNS-Stränge, so daß es zur Replikationshemmung und zum Zelltod kommt (SZYBALSKI u. IYER, 1964).

Der Nukleolus weist vielfach Kappenbildungen auf (MONTGOMERY et al., 1966). Die mRNS-Synthese soll nicht beeinflußt sein.

c) Daunomyzin

Daunomyzin (synthetisiert durch Streptomyces peucetius) wirkt auf die RNS-Synthese inhibitorisch. In HeLa-Zellen treten Veränderungen des Nukleolus mit einer Fragmentierung des Nukleolonemas und fortschreitender Ablösung der Ribonukleoproteidgranula auf, wobei sich gleichzeitig kleine Vakuolen ausbilden (DORIGOTTI u. GAETANI, 1964).

Auf die RNS-Polymerase und damit auf die RNS-Synthese wirken ähnlich wie Daunomyzin die Antibiotika Echinomyzin, Ethidiumbromid, Nogalamyzin, Chromomyzin, Mithramyzin und Olivomyzin (WARD et al., 1965).

d) Phleomyzin

Phleomyzin (synthetisiert von Streptomyces verticillus) verbindet sich wahrscheinlich mit der DNS und wirkt inhibitorisch auf die DNS-Polymerase (FALASCHI u. KORNBERG, 1964).

e) Streptomyzin

Streptomyzin (synthetisiert von Streptomyces griseus) wirkt vorwiegend auf Bakterien, aber auch auf Mammalierzellen. Dabei kommt es zu einer Verbindung zwischen dem Streptomyzin und der kleineren Untereinheit (30 S) des Ribosoms. Die Spezifität des genetischen Kodes wird auf der ribosomalen Ebene verfälscht (DREWS, 1966). Nach BROCK (1964) wird der Translationsmechanismus geschädigt, während die Synthese von Peptidbindungen nicht verhindert wird. Ähnlich wie Streptomyzin und Dihydrostreptomyzin wirken Kanamyzin, Neomyzin. Sie führen zu Fehlablesungen in einer oder allen drei Basen des Tripletts oder im Bereich des Purins bzw. Pyrimidins (DAVIES et al., 1965), so daß „Nonsens-Proteine" gebildet werden. Die Hemmung der Proteinsynthese im ZNS wirkt sich amnestisch aus (BARONDES u. COHEN, 1967).

In Abhängigkeit von der Applikationsart wirken die Antibiotika Streptomyzin, Neomyzin und Gentamyzin different (LUNDQUIST u. WERSÄLL, 1968). In den vestibulären sensorischen Zellen kommt es nach subkutaner Gabe der Substanzen zu Mitochondrienschädigungen, Rigiditätsverlusten der Zellmembran und Abstoßungen der Zellen. Hierfür wird eine Störung der physiologischen Ionenpassage am Anfang, und später infolge der Blockierung der ribosomalen Proteinsynthese eine Schädigung der Zellmembran angenommen. Die direkte Gabe der Substanzen in das Innenohr führt zur primären Inhibition der Proteinsynthese mit Veränderungen im Bereich des Chromatins und der Ribosomen und dann zum Zelltod.

Während nach der allgemeinen Anschauung die Proteinsynthesehemmung durch Streptomyzin auf der ribosomalen Ebene erfolgt, wirkt es nach MIZUNO (1965) auf die DNS und führt zu einer Hemmung der Zellteilung und zu Veränderungen des Kerns von Gewebekulturzellen.

Die Zellmembran soll geschädigt werden. Die oxydative Phosphorylierung wird beeinflußt.

f) Kanamyzin

Der Effekt des Kanamyzins ist besonders in den Haarzellen der Cochlea beschrieben worden. Die Zellkerne weisen Chromatinverklumpungen und eine Schwellung der Kernmembran auf. Die Mitochondrien zeigen verschiedene Formen der Degeneration. Als Zeichen der Schädigung der Proteinsynthese verschwinden die Ribosomen (LUNDQUIST u. WERSÄLL, 1967).

g) Puromyzin

Infolge seiner Ähnlichkeit mit dem Aminoacyl-Ende der sRNS lagert sich das Puromyzin (synthetisiert von Streptomyces albo niger) mit einer NH_2-Gruppe an das Karboxyl-Ende entstehender Peptidketten, so daß sich diese von den Polysomen ablösen (SCHWEIGER, 1964; HAWTREY u. BIEDRON, 1966; MAGEE, 1966). Die Entstehung inkompletter Polypeptide führt zur Inhibition der Proteinsynthese (NATHANS, 1964; SPEIRS, 1965; TAMAOKI u. MUELLER, 1965) auch im Nukleolus (SUSKIND, 1967). Die Ribosomensynthese (SOEIRO et al., 1968) und die Aminosäureinkorporation (BLACK et al., 1967) sind herabgesetzt. Dagegen gelangt mRNS weiter in das Zytoplasma der Zellen (LATHAM u. DARNELL, 1965). Die Aminosäureinkorporation in Mitochondrienproteine wird durch Puromyzin ebenfalls reduziert (GRAFFI et al., 1966).

Die Polysomen von Leberzellen zeigen einen inkompletten, aber sehr schnellen Zerfall, so daß die Größe aller Ribosomenaggregate etwa um das 2fache reduziert ist (VILLA-TREVINO et al., 1964). Es entstehen Anhäufungen granulo-amorphen Materials. Außerdem bilden sich Cytosomen aus.

Puromyzin führt in Restlebern nach partieller Hepatektomie zur Reduktion der Nukleolusgröße und Verminderung des granulären endoplasmatischen Retikulums (STENRAM u. WILLÉN, 1967). Gleichzeitig wird der Umsatz der nukleolären RNS (TSUKADA u. LIEBERMAN, 1964) und die RNS-Polymerase (TSUKADA u. LIEBERMAN, 1965) sowie die Desoxyzytidyl-Desaminase (DUSPIVA, 1966) gehemmt. In sich entwickelnden Leberzellen wird die Anzahl der an die Membranen des granulären endoplasmatischen Retikulums angelagerten Ribosomen reduziert (DALLNER et al., 1966). Die normalerweise zu dieser Zeit ansteigenden Enzyme wie Elektronentransportenzyme oder Phosphatasen werden nach Puromyzingabe nicht erhöht.

Der stimulatorische Effekt von 3-Methylcholanthren auf drogenmetabolisierende Enzyme der Leber wird durch Puromyzin blockiert (BURNS et al., 1963). Die prednisonbedingte Erhöhung der alkalischen Phosphatase in Gewebekulturzellen wird durch Puromyzin blockiert (GRIFFIN u. COX, 1966). In exokrinen Pankreaszellen enthalten die Zisternen des granulären endoplasmatischen Retikulums weniger filamentöses Material als normal (TASHIRO et al., 1966). Außerdem können intrazisternale Granula und amorphe Ablagerungen im Zytoplasma,

Zytolysomen sowie Nekrosen auftreten. Als Ursache für den Zelltod werden von LONGNECKER et al. (1968) entweder die Inhibition der Proteinsynthese mit dem Mangel einzelner für den Zellstoffwechsel notwendiger Enzyme oder die Bildung abnormer Peptide oder inkompletter Proteine angenommen, die auf die Zelle toxisch wirken.

In Zellkulturen muriner Plasmozytome kommt es schon 1 Std. nach Gabe von Puromyzin zur Inhibition der Proteinsynthese (DEHNER et al., 1969). Erst nach 12 Std. sind Veränderungen des Kerns und danach des endoplasmatischen Retikulums, der Ribosomen und der Viren zu beobachten.

Ameloblasten enthalten nach Puromyzingabe autophage Vakuolen (WEINSTOCK u. RAU, 1968).

In den Hauptzellen des Magens sowie in den Pankreaszellen bilden sich autophagozytäre Vakuolen und später Nekrosen aus (EDMONDS u. LONGNECKER, 1969). Die Kryptenzellen des Dünndarms weisen ebenfalls Nekrosen auf (ESTENSEN u. BASERGA, 1966). Neben dem Effekt auf die RNS soll Puromyzin in sich teilenden Zellen auch auf die DNS-Synthese wirken und eine Inkorporation von Thymidin in die DNS unterdrücken. Im entorhinalen Kortex der Maus kommt es zur Dispersion der Polysomen oder Kondensation der Ribosomen zu irregulären Aggregaten. Die Mitochondrien sind teilweise geschwollen. Außerdem lagert sich im Zytoplasma granuläres und amorphes Material ab (GAMBETTI et al., 1968). Im N. supraopticus und Infundibularprozeß der Neurohypophyse wird nach 4—8 Std. die intrazisternale Substanz reduziert, nach 24 Std. das neurotubuläre Material (ZAMBRANO u. DE ROBERTIS, 1967). Nach GAMBETTI et al. (1968) werden die neuronalen Mitochondrien betroffen.

h) Zykloheximid

Zykloheximid wirkt auf den Transfer von Aminosäuren von der sRNS auf die an den Polysomen wachsenden Polypeptidketten. In der Leber wird die Inkorporation von ^{14}C-Leuzin in Proteine (TRAKATELLIS et al., 1965) inhibiert. Neben der Leber (KORNER, 1966; HARRIS u. SVOBODA, 1967; HARRIS et al., 1968), dem Pankreas (HARRIS u. SVOBODA, 1967; HARRIS et al., 1968) sind auch HeLa-Zellen (WARNER, 1966) und Zellkulturen (STANNERS, 1966) von der Proteinsynthesehemmung betroffen. Infolge einer langsameren Wanderung der Ribosomen in der mRNS nimmt die Zahl der Polysomen zu. In Retikulozyten wird die Proteinsynthese ebenfalls gehemmt, wobei weder das Polysomenmuster noch die Freisetzung von inkompletten Polypeptidketten beeinflußt werden (COLOMBO et al., 1966).

Der Ansatzpunkt des Zykloheximids ist entweder in einer Inhibition eines Enzymsystems zu sehen, das den Transfer von Aminosäuren an die wachsenden Polypeptidketten bewirkt, oder durch eine Interferenz mit der Anlagerung von RNS an den Kodierungssitz bedingt. Die Mitochondrien zeigen eine Inhibition des Wachstums (SCARPELLI, 1969).

Nach HARRIS et al. (1968) kommt es zur Hemmung der Proteinsynthese in Höhe der Polysomen und zu Veränderungen im Transport und der Reifung ribosomaler RNS. Der DNS- und Proteingehalt der Kernfraktion des Pankreas nimmt ab. Die nukleoläre RNS-Synthese, insbesondere die der 45 S-RNS ist erheblich reduziert (WILLEMS et al., 1969).

In der Leber zeigen die Nukleoli Fragmentierungen, Ringstrukturen und Dissoziationen, während im Zytoplasma das granuläre endoplasmatische Retikulum wirbelförmig gelagert ist, vermehrt Fetttropfen vorhanden sind und das agranuläre endoplasmatische Retikulum hyperplastisch ist. Trotz einer Reduktion der Proteinsynthese sind in den ersten 7 Std. nach Gabe von Zykloheximid keine eindeutigen Veränderungen der Ultrastruktur von Rattenleberzellen zu beobachten (VERBIN et al., 1969).

Die Pankreaszellen zeigen Zytolysomen mit Kernbestandteilen, verminderte Zymogengranula, eine Nukleolussegregation und einen Verlust der inneren Kernmembran (HARRIS et al., 1968).

i) Viomyzin

Das durch basische Streptomyces-Arten produzierte Antibiotikum Viomyzin wurde in seiner Wirkung auf das Zentralnervensystem untersucht (WESSEL, 1966). Im Bereich des Kleinhirns der Maus wird besonders die Molekularschicht betroffen. Die Zellen zeigen eine erhebliche Flüssigkeitseinlagerung und Pyknosen der Kerne. Die Mitochondrien der Purkinje-Zellfortsätze sind verkleinert und haben nur wenige Cristae, im Perikaryon sind sie vereinzelt auch geschwollen. Das granuläre endoplasmatische Retikulum und insbesondere die Ribosomen sind vermindert. Die Korbzellfasern lösen sich und verlieren ihre synaptischen Bläschen. In einzelnen Gliazellformen sind vermehrt Lipofuszinablagerungen vorhanden. Mehrfach weisen die Nervenzellen Nekrosen auf.

Der Angriffspunkt des Viomyzins wird an verschiedenen Punkten des Stoffwechsels gesehen.

k) Chloramphenicol

Anfangs bestand die Vorstellung, daß Chloramphenicol nur auf Bakterienzellen wirke, indem es sich mit der 50-S-Untereinheit der Ribosomen verbindet und die Proteinsynthese auf einer Stufe hemmt, die zwischen der Bildung von Aminoacyl-RNS und der Verknüpfung der Peptide liegt (WOLFE u. HAHN, 1965). Die Ablösung der Peptidketten von den Ribosomen wird verzögert. In S. cerevisiae wird auch das proteinsynthetisierende System der Mitochondrien gehemmt (CLARK-WALKER u. LINNANE, 1967). Das Mitochondrienwachstum wird inhibiert. Gleichzeitig werden die mitochondrialen Außenmembranen elongiert, und das agranuläre endoplasmatische Retikulum proliferiert (SCARPELLI, 1969).

Der inzwischen auch an Mammalierzellen beobachtete Effekt ist besonders bei einer exogenen Stimulierung der mRNS-Synthese zu beobachten, so daß die unterschiedliche Lebensdauer der mRNS wahrscheinlich als Ursache für die sonst nicht gefundene Wirkung des Chloramphenicols herangezogen werden muß. Nach den Untersuchungen von WEISBERGER u. WOLFE (1964) und WOLFE u. WEISBERGER (1965), die besonders an Retikulozyten durchgeführt wurden, lagert sich das Chloramphenicol an die Ribosomen so an, daß die Bindungssitze für die mRNS blockiert werden. Dadurch wird beispielsweise die Antikörpersynthese unterdrückt. In freien Ribosomen der Milz beträgt die Hemmung der Eiweißsynthese 13%, in gebundenen Ribosomen 46% (TALAL u. EXUM, 1966).

Nach partieller Hepatektomie enthalten die Leberzellen neben einer Vakuolisierung des endoplasmatischen Retikulums geschwollene Mitochondrien mit verminderten Cristae. Die mitochondrialen Zytochrome a, a_3, b und c_1 sind inhibiert (FIRKIN u. LINNANE, 1969).

Während Chloramphenicol in Leberzellsuspensionen stimulierend auf die Inkorporation von radioaktivem Phosphat in die RNS wirkt, wird der Einbau von ^{14}C-Adenin und ^{14}C-Urazil vollständig gehemmt (JACOB u. BHARGAVA, 1965). Die Reifung immunologisch kompetenter Zellen ist nach Chloramphenicol verzögert, die Zahl der Polysomen in diesen Zellen reduziert (SCHOENBERG et al., 1967).

l) Tetrazyklin

Tetrazykline wirken besonders auf Mikroorganismen, weniger auch auf Mammalierzellen. Sie verbinden sich mit den Ribosomen, so daß sich die Aminoacyl-sRNS nicht anlagern kann und dadurch die Proteinsynthese inhibiert wird (YEH u. SHILS, 1966). In Epithelzellen des Darmes führt Tetrazyklin ebenfalls zu einer Hemmung der Eiweißbildung (GREENBERGER, 1967). In Leberkulturzellen kommt es zur Verfettung (ZUCKERMAN et al., 1968).

3. Zellschädigung und Dysfunktion nach Barbitalgabe

Barbitalsäureverbindungen haben deshalb in der letzten Zeit als Untersuchungsobjekt eine erhebliche Bedeutung erlangt (Tab. 83), weil sie als Modellfall für die Wirkung zahlreicher anderer Substanzen, im besonderen von Arznei-

Tab. 83. *Leberveränderungen nach Barbitalgabe*

FOUTS, 1962, 1963; BURNS et al., 1963; REMMER, 1963, 1967; REMMER u. MERKER, 1963, 1965; FAWCETT, 1964; HERDSON et al., 1964; REMMER u. SIEGERT, 1964; REMMER et al., 1964; FOUTS u. ROGERS, 1965; JONES u. ARMSTRONG, 1965; KATO et al., 1965; ORRENIUS et al., 1965; BURGER u. HERDSON, 1966; ERICSSON u. ORRENIUS, 1966; FRANKE u. KLINGER, 1966; JONES u. FAWCETT, 1966; ONOE et al., 1966; ORRENIUS u. ERICSSON, 1966; SAITO u. OGAWA, 1966, 1967; ARCASOY et al., 1967, 1968; CHIESARA et al., 1967; FRANKE, 1967; GREIM et al., 1967; LANGE, 1967; ORRENIUS u. ERNSTER, 1967; ROGERS et al., 1967; SCHAUDE et al., 1967; ZEIDENBERG et al., 1967; BECKER u. LANE, 1968; DALLNER et al., 1968; FREY et al., 1968; GEIBEL et al., 1968; MELDOLESI et al., 1968; MURRAY et al., 1968; PIPER u. BOUSQUET, 1968; STÄUBLI et al., 1969

mitteln, gelten können. Sie bewirken eine unspezifische, in ihrem Ausmaß differente Enzyminduktion, durch die die Detoxikation von verschiedenen Drogen erfolgt. Dabei sollen sich zuerst die Enzyme vermehren, die über eine Oxydierung Substanzen abbauen, dann aber auch die hydroxylierenden, reduzierenden Enzyme und die glukuronisierenden, da ein großer Teil der Stoffe, ähnlich wie natürliche Stoffwechselprodukte, als Glukuronide in den Urin abgegeben werden.

In den ersten 3 Std. wird das Barbital an das endoplasmatische Retikulum gebunden. In den nächsten 3 Std. steigen der Phospholipidumsatz und die Enzyme an. Nach 8—12 Std. nehmen die nukleäre RNS-Polymerase und danach die Enzyme des agranulären endoplasmatischen Retikulums zu (ORRENIUS et al., 1965—1967).

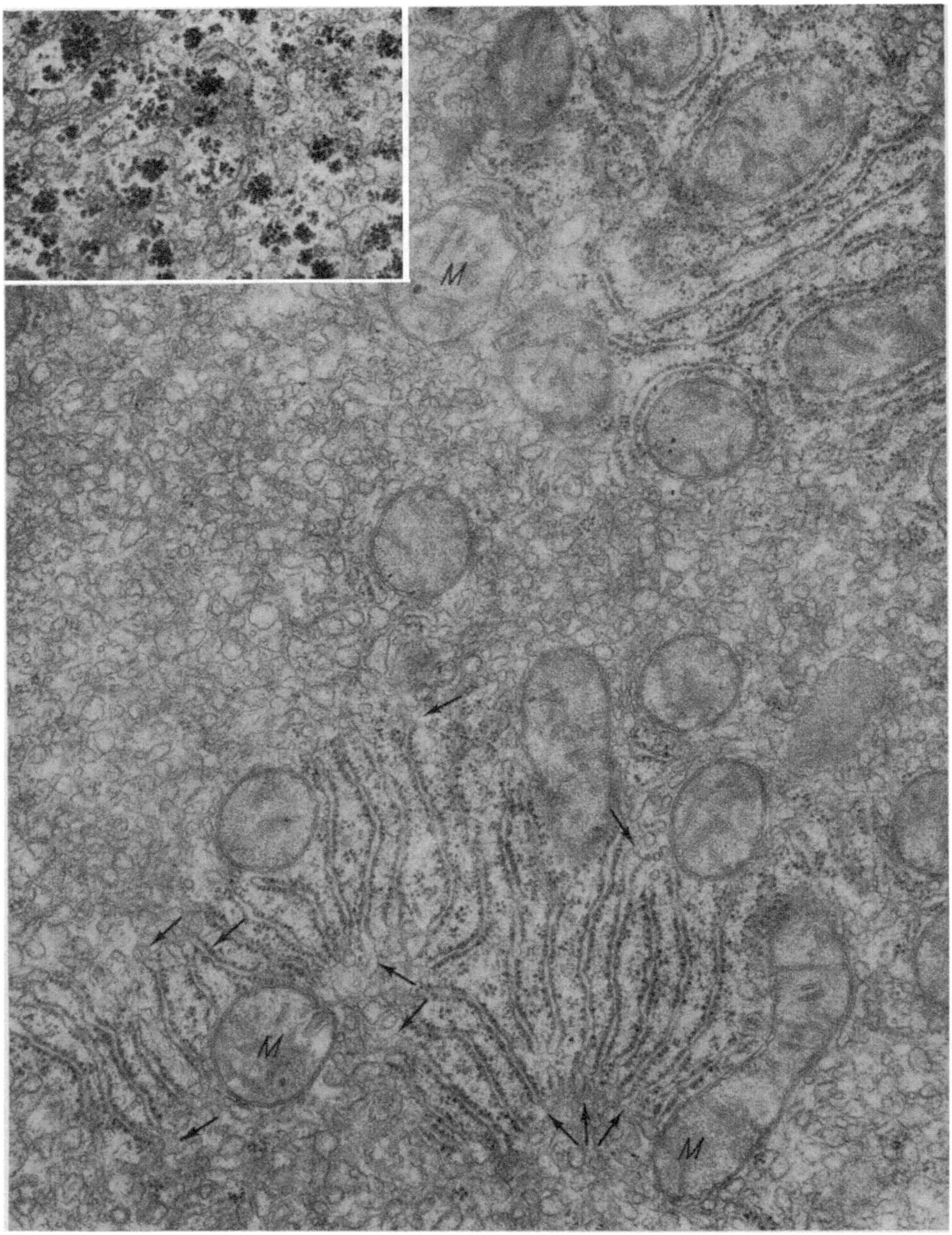

Abb. 176. Proliferation des agranulären endoplasmatischen Retikulums in einer Rattenleberzelle nach Gabe von Phenobarbital. *M* = Mitochondrien. ↗ = Übergang von granulärem zu agranulärem endoplasmatischem Retikulum. 27 000× (30 000×). — Mit freundlicher Genehmigung von Dr. J. L. E. ERICSSON, Stockholm/Schweden. Aus: J. Cell Biol. **31**, 243—256 (1966).

Die fehlende Spezifität der Enzyminduktion äußert sich in einer gleichzeitigen Vermehrung z. B. auch der Cholesterinbiosynthese, die bis auf das 4fache des Normalwertes ansteigen kann. Auch die sonst im Bereich des agranulären endoplasmatischen Retikulums nicht oder nur herdförmig vorhandene Glukose-6-

Phosphatase ist jetzt in allen Bereichen erkennbar. ORRENIUS u. ERICSSON (1966) beobachteten dagegen eine Abnahme der Glukose-6-Phosphatase-Aktivität.

Ähnliche, sich z. T. auch gegenseitig beeinflussende oder potenzierende Effekte wie die Barbiturate haben auch zahlreiche andere Substanzen, wie die Antihistaminika, DMAB, DDT, Tolbutamid und Butazolidin.

Die Enzyminduktion ist mit charakteristischen morphologischen Veränderungen der Leberzelle verbunden. Die genannten Enzyme sind im wesentlichen an den Membranen des agranulären endoplasmatischen Retikulums lokalisiert. Dieses Retikulum hypertrophiert (Abb. 176) während des Prozesses erheblich in Form von kleinen Vesikeln und Tubuli, die sich über große Bereiche des Parenchymzellzytoplasmas ausdehnen und besonders die vorher mit Glykogen gefüllten Bezirke besetzen. Das Glykogen wird erheblich reduziert.

Mit der Zunahme der agranulären Form des endoplasmatischen Retikulums geht eine Reduktion der granulären Form einher. Dagegen nimmt die Zahl der freien Ribosomen zu, und die Proteinsynthese steigt an. Die Enzyminduktion ist von dieser erhöhten Proteinproduktion abhängig, was durch die Hemmung des Vorganges durch Äthionin und Puromyzin bewiesen wird (BURNS et al., 1963).

Im Verlaufe der Enzyminduktion werden auch die oxydativen Enzyme der Mitochondrien vermehrt. Die Bildung von Riesenmitochondrien wird auf einen Effekt auf die mitochondriale DNS zurückgeführt. In der Matrix findet man osmiophile Ablagerungen und Myelinmembranen. Außerdem sind in den Zellen vermehrt Microbodies, Lysosomen, Fetttropfen und Myelinfiguren zu beobachten. Die Anzahl der dunklen Zellen nimmt zu.

Über den Befall der Zellen bestehen unterschiedliche Ansichten. Nach BURGER u. HERDSON (1966) werden zuerst die Zentralzellen betroffen, während REMMER u. MERKER (1963) die ersten Befunde in den peripheren Leberzellen beobachteten.

Die Enzyminduktion und Hypertrophie des agranulären endoplasmatischen Retikulums ist altersabhängig (FRANKE, 1967). In fetalen Lebern kommt es zu keiner Induktion.

In Restlebern nach partieller Hepatektomie bewirkt Barbital-induzierte mikrosomale Induktion von hydroxylierenden Enzymen ein erhöhtes Wachstum.

In Ehrlich-Aszites-Tumorzellen führt Barbital zu einer Erhöhung der DNS-Synthese im Bereich des Polymerase-Systems (BASERGA u. WEISS, 1967). Nach GEIBEL et al. (1968) wird in der Leber die Biosynthese aller Nukleinsäuren, besonders die der mRNS, erhöht.

4. Zellschädigung und Dysfunktion nach Alkoholintoxikation

Die bisherigen elektronenmikroskopischen Untersuchungen über alkoholbedingte Schäden von Zellen betreffen im wesentlichen die Zellen der Leber und des Herzens (Tab. 84).

Hauptkennzeichen der Zellveränderungen nach Alkoholintoxikation sind Mitochondrienveränderungen, Lipidansammlungen und die Ausbildung „alkoholischer Hyalinkörper“ oder „Mallory-Körper“.

Die Zahl der Mitochondrien weist wechselnde Veränderungen auf, wobei in den Leberzellen Bezirken einer umschriebenen Anhäufung Bereiche eines vollständigen Fehlens gegenüberstehen. Fast alle Mitochondrien der Leberzellen sind geschwollen und hypertrophiert (Abb. 177), was in der Herzmuskulatur nicht so deutlich ist. In den bis zu 15 μm großen Organellen treten zahlreiche Strukturveränderungen auf. Besonders hervorzuheben ist die keineswegs spezifische, aber nach Alkoholintoxikation sehr häufig anzutreffende Ausbildung von Kristalloiden oder Myelinfiguren, die vorwiegend in der Leber, seltener auch im Herzen beobachtet wird. Auch intracristal können helixförmige Fibrillen gefunden werden. Außerdem entstehen dichte Einschlüsse, Hohlraumbildungen, und die Matrixgranula werden vermindert. Die Cristae sind meist verkürzt. Durch die Bildung langer Cristae und eines unregelmäßigen Maschenwerkes von Cristae können Kompartmentierungen in der Matrix mitochondrialis auftreten. Die Befunde

Tab. 84. *Alkoholbedingte Organveränderungen*

Leber: OGATA et al., 1961; KIESSLING et al., 1963, 1964, 1965; REPPART et al., 1963; SCHAFFNER et al., 1963; BIAVA, 1964; FLAX u. TISDALE, 1964; HADEK et al., 1964; KIESSLING u. TOBE, 1964; PORTA et al., 1964, 1965, 1967, 1968, 1969; SEASKINS u. ROBINSON, 1964; SVOBODA u. MANNING, 1964; SZANTO et al., 1964; THEMANN u. STICHNOTH, 1964; ASHWORTH et al., 1965; DE LA IGLESIA et al., 1965; MELDOLESI et al., 1965; PORTA u. HARTROFT, 1965; STEIN u. STEIN, 1965, 1966, 1967; ALBOT u. PARTURIER-ALBOT, 1966, 1967; ALBOT et al., 1966; ISERI et al., 1966; KIESSLING u. PILSTRUM, 1966; LANE u. LIEBER, 1966; THORPE u. SHOREY, 1966; MINAKER u. PORTA, 1967; RUBIN u. LIEBER, 1967, 1968; TAKADA et al., 1967; GOMEZ-DUMM et al., 1968; HARTROFT u. PORTA, 1968; KLION u. SCHAFFNER, 1968; KOCH et al., 1968; OUDEA et al., 1968; PORTA u. GOMEZ-DUMM, 1968; RUBIN et al., 1968; SMUCKLER, 1968

Pankreas: TASSO et al., 1967

Herz: HIBBS et al., 1965; ALEXANDER, 1966, 1967; RUBIN u. LIEBER, 1967; SZANTO et al., 1967; LACERDA et al., 1968; SCHMALBRUCH u. DUME, 1969

Muskel: KLINKERFUSS et al., 1967

ZNS: GERHARD et al., 1968

stehen in Verbindung mit einer Verminderung der intramitochondrialen Enzyme, wobei die der Fettsäureoxydation besonders stark betroffen sind. KIESSLING et al. (1963) ermittelten eine Reduktion der Kapazität zur Pyruvat- und Glutamatoxydation, bei männlichen Tieren auch von Sukzinat.

Die Leberzellen enthalten ebenso wie die Herzmuskelzellen zahlreiche Fetttropfen. Ihre Entstehung wird unterschiedlich interpretiert. Die im Disseschen Raum liegenden Lipidtröpfchen von 800—1500 Å Größe sind nach den Untersuchungen von STEIN u. STEIN (1965, 1966) Sekretionsprodukte der Leberzellen. Sie werden nach Gabe von markierter Palmitinsäure und markiertem Glyzerin zuerst in Vesikeln des agranulären endoplasmatischen Retikulums und des Golgi-Systems beobachtet (Abb. 178). Es ist anzunehmen, daß in den Leberzellen nach Alkoholgabe neben der verminderten Fettsäureoxydation eine erhöhte Lipogenese stattfindet.

Das granuläre und agranuläre endoplasmatische Retikulum ist in den Leberzellen oft vesikulär oder vakuolär umgewandelt und kann in den Herzmuskelzellen Vakuolen bis zu 8 μm bilden. Das Golgi-Feld ist teilweise hypertrophiert. Die Lysosomen nehmen zu. Die Microbodies der Leber sind vermehrt und vergrößert.

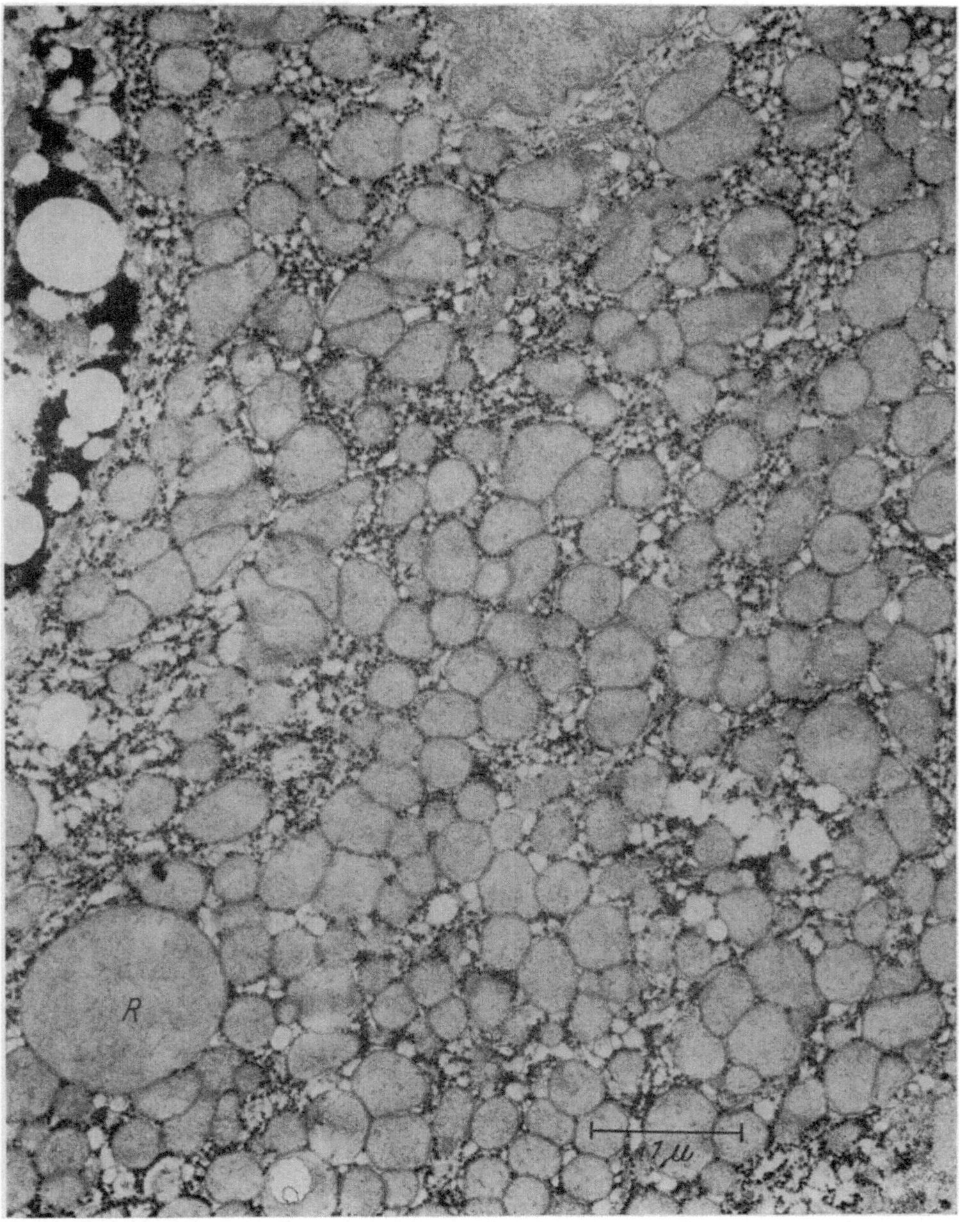

Abb. 177. „Onkozytenartige" Leberzelle bei alkoholischer Hepatitis. Das Zytoplasma ist mit zahlreichen runden Mitochondrien angefüllt. Diese enthalten tubuläre Cristae und eine kompakte Matrix ohne Granula. Vereinzelt Riesenmitochondrien (*R*). Fast völliges Fehlen des granulären endoplasmatischen Retikulums. 20 000 ×. — Mit freundlicher Genehmigung von Dr. C. BIAVA, Chicago/USA. Aus: Amer. J. Path. **46**, 775—802 (1965).

Im Herzmuskel finden sich manchmal vermehrt Lipofuszinablagerungen.

Charakteristisch für die Leberzellen nach Alkoholintoxikation sind die hyalinen Ablagerungen, deren Aufbau unterschiedlich beschrieben wird (Abb. 179, 180). Nach BIAVA (1964) liegen sie isoliert im Bereich des granulären endoplasma-

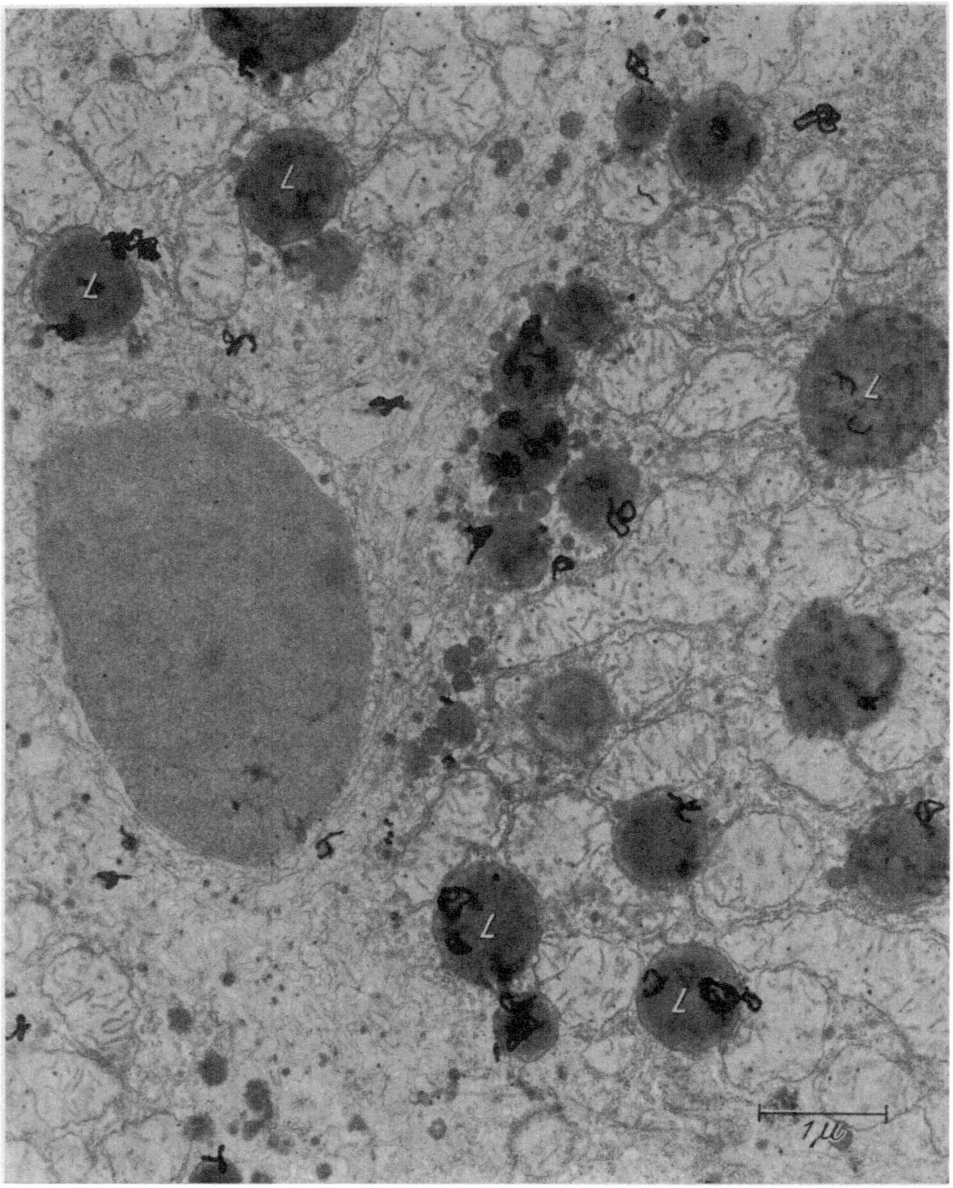

Abb. 178. Leberzelle einer Ratte 4 Stdn. nach intragastrischer Gabe von Äthanol und 10 Min. nach Injektion von ^{3}H-Oleinsäure. Zahlreiche Lipidtropfen (*L*) im Zytoplasma der Parenchymzelle. Die radioautographische Reaktion — vorwiegend bewirkt durch die Anwesenheit markierter Glyzeride — ist über den Lipidtropfen, dem endoplasmatischen Retikulum und einigen Mitochondrien nachweisbar. 17 000 ×. — Freundlichst überlassen von Frau Dr. O. STEIN, Jerusalem/Israel.

tischen Retikulums, während die Glykogenbezirke nicht betroffen sind. Das Hyalin setzt sich aus Anteilen des granulären endoplasmatischen Retikulums und Ribosomen zusammen und wird von keiner Membran umgeben. Die freien Ribosomen bleiben relativ lange erhalten, während die Membranen bald zerstört werden. Die aus dichten amorphen, granulären und filamentösen Massen aufge-

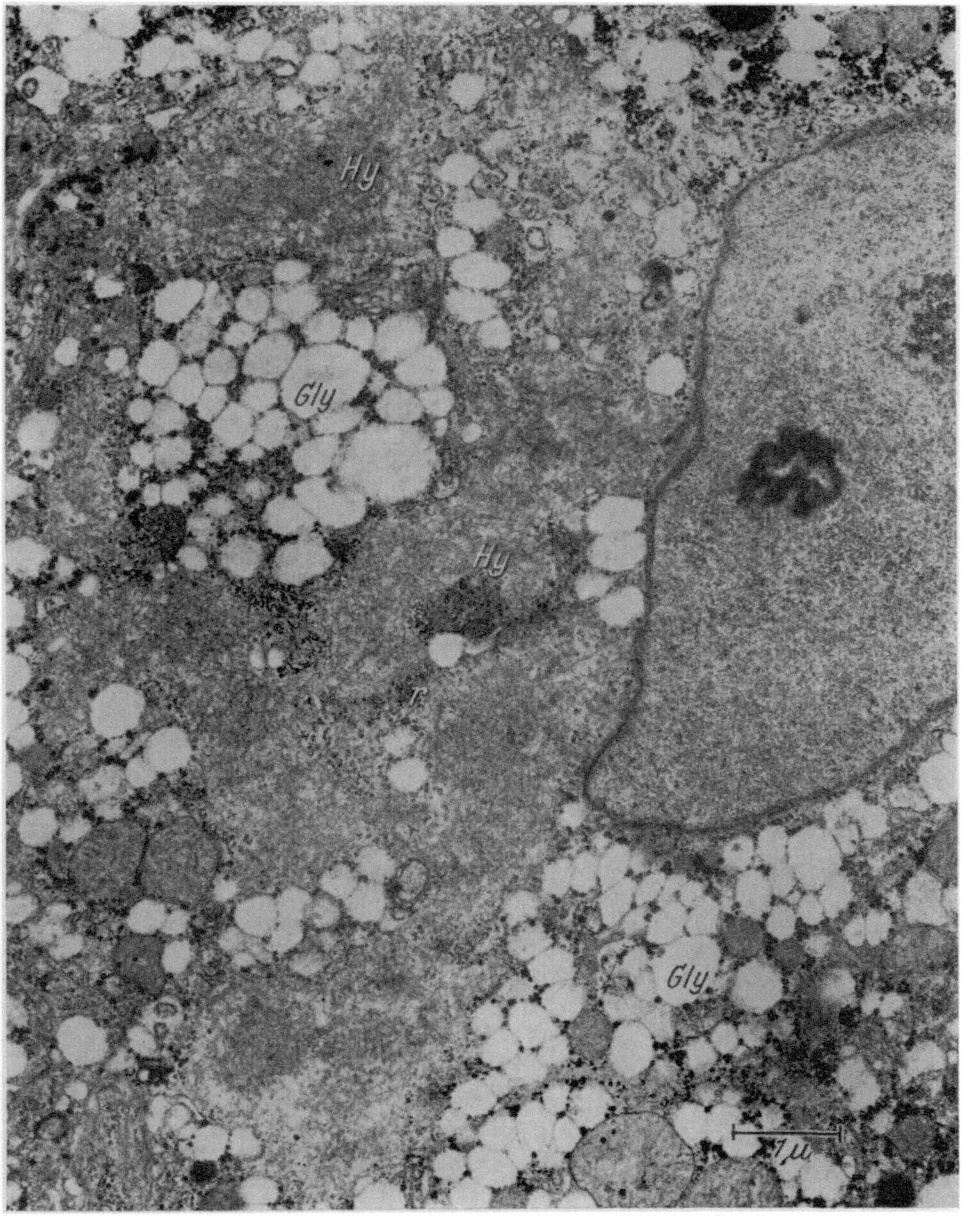

Abb. 179. Hyaline Ablagerungen (*Hy*) innerhalb von ausgedehnten erweiterten Bezirken von granulärem endoplasmatischem Retikulum in Leberzellen bei chronischem Alkoholismus. Herdförmig enge Verbindungen des Hyalins mit der Kernmembran. Freie Ribosomen (*r*) in der Peripherie und innerhalb des hyalinen Materials. Herauslösung des Glykogens (*Gly*). 14 000 ×. — Mit freundlicher Genehmigung von Dr. C. Biava, Chicago/USA. Aus: Lab. Invest. **13**, 301—320 (1964).

bauten Hyalinkörper (Smuckler, 1968) enthalten am Rande vielfach Myelinfiguren und sind in 25% der alkoholischen Fettlebern zu beobachten (Thorpe u. Shorey, 1966). „Reifes" alkoholisches Hyalin besteht nach Flax u. Tisdale

(1964) aus degenerierten Mitochondrien und Lysosomen. Der Gesamtkomplex stellt die Mallory-Körper dar. Sie sind unseres Erachtens eine besondere Form der Zytolysomen.

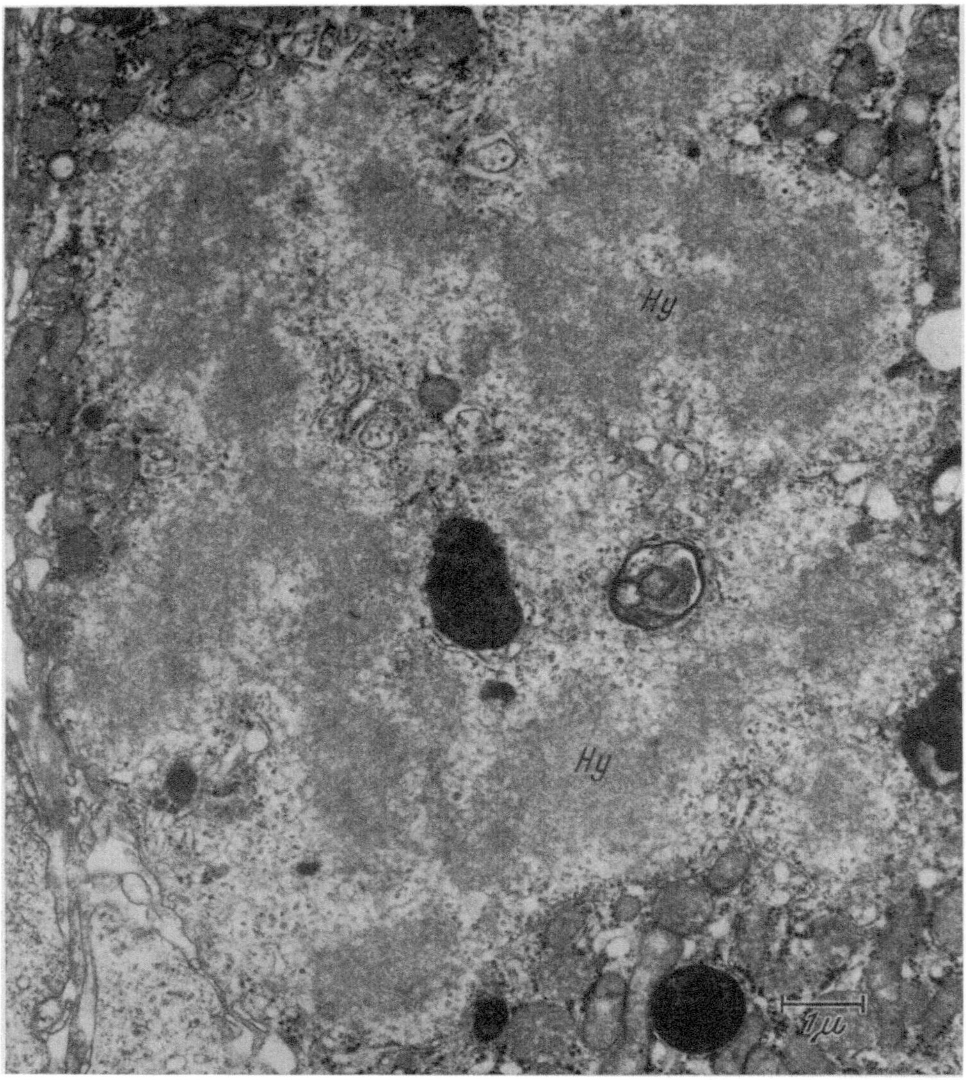

Abb. 180. Zytoplasmahyalinisierung (Mallorysches alkoholisches Hyalin) (*Hy*) aus größeren verklumpten Arealen gebaut. Reduktion des normalen Zytoplasmas in der Umgebung. 10 000 ×. — Mit freundlicher Genehmigung von Dr. C. Biava, Chicago/USA. Aus: Lab. Invest. **13**, 301—320 (1964).

Ebenfalls in diesem Sinne sind auch die fingerabdruckartigen Aggregate paralleler Membranen mit dazwischengelagerten Glykogenpartikeln zu deuten.

Die sklerosierenden hyalinen Nekrosen stellen Ansammlungen von kollagenen Fasern dar. Sie zerstören die sinusoidnahen Bereiche der Leberzellen und wölben sich in das Sinusoid vor.

Bei der alkoholischen Kardiomyopathie kommt es zum Verlust der Querstreifung der Myofibrillen und zu einer herdförmigen Auflösung der Myofilamente. Hibbs et al. (1965) beschreiben außerdem 30 μm große Viruspartikeln.

Es ist bisher nicht zu entscheiden, ob die bei ikterischen chronischen Alkoholikern in den Leberzellen beobachteten 832 Å und 1080 Å großen aus 130 Å großen Substrukturen aufgebauten Partikeln virusartige Strukturen oder Glykogenablagerungen darstellen (Kikkawa u. Gueft, 1963).

5. Zellschädigung und Dysfunktion nach Thioazetamidgabe

Thioazetamid bewirkt vorwiegend Veränderungen der Leberparenchymzellen (Tab. 85). Die primäre Schädigung betrifft die RNS-Synthese des Kerns, insbesondere des Nukleolus. Die 6-S-RNS sind um das 3fache, die 28-S-, 35-S-, 45-S-RNS um das 6—8fache und die 55-S-RNS um das 10fache erhöht (Steele u. Busch, 1966). Die nukleoläre RNS-Polymerase zeigt ebenfalls eine Steigerung,

Tab. 85. *Zellveränderungen bei Thioazetamidgabe*

Leber: Rondez et al., 1962; Salomon, 1962; Salomon et al., 1962; Thoenes, 1962, 1964; Thoenes u. Bannasch, 1962; Stöcker u. Altmann, 1963; Caneiro u. Abrahamsohn, 1964; Rouiller, 1964; Yauchi, 1964; Ashworth et al., 1965; Barton et al., 1965; McLean et al., 1965; Steele et al., 1965; Hruban et al., 1966; Meyer, 1966; Suter u. Salomon, 1966; Steele u. Busch, 1966; Vorbrodt et al., 1966; Bader, 1967; Bader et al., 1967; Kume u. Chiga, 1967; Smith et al., 1967, 1968; Kendrey, 1968; Unuma et al., 1968; Bader, 1969; Reddy et al., 1969

Herz: Waldmann u. Bader, 1968

während die 18-S-RNS vermindert ist. Während es zu einer erhöhten Biosynthese und Akkumulation der Guanin- und Zytidin-reichen RNS des Nukleolus kommt, ist die zytoplasmatische ribosomale RNS reduziert. Neben einer herabgesetzten Produktion kommen als Ursache hierfür auch Hemmungen des Transportes der Vorstufen vom Nukleolus zum Zytoplasma in Frage.

Morphologischer Ausdruck dieser Schädigung des RNS-Stoffwechsels im Nukleolus ist eine erhebliche Hypertrophie und eine Homogenisierung der Struktur. Dabei kann es auch zu Vakuolenbildungen und zur Fettansammlung kommen. Bei der vereinzelt beschriebenen Nukleolusextrusion wird es sich dagegen wahrscheinlich um Kunstprodukte gehandelt haben.

Das Karyoplasma zeigt nur geringe Strukturveränderungen. Teilweise kommt es zur marginalen Chromatinkondensation. Häufig sind dagegen Invaginationen der Kernmembran und die Ausbildung von Einschlußkörpern aus degenerierten Zytoplasmabestandteilen und/oder Fetttropfen.

Das granuläre endoplasmatische Retikulum zeigt als Ausdruck der Schädigung der Proteinsynthese eine Desorganisation und eine Ablösung der Ribosomen. Die Polysomen zerfallen. Manchmal findet man vesikuläre oder vakuoläre Umwandlungen. Länger dauernde Intoxikationen führen zu einer Hypertrophie des agranulären endoplasmatischen Retikulums, das entweder in Form knäuelartig angesammelter Tubuli oder in konzentrischer Schichtung erscheint.

Die Golgi-Felder zeigen eine Hypertrophie und Multiplikation.

Die Mitochondrien sind selten geschwollen und können bizarre Formen zeigen. Die Cristae sind vesikulär umgewandelt oder zerfallen. In der Matrix sammeln sich osmiophile Substanzen an.

In den Herzmuskelzellen steht die toxische Schädigung der Zellatmung mit Veränderungen der Mitochondrien im Vordergrund.

Nicht nur im Kern, sondern auch im Zytoplasma sind mehrfach Fetttropfen zu beobachten. Der Glykogengehalt der Zellen wird vermindert.

In einzelnen Zellen findet man Zytolysomen. Selten bilden sich Nekrosen aus.

6. Zellschädigung und Dysfunktion nach Tetrachlorkohlenstoffvergiftung

a) Schädigungsformen und untersuchte Zellarten

Art und Stärke der Strukturveränderungen und Dysfunktion der Zellen richten sich neben der Zeitdauer und der applizierten Menge gerade bei der CCl_4-Intoxikation auch nach der Aufnahmeform (intragastral, intraperitoneal, intrarektal, subkutan oder intralienal). Untersucht wurden besonders die Leber, in Einzelfällen auch die Niere, die Lunge und das Herz (Tab. 86).

Tab. 86. *Zellveränderungen nach Tetrachlorkohlenstoffintoxikation*

Leber: OBERLING et al., 1956; MÖLBERT, 1957, 1958; BASSI, 1960; HABA, 1960; HABA u. SENO, 1961; AIZAWA, 1962; DAVID et al., 1962; LONGOSTREVI u. LOMBARDI, 1962; SMUCKLER et al., 1962, 1964, 1965, 1967; TAKAKI et al., 1962; ASHWORTH et al., 1963; CONGIU et al., 1963; DAWKINS, 1963; FIUME u. LASCHI, 1963; ISHII, 1963; REYNOLDS, 1963, 1965; SEAKINS u. ROBINSON, 1963; SMUCKLER u. BENDITT, 1963, 1964; STENGER, 1963, 1964, 1966; KENT et al., 1964; BACCINO et al., 1965; BARTOK u. VIRAGH, 1965; COMPORTI et al., 1965, 1966; CONFER u. STENGER, 1965; HÜBNER, 1965, 1966, 1968; MCLEAN et al., 1965; REYNOLDS, 1965; BRAUNSTEIN u. STENGER, 1966; DIANZANI et al., 1966; KRISHNAN u. STENGER, 1966; RECKNAGEL u. GHOSHAL, 1966; SLATER, 1966; SMUCKLER, 1966; UNAKAR, 1966, 1968; FRUNDER, 1967; LUSE u. WOOD, 1967; RICHTER u. MICHEL, 1967; ALPERS et al., 1968; GANOTE, 1968; RICHTER et al., 1968; STAMMBERGER et al., 1968.

Niere: SAKAGUCHI et al., 1964; STRIKER et al., 1967

Lunge: VALDIVIA u. SONNAD, 1966; GOLDENBERG u. SMUCKLER, 1969

Herz: BÜCHNER et al., 1959; MÖLBERT, 1961, 1963; MOCHIZUKI et al., 1962; MARTINES et al., 1965

b) Veränderungen der einzelnen Zellstrukturen

Veränderungen des Zellkerns sind im Verlaufe der Tetrachlorkohlenstoffvergiftung außer bei der Nekrose nur sehr gering.

Besonders betroffen ist das granuläre endoplasmatische Retikulum. Es zeigt eine Dissoziation und Desorganisation, eine vesikuläre oder vakuoläre Umwandlung. Die Vakuolen können die ganze Zelle ausfüllen und die übrigen Organellen und den Kern verdrängen oder komprimieren. In den Vakuolen findet man häufig 100 bis 200 nm große osmiophile Partikeln. Mit dem Untergang des granulären endoplasmatischen Retikulums kommt es auch zum fortschreitenden Verlust der Glukose-6-Phosphatase (REYNOLDS, 1963). Die Ribosomen werden von den Membranen abgelöst, die Zahl der freien Ribosomen nimmt zu. Die

Polysomen und dimeren Formen werden vermindert, während die monomeren Formen vermehrt sind (Schema 24). Während die freien Polysomen schon nach 1 Std. zerstört werden, beginnt der Abbau der membrangebundenen erst nach 4 Std. (MICHEL et al., 1968). Die Neubildung betrifft zuerst die freien Polysomen. Auch nach 48 Std. sind noch wenig membrangebundene Polysomen vorhanden. In CCl_4-bedingten hyperplastischen Leberknötchen sind zwei Zellarten zu finden, in denen das granuläre endoplasmatische Retikulum proliferiert oder reduziert und dilatiert ist.

Das agranuläre endoplasmatische Retikulum zeigt vorwiegend bei der Verminderung der granulären Form eine erhebliche Ausweitung. Die tubulären Aggregate können größere Zellareale ausfüllen. Sie bilden die lichtmikroskopisch erkennbaren hyalinen Körper.

Die Mitochondrien sind in unterschiedlichem Ausmaß betroffen. In Zellen mit erheblichen Schädigungen des endoplasmatischen Retikulums scheinen sie vielfach unverändert. Häufig sind sie nicht nur in den Zellen der Leber, sondern auch der anderen untersuchten Organe geschwollen. In hyperplastischen Knötchen der Leber zeigen sie eine Vergrößerung (CONFER u. STENGER, 1966). Die Außenmembran der Lebermitochondrien kann sich vakuolär vorwölben und zeigt nach intralienaler Gabe des CCl_4 schon innerhalb von wenigen Sekunden einen Zerfall und die Umbildung zu tubulären Strukturen, die zu osmiophilen Massen zusammenfließen, was durch eine Destabilisierung der Membran bedingt ist (HÜBNER, 1965, 1966, 1968). Ähnliche Effekte sind auch an den Cristaemembranen, den Membranen des endoplasmatischen Retikulums und der Plasmamembran zu beobachten.

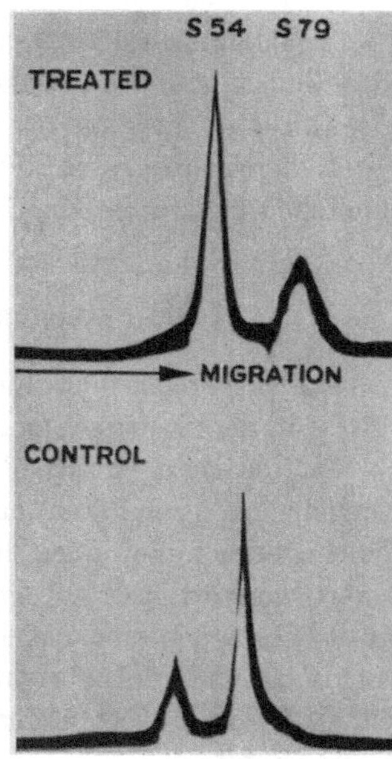

Schema 24. Verteilung der Ribosomen in der Ultrazentrifuge aus Rattenleberzellen von CCl_4-behandelten und Kontrolltieren. Vermehrung der 54-S-Formen nach CCl_4-Gabe. (Nach SMUCKLER und BENDITT, 1963.)

In der Herzmuskulatur werden die Cristae mitochondriales fragmentiert und vesikulär umgewandelt. Gleichzeitig wird die Oxydation von Zitrat und in geringerem Maße auch von Oktanat, Pyruvat, Malat und β-Hydroxy-Butyrat gehemmt. Ein Glukose-1-Phosphat-spaltendes Enzym löst sich von den Cristae und tritt aus den Mitochondrien aus (MÖLBERT, 1963).

In den Leberzellen zeigen die Mitochondrien vor Veränderungen ihrer Morphologie eine verminderte Aminosäureinkorporation (SMUCKLER et al., 1964).

Vergrößerte, zu pleomorphen Bildungen und schüsselartigen Formen zusammengeflossene Mitochondrien enthalten elektronenopake Ablagerungen, die oft nahe den Cristae lokalisiert sind. Die typischen Matrixgranula verschwinden meist. Der Kalziumgehalt der Leber erhöht sich innerhalb von 24 Std. auf das 20fache, die Ablagerungen stellen Ansammlungen von Kalziumsalzen dar. Die mitochondriale ATPase-Aktivität bleibt dabei erhalten (REYNOLDS, 1963, 1965).

Das Golgi-System ist oft auch in erheblich geschädigten Leberzellen noch vorhanden, z. T. hypertrophiert, und enthält in den Vesikeln osmophile Partikeln. In hyperplastischen Leberknötchen ist das Golgi-System häufig prominent.

Glykogenablagerungen können in Leberzellen fehlen oder auch, besonders in regenerativen Phasen, vermehrt sein. Die Ablagerung von Fetttropfen ist in allen Zellarten zu beobachten. In den granulären Pneumozyten finden sich außerdem Myelinmembranen und Vakuolen (VALDIVIA u. SONNAD, 1966). Myelinfiguren und fingerabdruckartige Bildungen mit osmiophilen Ablagerungen sind häufig auch in den Leberzellen zu sehen. Die Zahl der Lysosomen und Zytolysomen ist erhöht.

In den hyperplastischen Leberknötchen sind vermehrte und vergrößerte Microbodies zu finden (CONFER u. STENGER, 1966).

Infolge einer Ruptur der Zellmembran treten Erythrozyten in die Leberzellen ein, was auch als „Erythrophagozytose" bezeichnet wird.

Schädigungen der Plasmamembran und ein Verlust der Mikrovilli im Bereich des Sinusoids und der Gallenkapillaren sind vorwiegend nach intralienaler Gabe des CCl_4 zu verzeichnen.

Neben Zellnekrosen finden sich hyperplastische regenerative Zellen in Leberknötchen und Hepatomen.

c) Die Pathogenese der Tetrachlorkohlenstoffvergiftung

Die bisherigen Forschungen weisen darauf hin, daß CCl_4 auf verschiedene Weise in den Stoffwechsel eingreift.

SMUCKLER u. Mitarbeiter konnten eine Korrelation zwischen den Veränderungen des granulären endoplasmatischen Retikulums, der Ribosomen und biochemischen Befunden herausstellen. Schon innerhalb 1 Std. sind die Polysomen zerstört, was auf einen direkten toxischen Effekt des CCl_4 hinweist. Die 80-S-Ribosomen sind gleichfalls reduziert, während die 54-S-Untereinheiten vermehrt sind. Die Inkorporation von Aminosäuren in die Mikrosomenfraktion ist als Zeichen einer allgemeinen Verminderung der Proteinsynthese der Leber herabgesetzt.

Als weiterer Effekt ist die Lipidperoxydation durch Tetrachlorkohlenstoff zu nennen (COMPORTI et al., 1965; RECKNAGEL u. GHOSHAL, 1966; SLATER, 1966), von der besonders die Lipidkomponente der Membranen des endoplasmatischen Retikulums betroffen ist. Die entstehenden freien Radikale greifen die Methylenbrücken der ungesättigten Fettsäureketten, der Strukturlipide der Membranen des endoplasmatischen Retikulums an, wodurch es zu Lipiddekompensation kommt. Eine diffuse Peroxydation führt zur Nekrose der Zelle, eine lokalisierte zur Bildung von Myelinmembranen und Fettablagerungen.

Nach FRUNDER (1967) kommt es nach der irreversiblen Schädigung des endoplasmatischen Retikulums durch die Bildung freier Radikale und der anschließenden Peroxydationsmechanismen zur Enzyminaktivierung durch Störung der Entgiftung, Protein- und Phospholipidsynthese. Darauf erfolgt eine Hemmung der Abgabe von Lipoproteiden und Phospholipiden. Folge dieser Vorgänge sind eine Akkumulation von Neutralfett und anorganischem Phosphat sowie eine Stimulierung der Glykolyse und Mitochondrienatmung. Die Rolle der Lipidperoxydation *in vivo* ist noch nicht endgültig bewiesen.

7. Zellschädigung und Dysfunktion nach Strahleneinwirkung

a) Übersicht über die betroffenen Organe

Die diagnostische und therapeutische Bedeutung der verschiedenen Strahlenarten und ihr ebenfalls bekannter schädigender Effekt auf Zellen haben zu zahlreichen Untersuchungen über Rangfolge und Bedeutung der einzelnen Erscheinungen geführt. Dabei wurden sowohl die allgemeinen Strahlenreaktionen als auch der lokale Effekt untersucht. Trotz der oft erheblich differenten Strahlendosis, der Strahlenart (γ-Strahlen, Protonen-Strahlen, Neutronen-Strahlen u. a.) und des Untersuchungszeitraumes können die Strukturveränderungen gemeinsam, wie sie sich aus den Befunden an den verschiedenen Zelltypen ergeben, dargestellt werden (Tab. 87).

Tab. 87. *Darstellung strahlenbedingter submikroskopischer Zellstrukturveränderungen verschiedener Organe (verschiedene Bestrahlungsarten und Dosis) (Beispiele)*

ZNS: Vogel, 1959; Estable-Puig et al., 1962; Isomaki et al., 1962; Schümmelfeder, 1962; Hager et al., 1962; McDonald, 1962, 1964; Roizin et al., 1962; Andres, 1963; Andres et al., 1963; Pitcock, 1962; Buchholtz, 1964, 1967; Cervós-Navarro, 1964, 1965, 1966; de Estable et al., 1964; Franke u. Lierse, 1965, 1966, 1967; McDonald u. Welch, 1965; Manina u. Kucherenko, 1965; Pick, 1965; Brownson u. McDonald, 1966; Forssmann et al., 1966; Voitkevich, 1966; Lierse u. Franke, 1966, 1967; Wessel, 1966; Brownson u. McDonald, 1967; Zeman, 1966; Buchholtz, 1967; McDonald u. Hayes, 1967; Maxwell u. Kruger, 1965, 1966; Nyström, 1966; Masurovsky et al., 1967; Caveness et al., 1968; Samorajski et al., 1967, 1968; Pruszkowski et al., 1968; Roizin u. Schadé, 1968

Retina: Becher u. Themann, 1964; Klug et al., 1966; Shively et al., 1967

Linse: Konishi, 1966, 1967

Leber: Braun, 1958, 1962; Scherer u. Vogell, 1958; Braun u. Müller, 1961; Hori et al., 1961; Davis, 1962, 1963; Balboni u. Dominicis, 1962; Bahr u. Glas, 1964; Yi-Hung et al., 1964; Fasske u. Themann, 1963; Montgomery et al., 1964; Franke u. Goetze, 1965, 1967; Clerici et al., 1966; Hradil, 1963; Morgenroth u. Themann, 1964, 1966; Ghidoni, 1965, 1967; Pipan, 1966, 1967; Yatvin u. Lathrop, 1966; Haude u. Goetze, 1967; Morgenroth u. Verhagen, 1967; Baeyens u. Goutier, 1968; Ghidoni u. Thomas, 1968; Hendee u. Alders, 1968; Hidvegi et al., 1968; Yatvin et al., 1968; Tamvakopoulos u. Lancker, 1969

Pankreas: Pipan, 1963; Volk et al., 1966, 1967; Wellmann et al., 1966; Wellmann, 1967

Magen: Helander, 1965

Darm: Braun, 1960, 1963; Hugon et al., 1963, 1965, 1966; Hugon u. Borgers, 1965, 1966, 1968; Trier u. Browning, 1966; Deby u. Malkani, 1968

Niere: Santoro u. Nuvolone, 1960; Rosen et al., 1963, 1968; Mohr u. Morgenroth, 1965, 1966; Mohr et al., 1966; Morgenroth u. Themann, 1966; Leak u. Rosen, 1966; Guttman, 1966; Morgenroth u. Verhagen, 1967; Rosen et al., 1968; Madrazo et al., 1969; Rosen u. Cole, 1969

Lunge: Dragoni et al., 1961; Jennings u. Turner, 1964; Leroy et al., 1966; Phillips, 1966; Goldenberg et al., 1968

Haut: Kemp, 1962

Hypophyse: Voitkevich, 1966; Voitkevich u. Dedov, 1967

Tabelle 87 (Fortsetzung)

Epiphyse: BOSTELMANN, 1968

Nebenniere: LONGOSTREVI u. LOMBARDI, 1962; KLUG, 1967

Insel: WELLMANN et al., 1966

Schilddrüse: PANTIĆ, 1966; SOBEL, 1967; VOITKEVICH u. DEDOV, 1969

Weibliche Genitale: BALBONI u. DOMINICIS, 1962; PARSONS, 1962; BOYADJIEVA-MICHAILOVA, 1964; FLAKS u. BRESLOFF, 1966

Männliche Genitale: LACY u. ROTBLAT, 1960; LACY, 1962; FOLLENIUS, 1964; HUGON u. BORGERS, 1964, 1966

Thymus: KLUG, 1961, 1965; BALBONI u. DOMINICIS, 1962; RAHMAN, 1962; BRAUN, 1963; SCHÄFER u. HUGON, 1965; FUJISAKI, 1966; MAGDON, 1967; TÖRÖ et al., 1968

Knochenmark: GULAEV, 1966; HUHN, 1967

Lymphknoten: MANTEIFEL u. MEISEL, 1962; GOLDFEDER, 1965; SMITH et al., 1966, 1967; SMITH u. BERENDSEN, 1967; SPANGLER u. CASSEN, 1967

Milz: BARI u. SORENSON, 1963, 1964; SEKI et al., 1964; ABDEL-BARI u. SORENSON, 1965; MORGENROTH u. THEMANN, 1964, 1966; JORDAN, 1967; BARI, 1968

Muskel: BERGSTRÖM u. SALMI, 1962; WECHSLER, 1962; PORTELA et al., 1963

Herzmuskel(zellen): MORANO u. BOCCARDI, 1964; SCHÄFER, 1965, 1966, 1969; MORGENROTH u. JUNGE-HÜLSING, 1967; MORGENROTH et al., 1967; SCHÄFER u. WENDT, 1967: ALLEN u. CARSTENS, 1968; BURCH et al., 1968; SATOW et al., 1968; NOVI, 1969

Gefäße: ANDRES, 1963; TURNER u. JENNINGS, 1963; CERVÓS-NAVARRO, 1964; JENNINGS u. TURNER, 1964; FRANKE u. LIERSE, 1965; MOHR u. MORGENROTH, 1965; VOITKEVICH, 1966; McDONALD u. HAYES, 1967; VOITKEVICH u. DEDOV, 1968

Zellkultur: KOEHLER, 1962; CLEGG, 1964; HENDEE u. ALDERS, 1967

Tumorzellen: KLUG, 1963; BRAUN u. KAWAMURA, 1964; GOLDFEDER, 1964, 1965; PARCHWITZ et al., 1965; STEGNER, 1966; NYSTRÖM, 1967

b) Strukturveränderungen der Zellbestandteile

Die Zellkerne zeigen vielfach eine Schwellung und Vergrößerung mit Invaginationen der Kernmembran. Das Chromatin ist in den meisten Zellen verklumpt, es kann zur Pyknose oder Karyolyse kommen. In den Stammzellen des Duodenums bilden sich karyolytische Körper aus (HUGON u. BORGERS, 1966). Vereinzelt können sich Riesenkerne bilden. Kerneinschlüsse, auch das Auftreten von Fett im Zellkern, sind nur sehr selten, so besonders in embryonalen Leberzellen. In Spermatozytenkernen treten gefensterte Membranen auf (FOLLENIUS, 1964).

Eine Nukleolushypertrophie wird relativ selten beobachtet. Dagegen kommt es meist zur Kondensierung und Verdichtung der Nukleolarsubstanz mit einem Verlust der einzelnen Bestandteile. Es treten Vakuolen, Abspaltungen von Ringkörpern, z. B. im ZNS, und Fragmentierungen und Verlagerungen in die Peripherie auf.

Die Kernmembran hebt sich vielfach von dem Karyoplasma ab, so daß Blasenbildungen entstehen. Im Walker-Karzinom wurden streckenförmige Zerstörungen der Kernmembran und breite Kommunikationen zwischen Karyoplasma und Zytoplasma beobachtet.

Das granuläre endoplasmatische Retikulum wird desorganisiert und zerfällt in Vesikel. Es ist insgesamt meist vermindert. Die Ribosomen werden über große Strecken von den Membranen abgelöst. Die RNP-Partikel insgesamt und insbesondere die Polysomen der Leberzellen nehmen zu, was durch eine Einwirkung auf die mRNS bedingt sein soll (Baeyens u. Goutier, 1968; Hidvégi

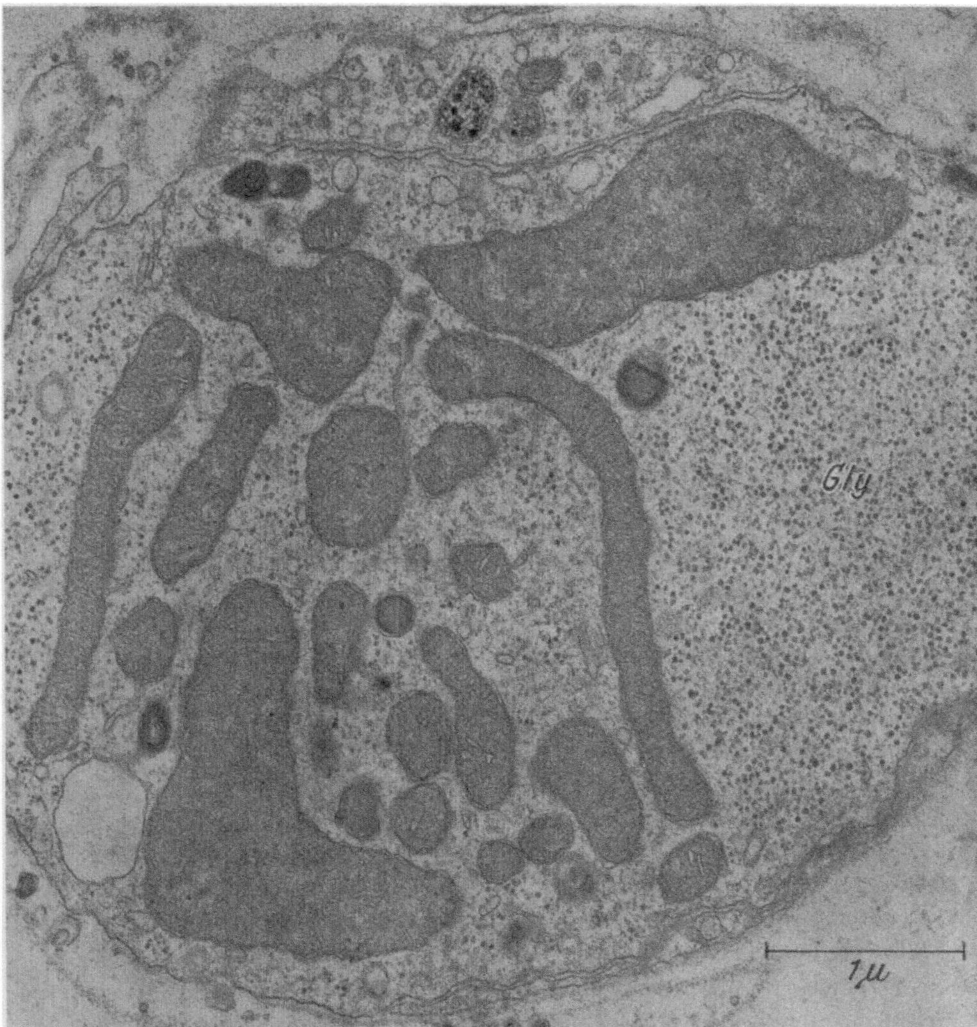

Abb. 181. Proximale Nervenfortsätze von Organkulturen dorsaler Wurzelganglien der Ratte 14 Tage nach Bestrahlung mit 40 kR. Erheblich vergrößerte pleomorphe Mitochondrien innerhalb abnormer vermehrter Glykogenablagerungen (*Gly*). 25 500 ×. — Mit freundlicher Genehmigung von Prof. Dr. E. B. Masurovsky, New York/USA. Aus: J. Cell Biol. **32**, 467—496 (1967).

et al., 1968). In den Perikaryen der Nervenzellen wird die Nissl-Substanz aufgelöst und die Ribosomen sintern an einem Zellpol zusammen. In anderen Zellen werden Wirbel von Membranen des endoplasmatischen Retikulums um Ribosomenanhäufungen gelagert. Das Sarkoplasmaretikulum der Muskelzellen wird häufig vakuolär umgewandelt. In Spermatogonien (Hugon u. Borgers, 1966), Luteinzellen (Flaks u. Bresloff, 1966) und proximalen Tubulusepithelzellen der Niere (LEAK u. ROSEN, 1966) hypertrophiert das agranuläre endoplasmatische Retikulum unter der Bildung von Vesikeln und Vakuolen.

Das Golgi-System zeigt meist eine Hyperplasie, wobei oft eine besondere Zunahme der vesikulären Anteile zu verzeichnen ist.

Die Mitochondrien zeigen differente Veränderungen. Vereinzelt wird eine Verminderung ihrer Zahl, wesentlich häufiger jedoch ihre Zunahme beschrieben. Neben einer herdförmigen Ansammlung in den Achsenzylindern bestrahlter Nervenzellen (CERVÓS-NAVARRO, 1965) wird eine allgemeine Vermehrung in Luteinzellen beschrieben (FLAKS u. BRESLOFF, 1966). Eine Schwellung und Herauslösung von Matrixsubstanzen ist als Bestrahlungsfolge ein ubiquitäres Ereignis aller Zellen.

Die Mitochondriengröße steigt in den Zellen des Magens um 25% 24 Std. nach der Bestrahlung und sinkt nach 48 Std. wieder (HELANDER, 1965). Die Inkorporation von ^{3}H-Thymidin in mitochondriale DNS der Leber zeigt 18 Std. nach einer Bestrahlung eine maximale Inhibition, und erhöht sich nach 48 Std. auf 152% (TAMVAKOPOULOS u. LANCKER, 1969).

Im ZNS werden als Spätreaktion Megaformen, in Ganglienzellkulturen pleomorphe Mitochondrien vorwiegend in engem Kontakt zu Glykogenablagerungen beobachtet (MASUROVSKY et al., 1967) (Abb. 181). Die Cristae mitochondriales zeigen in den geschwollenen Mitochondrien meist eine Fragmentierung und vesikuläre Transformation. Manchmal werden sie parallel zur Außenmembran gelagert oder sind wie im bestrahlten Walker-Karzinom vermehrt (PARCHWITZ et al., 1965). Andere Mitochondrien weisen Matrixverdichtungen oder osmiophile Einschlüsse auf. In embryonalen Leberzellen sah PIPAN (1966) Einbuchtungen der Mitochondrienaußenmembran mit dem Einschluß von Zytoplasmabestandteilen und Myelinfiguren. Ähnliche Befunde sind auch in der Nebennierenrinde zu finden. Lamellär-pyknotische Umwandlungen von Mitochondrien sind in Achsenzylindern zu sehen. Schließlich kann es zu Verklumpungen, Ruptur und Fragmentierung kommen.

In sympathischen Neuronen wurde eine Schwellung und erhöhte Membranpermeabilität der Lysosomen gesehen (PICK, 1965). In den Stammzellen des Duodenums sind die Lysosomen besonders nach Gabe radioprotektiver Substanzen wie 2-β-Aminoäthylisoharnstoff-Bromid, Serotonin u. ä. vermehrt und vergrößert bei gleichzeitiger Vermehrung der sauren Phosphatase (HUGON et al., 1965). Zytolysomen sind in fast allen Zellen nach Bestrahlung vorhanden.

Die Prosekret- und Sekretgranula verschiedener Zellen sind reduziert und/oder zeigen Membranschädigungen. Mit der Reduktion der Größe und Zahl der Zymogengranula des Pankreas werden auch der Gehalt an Amylase, Lipase und Leuzinaminopeptidase verringert (VOLK et al., 1966). Auch die Zellen der endokrinen Organe weisen häufig eine Degranulierung auf.

Das Grundplasma ist selten verdichtet; meist ist es herausgelöst bis zur Vakuolenbildung und einer allgemeinen Schwellung und Ödembildung. Manche Vakuolen enthalten Reste von phagozytiertem Material. Aus den Residualkörpern der Sertolizellen entstehen Fetttropfen. Ihr Auftreten auch in allen anderen Zellen nach Bestrahlungen ist allgemeines Zeichen der Schädigung.

Besonders auffällig ist die Zunahme des Fettgehaltes. Die Lipidansammlungen zeigen teilweise enge Beziehungen zu Mitochondrien als Zeichen einer primären Schädigung der Mitochondrien, wodurch ein verminderter Abbau der Lipide bewirkt wird.

Astrozytenfortsätze enthalten vermehrt Filamente.

In den Anfangsphasen der Strahlenreaktion von Zellen wird manchmal eine Reduktion des Glykogengehaltes gefunden. Auch die Leberzellen neugeborener Tiere bestrahlter Muttertiere zeigen einen Glykogenabbau (FRANKE u. GOETZE,

Tab. 88. *Die regionäre Verteilung von Glykogen und Mukopolysacchariden im Meerschweinchengehirn 24 Std. nach Einzeit-Kopfbestrahlung mit unterschiedlichen Strahlenarten in mehreren Dosisbereichen* (nach FRANKE u. LIERSE, 1966)

Dosisleistung 100 R/min	Frontal-hirn	Großhirn-Parietal-rinde	Hemi-sphären-mark	Stamm-ganglien	Kleinhirn		Medulla oblongata
					Rinde	Mark	
500 R							
Röntgenstrahlen (200 kV)	+	+	ø	ø	ø	ø	ø
γ-Strahlen (Co^{60})	+	ø	ø	ø	+	+	+
β-Strahlen (17 MeV)	ø	(+)	ø	ø	ø	+	+
1000 R							
Röntgenstrahlen (200 kV)	+	+	ø	ø	ø	ø	ø
γ-Strahlen (Co^{60})	+	+	ø	ø	+	+	+
β-Strahlen (17 MeV)	ø	ø	+	ø	ø	+	+
3000 R							
Röntgenstrahlen (200 kV)	+	+	+	ø	+	+	+
γ-Strahlen (Co^{60})	+	+	ø	ø	+	+	+
β-Strahlen (17 MeV)	ø	ø	+	ø	ø	+	+

1967), während nach PIPAN (1967) die Glykogensynthese unbeeinflußt bleibt. Meist aber kommt es, besonders in den Zellen des Nervensystems (Tab. 88), in der Retina und den Herzmuskelzellen zu einer herdförmigen Zunahme des Glykogens. Ursache dafür ist ein reduzierter Abbau durch Schädigung der beteiligten Enzymsysteme oder ein verminderter Bedarf infolge der Schädigung zahlreicher zellulärer Reaktionen.

In quergestreiften und glatten Muskelzellen wird durch die Bestrahlung ein Zerfall der Myofibrillen bei oft noch längerem Erhaltenbleiben der Z-Streifen beobachtet.

Die Zellmembran ist herdförmig zerstört und kann dadurch eine freie Verbindung zur Zellaußenwelt schaffen. Auffällig ist die Erhöhung der Zahl der

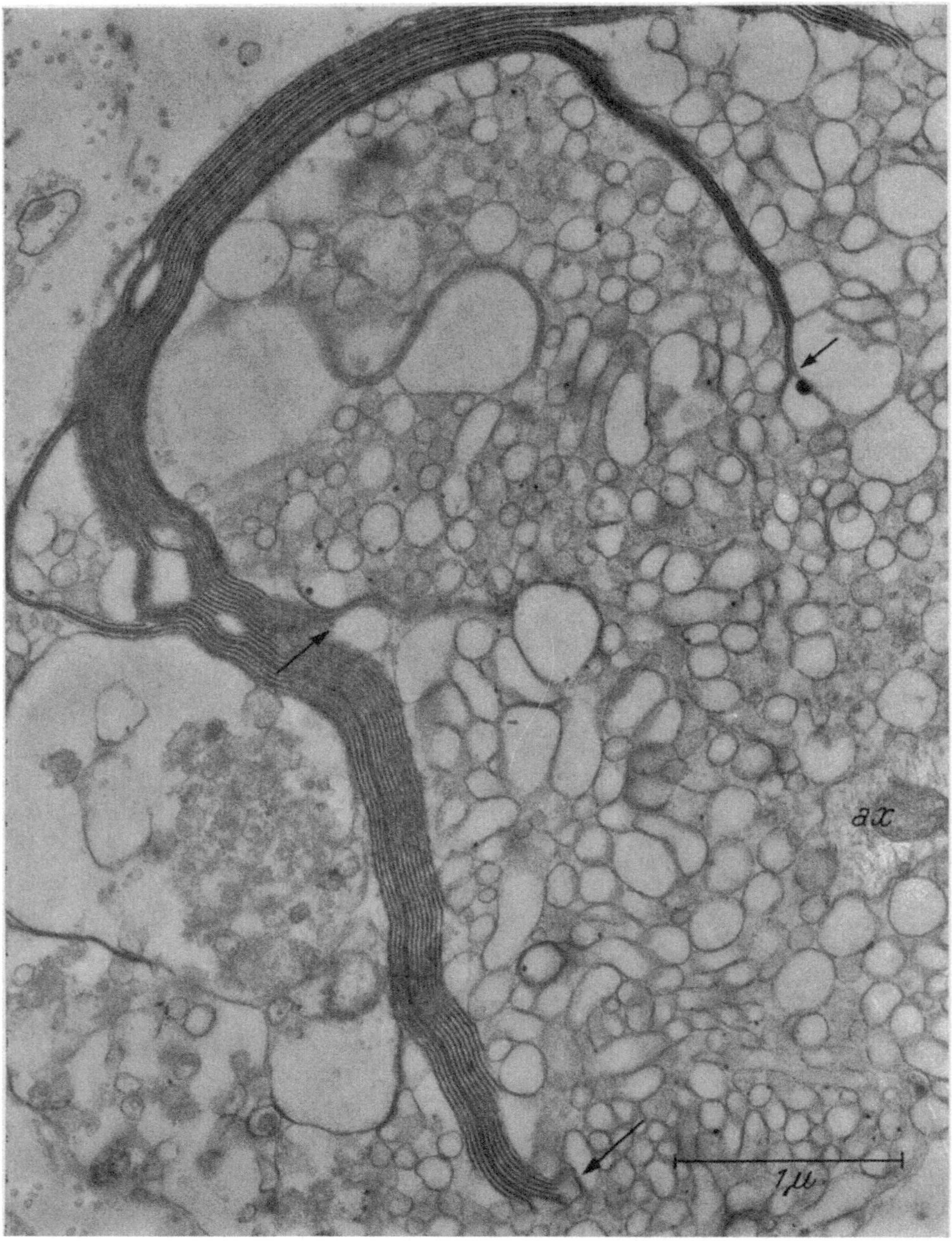

Abb. 182. Ausschnitt aus einer Zellkultur von dorsalen Wurzelganglien der Ratte 14 Tage nach Bestrahlung mit 40 kR. Terminale Myelindegeneration mit blasiger Umwandlung am Ende der Lamellen (↗). Geschrumpftes geschädigtes Axon (*ax*) im Bereich der Myelinblasen mit umgebender Basalmembran der funktionslosen Schwannschen Zelle. 30 000 ×. — Mit freundlicher Genehmigung von Prof. Dr. E. B. Masurovsky, New York/USA. Aus: J. Cell Biol. **32**, 497—518 (1967).

zytopemptischen Vesikel in den Endothelzellen der Kapillaren fast aller Organe. Die Mikrovilli der Zellen, wie der Darmepithelzellen und der proximalen Tubulusepithelzellen, zeigen eine Schwellung oder Atrophie, sie können sich abrunden und abgeschnürt werden, so daß sie als freie Bläschen im Lumen schwimmen. So steigt der Durchmesser der Mikrovilli der Zymogenzellen des Magens von 895 Å auf 1156 Å, der der Parietalzellen von 894 Å auf 1208 Å (HELANDER, 1965).

Myelinscheiden zeigen eine Aufsplitterung und einen Zerfall (Abb. 182). In den Außengliedern der Rezeptorzellen der Retina werden die interlamellären Räume erweitert, und die Membranen zerfallen schließlich.

Einige Zellen zeigen als Strahlenreaktion nicht nur eine Schwellung, sondern auch eine echte Hypertrophie, wie die Endothelzellen von Kapillaren oder die Mesangiumzellen des Glomerulums, wobei gleichzeitig eine Zunahme der Basalmembransubstanzen zu verzeichnen ist.

Letztendliche Folge der Bestrahlung ist in vielen Fällen die Nekrose der Zellen. Sie ist besonders in den Zellarten zu beobachten, die eine relativ kurze Lebensdauer haben, wie den Zellen des blutbildenden Systems, vorwiegend der Lymphozyten, in den Zellen der Reproduktionsorgane und den Stammzellen des Darmes.

Kollagenfibrillen zeigen nach Bestrahlung einen Verlust der Querstreifen infolge einer Desorganisation der Kollagenmakromoleküle und des Eintrittes von Wasser (BAILEY u. TROMANS, 1964). In Anwesenheit von Wasser bilden sich intermolekulare Querbrücken, während es im trockenen Zustand zur Fragmentierung kommt.

c) Pathogenese der Strahlenreaktion der Zelle

Über den Ablauf der strahlenbedingten Veränderungen in der Zelle und insbesondere den primären Angriffspunkt der Strahlen bestehen noch unterschiedliche Vorstellungen (LANCKER, 1962; SCHERER u. STANDER, 1963; HUTCHINSON, 1966; LEITH, 1966; MAUERSBERGER u. MORITZ, 1968). Von SCHÄFER u. HAGEN (1965) werden 3 Folgen als wesentlich angesehen: 1. die Hemmung der Zellteilung, 2. die durch eine bestimmte Latenzzeit charakterisierte Zellschädigung, 3. der akute Zelltod.

Ein entscheidender Angriffspunkt scheinen sicher die DNS und die von ihr abhängigen Prozesse zu sein. Neben einer Zerschlagung und Aufspleißung kommt es zu Aufknäuelungen und Verzweigungen bei einer Bestrahlung von DNS *in vitro* (FASSKE u. THEMANN, 1963). Dabei sollen durch Röntgen- und γ-Strahlen besonders die Guanin-Zytosin-Paarungen geschädigt werden. Die DNS-Synthese wird inhibiert und die Bindung des DNS-Protein-Komplexes verändert, die DNS-Moleküle werden teilweise gespalten (HUTCHINSON, 1966).

Regenerierende Leberzellen nach partieller Hepatektomie zeigen nach Bestrahlung eine verminderte Inkorporation von ^{14}C-DL-Leuzin in die lösliche Kern- und Mikrosomenfraktion, was auf eine Schädigung der Synthese oder des Turnovers der Kern-RNS hindeutet, die als Matrix für die Proteinsynthese wirkt (CLERICI et al., 1966).

Primär wird die ruhende DNS unter Umständen durch die Bildung von Thymidindimeren betroffen (LANCKER et al., 1967). Verschiedene Enzyme, wie die Thymidinkinase, die Thymidilatsynthetase, Desoxyuridinkinase und Desoxyzytidindesaminase sind in den ersten 48 Std. im Thymus reduziert (MAGDON, 1967). Die Schädigung betrifft sicher nicht nur die DNS-Synthese, sondern auch die der mRNS-Synthese und hat somit einen Effekt auf die Eiweißsynthese. Jedenfalls scheint die Wechselwirkung von Kern und Zytoplasma für die Strahlenwirkung auf die Zelle von Bedeutung zu sein, da isolierte Kerne keine Reaktion zeigen sollen (BERGEDER, 1962). Auch die DNS der Mitochondrien wird betroffen, was an einer verminderten Inkorporation von ^{3}H-Thymidin in die mitochondriale DNS zu erkennen ist (CHANG u. LOONEY, 1967).

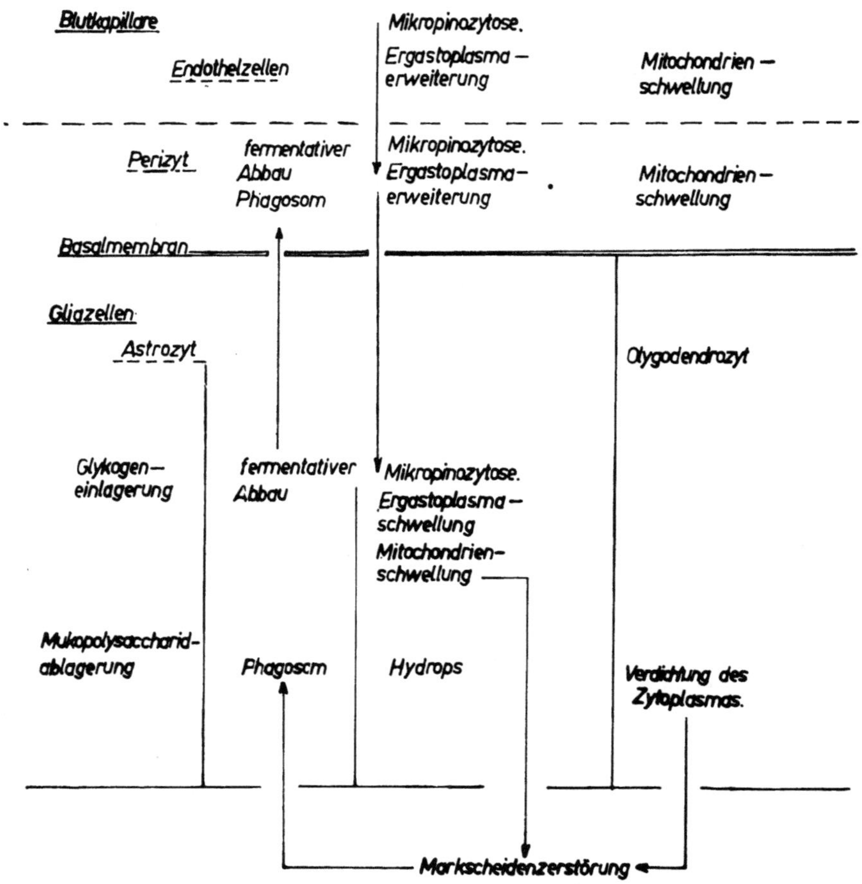

Schema 25. Ultrastrukturelle Strahlenreaktion und Wege der Demyelinisation innerhalb 24 Stdn. nach Einzeitbestrahlung des Rattenhirns mit 1000 R (200 kV) Röntgenbestrahlung. (Nach FRANKE und LIERSE, 1967.)

Die strahlenbedingte Schädigung der DNS kann nach SCHÄFER u. HAGEN (1965) a) auf eine unmittelbare Schädigung durch die Strahlenenergie oder indirekt durch Radikale des Wassers oder organischer Substanzen, b) auf eine im Zytoplasma beim Zelltod freiwerdende DNase oder c) auf eine DNase von Phagozyten, die die toten Zellen aufnehmen, zurückgeführt werden.

Entscheidend soll für die Entstehung der multiplen Schäden die Bildung von H_2O_2 und OH-Radikalen sein.

Neben Störungen der DNS wird eine Membranveränderung als Merkmal der Strahlenschädigung der Zelle besonders hervorgehoben, die sich auf die Mitochondrien, die Microbodies und die Membranen des endoplasmatischen Retikulums auswirkt (GHIDONI, 1967). Die Störung der Membranpermeabilität führt zu einem veränderten Ionenaus- und -einfluß, zu einer Verminderung des Membranpotentials und zu Schädigungen der oxydativen Phosphorylierung und der ATP-Bildung.

Die Komplexität der ultrastrukturellen Veränderungen wird in Schema 25 dargestellt.

Nach GOLDFEDER (1965) müssen für die Erklärung der zellulären Strahlenreaktion verschiedene Faktoren herangezogen werden:

1. Quantität und Qualität der Zytoplasmaorganellen; besonders die, die zur oxydativen Phosphorylierung befähigt sind, wie die Mitochondrien, spielen eine wichtige Rolle bei zellulärer Radiosensibilität.
2. Die Differenz der Radiosensibilität zwischen den verschiedenen Zelltypen wird durch die Unterschiedlichkeit der Zytoplasmazusammensetzung besonders der Qualität und Permeabilität des Membransystems bedingt.
3. Der akute Zelltod ist das Resultat der Schädigung, die durch die Bestrahlung der Plasmamembran zugefügt wird.
4. Die hohe Radiosensibilität von Lymphozyten ist bedingt durch die Armut an Organellen und besonders der Mitochondrien.
5. Die Verschiebung der intrazellulären Enzyme ist einer der Faktoren, die zur Störung der Zellfunktionen führen.

Unabhängig vom Angriffspunkt sind also zusammenfassend einige Kriterien als wesentlich für die Schädigung von Zellen durch Strahlen anzusehen:

1. Die durchschnittliche Lebensdauer der Zellart ist bedeutungsvoll, d. h., Gewebe mit einer höheren Regenerationsrate und/oder einer physiologisch stärkeren Wachstumsrate, wie z. B. die Wechselgewebe, sind empfindlicher gegen die Strahleneinwirkung.
2. Je höher der DNS-Gehalt der Zellen, desto strahlenempfindlicher sind sie.
3. Die Strahlensensibilität hängt von der Menge und Struktur der Mitochondrien in der Zelle ab, d. h., mitochondrienreiche Zellen mit einer hohen Rate der oxydativen Phosphorylierung wie die Zellen von Leber, Niere und Herz sind strahlenresistenter als die mitochondrienarmen Zellen, wie Tumorzellen oder Lymphozyten.
4. Die Strahlensensibilität kann schon unter physiologischen Bedingungen variieren und möglicherweise durch radioprotektive Substanzen verändert werden, wie z. B. SH-haltige Substanzen oder eine zeitweilige Hypoxie. Dabei wird von der Vorstellung ausgegangen, daß das Redoxpotential der Zelle herabgesetzt wird, so daß die sich bildenden Radikale gebunden werden.

d) Anhang: Zelluläre Reaktionen nach Laserbestrahlung

Die in der letzten Zeit in größerem Umfang angewendeten Laserstrahlen (Light Amplification by Stimulated Emission of Radiation, d. h. durch stimulierte Aussendung von Strahlen bedingte Lichtverstärkung) wirken sich auf verschiedene Weise auf die Zelle aus (MORENO et al., 1969). Die sich lokal entwickelnde Hitze führt zur Eiweißkoagulation, zu Zerreißungen des Gewebes und zur Verdampfung von Gewebeflüssigkeit, die bei einer explosionsartigen Entwicklung zu einer Druckwelle z. B. im ZNS führen kann. LAMPERT et al. (1966) fanden Schwellungen der Astrozytenfortsätze und Blutungen in der Hirnrinde. Vorher injiziertes kolloidales Thorium ist neben vermehrtem Glykogen in den Astrozyten und den Interzellularräumen zu beobachten.

Weitere Möglichkeiten für eine Zellschädigung durch Laserstrahlen ergeben sich aus einer Absorption durch Zellbestandteile, die eine Absorptionsbande im gleichen Wellenbereich haben, in der ionisierenden Wirkung, der Bildung freier Radikale sowie im Auftreten akustischer Schwingungen.

In der Retina werden die Zellmembranen verdichtet (FINE u. GEERAETS, 1966). Die Kornea enthält Kalkablagerungen an der basalen Zellmembran der Epithelzellen (FINE et al., 1968).

Eine besonders hohe Absorption der Energie von Rubin-Laserstrahlen weisen Melaningranula auf, die dann infolge der Erhitzung eine sekundäre Schädigung des umgebenden Zytoplasmas hervorrufen. Mit Janus-Grün B oder anderen basischen Farbstoffen gefärbte Zellen zeigen schon bei mäßig hohen Rubin-Laserstrahlen Schäden der Mitochondrien und der anderen Organellen (STORB et al., 1966). KB-Zellen enthalten nach Supravitalfärbung mit Pinacyanol in den Mitochondrien opakes Material, das wahrscheinlich koaguliertes Protein darstellt (TANAKA, 1969).

8. Virusbedingte Zytopathologie

a) Pathogenese der Virusinfektion

Die Möglichkeiten der Zellschädigung durch Viren können in den verschiedenen Phasen der Infektion (SCHRAMM, 1967) realisiert werden. Danach kommt es nach dem Eindringen des Virus zur Freisetzung der Nukleinsäure aus dem Kapsid in der Zelle. In der darauffolgenden Latenzphase werden die für die Vermehrung der Nukleinsäuren notwendigen Enzyme gebildet. Dann vermehren sich die Nukleinsäuren, die Kapsid-Proteine werden synthetisiert, und die Nukleinsäuren vereinigen sich mit den Hüllproteinen zur kompletten Viruspartikel, die schließlich aus der Zelle austritt.

Die einzelnen Phasen unterscheiden sich bei den verschiedenen Virusarten, sind aber auch vom Typ der infizierten Zelle abhängig. Auch der intrazelluläre Replikationsort differiert bei den verschiedenen Viren. Von dem Tempo der Virusvermehrung ist der Effekt auf die Zelle abhängig. KLIMA (1967) gibt für Zellkulturen 4 mögliche Formen an:

1. Die Viruspartikel wird zwar von der Zelle aufgenommen, aber so langsam vermehrt, daß es von den Zellteilungen überholt wird.
2. Virus und Zelle teilen sich synchron und die neu entstehende Zellpopulation trägt jeweils ein Partikel.
3. Das Virus vermehrt sich rascher als die Zelle, wird jedoch laufend aus der Zelle ausgeschleust, und es entwickelt sich ein Fließgleichgewicht zwischen Virusvermehrung, Virusabgabe und Zellteilung.
4. Die Virusvermehrung setzt so stark ein, daß die Zelle in ihrem Stoffwechsel irreversibel geschädigt wird und schließlich abstirbt (zytopathogener Effekt).

Der Ablauf der Virusinfektion im Organismus ist in den einzelnen Organen unterschiedlich und außerdem von äußeren Faktoren, insbesondere Resistenzverminderungen, Antikörperbildungen und der Entstehung eines Interferons abhängig.

b) Virusspezifische Befunde

Die Virusreplikation ist an Zellen gebunden. RABIN u. JENSON (1967) haben die virusspezifischen Zellveränderungen in einer Übersicht ausführlich dargestellt.

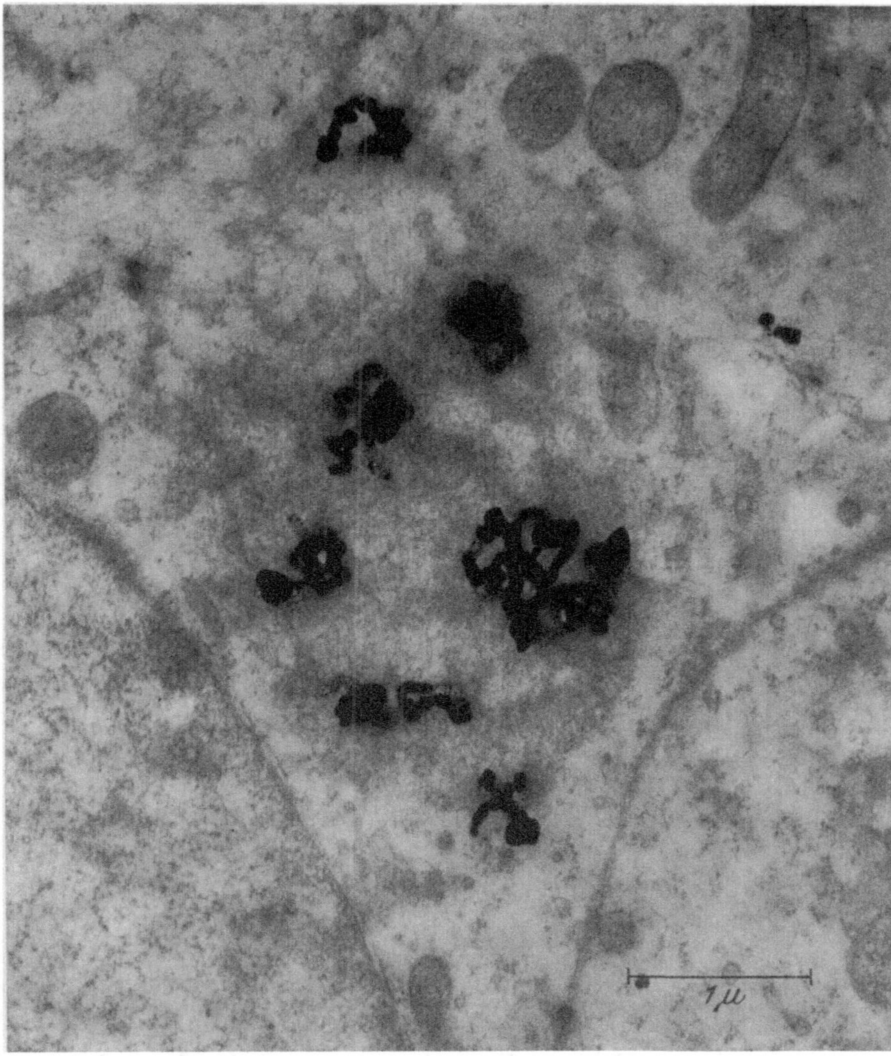

Abb. 183. DNS-Synthese-Herd im Zytoplasma in einer Zellkulturzelle 3½ Stdn. nach Infektion mit Pockenviren. Markierung des Herdes mit ^{3}H-Thymidin. 24 000×. — Mit freundlicher Genehmigung von Dr. C. G. HARFORD, St. Louis/USA. Aus: Exp. Cell Res. **42**, 50—57 (1966).

Die DNS-Viren werden im Kern gebildet, während die RNS-Viren und aus der DNS-Gruppe die Pockenviren sich im Zytoplasma häufig in enger Verbindung mit ribosomenartigen Strukturen oder Membranen replizieren.

Die Virussynthese kann in verschiedener Weise ablaufen. Am Anfang findet sich häufig eine unstrukturierte Viroplasmazone. Aus den verschiedenen Vorstufen sind die inkompletten Formen und die kernlosen, relativ unstabilen Frühstadien zu nennen.

Die filamentösen Untereinheiten der Viren können sich zu Bändern zusammenlagern, die z. T. die Kapsiden bilden. Sie sind im Kern auch als Vorstufen in Form von Einschlüssen zu beobachten. Bei der Papovavirus- und Herpesvirusinfektion stellen sie abartige Formen dar, während sie bei Myxovirusinfektionen die typischen Strukturen repräsentieren.

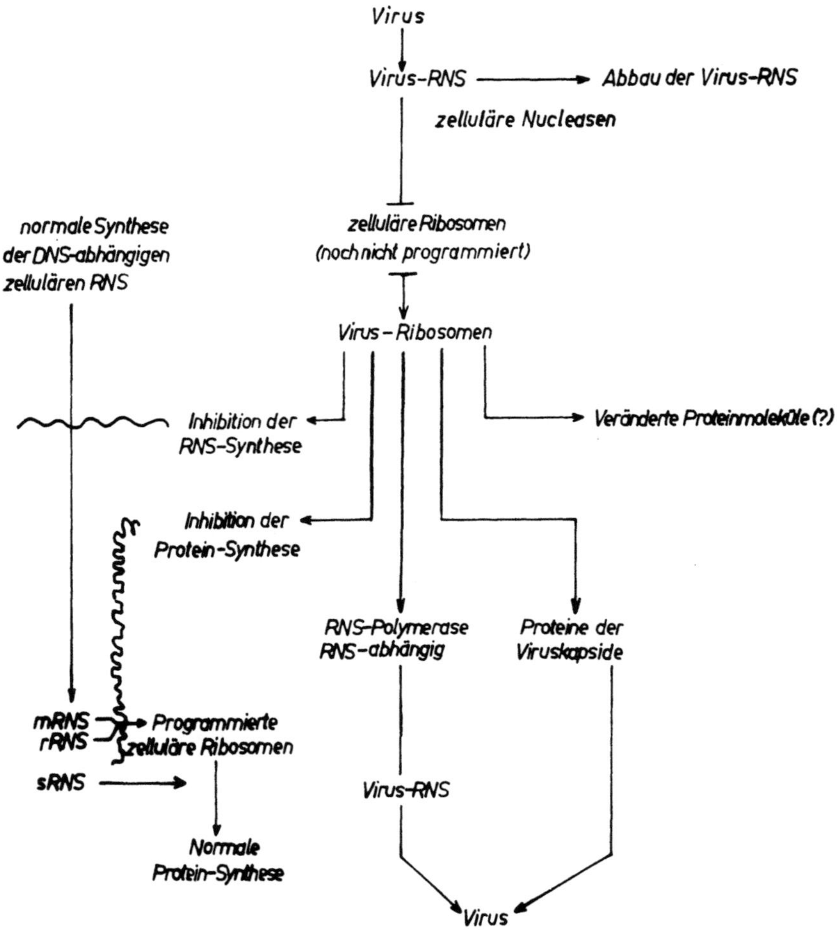

Schema 26. Schematische Darstellung der Interferenz eines RNS-Virus mit der Synthese von Ribonucleinsäure und Protein in einer Zelle *in vitro*. (Nach Coltorti et al., 1967.)

Einige Virusformen bilden im Kern, Zytoplasma oder im Extrazellularraum Kristalle. Hierzu gehören z. B. die Arboviren, Herpesviren und das Reovirus.

c) Unspezifische Zellveränderungen im Verlaufe der Virussynthese

Die intrazelluläre Virusproduktion bedeutet auf jeden Fall einen schweren Eingriff in die DNS-, RNS-Protein-Syntheseprozesse. Sie wird sich deshalb in verschiedener Weise in metabolischen und strukturellen Veränderungen äußern (Rose u. Morgan, 1960; Bernhard, 1964; Diefenthal u. Habermehl, 1967) (Abb. 183).

Tab. 89. *Zellveränderungen bei Virusinfektionen (Beispiele)*

Virusgruppe	Organ	Autor
Papovavirus-Gruppe		
SV 40	Affennierenzellenkultur	Granboulan et al., 1963
	Mäusenierenzellenkultur	Hsiung et al., 1967
Adenovirus-Gruppe		
	HeLa-Zellen	Gregg u. Morgan, 1959
	Hamsterleberzellen	Samaille et al., 1965
	Hamstertumorzellen	Leduc et al., 1966
	Herz	Blailock et al., 1966, 1967
	Zellkultur	Bierwolf et al., 1968
	Zellkultur	Koestner et al., 1968
	Zellkultur	Martinez-Palomo, 1968
Herpesvirus-Gruppe		
Herpes simplex-Virus		Falke et al., 1959
Herpes simplex-Virus		Siegert, 1960
Herpes simplex-Virus	ZNS	Gruner u. Lavillauraix, 1963
Herpes simplex-Virus	ZNS	Swanson et al., 1966
Herpes simplex-Virus	ZNS	Rabin et al., 1968
Herpes simplex-Virus	ZNS	Chou u. Cherry, 1967
Herpes simplex-Virus	Amnionzellen	Nii et al., 1966
Herpes simplex-Virus	Leber	Patrizi et al., 1968
Herpes B-Virus	Affennierenzellenkultur	Mauler u. Dostal, 1960
Zytomegalie-Virus	Leber	Ruebner et al., 1964, 1966
Zytomegalie-Virus	Fibroblastenkulturen	Ruebner et al., 1965
Zytomegalie-Virus	Zellkultur	Middelkamp et al., 1967
Zytomegalie-Virus	Zellkultur	Patrizi et al., 1967
Pockenvirus-Gruppe		
Vakzine-Virus	Herz	Rabin et al., 1965
	Lunge	Montasir et al., 1966
	Lunge	Rabin et al., 1966
Schweinepocken-Virus	Haut	Cheville, 1966
Geflügelpocken-Virus	Haut	Arhelger et al., 1962
Virus der Dermatitis pustulosa des Schafes	Nierenzellkultur	Schulze u. Schmidt, 1964
Picornavirus-Gruppe		
Echo-Virus	Nierenzellkulturen	Nunez-Montiel et al., 1961
	Nierenzellkulturen	Soloviev et al., 1967
Mengo-Virus	L-Zellen	Dales u. Franklin, 1962
	L-Zellen	Amako u. Dales, 1966
Meningoenzephalitis-Virus	HeLa-Zellen	Kovac et al., 1961
Enzephalitis-Virus	Zellkultur	Tikhomirova u. Karpovich, 1966
Polioenzephalomyelitis-Virus	ZNS	Gruner u. Lavillauraix, 1963
	ZNS	Bodian, 1964
	ZNS	Nelson et al., 1964
	ZNS	Koestner et al., 1966, 1967
	ZNS	Koestner, 1967

Tabelle 89 (Fortsetzung)

Virusgruppe	Organ	Autor
Coxsackie-Virus	Zellkultur	JÉZÉQUEL u. STEINER, 1966
	Herz	RABIN et al., 1964
	Herz	SOHAL u. BURCH, 1969
Arbovirus-Gruppe		
Japan-B-Enzephalitis-Virus	ZNS	YASUZUMI et al., 1964
Reovirus-Gruppe		
Typ I	Herz	HASSAN et al., 1965
	ZNS	JENSON et al., 1965
	Pankreas	PAPADIMITRIOU u. WALTERS, 1967
Typ III	Fibroblastenkultur	SILVERSTEIN u. DALES, 1968
	Leber	PAPADIMITRIOU, 1965
Myxovirus- und Paramyxovirus-Gruppe		
Influenza-Virus	Lunge	SIRTORI, 1964
	Lunge	PLUMMER u. STONE, 1964
Rhabdovirus-Gruppe		
Rabies-Virus	ZNS	MATSUMOTO, 1962, 1963
	ZNS	SOKOLOV u. PARFANOVICH, 1964
	ZNS	MIYAMOTO u. MATSUMOTO, 1965
	Zelle	MATSUMOTO u. MIYAMOTO, 1966
Gelbfieber-Virus	ZNS	BARUCH, 1963
	Leber	BARUCH et al., 1963
	Leber, Gewebekultur	McGAVRAN u. WHITE, 1964
	ZNS	GRUNER u. LAVILLAURAIX, 1963
MKS-Virus	Herz	LÜBKE, 1960
	Herz, Muskulatur	VETTERLEIN u. WITTMANN, 1965; VETTERLEIN, 1968
Röteln-Virus	Organkulturen	KISTLER et al., 1967
Schweinepest-Virus	Leber	RADEKE, 1967
Omsk-Hämorrhag.-Fieber-Virus	Gewebekultur	SHESTOPALOVA et al., 1966
Exanthema coitale vesiculosum bovis	Gewebekultur	SCHULZE et al., 1963
Ectromelie-Virus	Leber	LEDUC u. BERNHARD, 1962
Mäusehepatitis-Virus	Leber	SVOBODA et al., 1962
	Leber	MIYAI et al., 1963
	Leber	VETTERLEIN, 1963
	Leberzellkultur	DAVID-FERREIRA u. MANAKER, 1965
	Leber	VETTERLEIN u. HESSE, 1965
	Leber	COLTORTI et al., 1967
	Leber	RUEBNER et al., 1967
Virus der epizootischen Diarrhoe junger Mäuse	Darm	ADAMS u. KRAFT, 1967

Im Initialstadium der Virusreplikation wird die Zelle jedoch nicht erheblich geschädigt, da die Virusvermehrung an eine intakte Struktur und Funktion der Zelle gebunden ist (DEFENDI, 1962). Eine Interferenz zwischen der Virus-DNS bzw.

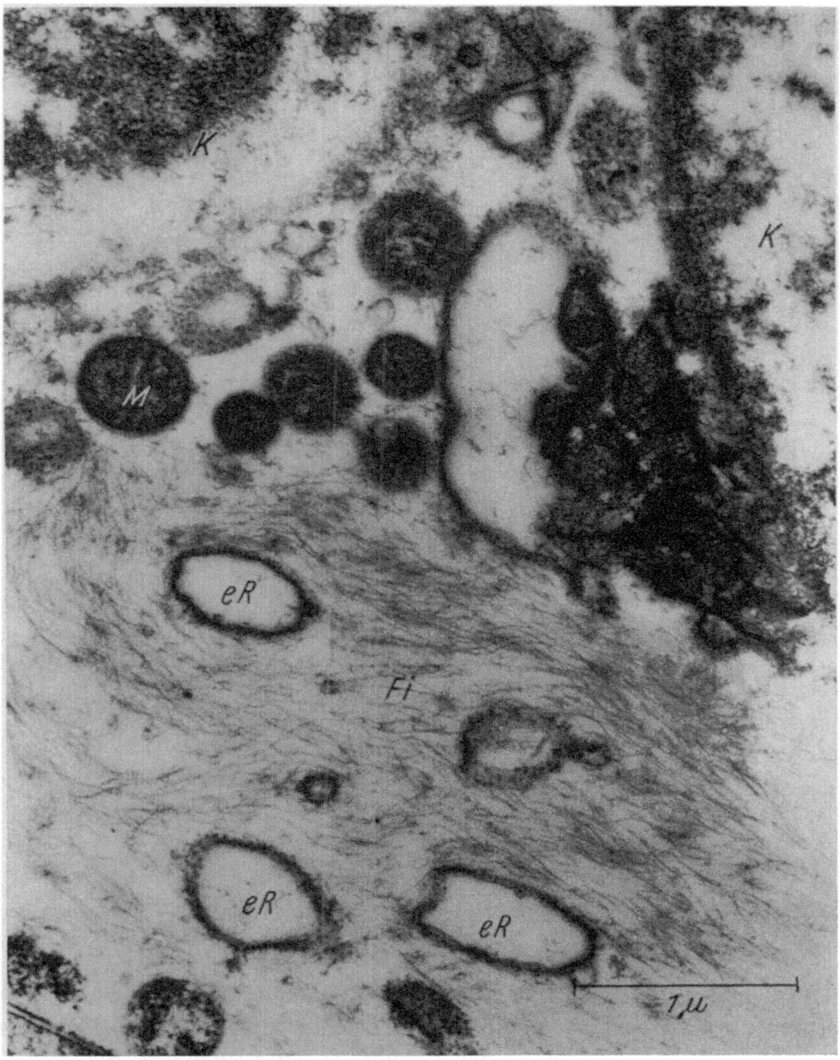

Abb. 184. HeLa-Zelle nach Infektion mit dem Virus der Frühsommer-Meningoenzephalitis. Im Zytoplasma der zweikernigen Zellen reichlich Filamente (*Fi*), Mitochondrien (*M*) mit tubulären Innenstrukturen sowie dilatiertem granulärem endoplasmatischem Retikulum (*eR*). *K* = Kern. Unspezifische Zellschädigung. 30 000 ×. — Mit freundlicher Genehmigung von Prof. Dr. W. KOVAC, Wien/Österreich. Aus: Arch. ges. Virusforsch. **11**, 544—567 (1961).

-RNS und den zellulären Nukleinsäuren besiegelt jedoch das Schicksal der Zelle (Schema 26).

Aus einer Gruppe von Befunden an virusinfizierten Zellen (Tab. 89) lassen sich eine Reihe von unspezifischen Zellveränderungen zusammenstellen (Abb. 184, 185, 186). Ohne den eindeutigen Virusnachweis ist der Beweis für eine Virusinfektion nicht gegeben. Wie vielfältig die Befunde schon im Verlaufe der Infektion durch einen Virustyp sein können, zeigen die Untersuchungen von Coltorti et al. (1967) (Tab. 90).

Der Kern weist Chromatinverklumpungen, Schrumpfungen der Kernmembran oder Erweiterungen der perinukleären Zisterne auf. Durch Abhebung beider Membranen voneinander bilden sich Vakuolen, die Viruspartikeln enthalten können. Die Kernmembran — besonders ihre innere Komponente — kann sich

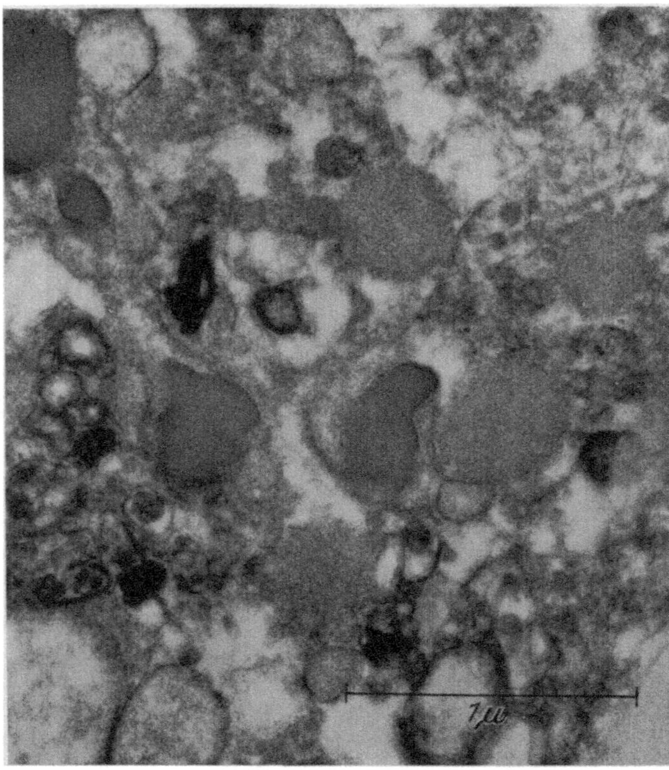

Abb. 185. Nekrotische Zelle mit osmiophilen Ablagerungen verschiedener Art aus einer Zellkultur nach Hepatitisvirusinfektion. 37 500 ×.

verdoppeln oder multiplizieren und annulierte Membranen produzieren. Durch Rupturen der Kernmembran werden Teile des Karyoplasmas in das Zytoplasma ausgeschleust. Schließlich bilden sich Kernblasen oder Pyknosen aus.

Die Nukleoli sind meist hypertrophiert und vakuolisiert. Picorna-Viren bewirken einen Verlust des Nukleolonemas und eine Dissoziation der Bestandteile (Godman, 1968). Bernhard u. Granboulan (1968) haben die beobachteten Nukleolusstruktur- und -funktionsveränderungen zusammengefaßt. Außerdem bilden sich bei der Infektion mit DNS-Viren Nuklearkörper aus (Patrizi u. Middelkamp, 1969).

Die zytoplasmatischen Membranen werden häufig in virusinfizierten Zellen verändert (Dales, 1965). Dabei können sich Parallelmembranbündel oder Netzwerke bilden, wie z. B. bei kleinen RNS-Viren, Polio- oder Mengoviren.

Die letzteren sollen die Zelle zu einer erhöhten Produktion von Lipidsubstanzen aktivieren.

Vereinzelt beobachtet man eine Hyperplasie des endoplasmatischen Retikulums. Meistens ist es jedoch vesikulär oder vakuolär umgewandelt und

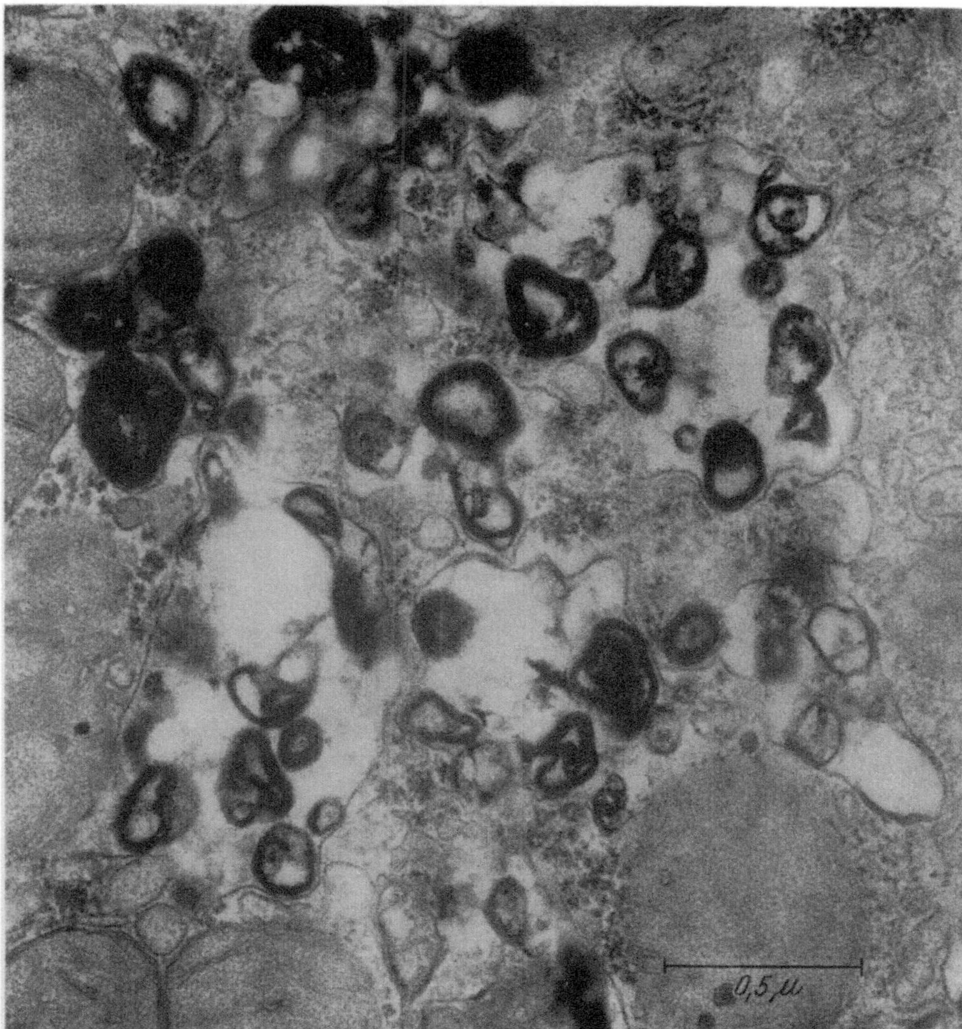

Abb. 186. Große vakuolisierte dichte Körper in einem Glykogenareal in einer Leberzelle bei akuter Virushepatitis. 52 000×. — Mit freundlicher Genehmigung von Dr. C. BIAVA, Chicago/USA. Aus: Amer. J. Path. **46**, 435—465 (1965).

zeigt eine Ablösung der Ribosomen. Die freien Ribosomen sind vermehrt, können jedoch auch reduziert werden. Die Neuronen des ZNS weisen eine Chromatolyse auf.

Das Glykogen wird meist reduziert. Jedoch kann es infolge Störungen in der Glykogenolyse und der Glukoseutilisation auch zur Glykogenanhäufung kommen. Nach Coxsackie-Virusinfektionen bilden sich Membran-Vesikelkomplexe mit

Tab. 90. *Übersicht über die Schädigungsformen der Leber in den verschiedenen Phasen der Infektion mit MHV-3-Virus* (nach COLTORTI et al., 1967)

Biochemische Befunde	Histologische und histochemische Befunde	Elektronenmikroskopische Befunde
	Frühphase (6—12 Std.)	
Veränderungen der Permeabilität und Sedimentation der Lysosomen mit einer Vermehrung der freien Aktivität der lysosomalen Hydrolasen Mäßige Erhöhung der Plasmaenzyme (wahrscheinlich durch Änderung der Membranen)	Geringe Parenchymschäden Histiozytenaktivierung und spärliche oder fokale Lymphozyteninfiltration Veränderte Verteilung und beginnende Reduktion des Glykogens Beginnende Verminderung der Färbung der DNS Geringe Veränderung der RNS-Färbung	Reichlich lysosomale Strukturen Bildung von Vesikeln des agranulären endoplasmatischen Retikulums Veränderung der zytoplasmatischen Membranen Selten Mitochondrienveränderungen
	Intermediärphase (18—24 Std.)	
Beginnende Ruptur der Lysosomen mit Vermehrung der löslichen sauren Hydrolasen Beginnende Mitochondrienschädigung Partielle Reduktion der RNS-Polymerase-Aktivität des Kerns *in vitro* Erhebliche Erhöhung der Plasmaenzyme	Fokale Nekrosen Histiozytenaktivierung und Lymphozyteninfiltration Diffuse Reduktion des Glykogens Reduktion der DNS	Reichlich lysosomale Strukturen Zytoplasmaverminderung mit Vakuolenbildung (zum Teil mit Lipid) Deutliche Veränderungen der zytoplasmatischen Membranen Häufiger Mitochondrienveränderungen
	Spätphase (36—48 Std.)	
Sehr hoher Anstieg des löslichen Anteils der sauren lysosomalen Hydrolasen Stärkste Mitochondrienschäden Starke Reduktion der RNS-Polymerase-Aktivität des Kerns *in vitro*. Verminderung der freien Nukleotide?	Ausgedehnte Nekrosen Stärkster Glykogenmangel DNS-Reduktion	Deutliche Glykogenreduktion Zahlreiche degenerative Zytoplasmavakuolen Irreguläre autophagozytäre Vakuolen Erhebliche Veränderungen des granulären endoplasmatischen Retikulums

Biochemische Befunde	Histologische und histochemische Befunde	Elektronenmikroskopische Befunde
	Spätphase (36–48 Std.)	
Vermehrte RNS-Synthese *in vivo* (zelluläre Desorganisation?) Stärkste Erhöhung der Plasmaenzyme		Schwere Mitochondrienveränderungen Starke Veränderungen der Zytoplasmamembranen Spärliche Kernveränderungen Veränderungen der Gallekapillaren Deutliche Vermehrung der Kollagenfasern Auftreten virusartiger Körper

Glykogenpartikeln aus. Bei Virushepatitis beschreiben RUEBNER u. SLUSSER (1968) in den Sternzellen Glykogenosomen.

Das Golgi-System ist häufig hyperplastisch und enthält Ansammlungen dichter Substanzen. Bei Coxsackie-Virusinfektion entsteht im Bereich der Zentrosphäre oder um den Kern ein komplexes System aus gedrehten dicken Membranen.

Die Mitochondrien sind geschwollen oder zeigen eine erhöhte Matrixdichte bzw. Ansammlungen osmiophiler Substanzen oder parakristalline Einschlüsse. Die Cristae werden erweitert. Sie können sich vermehren und irregulär gelagert sein. Vielfach sieht man zugrunde gehende Mitochondrien.

Die Lysosomen sind im Verlauf der Virussynthese vielfältig verändert. Sie werden vermehrt und später zerstört, so daß ihre Enzyme freigesetzt werden. Bei der Zytomegalie sollen die Lysosomen an der Zerstörung der Viruspartikeln beteiligt sein. Deshalb werden diese in den lysosomenreichen Leberzellen relativ schnell abgebaut, während sie in den lysosomenarmen Zellen der Speicheldrüse persistieren.

Die von Fibroblastenkulturen phagozytierten Reoviren Typ 3 werden in den Lysosomen sequestriert. Die Hüllproteine werden abgebaut, während die doppelsträngige RNS erhalten bleibt (SILVERSTEIN u. DALES, 1968). Nach SIRTORI (1964) erfolgt die Replikation des Influenzavirus im Bereich der lamellären Einschlüsse der Alveolarzellen der Lunge. Dadurch wird nicht nur die Synthese tensioaktiver Substanzen, sondern auch die Absorption kanzerogener Kohlenwasserstoffe reduziert, wodurch diese akkumulieren und so ihre Wirkung enthalten können.

Microbodies werden vereinzelt vermehrt.

Zytolysomen treten im Verlaufe von Virusinfektionen häufig auf (s. S. 172).

Lipidansammlungen sind nicht selten und auch im Kern anzutreffen.

Die Plasmamembranen aneinandergrenzender Zellen in virusinfizierten Zellkulturen können miteinander verschmelzen und so vielkernige Riesenzellen bilden. Eine komplette Integration der einzelnen Zellen tritt ein, wenn das endoplasmatische Retikulum der einzelnen Zelle rupturiert und in das Zytoplasma der Riesenzellen einbezogen wird (DALES, 1965).

Bei *in vivo* infizierten Zellen können die Mikrovilli aufgetrieben werden oder verschwinden. Manchmal werden Zellabschnitte von der Zelle abgelöst. Die Glanzstreifen der Herzmuskulatur werden erweitert oder zerfallen.

Am Ende der Virusinfektion steht vielfach die Nekrose der Zelle. Bei der zytolytischen Nekrose werden dabei gleichzeitig große Mengen an Viruspartikeln freigesetzt.

d) Einschlußkörperbildung

Schon aus lichtmikroskopischen Untersuchungen ist die Ausbildung von Einschlußkörpern in virusinfizierten Zellen bekannt. Ihre Genese muß nach elektronenmikroskopischen Befunden different bewertet werden.

Ein Teil von ihnen stellt unspezifische Degenerationsherde nach Art der Zytolysomen dar. Zu ihnen sind zu rechnen: die Councilman-Körper bei Gelbfiebervirushepatitis (BARUCH et al., 1963), die eosinophilen Einschlüsse beim Rift-Valley-Fieber (MCGAVRAN u. EASTERDAY, 1963), in menschlichen Warzen (WILLIAMS et al., 1961) und nach Pockenvirusinfektion (KATO et al., 1959).

In anderen Einschlußkörpern sind neben untergehenden Zellorganellen Viruspartikeln nachzuweisen, wie z. B. bei der durch das Zytomegalievirus hervorgerufenen Hepatitis (RUEBNER et al., 1966) und bei der Reovirusenzephalitis (JENSON et al., 1965).

Im allgemeinen handelt es sich bei den Inklusionen jedoch um Replikationsherde der Viren. Zu ihnen gehören die Negri-Körperchen bei Tollwutvirusinfektion (MIYAMOTO u. MATSUMOTO, 1965; JENSON et al., 1966), die lichtmikroskopisch Feulgen-positiven Bezirke bei Adenovirus- (MORGAN et al., 1960), Pockenvirus- (KATO et al., 1959) oder Papovavirus-Infektionen (WILLIAMS et al., 1961). Virusplasmaherde stellen auch die Einschlußkörper nach Herpes-Virus- (LOVE u. WILDY, 1963) und Myxovirus-Infektion (TAWARA et al., 1961) dar. Die bei lichtmikroskopischen Untersuchungen metachromatisch erscheinenden Herde nach Reovirusinfektion (JENSON et al., 1966) müssen gleichfalls dazu gerechnet werden.

Schluß

Die vorliegenden Ausführungen stellen einen Versuch dar, unsere bisherigen Kenntnisse auf dem Gebiet der zellulären Pathologie zu ordnen und Brücken zu schlagen, einmal zu den seit Jahrzehnten bekannten Ergebnissen, um daraus das Bewährte zu entnehmen, zum anderen aber, um den Anschluß zu den zukünftigen Kenntnissen zu gewinnen. Diese werden sicher eine neue Qualität erreichen, da sie zwangsläufig aus der Gemeinschaftsarbeit aller biologischen Forschungsdisziplinen erwachsen. Auch der Biologe wird allein nicht mehr in der Lage sein, aus seinen Methoden die Erscheinungen der Normo- und Pathologie der Zelle zu erklären, sondern er wird das nur unter Anwendung anderer moderner Wissenschaftsdisziplinen, insbesondere der Philosophie sowie der Kybernetik, erreichen.

Da das alles zum gegenwärtigen Zeitpunkt nicht möglich ist, mußte diese Darstellung ein Fragment bleiben. Meine Hoffnung ist es, daß sie als diese Zwischenstation angesehen und anerkannt werde.

Literatur

ABDEL-BARI, W., and G. D. SORENSON, 1965: Ultrastructural alterations in x-irradiated spleen. II. Regenerative stage. Int. J. Radiot. Biol. **9**, 11—23.

ABRAHAM, R., M. MORRIS, and R. HENDY, 1969: Lysosomal changes in epithelial cells of the mouse thymus after hydrocortisone treatment. Histochemie **17**, 295—311.

ADACHI, F., 1967: Electron microscopic investigation of the regenerating hepatic cells of the senile rat. Nagoya J. med. Sci. **30**, 109—120.

ADACHI, M., B. J. WALLACE, L. SCHNECK, and B. W. VOLK, 1966: Fine structure of spongy degeneration of the central nervous system (VAN BOGAERT and BERTRAND type). J. Neuropath. exp. Neurol. **25**, 598—616.

— — and J. W. VOLK, 1967: Ultramicroscopic and histochemical studies of spongy degeneration (VAN BOGAERT and BERTRAND type). J. Neuropath. exp. Neurol. **26**, 164—165.

— — L. SCHNECK, and B. W. VOLK, 1967: Fine structure of central nervous system in early infantile Gaucher's disease. Arch. Path. **83**, 513—526.

— B. W. VOLK, B. J. WALLACE, and J. TORII, 1968: Fine structure of the myenteric plexus in lipidoses. Lab. Invest. **18**, 317—318.

ADAMS, W. R., and L. M. KRAFT, 1967: Electron microscopic study of the intestinal epithelium of mice infected with the agent of epizootic diarrhea of infant mice (edim virus). Amer. J. Path. **51**, 39—60.

AFZELIUS, B. A., 1963: The nucleus of *Noctiluca Scintillans*. Aspects of nucleocytoplasmic exchanges and the formation of nuclear membrane. J. Cell Biol. **19**, 229—238.

— and H. MOHRI, 1966: Mitochondria respiring without exogenous substrate. A study of aged sea urchin spermatozoa. Exp. Cell Res. **42**, 10—17.

— and L. NICANDER, 1967: Attempts to characterize the peroxisomes structurally. J. Ultrastruct. Res. **18**, 226.

— and R. SCHOENTAL, 1967: The ultrastructure of the enlarged hepatocytes induced in rats with a single oral dose of retrorsine, a pyrrolizidine (senecio) alkaloid. J. Ultrastruct. Res. **20**, 328—345.

AGHAJANIAN, G. K., and F. E. BLOOM, 1967: Formation of synaptic junctions in developing rat brain. Quantitative electron microscopic study. Brain Res. **6**, 716—727.

AGOSTINI, B., 1967: Calcium-Ablagerungen in veränderten Endplatten und Muskelfasern. Dtsch. Ges. Elektronenmikroskopie **13**. Tagg., 21.

— e G. SCHWALBACH, 1963: Il ruolo dei mitocondri nell'esaurimento di muscoli rossi. Riv. Anat. Pat. **24**, 1—20.

— — 1964: Modificazioni mitocondriali da perfrigerazione nei muscoli del volo di vespe. Riv. Anat. Pat. **25**, 17—25.

AGUIRRE, G. A., and N. BABA, 1969: Electron microscopic observation of experimental left ventricular hypertrophy. Lab. Invest. **20**, 573.

AIZAWA, S., 1962: Electron microscopic cyto-histopathology. XVIII. Electron microscopic studies on vacuolar degeneration. Changes observed in liver cells and kidney tubules in acute carbon tetrachloride and diethylene glycol poisoning. Acta path. jap. **12**, 155—176.

ALBERS, C., W. USINGER und P. SPAICH, 1969: Der Einfluß von Körpertemperatur und arteriellem CO_2-Druck auf das intrazelluläre pH. Pflügers Arch. **307**, R 7.

ALBOT, M. G., et A. M. JÉZÉQUEL, 1962: Ultrastructure du foie et pathogénie de l'ictère au cours des hépatites virales. Arch. Malad. l'Appareil dig. **51**, 505.

— et M. PARTURIER-ALBOT, 1966: Lésions ultrastructurales du foie dans les hépatites alcooliques subaigues et dans les hépatites alcooliques cirrhogènes. La Semaine Hop. **29**, 1757—1771.

— — 1966: Die toxische Wirkung des Alkohols auf die menschliche Leber und die ersten ultrastrukturellen Veränderungen. Acta hepato-splenol. **13**, 372.

— — E. HOUSSET, J. P. ETIENNE et J. BARBE, 1966: Ultrastructure du foie dans l'intoxication biliaire par cholepéritoine total et partiel chez le rat. Rev. inter. Hépat. **16**, 289—305.

— and M. PARTURIER-ALBOT, 1967: The toxic effect of alcohol on the human liver and its first ultrastructural manifestations. Amer. J. Gastroent. **48**, 319—326.

AL-LAMI, F., and R. G. MURRAY, 1968: Fine structure of the carotid body of normal and anoxic cats. Anat. Rec. **160**, 697—718.

ALLBROCK, D., 1962: Electron microscopic study of regenerating skeletal muscle. J. Anat. **96**, 137—152.

Allegranza, A., P. Canevini, and G. P. Strada, 1966: Progressive familial myoclonus epilepsy of Unverricht-Lundborg. Histochemical and ultrastructural study of the S. C. Laforás bodies. Vth internat. Congr. Neuropath. Zürich, 1965, 999—1003.

Allen, J. M., E. M. Briegers, and R. J. W. Rees, 1965: Electron microscopy of the host cell parasite relation in murine leprosy. J. Path. Bact. **89**, 301—306.

Allen, J. R., J. J. Lalich, and M. J. Schmidt, 1965: Effects of 1, 1, 3-tricyano-2-amino-1-propene on the thyroid and testes of the rat. Lab. Invest. **14**, 1412—1418.

— and L. A. Carstens, 1966: Electron microscopic alterations in the liver of chickens fed toxic fat. Lab. Invest. **15**, 970—979.

— — 1968: Response of Saimiri sciureus monkeys to total body x-irradiation: Electron microscopic changes in the heart. Amer. J. Vet. Res. **29**, 2189—2204.

Aleu, F. P., R. T. Terry, and H. Zellweger, 1965: Electron microscopy of two cerebral biopsies in gargoylism. J. Neuropath. exp. Neurol. **24**, 304—317.

— K. Suzuki, and H. Zellweger, 1966: Ultrastructural and biochemical observations of three cerebral biopsies in gargoylism. Vth internat. Congr. Neuropath. Zürich 1965, 149—152.

Alexander, C. S., 1966: Idiopathic heart disease. II. Electron microscopic examination of myocardial biopsy specimens in alcoholic heart disease. Amer. J. Med. **41**, 229—234.

— 1967: Electron microscopic observations in alcoholic heart disease. Brit. Heart J. **29**, 200—206.

Allmann, D. W., L. Galzigna, R. E. McCaman, and D. E. Green, 1966: The membrane systems of the mitochondrion. IV. The localization of the fatty oxidizing system. Arch. Biochem. Biophys. **117**, 413—422.

Almeida, J. D., A. F. Howatson, and M. G. Williams, 1962: Electron microscopic study of human warts; sites of virus production and nature of the inclusion bodies. J. invest. Derm. **38**, 337—345.

Alousi, M. A., W. S. Morgan, and R. J. Stenger, 1966: The effect of starvation and re-feeding upon the formation of neutral red granules in the pancreas. Amer. J. Path. **48**, 21a.

— — — 1967: Evolution of autophagic vacuoles in pancreatic acinar cells after neutral red injection. Amer. J. Path. **50**, 7a.

Alpers, D. H., M. Solin, and K. J. Isselbacher, 1968: The role of lipid peroxidation in the pathogenesis of carbon tetrachloride induced liver injury. Molec. Pharmacol. **4**, 566—573.

Altmann, H. W., E. Stöcker und W. Thoenes, 1963: Über Chromatin und DNS-Synthese im Nucleolus. Elektronenmikroskopische, autoradiographische und lichtmikroskopische Untersuchungen an Leberzellen von Ratten. Z. Zellforsch. **59**, 116—133.

— und P. Bannasch, 1966: Die intravitale Karyorrhexis der exokrinen Pankreaszelle im elektronenmikroskopischen Bild. Z. Zellforsch. **71**, 53—68.

— und U. Pfeifer, 1969: Beitrag zur Kenntnis der Karyosphäridien (nuclear bodies). Fetthaltige Sphäridien nach partieller Hepatektomie. Virchows Arch. Abt. B. **2**, 220—228.

Amakawa, T., 1967: Electron microscopic studies on lysosomes in human hepatic parenchymal cells. J. Electron Microsc. **16**, 154—168.

Amako, K., and S. Dales, 1966: Proliferation of smooth membrane-bounded cisternae in L cells infected by mengovirus. VI. internat. Congr. f. Electron Microscopy Kyoto Vol. **2**, 165—166.

Amalric, F., R. Simard et J. P. Zalta, 1969: Effet de la température supra-optimale sur les ribonucléoprotéine et le RNA nucléolaire. II. Étude biochimique. Exp. Cell Res. **55**, 370—377.

Amano, M., 1967: Metabolism of RNA in the liver cells of the rat. I, II. Exp. Cell Res. **46**, 169—179, 180—190.

Amaral, L., and L. G. Moriber, 1967: A cytological study of mouse liver parenchymal cells following the *in vivo* administration of cortisone. J. Cell Biol. **35**, 2/2, 3 A.

Amick, C. J., and R. J. Stenger, 1964: Ultrastructural alterations in experimental acute hepatic fatty metamorphosis. Lab. Invest. **13**, 128—136.

Amon, H., 1967: Untersuchungen an der Niere des Siebenschläfers (*Glis Glis* L.) im Winterschlaf und im sommerlichen Wachzustand. IV. Z. Zellforsch. **76**, 349—354.

— W. Kühnel und G. Petry, 1967: Untersuchungen ..... V. Z. Zellforsch. **77**, 204—231.

Amy, R. L., and R. Storb, 1965: Selective mitochondrial damage by a ruby laser microbeam. Science **150**, 756—758.

ANDERSON, H. C., 1967: Electron microscopic studies of induced cartilage development and calcification. J. Cell Biol. **35**, 81—101.
ANDERSON, M. R., 1966: Differentiation. Brit. J. Cancer **20**, 291—298.
— 1966: Cell surfaces. Brit. J. Cancer **20**, 299—306.
ANDERSON, M. S., 1962: Electron microscopy of the glomerulus in experimental hypertension. Anat. Rec. **142**, 209.
ANDERSON, O. R., O. A. ROELS, K. D. DREHER, and J. H. SCHULMAN, 1967: The stability and structure of mixed lipid monolayers and bilayers. II. The effect of retinal and α-tocopherol on the structure and stability of lipid bilayers. J. Ultrastruct. Res. **19**, 600—610.
ANDERSON, P. J., and N. CHRISTOFF, 1964: Influence of autolysis on the isolation and localization of acid phosphatases in rat brain. J. Neuropath. exp. Neurol. **23**, 202.
ANDERSON, W. A., 1965: Cellular changes in the glomerulus and epithelial cells in the kidney after unilateral nephrectomy. J. Cell Biol. **27**, 126 A.
— 1967: Fine structure of compensatory growth in the rat kidney after unilateral nephrectomy. Amer. J. Anat. **121**, 217—248.
— 1968: Structure and fate of the paternal mitochondrion during early embryogenesis of *Paracentrotus lividus*. J. Ultrastruct. Res. **24**, 311—321.
— 1968: Cytochemistry of sea urchin gametes. I. Intramitochondrial localization of glycogen, glucose-6-phosphatase and ATP activity in spermatozoa of *Paracentrotus lividus*. J. Ultrastruct. Res. **24**, 398—411.
— A. WEISSMAN and R. A. ELLIS, 1966: A comparative study of microtubules in some vertebrate and invertebrate cells. Z. Zellforsch. **71**, 1—13.
— and R. A. ELLIS, 1967: Cytodifferentiation of the Crayfish spermatozoon: Acrosome formation, transformation of mitochondria and development of microtubules. Z. Zellforsch. **77**, 80—94.
ANDERSSON-CEDERGREN, E., and U. MUSCATELLO, 1962: Combined morphological and biochemical investigations on the sarcotubular system of frog skeletal muscle cell. J. Ultrastruct. Res. **6**, 140.
— and U. KARLSSON, 1967: Polyribosomal organization in intact intrafusal muscle fibers. J. Ultrastruct. Res. **19**, 409—416.
ANDRÉ, J., 1965: Quelques données récentes sur la structure et la physiologie des mitochondries, glycogène, particules élémentaires, acides nucléiques. Arch. Biol. **76**, 277—304.
ANDRÉ-SCHWARTZ, J., 1964: The morphologic responses of the lymphoid system to homografts. Blood **24**, 113—133.
ANDRES, K. H., 1960: Elektronenmikroskopische Untersuchungen patho- und nekrobiotischer Vorgänge in Spinalganglien. Proc. Eur. Reg. Conf. on Electron Microscopy Delft Vol. II.
— 1961: Untersuchungen über morphologische Veränderungen in Spinalganglien während der retrograden Degeneration. Z. Zellforsch. **55**, 49—79.
— 1963: Elektronenmikroskopische Untersuchungen über präparatorisch bedingte und postmortale Strukturveränderungen in Spinalganglienzellen. Z. Zellforsch. **59**, 78—115.
— 1963: Elektronenmikroskopische Untersuchungen über Strukturveränderungen in den Kernen von Spinalganglienzellen der Ratte nach Bestrahlung mit 185 MeV-Protonen. Z. Zellforsch. **60**, 560—581.
— 1963: Elektronenmikroskopische Untersuchungen über Strukturveränderungen im Zytoplasma von Spinalganglienzellen der Ratte nach Bestrahlung mit 185 MeV-Protonen. Z. Zellforsch. **60**, 633—658.
— 1963: Elektronenmikroskopische Untersuchungen über Strukturveränderungen an den Nervenfasern in Rattenspinalganglien nach Bestrahlung mit 185 MeV-Protonen. Z. Zellforsch. **61**, 1—22.
— 1963: Elektronenoptische Untersuchungen über Strukturveränderungen an Blutgefäßen und am Endoneurium in Spinalganglien von Ratten nach Bestrahlung mit 185 MeV-Protonen. Z. Zellforsch. **61**, 23—51.
— 1964: Mikropinozytose im Zentralnervensystem. Z. Zellforsch. **64**, 63—73.
— B. LARSSON und B. REXED, 1963: Zur Morphogenese der akuten Strahlenschädigung in Rattenspinalganglien nach Bestrahlung mit 185 MeV-Protonen. Z. Zellforsch. **60**, 532—559.
ANDREW, W., 1961: An electron microscopic study of age changes in the liver of the mouse. Anat. Rec. **139**, 203.
— 1962: An electron microscopic study of age changes in the liver of the mouse. Amer. J. Anat. **110**, 1—18.

Angevine, J. M., A. Kappas, R. L. de Gowin, and B. H. Spargo, 1962: Renal tubular nuclear inclusions of lead poisoning. Arch. Path. **73**, 486—494.

Anthony, D. D., F. Schaffner, and F. Hutterer, 1961: Morphological and cytochemical correlation of rat liver cell organelles in subacute ethionine intoxication and modifications. Fed. Proc. **20**, 288.

Anton, E., and D. Brandes, 1969: Role of lysosomes in cellular lytic processes. IV. Ultrastructural and histochemical changes in lymphoid tissue of thymectomized mice with wasting disease. J. Ultrastruct. Res. **26**, 69—84.

Aoki, A., R. Vitale-Calpe, and A. Pisano, 1969: The testicular interstitial tissue of the amphibian *Physalaemus fuscumaculatus*. Z. Zellforsch. **98**, 9—16.

Aparicio, S., C. E. Lumsden, and M. Jennings, 1968: Electron microscopy of glial reactions observed in CNS cultures. Brain Res. **7**, 268—285.

Appel, S. H., W. Davis, and S. Scott, 1967: Brain polysomes: Response to environmental stimulation. Science **157**, 836—838.

Arcasoy, M., E. P. Benditt, and E. A. Smuckler, 1967: Microsomal enzyme activity and changes in smooth endoplasmic reticulum in response to toxic agents. Lab. Invest. **16**, 631.

— E. A. Smuckler, and E. P. Benditt, 1968: Acute effects of 3'methyl-4-dimethylaminoazobenzene intoxication on rat liver, structural and functional changes in the endoplasmic reticulum and NADPH-related electron transport. Amer. J. Path. **52**, 841—867.

Arcos, J. C., R. S. Sohal, Sh.-Ch. Sun, M. F. Argus, and G. E. Burch, 1968: Changes in ultrastructure and respiratory control in mitochondria of rat heart hypertrophic by exercise. Exp. molec. Path. **8**, 49—65.

Ardenne, M. v., und F. Rieger, 1968: Zu den Wegen der Krebstherapie und möglichen Ursachen der Krebsentstehung sowie ihren wechselseitigen Beziehungen. Z. Naturforsch. **23b**, 357—368.

— und P. G. Reitnauer, 1968: Versuche zum Einfluß einer Diät mit erhöhtem Gehalt an mehrfach ungesättigten Fettsäuren auf die Thermosensibilisierung von Krebszellen mit Vitamin K_3. Arch. Geschwulstforsch. **31**, 252—259.

Argyris, B. F., 1968: Role of macrophages in immunological maturation. J. exp. Med. **128**, 459—467.

Arhelger, R. B., R. W. Darlington, L. G. Gafford, and C. C. Randall, 1962: An electron microscopic study of fowlpox infection in chick scalps. Lab. Invest. **11**, 814—825.

— J. S. Broom, and R. K. Boler, 1965: Ultrastructural hepatic alterations following tannic acid administration to rabbits. Amer. J. Path. **46**, 409—434.

Arison, R. N., E. I. Ciaccio, M. S. Geitzer, J. A. Cassaro, and M. P. Pruss, 1967: Light and electron microscopy of lesions in rats rendered diabetic with streptozotocin. Diabetes **16**, 51—56.

Arrighi, F. E., and T. C. Hsu, 1965: Experimental alterations of metaphase chromosome morphology. Effect of actinomycin D. Exp. Cell Res. **39**, 305—308.

Arstila, A. U., and B. F. Trump, 1968: The origin of autophagic vacuoles in rat liver. Amer. J. Path. **52**, 12a.

— — 1968: Studies on cellular autophagocytosis. The formation of autophagic vacuoles in the liver after glucagon administration. Amer. J. Path. **53**, 687—734.

— — 1969: Autophagocytosis: Origin of membrane and hydrolytic enzymes. Virchows Arch. Abt. B. **2**, 85—90.

Artiukhina, N. J., 1966: Some age features of the cortical ultrastructure of the animals. VI. internat. Congr. f. Electron Microscopy Kyoto Vol. **2**, 475—476.

— 1968: Electron microscope study of the intracellular pigment in the rat brain cortex. Zytologija **10**, 26—35.

— 1969: Features peculiar to the ultrastructure of the nerve cells of cerebral cortex in old animals. Arch. Pat. **31/1**, 56—62.

Asano, M., and J. Kawahara, 1968: Nuclear bodies in human leukemic cells. J. Electron Micr. **17**, 260.

Ashford, T. P., and K. R. Porter, 1962: Cytoplasmic components in hepatic cell lysosomes. J. Cell Biol. **12**, 198—202.

Ashhurst, D. E., 1965: Mitochondrial particles seen in sections. J. Cell Biol. **24**, 497.

Ashworth, C. T., 1966: Electron microscopic study of the role of lipid micelles in intestinal fat absorption. J. Lipid Res. **7**, 465—472.

— E. J. Luibel, and E. Sanders, 1960: The fine structure of nuclei in certain human malignant neoplasms. Amer. J. clin. Path. **34**, 9—20.

— — — and N. Arnold, 1963: Hepatic cell degeneration. Arch. Path. **75**, 212—225.

ASHWORTH, C. T., and J. M. JOHNSTON, 1963: The intestinal absorption of fatty acid: A biochemical and electron microscopic study. J. Lipid Res. **4**, 454—460.

— — and F. J. WRIGHTSMAN, 1965: Biochemical and morphologic correlations of hepatic protein synthesis in acute ethanol intoxication in rats. Amer. J. Path. **46**, 757—774.

— J. D. WERNER, and F. J. WRIGHTSMAN, 1965: Effect of thioacetamide-induced sublethal hepatic cell injury on protein synthesis. Proc. Soc. exp. Biol. **119**, 495—501.

— — M. D. GLASS, and N. J. ARNOLD, 1965: Spectrum of fine structural changes in hepatocellular injury due to thioacetamide. Amer. J. Path. **47**, 917—952.

— J. S. LEONARD, E. H. EIGENBRODT, and F. J. WRIGHTSMAN, 1966: Hepatic intracellular osmiophilic droplets. Effect of lipid solvents during tissue preparation. J. Cell Biol. **31**, 301—318.

ASTRÖM, K. E., H. DE F. WEBSTER, and B. G. ARNASON, 1968: The initial lesion in experimental allergic neuritis. J. exp. Med. **128**, 469—495.

ATECH, Y. L., et H. TURCHINI, 1966: Variations ultrastructurales des neurones des ganglions de la chaîne sympathique du rat sous l'action de l'hormone thyréotrope (hypophysaire), de la thyroxine et du 4-méthyl-2-thiouracile. C. R. Soc. Biol. **160**, 1621—1623.

AUREBECK, G., K. OSTERBERG, M. BLAW, S. CHOU, and E. NELSON, 1964: Electron microscopic observations on metachromatic leukodystrophy. Arch. Neurol. **11**, 273—288.

AVRAMEAS, S., and M. BOUTEILLE, 1968: Ultrastructural localization of antibody by antigen with peroxidase. Exp. Cell Res. **53**, 166—176.

BABA, M., 1962: On the ultrastructural changes of the thyroid in experimentally radiothyroidectomized rats. Vth internat. Congr. of Electron Microscopy Philadelphia Vol. II, VV-1.

— and E. v. HAAM, 1967: Experimental carcinoma of the endometrium. Progr. exp. Tumor Res. **9**, 192—260.

— — 1967: Ultramicroscopic changes in the endometrial cells of spontaneous adenocarcinoma of rabbits. J. Nat. Cancer Inst. **38**, 657—672.

BABAI, F., G. TREMBLAY, and A. DUMONT, 1969: Intranuclear and intranucleolar tubular structures in Novikoff hepatoma cells. J. Ultrastruct. Res. **28**, 125—130.

BACCINO, F. M., G. A. RITA, and M. U. DIANZANI, 1965: Further experiments on the action of CCl_4 on lysosomes *in vitro*. Enzymologia **29**, 169—184.

BADE, E. G., 1964: Bildung von Mitochondrien in der regenerierenden Leber der Maus. Z. Zellforsch. **61**, 754—768.

— und A. SCHUMACHER, 1964: Veränderungen der submikroskopischen Struktur der Leberzellen der Maus nach temporärer Ischämie. Frankfurt. Z. Path. **74**, 29—45.

BADER, G., 1967: Elektronenmikroskopische Untersuchungen der Rattenleber bei der Thioacetamidintoxikation unter besonderer Berücksichtigung der intrahepatischen Gallenwege. Exper. Path. **1**, 73—94.

— 1968: Elektronenmikroskopische Veränderungen der normalen und regenerierenden Leberzelle der Ratte durch Lepinal. Acta hepato-splenol. **15**, 400—408.

— 1969: Elektronenmikroskopische Untersuchungen der pathologischen Leberregeneration unter der Einwirkung von Thioazetamid, Para-aminosalizylsäure und Barbiturat. Acta hepato-splenol. **16**, 160—173.

— und G. ERNST, 1967: Elektronenmikroskopische Untersuchungen zur morphologischen Differenzierung des Vaginalepithels weißer Mäuse. Exper. Path. **1**, 291—308.

— K. J. STILLER, R. HOLLAND-LETZ und R. BERGLEITER, 1967: Karyometrische Untersuchungen der Rattenleber bei der chronischen Thioazetamidintoxikation. Exper. Path. **1**, 256—272.

— und G. ERNST, 1968: Elektronenmikroskopische Untersuchungen zur morphologischen Differenzierung des Vaginalepithels weißer Mäuse. II. Exper. Path. **2**, 21—36.

— und D. STILLER, 1968: Zur funktionellen Pathologie der Paraaminosalizylsäureintoxikation der Rattenleber. Exper. Path. **2**, 87—110.

BAEYENS, W., and R. GOUTIER, 1968: Effect of total-body x-irradiation on the properties of polyribosomes in normal rat liver. Arch. int. Physiol. **76**, 785—796.

BAGDADE, J. D., F. PARKER, P. O. WAYS, T. E. MORGAN, D. LAGUNOFF, and S. EIDELMAN, 1968: Fabry's disease. A correlative clinical, morphologic, and biochemical study. Lab. Invest. **18**, 681—688.

BAGGENSTOSS, A. H., N. A. CHRISTENSEN, K. G. BERGE, W. P. BALDUS, R. E. SPIEKERMAN, and R. D. ELLEFSON, 1967: Fine structural changes in the liver in hypercholesteremic patients receiving long-term nicotinic acid therapy. Proc. Mayo Clin. **42**, 385—400.

BAGLIO, C. M., and E. FARBER, 1965: Reversal by adenine of the ethionine-induced lipid accumulation in the endoplasmic reticulum of the rat liver. J. Cell Biol. **27**, 591—601.

— — 1965: Correspondence between ribosomes aggregation patterns in rat liver homogenates and in electron micrographs following] administration of ethionine. J. molec. Biol. **12**, 466—467.

BAHR, G. E., and R. B. JENNINGS, 1961: Ultrastructure of normal and asphyxic myocardium of the dog. Lab. Invest. **10**, 548—571.

— and E. ZEITLER, 1962: Study of mitochondria in rat liver. J. Cell Biol. **15**, 489—501.

— and U. E. GLAS, 1964: Effects of whole-body irradiation on rat liver mitochondria. J. Cell Biol. **23**, 8 A.

BAILEY, A. J., and W. J. TROMANS, 1964: Effects of ionizing radiation on the ultrastructure of collagen fibrils. Radiat. Res. **23**, 145—155.

BAILLIE, A. H., 1964: Age changes in the mitochondria and succinoxidase system of the Leydig cell. Z. Zellforsch. **62**, 72—79.

BAINTON, D. F., and M. G. FARQUHAR, 1965: The origin and nature of PMN-granules. J. Ultrastruct. Res. **13**, 560.

BAIRATI, A., S. MILANESI, and B. PERNIS, 1964: Structure submicroscopique des cellules épithéloides. III. Europ. reg. Conf. on Electron Microscopy Prague 1964, B 227—228.

BAK, I. J., and R. HASSLER, 1968: Electron microscopical observations on the cytoplasmic nucleolar extrusion bodies in substantia nigra in mouse. In "Macromolecules and the Function of the Neuron". Proc. int. Symp. Castle Liblice, Prague 1967, 307—315.

BAKAY, L., and J. C. LEE, 1968: The effect of acute hypoxia and hypercapnia on the ultrastructure of the central nervous system. Brain **91**, 697—706.

BAKER, T. G., and L. L. FRANCHI, 1969: The origin of cytoplasmic inclusions from the nuclear envelope of mammalian oocytes. Z. Zellforsch. **93**, 45—55.

BAL, A. K., F. JUBINVILLE, G. H. COUSINEAU, and S. INOUÉ, 1968: Origin and fate of annulate lamellae in *Arbacia punctulata* eggs. J. Ultrastruct. Res. **25**, 15—28.

BALBONI, G., and R. DE DOMINICIS, 1962: Electron microscope observations on the corpus luteum of rats submitted to whole body irradiation. Sperimentale **112**, 87—103.

— — 1962: Contributo allo studio degli effeti delle radiazioni ionizzanti sull'ultrastruttura delle cellule di vari organi. Estr. d. Atti del VI Congr. Naz. Radiol. Med. Trieste, 473—486.

BALOGH, K., and S. J. ROTH, 1964: Histochemical and ultrastructural studies of onkocytes in tumors of the salivary glands. Amer. J. Path. **44**, 33a.

— — 1965: Histochemical and electron microscopic studies of eosinophilic granular cells (oncocytes) in tumors of parotid gland. Lab. Invest. **14**, 310—320.

BAMATTER, F., H. S. VARONIER, CH. ROUILLER et G. SIMON, 1962: Ictère non hémolytique congénital avec ictère nucléaire. Schweiz. med. Wschr. **37**, 1111—1114.

BANGHAM, A. D., 1964: Interactions producing injury or repair of cellular membranes. Ciba Found. Symp. „Cellular Injury" 167—186.

BANI, G., 1967: Il comportamento del reticulo endoplasmico negli epatociti del rospo (*Bufo Bufo* L.) durante le varie fasi del ciclo annuale. Arch. ital. Anat. embryol. **72**, 225—239.

BANNASCH, P., 1967: Nitrosamin-induzierte Glykogenose und Geschwulstbildung in der Rattenleber. Verh. Dtsch. Ges. Path. **51**. Tagg. 343—350.

BARBERA, V., e L. MAZZARELLA, 1967: Caratteristiche ultrastrutturali del sarcoma di Kaposi. Tumori **53**, 379—413.

BARBIERI, G. P., and A. DI MARCO, 1963: Significance of the endoplasmic reticulum membranes for protein biosynthesis in rat liver and Yoshida hepatoma ascites cells. Exp. Cell Res. **30**, 193—199.

BARCLAY, M., R. K. BARCLAY, E. S. ESSNER, V. P. SHIPSKI, and O. TEREBUS-KEHISH, 1967: Plasma membranes of rat liver. Isolation of lipoprotein macromolecules. Science **156**, 665—666.

BARER, R., S. JOSEPH, and G. A. MEEK, 1960: The origin and fate of the nuclear membrane in meiois. Proc. roy. Soc. **B 152**, 353—366.

BARI, W. A., 1968: Cysteine protection against the morphologic effects of x-irradiation on mouse spleen. Path. Microbiol. **32**, 205—218.

BARI, W. A., and G. D. SORENSON, 1963: Observations on the early effects of x-radiation on the spleen in the rat. Lab. Invest. **12**, 856.

— — 1964: Ultrastructural alterations in x-irradiated spleen. Path. Microbiol. **27**, 257—275.

BARKA, T., P. J. SCHEUER, F. SCHAFFNER, and H. POPPER, 1964: Structural changes of liver cells in copper intoxication. Arch. Path. **78**, 331—349.

BARLOW, R. M., A. N. D. AGOSTINO, and P. A. CANCILLA, 1967: A morphological and histochemical study of the subcommissural organ of young and old sheep. Z. Zellforsch. **77**, 299—315.

BARRNETT, C. H., W. COCHRANE, and A. J. PALFREY, 1963: Age changes in articular cartilage of rabbits. Ann. rheum. Dis. **22**, 389—400.

BARONDES, S. H., and H. D. COHEN, 1967: Comparative effects of cycloheximide and puromycin on cerebral protein synthesis and consolidation of memory in mice. Brain Res. **4**, 44—51.

BARONE, P., G. CAROZZA, and C. INFERRERA, 1968: Bile morphology in cholostasis. Acta hepato-splenol. **15**, 389—399.

BARRON, K. D., P. F. DOOLIN, and J. B. OLDERSHAW, 1967: Ultrastructural observations on retrograde atrophy of lateral geniculate body. 1. Neuronal alterations. J. Neuropath. exp. Neurol. **26**, 300—326.

BARTÓK, I., and Sz. VIRÁGH, 1965: Submicroscopic examination of the regeneration of the cirrhotic liver. Acta morph. Acad. Sci. hung., suppl. **13**, 74.

— — 1965: Zur Entwicklung und Differenzierung des endoplasmatischen Retikulums in den Epithelzellen der regenerierenden Leber. Z. Zellforsch. **68**, 741—754.

— — 1966: Die Feinstruktur der Gallenkapillaren nach subtotaler Hepatektomie. Acta morph. Acad. Sci. hung. **14**, 153—164.

— — 1967: A contribution to the development and differentiation of the endoplasmic reticulum based on electron microscopic examination of the regenerating liver. Morph. és Ig. Orv. Szemle **7**, 9—21.

— V. TOTOVIĆ und P. GEDIGK, 1967: Über die Entstehung der peribiliären dichten Körper der Leberzellen. Untersuchungen in der präregeneratorischen Phase nach subtotaler Hepatektomie. Virchows Arch. path. Anat. **343**, 1—19.

BARTON, A. D., E. A. CERNY, and K. M. TRACY, 1965: Effects of administration of thioacetamide or testosterone on chromosome-associated proteins in rat liver and kidney. Arch. Biochem. **109**, 36—40.

BARTON, R., 1967: Occurrence and structure of intranuclear crystals in chara cells. Planta **77**, 203—211.

BARUCH, E., 1963: Electron microscopic study of spinal cord of mice infected with yellow fever virus. J. Ultrastruct. Res. **9**, 209—224.

— L. CARBONELL, and J. WEIBEL, 1963: Fine structure of Councilman bodies in the liver of *Aluatta seniculus seniculus* L. infected with yellow fever virus. Exp. Cell Res. **29**, 50—53.

BASCH, A., and F. JOÓ, 1966: The effect of ammonium chloride on the RNA content of the rat liver. Acta med. Acad. Sci. hung. **23**, 7—13.

BASCHIERI, L., and G. TONIETTI, 1968: Papillary and microfollicular carcinoma of the human thyroid. IV. Europ. reg. Conf. on Electron Microscopy Rom II, 171—172.

BASERGA, R., and L. WEISS, 1967: Inhibition of DNA synthesis by pentobarbital sodium. Amer. J. Path. **50**, 9a.

— R. ESTENSEN, R. O. PETERSEN, and J. P. LAYDE, 1965: Inhibition of DNA synthesis in Ehrlich ascites cells by actinomycin D. Delayed inhibition by low doses. Proc. nat. Acad. Sci. **54**, 745—751.

— — — 1965: An RNA-dependent step in the iniation of DNA synthesis *in vivo*. Amer. J. Path. **46**, 5a.

— — — 1965: Inhibition of DNA synthesis in Ehrlich ascites cells by actinomycin D. II. The presynthetic block in the cell cycle. Proc. nat. Acad. Sci. **54**, 1141—1148.

BASS, R., D. NEUBERT und H. P. MORRIS, 1966: Thymidin-Einbau in die Mitochondrien-DNS von Rattenleber und hepatocellulären Tumoren. Arch. Pharm. exp. Path. **255**, 2—3.

BASSI, M., 1960: Electron microscopy of rat liver after carbon tetrachloride poisoning. Exp. Cell Res. **20**, 313—323.

— 1963: Divisioni e anomalie mitocondriali nel fegato di ratto sottoposto ad ischemia. Arch. de Vecchi **41**, 297—303.

— and A. BERNELLI-ZAZZERA, 1964: Ultrastructural cytoplasmic changes in liver cells after reversible and irreversible ischemia. Exp. mol. Path. **3**, 332—350.

Bässler, R., 1961: Elektronenmikroskopische Befunde bei essentieller Lungenhämosiderose. Frankfurt. Z. Path. **71**, 259—282.
— und H. Grillmaier, 1962: Der Einfluß von Äthionin auf Struktur und Funktion der Milchdrüse. Beitr. path. Anat. **127**, 1—24.
— B. Knick und F. Schilling, 1962: Klinische und elektronenoptische Untersuchungen bei essentieller Lungenhämosiderose. Klin. Wschr. **40**, 231—238.
— und W. Forssmann, 1964: Experimenteller Strukturwandel der Drüsenepithelzelle durch Hormonwirkung. Verh. dtsch. Ges. Path. **48**. Tagg. 240—245.
Batolo, D., e C. Inferrera, 1967: Osservazioni ultrastrutturali e citochimiche su alcune strutture nucleolari nelle cellule tumorali. Z. Krebsforsch. **70**, 31—38.
Batra, P., and B. L. Strehler, 1967: Studies on the mechanism of cell death. IV. Alterations in phosphorylative capacity during cell death. Gerontologia **13**, 30—36.
Battaglia, S., 1961: Zur Amyloidgenese. Klin. Wschr. **39**, 795—798.
Battifora, H. A., R. Eisenstein, H. H. Sky-Peck, and J. H. McDonald, 1965: Electron microscopy and tritiated thymidine in gradiation of malignancy of human bladder carcinomas. J. Urol. **93**, 217—223.
— — G. H. Laing, and P. McCreary, 1966: The kidney in experimental magnesium deprivation. Amer. J. Path. **48**, 421—437.
Baud, C. A., 1964: La structure inframicroscopique des ostéocytes jeunes et adultes. Acta anat. **59**, 380.
— 1964: Nuclear membrane and permeability. „Intracellular membranous structure", ed. by S. Seno and E. V. Cowdry, 323—328.
— et D. H. Dupont, 1966: La structure submicroscopique de substance minérale dans la calcinose cutanée expérimentale (calciphylaxie). Experientia **22**, 18—19.
Baudhuin, P., H. G. Hers, and H. Loeb, 1964: An electron microscopic and biochemical study of type II glycogenosis. Lab. Invest. **13**, 1140—1152.
— H. Beaufay, and C. de Duve, 1965: Combined biochemical and morphological study of particulate fractions from rat liver. J. Cell Biol. **26**, 219—243.
— and J. Berthet, 1967: Electron microscopic examination of subcellular fractions II. Quantitative analysis of the mitochondrial population isolated from rat liver. J. Cell Biol. **35**, 631—648.
Baum, J. H., and E. T. Nishimura, 1964: Alterations in the fine structure of liver cells during depressed catalase synthesis in the mouse. Cancer Res. **24**, 2001—2017.
Bayens, W., and R. Goutier, 1967: Effect of total-body x-irradiation on properties of polyribosomes in normal and regenerating rat liver. Arch. int. Physiol. **75**, 875—877.
Beams, H. W., and S. S. Sekhon, 1968: Fine structure of the nucleolus in the young oocyte of a centipede. Z. Zellforsch. **85**, 237—242.
Beard, M. E., and J. M. Allen, 1968: A study of properties of renal microbodies of the rat. J. exp. Zool. **168**, 477—489.
— and A. B. Novikoff, 1969: Distribution of peroxisomes (microbodies) in the nephron of the rat. J. Cell Biol. **42**, 501—518.
Beattie, D. S., 1968: The biogenesis of the protein and lipid component of the inner and outer membranes of rat liver mitochondria. J. Cell Biol. **39**, 2/2, 10a.
— R. E. Basford, and S. B. Koritz, 1965: The biosynthesis of mitochondrial protein components. J. Cell Biol. **27**, 9 A.
Beaulaton, J. A., 1968: Modifications ultrastructurales des cellules sécrétrices de la glande prothoracique de vers à soie au cours des deux derniers âges larvaires. I. Le chondriome, et ses relations avec le réticulum agranulaire. J. Cell Biol. **39**, 501—525.
Beaver, D. L., 1961: The ultrastructure of the kidney in lead intoxication with particular reference to intranuclear inclusions. Amer. J. Path. **39**, 195—208.
— and R. E. Burr, 1963: Electron microscopy of bismuth inclusions. Amer. J. Path. **42**, 609—617.
Becher, H., und H. Themann, 1964: Feinstrukturelle Untersuchungen über die Röntgenbestrahlungswirkung in der Retina von Meerschweinchen. Z. mikr.-anat. Forsch. **71**, 587—608.
Becher, M., 1964: Elektronenmikroskopische Untersuchungen an Onkozyten eines Adenolymphoms. Acta biol. med. germ. **13**, 615—623.
Bechtelsheimer, H., V. Totović, W. Teller und E. Eckert-Husemann, 1967: Die Heparitinsulfat-Mukopolysaccharidose (Sanfilippo). Verh. dtsch. Ges. Path. **51**, Tagg. 411—414.
Beck, D. P., and J. W. Greenawalt, 1968: Factors affecting the formation of membranous structures in the cytoplasm and mitochondria of Neurospora crassa. J. Cell Biol. **39**, 2/2, 11a.

BECKER, F. F., and B. P. LANE, 1965: Regeneration of the mammalian liver. Autophagocytosis during dedifferentiation of the liver cell in preparation for cell division. Amer. J. Path. **47**, 783—801.
— — 1966: Regeneration of the mammalian liver. IV. Evidence on the role of cytoplasmic alterations in preparation for mitosis. Amer. J. Path. **49**, 227—237.
— A. A. MARGOLIS, and W. TROLL, 1966: *In vivo* complex formation of actinomycin D and desoxyribonucleic acid. Nature **211**, 84—85.
— and B. P. LANE, 1967: Autophagocytosis of hyperplastic agranular endoplasmic reticulum in the hepatocytes of regenerating liver. Amer. J. Path. **50**, 9a.
— — 1968: Regeneration of the mammalian liver. VI. Retention of phenobarbital-induced cytoplasmic alterations in dividing hepatocytes. Amer. J. Path. **52**, 211—225.
BECKER, K., 1968: Über die vakuolenhaltigen Nervenzellen im Ganglion cervicale der Ratte. Z. Zellforsch. **88**, 318—339.
BEHNKE, O., 1963: Lysosomes in the differentiating epithelium of the small intestine. J. Ultrastruct. Res. **8**, 191.
— 1963: Helical arrangement of ribosomes in the cytoplasm of differentiating cells of the small intestine of rat foetuses. Exp. Cell Res. **30**, 597—598.
— 1963: Demonstration of acid phosphatase-containing granules and cytoplasmic bodies in the epithelium of foetal rat duodenum during certain stages of differentiation. J. Cell Biol. **18**, 251—265.
— and H. MOE, 1964: An electron microscope study of nature and differentiating Paneth cells in the rat, especially of their endoplasmic reticulum and lysosomes. J. Cell Biol. **22**, 633—652.
— 1965: Helical filaments in rat liver mitochondria. Exp. Cell Res. **37**, 687—689.
— and A. FORER, 1966: Intranuclear microtubules. Science **153**, 1536—1537.
BEINBRECH, G., 1968: Elektronenmikroskopische Untersuchungen über die Differenzierung von Insektenmuskeln während der Metamorphose. Z. Zellforsch. **90**, 463—494.
BENCOSME, S. A., 1966: Diabetic capillary angiopathy in human skeletal muscles. Amer. J. Path. **40**, 67—77.
— V. J. KALNINS, and H. F. STICH, 1962: Immediate and delayed effects of ionizing radiation on hepatic cells. Vth internat. Congr. f. Electron Microscopy Philadelphia 1962, Vol. II, VV 2.
— and J. LECHAGO, 1968: Morphologic heterogeneity of A cells in the guinea pig and their reactivity to cobaltous chloride. Lab. Invest. **18**, 715—720.
— and A. MARTINEZ-PALOMO, 1968: Formation of secretory granules in pancreatic islet B cells of cortisone-treated rabbits. Lab. Invest. **18**, 746—756.
BENDITT, E. P., and N. ERIKSEN, 1966: Amyloid. III. A protein related to the subunit structure of human amyloid fibrils. Proc. nat. Acad. Sci. **55**, 308—316.
BENEDECZKY, J., 1967: Ultrastructural analysis of adrenaline resynthesis following insulin treatment. Acta morph. Acad. Sci. hung. **15**, 23—37.
BENEDETTI, E. L., et P. EMMELOT, 1964: Observations sur la structure et la composition de la membrane plasmatique du foie normal du rat. III. Europ. reg. Conf. on Electron Microscopy Prague 1964, B 413—414.
— — 1965: Electron microscopic observations on negatively stained plasma membranes isolated from rat liver. J. Cell Biol. **26**, 299—305.
— — 1966: Effect of dimethylnitrosamine on the endoplasmic reticulum of rat liver cells. Lab. Invest. **15**, 209—216.
— — 1966: On the fine structure of cellular membranes. VI. internat. Congr. f. Electron Microscopy Kyoto Vol. **2**, 399—400.
— W. S. BONT, and H. BLOEMENDAL, 1966: Structural aspects of polyribosomes and endoplasmic reticulum fragments isolated from rat liver. Nature **210**, 1156—1157.
— — — 1966: Electron microscopic observation on polyribosomes and endoplasmic reticulum fragments isolated from rat liver. Lab. Invest. **15**, 196—208.
— and P. EMMELOT, 1967: Studies on plasma membrane. IV. The ultrastructural localization and content of sialic acid in plasma membranes isolated from rat liver and hepatoma. J. cell. Sci. **2**, 499—512.
BENNETT, H. S., 1963: Morphological aspects of extracellular polysaccharides. J. histochem. cytochem. **11**, 14—23.
— 1964: Introductory remarks. In: „Intracellular membranous structure", ed. by S. SENO and E. V. COWDRY, 497—503.
BENSCH, K., G. GORDON, and L. MILLER, 1966: Electronmicroscopic and cytochemical studies on DNA-containing particles phagocytized by mammalian cells. Trans. Ann. N.Y. Acad. Sci. Ser. II, **28**, 715—725.

BENSCH, K., and S. MALAWISTA, 1969: Microtubular crystals in mammalian cells. J. Cell Biol. **40**, 95—107.
BENTLEY, J. P., and D. S. JACKSON, 1965: Collagen synthesis and fibrogenesis in scurvy. Biochim. biophys. Acta **107**, 519—523.
BERENBOM, M., P. I. CHANG, H. E. BETZ, and R. E. STOWELL, 1955: Chemical and enzymatic changes associated with mouse liver necrosis *in vitro*. Cancer Res. **15**, 1—5.
BERENDSEN, P. B., and I. R. TELFORD, 1966: A light and electron microscopic study of Kurloff bodies in the blood and spleen of the guinea pig. Anat. Rec. **156**, 107—117.
BERG, T. L., and R. GOUTIER, 1967: RNA synthesis in rat liver after partial hepatectomy. Arch. internat. Physiol. **75**, 36—48.
BERGEDER, H. D., 1962: Grundlagen der biologischen Strahlenwirkung und Strahlenschäden. Ergebn. allg. Path. **42**, 1—33.
BERGER, E. R., 1964: Mitochondria genesis in the retinal photoreceptor inner segment. J. Ultrastruct. Res. **11**, 90—111.
— 1966: On the mitochondrial origin of oil drops in the retinal double cone inner segments. J. Ultrastruct. Res. **14**, 143—157.
BERGER, H., 1964: Beitrag zur elektronenoptischen Zelldifferenzierung des soliden Mammacarcinoms und der Mastopathia cystica des Menschen. Z. Krebsforsch. **66**, 73—86.
BERGERON, M., and B. DROZ, 1969: Protein renewal in mitochondria as revealed by electron microscope radioautography. J. Ultrastruct. Res. **26**, 17—30.
BERGMAN, R. A., 1960: Further observations on the localization of glycogen in frog striated muscle. Bull. Johns Hopkins Hosp. **107**, 307—319.
— 1962: Observations on the morphogenesis of rat skeletal muscle. Bull. Johns Hopkins Hosp. **110**, 187—201.
— 1968: Uterine smooth muscle fibers in castrate and estrogen treated rats. J. Cell Biol. **36**, 639—648.
BERGQUIST, H., 1968: Über die Differenzierung des Neuralrohres besonders des Stratum zonale. Z. Zellforsch. **86**, 401—421.
— und E. HORSTMANN, 1967: Polyribosomen mit Schraubenstruktur im Zentralnervensystem junger Hühnerkeime. Naturwissenschaften **54**, 544—545.
BERGSTRÖM, R. M., and A. SALMI, 1962: Radiation-induced damage in the ultrastructure of striated muscle. Exp. Cell Res. **26**, 226—228.
BERLIN, J. D., and J. M. DEAN, 1966: Temperature-induced alterations in rainbow trout hepatocyte structure and function. J. Cell Biol. **31**, 12 A.
— — 1967: Temperature-induced alterations in hepatocyte structure of rainbow trout (*Salmo gairdneri*). J. exp. Zool. **164**, 117—132.
BERLINER, D. L., N. M. PANAGIOTIS, and C. J. NABORS, 1967: Ultrastructure of fibroblasts following topical corticosteroid treatment of wounds. Endocrinol. **81**, 461—466.
BERLOWITZ, L., D. J. PALLOTTA, and C. H. SIBLEY, 1968: On the uptake of ^{3}H-actinomycin D into condensed and diffuse chromatin in mealybugs. J. Cell Biol. **39**, 2/2, 13a.
BERNHARD, R., 1968: The "membron" — a new hat in the ring of cancer theories. Sci. Res. **3**, 31—36.
BERNHARD, W., 1961: Elektronenmikroskopischer Beitrag zum Studium der Kanzerisierung und der malignen Zustände der Zelle. Verh. dtsch. Ges. Path. **45**. Tagg. 8—37.
— 1964: Fine structural lesions induced by viruses. Ciba Found. Symp. „Cellular Injury" 209—247.
— and N. GRANBOULAN, 1960: Ultrastructure of immunologically competent cells. Ciba Found. „Cellular Aspects of Immunity" 92—121.
— et R. LEPLUS, 1964: Structure fine du ganglion humain normal et malin. Oxford: Pergamon Press, Paris: Gauthier-Villars, New York: Macmillan.
— and N. GRANBOULAN, 1968: Electron microscopy of the nucleolus in vertebrate cells. Ultrastructure in Biolog. Systems **3**, 81—137.
BERTAUD, W. S., and P. H. MORTIMER, 1966: Changes induced in liver cells by experimental doses of sporidesmin. VI. internat. Congr. f. Electron Microscopy Kyoto Vol. **2**, 619—620.
BERTHOLD, C. H., 1966: Ultrastructural appearance of glycogen in the B-neurons of the lumbar spinal ganglia of the frog. J. Ultrastruct. Res. **14**, 254—267.
— and S. SKOGLUND, 1967: Histochemical and ultrastructural demonstration of mitochondria in the paranodal region of developing feline spinal roots and nerves. Acta Soc. Med. Upsalien. **72**, 37—70.

BERTOLINI, B., 1965: The structure of the liver cells during the life cycle of a brook lamprey (*Lampetra zanandreai*). Z. Zellforsch. **67**, 297—318.
BERTOLINI, A. M., 1966: Metabolism and senescence. Gerontologia **12**, 57—63.
BESKID, M., and W. BARTOSZEWICZ, 1968: The effect of cobalt on the ultrastructure of mitochondria. Polish Med. J. **7**, 1154—1161.
BESPROZVANNY, B. K., O. B. SHUMKINA, and V. M. AFINYAN, 1965: On the changes in the ultrastructure of hepatic cells of man in thyrotoxicosis. Arch. Pat. **27**, 64—66.
— — H. BELIKOV, and I. TSIPKIN, 1968: Morphological variants of necrobiotic processes in liver cells in experimental virus hepatitis of mice as revealed by electron microscopy. Acta med. pol. **9**, 183—195.
BESSIS, M., 1964: Studies on cell agony and death. An attempt at classification. Ciba Found. „Cellular Injury" 1964, 287—328.
— and J. M. BRETON-GORIUS, 1962: Iron metabolism in the bone marrow as seen by electron microscope. Blood **19**, 635—663.
— B. DREYFUS, J. BRETON-GORIUS et C. SULTAN, 1969: Étude au microscope électronique de onze cas d'anémies refractaires avec enzymopathies multiples. Nouv. Rev. franç. Hémat. **9**, 87—104.
BESTETTI-BOSISIO, M., et G. LANZAVECCHIA, 1965: Aspects ultra-structuraux et plasmocytes d'un nodule myélomateux osseux. Nouv. Rev. franç. Hémat. **5**, 221—240.
BETZ, E. H., H. FIRKET, and M. REZNIK, 1966: Some aspects of muscle regeneration. Internat. Rev. Cytol. **19**, 203—227.
BHISEY, R. A., and S. M. SIRSAT, 1966: Histochemistry and fine structure of the fibroblast under experimental stress with adrenocortical hormones. Indian J. exp. Biol. **4**, 15—19.
BIAVA, C., 1964: Mallory alcoholic hyalin: A heretofore unique lesion of hepatocellular ergastoplasm. Lab. Invest. **13**, 301—320.
— 1964: Studies on cholestasis. The fine structure and morphogenesis of hepatocellular and canalicular bile pigment. Lab. Invest. **13**, 1099—1123.
— 1965: Electron microscopic studies on periodic acid-Schiff-positive nonglycogenic structures in human liver cells. Amer. J. Path. **46**, 435—465.
— and S. A. BENCOSME, 1962: Ultrastructure of human renal tubules in kaliopenic nephropathy. Lab. Invest. **11**, 677.
— I. DYRDA, J. GENEST, and S. A. BENCOSME, 1963: Kaliopenic nephropathy. Lab. Invest. **12**, 443—453.
— and M. WEST, 1965: Ultrastructure of age pigment in smooth muscle cells of human renal arterioles. Amer. J. Path. **46**, 31a—32a.
— — 1965: Lipofuscin-like granules in vascular smooth muscle and juxtaglomerular cells of human kidneys. Amer. J. Path. **47**, 287—313.
— and M. MUKHLOVA-MONTIEL, 1965: Electron microscopic observations on Councilman-like acidophilic bodies and other forms of acidophilic changes in human liver cells. Amer. J. Path. **46**, 775—802.
— A. GROSSMAN, and M. WEST, 1966: Ultrastructural observations on renal glycogen in normal and pathologic human kidneys. Lab. Invest. **15**, 330—356.
— and G. BRYNJOLFSSON, 1967: Observations on early ultrastructural changes in renal arterioles of patients with essential hypertension. Amer. J. Path. **50**, 44a.
BIBERFELD, P., J. L. E. ERICSSON, P. PERLMANN, and M. RAFAELL, 1965: Increased occurrence of cytoplasmic filaments in *in vitro* propagated rat liver epithelial cells. Exp. Cell Res. **39**, 301—305.
— — — — 1966: Ultrastructural features of *in vitro* propagated rat liver cells. Z. Zellforsch. **71**, 153—168.
— G. HOLM, and J. ERICSSON, 1967: Polysome formation and micropinocytosis in *in vitro* transformed human lymphocytes. Acta path. scand. **70**, 148—149.
BIEMPICA, L., 1966: Human hepatic microbodies with crystalloid cores. J. Cell Biol. **29**, 383—386.
— and J. M. ARIAS, 1966: Functional, cytochemical, and electron microscopic studies of the liver in idiopathic recurrent cholestasis. Gastroenterology **50**, 395—396.
— N. S. KOSOWER, and A. B. NOVIKOFF, 1967: Cytochemical and ultrastructural changes in rat liver in experimental porphyria. I. Effects of a single injection of allylisopropylacetamide. Lab. Invest. **17**, 171—189.
— H. TOCCALINO, and J. C. O'DONNELL, 1968: Cytochemical and ultrastructural studies of the intestinal mucosa of children with celiac disease. Amer. J. Path. **52**, 795—823.
— P. S. ROHEIM, and N. S. KOSOWER, 1968: Changes in lipids and endoplasmic reticulum of rat hepatocytes during experimental porphyria. J. Cell Biol. **39**, 2/2, 15a.

BIENENGRÄBER, A., H. P. PUTZKE und D. TESSMANN, 1965: Zur Chemotherapie widerstandsfähiger Transplantationstumoren. Histologische, enzymhistochemische und ultramikroskopische Untersuchungen über die Endoxanwirkung am Guérin-Rattentumor. Z. Krebsforsch. **66**, 438—448.

BIERRING, F., J. EGEBERG, and O. A. JENSEN, 1963: Electron microscopy of a malignant melanoma of the choroid. Acta ophthal. **41**, 224—235.

— H. ANDERSEN, J. EGEBERG, F. BRO-RASMUSSEN, and M. MATTHIESSEN, 1964: On the nature of the meconium corpuscles in human foetal intestinal epithelium. Acta path. scand. **61**, 365—376.

BIERWOLF, D., T. SCHRAMM, E. BENDER, V. CUNDERLIK und A. GRAFFI, 1968: Elektronenmikroskopische Untersuchungen zur Vermehrung und Feinstruktur des Adenovirus Typ 3. Arch. Geschwulstforsch. **32**, 35—57.

BIGGERS, J. D., 1964: The death of cells in normal multicellular organisms. Ciba Found. „Cellular Injury" 1964, 329—351.

BINET, J. L., G. MATHÉ, G. SEMAN, L. KINSKY et J. L. AMIEL, 1961: Aspects morphologiques des cellules „immunologiquement compétentes" au cours des réactions de greffes allogéneques. Nouv. Rev. franç. Hémat. **1**, 887—899.

— — 1961: Étude en microscopie optique et électronique des «cellules immunologiquement compétentes» au cours des réactions de greffe. C. R. Acad. Sci. **253**, 1852—1853.

— — 1962: Optical and electron microscopic studies of the immunologically competent cells during the reaction of graft against the host. Ann. N.Y. Acad. Sci. **99**, 426—431.

BIRBECK, M. S. C., and C. E. DUKES, 1963: Electron microscopy of rectal neoplasms. Proc. roy. Soc. Med. **56**, 793—796.

BISCHOFF, A., 1967: The ultrastructure of tri-orthocresyl phosphate poisoning. I. Studies on myelin and axonal alterations in the sciatic nerve. Acta neuropath. **9**, 158—174.

— 1967: Die Ultrastruktur peripherer Nerven bei der diabetischen Neuropathie. Verh. Dtsch. Ges. Inn. Med. **72**. Kong. (1966), 1138—1141.

— 1968: Diabetische Neuropathie. Dtsch. Med. Wschr. **93**, 237—241.

— U. FIERZ, F. REGLI und J. ULRICH, 1968: Peripher-neurologische Störungen bei der Fabryschen Krankheit. Klin. Wschr. **46**, 666—671.

BISCHOFF, M. B., R. R. MARONPOT, T. J. BUCCI, and M. A. STEDHAM, 1968: Mitochondrial inclusions in degenerative myopathy of turkeys. J. Cell Biol. **39**, 2/2, 162a.

BITENSKY, L., 1963: The reversible activation of lysosomes in normal cells and the effects of pathological conditions. Ciba Found. „Lysosomes" 1963.

BJERSING, L., 1967: On the ultrastructure of follicles and isolated follicular granulosa cells of porcine ovary. Z. Zellforsch. **82**, 173—186; 187—211.

BJÖRKERUD, S., and U. SCHELIN, 1964: Liver changes in ceroid storage disease in childhood. Acta path. scand. **60**, 512—522.

BJÖRKMAN, N., 1964: Aggregated ribosomes in liver cells. III. Europ. reg. Conf. on Electron Microscopy Prague 1964, B 35—36.

— and W. THORSELL, 1962: The fine morphology of the mitochondria from parenchymal cells in the liver fluke (*Fasciola hepatica* L.). Exp. Cell Res. **27**, 342—346.

BLACK, R. E., E. BAPTIST, and J. PILAND, 1967: Puromycin and cyclohexamide inhibition of thymidine incorporation into DNA of clearing sea urchin eggs. Exp. Cell Res. **48**, 431—489.

BLACKBURN, W. R., and J. F. A. MILLER, 1967: Electron microscopic studies of thymus graft regeneration and rejection. I. Syngenic grafts. Lab. Invest. **16**, 66—83.

BLADEN, H. A., and G. R. MARTIN, 1962: Preferential mineralization of elastin in a matrix also containing collagen. Vth internat. Congr. f. Electron Microscopy Philadelphia 1962, QQ-5.

— M. U. NYLEN, and G. G. GLENNER, 1966: The ultrastructure of human amyloid as revealed by the negative staining technique. J. Ultrastruct. Res. **14**, 449—459.

BLAILOCK, Z. R., E. R. RABIN, and J. L. MELNICK, 1967: Adenovirus endomyocarditis in mice. Lab. Invest. **16**, 650.

— — — 1968: Adenovirus myocarditis. Exp. Molec. Path. **9**, 84—96.

BLAIR, O. M., R. J. STENGER, R. W. HOPKINS, and F. A. SIMEONE, 1968: Hepatocellular ultrastructure in dogs with hypovolemic shock. Lab. Invest. **18**, 172—178.

BLICHARSKI, J., M. CZYZEWSKA-WAZEWSKA, R. PAWLICKI, and J. URBAŇCZYK, 1967: Problems of ultrastructure and metabolism of Gaucher cells. Fol. histochem.-cytochem. **5**, 249—252.

BLINZINGER, K., N. B. REWCASTLE und H. HAGER, 1964: Untersuchungen zur genaueren Analyse des Feinbaues einer in Astrocyten des Goldhamstergehirns vorkommenden besonderen Mitochondrienart (Prismatyp). III. Europ. reg. Conf. on Electron Microscopy Prague 1964, B 283—284.
— und H. HAGER, 1965: Über die zelluläre Speicherung von Tellur und ihre Beziehung zu den unter dem Lysosomenbegriff zusammengefaßten intrazytoplasmatischen Körpern. Verh. dtsch. Ges. Path. **49**. Tagg. 357—362.
— N. B. REWCASTLE und H. HAGER, 1965: Elektronenmikroskopische Beobachtungen über das Vorkommen von Mitochondrien mit ungewöhnlicher Innenstruktur in Astrozyten des Säugetiergehirns. Anat. Anz. Erg.-H. **115**, 317—323.
— — — 1965: Observations on prismatic-type mitochondria within astrocytes of the syrian hamster brain. J. Cell Biol. **25**, 293—303.
— J. SIMON, D. MAGRATH, and L. BOULGER, 1969: Poliovirus crystals within the endoplasmic reticulum of endothelial and mononuclear cells in the monkey spinal cord. Science **163**, 1336—1337.
BLOBEL, G., and V. R. POTTER, 1967: Studies on free and membrane-bound ribosomes in rat liver. I. Distribution as related to total cellular RNA. J. molec. Biol. **26**, 279—292.
— — 1967: Studies on free and membrane-bound ribosomes in rat liver. II. Interaction of ribosomes and membranes. J. molec. Biol. **26**, 293—301.
— — 1967: Ribosomes in rat liver: An estimate of the percentage of free and membrane-bound ribosomes interacting with messenger RNA *in vivo*. J. molec. Biol. **28**, 539—542.
BLOOM, G. D., 1967: A nucleus with cytoplasmic features. J. Cell Biol. **35**, 266—268.
BLOOM, S., B. GOLDBERG, and H. GREEN, 1965: The lifetime of messenger RNA for collagen and cell protein synthesis in an established mammalian cell line. Biochem. biophys. Res. commun. **19**, 317—321.
— and P. A. CANCILLA, 1969: Myocytolysis and mitochondrial calcification in rat myocardium after low doses of isoproterenol. Amer. J. Path. **54**, 373—392.
BLÜMCKE, S., 1963: Elektronenoptische Untersuchungen an Schwannschen Zellen während der initialen Degeneration und frühen Regeneration. Beitr. path. Anat. **128**, 238—258.
— 1963: Zur Morphologie und Genese des Leitgewebes peripherer Nervenfaserregenerate. II. Elektronenoptische Befunde an der Nervennarbe. Zbl. Path. **104**, 241—255.
— und H. R. NIEDORF, 1964: Elektronenoptische Untersuchungen über die Feinstruktur der „Neurofilamente" in der normalen regenerierenden peripheren Nervenfaser. Beitr. path. Anat. **130**, 133—157.
— — 1965: Elektronenmikroskopische Untersuchungen an den Lamellenkörpern in regenerierenden peripheren Nerven. Beitr. path. Anat. **131**, 38—62.
— H. THEMANN, and H. R. NIEDORF, 1965: Deposition of glycogen during the degeneration and regeneration of the sciatic nerve of rabbits. Acta neuropath. **5**, 69—81.
— und R. BACKMANN, 1966: Autoradiographische und elektronenmikroskopische Untersuchungen an regenerierenden peripheren Nerven. Verh. dtsch. Ges. Path. **50**. Tagg. 280—284.
— and H. R. NIEDORF, 1966: Electron microscope studies of Schwann cells during the Wallerian degeneration with special reference to the cytoplasmic filaments. Acta neuropath. **6**, 46—60.
— — J. RODE und G. KUDSZUS, 1967: Feinstrukturelle Veränderungen des Corneaepithels in der Gewebekultur. I. Die Lipoidschicht an der Epitheloberfläche. Z. Zellforsch. **82**, 589—603.
— J. RODE und H. R. NIEDORF, 1967: Phagozytierende Fibroblasten der Cornea. Beitr. path. Anat. **135**, 213—234.
— — — 1967: The carotid body after oxygen deficiency. Z. Zellforsch. **80**, 52—77.
— H. R. NIEDORF, J. RODE und G. KUDSZUS, 1968: Feinstrukturelle Veränderungen des Corneaepithels in der Gewebekultur. III. Die Desmosomen. Z. Zellforsch. **84**, 189—196.
— J. RODE, H. R. NIEDORF, M. NASSERI, R. EISELE, K. STÄDTLER und E. S. BÜCHERL, 1969: Der peribronchiale Nervenplexus in reimplantierten Hundelungen. Beitr. path. Anat. **138**, 272—291.
— — — 1969: Glykogenablagerungen im Bronchusepithel reimplantierter Hundelungen. Virchows Arch. Abt. A. **346**, 168—177.
BLUMENTHAL, H. T., S. Y. YU, and A. M. RIDLEY, 1964: Comparison of aging changes in elastic tissue of the lungs and arteria. In „Aging of the lung". LEON CANDER ed.

Bodian, D., 1964: An electron-microscopic study of the monkey spinal cord. Bull. Johns Hopkins Hosp. **114**, 13—119.
Boehme, D., H. Themann, and J. Gold, 1966: Structural and ultrastructural changes in striated human muscle caused by chronic ischemia. Amer. J. Path. **49**, 569—591.
Boeré, H., L. Ruinen, and J. H. Scholten, 1965: Electron microscopic studies on the fibrillar component of human splenic amyloid. J. Lab. clin. Med. **66**, 943—951.
Bohley, P., 1968: Intrazelluläre Proteolyse. Naturwissenschaften **5**, 211—217.
Bojadžieva-Michajlova, A., 1964: Elektronenmikroskopische Untersuchungen des Eierstockes von Embryos und neugeborenen weißen Mäusen unter der Einwirkungen von Röntgenstrahlen. Iswestija Inst. Morph. Bd. 9—10, 161—165.
Boler, K., J. S. Broom, and R. B. Arhelger, 1965: Ultrastructural hepatic alterations following tannic acid administration to rabbits. Amer. J. Path. **46**, 20a.
— and R. B. Arhelger, 1966: Microtubules in cytosomes and cytosegresomes of rabbit proximal tubule epithelium. Lab. Invest. **15**, 302—311.
— and A. J. Bibighaus, 1967: Ultrastructural alterations of dog livers during endotoxin shock. Lab. Invest. **17**, 537—561.
Bolognari, A., 1961: Vedute attuali sul nucleolo e sull'ergastoplasma degli ovociti e delle cellule tumorali. Atti Soc. Peloritana **7**, 1—104.
Bombardella, M. P., e S. F. Chinaglia, 1964: Rilievi ultrastrutturali sulla muscolatura scheletrica del vecchio. Riv. Anat. Pat. Onc. **25**, CCLXIII—CCLXXX.
Bönicke, R., E. Fasske und H. Themann, 1963: Submikroskopische und enzymhistochemische Beiträge zur formalen Genese des Epitheloidzellgranuloms. Klin. Wschr. **41**, 753—768.
Bonnet, H. T., and E. H. Newcomb, 1965: Polyribosomes and cisternal accumulations in root cells of radish. J. Cell Biol. **27**, 423—432.
Bonucci, E., 1966: A histochemical and electron microscopic study of osteoblasts in experimental scurvy. J. Microscopie **5**, 725—738.
Boquist, L., 1969: Morphologic effects of ethionine on the pancreas of the chinese hamster. Acta path. scand. **76**, 91—105.
— 1969: Pancreatic islet morphology in diabetic chinese hamsters. Acta path. scand. **75**, 399—414.
— 1969: The effect of excess methionine on the pancreas. A light and electron microscopic study in the chinese hamster with particular reference to degenerative changes. Lab. Invest. **21**, 96—104.
Borle, A. B., 1968: Calcium metabolism in HeLa cells and the effects of parathyroid hormone. J. Cell Biol. **36**, 567—582.
Borowagin, W. L., D. A. Sacharow, and B. N. Weprinzew, 1965: On the intranuclear inclusion in nerve cell of a medibranch mollusc *Tritonia Diomedia* Bergh. Biofisika **10**, 98—101.
— 1967: Modern ideas on the structure of cell membranes. Tsitologia **9**, 505—524.
— 1967: On the globular structure of cellular membranes. Dokl. Akad. Nauk SSSR **173**.
Borsos, T., R. R. Dourmashkin, and J. H. Humphrey, 1964: Lesions in erythrocyte membranes caused by immune haemolysis. Nature **202**, 251—252.
Bosman, C., and J. D. Feldman, 1968: Cytology of immunologic memory. A morphologic study of lymphoid cells during the anamnestic response. J. exp. Med. **128**, 293—307.
Bostelmann, W., 1968: Der Einfluß einer hochdosierten Röntgenbestrahlung auf die Feinstruktur der Epiphysis cerebri der Ratte. Zbl. Path. **111**, 78—88.
Bouissou, H., R. Castagnol, J. Izard et A. Rakotondrainibe, 1965: Étude au microscope électronique des lésions glomerulaires rénales induites par la cortisone. J. urol. nephrol. **71**, 294—300.
— R. Durroux, A. Rakotondrainibe, J. Familiades et M. Julian, 1966: Le glomérule rénal cortisonique en microscopie optique et électronique. Étude expérimentale. Path. et Biol. **14**, 189—204.
Bouteille, M., S. R. Kalifat, and J. Delarue, 1967: Ultrastructural variations of nuclear bodies in human diseases. J. Ultrastruct. Res. **19**, 474—486.
Bovis, R., F. H. Kasten, and T. Okijaki, 1966: Electron microscopic study of the toxic effect of sodium fluoroacetate on rat myocardial cultures. Exp. Cell Res. **43**, 611—621.
Bowman, R. W., 1967: Mitochondrial connections in canine myocardium. Tex. Rep. Biol. Med. **25**, 517—524.
Boyadjieva-Michailova, A., 1964: Ultrastructur der ovopoetischen Organoide in den Ovarien der Mäuseembryonen und Neugeborenen unter dem Einfluß der Röntgenbestrahlung. III. Europ. reg. Conf. on Electron Microscopy Prague 1964, B 451—452.

BOYD, J. D., C. A. R. BOYD, and W. J. HAMILTON, 1968: Observations on the vacuolar structure of the human syncytiotrophoblast. Z. Zellforsch. **88**, 57—79.
BOYCOTT, B. B., E. G. GRAY, and R. W. GUILLERY, 1961: Synaptic structure and its alteration with environmental temperature. Proc. roy. Soc. **B 154**, 151—172.
BÓZNER, A., und H. MEESSEN, 1969: Die Feinstruktur des Herzmuskels der Ratte nach einmaligem und nach wiederholtem Schwimmtraining. Virchows Arch. Abt. B **3**, 248—269.
— H. J. KNIERIEM, H. MEESSEN und H. REINDUER, 1969: Die Ultrastruktur und Biochemie des Herzmuskels der Ratte im Thiaminmangel und nach einer Gabe von Thiamin. Virchows Arch. Abt. B. **2**, 125—143.
BRAAK, H., 1967: Elektronenmikroskopische Untersuchungen an Catecholaminkernen im Hypothalamus vom Goldfisch (*Carassius aurat.*). Z. Zellforsch. **83**, 398—415.
BRADE, W., H. HERKEN und H. J. Merker, 1969: Schädigung und Regeneration renaler Tubuluszellen nach Folsäuregabe. Arch. Pharm. exp. Path. **262**, 228—250.
BRAMBELL, F. W. R., 1966: The transmission of immunity from mother to young and the catabolism of immunoglobulins. Lancet **2**, 1087—1093.
BRAMMER, J. D., and R. H. WHITE, 1969: Vitamin A deficiency: Effect on mosquito eye ultrastructure. Science **163**, 821—823.
BRANDES, D., 1962: Lysosomes in prostatic epithelium of older and castrate rats. Vth internat. Congr. f. Electron Microscopy Philadelphia, V-14.
— 1963: Histochemical and ultrastructural observations on prostatic epithelium of older rats. Lab. Invest. **12**, 290—305.
— 1964: Role of lysosomes in involution and physiologic and pathologic autolysis. Amer. J. Path. **44**, 23a.
— 1965: Observation on the apparent mode of formation of „pure" lysosomes. J. Ultrastruct. Res. **12**, 63—80.
— 1966: Lysosomes and aging pigment. In: „Topics in the Biology of Aging", ed. by P. L. KROHN, 149—157. New York, London, Sydney: J. Wiley & Sons.
— D. E. BUETOW, F. BERTINI, and D. B. MALKOFF, 1964: Role of lysosomes in cellular lytic processes. I. Effect of carbon starvation in *Euglena graciles*. Exp. molec. Path. **3**, 583—609.
— and F. BERTINI, 1964: Role of Golgi apparatus in the formation of cytolysomes. Exp. Cell Res. **35**, 194—197.
— D. KIRCHHEIM, and W. W. SCOTT, 1964: Ultrastructure of the human prostate: normal and neoplastic. Lab. Invest. **13**, 1541—1560.
— F. BERTINI, and E. W. SMITH, 1965: Role of lysosomes in cellular lytic processes. II. Cell death during holocrine secretion in sebaceous glands. Exp. molec. Path. **4**, 245—265.
— B. SCHOFIELD, R. SLUSSER, and E. ANTON, 1966: Studies of L 1210 leukemia. I. Ultrastructure of solid and ascites cells. J. nat. Cancer Inst. **37**, 467—485.
— and E. ANTON, 1969: An electron microscopic cytochemical study of macrophages during uterine involution. J. Cell Biol. **41**, 450—461.
BRANDT, P. W., and G. D. PAPPAS, 1959: Mitochondria. II. The nuclear-mitochondrial relationship in Pelomyxa carolinensis Wilson (*Chaos chaos* L.). J. biophys. biochem. cytol. **6**, 91—96.
BRAUN, H., 1958: Über Strukturveränderungen der Lebermitochondrien nach Röntgenbestrahlung. Naturwissenschaften **45**, 18—19.
— 1960: Elektronenoptische Untersuchungen an Zellen des Dünndarmepithels nach Röntgenbestrahlung. Exp. Cell Res. **20**, 267—276.
— 1962: Morphologische Frühveränderungen im Zytoplasma der Leberzellen nach Röntgenbestrahlung. Strahlentherapie **117**, 134—141.
— 1963: Beiträge zur Histologie und Zytologie des bestrahlten Thymus. Strahlentherapie **121**, 567—574; **122**, 248—257.
— 1963: Darm. In: „Strahlenpathologie der Zelle". Stuttgart: G. Thieme Verlag, 248—264.
— und J. MÜLLER, 1961: Über die Veränderungen der Feinstruktur bestrahlter Leberzellen. Naturwissenschaften **48**, 679.
— und F. KAWAMURA, 1964: Die Substruktur von Tumorzellen nach Röntgenbestrahlung. Naturwissenschaften **51**, 108.
BRAUN-FALCO, O., und W. VOGELL, 1966: Elektronenmikroskopische Untersuchungen der Dynamik der Acantholyse bei Pemphigus vulgaris. III. Die Pemphiguszelle. Arch. klin. exper. Derm. **225**, 33—41.
— D. PETZOLDT, G. RASSNER und W. VOGELL, 1966: Klinisch-experimentelle Untersuchungen bei sog. Retikulosarkomatose der Haut (GOTTRON). Klin. Wschr. **44**, 1092—1099.

BRAUNSTEIN, H., and R. J. STENGER, 1966: Hyaline bodies in carbon tetrachloride-damaged hepatic cells: Nucleosidediphosphatase activity. J. histochem. cytochem. **14**, 112—114.

— C. C. STEPHENS, and R. L. GIBSON, 1968: Secretory granules in medullary carcinoma of the thyroid. Arch. Path. **85**, 306—313.

BREGA, A., A. FALASCHI, L. DE CARLI, and M. PAVAN, 1968: Studies on the mechanism of action of pederine. J. Cell Biol. **36**, 485—496.

BREINL, H., C. ANDREZEJEWSKI und E. TONUTTI, 1967: Zur Feinstruktur der Luteinzellen des Laktationsgelbkörpers der Ratte. Z. mikr.-anat. Forsch. **77**, 442—452.

BREITFELLNER, G., J. H. HOLZNER, A. SCHUMACHER und N. STEFENELLI, 1966: Die elektronenoptischen und die nach enzymhistochemischer Darstellung der ATPase erkennbaren Veränderungen der Rattenleber bei experimenteller intrahepatischer Cholestase. Beitr. path. Anat. **134**, 267—288.

BREWER, D. B., 1964: Electron-microscope observations on the phagocytosis of neutrophil polymorphonuclear leucocytes by macrophages. J. Path. Bact. **88**, 307—309.

— and D. HEATH, 1963: Lysosomes and vacuolization of the liver cell. Nature **198**, 1015.

— — 1964: Development of sucrose vacuoles from liver cell lysosomes. J. Path. Bact. **87**, 405—408.

— — 1965: Electron microscopy of anoxic vacuolation in the liver cell and its comparison with sucrose vacuolation. J. Path. Bact. **90**, 437—440.

BREZGIN, V. S., and V. S. PAUKOV, 1968: Morphological and electron-microscopic examination of the myocardium in Ebstein's disease. Arch. Path. **30**, 47—51.

BRIERLEY, G. P., 1964: Membrane permeability and ion translocation in mitochondria. J. Cell Biol. **23**, 13 A.

BRITTIN, G. M., Y. TANAKA, and G. BRECHER, 1963: Intranuclear inclusions in multiple myeloma and macroglobulinemia. Blood. **21**, 335—351.

BROCK, T. D., 1964: Action of streptomycin and related antibiotics. Fed. Proc. **23**, 965—975.

BRODY, J., 1964: Cytoplasmic components in the psoriatic horny layers with special reference to electron microscopic findings. In: „The Epidermis", ed. by W. MONTAGNA and W. C. LOBITZ, 551—572. New York-London: Academic Press.

— 1969: The ultrastructure of the epidermis in lichen ruber planus as revealed by electron microscopy. II. Cytoplasm and nucleus in certain basal and spinous cells. J. Ultrastruct. Res. **28**, 178—190.

BROOKS, R. E., and B. V. SIEGEL, 1967: Nuclear bodies of normal and pathological human lymph node cells. Blood **29**, 269—275.

BROSEMER, R. W., W. VOGELL und T. BÜCHER, 1963: Morphologische und enzymatische Muster bei der Entwicklung indirekter Flugmuskeln von *Locusta migratoria*. Biochem. Z. **338**, 854—910.

BROWN, A. C., and P. E. MILLINGTON, 1968: Electron microscope studies of phosphatases in the small intestine of *Rana temporaria* during larval development and metamorphosis. Histochemie **12**, 83—94.

BROWN, D. F., E. A. PORTA, and J. REDER, 1963: Idiopathic jaundice of pregnancy. Arch. intern. Med. **111**, 592—606.

BROWNSON, R. H., and L. W. MCDONALD, 1966: Alterations in the fine structure of rat brain following heavy-particle radiation. Vth internat. Congr. Neuropath. Zürich 1965, 780—783.

— — 1967: Selective, acute destruction of granule-cell precursors in the dentate gyrus by proton irradiation. Amer. J. Path. **50**, 927—942.

BRUIJN, W. C. DE, and H. E. SCHORNAGEL, 1967: The ultrastructure of experimental atheromatosis in rabbits. Path. Microbiol. **30**, 671—675.

BRUNI, C., 1960: Hyaline degeneration of rat liver cells studied with the electron microscope. Lab. Invest. **9**, 209—215.

— and K. R. PORTER, 1965: The fine structure of the parenchymal cell of the normal rat liver. I. General observations. Amer. J. Path. **46**, 691—756.

— and M. D. HEGSTED, 1969: Electron microscopic observations on the effect of choline-deficient diet on the rat liver cell. Amer. J. Path. **55**, 3a.

BRUNK, U., and J. L. E. ERICSSON, 1969: Fine structural age changes in pontine nerve cells. Acta path. scand. **76**, 155.

BRUNS, G., 1967: Die Amyloidosen. Klin. Wschr. **45**, 868—874.

— W. ZSCHIESCHE und S. FRITSCH, 1966: Fortschritte der Amyloidforschung. Nova Acta Leopoldina N. F. Nr. **175**.

BRUSKOV, V. J., and N. A. KISELEV, 1968: Electron microscope study of the structure of *Escherichia coli* ribosomes and CM-like particles. J. molec. Biol. **37**, 367—377.

Brux, B., und G. Richter, 1968: Ein Beitrag zur Frage des Vorkommens einer RNS in den Membranen des endoplasmatischen Reticulums. Acta biol. med. germ. **20**, 527—531.

Bubis, J. J., and S. A. Luse, 1964: An electron microscopic study of experimental allergic encephalomyelitis in the rat. Amer. J. Path. **44**, 299—317.

Bucciarelli, E., 1966: Intranuclear cisternae resembling structures of the Golgi-complex. J. Cell Biol. **30**, 664—669.

Buchholtz, C., 1964: Elektronenmikroskopische Befunde am bestrahlten Oberschlundganglion von Odonaten-Larven (*Calopteryx splendens* Haar). Z. Zellforsch. **63**, 1—21.

— 1967: Neuroethologische Untersuchungen an *Calopteryx splendens* (Haar) (Odonata) nach Röntgenbestrahlungen des Zentralnervensystems. Z. Zellforsch. **82**, 282—306.

Büchner, F., 1959: Die Veränderungen der Ultrastruktur der Herzmuskelzelle bei Störungen der Aerobiose. Ärztl. Forsch. **13**, I, 307—314.

— 1961: Die experimentelle Kanzerisierung der Parenchymzelle in der Synopsis klassischer und moderner morphologischer Methoden. Verh. dtsch. Ges. Path. **45**, Tagg. 37—59.

— 1966: DNS-, RNS- und Proteinstoffwechsel in normalen und in atmungsgestörten Wirbeltierkeimen. Bull. schweiz. Akad. **22**, 56—79.

— E. Mölbert und L. Thale, 1959: Das submikroskopische Bild der Herzmuskelzelle nach toxischer Hemmung der Aerobiose. Beitr. path. Anat. **121**, 145—169.

— und M. Sasaki, 1965: Die Feinstruktur neuroektodermaler Zellen und der Neuralzellen von *Triturus-helveticus*-Keimen in der Norm und nach Sauerstoffmangel. Naturwissenschaften **52**, 402.

— und H. Hara, 1966: Der DNS-Stoffwechsel von *Triturus-helveticus*-Keimen in der Frühentwicklung und seine Störung durch temporäre Atmungshemmung. Beitr. path. Anat. **134**, 165—215.

— und S. Onishi, 1967: Das elektronenmikroskopische Bild des Herzmuskels bei akuter hypoxischer Herzinsuffizienz. Naturwissenschaften **54**, 22.

— — 1967: Frühstadien der akuten hypoxischen Veränderung der Herzmuskelzelle im elektronenmikroskopischen Bild und ihre Bedeutung für die akute hypoxische Herzinsuffizienz. Beitr. path. Anat. **135**, 153—182.

— — 1968: Der Herzmuskel bei akuter Koronarinsuffizienz im elektronenmikroskopischen Bild. München-Berlin-Wien: Urban & Schwarzenberg.

Buck, R. C., 1960: Cytologic changes in arterial endothelium in local circulatory stasis. Anat. Rec. **136**, 172.

Buerger, L., and D. G. Scarpelli, 1962: Intracellular duct formation in human breast cancer. Vth internat. Congr. f. Electron Microscopy Philadelphia Vol. II, P-12.

Buffa, P., U. Muscatello, G. Godina, and A. Barasa, 1964: Mitochondrial modification associated with the biochemical lesion caused by fluoroacetate. III. Europ. reg. Conf. on Electron Microscopy Prague 1964, B 125—126.

Bulger, R. E., L. D. Griffith, and B. F. Trump, 1966: Endoplasmic reticulum in rat renal interstitial cells: molecular rearrangement after water deprivation. Science **151**, 83—86.

Bunge, R., and M. Bunge, 1968: Electron microscopic observations on colchicine induced changes in neuronal cytoplasm. Anat. Rec. **160**, 323.

Burch, G. E., R. S. Sohal, S. C. Sun, G. C. Miller, and H. L. Colcolough, 1968: Effects of radiation on the human heart. Arch. intern. Med. **121**, 230—234.

Burdette, W. J., and T. P. Ashford, 1963: Response of myocardial fine structure to cardiac arrest hypothermia. Ann. Surg. **158**, 513—525.

Burger, P. C., and P. B. Herdson, 1966: Phenobarbital-induced fine structural changes in rat liver. Amer. J. Path. **48**, 793—809.

Burgos, M. H., 1966: Mitochondrial changes in the heart under normal and experimental conditions. VI. internat. Congr. f. Electron Microscopy Kyoto Vol. **2**, 361—362.

— A. Aoki, and F. L. Sacerdote, 1964: Ultrastructure of isolated kidney mitochondria treated with phlorizin and ATP. J. Cell Biol. **23**, 207—215.

— and E. L. Rodriguez-Echandia, 1966: Ultrastructural aspects of the human myocardium. VI. internat. Congr. f. Electron Microscopy Kyoto Vol. **2**, 699—700.

Burka, E. A., and A. de Bellis, 1967: Ribosome and polyribosome appearance during *in vivo* erythroid maturation. Nature **213**, 724—725.

Burkl, W., und E. Thiel-Bartosch, 1967: Elektronenmikroskopische Untersuchungen über die Granulosa atresierender Tertiärfollikel bei der Ratte. Arch. Gynäk. **204**, 238—250.

BURNS, J. J., A. H. CONNEY, and R. KOSTER, 1963: Stimulatory effect of chronic drug administration on drug-metabolizing enzymes in liver microsomes. Ann. N.Y. Acad. Sci. **104**, 881—893.

BURR, R. E., and D. L. BEAVER, 1963: A study of renal bismuth inclusions in man and experimental animals. Lab. Invest. **12**, 850.

BUSCH, H., P. BYVOET, and K. SMETANA, 1963: The nucleolus of the cancer cell. Cancer Res. **23**, 313—339.

BUSCH, W., 1969: Elektronenmikroskopische Untersuchungen an der Tumor-Bindegewebsgrenze beim Mammacarcinom der Frau. Virchows Arch. Abt. A. **346**, 15—28.

— und H. J. MERKER, 1968: Elektronenmikroskopische Untersuchungen an menschlichen Mammacarcinomen. Virchows Arch. Abt. A **344**, 356—371.

BUSSARD, A. E., and J. L. BINAT, 1965: Electron micrography of antibody-producing cells. Nature **205**, 675—678.

BUTENANDT, A., 1966: Molekulare Biologie als Fundament der modernen Medizin. Münch. med. Wschr. **108**, 1625—1628.

BUTLER, W. H., 1966: Early hepatic parenchymal changes induced in the rat by aflatoxin B_1. Amer. J. Path. **49**, 113—128.

BÜTTNER, D. W., 1968: Sphaeridien mit kristalloiden Einschlüssen in den Zellkernen der Katzenmilz. Z. Zellforsch. **84**, 304—310.

— und E. HORSTMANN, 1967: Haben die Sphaeridien in den Zellkernen kranker Gewebe eine pathognomonische Bedeutung. Virchows Arch. path. Anat. **343**, 142—163.

— — 1967: Das Sphaeridion, eine weit verbreitete Differenzierung des Karyoplasmas. Z. Zellforsch. **77**, 589—605.

— — 1968: Stabförmige Strukturen im Interphasenkern von Epithelgeweben. Exp. Cell Res. **49**, 686—687.

BYERS, B., 1966: Ribosome crystallisation induced in chick embryo tissues by hypothermia. J. Cell Biol. **30**, C1—C6.

— 1967: Structure and formation of ribosome crystals in hypothermic chick embryo cells. J. molec. Biol. **26**, 155—167.

BYSKOV, A. G. S., 1969: Ultrastructural studies on the preovulatory follicle in the mouse ovary. Z. Zellforsch. **100**, 285—299.

CAESAR, R., 1961: Elektronenoptische Beobachtungen bei der Autolyse *in vivo*. Verh. dtsch. Ges. Path. **45**. Tagg. 278—283.

— 1963: Elektronenmikroskopische Beobachtungen bei der Nierenamyloidose des Goldhamsters. Frankfurt. Z. Path. **72**, 506—516.

— 1963: The fine structure of different organs in experimental and human amyloidosis. Acta neuropath. suppl. **II**, 94—99.

— 1965: Die Bedeutung der Lysosomen für die formale Genese der Viomycin-Nephrose. Verh. dtsch. Ges. Path. **49**. Tagg. 157—161.

— 1966: Elektronenmikroskopische Befunde am Amyloid. Nova Acta Leopoldina N. N. Nr. **175**, 87—97.

— und M. RAPAPORT, 1963: Elektronenmikroskopische Untersuchung des Leberzellschadens bei der Diphtherietoxinvergiftung. Frankfurt. Z. Path. **72**, 517—530.

CAINO, H. V., R. LAGUENS, A. CABARRAU e N. BIANCHI, 1962: Higado diabetico-microscopia electrónica. VII. internat. Kongr. f. Innere Medizin München, 90.

CALLAHAN, W. P., and A. E. LORINCZ, 1966: Hepatic ultrastructure in the Hurler syndrome. Amer. J. Path. **48**, 277—298.

CAMERON, D. A., H. A. PASCHALL, and R. A. ROBINSON, 1967: Changes in the fine structure of bone cells after the administration of parathyroid extract. J. Cell Biol. **33**/1, H. 1, 1—14.

CAMERON, R., 1964: Pathological changes in cells. In: „Cytology and cell Physiology" 667—696. 3. ed. New York-London: Academic Press.

CAMMARANO, P., M. MELLI, and G. D. NOVELLI, 1965: Poly-U stimulated incorporation. A comparison of normal and regenerating liver. Biochim. biophys. Acta **108**, 329—332.

— G. GIUDICE, and B. LUKES, 1965: Polyribosomes in regenerating liver. Biochem. biophys. Res. Commun. **19**, 487—493.

CAMPBELL, F. R., 1968: Nuclear elimination from the normoblast of fetal guinea pig liver as studied with electron microscopy and serial sectioning techniques. Anat. Rec. **160**, 539—553.

CAMPBELL, P. N., 1967: The correlation between morphology and protein synthesizing activity in liver. Acta biol. med. germ. **19**, 621—639.

CAMPBELL, P. N., E. LOWE, and M. D. B. SHARP, 1966: The morphological origin and function of the polysomes isolated from rat liver. Biochem. J. **99**, 22c—24c.
CAMPBELL, R. D., 1967: Desmosome formation: An hypothesis of membrane accumulation. Proc. nat. Acad. Sci. **58**, 1422—1429.
CANCILLA, P., R. MORECKI, and E. S. HURWITT, 1964: Fine structure of a recurrent chordoma. Arch. Neurol. **11**, 289—295.
— and R. M. BARLOW, 1966: Structural changes of central nervous system in swayback (enzootic ataxia) of lambs. III. Electron microscopy of the cerebral lesions. Acta neuropath. **6**, 260—265.
CANEIRO, J., and P. A. ABRAHAMSOHN, 1964: Effects of thioacetamide on protein and ribonucleic acid metabolism of rat liver cells. Z. Zellforsch. **61**, 813—823.
CARAMIA, F., C. BRANCIARI, G. E. GHERGO und G. MENGHINI, 1966: Elektronenmikroskopische Betrachtungen der Kernglykogenose. Acta hepatosplenol. **13**, 374.
— G. F. GHERGO, and G. MENGHINI, 1967: A glycogen body in liver nuclei. J. Ultrastruct. Res. **19**, 573—585.
— — C. BRANCIARI, and G. MENGHINI, 1968: New aspect of hepatic nuclear glycogenosis in diabetes. J. clin. Path. **21**, 19—23.
CARDELL, R. R., 1966: Effects of hypophysectomy and growth hormone administration on the fine structure of rat liver cells. Amer. J. Path. **48**, 23a.
— 1967: Subcellular alterations in rat liver following hypophysectomy. Biochim. biophys. Acta **148**, 539—552.
— S. BADENHAUSEN, and K. R. PORTER, 1965: Fine structure of rat intestinal epithelial cells during fat absorption. J. Cell Biol. **27**, 120 A.
— — — 1966: The morphology of fat absorption in the rat intestinal epithelial cell. VI. internat. Congr. f. Electron Microscopy Kyoto Vol. **2**, 587—588.
— — — 1967: Intestinal triglyceride absorption in the rat. J. Cell Biol. **34**, 123—155.
CARDIFF, R. D., 1966: A histochemical and electron microscopic study of skeletal muscle in a case of Pompe's disease (Glycogenosis II). Pediatrics **37**, 249—259.
— and S. R. WELLINGS, 1965: An electron microscopic study of Pompe's disease. Lab. Invest. **14**, 599.
CARLSON, E. C., and D. A. OLLERICH, 1969: Intranuclear tubules in trophoblast III of rat and mouse chorioallantoic placenta. J. Ultrastruct. Res. **28**, 150—160.
CARR, J., 1967: Nuclear membranous whorls. Z. Zellforsch. **80**, 140—144.
— 1968: Lysosome formation and surface changes in stimulated peritoneal cells. Z. Zellforsch. **89**, 328—354.
— 1968: Some aspects of the fine structure of the reticuloendothelial system: the cells which clear colloides from the blood stream. Z. Zellforsch. **89**, 355—370.
CARRUTHERS, J. S., and J. W. STEINER, 1962: Experimental extrahepatic biliary obstruction. Gastroenterology **42**, 419—430.
CARSTEN, P. M., 1965: Elektronenmikroskopische Probleme bei Strukturdeutungen von Einschlußkörpern im menschlichen Corpus luteum. Arch. Gyn. **200**, 552—568.
CASLEY-SMITH, J. R., and A. J. DAY, 1966: The uptake of lipid and lipoprotein by macrophages *in vitro*. Quart. J. exp. Physiol. **51**, 1—10.
CASPERSSON, T., S. FARBER, G. E. FOLEY, and D. KILLANDER, 1963: Cytochemical observations on the nucleolus-ribosome system. Effects of actinomycin D and nitrogen mustard. Exp. Cell Res. **32**, 529—552.
CASSIDY, M. M., and C. S. TIDBALL, 1967: Cellular mechanism of intestinal permeability alterations produced by chelation depletion. J. Cell Biol. **32**, 685—698.
CASTRO, R. M., T. DE BRITO, D. DE OLIVEIRA PENNA, E. FREYMÜLLER, and S. ALMEIDA PRADO SAMPAIO, 1965: Renal lesions in amphotericin B therapy. Rev. Inst. Med. trop. S. Paulo **7**, 41—46.
CAULET, T., P. GERMAIN, J. J. ADNET, C. HOPFNER et M. PLUOT, 1967: Deux cas familiaux de maladie de Fabry. Étude structurale et ultrastructurale. Ann. d'Anat. path. **12**, 49—70.
CAULFIELD, J. B., 1963: Fine structure of normal and diseased heart. Progr. cardiovasc. Dis. **5**, 610—630.
— and G. F. WILGRAM, 1963: An electron microscope study of dyskeratosis and Acantholysis in Dariers disease. J. invest. derm. **41**, 57—65.
— and P. E. SCHRAG, 1964: Electron microscopic study of renal calcification. Amer. J. Path. **44**, 365—381.
CAVAZOS, F., and F. V. LUCAS, 1967: The giant lysosomes of the normal endometrium. Amer. J. Path. **50**, 8a.
CAVENESS, W. F., A. L. CARSTEN, L. ROIZIN, and J. P. SCHADÉ, 1968: Pathogenesis of x-irradiation effects in the monkey cerebral cortex. Brain Res. **7**, 1—120.

Cecio, A., 1964: Electron microscopic observations of young rat liver. I. Distribution and structure of the myelin figures (lamellar bodies). Z. Zellforsch. **62**, 717—742.
— 1967: Ultrastructural features of cytofilaments within mammalian endothelial cells. Z. Zellforsch. **83**, 40—48.
— A. d'Angelo e R. di Toro, 1967: L'ittero neonatale da isoimmunizzazione anti-Rh. Prime osservazioni al microscopio elettronico. La Pediatria **75**, 199—220.
Cedergren, B., and J. Harary, 1964: *In vitro* studies of single beating rat heart cells. VI. Electron microscopic studies of single cells. J. Ultrastruct. Res. **11**, 428—442.
Cerro, M. P. del, and R. S. Snider, 1967: Studies on dilantin intoxication. I. Ultrastructural analogies with the lipoidosis. Neurology **17**, 452—466.
Cervós-Navarro, J., 1962: Elektronenmikroskopische Untersuchungen an retrograd veränderten Spinalganglien. Fortschr. Med. **20**, 751—756.
— 1964: Elektronenmikroskopische Befunde an den Capillaren des Kaninchengehirns nach der Einwirkung ionisierender Strahlen. Arch. Psych. Nervenkrkh. **205**, 204—222.
— 1964: Spätveränderungen des Zentralnervensystems nach Schädelbestrahlung. III. Europ. reg. Conf. on Electron Microscopy Prague 1964, B 267—268.
— 1966: Elektronenmikroskopische Untersuchungen über Strahlenschäden im Zentralnervensystem. Vth internat. Congr. f. Neuropathology Zürich 1965, 1004—1005.
— 1967: Zur Feinstruktur endotheliomatöser Meningiome des Menschen. Acta neuropath. **8**, 141—148.
— E. Tonutti und J. M. Bayer, 1964: Elektronenmikroskopische Untersuchungen eines androgenbildenden Leydigzelltumors. Endokrinologie **47**, 23—50.
— und J. Vázquez, 1966: Elektronenmikroskopische Untersuchungen über das Vorkommen von Cilien in Meningiomen. Virchows Arch. path. Anat. **311**, 280—290.
Chambers, V. C., and R. S. Weiser, 1964: An electron microscope study of Sarcoma I in homologous host. II. Changes in the fine structure of the tumor cell during the homograft reaction. Cancer Res. **24**, 1368—1390.
— — 1964: Annulate lamellae in sarcoma I cells. J. Cell Biol. **21**, 133—139.
Chance, B., 1965: The energy-linked reaction of calcium with mitochondria. J. biol. Chem. **240**, 2729—2749.
Chandler, R. L., 1966: Intranuclear structures in neurones. Nature **209**, 1260—1266.
Chandra, S., 1962: The reversal of mitochondrial membrane. J. Cell Biol. **12**, 503—513.
— 1968: Undulating tubules associated with endoplasmic reticulum in pathologic tissues. Lab. Invest. **18**, 422—428.
Chang, L. O., and W. B. Looney, 1967: Incorporation of tritiated thymidine into mitochondrial and nuclear DNA in normal and regenerating rat liver before and after irradiation. Int. J. Radiat. Biol. **12**, 187—192.
Chapman, A. L., 1962: A light and electron microscopy study of cytologic changes in leukocytes of swiss mice induced by hydrocortisone. Anat. Rec. **142**, 300.
Chapman, D., 1967: The effect of heat on membranes and membrane constituents. In: „Thermobiology", ed. by A. H. Rose, 123—146. London-New York: Academic Press.
Chapman, G. B., J. H. Hanks, and J. H. Wallace, 1959: Electron microscope study of the disposition and fine structure of Mycobacterium lepraemurium in mouse spleen. J. Bact. **77**, 205—211.
— L. M. Drusin, and J. E. Todd, 1963: Fine structure of the human wart. Amer. J. Path. **42**, 619—642.
Charles, A., 1961: An electron microscopic study of Dariers disease. Dermatologica **122**, 107—115.
Charret, R., et J. Andre, 1968: La synthèse de l'ADN mitochondrial chez Tetrahymena pyriformis. Étude radioautographique quantitative au microscope électronique. J. Cell Biol. **39**, 369—381.
Chatterjee, S. K., H. K. Das, and S. C. Roy, 1966: Desoxyribonucleic acid and the synthesis of protein in plant mitochondria. IV. Biochim. biophys. Acta **114**, 349—354.
Chears, W. C., and C. T. Ashworth, 1961: Electron microscopic study of the intestinal mucosa in Whipple's disease. Demonstration of encapsulated bacilliform bodies in the lesion. Gastroenterology **41**, 129—138.
Chefurka, W., and Y. Hayashi, 1966: The effect of trypsin on rough endoplasmic membranes. Biochem. biophys. Res. Commun. **24**, 633—638.
Chen, Hai, Chin, Ching-Shen Lin, and I-Nan Lein, 1966: Ultrastructural studies in experimental Kernicterus. Amer. J. Path. **48**, 683—711.
— — — 1967: Vascular permeability in experimental Kernicterus. An electron microscopic study of the blood-brain barrier. Amer. J. Path. **51**, 69—99.

CHEN, S. C., and V. R. YOUNG, 1968: Preparation and some properties of rat skeletal-muscle polyribosomes. Biochem. J. **106**, 61—67.
CHENARD, J., and C. AUGER, 1968: Cytoplasmic changes in pancreatic acinar cells of the rat caused by one aminocyclopentane carboxylic acid (acpc). Amer. J. Path. **52**, 825—840.
CHEVILLE, N. F., 1966: The cytopathology of swine pox in the skin of swine. Amer. J. Path. **49**, 339—352.
CHIESARA, E., F. CLEMENTI, F. CONTI, and J. MELDOLESI, 1967: The induction of drug-metabolizing enzymes in rat liver during growth and regeneration. Lab. Invest. **16**, 254—267.
CHIGA, M., F. KUME, and R. C. MILLAR, 1966: Nucleolar alteration produced by actinomycin D and the delayed onset of hepatic regeneration in rats. Lab. Invest. **15**, 1403—1408.
CHIANG, J., M. KOWADA, A. AMES, R. L. WRIGHT, and G. MAJNO, 1968: Cerebral ischemia. III. Vascular changes. Amer. J. Path. **52**, 455—476.
CHOU, S. M., and H. A. HARTMANN, 1964: Ultramicroscopy of focal neuroaxonal alterations induced by injections of IDPN (β-β'-iminodipropionitrile) in rats. Amer. J. Path. **44**, 23a.
— — 1965: Electron microscopy of focal neuro-axonal lesions produced by β-β'-iminodipropionitrile (IDPN) in rats. Acta neuropath. **4**, 590—603.
— 1968: Myxovirus-like structures and accompanying nuclear changes in chronic polymyositis. Arch. Path. **86**, 649—658.
— and J. D. CHERRY, 1967: Ultrastructure of Cowdry type A inclusions. I. In human herpes simplex encephalitis. Neurology **17**, 575—587.
CHOUINARD, L. A., and C. P. LEBLOND, 1967: Sites of protein synthesis in nucleoli of root meristematic cells of *Allium cepa* as shown by radioautography with ^{3}H arginine. J. cell. Science **2**, 473—480.
CHRISTENSEN, A. K., 1959: The fine structure of interstitial tissue of the rat testis at various ages and after experimental treatment. Anat. Rec. **133**, 367—368.
— — and G. B. CHAPMAN, 1959: Cup-shaped mitochondria in interstitial cells of the albino rat testis. Exp. Cell Res. **18**, 576—579.
CHRISTIE, G. S., and J. D. JUDAH, 1968: Cations of mitochondria in ethionine intoxication. Lab. Invest. **18**, 108—113.
CHURG, J., V. A. DI SCALA, M. SALOMON, and E. GRISHMAN, 1966: Renal structure in hypothyroidism. VI. internat. Congr. f. Electron Microscopy Vol. **2**, 665—666.
CIVEN, M., B. BROWN, and J. HILLIARD, 1966: Ribonucleic acid and protein synthesis in ovary. Biochem. biophys. Acta **114**, 127—134.
CLARK, A. M., R. LOVE, G. P. STUDZINSKI, and K. A. O. ELLEM, 1966: A correlated morphological and functional study of the effects of actinomycin D on HeLa cells. II. Effects on the nucleolar and cytoplasmic ribonucleoproteins. Exp. Cell Res. **45**, 106—119.
CLARK-WALKER, G. D., and A. W. LINNANE, 1967: The biogenesis of mitochondria in saccharomyces cerevisiae. A comparison between cytoplasmic respiratory-deficient mutant yeast and chloramphenicol-inhibited wild type cells. J. Cell Biol. **34**, 1—14.
CLAUDE, A., 1962: A spontaneous transplantable renal carcinoma of the mouse. Electron microscope study of the cell and of an associated viruslike particle. J. Ultrastruct. Res. **6**, 1—18.
— 1965: The morphology and significance of dumbbell-shaped mitochondria in early stages of regenerating liver. J. Cell Biol. **27**, 146 A.
— 1967: Mitochondrial cristae during liver regeneration. Protoplasma **63**, 275—282.
CLAUSEN, J., 1969: The effect of vitamin A deficiency on myelination in the central nervous system of the rat. European J. Biochem. **7**, 575—582.
CLEFFMANN, G., 1965: Die Schwellen der Hemmung der Nucleinsäuresynthese und der Teilung durch Actinomycin bei *Tetrahymena pyriformis*. Z. Zellforsch. **67**, 343—350.
CLEGG, M. D., 1964: The electron microscopy of cells irradiated with a microbeam of alpha particles. J. roy. micr. Soc. **83**, 443—453.
CLEMENTI, F., 1962: Electron microscope observations on the action of vitamin E on the uterine smooth muscle. Experientia **18**, 406—407.
— J. NIDIRI, and C. PERACCHIA, 1964: Electron microscopic study of myocardial cells in relation to different types of myocardial infarct like lesions. Panminerva Med. **6**, 420—428.
— — — 1965: Studio al microscopio elettronico di alterazioni miocardiche in raporto a diversi infarti sperimentali. Minerva cardioangiol. **13**, 669—677.
— et G. DE VIRGILIS, 1967: Ultrastructure de l'adénohypophyse après ovariectomie et traitement par les oestrogènes et la progestérone. Path. Biol. **15**, 119—131.

Clerici, E., P. Cammarano, and P. Mocarelli, 1966: Effects of x-irradiation on liver regeneration. Exp. molec. Path. **5**, 389—395.
Cochrane, C. G., and B. S. Aikin, 1966: Polymorphonuclear leukocytes in immunologic reactions. The destruction of vascular basement membrane *in vivo* and *in vitro*. J. exp. Med. **124**, 733—752.
Cochrane, W., D. V. Davies, J. Dorling, and E. G. L. Bywaters, 1964: Ultramicroscopic structure of the rheumatoid nodule. Ann. Rheum. Dis. **23**, 345—363.
Cohen, A. S., 1964: An electron microscopic study of the structure of the small intestine in Whipple's disease. J. Ultrastruct. Res. **10**, 124—144.
— 1965: The constitution and genesis of amyloid. Exper. Path. **4**, 159—243.
— 1966: Amyloidosis. Lab. Invest. **15**, 64—65.
— 1966: Preliminary chemical analysis of partially purified amyloid fibrils. Lab. Invest. **15**, 66—80.
— E. Gross, and T. Shirahama, 1965: The light and electron microscopic autoradiographic demonstration of local amyloid formation in spleen explants. Amer. J. Path. **47**, 1079—1112.
Cohen, S., W. Mautner, J. Churg, E. Grishman, and D. Gribetz, 1966: Electron microscopy of lead nephropathy. VI. internat. Congr. of Electron Microscopy Kyoto Vol. **2**, 677—678.
Cohn, Z. A., 1966: The regulation of pinocytosis in mouse macrophages. I. Metabolic requirements as defined by the use of inhibitors. J. exp. Med. **124**, 557—571.
— J. G. Hirsch, and E. Wiener, 1963: Lysosomes and endocytosis. The cytoplasmic granules of phagocytic cells and the degradation of bacteria. Ciba Found. Symp. „Lysosomes".
— M. E. Fedorko, and J. G. Hirsch, 1966: The *in vitro* differentiation of mononuclear phagocytes. V. The formation of macrophage lysosomes. J. exp. Med. **123**, 757—766.
Coimbra, A., and C. P. Leblond, 1966: Sites of glycogen synthesis in rat liver cells as shown by electron microscope radioautography after administration of glucose-H^3. J. Cell Biol. **30**, 151—175.
Collins, J. F., 1965: Antibiotics, proteins and nucleic acids. Brit. Med. Bull. **21**, 223—228.
Collins, G. H., 1966: An electron microscopic study of remyelination in the brainstem of thiamin deficient rats. Amer. J. Path. **48**, 259—275.
— 1967: Glial cell changes in the brain stem of thiamine-deficient rats. Amer. J. Path. **50**, 791—814.
— R. R. Cowden, and A. H. Nevis, 1968: Myoclonus epilepsy with Lafora bodies. Arch. Path. **86**, 239—254.
Colombo, B., L. Felicetti, and C. Baglioni, 1966: Inhibition of protein synthesis in reticulocytes by antibiotics. I. Effects on polysomes. Biochim. biophys. Acta **119**, 109—119.
Colonnier, M., and E. G. Gray, 1962: Degeneration in the cerebral cortex. Vth internat. Congr. f. Electron Microscopy Philadelphia 1962, U-3.
Coltorti, M., G. Budillon, A. di Simone, C. del Vecchio Blanco e A. Cecio, 1967: Aspetti evolutivi del danno epatocellulare nell'epatite virale del topo da MHV-3. Atti Convegni Farmitalia „L'epatite virale" 1—67.
Comolli, R., 1967: Cytotoxicity of silica and liberation of lysosomal enzymes. J. Path. Bact. **93**, 241—253.
Comporti, M., C. Saccocci, and M. U. Dianzani, 1965: Effect of CCl_4 *in vitro* and *in vivo* on lipid peroxidation of rat liver homogenates and subcellular fractions. Enzymologia **29**, 185—204.
Confer, D. B., and R. J. Stenger, 1964: The evolution of lysosomes in hypoxic liver parenchyma as seen with the electron microscope. Amer. J. Path. **45**, 533—546.
— — 1965: Tumors of the liver in C_3H mice after long-term carbon tetrachloride administration. Amer. J. Path. **46**, 19a.
— — 1966: Nodules in the livers of C_3H mice after longterm carbon tetrachloride administration. Cancer Res. **26**, 834—843.
Congiu, L., F. M. Baccino e G. Ugazio, 1963: Modificazioni morfologiche di subfrazioni lisosomial di fegato di ratto nell'intossicazione da CCl_4. Arch. „de Vecchi". Anat. Patol. Med. Clin. **40**, 93—108.
Cook, G. M. W., 1968: Glycoproteins in membranes. Biol. Rev. **43**, 363—391.
Cook, M. L., L. Osvaldo, J. D. Jackson, and H. Latta, 1965: Changes in renal glomeruli during autolysis. Electron microscopic observations. Lab. Invest. **14**, 623—634.
Cooper, R. A., R. D. Cardiff, and S. R. Wellings, 1967: Ultrastructure of vaginal keratinization in estrogen treated immature balb/cCRGL mice. Z. Zellforsch. **77**, 377—403.

COPELAND, E., 1964: A mitochondrial pump in the cells of the anal papillae of mosquito larvae. J. Cell Biol. **23**, 253—263.
— and A. T. FITZJARRELL, 1968: The salt absorbing cells in the gills of the blue crab (*Callinectes sapidus* Rathbun) with notes on modified mitochondria. Z. Zellforsch. **92**, 1—22.
CORNOG, J. L., and N. K. GONATAS, 1967: Ultrastructure of rhabdomyoma. J. Ultrastruct. Res. **20**, 433—450.
COSMOS, E., 1964: Intracellular distribution of calcium in developing breast muscle of normal and dystrophic chickens. J. Cell Biol. **23**, 241—252.
COSSEL, L., 1959: Elektronenmikroskopische Untersuchungen an den Lebersinusoiden bei Virushepatitis. Klin. Wschr. 37, 1263—1278.
— 1962: Elektronenmikroskopische Befunde an „Einschlußkörpern" in den Kernen menschlicher Leberepithelzellen. Z. Zellforsch. **57**, 512—519.
— 1962: Elektronenmikroskopische Befunde an den sog. Lochkernen in menschlichen Leberepithelzellen. Frankfurt. Z. Path. **72**, 115—122.
— 1964: Elektronenmikroskopische Befunde an der Fledermausleber im Winterschlaf. Verh. dtsch. Ges. Path. **48**. Tagg. 257—264.
— 1965: Elektronenmikroskopische Befunde an den azidophilen Körpern bei der Virushepatitis des Menschen. (Ein Beitrag zur Kenntnis der Koagulationsnekrose.) J. de Microscopie **4**, 337—346.
— 1966: Elektronenmikroskopische Befunde beim intravitalen Untergang von Leberepithelzellen (Beitrag zur Kenntnis von Kolliquations- und Koagulationsnekrosen). Beitr. path. Anat. **133**, 156—185.
— und F. WOHLRAB, 1964: Die Leber der Fledermaus in Hibernation. Z. Zellforsch. **62**, 608—634.
— und P. F. MAHNKE, 1968: Elektronenmikroskopische Befunde an der Leber bei experimenteller Listeriose. Beitr. path. Anat. **138**, 65—95.
COSTA, A., G. WEBER, ST. BARTOLINI e F. OMER, 1966: Differenziazione macroscopia, strutturale e ultrastrutturale tra noduli rigenerative e noduli adenomatosi nella cirrosi epatica sperimentale irreversible (adenocirrosi). Arch. de Vecchi Anat. Pat. **47**, 1—37.
COTRAN, R. S., 1965: On the presence of an amorphous layer lining vascular endothelium under abnormal conditions. Lab. Invest. **14**, 1826—1833.
COWAN, W. K., and G. D. SORENSON, 1964: Electron microscopic observations of acute thymic involution produced by hydrocortisone. Lab. Invest. **13**, 353—370.
COX, R. Q., 1961: Senile changes in mitochondria and associated organelles. Anat. Rec. **139**, 218—219.
CRABO, B., 1963: Fine structure of the interstitial cells of the rabbit testes. Z. Zellforsch. **61**, 587—604.
CRAIG, N., and L. GOLDSTEIN, 1969: Studies on the origin of ribosomes in Amoeba proteus. J. Cell Biol. **40**, 622—632.
CRANE, F. L., J. T. STASNY, W. P. CUNNINGHAM, and G. L. SOTTACASA, 1964: Resolution of the elementary particles of mitochondria. J. Cell Biol. **23**, 21 A.
CRANE, R. K., 1966: Enzymes and malabsorption. A concept of brush border membrane disease. Gastroenterology **50**, 254—262.
— 1966: Structural and functional organization of an epithelial cell brush border. In: „Intracellular Transport". Symp. internat. Soc. Cell Biol. **5**, 71—102.
CRAVIOTO, H., 1967: *In vivo* and *in vitro* studies of metachromatic leukodystrophy. J. Neuropath. exp. Neurol. **26**, 156.
CRAYTON, J. W., and M. MIROLLI, 1968: Cellular localization of prismatic mitochondria in molluscan neurons. J. Cell Biol. **39**, 2/2, 166a.
CUADROS, A., and R. A. COOPER, 1968: Ultrastructure of spontaneous vaginal keratinization in hanging-drop organ culture (Balb/cCrgl mice). Z. Zellforsch. **84**, 429—462.
CUCCURULLO, L., 1964: Contributo allo studio della tubulo-nefrosi da piombo. II. Osservazioni al microscopio elettronico sulla nefrosi sperimentale da acetate di piombo dopo quattro settimane di trattamento. Riv. Anat. Pat. **26**, 127—142.
— e V. COVELLI, 1964: Alterazioni ultrastrutturali da metilcellulosa dell'epatocita e dell'epitelio dei tubuli contorti di ratto. Riv. Anat. Pat. **25**, 203—236.
— — 1964: Il comportamento degli epatociti di ratti normali sottoposti a trattamento con dosi sub-letali di ciclofosfamide. Riv. Anat. Pat. **26**, 1—23.
CUNNINGHAM, W. P., J. W. STILES, and F. L. CRANE, 1965: Surface structure of negatively stained membranes. Exp. Cell Res. **40**, 171—174.
— and F. L. CRANE, 1966: Variation in membrane structure as revealed by negative staining technique. Exp. Cell Res. **44**, 31—45.

CURTIS, H. J., 1964: Cellular processes involved in aging. Fed. Proc. **23**, 662—667.
— 1966: The role of somatic mutations in aging. In: „Topics in the Biology of Aging", ed. by P. L. KROHN, 63—81. New York-London-Sydney: Intersc. Publ. Wiley & Sons.
CURTIS, J. C., 1966: Early changes in cell fine structure of mouse liver exposed to pulsed ultrasound. J. Cell Biol. **31**, 24 A.
CZYZEWSKA-WAZEWSKA, M., R. PAWLICKI, and J. URBANCZYK, 1967: Problems of ultrastructure and metabolism of Gaucher cells. Fol. Histochem. cytochem. **5**, 249—252.

DAEMS, W. T., 1962: Distribution of acid phosphatase in liver tissue of dextran-injected mice as observed with the electron microscope. Vth internat. Congr. f. Electron Microscopy Philadelphia Vol. II.
— 1962: Mouse liver lysosomes and storage. A morphological and histochemical study. Leiden, Diss.
— 1966: The fine structure of mouse liver microbodies. J. Microscopie **5**, 295—304.
— and T. G. VAN RIJSSEL, 1961: The fine structure of the peribiliary dense bodies in mouse liver tissue. J. Ultrastruct. Res. **5**, 263—290.
— and J. OORT, 1962: Electron microscopic and histochemical observations on polymorphonuclear leucocytes in the reversed Arthus reaction. Exp. Cell Res. **28**, 11—20.
— and E. WISSE, 1966: Shape and attachment of the cristae mitochondriales in mouse hepatic cell mitochondria. J. Ultrastruct. Res. **16**, 123—140.
D'AGOSTINO, A. N., 1963: An electron microscopic study of skeletal and cardiac muscle of the rat poisoned by plasmocid. Lab. Invest. **12**, 1060—1071.
— 1964: An electron microscopic study of the trigeminal ganglion of rat poisoned by plasmocid. Neurology **14**, 114—124.
— 1964: An electron microscopic study of cardiac necrosis produced by 9-fluorocortisol and sodium phosphate. Amer. J. Path. **45**, 633—644.
DALES, S., 1965: Replication of animal viruses as studied by electron microscopy. Amer. J. Med. **38**, 699—715.
— and R. M. FRANKLIN, 1962: A comparison of the changes in fine structure of L cells during single cycles of viral multiplication following their infection with the viruses of mengo- and encephalomyocarditis. J. Cell Biol. **14**, 281—302.
DALGAARD, O. Z., 1962: Acute anuria and osmotic diuresis. Vth internat. Congr. f. Electron Microscopy Philadelphia Vol. II, S-8.
DALLNER, G., S. ORRENIUS, and A. BERGSTRAND, 1963: Isolation and properties of rough and smooth vesicles from rat liver. J. Cell Biol. **16**, 426—430.
— P. SIEKEVITZ, and G. E. PALADE, 1965: Synthesis of microsomal membranes and their enzymic constituents in developing rat liver. Biochem. biophys. Res. Commun. **20**, 135—141.
— — — 1965: Phospholipids in hepatic microsomal membranes during development. Biochem. biophys. Res. Commun. **20**, 142—148.
— — — 1966: Biogenesis of endoplasmic reticulum membranes. I. and II. J. Cell Biol. **30**, 73—96; 97—117.
— A. BERGSTRAND, and R. NILSSON, 1968: Heterogeneity of rough-surfaced liver microsomal membranes of adult, phenobarbital-treated, and newborn rats. J. Cell Biol. **38**, 257—276.
DANIEL, M. R., J. T. DINGLE, A. M. GLAUERT, and J. A. LUCY, 1966: The action of excess of vitamine A alcohol on the fine structure of rat dermal fibroblasts. J. Cell Biol. **30**, 465—475.
DANIELS, E. W., and E. P. BREYER, 1967: Induction by starvation of complex intramitochondrial structural patterns in amebae. J. Cell Biol. **35**, 2/2, 30 A.
DANON, D., et Y. MARIKOVSKY, 1961: Morphologie des membranes des erythrocytes jeunes et agés. C. R. Soc. Biol. **155**, 12—16.
DAVID, E., I. MARX und H. DAVID, 1967: Zur Feinstruktur des experimentell erzeugten subakuten und chronischen Hirnödems. Acta neuropath. **9**, 217—232.
DAVID, H., 1959: Ribonukleinsäurestoffwechsel und Nukleolusgröße in den Lebern von Hungertieren. Z. ges. Inn. Med. **14**, 63—77.
— 1960: Die Morphologie der Hungerleber. Habil.-Schrift Med. Fak. Berlin.
— 1960: Zur Mitochondriengröße in den Lebern von Hungermäusen. Acta biol. med. germ. **4**, 159—165.
— 1960: Über einen Nucleolus mit Membran. Z. Zellforsch. **53**, 50—54.
— 1960: Zur submikroskopischen Morphologie der Mitochondrien der Hungerleber. Verh. dtsch. Ges. Path. **44**. Tagg. 229—232.

David, H., 1961: Zur Abhängigkeit postmortaler Kern- und Mitochondrienveränderungen von der Art des Einbettungsmittels. II. Europ. Conf. on Electron Microscopy Delft 1960, Vol. II, 623—625.
— 1961: Die Leber bei Nahrungsmangel und Mangelernährung. Berlin: Akademie-Verlag.
— 1961: Zur Morphologie der Leberzellmembran. Z. Zellforsch. **55**, 220—234.
— 1961: Submikroskopische Strukturveränderungen der Mitochondrien und seiner Bestandteile. Acta biol. med. germ. **7**, 311—321.
— 1962: Sonderformen der Mitochondrienstruktur in der Leber. Morph. és Ig. Orv. Szemle **2**, 204—216.
— 1963: Submikroskopische Strukturveränderungen der Niere bei akuter und subakuter Harnstauung (Hydronephrose). Acta biol. med. germ. **10**, 164—173.
— 1964: Physiologische und pathologische Modifikationen der submikroskopischen Kernstruktur. I. Das Karyoplasma, Kerneinschlüsse. Z. mikr.-anat. Forsch. **71**, 412—456.
— 1964: Physiologische und pathologische Modifikationen der submikroskopischen Kernstruktur. II. Die Kernmembran. Z. mikr.-anat. Forsch. **71**, 526—550.
— 1964: Physiologische und pathologische Modifikationen der submikroskopischen Kernstruktur. III. Der Nukleolus. Z. mikr.-anat. Forsch. **71**, 551—586.
— 1964: Submikroskopische Ortho- und Pathomorphologie der Leber. Berlin: Akademie-Verlag.
— 1964: Submikroskopische Nierenveränderungen nach Dioxanvergiftung. Verh. dtsch. Ges. Path. **48**. Tagg. 264—267.
— 1964: Elektronenmikroskopische Befunde bei der dioxanbedingten Nephrose der Rattenniere. Beitr. path. Anat. **130**, 187—212.
— 1964: Strukturveränderungen des Golgi-Feldes in Leberparenchymzellen. III. Europ. Conf. on Electron Microscopy Prague, 1964, B 401—402.
— 1965: Die Zelle als kybernetisches System. Dtsch. Gesundh.-Wes. **20**, 53—62 und 101—107.
— 1965: Sterben und Tod der Zelle. Monatsber. DAdW **7**, 452—463.
— 1965: Ultrastrukturelle Zellveränderungen des Tubulusepithels der Niere nach Nierenvenenunterbindung. Verh. dtsch. Ges. Path. **49**. Tagg. 141—145.
— 1965: Orthologische und pathologische Korrelationen zwischen Zellkern und Cytoplasma. Kongr. Gynäk. u. Geburtsh. DDR.
— 1966: Die Leberregeneration nach Aktinomyzingabe. Tagg. Ges. norm. u. path. Morph. Rum. Volksrep.
— 1966: Elektronenmikroskopische Befunde an den Sternzellen der Leber nach Aktinomyzinmedikation. Beitr. path. Anat. **134**, 464—479.
— 1966: Submikroskopische Struktur- und Modellvorstellungen cytoplasmatischer Membranen. Morph. Jahrbuch. **109**, 269—273.
— 1967: Elektronenmikroskopische Organpathologie. Berlin: VEB Verlag Volk und Gesundheit.
— 1968: Quantitative elektronenmikroskopische Befunde über die Relation Mitochondrien : endoplasmatisches Retikulum in Leberzellen nach Aktinomyzinmedikation. IV. Europ. Conf. on Electron Microscopy Rom, I, 603—604.
— 1968: Das Schicksal von Ribosomen, Polysomen und granulärem endoplasmatischem Retikulum in Cytolysomen. Exper. Path. **2**, 57—69.
— 1969: Struktur der Mitochondrien. In: „Molekulare Biologie der Zelle". Jena: VEB G. Fischer.
— 1969: Aktinomyzinbedingte qualitative und quantitative Veränderungen des perimitochondrialen granulären endoplasmatischen Retikulums der Mäuseleber. Acta biol. med. germ. **22**, 393—404.
— 1969: Morphometrische Untersuchungen membrangebundener und freier Ribosomen und Polysomen der Leber der Maus nach Aktinomyzingabe. Acta biol. med. germ. **22**, 787—795.
— und I. Korth, 1959: Submikroskopische Untersuchungen zur Struktur und formalen Genese der Riesenzellen der *Epulis gigantocellularis*. Frankfurt. Z. Path. **70**, 89—97.
— I. Marx und I. Uerlings, 1961: Die submikroskopische Morphologie der Leberzelle während der Autolyse in Abhängigkeit von der Umgebungstemperatur und dem Einbettungsmittel. Z. Labortech. **2**, 219—232.
— und K. H. Velhagen, 1961: Zur Pigmentbildung in den Zellen des malignen Melanoblastoms des menschlichen Auges. Verh. dtsch. Ges. Path. **45**. Tagg. 214—218.

DAVID, H., und L. H. KETTLER, 1961: Degeneration von Lebermitochondrien nach Ammoniumintoxikation. Z. Zellforsch. **53**, 857—866.
— und A. HECHT, 1961: Submikroskopische Strukturveränderungen der Herzmuskelkapillaren im Infarktgebiet. Zbl. Path. **103**, 68—73.
— K. LUNZENAUER und I. BARTOK, 1962: Die Wirkung langdauernder Eiweißmangeldiät und chronischer CCl_4-Intoxikation auf das submikroskopische Bild der Rattenleber. Z. ges. Inn. Med. **17**, 993—999.
— und A. HECHT, 1963: Elektronenmikroskopische Befunde an den Herzmuskelzellen der Ratte in späteren Stadien des experimentellen Herzinfarktes. Z. ges. Inn. Med. **18**, 351—357.
— und I. BARTOK, 1963: Submikroskopische Befunde an der Rattenleber nach Zystinüberernährung. Zbl. Path. **104**, 346—351.
— und N. MANGAKIS, 1963: Zur Frage des invasiv-infiltrativen Wachstums von Krebszellen. Arch. Geschwulstforsch. **22**, 92—105.
— E. WINKELMANN und I. MARX, 1963: Elektronenmikroskopische Untersuchungen degenerativer und regenerativer Vorgänge am durchtrennten Rückenmark von *Ambystoma mexicanum*. J. Hirnforsch. **6**, 235—255.
— und I. KORTH, 1964: Submikroskopische Untersuchungen an Mischtumoren. Zbl. Path. **106**, 78—85.
— und I. UERLINGS, 1964: Die Wirkung der Äthylenglykolvergiftung auf das submikroskopische Bild der Rattenniere. Acta biol. med. germ. **12**, 203—218.
— — 1965: Elektronenmikroskopische Befunde an der Niere bei akuter Blutstauung. Beitr. path. Anat. **132**, 403—428.
— — 1965: Elektronenmikroskopische Untersuchungen zur Frage der myolytischen Wirkung von Glyzerin. Acta biol. med. germ. **15**, 637—650.
— A. HECHT und I. UERLINGS, 1965: Elektronenmikroskopische Befunde an der experimentellen Stauungsleber. Acta biol. med. germ. **15**, 515—528.
— und S. DAVID, 1965: Submikroskopische Strukturveränderungen der Skeletmuskulatur während der postmortalen Autolyse. Acta biol. med. germ. **14**, 423—435.
— und I. MARX, 1967: Leberparenchymzellveränderungen nach Gabe von Aktinomyzin C und D. Acta biol. med. germ. **18**, 259—273.
— und I. UERLINGS, 1967: Leberparenchymzellveränderungen nach partieller Hepatektomie bei gleichzeitiger Aktinomyzinmedikation. Acta biol. med. germ. **18**, 275—290.
— — 1967: Elektronenmikroskopische Untersuchungen zur Entdifferenzierung und Regeneration des Tubulusepithels der Niere bei chronischer Nierenvenendrosselung. Exper. Path. **1**, 273—290.
— — 1967: Elektronenmikroskopische Befunde am Dünndarm des Kaninchens nach Gefäßunterbindung. Exper. Path. **1**, 30—44.
— und E. METZLER, 1967: Anordnung und Aufbau der Polysomen in der intakten Rattenleberzelle. Acta biol. med. germ. **18**, 529—540.
— G. LISEWSKI und I. MARX, 1967: Zur Problematik der Resorptionsstörungen bei chronischer Enteritis (ein Beitrag zur Pathogenese des Malabsorptionssyndroms). Dtsch. Gesundh.-Wes. **22**, 385—395.
— I. MARX und H. KRASTEV, 1967: Elektronenmikroskopische Befunde bei der experimentellen Fettembolie der Kaninchenlunge mit arteigenem Fett. Exper. Path. **1**, 185—192.
— und I. UERLINGS, 1968: Strukturveränderungen von Lebermitochondrien nach kurzfristiger Erwärmung bis 50° C *in vitro* und *in vivo*. Acta biol. med. germ. **20**, 65—76.
— — 1968: Granuläres endoplasmatisches Retikulum und Ribosomen von Leberzellen nach Erwärmung bis 50° C *in vitro* und *in vivo*. Acta biol. med. germ. **20**, 77—89.
— — 1968: Feinmikroskopische Strukturveränderungen der Niere bei chronischer Applikation von Natriumoxalat. Beitr. path. Anat. **136**, 284—302.
— A. HECHT und I. UERLINGS, 1968: Noradrenalinbedingte Feinstrukturveränderungen des Herzmuskels der Ratte. Beitr. path. Anat. **137**, 1—18.
— und J. NOÇON, 1969: Struktur und quantitatives Verhalten des perimitochondrialen endoplasmatischen Retikulums der Mäuseleber. Z. Zellforsch. **94**, 56—61.
— I. RAPOPORT und I. UERLINGS, 1969: Strukturveränderungen der Membranen alter Erythrozyten-Populationen unter *in vivo*-Bedingungen. In Vorb.
— I. MARX und E. DAVID, 1970: Verhalten und Verteilung freier und membrangebundener Ribosomen und Polysomen in Neuronen des ZNS von Meerschweinchen. I. Qualitative elektronenmikroskopische Ergebnisse. Acta biol. med. germ. (im Druck).

DAVID, H., W. KÖHLER, I. SCHALDACH, I. MARX und E. DAVID, 1970: Verhalten und Verteilung freier und membrangebundener Ribosomen und Polysomen in Neuronen des ZHS von Meerschweinchen. II. Quantitative mathematisch-statistische Ergebnisse. Acta biol. med. germ. (im Druck).

DAVID, S., 1964: Licht- und elektronenmikroskopische Untersuchungen an der Skeletmuskulatur der Ratte während der Autolyse. Med. Diss. Berlin.

DAVID-FERREIRA, J. F., and R. A. MANAKER, 1965: An electron microscope study of the development of a mouse hepatitis virus in tissue culture cells. J. Cell Biol. **24**, 57—78.

DAVIES, H. G., 1968: Electron-microscope observations on the heterochromatin in certain cells. J. cell. Sci. **3**, 129—150.

DAVIES, J., L. GORINI, and B. D. DAVIS, 1965: Misreading of RNA codewords induced by aminoglycoside antibiotics. Molec. Pharmacol. **1**, 93—106.

DAVIS, J. M. G., 1962: Effect of roentgen rays on the ultrastructure of regenerating rat liver cells. Acta radiol. **58**, 129—140.

— 1962: Ultrastructure of rat liver cell cytoplasm during the process of regeneration after partial hepatectomy. Acta radiol. **58**, 17—32.

— 1963: Ultrastructure of nucleoli and chromosomes during the early stages of liver regeneration and changes produced in these structures by x-irradiation. Phil. Trans. B **24b**, 291—303.

— 1963: An electron microscopy study of the effect of asbestos dust on the lung. Brit. J. exp. Path. **44**, 454—464.

— 1963: The ultrastructural changes that occur during the transformation of lung macrophages to giant cells and fibroblasts in experimental asbestosis. Brit. J. exp. Path. **44**, 568—575.

— 1964: The ultrastructure of asbestos bodies from guinea pig lungs. Brit. J. exp. Path. **45**, 634—641.

— 1967: Structural variations seen within the nucleoli of human pleural tumour cells. Brit. J. exp. Path. **48**, 637—643.

DAVIS, L. E., 1967: Intramitochondrial crystals in hydra. J. Ultrastruct. Res. **21**, 125—133.

DAVIS, R., and G. B. KOELLE, 1967: Electron microscopic localization of acetylcholinesterase and nonspecific cholinesterase at the neuromuscular junction by the gold-thiocholine and gold-thiolacetic methods. J. Cell Biol. **34**, 157—171.

DAW, J. C., D. P. WENGER, and R. M. BERNE, 1967: Relationship between cardiac glycogen and tolerance to anoxia in the western painted turtle, *Chrysemys picta bellii*. Comp. biochem. physiol. **22**, 69—73.

DAWKINS, M. J. R., 1963: Carbon tetrachloride poisoning in the liver of the newborn rat. J. Path. Bact. **85**, 189—196.

DAYAN, A. D., and M. A. WOODHOUSE, 1968: Amyloid and medullary carcinoma of the thyroid. Path. Microbiol. **31**, 93—96.

DEANE, H. W., and S. WURZELMANN, 1965: Mitochondrial-desmosome complexes in maturating columnar epithelia in organs of the male reproductive tract. J. Cell Biol. **27**, 131 A.

— — and B. KOSTELLOW, 1966: Survey for mitochondrial-desmosome complexes in differentiating epithelia. Z. Zellforsch. **75**, 166—177.

— — 1966: Mitochondrial-desmosome complexes in various differentiating epithelia. VI internat. Congr. f. Electron Microscopy Kyoto Vol. **2**, 403—404.

DE BRITO, T., 1966: Electron microscopy of the liver in nonhemolytic acholuric jaundice with kernicterus (Crigler-Najjar) and in idiopathic conjugated hyperbilirubinemia (Rotor). Gastroenterologia **106**, 325—335.

— E. FREYMÜLLER, S. HOSHINO, and D. O. PENNA, 1966: Pathology of the kidney and liver in the experimental leptospirosis of the guinea pig. Virchows Arch. path. Anat. **341**, 64—78.

— D. O. PENNA, V. C. PEREIRA, and S. HOSHINO, 1967: Kidney biopsies in human leptospirosis. Virchows Arch. path. Anat. **343**, 124—135.

DEBY, C., et K. MALKANI, 1968: Effets des rayons X sur l'ultrastructure des cellules immunologiquement actives de la sous-muqueuse intestinale de la souris. Path. Biol. **16**, 739—749.

DE DUVE, Ch., 1963: General properties of lysosomes. The lysosome concept. Ciba Found., Symp. „Lysosomes", 1—31.

— 1964: From cytases to lysosomes. Fed. Proc. **23**, 1045—1049.

— 1965: Function of microbodies (peroxisomes). J. Cell Biol. **27**, 25 A.

— 1967: Properties and function of peroxisomes. VII internat. Congr. Biochem. Tokyo 1967, 211—212.

DE DUVE, CH., and R. WATTIAUX, 1966: Functions of lysosomes. Ann. Rev. Physiol. **28**, 435—492.
DE ESTABLE, R. F., J. F. ESTABLE-PUIG, and J. MIQUEL, 1964: Glycogen in the nervous system. I. Acta neurol. lat.-amer. **10**, 1—13.
DEFENDI, V., 1962: Cytopathology of virus infection. Fed. Proc. **21**, 1113—1117.
DEHNER, L. P., O. S. PETTENGILL, G. D. SORENSON, and S. B. CARROLL, 1969: Effects of puromycin on murine myeloma cells *in vitro*. Arch. Path. **88**, 211—224.
DE KRETSER, D. M., 1967: The fine structure of the testicular interstitial cells in men of normal androgenic status. Z. Zellforsch. **80**, 594—609.
— 1967: Changes in the fine structure of the human testicular interstitial cells after treatment with human gonadotrophins. Z. Zellforsch. **83**, 344—358.
DELLWEG, H., 1966: Neuere Aspekte zur Wirkungsweise einiger Antibiotika. Dtsch. med. Wschr. **91**, 1697—1701.
DE LUCA, H. F., and G. W. ENGSTROM, 1961: Calcium uptake by rat kidney mitochondria. Proc. nat. Acad. Sci. **47**, 1744—1750.
DE MAN, J. C. H., 1960: Observations, with the aid of the electron microscope, on the mitochondrial structure of experimental liver tumors in the rat. J. nat. Cancer Inst. **24**, 795—819.
— 1964: Effect of cortisone on the fine structure, glycogen content and glucose-6-phosphatase activity of hepatic cells in fasted and dimethylnitrosamine treated rats. Cancer Res. **24**, 1347—1361.
— W. T. DAEMS, R. G. J. WILLIGHAGEN, and T. G. VAN RIJSSEL, 1960: Electron dense bodies in liver tissue of the mouse in relation to the activity of acid phosphatase. J. Ultrastruct. Res. **4**, 43—57.
— and T. G. VAN RIJSSEL, 1961: Electron microscopy of tissues of the mammary glands and tumor in old mice with special reference to mitochondrial size. J. nat. Cancer Inst. **26**, 919—948.
— and A. P. R. BLOK, 1966: Relationship between glycogen and agranular endoplasmic reticulum in rat hepatic cells. J. Histochem. cytochem. **14**, 135—146.
— and N. J. A. NOORDUYN, 1967: Light and electron microscopic radioautography of hepatic cell nucleoli in mice treated with actinomycin D. J. Cell Biol. **33**, 489—496.
DE REUCK, A. V. S., and J. KNIGHT, 1964: Cellular Injury. Ciba Found. Symp. London 1964.
DERMER, G. B., 1967: Ultrastructural changes in the microvillous plasma membrane during lipid absorption and the form of absorbed lipid: An *in vivo* study. J. Ultrastruct. Res. **20**, 51—71.
— 1967: Ultrastructural changes in the microvillous plasma membrane during lipid absorption and the form of absorbed lipid: An *in vitro* study at 37° C. J. Ultrastruct. Res. **20**, 311—320.
— 1967: Ultrastructural changes in the microvillous plasma membrane during lipid absorption: An *in vitro* study at 0° C. J. Ultrastruct. Res. **21**, 1—8.
DESCHNER, E. E., 1963: A membrane bounded intramitochondrial granule in untreated mouse sigmoid-epithelial rectal cells. Exp. Cell Res. **31**, 429—432.
DETER, R. L., and CH. DE DUVE, 1967: Influence of glucagon, an inducer of cellular autophagy, on some physical properties of rat liver lysosomes. J. Cell Biol. **33**, 437—449.
— P. BAUDHUIN, and CH. DE DUVE, 1967: Participation of lysosomes in cellular autophagy induced in rat liver by glucagon. J. Cell Biol. **35**, 1/2, C 11—C 16.
DEUTSCH, K., and W. KRAUSE, 1967: Electron microscopic observations on the effect of enzymatic treatment on isolated mitochondrial membranes. J. Electron-Microscopy **16**, 143—153.
DHAINAUT, A., 1966: Présence de membranes annelées extra- et intra-nucléaires au cours de l'ovogenèse naturelle et expérimentale chez *Nereis pelagica* L. C. R. Soc. Biol. **160**, 749—752.
DIANZANI, M. U., F. M. BACCINO, and M. COMPORTI, 1966: The direct effect of carbon tetrachloride on subcellular particles. Lab. Invest. **15**, 149—156.
DIEFENTHAL, W., und K. O. HABERMEHL, 1967: Morphologische Zellveränderungen nach Virusinfektion. Med. Klin. **62**, 2048.
DIETERT, S. E., 1966: Fine structure of the formation and fate of the residual bodies of mouse spermatozoa with evidence for the participation of lysosomes. J. Morph. **120**, 317—346.
DI MARCO, A., R. SILVESTRINI, S. DI MARCO, and T. DASDIA, 1965: Inhibiting effect of the new cytotoxic antibiotic daunomycin on nucleic acids and mitotic activity of HeLa cells. J. Cell Biol. **27**, 545—550.

DINGMAN, C. W., and M. B. SPORN, 1965: Actinomycin D and hydrocortisone intracellular binding in rat liver. Science **149**, 1251—1254.
DI SCALA, V. A., M. SALOMON, E. GRISHMAN, and J. CHURG, 1967: Renal structure in myxedema. Arch. Path. **84**, 474—485.
DI STEFANO, H. S., 1966: Substructure of membranes in cultivated chick embryo fibroblasts. Z. Zellforsch. **70**, 322—333.
— 1966: Corpuscular and trilaminar appearance of cultivated chick embryo fibroblast plasma membranes. Z. Zellforsch. **72**, 157—167.
DITSCHERLEIN, G., T. ERDMANN und I. MARX, 1968: Elektronenmikroskopische Untersuchungen an der homotransplantierten Niere des Hundes. Tagg. Ges. Inn. Med. DDR 274—275.
DIXON, K. C., 1967: Events in dying cells. Proc. roy. Soc. Med. **60**, 271—275.
DMITRIEVA, N. P., 1966: Similarities and differences in the ultrafine structure of embryonal, normal and malignant cells of the thyroid gland in rats. Arkh. Anat. Gistol. Embriol. **51**, 49—57.
— 1968: The transformation of cytoplasmic ribosomal complexes in cells during carcinogenesis. IV. Europ. reg. Conf. on Electron Microscopy Rom, II, 169—170.
— 1967: Electron microscopic study of transplantable cells of the thyroid gland tumour during its regress. Arch. Pat. **H 9**, 24—32.
DMOCHOWSKI, L., 1960: Viruses and tumors in the light of electron microscope studies. Cancer Res. **20**, 977—1015.
DOBBINS, W. O., 1966: An ultrastructural study of the intestinal mucosa in congenital β-lipoprotein deficiency with particular emphasis upon the intestinal absorptive cell. Gastroenterology **50**, 195—210.
— and J. M. RUFFIN, 1967: A light- and electron-microscopic study of bacterial invasion in Whipple's disease. Amer. J. Path. **51**, 225—242.
DOBBINS, W. V., B. A. HERRERO, and C. M. MANSBACH, 1968: Morphologic alterations associated with neomycin induced malabsorption. Amer. J. med. Sci. **255**, 63—77.
DOLY, J., M. RAMUZ, P. CHAMBON, and P. MANDEL, 1966: Soluble and aggregate ribonucleic acid polymerase in mammalian nuclei. Biochem. J. **101**, 36p.
DOMINICI, G., e F. ORLANDI, 1959: Aspetti morfologici e ultrastrutturali del tessuto epatico umano perlevato per puntura bioptica. Morfologia normale e primi rilievi in soggetti diabetici. Ann. Fac. Med. Perugia **51**, 141—156.
— — 1960: Ultrastructural and micro-analytical observations on human hepatic tissue removed by puncture biopsy in diabetic subjects. Proc. internat. Congr. Gastroenterol. Leyden, 125—127.
DOOLIN, P. F., K. D. BARRON, and J. B. OLDESHAW, 1967: Detailed ultrastructural examinations of retrograde degeneration in feline lateral geniculate body. J. Neuropath. exp. Neurol. **26**, 140.
— — and S. KWAK, 1967: Ultrastructural and histochemical analysis of cytoplasmic laminar bodies in lateral geniculate neurons of adult cat. Amer. J. Anat. **121**, 601—622.
DORFMAN, R. F., 1967: The fine structure of a malignant lymphoma in a child from St. Louis. Miss. J. nat. Cancer Inst. **38**, 491—504.
DORIGOTTI, L., and M. GAETANI, 1964: An electron microscopical study of HeLa cells changes produced by daunomycin. III. Europ. reg. Conf. on Electron Microscopy Prague, B 45—46.
DOUGHERTY, W. J., 1964: Fate of Golgi-complex lysosomes and microbodies during mitosis of rat hepatic cells. J. Cell Biol. **23**, 25 A.
DOUGLAS, J. E., 1964: Thyroxine induced alterations in the fine structure of rat liver cells. Bull. Johns Hopkins Hosp. **114**, 253—265.
DOURMASHKIN, R. R., and W. F. ROSSE, 1966: Morphologic changes in the membranes of red blood cells undergoing hemolysis. Amer. J. Med. **41**, 699—710.
DRAGONI, G., G. P. LONGOSTREVI e L. LOMBARDI, 1961: Osservazioni al microscopio elettronico sul polmone di animali irradiati. Atti Acc. Med. Lombarda **16**, 1—11.
DREHER, K. D., J. H. SCHULMAN, O. R. ANDERSON, and O. A. ROELS, 1967: The stability and structure of mixed lipid monolayers and bilayers. I. Properties of lipid and lipoprotein monolayers on OsO_4 solutions and the role of cholesterol, retinal, and tocopherol in stabilizing lecithin monolayers. J. Ultrastruct. Res. **19**, 586—599.
DREPPER, H., und H. THEMANN, 1961: Elektronenmikroskopische und histochemische Untersuchungen menschlicher Riesenzellepuliden. Frankfurt. Z. Path. **71**, 203—220.
— — und E. WANNENMACHER, 1961: Untersuchungen der sublichtmikroskopischen Struktur der Riesenzellepulis. Dtsch. Zahn-, Mund- und Kieferheilk. **35**, 1—18.

Drews, J., 1966: Antibiotika: Hemmstoffe der Proteinsynthese. Med. Klin. **61**, 81—86.
— und A. Wacker, 1966: Zum Wirkungsmechanismus der Steroidhormone. Dtsch. med. Wschr. **91**, 178—185.
Dropmann, K., 1966: Feingewebliche Umwandlung in der Aorta des Kaninchens nach AT-10-Fütterung und ihre Auswirkungen auf die Funktion der Gefäßwand. Z. Kreisl.forsch. **55**, 1203—1218.
Droz, B., 1966: Sites of synthesis and migration of proteins in the hepatic cells of the rat: an autoradiographic and electron microscope study. C. R. Acad. Sci. **262**, 1654—1656.
— 1966: Elaboration de glycoprotéines dans l'appareil de Golgi des cellules hépatiques chez le rat. Étude radioautographique en microscopie électronique après injection de galactose. C. R. Acad. Sci. **262**, 1766—1768.
Dubrauszky, V., and G. Pohlmann, 1960: Strukturveränderungen am Nukleolus von Korpusendometriumzellen während der Sekretionsphase. Naturwissenschaften **47**, 523—524.
Duck-Chong, C., J. K. Pollack, and R. J. North, 1964: The relation between the intracellular ribonucleic acid distribution and amino acid incorporation in the liver of the developing chick embryo. J. Cell Biol. **20**, 25—36.
Duffell, D., L. Farber, S. Chou, J. F. Hartmann, and E. Nelson, 1963: Electron microscopic observations on astrocytomas. Amer. J. Path. **43**, 539—554.
— J. F. Hartmann, L. Farber, S. Chou, and E. Nelson, 1964: Electron microscopic observations on astrocytomas. J. Neuropath. exp. Neurol. **23**, 199.
Duffy, P. E., and V. M. Tennyson, 1965: Phase and electron microscopic observations of Lewy bodies and melanin granules in the substantia nigra and locus caeruleus in Parkinson's disease. J. Neuropath. exp. Neurol. **24**, 398—414.
Dumont, A., 1964: Ultrastructural changes in macrophages after phagocytosis of tubercle bacilli. J. Cell Biol. **23**, 26 A.
— 1968: Changes in the fine structure of macrophages in experimentally produced tuberculous granulomas. Laval méd. **39**, 54—56.
— and H. Sheldon, 1965: Changes in the fine structure of macrophages in experimentally produced tuberculous granulomas in hamsters. Lab. Invest. **14**, 2034—2055.
Duncan, D., D. Mall, and R. Morales, 1960: Observations on the fine structure of old age pigment. J. Gerontol. **15**, 366—372.
— and C. M. Garner, 1957: An electron microscopic study of the carotid body. Anat. Rec. **127**, 285—286.
Duncan, C. J., 1966: Properties and stabilization of the lysosomal membrane. Nature **210**, 1229—1230.
Dupont, A., J. P. Farriaux, G. Biserte, J. Montreuil et G. Fontaine, 1967: Particularités de l'ultrastructure hépatique chez un enfant présentant une sialurie (acide N-acetyl neuraminique). Lille méd. **12**, 654—658.
— E. Purion, Mm. Purion-Dutilleul, B. Gosselin et C. Voisin, 1967: Étude ultrastructurale du parenchyme hépatique au cours de l'état d'hypoxie-hypercapnie. Lille méd. **12**, 659—671.
Dupouy, J. P., A. Jost, R. Vaillant et P. Favard, 1968: Étude ultrastructurale de la différenciation et de la charge en glycogène de l'hépatocyte du foetus de rat. Influence des corticostéroïdes. IV. Europ. reg. Conf. on Electron Microscopy Rom, II, 479—480.
Duprat, A. M., J. P. Zalta et J. C. Beetschen, 1966: Action de l'actinomycine D sur la différenciation de divers types de cellules embryonnaires de l'amphibien pleurodeles *Walhii* en culture *in vitro*. Exp. Cell Res. **43**, 358—366.
Düring, M. v., 1967: Über die Feinstruktur der motorischen Endplatte von höheren Wirbeltieren. Z. Zellforsch. **81**, 74—90.
Duspiva, F., 1966: Enzymatische Aspekte der Mitose. In: „Probleme der biologischen Reduplikation", 120—138. Berlin-Heidelberg-New York: Springer.
Dustin, P., et A. Resibois, 1966: Les lysosomes dans les dyslipidosis et les leucodystrophies. Bruxelles Méd. **46**, 1101—1112.
Dustmann, H. D. und H. J. Stolpmann, 1968: Die Beeinflussung des Lymphknotens durch Glucocorticosteroid. Virchows Arch. Abt. A. **345**, 121—131.
Dvořák, K., 1967: Der Einfluß der Autolyse auf die Lysosomen und den Golgi-Apparat des Zentralnervensystems von Ratten. Acta histochem. **26**, 54—63.
— 1968: The effects of the alterations of glycogen metabolism on the fine structure of the liver cell. IV Europ. reg. Conf. on Electron Microscopy Rom, II, 477—478.
— 1968: A contribution to the investigation of the role of the nuclear membrane in the formation of endoplasmic reticulum. Fol. Morphol. **16**, 283—293.

DVOŘÁK, K., and I. HRAZDIVA, 1966: Changes in the ultrastructure of bone marrow cells in rats following exposure to ultrasound. Z. mikr.-anat. Forsch. **75**, 451—460.
— und K. MAZANEC, 1967: Differenzierung der Feinstruktur der Leberzelle in der frühen postnatalen Periode. Z. Zellforsch. **80**, 370—384.
— N. KONEČNÁ and J. ŠŤASTNÁ, 1967: Differentiation of the microbodies of the hepatic cell during ontogenesis. Arkh. Anat. Gistol. Embriol. **52**, 85—93.
— — 1969: Occurrence of lysosomes and the differentiation of rat liver cells. Z. Zellforsch. **99**, 277—285.

EAKIN, R., 1964: Actinomycin D inhibition of cell differentiation in the amphibian sucker. Z. Zellforsch. **63**, 81—96.
EASTON, J. M., B. GOLDBERG, and H. GREEN, 1962: Immune cytolysis: electron microscopic localization of cellular antigens with ferritin antibody conjugates. J. exp. Med. **115**, 275.
EBE, T., 1967: An unusual arrangement of the agranular endoplasmic reticulum. Arch. histol. jap. **28**, 1—7.
— S. KOBAYASHI, and T. YAMAMOTO, 1965: Intramitochondrial inclusion bodies in the urinary epithelium of striped snake. J. Electron-Microscopy **14**, 203—209.
— — — 1966: Further observations on the fine structure of intramitochondrial inclusion bodies. J. Electron-Microscopy **15**, 42.
EBERT, W., und G. NEUPERT, 1967: Reversible ultrastrukturelle Veränderungen an menschlichen Amnionzellen (Stamm FL) nach Trypsinbehandlung. Exper. Path. **1**, 149—157.
EBSTEIN, B. S., 1967: Tritiated actinomycin D as a cytochemical label for small amounts of DNA. J. Cell Biol. **35**, 709—713.
EDMONDS, T. T., and D. S. LONGNECKER, 1969: Electron microscopy of gastric chief cells from puromycin-treated rats. Amer. J. Path. **55**, 67a.
EGUCHI, E., and T. H. WATERMAN, 1967: Changes in retinal fine structure induced in the crab *Libinia* by light and dark adaptation. Z. Zellforsch. **79**, 209—229.
EHRENBRAND, F., und E. LINDNER, 1959: Histochemische und elektronenmikroskopische Untersuchungen über Fetttropfen in den Zellkernen der laktierenden Mamma des Goldhamsters. Dtsch. Tagg. f. Elektronenmikroskopie Freiburg.
— und F. WALDECK, 1966: Gallenrückfluß und Leberzelle (Elektronenmikroskopische Untersuchungen bei der Ratte). Z. Anat. Entwickl. Gesch. **125**, 1—42.
EHRENREICH, B. A., and Z. A. COHN, 1968: Pinocytosis by macrophages. J. Reticuloend. Soc. **5**, 230—242.
EHRLICH, J. C., A. B. NOVIKOFF, R. PLATT, and E. ESSNER, 1960: Hepatocellular lipofuscin and the pigment of chronic idiopathic jaundice. Bull. N.Y. Acad. Med. **36**, 488—491.
EICHHOLZ, A., and R. K. CRANE, 1965: Studies on the organization of the brush border in intestinal epithelial cells. I. Tris disruption of isolated hamster brush borders and density gradient separation of fractions. J. Cell Biol. **26**, 687—691.
EICHNER, D., und H. THEMANN, 1962: Zur Frage des Netzhautglykogens beim Meerschweinchen. Z. Zellforsch. **56**, 231—246.
EISENSTEIN, R., and L. ZERUOLIS, 1963: An electron microscopic study of vitamin D-induced aortic calcification. Lab. Invest. **12**, 865—866.
— — 1964: Vitamin D-induced aortic calcification. Arch. Path. **77**, 27—35.
— H. BATTIFORA, and E. AXELROD, 1966: Vitamin D-actinomycin D interactions in bone. An electron microscopic study of hypertrophy and hyperinvolution of osteoblast. Lab. Invest. **15**, 1589—1600.
EKHOLM, R., and Y. EDLUND, 1960: The mitochondria in human normal and cholestatic liver. IV. internat. Kongr. f. Elektronenmikroskopie Berlin 1958, Bd. II, 273—275.
— — and T. ZELANDER, 1962: The ultrastructure of rat exocrine pancreas after ethionine administration. J. Ultrastruct. Res. **6**, 138.
— — — 1962: The ultrastructure of the rat exocrine pancreas after brief ethionine exposure. J. Ultrastruct. Res. **7**, 102—120.
— and H. HYDÉN, 1965: Polysomes from microdissected fresh neurons. J. Ultrastruct. Res. **13**, 269—280.
— and L. G. ELMQVIST, 1967: Inhibition of endocytosis in the thyroid follicle cells by actinomycin. Exp. Cell Res. **48**, 640—643.
— J. KERSTELL, and R. OLSSON, 1968: Morphologic and biochemical studies of dog heart mitochondria after short periods of ischemia. Amer. J. Cardiol. **22**, 312—318.
EL-AASER, A. A., 1965: Thesis, University of London.

ELFVIN, L. G., 1968: An ultrastructural difference between the outer and inner membrane of the middle piece mitochondria in rat spermatozoa. J. Ultrastruct. Res. **24**, 259—268.
ELIAKOVA, G. V., and V. L. GORIACHKINA, 1966: Some features of the crayfish spermatocyte ultrastructure. VI. internat. Congr. f. Electron Microscopy Kyoto Vol. **2**, 637—638.
ELIAS, H., F. BIERRING, and I. GRUNNET, 1964: Cellular changes in the vicinity of metastatic carcinoma, observed by light and electron microscopy. Oncologia **18**, 210—224.
ELIASSON, E., G. E. BAUER, and T. HULTIN, 1967: Reversible degradation of polyribosomes in Chang cells cultured in a glutamine-deficient medium. J. Cell Biol. **33**, 287—297.
ELLIOT, R. L., and E. L. POSEY, 1966: Comparison of parietal cell ultrastructural morphology during administration of an anticholinergic agent (glycopyrrolate) and following vagotomy. Gastroenterology **50**, 841.
ELSBACH, P., 1964: Comparison of uptake of palmitic, stearic, oleic and linoleic acid by polymorphonuclear leucocytes. Biochim. biophys. Acta **84**, 8—17.
— 1965: Uptake of fate by phagocytic cells. An examination of the role of phagocytosis. Biochim. biophys. Acta **98**, 402—419.
ELVES, M. W., J. GOUGH, J. A. CHAPMAN, and M. C. G. ISRAELS, 1964: Electron microscopy studies of lymphocytes. Transformation under the influence of phytohaemagglutinin. Lancet **I**, 306—308.
EMBERSON, J. W., and A. R. MUIR, 1969: Changes in the ultrastructure of rat myocardium induced by hypokaliemia. Quart. J. exp. Physiol. **54**, 36—40.
EMESON, E. E., Y. KIKKAWA, and B. GUEFT, 1966: New features of amyloid found after digestion with trypsin. J. Cell Biol. **28**, 570—577.
EMMEL, V. M., and B. J. PANNER, 1968: Electron microscopic observations on post mortem autolysis in the kidney of the vitamin E deficient rat. Anat. Rec. **160**, 470.
EMMELOT, P., C. J. BOS, and J. H. M. REYERS, 1960: Swelling of normal, preneoplastic and neoplastic liver mitochondria. I, II, III. Z. Krebsforsch. **64**, 22—34; 35—51; 32—63.
— and E. L. BENEDETTI, 1960: Changes in the fine structure of rat liver cells brought about by dimethylnitrosamine. J. biophys. biochem. Cytol. **7**, 393—396.
— — 1960: Some observations on the effect of liver carcinogens in the fine structure and function of the endoplasmic reticulum of rat liver cells. Symp. „Protein Synthesis", 99—123. London: Academic Press Ltd.
— I. J. MIZRAHI, R. NACCARATO, and E. L. BENEDETTI, 1962: Changes in function and structure of the endoplasmic reticulum of rat liver cells after administration of cysteine. J. Cell Biol. **12**, 177—190.
— C. J. BOS, E. L. BENDETTI, and P. RÜNIKE, 1964: Studies on plasma membranes. I. Chemical composition and enzyme content of plasma membranes isolated from rat liver. Biochim. biophys. Acta **90**, 126—145.
— and E. L. BENEDETTI, 1967: Function and structure of liver plasma membranes. VII internat. Congr. Biochem. Tokyo, 195—196.
ENDERS, A. C., and W. R. LYONS, 1964: Observations on the fine structure of lutein cells. II. The effects of hypophysectomy and mammotrophic hormone in the rat. J. Cell Biol. **22**, 127—141.
ENDO, M., 1965: Studies on liver structure in cholelithiasis: clinical and histologic investigations, with particular reference to the electron-microscopic findings on biopsy materials. Jap. J. Gastroenterol. **62**, 435—460.
ENGBERG, A., and J. L. E. ERICSSON, 1967: Effects of low molecular weight dextran on renal proximal tubules. J. Ultrastruct. Res. **20**, 293.
ENGEL, A. G., 1966: Late-onset rod myopathy. Proc. Mayo Clin. **41**, 713—741.
— 1966: Electron microscopic observations in thyrotoxic and corticosteroid-induced myopathies. Proc. Mayo Clin. **41**, 785—797.
— 1966: Electron microscopic observations in primary hypokalemic and thyrotoxic periodic paralysis. Proc. Mayo Clin. **41**, 797—808.
ENGFELDT, B., S. GARDELL, J. HELLSTRÖM, I. IVEMARK, J. RHODIN, and J. STRANDH, 1958: Effect of experimentally induced hyperparathyroidism on renal function and structure. Acta endocrin. **29**, 15—26.
— J. RHODIN, and J. STRANDH, 1962: Studies of the kidney ultrastructure in hypervitaminosis D. Acta chir. scand. **123**, 145—147.
— S. GARDELL, and C. LAGERGREN, 1962: Kidney function and structure in experimental hyperparathyroidism and hypervitaminosis D. Acta path. scand., suppl. **154**, 59.

EPSTEIN, C. J., H. L. MOSES, L. B. EPSTEIN, and M. M. GARRISON, 1967: A structural analysis of hepatomegaly induced by a hormone-secreting tumor. Exp. molec. Path. **7**, 304—326.

EPSTEIN, S., E. VERNEY, T. MIALE, and H. SIDRANSKY, 1967: Influence of cortisone on lysosomes of pulmonary macrophages in experimental aspergillosis. Amer. J. Path. **50**, 56a.

ERICSSON, J. L., 1964: Absorption and decomposition of homologous hemoglobin in renal proximal tubular cells. Acta path. scand., suppl. **168**.

— 1965: Transport and digestion of hemoglobin in the proximal tubule. Lab. Invest. **14**, 16—39.

— 1966: On the fine structural demonstration of glucose-6-phosphatase. J. Histochem. Cytochem. **14**, 361—362.

— 1968: Degranulation of the parafollicular cells of the rat thyroid by vitamin D_2 induced hypercalcemia. J. Ultrastruct. Res. **24**, 145—149.

— 1969: Studies on induced cellular autophagy. II. Characterization of the membranes bordering autophagosomes in parenchymal liver cells. Exp. Cell Res. **56**, 393—405.

— 1969: Studies on induced cellular autophagy. I. Electron microscopy of cells with *in vivo* labelled lysosomes. Exp. Cell Res. **55**, 95—106.

— 1969: Turnover of microsomal lipids of adult and drug-treated rat liver. Acta path. scand. **76**, 154.

— and B. F. TRUMP, 1964: Electron microscopic studies of the epithelium of the proximal tubule of the rat kidney. I. The intracellular localization of acid phosphatase. Lab. Invest. **13**, 1427—1456.

— — and J. WEIBEL, 1965: Electron microscopic studies of the proximal tubule of the rat kidney. II. Cytosegresomes and cytolysomes: their relationship to each other and to the lysosome concept Lab. Invest. **14**, 1341—1365.

— and W. H. GLINSMANN, 1965: Electron microscopic observations on focal degenerative cytoplasmic alterations in liver cells induced by hypoxia. Acta path. scand. **64**, 151—152.

— S. ORRENIUS, and I. HOLM, 1966: Effects of protein deficiency on hepatic parenchymal cells. Acta chir. scand. **132**, 106—111.

— and B. F. TRUMP, 1966: Electron microscopic studies of the epithelium of the proximal tubule of the rat kidney. III. Microbodies, multivesicular bodies, and the Golgi-apparatus. Lab. Invest. **15**, 1610—1633.

— and S. ORRENIUS, 1966: Evolution of phenobarbital-induced alterations in the endoplasmic reticulum of hepatic parenchymal cells. J. Ultrastruct. Res. **14**, 418.

— — and I. HOLM, 1966: Alterations in canine liver cells induced by protein deficiency. Exp. molec. Path. **5**, 329—349.

— R. SELJELID, and S. ORRENIUS, 1966: Comparative light and electron microscopic observations of the cytoplasmic matrix in renal carcinoma. Virchows Arch. path. Anat. **341**, 204—223.

— P. BIBERFELD, and I. HOLM, 1967: Electron microscopic studies of experimental „auto-immune" nephrosis. Acta path. scand. **70**, 152—153.

— — and R. SELJELID, 1967: Electron microscopic and cytochemical studies of acid phosphatase and aryl sulfatase during autolysis. Acta path. scand. **70**, 215—228.

— G. HOLM, and P. BIBERFELD, 1969: Increased autophagocytosis in renal proximal tubules during experimental „autoimmune" nephrosis. Virchows Arch. Abt. B. **2**, 74—84.

ERLANDSON, R. A., B. TANDLER, P. H. LIEBERMAN, and N. L. HIGINBOTHAM, 1967: Ultrastructure of human chordomas. Amer. J. Path. **33**, 21a.

ERNSTER, L., P. SIEKEWITZ, and G. E. PALADE, 1962: Enzyme structure relationships in the endoplasmic reticulum of rat liver. J. Cell Biol. **15**, 541—562.

ESCOLÁ-PICO, J., 1964: Über die Feinstruktur der Speichersubstanzen bei der infantilen Form der familiären amaurotischen Idiotie. Acta neuropath. **3**, 289—294.

— 1964: Über die Ultrastruktur der Speichersubstanzen bei Spätfällen von familiärer amaurotischer Idiotie. Acta neuropath. **3**, 309—318.

ESCOLÁ, J., und H. HAGER, 1964: Elektronenmikroskopische Beobachtungen bei experimentellen Koagulationsnekrosen im Säugetierkleinhirn. Beitr. path. Anat. **130**, 422—445.

— und E. THOMAS, 1965: Elektronenmikroskopische Untersuchungen über die Lokalisation der sauren Phosphatase im Reaktionsbereich experimentell erzeugter Hirngewebsnekrosen. Acta neuropath. **4**, 380—391.

ESCOUROLLE, R., B. BERGER et J. POIRIER, 1966: Biopsie cérébrale d'un cas de mucopolysaccharidose H. S. (Oligophrénie polydystrophique ou maladie de Sanfilippo). Presse méd. **74**, 2869—2874.

ESCOUROLLE, R., et J. POIRIER, 1967: L'ultrastructure du médulloblastome cérébelleux. Ann. Anat. Path. **12**, 121—136.

— B. BERGER et J. POIRIER, 1967: Étude ultrastructurale d'un biopsie musculaire au cours d'une glycogénose type II. Path. europ. **2**, 447—457.

ESSNER, E., 1967: Ultrastructure of spontaneous hyperplastic nodules in mouse liver. Cancer Res. **27**, 2137—2152.

— B. NOVIKOFF, and B. MASEK, 1958: Adenosinetriphosphatase and 5-nucleotidase activities in the plasma membrane of liver cell as revealed by electron microscopy. J. biophys. biochem. Cytol. **4**, 711—716.

— and E. J. MASIN, 1966: Ultrastructure of spontaneous hyperplastic nodules in livers of aging mice. VI. internat. Congr. f. Electron Microscopy Kyoto Vol. **2**, 755—756.

— 1967: Endoplasmic reticulum and the origin of microbodies in fetal mouse liver. Lab. Invest. **17**, 71—87.

ESTABLE-PUIG, J. F., W. BAUER, J. BLUMBERG, W. HAYMAKER, and C. TOBIAS, 1962: Study of regenerated cortical nervous tissue after alpha particle irradiation. Vth internat. Congr. f. Electron Microscopy Philadelphia Vol. II, VV-4.

ESTENSEN, R. D., and R. BASERGA, 1966: Puromycin-induced necrosis of crypt cells of the small intestine of mouse. J. Cell Biol. **30**, 13—22.

FABRE, M., et J. MARESCAUX, 1968: Structure et ultrastructure d'auto- et d'homogreffons thyroidiens intratesticulaires chez le cobaye thyroidectomisé. Z. Zellforsch. **84**, 328—341.

FAHRLÄNDER, H., F. HUBER, and F. GLOOR, 1964: Intrahepatic retention of bile in severe bacterial infections. Gastroenterology **47**, 590—599.

FÄHRMANN, W., und E. SCHUCHARDT, 1965: Elektronenmikroskopische Befunde am Epithel des Nebenhodenganges und des Samenleiters von normalen, hypophysektomierten und androgenbehandelten Ratten. Naturwissenschaften **52**, 212—213.

FAIN-MAUREL, M. A., 1966: Localizations intramitochondriale et intracisternale de glycogène monoparticulaire. C. R. Acad. Sci. Ser. D **263**, 1107—1110.

FAITH, G. C., and B. F. TRUMP, 1965: An electron microscopic study of the processes of cellular death and necrosis *in vitro* of the proximal convoluted tubule of the rat kidney. Amer. J. Path. **46**, 4a.

FALASCHI, A., and A. KORNBERG, 1964: Phleomycin, an inhibitor of DNA polymerase. Fed. Proc. **23**, 940—945.

FALKE, D., R. SIEGERT und W. VOGELL, 1959: Elektronenmikroskopische Befunde zur Frage der Doppelmembranbildung des *Herpes-simplex*-Virus. Arch. ges. Virusforsch. **9**, 484—496.

FARBER, E., 1966: On the pathogenesis of fatty liver. Gastroenterology **50**, 137—141.

— J. MCCONOMY, B. FRANZEN, F. MORROQUIN, G. A. STEWART, and P. N. MAGEE, 1967: Interaction between ethionine and rat liver ribonucleic acid and protein *in vivo*. Cancer Res. **27**, 1761—1762.

FARBMAN, A. I., 1966: Plasma membrane changes during keratinization. Anat. Rec. **156**, 269—282.

FARKAS, M., 1966: The effect of thyroxine, cortisone and exposure to cold on the liver glycogen level. Acta physiol. Acad. Sci. hung. **30**, 31—38.

FARQUHAR, M. G., and G. E. PALADE, 1963: Junctional complexes in various epithelia. J. Cell Biol. **17**, 375—412.

FASSKE, E., und H. THEMANN, 1963: Die Reaktionen des somatischen Zellkerns auf ionisierende Strahlen. Verh. dtsch. Ges. Path. **47**. Tagg. 246—253.

— and K. MORGENROTH, 1966: Electron microscopic studies on the relation of the basement membrane to the squamous cell carcinomas in animals. Oncologia **20**, 113—128.

FAUSTO, N., and J. L. v. LANCKER, 1965: Molecular mechanisms of liver regeneration. IV. Thymidylic kinase and desoxyribonucleic acid polymerase activities in normal and regenerating liver. J. biol. Chem. **240**, 1247—1255.

FAWCETT, D. W., 1964: Structural and functional variations in the membranes of the cytoplasm. In „Intracellular Membranous Structure", ed. by S. SENO and E. V. COWDRY, 15—36.

— 1964: Hypertrophy of the agranular reticulum in the liver associated with administration of barbiturates. J. Cell Biol. **23**, 30A.

— 1966: On the occurrence of a fibrous lamina on the inner aspect of the nuclear envelope in certain cells of vertebrates. Amer. J. Anat. **119**, 129—146.

FEDORKO, M. E., J. G. HIRSCH, and Z. A. COHN, 1968: Autophagic vacuoles produced *in vitro,* I. Studies on cultured macrophages exposed to chloroquine. J. Cell Biol. **38**, 377—391.
— 1968: Autophagic vacuoles produced *in vitro.* II. Studies on the mechanism of formation of autophagic vacuoles produced by chloroquine. J. Cell Biol. **38**, 392—402.
FELDHERR, C. M., 1962: The nuclear annuli as pathways for nucleocytoplasmic exchanges. J. Cell Biol. **14**, 65—72.
— 1964: Binding within the nuclear annuli and its possible effect on nucleocytoplasmic exchange. J. Cell Biol. **20**, 188—197.
— 1965: The effect of the electron-opaque pore material on exchanges through the nuclear annuli. J. Cell Biol. **25**, 43—53.
FELTKAMP, C. A., and H. G. KWA, 1966: Cellular modulation in pituitary tumours in mice. VI. internat. Congr. f. Electron Microscopy Kyoto Vol. **2**, 549—550.
FERNANDEZ-MADRID, F., 1967: Biosynthesis of collagen. Biochemical and physicochemical characterization of collagen-synthesizing polyribosomes. J. Cell Biol. **33**, 1. T 1., 27—42.
FERNÁNDEZ-MORÁN, H., 1962: Cell membrane ultrastructure: Low-temperature electron microscopy and x-ray diffraction studies of lipoprotein components in lamellar systems. Res. Publ. Ass. nerv. ment. Dis. **40**, 235—267.
FERNANDO, N. V. P., and H. Z. MOVAT, 1962: Maturation of plasma cells after antigenic stimulation. Vth internat. Congr. f. Electron Microscopy Philadelphia 1962, TT-10.
— — 1963: Allergic inflammation. II. Identification of antigen-antibody complexes with the electron microscope during the early phase of allergic inflammation. Amer. J. Path. **43**, 381—390.
FERREIRA, J. F. D., 1959: Die Differenzierung von Chondriom, Golgi-Apparat und Ergastoplasma, Lissabon.
FETZER, J., 1967: Speicherung von Polyvinylpyridin-N-oxid in Lysosomen. Naturwissenschaften **54**, 518—519.
FEW, A. B., 1967: The occurrence of lipofuscin pigment as related to aging in the lumbar spinal cord, dorsal root ganglia of the dog and pig. Diss. Abstr. **27**.
— and R. GETTY, 1967: Occurrence of lipofuscin as related to aging in the canine and porcine nervous system. J. Geront. **22**, 357—368.
FIELD, E. J., and C. S. RAINE, 1964: An electron microscopic study of scrapie in the mouse. Acta neuropath. **4**, 200—211.
— — 1966: Experimental allergic encephalomyelitis. Amer. J. Path. **49**, 537—553.
— — and G. JOYCE, 1967: Scrapie in the rat: an electron microscope study. I. Amyloid bodies and deposits. Acta neuropath. **8**, 47—56.
FINE, B. S., and W. J. GEERAETS, 1966: Membranes and ground substance in photic injury to the retina. VI. internat. Congr. f. Electron Microscopy Kyoto Vol. **2**, 503—504.
— J. W. BERKOW, and S. FINE, 1968: Corneal calcification. Science **162**, 129—130.
FIRKIN, F. C., and A. W. LINNANE, 1969: Biogenesis of mitochondria. 8. The effect of chloramphenicol on regenerating rat liver. Exp. Cell Res. **55**, 68—76.
FISCHER, J., und K. BLINZINGER, 1968: Vorkommen von Glykogen in geschwollenen Dendriten bei experimenteller Kobaltnekrose des Rattengehirns. Virchows Arch. Abt. B. **1**, 201—210.
FISH, A. J., R. C. HERDMAN, W. D. KELLY, and R. A. GOOD, 1967: Glomerular changes in well-functioning human renal homografts. Transplantation **5**, 1338—1343.
FISHER, E. R., 1966: Lysosomal nature of juxtaglomerular granules. Science **152**, 1752—1753.
— C. COPELAND, and B. FISHER, 1967: Correlation of ultrastructure and function following hypothermic preservation of canine kidneys. Lab. Invest. **17**, 99—119.
— and H. REVDBORD, 1962: Gaucher's disease. Amer. J. Path. **41**, 679—692.
— and B. FISHER, 1963: Ultrastructural hepatic changes following partial hepatectomy and portocaval shunt in the rat. Lab. Invest. **12**, 929—942.
— and C. DIMLING, 1964: Rhinoscleroma. Arch. Path. **78**, 501—512.
— and T. S. DANOWSKI, 1968: Histologic, histochemical and electron microscopic features of the skin spots of diabetes mellitus. Amer. J. clin. Path. **50**, 547—554.
— — 1969: Mitochondrial myopathy. Amer. J. Path. **51**, 619—630.
FISHER, H. W., and T. W. COOPER, 1967: Electron microscope observations on the nuclear pores of HeLa cells. Exp. Cell Res. **48**, 620—622.
FISHER, R. B., 1967: Absorption of proteins. Brit. med. Bull. **23**, 241—246.
FITCH, F. W., D. A. ROWLEY, and S. COULTHARD, 1965: Ultrastructure of antibody-forming cells. Nature **207**, 994—995.

FITZGERALD, P. J., and L. HERMAN, 1965: Degeneration und regeneration of the pancreas. Bull. N.Y. Acad. Med. **41**, 804—810.
— — B. CAROL, A. ROGUE, W. H. MARSH, L. ROSENSTOCK, CH. RICHARDS, and D. PERL, 1968: Pancreatic acinar cell regeneration. I. Cytologic, cytochemical, and pancreatic weight changes. Amer. J. Path. **52**, 983—1011.
— K. VINYCHAIKUL, B. CAROL, and L. ROSENSTOCK, 1968: Pancreatic acinar cell regeneration. III. DNA synthesis of pancreas nuclei as indicated by thymidine-H^3 autoradiography. Amer. J. Path. **52**, 1039—1065.
FIUME, L., e R. LASCHI, 1963: Effetto dell'aminoacetonitrile sulle lesioni ultrastrutturali precoci e sulla diminuzione dell'attivita della glucosio-6-fosfatasi prodotte dal tetracloruro di carbonio nelle cellule parenchimali del fegato di ratto. Lo Sperimentale **113**, 193—197.
FLAKS, B., 1968: Formation of membrane-glycogen arrays in rat hepatoma cells. J. Cell Biol. **36**, 410—414.
— 1968: Unusual aspects of ultrastructural differentiation in rat hepatoma cells. J. Cell Biol. **38**, 230—238.
— and P. BRESLOFF, 1966: Some observations on the fine structure of the lutein cells of x-irradiated rat ovary. J. Cell Biol. **30**, 227—236.
FLAX, M. H., and W. A. TISDALE, 1964: An electron microscopic study of alcoholic hyalin. Amer. J. Path. **44**, 441—453.
— and J. B. CAULFIELD, 1963: Cellular and vascular components of allergic contact dermatitis. Amer. J. Path. **43**, 1031—1040.
— E. FINKENSTAEDT, and J. B. CAULFIELD, 1965: Renal tubular lesions associated with threatened homograft rejection. Amer. J. Path. **46**, 33a.
FLEISCHER, S., B. FLEISCHER, and W. STOECKENIUS, 1967: Fine structure of lipid-depleted mitochondria. J. Cell Biol. **32**, 193—208.
FLERKÓ, B., F. HAJÓS, and G. SÉTÁLÁ, 1967: Electron microscopic observations on rat ovaries in different stages of development and steroidgenesis. Acta morph. Acad. Sci. hung. **15**, 163—183.
FLETCHER, M. J., and D. R. SANADI, 1961: Turnovers of rat liver mitochondria. Biochim. biophys. Acta **51**, 356—360.
FLICKINGER, C. J., 1967: Electron microscope study of enucleated *Amoeba proteus*. J. Cell Biol. **35**, 2/2, 40 A.
— 1968: The fine structure of the nucleoli of normal and actinomycin D treated *Amoeba proteus*. J. Ultrastruct. Res. **23**, 260—271.
— 1968: Cytoplasmic alterations in amebae treated with actinomycin D. An comparison with the effects of surgical enucleation. Exp. Cell Res. **53**, 241—251.
— 1968: Fine structure of the cytoplasm of amebae treated with actinomycin D. J. Cell Biol. **39**, 2/2, 45a.
FLORENDO, N. T., 1968: Comparison of ribosome structure in intact cells and in isolated fractions. J. Cell Biol. **39**, 2/2, 45a.
— 1969: Ribosome substructure in intact mouse liver cells. J. Cell Biol. **41**, 335—339.
FLOYD, L. R., T. UNUMA, and H. BUSCH, 1968: Effects of aflatoxin B_1 and other carcinogens upon nucleolar RNA of various tissues in the rat. Exp. Cell Res. **51**, 423—438.
FOLLENIUS, E., 1964: Action des rayons x sur la membrane nucléaire des spermatocytes de *Lebistes reticulatus* R. III. Europ. reg. Conf. on Electron Microscopy Prague, B 259—260.
FOLLIOT, R., 1968: Les lamelles annelées intranucléaires des cellules du tissu germinal mâle avant la méiose chez *Philaemus spumarius* L. Z. Zellforsch. **92**, 115—129.
FORDTRAN, J. S., and J. M. DIETSCHY, 1966: Water and electrolyte movement in the intestine. Gastroenterology **50**, 263—285.
FORSSMANN, W. G., und A. MATTER, 1965: Elektronenmikroskopische Untersuchungen der Leber beim *Morbus Wilson*. Tagg. dtsch. Ges. f. Elektronenmikroskopie. Aachen.
— et CH. ROUILLER, 1966: L'ultrastructure du ganglion cervical supérieur du rat. II. Changements de l'ultrastructure, *in vitro*, pendant la perte de fonction. Z. Zellforsch. **70**, 364—385.
— H. TINGUELY, J. M. POSTERNAK et CH. ROUILLER, 1966: L'ultrastructure du ganglion cervical supérieur du rat. III. Les effets des rayons X. Z. Zellforsch. **72**, 325—343.
— H. HOLZMANN und N. HOEDE, 1967: Elektronenmikroskopische Untersuchungen der Haut beim *Morbus Darier*. II. Der stufenweise Ablauf der Dyskeratose und die Degeneration der pathologischen Zellformen. Z. Haut-Geschl.-Kr. **42**, 211—228.

FORTEZA BOVER, G., J. BAGUENA CANDELA y J. FORTEZA VILA, 1968: Estudio de la ultrastructura de la celula gigante de Sternberg y de sus relaciones con otras celulas immunocompetentes. Med. Esp. **59**, 430—459.

FORTEZA-VILA, G., F. ORTIZ e E. B. GUILLÉN, 1967: Estudio ultrastructural de las vacuolas autofagias en la morfopatologia hepatica. Rev. clin. Espan. **106**, 353—356.

FORTH, W., W. RUMMEL, D. CRÜSEMANN und K. PFLEGER, 1967: Die Bedeutung der Bindung in der Zellmembran für die Fe-Aufnahme der Reticulocyten. Arch. Pharm. exp. Path. **257**, 275—276.

FOUTS, J. R., 1962: Interaction of drugs and hepatic microsomes. Fed. Proc. **21**, 1107—1111.

— 1963: Factors influencing the metabolism of drugs in liver microsomes. Ann. N.Y. Acad. Sci. **104**, 875—880.

— and L. A. ROGERS, 1965: Morphological changes in the liver accompanying stimulation of microsomal drug metabolizing enzyme activity by phenobarbital, chlordane, benzpyrene or methylcholanthrene in rats. J. Pharmacol. exp. Ther. **147**, 112—119.

— — and T. E. GRAM, 1966: The metabolism of drugs by hepatic microsomal enzymes. Studies on intramicrosomal distribution of enzymes and relationships between enzyme activity and structure of the hepatic endoplasmic reticulum. Exp. molec. Path. **5**, 475—490.

FRANCHI, L. L., and A. M. MANDL, 1966: The ultrastructure of male germ cells in rats x-irradiated at birth. Proc. roy. Soc. Ser. B **165**, 136—154.

FRANK, A. C., and A. K. CHRISTENSEN, 1968: Localization of acid phosphatase in lipofuscin granules and possible autophagic vacuoles in interstitial cells of the guinea pig testis. J. Cell Biol. **36**, 1—13.

FRANK, R. M., 1969: Mise en évidence de corps multivésiculaires intranucléaires au niveau des odontoblasts jeunes. Z. Zellforsch. **95**, 310—316.

FRANKE, H., 1967: Untersuchungen zum Mechanismus der Enzyminduktion. X. Die Wirkung von Barbital auf die Substruktur der Leberzellen von Ratten verschiedenen Alters. Acta biol. med. germ. **18**, 99—119.

— E. GOETZE, W. HAUDE und L. WINKLER, 1964: Bestimmungen der Lipide und des Glykogengehaltes in mütterlicher und foetaler Leber und Plazenta, verbunden mit Untersuchung der Substruktur der Leber bei normalen und alloxandiabetischen graviden Ratten. Acta biol. med. germ. **12**, 304—311.

— und E. GOETZE, 1965: Submikroskopische Untersuchungen über die Strahlenwirkung bei einer Ganzkörperdosis bis 1000 R auf die Leberzellen gravider Ratten und ihrer Foeten. Acta biol. med. germ. **14**, 792—808.

— — 1965: Die Früh- und Spätreaktionen der Feinstrukturen in der foetalen Rattenleberzelle auf eine Ganzkörperbestrahlung von 400 R. Acta biol. med. germ. **14**, 556—569.

— und W. KLINGER, 1966: Untersuchungen zum Mechanismus der Enzyminduktion. IX. Die Wirkung von Barbital auf die Substruktur der Leberzellen gravider Ratten und ihre Foeten. Acta biol. med. germ. **17**, 507—526.

— und E. GOETZE, 1966: Elektronenmikroskopische Untersuchungen über „helle und dunkle" Leberzellen in der regenerierenden Rattenleber. Acta biol. med. germ. **17**, 99—115.

— — 1967: Die feinstrukturellen Veränderungen in den Leberzellen von Ratten verschiedener Entwicklungsstufen und die Wirkung einer Röntgenganzbestrahlung auf die Substruktur der Leber von Rattenneugeborenen. Acta biol. med. germ. **19**, 145—159.

FRANKE, H. D., und W. LIERSE, 1965: Elektronenmikroskopische Untersuchungen über die Hirnveränderungen des Meerschweinchens nach Röntgenbestrahlung. Fortschr. Geb. Röntgenstrhl. Nuklearmed. **102**, 78—87.

— — 1965: Ultrastrukturelle Strahlenreaktionen am Meerschweinchengehirn. Dtsch. Rtg.-Kongr. 1965, Teil B, 138—142.

— — 1966: Histochemische und ultrastrukturelle Veränderungen am Meerschweinchengehirn nach Einwirkung unterschiedlicher Strahlenarten. Dtsch. Rtg.-Kongr. 1966, Teil B, 179—184.

— — 1967: Ultrastrukturelle Frühveränderungen an Gliazellen und Markscheiden im Rattengehirn nach Röntgenbestrahlung. Fortschr. Geb. Röntgenstrhl. Nuklearmed. **107**, 415—420.

FRANKE, W. W., 1966: Isolated nuclear membranes. J. Cell Biol. **31**, 619—623.

— 1967: Zur Feinstruktur isolierter Kernmembranen aus tierischen Zellen. Z. Zellforsch. **80**, 585—593.

FRANKS, L. M., P. N. RIDDLE, and P. SEAL, 1969: Actin-like filaments and cell movement in human ascites tumour cells. Exp. Cell Res. **54**, 157—162.
FRANZINI, C., and C. PELLEGRINO, 1962: Electron microscope study of atrophy by denervation in red and white muscles of rat. Vth internat. Congr. f. Electron Microscopy Philadelphia Vol. II, S-1.
FRANZINI-ARMSTRONG, C., 1963: Pores in the sarcoplasmic reticulum. J. Cell Biol. **19**, 637—641.
FRASCA, J. M., O. AUERBACH, V. PARKS, and W. STOECKENIUS, 1965: Electron microscope observations of nuclear evaginations in bronchial epithelium. Exp. molec. Path. **4**, 340—355.
FREEDMAN, M. L., M. HORI, and M. RABINOVITZ, 1967: Membranes in polyribosome formation by rabbit reticulocytes. Science **157**, 323—324.
FREEMAN, J. A., 1965: Origin of Auer bodies in human leukemia. J. Cell Biol. **27**, 29 A.
— and J. C. GEER, 1965: Intestinal fat and iron transport, goblet cell mucus secretion, and cellular changes in protein deficiency observed with the electron microscope. Amer. J. dig. Dis. N. S. **10**, 1004—1023.
FREI, J. V., and H. SHELDON, 1961: Corpus intra cristam: a dense body within mitochondria of cells in hyperplastic mouse epidermis. J. biophys. biochem. Cytol. **11**, 724—729.
FREY, H. M. M., and F. SKJÖRTEN, 1967: Peripheral circulatory and metabolic consequences of thyrotoxicosis. IX. Ultrastructural changes in skeletal muscle during experimental thyrotoxicosis in the dog. Scand. J. clin. Lab. Invest. **19**, 351—362.
FREY, I., M. ZANGE, H. GREIM, and H. REMMER, 1968: Accelerated regeneration of the liver produced by phenobarbital. Arch. Pharmakol. exp. Path. **259**, 167.
FRIEDERICI, H. H. R., H. TAYLOR, R. ROSE, and C. L. PIRANI, 1966: The fine structure of capillaries of the synovium and other tissues in scorbutic guinea pig. Lab. Invest. **15**, 1135—1136.
— — — — 1966: The fine structure of capillaries in experimental scurvy. Lab. Invest. **15**, 1442—1458.
FRIEDERICI, H. H. R., 1967: The early response of uterine capillaries to estrogen stimulation. Lab. Invest. **17**, 322—333.
— and R. J. DE CLOUX, 1968: The early response of immature rat myometrium to estrogenic stimulation. J. Ultrastruct. Res. **22**, 402—412.
FRIEDMAN, I., D. F. N. HARRISON, W. TUCKER, and E. S. BIRD, 1965: Electron microscopy of a rhabdomyosarcoma of the ear. J. clin. Path. **18**, 63—68.
FRIEDMANN, B., E. H. GOODMAN, and S. WEINHOUSE, 1967: Effects of glucose feeding, cortisol, and insulin on liver glycogen synthesis in the rat. Endocrinology **81**, 486—496.
FRIEDMANN, I., 1963: Electron microscopy of rare diseases of the nose. Trans. Amer. Acad. Ophth. Otol. **67**, 261—280.
— and E. S. BIRD, 1961: The effect of ototoxic antibiotics and penicillin on the sensory areas of the isolated fowl embryo otocysts in organ cultures. J. Path. Bact. **81**, 81—90.
— D. F. N. HARRISON, and E. S. BIRD, 1962: The fine structure of chordoma with particular reference to the physaliphorous cell. J. clin. Path. **15**, 116—125.
— T. CAWTHORNE, and E. S. BIRD, 1965: The laminated cytoplasmic inclusions in the sensory epithelium of the human macula. Further electron microscopic observations in Ménière's disease. J. Ultrastruct. Res. **12**, 92—103.
— J. V. DADSWELL, and E. S. BIRD, 1966: Electron microscope studies of the neuroepithelium of the inner ear in guinea pigs treated with neomycin. J. Path. Bact. **92**, 415—422.
FRIES, D., P. A. BRYON, N. BRUNAT, J. BROCHIER, J. P. REVILLARD et J. TRAEGER, 1967: Étude en microscope électronique de l'activité adénosine-triphosphatase des membranes cytoplasmiques des lymphocytes transformés *in vitro*. Path. Biol. **15**, 250—256.
FRIMMER, M., J. GRIES, D. HEGNER und B. SCHNORR, 1967: Untersuchungen zum Wirkungsmechanismus des Phalloidins. Freisetzung von lysosomalen Enzymen und Kalium. Arch. Pharmakol. exp. Path. **258**, 197—214.
FROST, P., Y. TANAKA, and G. L. SPAETH, 1966: Fabry's disease—glycolipid lipidosis. Amer. J. Med. **40**, 618—627.
FRUHLING, L., A. PORTE et J. KEMPF, 1960: Traduction morphologique des processus de stockage de glycoprotéines chez le plasmocyte. C. R. Soc. Biol. **154**, 1281—1283.
— — — 1960: Structure et formation de la substance amyloide dans l'amylose expérimental de la souris. C. R. Acad. Sci. **250**, 1385—1386.

Frunder, H., 1967: Biochemie der Leberschädigung. Verh. dtsch. Ges. exp. Med. **16** (1966), 256—265.

Fuchs, U., 1967: Nierenschädigung nach Terpentinöl-Gabe. Exp. Path. **1**, 109—121.

— 1968: Elektronenmikroskopische Untersuchung des Homogentisinsäure-Melanins bei Ochronose. Virchows Arch. Abt. A. **344**, 243—248.

Fujioka, M., M. Koga, and I. Lieberman, 1963: Metabolism of ribonucleic acid after partial hepatectomy. J. biol. Chem. **238**, 3401—3406.

Fujisaki, S., 1966: An electron microscopic study of the effects of x-radiation on the mouse thymus. Acta med. biol. **14**, 115—130.

Fujita, H., M. Machino, and K. Nakagami, 1963: Electron microscopic studies on the rat thyroid gland following administration of propylthiouracil and thyradin, with special reference to the inclusion body in the follicular cell. Okajimas Fol. anat. jap. **39**, 157—177.

— — 1964: Fine structure of intramitochondrial crystals in rat thyroid follicular cell. J. Cell Biol. **23**, 383—385.

Fukuda, K., and A. B. Miura, 1966: The ultrastructure of vacuolated lymphocytes in the peripheral blood of juvenile amaurotic familial idiocy. Tohoku J. exp. Med. **89**, 113—120.

Funahashi, H., 1967: Ultrastructural changes in liver cells. I. Electron microscopic observations on human and rat liver in hyperthyroidism. Jap. Arch. intern. Med. **14**, 1—16.

Gafni, J., H. J. Merker, S. Shibolet, E. Sohar, and H. Heller, 1966: On the origin of amyloid. Study of an amyloid tumor in multiple myeloma. Ann. intern. Med. **65**, 1031—1044.

Gahan, P. B., 1967: Histochemistry of lysosomes. Internat. Rev. Cytol. **21**, 1—63.

Gajdos, A., 1966: Les lysosomes II. Presse méd. **74**, 981—986.

Galavazi, G., T. J. de Lintel Hekkert, and J. A. Szirmai, 1968: Effect of testosterone and age on ribosomes in the levator ani and other skeletal muscle of the rat. IV Europ. reg. Conf. on Electron Microscopy Rom II, 303—304.

Galle, P., et H. de Montera, 1962: Examen au microscope électronique des cellules infiltrant le tissue interstitiel d'un homotransplant rénal humain. Rev. franç. Étud. clin. biol. **7**, 40—52.

— et L. Morel-Maroger, 1965: Les lésions rénales du saturnisme humain et expérimental. Nephron **2**, 273—286.

Galli, G., and G. Guidotti-Lolli, 1966: Ultrastructural appearances of the pancreas in the guinea pig. Arch. ital. anat. embriol. **71**, 205—228.

Gambetti, P., N. K. Gonatas, and L. B. Flexner, 1968: The fine structure of puromycin-induced changes in mouse entorhinal cortex. J. Cell Biol. **36**, 379—390.

— — — 1968: The fine structure of puromycin induced changes in mouse entorhinal cortex. J. Neuropath. exp. Neurol. **27**, 148.

— — — 1968: Puromycin: Action on neuronal mitochondria. Science **161**, 900—902.

Ganote, C. E., 1968: Comparative ultrastructural pathology of acute carbon tetrachloride, methylazoxy-methanol acetate, dimethylnitrosamine, and hydrazine sulfate poisoning of rat liver. Amer. J. Path. **52**, 5a.

— and H. L. Moses, 1968: Light and dark cells as artifacts of liver fixation. Lab. Invest. **18**, 740—745.

— and J. B. Otis, 1969: Liver ultrastructure in acute yellow phosphorus poisoning. Amer. J. Path. **55**, 3a.

Gans, H., Subramanian, V., and B. H. Tan, 1968: Selective phagocytosis: a new concept in protein catabolism. Science **159**, 107—109.

Gansler, H., 1962: Feinstruktur heller und dunkler Zellen. Vth internat. Congr. f. Electron Microscopy Philadelphia 1962, Vol. II, N-5.

Garancis, J. C., 1968: Type II glycogenosis. Biochemical and electron microscopic study. Amer. J. Med. **44**, 289—300.

— G. Hug, and W. K. Schubert, 1966: Biochemical and electron microscopic studies of Pompe's disease. Lab. Invest. **15**, 1112.

— B. Illingworth, T. Good, and R. Panares, 1969: Type III glycogenesis. Biochemical electron microscopic study. Lab. Invest. **20**, 582.

Garant, P. R., 1968: Glycogen-membrane complexes within mouse striated muscle cells. J. Cell Biol. **36**, 648—652.

Garay, E. R., V. Perez, B. Noir, and M. Royer, 1965: Chronic intoxication induced by alpha-naphthylisothiocyanate in the rat. Arch. Path. **80**, 127—134.

GAR-BO HO, D. H. ELWYN, K. D. LARSEN, and P. B. SZANTO, 1969: Ultrastructural studies on fatty liver secondary to choline deficiency. Amer. J. Path. **55**, 2a.
GARDNER, M. B., and D. H. BLANKENHORN, 1968: Aortic medial calcification. Arch. Path. **85**, 397—403.
GASSER, G., G. LUNGLMAYR und W. WALDHÄUSL, 1968: Zur Elektronenmikroskopie der Nephrocalcinose. Urologe **7**, 64—68.
GAUDECKER, B. v., 1967: RNA synthesis in the nucleolus of *Chironomus thummi* as studied by high resolution autoradiography. Z. Zellforsch. **82**, 536—557.
GAUTHIER, G. F., 1967: On the localization of sarcotubular ATPase activity in mammalian skeletal muscle. Histochemie **11**, 97—111.
— and H. A. PADYKULA, 1966: Cytological studies of fiber types in skeletal muscle. A comparative study of the mammalian diaphragm. J. Cell Biol. **28**, 333—354.
GAYER, R. A., and R. KRALL, 1969: Ultrastructural transformation in mitochondria isolated from kidneys of normal and lead-intoxicated rats. J. Cell Biol. **41**, 393—400.
GAYLARDE, P., and I. SARKANY, 1968: Ruthenium tetroxide for fixing and staining cytoplasmic membranes. Science **161**, 1157—1158.
GEDIGK, P., und W. WESSEL, 1963: Die formale Genese des Vitamin E-Mangelpigmentes im elektronenmikroskopischen Bild. Verh. dtsch. Ges. Path. **47**. Tagg. 258—260.
— — 1964: Elektronenmikroskopische Untersuchungen des Vitamin E-Mangelpigmentes im Myometrium der Ratte. Virchows Arch. path. Anat. **337**, 367—382.
GEER, J. C., 1965: Fine structure of human aortic intimal thickening and fatty streaks. Lab. Invest. **14**, 1764—1783.
— 1965: Fine structure of canine experimental atherosclerosis. Amer. J. Path. **47**, 241—269.
GEIBEL, U., W. HENNIG, W. KUNZ und B. SCHNIEDERS, 1968: Stimulierung der Biosynthese von Ribonucleinsäuren der Leber durch Phenobarbital. Arch. Pharmakol. exp. Path. **260**, 118.
GEIL, J. H., R. J. STENGER, R. M. BEHKI, and W. S. MORGAN, 1968: Hepatotoxic and carcinogenic effects of dimethylnitrosamine in low dosage. J. nat. Cancer Inst. **40**, 713—730.
GENKA, K., 1968: Electron microscopic observations on human lung cancer. Bull. Chest Dis. Res. Inst. Kyoto Univ. **1**, 200—239.
GEORGIEV, G. P., 1967: The Nucleus.: In D. B. ROODYN, „Enzyme Cytology" 27—102. New York-London: Academic Press.
GEORGSSON, G., und W. WESSEL, 1967: Vergleichende elektronenmikroskopische Untersuchungen normaler menschlicher Pankreasinseln und eines hormonellaktiven Inselzell-Carcinoms mit Hyperinsulinismus. Z. Krebsforsch. **69**, 70—86.
— — 1967: Elektronenmikroskopische und enzymatisch-analytische Untersuchung eines eosinophilen Granuloms. Virchows Arch. path. Anat. **343**, 177—188.
— — und C. THOMAS, 1969: Zur Feinstruktur experimenteller Nerventumoren. Z. Krebsforsch. **72**, 12—23.
GERHARD, L., M. BERGENER, V. REINHARDT, I. RENKERT und M. EICHENAUER, 1968: Vitamin-B_1-Mangel und chronischer Alkoholismus. Zbl. Path. **111**, 446.
GERLACH, U., und H. THEMANN, 1965: Elektronenmikroskopische Untersuchung der metastatischen Calcifizierung. Klin. Wschr. **43**, 1262—1268.
— — 1964: Morphologische und enzymatische Untersuchungen zum Problem der Adaptation im Alter (Beitrag zur Biochemie des Alterns). Klin. Wschr. **42**, 82—91.
— — 1965: Experimentelle und klinische Untersuchungen über die Calcifizierung von Geweben. Verh. dtsch. Ges. Inn. Med. **71**. Tagg. 520—522.
GESNER, B. M., 1965: The "life history" and functions of lymphocytes. In: „The Inflammatory Process", ed. by B. W. ZWEIFACH, L. GRANT, and R. T. MCCLUSKEY. New York-London: Academic Press, 281—320.
GETTY, R., 1966: Histomorphological studies in the dog and hog as related to ageing. In: „Radiation and Ageing". Proc. Coll. Semmering Austria 245—276.
GEUSKENS, M., 1964: Echanges nucléo-cytoplasmiques dans des oocytes d'Asterie témoins et traités par l'actinomycine D. III. Europ. reg. Conf. on Electron Microscopy Prague, B 457—458.
— 1965: Étude autoradiographique et ultrastructurale de l'action de l'actinomycine D sur les oocytes d'Asterie. Exp. Cell Res. **39**, 400—412.
— 1968: Étude au microscope électronique de l'action de l'hydroxyurée sur les embryons. II. Embryons d'Amphibiens. Exp. Cell Res. **52**, 621—631.
— et W. BERNHARD, 1966: Cytochimie ultrastructurale du nucléole. III. Action de l'actinomycine D sur le métabolisme du RNA nucléolaire. Exp. Cell Res. **44**, 579—598.

GHADIALLY, F. N., and E. W. PARRY, 1965: Ultrastructure of the liver of the tumor bearing host. Cancer **18**, 485—496.

— — 1966: An electron microscope and histochemical study of melanosis coli. J. Path. Bact. **92**, 313—317.

GHIARA, G., e C. TADDEI, 1966: Dati citologici e ultrastrutturali su di un particolare tipo di costituenti basofili del citoplasma di cellule follicolari e di ovociti ovarici di rettili. Boll. Soc. ital. biol. sper. **42**, 784—788.

— — e S. FILOSA, 1966: Un particolare tipo di costituente ribonucleoproteico del citoplasma di cellule follicolari e di ovociti in accrescimento di Lacerta S. sicula Raf. Acta med. rom. **4**, 59—67.

GHIDONI, J. J., 1965: Effects of protons on rhesus hepatocytes. J. appl. Phys. **36**, 2629.

— 1967: Light and electron microscopic study of primate liver 36 to 48 hours after high doses of 32-million-electron-volt-protons. Lab. Invest. **16**, 268—286.

— and H. THOMAS, 1968: Microvillar bleb formation in primate hepatocytes irradiated with 32 MeV protons. Radiat. Res. **36**, 327—332.

GIACOMELLI, F., D. SPIRO, and J. WIENER, 1962: Ultrastructural studies of metastatic calcification. Vth internat. Congr. f. Electron Microscopy Philadelphia Vol. II, SS-6.

— — — 1963: Ultrastructural changes in the zona glomerulosa associated with aldosterone secretion. Amer. J. Path. **43**, 10a.

— — — 1964: A study of metastatic renal calcification at the cellular level. J. Cell Biol. **22**, 189—206.

— J. WIENER, and D. SPIRO, 1965: Cytological alterations related to stimulation of the zona glomerulosa of the adrenal gland. J. Cell Biol. **26**, 499—521.

GIESEKING, R., 1961: Der Stoffwechsel des braunen Fettgewebes im elektronenoptischen Bild. Beitr. path. Anat. **125**, 457—475.

— 1962: Die submikroskopischen Veränderungen der Skeletmuskelfaser bei Hungeratrophie. Frankfurt. Z. Path. **71**, 584—599.

— 1966: Elektronenoptische Befunde in der Frühphase der allergischen Entzündung. Verh. dtsch. Ges. Path. **50**. Tagg. 393—398.

— 1966: Mesenchymale Gewebe und ihre Reaktionsformen im elektronenoptischen Bild. Jena: VEB G. Fischer.

GIRARD, M., S. PENMAN, and E. DARNELL, 1964: The effect of actinomycin on ribosome formation in HeLa cells. Proc. nat. Acad. Sci. **51**, 205—211.

GIRARDIE, J., 1967: Fonction catabolique de l'epithélium mammaire. Z. Zellforsch. **80**, 385—412.

— 1968: Histo-cytomorphologie de la glande mammaire de la souris C3H et de trois autres rongeurs. Z. Zellforsch. **87**, 478—503.

GLAGOLEVA, V. V., and Y. S. CHECHULIN, 1964: Electron microscopy of experimental myocardial infarction. III. Europ. reg. Conf. on Electron Microscopy Prague, B 105—106.

GLEES, P., M. HASAN und K. TISCHNER, 1967: Ultrastrukturelle Merkmale der transneuralen Atrophie in den Neuronen des Corpus geniculatum des Affen. Acta neuropath. **7**, 361—366.

— — — 1967: The cytological distribution of osmiophilic bodies in the normal and degenerating lateral geniculate nucleus of the monkey. Acta Neuropath. **8**, 285—291.

GLINSMANN, W. H., and J. L. E. ERICSSON, 1966: Observations on the subcellular organization of hepatic parenchymal cells. II. Evolution of reversible alterations induced by hypoxia. Lab. Invest. **15**, 762—777.

GLÜCKSMANN, A., 1965: Cell death in normal development. Arch. Biol. **76**, 419—437.

GOBEL, S., 1966: Electron microscopical studies on the plasma membranes of cerebellar neurons and astrocytes. J. Ultrastruct. Res. **15**, 310—325.

GODER, G., H. DAVID und I. UERLINGS, 1966: Elektronenmikroskopische Befunde der Gefäßwand bei Arteriitis temporalis. Graefes Arch. **169**, 12—29.

GODMAN, G. C., 1966: The cytopathology of enteroviral infection. Internat. Rev. exp. Path. **5**, 67—110.

— 1968: Cellular injury and response in picornaviral infection. IV. Europ. reg. Conf. on Electron Microscopy Rom II, 113—116.

GOETZE, T., H. FRANKE, E. GOETZE und B. MAOK, 1964: *In vitro* Einbau von 1-^{14}C-Glycin in mütterliche und foetale Leber- und Plazentaproteine, Plasmaproteine und Leberglykogengehalt und elektronenoptische Bilder bei normalen und proteinfrei ernährten Ratten. Acta biol. med. germ. **12**, 259—270.

GOLDBERG, B., and H. GREEN, 1960: Immune cytolysis. I. The release of ribonucleoprotein particles. J. biophys. biochem. Cytol. **7**, 645—650.

Goldberg, I. H., and E. Reich, 1964: Actinomycin inhibition of RNA synthesis directed by DNA. Fed. Proc. **23**, 958—964.
Goldblatt, P. J., and R. J. Sullivan, 1969: Proposed mechanism for the induction of nucleolar segregation by actinomycin D. Amer. J. Path. **55**, 37a.
Goldenberg, V. E., N. S. Goldenberg, E. P. Benditt, and N. K. Mottet, 1968: Ultrastructure of functioning islet cell tumors. Amer. J. clin. Path. **49**, 262.
— S. Warren, R. Chute, and M. Besen, 1968: Radiation pneumonitis in single and parabiotic rats. I. Short term effects of supralethal total body irradiation. Lab. Invest. **18**, 215—226.
— and E. A. Smuckler, 1969: Pulmonary alveolar injury in acute carbon tetrachloride intoxication. Lab. Invest. **20**, 583.
Goldfeder, A., 1964: The response of cytoplasmic ultrastructures to ionizing radiation. III. Europ. reg. Conf. on Electron Microscopy Prague App. 36.
— 1965: The role of mitochondrial integrity in cellular radiosensitivity. J. Cell Biol. **27**, 34 A.
— 1965: Newer aspects in cellular radiosensitivity. Radiol. **84**, 312—323.
Goldfischer, S., 1963: Liver cell lysosomes in Wilson's disease: Acid phosphatase activity by light and electron microscopy. Amer. J. Path. **43**, 511—525.
— I. M. Arias, E. Essner, and B. Novikoff, 1962: Cytochemical and electron microscopic studies of rat liver with reduced capacity to transport conjugated bilirubin. J. exp. Med. **115**, 467—475.
— E. Essner, and A. B. Novikoff, 1964: The localization of phosphatase activities at the level of ultrastructure. J. Histochem. Cytochem. **12**, 72—95.
— and. J. Bernstein, 1969: Lipofuscin (aging) pigment granules of the newborn human liver. J. Cell Biol. **42**, 253—261.
Goldhor, S., 1968: Protein: lipid ratios of liver mitochondria during development. J. Cell Biol. **37**, 823—825.
Goldschtein, B. I., V. V. Gerasimova, and S. G. Rud, 1967: Changes with age in fragmentation of cellular nucleus DNA. Geriatrics **22**, 133—142.
Goldsmith, M., 1966: The anatomy of cell death. J. Cell Biol. **31**, 41 A.
— and M. Locke, 1966: The significance of cell death in tissue morphogenesis. Western Res. Univ., 62.
Goltsman, L. L., 1966: Some problems of the fine structure of foreign body giant cells. Bjull. Eksper. Biol. Med. **62**, 107—112.
Gomez-Dumm, C. L. A., E. A. Porta, W. S. Hartroft, and O. R. Koch, 1968: A new experimental approach in the study of chronic alcoholism. II. Effects of high alcoholic intake in rats fed diets of various adequacies. Lab. Invest. **18**, 365—378.
Gona, A. G., 1969: Light and electron microscopic study on thyroxine-induced *in vitro* resorption of the tadpole tail fin. Z. Zellforsch. **95**, 483—494.
Gonatas, N. K., 1966: Subacute sclerosing leucoencephalitis: Electron microscopy and cytochemical observations on a cerebral biopsy. J. Neuropath. exp. Neurol. **25**, 177—201.
— 1966: The significance of "pale" neurons in human cortical biopsies. J. Neuropath. exp. Neurol. **25**, 637—645.
— 1967: A generalized disorder of nervous system skeletal muscle and heart resembling Refsum's disease and Hurler's syndrome. Amer. J. Med. **42**, 169—178.
— R. D. Terry, R. Winkler, S. R. Korey, C. J. Gomez, and A. Stein, 1963: A case of juvenile lipidosis: The significance of electron microscopic and biochemical observations of a cerebral biopsy. J. Neuropath. exp. Neurol. **22**, 557—580.
— and M. Besen, 1963: An electron microscopic study of three human psammomatous meningiomas. J. Neuropath. exp. Neurol. **22**, 263—273.
— S. Levine, and R. Shoulson, 1964: Phagocytosis and regeneration of myelin in an experimental leucoencephalopathy. Amer. J. Path. **44**, 565—583.
— and J. Gonatas, 1965: Ultrastructural and biochemical observations on a case of systemic late infantile lipidosis and its relationship to Tay-Sachs disease and gargoylism. J. Neuropath. exp. Neurol. **24**, 318—340.
— and G. M. Shy, 1966: Childhood myopathies with abnormal mitochondria. Vth internat. Congr. of Neuropath. Zürich 1965, 606—612.
— I. Evangelista, and G. O. Walsh, 1967: Axonic and synaptic changes in a case of psychomotor retardation. J. Neuropath. exp. Neurol. **26**, 179—199.
Gonzalez-Angulo, A., H. Marques-Monter, S. D. Greenberg, and J. Cerbon, 1965: Ultrastructure of nasal scleroma. Ann. Otol. Rhinol. Laryngol. **74**, 1022—1033.
— N. Trevino, A. Perches, and B. I. Zavala, 1965: Wilson's disease. Boletino d. Inst. Estud. Med. Biol. **23**, 155—168.

Gonzalez-Licea, A., and J. H. Yardley, 1966: A comparative ultrastructural study of the mucosa in idiopathic ulcerative colitis, shigellosis and other human colonic diseases. Bull. Johns Hopkins Hosp. **118**, 444—461.
— — and W. H. Hartmann, 1967: Malignant tumor of the breast with bone formation. Cancer **20**, 1234—1247.
Goodman, J. R., and S. G. Hall, 1967: Accumulation of iron in mitochondria of erythroblasts. Brit. J. Haem. **13**, 335—340.
Goodwin, B. C., 1963: Temporal organization in cells. A dynamic theory of cellular control processes. London, New York: Academic Press.
Gordis, L., 1966: Lysosomes and disease. J. Pediat. **68**, 638—649.
Gordon, G. B., L. R. Miller, and K. G. Bensch, 1965: Studies on the intracellular digestive process in mammalian tissue culture cells. J. Cell Biol. **25**, 2/2, 41—55.
Gordon, M., and R. J. Barrnett, 1967: Fine structural cytochemical localization of phosphatase activities of rat and guinea pig. Exp. Cell Res. **48**, 395—412.
Gore, J., T. Fujinami, and T. Shirahama, 1965: Endothelial changes produced by ascorbic acid deficiency in guinea pigs. Arch. Path. **80**, 371—376.
— M. Wada, and M. L. Goodman, 1968: Capillary hemorrhage in ascorbic acid-deficient guinea pigs. Arch. Path. **85**, 493—502.
Gori, M. L., and C. Pellegrino, 1964: Ultrastructural observations on the atrophy by castration of the levator ani muscle of rat and on the following regeneration caused by testosterone. III. Europ. reg. Conf. on Electron Microscopy Prague, B 83—84.
Gossrau, E., und W. Thoenes, 1967: Zur „nucleolonemalen" Struktur des Nucleolus von Somazellen. Dtsch. Ges. f. Elektronenmikroskopie **13**. Tagg. 12.
Gössner, W., 1960: Studien zur Nekrose und Autolyse *in vivo*. Verh. dtsch. Ges. Path. **44**. Tagg. 204—208.
Gould, B. S., G. Manner, R. Kretsinger, and A. Rich, 1965: Synthesis of collagen on polyribosomes. In: "Structure and Function of Connective and skeletal Tissue". London: Butterworths, 281—287.
Goyer, R. A., 1968: The renal tubule in lead poisoning. I. Mitochondrial swelling and aminoaciduria. Lab. Invest. **19**, 71—77.
— A. Krall, and J. P. Kimball, 1968: The renal tubule in lead poisoning. II. *In vitro* studies of mitochondrial structure and function. Lab. Invest. **19**, 78—83.
— — 1969: Effect of lead poisoning on the ability of kidney mitochondria in undergo condensed-to-orthodox ultrastructural transformation during incubation with pyruvate-malate substrate (State IV). Amer. J. Path. **55**, 74a.
Grabowska, M., 1965: Effect of actinomycin K on nucleic acid and protein synthesis in somatic cells *in vitro*. Bull. Acad. pol. Sci. Ser. Sci. Biol. **13**, 265—268.
Graffi, A., 1967: Untersuchungen zur Frage der Bedeutung der Mitochondrien bei der Kanzerisierung. Dtsch. Ges. Wes. **22**, 2305—2312.
— G. Butschak, W. Kuhn und E. J. Schneider, 1966: Weitere Ergebnisse zur Frage einer unterschiedlichen Aminosäure-Inkorporation *in vitro* in die Mitochondrien aus Tumoren und verschiedenen Normalgeweben. Acta biol. med. germ. **17**, 772—817.
Graham, R. C., M. J. Karnovsky, A. W. Shafer, E. A. Glass, and M. L. Karnovsky, 1967: Metabolic and morphological observations on the effect of surface-active agents on leucocytes. J. Cell Biol. **32**, 629—647.
Granboulan, N., P. Tournier, R. Wicker, and W. Bernhard, 1963: An electron microscope study of the development of Sv 40 virus. J. Cell Biol. **17**, 423—441.
— et P. Granboulan, 1964: Cytochimie ultrastructurale du nucléole. I. Mise en évidence de chromatine à l'intérieur du nucléole. Exp. Cell Res. **34**, 71—87.
Gray, E. G., 1964: The fine structure of normal and degenerating synapses of the central nervous system. Arch. Biol. **75**, 285—299.
— and L. H. Hamlyn, 1962: Electron microscopy of experimental degeneration in the optic tectum of the chicken. J. Physiol. **162**, 39—41 P.
— and R. W. Guillery, 1966: Synaptic morphology in the normal and degenerating nervous system. Internat. Rev. Cytol. **19**, 111—182.
Green, D. E., 1964: Introductory remarks. In: „Intracellular membranous Structure", ed. by S. Seno and E. V. Cowdry, 89—101.
— 1967: Mitochondrial form and function. VII. internat. Congr. of Biochem. Tokyo, 193—194.
— A. Tzagoloff, and T. Oda, 1964: Ultrastructure and function of the mitochondrion. In: „Intracellular membranous Structure", ed. by S. Seno and E. V. Cowdry, 127—150.
— and O. Hechter, 1965: Assembly of membrane subunits. Proc. nat. Acad. Sci. **53**, 318—325.

Greenawalt, J. W., G. V. Foster, and A. L. Lehninger, 1962: The observation of unusual membranous structure associated with liver mitochondria. Vth internat. Congr. f. Electron Microscopy Philadelphia Vol. II, 005.
— A. L. Lehninger, and C. S. Rossi, 1963: Electron microscopic observations of isolated rat liver mitochondria loaded with Ca^{++} and inorganic phosphate. J. appl. Phys. **34**, 2504.
— C. S. Rossi, and A. L. Lehninger, 1964: Effect of active accumulation of calcium and phosphate ions on the structure of rat liver mitochondria. J. Cell Biol. **23**, 21—38.
Greenberger, N. J., 1967: Inhibition of protein synthesis in rat intestinal slices by tetracycline. Nature **214**, 702.
Greenfield, M. L., 1966: The oocyte of the domestic chicken shortly after hatching, studied by electron microscopy. J. Embryol. exp. Morph. **15**, 297—316.
Gregg, M. B., and C. Morgan, 1959: Reduplication of nuclear membranes in the HeLa cells infected with adenovirus. J. biophys. biochem. Cytol. **6**, 539—540.
Grégoire, A., O. Périer, and P. Dustin, 1966: Metachromatic leukodystrophy. J. Neuropath. exp. Neurol. **25**, 617—636.
Gregory, D. H., G. F. Zaki, G. A. Sarcosi, and J. B. Carey, 1967: Chronic cholestasis following prolonged tolbutamide administration. Arch. Path. **84**, 194—201.
Greim, H., H. Ueberberg und H. Remmer, 1967: Veränderungen des endoplasmatischen Retikulums durch Phenobarbital und DDT. Arch. Pharmakol. exp. Path. **257**, 24—25.
— und J. Seifert, 1968: Die Wirkung von Phenobarbital auf das proteosynthetische System der Rattenleber. Arch. Pharmakol. exp. Path. **260**, 123—124.
Griffin, C. C., V. S. Waravdekar, B. F. Trump, P. J. Goldblatt, and R. E. Stowell, 1965: Studies on necrosis of mouse liver *in vitro*. Amer. J. Path. **47**, 833—850.
Griffin, M. J., and R. P. Cox, 1966: Studies on the mechanism of hormonal induction of alkaline phosphatase in human cell cultures. I. Effects of puromycin and actinomycin D. J. Cell Biol. **29**, 1—9.
Grillmaier, H., und R. A. Bässler, 1963: Die Wirkung parenteraler Methionin- und Äthioningaben auf die Lactation der Ratte. Biometrische, chromatographische, licht- und elektronenmikroskopische Studien. Z. ges. exper. Med. **137**, 299—320.
Grimley, P. M., and L. Sokoloff, 1966: Synovial giant cells in rheumatoid arthritis. Amer. J. Path. **49**, 931—954.
Grisham, J. W., and W. S. Hartroft, 1961: Morphologic identification by electron microscopy of "oval" cells in experimental hepatic degeneration. Lab. Invest. **10**, 317—332.
— and E. A. Porta, 1964: Origin and fate of proliferated hepatic ductal cells in the rat: Electron microscopic and autoradiographic studies. Exp. molec. Path. **3**, 242—261.
— R. L. Tillman, and L. S. Weis, 1968: Hepatocytic aggregates of ribosome not associated with rough endoplasmic reticulum. Amer. J. Path. **52**, 30a.
Gritzka, T. L., and B. F. Trump, 1968: Renal tubular lesions caused by mercuric chloride. Degeneration of the pars recta. Amer. J. Path. **52**, 1225—1277.
Grobstein, C., 1964: Cytodifferentiation and its controls. Intrinsic and extrinsic cellular controls intimately interact in differentiative synthesis. Science **143**, 643—650.
Gros, C. M., et J. Girardie, 1967: Aspect histochimique et ultrastructural d'un cancer mucipare mammaire chez la femme. Bull. du Cancer **54**, 225—246.
Grosgogeat, Y., 1966: Étude au microscope électronique de l'ischémie myocardique expérimentale. Arch. Malad. Coeur vaisseaux **59**, 203—214.
Grossman, J. W., D. H. Heitkamp, and B. Sacktor, 1967: Morphologic and biochemical effects of Clostridium perfringens alpha toxin on intact and isolated skeletal muscle mitochondria. Amer. J. Path. **50**, 77—88.
Gruner, J. E., 1963: Sur quelques anomalies mitochondriales observées au cours d'affections musculaires variées. C. R. Soc. Biol. **157**, 181.
— 1966: Anomalies du réticulum sarcoplasmique et prolifération de tubules dans le muscle d'une paralysie périodique familiale. C. R. Soc. Biol. **160**, 193—195.
— et J. Lavillauraix, 1963: Sur quelques encéphalites virales expérimentales et leur histopathologie fine. Rev. Neurol. **108**, 385—413.
Gudbjarnason, S., and C. de Schryver, 1964: Nuclear ribosomes, an early factor in tissue reparation. Biochem. biophys. Res. Commun. **14**, 12—16.
Gueft, B., and Y. Kikkawa, 1962: The periodic structure of nuclear and cytoplasmic crystals of dog liver cells. Vth internat. Congr. f. Electron Microscopy Philadelphia Vol. II.

GUEFT, B.. and J. J. GHIDONI, 1963: The site for formation and ultrastructure of amyloid. Amer. J. Path. **43**, 837—854.
GUERRITORE, D., G. ROCCHI und M. L. BONACCI, 1967: Elektronenmikroskopische Untersuchungen der Kernveränderungen durch Colchicin in Ascitestumorzellen. Z. Krebsforsch. **69**, 37—43.
GULAEV, V. A., 1966: Ultrastructural aspects of radiation damage of bone marrow cells. VI. internat. Congr. f. Electron Microscopy Kyoto Vol. **2**, 709—710.
GUSEK, W., 1959: Die Ultrastruktur der Riesenzellen menschlicher Kieferepuliden. Arch. ital. patol. clin. tumori **3**, 1—19.
— 1959: Über die Ultrastruktur und Natur der Epitheloidzellen Frankfurt. Z. Path. **69**, 685—694.
— 1962: Submikroskopische Untersuchungen als Beitrag zur Struktur und Onkologie der „Meningiome". Beitr. path. Anat. **127**, 274—326.
— 1962: Submikroskopische Untersuchungen zur Feinstruktur aktiver Bindegewebszellen. Stuttgart: G. Fischer.
— 1962: Cytologische Beobachtungen bei Tuberkulose und M. Boeck. Zbl. Path. **103**, 569.
— und W. MESTWERDT, 1963: Zur Histologie und Cytomorphologie des experimentellen Berylliumgranuloms. Verh. dtsch. Ges. Path. **47**. Tagg. 221—226.
— 1964: Histologische und vergleichende elektronenmikroskopische Untersuchungsergebnisse zur Zytologie, Histogenese und Struktur des tuberkulösen und tuberkuloiden Granuloms. Med. Welt 850—866.
GUSTAFSON, G. T., 1968: Ultrastructural vascular and mast cell changes in the local Shwartzman reaction. Acta path. scand. **74**, 114—126.
— N. CHAKRAVARTY, and E. PIHL, 1967: Ultrastructural changes in rat mast cells induced by antigen-antibody reaction and compound 48/80. Acta path. scand. **70**, 154.
GUSTAFSSON, R. G., and B. A. AFZELIUS, 1963: Comparative effects on rat liver cells after dimethylnitrosamine, 2-fluorenamine, or prednisolone treatment studied by electron microscopy. J. nat. Cancer Inst. **30**, 1045—1075.
— and J. R. TATA, 1963: Skeletal muscle mitochondria of rat in experimental hyperthyroidism. J. Ultrastruct. Res. **9**, 396—397.
— 1964: Observations on a hypertrophic mitochondrial apparatus. III. Europ. reg. Conf. on Electron Microscopy Prague, B 87—88.
— — O. LINDBERG, and L. ERNSTER, 1965: The relationship between the structure and activity of rat skeletal muscle mitochondria after thyroidectomy and thyroid hormone treatment. J. Cell Biol. **26**, 555—578.
GUTTMAN, P. H., 1966: Ultrastructural studies of delayed changes in the kidney of the mouse irradiated at birth. Radiat. Res. **27**, 652—668.

HAAM, E. v., 1964: Die experimentelle Erzeugung des Portio-Karzinoms und seine Vorstufen in Versuchstieren. Verh. dtsch. Ges. Path. **48**. Tagg. 57—74.
HABA, K., 1960: Morphology of mitochondria and cell respiration. I. Morphologic studies on the rat liver and its mitochondria in carbon tetrachloride poisoning. Acta med. Okayama **14**, 227—255.
— and S. SENO, 1961: An electron microscope study of liver cell in carbon tetrachloride intoxication, significance of "opaque area". Acta med. Okayama **15**, 375—389.
HACH, P., und H. DAVID, 1969: Quantitative Untersuchungen zum Verhältnis freier und membrangebundener Ribosomen in der exokrinen Pankreaszelle während der Entwicklung. Acta biol. med. germ. **22**, 655—686.
HACKENSELLNER, H. A., H. DAVID und I. UERLINGS, 1965: Licht- und elektronenmikroskopische Untersuchungen an doppelt ligierten Arterien (Arteria carotis des Kaninchens). Acta biol. med. germ. **14**, 34—51.
HADEK, R., 1969: Intranuclear whorls in the hamster spermatid. J. Ultrastruct. Res. **27**, 396—401.
— P. B. SZANTO, and F. STEIGMANN, 1964: Mitochondrial crystalloids in human "alcoholic" hepatitis. Amer. J. Path. **44**, 26a.
HADJOLOV, A. A., 1965: A biochemical and ultrastructural study on the ergastoplasmic lipoprotein structures in experimental rat liver carcinogenesis. Acta anat. **61**, 622.
HAELST, U. v., 1967: Light and electron microscopic study of the normal and pathological thymus of the rat. II. The acute thymic involution. Z. Zellforsch. **80**, 153—182.
— and G. J. V. SWAEN, 1965: Electronenmicroscopisch onderzoek van len nierentumor van balb/c muizen. 15. Jaarboek Kankeronderzoek Nederland.

HAENNI, B., 1964: Les effets de l'intoxication aiguê au formiate d'allyl sur le foie de rat. Path. microbiol. **27**, 974—1002.
— et CH. ROUILLER, 1963: Les effets de l'intoxication au formiate d'allyl sur le foie de rat. Acta anat. **55**, 400.
HAGER, H., 1960: Elektronenmikroskopische Untersuchungen über die vitale Metallspeicherung im zentralnervösen Gewebe bei experimenteller Tellurvergiftung. Arch. Psych. Nervenkrkh. **201**, 53—64.
— 1962: Die Feinstruktur von Kalkablagerungen in Colliquationsnekrosen des Hirngewebes. Naturwissenschaften **49**, 136—137.
— 1962: Elektronenmikroskopische Befunde zur Cytopathologie der Astrozyten im Zentralnervensystem der Säugetiere. Reaktive Veränderungen und gliöse Defektdeckungen. Vth internat. Congr. f. Electron Microscopy Philadelphia Vol. II, SS-9.
— 1962: Elektronenmikroskopische Befunde zur allgemeinen Zytopathologie des zentralnervösen Gewebes. IV. internat. Kongr. f. Neuropathologie, München 1961, Vol. II, 85—95.
— 1964: Die feinere Cytologie und Cytopathologie des Nervensystems. Stuttgart: G. Fischer.
— 1966: Die frühen Alterationen des Nervengewebes nach Hypoxydose und die fortgeschrittene Nekrose im elektronenmikroskopischen Bild. Vth internat. Congr. of Neuropathology Zürich 1965, 64—78.
— 1966: Regenerationsvorgänge am Neuron des zentralen Nervensystems. Verh. dtsch. Ges. Path. **50**. Tagg. 255—275.
— W. HIRSCHBERGER und W. SCHOLZ, 1959: Elektronenoptische Befunde zur normalen Ultrastruktur des zentralnervösen Gewebes und zu ihrer Veränderung unter experimentell-pathologischen Bedingungen. Nervenarzt **30**, 298—305.
— — and A. BREIT, 1962: Electron microscope observations on the x-irradiated central nervous system of the syrian hamster. In: „Resp. Nerv. Syst. on Radiat." Academic Press. 261—275.
— S. LUH, D. RUŠČÁKOVÁ und M. RUŠČÁK, 1967: Histochemische, elektronenmikroskopische und biochemische Untersuchungen über Glykogenanhäufung in reaktiv veränderten Astrozyten der traumatisch lädierten Säugergroßhirnrinde. Z. Zellforsch. **83**, 295—320.
HAGUENAU, F., and K. H. HOLLMANN, 1962: The ergastoplasm in the mammary gland and its tumors: An electron microscope study with special reference to Caspersson's and Santesson's A and B cells. Biol. Struct. Funct. **1**, 169—194.
— — et M. ALBOT-PARTURIER, 1964: Ultrastructure des cancers du rectum. Bull. Ass. franç. Cancer **51**, 55—72.
HAHN, H. P. v., 1966: A model of "regulatory" aging of the cell at the gene level. J. Gerontol. **21**, 291—294.
HALDAR, D., K. FREEMAN, and T. S. WORK, 1966: Biogenesis of mitochondria. Nature **211**, 9—12.
HALKKA, O., L. HALKKA, and M. NYHOLM, 1969: Lamellate bodies in the nuclei of dragonfly (Odonata) oocytes. Z. Zellforsch. **94**, 534—541.
HALLÉN, O., A. HAMBERGER, B. ROSENGREN, and H. RÖCKERT, 1967: Quantitative response of neurons to x-irradiation. Total organic mass, succinoxidase activity, potassium permeability and RNA content in isolated cells. J. Neuropath. exp. Neurol. **26**, 327—334.
HALLIMAN, T., T. DUFFY, S. WADDINGTON, and H. N. N. MUNRO, 1966: Incorporation of ^{14}C choline into phospho-lipids of rat liver microsome subfractions: Evidence against formation of endoplasmic reticulum from the nuclear membrane. Quart. J. exp. Physiol. **51**, 142—150.
HAMA, K., 1968: The problems of the morphological researches on the biological membranes. J. Electron Microscopy **17**, 173.
HAMBURGER, J., 1967: A reappraisal of the concept of organ "rejection" based on the study of homotransplanted kidneys. Transplantation **5**, 870—884.
— J. CROSNIER, and J. DORMONT, 1965: Experiences with 45 renal homotransplantations in man. Lancet I, 985—992.
HAMILTON, C. R., H. L. DOBSON, and J. MARSHALL, 1968: Diabetic amyotrophy: Clinical and electron microscopic studies in six patients. Amer. J. med. Sci. **256**, 81—90.
HAMILTON, D. W., D. W. FAWCETT, and A. K. CHRISTENSEN, 1966: The liver of the slender salamander Batrachoseps attenuatus. I. The structure of its crystalline inclusions. Z. Zellforsch. **70**, 347—363.

HAMILTON, R. L., D. M. REGEN, M. E. GRAY, and V. S. LEQUIRE, 1967: Lipid transport in liver. I. Electron microscopic identification of very low density lipoproteins in perfused rat liver. Lab. Invest. **16**, 305—319.

HÁMORI, J., E. LANG, and L. SIMON, 1968: Experimental degeneration of the preganglionic fibers in the superior cervical ganglion of the cat. Z. Zellforsch. **90**, 37—52.

HAMPTON, J. C., and B. ROSARIO, 1965: The attachment of microorganisms to epithelial cells in the distal ileum of the mouse. Lab. Invest. **14**, 1464—1481.

HAN, S. S., 1964: Structural modifications of hepatic cells after an intraperitoneal injection of actinomycin D. J. Cell Biol. **23**, 41 A.

— 1966: The uptake of a protein antigen by small lymphocytes. J. Cell Biol. **31**, 44 A.

— 1967: An electron microscopic and radioautographic study of the rat parotid gland after actinomycin D administration. Amer. J. Anat. **120**, 161—184.

— J. H. HAN, and A. G. JOHNSON, 1966: Antibody response in the rat. II. Microclasmatosis, a possible mode of antibody release. Proc. Soc. exp. Biol. **121**, 782—785.

— and A. G. JOHNSON, 1966: Radioautographic and electron microscopic evidence of rapid uptake of antigen. Science **153**, 176—177.

HANANIA, U., et J. HAREL, 1968: Acides ribonucléiques de type « messager » dans différents organes de souris traitées ou non par l'actinomycine. Isolement de fractions de haut poids moléculaire. Bull. Soc. chim. Biol. **50**, 693—707.

HANNA, M. G., D. C. SWARTZENDRUBER, and C. C. CONGDON, 1966: Morphologic changes in spleen. Lymphatic tissue during antibody production. Exp. molec. Path. suppl. **3**, 75—87.

HANSEN, R. O., 1965: A quantitative estimate of the peripheral glomerular basement membrane in recent juvenile diabetes. Diabetologia **1**, 97—100.

— K. LUNDBAEK, T. ST. OLSEN, and H. ORSKOV, 1967: Kidney lesions in rats with severe long term alloxan diabetes. III. Glomerular ultrastructure. Lab. Invest. **17**, 675—692.

HARASZTI, A., 1969: Mikroskopische und submikroskopische Untersuchungen der Eiweißtropfen enthaltenden Vakuolen der Leber. Exper. Path. **3**, 82—93.

HARBERS, E., 1966: Die Funktion der Nucleinsäuren im Zellstoffwechsel. Wirkungsweise von Nucleinsäurebasenanalogen. Arch. Pharm. exp. Path. **253**, 99—116.

— 1967: Zur funktionellen Rolle von Eu- und Heterochromatin bei Differenzierung und Cancerogenese. Klin. Wschr. **45**, 1262—1263.

— und W. SANDRITTER, 1968: Gesteigerte Heterochromatinisierung als pathogenetisches Prinzip. Dtsch. Med. Wschr. **93**, 269—271.

— B. LEDERER, W. SANDRITTER und U. SPAAR, 1968: Untersuchungen an Nucleohistonen. IV. „Heterochromatisierung" in der Rattenleber während der Carcinogenese. Virchows Arch. Abt. B **1**, 98—106.

HARCOURT, R. B., and R. H. DOBBS, 1968: Ultrastructure of the retina in Tay-Sachs's disease. Brit. J. Ophthal. **52**, 898—902.

HARDESTY, B., R. MILLER, and R. SCHWEET, 1963: Polyribosome breakdown and hemoglobin synthesis. Proc. nat. Acad. Sci. **50**, 924—931.

HAREL, L., J. HAREL, A. BOER, J. IMBENOTTE et N. CARPENI, 1964: Persistance d'une synthèse de D-RNA dans le foie de rat traité par l'actinomycine. Biochim. biophys. Acta **87**, 212—218.

HARKIN, J. C., 1961: Ultrastructural alterations with age in prostatic epithelial cells of the rat. Lab. Invest. **10**, 696—706.

HARREVELD, A., and F. J. KHATTAB, 1967: Electron microscopy of asphyxiated spinal cords of cats. J. Neuropath. exp. Neurol. **26**, 521—536.

HARRIS, C. C., and C. A. LEONE, 1966: Some effects of EDTA and tetraphenyl boron on the ultrastructure of mitochondria in mouse liver cells. J. Cell Biol. **28**, 405—408.

— and D. J. SVOBODA, 1967: Fine structural changes in liver and pancreas produced by cycloheximid. J. Cell Biol. **35**, 2/2, 169 A.

— J. REDDY, and D. SVOBODA, 1968: Isolation and ultrastructure of nucleoli altered *in vivo*. Exp. Cell Res. **51**, 268—274.

— H. GRADY, and D. SVOBODA, 1968: Alterations in pancreatic and hepatic ultrastructure following acute cycloheximide intoxication. J. Ultrastruct. Res. **22**, 240—251.

HARRIS, C., J. REDDY, and D. SVOBODA, 1969: Rapid inhibition of hepatic ribonucleic acid and protein synthesis by lasiocarpine. A correlative biochemical and ultrastructural study. Lab. Invest. **20**, 586.

HARRIS, P., 1967: Structural changes following fertilization in the sea urchin egg. Exp. Cell Res. **48**, 569—581.

HARRIS, T. N., K. HUMMELER, and S. HARRIS, 1966: Electron microscopic observations on antibody-producing cells of lymph node, lymph and blood. In: „The Lymphocyte in immunology and haemopoiesis", ed. by J. M. YOFFEY, 258—265.
— — — 1966: Electron microscopic observations on antibody-producing lymph node cells. J. exp. Med. **123**, 161—171.
HARTMANN, H. A., 1965: Rat liver after N-hydroxy-2-acetylaminofluorene. Arch. Path. **79**, 126—134.
HARTROFT, W. S., 1962: Some electron microscopic features of the liver in experimental choline deficiency. In: „Aktuelle Probleme der Hepatologie", Hrsgb. G. A. MARTIN. Stuttgart: G. Thieme.
— 1964: Electron microscopy of liver and kidney cells in dietary deficiencies. Ciba Found. Symp. „Cellular Injury", 248—286.
— and E. A. PORTA, 1968: Alcohol, diet and experimental hepatic injury. Canad. J. Physiol. and Pharmacol. **46**, 463—473.
HASHIMOTO, K., und W. F. LEVER, 1966: Elektronenmikroskopische Untersuchungen der Hautveränderungen bei *Psoriasis*. Derm. Wschr. **152**, 713—722.
— R. J. DI BELLA, and W. F. LEVER, 1967: Clear cell hidradenoma. Arch. derm. **96,** 18—38.
HASHIMOTO, P. H., 1966: Gliosome and its relation to astrocytes filaments in cats' brain. VI. internat. Congr. f. Electron Microscopy Kyoto Vol. **2**, 467—468.
HASPER, B., 1964: Ultramikroskopische Herzmuskelveränderungen nach wiederholter Hypoxie. Beitr. path. Anat. **130**, 321—351.
— 1965: Mitochondrienveränderungen nach wiederholter Hypoxie. Zbl. Path. **107,** 308—309.
HASSAN, S. A., E. R. RABIN, and J. L. MELNICK, 1965: Reovirus myocarditis in mice: an electron microscopic, immunofluorescent and virus assay study. Exp. molec. Path. **4**, 66—80.
HASSELBACH, W., und H. H. WEBER, 1965: Die intrazelluläre Regulation der Muskelaktivität. Naturwissenschaften **52**, 121—128.
HATANO, S., K. MIYASAKI und K. WAKAMORI, 1965: Experimenteller Milztumor durch intravenöse Injektion von Polyvinylacetatemulsion beim Kaninchen. Beitr. path. Anat. **132**, 344—364.
HATTORI, S., M. MATSUDA, R. TATEISHI, and T. TERAZAWA, 1967: Electron microscopic studies on human lung cancer cells. Gann **58**, 283—290.
— — — 1968: Oat-cell carcinoma of the lung containing serotonin granules. Gann **59**, 123—129.
HAUDE, W., und E. GOETZE, 1967: Lipidveränderungen in den Leberzellfraktionen von Ratten verschiedener Entwicklungsstufen und von röntgenbestrahlten neugeborenen Ratten. Acta biol. med. germ. **19**, 1—8.
HAUROWITZ, F., 1969: Struktur und Wirkungsweise der Antikörper. Naturwissenschaften **56**, 189—194.
HAUSAMEN, T. U., und R. POCHE, 1965: Die Ultrastruktur des Herzmuskels der Ratte nach einmaligen und wiederholten Unterdruckversuchen. Virchows Arch. path. Anat. **339**, 212—224.
— — 1965: Elektronenmikroskopische Untersuchungen über die Wirkung von Alupent auf die Ultrastruktur des Herzmuskels der Ratte. Virchows Arch. path. Anat. **339**, 225—233.
HAUST, M. D., 1968: Crystalloid structures of hepatic mitochondria in children with heparitin sulphate mucopolysaccharidosis (Sanfilippo type). Exp. molec. Path. **8,** 123—134.
HAWTREY, A. O., and S. J. BIEDRON, 1966: Release of peptide chains from rat-liver polysomes by the N_1N-dimethyl-p-methoxy-1-phenylalanyl analogue of puromycin. Nature **211**, 187—188.
— and L. D. NOURSE, 1966: The effect of 4-dimethylamino-3′-methylazobenzene on ^{14}C-labelled amino acid incorporation by rat-liver polysome preparations. J. Biochem. **98**, 682—688.
HAY, E. D., 1959: Electron microscopic observations of muscle differentiation in regenerating Amblystoma limbs. Develop. Biol. **1**, 555—585.
— 1963: The fine structure of differentiating muscle in the salamander tail. Z. Zellforsch. **59**, 6—34.
— 1966: Polygranular arrays of glycogen that mimic polyribosomes in Xenopus eggs and embryos. J. Cell Biol. **31**, 45 A.
— 1968: Structure and function of the nucleolus in developing cells. Ultrastruct. in Biolog. Systems **3**, 2—70.

HAYANO, M., 1967: Degenerative axons occurring in the experimental brain edema of the cat. J. Electron Microscopy **16**, 187.

HAYWARD, A. F., 1961: Variation in the fine structure of mitochondria in L-strain fibroblasts. Exp. Cell Res. **24**, 198—200.

— 1967: Changes in fine structure of developing intestinal epithelium associated with pinocytosis. J. Anat. **102**, 57—70.

HAZAMA, S., 1964: Electron-microscopic and histochemical studies on vacuolar changes in the proximal convoluted tubules of the rat kidney after hypertonic sucrose administration. Acta path. jap. **14**, 461—478.

HEATH, T., and S. T. WISSIG, 1966: Fine structure of the surface of mouse hepatic cells. Amer. J. Anat. **119**, 97—111.

HEBER, J., und L. COSSEL, 1966: Licht- und elektronenmikroskopische Befunde an der Leber bei der Toxikose der Säuglinge. Frankfurt. Z. Path. **75**, 243—251.

HECHT, A., 1968: Zur Pathohistochemie enzymatischer Befunde als Ausdruck reversibler und irreversibler Störungen des Zellmetabolismus und über ihre Beziehungen zum örtlichen Zelltod. Dtsch. Ges. Wes. **23**, 77—82.

— G. KORB und H. DAVID, 1961: Vergleichende histochemische, fluoreszenzmikroskopische und elektronenoptische Untersuchungen zur Frühdiagnose des Herzinfarktes der Ratte. Virchows Arch. path. Anat. **334**, 267—284.

HEDLEY-WHYTE, E. T., F. H. GILLES, and B. G. UZMAN, 1967: Infantile neuroaxonal dystrophy: A disease of smooth membrane overproduction? Lab. Invest. **16**, 664.

HEEFNER, W. A., and G. D. SORENSON, 1962: Experimental amyloidosis. 1. Light and electron microscopic observations of spleen and lymph nodes. Lab. Invest. **11**, 585—593.

HEGGTVEIT, H. A., L. HERMAN, and R. K. MISHRA, 1964: Cardiac necrosis and calcification in experimental magnesium deficiency. Amer. J. Path. **45**, 757—782.

HEIMANN, P., 1966: Ultrastructure of human thyroid. A study of normal thyroid, untreated and treated diffuse toxic goiter. Acta endocrin. **53**, suppl. 110, 3—102.

HEINE, U., A. J. LANGLOIS, and J. W. BEARD, 1966: Ultrastructural alterations in avian leukemic myeloblasts exposed to actinomycin D *in vitro*. Cancer Res. **26**, 1847—1858.

HEINLEIN, H., G. HÜBNER, K. J. LENNARTZ und G. RUDOLPH, 1962: Neuere Erkenntnisse zur Geschwulstbildung in der Leber. Klin. Wschr. **40**, 121—125.

HEINMETS, F., 1960: An analysis of the concept of cellular injury and death. Intern. J. Radiat. Biol. **2**, 341—352.

HELANDER, H. F., 1965: Early effects of x-irradiation on the ultrastructure of gastric fundus glands. Radiation Res. **26**, 244—262.

HELGE, H., und D. NEUBERT, 1965: RNS- und DNS-Synthese in isolierten Mitochondrien und ihre Beeinflussung durch Pharmaka. Arch. exp. Path. Pharm. **251**, 113—114.

HELMINEN, H. J., and J. L. E. ERICSSON, 1967: Ultrastructural features of rat mammary gland epithelium during lactation and involution. J. Ultrastruct. Res. **20**, 292.

— — and S. ORRENIUS, 1967: Acid phosphatase activity and cellular fine structure during enforced mammary gland involution. Acta path. scand. **70**, 154—155.

— — 1968: Studies on mammary gland involution. I. On the ultrastructure of the lactating mammary gland. J. Ultrastruct. Res. **25**, 193—213.

— — 1968: Studies on mammary gland involution. II. Ultrastructural evidence for auto- and heterophagocytosis. J. Ultrastruct. Res. **25**, 214—227.

— — 1968: Studies on mammary gland involution. III. Alterations outside auto- and heterophagocytic pathways for cytoplasmic degradation. J. Ultrastruct. Res. **25**, 228—239.

— — and S. ORRENIUS, 1968: Studies on mammary gland involution. IV. Histochemical and biochemical observations on alterations in lysosomes and lysosomal enzymes. J. Ultrastruct. Res. **25**, 240—252.

HENCKEL, P. A., I. N. ANDREYEVA, and E. B. KURKOVA, 1968: Temperature effect on the ultrastructure and oxidative phosphorylation of corn roots. Izv. Akad. Nauk SSSR Ser. Biol. **33**, 53—58.

HENDEE, W. R., and M. ALDERS, 1967: Ultrastructural manifestations of cellular radiation dose. Radiol. **88**, 588—589.

— — 1968: Ultrastructural development of radiation injury in hepatic parenchymal cells of γ-irradiated mice. Lab. Invest. **18**, 151—158.

HENDLER, R. W., 1965: Importance of membranes in protein biosynthesis. Nature **207**, 1053—1054.

HENSHAW, E. C., T. B. BOJARSKI, and H. H. HIATT, 1963: Protein synthesis by free and bound rat liver ribosomes *in vivo* and *in vitro*. J. molec. Biol. **7**, 122—129.

HEPPLESTON, A. G., 1964: The ultrastructure of the ageing lung. Pathological implications. III. Europ. reg. Conf. on Electron Microscopy Prague, B 237—238.

HERBENER, G. H., 1968: A quantitation of mitochondria in the atrial and ventricular myocardium of hypoxic mice. Anat. Rec. **160**, 365.

HERDSON, P. B., 1969: Fine structural and functional abnormalities in mitochondria isolated from ischemic dog heart. Amer. J. Path. **55**, 38a.

— P. J. GARVIN, and R. B. JENNINGS, 1963: Biological changes in rat livers induced by 3-allyl-5-isobutyl-2-thiohydantoin. J. Cell Biol. **19**, 33 A.

— — — 1964: Changes in rat livers with special reference to fine structural alteration induced by anticonvulsant agent. Amer. J. Path. **44**, 30a.

— — — 1964: Reversible biological and fine structural changes produced in rat liver by a thiohydantoin compound. Lab. Invest. **13**, 1014—1031.

— — — 1964: Fine structural changes produced in rat liver by partial starvation. Amer. J. Path. **45**, 157—181.

— — — 1964: Fine structural changes in rat liver induced by phenobarbital. Lab. Invest. **13**, 1032—1037.

— and J. P. KALTENBACH, 1965: Electron microscope studies on enzyme activity and the isolation of thiohydantoin-induced myelin figures in rat liver. J. Cell Biol. **25**, 485—493.

— H. M. SOMMERS, and R. B. JENNINGS, 1965: A comparative study of the fine structure of normal and ischemic dog myocardium with special reference to early changes following temporary occlusion of a coronary artery. Amer. J. Path. **46**, 367—386.

HERKEN, H., G. SENFT, W. SCHWARZ und H. J. MERKER, 1963: Struktur und Funktion der Glomerula nach Einwirkung von Glucocorticoiden bei der Aminonucleosidnephrose. Arch. exp. Path. Pharm. **245**, 289—304.

HERMAN, L., 1960: An electron microscope study of the salamander thyroid during hormonal stimulation. J. biophys. biochem. Cytol. **7**, 143—150.

— P. J. FITZGERALD, M. WEISS, and I. S. POLEVAY, 1960: Electron microscope observations of degenerating and regenerating pancreas following ethionine administration. IV. internat. Kongr. f. Elektronenmikroskopie Berlin 1958, Bd. II, 372—378.

— — 1961: The fine structure of the Golgi-body following thyroid stimulation and pancreatic regeneration. Trans. N. Y. Acad. Sci. Ser. 2, **23**, 332—345.

— — 1962: The degenerative changes in pancreatic acinar cells caused by DL-ethionine. J. Cell Biol. **12**, 277—296.

— — 1962: Restitution of pancreatic acinar cells following ethionine. J. Cell Biol. **12**, 297—312.

— L. EBER, and P. J. FITZGERALD, 1962: Liver cell degeneration with ethionine administration. Vth internat. Congr. f. Electron Microscopy Philadelphia Vol. II, VV-6.

— and N. WATARI, 1966: Pancreas changes in the california newt, T. Torosa following prolonged starvation and re-feeding. VI. internat. Congr. f. Electron Microscopy Kyoto Vol. **2**, 603—604.

— — 1966: Altered pancreatic exocrine cell secretion following artificially induced hibernation. Amer. J. Path. **48**, 21a.

HERMAN, M. M., and K. G. BENSCH, 1967: Light and electron microscopic studies of acute and chronic thallium intoxication in rats. Toxicol. appl. Pharmacol. **10**, 199—222.

— W. R. ADAMS, and E. E. MANUELIDIS, 1967: The ultrastructure of a human glioblastoma multiforme-derived heterologously transplanted to guinea pig eye and brain. Acta neuropath. **8**, 321—330.

HERMS, W., 1967: Die Auswirkungen von Störungen des Elektrolythaushaltes auf die Struktur und Funktion der Nieren. Klin. Wschr. **45**, 1169—1180.

HERNANDEZ, A., V. MARCHESI, D. GOLDRING, J. KISSANE, and A. F. HARTMANN, 1966: Cardiac glycogenosis. J. Pediat. **68**, 400—412.

HERNDON, R. M., and H. SHELDON, 1963: Lamellar bodies: An unusual arrangement of the granular endoplasmic reticulum. J. Cell Biol. **19**, 34 A.

HERNDON, R. M., 1964: Lamellar bodies, an unusual arrangement of the granular endoplasmic reticulum. J. Cell Biol. **20**, 338—342.

HERRMANN, J., 1967: Zur Frage der Beziehungen zwischen hepatischer Enzyminduktion und der Glykoneogenese nach Cortisolgabe. Hoppe-Seyler's Z. physiol. Chem. **348**, 1395—1400.

HERS, H. G., 1964: Étude enzymatique des glycogénoses. Ann. Biol. clin. **22**, 49—58.
— 1965: Les maladies lysosomiales congenitales. Rev. intern. Hep. **15**, 475—480.
— 1965: Inborn lysosomal diseases. Gastroenterology **48**, 625—633.
HERZER, R., H. J. MERKER und F. J. HABERICH, 1967: Funktionelle Leistung und morphologisch-elektronenmikroskopisches Korrelat bei Resorptions- und Sekretionsvorgängen am Dünndarm der wachen Ratte. Pflügers Arch. ges. Physiol. **297**, R 72.
HESS, R., W. STÄUBLI, and W. RIESS, 1965: Nature of the hepatomegalic effect produced by ethyl-chlorophenoxy-isobutyrate in the rat. Nature **208**, 856—858.
HESS, R. T., and D. B. MENZEL, 1968: Rat kidney centrioles: Vitamin E intake and oxygen exposure. Science **159**, 985—987.
HEYWOOD, S. M., R. M. DOWBEN, and A. RICH, 1967: The identification of polyribosomes synthesizing myosin. Proc. nat. Acad. Sci. **57**, 1002—1009.
HIBBS, R. G., and W. C. BLACK, 1963: Electron microscopy of post-mortem changes in the rat myocardium. Anat. Rec. **147**, 261—272.
— V. J. FERRANS, W. C. BLACK, J. J. WALSH, and G. E. BURCH, 1965: Virus-like particles in the heart of a patient with cardiomyopathy alcoholic. Amer. Heart J. **69**, 327—337.
— — — D. G. WEILBAECHER, J. J. WALSH, and G. E. BURCH, 1965: Alcoholic cardiomyopathy. Amer. Heart J. **69**, 766—779.
HICKS, R. M., 1966: The function of the Golgi complex in transitional epithelium. Synthesis of the thick cell membrane. J. Cell Biol. **30**, 623—643.
— 1968: Hyperplasia and cornification of the transitional epithelium in the vitamin A-deficient rat. Changes in the fine structure of the cells. J. Ultrastruct. Res. **22**, 206—230.
HIDVÉGI, E. J., J. HOLLAND, and E. BÖLÖNI, 1968: The effect of whole-body x-irradiation of guinea pigs on liver ribosomes. Biochem. J. **109**, 495—505.
HILL, R. B., 1965: Participation of the Golgi-complex in hepatic lipoprotein metabolism. J. Cell Biol. **27**, 43 A.
— and E. H. SAUNDERS, 1969: Actinomycin D and membrane-polysome interaction. Amer. J. Path. **55**, 36a.
HILF, R., I. MICHEL, G. SILVERSTEIN, and C. BELL, 1965: Effect of actinomycin D on estrogen-induced changes in enzymes and nucleic acids of R 3230 AC mammary tumors, uteri and mammary glands. Cancer Res. **25**, 1854—1859.
HILL, R. B., and W. R. BLACKBURN, 1967: Effect of prednisolone treatment of pregnant rats on fetal liver structure and metabolism. Lab. Invest. **17**, 146—154.
HILLS, C. P., 1964: Ultrastructural changes in the capillary bed of the rat cerebral cortex in anoxic-ischemic brain lesions. Amer. J. Path. **44**, 531—551.
HIMES, M., and A. W. POLLISTER, 1962: Glycogen accumulation in the nucleus. J. Histochem. Cytochem. **10**, 175—185.
HINGLAIS, N., A. ZWEIBAUM et G. RICHET, 1964: Les lésions précoces de l'amylose expérimentale du hamster. Nephron **1**, 16—30.
HINGLAIS-GUILLAUD, N., R. MORICARD et W. BERNHARD, 1961: Ultrastructure des cancers pavimenteux invasifs du col utérin chez la femme. Bull Ass. franç. Cancer **48**, 283—316.
HIRANO, A., H. M. ZIMMERMAN, and S. LEVINE, 1965: Fine structure of cerebral fluid accumulation. VI. Intracellular accumulation of fluid and cryptococcal polysaccharides in oligodendroglia. Arch. Neurol. **12**, 189—196.
— S. LEVINE, and H. M. ZIMMERMANN, 1967: Experimental cyanide encephalopathy: Electron microscopic observations of early lesions in white matter. J. Neuropath. exp. Neurol. **26**, 200—213.
HIROSAWA, K., 1968: Electron microscopic studies on pigment granules in the substantia nigra and locus coeruleus of the japanese monkey (*Macaca fuscata* Yakui). Z. Zellforsch. **88**, 187—203.
HIROTA, K., 1960: Electron microscopic studies on bone tumors. IV. Benign giant cell tumor. Kumamoto Med. J. **13**, 301—311.
HIRSCH, H. M., A. S. ZELICKSON, and J. F. HARTMANN, 1965: Localization of melanin synthesis within the pigment cell: Determination by a combination of electron microscopic autoradiography and topographic planimetry. Z. Zellforsch. **65**, 409—419.
HIRSCH, J. G., and Z. A. COHN, 1964: Digestive and autolytic functions of lysosomes in phagocytic cells. Fed. Proc. **23**, 1023—1025.
HIZAWA, K., und W. WECHSLER, 1966: Zur Feinstruktur des Fibrosarkoms der Dura. Beitr. path. Anat. **134**, 449—463.

Hobik, H. P., E. Hobik und E. Grundmann, 1968: Interferenzmikroskopische und cytophotometrische Untersuchungen an Zellkernen von Rattenlebern nach Hunger und Wiederfütterung. Beitr. path. Anat. **137**, 184—202.
Hoff, H. F., and R. Gottlob, 1967: A fine structure study of injury to the endothelial cells of the rabbit abdominal aorta by various stimuli. Angiology **18**, 440—451.
Hoffman, H., and J. H. W. Birell, 1958: The carotid body in normal and anoxic states. Acta anat. **32**, 297—311.
Hoffmann, G., 1959: Elektronenmikroskopische Untersuchungen über die feingeweblichen Veränderungen bei der Maul- und Klauenseuche des Rindes. I. Befunde an den Aphthendecken aus der Zungenschleimhaut. Arch. exp. Vet. Med. **13**, 249—275.
— 1959: Elektronenmikroskopische Untersuchungen über die feingeweblichen Veränderungen bei Mäusepocken (infektiöse Etromelie). II. Befunde an der Epidermis der Hinterpfote im Initialstadium der Erkrankung. Arch. exp. Vet. Med. **13**, 276—292.
Hoffmeister, H., 1961: Morphologische Beobachtungen an erschöpften indirekten Flugmuskeln der Wespe. Z. Zellforsch. **54**, 402—420.
— 1962: Beobachtungen an indirekten Flugmuskeln der Wespe nach Erholung von erschöpfendem Dauerflug. Z. Zellforsch. **56**, 809—818.
Hofstetter, J. R., P. Terrier, D. Gardiol et F. Minio, 1967: Deux aspects atypique de maladie de Dubin-Johnson associée à une hépatite persistante et forme latente. Acta hepato-splenol. **14**, 197—209.
Hojiro, O., 1963: Electron microscope observations on the myoblast of the regenerating forelimb of the adult newt. J. Electron Microscopy **12**, 228—235.
Hökfelt, T., and O. Nilson, 1963: Intramitochondrial bodies of the mouse uterine epithelium. Exp. Cell Res. **30**, 608—609.
Holgersen, O., F. Gloor, H. P. Rohr und J. Torhorst, 1969: Frühveränderungen an der proximalen Tubuluszelle der Rattenniere nach Sublimatvergiftung. Degenerative und adaptive Phänomene in den proximalen Tubuluszellen. Virchows Arch. Abt. B **3**, 324—338.
Hollmann, K. H., 1962: Structures intramitochondriales dans l'épithélium rectal de la souris. J. Microscopie **1**, 159—162.
— 1968: A morphometric study of subcellular organization in mouse mammary cancers and normal lactating tissue. Z. Zellforsch. **87**, 266—277.
— et J. M. Verley, 1967: La régression de la glande mammaire à l'arrêt de la lactation. Z. Zellforsch. **82**, 222—238.
— — 1968: Analyse morphométrique des organites cellulaires d'une tumeur mammaire de souris C3H au cours de transplantations successives. IV. Europ. reg. Conf. on Electron Microscopy Rom II, 163—164.
Holm, I., J. L. E. Ericsson, and S. O. Lindholm, 1966: Effects of protein deficiency and supplementation with casein hydrolysate on the structure of hepatic parenchymal cells. Acta chir. scand. **132**, 756—767.
Holman, J., 1968: Fine structure and dimensions of intestinal microvilli during the early postincubation period in chickens. Z. mikr. anat. Forsch. **79**, 14—26.
Holmes, K. V., and P. W. Choppin, 1968: On the role of microtubules in movement and alignment of nuclei in virus-induced syncytia. J. Cell Biol. **39**, 526—543.
Hölscher, B., und H. J. Stolpmann, 1962: Elektronen- und lichtmikroskopische Untersuchungen bei der Korrektur des künstlich stillgelegten Herzens verschiedener Herzanomalien. Langenbecks Arch. klin. Chir. **301**, 664—669.
Holter, H., 1964: Membrane in correlation with pinocytosis. In: „Intracellular Membranous Structure", ed. by S. Seno and E. V. Cowdry. Jap. Soc. Cell Biol., 451—465.
— 1965: Physiologie der Pinocytose bei Amöben. In: „Sekretion und Exkretion". Berlin-Heidelberg-New York: Springer 119—143.
Holtzman, E., and A. B. Novikoff, 1965: Lysosomes in the rat sciatic nerve following crush. J. Cell Biol. **27**, 651—669.
— and A. Albala, 1966: Autophagic vacuoles and other lysosomes in the rat ganglion nodosum. J. Cell Biol. **31**, 49 A.
— A. B. Novikoff, and H. Villaverde, 1967: Lysosomes and GERL in normal and chromatolytic neurons of the rat ganglion nodosum. J. Cell Biol. **33**, 419—435.
Holzmann, K., und R. Lange, 1963: Zur Zytologie der Glandula parathyreoidea des Menschen. Weitere Untersuchungen an Epithelkörperchenadenomen. Z. Zellforsch. **58**, 759—789.
Honig, G. R., and M. Rabinovitz, 1965: Actinomycin D: Inhibition of protein synthesis unrelated to effect on template RNA-synthesis. Science **149**, 1504—1505.

HONJIN, R., and A. TAKAHASHI, 1962: Electron microscopy of nerve fibers. VI. On the myelin changes in the peripheral myelinated nerve fibers during Wallerian degeneration. J. Electron Microscopy **11**, 139—156.
— Y. TASAKI, T. KOSAKA, and I. TAKANO, 1964: Electron microscopy of centrioles of normal and reactive astrocytes. Okajimas Fol. anat. jap. **40**, 161—171.
— A. TAKAHASHI, T. HANYU, and S. MURONO, 1965: Electron microscopy of intracristal dense body within mitochondria of epithelial cells of mouse stomach and rectum. Okajimas Fol. anat. jap. **41**, 267—275.
HOOF, F. v., et H. G. HERS, 1964: L'ultrastructure des cellules hépatiques dans la maladie de Hurler (Gargoylisme). C. R. Acad. Sci. **259**, 1281—1283.
— and M. HAGEMAN-BAL, 1967: Progressive familial myoclonic epilepsy with Lafora bodies. Electron microscopic and histochemical study of a cerebral biopsy. Acta Neuropath. **7**, 315—326.
HORI, K., S. MOCHIZUKI, and Y. FUJINO, 1961: Electron microscope studies upon cytoplasmic particulates of mouse liver. I. Effects upon mitochondria. Med. J. Osaka **12**, 27—42.
HORI, S. H., 1966: Fine-structure locations of α-glucan phosphorylase as shown by lead precipitation and electron microscopy. Stain Technol. **41**, 91—95.
HORIE, A., 1961: Electron microscopic observation of giant cell and stromal cells in benign giant cell tumor of bone. Fukuoka Acta med. **52**, 817—828.
HORN, R. G., S. S. SPICER, and B. K. WETZEL, 1964: Phagocytosis of bacteria by heterophil leukocytes. Amer. J. Path. **45**, 327—335.
HORRIDGE, G. A., 1964: The giant mitochondria of ctenophore combplates. Quart. J. micr. Sci. **105**, 301—310.
HORSTMANN, E., 1965: Die Kerneinschlüsse im Nebenhodenepithel des Hundes. Z. Zellforsch. **65**, 770—776.
— R. RICHTER und E. ROOSEN-RUNGE, 1966: Zur Elektronenmikroskopie der Kerneinschlüsse im menschlichen Nebenhodenepithel. Z. Zellforsch. **69**, 69—79.
HORT, W., und S. DA CANALIS, 1965: Untersuchungen an Rattenherzen nach temporärer Unterbindung der linken Kranzarterie. Virchows Arch. path. Anat. **339**, 61—71.
HOSHINO, M., 1961: The deep invagination of the inner nuclear membrane into the nucleoplasm in the ascites hepatoma cells. Exp. Cell Res. **24**, 606—609.
— 1963: Submicroscopic characteristics of four strains of Yoshida ascites hepatoma of rats. Cancer Res. **23**, 216.
HOSSMANN, K. A., und W. WECHSLER, 1965: Zur Feinstruktur menschlicher Spongioblastome. Dtsch. Z. Nervenhlk. **187**, 327—351.
HOWES, E. L., H. M. PRICE, and J. M. BLUMBERG, 1963: Ultrastructural observations of skeletal muscle of the rat in chronic vitamin E deficiency. J. Cell Biol. **19**, 35 A.
— — — 1964: The effects of a diet producing lipochrome pigment (ceroid) on the ultrastructure of skeletal muscle in the rat. Amer. J. Path. **45**, 599—631.
HRADIL, I., 1963: Some changes in the cytoplasm of liver cell after x-ray irradiation. Fol. Biol. **9**, 287—291.
HRUBAN, Z., H. SWIFT, and R. W. WISSLER, 1961: Early changes in the fine structure of hepatocytes in β-3-thienylalanine fed rats. Fed. Proc. **20**, 136.
— — — 1962: Analog-induced inclusions in pancreatic acinar cells. J. Ultrastruct. Res. **7**, 273—285.
— — — 1962: Effect of β-3-thienylalanine on the formation of zymogen granules of exocrine pancreas. J. Ultrastruct. Res. **7**, 359—372.
— — and F. W. DUNN, 1963: Fine structure of pancreatic acinar cells in rats fed inhibitors of purine protein or lipid synthesis. Fed. Proc.
— — and R. W. WISSLER, 1963: Alterations in the fine structure of hepatocytes produced by β-3-thienalalanine. J. Ultrastruct. Res. **8**, 236—250.
— B. SPARGO, H. SWIFT, R. W. WISSLER, and R. G. KLEINFELD, 1963: Focal cytoplasmic degradation. Amer. J. Path. **42**, 657—683.
— and H. SWIFT, 1964: Uricase: Localization in hepatic microbodies. Science **146**, 1316—1318.
— — and A. SLESERS, 1965: Effect of azaserine on the fine structure of the liver and pancreatic acinar cells. Cancer Res. **25**, 708—723.
— — — 1965: Effect of triparanol and diethanolamine on the fine structure of hepatocytes and pancreatic acinar cells. Lab. Invest. **14**, 1652—1672.
— — F. W. DUNN, and D. E. LEWIS, 1965: Effect of β-3-furylalanine on the ultrastructure of the hepatocytes and pancreatic acinar cells. Lab. Invest. **14**, 70—80.
— — and M. RECHCIGL, 1965: Fine structure of transplantable hepatomas of the rat. J. nat. Cancer Inst. **35**, 459—495.

Hruban, Z., W. H. Kirsten, and A. Slesers, 1966: Fine structure of spontaneous hepatic tumors of male C3H/fGs mice. Lab. Invest. **15**, 576—588.
— W. Gradman, A. Slesers, and M. Lubran, 1966: Toxicity of thioacetamide. Lab. Invest. **15**, 1748—1760.
— H. Swift, and A. Slesers, 1966: Ultrastructural alterations of hepatic microbodies. Lab. Invest. **15**, 1884—1901.
— and M. Rechcigl, 1969: Microbodies and related particles. Internat. Rev. Cytol. suppl. **1**.
Hsiung, G. D., K. G. Bensch, and P. H. Prose, 1967: Electron microscopy of monkey kidney cells infected with both SV 40 and measles virus. Nature **215**, 178—179.
Hsu, W. S., 1967: The origin of annulate lamellae in the oocytes of the ascidian, *Boltenia villosa* Stimpson. Z. Zellforsch. **82**, 376—390.
Hu, F., and R. R. Cardell, 1964: The ultrastructure of pigmented melanoma cells in continuous culture. J. invest. Derm. **42**, 67—79.
Huang, S. N., H. D. Steele, G. Kumar, and J. O. Parker, 1967: Ultrastructural changes of elastic fibers in pseudoxanthoma elasticum. Arch. Path. **83**, 108—113.
Hübner, G., 1961: Elektronenmikroskopische Untersuchungen zur Ischämie der Leber. Verh. dtsch. Ges. Path. **45**. Tagg. 286—290.
— 1962: Elektronenmikroskopische Untersuchungen zur Pinocytose der Leber nach Injektion makromolekularer Substanz. Frankfurt. Z. Path. **71**, 498—510.
— 1962: Elektronenmikroskopische Untersuchungen zur sog. Kollidonnephrose. Beitr. path. Anat. **126**, 1—28.
— 1962: Elektronenmikroskopische Untersuchungen bei chronischen Lebererkrankungen des Menschen. Verh. dtsch. Ges. Path. **46**. Tagg. 224—229.
— 1964: Ultrastructure of the mouse liver under the influence of allyl alcohol. III. Europ. reg. Conf. on Electron Microscopy Prague, B 403—404.
— 1965: Ultrastruktur und Genese toxisch bedingter Einschlußvakuolen in den Parenchymzellen der Leber. Zbl. Path. **107**, 579.
— 1965: Direkte Tetrachlorkohlenstoffwirkung auf die Membransysteme der Zelle. Naturwissenschaften **52**, 118.
— 1965: Zur Genese der großen cytoplasmatischen Einschlußvakuolen. Naturwissenschaften **52**, 136—137.
— 1965: Direkte Tetrachlorkohlenstoffwirkung auf die Membransysteme der Zelle. Rev. intern. d'Hépatol. **15**, 455—460.
— 1965: Ultrastrukturelle Leberveränderungen bei direkter Einwirkung von Tetrachlorkohlenstoff *in vivo* und *in vitro*. Virchows Arch. path. Anat. **339**, 187—197.
— 1966: Pinocytosis and storage in the mouse liver under the influence of carbon tetrachloride and allyl alcohol poisoning. VI. internat. Congr. f. Electron Microscopy Kyoto Vol. **2**, 613—614.
— 1968: Die pathischen Reaktionen des Lebergewebes. Jena: VEB G. Fischer.
— 1968: Die feinstrukturellen Grundlagen der sog. zellulären Degeneration. Med. Welt. **19**, 1—5.
— und W. Bernhard, 1961: Das submikroskopische Bild der Leberzelle nach temporärer Durchblutungssperre. Beitr. path. Anat. **125**, 1—30.
— H. J. Klein und N. Schümmelfeder, 1965: Zur Ultrastruktur der Onkozytome. Klin. Wschr. **43**, 798—800.
— 1966: Zur Neubildung von dichten Körpern (sog. peribiliary bodies) in den Leberzellen der Maus. Verh. dtsch. Ges. Path. **50**. Tagg. 456—461.
— F. Paulussen und O. Kleinsasser, 1967: Zur Feinstruktur und Genese der Onkozyten. Virchows Arch. path. Anat. **343**, 39—50.
Hübscher, G., G. R. West, and D. N. Brindley, 1965: Studies on the fractionation of mucosal homogenates from the small intestine. Biochem. J. **97**, 629—642.
Hudson, G., and J. F. Hartmann, 1961: The relationship between dense bodies and mitochondria in motor neurones. Z. Zellforsch. **54**, 147—157.
— A. Lazarow, and J. F. Hartmann, 1961: A quantitative electron microscopic study of mitochondria in motor neurones following axonal section. Exp. Cell Res. **24**, 440—456.
Hug, G., J. C. Garancis, W. K. Schubert, and S. Kaplan, 1966: Glycogen storage disease types II, III, VIII, and IX. A biochemical and electron microscopic analysis. Amer. J. Dis. child. **111**, 457—474.
— and W. K. Schubert, 1967: Lysosomes in type II glycogenosis. Changes during administration of extract from *Aspergillus niger*. J. Cell Biol. **35**, C 1—C 6.
— — 1967: Glycogenosis typ II. Glycogen distribution in tissues. Arch. Path. **84**, 141—152.

HUGON, J., J. R. MAISIN et M. BORGERS, 1963: Modifications ultrastructurales précoces des cellules des cryptes duodénales de la souris après irradiation par rayons X. C. R. Soc. Biol. **157**, 2109—2111.

— — et M. BORGERS, 1964: Effect de l'aminoéthylisothiourée sur les ultrastructures des cryptes duodénales de la souris. C. R. Soc. Biol. **158**, 201—203.

— et M. BORGERS, 1964: Ultrastructures des spermatogonies de souris après irradiation par rayons X. III. Europ. reg. Conf. on Electron Microscopy Prague, B 257—258.

— — 1965: The ultrastructural localization of acid phosphatase in the crypt epithelium of the irradiated mouse duodenum. J. Histochem. Cytochem. **13**, 524—525.

— — 1965: Étude morphologique et cytochemique des cytolysomes de la crypte duodénale de souris irradiée par rayons X. J. Microscopie **4**, 643—656.

— J. R. MAISIN et M. BORGERS, 1965: Changes in ultrastructure of duodenal crypts in x-irradiated mice. Radiat. Res. **25**, 489—502.

— — 1966: Fine structural changes and localization of phosphatases in the epithelium of the duodenal crypt of irradiated mice. Histochemie **6**, 209—225.

— J. R. MAISIN, and M. BORGERS, 1966: Delayed ultrastructural changes in duodenal crypts of x-irradiated mice. Internat. J. Rad. Biol. **10**, 113—122.

— and M. BORGERS, 1966: Ultrastructural and cytochemical studies on karyolytic bodies in the epithelium of the duodenal crypts of whole body x-irradiated mice. Lab. Invest. **15**, 1528—1543.

— — 1966: Ultrastructural and cytochemical changes in spermatogonia and Sertoli cells of whole-body irradiated mice. Anat. Rec. **155**, 15—32.

— J. R. MAISIN, and M. BORGERS, 1966: Lysosomal modifications after administration of radioprotective drugs. Experientia **22**, 201—202.

— — — 1966: Ultrastructural aspects of duodenal crypts in x-irradiated mice after chemical protection. Nature **210**, 749—750.

— and M. BORGERS, 1968: Fine structure of the nuclei of the duodenal crypt cells after x-irradiation. Amer. J. Path. **52**, 701—723.

HUHN, D., 1967: Feinstruktur des Knochenmarkes nach Ganzkörperbestrahlung. Blut **16**, 121—143.

— und CH. STEIDLE, 1967: Elektronenmikroskopische Untersuchungen der Phagozytose und Wirkung pyrogener Reizstoffe im Knochenmark. Z. Zellforsch. **82**, 391—406.

HUMMELER, K., T. N. HARRIS, N. TOMASSINI, M. HECHTEL, and B. FARBER, 1966: Electron microscopic observations on antibody-producing-cells in lymph and blood. J. exp. Med. **124**, 255—262.

— S. HARRIS, and T. N. HARRIS, 1966: Fine structure of some antibody producing cells. Fed. Proc. **25**, 1734—1738.

HUTCHINSON, F., 1966: The molecular basis for radiation effects on cells. Cancer Res. **26**, 2045—2052.

HUTH, F., W. HILSCHER und M. H. BLESSING, 1966: Experimentelle Untersuchungen über die Resorption von Vitalstoffen und Chromoproteinen an der Rattenniere. Frankfurt. Z. Path. **75**, 275—296.

— R. F. BILS und M. GOLONBEK, 1969: Elektronenmikroskopische Befunde an Kaninchennieren nach orthostatischem Kollaps. Virchows Arch. Abt. A **348**, 36—50.

HUTTERER, F., W. FITSCHEN, and H. POPPER, 1961: Mitochondrial damage and hepatic steatosis in ethionine intoxication. Brit. J. exp. Path. **42**, 187—194.

— F. SCHAFFNER, F. M. KLION, and H. POPPER, 1968: Hypertrophic, hypoactive smooth endoplasmic reticulum: A sensitive indicator of hepatotoxicity exemplified by dieldrin. Science **161**, 1017—1019.

HYDE, B. B., 1967: Changes in nucleolar ultrastructure associated with differentiation in the root tip. J. Ultrastruct. Res. **18**, 25—54.

ICHIHARA, I., 1967: The fine structure of testicular interstitial cells in the mouse administered with vitamin E. J. Electron Microscopy **16**, 394.

ICHIKAWA, A., 1967: A note on the dark cells of the exocrine pancreas. Arch. histol. jap. **28**, 79—88.

IGLESIA, F. A. DELLA, 1969: Comparative analysis of hepatic microbodies. Acta hepato-splenol. **16**, 141—160.

— E. A. PORTA, and W. S. HARTROFT, 1965: Studies on acute ethanol intoxication in rats. Amer. J. Path. **46**, 35a.

— J. C. SOSA-LUCERNO, and G. LUMB, 1968: Subcellular hepatic changes following drug administration. Amer. J. Path. **52**, 4a.

IGLESIA, F. A. DELLA, C. WALL, J. C. SOSA-LUCERO, and G. LUMB, 1969: The nature of hepatomegaly induced by biphenylylmethylvaleric acid. Amer. J. Path. **55**, 2a.

I-LI CHEN, R. D. YATES, and D. DUNCAN, 1969: The effects of reserpine and hypoxia on the amine-storing granules of the hamster carotid body. J. Cell Biol. **42**, 804—816.

IMAEDA, T., and J. CONVIT, 1962: Electron microscope study of Mycobacterium leprae and its environment in a vesicular leprous lesion. J. Bact. **83**, 43—52.

— — 1963: Electron microscope of cutaneous nerves in leprosy. Int. J. Leprosy **31**, 188—210.

IMAI, H., 1966: Ultrastructural changes of pancreatic acinar cells following antibiotics administration. Experiments of guinea pigs with chloramphenicol and tetracycline. Nagoya J. med. Sci. **28**, 247—260.

— and A. A. STEIN, 1963: Ultrastructure of adenocarcinoma of the colon. Gastroenterology **44**, 410—418.

— — 1963: Ultrastructure of adenomatous polyps and villous adenomas of large intestine. Lab. Invest. **12**, 868.

— K. T. LEE, S. PASTORI, E. PANLILIO, R. FLORENTIN, and W. A. THOMAS, 1966: Atherosclerosis in rabbits. Architectural and subcellular alterations of smooth muscle cells of aortas in response to hyperlipemia. Exp. molec. Path. **5**, 273—310.

INFERRERA, C., e P. MOTTA, 1965: Sulla presenza di centrioli talora multipli in cellule epatiche umane in corso di ittero idiopatico cronico. Virchows Arch. path. Anat. **339**, 327—330.

— C. BULLÈ, A. RIGANO e D. PALMARA, 1967: Aspetti ultrastructurali citochimici del coriocarcinoma uterino. Arch. Ostetricia ginecol. **6**, 707—744.

INMAN, D. R., and E. H. COOPER, 1965: The relation of ultrastructure to DNA synthesis in human leucocytes. Acta haematol. **33**, 257—278.

IRELAND, J. T., B. K. PATNAIK, and L. J. P. DUNCAN, 1967: Glomerular ultrastructure in secondary diabetics and normal subjects. Diabetes **16**, 628—635.

ISERI, O. A., CH. S. LIEBER, and L. S. GOTTLIEB, 1966: The ultrastructure of fatty liver induced by prolonged ethanol ingestion. Amer. J. Path. **48**, 535—555.

ISHIDA, Y., S. KAWAI, K. SATO, and H. NIIBE, 1964: Electron microscopy of medulloblastoma. Gunma J. med. Sci. **13**, 71—78.

— — — T. TAKAYANAGI, and J. I. KAWAFUCHI, 1964: Electron microscopy of meningothelial meningiom. Gunma J. med. Sci. **13**, 181—197.

ISHII, T., Y. MURAKAMI, R. S. KIMURA, and J. K. BALOGH, 1967: Electron microscopy and histochemical identification of lipofuscin in the human inner ear. Acta Otolaryng. **64**, 17—29.

ISHIKAWA, H., 1964: Peculiar intranuclear structures in sympathetic ganglion cells of a dog. Z. Zellforsch. **62**, 822—828.

ISHIKAWA, T., and Y. F. PEI, 1965: Intramitochondrial glycogen particles in rat retinal receptor cells. J. Cell Biol. **25**, 402—407.

ISOMAKI, A. M., R. M. BERGSTRÖM, and E. KIVALO, 1962: Ultrastructural changes in the sensory nerve fibers in the skin of the frog (*Rana temporaria*) after circumscript irradiation with Po^{210} α-particles (5,3 MeV). Acta path. scand. **54**, 190—202.

ISSELBACHER, K. J., and J. R. SENIOR, 1964: The intestinal absorption of carbohydrate and fat. Gastroenterology **46**, 287—298.

ITABASHI, H. H., D. M. BASS, and I. R. MCCULLOCH, 1966: Inclusions body of acute inclusion encephalitis. An electron microscopic study in a case of suspected herpes simplex encephalitis. Arch. Neurol. **14**, 493—505.

ITO, S., 1962: Light and electron microscopic study of membranous cytoplasmic organelles. Symp. internat. Soc. Cell Biol. I, 129—148.

— 1962: Postmortem changes of the plasma membrane. Vth internat. Congr. f. Electron Microscopy Philadelphia II, L 5.

— and W. W. JOHNSON, 1969: Hepatoblastoma and hepatoma in infancy and childhood. Arch. Path. **87**, 259—266.

IVERSEN, O. H., H. E. CHRISTENSEN, and R. RASK-NIELSEN, 1964: Studies on a transplantable mastocytoma in mice. 3. Histological and ultrastructural changes following varying doses of oestrogen. Acta path. scand. **60**, 194—208.

IZARD, J., 1965: Ultrastructure des corpuscules de Hassall au cours de l'involution expérimentale du thymus provoquée par la folliculine. Z. Zellforsch. **66**, 276—292.

IZQUIERDO, L., and J. D. VIAL, 1962: Electron microscopic observations on the early development of the rat. Z. Zellforsch. **56**, 157—179.

JACKSON, B. A., and G. W. RICHTER, 1968: Disseminated yellow foci in livers of acetamide-treated rats. Arch. Path. **86**, 142—159.

JACKSON, G. W., and R. J. STENGER, 1967: The effects of hydrocortisone pretreatment upon the hepatotoxicity of carbon tetrachloride. Lab. Invest. **16**, 629.
JACOB, F., 1966: Genetik der Bakterienzelle. Angew. Chem. **78**, 704—713.
JACOB, H. S., 1966: Abnormalities in the physiology of the erythrocyte membrane in hereditary spherocytosis. Amer. J. Med. **41**, 734—743.
JACOB, J., and J. L. SIRLIN, 1964: Electron microscope studies on normal and actinomycin treated salivary gland cells of „Smittia parthenogenetica" (Chironomidae). III. Europ. reg. Conf. on Electron Microscopy Prague, B 43—44.
— — 1964: Electron microscope studies on salivary gland cells. IV. The nucleus of Smittia parthenogenetica (Chironomidae) with special reference to the nucleolus and the effects of actinomycin thereon. J. Ultrastruct. Res. **11**, 315—328.
JACOB, S. T., and P. M. BHARGAVA, 1965: Effect of chloramphenicol on ribonucleic acid synthesis in liver cells in suspension. Biochem. J. **97**, 67—73.
— E. M. SAJDEL, and H. N. MUNRO, 1969: Regulation of nucleolar RNA metabolism by hydrocortisone. Europ. J. Biochem. **7**, 449—453.
JAGENDORF-ELFVIN, M., and E. ELIASSON, 1969: Reversible changes in the ultrastructure of Chang liver cell mitochondria following incubation of the cells in a glutamine-deficient medium. J. Cell Biol. **41**, 905—909.
JAKOBSSON, S., 1967: Effect of experimental diabetes on liver glucose-6-phosphatase. Acta path. scand. **70**, 154—155.
JAMIESON, J. D., 1963: Secretory granules and lipofuscin pigments in mammalian atria. J. Cell Biol. **19**, 36 A.
— and G. E. PALADE, 1967: Intracellular transport of secretory proteins in the pancreatic exocrine cell. I. Role of the peripheral elements of the Golgi complex. J. Cell Biol. **34**, 577—596.
— — 1967: Intracellular transport of secretory proteins in the pancreatic exocrine cell. II. Transport to condensing vacuoles and zymogen granules. J. Cell Biol. **34**, 597—615.
JAMUAR, M. P., CH. W. KIM, and L. D. HAMILTON, 1967: Ultrastructure of lymphocytes sensitized to *Trichinella spiralis*. J. Cell Biol. **35**, 2/2, 170 A.
JANEWAY, R., J. R. RAVENS, L. A. PEARCE, D. L. ODOR, and K. SUZUKI, 1967: Progressive myoclonus epilepsy with Lafora inclusion bodies. I. Clinical, genetic, histopathologic and biochemical aspects. Arch. Neurol. **16**, 565—582.
JANIGAN, D. T., and R. L. DRUET, 1966: Experimental amyloidosis. Role of antigenicity and rapid induction. Amer. J. Path. **48**, 1013—1025.
JÄNISCH, W., D. SCHREIBER und W. DIETZ, 1968: Frühstadien regressiver Veränderungen in Meningiomen. Zbl. Path. **111**, 236—241.
JASMIN, G., and J. W. CHA, 1969: Renal adenomas induced in rats by dimethylnitrosamine. Arch. Path. **87**, 267—278.
JATLOW, P., R. ADAMS, and R. E. HANDSCHUHMACHER, 1964: Ultrastructural studies on orotic acid-induced fatty change in the rat liver. Lab. Invest. **13**, 940.
JEAN, G., G. LAMBERTENGHI, P. TRAVAGHINI e E. POLLI, 1965: Ultrastruttura della cellula epatica umana. II. Lisosomi, citosomi, granuli di pigmento biliare nella epatiti virale itteriche ed anitteriche. Arch. ital. anat. istol. Pat. **39**, 408—422.
JENNINGS, F. L., and R. A. TURNER, 1964: Comparative radiosensitivity of epithelium and endothelium. Amer. J. Path. **44**, 17a.
JENNINGS, R. B., J. H. BAUM, and P. B. HERDSON, 1965: Fine structural changes in myocardial ischemic injury. Arch. Path. **79**, 135—143.
— J. P. KALTENBACH, and H. M. SOMMERS, 1967: Mitochondrial metabolism in ischemic injury. Arch. Path. **84**, 15—19.
— P. B. HERDSON, and H. M. SOMMERS, 1969: Structural and functional abnormalities in mitochondria isolated from ischemic dog myocardium. Lab. Invest. **20**, 548—557.
JENSEN, W. N., M. MONTJAR, E. J. HEINLE, F. PADILLA et A. C. TRAKATELLIS, 1967: Action du bleu de méthylène nouveau sur les ribosomes des réticulocytes du rat. Nouv. Rev. franç. Hémat. **7**, 841—846.
— G. D. MORENO, and M. C. BESSIS, 1965: An electron microscopic description of basophilic stippling in red cells. Blood **25**, 933—943.
JENSON, A. B., E. R. RABIN, C. A. PHILLIPS, and J. L. MELNICK, 1965: Reovirus encephalitis in newborn mice. An electron microscopic and virus assay study. Amer. J. Path. **47**, 223—239.
JERSILD, R. A., 1965: A radioautographic study of fatty acid esterification in rat intestinal absorptive cells. J. Cell Biol. **27**, 48 A.
— 1966: A radioautographic study of glyceride synthesis *in vivo* during intestinal absorption on fats and labeled glucose. J. Cell Biol. **31**, 413—427.
— 1968: A radioautographic comparison of glycerol-H^3 and galactose-H^3 uptake during intestinal glyceride synthesis. Anat. Rec. **160**, 217—230.

Jessen, H., 1967: The ultrastructure of odontoblasts in perfusion fixed demineralized incisors of adult rats. Acta Odont. scand. **25**, 491—505.
— 1968: The morphology and distribution of mitochondria in ameloblast with special reference to a helix-containing type. J. Ultrastruct. Res. **22**, 120—135.
Jézéquel, A. M., 1959: Dégénérescence myélinique des mitochondries de foie humain dans un épitheliome du cholédoque et un ictère viral. J. Ultrastruct. Res. **3**, 210—215.
— G. Albot et C. Nezelof, 1960: Les cellules clarifiées dans l'hépatite parenchymateuse. Presse méd. 567—570.
— and J. W. Steiner, 1966: Some ultrastructural and histochemical aspects of coxsackie virus-cell interactions. Lab. Invest. **15**, 1055—1083.
— M. M. Shreeve, and J. W. Steiner, 1967: Segregation of nucleolar components in mycoplasma-infected cells. Lab. Invest. **16**, 287—304.
— and J. W. Steiner, 1967: Electron microscopy of liver biopsies and of transmissible agents from hepatitis patients. T. Gastro-ent. **10 B** suppl., 3—10.
Jhee, H. T., S. S. Han, and J. K. Avery, 1965: A study of salivary glands of rats injected with actinomycin D. Amer. J. Anat. **116**, 631—652.
Jimenez-Diaz, C., M. J. Casado, A. Rapado, V. Navarro, and H. Oliva, 1964: Infantile familiar cirrhosis due to Wilson's disease without neurologic manifestations. Bull. med. Res. **17**, 55—65.
Johnson, C. F., 1966: Intestinal invertase activity and a macromolecular repeating unit of hamster brush border plasma membrane. VI. internat. Congr. f. Electron Microscopy Kyoto Vol. **2**, 389—390.
Johnson, F. R., and S. J. Darnton, 1967: Ultrastructural observations on the renal papilla of the rabbit. Z. Zellforsch. **81**, 390—406.
— and L. Fry, 1967: Ultrastructural observations on lichen planus. Arch. Derm. **95**, 596—607.
Johnson, H. A., and F. Amendola, 1969: Mitochondrial proliferation in compensatory growth of the kidney. Amer. J. Path. **54**, 35—45.
Joklik, W. K., and Y. Becker, 1965: Studies on the genesis of polyribosomes. I. Origin and significance of the subribosomal particles. J. molec. Biol. **13**, 496—510.
Jones, A. L., and D. T. Armstrong, 1965: Increased cholesterol biosynthesis following phenobarbital induced hypertrophy of agranular endoplasmic reticulum in liver. Proc. Soc. exp. Biol. Med. **119**, 1136—1139.
— N. B. Ruderman, and M. G. Herrera, 1966: An electron microscopic study of lipoprotein production and release by the isolated perfused rat liver. Proc. Soc. exp. Biol. Med. **123**, 4—9.
— and D. W. Fawcett, 1966: Hypertrophy of the agranular endoplasmic reticulum in hamster liver induced by phenobarbital. J. Histochem. Cytochem. **14**, 215—232.
— N. B. Ruderman, and M. G. Herrera, 1967: Electron microscopic and histochemical study of lipoprotein synthesis in the isolated perfused rat liver. J. Lipid Res. **8**, 429—446.
Jones, K. W., 1967: The induction of paracrystalline thread-complexes in the nuclei of amphibian cells by actinomycin D and other DNA-binding antibiotics. J. Ultrastruct. Res. **18**, 71—84.
— and T. R. Elsdale, 1964: The effects of actinomycin D on the ultrastructure of the nucleus of the amphibian embryonic cell. J. Cell Biol. **21**, 245—252.
Jones, O. P., 1963: Electron microscope studies of primitive erythrocytes. Proc. 9th Congr. europ. Soc. Haemat., Lisbon 1—4.
— 1965: Selective binding sites for the transfer of ferritin into erythroblasts. J. nat. Cancer Inst. **35**, 139—151.
— 1966: Formation of intramitochondrial lamellated bodies and their extrusion from early erythroblasts. VI. internat. Congr. f. Electron Microscopy Kyoto Vol. **2**, 707—708.
Jones, R., W. A. Thomas, and R. F. Scott, 1962: Electron microscopy study of chyle from rats fed butter or corn oil. Exp. molec. Path. **1**, 65—83.
Jordan, S. W., 1964: Electron microscopy of hepatic regeneration. Exp. molec. Path. **3**, 183—200.
— 1964: Electron microscopy of Gaucher cells. Exp. molec. Path. **3**, 76—85.
— 1967: Ultrastructural studies of spleen after whole body irradiation of mice. Exp. molec. Path. **6**, 156—171.
Jorgensen, O., 1964: Electron-microscopical studies of granulation tissue formation in open wounds of ascorbic acid deficient guinea pig. Acta path. scand. **60**, 365—386.
— 1964: Electron-microscopical studies of granulation tissue formation of animals treated with antirheumatic compounds. Acta path. scand. **60**, 349—364.

JOURNEY, L. J., and M. N. GOLDSTEIN, 1961: Electron microscope studies on HeLa cell lines sensitive and resistant to actinomycin D. Cancer Res. **21**, 929—932.
— and D. B. AMOS, 1962: An electron microscope study of histiocyte response to ascites tumor homografts. Cancer Res. **22**, 998—1001.
— 1964: Cytoplasmic microtubules in mouse peritoneal macrophages during rejection of MC1M ascites tumor cells. Cancer Res. **24**, 1391—1405.
JOYON, L., P. MALET et J. P. TURCHINI, 1964: Cytologie-structures et rapports particuliers des mitochondries avec les membranes plasmiques d'hépatocytes de nouveau-nés. C. R. Acad. Sci. **259**, 2532—2534.
JULIAN, M., 1965: Glomérulose humaine diabétique et glomérulose cortisonique expérimentale. Thèse Toulouse.
JURAND, A., and J. JACOB, 1965: Electron microscope studies on salivary gland cells. VI. The effects of actinomycin D on the cytoplasm of Smittia parthenogenetica (Chironomidae). J. Insect. Physiol. **11**, 1345—1350.
— and T. YAMADA, 1967: Elimination of mitochondria during Wolffian lens regeneration. Exp. Cell Res. **46**, 636—638.

KADENBACH, B., 1966: Der Einfluß von Thyreoidhormonen *in vivo* auf die oxydative Phosphorylierung und Enzymaktivität in Mitochondrien. Biochem. Z. **344**, 49—75.
KAFER, E., and J. K. POLLAK, 1961: Amino acid metabolism of growing tissues II. Alanine-glutamic acid transaminase activity of embryonic rat liver. Exp. Cell Res. **22**, 120—136.
KAHRI, A. I., 1968: Effects of actinomycin D and puromycin on the ACTH-induced ultrastructural transformation of mitochondria of cortical cells of rat adrenals in tissue culture. J. Cell Biol. **36**, 181—195.
KAISER, E., und K. SPRINGER, 1963: Elektronenoptische und biochemische Untersuchungen über die zytotoxische Wirkung heterologer Antisera gegen Tumorzellen. Wien. klin. Wschr. **75**, 312—314.
KAJIKAWA, K., and I. NAKANISHI, 1966: The structure and formation of lysosomes in macrophages. VI. internat. Congr. f. Electron Microscopy Kyoto Vol. **2**, 421—422.
KAKEFUDA, T., and R. KINOSITA, 1966: Electron microscopic autoradiography of nuclei and nucleoproteins. VI. internat. Congr. f. Electron Microscopy Kyoto Vol. **2**, 343—344.
— — 1966: Ultrastructure of elementary fibrils of chromosome and RNA in mammalian cell nuclei. J. Cell Biol. **31**, 55 A.
KALIFAT, S. R., M. BOUTEILLE et J. DELARNE, 1967: Critères ultrastructuraux de différenciation des cancers bronchiques primitifs. Ann. Anat. path. N. S. **12**, 137—164.
KALNINS, V. I., H. F. STICH, and S. A. BENCOSME, 1964: Fine structure of nucleoli and RNA-containing chromosome regions of salivary gland chromosomes of Chironomids and their interrelationship. Canad. J. Zool. **42**, 1147—1155.
KAMINSKY, N., S. LUSE, and P. HARTROFT, 1962: Ultrastructure of adrenal cortex of the dog during treatment with DDD. J. nat. Cancer Inst. **29**, 127—159.
KAMOSHITA, S., H. B. NEUSTEIN, and B. H. LANDING, 1967: Infantile neuroaxonal dystrophy: Neuropathological and electron microscopic observations on a patient with neonatal onset. Lab. Invest. **16**, 663—664.
KANNO, Y., and W. R. LOEWENSTEIN, 1963: A study of the nucleus and cell membranes of oocytes with an intracellular-electrode. Exp. Cell Res. **31**, 149—166.
KAPELLER, K., and D. MAYOR, 1967: The accumulation of mitochondria proximal to a constriction in sympathetic nerves. J. Physiol. **191**, 70 P.
KARASAKI, S., 1964: The sites of nuclear RNA synthesis during amphibian embryogenesis. Biol. Bull. **127**, 354.
— 1967: The fine structural alterations and the multiplication of hepatocytes in preneoplastic rat liver. J. Cell Biol. **35**, 2/2, 64 A.
KARASEK, J., and I. DUBININ, 1969: Nuclear bodies in keratosis arsenicalis. Virchows Arch. Abt. B **2**, 171—179.
KARNOVSKY, M. J., 1962: Mitochondrial changes and cytochrome oxidase in the frog nephron. Vth internat. Congr. f. Electron Microscopy Philadelphia Vol. II, Q-9.
— 1963: The fine structure of mitochondria in the frog nephron. Correlated with cytochrome oxidase activity. Exp. molec. Path. **2**, 347—366.
KARNOVSKY, M. L., A. W. SHAFER, R. H. CASAN, R. C. GRAHAM, M. J. KARNOVSKY, E. A. GLASS, and K. SAITO, 1966: Membrane function and metabolism in phagocytic cells. Trans. N. Y. Acad. Sci. Ser. II, **28**, 778—787.
KASHIWAI, K., H. YANO, and T. KUSUNOKI, 1963: An electron microscope study on the transitional cell carcinoma of human urinary bladder. Urol. int. **15**, 22—51.

KASPEREK, K., V. SILLER und H. J. KNIERIEM, 1969: Neutronenaktivierungs-analytische Bestimmung von Kobalt und Kalzium bei der experimentellen Herzinsuffizienz durch Kobaltchlorid. Z. ges. exp. Med. **150**, 316—324.
KASTEN, F. H., 1967: Chromosomal and nucleolar RNA synthesis rates and inhibitory patterns after actinomycin D pulses in the synchronized cell cycle. J. Cell Biol. **35**, 2/2, 64 A.
— and R. J. BOVIS, 1965: Observations on nucleolar fine structure. J. Ultrastruct. Res. **13**, 567.
— F. STRASSER, and M. TURNER, 1965: Nucleolar and cytoplasmic ribonucleic acid inhibition by excess thymidine. Nature **207**, 161—164.
KATO, R., L. LOEB, and H. V. GELBOIN, 1965: Increased sensitivity of microsomes from phenobarbital treated rats to synthetic messenger RNA (polyuridylic acid): Lack of effect on ribosomes. Nature **205**, 668—669.
KATOH, A. K., and M. H. BRAVERMAN, 1966: Delayed repression of RNA synthesis by actinomycin D. J. Cell Biol. **31**, 57 A.
KAUFFMAN, S. L., and L. HERMAN, 1966: Nuclear and mitochondrial alterations in embryonic neural tube cells following urethane exposure. Amer. J. Path. **48**, 27a.
KAVANAU, J. L., 1965: Structure and function in biological membranes. San Francisco: Holden Day Inc.
KAWABATA, I., 1965: Electron microscopy of the rat hypothalamic neurosecretory system. II. Nucleolus-like inclusion bodies in the cytoplasm of neurosecretory cells. Arch. histol. jap. **26**, 101—113.
KAWANISHI, H., Y. AKAZAWA, and B. MACHII, 1966: Islets of Langerhans in normal and diabetic humans. Ultrastructure and histochemistry with special reference to hyalinosis. Acta path. jap. **16**, 177—197.
KAWANO, S., 1966: Studies on renal hypertension: IV. Electron-microscopy studies on experimental renal hypertension. Jap. J. urol. **57**, 423—441.
KAWAMURA, K., K. HAYASHI, and M. TAKAYASU, 1966: Ultrastructure aspect of the human heart in primary myocardial disease. VI. internat. Congr. f. Electron Microscopy Kyoto Vol. **2**, 701—702.
KAZAKOVA, T. B., and K. A. MARKOSIAN, 1966: Comparison of physicochemical properties of mitochondrial and nuclear deoxyribonucleic acid from rat liver cells. Nature **211**, 79—80.
KAZARYAN, K. G., Y. S. CHENTSOW, and A. S. KULMINSKAYA, 1967: Changes in the metabolism of RNA and protein and in the structure of differentiating cells of the intestinal epithelium. Ž. obšč. Biol. **28**, 198—208.
KELLEY, D. E., 1966: Fine structure of cell contact and the synapse. Anesthesiology **28**, 6—30.
KELLY, D. E., and J. H. LUFT, 1966: Fine structure development, and classification of desmosomes and related attachment mechanisms. VI. internat. Congr. f. Electron Microscopy Kyoto Vol. **2**, 401—402.
KEMMER, C., 1964: Die submikroskopische Struktur des Plexus choriodeus des Kaninchens bei verschiedenen Funktionszuständen, zugleich ein Beitrag zur Liquorproduction. Diss. Med. Akad. Dresden.
— und H. DAVID, 1962: Die submikroskopische Struktur des normalen und atrophischen Ureters des Kaninchens. Z. mikr. anat. Forsch. **68**, 448—462.
— und H. SIMON, 1965: Submikroskopische Befunde an den Leberepithelzellen der weißen Ratte nach hohen Chlorochin- und kombinierten Chlorochin-Prednisongaben. Zbl. Path. **108**, 145.
— K. D. KUNZE und W. R. HERRMANN, 1967: Das elektronenmikroskopische Bild der Rattenniere nach oraler Applikation von 2,4 dinitrophenol. Frankfurt. Z. Path. **77**, 83—97.
— und M. MÜLLER, 1967: Morphologische und histochemische Leberzellveränderungen weiblicher Mäuse nach Oestilben D-Applikation. Frankfurt. Z. Path. **77**, 235—244.
— — 1967: Autographische Untersuchungen über die subzelluläre Verteilung von o-Aminoazotoluol in der Mäuseleber. Acta biol. med. germ. **19**, 333—337.
KEMP, N. E., 1962: Alterations in frog skin after heavy gamma irradiation. Vth internat. Congr. f. Electron Microscopy Philadelphia, Vol. II, VV-3.
KEMPCZINSKI, R. F., and J. B. CAULFIELD, 1968: A light and electron microscopic study of renal tubular regeneration. Nephron **5**, 249—264.
KENDREY, G., 1968: Structure and importance of intranuclear inclusions in thioacetamide hepatocarcinogenesis. Acta morph. Acad. Sci. hung. **16**, 53—63.
— 1968: Fine structural changos in rat liver cells in response to prolonged thioacetamide. Path. europ. **3**, 96—109.

KENDREY, G., und L. COSSEL, 1963: Die Ultrastruktur eines durch Isonikotinsäure (INH) verursachten Mäuseaszitessarkoms. Beitr. path. Anat. **128**, 219—237.

KENT, G., F. J. VOLINI, E. ORFEI, O. T. MINICK, and J. DE LA HUERGA, 1963: Effect of hepatic injuries upon iron storage in the liver. Lab. Invest. **12**, 1094—1101.

— O. T. MINICK, F. J. VOLINI, E. ORFEI, and J. DE LA HUERGA, 1963: Iron storage in N-2-fluorenylacetamide induced hepatic injury. Electronmicroscopic observations following the injection of iron dextran. Lab. Invest. **12**, 1102—1112.

— — — — and F. MADERA-ORSINI, 1965: Autophagic vacuoles (lysosomes) in human erythrocytes. Their role in red cell maturation and the effect of the spleen on their dispersal. J. Cell Biol. **27**, 51 A—52 A.

— — — — — 1965: The movement of iron-laden lysosomes in rat liver cells during mitosis. Amer. J. Path. **46**, 803—828.

— — F. J. VOLINI, and E. ORFEI, 1966: Autophagic vacuoles in human red cells. Amer. J. Path. **48**, 831—857.

KENT, S. P., 1957: Effect of postmortem autolysis on certain histochemical reactions. Arch. Path. **64**, 17—22.

KENT, T. H., J. M. LAYTON, J. A. CLIFTON, and H. P. SCHEDL, 1963: Whipple disease: Light and electron microscopic studies combined with clinical studies suggesting an infective nature. Lab. Invest. **12**, 1163—1178.

KEPES, J., 1961: Electron microscopic studies of meningiomas. Amer. J. Path. **39**, 499—510.

— 1962: Electron microscopic studies of meningiomas. IV. internat. Kongr. f. Neuropathologie München 1961, Vol. II, 174—178.

KERÉNYI, T., L. HARANGHY, J. HÜTTNER, B. VERESS und K. SZENTÁGOTHAI, 1967: Beiträge zum Mechanismus der Lipofuszinpigmentbildung im Nervensystem. Morph. és Ig. Orr. Szemle **7**, 196—203.

KERR, J. F. R., 1965: A histochemical study of hypertrophy and ischaemic injury of rat liver with special reference to changes in lysosomes. J. Path. Bact. **90**, 419—435.

— 1967: Lysosome changes in acute liver injury due to heliotrine. J. Path. Bact. **93**, 167—174.

KERSTEN, W., und H. KERSTEN, 1965: Die Bindung von Daunomycin, Cinerubin und Chromomycin A_3 an Nukleinsäuren. Biochem. Z. **341**, 183.

KESSEL, R. G., 1966: An electron microscope study of nuclear-cytoplasmic exchange in oocytes of *Ciona intestinalis*. J. Ultrastruct. Res. **15**, 181—196.

— and H. W. BEAMS, 1963: Nucleolar extrusion in oocytes of Thyone briareus. Exp. Cell Res. **32**, 612—615.

— — 1968: Intranucleolar membranes and nuclear-cytoplasmic exchange in young crayfish oocytes. J. Cell Biol. **39**, 735—741.

KETELSEN, U. P., H. BERGER und E. FREUND-MÖLBERT, 1968: Feinstrukturelle Befunde bei der progressiven okulären Muskeldystrophie unter besonderer Berücksichtigung der Mitochondrienveränderungen. Beitr. path. Anat. **138**, 223—242.

KHAIRALLAH, L. H., R. K. MURRAY, G. H. MAYER, and H. C. PITOT, 1967: Ultrastructural and biochemical studies of the endoplasmic reticulum of hepatomas. J. Cell Biol. **35**, 2/2, 67 A.

KHATTAB, F. J., 1967: Alterations in acid phosphatase bodies in cat motoneurones after asphyxiation of the spinal cord. Exper. Neurol. **18**, 133—140.

KIDD, M., 1963: Paired helical filaments in electron microscopy of Alzheimer's disease. Nature **197**, 192—193.

— 1964: Alzheimer's disease-an electron microscopical study. Brain **87**, 307—320.

KIDSON, C., and K. S. KIRBY, 1965: Selective alteration of rapidly-labeled ribonucleic acid synthesis in rat liver during azo-dye carcinogenesis. Cancer Res. **25**, 472—476.

KIEF, H., K. ENGELBART, G. ARNOLD und H. BÄHR, 1968: Vacuoläre Rückresorption von nativer und abgebauter Gelatine (sog. osmotische Nephrose). Virchows Arch. Abt. B **1**, 240—250.

KIESSLING, K. H., G. DEGERMAN, and M. SKOGLUND, 1963: Influence of sex hormones upon disturbances caused by ethanol on mitochondria oxidations in rat. Acta chem. scand. **17**, 2513—2517.

— and U. TOBÉ, 1964: Degeneration of liver mitochondria in rats after prolonged alcohol consumption. Exp. Cell Res. **33**, 350—354.

— L. LINDGREN, B. STRANDBERG, and U. TOBE, 1964: Electron microscopic study of liver mitochondria from human alcoholics. Acta med. scand. **176**, 595—598.

— L. PILSTRÖM, B. STRANDBERG, and L. LINDGREN, 1965: Ethanol and the human liver correlation between mitochondrial size and degree of ethanol abuse. Acta med. scand. **178**, 533—535.

KIESSLING, K. H., and L. PILSTRÖM, 1966: Effect of ethanol on rat liver. II. Number, size and appearance of mitochondria. Acta pharmacol. **24**, 103—111.
KIKKAWA, Y., and B. GUEFT, 1963: Mitochondrial crystalline inclusion bodies of the human liver. J. appl. Phys. **34**, 2505.
— — 1965: Ultrastructural alterations of heart mitochondria due to diphtheria exotoxin. Lab. Invest. **14**, 572.
KIM, I. C., T. SHIRAHAMA, and A. S. COHEN, 1967: The lipid content of amyloid fibrils purified by a variety of methods. Amer. J. Path. **50**, 869—886.
KIMBERG, D. V., and J. WIENER, 1966: Cortisone-induced alterations in mitochondrial structure and function. J. Cell Biol. **31**, 60 A.
— and S. A. GOLDSTEIN, 1967: Binding of calcium by liver mitochondria: an effect of steroid hormones in vitamin D-depleted and parathyroidectomized rats. Endocrinology **80**, 89—98.
— A. V. LOUD, and J. WIENER, 1968: Cortisone-induced alterations in mitochondrial function and structure. J. Cell Biol. **37**, 63—79.
KIMMEL, C. B., 1967: Lysosomes in the spleen of the chick embryo: II. Changes during the graft-versus-host reaction. J. exp. Zool. **166**, 447—458.
KING, N. W., L. D. JONES, H. SASAKI, and F. SCHAFFNER, 1965: The effects of choline on hepatic ultrastructural changes associated with the intravenous administration of fat. Amer. J. clin. Nutr. **16**, 88—96.
KIRKPATRICK, J. B., 1967: Pathogenesis of foam cell lesions in irradiated arteries. Amer. J. Path. **50**, 291—309.
KISHIMOTO, S., and J. LIEBERMAN, 1964: A nuclear membrane change after partial hepatectomy. J. Cell Biol. **23**, 511—518.
KISTLER, G. S., J. M. BEST, J. E. BANATVALA und G. TÖNDURY, 1967: Elektronenmikroskopische Untersuchungen an rötelninfizierten menschlichen Organkulturen. Schweiz. med. Wschr. **97**, 1377—1382.
KJAERHEIM, A., 1967: Crystallized tubules in the mitochondrial matrix of adrenal cortical cells. Exp. Cell Res. **45**, 236—239.
— and O. E. HANSSEN, 1964: The mechanism of proteinuria in bacitracin intoxication. III. Europ. reg. Conf. on Electron Microscopy Prague, B 253—254.
— — 1969: Degenerative changes in the proximal renal tubules following administration of bacitracin. Acta. path. scand. **76**, 337—348.
KLÄRNER, P., und R. GIESEKING, 1963: Zur Entwicklung submikroskopischer Zelleinschlüsse im Lungentumor der Maus. Frankfurt. Z. Path. **73**, 138—148.
KLAVINS, J. V., 1966: Changes in the acinar cells of the pancreas and in hepatocytes after the administration of homocystine. Amer. J. Path. **48**, 22a.
— 1967: Pathology of amino acid excess. VII. Phenylalanine and thyrosine. Arch. Path. **84**, 238—250.
— T. D. KINNEY, and N. KAUFMAN, 1966: Ultrastructural changes and iron deposition in the liver during ethionine administration. Amer. J. Path. **48**, 51a.
KLEIN, H. J., N. SCHÜMMELFEDER und G. HÜBNER, 1966: Zur Histochemie und Ultrastruktur der Onkozyten. Zbl. Path. **108**, 444.
— E. STEINBACH und N. SCHÜMMELFEDER, 1965: Ultrastrukturelle und histochemische Frühveränderungen bei der Viomycinnephrose. Verh. dtsch. Ges. Path. **49**, Tagg. 174—178.
— — — 1966: Ultrastrukturelle und histochemische Untersuchungen zur Entstehung der Viomycinnephrose. Frankfurt. Z. Path. **75**, 432—445.
KLEINFELD, R. G., M. H. GREIDER, and W. J. FRAJOLA, 1956: Electron microscopy of intranuclear inclusions found in human and rat liver parenchymal cells. J. biophys. biochem. Cytol. **2**. suppl., 435—438.
KLEITKE, B., W. SCHULZE und A. WOLLENBERGER, 1966: Über das Verhalten der Mitochondrien des Rattenherzens bei Belastung durch experimentelle Aortenkonstriktion und körperliches Training. Acta biol. med. germ. **17**, 343—348.
KLENOW, H., and S. FREDERKSEN, 1964: Differential inhibition of RNA synthesis by actinomycin. Biochem. biophys. Res. Commun. **17**, 206—210.
KLIMA, J., 1967: Cytologie. Stuttgart: G. Fischer.
KLINGE, O., und P. BANNASCH, 1968: Zur Vermehrung des glatten endoplasmatischen Retikulums in Hepatocyten menschlicher Leberpunktate. Verh. dtsch. Ges. Path. **52**. Tagg. 568—573.
KLINGENBERG, M., 1964: Muskelmitochondrien. Ergebn. Physiol. **55**, 131—189.
KLINGMÜLLER, G., 1966: Residualkörper bei lepromatöser Lepra. Arch. klin. exp. Derm. **225**, 149—162.
— und A. MAASJOST, 1966: Desmosomen bei Hautkrankheiten. Arch. klin. exp. Derm. **227**, 376—384.

KLINKERFUSS, G., V. BLEISCH, M. M. DIOSOA, and G. T. PERKOFF, 1967: A spectrum of myopathy associated with alcoholism. Ann. intern. Med. **67**, 493—510.
KLION, F. M., and F. SCHAFFNER, 1966: The ultrastructure of acidophilic „Councilman-like" bodies in the liver. Amer. J. Path. **48**, 755—767.
— — 1967: Ultrastructural features of canine hepatic auxiliary transplant rejection. Exp. molec. Path. **6**, 361—369.
— — 1968: Ultrastructural studies in alcoholic liver disease. Digestion **1**, 2—14.
KLINTHWORTH, G. K., and F. S. VOGEL, 1964: Macular corneal dystrophy. An inherited acid mucopolysaccharide storage disease of the corneal fibroblast. Amer. J. Path. **45**, 565—585.
KLUG, H., 1961: Elektronenmikroskopische Untersuchungen über die Wirkung von Röntgenstrahlen auf die Zellkernstrukturen der Milz. Radiobiol. Radiother. **2**, 301—314.
— 1965: Zur Phagozytose strahlengeschädigter Lymphocyten des Thymus. Experientia **21**, 129—130.
— 1963: Über die Wirkung ionisierender Strahlen auf den Kernapparat von Aszitestumorzellen. Radiobiol. Radiother. **4**, 35—47.
— 1965: Zur lymphatischen Reaktion nach Teilkörperbestrahlung. Radiobiol. Radiother. **6**, 413—420.
— 1965: Über die Möglichkeit elektronenmikroskopischer Erfassung zellulärer Strahlenschäden. Dtsch. Ges. Wes. **20**, 2203—2209.
— 1965: Elektronenmikroskopische Untersuchungen zur Phagozytose strahlengeschädigter Lymphozyten im Thymus von Ratten. Z. Zellforsch. **68**, 43—56.
— 1965: Über eine Membranstruktur um einen Nukleolus. Acta biol. med. germ. **15**, 876—878.
— 1966: Zum Vorkommen von Mitochondrien im Zellkern. Naturwissenschaften **53**, 339.
— P. LOMMATZSCH und S. HEMKE, 1966: Submikroskopische Strukturveränderungen der Photorezeptoren nach Einwirkung ionisierender Strahlen. Strahlenther. **130**, 391—406.
— 1967: Zur feinstrukturellen Strahlenreaktion der Nebennierenrindenzellen nach einzeitiger Applikation von Röntgenstrahlen. Beitr. path. Anat. **136**, 229—244.
KMENT, A., J. LEIBETSEDER und H. BURGER, 1966: Gerontologische Untersuchungen an Rattenherzmitochondrien. Gerontologia **12**, 193—199.
— — und E. LECHNER, 1966: Quantitative elektronenmikroskopische Studien an Herzmitochondrien der Ratte nach Injektionen von Plazenta- oder Testes-Gewebe. Z. Tierphysiol. **21**, 195—262.
— — und G. HARTMANN, 1966: Quantitative elektronenmikroskopische Untersuchungen an Lebermitochondrien der Ratte nach Injektionen von Plazenta- oder Hodengewebe. Wien. tierärztl. Mschr. **53**, 435—440.
KNIERIEM, H. J., 1967: Electron-microscopic study of bovine arteriosclerotic lesions. Amer. J. Path. **50**, 1035—1065.
— und G. HERBERTZ, 1969: Elektronenmikroskopische Befunde sowie photometrische und aktivierungsanalytische Ergebnisse bei experimenteller Herzinsuffizienz durch Kobaltchlorid. Virchows Arch. Abt. B **2**, 32—46.
KOBAYASHI, K., 1966: Electron microscope studies of the Langerhans islets in the toad pancreas. Arch. histol. jap. **26**, 439—482.
KOBAYASHI, Y., and L. HERMAN, 1966: Effect of hibernation upon the fine structure of the bat adenohypophysis. VI. internat. Congr. f. Electron Microscopy Kyoto Vol. **2**, 537—538.
KOCH, O. R., E. A. PORTA, and W. S. HARTROFT, 1968: A new experimental approach in the study of chronic alcoholism. III. Role of alcohol versus sucrose or fat-derived calories in hepatic damage. Lab. Invest. **18**, 379—386.
KOCHHAR, O. S., 1968: Effect of glutamine starvation on the ultrastructural organization of Chang's cultured cells. Exp. Cell Res. **49**, 598—611.
KOEHLER, J. K., 1962: Electron microscope observations of radiation-induced HeLa giant cells. Protoplasma **54**, 493—503.
KOENIG, H., T. MCDONALD, and G. NELLHAUS, 1964: Morphological and histochemical studies of neurolipidosis by light and electron microscopy. J. Neuropath. exp. Neurol. **23**, 191.
— and S. JACOBSON, 1966: Nuclear changes induced in neurons by actinomycin D. J. Cell Biol. **31**, 61 A.
— — 1967: Cytochemical and ultrastructural effects of actinomycin D in cat spinal cord. J. Neuropath. exp. Neurol. **26**, 148—149.

KOENIG, H., and A. PATEL, 1967: Neurobiological action of fluorocitrate: A biochemical, cytochemical, and electron microscope study. J. Cell Biol. **35**, 2/2, 72 A.
KOESTNER, A., 1967: Electronmicroscopic evaluation of the pathogenesis of porcine polioencephalomyelitis. J. Neuropath. exp. Neurol. **26**, 119—121.
— L. KASZA, and O. KINDIG, 1966: Electron microscopy of tissue cultures infected with porcine polioencephalomyelitis virus. Amer. J. Path. **48**, 129—147.
— — — and J. A. SHADDUCK, 1968: Ultrastructural alterations of tissue cultures infected with a pathogenic porcine adenovirus. Amer. J. Path. **53**, 651—665.
— — and J. E. HOLMAN, 1966: Electron microscopic evaluation of pathogenesis of porcine polioencephalomyelitis. Amer. J. Path. **49**, 325—337.
KOHLER, P. O., P. M. GRIMLEY, and B. O'MALLEY, 1969: Estrogen-induced cytodifferentiation of the ovalbumin-secreting glands of the chick oviduct. J. Cell Biol. **40**, 8—27.
KOHN, R. R., 1965: Denervation muscle atrophy. An autolytic system *in vitro*. Amer. J. Path. **47**, 315—323.
— 1966: Denervation muscle atrophy studies of components required for autolysis *in vitro*. Amer. J. Path. **48**, 241—258.
— 1966: Aging as a consequence of growth cessation. In: „Reproduction, Molecular, Subcellular and Cellular", ed. by M. LOCKE. New York-London: Academic Press, 291—324.
KOINOV, R., 1967: Crystal bodies in the ultrastructure of multiform glioblastoma. Cancer **20**, 1181—1185.
KOIZUMI, J., L. ROIZIN, and J. L. POOL, 1966: Electron microscopy of reactive astrocytes and vascular walls adjacent to human brain tumors and control materials. VI. internat. Congr. f. Electron Microscopy Kyoto Vol. **2**, 479—480.
— H. SHIRAISHI, and Y. MATSUMOTO, 1968: Electron microscopy of the brain glycogen under some experimental and pathological conditions. J. Electron Microscopy **17**, 249.
KOLDNY, E. H., W. K. HAAS, B. LANE, and W. D. DRUCKER, 1965: Refsum's syndrome. Report of a case including electron microscopic studies of liver. Arch. neurol. **12**, 583—596.
KOMAROMY, L., T. MONTSKÓ, A. TIGYI, and K. LISSAK, 1967: Light and electron microscopic studies of the acinar cells of the pancreas after fasting and feeding. Acta phys. Acad. Sci. hung. **31**, 209—216.
KOMNICK, H., 1963: Elektronenmikroskopische Untersuchungen zur funktionellen Morphologie des Ionentransportes in der Salzdrüse von *Larus argentatus*. Protoplasma **56**, 274—314.
— 1963: Elektronenmikroskopische Untersuchungen zur funktionellen Morphologie des Ionentransportes in der Salzdrüse von *Larus argentatus*. III. Funktionelle Morphologie der Tubulusepithelzellen. Protoplasma **56**, 605—636.
KONETZKI, W., R. HYLAND, and R. EISENSTEIN, 1962: The sequential accumulation of calcium and acid mucopolysaccharides in nephrocalcinosis due to vitamin D. Lab. Invest. **11**, 488—492.
KONISHI, A., 1966: Occurrence of glycogen in developing cerebellar mossy fiber endings. Arch. histol. jap. **27**, 451—464.
KONISHI, N., 1966: Electron-microscopic study of rabbit lenses irradiated with fast neutrons. Acta Soc. ophthal. jap. **70**, 1367—1391.
— 1967: Electron microscope study of x-irradiated rabbit lenses in comparison with neutron-irradiated rabbit lenses. Fol. ophthal. jap. **18**, 369—370.
KOPACZYK, K., J. ASAI, D. W. ALLMANN, T. ODA, and D. E. GREEN, 1968: Resolution of the repeating unit of the inner mitochondrial membrane. Arch. Biochem. **123**, 602—621.
KORB, G., 1958: Das Verhalten der normalen und geschädigten Froschleber bei der Färbung mit dem Fluorochrom Acridinorange. Acta biol. med. germ. **1**, 725—732.
— 1964: Elektronenmikroskopische Befunde am Herzmuskel nach hohen Aludrininjektionen. Verh. dtsch. Ges. Path. **48**. Tagg. 245—250.
— 1964: Morphologische Untersuchungen an experimentellen Herzmuskelnekrosen. Med. Habil. Schrift Marburg/Lahn.
— 1965: Elektronenmikroskopische Untersuchungen zur Aludrin-(Isoproterenolsulfat-) Schädigung des Herzmuskels. Virchows Arch. path. Anat. **339**, 136—150.
— und V. TOTOVIĆ, 1967: Elektronenmikroskopische Untersuchungen über Frühveränderungen im Zentrum und in der Peripherie experimenteller Herzinfarkte. Virchows Arch. path. Anat. **342**, 85—96.
— — 1969: Electron microscopical studies on experimental ischemic lesions of the heart. Ann. N. Y. Acad. Sci. **156**, 48—60.

KORN, E. D., 1966: Structure of biological membranes. The unit membrane theory is reevaluated in light of the date now available. Science **153**, 1491—1498.
— 1968: Structure and function of the plasma membrane. A biochemical perspective. J. gen. Physiol. **62**, 257—278.
— and R. A. WEISMAN, 1967: Phagocytosis of latex beads by Acanthamoeba. II. Electron microscopic study of the initial events. J. Cell Biol. **34**, 219—227.
KORNER, A., 1964: Regulation of the rate of synthesis of messenger ribonucleic acid by growth hormone. Biochem. J. **92**, 449—456.
— 1966: Regulation of protein biosynthesis by hormones. Bull. Soc. Chem. Biol. **48**, 1031—1036.
— 1966: Effect of cycloheximide on protein biosynthesis in rat liver. Biochem. J. **101**, 627—631.
KOSEK, J. C., E. J. HURLEY, and R. R. LOWER, 1968: Histopathology of orthotopic canine cardiac homografts. Lab. Invest. **19**, 97—112.
KOSHIBA, K., and T. ODA, 1968: Localization and properties of intramitochondrial DNA fibers of normal and neoplastic cells. J. Electron Microscopy **17**, 266.
KOTANI, M., and K. KAWASHIMA, 1961: Observations of the spinal ganglion cells of senile mice with the electron microscope. Okajimas Fol. anat. jap. **37**, 451—467.
KOTTMEIER, C. A., and M. W. WHEAT, 1966: Ultrastructural evaluation of myocardial preservation during cardiopulmonary bypass: The mitochondrion. J. thoracic. cardiovasc. Surg. **52**, 786—797.
— — 1967: Myocardial lysosomes in experimental atrial septal defects. Circulat. Res. **21**, 17—24.
KOVAC, W., C. KUNZ und L. STOCKINGER, 1961: Die elektronenmikroskopische Darstellung des Virus der Frühsommer-Meningoencephalitis (FSME) in HeLa-Zellen. Arch. ges. Virusforsch. **11**, 544—567.
KRAEHENBUHL, J. P., E. GLOOR et B. BLANC, 1967: Résorption intestinale de la ferritine chez deux espèces animales aux possibilités d'absorption protéique néonatale différentes. Z. Zellforsch. **76**, 170—186.
— and M. A. CAMPICHE, 1969: Early stages of intestinal absorption of specific antibodies in the newborn. J. Cell Biol. **42**, 345—365.
KRAMARSKY, B., H. A. EDMONDSON, R. L. PETERS, and T. B. REYNOLDS, 1968: Lepromatous leprosy in reaction: A study of liver and skin lesions. Amer. Med. Ass. **85**, 516—531.
KRAUSE, W., 1967: Elektronenmikroskopische Darstellung von elektronendichten globulären Teilchen an isolierten Mitochondrienmembranen der Rattenleber im Ultradünnschnittpräparat. Acta biol. med. germ. **19**, 791—794.
— 1968: Elektronenmikroskopische Beobachtung von fibrillären Elementen an isolierten Mitochondrienmembranen der Rattenleber. Acta biol. med. germ. **21**, 241—244.
KRIGMAN, M. R., R. G. FELDMAN, and K. BENSCH, 1965: Alzheimer's presenile dementia. A histochemical and electron microscopic study. Lab. Invest. **14**, 381—396.
KRISCH, K., 1966: Lysosomen. Dtsch. Med. Wschr. **91**, 1274—1280.
KRISHAN, A., M. M. KASAC, B. G. UZMAN, and E. T. HEDLEY-WHYTE, 1966: Nuclear bodies: Their structure and presence in some human tumors. J. Cell Biol. **31**, 63 A.
— B. G. UZMAN, and E. T. HEDLEY-WHYTE, 1967: Nuclear bodies: A component of cell nuclei in hamster tissues and human tumors. J. Ultrastruct. Res. **19**, 563—572.
— D. HSU, and P. HUTCHINS, 1968: Hypertrophy of granular endoplasmic reticulum and annulate lamellae in Earle's L cells exposed to vinblastine sulfate. J. Cell Biol. **39**, 211—216.
KRISHNAN, N., and R. J. STENGER, 1966: Effects of starvation on the hepatotoxicity of carbon tetrachloride (CCl_4). Lab. Invest. **15**, 1108.
— — 1966: Effects of starvation on the hepatotoxicity of carbon tetrachloride. Amer. J. Path. **49**, 239—255.
KROHN, P. L., 1967: Topics in the Biology of aging. John Wiley and Sons.
KRONE, H. A., und K. RICKERS, 1967: Der physiologische Cyclus der Uterusschleimhaut bei der Ratte im elektronenmikroskopischen Bild. Beitr. path. Anat. **135**, 390—410.
— — und S. ONISHI, 1967: Das elektronenmikroskopische Bild des Cyclus der Uterusschleimhaut an der Ratte. Naturwissenschaften **54**, 473—474.
KRSTIĆ, R., 1967: Über Veränderungen der Epithelkörperchen nach Epiphysektomie. Z. Zellforsch. **77**, 8—24.
KRYMSKY, L. D., V. B. VTYURIN, K. V. BOTSMANOV, A. K. BADIKOVA, and K. I. DZARAKHOKHOV, 1968: Radioautographic and electronmicroscopical studies of dark hepatic cells. Bjull. eksp. Biol. Med. **66**, 105—108.

KUBOTA, A., 1968: The fine structure of immunologically competent cells and macrophages in the lymphnode stimulated by yeast RNA and its proteins. Kobe J. Med. Sci. **14**, 219—239.

KUDO, S., 1967: Electron microscopical studies on the prostatic epithelium. II. Fine structures of the human prostatic cancer. Kumamoto Med. J. **20**, 86—101.

KUGLER, J. H., 1966: Correlation between electron microscopy and chemical estimation of the glycogen content of liver cells. J. Physiol. **182**, 5p.

— 1967: Correlation of the glycogen concentration in rat liver and the appearance of glycogen and agranular endoplasmic reticulum. J. roy. micr. Soc. **86**, 285—296.

KUHN, C., 1967: Nuclear bodies and intranuclear globulin inclusions in Waldenström's macroglobulinemia. Lab. Invest. **17**, 404—415.

KUME, F., and M. CHIGA, 1967: Inhibition of the actinomycin-induced nucleolar change by thioacetamide in mouse hepatic parenchymal cell. Lab. Invest. **17**, 767—771.

— S. MARUYAMA, A. N. D'AGOSTINO, and M. CHIGA, 1967: Nucleolar change produced by mithramycin in rat hepatic cell. Exp. molec. Path. **6**, 254—260.

KUNZ, J., L. SHAHAB, K. HENZE und H. DAVID, 1963: Experimentelle Untersuchungen zur cancerogenen Wirkung von Eisendextran (Ursoferran). Acta biol. med. germ. **10**, 602—614.

KUNZ, W., 1968: Die Mitochondrien-Funktion. In: „Molekulare Biologie der Zelle", Hrsgb. H. BIELKA. Jena: VEB G. Fischer.

KUNZE, K. D., und C. KEMMER, 1965: Lichtmikroskopische, histochemische und elektronenmikroskopische Untersuchungen an Albinoratten bei oraler Belastung mit 2,4-Dinitrophenol. Frankfurt. Z. Path. **74**, 670—683.

KUROSUMI, K., T. KITAMURA, and K. KANO, 1960: Electron microscopy of the human eccrine sweat gland from an aged individual. Arch. hist. jap. **20**, 253—269.

— T. MATSUZAWA, and N. WATARI, 1966: Mitochondrial inclusions in the snake renal tubules. J. Ultrastruct. Res. **16**, 269—277.

KUSHNAREV, V. M., and V. P. SELEZNEVA, 1967: Ultrastructural studies of peritoneal macrophages of immune and normal animals. Tsitologiya **9**, 88—90.

KUWABARA, T., 1966: Membranous transformation of photoreceptive organ by light. VI. internat. Congr. f. Electron Microscopy Kyoto Vol. **2**, 501—502.

KUWANA, K., 1967: Electron microscopic study of a giant cell tumor of bone. Arch. jap. Chir. **36**, 819—846.

KWAN, S. W., and T. E. WEBB, 1967: A study of the mechanism of polyribosome breakdown induced in regenerating liver by 8-azaguanine. J. biol. Chem. **242**, 5542—5548.

LAATSCH, R. H., and W. M. COWAN, 1967: Electron microscopic studies of the dentate gyrus of the rat. II. Degeneration of commissural afferents. J. comp. Neurol. **130**, 241—262.

LABAW, L. W., 1967: Ox liver catalyse crystal structure by electron microscopy. J. Ultrastruct. Res. **17**, 327—341.

LACERDA, P. R., H. J. KNIERIEM und A. BOZNER, 1968: Die Ultrastruktur des Herzmuskels der Ratte nach akuter Alkoholintoxikation. Z. Zellforsch. **88**, 97—103.

LA COUR, L. F., and B. WELLS, 1967: The loops and ultrastructure of the nucleolus of Ipheion uniflorum. Z. Zellforsch. **82**, 25—45.

LACY, D., 1962: Certain aspects of testis structure and function. Brit. med. Bull. **18**, 205—213.

— and J. ROTBLAT, 1960: Study of normal and irradiated boundary tissue of the seminiferous tubules of the rat. Exp. Cell Res. **21**, 49—70.

— — 1960: Normal structure of spermatid nuclei and changes caused by ionizing radiation. Int. J. Radiat. Biol. **2**, 218—226.

— and A. B. TAYLOR, 1962: Fat absorption by epithelial cells of the small intestine of the rat. Amer. J. Anat. **110**, 155—185.

LACY, P. E., 1961: Electron microscopy of beta cells of the pancreas. Amer. J. Med. **31**, 851—860.

— and A. F. CARDEZA, 1958: Electron microscopy of guinea pig pancreas. Effect of cobalt on the acini and its islets. Diabetes **7**, 368—374.

LAFARGE, C., C. FRAYSSINET et A. M. DE RECONDO, 1965: Inhibition par l'aflatoxine de la synthèse de RNA hépatique chez le rat. Bull Soc. Chim. Biol. **47**, 1724—1725.

LAMPERT, P., 1967: Electron microscopic studies on ordinary and hyperacute experimental allergic encephalomyelitis. Acta neuropath. **9**, 99—126.

LAFONTAINE, J. G., and C. ALLARD, 1960: Morphological changes induced in rat liver cells by the ingestion of 2-methyl = 4-dimethylaminoazobenzene. Anat. Rec. **136**, 228.
— — 1964: A light and electron microscope study of the morphological changes induced in rat liver cells by the Azo dye 2-me-DAB. J. Cell Biol. **22**, 143—172.
LAGERHOLM, B., 1965: Cellular changes in the psoriatic epidermis. Acta derm. venerol. **45**, 99—122.
— 1966: Cellular changes in the psoriatic epidermis. IV. Studies on the submicroscopic organization of epidermal cells of long-term tissue cultures. Acta derm. venerol. **46**, 231—236.
LAGUENS, R., 1964: Effect of estrogen upon the fine structure of the uterine smooth muscle cell of the rat. J. Ultrastruct. Res. **10**, 578—584.
— and N. BIANCHI, 1963: Fine structure of the liver in human idiopathic diabetes mellitus. 1. Parenchymal cell mitochondria. Exp. molec. Path. **2**, 203—214.
— — 1963: Fine structure of the liver in human idiopathic diabetes mellitus. Exp. molec. Path. **2**, 534—540.
— B. B. LOZADA, C. L. GÓMEZ DUMM, and A. R. BERAMENDI, 1966: Effect of acute and exhaustive exercise upon the fine structure of heart mitochondria. Experientia **22**, 244—246.
LAGUNOFF, D., and T. L. GRITZKA, 1966: The site mucopolysaccharide accumulation in Hurler's syndrome. Lab. Invest. **15**, 1578—1588.
LAIRD, A. K., 1964: Theoretical analysis of two models of cell differentiation. Z. Zellforsch. **64**, 32—37.
LAMAR, C., M. PRIVAL, and H. PITOT, 1966: Studies on the mechanism of template stability. I. The effect of actinomycin on the base composition and sedimentation of ^{32}P-labeled RNA in rat liver. Cancer Res. **26**, 1909—1914.
LAMPARTER, H. E., 1967: Intrazelluläre symbiontische Bakterien im Zentralnervensystem der Ameise. Z. Zellforsch. **81**, 1—11.
LAMPERT, P. W., 1965: Demyelination and remyelination in experimental allergic encephalomyelitis. J. Neuropath. exp. Neurol. **24**, 371—385.
— 1967: A comparative electron microscopic study of reactive, degenerating, regenerating, and dystrophic axons. J. Neuropath. exp. Neurol. **26**, 345—368.
— 1969: Mechanism of demyelination in experimental allergic neuritis. Lab. Invest. **20**, 127—138.
— and A. PENTSCHEW, 1964: An electron microscopic study of spheroid and convoluted bodies in dystrophic terminal axons. Acta neuropath. **4**, 158—168.
— and M. CRESSMAN, 1964: Axonal regeneration in the dorsal columns of the spinal cord of adult rats. Lab. Invest. **13**, 825—839.
— J. M. BLUMBERG, and A. PENTSCHEW, 1964: An electron microscopic study of dystrophic axons in the gracil and cuneate nuclei of vitamin E deficiency. Axonal dystrophy in vitamin E deficiency. J. Neuropath. exp. Neurol. **23**, 60—77.
— and M. CRESSMAN, 1965: Electron microscopic observations on axonal regeneration in the spinal cord of adult rats. J. Neuropath. exp. Neurol. **24**, 138.
— and S. CARPENTER, 1965: Electron microscopic studies on the vascular permeability and the mechanism of demyelination in experimental allergic encephalomyelitis. J. Neuropath. exp. Neurol. **24**, 11—24.
— J. L. FOX, and K. M. EARLE, 1966: Cerebral edema after laser radiation. J. Neuropath. exp. Neurol. **25**, 531—541.
— — — 1966: Electron microscopic observation on cerebral edema induced by laser radiation. J. Neuropath. exp. Neurol. **25**, 152.
— and M. W. KIES, 1967: Mechanism of demyelination in allergic encephalomyelitis of guinea pigs. Exp. Neurol. **18**, 210—233.
— F. GARRO, and A. PENTSCHEW, 1967: Lead encephalopathy in suckling rats. Proc. Symp. Vienna "Brain Edema" 1965, 207—222.
— and S. S. SCHOCHET, 1968: Demyelination and remyelination in lead neuropathy. J. Neuropath. exp. Neurol. **27**, 527—545.
LANCKER, J. L. v., 1964: Concluding remarks. Fed. Proc. **23**, 1050—1052.
— 1967: Cytochemical injury of x-radiation. Fed. Proc. **21**, 1118—1123.
— and R. L. HOLTZER, 1959: The release of acid phosphatase and betaglucuronidase from cytoplasmic granules in the early course of autolysis. Amer. J. Path. **35**, 563—573.
— — 1963: The fate of nuclei, deoxyribonucleic acid and deoxyribonuclease in the course of autolysis. Lab. Invest. **12**, 102—105.
— N. FAUSTO, and K. ARIYAMA, 1967: Molecular pathology of irradiation. Amer. J. Path. **50**, 24a.

Land, W., R. Rudolph und W. Brendel, 1968: *In vitro* Wirkung eines heterologen Antiserums auf Lymphozyten der Ratte. Blut **18**, 1—12.
Lane, B. P., 1968: Hepatic microanatomy in hypervitaminosis A in man and rat. Amer. J. Path. **53**, 591—598.
— and F. F. Becker, 1967: Regeneration of the mammalian liver. V. Mitotic division in cytologically differentiated liver cells. Amer. J. Path. **50**, 435—446.
Lane, N. J., 1967: Spheroidal and ring nucleoli in amphibian oocytes of uridine incorporation and fine structural features. J. Cell Biol. **35**, 2/1, 421—434.
— 1969: Intranuclear fibrillar bodies in actinomycin D-treated oocytes. J. Cell Biol. **40**, 286—291.
— and A. B. Novikoff, 1965: Effects of arginine deprivation, ultraviolet radiation, and x-radiation on cultured KB cells. J. Cell Biol. **27**, 603—620.
— and C. S. Lieber, 1966: Ultrastructural alterations in human hepatocytes following ingestion of ethanol with adequate diets. Amer. J. Path. **49**, 593—603.
— and F. F. Becker, 1966: Regeneration of the mammalian liver. II. Surface alteration during dedifferentiation of the liver cell in preparation for cell division. Amer. J. Path. **48**, 183—196.
— and C. S. Lieber, 1967: Effects of butylated hydroxytoluene of the ultrastructure of rat hepatocytes. Lab. Invest. **16**, 342—348.
Lange, R., 1961: Zur Histologie und Zytologie der Glandula parathyreoidea des Menschen. Licht- und elektronenmikroskopische Untersuchungen an Epithelkörperadenomen. Z. Zellforsch. **53**, 765—828.
— und H. v. Brehm, 1963: Über kristallartige und fibrilläre Zellkerneinschlüsse in der Glandula parathyreoidea von *Rana temporaria*. Z. Zellforsch. **60**, 755—760.
Lange, G., 1967: Ablauf der Induktion von Mikrosomen-Enzymen in der Kaninchenleber. Arch. Pharm. exp. Path. **257**, 37—38.
Langer, K. H., 1968: Feinstrukturen der Mikrokörper (microbodies) des proximalen Nierentubulus. Z. Zellforsch. **90**, 432—446.
Lapis, K., and E. H. Merker, 1963: An electron microscope study of NK lymphoma cells and the changes produced by two cytostatic drugs. Cancer Res. **23**, 676—681.
— I. Benedeczky, and K. Bolla, 1967: Ultrastructural alterations induced by alkylating agent (R-74) in tumor. Acta biol. **18**, 303—322.
Lapp, H., 1964: Morphologie der Fettleber. Med. u. Ernähr. **5**, 49—53.
Larin, Yu. S., 1968: Quantitative counting of ribosomes in tumorous cells in electron microphotographs. Arch. Anat. Histol. Embryol. **55**, 69—71.
Larizza, P., and F. Orlandi, 1964: Electron microscopic observations on bone marrow and liver tissue in nonhereditary refractory sideroblastic anaemia. Acta haemat. **31**, 9—23.
Laszlo, J., D. S. Miller, K. S. McCarty, and P. Hochstein, 1966: Actinomycin D: Inhibition of respiration and glycolysis. Science **151**, 1007—1009.
— H. J. Gerber, and J. R. Sommer, 1967: Composition and structure of cytoplasmic globules in leukemic lymphocytes. Blood **29**, 77—86.
Latessa, A. J., and M. H. Ross, 1964: Electron microscope studies of nonpenetrating corneal wound in early stages of healing. Exp. Eye Res. **3**, 298—303.
Latham, H., and I. E. Darnell, 1965: Enhance of mRNA into HeLa cell cytoplasm in puromycin-treated cells. J. molecul. Biol. **14**, 13—22.
Latta, H., L. Osvaldo, J. D. Jackson, and M. L. Cook, 1965: Changes in renal cortical tubules during autolysis-electron microscopic observations. Lab. Invest. **14**, 635—657.
Latta, J. S., and T. J. Rutz, 1968: Special ultrastructural features of parathyroid cells from swiss mice bearing Ehrlich's ascites tumor. Anat. Rec. **160**, 255—260.
Laumonier, R., C. Marche et E. Martin, 1966: Les ultrastructures gastriques du rat cortisoné. Ann. anat. Path. **11**, 265—284.
La Via, M. F., A. E. Vatter, and P. V. Northup, 1966: Polyribosomal patterns in splenic cells during antibody synthesis in the rat. Exp. molec. Path. suppl. **3**, 124—133.
Lazarus, S. S., and B. W. Volk, 1962: Ultramicroscopic and histochemical studies on pancreatic beta cells stimulated by tolbutamide. Diabetes **11**, suppl. 2—10.
— B. J. Wallace, and B. W. Volk, 1964: Fine structural localization of acid phosphatase in Tay-Sachs neurons. Amer. J. Path. **44**, 38a.
— and B. W. Volk, 1965: Comparison of ultrastructure and ACPase localization in pancreas of protein-deficient and semi-starved rabbits. Lab. Invest. **14**, 585—586.
— — 1965: Ultrastructure and acid phosphate distribution in the pancreas of rabbits. Arch. Path. **80**, 135—147.
— V. G. Vethamany, S. H. Shapiro, and D. Armstrong, 1966: Composition and ultrastructure of 4-NQO induced nuclear inclusions. Lab. Invest. **15**, 1121.

LAZARUS, S. S., V. G. VETHAMANY, L. SCHNECK, and B. W. VOLK, 1967: Fine structure and histochemistry of peripheral blood cells in Niemann-Pick disease. Lab. Invest. **17**, 155—170.

— — — 1969: Lymphocytes in Niemann-Pick disease. Amer. J. Path. **55**, 68 a.

LAZDA, V., and J. L. STARR, 1965: Stability of messenger ribonucleic acid in antibody synthesis. J. Immunol. **95**, 254—261.

LEAK, L. V., 1968: Intramitochondrial crystals in meristematic cells of *Pisum sativum*. J. Ultrastruct. Res. **24**, 102—108.

— and V. J. ROSEN, 1966: Early ultrastructural alterations in proximal tubular cells after unilateral nephrectomy and x-irradiation. J. Ultrastruct. Res. **15**, 326—348.

— J. B. CAULFIELD, J. F. BURKE, and C. F. MCKHANN, 1967: Electron-microscopic studies on a human fibromyxosarcoma. Cancer Res. **27**, 261—285.

LEAKE, E. S., and Q. N. MYRVIK, 1966: Digestive vacuole formation in alveolar macrophages after phagocytosis of Mycobacterium smegmatis *in vivo*. J. reticuloendoth. Soc. **3**, 83—100.

LE BEUX, Y., G. HETENYI, and M. J. PHILLIPS, 1969: Mitochondrial myelin-like figures: a non-specific reactive process of mitochondrial phospholipid membranes to several stimuli. Z. Zellforsch. **99**, 491—506.

LE BOUTON, A. V., 1968: Zonal protein synthesis in rat liver containing primary stable messenger RNA. Anat. Rec. **160**, 383.

LECHNER, K., K. MOSER und L. STOCKINGER, 1966: Biochemische und elektronenmikroskopische Untersuchungen bei einem Fall von idiopathischer paroxysmaler Myoglobinurie. Beitr. path. Anat. **134**, 65—83.

LEDUC, E. H., 1966: Cyclic appearance of atypical mitochondria containing DNA fibers in cultures of a tumor. VI. internat. Congr. f. Electron Microscopy Kyoto Vol. **2**, 367—368.

— and J. W. WILSON, 1959: An electron microscopic study of intranuclear inclusions in mouse liver and hepatoma. J. biophys. biochem. Cytol. **6**, 427—430.

— and W. BERNHARD, 1962: Electron microscope study of mouse liver infected by ectromelia virus. J. Ultrastruct. Res. **6**, 466—488.

— — 1963: Alterations in mitochondria of a transplantable hepatoma in essential fatty acid-deficient hosts. J. Cell Biol. **19**, 44 A.

— — 1964: Effect of essential fatty acid deficiency on ultrastructure and growth of transplantable mouse hepatoma BRL. J. nat. Cancer Inst. **33**, 721—739.

— W. BERNHARD, and P. TOURNIER, 1966: Cyclic appearance of a typical mitochondria containing DNA fibers in cultures of an adenovirus 12-induced hamster tumor. Exp. Cell Res. **42**, 597—616.

— S. AVRAMES, and M. BOUTEILLE, 1967: Ultrastructural study of antibody production in differentiating plasma cells of rabbit spleen. J. Cell Biol. **35**, 2/2, 79 A.

— D. S. AVRAMES, and M. BOUTEILLE, 1968: Ultrastructural localization of antibody in differentiating plasma cells. J. exp. Med. **127**, 109—118.

LEE, J. C., 1964: Electron microscopic observations on the formation of mitochondria. J. roy. micr. Soc. **83**, 229—238.

— and G. M. GRODSKY, 1969: Experimental immune diabetes in the rabbit. Lab. Invest. **20**, 591.

LEE, K. J., and G. YASUZUMI, 1967: Electron microscope studies on glucose 6-phosphatase activity in hepatocytes of the albino rat. J. Electron Microscopy **16**, 195.

LEE, L., and C. A. STETSON, 1965: The local and generalized Shwartzman phenomena. In: „The Inflammatory Process", ed by B. W. ZWEIFACH, L. GRANT and R. T. MCCLUSKY. New York-London: Academic Press, 791—817.

LEESON, T. S., and H. KALANT, 1961: Effects of *in vivo* decalcification on ultrastructure of adult rat liver. J. biophys. biochem. Cytol. **10**, 95—104.

LEESON, C. R., and T. S. LEESON, 1965: An unusual arrangement of ribosomes in mesenchymal cells. J. Cell Biol. **24**, 324—328.

LEHNINGER, A. L., 1964: The mitochondrion. Molecular basis of structure and function. New York-Amsterdam: W. A. Benjamin.

— 1966: Supramolecular organization of enzyme and membrane systems. Naturwissenschaften **53**, 57—63.

LEITH, J. D., 1966: Radiation sensitivity of nucleohistones. J. Cell Biol. **31**, 67 A.

LENARD, J., and S. J. SINGER, 1966: Protein conformation in cell membrane preparations as studied by optical rotatory dispersion and circular dichroism. Proc. nat. Acad. Sci. **56**, 1828—1835.

— — 1968: Structure of membranes: Reaction of red blood cell membranes with phospholipase C. Science **159**, 738—739.

Lennep, E. W. v., 1964: Ultrastructural differentiation of the intestinal epithelium in the bandicoot Perameles nasuta. Z. Zellforsch. **62**, 485—494.
— and L. M. Madden, 1965: Electron microscopic observations on the involution of the human corpus luteum of menstruation. Z. Zellforsch. **66**, 365—380.
Lenti, G., A. Pellegrini, F. Sirigu, G. Pagana e A. Riva, 1966: Indagini sulla patogenesi della nefropatia diabetica. III. Studi sperimentali istochimici, di microscopia ottica e biochimici in animali trattati con solfato di protamina. Minerva Med. 1—19.
Lentz, T. L., 1965: Fine structural changes in the nervous system of the regenerating hydra. J. exp. Zool. **159**, 181—193.
— 1966: Intramitochondrial glycogen granules in digestive cells of hydra. J. Cell Biol. **29**, 162—167.
— 1967: Fine structure of sensory ganglion cells during limb regeneration of the newt triturus. J. comp. Neurobiol. **131**, 301—321.
— 1967: Fine structure of nerves in the regenerating limb of the newt Triturus. Amer. J. Anat. **121**, 647—669.
— 1968: Fine structure of differentiating muscle during limb regeneration of the newt Triturus viridescens. Anat. Rec. **160**, 481.
Leonhardt, H., 1967: Zur Frage einer intraventrikulären Neurosekretion. Z. Zellforsch. **79**, 172—184.
— und H. Prien, 1968: Eine weitere Art intraventrikulärer kolbenförmiger Axonendigungen aus dem IV. Ventrikel des Kaninchengehirns. Z. Zellforsch. **92**, 394—399.
Lerche, W., und K. G. Wulle, 1967: Über die Genese der Melaningranula in der embryonalen menschlichen Retina. Z. Zellforsch. **76**, 452—457.
Leroy, E. P., E. J. Liebner, and R. J. Jensik, 1966: The blood-air barrier and hyaline membrane formation in canine radiation pneumonitis. Lab. Invest. **15**, 1105.
— — — 1966: The ultrastructure of canine alveoli after supervoltage irradiation of the thorax. I. Lesions of the latent period. Lab. Invest. **15**, 1544—1558.
Lesseps, R. J., 1967: The removal by phospholipase C of a layer of lanthanum-staining material external to the cell membrane in embryonic chick cells. J. Cell Biol. **34**, 173—183.
Lessler, M. A., 1965: Ultrastructural modifications of mitochondria in reticulocyte maturation. J. Cell Biol. **27**, 58 A.
Lettré, R., W. Siebs, and N. Paweletz, 1966: Morphological observations on the nucleolus of cell in tissue culture, with special regard to its composition. Nat. Cancer Inst. Monogr. **23**, 107—123.
Lev, M., M. L. Birkner, F. S. Idriss, L. Grana, and R. G. Lark, 1965: Extracorporal circulation effect on dog's heart. Arch. Path. **79**, 257—269.
Lever, W. F., and K. Hashimoto, 1966: An electron microscopic study of oral pemphigus vulgaris. VI. internat. Congr. f. Electron Microscopy Kyoto Vol. **2**, 745—746.
Levine, S., A. Hirano, and H. M. Zimmerman, 1965: Hyperacute allergic encephalomyelitis. Amer. J. Path. **47**, 209—221.
Levine, A. J., and F. R. Skelton, 1968: A light and electron microscopic study of hyaline droplet and vacuole formation in the adrenal glands of rats treated with methylandrostenediol. Amer. J. Path. **51**, 831—854.
Levy, E., R. J. Slusser, and B. H. Ruebner, 1968: Hepatic changes produced by a single dose of endotoxin in the mouse. Amer. J. Path. **52**, 477—502.
Levy, M. R., C. E. Gollon, and A. M. Elliott, 1969: Effects of hyperthermia on Tetrahymena. I. Localization of acid hydrolases and changes in cell ultrastructure. Exp. Cell Res. **55**, 295—305.
Lewin, P. K., and M. A. Moscarello, 1968: Nucleolar changes in HeLa cells grown in the presence of aminonucleoside. Lab. Invest. **19**, 265—272.
Li Chen, and R. D. Yates, 1967: An ultrastructural study of opaque cytoplasmic inclusions induced by triparanol treatment. Amer. J. Anat. **121**, 705—725.
Lieberman, I., and P. Kane, 1965: Synthesis of ribosomes in the liver after partial hepatectomy. J. biol. Chem. **240**, 1737—1741.
— A. I. Lansing, W. E. Lynch, and I. M. Pekarthy, 1967: A plasma membrane change in liver after partial hepatectomy. J. Cell Biol. **35**, 2/2, 81 A.
Liersch, M., und G. Hartmann, 1964: Die Bindung von Proflavin und Actinomycin an Desoxyribonucleinsäure. I. Der Einfluß der Ionenstärke und des pH sowie die Wirkung von Harnstoff auf die Bindung. Biochem. Z. **340**, 390—399.
Lierse, W., 1965: Ultrastrukturelle Hirnveränderungen der Ratte nach Gaben von 3-Acetylpyridin. Z. Zellforsch. **67**, 86—95.

LIERSE, W., und H. D. FRANKE, 1966: Ultrastrukturelle Frühveränderungen am Kleinhirn des Meerschweinchens nach Co^{60}-Bestrahlung des Kopfes. Strahlenther. **131**, 595—602.

— — 1967: Zelluläre Fehlleistungen im Zentralnervensystem des Meerschweinchens nach Einwirkung verschiedenartiger ionisierender Strahlen. Verh. Anat. Ges. **61**. Vers. **120**, 369—373.

LIN, H. S., 1965: Microcylinders within mitochondrial cristae in the rat pinealocyte. J. Cell Biol. **25**, 435—441.

— 1967: A peculiar configuration of agranular reticulum (canaliculate lamellar body) in the rat pinealocyte. J. Cell Biol. **33**, 1/1, 15—25.

LINDBERG, O., 1965: Morphogenetische und metabolische Wirkungen des Hormons der Schilddrüse. Naturwissenschaften **52**, 379—388.

— J. DE PIERRE, E. RYLANDER, and B. A. AFZELIUS, 1967: Studies of the mitochondrial energy-transfer system of brown adipose tissue. J. Cell Biol. **34**, 293—310.

LINDLAR, F., 1963: Das Verhalten der Lipide bei der anämischen Hirnerweichung. Verh. dtsch. Ges. Path. **47**. Tagg. 322—325.

— 1967: Zum chemischen Nachweis postmortaler und intravitaler Lipoidveränderungen im Gehirn. Z. klin. Chem. klin. Biochem. **5**, 101—102.

LINDNER, E., 1966: Die Sacculi mitochondriales der Diskochondrien und Sphaerochondrien in der Nebennierenrinde vom Igel (*Erinaceus europaeus* L.). Z. Zellforsch. **72**, 212—235.

LINDQUIST, R. R., R. D. GUTTMANN, and J. P. MERRILL, 1969: Glomerular alterations in rejecting renal allografts. Lab. Invest. **20**, 592.

LING, G. N., 1965: Physiology and anatomy of the cell membrane: The physical state of water in the living cell. Fed. Proc. **24**, 103—114.

— 1965: The membrane theory and other views for solute permeability, distribution, and transport in living cells. Perspect. Biol. Med. **9**, 87—106.

LINSS, W., K. D. WALDMANN und G. GEYER, 1968: Beobachtungen von intracristalen Einschlüssen in den Mitochondrien von Dünndarmepithelzellen der Maus nach Actinomycin C-Applikation. Exp. Path. **2**, 70—77.

LISCHKA, G., 1962: Die Zellstrukturen des Dünndarmepithels in ihrer Abhängigkeit von der physikalisch-chemischen Beschaffenheit des Darminhaltes. III. Hydronium- und Hydroxylionen. Z. Zellforsch. **56**, 498—514.

LÖBLICH, H. J., 1961: Elektronenmikroskopische Untersuchungen über die Entwicklung des Staubgranuloms. II. Befunde nach Applikation von Quarz. Beitr. Silikose-Forsch. **71**, 33—49.

— 1961: Elektronenmikroskopische Untersuchungen über die Wirkung von Aerosil auf die Zellproliferation. Verh. dtsch. Ges. Path. **45**. Tagg. 165—170.

— und M. ARAMBAŠIC, 1961: Die Ultrastruktur des Paraffingranuloms. Frankfurt. Z. Path. **71**, 232—245.

LOCKE, M., 1966: Isolation membranes in insect cells at metamorphosis. J. Cell Biol. **31**, 132 A.

— 1966: Reproduction: Molecular, Subcellular and Cellular. New York-London: Academic Press.

— and J. V. COLLINS, 1965: Structure and origin of cytolysomes in an insect. J. appl. Phys. **36**, 2610.

LOCKSHIN, R. A., and C. M. WILLIAMS, 1965: Programmed cell death. I. Cytology of degeneration in the intersegmental muscles of the pernyi silkmoth. J. Ins. Physiol. **11**, 123—133.

— — 1965: Programmed cell death. III. Neural control of the breakdown of the intersegmental muscles of silkmoth. J. Ins. Physiol. **11**, 601—610.

— — 1965: Programmed cell death. IV. The influence of drugs on the breakdown of the intersegmental muscles of silkmoth. J. Ins. Physiol. **11**, 803—809.

— — 1965: Programmed cell death. V. Cytolytic enzymes in relation to the breakdown of the intersegmental muscles of silkmoths. J. Ins. Physiol. **11**, 831—844.

LOCKWOOD, W. R., and F. ALLISON, 1964: Electron micrographic studies of phagocytic cells. II. Observations on the changes induced in the cytoplasm contents of human granulocytes by the ingestion of rough pneumococcus. Brit. J. exp. Path. **45**, 294—299.

LOEB, H., G. JONNIAUX, and A. RESIBOIS, 1968: Biochemical and ultrastructural studies in Hurler's syndrome. J. Pediat. **73**, 860—874.

— G. JONNIAUX et M. TONDEUR, 1968: Etude clinique biochimique et ultrastructurelle de la maladie de Fabry chez l'enfant. Helv. paediat. Acta **23**, 269—286.

LOEB, J. N., R. R. HOWELL, and G. M. TOMKINS, 1965: Turnover of ribosomal RNA in rat liver. Science **149**, 1093—1095.
LOEWENSTEIN, W. R., 1966: Permeability of membrane junctions. Ann. N. Y. Acad. Sci. **137**, 441—472.
— and Y. KANNO, 1964: Studies on an epithelial (gland) cell junction. I. Modifications of surface membrane permeability. J. Cell Biol. **22**, 565—586.
— and E. M. WEYER, 1966: Biological membranes: recent progress. Ann. N. Y. Acad. Sci. **137**, 405—1048.
LOMBARDI, B., and A. OLER, 1967: Choline deficiency fatty liver. Protein synthesis and release. Lab. Invest. **17**, 308—321.
LONGLEY, J. B., and M. S. BURSTONE, 1963: Intraluminal nuclei and other inclusions as agonal artefacts of the renal proximal tubules. Amer. J. Path. **42**, 643—656.
LONGNECKER, D. S., H. SHINOZUKA, and E. FARBER, 1968: Molecular pathology of *in vivo* inhibition of protein synthesis. Electron microscopy of rat pancreatic acinar cells in puromycin-induced necrosis. Amer. J. Path. **52**, 891—915.
LONGOSTREVI, P. G., e L. LOMBARDI, 1964: Rilievi ultrastrutturali sulla zona fasciolata del corticosurrene in animale esposti ad irradiazione unica, locale o generale, di elevata entita. Atti Acad. med. Lombarda **17**, 179—194.
LONI, M. C., M. BORGERS, and J. HUGON, 1967: Uptake of ferritin particles by ATP-stimulated HeLa cells. Z. Zellforsch. **76**, 525—531.
LOPES-VAZ, A., et A. COIMBRA, 1967: Etude cytochimique et ultramicroscopique des ragocytes dans les rhumatismes inflammatoires. Presse méd. **75**, 2221—2222.
LORBER, M., and J. L. NEMES, 1967: Identification of ferritin within Gaucher cells. An electron microscopic and immunofluorescent study. Acta haemat. **37**, 189—197.
LOUD, A. V., 1962: A method for the quantitative estimation of cytoplasmic structures. J. Cell Biol. **15**, 481—487.
— and B. A. PACK, 1965: The composition and ultrastructure of liver cells and microsomes from rats with experimental altered rates of cholesterol biosynthesis. J. Cell Biol. **27**, 140 A.
— W. C. BARANY, and B. A. PACK, 1965: Quantitative evaluation of cytoplasmic structures in electron micrographs. Lab. Invest. **14**, 996—1008.
— 1966: Quantitative electron microscopy of the rat liver lobule. J. Cell Biol. **31**, 69 A.
— 1968: A quantitative stereological description of the ultrastructure of normal rat liver parenchymal cells. J. Cell Biol. **37**, 27—46.
LOUSTAUNEAU, M. T., 1966: Action de la chaleur sur le nucléole. Botaniste **49**, 181—201.
LOVETT, C. A., and H. Z. MOVAT, 1966: Role of PMN-leucocyte lysosomes in tissue injury, inflammation and hypersensitivity. III. Passive cutaneous anaphylaxis induced in the rat with homologous hyperimmune antibody. Proc. Soc. exp. biol. Med. **122**, 991—996.
LÖWE, H., 1965: Membransysteme als eine strukturelle Grundeinheit von Zellfunktionen. Dtsch. Ges. Wes. **20**, 233—238.
— 1965: Über das Verhalten der Ultrastruktur von Leberschnitten, die unter maximalen und unter schädigenden Bedingungen *in vitro* stoffwechseln. Acta biol. med. germ. **14**, 547—555.
— 1967: Das Kavanausche Membranmodell, eine neue Arbeitshypothese zur molekularen Struktur biologischer Membranen. Dtsch. Ges. Wes. **22**, 1635—1639.
— 1968: Elektronenmikroskopische Studien zur Proteinsynthese in der exokrinen Pankreaszelle *in vivo* und *in vitro*. Acta biol. med. germ. **20**, 655—664.
— und F. JUNG, 1964: Die Neubildung endoplasmatischer Membransysteme an *in vitro* unter Malonat und Dinitrophenol stoffwechselnden Rattenleberschnitten. Naturwissenschaften **51**, 389—390.
— — 1965: Studien an isolierten Leberschnitten zur funktionellen Bedeutung ribosomenbesetzter Membranen in der Zelle. Acta biol. med. germ. **15**, 302—316.
— I. GRUNEWALD und H. ZEIDLER, 1968: Zur Bildung endoplasmatischer Membranen in der Leberparenchymzelle *in vitro*. III. Die Bildung von agranulären Membrankomplexen *in vitro* nach Vorbehandlung mit Aktinomycin C. Acta biol. med. germ. **20**, 393—408.
LÜBKE, A., 1960: Ultramikroskopische Befunde bei Frühstadien der durch das Maul- und Klauenseuche-Virus verursachten Myocarditis. Virchows Arch. path. Anat. **333**, 487—496.
LUCIANO, L., O. BUCHER und E. PEALE, 1963: Über die Granula intramitochondrialia. Z. Anat. Entw. Gesch. **123**, 543—548.
LUCK, D., 1967: The biogenesis of mitochondria in neurospora. VII. internat. Congr. of Biochem. Tokyo, 217—218.
LUCY, J. A., 1964: Globular lipid micells and cell membrane. J. theoret. Biol. **7**, 360—373.

LUCY, J. A., and J. TAYLOR, 1963: The stability and properties of bimolecular lipid leaflets in aqueous solutions. J. theor. Biol. **4**, 281—296.
LUFT, R., D. IKKOS, G. PALMIERI, L. ERNSTER, and B. AFZELIUS, 1962: A case of severe hypermetabolism in nonthyroid origin with a defect in the maintenance of mitochondrial respiratory control; a correlated clinical, biochemical and morphological study. J. clin. Invest. **41**, 1776—1804.
LUKACS, I., und C. E. SEKERIS, 1966: Stimulierung der RNS-Polymerase in Rattenleberkeimen durch Cortisol *in vitro*. Angew. Chem. **78**, 748.
LUKJANOW, S. Y., and N. G. SHUPPE, 1966: On inhibition of RNA synthesis by actinomycin. Biochimija **31**, 521—527.
LUNDIN, P. M., and U. SCHELIN, 1962: Light and electron microscopical studies on the pituitary in stilboltreated rats. Acta path. scand. **54**, 66—74.
— — 1966: The effect of steroids on the histology and ultrastructure of lymphoid tissue. I. Acute thymic involution. Path. europ. **1**, 15—28.
— — 1968: The effect of steroids on the histology and ultrastructure of lymphoid tissue. II. Regeneration of the rat thymus after pronounced involution. Path. Europ. **3**, 531—541.
— — 1969: The effect of steroids on the histology and ultrastructure of lymphoid tissue. III. Thymus in prolonged steroid induced involution. Path. Europ. **4**, 58—68.
LUNDQUIST, P. G., and J. WERSÄLL, 1966: Kanamycin-induced changes in cochlear hair cells of the guinea pig. Z. Zellforsch. **72**, 543—561.
— — 1967: Early nuclear and cytoplasmic changes in cochlear hair cells in kanamycin intoxication. J. Ultrastruct. Res. **18**, 234.
— — 1968: Vestibular sensory cell changes after focal and systemic application of ototoxic antibiotics. J. Ultrastruct. Res. **25**, 171—172.
LUPULESCOU, A., et A. PETROVICI, 1963: Ultrastructure des tumeurs thyroidiennes expérimentales. Acta biol. med. germ. **11**, 409—416.
— I. NEGOESCU, A. PETROVICI, M. NICOLAE, M. STOIAN, M. BALAN, and H. STANCU, 1966: Autoradiography and ultrastructure of the thyroid gland in endemic cretinism. Rev. Roum. Endocr. **3**, 253—260.
— and A. PETROVICI, 1968: Ultrastructure of the thyroid gland. Basel-New York: S. Karger.
LUSE, S. A., H. B. BURCH, and F. E. HUNTER, 1962: Ultrastructural and enzymatic changes in the liver of the riboflavin deficient rat. Vth internat. Congr. f. Electron Microscopy Philadelphia Vol. II, VV-5.
— and K. R. SMITH, 1964: The ultrastructure of senile plaques. Amer. J. Path. **44**, 553—563.
— and V. SUNTZEFF, 1966: Fine structural alterations in brains of aged mice. J. Neuropath. exp. Neurol. **25**, 145.
— and W. G. WOOD, 1967: The brain in fatal carbon tetrachloride poisoning. Arch. Neurol. **17**, 304—312.
LUTHMAN, M., 1968: Multilamellar nuclear inclusions in the horse epididymis. Z. Zellforsch. **91**, 475—477.
LUTZNER, M. A., 1962: Fine structure of the zoster virus in human skin. J. Ultrastruct. Res. **7**, 409—417.
— and F. HECHT, 1966: Nuclear anomalies of the neutrophil in a chromosomal triplication: The D_1 (13—15) trisomy syndrome. Lab. Invest. **15**, 597—605.
LYNN, J. A., H. H. VARON, W. B. KINGSLEY, and J. H. MARTIN, 1967: Ultrastructural and biochemical studies of estrogen secretory capacity of a „nonfunctional" ovarian neoplasm (dysgerminom). Amer. J. Path. **51**, 639—661.
— J. J. BAILEY, J. M. WILLIS, and G. J. RACE, 1969: Hepatic ultrastructural variations in apparently "normal" humans. Lab. Invest. **20**, 594.
LYNN, R., and R. D. TERRY, 1964: Lipid histochemistry and electron microscopy in adult Niemann-Pick disease. Amer. J. Med. **37**, 987—994.
LYNN, W. S., S. FORTNEY, and R. H. BROWN, 1964: Role of EDTA and metals in mitochondrial contraction. J. Cell Biol. **23**, 9—19.
LYSER, K. M., 1968: Early differentiation of motor neuroblasts in the chick embryo as studied by electron microscopy. II. Microtubules and neurofilaments. Develop. Biol. **17**, 117—142.

MA, M. H., and A. J. WEBBER, 1966: Fine structure of liver tumours induced in rat by 3′-methyl-4-dimethylaminoazobenzene. Cancer Res. **26**, 935—946.
MCCALLISTER, B. D., and A. L. BROWN, 1965: A quantitative study of myocardial mitochondria in experimental cardiac hypertrophy. Lab. Invest. **14**, 692—700.

McCarl, R. L., and R. C. Shaler, 1969: The effects of actinomycin D on protein synthesis and beating in cultured rat heart cells. J. Cell Biol. **40**, 850—854.
McClendon, D. E., and N. Martin, 1965: Nuclear „caps" produced by actinomycin D and 4-nitro-quinoline N-oxide. J. appl. Phys. **36**, 2629.
McDonald, L. W., and G. P. Welch, 1965: Electron microscopic study of delayed radionecrosis of rabbit cerebrum following proton irradiation. Lab. Invest. **14**, 557—558.
— and T. L. Hayes, 1967: The role of capillaries in the pathogenesis of delayed radionecrosis of brain. Amer. J. Path. **50**, 745—764.
MacDonald, M. K., M. S. Sabour, A. T. Lambie, and J. S. Robson, 1962: The nephropathy of experimental potassium deficiency. Quart. J. exp. Physiol. **47**, 262—272.
McDonald, T. F., 1962: The formation of phagocytes from perivascular cells in the irradiated cerebral cortex of the rat as seen in the electron microscope. Anat. Rec. **142**, 257.
— 1964: The importance of oedema in acute radiation injury to the cerebral cortex of rats. Z. Zellforsch. **64**, 119—128.
McDuffie, N. G., 1967: Nuclear blebs in human leukaemic cells. Nature **214**, 1341—1342.
McGavran, M. H., 1965: The ultrastructure of papillary cystadenoma lymphomatosum of the parotid gland. Virchows Arch. path. Anat. **338**, 195—202.
— and B. C. Easterday, 1963: Rift valley fever virus hepatitis. Light and electron microscopic studies in the mouse. Amer. J. Path. **42**, 587—607.
— and J. D. White, 1964: Electron microscopic and immunofluorescent observations on monkey liver and tissue culture cells infected with the Asibi strain of yellow fever virus. Amer. J. Path. **45**, 501—517.
McKay, D. G., H. Kaunitz, I. Csavossy, and R. E. Johnson, 1967: Electron microscope studies of the absorption of lipids. I. Oxidized cod liver oil. Metabolism **16**, 111—126.
— — — — 1967: Electron microscope studies of the absorption of lipids. II. Medium chain saturated triglycerides. Metabolism **16**, 127—136.
Mackey, E. A., D. Spiro, and J. Wiener, 1964: A study of chromatolysis in dorsal root ganglia at the cellular level. J. Neuropath. exp. Neurol. **23**, 508—526.
McLean, A. E. M., E. McLean, and J. D. Judah, 1965: Cellular necrosis in the liver induced and modified by drugs. Int. Rev. exp. Path. **4**, 127—157.
McMahan, U. J., 1967: Fine structure of synapses in the dorsal nucleus of the lateral geniculate body of normal and blinded rats. Z. Zellforsch. **76**, 116—146.
McNary, W. F., 1963: The intrahepatic and intracellular distribution of copper following chronic administration of the metal in the diet. Anat. Rec. **146**, 193—199.
McQuade, H. A., and T. C. Evans, 1959: The electron microscopy of the response of follicular epithelium cells of rat thyroid to autolysis, ligation, and irradiation by iodine-131. Radiat. Res. **11**, 520—534.
McTigue, J. W., and B. S. Fine, 1964: Morphologic changes of collagen in a case of lattice dystrophy of the cornea. III. Europ. reg. Conf. on Electron Microscopy Prague, B 65—66.
Maddy, A. H., C. Huang, and T. E. Thompson, 1966: Studies on lipid bilayer membranes: A model for the plasma membrane. Fed. Proc. **25**, 933—936.
Madrazo, A., Y. Suzuki, and J. Churg, 1969: Acute radiation nephritis. Amer. J. Path. **55**, 17 a.
— — — 1969: Radiation nephritis. Acute changes following high dose of radiation. Amer. J. Path. **54**, 507—528.
Magalhaes, M. M., 1967: Intranuclear bodies in cells of rabbit and rat retina. Exp. Cell Res. **47**, 628—632.
Magdon, E., 1967: Untersuchungen zur Wirkung ionisierender Strahlung. IV. Jahrestagung Biochem. Ges. DDR, 69.
Magee, P. N., 1966: Toxic liver necrosis. Lab. Invest. **15**, 111—130.
Magnenat, P., et F. M. Paluello, 1967: Les ictères idiopathiques chroniques. Etude ultrastructurale et remarques pathogéniques. Schweiz. med. Wschr. **97**, 1102—1105.
Majewski, C., 1964: Electron microscopic studies of acid phosphatase activity in the liver of patients with cancer of the alimentary tract. Oncologia **18**, 149—154.
— und J. Jankowiak, 1967: Elektronenmikroskopische Untersuchungen der Reaktionsaktivität der sauren Phosphatase in den Nieren mit Ultraschall behandelten Ratten. Arch. Phys. Ther. **19**, 69—72.
Majno, G., 1964: Death of liver tissue. In: "The Liver", ed. by Ch. Rouiller. Vol. II, 267—313. New York, London: Academic Press.

Majno, G., M. L. Gattuta, and T. E. Thompson, 1960: Cellular death and necrosis; chemical, physical and morphologic changes in rat liver. Virchows Arch. path. Anat. **333**, 421—465.

Majundar, C., K. Tsukada, and I. Liebermann, 1967: Liver protein synthesis after hepatectomy and acute stress. J. biol. Chem. **242**, 700—704.

Makita, Y., 1962: Electron microscopic study on the alterations in nerve cells due to experimental head injury. Arch. jap. Chir. **31**, 822—845.

Malamed, S., 1965: Structural changes during swelling of isolated rat mitochondria. Z. Zellforsch. **65**, 10—15.

— 1966: The effects of cyanide plus β-hydroxybutyrate on changes in mitochondrial absorbancy and ultrastructure induced by hypotonicity and inorganic phosphate. Z. Zellforsch. **75**, 272—280.

Malcolm, V. V., 1968: Ultrastructural study of two cases of McArdle's disease. Lab. Invest. **18**, 336.

Maldonado, J. E., A. L. Brown, E. D. Bayrd, and G. L. Pease, 1966: Ultrastructure of the myeloma cell. Cancer **19**, 1613—1627.

— — — — 1966: Cytoplasmic and intranuclear electron-dense bodies in the myeloma cell. Arch. Path. **81**, 484—500.

Maley, G. F., M. G. Lorenson, and F. Maley, 1965: Inhibitors of protein synthesis: Effect on the levels of deoxycytidylate desaminase, thymidylate synthetase, and thymidine kinase in regenerating rat liver. Biochem. biophys. Res. Commun. **18**, 364—370.

Malhotra, S. K., and A. v. Harreveld, 1965: Some structural features of mitochondria in tissues prepared by freeze-substitution. J. Ultrastruct. Res. **12**, 473—487.

Malkoff, D. B., and B. L. Strehler, 1963: The ultrastructure of isolated and *in situ* human cardiac age pigment. J. Cell Biol. **16**, 611—616.

Mallach, H. J., H. J. Merker und J. Wolff, 1965: Elektronenmikroskopische Untersuchungen über die Struktur der Forellenmuskulatur und die Lokalisation der sauren ATP-ase im Verlauf der Totenstarre. Z. Zellforsch. **66**, 794—810.

Manganiello, V. C., and A. H. Phillips, 1965: The relationship between ribosomes and the endoplasmic reticulum during protein synthesis. J. biol. Chem. **240**, 3951—3959.

Mankoff, M., and B. Gueft, 1967: The acute effect of elemental phosphorus on the rat: A toxicological, histochemical and electron microscopic study of hepatic parenchyma and a biochemical study of blood. Lab. Invest. **16**, 630—631.

Manina, A. A., and R. P. Kucherenko, 1965: Submicroscopic changes and processes of regeneration in the CNS as a reaction to different influences. Fol. morphol. **13**, 158—164.

Mannweiler, K., 1962: Untersuchungen an menschlichen Hirntumoren und deren Grenzgebieten. IV. internat. Kongr. f. Neuropath. München 1961, Vol. II, 170—174.

Mansbridge, J. N., and A. Korner, 1966: The polysomes and the messenger ribonucleic acid content of hepatoma 223. Biochim. biophys. Acta **119**, 92—98.

Manteifel, V. M., and M. N. Meisel, 1962: Early ultrastructural changes in the mitochondria of the lymphocytes in irradiated animals. Radiobiol. **2**, 101—104.

Mao, P., and K. Nakao, 1966: Variation of localization of AMPase and ATPase activities at the plasma membrane of human prostatic epithelial cells. J. Histochem. Cytochem. **14**, 203—204.

— and J. J. Molnar, 1967: The fine structure and histochemistry of lead-induced renal tumors in rats. Amer. J. Path. **50**, 571—604.

Maraspin, L. E., 1968: Observation on the fine structure of rat uterine glands under the influence of sex hormones. Anat. Rec. **160**, 388.

Marchesi, V. T., and R. J. Barrnett, 1963: The demonstration of enzymatic activity in pinocytotic vesicles of blood capillaries with the electron microscope. J. Cell Biol. **17**, 547—556.

Margreth, A., U. Muscatello, and E. Andersson-Cedergren, 1963: A morphological and biochemical study on the regulation of carbohydrate metabolism in the muscle cell. Exp. Cell Res. **32**, 484—503.

— F. Novello, and M. Aloisi, 1966: Unbalanced synthesis of contractile and sarcoplasmatic proteins in degenerated frog muscle. Exp. Cell Res. **41**, 666—668.

Marinozzi, V., 1964: Cytochimie ultrastructurale du nucléole-RNA et protéines intranucléolaires. J. Ultrastruct. Res. **10**, 433—456.

— et W. Bernhard, 1963: Présence dans le nucléole de deux types de ribonucléoprotéines morphologiquement distinctes. Exp. Cell Res. **32**, 595—598.

MARIUZZI, G. M., 1964: Morfogenesi e citochimica della cellula di Sternberg. Riv. pat. clin. Sper. **5**, 111—141.

MARQUET, E., and H. J. SOBEL, 1969: Crystalline inclusions in the nuclear envelope and granular endoplasmic reticulum of the fish spinal cord. Lab. Invest. **20**, 595.

— — 1969: Crystalline inclusions in the nuclear envelope and granular endoplasmic reticulum of the fish spinal cord. J. Cell Biol. **41**, 774—785.

MARROQUIN, F., and E. FARBER, 1965: The binding of 2-acetylaminofluorene to rat liver ribonucleic acid *in vivo*. Cancer Res. **25**, 1262—1269.

MARSH, W. H., S. GOLDSWITH, J. CROCO, and P. J. FITZGERALD, 1968: Pancreatic acinar cell regeneration. II. Enzymatic, nucleic acid, and protein changes. Amer. J. Path. **52**, 1013—1037.

MARSHALL, R. B., and D. K. ROBERTS, 1966: Ultrastructure of human parathyroid in hyperparathyroidism. Lab. Invest. **15**, 1129.

MARSILII, G., and M. G. BUCCIOLINI, 1962: Submicroscopic study on cells isolated with chelatings from normal and regenerating livers of rats. Vth internat. Congr. f. Electron Microscopy Philadelphia Vol. II, VV-18.

MARTIN, G. R., E. SCHUFFMANN, H. A. BLADEN, and M. NYLEN, 1963: Chemical and morphological studies on the *in vitro* calcification of aorta. J. Cell Biol. **16**, 243—252.

MARTIN, A. M., D. B. HACKEL, and S. M. KURTZ, 1964: The ultrastructure of zonal lesions of the myocardium in hemorrhagic shock. Amer. J. Path. **44**, 127—140.

— — 1966: An electron microscopic study of the progression of myocardial lesions in the dog after hemorrhagic shock. Lab. Invest. **15**, 243—260.

MARTINES, G., G. F. MUSACCI, A. V. GRECO, P. U. CARBONIN e G. GAMBASSI, 1965: Reperti ultrastrutturali nel cuore di ratti trattati con tetracloruro di carbonia. Riv. path. clin. sper. **6**, 181—187.

MARTINEZ-PALOMO, A., 1968: Ultrastructural study of the replications of human adenovirus type 12 in cultured cells. Path. Microbiol. **31**, 147—164.

MARTINO, C. DE, L. ACCINI, G. A. ANDRES, and J. ARCHETTI, 1969: Tubular structures associated with the endothelial endoplasmic reticulum in glomerular capillaries of rhesus monkey and nephritic man. Z. Zellforsch. **97**, 502—511.

MARUFFO, C. A., M. R. MALINOW, J. R. DEPAOLI, and S. KATZ, 1966: Pigmentary liver disease in howler monkeys. Amer. J. Path. **49**, 445—456.

MARUYAMA, K., and S. OBOSHI, 1966: Analysis of virus synthesis and virion structure in variants of Friends ascites tumor by combined biological and electron microscope studies. J. Electron Microscopy **15**, 143—157.

MARX, R., E. MÖLBERT und H. U. ZOLLINGER, 1965: Elektronenmikroskopische Untersuchungen über die Eiweißspeicherung in der Mäuseniere. Verh. dtsch. Ges. Path. **49**. Tagg. 167—172.

— — — 1966: Elektronenmikroskopische Untersuchungen am proximalen Tubulus der Mäuseniere bei Eiweißspeicherung. Virchows Arch. path. Anat. **341**, 9—23.

MASSHOFF, W., F. LINDLAR und H. J. STOLPMANN, 1964: Morphologische und lipidchemische Untersuchungen zur Autolyse von Leber und Pankreas. Virchows Arch. path. Anat. **337**, 340—352.

MASUROVSKY, E. B., M. B. BUNGE, and R. P. BUNGE, 1967: Cytological studies of organotypic cultures of rat dorsal root ganglia following x-irradiation *in vitro*. I. Changes in neurons and satellite cells. J. Cell Biol. **32**, 467—496.

— — — 1967: Cytological studies of organotypic cultures of rat dorsal root ganglia following x-irradiation *in vitro*. II. Changes in Schwann cells, myelin sheaths, and nerve fibers. J. Cell Biol. **32**, 497—518.

— H. H. BENITEZ, S. U. KIM, and M. R. MURRAY, 1968: Development and nature of intranuclear rodlets and associated bodies in chicken sympathetic neurons. J. Cell Biol. **39**, 2/2, 86 a.

MATIOLI, G. T., and R. F. BAKER, 1963: Denaturation of ferritin and its relationship with hemosiderin. J. Ultrastruct. Res. **8**, 477—490.

MATSUMOTO, S., 1962: Electron microscopy of nerve cells infected with street rabies virus. Virology **17**, 198—202.

— 1963: Electron microscopic studies on street rabies virus infected mouse. Ann. Rep. Inst. Virus Res. **6**, 57—85.

— 1963: Electron microscope studies of rabies virus in mouse brain. J. Cell Biol. **19**, 565—591.

— and K. MIYAMOTO, 1966: Comparative morphology between the viral replication during street and fixed rabies infection. VI. internat. Congr. f. Electron Microscopy Kyoto Vol. **2**, 173—174.

MATSUSAKA, T., 1962: Silver impregnation for ultrathin sections and a consideration of the composition of a glycogen particle in parabolid of visual cells. J. Electron Microscopy **11**, 207—211.

MATSUURA, S., T. SAKAI, and C. BIAVA, 1967: Ultrastructural observations on mycoplasma infection of respiration epithelium in rats. Lab. Invest. **16**, **634**.

— T. MORIMOTO, S. NAGATA, and Y. TASHIRO, 1968: Studies on the posterior silk gland of the silkworm, Bombyx mori. II. Cytolytic processes in posterior silk gland cells during metamorphosis. J. Cell Biol. **38**, 589—614.

MATSUZAKI, M., 1967: Electron microscopic study of cardiac muscle. Observations of the morphological alterations of the myocardium following coronary artery ligation and of the reversibility of myocardial ischemia in dogs. J. jap. Soc. intern. Med. **56**, 21—36.

MATTHAEI, H., G. SANDER, D. SWAN, T. KREUZER, H. CAFFIER und PERMEGGIANI, 1968: Reaktionsschritte der Polypeptidsynthese an Ribosomen. Mechanismen der Proteinsynthese. Naturwissenschaften **55**, 281—294.

MATTHEWS, J. L., I. H. MARTIN, G. J. RACE, and E. J. COLLINS, 1967: Giant-cell centrioles. Science **155**, 1423—1424.

MAUERSBERGER, B., und R. MORITZ, 1968: Die explantierte Säugetierzelle als strahlenbiologisches Modell. Biol. Rdsch. **6**, 58—71.

MAUL, G. G., 1969: Golgi-melanosome relationship in human melanoma *in vitro*. J. Ultrastruct. Res. **26**, 163—176.

MAULER, R., und V. DOSTAL, 1960: Über die cytologischen Veränderungen von Herpes-B-Virus infizierten Affennieren-Gewebekulturen. IV. internat. Kongr. f. Elektronenmikroskopie Berlin 1958, Bd. II, 606—610.

MAUNSBACH, A. B., 1966: Absorption of I^{125}-labeled homologous albumin by rat kidney proximal tubule cells. A study of microperfused single proximal tubules by electron microscopic autoradiography and histochemistry. J. Ultrastruct. Res. **15**, 197—241.

— 1966: Electron microscopic observations of cytoplasmic bodies with crystalline patterns in rat kidney proximal tubule cells. J. Ultrastruct. Res. **14**, 167—189.

— S. C. MADDEN, and H. LATTA, 1962: Light and electron microscopic changes in proximal tubules of rats after administration of glucose, mannitol, sucrose or dextran. Lab. Invest. **11**, 421—432.

— and C. WIRSÉN, 1966: Ultrastructural changes in kidney, myocardium and skeletal muscle of the dog during exessive mobilization of free fatty acids. J. Ultrastruct. Res. **16**, 35—54.

— and H. B. NEUSTEIN, 1968: Autoradiographic demonstration of hemoglobin in lysosomes of rabbit proximal tubule cells during experimental hemoglobinemia. J. Ultrastruct. Res. **25**, 183—192.

MAURAT, J. P., J. N. MERCIER, C. LEDOUX et P. Y. HATT, 1965: Le myocarde dans les déplétions expérimentales en potassium chez le rat. Arch. Mal. Coeur **58**, 1004—1021.

MAXWELL, D. S., and L. KRUGER, 1965: The fine structure of astrocytes in the cerebral cortex and their response to focal injury produced by heavy ionizing particles. J. Cell Biol. **25**, 2/2, 141—157.

— — 1966: The reactive oligodendrocyte. An electron microscopic study of cerebral cortex following alpha particle irradiation. Amer. J. Anat. **118**, 437—459.

MAZZARELLA, L., e G. DE BENEDICTIS, 1967: Studio ultrastrutturale sul „miblastoma a cellule granulose“ transpiantabile del topo. Riv. Anat. Pat. Oncol. **31**, 1—47.

MEERSON, F. Z., T. A. ZALETAYEVA, S. S. LAGUTCHEV, and M. G. PSHENNIKOVA, 1964: Structure and mass of mitochondria in the process of compensatory hyperfunction and hypertrophy of the heart. Exp. Cell Res. **36**, 568—578.

MEESSEN, H., 1964: Strukturelle Veränderungen bei akutem Herzstillstand. Klin. Wschr. **42**, 753.

— 1967: Morphologische Grundlagen der akuten und der chronischen Myokardinsuffizienz. Verh. dtsch. Ges. Path. **51**, Tagg. 31—66.

— und R. POCHE, 1963: Pathomorphologie des Myokard. In: „Das Herz des Menschen“, Bd. II, 644—734. Stuttgart: G. Thieme.

MEGO, J. L., F. BERTINI, and J. D. MCQUEEN, 1966: Intraparticulate protein hydrolysis and possible evidence for phagosomes in liver homogenates from mice injected with formaldehyde-treated I^{131}-albumin. J. Cell Biol. **31**, 75 A.

MEI LIU, H., 1968: Ultrastructure of central nervous system lesions in metachromatic leukodystrophy with special reference to morphogenesis. J. Neuropath. exp. Neurol. **27**, 624—644.

MELDOLESI, J., E. CHIESARA, F. CONTI, F. PICCININI, A. PINELEI e L. VINCENZI, 1965: Studio ultrastrutturale e biochemico del fegato di cani cronicamento trattati con alcohol (in dosi medie). Fegato **11**, 466—486.
— F. CLEMENTI, E. CHIESARA, and F. CONTI, 1966: Alterations of the endoplasmic reticulum in liver cells produced by ethionine and adenine. Ultrastructural and biochemical study. VI. internat. Congr. f. Electron Microscopy Kyoto Vol. **2**, 623—624.
— — — — and A. FANTI, 1967: Cytoplasmic changes in rat liver after prolonged treatment with low doses of ethionine and adenine. Lab. Invest. **17**, 265—275.
— G. PELOSI, A. BRUNELLI, and E. GENOVESE, 1967: Electron microscopic studies on the effects of amanitin in mice: Liver and heart lesions. Virchows Arch. path. Anat. **342**, 221—235.
— et F. CLEMENTI, 1967: Le réticulum endoplasmique de la cellule hépatique après l'administration de médicaments. Path. Biol. **15**, 215—228.
— E. CHIESARA, F. CONTI, and F. CLEMENTI, 1968: Influence of partial hepatectomy on the modifications of liver endoplasmic reticulum produced by phenobarbital. Europ. reg. Conf. on Electron Microscopy Rom II, 485—486.
MELLER, K., und W. BREIPOHL, 1965: Die Feinstruktur und Differenzierung des inneren Segmentes und des Paraboloids der Photorezeptoren in der Retina von Hühnerembryonen. Z. Zellforsch. **66**, 673—684.
— und H. H. WAGNER, 1968: Die Feinstruktur des Plexus chorioideus in Gewebekulturen. Z. Zellforsch. **86**, 98—110.
— — 1968: Vergleichende elektronenmikroskopische Untersuchungen des Plexus chorioideus der Maus *in vivo* und *vitro*. Z. Zellforsch. **91**, 507—518.
— W. BREIPOHL, and P. GLEES, 1968: Synaptic organization of the molecular and the outer granular layer in the motor cortex in the white mouse during postnatal development. A Golgi- and electron microscopical study. Z. Zellforsch. **92**, 217—231.
MELVIN, J. B., 1967: The effect of actinomycin D on mitosis in regenerating mouse liver. Exp. Cell Res. **45**, 559—569.
MENZ, L. J., and B. J. LUYET, 1965: Electron microscope study of the mechanism of formation of „irregular bands" in muscle undergoing thaw rigor. Biodynamica **9**, 191—197; 305—317.
MERCER, E. H., 1962: The cancer cell. Brit. med. Bull. **18**, 187—192.
— 1964: Protein synthesis and epidermal differentiation. In: „The Epidermis", ed. by W. MONTAGNA and W. C. LOBITZ. New York-London: Academic Press, 16—178.
MERGENHAGEN, S. E., G. R. MARTIN, A. A. RIZZO, D. N. WRIGHT, and D. B. SCOTT, 1960: Calcification *in vivo* of implanted collagen. Biochim. biophys. Acta **43**, 563—565.
MERIEL, P., G. MOREAU, J. M. SUC, J. PUTOIS et J. PALUS, 1961: Les néphropathies amyloides. Étude histologiques et électronique à propos de neuf observations. Presse méd. **69**, 1120—1122.
MERITS, I., 1963: Actinomycin inhibition of RNA synthesis in rat liver. Biochem. biophys. Res. Commun. **10**, 254—259.
MERKER, E. H., and G. C. EASTY, 1961: The fine cytology of the Walker tumor. Cancer Res. **21**, 52—56.
MERKER, G., 1969: Ultrastrukturveränderungen motorischer Vorderhornzellen des Kaninchens unter abgestufter Ischämie. Z. Zellforsch. **95**, 568—593.
MERKER, H. J., 1964: Die Lysosomen, eine neue Zellorganellgruppe. Berlin Med. **15**, 237—244.
— 1964: Über den Aufbau der Zellmembran. Berlin Med. **15**, 599—607.
— 1965: Morphologische Grundlagen des Alterns. Dtsch. zahnärztl. Z. **20**.
— J. WEDELL und D. NEUBERT, 1964: Biochemische und strukturelle Veränderungen an den Zellorganellen der Leber nach vollständiger Kreislaufunterbrechung. Arch. exp. Path. Pharm. **249**, 85—116.
— R. HERBST und K. KLOSS, 1968: Elektronenmikroskopische Untersuchungen an den Mitochondrien des menschlichen Uterusepithels während der Sekretionsphase. Z. Zellforsch. **86**, 139—152.
— E. KÖHLER, T. NEUBER und S. SPORS, 1968: Elektronenmikroskopische Untersuchungen über den Einfluß von Cyclophosphamid auf die Hirnentwicklung der Ratte. Arch. exp. Path. Pharm. **260**, 176—177.
MERKOW, L., and J. LEIGHTON, 1966: Increased numbers of annulate lamellae in myocardium of chick embryos incubated at abnormal temperatures. J. Cell Biol. **28**, 127—137.

Merkow, L., H. F. Acevedo, B. J. Caito, and R. C. Grauer, 1967: Leydig-cell ultrastructure at various ages in the guinea pig. Amer. J. Path. **50**, 5a.
— and L. Leighton, 1967: Temperature-induced experimental myocardial hypertrophy in chick embryos. Amer. J. Path. **50**, 975—991.
— M. Slifkin, and M. Pardo, 1968: The origin of annulate lamellae in cells with simian adenovirus. IV. Europ. reg. Conf. on Electron Microscopy Rom II, 179—180.
— H. F. Acevedo, M. Slifkin, and B. J. Caito, 1968: Studies on the interstitial cells of the testis. I. The ultrastructure in the immature guinea pig and the effect of stimulation with human chorionic gonadotropin. Amer. J. Path. **53**, 47—62.
— M. Pardo, S. M. Epstein, E. Verney, and H. Sidransky, 1968: Lysosomal stability during phagocytosis of Aspergillus flavus spores by alveolar macrophages of cortisone-treated mice. Science **160**, 79—81.
Merriam, R. W., 1959: The origin and fate of annulate lamellae in maturating sand dollar eggs. J. biophys. biochem. Cytol. **5**, 117—122.
Merrill, T. G., H. Sprinz, and A. J. Tousimis, 1967: Changes of intestinal absorptive cells during maturation: An electron microscopic study of prenatal, postnatal, and adult guinea pig ileum. J. Ultrastruct. Res. **19**, 304—326.
Metuzals, J., 1966: Electron microscopy of neurofilaments. VI. internat. Congr. f. Electron Microscopy Kyoto Vol. **2**, 459—460.
Meyer, G. F., und O. Hess, 1965: Struktur-Differenzierungen im Y-Chromosom von *Drosophila hydei* und ihre Beziehungen zu Gen-Aktivitäten. II. Effekt der RNS-Synthese-Hemmung durch Aktinomycin. Chromosoma **16**, 249—270.
Meyer, J. G., 1966: Über RNS-Veränderungen in der Rattenleber unter Thioacetamid-Applikation. Z. Naturforsch. **21 b**, 342—351.
Meyer, J. S., 1968: Fine structure of two amyloid-forming medullary carcinomas of the thyroid. Cancer **21**, 406—425.
Meyer, R. R., and H. Ris, 1966: Incorporation of tritiated thymidine and tritiated deoxyadenosine into mitochondrial DNA of chick fibroblasts. J. Cell Biol. **31**, 76 A.
Michalowski, R., 1964: Microscopie électronique de l'épiderme dans les bulles de la dermatite herpétiforme de Duhring-Brocq. Ann. Derm. Syph. **91**, 255—261.
Michel, S., G. Richter, M. Tschisgale und B. Brux, 1968: Das Verhalten von freien und membrangebundenen Ribosomen der Rattenleber nach experimenteller Schädigung durch CCl. Acta biol. med. germ. **21**, 603—614.
Middelkamp, J. N., G. Patrizi, and C. A. Reed, 1967: Light and electron microscopic studies of the guinea pig cytomegalovirus. J. Ultrastruct. Res. **18**, 85—101.
Midsukami, M., 1966: Electron microscopic studies of cytoplasmic inclusions in the cardial ganglion of Brachyura. Okajimas Fol. anat. jap. **41**, 337—363.
Mikata, A., and S. A. Luse, 1964: Ultrastructural changes in the rat liver produced by N-2-fluorenyldiacetamide. Amer. J. Path. **44**, 455—479.
Miline, R., et R. Krstić, 1966: Sur l'histophysiologie corrélative de la glande pinéale et des glandes parathyroides. Z. Zellforsch. **69**, 428—437.
Miller, A., 1967: Inhibition of protein synthesis by unsaturated fatty acids. J. Cell Biol. **35**, 2/2, 93 A.
— and A. B. Maunsbach, 1966: Electron microscopic autoradiography of rabbit reticulocytes active and inactive in protein synthesis. Science **151**, 1000—1001.
Miller, F., 1962: Acid phosphatase localization in renal protein absorption droplets. Vth internat. Congr. f. Electron Microscopy Philadelphia Vol. II, Q-2.
— und M. Monteleone, 1957: Die Feinstruktur der mehrkernigen Riesenzellen des gutartigen Riesenzelltumors des Knochens. Frankfurt. Z. Path. **68**, 49—54.
— and G. E. Palade, 1964: Lytic activities in renal protein absorption droplets. An electron microscopical cytochemical study. J. Cell Biol. **23**, 519—552.
— und O. Wieland, 1967: Elektronenmikroskopische Untersuchungen der Leber von Maus und Ratte bei akuter Phalloidin-Vergiftung. Virchows Arch. path. Anat. **343**, 83—99.
Miller, O. L., 1962: Studies on the ultrastructure and metabolism of nucleoli in amphibian oocytes. Vth internat. Congr. f. Electron Microscopy Philadelphia Vol. II, NN-8.
Miller, R., P. Rasmussen, and B. Klionsky, 1964: Reversibility of changes following elective cardiac arrest. Ann. Surg. **159**, 208—218.
Millington, P. F., 1964: Comparison of the thickness of the lateral wall membrane and the microvillus membrane of intestinal epithelial cells from rat and mouse. J. Cell Biol. **20**, 514—517.
— and A. C. Brown, 1967: Electron microscope studies of the distribution of phosphatases in rat intestinal epithelium from birth to ten days after weaning. Histochemie **8**, 109—121.

MILLONIG, G., 1966: The morphological changes of the nucleolus during oogenesis and embryogenesis of echinoderms. IV. internat. Congr. f. Electron Microscopy Kyoto Vol. **2**, 345—346.
MIN, K. W., F. GYÖRKEY, and P. GYÖRKEY, 1969: Microaneurysms in diabetic renal glomerulopathy. Lab. Invest. **20**, 596.
MINAKER, E. E., and E. A. PORTA, 1967: Tinctorial affinities of experimentally produced Mallory bodies in epon-embedded hepatic tissue of rats. J. de Microscopie **6**, 41—52.
MINELLI, R., and L. M. ANGIOLINI, 1966: Myocardial glycogen in the heart lung preparation (rat) during severe haemodynamic work. Pflügers Arch. Ges. Physiol. **289**, 168—173.
MINICK, O. T., G. KENT, E. ORFEI, and F. I. VOLINI, 1965: Non-membrane enclosed intramitochondrial dense bodies. Exp. molec. Path. **4**, 311—319.
MINIO, F., A. GAUTIER, A. TORSOLI, D. GARDIOL et P. MAGNENAT, 1965: L'ultrastructure du foie humain lors d'ictères idiopathiques chroniques (Syndrome de Dubin-Johnson et de Rotor). Acta tert. Conv. med. int. hung. gastroent. 399—405.
— F. ALIBERTI, D. GARDIOL, A. GAUTIER, P. MAGNENAT et A. TORSOLI, 1965: L'ultrastructure du foie humain lors d'ictères idiopathiques. II. Etude d'un cas atypique d'ictère à bilirubine directe. Z. Zellforsch. **66**, 496—503.
— P. MAGNENAT, D. GARDIOL et A. GAUTIER, 1965: L'ultrastructure du foie humain lors d'ictères idiopathiques chroniques. I. Dégénérescence mitochondriale dans un cas d'ictère du type Dubin-Johnson. Z. Zellforsch. **65**, 47—56.
— A. GAUTIER et P. MAGNENAT, 1966: L'ultrastructure du foie humain lors d'ictères idiopathiques chroniques. III. Inclusions pigmentaires dans les syndromes de Gilbert, de Rotor et de Dubin-Johnson. Z. Zellforsch. **72**, 168—183.
— L. LOMBARDI et A. GAUTIER, 1966: Mise en évidence et ultrastructure du glycogène hépatique. J. Ultrastruct. Res. **16**, 339—358.
— et A. GAUTIER, 1967: L'ultrastructure du foie humain lors d'ictères idiopathiques chroniques. IV. Mitochondries de morphologie inhabituelle et «inclusions cytoplasmiques paracristallines» hépatocytaires. Z. Zellforsch. **78**, 267—279.
MIRSKY, A. E., and S. OSAWA, 1961: The interphase nucleus. In: „The Cell", ed. by J. BRACHET and A. E. MIRSKY, Vol. II, 677—770. New York-London: Academic Press.
MISHIMA, Y., 1964: Electron microscopic cytochemistry of melanosomes and mitochondria. J. Histochem. Cytochem. **12**, 784—790.
— and H. PINKUS, 1965: Deterioration and regeneration of desmosomes and tonofilaments in human epidermis after stripping of the stratum corneum. J. Cell Biol. **27**, 141 A.
MISHRA, R. K., and L. HERMAN, 1960: Preliminary observations on the ultrastructure of rat cardiac muscle following a magnesium-deficient regime and cold stress. II. Europ. Conf. on Electron Microscopy Delft Vol. II.
— — and P. J. FITZGERALD, 1960: Fine structural alterations in the rat heart following a magnesium deficient regime and cold stress. J. appl. Phys. **31**, 1844.
MITIN, K. S., 1965: Electron histochemical examination of ischemia of the myocardium in experimental conditions. Arch. Path. **27**, 40—47.
MIYAGISHI, T., N. TAKAHATA, and R. IIZUKA, 1967: Electron microscopic studies on the lipo-pigments in the cerebral cortex nerve cells of senile and vitamin E deficient rats. Acta neuropath. **9**, 7—17.
MIYAI, K., R. J. SLUSSER, and B. H. RUEBNER, 1963: Viral hepatitis in mice. Exp. molec. Path. **2**, 464—480.
— and J. W. STEINER, 1965: Fine structure of interphase liver cell nuclei in subacute ethionine intoxication. Exp. molec. Path. **4**, 525—566.
— — 1967: Fine structure of interphase liver cell nuclei in acute ethionine intoxication. Lab. Invest. **16**, 677—692.
MIYAMOTO, K., 1965: Electron microscopic studies on the Negri body. Ann. Rep. Inst. Virus. Res. Kyoto Univ. **8**, 10—34.
— and T. MATSUMOTO, 1965: The nature of the Negri-body. J. Cell Biol. **27**, 677—682.
MIYASAKI, K., und S. MATSUTANI, 1966: Elektronenmikroskopische Untersuchungen über Fremdkörperspeicherung in den Kernen und in den Zytoplasmen der Aszitestumorzellen. Beitr. path. Anat. **133**, 101—123.
MIYAWAKI, H., 1965: Histochemistry and electron microscopy of iron-containing granules, lysosomes, and lipofuscin in mouse mammary glands. J. nat. Cancer Inst. **34**, 601—624.
MIZUNO, N. S., 1965: Effects of streptonigrin on nucleic acid metabolism of tissue culture cells. Biochim. biophys. Acta **108**, 394—403.

MOCHIZUKI, T., E. MÖLBERT und O. v. DEIMLING, 1962: Elektronenmikroskopische Untersuchungen über das Verhalten des Glukose-1-Phosphat-spaltenden Enzyms der Herzmuskelzelle unter der Wirkung von Tetrachlorkohlenstoff. Beitr. path. Anat. **126**, 201—217.

MOCHIZUKI, Y., 1968: An electron microscope study on hepatocyte microbodies of mice bearing Ehrlich ascites tumor. Tumor Res. **3**, 1—34.

MOE, H., and O. BEHNKE, 1962: Cytoplasmic bodies containing mitochondria ribosomes and rough surfaced endoplasmic membranes in the epithelium of the small intestine of newborn rats. J. Cell Biol. **13**, 168—171.

MOHR, H. J., 1967: Die l-Leuzinaminopeptidase (LAP) in den Tumorzellen und ihre Bedeutung beim destruierenden Tumorwachstum. Frankfurt. Z. Path. **77**, 107—124.

— 1967: Über die Beziehungen zwischen der Aminopeptidase (LAP) und dem destruierenden Tumorwachstum. Krebsforsch. Krebsbekämpf. **6**, 110—120.

— und K. MORGENROTH, 1965: Nierengewebsveränderungen nach gezielter hochdosierter Röntgenbestrahlung. Verh. dtsch. Ges. Path. **49**. Tagg. 206—211.

— — und E. SCHNEPPER, 1966: Das morphologische und submikroskopische Verhalten der Meerschweinchenniere bei gezielter einzeitiger und fraktionierter Röntgenbestrahlung. Strahlentherapie **129**, 571—585.

MÖLBERT, E., 1957: Die Herzmuskelzelle nach akuter Oxydationshemmung im elektronenmikroskopischen Bild. Beitr. path. Anat. **118**, 421—435.

— und K. ARNESEN, 1960: Elektronenmikroskopische Untersuchungen zur Ultrastruktur der Nebennierenrinde der weißen Maus. Beitr. path. Anat. **122**, 31—56.

— 1960: Die chronische Muskeldystrophie im elektronenmikroskopischen Bild. Verh. dtsch. Ges. Path. **44**. Tagg. 215—219.

— 1961: Weitere Untersuchungen über die Enzymlokalisation im elektronenmikroskopischen Bild. Verh. dtsch. Ges. Path. **45**, Tagg. 130—132.

— 1963: Sub-microscopic enzyme localization in cardiac muscle. Rev. Canad. Biol. **22**, 173—180.

— 1968: Die Orthologie und Pathologie der Zelle im elektronenmikroskopischen Bild. In: „Handbuch der allgemeinen Pathologie", Bd. II, T. 5, I, 238—465. Berlin-Heidelberg-New York: Springer.

— K. HILL und F. BÜCHNER, 1962: Die Kanzerisierung der Leberparenchymzelle durch Diaethylnitrosamin im elektronenmikroskopischen Bild. Beitr. path. Anat. **126**, 218—242.

— und R. MARX, 1966: Elektronenmikroskopische Untersuchungen am Lebergewebe beim Rotor-Syndrom. Acta hepato-splen. **13**, 160—175.

MOLENAAR, I., and A. M. LEEMAN, 1964: Morphologic changes in the retina of vitamin A deficient rats suppleted with vitamin A acid. III. Europ. reg. Conf. on Electron Microscopy Prague, B 323—324.

MOLNAR, Z., 1965: Ultrastructure of calcifying heart and kidney. J. Cell Biol. **27**, 68 A.

— K. LARSEN, and B. SPARGO, 1962: Cardiac changes in the potassium depleted rat. Arch. Path. **74**, 339—347.

MOLLO, F., and G. VOLANTE, 1965: Autophagic vacuoles in human mononuclear blood cells *in vitro* with phytohaemagglutinin. V. Congr. ital. Micr. Elettr. Bologna 1965.

— and A. STRAMIGNONI, 1965: Cytoplasmic fibrillar ultrastructures in human lymph node-cells. V. Congr. ital. Micr. Elettr. Bologna 1965.

— G. MONGA, and A. STRAMIGNONI, 1969: Dark reticular cells in human lymphadenitis and lymphomas. Virchows Arch. Abt. B **3**, 117—126.

MONNERON, A., 1969: Action of some drugs on nucleus and polysomes. I. internat. Symp. on Cell Biol. a. Cytopharm. Venice.

MONSERRAT, A. J., E. A. PORTA, and W. S. HARTROFT, 1968: Sequential renal changes in choline deficient weanling rats. Arch. Path. **85**, 419—432.

— A. K. GHOSHAL, W. S. HARTROFT, and E. A. PORTA, 1969: Lipoperoxidation in the pathogenesis of renal necrosis in choline-deficient rats. Amer. J. Path. **55**, 163—190.

MONTASIR, M., E. R. RABIN, and C. A. PHILLIPS, 1966: *Vaccinia pneumonia* in mice. A light and electron microscopic and viral assay study. Amer. J. Path. **48**, 877—895.

MONTGOMERY, P. O. B., and R. C. REYNOLDS, 1964: Cellular and subcellular response to ultraviolet radiation. Lab. Invest. **13**, 1243—1253.

— D. KARNEY, B. S. ROLLAND, C. REYNOLDS, and D. MCCLENDON, 1964: Cellular and subcellular effects of ionizing radiations. Amer. J. Path. **44**, 727—746.

— R. C. REYNOLDS, and D. L. MCCLENDON, 1965: Nucleolar „caps" produced by ultraviolet flying spot irradiation. J. Cell Biol. **27**, 69 A.

— — and J. E. COOK, 1966: Nucleolar „caps" induced by flying spot ultraviolet nuclear irradiation. Amer. J. Path. **49**, 555—567.

MOORE, R. D., V. R. MUMAW, and M. D. SCHOENBERG, 1961: The transport and distribution of colloidal iron and its relation to the ultrastructure of the cell. J. Ultrastruct. Res. **5**, 244—256.

— — — 1965: Changes in antibody producing cells in the spleen during the primary response. Exp. molec. Path. **4**, 370—390.

MOPPERT, J., D. v. EKESPARRE und L. BIANCHI, 1967: Zur Morphogenese der eosinophilen Einzelzellnekrose im Leberparenchym des Menschen. Virchows Arch. path. Anat. **342**, 210—220.

MORALES, R., D. DUNCAN, and D. NOLL, 1960: A note on the fine structure of endothelium in old mice. Texas Rep. Biol. Med. **18**, 247—253.

— — 1966: Multilaminated bodies and other unusual configurations of endoplasmic reticulum in the cerebellum of the cat. J. Ultrastruct. Res. **15**, 480—489.

MORANO, E., and S. BOCCARDI, 1964: Ultrastructural changes in heart muscle cells following fractional Roentgen irradiation. Panminerva Med. **6**, 58—61.

MORAU, T. J., S. M. KURTZ, and J. J. VAZQUEZ, 1962: Diabetic and cortisone-induced renal lesions. A morphologic and immunohistochemical study. Lab. Invest. **11**, 240—254.

MORDOH, J., L. F. LELOIR, and C. R. KRISMAN, 1965: *In vitro* synthesis of particulate glycogen. Proc. nat. Acad. Sci. **53**, 86—91.

MORELAND, J. E., 1961: Electron microscopic studies on mitochondria in muscle. Anat. Rec. **139**, 256—257.

— 1962: Electron microscopic studies of mitochondria in cardiac and skeletal muscle from hibernated ground squirrels. Anat. Rec. **142**, 155—167.

MORENO, G., M. LUTZ, and M. BESSIS, 1969: Partial cell irradiation by ultraviolet and visible light: Conventional and laser sources. Int. Rev. exp. Path. **7**, 99—137.

MORGAN, W. S., J. FERNANDO, and M. A. ALOUSI, 1966: Studies of the biological activity of neutral red. Exp. molec. Path. **5**, 491—503.

MORGENROTH, K., und H. THEMANN, 1962: Über den Glykogengehalt des Deckepithels der menschlichen Mundschleimhaut. Dtsch. zahnärztl. Z. **17**, 347—354.

— — 1964: Elektronenmikroskopische Untersuchungen der Wirkung ionisierender Strahlen auf die Feinstruktur von Leber und Milz von Mäusen. Strahlentherapie **124**, 547—569.

— — 1966: Gewebsveränderungen an Leber, Milz und Nieren nach Einwirkung ionisierender Strahlen. Radiologe **6**, 86—94.

— und A. VERHAGEN, 1967: Elektronenmikroskopische Untersuchungen der Leber und Niere von Mäusen nach intraperitonealer Applikation von ^{198}Au. Strahlentherapie **133**, 74—85.

— G. JUNGE-HÜLSING und W. H. HAUSS, 1967: Über Veränderungen an Rattenherzen nach gezielter Röntgenbestrahlung. Strahlentherapie **133**, 610—620.

— — 1967: Über Veränderungen an Rattenherzen nach gezielter Röntgenbestrahlung. Verh. dtsch. Ges. Path. **51**. Tagg. 147—150.

MORI, H., 1960: Electron-microscopic studies on ascites tumour cells. I. Studies on mitochondria within nuclei of various tumour cells and regenerating liver cells of the newt. Fukushima J. med. Sci. **7**, 21—23.

— K. DEMPO, A. KANEKO, and T. ONOE, 1968: Ultrastructural study on the regeneration of liver cell after realimentation in the protein deficient rat. J. Electron Microscopy **17**, 261.

MORI, M., and T. ONOE, 1967: An electron microscope study on the formation of intranuclear inclusions. J. Electron Microscopy **16**, 137—142.

MORICARD, R., 1966: Modifications cytologiques ultrastructurales provoquées par certains équilibres hormonaux dans la muqueuse utérine corporéale humaine. Arch. Gynäk. **203**, 85—106.

— et F. MORICARD, 1964: Modifications cytoplasmiques et nucléaires ultrastructurales utérines au cours de l'état follico-lutéinique à glycogène massif (Mitochondries, glycogène, nucléolonéma, chromatine sexuelle, formations tubulaires nucléaires). Gynéc. Obstét. **63**, 203—220.

MORRISON, A. B., B. PANNER, and G. GASIC, 1963: Lysosomes in the renal papilla of rats: Formation induced by potassium-deficient diet. Science **142**, 1066—1068.

— — 1964: Lysosome induction in experimental potassium deficiency. Amer. J. Path. **45**, 295—311.

MOTA, M., 1963: Electron microscope study of the relationship between the nucleus and mitochondria in *Chlorophytum capense* (L) Kuntze. Cytologia **28**, 409—416.

MOTTA, P., 1969: Electron microscope study on the human lutein cell with special reference to its secretory activity. Z. Zellforsch. **98**, 233—245.

Moulé, Y., and R. M. Landin, 1965: Liver sRNA synthesis in actinomycin D-treated rats. Biochem. biophys. Res. Commun. **20**, 491—495.

Movat, H. Z., 1962: Antigen-Antikörperkomplexe und die allergische Entzündung. Verh. dtsch. Ges. Path. **46**. Tagg. 48—74.

— N. V. P. Fernando, T. Uriuhara, and W. J. Weiser, 1963: Allergic inflamation. II. Fine structure of collagen fibrils at sites of antigen-antibody interaction in Arthus-type lesions. J. exp. Med. **118**, 557—564.

— — 1963: Allergic inflammation. I. The earliest fine structural changes at the blood-tissue barrier during antigen-antibody interaction. Amer. J. Path. **42**, 41—59.

— — 1965: The fine structure of the lymphoid tissue during antibody formation. Exp. molec. Path. **4**, 155—188.

— C. A. Lovett, and N. S. Taichman, 1966: Demonstration of antigen on the surface of sensitized rat mast cells. Nature **212**, 851—853.

Moyer, D. L., G. Legoretta, H. Maruta, and V. Henderson, 1967: Elimination of homologous spermatozoa in the female genital tract of the rabbit. J. Path. Bact. **94**, 345—350.

Muehrcke, R. C., and S. Rosen, 1964: Hypokalemic nephropathy in rat and man. Lab. Invest. **13**, 1359—1373.

Mueller, G. C., and K. Kajiwara, 1966: Actinomycin D and p-fluorophenylalanine inhibitors of nuclear replication in HeLa cells. Biochim. biophys. Acta **119**, 557—565.

Mueller, P., D. O. Rudin, H. T. Tien, and W. C. Wescott, 1964: Formation and properties of bimolecular lipid membranes. Proc. in Surface Sci. **1**, 379—393.

Mugnaini, E., 1963: Helical filaments in mitochondria of neuroglial cells in the rat corpus striatum. J. Ultrastruct. Res. **9**, 398—399.

— 1964: Filamentous inclusions in the matrix of mitochondria from human livers. J. Ultrastruct. Res. **11**, 525—544.

— 1964: Helical filaments in astrocytic mitochondria of the corpus striatum in the rat. J. Cell Biol. **23**, 173—182.

— 1965: „Dark cells" in electron micrographs from the central nervous system of vertebrates. J. Ultrastruct. Res. **12**, 235—236.

— and F. Walberg, 1967: An experimental electron microscopical study on the mode of termination of cerebellar corticovestibular fibres in the cat lateral vestibular nucleus (Deiters' nucleus). Exp. Brain Res. **4**, 212—236.

Muir, A. R., and L. Golberg, 1961: Observations on subcutaneous macrophages. Phagocytosis of iron-dextran and ferritin synthesis. Quart. J. exp. Physiol. **46**, 289—298.

— — 1961: The tissue response to iron-dextran. J. Path. Bact. **82**, 471—482.

Mukerjee, H., J. S. Ram, and G. B. Pierce, 1965: Basement membranes. V. Chemical composition of neoplastic basement membrane mucoprotein. Amer. J. Path. **46**, 49—57.

Mukherjee, T., R. G. Gustafsson, B. A. Afzelius, and E. Arrhenius, 1963: Effect of carcinogenic amines on amino acid incorporation by liver systems. II. A morphological and biochemical study on the effect of dimethyl nitrosamine. Cancer Res. **23**, 944—953.

— and A. Wynn-Williams, 1967: The enigmatic enteric surface coat. New Zealand Soc. of Electron Microscopy 2. Conf.

Mukherjee, T. M., G. E. Bradly, and W. Williams, 1968: Unusual membrane alterations in mitochondria after whole body X irradiation. Proc. Univ. Otago med. Sch. **46**, 77—79.

Mukundan, M. A., A. Devi, and N. K. Sarkar, 1963: Effect of age on the incorporation of C^{14} thymidine into DNA, catalysed by soluble extract of rat liver. Biochem. biophys. Res. Commun. **11**, 353—359.

Mullem, P. J. v., and M. Ruiter, 1966: Electron microscopic study of the skin in angiokeratoma corporis diffusum (Thesaurosis lipoidica Ruiter-Pompe-Wyers; sphingolipoidosis Sweeley-Klionsky etc). Arch. Klin. Exp. Derm. **226**, 453—463.

Müller, E., 1963: Zelltod und Nekrose in morphologischer Sicht. Naturwiss. Rdsch. **16**, 251—257.

Müller, H. A., und D. v. Ramin, 1963: Morphologie und Morphogenese der durch Schwermetalle (Pb, Bi) hervorgerufenen Kerneinschlüsse in den Hauptstückepithelien der Rattenniere. Beitr. path. Anat. **128**, 445—467.

Müller, H. E., 1967: Lysosomen und Karzinogenese. Krebsarzt **22**, 178—180.

Müller, M., P. G. Reitnauer und C. Kemmer, 1965: Enzymhistochemische und elektronenmikroskopische Befunde an Kaninchenorganen nach DL-Glycerinaldehyd-Applikation. Dtsch. Ges. Wes. **20**, 1687—1691.

Müller, O., 1967: Elektronenmikroskopische Befunde an Rattennebennieren nach exogener Prednisonzufuhr. Verh. dtsch. Ges. Path. **51**. Tagg. 296—300.
Mullins, L. J., 1961: The macromolecular properties of excitable membranes. Ann. N. Y. Acad. Sci. **94**, 390—404.
Mundkur, B., 1965: Bifunctional cross-linking reagents and the fine structure of protein in Ehrlich ascites tumor cell nuclei. Cancer Res. **25**, 1035—1051.
Munn, E. A., and P. V. Blair, 1967: An electron microscopic study of structural changes during the large amplitude swelling and contraction of isolated beef-heart mitochondria. Z. Zellforsch. **80**, 205—213.
Murad, T. M., and D. G. Scarpelli, 1967: The ultrastructure of medullary and scirrhous mammary duct carcinoma. Amer. J. Path. **50**, 335—360.
Murakami, M., und E. Tonutti, 1966: Submikroskopische Veränderungen der Leydig-Zellen des Rattenhodens nach Behandlung mit Östrogenen und nach Gonadotropinzufuhr. Endokrinologie **50**, 231—250.
Murray, R. K., G. H. Moyer, and H. C. Pitot, 1968: Studies on the endoplasmic reticulum of liver and hepatoma. Amer. J. Path. **52**, 6a.
— L. Khairallah, W. Ragland, and H. C. Pitot, 1968: The biochemical morphology and morphogenesis of hepatomas. Int. Rev. exp. Path. **6**, 229—283.
Muscatello, U., E. Carafoli, and P. Buffa, 1964: Observations on mitochondria in denervated pigeon breast muscle. III. Europ. reg. Conf. on Electron Microscopy Prague, B 85—86.
— A. Margreth, and M. Aloisi, 1965: On the differential response of sarcoplasm and myoplasm to denervation in frog muscle. J. Cell Biol. **27**, 1—24.
— I. Mussini, and M. T. Agnolucci, 1967: The Dubin-Johnson-syndrome. An electron microscope study of the liver cell. Acta hepato-splenol. **14**, 162—170.
— I. Pasquali-Ronchetti, and A. Barasa, 1968: An electron microscope study of myoblasts from chick embryo heart cultured *in vitro*. J. Ultrastruct. Res. **23**, 44—59.
— and P. L. Patriarca, 1968: Denervation and disuse atrophy in pigeon breast muscle. Amer. J. Path. **52**, 1169—1189.
Mussini, E., J. J. Hutten, and S. Udenfriend, 1967: Collagen proline hydroxylase in wound healing, granulome formation, scurvy and growth. Science **157**, 927—929.
Mussini, I., S. di Mauro, and A. Margreth, 1968: Hypertrophy and proliferative changes of the SR in periodic paralysis. IV. Europ. reg. Conf. on Electron Microscopy Rom II, 309—310.
Myers, C. E., R. E. Bulger, C. C. Tisher, and B. F. Trump, 1966: Human renal ultrastructure. IV. Collecting duct of healthy individuals. Lab. Invest. **15**, 1921—1950.

Nachmias, V. T., and J. M. Marshall, 1961: Protein uptake by pinocytosis in amoeba: Studies on ferritin and methylated ferritin. In: „Biological Structure and Function", ed. by T. W. Goodwin and O. Lindberg, Vol. II, 605—616. London-New York: Academic Press.
Nachtwey, D. S., and W. J. Dickinson, 1967: Actinomycin D: Blockage of cell division of synchronized Tetrahymena pyriformis. Exp. Cell Res. **47**, 581—595.
Nafstad, P. H. J., and T. W. Blackstad, 1966: Distribution of mitochondria in pyramidal cells and boutons in hippocampal cortex. Z. Zellforsch. **73**, 234—245.
Nagata, T., O. Shibata, and T. Nawa, 1967: Incorporation of tritiated thymidine into mitochondrial DNA of the liver and kidney cells of chickens and mice in tissue culture. Histochemie **10**, 305—308.
Nair, K. G., R. Zak, and M. Rabinowitz, 1966: Studies on the effect of proteolytic enzymes on ribosomes and polysomes from reticulocytes and rat liver. Biochem. **5**, 2674—2680.
Naito, T., 1961: Action des variations de la pression osmotique sur les leucocytes du sang humain. Nouv. Rev. franç. Hémat. **1**, 545—561.
Nakai, T., P. Shubik, and R. Feldman, 1962: An electron microscopic study of skin carcinogenesis in the mouse with special reference to the intramitochondrial body. Exp. Cell Res. **27**, 608—611.
Nakao, K., and J. Ghidoni, 1962: Study of aging process as seen in the rat-heart. J. appl. Phys. **34**, 2525.
Nakamura, M., M. Nakatini, M. Koike, S. Torii, and M. Hiramatsu, 1962: Swelling of heart and liver mitochondria from magnesium deficient rats and its reversal. Proc. Soc. exp. Biol. **108**, 315—319.
Nakazato, H., T. Hishizawa, and H. Terayama, 1966: Effect of actinomycin D upon amino acid incorporation in rat liver. J. Biochem. **59**, 67—71.

NAPOLITANO, L., 1963: The differentiation of white adipose cells. J. Cell Biol. **18**, 663—679.
— 1963: Cytolysomes in metabolically active cells. J. Cell Biol. **18**, 478—481.
NARAYAN, K. S., M. MURAMATSU, K. SMETANA, and H. BUSCH, 1966: Ultrastructural studies on RNA and DNA components of isolated nucleoli of Walker 256 carcinosarcoma. Exp. Cell Res. **41**, 81—98.
— W. J. STEELE, and H. BUSCH, 1966: Evidence that the granular and fibrillar components of nucleoli contain 28 and 6 S RNA, respectively. Exp. Cell Res. **43**, 483—492.
— — K. SMETANA, and H. BUSCH, 1967: Ultrastructural aspects of the ribonucleoprotein network in nuclei of Walker tumor and rat liver. Exp. Cell Res. **46**, 65—77.
NARIMATSU, E., M. MORITA, and T. ONOE, 1963: Electron microscopic study of fat absorption of intestinal epithelium. J. Electron Microscopy **12**, 118.
NASEMANN, T., und O. BRAUN-FALCO, 1968: Kerneinschlüsse bei Melanomalignom und Zoster. Versuch einer morphologischen Zuordnung in der Systematik der Zellinklusionen. Klin. Wschr. **46**, 534—540.
NASS, M. M. K., and S. NASS, 1963: Intramitochondrial fibers with DNA characteristics. I. Fixation and electron staining reactions. J. Cell Biol. **19**, 593—611.
— — and B. A. AFZELIUS: The general occurrence of mitochondrial DNA. Exp. Cell Res. **37**, 516—539.
NASS, S., 1967: Incorporation of $^{32}P_i$ into mitochondrial and nuclear DNA in regenerating liver. Biochim. biophys. Acta **145**, 60—67.
— and M. M. K. NASS, 1964: Intramitochondrial fibers with deoxyribonucleic acid characteristics. Observations of Ehrlich ascites tumor cells. J. nat. Cancer Inst. **33**, 777—798.
NATHANIEL, E. J. H., and D. C. PEASE, 1963: Degenerative changes in rat dorsal roots during Wallerian degeneration. J. Ultrastruct. Res. **9**, 511—532.
NATHANS, D., 1964: Inhibition of protein synthesis by puromycin. Fed. Proc. **23**, 984—989.
NAVARRO, V., y H. OLIVA, 1965: Microscopia electrónica de hígado en el síndrome posthepatitis y en la cirrosis de Wilson. Rev. Esp. Enferm. Apar. Dig. **24**, 423—430.
NAYYAR, R., and H. KOENIG, 1968: Nuclear changes produced by actinomycin D in neurons of rat cerebral cortex. A cytochemical and electron microscopic study. Anat. Rec. **160**, 400.
NEGLIA, W., L. BURROWS, S. W. THOMPSON, and F. SCHAFFNER, 1963: Ultrastructure studies of hepatic pigment following administration of intravenous fat. Lab. Invest. **12**, 378—385.
NELSON, E., 1962: Electron microscopic observations on experimental inflammatory diseases of the central nervous system. IV. internat. Kongr. f. Neuropath. München 1961, Vol. II, 124—129.
— E. H. HAGER, and E. KOVÁCS, 1961: Ultrastructural alterations in neurons of mice infected with MM polioencephalitis virus. Neurology **11**, 755—770.
— K. H. BLINZINGER, and H. HAGER, 1962: Ultrastructural observations on phagocytosis of bacteria in experimental (*E. coli*) meningitis. J. Neuropath. exp. Neurol. **21**, 155—169.
— K. OSTERBERG, M. BLAW, J. STORY, and P. KOZAK, 1962: Electron microscopy and histochemical studies in diffuse sclerosis (sudanophilic type). Neurology **12**, 896—909.
— G. AUREBECK, K. OSTERBERG, J. BERRY, J. T. JABBOUR, and J. BORNHOFEN, 1963: Ultrastructural and chemical studies on Krabbe's disease. J. Neuropath. exp. Neurol. **22**, 414—434.
— H. HAGER, and E. KOVACS, 1964: Intracytoplasmic virus crystal formation and other alterations in polymorphnuclear leucocytes in mouse polioencephalitis (M. M. strain). Amer. J. Path. **44**, 29—49.
— and G. AUREBECK, 1966: Electron microscopic observations on the leukodystrophies. Vth internat. Congr. of Neuropath. Zürich 1965, 838—841.
NEMETSCHEK-GANSLER, H., 1968: Zur Frage der Proliferation oestrogenstimulierter Uteri. Virchows Arch. path. Anat. **343**, 197—209.
— und I. VOGT-MOYKOPF, 1969: Eigenartige Kern- und Chromosomenformen in undifferenzierten Tumorzellen. Naturwissenschaften **56**, 375.
NEU, R. L., J. C. LEAO, and L. I. GARDNER, 1966: Effects of actinomycin D and puromycin on chromosomes of cultured human leucocytes. Nature **211**, 881—882.

Neubert, D., 1966: Vergleichende Untersuchungen über die Nucleinsäuresynthese in Zellkernen und Mitochondrien und ihre Beeinflußbarkeit durch Pharmaka. Arch. exp. Path. Pharm. **253**, 152—176.
— R. Timmler und H. Helge, 1965: Zur pharmakologischen Beeinflußbarkeit des Aminosäure-Einbaues in Mitochondrien- und Mikrosomenproteine. Arch. exp. Path. Pharm. **250**, 275—276.
— und H. P. Morris, 1966: RNS- und Proteinsynthese in Zellkernen und Mitochondrien aus Rattenlebern und hepatocellulären Tumoren. Arch. exp. Path. Pharm. **255**, 51—52.
Neustein, H. B., 1967: Hemoglobin absorption in the proximal tubules of the kidney in the rabbit. J. Ultrastruct. Res. **17**, 565—587.
— 1969: Fine structure of skeletal muscle in type III glycogenosis. Amer. J. Path. **55**, 69 a.
— 1969: Fine structure of skeletal muscle in type III glycogenosis. Arch. Path. **88**, 130—136.
— and A. B. Maunsbach, 1966: Hemoglobin absorption by proximal tubule cells of the rabbit kidney. A study by electron microscopic autoradiography. J. Ultrastruct. Res. **16**, 141—157.
Newcomb, E. H., M. W. Steer, P. K. Hepler, and W. P. Wergin, 1968: An atypical crista resembling a "tight junction" in bean root mitochondria. J. Cell Biol. **39**, 35—54.
Newman, J. K., A. E. Vatter, and O. K. Reiss, 1967: Chemical and electron microscopic studies of the black pigment of the human lung. Arch. environm. Hlth. **15**, 420—429.
Nicander, L., 1964: Fine structure and cytochemistry of nuclear inclusions in the dog epididymis. Exp. Cell Res. **34**, 533—541.
— 1967: An electron microscopical study of contacts in the seminiferous tubules of some mammals. Z. Zellforsch. **83**, 375—397.
— and B. Hellström, 1967: Increased thickness of the inner mitochondrial membrane during sperm maturation in the domestic roosters. Exp. Cell Res. **48**, 622—625.
Nicholls, T. J., B. K. Follett, and P. J. Evennett, 1968: The effects of oestrogen and other steroid hormones on the ultrastructure of the liver *Xenopus laevis* Daudin. Z. Zellforsch. **90**, 19—27.
Nickerson, P. A., and J. A. Curtis, 1969: Concentric whorls of rough endoplasmic reticulum in adrenocortical cells of the mongolian gerbil. J. Cell Biol. **40**, 859—862.
Nicolaides, N., 1964: Lipids, membranes, and the human epidermis. In: „The Epidermis", ed. by W. Montagna and W. C. Lobitz, 511—538. New York-London: Academic Press.
Niden, A. H., and H. Schulz, 1965: The ultrastructural effects of carbon monoxide inhalation on the rat lung. Virchows Arch. path. Anat. **339**, 283—292.
Nienhaus, H., R. Poche und E. Reimold, 1963: Elektrolytverschiebungen, histologische Veränderungen der Organe und Ultrastruktur der Herzmuskulatur nach Belastung mit Cortisol, Aldosterol und primären Natriumphosphat bei der Ratte. Virchows Arch. path. Anat. **337**, 245—269.
Nievel, J. G., and W. Dawson, 1967: Microsomal protein synthesis in the isolated perfused liver during actinomycin blockage of RNA-synthesis. Nature **216**, 818—819.
— and J. N. Cunnings, 1967: Nissl substance and ribosomal aggregates. Nature **214**, 1123—1124.
Nii, S., C. Morgan, H. M. Rose, and H. S. Rosenkranz, 1966: Analytical studies on the development of Herpes simplex virus. VI. internat. Congr. f. Electron Microscopy Kyoto Vol. **2**, 201—202.
Niklowitz, W., 1962: Elektronenmikroskopische Untersuchungen zur Struktur der normalen und kollapsgeschädigten Purkinje-Zelle. Beitr. path. Anat. **127**, 424—449.
— 1964: Elektronenmikroskopische Untersuchungen an den Pyramidenzellen des Ammonshornes. Nervenarzt **35**, 463—467.
— 1966: Elektronenmikroskopische Untersuchungen am Ammonshorn. II. Über die Substruktur der Pyramidenzellen nach Methoxypyridoxin-Vergiftung. Z. Zellforsch. **70**, 220—239.
— 1966: Substructural alterations of hippocampal pyramidal cells due to administration of convulsant poisons. VI. internat. Congr. f. Electron Microscopy Kyoto Vol. **2**, 455—456.
Nilson, O., 1968: Ultrastructure of mouse uterine surface epithelium under different estrogenic influences. 3. Late effect of estrogen to spayed animals. J. Ultrastruct. Res. **2**, 185—199.

NILSON, O., 1958: Ultrastructure of mouse uterine surface epithelium under different estrogenic influences. 2. Early effect of estrogen administered to spayed animals. J. Ultrastruct. Res. **2**, 73—95.
— 1958: Influence of estradiol on the ultrastructure of mouse uterine surface epithelium. Exp. Cell Res. **14**, 434—435.
— 1959: Ultrastructure of mouse uterine surface epithelium under different estrogenic influences. 5. Continuous administration of estrogen. J. Ultrastruct. Res. **2**, 342—351.
— 1959: Ultrastructure of mouse uterine surface epithelium under different estrogenic influences. 6. Changes of some cell components. J. Ultrastruct. Res. **2**, 373—387.
— 1962: Electron microscopy of the human endometrial carcinoma. Cancer Res. **22**, 492—494.
NIMWEGEN, D. VAN, and H. SHELDON, 1966: Early postmortem changes in cerebellar neurons of the rat. J. Ultrastruct. Res. **14**, 36—46.
NISHI, K., and H. YAMAGATA, 1965: Fine structure of experimental lung tumour in mice. J. Electron Microscopy **14**, 148.
— — and Y. OGAWA, 1966: Electron microscopic and cytochemical studies on the epitheloid cells in the tuberculous granulomatous tissue of rabbit lung. VI. internat. Congr. f. Electron Microscopy Kyoto Vol. **2**, 737—738.
NISHIURA, M., J. OGAWA, F. KANETSUNA, and E. TODA, 1964: Myelinic figures in lepra cells examined by phasecontrast and electron microscopy. Int. J. Leprosy **32**, 45—52.
NIX, T. E., R. E. NORDQUIST, J. R. SCOTT, and M. A. EVERETT, 1965: An ultrastructural study of nucleolar enlargement following ultraviolet irradiation of human epidermis. J. invest. derm. **45**, 114—118.
NOORDUYN, N. J. A., and J. C. H. DE MAN, 1966: RNA synthesis in rat and mouse hepatic cells as studied with light and electron microscope radioautography. J. Cell Biol. **30**, 655—660.
— — 1969: The inner configuration of the tetramers of crystallized ribosomes as related to the shape of the ribosomal components. Z. Zellforsch. **97**, 459—464.
NORRIS, F. H., and B. J. PANNER, 1966: Hypothyroid myopathy. Clinical, electromyographical and ultrastructural observations. Arch. Neurol. **14**, 574—589.
NORTH, R. J., 1966: The localization by electron microscopy of nucleoside phosphatase activity in guinea pig phagocytic cells. J. Ultrastruct. Res. **16**, 83—95.
— 1966: The localization by electron microscopy of acid phosphatase activity in guinea pig macrophages. J. Ultrastruct. Res. **16**, 96—108.
— and J. K. POLLAK, 1961: An electron microscope study on the variation on nuclear-mitochondrial proximity in developing chick liver. J. Ultrastruct. Res. **5**, 497—503.
— and G. B. MACKANESS, 1963: Electron microscopical observations on the peritoneal macrophages of normal mice immunized with Listeria monocytogenes. I. Structure of normal macrophages and the early cytoplasmic response to the presence of ingested bacteria. Brit. J. exp. Path. **44**, 601—607.
NORTON, W., and M. ZIFF, 1965: Electron microscopic observations on the localization of antigen in the tuberculin reaction. Immunol. **8**, 81—87.
NOSSAL, G. J. V., 1969: Die Regulation der Immunantwort. Klin. Wschr. **47**, 568—573.
NOVI, A. M., 1968: Beitrag zur Feinstruktur des Herzmuskels bei experimenteller Herzhypertrophie. Beitr. path. Anat. **137**, 19—50.
— 1969: Effects of low irradiation doses on the ultrastructure of the rat myocardium. Virchows Arch. Abt. B **2**, 24—31.
NOVIKOFF, A. B , 1961: Mitochondria (Chondriosomes). In: „The Cell", ed. by J. BRACHET and A. E. MIRSKY, Vol. II, 299—421. New York-London: Academic Press.
— 1961: Lysosomes and related particles. In: „The Cell", ed. by J. BRACHET and A. E. MIRSKY, Vol. II, 423—488. New York-London: Academic Press.
— 1963: Lysosomes in the physiology and pathology of cells. Ciba Found Symp. „Lysosomes" 36—73.
— 1964: Enzymic activities and functional interrelations of cytomembranes. In: „Intracellular Membranous Structure", ed. by S. SENO and E. V. COWDRY, 277—290.
— 1964: Lysosomes and cell injury. Amer. J. Path. **44**, 24a.
— 1965: Lysosomes and other cell organelles following sciatic nerve crush. Amer. J. Path. **46**, 4a.
— and E. ESSNER, 1962: Pathological changes in cytoplasmic organelles. Fed. Proc. **21**, 1130—1142.
— — 1962: Cytolysomes and mitochondrial degeneration. J. Cell Biol. **15**, 140—146.

NOVIKOFF, A. B., E. ESSNER, and M. HENS, 1962: Enzymic activities of cytomembranes. Vth internat. Congr. of Electron Microscopy Philadelphia Vol. II, TT-2.
— and A. VORBRODT, 1963: Lysosomes and thyroid function. J. Cell Biol. **19**, 53 A.
— E. ESSNER, and N. QUINTANA, 1964: Golgi apparatus and lysosomes. Fed. Proc. **23**, Part I, 1010—1022.
— and L. BIEMPICA, 1966: Cytochemical and electron microscopic examination of Morris 5123 and Rueber H-35 hepatomas after several years of transplantation. Gann Monogr. **1**, 65—88.
— N. QUINTANA, H. VILLAVERDE, and R. FORSCHIRM, 1966: Nucleoside phosphatase and cholinesterase activities in dorsal root ganglia and peripheral nerve. J. Cell Biol. **29**, 525—545.
— and E. HOLTZMAN, 1966: Lysosomes in nerve degeneration. J. Neuropath. exp. Neurol. **25**, 130—131.
— P. S. ROHEIM, and N. QUINTANA, 1966: Changes in rat liver cells induced by orotic acid feeding. Lab. Invest. **15**, 27—49.
NUNEZ, E. A., W. L. MONEY, and D. V. BECKER, 1967: Fine structure of thiouracil-induced transplantable thyroid tumors in noninbred intact rats. Endocrinology **80**, 629—640.
— and R. P. GOULD, 1968: Fine structural changes in the follicular cells of the bat during early hibernation. Anat. Rec. **160**, 401.
NUNEZ-MONTIEL, O., J. WEIBEL, and J. VITELLI-FLORES, 1961: Electron microscopic study of the cytopathology of Echovirus infection in cultivated cells. J. biophys. biochem. Cytol. **11**, 457—467.
NÜRNBERGER, F., und G. MÜLLER, 1967: Elektronenmikroskopische Untersuchungen über die Akantholyse bei *Pemphigus familiaris benignus*. Arch. klin. exp. Derm. **228**, 208—219.
NYSTRÖM, S., 1962: Electron microscopic studies of psammoma bodies in human supratentorial meningioma. Naturwissenschaften **49**, 186—187.
— 1966: Immediate effects of protons on the mammalian brain. Naturwissenschaften **53**, 159.
— 1967: Early ultrastructural changes in experimental glioma following neutron capture irradiation. Naturwissenschaften **54**, 341—342.

OBERDISSE, E., und D. NEUBERT, 1967: Einfluß einiger Antibiotika, die mit der DNS Komplexe bilden können, auf die Nucleinsäure-Synthese von Warmblüterzellen *in vivo*. Arch. exp. Path. Pharm. **257**, 47—48.
OBERLING, C., C. ROUILLER et A. DONTCHEFF, 1956: Les effets de l'intoxication aigue au tetrachlorure de carbone sur le foie du rat. Ann. Anat. Path. **1**, 401—427.
— and W. BERNHARD, 1961: The morphology of the cancer cell. In: „The Cell", ed. by J. BRACHET and A. E. MIRSKY, Vol. V, part **2**, 405—496. New York-London: Academic Press.
OBIDITSCH-MAYER, I., and G. BREITFELLNER, 1968: Electron microscopy in cancer of the lung. Cancer **21**, 945—951.
O'BRIEN, J. P., and D. M. HUME, 1966: Membranous glomerulonephritis in two human renal homotransplants. Ann. intern. Med. **65**, 504—510.
O'BRIEN, T. W., and H. M. KLITGAARD, 1965: Electron microscope study of *in vivo* effects of thyroxine on rat liver mitochondria. J. Cell Biol. **27**, 74 A.
ODA, A., and M. CHIGA, 1965: Effect of actinomycin D on the hepatic cells of partially hepatectomized rats. Lab. Invest. **14**, 1419—1427.
ODA, T., 1967: Molecular organization of the electron transfer and oxidative phosphorylation systems in mitochondrial membrane. VII. internat. Congr. Biochem. Tokyo, 215—216.
— and Y. NISHI, 1963: Fundamental structure and function of mitochondrial membrane. J. Electron Microscopy **12**, 290—292.
— and S. SEKI, 1965: Molecular structure and biochemical function of the microvilli membrane of intestinal epithelial cells with special emphasis on the elementary particles. J. Electron Microscopy **14**, 210—217.
— — G. YAMAMOTO, O. HATASE, and H. HAYASHI, 1966: Isolation and analysis of the molecular structure and enzymatic properties of the elementary particles in the inner membrane of mitochondria. J. Electron Microscopy **15**, 40.
— — — H. HAYASHI, O. HATASE, and A. WAKABAYASHI, 1966: Structure and function of the mitochondria with a brief note on blood cell mitochondria. Acta haem. jap. **29**, 578—600.

ODA, T., and S. SEKI, 1966: Molecular basis of structure and function of the plasma membrane of the microvilli of intestinal epithelial cells. VI. internat. Congr. f. Electron Microscopy Kyoto Vol. **2**, 387—388.
— — 1966: Molecular organization of the energy transducing system in the mitochondrial membrane. VI. internat. Congr. f. Electron Microscopy Kyoto Vol. **2**, 369—370.
— S. NISHIDA, R. INOHARA, and T. NAKAMURA, 1968: Molecular structure of mitochondrial DNA's from normal and cancer cells. J. Electron Microscopy **17**, 266.
O'DALY, J. A., and T. IMAEDA, 1967: Electron microscopic study of Wallerian degeneration in cutaneous nerves caused by mechanical injury. Lab. Invest. **17**, 744—766.
ODOR, D. L., A. N. PATEL, and L. A. PEARCE, 1967: Familial hypokalemic periodic paralysis with permanent myopathy. A clinical and ultrastructural study. J. Neuropath. exp. Neurol. **26**, 98—114.
— R. JANEWAY, L. A. PEARCE, and J. R. RAVENS, 1967: Progressive myoclonus epilepsy with Lafora inclusion bodies. II. Studies of ultrastructure. Acta neurol. **16**, 583—594.
OEHLERT, W., und W. KLIETMANN, 1967: Die Hemmung der Ribonucleinsäuresynthese durch Actinomycin und ihre Erholung in verschiedenen Zellarten der Maus. Beitr. path. Anat. **136**, 19—33.
OEHMKE, H. J., und J. PETRY, 1964: Beobachtungen über das Auftreten von Keratohyalingranula im Zellkern. Experientia **20**, 422.
OGATA, S., Y. YAMAZAKI, and A. SUGANUMA, 1961: Electron microscopic studies of liver of mice with experimental alcohol intoxication. J. Kyoto Prefect med. Univ. **70**, 1651—1654.
OGAWA, K., 1963: Smooth membranae system and the concept of „segregating mechanism" in the cell. J. Cell Biol. **19**, 89 A.
— 1964: Acid phosphatase and the smooth membrane system. In: „Intracellular Membranous Structure", ed. by S. SENO and E. V. COWDRY, 307—318.
— 1964: Enzymes of the smooth membrane system of the cell as revealed by electron microscopy. Fol. histochem. **2**, 73—79.
— and R. J. BARRNETT, 1964: Electron histochemical examination of oxidative enzymes and mitochondria. Nature **203**, 724—726.
— T. SAITO, and H. MAYAHARA, 1968: The site of ferricyanide reduction by reductase within mitochondria as studied by electron microscopy. J. Histochem. Cytochem. **16**, 49—57.
OKADA, Y., 1962: Analysis of giant polynuclear cell formation caused by HVJ virus from Ehrlich's ascites polynuclear cell formation. Exp. Cell Res. **26**, 98—107.
— K. GENKA, and C. NAGASHI, 1966: Electron microscopy of the human lung cancer. VI. internat. Congr. f. Electron Microscopy Kyoto Vol. **2**, 757—758.
OKADA, S., and L. D. PEACHEY, 1957: Effect of gamma irradiation on the desoxyribonuclease II activity of isolated mitochondria. J. biophys. biochem. Cytol. **3**, 239—248.
OKI, K., 1965: Fine structural changes of the rat duodenal absorptive cells following iron administration. Arch. histol. jap. **25**, 297—323.
— S. YOSHIOKA, K. HAYASHI, and M. MASUDA, 1965: Mitochondrial changes induced by iron absorption in the duodenal absorptive cells of rats. J. Cell Biol. **24**, 328—332.
OKITA, S., and Y. IMAIZUMI, 1967: Electron microscopic observation on the supramedullary nerve cell of Spheroides niphobles. J. Electron Microscopy **16**, 373.
OKSCHE, A., 1961: Der histochemisch nachweisbare Glykogenaufbau und -abbau in den Astrozyten und Ependymzellen als Beispiel einer funktionsabhängigen Stoffwechselaktivität der Neuroglia. Z. Zellforsch. **54**, 307—361.
— und M. VAUPEL-VON HARNACK, 1969: Elektronenmikroskopische Studien über Altersveränderungen (Filamente) der Plexus chorioidei des Menschen. Z. Zellforsch. **93**, 1—29.
— H. KIRSCHSTEIN und M. VAUPEL VON HARNACK, 1969: Vergleichende Ultrastrukturstudien an glykogenreichen Plexus chorioidei (Embryonalzustand, Winterschlaf). Z. Zellforsch. **94**, 232—251.
OKUNO, G., S. HIZUKURI, and M. NISHIKAWA, 1966: Activities of glycogen synthetase and UDPG-pyrophosphorylase in muscle of a patient with a new type of muscle glycogenesis caused by phosphofructokinase deficiency. Nature **212**, 1490—1491.
O'LEARY, J. L., A. B. HARRIS, R. R. FLOX, and J. M. SMITH, 1965: Ultrastructural lesions in rabbit hereditary ataxia. Arch. Neurol. **13**, 238—262.
OLEDZKA-SLOTWINSKA, H., and V. DESMET, 1968: Ultracytochemical study of parenchymal liver cell necrosis in conditions of extrahepatic cholestasis. IV. Europ. reg. Conf. on Electron Microscopy Rom II, 483—484.

OLEDZKA-SLOTWINSKA, H., and V. DESMET, 1969: Participation of the cell membrane in the formation of "autophagic vacuoles". Virchows Arch. Abt. B **2**, 47—61.
OLIVA, H., e V. NAVARRO, 1965: Consideraciones sobre la histopatologia ultraestrutural del higado. Microscopia electrónica de la localicación hepática de la enfermedad de Gaucher. Rev. Esp. Enferm. Apar. Dig. **24**, 431—438.
— — e S. OBRADOR, 1966: Microscopia electrónica de los adenomas cromofobos de la hipofisis. Acta neurochir. **14**, 141—153.
— — und J. FORTEZA-VILA, 1967: Submikroskopische Morphologie der Leber beim *Morbus Gaucher*. Frankfurt. Z. Path. **76**, 435—443.
OLLERICH, D. A., 1968: An intramitochondrial crystalloid in element III of rat chorioallantoic placenta. J. Cell Biol. **37**, 188—190.
— and L. K. SCHNEIDER, 1967: An intramitochondrial crystalloid in rat chorioallantoic placenta. J. Cell Biol. **35**, 2/2, 99 A.
OLSEN, T. S., 1967: Ultrastructure of the renal tubules in acute renal insufficiency. Acta path. scand. **71**, 203—218.
— 1969: Diabetic glomerulosclerosis: A comparison between human and experimental lesions. Int. Rev. exp. Path. **7**, 271—304.
OMATA, S., 1966: Increase in RNA biosynthesis following treatment with cortisone *in vitro* in nuclei isolated from rat liver. Ann. Zool. jap. **39**, 107—118.
OMURA, T., P. SIEKEVITZ, and G. E. PALADE, 1966: Turnover of hepatic endoplasmic reticulum membranes in young adult rats. J. Cell Biol. **31**, 82 A.
— — — 1967: Turnover of constituents of the endoplasmic reticulum membranes of rat hepatocytes. J. biol. Chem. **242**, 2389—2396.
ONISHI, S., 1967: Mitochondrienvermehrung der Herzmuskelzelle nach Aderlaß. Naturwissenschaften **21**, 568.
— 1967: Die Feinstruktur des Herzmuskels nach Aderlaß bei der Ratte. Zugleich ein Beitrag zur Teilung und Vermehrung von Herzmuskelmitochondrien. Beitr. path. Anat. **136**, 96—132.
— F. BÜCHNER, R. ZITTEL und M. THERMANN, 1969: Das elektronenmikroskopische Bild der Herzmuskelzelle des Hundes bei experimenteller Herzhypertrophie in der Anpassungsphase. Beitr. path. Anat. **139**, 94—114.
ONOE, T., 1962: Electron microscopic studies of human carcinoma. J. Electron Microscopy **11**, 70—84.
— Y. FUSE, and KANEKO, 1966: A comparative electron microscopic study on the changes of endoplasmic reticulum in rat hepatocytes by 3′-Me-DAB and phenobarbital. VI. internat. Congr. f. Electron Microscopy Kyoto Vol. **2**, 621—622.
ORCI, L., W. G. FORSSMANN, A. MATTER, R. PICTET und C. ROUILLER, 1968: Phasenkontrastoptische und ultrastrukturelle Untersuchungen über Degenerationsformen der Skeletmuskelfasern von Laboratoriumstieren und vom Menschen. Z. Zellforsch. **84**, 24—43.
— A. JUNOD, R. PICTET, A. E. RENOLD, and C. ROUILLER, 1968: Granulolysis in a cell of endocrine pancreas in spontaneous and experimental diabetes in animals. J. Cell Biol. **38**, 462—466.
ORDY, J. M., T. SAMORAJSKI, R. R. ZIMMERMAN, and P. M. RADY, 1966: Effects of postnatal protein deficiency on weight gain, serum proteins, enzymes, cholesterol, and liver ultrastructure in a subhuman primate (*Macaca mulatta*). Amer. J. Path. **48**, 769—791.
ORFANOS, C., 1966: Neue Befunde an der Lepra lepromatosa. Arch. klin. exper. Derm. **225**, 218—230.
— 1966: Phagocytotische Insuffizienz und Mitochondrien-Veränderungen der Leberzelle. Hautarzt **17**, 459—463.
ORLANDI, F., 1962: Electron-microscopic observations on human liver during cholestasis. Acta hepato-splenol. **9**, 155—163.
— and A. M. JÉZÉQUEL, 1962: Electron microscopy of the human liver after methandrostenolone administration. In: „Aktuelle Probleme der Hepatologie", Hrsg. G. H. MARTINI. Stuttgart: G. Thieme, 41—47.
ORMOS, J., und S. VIRÁGH, 1965: Das elektronenmikroskopische Bild der experimentellen Nierenrindennekrose. Verh. dtsch. Ges. Path. **49**. Tagg. 146—150.
ORRENIUS, S. J., L. ERICSSON, and L. E. ERNSTER, 1965: Phenobarbital-induced synthesis of the microsomal drug metabolizing enzyme system and its relationship to the proliferation of endoplasmic membranes. J. Cell Biol. **25**, 627—639.
— — 1966: Enzyme-membrane relationship in phenobarbital induction of synthesis of drug-metabolizing enzyme system and proliferation of endoplasmic membranes. J. Cell Biol. **28**, 181—198.

ORRENIUS, S. J., and L. ERICSSON, 1966: On the relationship of liver glucose-6-phosphatase to the proliferation of endoplasmic reticulum in phenobarbital induction. J. Cell Biol. **31**, 243—256.
— and L. ERNSTER, 1967: Enzyme induction in microsomes. VII internat. Congr. of Biochem. Tokyo, 227—228.
ORTEGA, P., 1963: Liver-cells inclusion following DDT poisoning in the rat. J. appl. Phys. **34**, 2504.
— 1966: Light and electron microscopy of dichlorodiphenyltrichlorethane (DDT) poisoning in the rat liver. Lab. Invest. **15**, 657—679.
— 1969: Partial hepatectomy in rats fed dichlorodiphenyl-trichlorethane (DDT). Amer. J. Path. **56**, 229—250.
OSATO, S., 1961: The observations on the electron microscopic pictures of cancer cells under the actions of chemotherapeutic agents. Tohoku J. exp. Med. **75**, 17—42.
OSTERTAG, W., and W. KERSTEN, 1965: The action of proflavin and actinomycin D in causing chromatid breakage in human cells. Exp. Cell Res. **39**, 296—301.
OTTEN, J., 1968: Rat liver polyribosomes during the first days of life. Growth **32**, 95—102.
OUDEA, P. R., 1963: Anoxic changes of liver cells. Electron microscopic study after injection of colloidal mercury. Lab. Invest. **12**, 386—394.
— and H. BISMUTH, 1965: L'anastomose porto-cave expérimentale chez le rat normal: Etude des lésions hépatiques par la microscopie électronique. Path. Biol. **13**, 288—296.
— and M. C. OUDEA, 1967: Anoxic lesions of liver cells. Meth. Achievm. exp. Path. **3**, 40—54.
— G. FELDMANN et M. C. DOMART-OUDEA, 1968: L'hépatite alcoolique, étude au microscope électronique. Rev. int. hepat. **18**, 155—170.
OVERTON, J., 1965: Fine structure of the free cell surface in developing mouse intestinal mucosa. J. exp. Zool. **159**, 195—202.
OZAWA, Y., I. G. HOPKINS, A. HAZRATI, A. MODJITABAI, and P. KAVEH, 1965: Cytology of monkey kidney cells infected with African horse-sickness virus. Nature **206**, 1321—1323.

PAEGLE, R. D., 1966: Ultrastructure of mineral deposits in calcinosis cutis. Arch. Path. **82**, 474—482.
PAGET, G. E., and J. M. THORP, 1963: An effect of thyroxin on the fine structure of the rat liver cell. Nature **199**, 1307—1308.
PALADE, G. E., 1966: Structure and function at the cellular level. J. Amer. med. Ass. **198**, 815—825.
PALAY, S. L., 1960: On the appearence of absorbed fat droplets in the nuclear envelope. J. biophys. biochem. Cytol. **7**, 391—392.
— and L. J. KARLIN, 1959: An electron microscopic study of the intestinal villus. I. The fasting animal. J. biophys. biochem. Cytol. **5**, 363—372.
PALLADINI, G., e S. CARAVITA, 1966: Ultrastruttura della calcificazione distrofica renale da sublimato. Experientia **22**, 585—587.
PALMEIRO, J., R. C. BEHREND und W. WECHSLER, 1966: Elektronenmikroskopische Befunde an der Skeletmuskulatur bei Polymyositis. Acta Neuropath. **7**, 26—43.
PALUELLO, F. M., C. B. BRUNI, and H. SPIELE, 1967: Type III glycogenosis. A biochemical and ultrastructural study. Virchows Arch. path. Anat. **343**, 164—176.
PANNER, B. J., and R. J. HANSS, 1969: Hepatic injury in mushroom poisoning. Arch. Path. **87**, 35—45.
PANNESE, E., 1963: Investigations on the ultrastructural changes of the spinal ganglion neurons in the course of axon regeneration and cell hypertrophy. I. Changes during axon regeneration. Z. Zellforsch. **60**, 711—740.
— 1963: Investigations on the ultrastructural changes of the spinal ganglion neurons in the course of axon regeneration and cell hypertrophy. II. Changes during cell hypertrophy and comparison between the ultrastructure of nerve cells of the same type under different functional conditions. Z. Zellforsch. **61**, 561—586.
— 1964: Number and structure of perisomatic satellite cells of spinal ganglia under normal conditions or during axon regeneration and neuronal hypertrophy. Z. Zellforsch. **63**, 568—592.
— 1966: Expansive growth of the nuclear envelope and formation of mitochondria in ganglionic neuroblasts. Z. Zellforsch. **72**, 295—324.
— 1966: Structure possibly related to the formation of new mitochondria in spinal ganglion neuroblasts. J. Ultrastruct. Res. **15**, 57—65.
PANTELEAKIS, P. N., and G. M. MATEYKO, 1966: Effects of actinomycin D on the nucleoli of different cells *in vitro*. J. Cell Biol. **31**, 154 A.

Pantić, V., 1966: Ultrastructure of thyroid cell organelles after internal irradiation. VI. internat. Congr. f. Electron Microscopy Kyoto Vol. **2**, 533—534.
— and O. Genbačev, 1969: Ultrastructure of pituitary lactotropic cells of oestrogen treated male rats. Z. Zellforsch. **95**, 280—289.
Papadimitriou, J. M., 1966: Cell membrane changes during contact with some microorganism. Nature **212**, 631.
— 1965: Electron micrographic features of acute murine reovirus hepatitis. Amer. J. Path. **47**, 565—585.
— and J. B. Blackwell, 1967: Allergic liver damage in rats: With a comparison between anoxic and congestive hepatocytic vacuolation. J. Path. Bact. **94**, 397—407.
— B. S. Walters, and M. N. J. Walters, 1967: Studies on the exocrine pancreas. II. Ultrastructural investigation of reovirus pancreatitis. Amer. J. Path. **51**, 387—404.
Parchwitz, H. K., E. Wittekindt und W. Wittekindt, 1965: Zytologische Untersuchungen über die Wirkung ionisierender Strahlen auf normale, regenerierende und blastomatöse Gewebe. 3. Elektronenoptische Untersuchungen über die Wirkung ionisierender Strahlung auf das Walker-Karzinom. Strahlentherapie **126**, 386—406.
Pardo, V., E. R. Fisher, E. Perez-Stable, and G. P. Rodnan, 1966: Ultrastructural studies in hypertension. II. Renal vascular changes in progressive systemic sclerosis. Lab. Invest. **15**, 1434—1441.
— R. L. Bejar, W. W. Cleveland, W. L. Nyhan, and T. Ando, 1969: Multiple mitochondrial abnormalities associated with an error in lactate and pyruvate metabolism. Lab. Invest. **20**, 599.
Parker, F., and G. F. Odland, 1966: A correlative histochemical, biochemical and electron microscopic study of experimental atherosclerosis in the rabbit aorta with special reference to the myo-intimal cell. Amer. J. Path. **48**, 197—240.
Parker, J. W., H. Wakasa, and R. J. Lukes, 1967: Cytoplasmic fibrils in mixed lymphocyte cultures. Blood **29**, 608—615.
Parks, H. F., 1967: An experimental study of microscopic and submicroscopic lipid inclusions in hepatic cells of the mouse. Amer. J. Anat. **120**, 253—279.
Parr, E., 1966: Glycogen accumulation in the rat uterus containing an intrauterine contraceptive device. Fertil. Steril. **17**, 797—803.
Parry, E. W., and F. N. Ghadially, 1965: Ultrastructure of carcinogen-induced rat sarcoma. Cancer **18**, 1026—1040.
— — 1966: The nature of some annular inclusions seen under the electron microscope. J. Path. Bact. **91**, 93—96.
— — 1966: Ultrastructural changes in the liver of tumorbearing rats during the terminal stages of life. Cancer **19**, 821—830.
— — 1967: Ultrastructure of the livers of rats bearing transplanted tumors. J. Path. Bact. **93**, 295—299.
— — 1967: Fibrin in hepatocytes. Naturwissenschaften **54**, 541.
Parsons, D. F., 1962: An electron microscope study of radiation damage in mouse oocyte. J. Cell Biol. **14**, 31—48.
— 1965: Recent advances correlating structure and function in mitochondria. Exp. Path. **4**, 1—54.
— and J. G. Verboon, 1965: Separation and purification of the outer membrane and inner membrane (including cristae) of rat liver mitochondria. J. appl. Phys. **36**, 2615—2616.
— G. R. Williams, and B. Chance, 1966: Characteristics of isolated and purified preparations of the outer and inner membranes of mitochondria. Ann. N. Y. Acad. Sci. **137**, 643—666.
Pastan, I., and R. M. Friedman, 1968: Actinomycin D: Inhibition of phospholipid synthesis in chick embryo cells. Science **160**, 316—317.
Patrassi, G., G. de Sandre et P. Leonardi, 1965: La classification de la lumière des ultrastructures du foie. Rev. int. Hepat. **15**, 481—487.
Patrizi, G., J. N. Middelkamp, and C. A. Reed, 1967: Reduplication of nuclear membranes in tissue-culture cells infected with guinea pig cytomegalovirus. Amer. J. Path. **50**, 779—790.
— — — 1968: Fine structure of herpes simplex virus hepatoadrenal necrosis in the newborn. Amer. J. clin. Path. **49**, 325—341.
— — 1969: Intranuclear structures in paracrystalline array. J. Ultrastruct. Res. **27**, 1—6.
— — 1969: *In vivo* and *in vitro* demonstration of nuclear bodies in vaccinia infected cells. J. Ultrastruct Res. **28**, 275—287.
Paukov, V. S., 1967: Ultrastructure of the hypertrophied human myocardium in the state of compensation. Arch. pat. H. **9**, 18—24.

PAUL, E., 1968: Histochemische, elektronenmikroskopische und quantitative Studien über den Glykogenvorrat des Plexus chorioideus von *Rana temporaria* L. Z. Zellforsch. **88**, 511—536.
PAUL, J., and M. G. STRUTHERS, 1963: Actinomycin D-resistant synthesis in animal cells. Biochem. biophys. Res. Commun. **11**, 135—139.
— R. C. REYNOLDS, and P. O. B. MONTGOMERY, 1966: Studies on the biochemical effects of 4-nitroquinoline-N-oxide. J. Cell Biol. **31**, 83 A.
PAULUSSEN, F., G. HÜBNER, D. GREBE und H. J. BRETSCHNEIDER, 1968: Die Feinstruktur des Herzmuskels während einer Ischämie mit Senkung des Energiebedarfs durch spezielle Kardioplegie. Klin. Wschr. **46**, 165—171.
PAWELETZ, N., W. SIEBS und R. LETTRÉ, 1967: Untersuchungen zur Argentaffinreaktion des Nukleolus. Z. Zellforsch. **76**, 577—605.
PAWLIKOWSKI, M., 1967: Electron-microscopic studies on aging nerve cells in the sympathetic ganglion. Fol. Morphol. **26**, 14—23.
— and Z. MAROZ-WASILEWSKA, 1966: Cytochemistry and submicroscopical structure of ganglion cell in aged rats. Zool. pol. **16**, 107—112.
PAYNE, P. J., and D. BOULTER, 1968: Free and membrane-bound ribosomes of cotyledons of developing and germinating seeds of *Vicia faba* (L). Biochem. J. **108**, 44 p.
— — 1969: Free and membrane-bound ribosomes of the cotyledons of *Vicia faba* (L). I. Seed development. Planta **84**, 263—271.
PEACH, R., 1962: An electron optical study of experimental scurvy. J. Ultrastruct. Res. **6**, 579—596.
PEACHEY, L. D., 1962: Accumulation of divalent ions in mitochondrial granules of intact cells. Vth internat. Congr. f. Electron Microscopy Philadelphia Vol. II, 00-3.
— 1964: Electron microscopic observations on the accumulation of divalent cations in intramitochondrial granules. J. Cell Biol. **20**, 95—112.
— 1965: The sarcoplasmic reticulum and transverse tubules of the frog's sartorius. J. Cell Biol. **25**, 209—231.
— 1966: The role of transverse tubules in excitation contraction coupling in striated muscles. Ann. N. Y. Acad. Sci. **137**, 1025—1037.
— and B. L. GREIF, 1965: Alterations of mitochondrial structure induced by thyroid hormones *in vivo* and *in vitro*. Endocrinology **77**, 61—77.
PEARCE, G. W., 1966: Electron microscopy in the study of muscular dystrophy. Ann. N. Y. Acad. Sci. **138**, 138—150.
PEARLSTEIN, R. A., and R. R. KOHN, 1966: Myosin and total protein turnover in denervated rat skeletal muscle. Amer. J. Path. **48**, 823—829.
PEARSON, R. W., 1964: Some observations on epidermolysis bullosa and experimental blisters. In: „The Epidermis", ed. by W. MONTAGNA and W. C. LOBITZ, 613—626. New York-London: Academic Press.
PELLEGRINI, M. S., 1966: La struttura dello stomaco del riccio (*Erinaceus europaeus*) durente l'ibernazione. II. Ricerche al microscopio elettronico. Boll. Soc. ital. Biol. sper. **42**, 950—951.
PELLEGRINO, C., and C. FRANZINI, 1963: An electron microscope study of denervation atrophy in red and white skeletal muscle fibers. J. Cell Biol. **17**, 327—349.
PELOSI, G., F. CONTI, and G. AGLIATI, 1968: Effect of hypoxia on the heart cell of rat. Comparative biochemical and ultrastructural study. IV. Europ. reg. Conf. on Electron Microscopy Rom II, 305—306.
— — 1968: The heart muscle in functional overload and hypoxia. Lab. Invest. **18**, 86—93.
PENMAN, S., I. SMITH, and E. HOLTZMAN, 1966: Ribosomal RNA synthesis and processing in a particulate site in the HeLa cell nucleus. Science **154**, 786—789.
PENNEY, D. P., D. J. PATT, and W. C. DIXON, 1963: The fine structure of regenerating adrenocortical autotransplants in the rat. Anat. Rec. **146**, 319—335.
PERDUE, J. F., and P. V. BLAIR, 1964: Functional and chemical properties of mitochondrial contractile protein. J. Cell Biol. **23**, 71 A.
PERIER, O., J. J. VANDERHAEGHEN, and S. PELC, 1967: Subacute sclerosing leucoencephalitis. Electron microscopic findings in two cases with inclusion bodies. Acta Neuropath. **8**, 362—380.
PERNIS, B., 1969: Celluläre Aspekte der Antikörpersynthese. Klin. Wschr. **47**, 1013—1019.
— S. DE PETRIS, R. R. BEARD, and G. KARLSBAD, 1964: The ultrastructure of red cells in experimental lead poisoning. La Med. Lavoro **55**, 81—101.
— A. BAIRATI, and S. MILANESI, 1966: Cellular and humoral reactions to Freund's adjuvant in guinea-pigs. Path. Microbiol. **29**, 837—853.

Perry, R. P., and M. Errera, 1959: The influence of nucleolar ribonucleic acid metabolism on that of the nucleus and cytoplasm. In: „The Cell Nucleus“, ed. by J. S. Mitchell, 24—29, Univ. Cambridge Faraday Soc.

Persijn, J. P., W. T. Daems, J. C. H. de Man, and A. E. F. H. Meijer, 1961: The demonstration of adenosinetriphosphatase activity with the electronmicroscope. Histochemie **2**, 372—382.

Perutz, M. F., 1967: Einige molekulare Steuerungsmechanismen in der Biologie. Endeavour **26**, 3—8.

Peter, J. B., R. F. Dunn, M. Worsfold, and K. Stempel, 1968: Biochemical and ultrastructural studies of subcellular fractions of human skeletal muscle in hyperthyroidism. J. Cell. Biol. **39**, 2/2, 104 a.

Peters, V. B., H. M. Dembitzer, and G. W. Kelly, 1962: Intracellular and intranuclear fat droplets in developing hepatic cells of the mouse. Anat. Rec. **142**, **267**.

Petrov, V. S., 1964: Electron microscopy study of the cerebral cortex of man and experimental animals in spasmodic states. Arch. Pat. **26**, 29—39.

Petz, L. D., J. R. Goodman, S. G. Hall, and D. J. Fink, 1966: Refractory normoblastic („sideroblastic“) anemia. Amer. J. Path. **45**, 581—599.

Pfeiffer, C. J., and R. J. Stephens, 1968: Ultrastructural changes of the parietal cell in the ferret gastric mucosa induced by pylorus ligation and glucocorticoid administration. J. Ultrastruct. Res. **21**, 524—537.

Pfeifer, U., 1969: O-Mikrotubuli in fokalen Cytoplasmanekrosen von Leberepithelien und ihre Beziehung zu Mikrokörpern. Virchows Arch. Abt. B **2**, 1—5.

— and P. Bannasch, 1968: Zum Problem der „hyalinen Eiweißtropfen“ im Cytoplasma der Leberparenchymzellen. Licht- und elektronenmikroskopische Untersuchungen nach $^3/_4$-Hepatektomie. Virchows Arch. Abt. B **1**, 365—388.

Phillips, M. J., N. J. Unakar, G. Doornewaard, and J. W. Steiner, 1967: Glycogen depletion in the newborn rat liver. An electron microscopic and electron histochemical study. J. Ultrastruct. Res. **18**, 142—165.

— J. A. Little, and G. Hetenyi, 1967: An electron microscopic study of heredetary fructose intolerance. Lab. Invest. **16**, 627.

— and G. Hetenyi, 1968: Hepatic subcellular pathology induced by fructose. Amer. J. Path. **52**, 54a.

Phillips, S. G., and D. M. Phillips, 1969: Sites of nucleolus production in cultured chinese hamster cells. J. Cell Biol. **40**, 248—268.

Phillips, T. L., 1966: An ultrastructural study of the development of radiation injury in the lung. Radiology **87**, 49—54.

Philpott, C. W., 1964: Electrolyte transport and acid mucopolysaccharide of the cell surface. J. Cell Biol. **23**, 74 A.

Philpott, D. E., and J. Weibel, 1968: Polysome occurrence in neurons of the normal and experimentally treated rats J. cell Biol. **39**, 2/2, 176 a.

Picardi, R., D. Gardiol, J. Frei et P. Magnenat, 1968: Localization et aspect ultrastructural des divers types de pigment biliaire dans le foie des rats gunn et dans un cas d'ictère aux nor-steroïdes. Acta hepatosplenol. **15**, 171—177.

Picheral, B., et R. Folliot, 1968: Présence de glycogène intracristal dans les cellules de la glande interrénale des amphibiens urodèles. IV. Europ. reg. Conf. on Electron Microscopy Rom II, 215—216.

Pick, J., 1965: The fine structure of sympathetic neurons in x-irradiated frogs. J. Cell Biol. **26**, 335—351.

— 1967: Pigment, abnormal mitochondria and laminar bodies in human sympathetic neurons. Z. Zellforsch. **82**, 118—135.

— C. de Lemos, and C. Gerdin, 1964: The fine structure of sympathetic neurons in man. J. comp. Neurol. **122**, 19—67.

Pierce, G. B., 1966: Ultrastructure of human testicular tumors. Cancer **19**, 1963—1983.

— 1965: Basement membranes. VI. Synthesis of epithelial tumors of the mouse. Cancer Res. **25**, 656—669.

Pilz, H., D. Müller, K. Sandhoff und V. ter Meulen, 1968: Tay-Sachssche Krankheit mit Hexosaminidase-Defekt. Dtsch. med. Wschr. **93**, 1833—1839.

Pincus, J. H., J. P. Rossi, and R. B. Daroff, 1967: Delayed development of disturbed mucopolysaccharide metabolism in a Hurler variant. Arch. Neurol. **16**, 244—253.

Pipan, N., 1963: Elektronenmikroskopische Untersuchungen über die Wirkung von Strahlen auf das foetale Pankreas. Protoplasma **56**, 315—335.

— 1966: Invaginierte Mitochondrien in den Leberzellen von Mäuseembryonen nach Röntgenbestrahlung. Z. Zellforsch. **73**, 534—539.

— 1967: Elektronenmikroskopische Untersuchungen über die Strahlenwirkung auf die Leberzellen von Mäusefeten. Strahlentherapie **133**, 268—279.

PIPER, W. N., and W. F. BOUSQUET, 1968: Phenobarbital and methylcholanthrene stimulation of rat liver chromatine template activity. Biochem. Biophys. Res. Commun. **33**, 602—605.

PITCOCK, J. A., 1962: An electron microscopic study of acute radiation injury of the rat brain. Lab. Invest. **11**, 32—44.

PITHA, J., 1968: Fine structural changes of enterocytes during ischemia. IV. Europ. reg. Conf. on Electron Microscopy Rom II, 499—500.

PITOT, H. C., 1962: Molecular pathogenesis of experimental liver cancer. Fed. Proc. **21**, 1124—1129.

— 1969: Endoplasmatic reticulum and phenotypic variability in normal and neoplastic liver. Arch. Path. **87**, 212—222.

PLUMMER, M. J., and R. S. STONE, 1964: The pathogenesis of viral influenzal pneumonia in mice. Amer. J. Path. **45**, 95—113.

POCHE, R., 1957: Das submikroskopische Bild der Herzmuskelveränderungen nach Überdosierung von Schilddrüsenhormon. Beitr. path. Anat. **118**, 407—420.

— 1967: Die Ultrastruktur des Herzmuskels und ihre Veränderungen unter diffusem Sauerstoffmangel. Verh. dtsch. Ges. exper. Med. **16** (1966), 181—199.

— und D. MÖNKEMEIER, 1962: Quantitative morphologische Untersuchungen über das Verhältnis Mitochondrien: Myofibrillen in den Herzmuskelzellen bei Hungeratrophie und im Winterschlaf. Virchows Arch. path. Anat. **335**, 271—281.

— und H. G. OHM, 1963: Lichtmikroskopische, histochemische und elektronenmikroskopische Untersuchungen des Herzmuskels von Menschen nach induziertem Herzstillstand. Arch. Kreislaufforsch. **41**, 86—135.

— und T. U. HAUSAMEN, 1965: Über den Einfluß von Persantin auf die Ultrastruktur des Herzmuskels der Ratte bei Überdosierung und im Unterdruckversuch. Virchows Arch. path. Anat. **339**, 234—244.

— G. ARNOLD, H. W. REMBARZ und H. NIER, 1967: Über den Einfluß des Sauerstoffmangels auf die Feinstruktur des Herzmuskels im stillgelegten und im leerschlagenden isolierten Herzen der Ratte. Beitr. path. Anat. **136**, 58—95.

— C. MORAES DE MELLO MATTOS, H. W. REMBARZ und K. STOEPEL, 1968: Über das Verhältnis Mitochondrien : Myofibrillen in den Herzmuskelzellen der Ratte bei Druckhypertrophie des Herzens. Virchows Arch. Abt. A **344**, 100—110.

— G. ARNOLD und H. NIER, 1969: Die Ultrastruktur der Muskelzellen und der Blutkapillaren des isolierten Rattenherzens nach diffuser Ischämie und Hyperkapnie. Virchows Arch. Abt. A **346**, 239—268.

POIRIER, J., et R. ESCOUROLLE, 1967: Ultrastructure des neurinomes de l'acoustique. Z. mikr. anat. Forsch. **76**, 509—529.

POLICARD, A., A. COLLET, H. DANIEL-MOUSSARD, S. PREGERMAIN et C. REUET, 1960: Sur la néphrocalcinose. Presse méd. **68**, 1735—1738.

— — — — — 1960: Sur les premiers stades des alterations expérimentales du rein par l'acide silique. J. urol. méd. chir. **66**, 585—600.

— — J. C. MARTIN et C. REUET, 1964: Présence de cellules mésenchymateuses phagocytaires et protéino-sécrétrices dans des réactions tissulaires au poussières minérales. Nouv. Rev. franç. Hémat. **4**, 233—244.

— — — et C. REUET, 1964: Structure inframicroscopique et signification de certaines intrications lamellaires superficielles présentes dans les macrophages pulmonaires. C. R. Acad. Sci. **259**, 2517—2521.

— — — — 1965: Etude au microscope électronique sur les systèmes d'expansions foliacées présents dans les macrophages et les cellules epithéloides. Z. Zellforsch. **66**, 96—105.

POLLI, E. E., G. LANZAVECCHIA, and M. BOSISIO, 1962: Inclusion bodies of human plasma cells in some myeloproliferative disorders. Vth internat. Congr. f. Electron Microscopy Philadelphia, Vol. II, SS-17.

— — — 1963: Sur la présence d'inclusions nucléaires dans les plasmocytes. Etude au microscope électronique des plasmocytes dans un cas de β_2A-myelome. Nouv. Rev. franç. Hémat. **3**, 539—552.

POOL, R. S., 1962: An electron microscopic study of Walker Tumor. Lab. Invest. **11**, 600—609.

POOLE, B., F. LEIGHTON, and C. DE DUVE, 1969: The synthesis and turnover of rat liver peroxisomes. II. Turnover of peroxisome proteins. J. cell Biol. **41**, 536—546.

POPOFF, N., and S. STEWART, 1968: The fine structure of nuclear inclusions in the brain of experimental golden hamsters. J. Ultrastruct. Res. **23**, 347—361.

POPOVIC, D. A., 1965: Rapidly labelled synthesis of ribonucleic acid in Ehrlich ascites C-2 tumour cells treated with actinomycin D. Nature **208**, 49—50.

POPPER, H., F. SCHAFFNER, E. RUBIN, T. BARKA, and F. PARONETTO, 1963: Mechanism of intrahepatic cholestasis in drug-induced hepatic injury. Ann. N. Y. Acad. Sci. **104**, 988—1013.
— — 1963: Fine structural changes of the liver. Ann. intern. Med. **59**, 674—691.
PORCILE, E., 1965: Morphologie des mitochondries dans les adénomes de l'hypophyse. J. Microscopie **4**, 159.
PORTA, E. A., 1963: Experimental electron microscopic study of the sequential stages of *in vitro* formation of ceroid. Exp. molec. Path. **2**, 219—233.
— B. J. BERGMAN, and A. A. STEIN, 1964: Ultrastructural changes in acute alcoholic hepatitis. Amer. J. Path. **44**, 24a.
— A. A. STEIN, and P. PATTERSON, 1964: Ultrastructural changes of the pancreas and liver in cystic fibrosis. Amer. J. clin. Path. **42**, 451—455.
— B. J. BERGMAN, and A. A. STEIN, 1965: Acute alcoholic hepatitis. Amer. J. Path. **46**, 657—689.
— and W. S. HARTROFT, 1965: Effect of vitamin E on ultrastructural changes of the liver in acute ethanol intoxication. In: „Therapeutic Agents and the Liver", ed. by N. MCINTYRE and S. SHERLOCK, 145—164. Oxford: Blackwell Sci. Publ.
— — and F. A. DE LA IGLESIA, 1965: Hepatic changes associated with chronic alcoholism in rats. Lab. Invest. **14**, 1437—1455.
— W. S. HARTROFT, C. GOMEZ-DUMM, and O. R. KOCH, 1967: Dietary factors in the progression and regression of hepatic alterations associated with experimental chronic alcoholism. Fed. Proc. **26**, 1449—1457.
— F. A. DE LA IGLESIA, and W. S. HARTROFT, 1968: Studies on dietary hepatic necrosis. Lab. Invest. **18**, 283—297.
— O. R. KOCH, E. L. GOMEZ-DUMM, and W. S. HARTROFT, 1968: Effects of dietary protein on the liver of rats in experimental chronic alcoholism. J. Nutr. **94**, 437—446.
— and C. L. A. GOMEZ-DUMM, 1968: A new experimental approach in the study of chronic alcoholism. I. Effects of high alcohol intake fed a commercial laboratory diet. Lab. Invest. **18**, 352—364.
— O. R. KOCH, and W. S. HARTROFT, 1969: A new experimental approach in the study of chronic alcoholism. IV. Reproduction of alcoholic cirrhosis in rats and the role of lipotropes versus vitamins. Lab. Invest. **20**, 562—572.
PORTÉ, A., et A. BATZENSCHLAGER, 1961: Sur la formation d'inclusions intranucléaires provoquées par les sels de plomb dans les cellules des tubes contournés du rein. Ultrastructure et histochimie. C. R. Soc. Biol. **155**, 125—127.
— J. KEMPF, Y. CUSSAC, P. STOEBNER et J. P. TRANZER, 1964: Sur les images ultrastructurales de resorption protéique observées expérimentalement dans des tubes rénaux chez la souris. Ann. Anat. path. **9**, 323—336.
PORTELA, A., J. C. PEREZ, P. STEWART, M. HINES, and V. REDDY, 1963: Radiation damage in muscle cell membranes and regulation of cell metabolism. Exp. Cell Res. **29**, 527—543.
PORTER, K. A., 1967: The immune response to tissue transplants. Mod. Trends in Path. **2**, 102—139.
— J. M. RENDALL, C. STOLINSKI, P. I. TERASAKI, T. C. MARCHIORO, and T. E. STARZL, 1966: Light and electron microscopic study of biopsies from thirty-three human renal allografts and an isograft 1¾—2½ years after transplantation. Ann. N. Y. Sci. **129**, 615—636.
— G. A. ANDRES, M. W. CALDER, J. B. DOSSETOR, K. C. HSU, J. M. RENDALL, B. C. SEEGAL, and T. E. STARZL, 1968: Human renal transplants. II. Immunofluorescent and immunoferritin studies. Lab. Invest. **18**, 159—171.
PORTER, K. R., and M. B. BOWERS, 1963: A study of chromatolysis in motor neurons of the frog *Rana pipiens*. J. Cell Biol. **19**, 56 A.
— K. KENYON, and S. BADENHAUSEN, 1967: Specializations of the unit membrane. Protoplasma **63**, 262—274.
PORTIUS, H. J., und K. R. H. REPKE, 1967: Darstellung des Na^+- und K^+-aktivierten Mg^{++}-abhängigen Adenosintriphosphat-Phosphohydrolase-System des Herzmuskels durch Isolierung der Zellmembran. Acta biol. med. germ. **19**, 879—906.
POWELL, K. E., and G. A. LEWIN, 1967: Cellular aspects of aging. Year Book Pathology, 21—33.
PREUSSER, H. J., 1967: Die Ultrastruktur der motorischen Endplatte im Zwerchfell der Ratte und Veränderungen nach Inhibierung der Acetylcholinesterase. Z. Zellforsch. **80**, 436—457.
PRICE, H. M., E. L. HOWES, and J. M. BLUMBERG, 1964: Ultrastructural alterations in skeletal muscle fibers injured by cold. I. The acute degenerative changes. Lab. Invest. **13**, 1264—1278.

PRICE, H. M., G. B. GORDON, T. L. MUNSAT, and C. M. PEARSON, 1967: Myopathy with atypical mitochondria in type I skeletal muscle fibers. J. Neuropath. exp. Neurol. **26**, 475—497.
PRICE, Z. H., 1967: The micromorphology of zeiotic blebs in cultured human epithelial (HEP) cells. Exp. Cell Res. **48**, 82—92.
PRIEDKALNS, J., 1969: Effect of melengestrol acetate on ovarian follicles interstitial gland and corpora lutea in the rat. A quantitative morphological study. Z. Zellforsch. **93**, 56—73.
— und A. F. WEBER, 1968: Quantitative ultrastructural analysis of the follicular and luteal cells of the bovine ovary. Z. Zellforsch. **91**, 574—585.
PRIESTLEY, G. C., M. L. PRUYN, and R. A. MALT, 1968: Free and membrane-bound ribosomes in compensatory growth of the kidney. J. Cell Biol. **39**, 2/2, 107 a.
— and R. A. MALT, 1969: Membrane-bound ribosomes in kidney. Methods of estimation and effect of compensatory renal growth. J. Cell Biol. **41**, 886—893.
PROPST, A., 1962: Elektronenmikroskopische Untersuchungen zur Differenzierung und Degeneration des Ascitestumors. Beitr. path. Anat. **127**, 49—62.
PROSKY, L., B. ROBERTS, R. G. O'DELL, and R. L. IMBLUM, 1968: Differential effects of actinomycin D on nucleic acid and protein synthesis in rat liver. Arch. Biochem. Biophys. **126**, 393—398.
PRUSZKOWSKI, V., W. LIERSE und H. FRANKE, 1968: Histochemische und ultrastrukturelle Frühveränderungen des Meerschweinchengehirns nach Bestrahlung mit 17 MeV-Betastrahlern. Acta neuropath. **11**, 338—346.
PRZYBYLSKI, R. J., 1967: Cytodifferentiation of the chick pancreas. II. Ultrastructure of the acinar cells. J. Morphol. **123**, 85—108.
— 1967: Cytodifferentiation of the chick pancreas. III. The content and synthesis of ribonucleic acid and proteins in developing acinar cells. J. Morphol. **123**, 173—190.
PUCCI, J., 1964: Mitochondrial changes induced by fluoracetate in chick embryo myocardium *in vivo*. Exp. Cell Res. **35**, 412—436.
PUTZKE, H. P., 1968: Der Einfluß des Antimetaboliten Riboazauracil auf die exkretorische Pankreasfunktion der Ratte. Exp. Path. **2**, 134—146.
— und K. NICSOVICS, 1965: Enzymhistochemische und ultramikroskopische Untersuchungen der Wirkung von ACTH und Prednison auf die Kinetik der Bauchspeichelbildung bei der Ratte. Zbl. Path. **107**, 414—421.
— und A. BIENENGRÄBER, 1967: Die galaktoseinduzierte Pankreasdystrophie bzw. Pankreatitis. Beitr. path. Anat. **135**, 333—349.

QUASTEL, J. H., 1967: Membrane structure and function. Science **158**, 146—161.

RABIN, E. R., S. A. HASSAN, A. B. JENSON, and J. L. MELNICK, 1964: Coxsackie virus B_3 myocarditis in mice. An electron microscopic, immunofluorescent and virus-assay study. Amer. J. Path. **44**, 775—797.
— C. A. PHILLIPS, A. B. JENSON, and J. L. MELNICK, 1965: Vaccinia virus myocarditis in mice. An electron microscopic and virus assay study. Exp. molec. Path. **4**, 98—111.
— M. MONTASIR, and C. A. PHILLIPS, 1966: Vaccinia pneumonia in mice: An electron microscopic and viral assay study. Lab. Invest. **15**, 1115—1116.
— A. B. JENSON, C. A. PHILLIPS, and J. L. MELNICK, 1967: Herpes simplex hepatitis in mice: A light and electron microscopic and virus assay study. Amer. J. Path. **50**, 31 a.
— and A. B. JENSON, 1967: Electron microscopic studies of animal viruses with emphasis on *in vivo* infections. Progr. med. Virol. **9**, 392—450.
— — and J. MELNICK, 1968: Neural spread of Herpes simplex virus in mice. Amer. J. Path. **52**, 6 a.
— — C. A. PHILLIPS, and J. L. MELNIK, 1968: Herpes virus hepatitis in mice. Exper. Molec. Path. **8**, 34—48.
RACELA, A. S., H. J. GRADY, J. HIGGINSON, and D. J. SVOBODA, 1966: Protein deficiency in rhesus monkeys. Amer. J. Path. **49**, 419—443.
— J. HIGGINSON, and D. SVOBODA, 1966: Effects of protein deficiency in Rhesus monkeys. Lab. Invest. **15**, 1107—1108.
— H. GRADY, and D. SVOBODA, 1967: Ultrastructural nuclear changes due to tannic acid. Cancer Res. **27**, 1658—1671.
— and D. SVOBODA, 1967: Nuclear changes due to tannic acid. Lab. Invest. **16**, 671.
— D. AZARNOFF, and D. SVOBODA, 1969: Mitochondrial cavitation and hypertrophy in rat adrenal cortex due to aminoglutethimide. Lab. Invest. **21**, 52—60.

RADEKE, U., 1967: Elektronenmikroskopische Untersuchungen der Leber gesunder und pestkranker Schweine unter besonderer Berücksichtigung von Kerneinschlußkörpern. Arch. exp. Vet. med. **21**, 1156—1182.

RAE, A. J., J. C. LEE, and J. HOPPER, 1967: Clinical and electron microscopic studies of a case of glycolipid lipoidosis (Fabry disease). J. clin. Path. **20**, 21—27.

RAHMAN, Y. E., 1962: Electron microscopy of lysosome-rich fractions from rat thymus isolated by density-gradient centrifugation before and after whole body x-irradiation. J. Cell Biol. **13**, 253—260.

RAMBOURG, A., and C. P. LEBLOND, 1967: Electron microscope observations on the carbohydrate-rich cell coat present at the surface of cells in the rat. J. Cell Biol. **32**, 27—53.

RAMSEY, H. J., 1965: Ultrastructure of corpora amylacea. J. Neuropath. exp. Neurol. **24**, 25—39.

RANCOURT, M. W., and G. LITWACK, 1968: Electron microscopic observations of the early effects of cortisol on the liver cell of the adrenalectomized rat. Exp. Cell Res. **51**, 413—422.

RANLOV, P., and J. WANSTRUP, 1967: Ultrastructural investigations on the cellular morphogenesis of experimental mouse amyloidosis. Acta path. scand. **71**, 575—591.

RAPOPORT, S. M., 1967: Medizinische Biochemie. Berlin: VEB Verlag Volk und Gesundheit.

— C. NIERADT-HIEBSCH und R. THAMM, 1968: Über den Einfluß der Hyperthermie auf Atmung und Atmungsenzyme. Acta biol. med. germ. **21**, 291—307.

RAPPAPORT, H., T. NAKAI, and H. SWIFT, 1963: The fine structure of normal and neoplastic melanocytes in the syrian hamster, with particular reference to carcinogen-induced melanotic tumors. J. Cell Biol. **16**, 171—186.

RASCH, E. M., and S. GAWLIK, 1964: Cytolysomes in tissues of metamorphosing sciarid larvae. J. Cell Biol. **23**, 123 A.

REBHUN, L. I., 1965: Freeze-substitution: Fine structure as a function of water concentration in cells. Fed. Proc. **24**, 217—232.

RECHARDT, L., and A. KOKKO, 1967: Electron microscopic observations on the mitochondrial adenosinetriphosphatase in the nervous tissue. J. Ultrastruct. Res. **20**, 295.

RECKNAGEL, R. O., and A. K. GHOSHAL, 1966: Quantitative estimation of peroxidative degeneration of rat liver microsomal and mitochondrial lipids after carbon tetrachloride poisoning. Exp. molec. Path. **5**, 413—426.

— — 1966: Lipoperoxidation as a vector in carbon tetrachloride hepatotoxicity. Lab. Invest. **15**, 132—146.

— — 1966: Lipoperoxidation of rat liver microsomal lipids induced by carbon tetrachloride. Nature **210**, 1162—1163.

REDDY, K. J., and D. J. SVOBODA, 1967: Alteration in rat testes due to an antispermatogenic agent. Arch. Path. **84**, 376—392.

— — 1967: Lysosomal activity in Sertoli cells of normal and degenerating seminiferous epithelium of rat testes. Amer. J. Path. **51**, 1—17.

— — 1968: The relationship of nucleolar segregation to ribonucleic acid synthesis following the administration of selected hepatocarcinogens. Lab. Invest. **19**, 132—145.

— M. CHIGA, and D. SVOBODA, 1969: Stimulation of deoxyribonucleic acid (DNA) synthesis and mitosis in rat liver following a single injection of thioacetamide. Amer. J. Path. **55**, 6 a.

— S. BUNYARATVEJ, and D. SVOBODA, 1969: Microbodies in experimentally altered cells. IV. Acatalasemic (Cs^b) mice treated with CPIB. J. Cell Biol. **42**, 587—596.

REDMAN, C. M., 1968: The synthesis of serum proteins on attached rather than free ribosomes of rat liver. Biochem. biophys. Res. Commun. **31**, 845—850.

REED, G. B., J. F. P. DIXON, H. B. NEUSTEIN, G. N. DONNELL, and B. H. LANDING, 1968: Type IV glycogenosis. Patient with absence of a branching enzyme α-1,4-glucan: α-1,4-glucan 6-glycosyl transferase. Lab. Invest. **19**, 546—557.

REGER, J. F., P. W. SCHULTZ, and G. C. ROUILLER, 1965: Observations on intranuclear and cytoplasmic paracrystalline structures in differentiating oocytes of the ostracod, Cypridopsis vidua. Exp. Cell Res. **39**, 607—612.

REICH, E., and D. J. L. LUCK, 1966: Replication and inheritance of mitochondrial DNA. Proc. nat. Acad. Sci. **55**, 1600—1608.

REIDBORD, C. H. E., and W. U. SPITZ, 1966: Ultrastructural alterations in rat lungs. Changes following asphyxiation. Arch. Path. **82**, 80—84.

REIDBORD, H. E., 1967: An electron microscopic study of the alveolar-capillary wall following intratracheal administration of saline and water. Amer. J. Path. **50**, 275—289.

— and E. R. FISHER, 1968: Electron microscopic study of adrenal cortical hyperplasia in Cushing's syndrome. Arch. Path. **86**, 419—426.

REINECKE, M., 1967: Sekretionsstudien an den Acinuszellen der Parotis des Meerschweinchens im normalen Zustand, im Hunger und nach Pilocarpingabe. Arch. klin. exper. Ohren-, Nasen- u. Kehlkopfheilk. **189**, 168—179.

— 1968: Elektronenmikroskopischer Nachweis der sauren Phosphatase in der Parotis des Meerschweinchens. Arch. klin. exper. Ohren-, Nasen- u. Kehlkopfheilk. **190**, 437—444.

REISSENWEBER, N. J., and H. CARDOSO, 1967: Nucleolar changes in spinal ganglion neurons during the course of axon regeneration. Experientia **23**, 256—257.

REITH, A., B. SCHÜLER, W. VOGELL und M. KLINGENBERG, 1967: Elektronenmikroskopisch-autoradiographische Untersuchung zur intramitochondrialen Lokalisation ^{3}H-markierter Adeninnucleotide. Histochemie **11**, 33—39.

— — — 1968: Quantitative und qualitative elektronenmikroskopische Untersuchungen zur Struktur des Leberläppchens normaler Ratten. Z. Zellforsch. **89**, 225—240.

REMMER, H., 1963: Beschleunigte Elimination von Pharmaka durch Enzyminduktion in den Leberzellen nach höheren Dosen von Schlafmitteln. Verh. dtsch. Ges. inn. Med. **69**. Kongr. 99—113.

— 1967: Die Induktion arzneimittelabbauender Enzyme im endoplasmatischen Retikulum der Leberzelle durch Pharmaka. Dtsch. Med. Wschr. **44**, 2001—2008.

— und H. J. MERKER, 1963: Enzyminduktion und Vermehrung von endoplasmatischem Retikulum in der Leberzelle während der Behandlung mit Phenobarbital (Luminal). Klin. Wschr. **41**, 276—283.

— — 1963: Vermehrte Bildung von endoplasmatischem Reticulum in der Leberzelle unter der Wirkung von Arzneimitteln. Arch. exp. Path. Pharm. **245**, 76—77.

— und M. SIEGERT, 1964: Beschleunigter Arzneimittelabbau durch Enzyminduktion beim Hunde nach Behandlung mit Phenobarbital. Arch. exp. Path. Pharm. **247**, 522—543.

— — und H. J. MERKER, 1964: Vermehrung arzneimitteloxydierender Enzyme durch Tolbutamid. Arch. exp. Path. Pharm. **249**, 71—84.

— and H. J. MERKER, 1965: Morphological changes in the endoplasmic reticulum of the liver cells with enzyme induction after pretreatment with several drugs. 2. internat. Pharmacol. Meeting, 299—307.

RENDI, R., and A. E. VATTER, 1967: Possible location of phospholipids and structural protein in mitochondrial membranes. Protoplasma **63**, 202—205.

REPPART, J. T., R. L. PETERS, H. A. EDMONDSON, and R. F. BAKER, 1963: Electron and light microscopy of sclerosing hyaline necrosis of the liver. The development of alcoholic hyaline bodies. Lab. Invest. **12**, 1138—1153.

RÉSIBOIS-GRÉGOIRE, A., 1967: Electron microscopic studies of metachromatic leucodystrophy. II. Compound nature of the inclusion. Acta neuropath. **9**, 244—253.

— and N. DOUROV, 1966: Electron microscopic study of a case of cerebral glycogenosis. Acta neuropath. **6**, 70—79.

REVEL, J. P., 1964: Electron microscopy of glycogen. J. Histochem. Cytochem. **12**, 104—114.

— D. W. FAWCETT, and C. W. PHILPOTT, 1963: Observations on mitochondrial structure. Angular configuration of the cristae. J. Cell Biol. **16**, 187—195.

REVEL, M., 1964: The stability of liver messenger RNA. Proc. nat. Acad. Sci. **51**, 810—818.

REWCASTLE, N. B., and J. G. HUMPHREY, 1965: Vacuolar myopathy. Arch. Neurol. **12**, 570—582.

REYNOLDS, E. S., 1963: Liver parenchymal cell injury. I. Initial alterations of the cell following poisoning with carbon tetrachloride. J. Cell Biol. **19**, 139—157.

— 1965: Liver parenchymal cell injury. III. The nature of calcium-associated electron-opaque masses in rat liver mitochondria following poisoning with carbon tetrachloride. J. Cell Biol. **25**, 53—75.

— 1965: Chemical dissection of intramitochondrial calcium deposits in livers of carbon tetrachloride-poisoned rats. J. Cell Biol. **27**, 84 A.

REYNOLDS, R. C., P. O'B. MONTGOMERY, and D. H. KARNEY, 1963: Nucleolar "caps" a morphologic entity produced by the carcinogen 4-nitroquinoline-N-oxide. Cancer Res. **23**, 535—538.

Reynolds. R. C., P. O'B. Montgomery, and B. Hughes, 1964: Nucleolar "caps" produced by actinomycin D. Cancer Res. **24**, 1269—1277.
— — 1967: Nucleolar pathology produced by acridine orange and proflavine. Amer. J. Path. **51**, 323—340.
Rex, H., H. Löwe und M. Schulze, 1969: Stoffwechselleistungen und Morphologie der perfundierten Rattenleber bei Hyperthermie. Verh. Dtsch. Ges. exper. Med. **22**, 163—164.
Reznik, M., 1967: Aspect ultrastructural de la dégénérescence du muscle strié ischémié. Ann. Anat. Path. N. S. **12**, 209—222.
— and J. L. Hansen, 1969: Mitochondria in degenerating and regenerating skeletal muscle. Arch. Path. **87**, 601—608.
Ribas-Mujal, D., and J. M. Rivera-Pomar, 1968: Biological significance of the early alterations structural in skeletal muscle fibers infected by *Trichinella spiralis*. Virchows Arch. path. Anat. **345**, 154—168.
Richter, G., und S. Michel, 1967: Veränderungen der Proteinsynthese nach experimenteller Leberschädigung durch CCl_4. Koll. AG. Molekularbiologie Berlin.
— — und Rupprecht, 1968: Veränderungen der Proteinsynthese der Rattenleber nach experimenteller Schädigung durch CCl_4. Acta biol. med. germ. **21**, 595—602.
Richter, G. W., 1961: Intranuclear aggregates of ferritin in liver cells of mice treated with saccharated iron oxide. Their possible relation to nuclear protein synthesis. J. biophys. biochem. Cytol. **9**, 263—270.
— and Y. Kress, 1967: Observations on commensal cultures of Bordetella bronchiseptica and rat hepatoma cells. Lab. Invest. **16**, 187—210.
— — and C. C. Cornwall, 1968: Another look at lead inclusion bodies. Amer. J. Path. **53**, 189—218.
Richter, L., I. Torhorst und H. P. Rohr, 1967: Entstehungsmöglichkeiten intracellulärer Myelinfiguren. Elektronenmikroskopische Untersuchungen am Modell des proximalen Tubulus nach Phenacetinbelastung. Frankfurt. Z. Path. **77**, 363—370.
Richter, W. R., R. J. Stein, E. J. Rdzok, S. M. Moize, and M. B. Bischoff, 1965: Ultrastructural studies of intranuclear crystalline inclusions in the liver of the dog. Amer. J. Path. **47**, 587—599.
— M. B. Bischoff, and R. A. Churchill, 1966: An observation of fine tubules within the endoplasmic reticulum in a dog liver. Z. Zellforsch. **70**, 180—184.
— R. J. Stein, and L. E. Blockus, 1966: Experimental production of intramitochondrial filaments in dog liver. VI. internat. Congr. f. Electron Microscopy Kyoto Vol. **2**, 615—616.
Richterich, R., 1966: Biochemische Unterschiede zwischen Muskel-Dystrophie und Muskel-Atrophie: Cytoplasmatische Enzyme in der Muskulatur. In: „Progressive Muskeldystrophie, Myotonie, Myasthenie". Hrsg. E. Kühn, 155—165. Berlin-Heidelberg-New York: Springer.
Rickers, K., und H. A. Krone, 1967: Das elektronenmikroskopische Bild der Epithelzelle der Uterusschleimhaut beim experimentellen Zyklus an der kastrierten Ratte. Beitr. path. Anat. **136**, 180—208.
Riecken, O. E., and A. G. E. Pearse, 1965: Demonstration of acid phosphatase activity in the Golgi-apparatus of the jejunal epithelium cell in patients with idiopathic steatorrhea. Histochemie **5**, 182—184.
Riedel, B., O. Bucher und A. Erkoçak, 1968: Weitere Befunde an den Granula intramitochondrialia des distalen Abschnitts der Hauptstücke der Meerschweinchenniere. Z. Anat. Entwickl. Gesch. **127**, 165—174.
Rifkin, M. R., D. D. Wood, and D. J. L. Luck, 1967: Mitochondrial ribosomes. J. Cell Biol. **35**, 2/2, 113 A.
Rifkind, R. A., 1965: Heinz body anemia. II. Red cell sequestration and destruction. Blood **26**, 433—448.
— 1966: Destruction of injured red cells *in vivo*. Amer. J. Med. **41**, 711—723.
— D. Danon, and P. A. Marks, 1964: Alterations in polyribosomes during erythroid cell maturation. J. Cell Biol. **22**, 599—611.
Rizzo, A. J., and T. E. Webb, 1968: Concurrent changes in the concentration of monomeric ribosomes and the rate of ribosome synthesis in rat liver. Biochim. biophys. Acta **169**, 163—174.
Ro, T. S., K. S. Narayan, and H. Busch, 1966: Effects of actinomycin D on base composition and nearest neighbour frequency of nucleolar RNA of the Walker tumour and liver. Cancer Res. **26**, 780—785.
Robbins, E., P. I. Marcus, and N. K. Gonatas, 1964: Dynamics of acridine orange-cell interaction. II. Dye-induced ultrastructural changes in multivesicular bodies (acridine orange particles). J. Cell Biol. **21**, 49—62.

ROBERTIS, E. DE, and H. BLEICHMAR, 1962: Mitochondriogenesis in nerve fibers of the infrared receptor membrane of pit vipers. Z. Zellforsch. **57**, 572—582.

ROBERTSON, D. M., 1964: Electron microscopic studies of nuclear inclusions in meningiomas. Amer. J. Path. **45**, 835—848.

— and F. S. VOGEL, 1962: Concentric lamination of glial processus in oligodendrogliomas. J. Cell Biol. **15**, 313—334.

— W. S. HENDRY, and F. S. VOGEL, 1964: Central ganglioneuroma: A case study using electron microscopy. J. Neuropath. exp. Neurol. **23**, 692—705.

— and J. D. McLEAN, 1965: Nuclear inclusions in malignant gliomas. Arch. Neurol. **13**, 287—296.

— S. M. WASAN, and D. B. SKINNER, 1968: Ultrastructural features of early brain stem lesions of thiamine-deficient rats. Amer. J. Path. **52**, 1081—1097.

ROBERTSON, J. D., 1964: Current problems of unit membrane structure and substructure. In: „Intracellular Membranous Structure", ed. by S. SENO and E. V. COWDRY, 379—428.

— 1966: The unit membrane and the Danielli-Davson modell. Symp. internat. Soc. Cell Biol. **5**, 1—31.

— 1966: Granulo-fibrillar and globular substructure in unit membranes. Ann. N. Y. Acad. Sci. **137**, 421—440.

ROBERTSON, R. N., 1967: Die Trennung von Protonen und Elektronen als fundamentaler biologischer Vorgang. Endeavour **26**, 134—139.

ROBINSON, J. W. L., 1966: Certain aspects of intestinal amino-acid absorption. Thèse de Doctorat Lausanne.

— 1967: Experimental studies on the absorption of amino-acids by the intestine *in vitro*. In: „Radioisotope in der Gastroenterologie". Stuttgart: F. K. Schattauer, 33—41.

ROBINSON, P. M., and C. BELL, 1967: The localization of acetylcholinesterase at the autonomic neuromuscular junction. J. Cell Biol. **33**, 1/1, 93—102.

ROBINSON, R. A., and H. SHELDON, 1960: Crystal-collagen relationship in healing rickets. In „Calcification in Biological Systems", 261—279.

RODRIGUEZ, T. G., 1967: Ultrastructural changes in the mouse exocrine pancreas induced by prolonged treatment with actinomycin D. J. Ultrastruct. Res. **19**, 116—129.

ROGERS, L. A., H. P. MORRIS, and J. F. FOUTS, 1967: The effect of phenobarbital on drug metabolic enzyme activity, ultrastructure and growth of a "minimal deviation" hepatoma. J. Pharm. exp. Ther. **157**, 227—244.

ROHR, H. P., 1966: Die funktionelle Bedeutung der Lysosomen unter physiologischen und pathologischen Bedingungen. Schweiz. med. Wschr. **96**, 1712—1716.

— und H. U. ZOLLINGER, 1966: Die sogenannte „Zuckerspeicherniere" unter besonderer Berücksichtigung elektronenoptisch-autoradiographischer Untersuchungen mit ^{14}C-Saccharose. Virchows Arch. path. Anat. **341**, 115—122.

— und U. SIGWART, 1967: Elektronenmikroskopisch-autoradiographischer Beitrag zum Eiweißstoffwechsel der Leber. Exp. Path. **1**, 234—242.

— und B. BREMER, 1967: Elektronenmikroskopische Untersuchungen über den Wirkungsmechanismus des Parathormones am Knochen. Virchows Arch. path. Anat. **342**, 50—60.

— und E. BERTRAM, 1968: Elektronenmikroskopisch-morphometrische Untersuchungen an den Zellen des proximalen Tubulus der Rattenniere nach Oestrogengabe. Z. mikr.-anat. Forsch. **78**, 484—510.

— und Z. JURUKOVA, 1968: Beitrag zur Bildung bindegewebiger Matrix in glatten Muskelzellen (Elektronenmikroskopisch-autoradiographische Untersuchungen mit ^{3}H-Prolin und ^{35}S-Sulfat am oestrogenstimulierten Mäuseuterus). Path. europ. **3**, 571—592.

ROIZIN, L., 1964: Some basic principles of "molecular pathology". 3. Ultracellular organelles as structural-metabolic and pathogenetic gradients. J. Neuropath. exp. Neurol. **23**, 209—252.

— R. RUGH, and M. A. KAUFMAN, 1962: Neuropathologic investigations of the x-irradiated embryo rat brain. J. Neuropath. exp. Neurol. **21**, 219—243.

— K. NISHIKAWA, I. KOIZUMI, and S. KEOSEIAN, 1967: The fine structure of the multivesicular body and their relationship to the ultracellular constituents of the central nervous system. J. Neuropath. exp. Neurol. **26**, 228—249.

— and J. P. SCHADÉ, 1968: Pathogenesis of x-irradiation effects in the monkey cerebral cortex. Brain. Res. **7**, 87—109.

ROMANI, R. J., and J. K. YU, 1966: Mitochondrial resistance to massive irradiation *in vivo*. Arch. Biochem. **117**, 638—644; 645—649.

RONDEZ, R., J. R. RÜTTNER und A. VOGEL, 1962: Zytologische Untersuchungen an der Thioacetamidgeschädigten Rattenleber. Path. Microbiol. **25**, 13—26.

ROODYN, D. B., 1967: Enzyme Cytology. London-New York: Academic Press.

ROOS, B., H. COTTIER und E. ROSSI, 1961: Elektronenoptische Beobachtungen bei Speicherkrankheiten. Path. Microbiol. **24**, 278—279.

ROSCHLAU, G., 1962: Fluoreszenzmikroskopische Befunde an der Rattenleber nach akuter Tetrachlorkohlenstoffvergiftung. Virchows Arch. path. Anat. **336**, 122 bis 131.

— und C. KEMMER, 1966: Vergleichende histochemische und elektronenmikroskopische Untersuchungen an experimentell erzeugten intrazytoplasmatischen hyalinen Einschlußkörpern der Leber. Beitr. path. Anat. **134**, 341—369.

— — 1968: Experimentelle Untersuchungen zur Pinocytose und Phagocytose. Virchows Arch. path. Anat. **343**, 265—275.

ROSE, A. H., 1967: Thermobiology. New York: Academic Press.

ROSE, H. M., and C. MORGAN, 1960: Fine structure of virus-infected cells. Ann. Rev. Microbiol. **14**, 217—240.

ROSEN, S., M. A. SWERDLOW, R. C. MUEHRCKE, and C. L. PARINI, 1963: Electron microscopic observations in radiation nephritis. Lab. Invest. **12**, 851.

— D. W. ROYCROFT, M. J. E. HANO, and K. G. BARRY, 1967: The liver in malaria. Electron microscopic observations on a hepatic biopsy obtained 15 minutes post mortem. Arch. Path. **83**, 271—277.

ROSEN, V. J., L. J. COLE, L. W. WACHTEL, and R. S. DOGGETT, 1968: Ultrastructural studies of x-ray induced glomerular disease in rats subjected to uninephrectomy and food restriction. Lab. Invest. **18**, 260—268.

— — 1969: Radiation induced renal lesions in the rodent. Meth. Achievm. exper. Path. **4**, 214—236.

ROSENBAUM, R. M., M. WITTNER, and M. LENGER, 1969: Mitochondrial and other ultrastructural changes in great alveolar cells of oxygen-adapted and poisoned rats. Lab. Invest. **20**, 516—528.

ROSENBLUTH, J., and S. L. WISSIG, 1964: The distribution of exogenous ferritin in toad spinal ganglia and the mechanism of its uptake by neurons. J. Cell Biol. **23**, 307—325.

ROSS, L. L., and M. B. BORNSTEIN, 1962: The application of tissue cultures to the study of experimental „allergic" encephalomyelitis. III. Electron microscopic observations of demyelinization and remyelinization. IV. internat. Kongr. f. Neuropathologie München 1961, Vol. II, 285—287.

ROSS, M. H., 1962: Electron microscopic observations on the adrenal cortex of fetal and newborn rats. Anat. Rec. **142**, 274.

ROSS, R., and E. P. BENDITT, 1962: Wound healing and collagen formation. III. A quantitative radio-autographic study of the utilization of proline-H^3 in wounds from normal and scorbutic guinea pigs. J. Cell Biol. **15**, 99—108.

— — 1962: Wound healing and collagen formation. II. Fine structure in experimental scurvy. J. Cell Biol. **12**, 533—551.

— — 1964: Wound healing and collagen formation. IV. Distortion of ribosomal patterns of fibroblasts in scurvy. J. Cell Biol. **22**, 365—389.

— and S. J. KLEBANOFF, 1967: Fine structure changes in uterine smooth muscle and fibroblasts in response to estrogen. J. Cell Biol. **27**, 90 A.

— T. K. GREENLEE, 1966: Electron microscopy: Attachment sites between connective tissue. Science **153**, 997—999.

ROSSMANN, P., A. HORNYCH, and M. ENGLIS, 1968: Histologie und Ultrastruktur kristalloider Einlagerungen in den Podocyten bei Paraproteinämie. Virchows Arch. Abt. A. Path. Anat. **344**, 151—158.

— J. JIRKA, J. BROD und P. MALEK, 1969: Histologie und Feinstruktur der Biopsien allotransplantierter Nieren. Beitr. path. Anat. **138**, 377—404.

ROSTGAARD, J., 1964: Bacteria in Whipple's disease. 2. Combined electron and light microscopy. Acta path. scand. **60**, 450—461.

— and R. J. BARRNETT, 1964: Fat absorption as micelles by microvilli of the small intestine of rat. III. Europ. reg. Conf. on Electron Microscopy Prague, B 433—434.

— — 1964: Absorption of lipid as micelles by microvilli of rat small intestine. J. Cell Biol. **23**, 79 A.

ROSTGAARD, J., and O. BEHNKE, 1965: Fine structural localization of adenosine nucleoside phosphatase activity in the sarcoplasmic reticulum and the T-system of rat myocardium. J. Ultrastruct. Res. **12**, 579—591.
— and R. J. BARRNETT, 1965: Fine structural observations of the absorption of lipid particles in the small intestine of the rat. Anat. Rec. **152**, 325—349.
ROTH, S. J., and L. G. RAISZ, 1964: Effect of calcium concentration on the ultrastructure of rat parathyroid in organ culture. Lab. Invest. **13**, 331—345.
— B. F. TRUMP, and E. A. SMUCKLER, 1964: Occurrence and nature of mitochondrial matrix striations. J. Cell Biol. **23**, 79 A.
— and L. G. RAISZ, 1966: The course and reversibility of the calcium effect on the ultrastructure of the rat parathyroid gland in organ culture. Lab. Invest. **15**, 1187—1211.
— W. Y. W. AU, A. S. KUNIN, S. M. KRANE, and L. G. RAISE, 1968: Effect of dietary deficiency in vitamin D, calcium and phosphorus on the ultrastructure of the parathyroid gland. Amer. J. Path. **53**, 631—650.
ROUILLER, C., 1960: Physiological and pathological changes in mitochondrial morphology. Internat. Rev. Cytol. **9**, 227—292.
— 1964: Experimental toxic injury of the liver. in "The Liver" ed. by CH. ROUILLER, Vol. II, 335—476. New York, London: Academic Press.
— and W. BERNHARD, 1956: "Microbodies" and the problem of mitochondrial regeneration in liver cells. J. biophys. biochem. Cytol. **2**, suppl. 335—360.
— et G. SIMON, 1962: Contribution de la microscopie électronique au progrès de nos connaissances en cytologie et en histo-pathologie hépatique. Rev. int. Hépat. **12**, 167—206.
ROWLEY, D., 1966: Phagocytosis and immunity. Experientia **22**, 1—5.
RUBIA, F. J., und H. SCHULZ, 1963: Elektronenmikroskopische Untersuchungen des Blut-Luft-Weges bei der experimentellen Fettembolie der Lunge. Beitr. path. Anat. **128**, 78—102.
RUBIN, C. E., 1966: Electron microscopic studies of triglyceride absorption in man. Gastroenterology **50**, 65—77.
RUBIN, E., 1966: Differential blockade of deoxyribonucleic acid synthesis by ethionine. Lab. Invest. **15**, 1509—1519.
— and C. S. LIEBER, 1967: Effects of various diets on ethanol induced ultrastructural hepatic alterations in man. Amer. J. Path. **50**, 55a.
— — 1968: Effects of alcohol on the normal human liver. Amer. J. Path. **52**, 55a.
— N. R. GEVIRTZ, P. COHAN, F. TOMITA, and J. H. JACOBSON, 1965: Liver cell damage produced by portocaval shunts. Proc. Soc. exp. Biol. Med. **118**, 235—237.
— and C. S. LIEBER, 1967: Experimental alcoholic hepatic injury in man: Ultrastructural changes. Fed. Proc. **26**, 1458—1467.
— — 1968: Alcohol-induced hepatic injury in non-alcoholic volunteers. New Engl. J. Med. **278**, 869—876.
— F. HUTTERER, and C. S. LIEBER, 1968: Ethanol increases hepatic smooth endoplasmic reticulum and drug-metabolizing enzymes. Science **159**, 1469—1570.
RUBIN, H., 1966: Fact and theory about the cell surface in carcinogenesis. In: ,,Major Problems in developmental Biology", ed. by M. LOCKE, 315—337. New York-London: Academic Press.
RUBIN, W., L. L. ROSS, M. H. SLEISENGER, and E. WESER, 1966: An electron microscopic study of adult celiac disease. Lab. Invest. **15**, 1720—1747.
RUBY, J. R., R. F. DYER, and R. G. SKALKO, 1969: Continuities between mitochondria and endoplasmic reticulum in the mammalian ovary. Z. Zellforsch. **97**, 30—37.
RUEBNER, B. H., K. MIYAI, R. SLUSSER, P. WEDEMEYER, and D. N. MEDEARIS, 1964: Mouse cytomegalovirus infection. An electron microscopic study of hepatic parenchymal cells. Amer. J. Path. **44**, 799—821.
— — P. WEDEMEYER, and D. N. MEDEARIS, 1964: Mouse cytomegalovirus infection. An electron microscopic study of hepatic parenchymal cells. Amer. J. Path. **44**, 43a.
— T. HIRANO, R. J. SLUSSER, and D. N. MEDEARIS, 1965: Human cytomegalovirus infection. Electron microscopic and histochemical changes in cultures of human fibroblasts. Amer. J. Path. **46**, 477—496.
— — — J. OSBORN, and D. N. MEDEARIS, 1966: Cytomegalovirus infection. Viral ultrastructure with particular reference to the relationship of lysosomes to cytoplasmic inclusions. Amer. J. Path. **48**, 971—989.
— — — 1967: Electron microscopy of the hepatocellular and Kupffer-cell lesions of mouse hepatitis, with particular reference to the effect of cortisone. Amer. J. Path. **51**, 163—190.

Ruebner, B. H., and R. J. Slusser, 1968: Hepatocytes and sinusoidal linings cells in viral hepatitis. Arch. Path. **86**, 1—11.
— J. Moore, R. B. Rutherford, G. D. Zuidema, and A. M. Seligman, 1969: Nutritional cirrhosis in rhesus monkeys. Lab. Invest. **20**, 601—602.
Ruffolo, P. R., 1964: The pathogenesis of necrosis. I. Correlated light and electron microscopic observations of the myocardial necrosis induced by the intravenous injection of papain. Amer. J. Path. **45**, 741—756.
— G. Margolis, and L. Kilham, 1966: The induction of hepatitis by prior partial hepatectomy in resistant adult rats injected with H-1 virus. Amer. J. Path. **49**, 795—824.
— and H. Covington, 1967: Matrix inclusion bodies in the mitochondria of the human liver. Evidence of hepatocellular injury. Amer. J. Path. **51**, 101—116.
Rumery, R. E., and J. C. Hampton, 1959: Microscopic and submicroscopic observations on skeletal muscle from vitamin E-deficient rats. Anat. Rec. **133**, 1—11.
Ruska, C., 1963: Beobachtungen an experimentell im Zellinneren erzeugten Myelinfiguren. Z. Zellforsch. **59**, 134—141.
Ruska, H., 1962: Über funktionelle Konsequenzen der Vielphasigkeit der Zelle. IV. internat. Kongr. f. Neuropathologie München 1961, Vol. II, 42—49.
Ruttloff, H., R. Noack, R. Friese, G. Schenk und J. Proll, 1967: Über polysaccharidspaltende Enzyme im Bürstensaum der Rattenmukosa unter besonderer Berücksichtigung der γ-Amylase. Acta biol. med. germ. **19**, 831—839.
Rüttner, J. R., M. A. Spycher und C. Kuenzle, 1964: Zur Pathologie des Ikterus. Der ANIT-induzierte Ikterus der Ratte, ein Modell einer durch Zellmembranschädigung bedingten toxischen Hepatose. Path. Microbiol. **27**, 403—409.
Ruzicka, F. J., J. D. Hall, M. A. Heller, T. F. Chuang, and F. L. Crane, 1968: Binary membranes in mitochondria. J. Cell Biol. **39**, 2/2, 116 a.
Rybak, B. J., 1962: Electron microscopic studies of intestinal lesions. I. Aminopterininduced lesions in mice. Gastroenterology **42**, 306—318.
Ryser, H. J. P., 1968: Uptake of protein by mammalian cells: An underdeveloped area. Science **159**, 390—396.

Sabatini, D. D., E. D. P. de Robertis, and H. B. Bleichmar, 1962: Submicroscopic study of the pituitary action on the adrenocortex of the rat. Endocrinology **70**, 390—406.
— Y. Tashiro, and G. E. Palade, 1966: On the attachment of ribosomes to microsomal membranes. J. Molec. Biol. **19**, 503—524.
Sabesin, S. M., and W. G. Banfield, 1963: Electron microscopy of hypersensitivity reactions: The Arthus phenomen. Amer. J. Path. **42**, 551—570.
— 1964: Electron microscopy of hypersensitivity reactions. Intravascular antigenantibody precipitation in acute anaphylactic shock. Amer. J. Path. **44**, 889—904.
Salinas-Madrigal, L., M. Leventhal, and C. L. Pirani, 1968: Glomerular and vascular "exudative" lesions of diabetic nephropathy. Lab. Invest. **18**, 334.
Sabour, M. S., S. Hanna, and M. K. McDonald, 1964: The nephropathy of experimental magnesium deficiency. Quart. J. exp. Physiol. **49**, 314—323.
Sacchi, T. B., e A. Bolletti, 1966: Struttura e ultrastruttura del miocardio di ratto albino in corso di ipotermia generale profunda. Boll. Soc. ital. Biol. sper. **40**, 946—948.
Sachs, E. S., and W. T. Daems, 1966: Microtubules in human aortic intimal cells. Z. Zellforsch. **73**, 553—558.
Sachsenmaier, W., 1966: Analyse des Zellcyclus durch Eingriffe in die Makromolekül-Biosynthese. In: „Probleme der biologischen Reduplikation", 139—159. Berlin-Heidelberg-New York: Springer.
Safran, A. P., and F. Schaffner, 1967: Chronic passive congestion of the liver in man: Electron microscopic study of cell atrophy and intralobular fibrosis. Amer. J. Path. **50**, 447—463.
Sagebiel, R. W., and F. Parker, 1968: Cutaneous lesions of Fabry's disease: glycolipid lipidosis. J. invest. Derm. **50**, 208—213.
Saito, T., 1966: Fine structural localization of several phosphatases in the rat hepatic parenchymal cell. VI. internat. Congr. f. Electron Microscopy Kyoto Vol. **2**, 103—104.
— 1966: Glucose-6-phosphatase activity in the hepatic parenchymal cells in the normal as well as 3'-Me-DAB-treated rat. J. Electron Microscopy **15**, 57.
— 1968: Ultracytochemical study of enzyme activities in rat hepatic parenchymal cells during the course of carcinogenesis induced by 3'-methyl-4-dimethyl-aminoazobenzene (3'-MeDAB). J. Kansai Med. Sch. **20**, 8—16; 17—24; 25—44.

Saito, T., and K. Ogawa, 1966: The smooth-surfaced endoplasmic reticulum and glucose-6-phosphatase activity in rat liver cells. J. Cell Biol. **31**, 158 A.
— — 1967: Ultracytochemical changes of the glucose-6-phosphatase activity in liver cells of the rat treated with phenobarbital. Okajimas Fol. anat. jap. **44**, 11—27.
— — 1968: Aberrant mitochondria with longitudinal cristae observed in the normal rat hepatic parenchymal cell. Fol. anat. jap. **44**, 357—363.
Sakaguchi, H., S. Dachs, W. Mautner, E. Grishman, and J. Churg, 1964: Renal glomerular lesions after administration of carbon tetrachloride and ethionine. Lab. Invest. **13**, 1418—1426.
Sako, Y., and K. Noda, 1967: An electron microscopic study on the heart and ischiadic nerve of the thiamine deficient rats. J. Electron Microscopy **16**, 208.
Salomon, J. C., 1962: Modifications ultrastructurales des hépatocytes au cours de l'intoxication chronique par la thioacétamide. Vth internat. Congr. f. Electron Microscopy Philadelphia Vol. II, VV-7.
— 1962: Modifications des cellules du parenchyme hépatique du rat sons l'effet de la thioacétamide. Étude au microscope électronique des lésions observées à la phase tardive d'une intoxication chronique. J. Ultrastruct. Res. **7**, 293—307.
— M. Salomon et W. Bernhard, 1962: Modifications des cellules du parenchyme hépatique du rat sons l'effet de la thioacétamide. Étude au microscope électronique des lésions précoces au cours d'une intoxication chronique. Bull. du Cancer **49**, 139—158.
— et J. Caroli, 1962: A propos d'une cas de maladie de Gaucher: Étude au microscope électronique d'un fragment de tissue hépatique. Rev. int. Hépatol. **12**, 281—296.
Samaille, J., E. Vivier, D. Dubois et A. Petitprez, 1965: Étude en microscopie électronique de la multiplication des adénovirus d'origine humaine dans le foie du hamster. C. R. Acad. Sci. **260**, 1030—1033.
Samarina, O. P., 1964: The distribution and properties of cytoplasmic deoxyribonucleic acid like ribonucleic acid (mRNA). Biochim. biophys. Acta **91**, 688—691.
Samorajski, T., W. Zeman, and J. M. Ordy, 1967: Ultrastructural changes in the cerebellum after focal deuteron irradiation. Cerebellar irradiation. J. Neuropath. exp. Neurol. **26**, 40—59.
— and J. M. Ordy, 1967: The histochemistry and ultrastructure of lipid pigment in the adrenal glands of aging mice. J. Geront. **22**, 253—267.
— — and P. Rady-Remier, 1968: Lipofuscin pigment accumulation in the nervous system of aging mice. Anat. Rec. **160**, 555—573.
— — W. Zeman, and H. J. Curtis, 1968: Early and long-term effects of deuteron irradiation on cells in the cerebellum of adult mice. J. Cell Biol. **38**, 213—220.
Samson, F. E., W. M. Balfour, and R. J. Jacobs, 1960: Mitochondrial changes in developing brain. Amer. J. Physiol. **199**, 693—696.
Samuels, S., S. R. Korey, J. O. Gonatas, R. D. Terry, and M. Weiss, 1963: Studies in Tay-Sachs disease. IV. Membranous cytoplasmic bodies. J. Neuropath. exp. Neurol. **22**, 81—97.
— N. Gonatas, and M. Weiss, 1964: Chemical and ultrastructural comparison of synthetic and pathologic membrane system. J. Cell Biol. **21**, 148—152.
— — — 1965: Formation of the membranous cytoplasmic bodies in Tay-Sachs disease: An *in vitro* study. J. Neuropath. exp. Neurol. **24**, 256—264.
Sandborn, E. B., M. G. Coté, and A. Viallet, 1966: Electron microscopy of a human liver in Weil's disease (Leptospirosis icterohaemorrhagica). J. Path. Bact. **92**, 369—374.
Santoro, A., e U. Nuvolone, 1960: Modificazioni nell'ultrastruttura delle cellule del tubulo contorto di primo ordine del ratto roentgenirradiato. Radiobiol. lat. **3**, 279—300.
Santos-Buch, C. A., and P. E. Treadwell, 1967: Disruption of Kupffer cells during systemic anaphylaxis in the mouse. II. Changes in tissue and plasma heat- and formaldehyde-stable acid p-nitrophenyl-phosphatase. Amer. J. Path. **51**, 505—525.
Sasaki, H., and F. Ichida, 1961: Electron microscopic studies of cholestasis. Ann. Rep. Inst. Virus Res. Kyoto Univ. **4**, 172—191.
Sasaki, M., 1966: Elektronenmikroskopische Untersuchungen an Keimen von *Triturus helveticus* in der Früh- und Spätentwicklung der Neuralzelle. Verh. dtsch. Ges. Path. **50**. Tagg. 284—286.
— und F. Büchner, 1966: Die Differenzierung der Feinstruktur von *Triturus helveticus* von der Eizelle bis zur funktionierenden Neuralzelle in der Norm und ihre Störungen unter temporärem Sauerstoffmangel. Beitr. path. Anat. **134**, 215—265.

SASAKI, M., and T. TAKEUCHI, 1966: Ultracytochemical observations of glycogen intracellularly synthesized by the enzyme activities. VI. intern. Congr. f. Electron Microscopy Kyoto Vol. **2**, 77—78.
SATO, T., 1968: The fine structure of the mouse adrenal X zone. Z. Zellforsch. **87**, 315—329.
SATOH, T., 1966: Electron microscopic studies on the liver and exocrine pancreas of experimental diabetic rats. Nagoya med. J. **12**, 71—110.
SATOW, Y., T. IKEDA, and N. OKAMOTO, 1968: Electron microscopic observations of the effect of the 14,1 MeV fast neutron on embryonic heart in the rat. J. Electron Microscopy **17**, 273—274.
SAUNDERS, J. W., and J. F. FALLON, 1966: Cell death in morphogenesis. In: „Major Problems in Developmental Biology", ed. by M. LOCKE, 289—314. New York-London: Academic Press.
SAUNDERS, S. J., and K. J. ISSELBACHER, 1966: Intestinal absorption of amino acids. Gastroenterology **50**, 586—595.
SAUZIN, M. J., 1967: Etude ultrastructurale de la différenciation au cours de la régénération de la planaire Dugesia gonocephala. II. Différenciation musculaire. Bull. Soc. Zool. Fr. **92**, 613—616.
SAWADA, T., 1967: The fine structure of gliomas. Acta Med. **37**, 63—64.
SCARPELLI, D. G., 1965: Experimental nephrocalcinosis. A biochemical and morphologic study. Lab. Invest. **14**, 123—141.
— 1966: Experimental pathology of vitamin-D induced nephrocalcinosis. Meth. Achievm. exp. Path. **1**, 560—584.
— 1966: Mitochondrial enlargement and hyperplasia produced by the prolonged administration of 2,4-dinitrophenol. Amer. J. Path. **48**, 15a.
— 1969: A study of factors regulating the mitochondrial population in rat liver. Amer. J. Path. **55**, 78 a.
— and E. VAN HAAM, 1963: An electron microscopic study of 20-methylcholanthrene-induced dysplasia of the uterine cervix. Acta Un. int. Cancer **19**, 670—673.
— M. CHIGA, and E. HAYNES, 1968: Population changes in rat liver mitochondria after inanition and refeeding: A possible model of mitochondriogenesis. J. Cell Biol. **39**, 2/2, 119 a.
SCHAECHTER, M., and M. MCQUILLEN, 1966: Synthesis of messenger ribonucleic acid and the assembly of polysomes in *Bacillus megaterium* infected with bacteriophage. J. molec. Biol. **22**, 223—233.
SCHAFER, I. A., L. SILVERMAN, J. C. SULLIVAN, and W. VAN B. ROBERTSON, 1967: Ascorbic acid deficiency in cultured human fibroblasts. J. Cell Biol. **34**, 83—96.
SCHÄFER, A., und R. BÄSSLER, 1966: Pathomorphogenese der Kerasinablagerung bei Morbus Gaucher. Frankfurt. Z. Path. **75**, 37—52.
— — 1969: Vergleichende elektronenmikroskopische Untersuchungen am Drüsenepithel und am sogenannten lobulären Carcinom der Mamma. Virchows Arch. Abt. A. **346**, 269—286.
SCHÄFER, D., 1965: Über die Wirkung einer subletalen Röntgendosis auf gezüchtete Hühnerherzmyoblasten. Z. Zellforsch. **68**, 320—347.
— 1966: Das endoplasmatische Retikulum subletal bestrahlter Hühnerherzmyoblasten im Dienste des Stofftransportes. Z. Zellforsch. **71**, 562—573.
— 1969: Die Schädigung und Wiedererholung kultivierter Zellen nach Behandlung durch Röntgenstrahlen. Protoplasma **67**, 237—247.
— und U. HAGEN, 1965: Veränderungen der Desoxyribonukleinsäurestruktur beim akuten Zelltod nach Ganzkörperbestrahlung. Atompraxis **11**, 41—45.
— und E. WENDT, 1967: Das Verhalten der Mitochondrien gezüchteter Zellen nach subletalen Strahlendosen. Verh. Dtsch. Ges. Zool. 722—734.
SCHAFFNER, F., 1965: Morphologic studies on bile secretion. Amer. J. dig. Dis. N. S., **10**, 99—115.
— 1966: Intralobular changes in hepatocytes and the electron microscopic mesenchymal response in acute viral hepatitis. Medicine **45**, 547—552.
— 1967: Ultrastructural changes in the liver in acute viral hepatitis. T. Gastro-ent. **10 B** suppl.
— I. STERNLIEB, T. BARKA, and H. POPPER, 1962: Hepatocellular changes in Wilson's disease. Histochemical and electron microscopic studies. Amer. J. Path. **41**, 315—327.
— A. LOEBEL, H. A. WEINER, and T. BARKA, 1963: Hepatocellular cytoplasmic changes in acute alcoholic hepatitis. J. amer. med. Ass. **183**, 343—346.
— and H. SASAKI, 1965: Induced cholestasis. Ultrastructural studies on drug. Rev. int. Hépat. **15**, 461—474.

SCHAFFNER, F., and P. FELIG, 1965: Changes in hepatic structure in rats produced by breathing pure oxygen. J. Cell Biol. **27**, 505—517.

— D. K. ROBERTS, F. L. GINN, and F. ULVEDAL, 1966: Electron microscopy of monkey liver after exposure of animals to pure oxygen atmosphere. Proc. Soc. exp. Biol. Med. **121**, 1200—1203.

— and N. B. JAVITT, 1966: Morphologic changes in hamster liver during intrahepatic cholestasis induced by taurolithocholate. Lab. Invest. **15**, 1783—1792.

SCHARDEIN, J. L., G. R. PATTON, and Y. A. LUCAS, 1967: The microscopy of "brown degeneration" in the adrenal gland of the mouse. Anat. Rec. **159**, 291—310.

SCHARRER, B., 1966: Ultrastructural study of the regressing prothoracic glands of blattarian insects. Z. Zellforsch. **69**, 1—21.

SCHATZMANN, H. J., 1966: Chemischer Aufbau und Funktionen der Zellmembran. Bull. schweiz. Akad. med. Wiss. **21**, 446—454.

SCHAUDE, G., M. SIESS, W. VOGELL und J. NIESSING, 1967: Histologische, histochemische und elektronenmikroskopische Befunde bei der durch Fremdstoffe induzierten Lebervergrößerung der weißen Maus. Acta histochem. **26**, 185—201.

SCHECTER, A., 1966: Variations in unit membrane substructure. VI. internat. Congr. f. Electron Microscopy Kyoto Vol. **2**, 397—398.

SCHELIN, U., P. M. LUNDIN, and L. BARTHOLDSON, 1964: Light and electron microscopic studies on an autonomous stilbestrol-induced pituitary tumor in rats. Endocrinology **75**, 893—900.

SCHERER, E., und W. VOGELL, 1958: Elektronenoptische Untersuchungen zur Strahlenwirkung auf Leber, Milz und Niere. Strahlentherapie **106**, 202—211.

— und H. S. STENDER, 1963: Strahlenpathologie der Zelle. Stuttgart: G. Thieme.

SCHERSTEN, T., P. BJÖRNTORP, S. BJÖRKERUD, and P. H. EKDAHL, 1966: Funktionelle Studien subzellulärer Partikel der menschlichen Leber. Acta hepato-splenol. **13**, 377.

SCHEUER, P. J., R. WILLIAMS, and A. R. MUIR, 1962: Hepatic pathology in relations of patients with haemochromatosis. J. Path. Bact. **84**, 53—64.

SCHIEFER, H. G., G. HÜBNER und O. KLEINSASSER, 1968: Riesenmitochondrien aus Onkozyten menschlicher Adenolymphome. Isolierung, morphologische und biochemische Untersuchungen. Virchows Arch. Abt. B **1**, 230—239.

SCHILL, H., 1965: Elektronenmikroskopische und enzymhistochemische Untersuchungen zur experimentellen Saccharosenephrose. Zbl. Path. **107**, 389—405.

— und W. BOSTELMANN, 1965: Beitrag zur Ultramikroskopie der Prontosilspeicherung der Rattenniere. Zbl. Path. **107**, 406—413.

SCHIMRIGK, K., H. G. MERTENS, K. RICKER, J. FÜHR, P. EYER und D. PETTE, 1967: McArdle-syndrom (Myopathie bei fehlender Muskelphosphorylase). Klin. Wschr. **45**, 1—17.

SCHIN, K. S., and U. CLEVER, 1968: Ultrastructural and cytochemical studies of salivary gland regression in *Chironomus tentans*. Z. Zellforsch. **86**, 262—279.

SCHIPP, R., 1968: Der Feinbau filamentöser Strukturen im Endothel peripherer Lymphgefäße. Acta Anat. **71**, 341—351.

SCHJEIDE, O. A., R. MCCANDLESS, M. WILKENS, M. PETERSON, and G. V. ALEXANDER, 1963: Effects of various factors on occurrence of mitochondrial inclusions. Exp. Cell Res. **32**, 379—390.

— — and R. J. MUNN, 1964: Nucleo-cytoplasmic exchanges as related to organelle formation. J. Cell Biol. **23**, 83 A.

— — — 1965: Nuclear-cytoplasmic interaction. Nature **205**, 156—158.

— R. J. SAN LIN, and R. J. MUNN, 1966: Isolation, composition, and synthesis of multivesicular bodies. J. Cell Biol. **31**, 100 A.

SCHLAEPFER, W. W., and H. HAGER, 1964: Ultrastructural studies of INH-induced neuropathy in rats. I. Early axonal changes. Amer. J. Path. **45**, 209—219.

— — 1964: Ultrastructural studies of INH-induced neuropathy in rats. II. Alteration and decomposition of the myelin sheath. Amer. J. Path. **45**, 423—433.

SCHLESINGER, M., and E. ESSNER, 1965: Histochemical and electron microscopic studies of the liver in runt disease. Amer. J. Path. **47**, 371—402.

SCHLOTE, W., 1962: Zur Ultrastruktur primärer retrograder Axonveränderungen nach experimenteller Strangdurchtrennung am Rückenmark der weißen Ratte. IV. Internat. Kongr. f. Neuropathologie München 1961, Vol. II, 105—112.

— 1964: Zur Ultrastruktur der sog. Rosenthalschen Fasern im Zentralnervensystem. Naturwissenschaften **51**, 165—166.

— 1966: Der Aufbau von Schichtenkörpern im Axoplasma durchtrennter Opticusfasern distal der Läsion. J. Ultrastruct. Res. **16**, 548—568.

Schlote, W., 1966: Rosenthalsche „Fasern" und Spongioblasten im Zentralnervensystem. II. Elektronenmikroskopische Untersuchungen. Bedeutung der Rosenthalschen „Fasern". Beitr. path. Anat. **133**, 461—480.
— 1966: Zur Abgrenzung reaktiver von regenerativen Vorgängen im Axoplasma zentraler Nervenfasern. Verh. dtsch. Ges. Path. **50**. Tagg. 277—280.
— 1967: Blastomatös umgewandelte Astrocyten im menschlichen Großhirnmarklager als Myelophagen. Dtsch. Z. Nervenhlk. **190**, 29—54.
Schlunk, F. F., and B. Lombardi, 1967: Liver liposomes. I. Isolation and chemical characterization. Lab. Invest. **17**, 30—38.
— — 1967: On the ethionine-induced fatty liver in male and female rats. Lab. Invest. **17**, 299—307.
Schmalbruch, H., 1967: Kristalloide in menschlichen Skelettmuskelfasern. Naturwissenschaften **54**, 519.
— 1968: Lyse und Regeneration von Fibrillen in der normalen menschlichen Skelettmuskulatur. Virchows Arch. Abt. A **344**, 159—171.
— und T. Dume, 1969: Klinisch inapperente Alkoholschädigung der menschlichen Herzmuskelzelle. Arch. Kreislaufforsch. **58**, 202—227.
Schmidt, A., 1966: The molecular basis of regeneration: Enzymes. Univ. Illinois Press.
Schmidt, W., 1962: Licht- und elektronenmikroskopische Untersuchungen über die intrazelluläre Verarbeitung von Vitalfarbstoffen. Z. Zellforsch. **58**, 573—637.
Schnaitman, C., V. G. Erwin, and J. W. Greenawalt, 1967: The submitochondrial localization of monoamine oxidase. An enzymatic marker for the outer membrane of rat liver mitochondria. J. Cell Biol. **32**, 719—735.
— and J. W. Greenawalt, 1968: Enzymatic properties of the inner and outer membranes of rat liver mitochondria. J. Cell Biol. **38**, 158—175.
Schneeberger, E. E., and A. B. Morrison, 1965: The nephropathy of experimental magnesium deficiency—light and electron microscopic investigations. Lab. Invest. **14**, 674—686.
Schneider, W. C., and E. L. Kuff, 1965: The isolation and some properties of rat liver mitochondrial deoxyribonucleic acid. Proc. Nat. Acad. Sci. **54**, 1650—1658.
Schnitzer, B., and E. B. Smith, 1966: Observations of phagozytized red cells containing Heinz bodies. Amer. J. Path. **46**, 538—545.
Schochet, S. S., J. M. Hardman, P. W. Lampert, and K. M. Earle, 1969: Krabbe's disease (globoid leukodystrophy). Arch. Path. **88**, 305—313.
Schoefl, G. I., 1964: The effect of actinomycin D on the fine structure of the nucleolus. J. Ultrastruct. Res. **10**, 224—243.
Schoenberg, M. D., R. D. Moore, and A. S. Weisberger, 1967: Differentiation and functional expression of potential antibody-producing cells in the presence of chloramphenicol. J. Cell Biol. **32**, 401—414.
Schoffeniels, E., 1967: Cellular Aspects of Membrane Permeability. Internat. Ser. Monogr. pure and applied Biology **28**.
Schofield, B. H., and I. W. Grossman, 1968: Electron microscopy of hepatic cell lesions induced by electrocution. Arch. Path. **86**, 208—213.
Scholz, W., und N. Paweletz, 1969: Glykogenablagerung in Zellkernen des Ehrlich-Ascites-Tumors. Z. Krebsforsch. **72**, 211—212.
Schön, R., und K. H. Menke, 1967: Isolierung und enzymatische Eigenschaften der Zellmembran von Ehrlich-Aszites-Tumorzellen. Acta biol. med. germ. **18**, 43—55.
Schotland, D. L., D. Spiro, L. P. Rowland, and P. Carmel, 1965: Ultrastructural studies of muscle in McArdle's disease (Deficiency of muscle phosphorylase). Arch. Neuropath. exp. Neurol. **24**, 629—644.
— — P. Carmel, and L. P. Rowland, 1966: Ultrastructural studies of muscle in McArdle's disease (Deficiency of muscle phosphorylase). Arch. Neuropath. exp. Neurol. **25**, 146.
Schrag, P., and J. B. Caulfield, 1963: Electron microscopic study of renal calcification. Lab. Invest. **12**, 851.
Schramm, G., 1967: Biochemie der Viren. In: „Molekularbiologie", hrsggb. von Th. Wieland und G. Pfleiderer, 163—174. Frankfurt/Main: Umschau Verlag.
Schröder, M., und W. Wechsler, 1965: Zur Frage unterschiedlicher Adhäsionskräfte zwischen den Zellmembranen in der grauen und weißen Substanz des Gehirns. Naturwissenschaften **52**, 86—87.
— — 1965: Ödem und Nekrose in der grauen und weißen Substanz beim experimentellen Hirntrauma. Acta Neuropath. **5**, 82—111.
Schrodt, G. R., 1963: Fine structural changes in mouse cervical epithelium following methylcholanthrene. Amer. J. Path. **43**, 41a.

SCHRODT, G. R., and M. MURRAY, 1966: The keratin structure of corpora amylacea. Arch. Path. **82**, 518—525.
— and S. M. WALKER, 1966: Ultrastructure of membranes in denervation atrophy. Amer. J. Path. **49**, 33—52.
SCHULZ, H., 1956: Vergleichende elektronenmikroskopische Beobachtungen zur intrazellulären Eisenablagerung. Exp. Cell Res. **11**, 651—653.
— 1959: Die submikroskopische Anatomie der Lunge. Berlin-Göttingen-Heidelberg: Springer.
— 1969: Some new observations on the submicroscopic pathology of the lung. Pulmonary adenomatosis and fat embolism. Lab. Invest. **12**, 616—627.
— und K. SCHILLER, 1968: Mikrotubuli und Filamente in prospektiven Plättchenfeldern der Megakaryozyten. Z. Zellforsch. **87**, 389—400.
— und E. HAHNEL, 1969: Die Ultrastruktur des Glykogens in Lochkernen der menschlichen Leberepithelzellen bei Diabetes mellitus. Virchows Arch. Abt. B **3**, 282—294.
SCHULZ, L. C., 1958: Elektronenmikroskopische Untersuchungen der Herzmuskulatur des Schweines unter besonderer Berücksichtigung der sogenannten Kernreihen-Bildung. Dtsch. tierärztl. Wschr. 117—122.
SCHULZE, E., und H. LÖWE, 1967: Speicherung von Dextran in Leber und Milz der Ratte bei chronischer Applikation und ihr Einfluß auf Teilfunktionen dieser Organe. Acta biol. med. germ. **18**, 517—527.
SCHULZE, P., E. HAHNEFELD und H. HAHNEFELD, 1963: Elektronenmikroskopische Untersuchungen am Virus des Bläschenausschlages des Rindes (Exanthema coitale vesiculosum bovis) in der Gewebekultur. Arch. exp. Vet.-Med. **17**, 375—390.
— und D. SCHMIDT, 1964: Elektronenmikroskopische Untersuchungen an Gewebekulturzellen nach Infektion mit dem Virus der Dermatitis pustulosa des Schafes. Arch. exp. Vet.-Med. **18**, 465—483.
SCHÜMMELFEDER, N., 1962: Die experimentelle Strahlenschädigung des Zentralnervensystems. Ergebn. Path. **42**, 34—92.
SCHUTTA, H. S., 1966: Fine structure changes in muscle biopsies from patients with acute myoglobinuria. J. Neuropath. exp. Neurol. **25**, 148.
— and L. JOHNSON, 1967: Bilirubin encephalopathy in the gunn rat: A fine structure study of the cerebellar cortex. J. Neuropath. exp. Neurol. **26**, 377—396.
— and J. L. ARMITAGE, 1969: Thyrotoxic hypokalemic periodic paralysis.. J. Neuropath. exper. Neurol. **28**, 321—336.
— — 1969: The sarcoplasmic reticulum in thyrotoxic hypokalemic periodic paralysis. Metabolism **48**, 81—83.
SCHWALBACH, G., und B. AGOSTINI, 1964: Die Beziehung zwischen Mitochondrienmorphologie und Aktivitätsdauer verschiedener Flugmuskelfasern von *Locusta migratoria*. Z. Zellforsch. **61**, 855—870.
— — 1964: Über Beziehungen zwischen Kälteresistenz und Mitochondrienmorphologie bei der Wespe (*Vespa germanica* F.). Z. Zellforsch. **62**, 113—120.
SCHWARTZ, H. S., J. E. SODERGREN, M. GAROFALO, and S. S. STERNBERG, 1965: Actinomycin D effects on nucleic acid and protein metabolism in intact and regenerating liver of rats. Cancer Res. **25**, 307—317.
— and M. GAROFALO, 1967: Degradation of RNA in liver of rats treated with actinomycin D. Molecul. Pharmacol. **3**, 1—8.
SCHWARZ, W., 1966: Elektronenmikroskopische Untersuchungen an Lysosomen im Blastem der Extremitätenknospe der Ratte. Z. Zellforsch. **73**, 27—36.
— P. M. CASTEN und J. MERKER, 1960: Elektronenmikroskopische Untersuchungen an den Mitochondrien der Eizellen im Primärfollikel des Kaninchens. II. Europ. reg. Conf. on Electron Microscopy Delft.
— H. J. MERKER und G. SUCHOWSKY, 1962: Elektronenmikroskopische Untersuchungen über die Wirkung von ACTH und Stress auf die Nebennierenrinde der Ratte. Virchows Arch. path. Anat. **335**, 165—179.
— und G. K. SUCHOWSKI, 1963: Die Wirkung von Metopiron und Amphenon B auf die Nebennierenrinde der Ratte. Virchows Arch. path. Anat. **337**, 270—278.
— H. J. MERKER und A. KUTZSCHE, 1964: Elektronenmikroskopische Untersuchungen an verfetteten Fibroblastenkulturen nach verzögerter Umsetzung. Z. Zellforsch. **64**, 804—812.
— — 1965: Die Hodenzwischenzellen der Ratte nach Hypophysektomie und nach Behandlung mit Choriongonadotropin und Amphenon B. Z. Zellforsch. **65**, 272—284.
— und A. KUTZSCHE, 1966: Elektronenmikroskopische Untersuchungen über die anabole und katabole Wirkung von Dexamethason und Methenolonester auf Fibroblasten *in vitro*. Klin. Wschr. **44**, 979—982.

SCHWARZ, W., und F. H. GÜLDNER, 1967: Elektronenmikroskopische Untersuchungen des Kollagenabbaus im Uterus der Ratte nach der Schwangerschaft. Z. Zellforsch. **83**, 416—426.
SCHWARZLOSE, W., 1965: Der Einfluß von Methylandrostenolonönanthat (Depot Primobolan) und Actinomycin C (Sanamycin) auf Gewicht, RNS-, Protein- und DNS-Gehalt der Nieren weiblicher weißer Mäuse. Arch. exp. Path. Pharm. **251**, 123—124.
SCHWEIGER, H. G., 1964: Proteinsynthese und Ribonucleinsäure in kernlosen Reticulozyten. Naturwissenschaften **51**, 521—533.
SCIACCA, A., V. DI GIACOMO, P. SOCCORSI, M. TESTA e V. CECI, 1966: Corpi inclusi intranucleari negli epatociti di fegato steatosici. Fegato **12**, 229—248.
— M. TESTA, V. DI GIACOMO e A. BERNI, 1966: Cospicua steatosi epatica in un caso di rettacolite ulcero-emorragica. Fegato **12**, 313—331.
SCOTT, B. L., 1967: Thymidine-^{3}H electron microscope radioautography of osteogenic cells in the fetal rat. J. Cell Biol. **35**, 115—126.
SCOTT, E. B., 1966: Histopathology of amino acid deficiencies. VIII. Electron microscopy of the exocrine pancreas cells of lysine-deficient rats. Arch. Path. **82**, 119—128.
SCOTT, R. B., and E. BELL, 1964: Protein synthesis during development: Control through messenger RNA. Science **145**, 711—714.
SCZYBALSKI, W., and V. N. IYER, 1964: Crosslinking of DNA by enzymatically or chemically activated mitomycins and porfiromycins, bifunctionally "alkylating" antibiotics. Fed. Proc. **23**, 946—957.
SEAKINS, A., and D. S. ROBINSON, 1963: The effect of the administration of carbon tetrachloride on the formation of plasma lipoproteins in the rat. Biochem. J. **86**, 401—407.
— — 1964: Changes associated with the production of fatty livers by white phosphorus and by ethanol in the rat. Biochem. J. **92**, 308—312.
SEBUWUFU, P. H., 1966: Nuclear blebs in the human fetal thymus. Nature **212**, 1382—1383.
SEDAR, A. W., and J. G. FORTE, 1964: Effects of calcium depletion on the junctional complex between oxyntic cells of gastric glands. J. Cell Biol. **22**, 173—188.
SEEMAN, P., 1967: Transient holes in the erythrocyte membrane during hypotonic hemolysis and stable holes in the membrane after lysis by saponin and lysolecithin. J. Cell Biol. **32**, 55—70.
SEIFERT, G., 1962: Elektronenmikroskopische Befunde an den Speicheldrüsenacini nach Einwirkung von Noradrenalin. Beitr. path. Anat. **127**, 111—136.
— 1965: Verkalkung und Calciphylaxie. Dtsch. med. Wschr. **90**, 2334—2339.
— 1962: Zur Pathogenese der Speicheldrüsenschwellung (Sialadenose). Verh. dtsch. Ges. Path. **46**. Tagg. 250—256.
— und R. GIESEKING, 1961: Elektronenmikroskopische Befunde am Rattenpankreas nach experimenteller Äthioninschädigung. Beitr. path. Anat. **124**, 81—107.
— und O. v. HENTIG, 1967: Histochemische und elektronenoptische Befunde zur Pathogenese der experimentellen Hautcalcinose. Beitr. path. Anat. **135**, 75—91.
SEIFERT, K., 1963: Über experimentelle Atheromatose der Kaninchenaorta. Z. Zellforsch. **61**, 276—316.
SEIL, F. J., and P. W. LAMPERT, 1968: Neurofibrillary tangles induced by vincristine and vinblastine sulfate in central and peripheral neurons in vitro. Exp. Neurol. **21**, 219—230.
— — and I. KLATZO, 1969: Neurofibrillary spheroids induced by aluminium phosphate in dorsal root ganglia neurons in vitro. Exp. Neurol. **28**, 74—85.
SEITE, R., 1967: Effets del'actinomycine D sur l'activité élaboratrice du noyau de la cellule nerveuse. Étude des ganglions cervical supérieur et plexiforme du rat. Arch. Biol. **78**, 645—667.
SEITELBERGER, F., 1966: Neuer Beitrag zur Myoklonuskörperkrankheit. Vth internat. Congr. f. Neuropath. Zürich 1965, 153—163.
— 1968: Allgemeine Neuropathologie der Alterns- und Aufbrauchkrankheiten des Gehirns. Verh. dtsch. Ges. Path. **52**. Tagg., 32—61.
SEKERIS, C. E., und N. LANG, 1965: Neuere Ergebnisse zum Wirkungsmechanismus von Nebennierenrindenhormonen. Dtsch. med. Wschr. **90**, 1727—1730.
SEKHRI, K. K., and L. J. FAULKIN, 1967: Ultrastructural studies on the dog mammary gland during various physiological conditions. J. Ultrastruct. Res. **21**, 161.
SEKI, M., 1962: Parietal cell carcinoma. J. Electron Microscopy **11**, 40—46.
— S. SEKIYAMA, and K. OTANI, 1964: Electronmicroscopic observations on mouse spleen after total body irradiation. J. Electron Microscopy **13**, 42.

SEKI, M., and H. SHIRASAWA, 1965: Role of the reticular cells during maturation process of the erythroblast. III. The fate of phagocytized nucleus. Acta path. jap. **15**, 387—405.
— — 1967: Role of reticular cells during maturation process of the erythroblast. III. The fate of phagocytized nucleus. J. Electron Microscopy **16**, 354.
SELJELID, R., 1967: Endocytosis in thyroid follicle cells. II. A microinjection study of the origin of colloid droplets. J. Ultrastruct. Res. **17**, 401—420.
— 1967: Endocytosis in thyroid follicle cells. V. On the redistribution of cytosomes following stimulation with thyrotropic hormone. J. Ultrastruct. Res. **18**, 479—488.
— and J. ERICSSON, 1965: Electron microscopic observations on renal carcinoma in man. Acta path. scand. **64**, 152.
— — 1965: Electron microscopic observations on specializations of the cell surface in renal clear cell carcinoma. Lab. Invest. **14**, 435—447.
SELL, D. A., and E. S. REYNOLDS, 1969: Liver parenchymal cell injury. VIII. Lesions of membranous cellular components following iodoform. J. Cell Biol. **41**, 736—752.
SELLINGER, O. Z., and W. G. OHLSSON, 1968: Brain cortex polysomes: Effects of trypsin on their structural integrity, functional capacity, and membrane attachment. J. Cell Biol. **39**, 2/2, 121 a.
SELMAN, G. G., and A. JURAND, 1964: An electron microscope study of the endoplasmatic reticulum in newt notochord cells after disturbance with ultrasonic treatment and subsequent regeneration. J. Cell Biol. **20**, 175—183.
SEMBA, T., S. TOLNAI, and L. F. BÉLANGER, 1966: Observations on the fine structure of chick embryo osteocytes, effects of parathyroid extract. VI. internat. Congr. f. Electron Microscopy Kyoto Vol. **2**, 569—570.
SENDA, N., H. TAMURA, K. KONDO, and Y. KISHIGAMI, 1964: The behavior of cell membrane of leucocytes in phagocytosis. In: „Intracellular Membranous Structure", ed. by S. SENO and E. V. COWDRY, 473—481.
— K. WAKE, T. HAYANO, K. NAKAI, S. JO, T. FUJIWARA, T. IWAMOTO, and K. MORI, 1966: On the myelinoid bodies, developed in microvilli of jejunal epithelium incubated in an isotonic aqueous solution of CCl_4. VI. internat. Congr. f. Electron Microscopy Kyoto Vol. **2**, 395—396.
SETÄLÄ, K., L. MERENMIES, E. E. NISKANEN, M. NYHOLM, and L. STJERNVALL, 1960: Mechanism of experimental tumorigenesis. VI. Ultrastructural alterations in mouse epidermis caused by locally applied carcinogen and dipole-type tumor promotor. J. nat. Cancer Inst. **25**, 1155—1189.
— E. E. NISKANEN, L. MERENMIES, M. NYHOLM, and L. STJERNVALL, 1961: Mechanism of experimental tumorigenesis. VIII. Ultrastructural alterations in mouse epidermis caused by carcinogen administered orally. J. nat. Cancer Inst. **26**, 985—1009.
— — M. NYHOLM, L. STJERNVALL und O. NYSSÖNEN, 1962: Mechanism of experimental tumorigenesis. XIII. Ultrastructurelle Umwandlungen der Epidermis tumorempfindlicher CF_1- und CFW-Mäuse der Swiss-Gruppe, hervorgerufen durch Tween 60. Acta path. scand. suppl. **155**, 107—120.
SHAFIQ, S. A., A. T. MILHORAT, and M. A. GORYCKI, 1967: Giant mitochondria in human muscle with inclusions. Arch. Neurol. **17**, 666—671.
SHAKIB, M., and N. ASHTON, 1966: Ultrastructural changes in focal retinal ischaemia. Brit. J. Ophthal. **50**, 325—384.
SHAKLAMOV, V. A., 1966: Fibrillary structures of the arterial endothelium in man. Westn. AMN. SSSR **11**, 38—40.
SHAMOTO, M., 1968: Age differences in the ultrastructure of hepatic cells of thyroxine-treated rats. J. Geront. **23**, 1—8.
SHANMUGAM, G., and P. M. BHARGAVA, 1968: The effect of actinomycin D on the synthesis of ribonucleic acid and protein in rat liver parenchymal cells in suspension and liver cells. Biochem. J. **108**, 741—748.
SHEARMAN, D. J. C., R. H. GIRDWOOD, A. W. WILLIAMS, and I. W. DELAMORE, 1962: A study with the electron microscope of the jejunal epithelium in primary malabsorptive disease. Gut **3**, 16—25.
SHELDON, H., 1964: On the water-clear cell in the human parathyroid gland. J. Ultrastruct. Res. **10**, 377—383.
— and H. ZETTERQUIST, 1956: An electron microscope study of the corneal epithelium in the vitamin A deficient mouse. Bull. Johns Hopkins Hosp. **98**, 372—405.
— M. SILBERBERG, and I. KERNER, 1962: On the differing appearance of intranuclear and cytoplasmic glycogen in liver cells in glycogen storage disease. J. Cell Biol. **13**, 468—473.

SKELTON, F. R., and A. C. BROWNIE, 1967: Adrenal-regeneration hypertension. Meth. Achievm. exp. Path. **2**, 257—284.

SHERBET, G. V., and M. S. LAKSHMI, 1967: Structural organization and embryonic differentiation. Internat. Rev. Cytol. **22**, 147—170.

SHERESHEVSKAYA, T. M., 1962: Age-related features of autorenewal and qualitative composition of nucleic acids in hepatic tissue. In: „Problems of Gerontology and Geriatrics", ed. by N. N. GOREV, 30—35. Leningrad: State Publ. House Med. Lit.

SHERIDAN, M. N., and G. H. BOURNE, 1964: Fine structural changes in the livers of guinea pigs during scorbutus and partial inanition. Acta Anat. **56**, 331—339.

SHERMAN, J. K., and K. S. KIM, 1967: Correlation of cellular ultrastructure before freezing, while frozen and after thawing in assessing freeze-thaw-induced injury. Cryobiology **4**, 61—74.

SHESTOPALOVA, N. M., V. H. REINGOLD, A. P. BELYAEVA, J. N. GAVRILOVSKARAYA, and M. P. CHUMAKOV, 1966: Ultrastructure of fibrous inclusions in tissue culture cells infected with OMSK hemorrhagic fever virus (OHF). VI. internat. Congr. f. Electron Microscopy Kyoto Vol. **2**, 171—172.

SHIBASAKI, S., K. KOBAJASHI, and Y. UMAHARA, 1966: Electron microscope studies on the gastric chief cells of hibernating bats (Rhinolophus ferrum-equinum nippon). Acta histol. jap. **26**, 389—412.

SHIBOLET, S., H. J. MERKER, E. SOHAR, J. GAFNI, and H. HELLER, 1967: Cellular proliferation during the development of amyloid. Electron microscopic observations on the kidneys of leishmania-infected hamsters. Brit. J. exp. Path. **48**, 244—249.

SHIMAZAKI, M., G. UENA, M. ITO, H. MUKOBAYASHI, and I. SHIRAKAWA, 1962: Electron microscopic studies of the estrogen induced pituitary tumors. Wakayama Med. Rep. **7**, 1—11.

SHIMIZU, N., and S. ISHI, 1965: Electron-microscopic observations on nucleolar extrusion in nerve cells of the rat hypothalamus. Z. Zellforsch. **67**, 367—372.

SHINOZUKA, H., P. J. GOLDBLATT, and E. FARBER, 1968: The disorganization of hepatic cell nucleoli induced by ethionine and its reversal by adenine. J. Cell Biol. **36**, 313—328.

— E. VERNEY, and H. SIDRANSKY, 1968: Alterations in the liver due to acute amino acid deficiency. An electron microscopic study of young rats force-fed a threonine devoid diet. Lab. Invest. **18**, 72—85.

— and E. FARBER, 1969: Reformation of nucleoli after ethionine-induced fragmentation in the absence of significant protein synthesis. J. Cell Biol. **41**, 280—286.

SHIRAHAMA, T., and A. S. COHEN, 1967: High-resolution electron microscopy analysis of the amyloid fibril. J. Cell Biol. **33**, 679—708.

SHIRAI, T., G. W. WELSH, and E. A. H. SIMS, 1967: Diabetes mellitus in the chinese hamster. II. The evolution of renal glomerulopathy. Diabetologia **3**, 266—268.

SHIRASAWA, H., 1967: Die elektronenoptisch darstellbare Morphe der allergisch-hyperergischen Reaktionen an der Cornea des Kaninchens und Meerschweinchens. I. Das Arthus-Phänomen der Cornea. II. Die Spätreaktion (Tuberkulinreaktion) an der Cornea. Frankfurt. Z. Path. **76**, 270—305; 306—328.

SHIVELY, J. N., R. D. PHEMISTER, and G. P. EPLING, 1967: Alterations in the fine structure of the mature retina of dogs irradiated as neonates. Exp. Eye Res. **6**, 278—282.

— — — 1968: Demonstration of radiation induced changes in the fine structure of the canine retina. IV. Europ. reg. Conf. on Electron Microscopy Rom II, 571—572.

SHNITKA, T. K., and M. M. YOUNGMAN, 1966: Comparative ultrastructure of hepatic microbodies in some mammals and birds in relation to species differences in uricase activity. J. Ultrastruct. Res. **16**, 598—625.

SHY, G. M., and N. K. GONATAS, 1964: Human myopathy with giant abnormal mitochondria. Science **145**, 493—496.

— — and M. PEREZ, 1966: Two childhood myopathies with abnormal mitochondria. I. Megaconical myopathy. II. Pleoconical myopathy. Brain **89**, 133—158.

SICHEL, G., 1966: Modificazioni ultrastrutturali dell'ooplasma in rapporto alla vitellogenesi, in Mercierella enigmatica Fauvel. Atti Acc. Gioenia Sc. nat. **18**, 21—32.

SIEBERT, G., 1968: Biochemie der Zellstrukturen. In: „Handbuch der allg. Pathologie", II. Bd. 5. T., 1—237. Berlin-Heidelberg-New York: Springer.

SIEGERT, R., 1960: Elektronenoptische Untersuchungen über die Kernveränderungen herpesinfizierter Zellen. Wien. Z. Nervenheilk. **18**, 159—178.

SIEKEVITZ, P., 1967: Biogenesis of membranes. VII. internat. Congr. Biochem. Tokyo, 225—226.

SILBERBERG, M., R. SILBERBERG, and M. HASLER, 1965: Early effects of somatotrophin on the fine structure of articular cartilage. Anat. Rec. **151**, 297—314.

SILBERBERG, M., M. HASLER, and R. SILBERBERG, 1966: Articular cartilage of dwarf mice. Submicroscopic effects of somatotrophin. Path. microbiol. **29**, 137—155.
— R. SILBERBERG, and M. HASLER, 1966: Fine structure of articular cartilage in mice receiving cortisone acetate. Arch. Path. **82**, 569—582.
— — — 1967: Effects of fasting and refeeding on the ultrastructure of articular cartilage. Path. Microbiol. **30**, 283—302.
SILBERBERG, R., M. HASLER, and M. SILBERBERG, 1965: Submicroscopic response of articular cartilage of mice treated with estrogenic hormone. Amer. J. Path. **46**, 289—306.
— — 1968: Electron microscopy of articular cartilage: The effect of acute hyperthyroidism. Path. Microbiol. **31**, 25—40.
— M. HASLER, and D. A. YOUNG, 1968: Articular cartilage in acute experimental diabetes. Lab. Invest. **19**, 7—14.
SILVER, B. B., and J. C. HALL, 1965: Effects of insulin on mitochondrial ultrastructure and biochemical function. J. Cell Biol. **27**, 97 A.
SILVERSTEIN, S. C., and S. DALES, 1968: The penetration of reovirus RNA and initiation of its genetic function in L-strain fibroblasts. J. Cell Biol. **36**, 197—230.
SIMAR, L. J., 1967: Etude ultrastructurale de l'origine des plasmocytes ganglionnaires au cours de l'immunisation humorale. Z. Zellforsch. **83**, 249—264.
— 1968: Etude des corps nucléaires des plasmocytes ganglionnaires au cours de l'immunisation humorale. IV. Europ. reg. Conf. on Electron Microscopy Rom II, 181—182.
— 1969: Ultrastructure et constitution des corps nucléaires dans les plasmocytes. Z. Zellforsch. **99**, 235—251.
— et R. LEMAIRE, 1966: Étude ultrastructurale des inclusions nucléaires de l'épididyme du chien. C. R. Acad. Sci. Ser. D **262**, 1455—1457.
SIMARD, R., 1966: Specific nuclear and nucleolar ultrastructural lesions induced by proflavin and similary acting antimetabolites in tissue culture. Cancer Res. **26**, 2316—2328.
— 1967: The binding of actinomycin D-^{3}H to heterochromatin as studied by quantitative high resolution radioautography. J. Cell Biol. **35**, 716—722.
— et W. BERNHARD, 1966: Le phénomène de la ségrégation nucléolaire: Spécificité d'action de certains antimétabolites. Int. J. Cancer **1**, 463—479.
— — 1967: A heat-sensitive cellular function located in the nucleolus. J. Cell Biol. **34**, 61—76.
— et R. CASSINGENA, 1968: Altérations nucléolaires chez une lignée cellulaire sensible et resistante à l'actinomycine D. IV. Europ. reg. Conf. on Electron Microscopy Rom II, 173—174.
— F. AMALRIC, and J. P. ZALTA, 1968: The effects of supranormal temperatures on nuclear ribonucleoproteins and RNA. J. Cell Biol. **39**, 2/2, 125 a.
— — — 1969: Effet de la température supra-optimales sur les ribonucléoprotéines et le RNA nucléolaire. I. Etude ultrastructurale. Exp. Cell Res. **55**, 359—369.
SIMON, G., et H. S. VARONIER, 1963: Etude au microscope électronique du foie de deux cas d'ictère non hémolytique congénital de type Gilbert. Schweiz. med. Wschr. **93**, 459—465.
SIMON, H., C. KEMMER und M. MÜLLER, 1964: Über die Wirkung hoher Chlorochin- und Prednisongaben auf Fermente und Strukturen der Leberepithelzellen weißer Ratten. Frankfurt. Z. Path. **74**, 109—120.
SIMON, T. L., and J. R. WILLIAMSON, 1967: The fate of lipid-depleted fat cells. An ultrastructural study of the effects of prolonged caloric deprivation on fat cells and other tissues of the rat. Arch. Path. **83**, 162—168.
SIMPSON, C. F., W. R. PRITCHARD, R. H. HARMS, and J. H. SAUTTER, 1962: Electron microscopy of the cardiovascular system of the normal and beta-aminopropionitrile fed turkey. Exp. Molec. Path. **1**, 321—343.
— and J. M. KLING, 1967: The mechanism of denucleation in circulating erythroblasts. J. Cell Biol. **35**, 237—245.
— J. W. CARLISTE, and J. M. KLING, 1967: The mechanism of erythroblast denucleation. 25. Ann. EMSA Meeting.
— and J. M. KLING, 1968: The mechanism of mitochondrial extrusion from phenylhydrazine-induced reticulocytes in the circulating blood. J. Cell Biol. **36**, 103—109.
SINCLAIR, J. H., and B. J. STEVENS, 1966: Circular DNA filaments from mouse mitochondria. Proc. nat. Acad. Sci. **56**, 508—514.
SIPUS, N., 1966: Mikroskopische und submikroskopische Veränderungen des Krebsgewebes unter dem Einfluß von Mitostatika. Exper. klin. Tumorther. 2. Rothenburger Gespräch.

SIPUS, N., I. PADOVAN und M. LIPOZENCIC, 1966: Submikroskopische Veränderungen der menschlichen Krebszellen unter Einwirkung von SP-I und SP-G „Sandoz". Oncologia **20**, 276—290.

SIRSAT, S. M., and R. SUBRAMANIAM, 1966: The fine structure of malignant cells exposed to anticancer drugs. VI. internat. Congr. f. Electron Microscopy Kyoto Vol. **2**, 769—770.

SIRTORI, C., 1964: Relationship between cancer and senile changes in the lung. Gerontologia **9**, 239—248.

— 1964: Influenza virus and genesis of lung cancer. III. Europ. reg. Conf. on Electron Microscopy Prague, B 329—330.

— 1966: I poliribosomi nell'endometrio umano iperplastico al microscopio elettronico. Minerva Med. **57**, 1711—1715.

SJÖSTRAND, F. S., 1963: The ultrastructure of the plasma membrane of columnar epithelium cells of the mouse intestine. J. Ultrastruct. Res. **8**, 517—541.

— and B. BORGSTRÖM, 1967: The lipid components of the smooth-surface membrane bounded vesicles of the columnar cells of the rat intestinal epithelium during fat absorption. J. Ultrastruct. Res. **20**, 140—160.

— and L. BARAJAS, 1968: Effect of modifications in conformation of protein molecules on structure of mitochondrial membranes. J. Ultrastruct. Res. **25**, 121—155.

SKIPSKI, V. P., M. BARCLAY, F. M. ARCHIBALD, O. TEREBUS-KEKISH, E. S. REICHMANN, and J. J. GOOD, 1965: Lipid composition of rat liver cell membranes. Life Sciences **4**, 1673—1680.

SKUTELSKY, E., and D. DANON, 1967: An electron microscopic study of nuclear elimination from the late erythroblast. J. Cell Biol. **33**, 625—635.

SLAGEL, D. E., H. A. HARTMANN, and J. E. EDSTRÖM, 1966: The effect of iminodipropionitrile on the ribonucleic acid content and composition of mesencephalic V cells, anterior horn cells, glial cells, and axonal balloons. J. Neuropath. exp. Neurol. **25**, 244—253.

SLATER, T. F., 1966: Necrogenic action of carbon tetrachloride in the rat: A speculative mechanism based on activation. Nature **209**, 36—40.

— A. L. GREENBAUM, and D. Y. WANG, 1963: Lysosomal changes during liver injury and mammary involution. Ciba Found. Symp. „Lysosomes".

— — 1965: Changes in lysosomal enzymes in acute experimental liver injury. Biochem. J. **96**, 484—491.

SLAUTTERBACK, D. B., 1963: Mitochondrial cristae of unusual form in canary cardiac myofibers. J. Cell Biol. **19**, 82 A.

— 1965: Mitochondria in cardiac muscle cells of the canary and some other birds. J. Cell Biol. **24**, 1—21.

SLUGA, E., und M. GOOTZ, 1966: Histochemische und elektronenoptische Untersuchungen an der spätinfantilen myoklonischen Variante der amaurotischen Idiotie. Vth internat. Congr. of Neuropath. Zürich 1965, 407—416.

— F. SEITELBERGER und K. MOSER, 1967: Über eine progressive Myopathie mit Muskelphosphorylasemangel und Riesenmitochondrien. Wien. klin. Wschr. **79**, 917—921.

SLUGA-GASSER, E., 1966: Zur Ultrastruktur des Striatums. Vorläufige Ergebnisse einer cerebralen Biopsie. Wien. Z. Nervenheilk. **23**, 17—35.

SMETANA, K., and H. BUSCH, 1963: On the ultrastructure of the Walker 256 Carcinosarcoma. Cancer Res. **23**, 1600—1603.

— and F. HERMANSKY, 1966: On the ultrastructure of leukemic monocytes. Fol. Haemat. **86**, 35—46.

— and M. POTMĚŠIL, 1968: Ring shaped nucleoli in liver cells of rats after treatment with actinomycin D. Z. Zellforsch. **92**, 62—69.

— T. UNUMA, and H. BUSCH, 1968: Ultrastructural studies on nucleic acids of nucleolar granular components in Novikoff hepatoma cells. Exp. Cell Res. **51**, 105—122.

— E. J. FREIREICH, and H. BUSCH, 1968: Chromatin structures in ring-shaped nucleoli of human lymphocytes. Exp. Cell Res. **52**, 112—128.

SMITH, E. B., D. C. WHITE, R. J. HARTSOCK, and A. C. DIXON, 1966: Acute ultrastructural effects of x-rays on the lymph node of the mouse. Amer. J. Path. **48**, 19a.

— and P. B. BERENDSEN, 1967: Comparison of sequence of cell death and removal of debris in different parts of murine lymphoid organs during the 48 hours after 500 Roentgens. Amer. J. Path. **50**, 25a.

— D. C. WHITE, R. J. HARTSOCK, and A. C. DIXON, 1967: Ultrastructure of lymph nodes of the mouse: Comparison immediately after 500 and 1000 Roentgens. Amer. J. Path. **50**, 26a.

Smith, E. B., J. S. Nosanchuk, and B. Schnitzer, 1967: Electron microscopy of thioacetamide induced fatty metamorphosis of the nucleus in nonneoplastic and neoplastic liver cells of mice. Amer. J. Path. **50**, 29a.

— D. C. White, R. J. Hartsock, and A. C. Dixon, 1967: Acute ultrastructural effects of 500 Roentgens on the lymph node of the mouse. Amer. J. Path. **50**, 159—175.

— J. S. Nosanchuk, B. Schnitzer, and R. L. Swarm, 1968: Fatty inclusions and microcysts. Thioacetamide induced fatty inclusions in nuclei of mouse liver cells and hepatoma cells. Arch. Path. **85**, 175—178.

Smith, J. A., and H. F. de Luca, 1964: Structural changes in isolated liver mitochondria of rats during essential fatty acid deficiency. J. Cell Biol. **21**, 15—33.

Smith, J. M., 1966: Theories of aging. In: „Topics in the Biology of Aging", ed. by P. L. Krohn, 1—27. New York-Sydney: Intersc. Publ. J. Wiley and Sons.

Smith, K. R., H. G. Schwartz, S. A. Luse, and J. H. Ogura, 1963: Nasal gliomas: A report of five cases with electron microscopy of one. J. Neurosurg. **20**, 968—982.

— R. W. Hudgens, and J. L. O'Leary, 1966: An electron microscopic study of degenerative changes in the cat cerebellum after intrinsic and extrinsic lesions. J. comp. Neurol. **126**, 15—36.

Smith, R. C., and W. D. Salmon, 1965: Formation of S-adenosylethionine by ethionine-treated rats. Arch. Biochem. **111**, 191—196.

Smith, S. C., R. G. Strout, W. R. Dunlop, and E. C. Smith, 1966: Mitochondrial involvement in lipid vacuole formation in cultured aortic cells from white carneau pigons. J. Atheroscler. Res. **6**, 489—496.

Smuckler, E. A., 1966: Studies on carbon tetrachloride intoxication. IV. Effect of carbon tetrachloride on liver slices and isolated organelles *in vitro*. Lab. Invest. **15**, 157—164.

— 1968: The ultrastructure of human alcoholic hyalin. Amer. J. clin. Path. **49**, 790—797.

— O. A. Iseri, and E. P. Benditt, 1962: An intracellular defect in protein synthesis induced by carbon tetrachloride. J. exp. Med. **116**, 55—72.

— and E. P. Benditt, 1963: Carbon tetrachloride poisoning in rats: Alteration in ribosomes of the liver. Science **140**, 308—309.

— — 1964: Carbon tetrachloride causes similar change in rodent and primate ribosomes. Amer. J. Path. **44**, 28a.

— O. A. Iseri, and E. P. Benditt, 1964: Studies on carbon tetrachloride intoxication. II. Depressed amino acid incorporation into mitochondrial protein and cytochrome c. Lab. Invest. **13**, 531—538.

— and E. P. Benditt, 1965: The early effects of actinomycin on rat liver changes in ribosomes and polysomes. Lab. Invest. **14**, 1699—1709.

— R. Ross, and E. P. Benditt, 1965: Effects of carbon tetrachloride on guinea pig liver. Exp. molec. Path. **4**, 328—339.

— and B. F. Trump, 1968: Alteration in the structure and function of rough-surfaced andoplasmic reticulum during necrosis *in vitro*. Amer. J. Path. **53**, 315—329.

— and M. Arcasoy, 1969: Structural and functional changes of the endoplasmic reticulum of hepatic parenchymal cells. Int. Rev. exp. Path. **7**, 305—418.

Snell, R. S., 1965: The fate of epidermal desmosomes in mammalian skin. Z. Zellforsch. **66**, 471—487.

Snider, R. S., and M. del Cerro, 1966: Membranous cytoplasmic spirals in dilantin intoxication. Nature **212**, 536—537.

Snipes, R. L., and J. E. Smithson, 1966: Structural and functional changes associated with essential fatty acid deficiency. J. Cell Biol. **31**, 162 A.

Sobel, H. J., 1967: Electron microscopic cytochemistry of ^{131}J irradiated thyroid gland. Arch. Path. **84**, 178—193.

— 1967: Enzyme cytochemistry of iodine-131 irradiated thyroid gland. Amer. J. Path. **50**, 39—57.

— and J. Geller, 1965: Experimental thyroiditis in the guinea pig. Amer. J. Path. **46**, 149—163.

— E. Marquet, and R. Schwarz, 1969: Non-viral nuclear inclusions. 2. Glycogen and lipid. Lab. Invest. **20**, 604.

— R. Schwarz, and E. Marquet, 1969: Non-viral nuclear inclusions. 1. Cytoplasmic invaginations. Arch. Path. **87**, 179—192.

Soeder, H., und H. Themann, 1968: Feinstrukturelle Veränderungen an der Zona fasciculata der Nebennierenrinde von Ratten nach ACTH-Applikation. Beitr. path. Anat. **138**, 189—208.

SOEIRO, R., M. H. VAUGHAN, and J. E. DARNELL, 1968: The effect of puromycin on intranuclear steps in ribosome biosynthesis. J. Cell Biol. **36**, 91—101.
SOHAL, R. S., and G. E. BURCH, 1969: Ultrastructural lesions of the myocardial cell in Coxsackie B_4 virus infected mice. Virchows Arch. Abt. A. **346**, 361—373.
— — 1969: Electron microscopic study of the endocardium in Coxsackie virus B_4 infected mice. Amer. J. Path. **55**, 133—146.
SOKOLOV, N. N., and M. I. PARFANOVICH, 1964: An electron microscope study of street and fix rabies viruses in brain sections of experimental animals and in partially purified virus suspension. III. Europ. reg. Conf. on Electron Microscopy Prague, B 383—384.
SOLOVIEV, V. D., N. R. GUTMAN, A. M. AMCHENKOVA, G. G. GOLTSEN, and A. F. BLYKOVSKY, 1967: Fine structure of cells infected with respiratory strains of Echovirus 11. Exp. molec. Path. **6**, 382—393.
SORENSON, G. D., W. A. HEEFNER, and J. B. KIRKPATRICK, 1964: Experimental amyloidosis. II. Light and electron microscopic observations of liver. Amer. J. Path. **44**, 629—644.
— — — 1966: Experimental amyloidosis. Meth. Achievm. exp. Path. **1**, 514—543.
SOROKIN, C., 1964: Aging at the cellular level. Experientia **20**, 353—362.
SOUKUPOVÁ, M., 1967: Ageing of cells. Čsl. Fysiol. **16**, 88—101.
SOVIK, O., 1968: Hormonell regulering av membrantransport og permeobilitet. Nord. Med. **79**, 101.
SOX, H. C., and M. B. HOAGLAND, 1966: Functional alterations in rat liver polysomes associated with starvation and refeeding. J. molec. Biol. **20**, 113—121.
SPANGLER, G., and B. CASSEN, 1967: Electrophoretic mobility size distribution and electron micrograph responses of lymphocytes to radiation. Radiat. Res. **30**, 22—37.
SPARGO, B., F. STRAUS, and F. FITCH, 1960: Zonal renal papillary droplet change with potassium depletion. Arch. Path. **70**, 599—613.
SPARROW, W. T., and C. T. ASHWORTH, 1965: Electron microscopy of nuclear glycogenosis. Arch. Path. **80**, 84—90.
SPEIRS, R. S., 1965: Examination of the mechanism of antibody formation using nucleic acid and protein inhibitors. Nature **207**, 371—374.
— 1966: Role of lymphoid and myeloid cells in immunity. In: „The Lymphocyte in Immunology and Haemopoiesis". Ed. by J. M. YOFFEY, 245—257.
SPICER, S. S., and J. G. HENSON, 1967: Methods for localizing mucosubstances in epithelial and connective tissues. Meth. Achievm. exp. Path. **2**, 78—112.
SPIELVOGEL, A. R., 1967: An ultrastructural study of the mechanism of platelet-endotoxin interaction. J. exp. Med. **126**, 235—250.
SPIRIN, A. S., 1967: Ribosomenstruktur. Uspech. Sowrem. Biologii **63**, 323—341.
— 1968: How does the ribosome work? A hypothesis based on the two subunit construction of the ribosome. Currents in modern Biol. **2**, 115—127.
SPIRO, D., F. GIACOMELLI, and J. WIENER, 1964: A study of metastatic renal calcification at the cellular level. Amer. J. Path. **44**, 13a.
SPJUT, H. J., and S. A. LUSE, 1964: Chordoma: An electron microscopy study. Cancer **17**, 643—656.
SPREMOLLA, G., Z. M. GORI, and B. GRASSI, 1964: Ultrastructural aspects of the liver during potassium depletion. Experiments carried out on rats. Ras. Fisiopat. clin. ter. **36**, 614—622.
SPYCHER, M. A., 1967: Zur Frühembryogenese der Leber. Elektronenmikroskopische Untersuchungen an der embryonalen Rattenleber. Path. Microbiol. **30**, 303—352.
— und J. R. RÜTTNER, 1964: Zur Pathologie des Ikterus. Elektronenmikroskopische Untersuchungen über die Frühveränderungen der Leberparenchymzellen beim Alpha-naphthylisothiocyanat-induzierten Ikterus der Ratte. Path. Microbiol. **27**, 387—402.
— — 1968: Kristalloide Einschlüsse in menschlichen Lebermitochondrien. Virchows Arch. Abt. B. Zellpath. **1**, 211—221.
SREBRO, Z., 1966: Electron microscopic observations on vacuolated neurons in starved *Rana esculenta*. J. comp. Neurol. **126**, 65—73.
STAEHELIN, T., F. O. WETTSTEIN, and H. NOLL, 1963: Breakdown of rat liver ergosomes *in vivo* after actinomycin inhibition of messenger RNA synthesis. Science **140**, 180—183.
— E. VERNEY, and H. SIDRANSKY, 1967: The influence of nutritional change on polyribosomes of the liver. Biochim. Biophys. Acta **145**, 105—119.
STAHL, J., und H. BIELKA, 1966: Über die Wirkung von Ribonuklease auf membrangebundene Ribosomen aus Leber- und Hepatomgewebe. Acta biol. med. germ. **17**, K 5—K 8.

STAHL, J., und H. BIELKA, 1967: Lokalisation und Organisation von Ribosomen in Leber- und Hepatomgewebe. Acta biol. med. germ. **19**, 249—258.
STAHL, W., and S. AKAO, 1966: Ultrastructure of peritoneal macrophages of toxoplasma-infected mice. VI. internat. Congr. f. Electron Microscopy Kyoto Vol. **2**, 241—242.
STALEY, N. A., and E. S. BENSON, 1968: Z-lines in early anoxic injury to red skeletal muscle. J. Cell Biol. **39**, 2/2, 128 a.
STAMMBERGER, K., G. RICHTER und H. FRUNDER, 1968: Veränderungen des Lebergewichtes sowie des Eiweiß-, Fett- und DNS-Gehaltes der CCl_4-geschädigten Leber. Acta biol. med. germ. **20**, 443—447.
STANKA, P., V. KINZEL und U. MOHR, 1969: Elektronenmikroskopische Untersuchung über die Prämelanosomenentstehung an Melanomzellen in vitro. Virchows Arch. Abt. B **2**, 91—102.
STANNERS, C. P., 1966: The effect of cycloheximide on polyribosomes from hamster cells. Biochem. biophys. Res. commun. **24**, 758—764.
STASNY, J. T., and F. L. CRANE, 1964: The effect of sonic oscillation on the structure and function of beef heart mitochondria. J. Cell Biol. **22**, 49—62.
STAUBESAND, J., 1965: Cytopempsis. In „Sekretion und Exkretion", 162—186. Berlin-Heidelberg-New York: Springer.
STÄUBLI, N., and P. LOUSTALOT, 1962: Electron microscopy of transplantable melanotic hamster melanomas. Cancer Res. **22**, 84—88.
STÄUBLI, W., and R. HESS, 1966: Quantitative aspects of hepatomegaly induced by ethyl chlorophenoxyisobuyrate (CPIB). VI. internat. Congr. f. Electron Microscopy Kyoto Vol. **2**, 625—626.
— — and E. R. WEIBEL, 1969: Correlated morphometric and biochemical studies on the liver cell. II. Effects of phenobarbital on rat hepatocytes. J. Cell Biol. **42**, 92—112.
STEELE, W. J., N. OKAMURA, and H. BUSCH, 1965: Effects of thioacetamide on the composition and biosynthesis of nucleolar and nuclear ribonucleic acid in rat liver. J. Biol. Chem. **240**, 1742—1749.
— and H. BUSCH, 1966: Increased content of high molecular weight RNA fractions in nuclei and nucleoli of livers of thioacetamide-treated rats. Biochim. biophys. Acta **119**, 501—509.
— — 1966: Studies on the ribonucleic acid components of the nuclear ribonucleoprotein network. Biochim. biophys. Acta **129**, 54—67.
STEGNER, H. E., 1966: Vergleichende elektronenmikroskopische Untersuchungen über Strahlenfrühveränderungen an Ehrlich-Aszites-Tumorstämmen von unterschiedlicher Strahlenempfindlichkeit. Geb.hilfe u. Frauenheilk. **5**, 818—826.
— und H. WARTENBERG, 1963: Elektronenmikroskopische Untersuchungen an Eizellen des Menschen in verschiedenen Stadien der Oogenese. Arch. Gynäk. **199**, 151—172.
STEGWEE, D., E. C. KIMMEL, J. A. DE BOER, and S. HENSTRA, 1963: Hormonal control of reversible degeneration of flight muscle in the colorado potato beetle, *Leptinotarsa Decemlineata say* (Coleoptera). J. Cell Biol. **19**, 519—527.
STEIN, O., and Y. STEIN, 1965: Fine structure of the ethanol induced fatty liver in the rat. Israel J. med. Sci. **1**, 378—388.
— — 1966: Visualization of intravenously injected 9, 10-$^3H_2$-palmitic acid in rat liver by electronmicroscopic autoradiography. Israel J. med. Sci. **2**, 239—242.
— — 1966: Electronmicroscopic autoradiography of ^{3}H-glycerol labeled lipid in ethanol induced fatty liver. Exp. Cell Res. **42**, 198—201.
— — 1966: Formation of milk glycerides in lactating mice, studied by electronmicroscopic autoradiography. Israel J. med. Sci. **2**, 773—778.
— — 1967: Lipid synthesis intracellular transport, storage, and secretion. I. Electron microscopic radioautographic study of liver after injection of tritiated palmitate of glycerol in fasted and ethanol-treated rats. J. Cell Biol. **33**, 319—339.
— — 1967: The role of the liver in the metabolism of chylomicrons studied by electron microscopic autoradiography. Lab. Invest. **17**, 436—446.
— — 1967: Lipid synthesis, intracellular transport, and secretion. II. Electron microscopic radioautographic study of the mouse lactating mammary gland. J. Cell Biol. **34**, 251—263.
— — 1968: Lipid synthesis, intracellular transport, and secretion. III. Electron microscopic radioautographic study of the rat heart perfused with tritiated oleic acid. J. Cell Biol. **36**, 63—77.
STEIN, R. J., W. R. RICHTER, and G. BRYNJOLFSSON, 1966: Ultrastructural pharmacopathology. I. Comparative morphology of the livers of the normal street dog and pure bred beagle. A base line study. Exp. molec. Path. **5**, 195—224.

STEINER, J. W., 1961: Investigations of allergic liver injury. I. Light, fluorescent and electron microscopic study of the effects of soluble immune aggregates. Amer. J. Path. **38**, 411—436.
— 1963: Electron microscopy of hyperplastic biliary epithelial cells. Amer. J. Path. **43**, 15a.
— and J. S. CARRUTHERS, 1961: Studies on the fine structure of the terminal branches of the biliary tree. II. Observations of pathologically altered bile canaliculi. Amer. J. Path. **39**, 41—63.
— — and S. R. KALIFAT, 1962: Observations on the fine structure of rat liver cells in extrahepatic cholestasis. Z. Zellforsch. **58**, 141—159.
— — 1963: Electron microscopy of hyperplastic ductular cells in α-naphthyl isothiocyanate-induced cirrhosis. Lab. Invest. **12**, 471—498.
— M. J. PHILLIPS, and C. M. BAGLIO, 1963: Electron microscopy of the excretory pathways in the liver in alpha-naphthyl isothiocyanate intoxication. Amer. J. Path. **43**, 677—696.
— and C. M. BAGLIO, 1963: Electron microscopy of the cytoplasm of parenchymal liver cells in α-naphthylisothiocyanate-induced cirrhosis. Lab. Invest. **12**, 765—790.
— K. MIYAI, and M. J. PHILLIPS, 1964: Electron microscopy of membrane particle arrays in liver cells of ethionine-intoxicated rats. Amer. J. Path. **44**, 169—213.
STENGER, R. J., 1963: Hepatic parenchymal cell alterations after longterm carbon tetrachloride administration. Amer. J. Path. **43**, 867—892.
— 1964: Regenerative nodules in carbon tetrachloride-induced cirrhosis. A light and electron microscopic study of lamellar structures encountered therein. Amer. J. Path. **44**, 31a.
— 1966: Ultrastructural alterations within hepatic parenchymal cells after carbon tetrachloride poisoning. Meth. Achievm. exp. Path. **1**, 677—700.
— 1966: Concentric lamellar formation in hepatic parenchymal cells of carbon tetrachloride treated cells. J. Ultrastruct. Res. **14**, 240—253.
— D. SPIRO, R. E. SCULLY, and J. M. SHANNON, 1962: Ultrastructural and physiologic alterations in ischemic skeletal muscle. Amer. J. Path. **40**, 1—20.
— and D. B. CONFER, 1966: Hepatocellular ultrastructure during liver regeneration after subtotal hepatectomy. Exp. molec. Path. **5**, 455—474.
STENRAM, U., 1962: Radioautographic studies with methionine ^{3}H and cytidine ^{3}H in protein-fed, protein-deprived and starved rats. Z. Zellforsch. **58**, 107—124.
— 1962: Radioautographic studies with methionine ^{3}H and cytidine ^{3}H on protein deficiency in mice and rats with special reference to liver cells. Exp. Cell Res. **26**, 485—492.
— 1965: Electron-microscopic study on liver cells of rats treated with actinomycin D. Z. Zellforsch. **65**, 211—219.
— 1966: Cytological, radioautographic and ultrastructural studies on the effect of 5-fluorouracil on rat liver. Z. Zellforsch. **71**, 207—216.
— 1966: Autoradiographic, biochemical, and ultrastructural studies into the effect of actinomycin, 5-fluorouracil, and adenosine on nucleolar and cellular structure and function. Nat. Cancer Inst. Monogr. **23**, 379—390.
— 1969: The effects of fluorouracil and actinomycin, single and combined, on the nucleolar ultrastructure of various tissues of the rat. Z. Zellforsch. **94**, 282—292.
— J. VANNFÄLT, and R. WILLÉN, 1965: Cytological, radioautographic and ultrastructural studies on the effect of actinomycin on the liver of renourished rats. Z. Zellforsch. **66**, 854—866.
— and R. HIRSCHMAN, 1965: Radioautographic studies of the protein synthesis in rat during protein deprivation and starvation. Acta anat. **61**, 445—453.
— and R. WILLÉN, 1966: The effect of actinomycin D on ultrastructure and radioautographic ribonucleic acid and protein labeling in rat liver after partial hepatectomy. Cancer Res. **26**, 765—772.
— — 1967: Electron microscopical observations of inhibitory effect of puromycin on liver regeneration after partial hepatectomy. Exp. Cell Res. **46**, 457—459.
— — 1967: Radioautographic, ultrastructural and biochemical studies on the effect of fluorouracil on the RNA synthesis in the liver of rats. Z. Zellforsch. **82**, 270—281.
— — 1968: The effect of actinomycin D on RNA synthesis and nucleolar ultrastructure in the liver of rats treated with fluorouracil. Z. Zellforsch. **90**, 403—413.
— — 1968: Effects of proflavin on ultrastructure and RNA and protein synthesis in the liver of rats. Exp. Cell Res. **50**, 505—514.
— — 1968: Labelling of ribosomal RNA peaks in the liver of rats after administration of tritiated fluorouracil. Experientia **24**, 909.

Stephenson, N. G., 1966: Effects of temperature on reptilian and other cells. J. Embryol. exp. Morph. **16**, 455—467.

Stephens, R. J., and R. F. Bils, 1965: An atypical mitochondrial form in normal rat liver. J. Cell Biol. **24**, 500—504.

Steplewski, Z., 1966: Effect of actinomycin D on alkaline phosphatase induction by estrogen in uterine epithelium of spayed mice. Bull. Acad. pol. Ser. Sci. biol. **14**, 387—390.

Stern, H., and D. L. Nanney, 1965: The Biology of Cells. New York-London: John Wiley & Sons, Inc.

Sternlieb, I., 1969: Mitochondrion-desmosome complexes in human hepatocytes. Z. Zellforsch. **93**, 249—253.

Stevens, B. J., 1964: The effect of actinomycin D on nucleolar and nuclear fine structure in the salivary gland cell of Chironomus Thummi. J. Ultrastruct. Res. **11**, 329—353.

— H. Swift, and B. J. Adams, 1965: Fine structure and cytochemistry of Balbiani ring granules in Chironomus. J. Cell Biol. **27**, 100 A.

— — 1966: RNA transport from nucleus to cytoplasm in Chironomus salivary glands. J. Cell Biol. **31**, 55—77.

Stewart, G. A., and E. Farber, 1967: Reformation of functional liver polyribosomes from ribosome monomers in the absence of RNA synthesis. Science **157**, 67—69.

Stewart, V. W., and C. Hitchcock, 1968: The pathology of Fabry's disease (Angiokeratoma corporis diffusum). Amer. J. Path. **52**, 45 A.

Stiles, J. W., W. P. Cunningham, F. F. Sun, and F. L. Crane, 1966: The relation of structure and function in the mitochondrial electrontransport system. J. Cell Biol. **31**, 113 A.

— F. F. Sun, and F. L. Crane, 1967: Fibrous structures from mitochondrial cristae. J. Cell Biol. **35**, 2/2, 129 A.

Still, W. J. S., and P. R. Prosser, 1964: The reaction of aortic endothelium of the rabbit to hyperlipemia and colloidal thorium. J. Atheroscler. Res. **4**, 517—526.

Stockem, W., 1966: Pinocytose und Bewegung von Amöben. Z. Zellforsch. **74**, 372—400.

— 1968: Über den DNS- und RNS-Gehalt der Mitochondrien von *Physarum polycephalum*. Histochemie **15**, 160—183.

Stockinger, L., und E. Cireli, 1965: Eine bisher unbekannte Art der Zentriolenvermehrung. Z. Zellforsch. **68**, 733—740.

Stöcker, E., und H. W. Altmann, 1963: Die Größe des Nucleolus und die Nucleolus-Karyoplasma-Relation als Ausdruck synthetischer Aktivitäten. Z. Zellforsch. **65**, 351—377.

Stoebner, P., Y. Cussac, A. Porte et A. Batzenschlager, 1963: Sur les modifications ultrastructurales observées dans les tubes rénaux de souris traitées par le nitrate d'uranyle. C. R. Soc. Biol. **157**, 2301—2304.

— — — 1964: Les cancers épidermoides primitifs du poumon. Ann. Anat. path. **9**, 337—352.

— — — et Y. le Gal, 1967: Ultrastructure of anaplastic bronchial carcinomas. Cancer **20**, 286—294.

Stoeckel, M. E., et A. Porte, 1966: Observations ultrastructurales sur la parathyroide de souris. II. Etude expérimentale. Z. Zellforsch. **73**, 503—520.

Stoeckenius, W., and D. M. Engelman, 1969: Current models for the structure of biological membranes. J. Cell Biol. **42**, 613—646.

Stolpmann, H. J., 1966: Elektronenoptische Untersuchungen über das Verhalten des normalen und geschädigten Myocard unmittelbar post mortem. Verh. dtsch. Ges. Path. **50**. Tagg. 355—362.

Stone, G. E., and O. L. Miller, 1965: A stable mitochondrial DNA in Tetrahymena pyriformis. J. exp. Zool. **159**, 33—37.

Stone, R. S., S. A. Bencosme, H. Latta, and S. C. Madden, 1961: Renal tubular fine structure. Arch. Path. **71**, 160—174.

Storb, R., R. L. Amy, R. K. Wertz, B. Fauconnier, and M. Bessis, 1966: An electron microscope study of vitally stained single cells irradiated with a ruby laser microbeam. J. Cell Biol. **31**, 11—29.

Stowell, R. E., D. E. Young, E. A. Arnold, and B. F. Trump, 1965: Structural, chemical, physical, and functional alterations in mammalian nucleus following different conditions of freezing, storage, and thawing. Fed. Proc. **24**, 115—143.

Straus, F., and B. Spargo, 1960: Ultrastructural changes in the renal papillary tip with K^+ depletion. Fed. Proc. **19**, 367.

STRAUS, W., 1961: Cytochemical observations on the transport of intravenously injected horseradish peroxydase and the development of phagosomes in the cells of the kidney of the rat. Exp. Cell Res. **22**, 282—291.

STRAUSS, E. W., 1966: Electron microscopic study of intestinal fat absorption *in vitro* from mixed micells containing linolenic acid, monoleum and bile salt. J. Lipid. Res. **7**, 307—323.

STREHLER, B. L., 1962: Time, Cells and Aging. New York-London: Academic Press.

— 1969: Molecular biology of aging. Naturwissenschaften **56**, 57—61.

STRIKER, G. E., E. A. SMUCKLER, and E. P. BENDITT, 1967: Ultrastructural and functional changes in the kidney after administration of carbon tetrachloride. J. Cell Biol. **35**, 2/2, 130 A.

— E. A. SMUCKLER, P. W. KOHNEN, and R. B. NAGLE, 1968: Structural and functional changes in rat kidney during CCl_4-intoxication. Amer. J. Path. **53**, 769 bis 790.

STROMER, M. H., D. E. GOLL, and L. E. ROTH, 1967: Morphology of rigor-shortened bovine muscle and the effect of trypsin on pre- and postrigor myofibrils. J. Cell Biol. **34**, 431—445.

STRUNK, S. W., C. W. SMITH, and J. M. BLUMBERG, 1967: Ultrastructural studies on the lesion produced in skeletal muscle fibers by crude type A *Clostridium perfringens* toxin and its purified alpha fraction. Amer. J. Path. **50**, 89—107.

— and J. M. BLUMBERG, 1967: Morphologic alterations in the cells of connective tissue produced by *Clostridium perfringens* alpha toxin (lecithinase-c). Amer. J. Path. **50**, 36a.

SUENTINA, J. A., YU. S. CHENTSOV, I. O. SMIRNOVA, and V. I. SAMOILOV, 1966: Action mechanisms of estrogens and progesteron on the mammary glands. Arch. Path. **28**, 16—22.

SUGAR, J., 1967: Electron microscopic study of acid phosphatase and cell organelles during human and experimental skin carcinogenesis. Acta morph. Acad. Sci. hung. **15**, 93—108.

— 1968: An electron microscopic study of early invasive growth in human skin tumours and laryngeal carcinoma. Europ. J. Cancer **4**, 33—38.

SUGIHARA, R., 1967: On the fine structure of the nucleolus in the albino rat hepatocytes. J. Electron Microscopy **16**, 204.

SUGIMURA, M., K. FURUHATA, N. OHTAISHI, N. KUDO, and Y. MIFUNE, 1965: Peculiar nuclear inclusion, nucleoloid body, in lymphocytes. Jap. J. vet. Res. **13**, 96—104.

SUGIOKA, G., E. PORTA, P. COREY, and W. HARTROFT, 1969: The liver of rats fed riboflavin-deficient diets at two levels of protein. Amer. J. Path. **54**, 1—20.

SULKIN, D. F., and N. M. SULKIN, 1968: Fine structure of autonomic ganglion cells in recovery following experimental scurvy. Anat. Rec. **160**, 435.

— — 1967: An electron microscopic study of autonomic ganglion cells of guinea pigs during ascorbic acid deficiency and partial inanition. Lab. Invest. **16**, 142—152.

— — and M. L. ROTHROCK, 1968: Fine structure of autonomic ganglia in recovery following experimental scurvy. Lab. Invest. **19**, 55—66.

SULKIN, N. M., and D. SULKIN, 1962: Mitochondrial alterations in liver cells following vitamin E-deficiency. Vth internat. Congr. f. Electron Microscopy Philadelphia Vol. II, V, V—8.

— — 1965: An electron microscopic study of the effects of chronic hypoxia on cardiac muscle, hepatic and autonomic ganglion cells. Lab. Invest. **14**, 1523—1546.

— — 1965: Age differences in response to chronic hypoxia on the fine structure of cardiac muscle and autonomic ganglion cells. J. Geront. **22**, 485—501.

SUN, C. N., and S. SAUERESSIG, 1965: Subcellular alterations in cortisone treated rat lungs. Z. Zellforsch. **67**, 718—722.

— R. A. GOYER, M. MELBIES, and M. W. YIN, 1966: The renal tubule in experimental lead intoxication. Arch. Path. **82**, 156—163.

SUNG, H. S., 1961: Relationship between mitochondria and yolk platelets in developing cells of amphibia embryos. Exp. Cell Res. **25**, 702—704.

SUSIN, M., and P. B. HERDSON, 1967: Fine structural changes in rat myocardium induced by thyroxine and by magnesium deficiency. Arch. Path. **83**, 86—98.

SUSKIND, R. G., 1965: Autoradiographic and cytochemical evidence for synthesis of a lysine-containing ribonucleoprotein in nucleoli inhibited by actinomycin D. J. Cell Biol. **24**, 309—324.

— 1967: Effect of temperature of aldehyde fixation on the radioautographic localization of ribonucleoprotein in nucleoli of HeLa cells. Inhibition by puromycin and actinomycin D. J. Cell Biol. **34**, 721—734.

Suter, E. R., 1969: The fine structure of brown adipose tissue. I. Cold-induced changes in the rat. J. Ultrastruct. Res. **26**, 216—241.
— et J. C. Salomon, 1966: Effet de l'actinomycine D sur la structure fine du nucléole des hépatocytes de rats intoxiques par le thioacétamide. Exp. Cell Res. **43**, 248—251.
Sutton, J. S., 1967: Ultrastructural aspects of *in vitro* development of monocytes into macrophages, epitheloid cells, and multinucleated giant cells. Nat. Cancer Inst. Monogr. **26**, 71—141.
— and L. Weiss, 1966: Transformation of monocytes in tissue culture into macrophages, epitheloid cells, and multinucleated giant cells. J. Cell Biol. **28**, 303—332.
— and J. W. Burnett, 1969: Ultrastructural changes in dermal and epidermal cells of skin infected with molluscum contagiosum virus. J. Ultrastruct. Res. **26**, 177—196.
Suzuki, K., 1969: Giant hepatic mitochondria: Production in mice fed with cuprizone. Science **163**, 81—82.
— and R. D. Terry, 1967: Fine structural localization of acid phosphatase in senile plaques in Alzheimer's presenile dementia. Acta Neuropath. **8**, 276—284.
— K. Suzuki, and G. Chen, 1967: A case of late infantile systemic lipidosis. J. Neuropath. exp. Neurol. **26**, 176.
— — — 1967: Isolation and chemical characterization of metachromatic granules from a brain with metachromatic leukodystrophy. J. Neuropath. exp. Neurol. **26**, 537—550.
— and I. Rapin, 1969: Giant neuronal mitochondria in an infant with microcephaly and seizure disorder. Arch. Neurol. **20**, 62—72.
— and Y. Kikkawa, 1969: Status spongiosus of CNS and hepatic changes induced by cuprizone. Amer. J. Path. **54**, 307—325.
Suzuki, M., S. D. Greenberg, J. G. Adams, and R. M. O'Neal, 1964: Experimental atherosclerosis in the dog. Exp. molec. Path. **3**, 455—467.
Suzuki, T., 1967: Electron microscopic study on the effects of adrenalectomy on the heart muscle. Tohoku J. exp. Med. **91**, 239—248.
— 1967: Electron microscopic study on myocardial lesions in thiamine-deficient rats. J. Electron Microscopy **16**, 386—387.
— 1967: Electron microscope study on the effects of adrenalectomy on the heart muscle. J. Electron Microscopy **16**, 387.
— 1967: Electron microscopic study on myocardial lesions in thiamine-deficient rats. Tohoku J. exp. Med. **91**, 249—259.
— 1968: Ultrastructural changes of heart muscle in cyanid poisoning. Tohoku J. exp. Med. **95**, 271—287.
— H. Yasuda, H. Yamaguchi, H. Sadatsuki, H. Muramatsu, and F. Takaki, 1962: Electron microscopic cyto-histopathology. V. Electron microscopic studies on experimental myocardial infarction in dogs. Jikeikai med. J. **8**, 14—31.
— and F. K. Mostofi, 1966: Electron microscopic studies of acute tubular necrosis. Early changes in proximal convoluted tubules of the rat kidney following subcutaneous injection of glycerin. Lab. Invest. **15**, 1225—1247.
— — 1967: Intramitochondrial filamentous bodies in the thick limb of Henle of the rat kidney. J. Cell Biol. **33**, 605—623.
Svoboda, D. J., 1964: Fine structure of hepatomas induced in rats with p-dimethylaminoazobenzene. J. nat. Cancer Inst. **33**, 315—339.
— A. Nielson, A. Werder, and J. Higginson, 1962: An electron microscopic study of viral hepatitis in mice. Lab. Invest. **11**, 685—686.
— — — — 1962: An electron microscopic study of viral hepatitis in mice. Amer. J. Path. **41**, 205—224.
— and J. Higginson, 1963: Ultrastructural hepatic changes in rats on a necrogenic diet. Amer. J. Path. **43**, 477—495.
— and R. T. Manning, 1964: Chronic alcoholism with fatty metamorphosis of the liver. Mitochondrial alterations in hepatic cells. Amer. J. Path. **44**, 645—662.
— and J. Higginson, 1964: Ultrastructural changes produced by protein and related deficiencies in the rat liver. Amer. J. Path. **45**, 353—379.
— H. Grady, and J. Higginson, 1966: The effects of chronic protein deficiency in rats. II. Biochemical and ultrastructural changes. Lab. Invest. **15**, 731—749.
— and D. L. Azarnoff, 1966: Response of hepatic microbodies to a hypolipidemic agent ethyl chlorophenoxyisobutyrate (CPIB). J. Cell Biol. **30**, 442—450.
— and J. Soga, 1966: Early effects of pyrrolizidine alkaloids on the fine structure of rat liver cells. Amer. J. Path. **48**, 347—373.
— H. J. Grady, and J. Higginson, 1966: Aflatoxin B_1 injury in rat and monkey liver. Amer. J. Path. **49**, 1023—1051.

SVOBODA, D. J., A. RACELA, and J. HIGGINSON, 1967: Variations in ultrastructural nuclear changes in hepatocarcinogenesis. Biochem. Pharm. **16**, 651—657.

— H. GRADY, and D. AZARNOFF, 1967: Microbodies in experimentally altered cells. J. Cell Biol. **35**, 127—152.

— and D. AZARNOFF, 1967: Peroxisomes (microbodies) in experimentally altered cells. Amer. J. Path. **50**, 53a.

— — and J. REDDY, 1969: Microbodies in experimentally altered cells II. The relationship of microbody proliferation to endocrine glands. J. Cell Biol. **40**, 734—746.

SWAEN, V., et U. VAN HAELST, 1966: Étude au microscope optique et électronique de l'amyloidose spontanée chez des hamsters. Ann. Anat. path. **11**, 169—185.

SWANSON, J. L., J. E. CRAIGHEAD, and E. S. REYNOLDS, 1966: Electron microscopic observations on herpesvirus hominis (Herpes simplex virus) encephalitis in man. Lab. Invest. **15**, 1966—1981.

SWIFT, H., 1965: Nucleic acids of mitochondria and chloroplasts. Amer. natural. **49**, 201—227.

— and Z. HRUBAN, 1964: Focal degradation as a biological process. Fed. Proc. **23**, 1026—1037.

SZABÓ, D., E. STARK, and B. VARGA, 1967: The localization of acid phosphatase activity changes in lysosomes in the adrenal zona fasciculata of intact and hypophysectomized rats following ACTH administration. Histochemie **10**, 321—328.

SZANTO, P. B., F. STEIGMANN, F. PAMUKCUA, I. FRIEDMAN, and R. HADIK, 1964: Alcoholic hepatitis in delirium tremens. T. Gastro-ent. **7**, 288—294.

— K. LARSEN, B. MILES, G. S. SUTTON, R. M. GUNNAR, and J. R. TOBIN, 1967: Ultrastructural alterations in human and experimental „alcoholic cardiopathy". Amer. J. Path. **50**, 55a.

SZOLLOSI, D., 1965: Elimination of sperm-derived mitochondria in rat embryogenesis. J. Cell Biol. **27**, 102 A.

— 1965: Extrusion of nucleoli from pronuclei of the rat. J. Cell Biol. **25**, 545—562.

— 1965: The fate of sperm middle-piece mitochondria in the rat egg. J. exp. Zool. **159**, 367—377.

— and H. RIS, 1963: Extrusion of nucleoli from pronuclei of the rat. J. Cell Biol. **19**, 69 A.

SZYBALSKI, W., 1967: Effects of elevated temperatures on DNA and on some polynucleotides: Denaturation, renaturation and cleavage of glycosidic and phosphate ester bonds. In: „Thermobiology", ed. by A. H. ROSE, 73—122. London-New York: Academic Press.

SZYDLEWSKI, W., 1965: Elektronenmikroskopische Untersuchungen zur Vakuolenbildung in Leberparenchymzellen. Diss. Med. Fak. Berlin.

— und H. DAVID, 1964: Veränderungen der Blutgewebsschranke der Rattenleber nach Dioxanvergiftung. III. Europ. reg. Conf. on Electron Microscopy Prague, B 417—418.

TADDEI, C., 1968: Analysis of the crystalline array of the ribosome bodies in follicle cells and in oocytes of lizard. IV. Europ. reg. Conf. on Electron Microscopy Rom II, 223—224.

TAHMISIAN, T. N., 1965: The locus and structure of mitochondrial elementary particles as seen in *Helix aspersa* spermatocytes. J. Cell Biol. **27**, 103 A.

— and R. L. DEVINE, 1961: The influence of x-rays on organelle induction and differentiation in grasshopper spermatogenesis. J. biophys. biochem. Cytol. **9**, 29—46.

TAICHMAN, N. S., T. URIUHARA, and H. Z. MOVAT, 1965: Ultrastructural alterations in the local Shwartzman reaction. Lab. Invest. **14**, 2160—2176.

TAKADA, A., E. A. PORTA, and W. S. HARTROFT, 1966: Correlation of structural and functional recovery from cirrhosis in rats treated with lipotropic diets. Amer. J. Path. **49**, 841—869.

— — — 1967: The recovery of experimental dietary cirrhosis. I. Functional and structural features. Amer. J. Path. **51**, 929—976.

— — — 1967: Regression of dietary cirrhosis in rats fed alcohol and a "super diet". Amer. J. clin. Nutr. **20**, 213—223.

TAKAHAMA, M., and T. BARKA, 1967: Electron microscopic alterations of submaxillary gland produced by isoproterenol. J. Ultrastruct. Res. **17**, 452—474.

TAKAKI, F., T. SUZUKI, and S. AIZAWA, 1962: Electron microscopic studies on vacuolar degeneration. Vth internat. Congr. f. Electron Microscopy Philadelphia Vol. II, VV-10.

TAKAHASHI, N., and N. K. MOTTET, 1962: A comparison of the ultrastructure of HEp-3 carcinoma grown on the chick chorioallantoic membrane, in the conditioned rat, and *in vitro*. Lab. Invest. **11**, 471—487.
— — 1962: Further observations on the cytoplasmic spherical bodies in HEp-3 carcinoma cells. Lab. Invest. **11**, 743—752.
TAKAMA, H., 1962: Electron microscopic studies on vital stain as compared with phagocytosis. A concept of segresomes. Vth internat. Congr. f. Electron Microscopy Philadelphia Vol. II, LL-13.
TAKANO, J., 1964: Intestinal changes in protein-deficient rats. Exp. molec. Path. **3**, 224—231.
TAKAYASU, H., and Y. YAMAGUCHI, 1962: An electron microscopic study of the prostatic cancer cell. J. urol. **87**, 935—940.
TAKEICHI, M., 1968: Electron microscopic observation on occipital lobes of experimentally induced CO poisoning cats. J. Electron Microscopy **17**, 87.
TAKESAIMA, Y., 1968: The fine structure of giant-cell tumor of bone. J. Electron Microscopy **17**, 91.
TAKEUCHI, A., 1967: Electron microscope studies of experimental salmonella infection. I. Penetration into the intestinal epithelium by *Salmonella typhimurium*. Amer. J. Path. **50**, 109—136.
— H. SPRINZ, E. H. LA BREC, and S. B. FORMAL, 1965: Experimental bacillary dysentery. — An electron microscopic study of the response of the intestinal mucosa to bacterial invasion. Amer. J. Path. **47**, 1011—1044.
— — 1967: Electron microscope studies of experimental *Salmonella* infection in the preconditioned guinea pig. II. Response of the intestinal mucosa to the invasion by Salmonella typhimurium. Amer. J. Path. **51**, 137—161.
TAKEUCHI, M., and H. TERAYAMA, 1965: Preparation and chemical composition of rat liver cell membranes. Exp. Cell Res. **40**, 32—44.
TAKIKAWA, K., H. OHTA, and S. HIBINO, 1964: Metabolic characteristics of leucocyte during phagocytosis. In: „Intracellular Membranous Structure", ed. by S. SENO and E. V. COWDRY, 483—488.
TALAL, N., and E. D. EXUM, 1966: Two classes of spleen ribosomes with different sensitivities to chloramphenicol. Proc. nat. Acad. Sci. **55**, 1288—1296.
TALLEY, P., A. FAHMY, and H. M. FRAZIER, 1969: Effect of estrogen on the ultrastructure of the rat epiphyseal cartilage. Lab. Invest. **20**, 605.
TAMAOKI, T., and G. C. MUELLER, 1965: The effects of actinomycin D and puromycin on the formation of ribosomes in HeLa cells. Biochim. biophys. Acta **108**, 73—80.
TAMVAKOPOULOS, E., and J. L. VAN LANCKER, 1969: Effect of x-irradiation on the biosynthesis of liver mitochondrial DNA. Amer. J. Path. **55**, 1 a.
TANAKA, H., 1964: Electron microscope studies on the neutral red vacuoles. In: „Intracellular Membranous Structure", ed. by S. SENO and E. V. COWDRY, 293—304.
TANAKA, Y., 1967: Iron laden mitochondria in reticulum cells of hypersiderotic human bone marrows. Blood **29**, 747—753.
— 1968: Deposition of Janus green B and pinocyanol in mitochondria of supravital stained KB cells. Exp. Cell Res. **52**, 338—348.
— 1969: Effect of the ruby Laser microbeam on mitochondria of KB cells supravitally stained by pinacyanol. J. Cell Biol. **41**, 424—430.
— G. BRECHER et D. S. FREDRICKSON, 1963: Cellules de la maladie de Niemann-Pick et de quelques autres lipoidoses. Nouv. Rev. franç. Hémat. **3**, 5—16.
— — and B. BULL, 1966: Ferritin localization on the erythroblast cell membrane and rhopheocytosis in hypersiderotic human bone marrows. Blood **28**, 758—769.
TANDLER, B., and F. H. SHIPKEY, 1964: Ultrastructure of Warthin's tumor. I. Mitochondria. J. Ultrastruct. Res. **11**, 292—305.
— R. A. ERLANDSON, M. WILK, and E. L. WYNDER, 1965: Morphological and biochemical observations on hepatic cells of mice on a riboflavin-free, high fat diet. J. Cell Biol. **27**, 104 A.
— — and E. L. WYNDER, 1968: Riboflavin and mouse hepatic cell structure and function. I. Ultrastructural alterations in simple deficiency. Amer. J. Path. **52**, 69—95.
— R. V. P. HUTTER, and R. A. ERLANDSON, 1968: The mitochondria of human oncocytomas. J. Cell Biol. **39**, 2/2, 133 a.
— C. R. DENNING, I. D. MANDEL, and A. H. KUTSCHER, 1969: Ultrastructure of human labial salivary glands. II. Intranuclear inclusions in the acinar secretory cells. Z. Zellforsch. **94**, 555—564.
— R. A. ERLANDSON, A. L. SMITH, and E. L. WYNDER, 1969: Riboflavin an mouse hepatic cell structure and function. II. Division of mitochondria during recovery from simple deficiency. J. Cell Biol. **41**, 477—493.

Tani, E., 1964: Electron microscopy on the structural alteration of the central myelin lamellae in phagocytes. J. Electron Microscopy **13**, 35.
— 1964: Electron microscopic study on Wallerian degeneration of optic nerve. J. Neuropath. exp. Neurol. **23**, 162.
— and H. Handa, 1966: Polygonal crystalline structures and crystalline aggregates of cylindrical particles in a human oligodendroglioma. J. Electron Microscopy **15**, 58.
Taniguchi, Y., and T. Nomura, 1968: Fine structure of retinal blood vessels in human diabetics. Acta Soc. ophthal. jap. **72**, 337—350.
Tanikawa, K., 1964: Electron microscopic observation of the intranuclear glycogen of the liver in diabetes mellitus. Kurume Med. J. **11**, 177—181.
— 1964: Electron microscopic observation of the liver cell changes (degeneration and necrosis) and cholestasis in acute viral hepatitis. J. Electron Microscopy **13**, 45.
— and M. Igarashi, 1963: Electron microscopic observation of the liver in diabetes mellitus with special attention to the intranuclear glycogen of the liver cell. J. Electron Microscopy **12**, 117.
Tarin, D., 1967: Sequential electron microscopical study of experimental mouse skin carcinogenesis. Int. J. Cancer **2**, 195—211.
Tarnowski, W. M., and K. Hashimoto, 1968: Lysosomes in Fabry's disease. Acta derm.-venereol. **48**, 143—152.
Tashiro, Y., and P. Siekevitz, 1965: Ultracentrifugal studies on the dissociation of hepatic ribosomes. J. molec. Biol. **11**, 149—165.
— S. Nagata, T. Morimoto, and S. Matsuura, 1966: Intracisternal filamentous materials in endoplasmic reticulum. VI. internat. Congr. f. Electron Microscopy Kyoto Vol. **2**, 609—610.
Tasso, F., 1967: Étude ultrastructurale du pancréas dans 8 cas de pancréatites chroniques. Ann. Anat. path. **12**, 343—372.
— J. Clop, H. Sarles et D. Picard, 1967: Étude de l'action de éthanol et des graisses alimentaires sur le pancréas du rat. Path. Biol. **15**, 733—745.
Tata, J. R., 1967: Ribosome and membrane formation during hormone-induced growth. VII. internat Congr. of Biochem. Tokyo, 281—282.
— 1967: Membrane phospholipid synthesis and the action of hormones. Nature **213**, 566—568.
Tauchi, H., 1961: On the fundamental morphology of the senile changes. Nagya J. med. Sci. **24**, 97—132.
— and T. Sato, 1968: Age changes in size and number of mitochondria of human hepatic cells. J. Geront. **23**, 454—461.
Tawara, J. T., J. R. Goodman, D. T. Imagawa, and J. M. Adams, 1961: Fine structure of cellular inclusions in experimental measles. Virology **14**, 410—416.
Taylor, A. B., and F. B. Adamstone, 1962: Electron microscopic studies of fat absorption by intestinal epithelial cells of the rat. Anat. Rec. **142**, 328.
Teilum, G., 1964: Pathogenesis of amyloidosis. The two-phase cellular theory of local secretion. Acta path. scand. **61**, 21—45.
Teller, W., H. Bechtelsheimer, und V. Totović, 1967: Die Heparitinsulfat-Mucopolysacchyridose (Sanfilippo). Klin. Wschr. **45**, 497—504.
Thiery, J. P., 1968: Ultrastructure et fonctions des cellules impliquées dans la réaction immunitaire. Bull. Soc. Chim. Biol. **50**, 1077—1100.
Tellez, J., and R. D. Terry, 1968: Fine structure of the early changes in the vestibular nuclei of the thiamine-deficient rat. Amer. J. Path. **52**, 777—794.
Teng, C. C., 1966: Vitrous degenerative effect on collagen. II. An electron microscope study of the perivascular changes in the central retinal vessels of rabbits. Amer. J. Ophthalm. **61**, 466—479.
— 1966: Macular dystrophy of the cornea: A histochemical and electron microscopic study. Amer. J. Ophthalm. **62**, 436—454.
Teodori, U., P. Gentilini, and C. Surrenti, 1967: Electron microscope observation of some forms of viral hepatitis, contribution to the understanding of the morphological evolution and pathogenetic mechanism of jaundice. Gastroenterologia **108**, 105—120.
Terao, K., 1962: Elektronenmikroskopische Untersuchungen von Harnblasentumoren. Acta path. jap. **12**, 105—128.
Terry, R. D., 1963: The fine structure of neurofibrillary tangles in Alzheimer's disease. J. Neuropath. exp. Neurol. **22**, 629—642.
— 1963: The fine structure of lipidoses. Bull. N.Y. Acad. Med. **39**, 606—609.
— 1966: The correlation of chemical and electron microscopic findings in the lipidoses. Vth internat. Congr. of Neuropath. Zürich 1965, 376—381.

TERRY, R. D., and M. WEISS, 1963: Studies in Tay-Sachs disease. II. Ultrastructure of the cerebrum. J. Neuropath. exp. Neurol. **22**, 18—55.
— and S. R. KOREY, 1963: Studies in Tay-Sachs disease. V. The membrane of the membranous cytoplasmic body. J. Neuropath. exp. Neurol. **22**, 98—104.
— N. K. GONATAS, and M. WEISS, 1964: Ultrastructural studies in Alzheimers presenile dementia. J. Neuropath. exp. Neurol. **44**, 269—297.
— and C. PENA, 1965: Experimental production of neurofibrillary degeneration. 2. Electron microscopy, phosphatase histochemistry and electron probe analysis. J. Neuropath. exp. Neurol. **24**, 200—210.
TESSMANN, D., 1968: Über die Wirkung von Testosteron auf die normale Mäuseniere. Z. Zellforsch. **86**, 61—73.
THEMANN, H., 1961: Elektronenmikroskopische Untersuchungen zur Darstellung des Glykogens und die Beziehungen der Zellorganellen bei der Glykogensynthese und Glykogenolyse. Verh. dtsch. Ges. Path. **45**. Tagg. 291—296.
— und E. STICHNOTH, 1964: Elektronenmikroskopische Untersuchungen zur Feinstruktur der Leberparenchymzellen nach experimentell erzeugter Alkohol-Intoxication bei Ratten. Dtsch. Z. ges. gerichtl. Med. **55**, 86—102.
THÉRET, C., et P. PALAYER, 1967: Actions d'arylsulfonamides hypoglycémiants sur les ultrastructures de la cellule B du pancréas endocrine chez quelques téléosteens. C. R. Acad. Sci. **265**, 983—985.
THERON, J. J., 1965: Acute liver injury in ducklings as a result of aflatoxin poisoning. Lab. Invest. **14**, 1586—1603.
— W. J. PEPLER, and N. LIEBENBERG, 1962: The fine cytology of human malignant hepatoma cells. Vth internat. Congr. f. Electron Microscopy Philadelphia Vol. II, PP-4.
— O. HWATREY, N. LIEBENBERG, and V. SCHIRREN, 1963: The pathogenesis of experimental dietary siderosis of the liver. Amer. J. Path. **43**, 73—91.
— and R. C. P. M. MEKEL, 1964: Electron microscopical studies of human malignant hepatoma cells. T. Gastro-ent. **7**, 152—164.
— N. LIEBENBERG, and H. J. B. JOUBERT, 1965: Histochemistry and electron microscopy of acute liver lesions induced by aflatoxin B_1, ducklings. Nature **206**, 908—909.
— R. C. P. M. MEKEL, N. LIEBENBERG, and H. J. B. JOUBERT, 1966: Lesions in the endoplasmic reticulum of human malignant hepatoma cells. VI. internat. Congr. f. Electron Microscopy Kyoto Vol. **2**, 753—754.
— K. J. v. D. MERVE, N. LIEBENBERG, H. J. B. JOUBERT, and W. NEL, 1966: Acute liver injury in ducklings and rats as a result of ochratoxin poisoning. J. Path. Bact. **91**, 521—529.
THOENES, W., 1962: Zur Kenntnis des glatten endoplasmatischen Retikulums der Leberzelle. Verh. dtsch. Ges. Path. **46**, Tagg. 202—206.
— 1962: Mikromorphologie des Nephron nach temporärer Ischämie. Vth internat. Congr. f. Electron Microscopy Philadelphia Vol. II, Q 4.
— 1966: Über matrixreiche Riesenmitochondrien. Elektronenmikroskopische Beobachtungen am Tubulusepithel der menschlichen Niere bei nephrotischem Syndrom. Z. Zellforsch. **75**, 422—433.
— 1964: Fett im Nucleolus. J. Ultrastruct. Res. **10**, 194—206.
— 1964: Mikromorphologie des Nephron nach temporärer Ischämie. Zwangl. Abhandl. Geb. norm. path. Anat. **15**.
— 1967: Endoplasmatisches Retikulum und „Sekretkörper" im Glomerulumepithel der Säugerniere. Ein morphologischer Beitrag zum Problem der Basalmembran-Bildung. Z. Zellforsch. **78**, 561—582.
— und P. BANNASCH, 1962: Elektronen- und lichtmikroskopische Untersuchungen am Cytoplasma der Leberzellen nach akuter und chronischer Thioacetamid-Vergiftung. Virchows Arch. path. Anat. **335**, 556—583.
— K. H. LANGER und A. WARNING, 1968: Funktionsmorphologische Studien zur energetischen Insuffizienz des Nierentubulus. Untersuchungen an der Rattenniere nach Oberflächenbetropfung mit Kaliumcyanid. Klin. Wschr. **46**, 696—708.
— — und U. PFEIFER, 1968: Eiweißresorption, Cytoplasmaeinschmelzung und lytische Aktivitäten in Nierentubulus. Untersuchungen am Ferritin-resorbierenden Einzeltubulus der Rattenniere. Verh. dtsch. Ges. Path. **52**. Tagg. 294—300.
THOMAS, L., 1965: The role of lysosomes in tissue injury. In: „The Inflammatory Process", ed. by B. W. ZWEIFACH, L. GRANT, and R. T. MCCLUSKY, 450—464. New York-London: Academic Press.
THOMAS, R. S., and J. W. GREENAWALT, 1968: Microincineration, electron microscopy and electron diffraction of calcium phosphate-loaded mitochondria. J. Cell Biol. **39**, 55—76.

THOMAS, W. C., and A. TOMITA, 1967: Mineralization of human and bovine tissue *in vitro*. Amer. J. Path. **51**, 621—628.

THOMPSON, J. C., J. H. MILLER, I. JANSEN, and L. ZAMBONI, 1969: Ultrastructural changes in the mucosa of canine gastric allografts. Virchows Arch. B **3**, 137—155.

THORPE, M. E. C., and C. D. SHOREY, 1966: Long-term alcohol administration. Its effects on the ultrastructure and lipid content of the rat liver cell. Amer. J. Path. **48**, 557—577.

— — 1966: Ultrastructural alterations in human liver disease. Aust. Ann. Med. **15**, 4—16.

THREADGOLD, L. T., and R. LASKER, 1967: Mitochondriogenesis in integumentary cells of the larval sardine (*Sardinops caerulea*). J. Ultrastruct. Res. **19**, 238—249.

TICE, L. W., and R. J. BARRNETT, 1962: The fine structural localization of glucose-6-phosphatase in rat liver. J. histochem. cytochem. **10**, 754—762.

— and A. G. ENGEL, 1965: Effects of glucocorticoids on fine structure of red and white rat muscle. J. Cell Biol. **27**, 106 A.

— — 1967: The effects of glucocorticoids on red and white muscles in the rat. Amer. J. Path. **50**, 311—333.

TIEN, H. T., 1967: Black lipid membranes: Thickness determination and molecular organization by optical methods. J. theoret. Biol. **16**, 97—110.

— and A. L. DIANA, 1968: Bimolecular lipid membranes: A review and a summary of some recent studies. Chem. Phys. Lipids **2**, 55—101.

TIGYI, A., T. MONTSKÓ, L. KOMÁROMY, and K. LISSAK, 1967: Electron microscopic studies of pancreatic acinar cell organelles in various functional conditions. Acta phys. Acad. Sci. Hung. **32**, 19—24.

TIKHOMIROVA, T. J., and L. G. KARPOVICH, 1966: Changes in the ultrastructure of chick embryo cells induced by infection with tick-borne encephalitis virus. Acta virol. **10**, 481—485.

TIMME, A. H., and L. G. FOWLE, 1963: Effects of p-dimethylaminoazobenzene on the fine structure of rat liver cells. Nature **200**, 694—695.

TISHER, C. C., R. M. FINKEL, S. ROSEN, and E. M. KENDIG, 1968: Renal microbodies in the rhesus monkey. Lab. Invest. **19**, 1—6.

TOKER, C., 1967: Observations on the ultrastructure of a metastasizing beta cell islet tumor. Diabetes **16**, 800—803.

— 1967: Some observations on the ultrastructure of a malignant islet cell tumor associated with duodenal ulceration and severe diarrhea. J. Ultrastruct. Res. **19**, 522—531.

— and N. TREVINO, 1965: Hepatic ultrastructure in chronic idiopathic jaundice. Arch. Path. **80**, 453—460.

— — 1965: Ultrastructural studies on Dubin-Johnson syndrome. Lab. Invest. **14**, 597—598.

TOKIN, I. B., 1966: Electron microscopic examination of the dedifferentiated cells of the intestinal epithelium. Acta biol. Acad. Sci. hung. **17**, 1—12.

— 1966: Microtubules as a new component of cytoplasm. Arch. Anat. histol. embr. **51**, 3—21.

— 1964: The ultra-structure of dedifferentiated cells of intestinal epithelium. Dokl. Akad. Nauk SSSR **156**, 1185—1188.

TOLENTINO, P., P. CROVARI e P. CROVARI CUNEO, 1967: Aspetti ultrastrutturali del fegato in un caso di epatite virale esaminato prima della comparsa dell'ittero. Boll. Ist. Sieroter. Milan **46**, 184—190.

TOMI, M., T. SUZUKI, H. YASUDA, H. SEKIGUCHI, and F. TAKAKI, 1961: Electron microscopic cyto-histopathology. X. Electron microscopic studies of the liver. Electron microscopic observations of liver cell of rat by fasting. Jikeikai Med. J. **8**, 85—102.

TONDEUR, M., and A. RÉSIBOIS, 1969: Fabry's disease in children. Virchows Arch. Abt. B **2**, 239—254.

TONER, P. G., 1968: Cytology of intestinal epithelial cells. Internat. Rev. Cytol. **24**, 233—343.

TONIETTI, G., L. BASCHIERI, and G. SALABE, 1967: Papillary and microfollicular carcinoma of human thyroid. Arch. Path. **84**, 601—614.

TOOZE, J., and H. G. DAVIES, 1965: Cytolysomes in amphibian erythrocytes. J. Cell Biol. **24**, 146—150.

TORACK, R. M., 1966: Ultrastructure and histochemical studies in a case of progressive dementia and its relationship to protein metabolism. Amer. J. Path. **49**, 77—98.

Torack, R. M., 1967: The nature and significance of compound lipid cytoplasmic bodies in progressive dementia. J. Neuropath. exp. Neurol. **26**, 151—152.
— — 1963: Nucleoside phosphatase activity in membranous fine structures of neurons and glia. J. Histochem. Cytochem. **11**, 763—772.
Torhorst, J., H. P. Rohr, H. U. Zollinger, A. Studer und J. P. Tranzer, 1967: Ultrastrukturelle Veränderungen der proximalen Tubuluszelle von Rattennieren nach Phenacetinüberbelastung. Virchows Arch. path. Anat. **342**, 70—84.
— O. v. Deimling, L. Richter und H. P. Rohr, 1967: Ultrastrukturelle und histochemische Untersuchungen an der Rattenniere bei chronischer Mangelernährung. Virchows Arch. path. Anat. **342**, 344—344.
— L. Richter und H. P. Rohr, 1967: Entwicklung und Umwandlung lysosomaler Funktionsformen unter besonderer Berücksichtigung des glatten endoplasmatischen Retikulums. Virchows Arch. path. Anat. **343**, 64—74.
Törö, I., and I. Oláh, 1966: Nuclear blebs in the cells of the guinea pig thymus. Nature **212**, 315—317.
— and Sz. Virágh, 1966: The fine structure of the liver cells in the bat (*Myotis myotis*) during hibernation, arousal and forced feeding. Z. Zellforsch. **69**, 403—417.
— E. Bácsy, I. Ökrös, G. Vadász, and G. Rappay, 1968: Postirradiation changes in ultrastructure and enzyme cytochemistry of rat thymus. Acta med. Acad. Sci. Hung. **25**, 355—366.
Torsoli, A., P. Magnenat, G. Aliberti et F. Minio, 1965: Etude clinique et ultrastructurelle de deux cas d'ictère non hémolytique chronique a bilirubine directe avec foie macroscopiquement normal. Acta tert. Conv. Med. int. Hung. Gastroenterol. 428—432.
Torvik, A., and A. Heding, 1967: Histological studies on the effect of actinomycin D on retrograde nerve cell reaction in the facial nucleus of mice. Acta Neuropath. **9**, 146—157.
Totović, V., 1964: Elektronenmikroskopische Befunde in der Niere bei chronischer Bleivergiftung der Ratte. Verh. dtsch. Ges. Path. **48**, Tagg. 193—197.
— 1965: Elektronenmikroskopische Untersuchungen an dem Tubulusapparat der Niere bei experimenteller Bleivergiftung der Ratte. Virchows Arch. path. Anat. **339**, 151—167.
— 1966: Elektronenmikroskopische Untersuchungen über das Verhalten der Hauptstückepithelien beim experimentellen Niereninfarkt der Ratte. Virchows Arch. path. Anat. **340**, 251—269.
Totović, V., und G. Korb, 1965: Elektronenmikroskopische Befunde bei experimentellen Niereninfarkten der Ratte. Verh. dtsch. Ges. Path. **49**, Tagg. 137—140.
Totten, R. S., and G. B. Pierce, 1965: Cortisone and atypical pulmonary „epithelial" hyperplasia. Amer. J. Path. **45**, 977—990.
Toujas, L., J. G. Juif, Y. Cussac, A. Porte et E. Platt, 1966: Sur les modifications ultrastructurales du foie dans un cas de maladie de Gaucher. Ann. Anat. path. **11**, 101—116.
— Y. Cussac, J. G. Juif et A. Porte, 1966: Traduction ultrastructurale des phénomènes de stockage de glycolipides dans la maladie de Gaucher. C. R. Soc. Biol. **160**, 394—396.
Tourtellotte, W. W., 1967: Glycogen and glycolytic intermediates in rabbit hereditary ataxia. J. Neuropath. exp. Neurol. **26**, 143—144.
Trakatellis, A. C., A. E. Axelrod, and M. Montjar, 1964: Actinomycin D and messenger-RNA turnover. Nature **203**, 1134—1136.
— M. Montjar, and A. E. Axelrod, 1965: Effect of cycloheximide on polysomes and protein synthesis in the mouse liver. Biochemistry **4**, 2065—2071.
— E. Heinle, M. Montjar, A. E. Axelrod, and W. N. Jensen, 1965: Studies on rat reticulocytes polysomes during *in vitro* maturation. Arch. Biochem. **112**, 89—97.
Trams, E. G., and E. A. Brown, 1966: Models for lipoprotein synthesis. J. theoret. Biol. **12**, 311—326.
Trier, J. S., P. C. Phelps, S. Eidelman, and C. E. Rubin, 1965: Whipple's disease: Light and electron microscope correlation of jejunal mucosal histology with antibiotic treatment and clinical status. Gastroenterology **48**, 684—707.
— and T. H. Browning, 1966: Morphologic response of the mucosa of human small intestine to x-ray exposure. J. clin. Invest. **45**, 194—204.
Trotter, N. L., 1964: A fine structure study of lipid in mouse liver regenerating after partial hepatectomy. J. Cell Biol. **21**, 233—244.
— 1965: Electron-opaque, lipid-containing bodies in mouse liver at early intervals after partial hepatectomy and sham operation. J. Cell Biol. **25**, 41—52.

TROTTER, N. L., 1966: A fine structure study of mouse liver after partial hepatectomy and fasting. VI. internat. Congr. f. Electron Microscopy Kyoto Vol. **2**, 627—628.
— 1967: Electron-opaque bodies and fat droplets in mouse liver after fasting or glucose injections. J. Cell Biol. **34**, 703—711.
TRUMP, B. F., P. J. GOLDBLATT, and R. E. STOWELL, 1962: Early cytoplasmic changes of mouse liver during *in vitro* necrosis. Vth internat. Congr. f. Electron Microscopy Philadelphia Vol. II, VV-9.
— and D. T. JANIGAN, 1962: The pathogenesis of cytologic vacuolization in sucrose nephrosis. Lab. Invest. **11**, 395—411.
— P. J. GOLDBLATT, and R. E. STOWELL, 1962: An electron microscopic study of early cytoplasmic alterations in hepatic parenchymal cells of mouse liver during necrosis *in vitro* (autolysis). Lab. Invest. **11**, 986—1015.
— — — 1963: Nuclear and cytoplasmic changes during necrosis *in vitro* (autolysis). Amer. J. Path. **43**, 23a.
— — C. C. GRIFFIN, V. S. WARAVDEKAR, and R. E. STOWELL, 1964: Effects of freezing and thawing on the ultrastructure of mouse hepatic parenchymal cells. Lab. Invest. **13**, 967—1002.
— and J. L. E. ERICSSON, 1964: Electron microscopic observations on the localization of acid phosphatase in mouse hepatic parenchymal cells. Exp. Cell Res. **33**, 598—601.
— — 1965: Some ultrastructural and biochemical consequences of cell injury. In: „The Inflammatory Process“, ed. by B. W. ZWEIFACH, L. GRANT and R. T. MCCLUSKEY, 35—120. New York-London: Academic Press.
— P. J. GOLDBLATT, and R. E. STOWELL, 1965: Studies on necrosis of mouse liver *in vitro*—Ultrastructural alterations in the mitochondria of hepatic parenchymal cells. Lab. Invest. **14**, 343—365.
— — — 1965: Studies of necrosis *in vitro* of mouse hepatic parenchymal cells. Ultrastructural and cytochemical alterations of cytosomes, cytosegresomes, multivesicular bodies, and microbodies and their relation to the lysosome concept. Lab. Invest. **14**, 1946—1968.
— — — 1965: Studies of mouse liver necrosis *in vitro*. Ultrastructural and cytochemical alterations in hepatic parenchymal cell nuclei. Lab. Invest. **14**, 1969—1999.
— — — 1965: Studies of necrosis *in vitro* of mouse hepatic parenchymal cells. Ultrastructural alterations in endoplasmic reticulum, Golgi apparatus, plasma membrane, and lipid droplets. Lab. Invest. **14**, 2000—2028.
— and R. E. BULGER, 1967: Studies of cellular injury in isolated flounder tubules. I. Correlation between morphology and function of control tubules. An observation of autophagocytosis and mechanical cell damage. Lab. Invest. **16**, 453—482.
— — 1968: Studies of cellular injury in isolated flounder tubules. IV. Electron microscopic observations of changes during the phase of altered homeostasis in tubules treated with cyanide. Lab. Invest. **18**, 731—739.
— D. E. YOUNG, E. A. ARNOLD, and R. E. STOWELL, 1965: Effects of freezing and thawing on the structure, chemical constitution, and function of cytoplasmic structures. Fed. Proc. **24**, 144—168.
TSCHIFTSCHIISKY, ST. D., H. DAVID, I. UERLINGS und I. MARX, 1966: Elektronenmikroskopische Befunde am Pankreas nach Gabe von Contrykal (Kallikrein-Trypsin-Inaktivator). Dtsch. Z. Verdauungs- und Stoffwechselkrkh. **26**, 242—251.
TSUKADA, H., Y. MOCHIZUKI, and T. KONISHI, 1966: Fine structure and function of microbody-nucleoids in rat liver cells. VI. internat. Congr. f. Electron Microscopy Kyoto Vol. **2**, 425—426.
— — and S. FUJIWARA, 1966: The nucleoids of rat liver cell microbodies. Fine structure and enzymes. J. Cell Biol. **28**, 449—460.
— — and T. KONISHI, 1968: Morphogenesis and development of microbodies of hepatocytes of rats during pre- and postnatal growth. J. Cell Biol. **37**, 231—243.
TSUKADA, K., and I. LIEBERMAN, 1964: Metabolism of nucleolar ribonucleic acid after partial hepatectomy. J. biol. Chem. **239**, 1564—1568.
— — 1965: Liver nuclear ribonucleic acid polymerase formed after partial hepatectomy. J. biol. Chem. **240**, 1731—1736.
TSUTSUMI, S., 1960: Electron-microscope studies on degenerating and regenerating liver cells of mice. I. Fine structures of the normal liver cells and their changes in autolytic process. Sapporo med. J. **18**, 109—116.
TUPPY, H., und E. WINTERSBERGER, 1966: Mitochondrien als Träger genetischer Information. In: „Probleme der biologischen Reduplikation“, 325—335. Berlin-Heidelberg-New York: Springer.

Turk, J. L., 1967: Cytology of the induction of hypersensitivity. Brit. med. Bull. **23**, 3—8.
Turner, R. A., and F. L. Jennings, 1963: Ultrastructural changes in alveolar capillaries in radiation pneumonitis. J. appl. Phys. **34**, 2516.

Uchida, T., 1967: Light- and electron-microscopic observations on the anterior pituitary of the mouse injected with DL-thyroxine. Okajimas Fol. Anat. jap. **43**, 21—51.
Uchimura, Y., Y. Toshima und T. Sekiya, 1965: Zur elektronenmikroskopischen Pathomorphologie der Hirnrinde bei Gargoylismus. Acta Neuropath. **4**, 476—490.
Uchino, F., 1967: Pathological study on amyloidosis. Role of reticuloendothelial cells in inducing amyloidosis. Acta path. jap. **17**, 49—82.
— A. Masaki, S. Hosokawa, and H. Akama, 1963: Electron microscopic observation on mitochondria in hepatic parenchymal cells of a case of primary intrahepatic biliary cirrhosis. Bull. Yamaguchi Med. School **10**, 193—204.
— and S. Hosokawa, 1965: Phagocytosis of gross granules. In: „Intracellular Membranous Structure", 467—472.
Uehleke, H., und V. Stahn, 1967: Oxydative Entmethylierung von Buttergelb und ribosomaler Proteinsynthese. Arch. Pharm. exp. Path. **257**, 75.
Uematsu, K., 1966: Testicular changes of rats induced by nitrofurazone. Med. J. Osaka Univ. **16**, 287—320.
Ugolev, A. M., 1965: Membrane (contact) digestion. Physiol. Rev. **45**, 555—595.
— and R. I. Kooshuck, 1966: Hydrolysis of dipeptides in cells of the small intestine. Nature **212**, 859—860.
Uhr, J. W., 1965: The cellular basis of antibody formation. In: „The Inflammatory Process", ed. by B. W. Zweifach, L. Grant, and R. T. McClusky, 763—787. New York-London: Academic Press.
Ule, G., 1961: Experimenteller Neurolathyrismus. Verh. dtsch. Ges. Path. **45**. Tagg. 333—338.
— 1962: Zur Ultrastruktur der Ghost-cells beim experimentellen Neurolathyrismus der Ratte. Z. Zellforsch. **56**, 130—142.
— und J. A. Rossner, 1960: Elektronenmikroskopische Studien zur akuten Körnerzellnekrose im Kleinhirn. Verh. dtsch. Ges. Path. **44**. Tagg. 210—214.
— F. W. Kolkmann und P. Brambring, 1968: Experimentelle Untersuchungen zur Wernickeschen Encephalopathie. Zbl. Path. **111**, 447—448.
Unakar, N. J., 1966: Effect of p-hydroxypropiophenone on fibrosis induced by carbon tetrachloride in mice. Amer. J. Path. **48**, 897—919.
— 1966: P-hydroxypropiophenone vs CCl_4 induced injury. Arch. Path. **82**, 170—177.
— 1968: Subacute administration of carbon tetrachloride and proliferation of smooth endoplasmic reticulum and lysosomes in mouse liver cells. J. Cell Biol. **39**, 2/2, 181 a.
Unuma, T., H. P. Morris, and H. Busch, 1967: Comparative studies of the nucleoli of Morris hepatomas embryonic liver, and aflatoxin B_1-treated liver of rats. Cancer Res. **27**, 2221—2233.
— L. R. Floyd, and H. Busch, 1968: Selective removal of the perinuclear nucleolus-associated chromatin from the isolated nucleoli of livers of thioacetamide-treated rats. Exp. Cell Res. **52**, 101—111.
— J. P. Arendell, and H. Busch, 1968: High resolution autoradiographic studies of the uptake of ^{3}H-5-uridine into condensed and dispersed chromatin of nuclei and granular and fibrillar components of nucleoli of Novikoff hepatoma ascites cells. Exp. Cell Res. **52**, 429—438.
— and H. Busch, 1968: Ultrastructural cytochemistry of the nucleus and the nucleolus. J. Electron Microscopy **17**, 243.
Uriuhara, T., and H. Z. Movat, 1964: Allergic inflammation. IV. The vascular changes during the development and progression of the direct active and passive Arthus reactions. Lab. Invest. **13**, 1057—1079.
— — 1967: Role of PMN-leukocyte lysosomes in tissue injury, inflammation and hypersensitivity. V. Partial suppression on leukopenic rabbits of vascular hyperpermeability due to thermal injury. Proc. Soc. exp. Biol. Med. **124**, 279—284.
Ussing, H. H., 1967: Symposium on membrane transport. Proc. roy. Soc. Med. **60**, 317—343.
Usui, T., 1967: Electron microscopic study on the ascites hepatoma-comparative observations. Gann **58**, 229—236.
Usuku, G., 1965: Electron microscopic studies on the connective tissue resorption in the tail fin of metamorphosing tadpole. J. Electron Microscopy **14**, 135.

UTSUNOMIYA, T., and J. S. ROTH, 1966: Studies on the function of intracellular ribonucleases. IV. Some observations on the properties of ribosomes from rat liver and hepatomas. J. Cell Biol. **29**, 387—393.

VAES, G., 1968: On the mechanisms of bone resorption. The action of parathyroid hormone on the excretion and synthesis of lysosomal enzymes and on the extracellular release of acid by bone cells. J. Cell Biol. **39**, 676—697.

VALDIVIA, E., J. SONNAD, and J. D'AMATO, 1966: Fatty change of the granular pneumocyte. Science **151**, 213—214.

— J. D'AMATO, and J. SONNAD, 1966: Hypoxic lipophanerosis of the granular pneumocyte. Amer. J. Path. **48**, 34a.

— and J. SONNAD, 1966: Fatty change of the granular pneumocyte in CCl_4 intoxication. Arch. Path. **81**, 514—519.

— J. J. LALICH, Y. HAYASHI, and J. SONNAD, 1967: Alterations in pulmonary alveoli after a single injection of monocrotaline. Arch. Path. **84**, 64—76.

VANDENHEUVEL, F. A., 1963: Study of biological structure at the molecular level with stereomodel projections. I. The lipids in the myelin sheat of nerve. J. Amer. Oil Chem. Soc. **40**, 455—471.

VANDREWALLA, A. H., and S. M. SIRSAT, 1962: General ultrastructure and differentiation in human epidermal neoplasm. Vth internat. Congr. f. Electron Microscopy Philadelphia Vol. II, PP-8.

VALTONEN, E. J., 1967: Influence of ultrasonic radiation in the medical therapeutic range on the fine structure of the liver parenchymal cell. Virchows Arch. path. Anat. **343**, 26—33.

VAZQUEZ-NIN, G. H., and J. R. SOTELO, 1967: Electron microscope study of the atretic oocytes of the rat. Z. Zellforsch. **80**, 518—533.

VELHAGEN, K. H., 1962: Die Struktur der Melanoblastome des inneren Auges mit besonderer Berücksichtigung ihrer submikroskopischen Morphologie. Med. Diss. Berlin.

VERBIN, R. S., P. J. GOLDBLATT, and E. FARBER, 1969: The biochemical pathology of inhibition of protein synthesis in vivo. The effects of cycloheximide on hepatic parenchymal cell ultrastructure. Lab. Invest. **20**, 529—536.

VERITY, A., 1965: Lysosomes: Some pathologic implications. Calif. Med. **103**, 267—276.

— J. K. GAMBELL, and W. J. BROWN, 1967: Subcellular distribution of exogenous copper and effect on hepatic lysosomal enzymes. Amer. J. Path. **50**, 54 a.

VERLEY, J. M., et K. H. HOLLMANN, 1968: Etude quantitative au microscope électronique des tumeurs mammaires de la femme. IV. Europ. reg. Conf. on Electron Microscopy Rom II, 161—162.

VERNON, M. L., and J. L. GARGUS, 1966: Ultrastructure of hepatocytes of rats fed mesidine dye. VI. internat. Congr. f. Electron Microscopy Kyoto Vol. **2**, 617—618.

VETTERLEIN, W., 1963: Einige Befunde am Ergastoplasma von Mäuseleberzellen nach Infektion mit Mäusehepatitisvirus (MHV 3). Arch. exp. Vet.-Med. **17**, 541—550.

— 1968: Elektronenmikroskopische Frühveränderungen in der Herz- und Skelettmuskulatur des Meerschweinchens nach Infektion mit Maul- und Klauenseuche. Arch. exp. Vet.-Med. **22**, 733—743.

— und R. HESSE, 1965: Die Virushepatitis des Menschen und der Maus im elektronenmikroskopischen Bild. Arch. exp. Vet.-Med. **19**, 231—240.

— und W. WITTMANN, 1965: Elektronenmikroskopische Befunde an Skelett- und Herzmuskulatur MKS-infizierter Meerschweinchen. Arch. exp. Vet.-Med. **19**, 559—572.

VETHAMANY, V. G., and S. S. LAZARUS, 1967: Ultrastructural localization of Mg^{++}-dependent dinitrophenol-stimulated adenosine triphosphatase in human blood platelets. J. Histochem. Cytochem. **15**, 267—272.

— — and B. W. VOLK, 1967: Fine structure and histochemistry of leukocytes in Niemann-Pick disease. Lab. Invest. **16**, 645.

VILLA-TREVINO, S., E. FARBER, T. STAEHELIN, F. O. WETTSTEIN, and H. NOLL, 1964: Breakdown and reassembly of rat liver ergosomes after administration of ethionine or puromycin. J. biol. Chem. **239**, 3826—3833.

— T. STAEHELIN, F. WETTSTEIN, H. NOLL, and E. FARBER, 1964: The effects of ethionine and puromycin upon liver ribosomes. Amer. J. Path. **44**, 28a.

VIRAGH, S., and I. BARTOK, 1966: An electron microscopic study of the regeneration of the liver following partial hepatectomy. Amer. J. Path. **49**, 825—839.

VITALI-MAZZA, L., P. ANVERSA und O. VISIOLI, 1967: Ultrastrukturelle Veränderungen des Herzmuskels bei Ratten unter polyensäurearmer Diät. Virchows Arch. path. Anat. **342**, 38—49.

Vleet, J. F. V., B. V. Hall, and J. Simon, 1967: Vitamin E deficiency: sequential study by means of light and electron microscopy of the alterations occurring in regeneration of skeletal muscle of affected weanling rabbits. Amer. J. Path. **51**, 815—830.
— — — 1968: Vitamin E deficiency. A sequential light and electron microscopic study of skeletal muscle degeneration in weanling rabbits. Amer. J. Path. **52**, 1067—1079.
Vodovar, N., et J. E. Fléchon, 1966: La cellule épithéliale absorbante de l'intestin grêle du porc ultrastructure. Ann. Biol. Anim. Biochim. Biophys. **6**, 13—22.
— et J. Flanzy, 1966: Mechanisme de la pénétration et voie d'acheminement des graisses dans la cellule absorbante de l'intestine grêle du porc. Ann. Biol. Anim. Biochim. Biophys. **6**, 315—332.
Voelz, H., 1968: Structural comparison between intramitochondrial and bacterial crystalloids. J. Ultrastruct. Res. **25**, 29—36.
Vogel, A., W. Fabricius, H. J. Dulce, und H. J. Stolpmann, 1969: Zur Struktur und Herkunft des Pigmentes bei der Melanosis coli. Virchows Arch. Abt. A **346**, 74—88.
Vogel, F. S., 1959: Changes in the fine structure of cerebellar neurons following ionizing radiation. J. Neuropath. exp. Neurol. **18**, 580—589.
— 1965: Structural and functional characteristics of deoxyribonucleic acid-rich mitochondria of the common meadow mushroom, *Agaricus campestris*. Lab. Invest. **14**, 1849—1867.
— and L. Kemper, 1967: Intrinsic ribonucleic acid synthesis in mitochondria of *Agaricus campestris* underscoring the probability of an extra-nuclear system. Exp. Cell Res. **47**, 209—221.
Vogelberg, K. H., H. G. Solbach, und F. A. Gries, 1969: Lipoidchemische Untersuchungen beim Angiokeratoma corporis diffusum (Fabry-Syndrom). **75**. Tagg. dtsch. Ges. Inn. Med., 134—135.
Vogell, W., R. Voss, H. R. Schoen und W. H. Becker, 1964: Elektronenmikroskopische und cytochemische Befunde am Papillarmuskel des Kaninchenherzens nach Sauerstoffentzug. Acta histochem. **19**, 234—248.
Vogt, M. T., and E. Farber, 1968: On the molecular pathology of ischemic renal cell death. Reversible and irreversible cellular and mitochondrial metabolic alterations. Amer. J. Path. **53**, 1—26.
Voitkovich, A., 1966: Ultrastructure of the nucleus supraopticus at the radiation disease. VI. internat. Congr. f. Electron Microscopy Kyoto Vol. **2**, 449—450.
— and J. J. Dedov, 1967: Submicroscopic reaction of secretory neurons under the conditions of whole-body gamma radiation. Fol. morph. **15**, 88—97.
— — 1968: Reaction of ultrastructure of blood capillaries to total body irradiation. Arch. Pat. **30**, 13—22.
— — 1969: Radiation alteration of blood capillaries of the thyroid gland. Arch. Pat. **31**/5, 43—50.
Volk, B. W., and S. S. Lazarus, 1963: Ultramicroscopic studies of rabbit pancreas during cortisone treatment. Diabetes **12**, 162—173.
— — 1963: Ultramicroscopic evolution of B-cell ballooning degeneration in diabetic dogs. Lab. Invest. **12**, 697—711.
— — L. Schneck, and A. Saifer, 1964: Late infantile amaurotic idiocy. Arch. Path. **78**, 483—500.
— — 1964: Ultrastructural evidence for marked B cell hyperfunction after prolonged oral sulfonylurea. Lab. Invest. **13**, 942—943.
— — 1964: Ultrastructure of pancreatic B cells in severely diabetic dogs. Diabetes **13**, 60—70.
— — 1964: B cell hyperfunction after long-term sulfonylurea treatment. Arch. Path. **78**, 114—126.
— K. F. Wellmann, and A. Lewitan, 1966: The effect of irradiation on the fine structure and enzymes of the dog pancreas. I. Short term studies. Amer. J. Path. **48**, 721—753.
— and B. J. Wallace, 1966: The liver in lipidosis. Amer. J. Path. **49**, 203—225.
— — and M. Adachi, 1967: Infantile Gaucher's disease: Electron microscopic and histochemical studies of a cerebral biopsy. J. Neuropath. exp. Neurol. **26**, 176—177.
— K. F. Wellmann, and S. S. Lazarus, 1967: Protection of canine pancreatic ultrastructure against radiation by pretreatment with alloxan. Amer. J. Path. **51**, 207—224.
Volk, T. L., and D. G. Scarpelli, 1964: Alterations of fine structure of the rat adrenal cortex after the administration of triparanol. Lab. Invest. **13**, 1205—1214.

Volk, T. L., and D. G. Scarpelli, 1966: Mitochondrial gigantism in the adrenal cortex following hypophysectomy. Lab. Invest. **15**, 707—715.
Vollrath, L., 1969: Über die Entwicklung des Dünndarms der Ratte. Ergebn. Anat. Entwickl.gesch. **41**, H. 2.
Vorbrodt, A., 1967: Cytochemical studies of lysosomal enzymes during early stages in rat liver regeneration. Fol. Histochem. Cytochem. **5**, 231—238.
— 1967: Cytochemical studies of some cytoplasmic structures in embryo and newborn rat liver and in hepatoma. Fol. Histochem. Cytochem. **5**, 239—248.
— Z. Steplewski, and S. Krzyzoska-Gruca, 1966: Electron histochemical investigations of the effect of thioacetamide on the regenerating rat liver cell. Fol. Histochem. Cytochem. **4**, 157—162.
Voronin, G. N., and R. P. Kucherenko, 1967: Submicroscopic changes in the Langerhans islet cells of pancreas under alloxan diabetes. Zitologija **9**, 765—768.
Voss, R., H. R. Schoen, und K. Ruile, 1967: Stoffwechselverhalten der Niere während der Ischämie. Folgerungen für die Organkonservierung. Z. exp. Med. **143**, 255—260.

Wacker, A., 1966: Beeinflussung des Kontrollmechanismus der Zelle durch Pharmaka. Arch. exp. Path. Pharm. **253**, 142—152.
Wachstein, M., E. Meisel, and C. Falcon, 1962: Enzymatic histochemistry in the experimentally damaged liver. Amer. J. Path. **40**, 219—241.
— and M. Besen, 1963: Electron microscopy of renal damage due to DL-serine. Amer. J. Path. **43**, 21a.
— — 1964: Electron microscopy of renal coagulative necrosis due to DL-serine, with special reference to mitochondrial pyknosis. Amer. J. Path. **44**, 383—400.
Waddington, C. H., and M. M. Perry, 1963: Helical arrangement of ribosomes in differentiating muscle cells. Exp. Cell Res. **30**, 599—600.
Wadell, G., 1965: The squamous metaplasia of the columnar epithelium in the mouse uterus. J. Ultrastruct. Res. **12**, 239.
Wakamori, K., 1967: Electron microscopic observation on the reticuloendothelial system cells of rabbits by prolonged intravenous administration of polyvinyl acetate. J. Electron Microscopy **16**, 391.
Walberg, F., 1963: Role of normal dendrites in removal of degenerating terminal boutons. Exp. Neurol. **8**, 112—124.
Waldmann, G.: 1968: Elektronenmikroskopische Untersuchungen an den eiweißproduzierenden Feinstrukturen in hypertropierten menschlichen Herzmuskelzellen. Exp. Path. **2**, 360—369.
— und G. Bader, 1968: Zur Feinstruktur der Herzmuskelzelle bei der protrahierten Thioacetamidintoxikation der Ratte. Exp. Path. **2**, 164—187.
Walker, D. G., 1966: Elevated bone collagenolytic activity and hyperplasia of parafollicular light cells of the thyroid gland in parathormone-treated grey-lethal mice. Z. Zellforsch. **72**, 100—124.
Walker, S. M., and G. R. Schrodt, 1966: T system connexions with the sarcolemma and sarcoplasmic reticulum. Nature **211**, 935—938.
Wallace, B. J., B. W. Volk, and S. S. Lazarus, 1964: Fine structural localization of acid phosphatase activity in neurons of Tay-Sachs disease. J. Neuropath. exp. Neurol. **23**, 676—691.
— L. Schneck, H. Kaplan, and B. W. Volk, 1965: Fine structure of the cerebellum of children with lipidoses. Arch. Path. **80**, 466—486.
— S. S. Lazarus, L. Schneck, and B. V. Volk, 1965: Some biochemical, histochemical and fine structural aspects of a case of late infantile Tay-Sachs disease (Jansky-Bielschowsky type). J. Neuropath. exp. Neurol. **24**, 169—170.
— and B. W. Volk, 1965: Electron microscopy and histochemistry of the cerebellum in some storage disease. Lab. Invest. **14**, 556—557.
— — L. Schneck, and H. Kaplan, 1966: Fine structural localization of two hydrolytic enzymes in the cerebellum of children with lipidoses. J. Neuropath. exp. Neurol. **25**, 76—96.
— D. Kaplan, M. Adachi, L. Schneck, and B. W. Volk, 1966: Mucopolysaccharidosis type III. Arch. Path. **82**, 462—473.
Wallach, D. F., V. B. Kamat, and M. H. Gall, 1966: Physicochemical differences between fragments of plasma membrane and endoplasmic reticulum. J. Cell Biol. **30**, 601—621.
Wand, J. S., and B. H. Ruebner, 1968: The acute changes produced by lasiocarpine in the mouse liver: Light microscopy, histochemistry, and electron microscopy. Amer. J. Path. **52**, 11a.

WANSTRUP, J., and H. E. CHRISTENSEN, 1966: Sarcoidosis. 1. Ultrastructural investigations on epithelioid granulomas. Acta path. scand. **66**, 169—185.

WARD, D. C., E. REICH, and I. H. GOLDBERG, 1965: Base specifity in the interaction of polynucleotides with antibiotic drugs. Science **149**, 1259—1263.

WARNER, J. R., 1966: The assembly of ribosomes in HeLa cells. J. molec. Biol. **19**, 383—398.

WAROCQUIER, R., and K. SCHERRER, 1969: RNA metabolism in mammalian cells at elevated temperature. Europ. J. Biochem. **10**, 362—370.

WARREN, L., M. C. GLICK, and M. K. NASS, 1966: Membranes of animal cells. Methods of isolation of the surface membrane. J. Cell Physiol. **68**, 269—288.

WARTENBERG, H., 1964: Experimentelle Untersuchungen über die Stoffaufnahme durch Pinocytose während der Vitellogenese des Amphibienoocyten. Z. Zellforsch. **63**, 1004—1019.

— und H. E. STEGNER, 1960: Über die elektronenmikroskopische Feinstruktur des menschlichen Ovarialeies. Z. Zellforsch. **52**, 450—474.

WASI, S., T. URUHARA, N. S. TAICHMAN, R. K. MURRAY, and H. Z. MOVAT, 1966: Proteolytic activity in the serum of rabbits during anaphylaxis. Experientia **22**, 196—198.

WATANABE, Y., and T. ARAMAKI, 1966: An electron microscopic study on the ethionine-induced changes in exocrine pancreatic cells. VI. internat. Congr. f. Electron Microscopy Kyoto Vol. **2**, 605—606.

WATRACH, A. M., and A. E. VATER, 1962: The nature of inclusions bodies in lead poisoning. Vth internat. Congr. f. Electron Microscopy Philadelphia Vol. II, VV-11.

— 1964: Degeneration of mitochondria in lead poisoning. J. Ultrastruct. Res. **10**, 177—181.

WATSON, J. H. L., V. BRYANT, and G. L. BRINKMAN, 1966: The ultrastructure of epithelium of human bronchus in epidermoid carcinoma. VI. internat. Congr. f. Electron Microscopy Kyoto Vol. **2**, 759—760.

WATTIAUX, R., M. WIBO, and P. BAUDHUIN, 1963: Influence of the injection of Triton WR 1339 on the properties of rat liver lysosomes. Ciba Found. Symp. „Lysosomes", 176—196.

WEAKLEY, B. S., 1967: "Balbiani's body" in the oocyte of the golden hamster. Z. Zellforsch. **83**, 582—588.

— 1969: Annulate lamellae in oocyte of the golden hamster. Z. Zellforsch. **96**, 229 bis 236.

WEBB, T. E., G. BLOBEL, and V. R. POTTER, 1964: Polyribosomes in rat tissues. I. A study of *in vivo* patterns in liver and hepatomas. Cancer Res. **24**, 1229—1237.

— — — and H. P. MORRIS, 1965: Polyribosomes in rat tissues. II. The polysome distribution in the minimal deviation hepatomas. Cancer Res. **25**, 1219—1224.

— and R. POTTER, 1966: Polyribosomes in rat tissues. IV. On the abnormal dimer peak in hepatomas. Cancer Res. **26**, 1022—1025.

WEBER, A. F., E. A. USENIK, and S. C. WHIPP, 1962: Experimental production of electron dense intramatrical bodies in adrenal zona glomerulosa cells of calves. Vth internat. Congr. f. Electron Microscopy Philadelphia Vol. II, YY-7.

— S. WHIPP, E. USENIK, and S. FROMMES, 1964: Structural changes in the nuclear body in the adrenal zona fasciculata of the calf following the administration of ACTH. J. Ultrastruct. Res. **11**, 564—576.

WEBER, R., 1964: Ultrastructural changes in regressing tail muscles of *Xenopus* larvae at metamorphosis. J. Cell Biol. **22**, 481—487.

— 1965: Inhibitory effect of actinomycin D on tail atrophy in *Xenopus* larvae at metamorphosis. Experientia **21**, 665—666.

— 1966: Biochemische und zellbiologische Aspekte der Geweberückbildung in der Entwicklung. Bull. schweiz. Akad. med. Wiss. **22**, 27—46.

— 1967: Biochemical and cellular aspects of tissue involution in development. Exp. Biol. Med. **1**, 63—76.

WEBSTER, H. DE F., 1962: Transient focal accumulation of axonal mitochondria during the early stages of Wallerian degeneration. J. Cell Biol. **12**, 361—383.

— D. SPIRO, B. WAKSMAN, and R. D. ADAMS, 1961: Phase and electron microscopic studies of experimental demyelination. II. Schwann cell changes in guinea pig sciatic nerves during experimental diphtheritic neuritis. J. Neuropath. exp. Neurol. **20**, 5—34.

WECHSLER, W., 1962: Elektronenmikroskopische Befunde bei menschlichen und experimentell erzeugten Erkrankungen der quergestreiften Skelettmuskulatur. IV. internat. Kongr. f. Neuropathologie München 1961, Vol. II, 178—185.

Wechsler, W., 1962: Elektronenmikroskopische Befunde bei experimenteller Inaktivitätsatrophie der Skelettmuskulatur. Verh. dtsch. Ges. Path. **46**. Tagg. 300—305.
— 1963: Elektronenmikroskopischer Befunde am Großhirn der Albinoratte nach absolutem Hunger. Naturwissenschaften **50**, 132—133.
— 1963: Elektronenmikroskopischer Beitrag zur Entwicklung und Differenzierung von Zellen am Beispiel des Nervensystems. Verh. dtsch. Ges. Path. **47**. Tagg. 316—321.
— 1964: Zur Feinstruktur menschlicher Meningiome und embryonaler Meningen. Zbl. Path. **106**, 220.
— 1966: Entwicklung und Alterung von Nervenzellen. Vth internat. Congr. of Neuropath. Zürich 1965, 469—475.
— 1966: Electron microscopic observations on various types of experimentally induced muscular atrophies. Meth. Achievm. exp. Path. **1**, 411—438.
— 1966: Comparative electron microscopic studies on various forms of muscle atrophies and dystrophies in animals and man. Ann. N.Y. Acad. Sci. **138**, 113—137.
— 1966: Elektronenmikroskopischer Beitrag zur Nervenzelldifferenzierung und Histogenese der grauen Substanz des Rückenmarks von Hühnerembryonen. Z. Zellforsch. **74**, 401—422.
— und H. Hager, 1960: Elektronenmikroskopische Befunde an atrophischen quergestreiften Skelettmuskeln der Ratte nach Nervendurchtrennung. Naturwissenschaften **47**, 185—186.
— — 1960: Elektronenmikroskopische Befunde an der quergestreiften Skelettmuskulatur bei spinal bedingter Muskelatrophie. Naturwissenschaften **47**, 604—605.
— — 1962: Elektronenmikroskopische Befunde an der Skelettmuskulatur bei progressiver Muskelatrophie. Arch. Psych. Nervenkrkh. **203**, 111—122.
— — 1962: Elektronenmikroskopische Untersuchungen der Wallerschen Degeneration des peripheren Säugetiernerven. Beitr. path. Anat. **126**, 352—380.
Wedell, J., und H. J. Merker, 1964: Atmungskettenphosphorylierung und Mitochondrienstruktur nach anoxischem Herzstillstand. Klin. Wschr. **42**, 756.
— — und D. Neubert, 1965: Mitochondrienstruktur und Atmungskettenphosphorylierung im Herzmuskel nach vollständiger Kreislaufunterbrechung. Virchows Arch. path. Anat. **338**, 355—370.
Weed, R. I., and C. F. Reed, 1966: Membrane alterations leading to red cell destruction. Amer. J. Med. **41**, 681—698.
Wegner, G., und E. Mölbert, 1966: Das Verhalten des Myokards bei der experimentellen supravalvulären Aortenstenose. Autoradiographische und elektronenmikroskopische Untersuchungen an Rattenherzen. Virchows Arch. path. Anat. **341**, 54—63.
Weibel, E. R., W. Stäubli, H. R. Gnägi, and F. A. Hess, 1969: Correlated morphometric and biochemical studies on the liver cell. I. Morphometric model, stereologic methods, and normal morphometric data for rat liver. J. Cell Biol. **42**, 68—91.
Weinbach, E. C., J. Garbus, and H. G. Sheffield, 1967: Morphology of mitochondria in the coupled, uncoupled and recoupled states. Exp. Cell Res. **46**, 129—143.
— and T. v. Brand, 1967: Formation, isolation and composition of dense granules from mitochondria. Biochim. Biophys. Acta **148**, 256—266.
Weinberger, M. A., and W. G. Banfield, 1965: Fine structure of a transplantable reticulum cell sarcoma. I. Light and electron microscopy of viable and necrotic tumor cells. J. nat. Cancer Inst. **34**, 459—479.
Weindl, A., A. Schwink und R. Wetzstein, 1967: Intranucleäre Tubuli-Bündel im Gefäßorgan der *Lamina terminalis*. Naturwissenschaften **54**, 473.
Weinstein, J., A. Scott, and F. E. Hunter, 1964: The action of gramicidin D on isolated liver mitochondria. J. biol. Chem. **239**, 3031—3037.
Weinstock, A., and E. Rau, 1968: Structural alterations produced by puromycin in the Golgi apparatus of ameloblast and hepatocytes. Anat. Rec. **160**, 448.
Weisberger, A. S., and S. Wolfe, 1964: Effect of chloramphenicol on protein synthesis. Fed. Proc. **23**, 976—983.
— T. M. Daniel, and A. Hoffman, 1964: Suppression of antibody synthesis and prolongation of homograft survival by chloramphenicol. J. exp. Med. **120**, 183—196.
Weisblum, B., L. Herman, and P. J. Fitzgerald, 1962: Changes in pancreatic acinar cells during protein deprivation. J. Cell Biol. **12**, 313—327.
Weiss, L., and J. A. Armstrong, 1960: Structural changes in mammalian cells associated with cooling to —79° C. J. biophys. biochem. Cytol. **7**, 673—678.
Weiss, P., 1965: From cell dynamics to tissue architecture. In: „Structure and Function of Connective and Skeletal Tissue", 256—277. London: Butterworths.
— und J. Nocon, 1969: Elektronenmikroskopischer Beitrag zur Entstehung von Schaumzellen aus glatten Muskelzellen der Gefäßwand. Exp. Path. **3**, 189—197.

WEISSENFELS, N., 1968: Der Einfluß der Gewebezüchtung auf die Differenzierungsform des endoplasmatischen Retikulums von Hühnerherzmyoblasten. Z. Zellforsch. **86**, 1—13.
WEISSMANN, G., 1964: Labilization and stabilization of lysosomes. Fed. Proc. **23**, 1038—1044.
— 1965: Lysosomes. New England J. Med. **273**, 1084—1090.
— and N. ROTHFIELD, 1965: The role of lysosomes in autoimmune phenomena and connective tissue disease. In: „Structure and Function of Connective and Skeletal Tissue", 466—472. London: Butterworths.
WELLER, R. O., R. A. CLARK, and W. B. OSWALD, 1968: Stages in the formation and metabolism of intracellular lipid droplets in atherosclerosis. An electron microscopical and biochemical study. J. Atheroscler. Res. **8**, 249—263.
WELLINGS, S. R., and H. D. MOON, 1961: Morphologic and functional effects of hydrocortisone in tissue. Lab. Invest. **10**, 539—547.
— and K. B. DE OME, 1961: Electron microscopy of post-lactational cytolysis of mouse mammary gland. Fed. Proc. **20**, 136.
— and B. V. SIEGEL, 1963: Electron microscopic studies on the subcellular origin and ultrastructure of melanin granules in mammalian melanomas. Ann. N.Y. Acad. Sci. **100**, 548—568.
— and P. ROBERTS, 1963: Electron microscopy of sclerosing adenosis and infiltrating duct carcinoma of the human mammary gland. J. nat. Cancer Inst. **30**, 269—287.
— and K. B. DE OME, 1963: Electron microscopy of milk secretion in the mammary gland of the C_3H/Crgl mouse. III. Cytomorphology of the involuting gland. J. nat. Cancer Inst. **30**, 241—267.
WELLMANN, K. F., 1967: Protection of canine pancreatic ultrastructure against radiation damage by post-treatment with alloxan. Nature **216**, 86.
— B. W. VOLK, and A. LEWITAN, 1966: The effect of radiation on the fine structure and enzyme content of the dog pancreas. II. Long term studies. Lab. Invest. **15**, 1007—1023.
— — and S. S. LAZARUS, 1967: Ultrastructure pancreatic beta-cell changes in rabbits after small and large doses of alloxan. Diabetes **16**, 242—251.
WELSH, R. A., P. CORREA, and R. HERRAN, 1963: Light and electron microscopic observations of scleroma. Exp. molec. Path. **2**, 93—101.
— and A. T. MEYER, 1964: A histogenetic study of chondroblastoma. Cancer **17**, 578—588.
WENDT, E., und D. SCHÄFER, 1967: Lebendbeobachtungen und elektronenmikroskopische Untersuchungen der Neuentstehung von Mitochondrien in gezüchteten Hühnerherzzellen. Kernforschanl. Jülich Arbgr. Inst. Zool.
WERCHAU, H., und H. KRÖGER, 1965: Einfluß von Actinomycin D auf den RNS-Stoffwechsel Antikörper-bildender Milzzellen *in vitro*. Biochem. Z. **342**, 387—391.
— W. HIBY und H. KRÖGER, 1965: Einfluß von Actinomycin auf die Antikörper-Synthese *in vitro*. Zbl. Bakt. T. Abt. Orig. **198**, 185.
WERSÄLL, J., R. KIMURA, and P. G. LUNDQUIST, 1965: Early postmortem changes in the organ of Corti (guinea pig). Z. Zellforsch. **65**, 220—237.
WERSUHN, G., 1968: Über Bau und Funktion des Nucleolus. Biol. Rundschau **6**, 15—21.
WESSEL, W., 1958: Elektronenmikroskopische Untersuchungen von intranucleären Einschlußkörpern. Virchows Arch. path. Anat. **331**, 314—328.
— 1961: Elektronenmikroskopische Untersuchung von Drüsenzellen der menschlichen Decidua. Arch. Gynäk. **196**, 307—321.
— 1965: Endometriale Adenocarcinome verschiedener Differenzierungsgrade und ihr Stroma im elektronenmikroskopischen Bild. Z. Zellforsch. **66**, 421—437.
— 1966: Elektronenoptische Studien zur Orthologie und experimentellen Pathologie des Kleinhirns der Maus. Jena: VEB G. Fischer.
— 1967: Ultrastrukturelle Degenerationsvorgänge und Degranulierung extravasaler Leukozyten bei eitriger Keratitis. Virchows Arch. path. Anat. **342**, 129—143.
— und P. GEDIGK, 1959: Die Verarbeitung und Speicherung von phagocytiertem Eisen im elektronenmikroskopischen Bild. Virchows Arch. path. Anat. **332**, 508—532.
— — und O. GIERSBERG, 1965: Elektronenmikroskopische Untersuchungen über die Speicherung organisch gebundenen Kupfers in der Leber. Verh. dtsch. Ges. Path. **49**. Tagg. 296—299.
— — — 1966: Elektronenmikroskopische und morphometrische Untersuchungen an Kaninchen-Lebern nach intravenöser Injektion organisch gebundenen Kupfers. Virchows Arch. path. Anat. **340**, 206—230.

WESSEL, W., und P. RÁCZ, 1967: Elektronenmikroskopische Untersuchungen der Cornea bei experimenteller Shigellen-Keratitis. Virchows Arch. path. Anat. **342**, 109—128.

WESSING, A., 1965: Der Nucleolus und seine Beziehungen zu den Ribosomen des Cytoplasmas an den Malpighischen Gefäßen von *Drosophila melanogaster*. Z. Zellforsch. **65**, 445—480.

WESTLAKE, G. E., H. J. SPJUT, and M. N. SMITH, 1965: Penetration of colonic mucosa by asbestos particles. An electron microscopic study in rats fed asbestos dust. Lab. Invest. **14**, 2029—2033.

WESTON, J. C., 1968: Ribosome-like granules within areas of the perinuclear space in cells of 13—14 somite chick embryos. Z. Zellforsch. **87**, 199—209.

WETTER, O., und C. G. SCHMIDT, 1968: Genetische Mechanismen der Antikörper. Klin. Wschr. **46**, 401—407.

WETTSTEIN, D., B. LAGERHOLM, and H. ZECH, 1961: Cellular changes in the psoriatic epidermis. Acta derm.-venereol. **41**, 115—134.

WETTSTEIN, R., and J. R. SOTELO, 1963: Electron microscope study on the regenerative process of peripheral nerves of mice. Z. Zellforsch. **59**, 708—730.

WHEAT, M. W., 1965: Ultrastructure autoradiography and lysosome studies in myocardium. J. Mount Sinai Hosp. **32**, 107—121.

WHEELDON, L. W., and A. L. LEHNINGER, 1966: Energy-linked synthesis and decacy of membrane proteins in isolated rat liver mitochondria. Biochemistry **5**, 3533—3545.

WHITE, J. G., 1967: The Chediak-Higashi syndrome: Cytoplasmic sequestration in circulating leukocytes. Blood **29**, 435—451.

WHITE, R. H., and C. SUNDEEN, 1967: The effect of light and light deprivation upon the ultrastructure of the larval mosquito eye. I. Polyribosomes and endoplasmic reticulum. J. exp. Zool. **164**, 461—477.

WICKS, W. D., D. L. GREENMAN, and F. T. KENNEY, 1965: Stimulation of ribonucleic acid synthesis by steroid hormones. I. Transfer ribonucleic acid. J. biol. Chem. **240**, 4414—4419.

WIDNELL, C. C., and P. SIEKEVITZ, 1967: The turnover of the constituents of various rat liver membranes. J. Cell Biol. **35**, 2/2, 142 A.

WIELAND, O., 1964: Formen und klinische Bedeutung nicht hereditärer Enzymstörungen im Bereich innerer Erkrankungen. Verh. dtsch. Ges. Inn. Med. **70**. Tagg. 548—566.

WIENER, J., D. SPIRO, and W. R. LOEWENSTEIN, 1963: Correlative electro-physiological and ultrastructural studies of the nuclear envelope. J. Cell Biol. **19**, 75 A.

— — and P. S. RUSSEL, 1964: An electron microscope study of the homograft reaction. Amer. J. Path. **44**, 319—347.

— — and W. R. LOEWENSTEIN, 1964: Studies on an epithelial (gland) cell junction. II. Surface structure. J. Cell Biol. **22**, 587—598.

— — and H. O. ZUNKER, 1965: A cellular study of tuberculin sensitivity. Amer. J. Path. **47**, 723—763.

— A. V. LOUD, D. V. KIMBERG, and D. SPIRO, 1968: A quantitative description of cortisone-induced alterations in the ultrastructure of rat liver parenchymal cells. J. Cell Biol. **37**, 47—62.

WIESNER, R., G. ACS, E. REICH, and A. SHAFIQ, 1965: Degradation of ribonucleic acid in mouse fibroblasts treated with actinomycin. J. Cell Biol. **27**, 47—52.

WILGRAM, G. F., J. B. CAULFIELD, and W. F. LEVER, 1961: An electron microscopic study of acantholysis in pemphigus vulgaris. J. invest. derm. **36**, 373—382.

— — — 1962: An electron microscopic study of acantholysis and dyskeratosis in Hailey and Hailey's disease. J. invest. derm. **39**, 373—381.

— — — 1963: Elektronenmikroskopische Untersuchungen bei Hauterkrankungen mit Akantholyse (*Pemphigus vulgaris, Pemphigus familiaris benignus chronicus, Morbus Darier*). Derm. Wschr. **147**, 247—293.

— — and E. B. MADGIC, 1964: An electron microscopic study of acantholysis and dyskeratosis in *Pemphigus foliaceus* with a special note on peculiar intracytoplasmic bodies. J. invest. derm. **43**, 287—299.

— — — 1964: A possible role of the desmosome in the process of keratinization. An electron microscopic study of acantholysis and dyskeratosis. In: „The Epidermis", ed. by W. MONTAGNA and W. C. LOBITZ, 275—301. New York-London: Academic Press.

WILLEMS, M., M. PENMAN, and S. PENMAN, 1969: The regulation of RNA synthesis and processing in the nucleolus during inhibition of protein synthesis. J. Cell Biol. **41**, 177—187.

WILLÉN, R., and U. STENRAM, 1967: RNA synthesis in the liver of rats treated with 5-fluorouracil. Arch. biochem. biophys. **119**, 501—503.
WILLIAMS, G., and R. PEACH, 1967: Electron microscopy of parabiotic renal amyloid. J. Path. Bact. **93**, 119—124.
WILLIAMS, M. A., 1967: More intramitochondrial bodies. J. Cell Biol. **35**, 730—732.
WILLIAMS, P. L., M. A. WILLIAMS, S. L. KOUNTZ, and W. J. DEMPSTER, 1964: Ultrastructural and haemodynamic studies in canine renal transplants. J. Anat. **98**, 545—569.
WILLIAMS, V., and R. G. GROSSMAN, 1968: Effects of ischemia on the ultrastructure of cortical synapses. Anat. Rec. **160**, 451.
WILLIAMSON, J. R., 1960: Electron microscopy of glycogenic changes in beta cells in experimental diabetes. Diabetes **9**, 471—480.
— and P. E. LACY, 1959: Electron microscopy of islet cells in alloxan treated rabbits. Arch. Path. **67**, 102—109.
WILLS, E. J., 1965: Crystalline structures in the mitochondria of normal human liver parenchymal cells. J. Cell Biol. **24**, 511—514.
— 1968: Acute infective hepatitis. Fine structural and cytochemical alterations in human liver. Arch. Path. **86**, 184—207.
— and M. A. EPSTEIN, 1966: Subcellular changes in surface adenosine triphosphatase activity of human liver in extrahepatic obstructive jaundice. Amer. J. Path. **49**, 605—635.
WILMS-KRETSCHMER, K., and G. MAJNO, 1969: Ischemia of the skin. Electron microscopic study of vascular injury. Amer. J. Path. **54**, 327—354.
WILSON, J. E., and J. L. DOVE, 1965: Turnover of mitochondria in rat liver, kidney and heart. J. Elisha Mitchell Sci. Soc. **81**, suppl., 21.
WILSON, J. W., and E. H. LEDUC, 1963: Mitochondrial changes in the liver of essential fatty acid-deficient mice. J. Cell Biol. **16**, 281—296.
WILSON, S. H., and M. B. HOAGLAND, 1965: Studies on the physiology of rat liver polyribosomes: Quantitation and intracellular distribution of ribosomes. Proc. nat. Acad. Sci. **54**, 600—607.
WILSON, T. H., 1962: Intestinal Absorption. Philadelphia: W. B. Saunders.
WINKELMANN, E., H. DAVID und I. MARX, 1965: Autolytische submikroskopische Zellveränderungen im Cortex cerebelli der weißen Ratte. J. Hirnforsch, **7**, 453—462.
WINKLER, R., 1967: Zum Feinbau der Mitochondrien in normalen und durch Vitalfarbstoffe beeinflußten Mäuse-Ascitestumorzellen. Z. Zellforsch. **79**, 507—536.
WISCHNITZER, S., 1964: Ultrastructural changes in the cytoplasm of developing amphibian oocytes. J. Ultrastruct. Res. **10**, 14—26.
— 1967: Intramitochondrial transformations during oocyte maturation in the mouse. J. Morphol. **121**, 29—46.
WISNIEWSKI, H., and R. D. TERRY, 1967: Experimental colchicine encephalopathy. I. Induction of neurofibrillary degeneration. Lab. Invest. **17**, 577—587.
— M. L. SHELANSKI, and R. D. TERRY, 1968: Effects of mitotic spindle inhibitors on neurotubules and neurofilaments in anterior horn cells. J. Cell Biol. **38**, 224—229.
— J. PRINEAS, and C. S. RAINE, 1969: An ultrastructural study of experimental demyelination and remyelination. I. Acute experimental allergic encephalomyelitis in the peripheral nervous system. Lab. Invest. **21**, 105—118.
WISSE, E., und W. T. DAEMS, 1965: Über die Verbindung zwischen den Cristae mitochondriales und der Innenmembran der Leberparenchymzellen. Tagg. dtsch. Ges. Elektronenmikroskopie Aachen. D 7.
WISSOCQ, I. C., 1967: Etude ultrastructurale de l'évolution des muscles longitudinaux lors de la stolonisation experimentale de *Syllis amica* (Quatrefages) (Annélide Polychéte). Z. Zellforsch. **83**, 449—467.
WITSCHEL, H., und W. MEYER, 1968: Der Morbus Fabry als Beispiel einer erblichen Lipoidspeicherkrankheit. Klin. Wschr. **46**, 72—76.
WITTIG, M.: 1968: Die Morphogenese der lumbalen Hypaxialmuskulatur des Hauskaninchens. Z. mikr.-anat. Forsch. **79**, 27—81.
WITZEL, E. W., and G. M. HUNT, 1962: The ultrastructure of the choroid plexus in hydrocephalic offspring from vitamin A deficient rabbits. J. Neuropath. exp. Neurol. **21**, 250—262.
WITZLEBEN, C. L., 1966: An electron microscopic study of ferrous sulfate induced liver damage. Amer. J. Path. **49**, 1053—1067.
WLODAWER, P., D. F. PARSONS, G. R. WILLIAMS, and L. WOJTCZAK, 1966: Morphological changes in isolated rat-liver mitochondria during swelling and contraction. Biochim. biophys. Acta **128**, 34—47.

WOHLFARTH-BOTTERMANN, K. E., und W. STOCKEM, 1966: Pinocytose und Bewegung von Amöben. II. Permanente und induzierte Pinocytose bei *Amoeba proteus*. Z. Zellforsch. **73**, 444—474.
WOLFE, A. D., and F. E. HAHN, 1965: Mode of action of chloramphenicol. IX. Effects of chloramphenicol upon a ribosomal amino acid polymerization systems and its binding to bacterial ribosome. Biochim. biophys. Acta **95**, 146—155.
WOLFE, S. M., and A. S. WEISBERGER, 1965: Protein synthesis by reticulocyte ribosomes. Proc. nat. Acad. Sci. **53**, 991—998.
WOLFF, H., 1968: Histochemische und elektronenmikroskopische Beobachtungen über die Glykogenverteilung im Hypothalamus einiger Winterschläfer. Z. Zellforsch. **88**, 228—261.
WOLLENBERGER, A., G. RAABE, B. KLEITKE und W. SCHULZE, 1961: Über den Einfluß chronischer Herzüberlastung auf Struktur und Funktion der Mitochondrien des Herzmuskels. Monatsber. DAdW Berlin **3**, 597—600.
— and W. SCHULZE, 1961: Mitochondrial alterations in the myocardium of dogs with aortic stenosis. J. biophys. biochem. Cytol. **10**, 285—288.
— — 1962: Über das Volumenverhältnis von Mitochondrien zu Myofibrillen im chronisch überlasteten, hypertrophierten Herzen. Naturwissenschaften **49**, 161—162.
— B. KLEITKE, and G. RAABE, 1963: Some metabolic characteristics of mitochondria from chronically overloaded, hypertrophied hearts. Exp. molec. Path. **2**, 251—260.
WOLMAN, M., J. J. BUBIS, and H. WIENER, 1967: Histochemical study of the nature of the asymmetry of cell membranes. Histochemie **9**, 1—12.
WOOD, R. L., 1965: Effect of ethionine on developing hepatic cells. J. Cell Biol. **27**, 114 A.
— 1965: The fine structure of hepatic cells in chronic ethionine poisoning and during recovery. Amer. J. Path. **46**, 307—330.
— 1967: Effect of ethionine on the ultrastructure of developing liver cells. J. Ultrastruct. Res. **19**, 100—115.
WOOLF, A. L., 1962: The ultrastructure of the human motor end plate as seen in muscle biopsies. IV. internat. Kongr. f. Neuropath. München 1961, Vol. II, 18—20.
WRISCHER, M., 1965: Elektronenmikroskopische Untersuchungen der Zellnekrobiose. Protoplasma **60**, 355—400.
WUNDERLICH, V., M. SCHÜTT und A. GRAFFI, 1966: Über Differenzen im DNS-Gehalt von Mitochondrien aus Tumor- und Normalgeweben. Acta biol. med. germ. **17**, K 27—K 32.
WUNNER, W. H., J. BELL, and H. N. MUNRO, 1966: The effect of feeding with a tryptophan-free amino acid mixture on rat liver polysomes and ribosomal ribonucleic acid. Biochem. J. **101**, 417—428.
WYLLIE, J. C., 1966: Electron microscopy of cellular changes observed in lymph nodes of guinea pig during the development of contact sensitivity. Rev. Canad. Biol. **25**, 195—207.

YAMADA, C., A. J. CLARK, and M. E. SWENDSEID, 1967: Actinomycin D effect on amino acid absorption from rat jejunal loops. Science **158**, 129—130.
YAMADA, K., 1967: Aspects of the fine structure of light and dark cells in the intrahepatic bile duct epithelium of the mouse. Nagoya Med. Sci. **30**, 309—318.
— 1968: Some observations on the fine structure of light and dark cells in the gall bladder epithelium of the mouse. Z. Zellforsch. **84**, 463—472.
YAMAGUCHI, K., L. HERMAN, and P. J. FITZGERALD, 1966: Actinomycin D suppression of pancreas regeneration. VI. internat. Congr. f. Electron Microscopy Kyoto Vol. **2**, 607—608.
YAMAMOTO, J., und M. NAKANO, 1960: Elektronenmikroskopische Beobachtungen an Phagozytose der *Salmonella enteritides* von den aus Meerschweinchenbauchhöhlen entnommenen Phagozyten. J. Electron Microscopy **9**, 84—90.
— and J. C. HAMPTON, 1966: Phagocytosis of *Salmonella enteritidis*: Dense material surrounding the microorganisms in the phagosomes of host cells. VI. internat. Congr. f. Electron Microscopy Kyoto Vol. **2**, 735—736.
YAMAMOTO, H., and S. SHIRAIWA, 1968: Perichromatin granules during cell division cycle. J. Electron Microscopy **17**, 243.
YAMAMOTO, T., 1962: An observation on the thickness of unit membrane. Vth internat. Congr. f. Electron Microscopy Philadelphia Vol. II, LL-6.
— 1963: On the thickness of the unit membrane. J. Cell Biol. **17**, 413—421.
— T. EBE, and S. KOBAYASHI, 1965: Various types of mitochondrial inclusion bodies in hibernating animals. J. Electron Microscopy **14**, 133.

YAMAMOTO, T., T. EBE, and S. KOBAYASHI, 1969: Intramitochondrial inclusions in various cells of a snake (*Elaphae quadrivirgata*). Z. Zellforsch. **99**, 252—262.

YAMANOBE, R., 1968: Electron microscopic study on retinas of choline-deficient rats. Acta Soc. ophthal. jap. **72**, 272—288.

YANAGIDA, K., 1966: Electron microscopic study on vacuolar structures observed in liver cells after administration of hypertonic sucrose solution. Tokyo Jikeikai Med. J. **81**, 199—212.

— 1967: Electron microscopic study on vacuolar structure observed in liver cells after administration of hypertonic sucrose solution. J. Electron Microscopy **16**, 370.

YANAGIMOTO, Y., 1964: Variant mitochondria in human hepatic cells in the cases of some disease. Okajim. Fol. anat. jap. **39**, 301—319.

YANO, H., T. SONODA, T. OHKAWA, M. TAKEUCHI, M. MIYAGAWA, K. KINOSHITA, and T. KUSONOKI, 1965: An electron microscopic study on the kidney in experimentally induced hyperparathyroidism. Urol. int. **20**, 319—335.

YAREMKO, E. E., 1968: Ultrastructural changes in intestinal microvilli during glucose absorption. Fiziol. Z. SSSR **56**, 603—606.

YASUZUMI, G., R. SUGIHARA, S. NAKANO, T. KISE, and H. TAKEUCHI, 1960: Submicroscopic structure of cell necrobiosis of Yoshida sarcoma as revealed by electron microscopy. Cancer Res. **20**, 339—343.

— I. TSUBO, H. KITAMURA, S. FUKUI, and S. NAKATANI, 1963: Electron microscopic study of infectious hepatitis. J. Nara Med. Ass. **14**, 25—35.

— — R. SUGIHARA, and Y. NAKAI, 1964: Analysis of the development of japanese B encephalitis (JBE) virus. I. Electron microscope studies of microglia infected with JBE virus. J. Ultrastruct. Res. **11**, 213—229.

— — 1966: The fine structure of nuclei as revealed by electron microscopy. III. Adenosine triphosphatase activity in the pores of nuclear envelope of mouse choroid plexus epithelial cells. Exp. Cell Res. **43**, 281—292.

— Y. NAKAI, I. TSUBO, M. YASUDA, and T. SUGIOKA, 1967: The fine structure of nuclei as revealed by electron microscopy. IV. The intranuclear inclusion formation in Leydig cells of aging human testes. Exp. Cell Res. **45**, 261—276.

— I. TSUBO, K. OKADA, A. TERAWAKI, and Y. ENOMOTO, 1968: The fine structure of nuclei as revealed by electron microscopy. V. Intranuclear inclusion bodies in hepatic parenchymal cells in cases of serum hepatitis. J. Ultrastruct. Res. **23**, 321—332.

YATES, J. C., 1966: An electron microscopic study of the effects of tetanus toxin on motoneurons of rat spinal cord. J. Ultrastruct. Res. **16**, 382—394.

YATES, R. D., 1965: Fine structural observations on untreated and ACTH treated adrenocortical cells of the zona reticularis of syrian hamsters. Z. Zellforsch. **66**, 384—395.

— K. ARAI, and D. A. RAPPOPORT, 1967: Fine structure and chemical composition of opaque cytoplasmic bodies of triparanol treated syrian hamsters. Exp. Cell Res. **47**, 459—478.

— and J. C. YATES, 1968: The occurrence of intramitochondrial granules in nerve cells. Z. Zellforsch. **92**, 388—393.

YATVIN, M. B., 1966: Polysome morphology: Evidence for endocrine control during chick embryogenesis. Science **151**, 1001—1002.

— and T. B. LATHROP, 1966: Polyribosome response in regenerating liver following ionizing radiation. Biochem. biophys. Res. Commun. **25**, 535—541.

— J. L. MITCHEN, and A. L. WILEY, 1968: Polyribosome reduction and recovery following neutron exposure of regenerating liver. Biochim. biophys. Acta **169**, 536—539.

YAUCHI, N., 1964: Electron microscopic cyto-histopathology. XIX. Electron microscopic study of rat liver in acute thio-acetamide poisoning. Tokyo Jikeikai Med. J. **11**, 81—96.

YEH, S. D. J., and M. E. SHILS, 1966: Tetracycline and incorporation of amino acids into proteins of rat tissues. Proc. Soc. exp. Biol. Med. **121**, 729—733.

YI-HUNG, K., L. KUEN, S. C. YI, M. J. CHENG, and C. C. NIEN, 1964: The early x-ray radiation effects on the submicroscopic structures of the hepatic cells of mice. Peking.

YODAIKEN, R. E., 1964: The effects of fluid under pressure in the liver sinusoid. III. Europ. reg. Conf. on Electron Microscopy, B 419—420.

YOKOI, S., J. AUSTIN, and F. WITMER, 1967: Isolation and characterization of Lafora bodies in two cases of myoclonus epilepsy. J. Neuropath. exp. Neurol. **26**, 125.

YOKOMURA, E., S. SENO, K. SOGABE, A. NAKATSUKA, and T. KUBO, 1967: Studies on the mechanism of phagocytosis. I. Effect of metabolic inhibitors on the phagocytosis of iron colloid particles by ascites macrophages. Acta med. Okayama **21**, 93—107.

YONETSU, T., 1966: Electron microscopy of the adrenal cortex normal and unilaterally adrenalectomized syrian hamsters. Endocrinol. jap. **13**, 269—290.

YOSHIDA, N., I. OHMARU, and T. SATO, 1962: Electron microscopic studies on human brain tumor. Vth internat. Congr. f. Electron Microscopy Philadelphia Vol. II, PP-7.

YOSHIMURA, F., und M. IRIE, 1961: Licht- und elektronenmikroskopische Studie an den Kristalloiden in der Schilddrüsenzelle. Z. Zellforsch. **55**, 204—219.

— K. HARUMIYA, M. WATANABE, T. OMOTO, and T. SEKIGUCHI, 1968: Functional significance of the tubular agranular endoplasmic reticulum in the adrenocortical cells of albino rats. Endocrinol. jap. **15**, 145—169.

YOSHINO, Y., J. MANIS, and D. SCHACHTER, 1966: Actinomycin D and the regulation of apoferritin synthesis in rat liver. Nature **210**, 538—539.

YOUNG, D. E., E. A. ARNOLD, and R. E. STOWELL, 1966: Effects of slow and rapid thawing on nuclear structure of rapidly frozen mouse hepatic parenchymal cells. Lab. Invest. **15**, 381—402.

— C. C. GRIFFIN, E. A. ARNOLD, and R. E. STOWELL, 1967: Quenching mouse liver in isopentane and propane at —155° C. Arch. Path. **84**, 499—508.

YU, S. Y., and H. T. BLUMENTHAL, 1963: The calcification of elastic fibers. I. Biochemical studies. J. Geront. **18**, 119—126.

— — 1963: The calcification of elastic fibers. II. Ultramicroscopic characteristics. J. Geront. **18**, 127—134.

— and C. N. SUN, 1966: Lipid accumulation and differentiation of septal cells in post-natal development of lungs. VI. internat. Congr. f. Electron Microscopy Kyoto Vol. **2**, 593—594.

YU, W., P. A. YOUNG, J. J. TAYLOR, and L. L. TUREEN, 1968: Electron microscopy and histochemistry of nutritional encephalopathy. Anat. Rec. **160**, 455.

ZACKS, S. J., and M. F. SHEFF, 1964: Studies on tetanus toxin. I. Formation of intramitochondrial dense granules in mice acutely poisoned with tetanus toxin. J. Neuropath. exp. Neurol. **23**, 306—323.

— J. A. S. HALL, and M. F. SHEFF, 1966: Studies on tetanus. IV. Intramitochondrial dense granules in skeletal muscle from human cases of tetanus intoxication. Amer. J. Path. **48**, 811—822.

ZAKI, F. G., 1966: Ultrastructure of hepatic cholestasis. Medicine **45**, 537—545.

— and F. W. HOFFBAUER, 1963: Hepatic ultrastructural changes in chlorpromazine. J. appl. Phys. **34**, 2504.

— — and F. GRANDE, 1966: Fatty cirrhosis in the rat. IX. Effects of saturated dietary fat. Arch. Path. **81**, 78—84.

ZALETAJEVA, T. A., 1964: Regeneration of some ultrastructures of the rat liver cells after a prolonged starvation. Cytologia **6**, 343—345.

ZALKIN, H., A. L. TAPPEL, K. A. CALDWELL, S. SHIBKO, I. D. DESAL, and T. A. HOLLIDAY, 1962: Increased lysosomal enzymes in muscular dystrophy of vitamin E-deficient rabbits. J. biol. Chem. **237**, 2678—2682.

ZAMBRANO, D., and E. DE ROBERTIS, 1967: Ultrastructural aspects of the inhibition of neurosecretion by puromycin. Z. Zellforsch. **76**, 458—470.

ZATTI, M., F. ROSSI, and V. MENEGHELLI, 1965: Metabolic and morphological changes of polymorphonuclear leucocytes during phagocytosis. Brit. J. exp. Path. **46**, 227—233.

ZBARSKY, S. H., 1964: The effect of actinomycin D on the incorporation of C^{14} formate into nucleic acids of Ehrlich ascites carcinoma and Novikoff hepatoma *in vitro*. Canad. J. Biochem. **42**, 563—566.

ZEIDENBERG, P., S. ORRENIUS, and L. ERNSTER, 1967: Increase in levels of glucuronylating enzymes and associated rise in activities of mitochondrial oxidative enzymes upon phenobarbital administration. J. Cell Biol. **32**, 528—531.

ZEITOUN, P., and A. LAMBLING, 1967: Ultrastructure of the gastric mucosa in human hemochromatosis. Scand. J. Gastroent. **2**, 222—234.

ZELANDER, T. B., 1964: Differentiation of mitochondria in the juvenile adrenal cortex of the mouse. III. Europ. reg. Conf. on Electron Microscopy Prague, B 489—490.

— R. EKHOLM, and Y. EDLUND, 1964: The ultrastructure of the rat exocrine pancreas after experimentally occluded outflow. J. Ultrastruct. Res. **10**, 89—102.

ZELENÁ, J., L. LUBINSKA, and E. GUTMANN, 1968: Accumulation of organelles at the ends of interrupted axons. Z. Zellforsch. **91**, 200—219.

ZELICKSON, A. S., 1962: An electron microscope study of the basal cell epithelioma. J. invest. derm. **39**, 183—187.

— 1962: The fine structure of the human melanotic and amelanotic malignant melanoma. J. invest. derm. **39**, 605—613.

— D. B. WINDHORST, J. G. WHITE, and R. A. GOOD, 1967: The Chediak Higashi syndrome: Formation of giant melanosomes and the basis of hypopigmentation. J. invest. derm. **49**, 575—581.

ZEMAN, W., 1966: Pathogenesis of radiolesions in the mature central nervous system. Vth internat. Congr. of Neuropath. Zürich 1965, 302—308.

— and S. DONAHUE, 1963: Fine structure of the lipid bodies in juvenile amaurotic idiocy. Acta Neuropath. **3**, 144—149.

ZHABOTINSKY, YU. M., A. A. MANINA, and YA. YU. KOMISSARCHIK, 1968: Submicroscopic changes of myelin in experimental allergic polyneuritis in the process of demyelinization, Arch. Path. **30**, H. 6, 3—6.

ZILLIG, W., 1966: Die Wirkung von Antibioticis auf Komponenten und Teilreaktionen des Proteinbiosynthese-Apparates. Arch. exp. Path. Pharm. **253**, 131—141.

ZIMMERMAN, E. F., and S. A. GREENBERG, 1965: Inhibition of protein synthesis by 8-azaguanine. I. Effects on polyribosomes in HeLa cells. Mol. Pharm. **1**, 113—125.

ZIMNY, M. L., and J. E. MORELAND, 1968: Mitochondrial populations and SDH in the heart of a hibernator. Canad. J. Physiol. **46**, 911—913.

ZINNARI, A., and V. VALLERINO, 1962: Swelling of uterus mitochondria with folliculin and progesterone. Experientia **18**, 165.

ZINTZ, R., 1966: Dystrophische Veränderungen in äußeren Augenmuskeln und Schultermuskeln bei der sog. progressiven Graefeschen Ophthalmoplegie. In: „Progressive Muskeldystrophie, Myotonie, Myasthenie". Berlin-Heidelberg-New York: Springer.

ZOLLINGER, H. U., 1948: Phasenmikroskopische Beobachtungen über Zelltod. Schweiz. Z. Path. **11**, 276—282.

— 1948: Trübe Schwellung und Mitochondrien. Schweiz. Z. Path. **11**, 617—634.

— 1948: Cytologic studies with the phase microscope. II. The mitochondria and other cytoplasmic constituents under various experimental conditions. Amer. J. Path. **24**, 569—589.

— 1948: Cytologic studies with the phase microscope. IV. Morphologic changes associated with the death of cells *in vitro* and *in vivo*. Amer. J. Path. **24**, 1039—1054.

ZUCKER-FRANKLIN, D., 1965: Electron microscope study of the degranulation of polymorphonuclear leukocytes following treatment with streptolysin. Amer. J. Path. **47**, 419—455.

ZUCKERMAN, A. J., S. F. BAKER, and L. J. DUNKLEY, 1968: The effect of tetracycline on the human liver cells in culture. Brit. J. exp. Path. **49**, 20—23.

ZWILLING, E., 1964: Controlled degeneration during development. Ciba Found. Symp. „Cellular Injury", 352—368.

Sachverzeichnis

Absorption 177
Acetamid 226
Aceton 244
ACTH 56, 59, 65, 70, 71, 79, 98, 109, 112, 148, 167
Adenin 35, 86
— ^{14}C- 439
Adeninnukleotid, ^{3}H- 94
Adenosin-monophosphatase 233
Adenovirus 103, 111, 134, 463, 470
Adrenalektomie 101, 107, 300, 357
Adrenalin 300
ÄDTE 237, 239, 243
Äthionin 14, 15, 21, 27, 28, 30, 35, 45, 60, 65, 67, 68, 70, 71, 74, 79, 81, 83, 84, 86, 106, 118, 120, 123, 128, 131, 159, 170, 174, 226, 237, 270, 300, 301, 303, 328, 332, 370, *372*, 441
Äthylendiamintetraessigsäure, Na- s. ÄDTE
Äthylenglykol 223
Aflatoxin B 28, 32, 61, 67, 81, 84, 85, 101, 107, 125, 128, 175, 226, 294
Akantholyse 242
Akridinorange 32, 46, 177, 293
Aktinomyzin 16, 19, 21, 23, 24, 26, 30, 31, 36, 69, 70, 73, 85, 86, 89, 94, 108, 112, 119, 155, 156, 159, 175, 183, 209, 220, 223, 260, 262, 270, 293, 294, 300, 303, 306, 327, *421*
Akustikustumor 24
Albumin, ^{125}J- 191
Alkohol 60, 74, 86, 89, 98, 103, 104, 107, 109, 110, 118, 121, 124, 128, 131, 132, 134, 137, 142, 145, 151, 155, 167, 175, 196, 210, 237, 244, 300, 303, 322, 329, *441*
Allergie 238, *378*, 380
Alloxan 19, 56, 59, 79, 83, 84, 119, 124, 141, 331
Allylalkohol 19, 23, 80, 119, 137, 175, 223, 237, 300
Allylformiat 68, 70, 109, 119, 137, 223, 237, 239
Allylisopropylacetamid 61, 70
Altern 26, 45, 101, 105, 106, 131, 132, 136, 141, 145, 146, 167, 173, 196, 198, 214, 216, 256, *271*, 329
Aludrin 79, 137, 151, 300, 329
Aluminiumphosphat 215
Alupent 108, 119, 124
Amanita, vera, Amanitin 129, 225
2-β-Aminoäthylisoharnstoff-Bromid 454
Aminoäthylisothioharnstoff 107, 119
Aminocyclopentan-Karboxylsäure 80, 84, 155, 176
Aminoglutethimide 101, 137
Aminonukleosid(nephrose) 32, 357
β-Aminopropionitril 142
Aminopterin 237
Aminosäure-Analoga 369
Aminosäuremangel 369
AMP 372
AMPase 251, 253
Ammoniumintoxikation 56, 110, 140
Amphenon B 59
Amphotericin B 237, 342
γ-Amylase 233
Amylo-1,6-Glukosidasemangel 312
Amyloid 81, 130, 276, *296*
Annuli 13
Annulierte Membranen 77
Anoxie s. Ischämie
Anthrazen 169
Antibiotika 32, 408, *420*
Antigen 182, 192, 245, 380, 382, 383
Antigen-Antikörper-Reaktion 67, 169, 188, 379
Antikörper 182, 192, 203, *380*, 381, 382
Antikörperbildung, zellulär, 380, 426
Antilymphozytenserum 379
Antimetabolite 36, 377
Antiseren 16
Apatit 346, 347, 352, 356
Arboviren 462, 464
Arginin, ^{3}H- 11
Argininmangel 167, 328, 370
Armanni-Ebstein-Zellen 318
Arteriitis temporalis 289
Arteriosklerose 336
Arthritis, rheumatische 188
Arthus-Reaktion 378, 379
Arylesterase 233, 252
Arylsulphonamid 155
Asbestose 187, 194, 289
Aspergillose 170
Astrozytom 281
Aszites-Hepatom 278
Aszites-Tumor 23, 33, 77, 138, 168, 214, 395
AT 10 107, 112, 118, 342
Ataxie 109, 306
ATP 96, 103, 112, 134, 143, 151, 252, 260, 341, 372, 391, 404, 433
ATPase 13, 45, 52, 91, 169, 183, 233, 235, 236, 251, 253, 266, 274, 343, 417, 449

ATP-Mangel 85
Atresie 122, 260
Atrophie 71, 76, 81, 139, 144, 145, 146, 156, 262, *264*, 309, 368, 392, 427, 433
— Nukleolus- 30—33
Atropin 21
Autoimmunerkrankungen 169
Autolyse 14, 15, 16, 17, 19, 20, 33, 39, 76, 79, 81, 84, 105, 106, 117, 121, 136, 140, 151, 157, 169, 237, 240, 244, 262, 265, 300, 393, 399, 404, 408
Autophagie (Vakuolen) 164, 173, 193, 209
Azaguanin 71, 295
Azaserin 45, 59, 74, 210, 370, 371
Azetylaminofluoren 61, 73, 74, 295
Azetylcholinesterase 233
3-Azetylpyridin 19, 20, 45, 196, 215, 377
Azetylsäure(derivate) 59, 62
Azetylsalizylsäure 209, 210

Bacitracin 61, 123
Bakterien 183, 192, 194, 221, 235, 290
Balbiani-Körper 98
Barbital s. Phenobarbital
Basalkörper 153
Basalmembranen 287, 288, 318, 348, 381
Basalzellenkarzinom 281
18-Benzylidin-17-Hydroxy-Yohimbane 111, 129, 137
Bestrahlung 14, 15, 16, 17, 19, 20, 25, 28, 30, 33, 35, 36, 39, 40, 45, 57, 60, 62, 64, 68, 70, 71, 72, 73, 79, 80, 84, 86, 97, 99, 102, 103, 105, 107, 109, 110, 118, 121, 122, 125, 134, 137, 139, 141, 145, 146, 148, 149, 155, 156, 167, 169, 175, 183, 185, 215, 216, 224, 226, 227, 237, 239, 257, 293, 300, 302, 307, 310, 329, 332, *451*
Bilirubinenzephalopathie 105, 131, 244
Bleiazetat 29, 69, 107, 111, 124, 129, 176, 209, 236, 238
Blei(vergiftung) 23, 26, 105, 119, 125, 126, 176, 188, *350*
Blutstauung 80, 266, 343
Bordetella bronchiseptica 184
Boutons 187, 399
Bronchialkarzinom 281
Bürstensaummembranerkrankungen 235
Butazolidin 441
Bypass 110, 124

Calcinosis cutis 349
CCl_4 15, 23, 45, 60, 65, 67, 70, 71, 74, 79, 80, 82, 84, 85, 98, 102, 103, 108, 109, 115, 117, 119, 122, 138, 156, 158, 168, 176, 210, 216, 237, 239, 244, 254, 271, 294, 329, 340, 341, 342, 395, 426, *448*
Cell ballonization 78
„cellules clarifiées“ 78
Ceramid-Trihexonid 332
Cerebrosid 332
Chediak-Higashi-Syndrom 176, 202
Chloramphenicol 94, 294, 384, *438*, 439
Chlorochin 60, 80, 101, 122, 169, 173, 220, 301
Chloroform 329
Chloromyzetin 209
Chlorphenoxyisobutyrat 209, 210
Chlorpromazin 109, 123, 303
Cholestase 61, 68, 81, 103, 111, 128, 129, 158, 177, 188, 214, 220, 227, 235, 236, 238, 396
Cholesterinfütterung 225
Cholin, ^{14}C- 254
Cholinesterase 233, 252
Cholinmangel 79, 104, 106, 107, 110, 118, 136, 167, 331, 335, *368*, 369
Chondroblastom 39, 282
Chordom 24, 101, 282
Chorionepitheliom 281
Choriongonadotropin 118, 132
Chromatin 8, 27, 34, 39, 43, 262, 359, 363, 426, 427, 466
— Nukleolus, assoziiertes 10
Chromatinkörper 22
Chromatolyse 46, 62, 73, 80, 134, 146, 156, 176
Chromomyzin 435
Chromosomen 16
Clostridium perfringens α-Toxin 119, 131
CO-Vergiftung 117, 410
Colchizin s. Kolchizin
Contrykal 70, 71, 80, 157
Corpora amylacea 214
Councilman-Körper 176, 177, 394, 470
Coxsackie-Virus 16, 32, 120, 131, 464, 467
Cristae mitochondriales *90*, 253
Cuprizone 61, 137
Cyanid 132, 175
Cycloheximid 16, 31, 36, 39, 45, 61, 69, 86, 175, 327, 437
Cyclophosphamid 29, 107, 175
Cytosis 161
Cytoskeleton 212

DAB 66
Darmkarzinom 281
Daunomyzin 31, 294, *435*
DDD 101
DDT 61, 63, 74, 104, 441
Dedifferenzierung 64, 132, 156, 174, 266, 269
Degeneration, Wallersche 147, 160, 227
Demenz, progressive 89, 196
Dermatitis pustulosa-Virus 463
Desmosomen 98, 234, 241, 242, 269, 282
Desmosterol 212
Desoxykortikosteron 169, 341
Detoxikation 53
Dextranase 233
Dextransulfat 188
Diabetes mellitus 22, 23, 30, 56, 65, 99, 105, 109, 110, 141, 148, 155, 302, 310, *316*
Diät, nekrogene 224, 239, 342
Diäthanolamin 76, 77, 84, 156, 370
Diäthylenglykol 80, 82, 108, 119
Diäthylnitrosamin 14, 30
Dieldrin 61, 62
Differenzierung 110, 146, 174, *266*, 301, 357, 433

Diffusion 177
Digitonin 256
Dihydrotachysterin 112, 342, 348, 350
Dimethylnitrosamin 61, 65, 75, 80, 83, 84, 98, 295, 303
Dinitrochlorbenzol 242
Dinitrophenol 56, 67, 108, 119, 140
Diöstrus 59
Dioxan 60, 105, 107, 114, 119, 238, 343
Diphenylhydantoin 340
Diphtherie(toxin) 16, 104, 107, 177, 301
Disaccharidase 233, 252, 253
Disci intercalares 234, 243, 271, 354, 392, 418
Disialogenglioside 189
Dissescher Raum 322, 324
Dissoziation, Nukleolus- 30, 33
DMAB 32, 61, 73, 80, 85, 131, 139, 142, 145, 148, 209, 242, 441
DMNA 28, 32, 84, 108, 121, 176, 300
DNP 16, 28, 65, 80, 119, 142, 143
DNS 8, 10, 11, 16, 17, 19, 26, 33, 36, 43, 46, 93, 94, 97, 134, 143, 153, 192, 193, 246, 260, 262, 267, 269, 270, 271, 273, 289, 292, 353, 359, 372, 399, 408, 420, 421, 422, 424, 426, 427, 434, 437, 441, 454, 457, 458
DNS-Viren 25, 461, 466
Dotterkörper 98
Dubin-Johnson-Syndrom 61, 105, 129, 138, 196, 198, 239, 304
dunkle Zellen 211, 226, 441
Duplikation der Kernmembran 40
Dyaden 52, 323
Dysgerminom 281
Dystrophie, infantile neuroaxonale 63

Ebstein-Anomalie 304
Echinomyzin 435
Echovirus 16, 19, 463
Ehrlich-Aszites-Tumor 23, 62, 209, 388, 441
Ehrlich-Karzinom 280
Ehrlich-Landschütz-Tumor 424
Einfrieren s. Gefrieren
Einschluß(körper) 9, 22, 89, 130, 230, 274, 276, 371, 374, 454, 470
Eisensulfat 119, 126
Eisenverbindungen 26, 182, 200
Eiweißmangel s. Proteinmangel
Eiweißspeicherung 102
Ektromelievirus 33, 464
elastische Fasern 349
Elektronentransport 90
Elektroschock 223
Elementarpartikeln 90
Endometriumkarzinom 281
Endotoxin 80, 119, 169, 223, 301
Endoxan 120
Endozytose 180, 383
Enmembranosis 177
Entartung, blasige 78, 216, 395
Entdifferenzierung 266
Enukleolierung 35
Enzephalitis(-Virus) 304, 463
Enzephalomyelitis 143, 380
Epinephrin 300
Epiphysektomie 45, 140, 141, 155, 157
Epulis gigantocellularis 290
Ergastoplasma s. endoplasmatisches Retikulum
Erythromyzin 294
Erythrophagozytose 290, 334, 450
Escherichia coli 183
Esterase 252
Ethidiumbromid 435
Euchromatin 8, 14, 277, 294
Evaginationen 39, 276
Exanthema coitale vesiculosum bovis 464
Extrusionskörper 37

Ferritin 23, 26, 27, 104, 125, 126, 182, 194, 200, 202, 212, 282, 352, 379
Fett(tropfen) 22, 23, 182, 212, 216, 433, 434, 454
Fett, toxisches 226
Fettembolie 326
Fettsäuremangel 102, 103, 108, 110, 136, 138, 327
Fibrillen 8, 10, 26, 210
Fibrin(ogen) 183, 216, 222, 396, 418
Fibrosarkom 281, 282
Filamente 8, 9, 10, 11, 12, 25, 27, 42, 53, 64, 67, 74, 92, 93, 100, 104, 130, 151, 212, 266, 267, 270, 285, 297, 318, 462
Fluorazetat 111, 115, 119, 155
4-Fluor-4-DMAB 293
2-Fluorenamin 61, 65, 84
N-2-Fluorenyldiacetamid 61, 119, 131, 226, 303
Fluorhydrokortison 112
Fluorkortisol 112, 300
5-Fluorurazil 27, 294
Fluorzitrat 115, 119, 142
Follikulin 118, 141, 258
Folsäure 270
Fowlpox-Virus 16, 29
Fragmentierung, Nukleolus- 30, 33
Fragmentierung, endoplasmatisches Retikulum 68
Freundsches Adjuvans 174, 242, 382
Frieren s. Gefrieren
Fruktose (Intoleranz) 59, 299
β-3-D L-Furylalanin 23, 59, 77, 103, 155, 174, 210, 370

Galaktose 159, 174
Gallepigment 198
Gallestauung 103, 109, 123
Ganglioneurom 281
Ganglioside 189, 190, 332, 334, 335, 340
Gargoylismus 190, 334, 340
Geflügelpocken-Virus 463
Gefrieren 15, 21, 45, 79, 83, 84, 86, 101, 106, 124, 237, 239, 240
Gelbfieber(-Virus) 84, 176, 301, 464, 470
Gelbsucht s. Ikterus
Gentamyzin 435
Gerbsäure 60, 80, 84, 111, 119, 300, 301
GERL 165

Glanzstreifen s. Disci intercalares
Gliome — Glioblastom 24, 281
Glukagon 167, 173, 174, 188
Glukokortiko(stero)ide 146, 341
Glukose 63, 174, 237, 313
Glukose, ^{3}H- 299
Glukoseintoleranz, hereditäre 174
Glukose-6-Phosphatase 49, 62, 68, 83, 252, 441, 446
Glukose-6-Phosphatase-Mangel 312
α-1, 4-Glukosidase-Mangel 312
Glutaminmangel 70, 145, 156, 370
Glycocalyx 232, 244, 252, 288
Glykogen 22, 23, 52, 74, 89, 94, 104, 126, 212, 217, 265, 268, 269, *298*, 306, 307, 309, 310, 331, 357, 360, 365, 368, 374, 387, 392, 393, 406, 418, 433, 444, 446, 450, 454, 455, 467
Glykogenose = Glykogenspeicherkrankheit 126, 188, 190, 310, 312, 313
Glykolipid 335
Glyzerin 71, 80, 81, 107, 119, 122, 124, 170, 227
Glyzerin, ^{3}H- 322
Glyzerinaldehyd 98, 107, 303
Gold, kolloidales 182
Goldpartikeln 13
Golgi-System 73, *152*, 162, 173, 202, 217, 247, 282, 322, 329, 356, 358, 360, 365, 393, 406, 418, 454, 469
Gonadotropin 59, 103, 130, 141, 155, 196
Gramicidin D 119, 120
Grundplasma 211, *406*, 454
Guanin, ^{14}C- 427

Hämochromatose 26, 202
Hämoglobin-Resorption 174, 191
Hämosiderin, -siderose 26, 200, 201, 202, 244, 260, 282
Halothan 108, 119, 329
Harnblasenkarzinom 281
Hautkarzinom 281
Heinz-Körper-Anämie 176
Heliotrine 168
helle Zellen 226
Heparitinsulfatmukopolysaccharidose 129, 335
Hepatektomie, partielle 16, 21, 28, 31, 32, 61, 64, 66, 68, 70, 71, 73, 81, 84, 101, 108, 109, 111, 119, 120, 131, 148, 151, 155, 156, 158, 168, 176, 223, 226, 239, 269, 300, 301, 329, 436, 438, 441, 457
Hepatitis 19, 23, 37, 45, 58, 61, 65, 68, 81, 111, 114, 120, 138, 148, 168, 176, 188, 196, 238, 304, *310*
Hepatom 23, 27, 64, 66, 68, 73, 80, 81, 85, 86, 102, 109, 111, 129, 138, 142, 156, 158, 177, 209, 210, 276, 277, *281*, 450
HEP_3-Karzinom 282
Herpesvirus-Gruppe 16, 21, 26, 33, 129, 276, 290, 462, 463, 470
Heterochromatin(isierung) 8, 12, 14, 277, 289, 294
Hexahydrosalizylsäure 210
$HgCl_2$ 60, 80, 114, 119, 124, 342
Hibernation 15, 30, 68, 70, 132, 136, 141, 174, 227, 386, *392*
Hodentumoren 281
Homogenisierung, Nukleolus- 33, 36
Homozystin 74, 79, 84, 107, 118, 375
Hormone 353
Hormon, Hypophysenvorderlappen 237
— mammotropes 121, 140
— schilddrüsenstimulierendes 155
Hunger 15, 23, 29, 30, 46, 68, 69, 73, 74, 79, 84, 98, 103, 105, 106, 109, 111, 117, 121, 123, 125, 131, 134, 136, 139, 143, 144, 145, 146, 156, 167, 174, 196, 220, 223, 226, 265, 295, 322, 324, 325, *359*
Hyalin(-Körper) 89, 152, 177, 441, 445
Hydantoin 73
Hydrokortison 15, 19, 45, 46, 69, 70, 118, 225, 258, 303
Hydrolasen 162, 166, 197
Hydroxy-Harnstoff 32
Hydroxytoluen 61, 62
Hyperlipämie 325
Hypermetabolismus 103, 111, 124, 131
Hyperparathyreoidismus 211
Hyperthermie 29, 30, 79, 84, 85, 106, 115, 121, 386, 387, 408
Hyperthyreoidismus 354
Hypertrophie 56, 108, 138, 141, 142, 144, 154, 156, 214, 270, 278, 304, 387, 452
Hypervitaminose D 112, 145, 341, 348, 349, 350, 376
Hypokaliämie 112, 119, 176, 342
Hypolipidämie 209
Hypophysektomie 14, 15, 56, 59, 68, 70, 79, 85, 98, 110, 112, 134, 137, 141, 170, 300
Hypophysenhormon 30, 57, 175
Hypothermie 8, 106, 391, 392
Hypoxie, -ämie, -ydose 28, 60, 74, 80, 81, 88, 101, 102, 105, 106, 109, 110, 115, 117, 121, 131, 151, 158, 167, 171, 175, 300, 302, *409*, 459

Icterogenin 168, 235, 238
Idiotie, amaurotische 189, 334
Ikterus 105, 108, 111, 122, 129, 160, 196, 239
ββ-Iminodipropionitril 176, 215
Immunozytolyse 379
Immunphänomene 381
Immunpräzipitate 378
Infarkt 15, 19, 30, 39, 72, 79, 101, 105, 106, 117, 121, 123, 131, 136, 170, 237, 240, 300, 329, 345, 394
Influenza-Virus 464
INH 108, 119, 145
Inselzelltumor 282
Insulin 155, 300
Interchromatingranula 8, 9, 20, 21, 374, 426
Invaginationen 22, 39, 100, 276
Invertase 233, 252, 253
Involution 15, 19, 20, 61, 63, 69, 82, 84, 160, 171, 173, 174, 185, 187, 196, 200, 225, *258*, 396

Ionenimbalanz 353
Ischämie 15, 57, 60, 101, 106, 110, 117, 124, 140, 141, 148, 167, 169, 216, 222, 225, 226, 237, 264, 300, 302, 328, 329, 391, 392, 394, *409*
Isoproterenol 28, 106, 112, 148, 343

Janus Grün B 132
Japan-B-Enzephalitis-Virus 464
Jod[131] 16, 79, 107, 118, 131, 167, 175
Jodmangel 46, 74, 80, 238
Jodoform 83, 342

Kälte 15, 20, 39, 45, 117, 121, 131, 141, 155, 302, 342, 392
Kaliumchlorid 131
Kaliummangel 104, 168, 244, 353
Kalziumablagerungen s. auch Apatit 112, 340, 343, 344, 378, 449
Kalziumglukonat 342, 348
Kalziumkarbonat 346
Kalziummangel 124
Kalziumstoffwechsel 340
Kanamyzin 16, 39, 70, 71, 108, 111, 170, 435, *436*
Kanzerisierung 288
Kappenbildung, Nukleolus 30, 31, 32, 33, 435
Karyolyse 18, 19, 401, 411, 452
Karyoplasma 8, 14
Karyorrhexis 18, 20, 43, 355, 401, 402
Karzinom 19, 23, 29, 46, 58, 64, 66, 68, 101, 104, 109, 177, 188, 214, 227, 243, *276*, 304, 310
Katalase 204, 206, 207, 209, 210, 226, 237
Kathepsin 433
KCl-Herzstillstand 123
KCN 108
Kerasin 189, 333
Keratohyalingranula 9, 104
Kern *8*, 246, 331, 363, 399, 411, 452, 466
Kernblasen 13
Kerneinschlüsse s. Einschluß
Kernhyperplasie, -hypertrophie 45
Kernikterus 20, 45, 61, 122
Kernmembran 9, *12*, 24, 39, 48, 149, 452, 466
Kern-Plasma-Relation 276
Kernsekretion 13
Kernwandhyperchromatose 14, 258, 399
Kimmelstiel-Wilson-Glomerulosklerose 318
Klasmatose 203
Koagulationsnekrose 393
Kobalt(chlorid)nekrose 79, 119, 131, 145, 216, 303
Körper, hyaline 62
— multivesikuläre 162, 164, 168, 171, 191
Kohle 182, 187
Kohlenhydratspeicherkrankheit 313
Kohlenhydratstoffwechsel 298
Kohlenstoff 183
Kolchizin 23, 45, 82, 215, 216
Kollagenfasern 348
Kollaps, orthostatischer 80, 106, 117
Kollidon 182, 188
Kolliquationsnekrose 393, 395
Kollumkarzinom 281
Kondensierung, Nukleolus 30, 31, 32, 36
Konkussio 71, 120
Kontusio 71, 105, 120
Korneadystrophie 335
Kortikosteroide 105, 110, 140, 303, *355*
Kortisol 98, 107, 123, 169, 313
Kortison 28, 63, 68, 76, 79, 84, 114, 145, 148, 155, 169, 170, 209, 303, 325, *355*
Kortisonazetat 136, 140, 303, 356
Krebs s. Karzinom
Kristalle, Kristalloide, parakristalline Strukturen 9, 12, 26, 39, 51, 55, 63, 87, 92, 94, 128, 132, 204, 210, 212, 214, 342, 344, 378, 392
Kristallisation 392
Kryptokokkenpolysaccharide 221, 303
Kupfer(sulfat)verbindungen 110, 119, 182, 200, 350
Kurloff-Körper 177
Kwashiorkor 174
Kystadenolymphom 103, 104

Labyrinth, basales 233, 234
Laforá-Körper 310
Laser-Bestrahlung 109, 302, 390, 459
Lasiocarpin 21, 32, 67, 85, 175
Latex 188
Leberzirrhose 188
Lepra 108, 131, 194
Leptospirose 138, 226, 238
Leukämie 26, 85
Leukenzephalitis, subakute sklerosierende 26, 87, 108, 143
Leukodystrophie, metachromatische 109, 139, 188, 189, 190, 335, 337, 340
Leuzin, ^{3}H- 48, 182, 191, 207
Leuzin-C^{14} 86, 328, 457
Leuzinaminopeptidase 233, 253, 280
Lewy-Körper 202
Lezithinase C 245, 256
Lichen ruber planus 26
Linolensäure 322
Lipide 22, 49, 296, 318, 329, 335, 418, 469
Lipidperoxydation 108, 169, 369, 450
Lipidspeicherkrankheiten 332, 333, 337
Lipofuszin 89, 158, 161, 191, *197*, 198, 260, 265, 274, 334, 378, 443
Lipogenese 322, 325
Lipoidose 189, 334, 337
Lipomicra 324
Lipopigmentdystrophie 198
β-Lipoproteidmangel 324
Listeria monocytogenes 183
Lungentumoren 24
Lupus erythematodes 23, 188
Lupus vulgaris 290
Lymphogranulomatose 291
Lysin, ^{3}H- 96
Lysinmangel 109, 110, 118, 227, 328, 369
Lysolezithin 169

Lysosomen 73, 154, 157, 158, *161*, 220, 258, 260, 262, 265, 275, 314, 340, 342, 347, 353, 357, 369, 393, 406, 419, 450, 454, 469

Mäusehepatitis 176, 301, 464
Magnesiummangel 112, 167, 342, 352
Makrosegregation, Nukleolus 33
Malabsorption 237
Malariapigment 200
Malignisierung 276
Mallory-Körper 134, 151, 175, 177, 441, 446
Malonat 56
Maltase 233, 252
Mammakarzinom 281
Mannomustine 29, 107
Masern 214
Maul- und Klauenseuche (Virus) 102, 108, 131, 464
Me-DAB 61, 63, 85, 88, 142, 156, 226, 300
Medulloblastom 281
Megamitochondrien 94, 123, 134, 136, 360, 365, 369, 376, 416, 441
Megaphen 301
Mekoniumkörper 193
Melanin 202, 460
Melanom 24, 26, 86, 202, 281
Melanosis coli 196
Melengestrol-Acetat 151
Membran *246*, 268, 466
Membron-Theorie 289
Mengovirus 14, 16, 61, 63, 463
Meningiom 24, 281
Meningoenzephalitis-Virus 156, 463
Mesidine 61, 84
Metamorphose 15, 172, 174, 187, 200, *260*, 433
Methandrostenolon 103, 123, 128
Methenolonester 56, 65
Methionin 27, 35, 65, 86, 177, 375
Methoxypyridoxin 70, 72, 80, 108, 119, 156, 196, 227, 377
Methylandrostenediol 118, 152, 175
Methylcholanthren 131, 168, 436
Methyl-Thiourazil 265
Methylzellulose 105, 121
Metopiron 102
Metschnikoff-Schaumann-Körper 194
MHV_3-Virus 64, 74, 85
Microbodies 73, 132, 149, 203, 264, 269, 282, 342, 357, 371, 418, 441, 442, 469
Mikrofibrillen 16
Mikrohelix 8
Mikroklasmatose 203, 382
Mikrosegregation, Nukleolus 33
Mikrotubuli 9, 26, 212
Mikrovilli 223, 226, *231*, 241, 242, 247, 253, 268, 282, 284, 290, 320, 321, 358, 360, 392, 406, 418, 456
Mikrozylinder 8, 92
Mikulicz-Zellen 194, 221
Mineralisation 340
Mithramyzin 31, 435
Mitochondrien 12, 22, 48, 57, 62, 73, *89*, 192, 209, 217, 234, 252, 254, 264, 265, 267, 269, 276, 280, 282, 289, 310, 321, 340, 342, 343, 345, 347, 352, 353, 354, 355, 358, 360, 368, 370, 374, 385, 389, 392, 393, 404, 411, 419, 431, 437, 441, 449, 454, 459, 460, 469
Mitochondrieneinschlüsse s. Einschluß
Mitochondrienkörper 404
Mitochondrienpyknose 404
Mitochondriosis (pigmentosa) 130, 143
Mitomyzin C 94, 293, 434
Mitose 22, 146, 173, 200, 269, 381, 383, 424, 426
Mitostatika 29
Monomere 53, 64, 67, 71, 83, 86, 278
Morbus Alzheimer 111, 122, 171, 214, 215
M. Andersen 312
M. Basedow 156, 238
M. Bielschowsky-Jansky 334
M. Cori 312
M. Cushing 100
M. Darier 217, 242
M. Fabry 189, 332, 335, 340
M. Gaucher 87, 98, 102, 129, 139, 188, 189, 310, 332, 333, 334, 340
M. v. Gierke 312
M. Gilbert 196, 239
M. Hers 312
M. Hodgkin 29
M. Hunter-Hurler 190, 334
M. McArdle 139, 304, 312
M. Ménierè 329
M. Nieman-Pick 122, 189, 332, 333, 340
M. Parkinson 202
M. Pompe 312
M. Refsum 196
M. Sanfilippo 335
M. Tay-Sachs 189, 332, 334
M. Unverricht 190
M. Waldenström 26
M. Weil 129
M. Whipple 184, 193, 200, 304
M. Wilson 168, 200, 352
Mukopolysaccharide 190, 318, 334, 335
Mukopolysaccharidose 190, 221, 335, 340
Multiplikation der Kernmembran 40
Mycobacterium leprae 183
— tuberculosis 183
Myelinmembranen, -lamellen, -figuren, Myeloidkörper 23, 25, 41, 60, 62, 74, 89, 102, 109, 110, 132, 150, 173, 188, 192, 239, 244, 262, 265, 266, 277, 354, 369, 376, 378, 387, 392, 406, 420, 441, 442, 445, 450, 454
Myelom 75, 81
Mykolsäure 289
Mykoplasmen 32
Myoklonus-Epilepsie—Krankheit 190, 310
Myxovirus 462, 464, 470

NAD-Nukleosidase 233
NADPH-Zytochrom-C-Reduktase 254
α-Naphthylisothiocyanat 61, 74, 84, 158, 168, 224, 226, 238, 239, 244

Natrium-Mangel 61, 98, 110, 130, 137
Nebenkern 62, 74, 359, 363
Nebennierenrindenhormon 355
Necrosis in vitro 15, 17, 21, 45, 68, 69, 70, 79, 84, 86, 101, 106, 117, 124, 125, 151, 169, 174, 210, 236, 237, 240, 243, 399, 404, 405
Negri-Körper 88, 176, 470
Nekrose 20, 74, 220, 237, 242, 342, 347, 352, 374, 380, *393*, 419, 437, 446, 448, 450, 457
Neomycin 237, 435
Neuraminsäure 334
Neurolathyrismus 71, 81, 215
Neuromelaninpigment 202
Neutralrot 175, 177, 193
Nierenkarzinom 24, 281
Nikotinsäure 128
Nissl-Schollen 50, 453
4-Nitrochinolin-N-Oxyd 23, 24, 31, 32, 175, 294
Nitrofurazon 290
Nitrosamin 303
N-Nitrosomorpholin 14
Nogalamyzin 435
Noradrenalin 45, 56, 65, 79, 303, 325, 331
Nuklearkörper 9, 22, 24, 25, 26, 466
Nukleolonemata 10, 363
Nukleolus 9, *10*, 27, 53, 278, 294, 355, 374, 404, 427, 438, 447, 452, 466
Nukleolus-Ausstoßung 37, 39
Nukleolushypertrophie 27, 45
Nukleosidphosphatase 62, 233, 251
5'-Nukleotidase 52, 233, 236, 252
Nukleotidphosphatasen 233, 251

Ochratoxin A 61
Ochronose-Pigment 202
Ölsäure 45, 327
Östradiolbenzoat 134, 155, 169, 209, 303, 341, 359
Östrastilben D 56, 107, 118, 123, 303
Östrogen 19, 24, 28, 45, 64, 65, 67, 103, 121, 125, 131, 141, 156, 214, 242, 264, 303, 335, *358*, 359, 426, 433
Oleinsäure-^{3}H 322
Oligodendrogliom 281
Olivomyzin 435
Omsk-Hämorrhag.-Fieber-Virus 464
Onkozytom 112
Orotsäure 68, 70, 71, 81, 84, 152, 294, 327
Oxalat 175, 266

Palmitat, ^{3}H- 322
Papovavirus 462, 463, 470
Paraaminosalizylsäure 209, 303
Paraboloid 52
Paraffingranulom 289
Parainfluenza-Virus SV 216
parakristalline Strukturen s. Kristalloide
Paralyse, familiäre periodische 62, 148, 304, 353
γ-Paraproteinämie 87
Parathormon 15, 19, 20, 79, 125, 237, 341, 342, 348, 355
Pars amorpha 10, 363
Partialnekrosen s. Zytolysomen
Pederine 295
Pediculum cristae 92
Pemphigus 73, 242
Pentaden 52
Peptidasen 252, 253
Perichromatingranula 8, 20, 21, 270, 426
Peroxisomen 203
Persantin 124, 303
Phagokaryose 22
Phagolysomen *161*, 191, 192, 193, 199, 220, 382, 434
Phagozytose 167, 177, 180, 183, 203, 286, 290, 378, 383
Phalloidin 169, 176, 216
Phenazitin 176, 200
Phenobarbital 49, 56, 58, 59, 65, 110, 121, 122, 134, 138, 226, 254, 300, 303, 431, *439*
Phenylalanin, ^{3}H- 96
Phenylhydrazin 151
Phleomyzin 435
Phosphatase, alkalische 233, 236, 251, 433
— saure 161, 191, 192, 233, 251, 252, 262, 433
Phosphofruktokinasemangel 313
Phosphoglukomutase-Reduktion 313
Phospholipase 90, 256
Phosphor 56, 108, 119, 123, 301, 395
Phosphorylase-Mangel 312, 313
Phytohaemagglutinin 16, 27, 28, 58, 66, 68, 80, 176
Picorna-Viren 32, 61, 70, 176, 463
Pigmente 22, 24, 130, *161*, 195, 378, 420
Pinacyanol 132, 460
Pinozytose 167, 177, 180, 191, 318, 322, 324, 382, 383
Plaques, senile 214, 215
Plasmamembran 469
Plasmozid 84, 108, 119, 131, 142
Plasmozytom 25, 26, 282
Pneumokoniose 244, 289
Pockenvirus 26, 463, 470
Polioencephalitisvirus, -alomyelitis 16, 32, 65, 70, 71, 77, 84, 87, 120, 176, 224, 304, 436
Poliovirus 70, 86
Polyensäure 110, 136, 300
Polymyositis 177
Polyneuritis 380
Polysomen 11, 12, *48*, 53, 173, 264, 267, 268, 269, 270, 278, 295, 358, 359, 360, 374, 405, 427, 429, 430, 436, 437, 439, 449, 450, 453
Polyvinylazetat 81, 188
Polyvinylpyridin-N-Oxyd 188
Poren, Kernmembran 13, 44, 45, 355
Porphyrie 68, 329
Prednisolon 61, 65, 84, 303, 329
Prednison 124, 136, 155, 175, 303, 433
Proflavin 32, 46, 176, 293, 294

Progesteron 19, 45, 103, 118, 141, 169, 303, 335
Prontosil 175, 188
Propigment 39
Propylthiourazil 69, 70, 128, 238
Prostatakarzinom 281
Proteinmangel 15, 23, 24, 28, 30, 59, 65, 67, 68, 69, 70, 72, 73, 79, 84, 101, 106, 109, 110, 117, 128, 136, 145, 155, 156, 167, 174, 237, 264, 300, 301, 302, 313, 327, *363*, 368
Proteinstoffwechsel 292
Proteokoagulation 399
Proteolyse 399
Protonen 89, 118, 121
Pseudoinklusionen s. Einschluß
Pseudoxanthoma elasticum 350
Psoriasis 47, 66, 67, 142, 216, 242
Puromyzin 32, 65, 67, 69, 70, 80, 86, 112, 175, 294, 322, *436*, 441
Pyknose 18, 19, 39, 46, 122, 151, 258, 260, 264, 355, 375, 393, 394, 399, 411, 419, 452
Pyrrolizidinalkaloide 21, 23, 28, 32, 209, 270

Quarz 187

Rabies-Virus 464
Radiothyreoidektomie s. ^{131}Jod
Randschollenkranz 73
Regeneration 55, 57, 65, 66, 67, 72, 73, 103, 112, 130, 136, 138, 142, 146, 168, 210, 226, 230, *269*, 301, 457
Reimplantation 304, 386
Reovirus (Enzephalitis) 108, 120, 176, 462, 464, 470
Residualkörper 185, 191, 193, 274, 275
Retikulosarkomatose Gottron 290
Retikulum, endoplasmatisches 12, *47*, 149, 154, 209, 216, 247, 254, 260, 264, 265, 269, 270, 278, 280, 306, 322, 324, 329, 359, 360, 363, 368, 370, 374, 386, 392, 393, 404, 417, 427, 430, 436, 439, 442, 447, 448, 449, 450, 452, 467
Retikulumzellsarkom 282
Retrorsine 21, 45, 155, 160, 209, 270
reversed pinocytosis 203
Rhabdomyoblastom, -sarkom 71, 282
Rhabdovirus-Gruppe 464
Rhagozyten 192
Rhinosklerom 194, 221
Rhopheozytose 182
Riboazaurazil 294
Riboflavinmangel 68, 79, 101, 103, 105, 110, 121, 123, 136, 141, 148, 151, 328, 331, 376
Ribosomen 11, 12, 37, *47*, 53, 94, 264, 266, 267, 268, 278, 355, 359, 381, 392, 404, 417, 427, 429, 430, 436, 450, 453, 467
Riesenzellen 140, 160, 242, *289*
Rift-Valley-Fieber 470
Rigor mortis 299
RNS 8, 10, 11, 12, 24, 27, 33, 36, 46, 49, 50, 53, 56, 64, 67, 68, 69, 85, 86, 94, 183, 267, 269, 270, 275, 278, 289, 292, 294, 306, 327, 353, 355, 358, 359, 372, 374, 377, 380, 381, 386, 399, 408, 419, 420, 421, 424, 426, 436, 437, 438, 447, 453, 457, 469
RNS-Viren 461
Röteln-Virus 464
Rohrzucker 158, 188, 220
Rosenthalsche Fasern 214, 215, 285
Rotor-Syndrom 111, 129, 138, 196, 239
Rubin-Laser-Strahlen 107, 121, 122, 460

Saccharose 182
— ^{14}C- 191
Salizylsäure 210
Salmonella enteritidis 183, 192
Saponin 245, 256
Sarkoidose 290
Sarkoplasmaretikulum 52, 81, 269
Sauerstoffgabe 60, 68, 102, 136, 140, 141, 151, 155, 160, 175, 196, 300, 419
Sauerstoffmangel 15, 39, 45, 76, 80, 103, 106, 109, 112, 117, 121, 123, 124, 131, 136, 145, 169, 266, 300, *419*
Schaumzellen 332
Schilddrüsenhormon 65, 67, 107, 118, 124, 141, 354
Schilddrüsentumor 282
Schlangengift 59
Schlußleistenkomplex 233
Schock, hämorrhagischer 148
Schweinepest (Virus) 26, 464
Schweinepocken-Virus 463
Schwermetalle 200, 350
Schwimmen 138, 141
Scrapie 143, 227
Segregation, Nukleolus 30, 31, 32, 33, 427
Segresomen 177
Sequestrationen 214
DL-Serin 105, 118, 121, 122, 375
Serotonin 454
Shigella Flexneri 183, 224, 243
Shwartzman-Phänomen 185, 379
Sialurie 129
Siderosomen 200
Silizium 107, 130, 242
Sklerose, multiple 215
Skorbut s. Vitamin C-Mangel
Soman 111, 119
Somatotropin 65, 67, 155, 303
Speicherkrankheiten 189, 313
Speicherung 188
Sphäridien 9
Sphingomyelin 332, 333, 334
Sphingosin 332
Spongioblastom 281
Sporidesmin 61, 176, 237, 301
Stäbchenmyopathie 304
Staphylococcus albus 183
Staub 187
Steatorrhoe, idiopathische 170
Sternberg-Reedsche Riesenzellen 29, 291
Steroide 169, 303

Strahlen s. Bestrahlung
Streptolysin 169, 244
Streptomyzin (Dihydro-) 435
Stress 24, 109
Strukturen, (para)kristalline s. Kristalle
Strychninsulfat 123
Sublimat s. $HgCl_2$
Substanzen, basophile s. Retikulum, endoplasmatisches
— radioprotektive 167, 175
2-Sulfanylamido-3-methoxy-Pyrazin 129, 132, 137
Sulfatide 335, 337, 340
Sulfonylharnstoff 56, 65, 142, 155
Synapsen 214, 235, 243, 267

Tanninsäure 32
Target 353
Taurolithocholat-Na 60, 101, 108, 119, 142, 155, 238
Tellur 188, 200
Telolysomen 191, 193
Temperaturerhöhung s. Hyperthermie
Terephthalanilid 111, 210
Terpentinöl 176
Testosteron(propionat) 14, 169, 209
Tetanustoxin 58, 65, 124, 168, 342
Tetrachlorkohlenstoff s. CCl_4
Tetrazyklin 210, 439
Thallium 107, 119, 124, 125, 176
Thesaurismosen 188, 312, 332, 333, 340
Thiaminmangel 101, 107, 118, 120, 124, 133, 136, 216, 376, 377
Thiaminpyrophosphatase 251
β-3-Thienylalanin 28, 59, 72, 101, 106, 110, 137, 155, 174, 220, 300, 370
Thioazetamid 16, 23, 27, 28, 29, 30, 46, 55, 60, 62, 68, 70, 71, 74, 81, 83, 84, 86, 102, 107, 109, 119, 121, 155, 171, 176, 210, 236, 237, 332, 342, *447*
Thiohydantoin 59, 62, 80, 226
Thiophen 16, 45
5-Thiourazil 28
Thiozyanat 242
Thorotrast 188, 222
Threoninmangel 28, 65, 69, 167, 301, 370
Thymidin, ^3H- 230, 454, 458
Thyreoidektomie 209, 355
Thyreoiditis 176, 238
Thyreotoxikose 140, 210, 300, 302
Thyroxin 98, 101, 102, 103, 107, 110, 118, 120, 125, 136, 141, 151, 262, 302, *354*
Tolbutamid 59, 84, 155, 300, 441
Tollwut(virus) 88, 176, 470
Torula-Hefe 107, 118
Totenstarre 79
Toxoplasmen 184
Transformation, sphärische 404
Transmembranosis 177
Transplantation 81, 89, 112, 143, 226, 378, 384, 386
Trauma 142, 196, 215, 303
Triaden 52
Trichinella spiralis 62, 138, 156
Triorthokresylphosphat 61, 64
Triparanol 59, 89, 123, 212, 370, 372
D_1-Trisomie 22
Triton 56, 121, 122, 175, 188
Trizyano-aminopropen 155
Trypanblau 177
Trypsin 237
Tryptophan, ^3H- 297
TSH 72, 110, 141
T-System 52, 269
Tuberkulinsensibilisierung 303
Tuberkulose 194
Tubuli 50, 51, 58, 62, 76, 77, 88, 91, 96
Tumoren 39, 77, 80, 85, 97, 108, 111, 120, 142, 143, 156, 177, 214, *276*, 304
Tween 60, 343

UDPG -Glykogentransferase -Glykogen-Synthetase 52, 299, 310
Ultraschall 60, 72, 118, 155, 167, 175, 224, 244, 300
Ultraviolett-(UV-)Bestrahlung 15, 30, 35, 45, 101, 118, 167, 293
Uracil, ^{14}C- 439
Uranylnitrat 108, 223, 270
Uratoxydase 204, 209
Urethan 24, 41, 102
Uricosomen 204
Uridin, ^3H- 11, 355
Urikase 210

Vakuolen 14, 24, 29, 30, 62, 68, 81, 82, 98, 104, 150, 157, 158, 164, 170, 172, 173, 177, 182, 188, 192, 194, 212, *216*, 260, 262, 280, 295, 342, 343, 368, 375, 386, 395, 404, 418, 427, 433, 448
Vakuolen, autophage s. Zytolysomen
Vakuolisierung 77, 211, 353
— Nukleolus 36
Vakzinevirus 25, 131, 463
Verfettung 296, 324, 327, 328
Verkäsung 393
Verkalkung 340, 346, 348
Vesikel 51, 58, 62, 68, 75, 81, 104, 112, 150, 322, 324
Vesikulierung 77
Vinblastine-Sulfat 56, 61, 215
Vinca-Alkaloid 214
Vincristine 76, 215
Viomyzin 109, 119, 168, 220, 438
Virchow-Zellen 194
Viroplasmazonen 26
Virus, H-1-, 16, 101, 108, 131, 168, 176
MHV_3-Virus 84
Virus, SV-40- 29, 463
Virus der epizootischen Diarrhoe 464
Virushepatitis 23, 68, 70, 71, 80, 81, 84, 111, 120, 122, 129, 142, 176, 238, 304, 332, 394
Virusinfektion 14, 16, 19, 22, 32, 39, 40, 56, 62, 71, 81, 83, 188, 244, 290, *460*, 465
Vitalfarbstoffe 101, 138
Vitamin A 375
Vitamin-A-Mangel 76, 131, 376
Vitamin-B-Komplex 376

Vitamin-B_1-Mangel 140
Vitamin C 377
Vitamin-C-Mangel 65, 67, 79, 81, 84, 118, 141, 157, 196, 376
Vitamin D 260, 342, 377
Vitamin-D-Hypervitaminose 347, 376
Vitamin-D-Mangel 376
Vitamin E 59, 342
Vitamin-E-Mangel 47, 74, 105, 107, 108, 110, 115, 118, 121, 123, 141, 160, 169, 174, 196, 198, 270, 346, 376
Vitellogenese 98

Wachstum, malignes 14, *276*
Wachstumshormon 65, 67, 294
Walker-Karzinom 23, 33, 89, 139, 209, 279, 282, 452, 454
Warzen 470
Winterschlaf s. Hibernation 27, 77, 103, 123, 143, 144, 174, 300, 301, *392*, 393
Wismut 27, 350

Zebra-Körper 188, 334, 335
Zellmembran *230*, 255, 282, 406, 455
Zelltod s. Nekrose 14, 78, *393*
Zentriolen 152, 160, 290, 358
Zeroid 161, 197, 198
Zeroidspeicherkrankheit 196
Zilien 153, 232
Zirrhose 58, 81
Zöliakie 237, 324
Zyanid 41, 114, 224, 418
Zykloheximid s. Cycloheximid
Zyklophosphamid s. Cyclophosphamid
Zystein 56
Zystinüberernährung 15, 23, 39, 118, 328, 332, 375
Zytochromreduktase, $NADH_2$- 233, 252
Zytofilamente 212
Zytolyse 260, 327, 379, 395, 396, 406, 419
Zytolysomen 89, *161*, 177, 193, 220, 260, 262, 264, 269, 282, 291, 296, 351, 360, 368, 369, 370, 374, 375, 406, 409, 418, 434, 437, 438, 450, 454, 469
Zytomegalie(virus) 23, 29, 33, 65, 81, 103, 111, 156, 168, 176, 463, 470
Zytopempsis 183
Zytoplasmodegradation s. Zytolysomen
Zytosomen 347
Zytostatika 16, 31

GPSR Compliance

The European Union's (EU) General Product Safety Regulation (GPSR) is a set of rules that requires consumer products to be safe and our obligations to ensure this.

If you have any concerns about our products, you can contact us on ProductSafety@springernature.com

In case Publisher is established outside the EU, the EU authorized representative is:

Springer Nature Customer Service Center GmbH
Europaplatz 3
69115 Heidelberg, Germany

Batch number: 10607330

Printed by Printforce, the Netherlands